Thomas Estler

# ENZYKLOPÄDIE DEUTSCHE LOKS UND TRIEBWAGEN

transpress

Einbandgestaltung: Luis Santos und Sven Rauert
Fotos: T. Estler

Bildnachweis:
Die zur Illustration dieses Buches verwendeten Aufnahmen stammen
– wenn nichts anderes vermerkt ist – vom Verfasser.

Dieses Buch ist eine vollständig überarbeitete und aktualisierte Neuausgabe der 2001 unter gleichem Titel erschienenen ersten Auflage.



ISBN 978-3-613-71690-2

1. Auflage 2023



Sie finden uns im Internet unter www.transpress.de



Innengestaltung: Medienfabrik GmbH, 71696 Möglingen / Jürgen Knopf, Medien und Printprodukte 74321 Bietigheim
Druck und Bindung: Grafisches Centrum Cuno GmbH & Co. KG, Calbe
Printed in Germany

## Der Autor

Leider war es Thomas Estler nicht mehr vergönnt, die aktuelle Neuauflage seines Standardwerks selbst zu betreuen, denn er verstarb völlig überraschend am 12. September 2022 im Alter von nur 64 Jahren.
Der studierte Diplom-Kaufmann arbeitete zunächst viele Jahre bei der SVU GmbH in Stuttgart (Stadtentwicklung, Verkehr, Umwelt), zuletzt als Geschäftsführer.
Als Selbständiger hatte er aber auch die Möglichkeit, sich ausführlich der Eisenbahn und Eisenbahnfotografie zu widmen. Durch Veränderungen seines Arbeitsbereichs verschob sich der Schwerpunkt seiner Arbeit in den letzten Jahren in Richtung Autorentätigkeit und er veröffentlichte bei mehreren Verlagen zahlreiche Bücher und Fotografien zum Thema Eisenbahn. So war er seit Ende der 1990er Jahre beim Transpress-Verlag in Stuttgart aktiv, bei dem er nach seinem Reiseführer Baden-Württemberg, mehreren Baureihen-Büchern und den Bänden zum Hochgeschwindigkeitsverkehr der Welt einen Großteil der »Typenkompass«-Reihe bearbeitete. Sein letztes Werk widmete er zusammen mit Burckhard Wollny den Eisenbahnen im Raum Stuttgart. Im Hause GeraMond erschienen von ihm das Baureihenbuch »E 11/E 42« sowie der Bildband »Stuttgart Hauptbahnhof«, außerdem unterstützte er die Sammeledition »Wagen« und die Reihe »Typenatlas« mit seinen Aufnahmen. Den Schweizer Lokomotiven galt sein Interesse ebenfalls und er verfasste in der Edition Lan AG zwei Bücher über elektrische Lokomotiven der SBB.
Bei der Zeitschrift Fern-Express war er als Redakteur tätig und berichtete ausführlich über die Eisenbahn in den USA und weiteren Ländern.

# Vorwort

»Alles in Einem« bietet erneut dieses große Loktypenbuch. Neben Dampf-, Diesel- und Elektrolokomotiven sind auch die nicht minder wichtigen Triebwagen jeder Betriebsart enthalten. Einige Beschränkungen mussten natürlich vorgenommen werden. Alle deutschen Lokomotiven und Triebwagen zu erfassen, hätte ein mehrbändiges Werk erfordert. Autor und Verlag sahen als wichtigsten Schnittpunkt den Umzeichnungsplan der Deutschen Reichsbahn-Gesellschaft (DRG) für Dampflokomotiven aus dem Jahr 1925. Die Deutsche Reichsbahn als Staatsbahn des Deutschen Reiches entstand am 1. April 1920 aus dem Zusammenschluss der Badischen, Bayerischen, Mecklenburgischen, Oldenburgischen, Preußisch-Hessischen, Sächsischen und Württembergischen Staatsbahnen. Alle von diesen vormaligen Länderbahnen übernommenen Dampflokomotiven wurden von der 1924 gegründeten Deutschen Reichsbahn-Gesellschaft (DRG) in den besagten Umzeichnungsplan nach einem neu geschaffenen Baureihen-Schema eingeordnet. Dampflokneubauten der DRG ließen sich später problemlos in dieses Nummernsystem einfügen. Das System bewährte sich so hervorragend, dass es nach dem Zweiten Weltkrieg und der Teilung Deutschlands von den beiden neu gegründeten Staatsbahnen (Deutsche Bundesbahn »DB« in den Westzonen, Deutsche Reichsbahn »DR« in der Sowjetzone) beibehalten wurde. Erst die Einführung von EDV-gerechten Nummernsystemen ab 1968 bei der DB bzw. 1970 bei der DR zwangen zur teilweisen Aufgabe der bewährten Systematik. Daher werden in diesem Typenbuch die Dampflokomotiven in der Reihenfolge des DRG-Nummernsystems vorgestellt.

Ähnliche Bezeichnungssysteme entwickelte die DRG später für Elektro- und Diesellokomotiven sowie für Elektrotriebwagen, welche ebenfalls nach dem Krieg von den beiden deutschen Staatsbahnen beibehalten wurden. Daher orientiert sich die Reihenfolge dieser Fahrzeuge im Typenbuch auch an dem alten DRG-Schema. Neubauten von DB und DR nach Einführung der EDV-gerechten Bezeichnungen wurden entsprechend in diese Systematik eingeordnet.

Schwieriger war die Einordnung von Diesel- und Akkutriebwagen. Für Erstere hatte die DRG zwar noch während des Zweiten Weltkriegs ein neues Bezeichnungssystem entwickelt, doch nicht mehr umgesetzt. Nach Kriegsende übernahm nur die DB das neu entwickelte System. Die DR behielt bei Altbautriebwagen die alte DRG-Nummerierung bei und ging bei ihren wenigen Neubautriebwagen eigene Wege. Am zweckmäßigsten erschien daher die Einordnung aller Dieseltriebwagen nach dem von der DB verwendeten Schema. Gleiches gilt für die Akkutriebwagen, die in der Reihenfolge des von der DB entwickelten Bezeichnungsschemas aufgeführt werden. Die wenigen Dampftriebwagen erhielten bei der DRG nur eine durchlaufende Nummerierung, nach deren Reihenfolge die Vorstellung in diesem Buch erfolgt.

Präsentiert werden in diesem umfangreichen Nachschlagewerk zunächst alle Lokomotiven und Triebwagen, welche 1925 von der DRG aus dem Bestand der ehemaligen deutschen Länderbahnen übernommen wurden. Dazu kommen alle Neubauten an Lokomotiven und Triebwagen, welche bis heute von DRG, DB, DR und DB AG auf die Schienen gestellt wurden. Komplett erfasst sind auch die bis 1943 von der DRG übernommenen Lokomotiven verstaatlichter Privatbahnen. Alle Lokomotiven und Triebwagen vorzustellen, die 1949 mit der Übernahme der DDR-Privatbahnen in den Bestand der DR gelangten, hätte den Rahmen dieses Buches bei weitem gesprengt. So entschlossen sich Autor und Verlag, nur die 1949 übernommenen Schmalspurdampfloks komplett aufzuführen, da viele von ihnen bis heute als Museums-, Denkmals- oder sogar als Betriebsloks im Planeinsatz überlebt haben. Gleiches gilt für die 1949 von der DR übernommenen Elektro- und Schmalspur-Dieseltriebwagen. Weitgehend außen vor bleiben mussten dagegen die übernommenen normalspurigen Dampfloks und die normalspurigen Dieseltriebwagen. Hier wurden nur entwicklungsgeschichtlich bedeutsame Gattungen wie z.B. die »Tierklasse« der Halberstadt-Blankenburger Eisenbahn berücksichtigt.

Über 450 Dampflokomotivbaureihen, über 120 Baureihen von elektrischen Lokomotiven, über 100 Baureihen von Diesellokomotiven, sieben Typen von Dampftriebwagen, rund 80 Typen elektrischer Triebwagen, acht Typen von Akkutriebwagen und rund 130 Typen von Dieseltriebwagen werden vorgestellt. Das Spektrum reicht von alten Dampfloks aus dem Jahr 1870 bis hin zu den neuesten Triebfahrzeugen der DB AG, die gerade erst im Entstehen begriffen sind. Um all diese Typen unterzubringen, war es in Einzelfällen notwendig, mehrere Baureihen in einer Beschreibung zusammenzufassen. In der Regel erfolgte das nur dort, wo geringe, meist technische Unterschiede dies erleichterten. Das vollständige Register am Schluss des Buches ermöglicht aber das problemlose Auffinden jeder einzelnen Baureihe.

Unzählige Korrekturen, Änderungen, Ergänzungen und Aktualisierungen kennzeichnen diese neue Auflage des großen Loktypenbuchs. Hilfreich für die Zukunft wird vor allem das neue nationale Fahrzeugeinstellungsregister sein, dessen Beschreibung ebenfalls in dieser Auflage zu finden ist.

Wiederum gilt mein Dank allen Bildautoren und Archiven, die mich mit Material unterstützt haben und aus ihren umfangreichen Sammlungen auch diesmal kleine Schätze zur Verfügung stellten. Meine Frau Heidi musste sich zum wiederholten Male mit Korrekturlesen abplagen, auch dafür ein herzliches Dankeschön.

Thomas Estler — Fellbach, im Juni 2007

# Anmerkungen zur Neuauflage

Im Jahr 2001 erschien im Verlag transpress erstmals »Das große Loktypenbuch« von Thomas Estler, welches in den folgenden Jahren mehrere aktualisierte Auflagen erlebte.

Nunmehr liegt es unter dem Titel »Enzyklopädie Deutsche Loks und Triebwagen« abermals als überarbeitete Neuauflage vor. Die Wahl des neuen Titels will den umfangreichen Inhalt des Buches stärker hervorheben.

Der unerwartete und viel zu frühe Tod des Autors machte es notwendig, die Überarbeitung in andere Hände zu legen. Diese anspruchsvolle Aufgabe übernahm dankenswerterweise Michael Dostal.

Er ergänzte die neuen Baureihen, die mittlerweile auf deutschen Gleisen verkehren, und unterzog an einigen Stellen auch die Bildauswahl einer kritischen Durchsicht.

Sowohl bei den Elektrolokomotiven und -triebwagen, als auch bei den Diesellokomotiven und -triebwagen kamen diverse neue und neueste Fahrzeuge hinzu, beispielsweise, die neuesten Varianten der »Traxx«-Familie, die »Vectron«-Modelle, die große »EuroDual« (Baureihe 159) sowie die »Desiro HC«- und die »Mireo«-Triebwagen. Diese umfangreiche Erweiterung machte es leider notwendig, sich im Abschnitt über die Schmalspurdampfloks auf die wichtigsten derzeit noch betriebsfähigen Baureihen zu beschränken. Eine umfangreichere Darstellung dazu finden interessierte Leserinnen und Leser in dem ebenfalls von Thomas Estler verfassten Buch »Deutsche Dampfloks«. Leider musste auch auf die Dampftriebwagen verzichtet werden.

Nicht immer einfach war die Einordnung der neuen Fahrzeugtypen, wie sich exemplarisch an der neuen Baureihe 563 zeigen lässt. Laut Ordnungsnummer handelt es sich um einen Akkutriebwagen. Sie nutzt aber für den elektrischen Antrieb die Brennstoffzellentechnik, die Wasserstoff zur Energieerzeugung verwendet. Deshalb haben wir uns dazu entschieden, diese Baureihe an den Schluss der Elektrotriebwagen zu stellen. Ihre moderne Antriebstechnologie bildet damit den Übergang zur über 100 Jahre alten Batterietechnik der Akkutriebwagen.

Somit zeigt diese Neuauflage, dass die Eisenbahn auch in der Antriebstechnik die neuesten technischen Lösungen und Ideen nicht nur aufnimmt, sondern vorantreibt, damit sie in Deutschland ein wichtiger Verkehrsträger bleibt!

# Inhalt

## Die Nummernsysteme der deutschen Eisenbahnen



## Beschreibungen der Triebfahrzeuge

# Die Nummernsysteme der deutschen Eisenbahnen

## DRG, DB und DR vor 1968/1970

Wie schon im Vorwort angesprochenen, erfolgt die Präsentation der Fahrzeuge in diesem Typenbuch nach Bezeichnungssystemen, welche im Wesentlichen von der Deutschen Reichsbahn-Gesellschaft (DRG) entwickelt wurden. Daher sollen zunächst diese Systeme für die einzelnen Traktionsarten vorgestellt und erklärt werden.

## Dampflokomotiven

Nach ihrer Gründung 1. April 1920 zählte die Deutsche Reichsbahn zunächst rund 400 verschiedene Dampflokbaureihen der vormaligen Länderbahnen in ihrem Bestand. Eine einheitliche Bezeichnung der Lokomotiven war somit eine der dringendsten Aufgaben für Verwaltung, Betriebs- und Werkstättendienst. Dabei war zu berücksichtigen, dass für Neubeschaffungen noch genügend Freiraum vorhanden sein sollte. Erst im dritten Anlauf gelang mit dem 1925 erarbeiteten und im Februar 1926 in Kraft getretenen, so genannten dritten Umzeichnungsplan der große Wurf. Dabei wurden den verschiedenen Dampfloktypen folgende (Haupt-)Baureihen zugeordnet:

| Baureihen | Typ | Gattung |
|---|---|---|
| 01 - 19 | Schnellzuglokomotiven | S |
| 20 - 39 | Personenzuglokomotiven | P |
| 40 - 59 | Güterzuglokomotiven | G |
| 60 - 79 | Personenzugtenderlokomotiven | Pt |
| 80 - 96 | Güterzugtenderlokomotiven | Gt |
| 97 | Zahnradlokomotiven | Z |
| 98 | Lokalbahnlokomotiven | L |
| 99 | Schmalspurlokomotiven | K |

In den jeweiligen Typengruppen war die Radsatzfolge (früher auch Achsfolge genannt) das nächste Ordnungskriterium. Bis einschließlich der Baureihe 96 war jeder Baureihe nur eine Radsatzfolge zugeordnet. In den einzelnen Typenblöcken unterschied die DRG weiter nach den Länderbauarten und ihren zukünftigen Neubeschaffungen, den so genannten Einheitslokomotiven. Die erste Zehnerreihe in jedem Typenblock war den Neubauten, die zweite Zehnerreihe den Länderbahnlokomotiven vorbehalten. Ausnahmen bestätigten aber auch hier die Regel. Bildete die Baureihenbezeichnung die Grobunterteilung, erfolgte durch die bis zu vierstellige Ordnungsnummer eine weitergehende Feinunterteilung der einzelnen Baureihen. Bei normalspurigen Dampfloks genügten die Hunderter- und Tausendergruppen, bei den Schmalspurlokomotiven musste wegen der vielen Typen sogar nach Zehnernummern unterteilt werden.

*Mit breiten Messing-Ziffern präsentierte sich die 19 004. Foto: Slg. Töpelmann, Archiv transpress*

Die vollständige Baureihenbezeichnung erfolgte somit durch die Hauptbaureihe und die beigestellten Zehner-, Hunderter- und Tausendergruppen der Ordnungsnummern, wie folgende Beispiele zeigen:

| | | |
|---|---|---|
| 03.0 | = | 03 001-999 |
| 38.10-40 | = | 38 1001-4099 |
| 99.720 | = | 99 7201-7204 |

Bei vierstelliger Ordnungsnummer konnten bis zu 9.999 Lokomotiven pro Baureihe untergebracht werden. Dies wurde aber in keinem einzigen Fall ausgeschöpft. Obwohl dieses System sehr viele Typen aufnehmen konnte, gab es auch Zweit- und sogar Drittbesetzungen von Baureihen. Neugebaute Einheitslokomotiven erhielten die Baureihenbezeichnung ausgemusterter Länderbahnlokomotiven, wie z.B. die Baureihe 89.0 (preußische T 8 und DRG-Einheitslok). Als mit der Übernahme verstaatlichter Privatbahnen wie der LAG und der MFWE wieder preußische T 8 in den DRG-Bestand gelangten, wurden sie als Baureihe 89.10 geführt. Doch immerhin war das Nummernschema der DRG variabel genug, nicht nur die Lokomotiven der zwischen 1930 und 1943 verstaatlichten deutschen Privatbahnen aufzunehmen, sondern auch die Lokomotiven Österreichs, des Sudetenlandes, der ČSD und die rückgeführten polnischen Lokomotiven aus den Reparationsabgaben des Ersten Weltkriegs.

*Die Deutsche Bundesbahn und die Deutsche Reichsbahn in der DDR behielten das Nummernsystem der DRG bei. Da die beiden Baumuster der Einheits-23er in der DDR verblieben waren, besetzte die DB die Baureihe 23 ein zweites Mal. Foto: Estler*

Die Deutsche Bundesbahn und die Deutsche Reichsbahn behielten den Nummernplan der DRG bei und ordneten ihre Neu- sowie Umbauten entsprechend ein. Obwohl auf Grund ähnlicher Anforderungen Doppelentwicklungen bestimmter Lokomotivgattungen bei den beiden Bahnverwaltungen nicht ausblieben, gab es nur wenige Überschneidungen. Die bereits von der DRG mit zwei Baumusterlokomotiven in Dienst gestellte Baureihe 23 der Einheitsbauart wurde sowohl bei DB als auch bei DR als Neubau verwirklicht. Weil die DRG-Baumuster bei der DR verblieben waren, bezeichnete die DB ihre Neubauten als 23 001-105. Die später entwickelten DR-Lokomotiven des gleichen Typs erhielten die Baureihenbezeichnung 23.10 und die Nummern 23 1001-1113, da die beiden Baumuster noch im Bestand waren. Die zweite Doppelbesetzung von Betriebsnummern erfolgte bei der Baureihe 50.40, bei der DB Umbau der BR 50 in Franco-Crosti, bei der DR Neubau. Eine dritte Doppelbesetzung gab es bei den Schmalspurdampfloks. Beide Bahnverwaltungen führten eine 99 241 in ihrem Bestand. Ansonsten fuhren keine Dampflokomotiven mit gleichen Betriebsnummern in den beiden deutschen Staaten.

## Elektrolokomotiven

*Elektrische Schnellzuglokomotiven reihte die Deutsche Reichsbahn-Gesellschaft als Baureihen E 01 bis E 18 in ihren Fahrzeugbestand ein. Die Baureihe E 18 war bei ihrer Indienststellung die stärkste Einrahmen-Ellok der Welt. Auf Hochglanz poliert wartete die E 18 15 Ende der 30er-Jahre auf neue Einsätze. Foto: Bellingrodt, Slg. Kleine, Archiv transpress*

Ab August 1926 verwendete die DRG für die Elektrolokomotiven ein Bezeichnungssystem, das analog dem System der Dampflokomotiven aufgebaut war. Die Baureihenbezeichnung einer Maschine bestand aus einem »E« als allgemeinem Kennzeichen für Elektrolokomotive und einer Stammnummer als Gattungsbezeichnung. Die Gattung in Verbindung mit dem E wurde als Baureihenbezeichnung verwendet. Anfangs war neben dem Verwendungszweck noch die Höchstgeschwindigkeit ein Kriterium bei der Vergabe der Baureihenbezeichnung. Mit dem Bau stärkerer und schnellerer Lokomotiven entschied bald nur noch der vorgesehene Verwendungszweck über die Einreihung in folgendes Schema:

| Baureihen | Typ |
|---|---|
| E 00 - E 29 | Schnellzuglokomotiven für Wechselstrom $16^2/_3$ oder 25 Hz |
| E 30 - E 59 | Universallokomotiven für Personen- und Güterzüge für Wechselstrom $16^2/_3$ Hz oder 25 Hz |
| E 60 - E 100 | Güterzuglokomotiven für Wechselstrom $16^2/_3$ Hz oder 25 Hz |
| E 101 - E 200 | Lokomotiven für Gleichstrom |
| E 201 - E 300 | Lokomotiven für 50-Hz-Wechselstrom (mit meist 25 kV) |
| E 301 - E 400 | Lokomotiven für zwei Stromsysteme |
| E 401 - E 500 | Lokomotiven für drei oder mehr Stromsysteme |

Zur Unterscheidung von Unterbaureihen konnten bei zwei- und dreistelligen Ordnungsnummern die erste Ziffer, bei vierstelligen Ordnungsnummer die ersten beiden Ziffern herangezogen werden. Ausnahmen bestätigten auch hier die Regel: Die E 16 101 wurde als Unterbaureihe E 16.5 bezeichnet, weil die Unterbaureihe E 16.1 bereits an die E 16 18 bis E 16 21 vergeben war. Beibehalten wurde die Unterbaureihe E 44.2 für die E 44 2001, da sie bis 1938 unter der Betriebsnummer E 44 201 fuhr. Nach dem Zweiten Weltkrieg wendeten DB und DR für ihre Neubauten dieses Bezeichnungssystem weiterhin an.

## Diesellokomotiven

Motorlokomotiven bzw. Diesellokomotiven spielten bei der DRG anfangs eine untergeordnete Rolle. Sie waren bis 1930 durch ein »V« für »Verbrennungsmotorlokomotive« und eine vier- oder fünfstellige Nummer gekennzeichnet. Die beiden ersten Ziffern stellten dabei die Baureihe dar, mit den beiden (oder drei) letzten erfolgte die fortlaufende Nummerierung einer Baureihe. Dieses Bezeichnungssystem beinhaltete aber keinerlei Informationen über die Lokomotiven. Ab 1931 wurde dann wie folgt verfahren: Das »V« blieb bestehen. Dahinter kam eine zwei- oder dreistellige Zahl, die ein Zehntel der Motorleistung darstellte, die damals noch in PS gemessen wurde. Aus der 1200-PS-Lokomotive V 3201 wurde zum Beispiel die V 120 001. Die drei- oder vierstellige Ordnungsnummer konnte mit der ersten oder den ersten beiden Ziffern zur Kennzeichnung einer Unterbaureihe herangezogen werden. Für Schmalspurlokomotiven waren Ordnungsnummern von 900 bis 999 vorgesehen. Dieses Bezeichnungssystem behielten DB und DR bis 1968 bzw. 1970 bei.

Mit der Einführung des neuen Nummernsystems von 1931 wurden Lokomotiven mit einer Leistung unter 75 PS (55 kW) als Kleinlokomotiven eingeordnet. Ihre Bauartbezeichnung erfolgte mit dem Kennbuchstaben »K« sowie ein oder zwei Zusatzbuchstaben, die Aufschluss über Antriebsart und Kraftübertragung gaben.

Erster Zusatzbuchstabe:
ö Ölmotor (= Dieselmotor)
b Benzinmotor (= Vergasermotor)
d Dampfmotor oder Dampfmaschine
s Speicherantrieb (= Akkumulator)

Zweiter Zusatzbuchstabe:
f Flüssigkeitsgetriebe (hydraulische Leistungsübertragung)
e elektrische Leistungsübertragung
Ohne zweiten Zusatzbuchstaben besaßen die Kleinloks eine mechanische Leistungsübertragung.
Die Ordnungsnummer gab Aufschluss über die installierte Motorleistung:
0001-3999 Leistungsgruppe I bis 40 PS (29 kW)
4000-9999 Leistungsgruppe II über 40 PS

Im Jahr 1955 führte die DB eine neue Einteilung der Leistungsgruppen durch:
1960 änderte die DB die Bezeichnung für Kleinlokomotiven mit elektrischem Speicherantrieb von »Ks« in »Ka«.

| Leistungsgruppe | Motorleistung | Betriebsnummer |
|---|---|---|
| I | bis 50 PS | 0001-3999 |
| II | von 51 bis 150 PS | 4000-9999 |
| III | über 150 PS | 10 001-20 000 |
| Schmalspur | | 99 501-99 999 |

## Dampftriebwagen

Für die wenigen Dampftriebwagen genügte bei der DRG ab 1930 die allgemeine Gattungsbezeichnung DT (= Dampf-Triebwagen) und eine ein- oder zweistellige Ordnungsnummer. Eine weitere Unterscheidung nach Baureihen fand nicht statt. Bis zum Ausscheiden der Dampftriebwagen aus dem Betriebsdienst änderte sich daran nichts.

## Elektrische Triebwagen

Anfangs liefen elektrische Triebwagen bei der DRG unter ihren Länderbahnbezeichnungen. Ab 1930 erhielten die Trieb-, Steuer- und Beiwagen vierstellige Wagennummern und die allgemeinen Gattungsbezeichnungen »elT«, »elS« und »elB«. 1940/41 wurde ein neues Bezeichnungssystem eingeführt, das sich an den elektrischen Lokomotiven orientierte. Als Kennbuchstaben für die Fahrzeugart wurden festgelegt:
ET = Triebwagen
ES = Steuerwagen
EB = Beiwagen
EM = Mittelwagen
Die Baureihenbezeichnung gab Aufschluss über Verwendungszweck und Stromsystem:
Mehrteilige Triebwagen erhielten zur Unterscheidung die zusätzlichen Buchstaben a, b, und c wie z.B. ET 31 001a/ET 31 001c/ET 31 001b. Zur Kennzeichnung von Unterbaureihen konnte die erste Ziffer von dreistelligen Ordnungsnummern herangezogen werden. Bis zur Einführung EDV-gerechter Bezeichnungssysteme reihten DB und DR ihre neu gebauten oder übernommenen Triebwagen in dieses Schema ein.

| Baureihen | Typ |
|---|---|
| ET 01 - ET 09 | Fernschnell-Triebwagen für Wechselstrom $16^2/_3$ Hz/15 kV |
| ET 10 - ET 39 | Schnell-Triebwagen für Wechselstrom $16^2/_3$ Hz/15 kV |
| ET 40 - ET 59 | Eil-Triebwagen für Wechselstrom $16^2/_3$ Hz/15 kV |
| ET 60 - ET 79 | Nahverkehrs-Triebwagen für Wechselstrom $16^2/_3$ Hz/15 kV |
| ET 80 - ET 89 | Nebenbahn-Triebwagen für Wechselstrom $16^2/_3$ Hz/15 kV |
| ET 90 - ET 99 | Sonder-Triebwagen für Wechselstrom $16^2/_3$ Hz/15 kV |
| ET 101 - ET 199 | Triebwagen für Gleichstrom |
| ET 201 - ET 299 | Triebwagen für sonstige Stromarten |

*Ihre ersten vierachsigen Triebwagen bezeichnete die DRG als VT 751 bis 799 und VT 851 bis 899.* *Foto: Slg. Dietz*

*Unter der Baureihenbezeichnung VT 133 fasste die Deutsche Reichsbahn-Gesellschaft die zweiachsigen Triebwagen ohne Zug- und Stoßvorrichtung zusammen.* *Foto: Slg. Dietz*

## Akkumulator-Triebwagen

Bei der DRG fuhren die Akkutriebwagen unter der Gattungsbezeichnung »AT« und einer dreistelligen Wagennummer, für welche der Nummernblock 201-699 vorgesehen war. Jedes Wagenteil besaß bei Doppeltriebwagen seine eigene Nummer (z.B. AT 543/544), bei dreiteiligen Fahrzeugen erhielt die Mittelwagen die gleiche Nummer wie der erste Endwagen und zusätzlich den Kennbuchstaben »a«. Die DR behielt diese Bezeichnungsweise bis zur Ausmusterung ihre Akkutriebwagen bei, während die DB ein neues Bezeichnungsschema analog zu den elektrischen Triebwagen einführte. Die Buchstaben »ETA« (Triebwagen) bzw. »ESA« (Steuerwagen) kennzeichneten nun die Fahrzeugart. Die Baureihen-Nr. rekrutierte sich aus dem Nummernblock 150 bis 180.

## Dieseltriebwagen

Triebwagen mit Verbrennungsmotor fuhren anfangs bei der DRG unter der allgemeinen Gattungsbezeichnung »VT« und einer Wagennummer, wobei wie folgt unterschieden wurde:

| Wagen-Nr. | Typ |
|---|---|
| 701-750 | zweiachsige Triebwagen mit Vergasermotor |
| 751-799 | vierachsige Triebwagen mit Vergasermotor |
| 800-850 | zweiachsige Triebwagen mit Dieselmotor |
| 851-899 | vierachsige Triebwagen mit Dieselmotor |

Güter- und Gepäcktriebwagen erhielten ab 1930 die Gruppenbezeichnung »10« und eine fortlaufende Ordnungsnummer. Ab 1933 führte die DRG mit Ausnahme der Gütertriebwagen für ihre Neubauten ein neues Nummernschema ein. Zur Unterscheidung der Fahrzeugart dienten folgende Kennbuchstaben:

SVT = Schnelltriebwagen
VT = Triebwagen
VS = Steuerwagen
VB = Beiwagen
VM = Mittelwagen

Eine grobe Klassifizierung bot nun folgendes Schema:

| Baureihen | Typ |
|---|---|
| VT 133 | zweiachsige Triebwagen mit Vergasermotor |
| VT 134 | vierachsige Triebwagen mit Vergasermotor |
| VT 135-136 | zweiachsige Triebwagen mit Dieselmotor |
| SVT 137 | vierachsige Schnelltriebwagen mit Dieselmotor |
| VT 137 | vierachsige Triebwagen mit Dieselmotor |
| VB 140-142 | zweiachsige Beiwagen |
| VS 144 | zweiachsige Steuerwagen |
| VS 145 | vierachsige Steuerwagen |
| VB 147-149 | vierachsige Beiwagen |

Bei mehrteiligen Triebwagen kennzeichnete die DRG die dreistellige Ordnungsnummer zusätzlich mit den Buchstaben a, b, c und d. Doch auch dieses Bezeichnungsschema unterschied nicht nach Baureihen, so dass eine vernünftige Zuordnung der Fahrzeuge aus der Betriebsnummer nicht möglich war. Daher entwickelte die DRG noch während des Zweiten Weltkriegs ein neues Nummernsystem, das aber bedingt durch die Kriegsereignisse nicht mehr zur Anwendung kam. Erst die DB zeichnete 1948/49 die bei ihr verbliebenen Dieseltriebwagen entsprechend um:

*Nach dem Zweiten Weltkrieg führte die Deutsche Bundesbahn ein neues Nummernsystem für die Verbrennungstriebwagen ein. Die Fahrzeuge wurden nun im Wesentlichen nach ihrer Höchstgeschwindigkeit eingeteilt.* *Foto: Blaschke*

| Baureihen | Typ |
|---|---|
| VT 01 - VT 19 | Triebwagen mit Drehgestellen über 120 km/h |
| VT 20 - VT 39 | Triebwagen mit Drehgestellen zwischen 100 und 119 km/h |
| VT 40 - VT 59 | Triebwagen mit Drehgestellen zwischen 85 und 99 km/h |
| VT 60 - VT 69 | Triebwagen mit Drehgestellen zwischen 65 und 84 km/h |
| VT 70 - VT 79 | Triebwagen mit Lenkachsen zwischen 65 und 85 km/h |
| VT 80 - VT 89 | Triebwagen mit Lenkachsen mit weniger als 65 km/h |
| VT 90 - VT 99 | Sonder-, Leicht- und Schmalspurtriebwagen |

Die dreistelligen Ordnungsnummern der Triebwagen dienten nun zur Unterscheidung in elektrische (000-499), hydraulische (500-899) und mechanische Kraftübertragung (900-999). Die Steuer- und Beiwagen aus der Vorkriegszeit liefen weiter unter ihren alten Baureihenbezeichnungen. Die einzeln verfahrbaren Beiwagen zum Schienenbus VT 95 erhielten entsprechend dem alten System die Baureihenbezeichnungen VB 141 und 142. Nicht einzeln verfahrbare Steuer- und Mittelwagen von Neubauten fuhren unter der Baureihenbezeichnung der entsprechenden Triebwagen.
Die DR behielt bei ihren Altbautriebwagen das System der DRG bei. Bei neu gebauten Triebwagen experimentierte die DR mit zwei Bezeichnungssystemen, die aus dreiteiligen Nummern bestanden. Für die erste Variante steht das Beispiel VT 12.14.01. Die Zahl 12 weist (multipliziert mit 100) die Höchstgeschwindigkeit von 120 km/h aus und die Zahl 14 die Radsatzlast. Die letzte Nummerngruppe war die fortlaufende Ordnungsnummer. Auch dieses System war nicht der Weisheit letzter Schluss. Bei den folgenden Neubauten gab die erste Zifferngruppe (multipliziert mit 100) die Leistung an, die zweite Zifferngruppe (multipliziert mit 10) die Geschwindigkeit. Die letzte Zifferngruppe war wiederum die zwei- oder dreistellige Ordnungsnummer. Der VT 18.16.01 war also die erste Garnitur eines 1.800 PS starken und 160 km/h schnellen Triebwagens.

*Die Deutsche Reichsbahn der DDR führte das EDV-gerechte Nummernsystem 1970 ein. Aus der E 42 162 wurde die 242 162.* *Foto: Estler*

## Die EDV-gerechten Nummernsysteme bei DB und DR

Am 1. Januar 1968 führte die Deutsche Bundesbahn, am 1. Juni 1970 die Deutsche Reichsbahn neue Triebfahrzeugnummern ein, die von elektronischen Datenverarbeitungsanlagen gelesen werden konnten. Beide Bahnverwaltungen wählten sechsstellige Nummernfolgen, deren Richtigkeit mit einer siebenten, der so genannten Kontrollziffer auf Schreib- oder Tippfehler überprüft werden konnte. Damit waren die Ähnlichkeiten aber schon erschöpft. Die Kontrollziffer, von der Triebfahrzeugnummer durch einen Bindestrich getrennt, wird wie folgt ermittelt: Unter die sechsstellige Baureihennummer wird die Ziffernfolge 121212 geschrieben und die untereinanderstehenden Ziffern werden miteinander multipliziert:

103 218
121 212
1-0-3-4-1-16

Die Quersumme dieser Zahlenfolge (1+0+3+4+1+1+6) ist die Zahl 16. Diese Zahl wird von der nächsten Zehnerzahl (hier 20) abgezogen. Die Differenz ergibt die Kontrollziffer (hier 4). Die Lokomotive hat also die Betriebsnummer 103 218-4.
Bei der DB bestanden die neuen Nummern aus zwei Dreiergruppen wobei die erste Gruppe Fahrzeugart und Baureihe bestimmte, die zweite Gruppe die Ordnungsnummer bildete. Mit der ersten Ziffer der vorderen Dreiergruppe wurde nach folgenden Fahrzeugarten unterschieden:

| Gruppe | Fahrzeug |
|---|---|
| Gruppe 0 | Dampflokomotiven |
| Gruppe 1 | Elektrische Lokomotiven |
| Gruppe 2 | Diesellokomotiven |
| Gruppe 3 | Kleinlokomotiven |
| Gruppe 4 | Elektrische Triebwagen |
| Gruppe 5 | Akkumulatortriebwagen |
| Gruppe 6 | Dieseltriebwagen |
| Gruppe 7 | Schienenbusse sowie Dienst- und Sonderfahrzeuge |
| Gruppe 8 | Bei-, Mittel- und Steuerwagen für Elektro- und Akku-Triebwagen |
| Gruppe 9 | Bei-, Mittel- und Steuerwagen für Dieseltriebwagen |

Die nächsten beiden Ziffern der ersten Gruppe kennzeichneten die Baureihe. Bei zweistelligen Baureihenbezeichnungen wurden diese meist unverändert übernommen. Aus der Dampflok-Baureihe 01 wurde die 001, aus einer E 03 eine 103, aus einer V 36 eine 236, aus einem ET 27 ein 427 usw. Neue Baureihenbezeichnungen ergaben sich durch die Kennzeichnung von Bauartunterschieden in einer Baureihe. Da die meisten Lokomotiven und Triebwagen nur dreistellige Ordnungsnummern besaßen, konnten diese unverändert übernommen werden. Um doppelte Ordnungsnummern bei den Dampflokbaureihen 38, 44, 55 und 94 zu vermeiden, wurden benachbarte, inzwischen durch Ausmusterung frei gewordene Nummern herangezogen. Die 38 2383 mutierte so zur 038 382-8 oder die 44 1379 zur 044 372-1. Bei allen anderen Triebfahrzeugen konnte eine vierstellige Ordnungsnummer entweder durch Weglassen der Tausenderstelle oder ihre Einbeziehung in die Baureihenbezeichnung ersetzt werden. Vom Ursprung abweichende Baureihenbezeichnungen ergaben sich wie folgt:

| Baureihe | Fahrzeug |
|---|---|
| 011 | = 01.10 mit Kohlefeuerung |
| 012 | = 01.10 mit Ölfeuerung |
| 042 | = 41 mit Ölfeuerung |
| 043 | = 44 mit Ölfeuerung |
| 050 | = 50 001 bis 999 |
| 051 | = 50 1001 bis 1999 |
| 052 | = 50 2001 bis 2999 |
| 053 | = 50 3001 bis 3999 |
| | |
| 112 | = E 10.12 |
| 139 | = E 40.11 (mit elektr. Widerstandsbremse) |
| 145 | = E 44.11 (mit elektr. Widerstandsbremse) |
| 181 | = E 310 |
| 182 | = E 320 |
| 183 | = E 344 |
| 184 | = E 410 |
| | |
| 211 | = V 100.10 |
| 212 | = V 100.20 |
| 213 | = V 100.20 (mit hydrodynamischer Bremse) |
| 216 | = V 160 |
| 217 | = V 162 |
| 219 | = V 169 |
| 220 | = V 200.0 |
| 221 | = V 200.1 |
| 230 | = V 300 |
| 232 | = V 320 |
| 260 | = V 60 mit 48 t Dienstgewicht |
| 261 | = V 60 mit 54 t Dienstgewicht |
| 270 | = V 20 |
| 288 | = V 188 |
| 299 | = V 29 |
| | |
| 311 | = Kleinlok mit Verbrennungsmotor (Leistungsgruppe I) |
| 321 | = Kleinlok mit Verbrennungsmotor (LG II), Vmax = 30 km/h, mech. Bremse |
| 322 | = Kleinlok mit Verbrennungsmotor (LG II), Vmax = 30 km/h, Druckluftbremse |
| 323/324 | = Kleinlok mit Verbrennungsmotor (LG II), Vmax = 45 km/h, Druckluftbremse |
| 329 | = Kleinlok mit Verbrennungsmotor (LG II), Schmalspur |
| 331 | = Kleinlok mit Verbrennungsmotor (LG III), Vmax = 30 km/h, Kettenantrieb |
| 332 | = Kleinlok mit Verbrennungsmotor (LG III), Vmax = 45 km/h, Kettenantrieb |
| 333 | = Kleinlok mit Verbrennungsmotor (LG III), Vmax = 45 km/h, Gelenkwellenantrieb |
| 381 | = Akku-Kleinlok, ältere Bauarten |
| 382 | = Akku-Kleinlok, Nachkriegsbauarten |

*Heute ist die Baureihe 103 ein Kultobjekt.* *Foto: Estler*

| Baureihe | Fahrzeug |
|---|---|
| | |
| 470 | = ET 170 |
| 471 | = ET 171 |
| | |
| 601 | = VT 11.5 |
| 613 | = VT 12.6 (umgebauter VT 08.5) |
| | |
| 945 | = VS 145 (Vorkriegs-Steuerwagen für Dieseltriebwagen) |
| 995 | = VB 142 (Schienenbus-Beiwagen zu VT 95) |

*Die Deutsche Reichsbahn behielt bei der Einführung EDV-gerechter Nummern bei ihren Dampfloks die zweistelligen Baureihen-Bezeichnungen bei. Dafür erhielten die Loks nun generell vierstellige Ordnungsnummerm. Die 01 2204 verließ am 6. Juni 1980 mit einem Eilzug nach Saalfeld den Leipziger Hauptbahnhof.* *Foto: Kleine, Archiv transpress*

*Im Zuge der EDV-gerechten Umzeichnung mutierten die Dampfloks der Baureihe 50 mit 2000er-Nummern zur neuen Baureihe 052. Das Hilfs-Nummernschild der ehemaligen 50 2486 blieb nur kurze Zeit an der Maschine.* *Foto: Blaschke*

*Die ölgefeuerten Dampfloks der Baureihe 01.10 wurden zur BR 012. Die 012 063 stand am 16. Mai 1973 in Rheine.* *Foto: Kleine, Archiv transpress*

Ebenso wie die DB sah sich wenig später die DR gezwungen, ein EDV-Bezeichnungssystem einzuführen. Um sich vom »Klassenfeind« abzugrenzen, wies es aber einige Unterschiede auf. Bei den Dampflokomotiven blieb die Baureihennummer zweistellig, um die Umzeichnung auf ein Minimum zu beschränken. Die neuen Ordnungsnummern waren nun grundsätzlich vierstellig. Bisher dreistellige Ordnungsnummern wurden um eine Füllziffer ergänzt, um so eine sechsstellige Betriebsnummer zu erhalten. Diese Füllziffer diente gleichzeitig zur Kennzeichnung von Bauartunterschieden. Ölhauptfeuerung wurde durch die Füllziffer »0«, Kohlenstaubfeuerung durch eine »9« gekennzeichnet. Bei Schmalspurmaschinen mit ursprünglich dreistelliger Ordnungsnummer vergab die DR die Füllziffern entsprechend der Spurweite (1 für 750 mm, 2 für 900 mm und 7 für 1.000 mm). Wie bei der DB musste in Einzelfällen eine neue Ordnungsnummer gesucht werden, weil durch die Füllziffern manchmal identische Nummern entstanden.
Elektrische und Dieseltriebfahrzeuge erhielten eine dreistellige Baureihennummer. Die erste Ziffer kennzeichnete die Traktionsart, wobei im Gegensatz zur DB eine »1« für Fahrzeug mit Verbrennungsmotoren und eine »2« für die elektrische Traktion gewählt wurde. Für Trieb-, Steuer-, Bei- und Mittelwagen waren die folgenden Nummerngruppen vorgesehen:

170 bis 189 Dieseltriebwagen und zugehörige Steuer-, Bei- und Mittelwagen
190 bis 199 Steuer- und Beiwagen (Vorkriegsfahrzeuge)
270 bis 279 Gleichstrom-Trieb- und Beiwagen
280 bis 285 Wechselstrom-Trieb-, Bei- und Mittelwagen

Da Steuer-, Mittel- und Beiwagen von Triebwageneinheiten die gleiche Baureihenbezeichnung wie die zugehörigen Triebwagen erhielten, musste eine Unterscheidung über die Ordnungsnummern vorgenommen werden. Die erste Ziffer der dreistelligen Ordnungsnummer hatte folgende Bedeutung:

0 bis 2 = Motorwagen
3 bis 5 = Mittelwagen
6 bis 7 = Steuerwagen
8 bis 9 = Beiwagen

*Die wohl meisten Umzeichnungen erfuhren die kleinen Schmalspurlokomotiven der ehemaligen sächsischen Gattung IV K, der späteren Baureihe 99.51-60 der DRG. Die auf der Strecke Oschatz-Mügeln-Kemmlitz eingesetzte 99 1584 wurde 1992 noch in 099 709 umgezeichnet.* *Foto: Estler*

Eine Ausnahme bildeten die Triebzüge der Berliner S-Bahn, wo Trieb- und Beiwagen fortlaufend durchnummeriert wurden. Die Triebwagen fuhren mit ungeraden, die Beiwagen mit geraden Endziffern. Bei Triebzügen mit zwei Motorwagen erhielten »a«-Teile gerade, die »b«-Teile ungerade Endziffern. Bei den Lokomotiven blieben die Ordnungsnummern dagegen erhalten. Konnte bei den vorhandenen Elektrolokomotiven bis auf zwei Ausnahmen die alte Baureihenbezeichnung verwendet werden, gestaltete sich die Umzeichnung der Diesellokomotiven etwas schwieriger. Um einen Hinweis auf die alte Baureihenbezeichnung zu haben, behielt die DR bei dreistelligen alten Baureihennummern die ersten beiden Ziffern bei. So wurde z.B. die V 180 zur 118 und die V 200 zur 120. Bei bisher zweistelligen Baureihennummern (V 23, V 60) setzte die DR vor die erhaltene erste Ziffer eine Null, die letzte Ziffer der alten Betriebsnummer entfiel (V 23 = 102, V 60 = 106).

Die folgende Tabelle gibt einen Überblick, welche Baureihenbezeichnungen kaum Rückschlüsse auf die Ursprungsbezeichnung zuließen:

| Baureihe neu | Baureihe alt |
|---|---|
| 02 | = 18 |
| 04 | = 19 |
| 35 | = 23 |
| 37 | = 24 |
| 38.5 | = 38.2-3 |
| 39 | = 22 |
| 93.8 | = 93.0-4 |
| | |
| 100.0 | = Kleinlokomotiven der Leistungsgruppe I |
| 100.1-7 | = Kleinloks der Leistungsgruppe II mit mechanischem Getriebe |
| 100-8-9 | = Kleinloks der Leistungsgruppe II mit hydraulischem Getriebe |
| 101.0 | = V 15.10 |
| 101.1-3 | = V 15.20-23 |
| 171.0 | = VT 2.09 (ohne Vielfachsteuerung) |
| 171.8 | = VB 2.07 |
| 172.0-2 | = VT 2.09 (mit Vielfachsteuerung) |
| 172.6-7 | = VS 2.08 |
| 173 | = VT 4.12 |
| 175 | = VT 18.16 |
| 181 | = VT 12.14 |
| 182 | = SVT 137 (Bauart Köln) |
| 183.0 | = SVT 137 (Bauart Hamburg) |
| 183.2 | = SVT 137 (Bauart Hamburg und Bauart Leipzig) |
| 184 | = VT 137 (Bauart Ruhr) |
| 185 | = VT 137 (Einheits-Triebwagen) |
| 186 | = VT 135 |
| 187.0 | = VT 133 (Schmalspur) |
| 187.1 | = VT 137 (Schmalspur) |
| 190.8 | = VB 140 |
| 191.8 | = VB 141 |
| 195.6 | = VS 145 |
| 197.8 | = VB 147 |
| 199 | = ab 1973 Diesel- und Kleinloks für Schmalspur |
| 199.8 | = VB (Schmalspur) |
| | |
| 251 | = E 251 |
| 254 | = E 94 |
| 275.0-8 | = ET/EB 165 |
| 275.9 | = ET/EB 165.8 |
| 276 | = ET/EB 166 |
| 277 | = ET/EB 167 |
| 278.0-1 | = ET 168 und ET 169 (Sonderfahrzeuge) |
| 278.2 | = ET 170.0 |
| 279.0 | = ET/EB 188 (Müncheberg-Buckow) |
| 279.2 | = ET 188 (Lichtenhain-Cursdorf) |
| 285.0 | = ET 25.0 |
| 285.2 | = ET 25.2 |

*Aus der V 100 wurde bei der DR im Jahr 1970 die Baureihe 110.* *Foto: Estler*

*Bei der Einführung eines einheitlichen Nummernschemas zwischen DB und DR wurde aus den Dieselloks der Baureihe 119 die neue Baureihe 219.* *Foto: Estler*

*Auch die »Ludmilla« genannte Baureihe 132 änderte 1992 ihre Nummer: aus 132 146 wurde die 232 146.* *Foto: Estler*

## Das gemeinsame Nummernsystem von DB und DR von 1992

Noch im Jahr der Wiedervereinigung begann eine paritätisch besetzte Kommission, ein einheitliches Bezeichnungssystem für beide deutsche Bahnverwaltungen auszuarbeiten. Vor dem Zusammenschluss von DB und DR zur Deutschen Bahn AG musste eine ganze Reihe von doppelt vergebenen Baureihenbezeichnungen wie z.B. 110 (DB E 10 und DR V 100) oder 211 (DB V 100.10 und DR E 11) eliminiert werden. Zur Kennzeichnung der Fahrzeugart kam nun das DB-System zur Anwendung. Höchste Priorität genoss wiederum die vorherige Baureihenbezeichnung, war sie nun sinnvoll oder nicht. Nur bei möglichen Doppelbesetzungen musste eine andere Nummer gewählt werden. Die wenigen Dampflokomotiven reihte die DR als 041, 050, 052 und 099 ein. Bei den Dampfloks für Regelspur wurde die bisherige vierstellige Ordnungsnummer auf drei Stellen gekürzt. Für die Schmalspur-Dampflok vergab die DR neue Ordnungsnummern, die keinerlei Rückschluss auf bisherige Baureihe und Betriebsnummer zuließen. Lediglich die erste Stelle der Ordnungsnummer kennzeichnete die Spurweite:

| | | |
|---|---|---|
| 099.1 | = | Spurweite 1.000 mm |
| 099.7 | = | Spurweite 750 mm |
| 099.9 | = | Spurweite 900 mm |

Alle weiteren Änderungen bei DB und DR mit Einführung des gemeinsamen Bezeichnungssystems zum 1. Januar 1992 sind in nachfolgender Tabelle dargestellt:

| Baureihe ab 1992 | Baureihe bis 1992 | Baureihe bis 1968/70 |
|---|---|---|
| 109 | 211 DR | E 11 |
| 112 | 212 DR | - |
| 113 | 112 DB | E 10.12 |
| 142 | 242 DR | E 42 |
| 143 | 243 DR | - |
| 155 | 250 DR | - |
| 156 | 252 DR | - |
| 171 | 251 DR | E 251 |
| 180 | 230 DR | - |
| 194 | 254 DR | E 94 |
| 201 | 110 DR | V 100 |
| 202 | 112 DR | - |
| 204 | 114 DR | - |
| 219 | 119 DR | - |
| 220 | 120 DR | V 200 |
| 228 | 118 DR | V 180 |
| 229 | 119 Umbau DR | - |
| 230 | 130 DR | V 300 |
| 231 | 131 DR | - |
| 232 | 132 DR | - |
| 234 | 132 Umbau DR | - |
| 242 | 142 DR | - |
| 293 | 111 DR | - |
| 298 | 108 DR | - |
| 299 | 199 DR | - |
| 310 | 100 DR | Kö, Köf |
| 311 | 101 DR | V 15.10, V 15.20 |
| 312 | 102 DR | V 23 |
| 344 | 104 DR | - |
| 345 | 105 DR | - |
| 346 | 106 DR | V 60.10 |
| 347 | 105/106 Umbau DR | |
| 399 | 329 DB | Köf 99 |
| 475 | 275 DR | ET 165 |
| 476 | 276 DR | - |
| 477 | 277 DR | - |
| 478 | 278 DR | Sonderfahrzeuge S-Bahn Berlin |
| 479 | 279 DR | ET 188 |
| 485 | 270 DR | - |

*V 2305 der Mittelweserbahn trägt ihre Nummer, unter der sie im nationalen Fahrzeugeinstellungsregister zu finden ist, gut sichtbar unten auf dem Tank. Sie lautet 92 80 1277 405-7 D-MWB.* *Foto: Estler*

*143 276 erreicht mit einem Regionalexpress Stuttgart Hauptbahnhof. Bei der DR hießen die E-Loks der heutigen Baureihe 143 ursprünglich 243.* *Foto: Estler*

## Das nationale Fahrzeugeinstellungsregister von 2007

Am 19. Dezember 2006 trat das »Erste Gesetz zur Änderung des Allgemeinen Eisenbahngesetzes (AEG)« in Kraft. Eine der beschlossenen Änderungen ist die Einführung eines nationalen Fahrzeugeinstellungsregisters beim Eisenbahn-Bundesamt (EBA) mit einem zwölfstelligen Nummernsystem zum 1. Januar 2007. Ergänzt wird die zwölfstellige Nummer durch einen alphabetischen Ländercode und ein Halterkurzzeichen. Diese Buchstaben-Kennzeichnung besteht aus der Länderabkürzung (z.B. D für Deutschland, A für Österreich, CH für Schweiz analog den Länderkennzeichen im Straßenverkehr) sowie einer aus maximal fünf Großbuchstaben bestehenden Abkürzung für den Fahrzeughalter (also z.B. D-HLB für die Hessische Landesbahn). Hintergrund des Ganzen ist eine EU-Richtlinie, nach der im europäischen Schienennetz eingesetzte Schienenfahrzeuge national registriert sein müssen. Vergleichbar ist dies mit der Anmeldung eines Straßenkraftfahrzeugs beim Kraftfahrt-Bundesamt. Ferner soll durch das Register der grenzüberschreitende Verkehr vereinfacht werden, da international verkehrende Fahrzeuge künftig eindeutig zuzuordnen sind.

Für in Deutschland registrierte Schienenfahrzeuge legt das EBA einmalig eine Kennzeichnung der Bauart fest. Dabei werden historisch gewachsene Baureihen- und Typenbezeichnungen der Hersteller bzw. Betreiber soweit als möglich berücksichtigt. Bei zukünftigen Bauarten legt das EBA in Abstimmung mit dem Hersteller eine neue Baureihenbezeichnung fest, wobei die Fahrzeughersteller auf Wunsch der Besteller Nummerngruppen reservieren lassen können. Wird ein Fahrzeug beispielsweise umgebaut, obliegt es der Entscheidung des EBA, ob eine neue Fahrzeugnummer zu vergeben ist, weil es dann nicht mehr der alten Baureihe angehört. Bestandsfahrzeuge dürfen ihre heutigen Bezeichnungen behalten. Allerdings wird bei Aufnahme in das nationale Fahrzeugeinstellungsregister eine eindeutige zwölfstellige Fahrzeugnummer vergeben. Den Eisenbahnverkehrsunternehmen steht es darüber hinaus frei, betriebsintern eigene Bezeichnungen zu verwenden und an den Fahrzeugen auch anzubringen. Freigestellt von der Aufnahme ins Fahrzeugregister sind Fahrzeuge, die nur auf isolierten Netzen verkehren (z.B. Schmalspurbahnen) oder die nachweislich nur einen stark eingeschränkten Einsatzraum haben (z.B. Werkloks). Zwingend vorgeschrieben ist eine Aufnahme in das nationale Fahrzeugeinstellungsregister zunächst nur

- im Rahmen der Inbetriebnahme (erstes Fahrzeug, Konformitätserklärung, Umbau),
- bei Änderung von Registerdaten (Halterwechsel, technische Änderungen mit Gattungsänderung, Aktualisierung von Daten der vorherigen Registrierung),
- bei Außerdienststellung (vorübergehend stillgelegt, ausgeschlachtet, verschrottet, Museum u.ä.).

Auf Antrag werden auch Bestandsfahrzeuge in das nationale Fahrzeugeinstellungsregister aufgenommen. Ohne einen Registrierungsnachweis wird ab 1. Januar 2007 in Deutschland keine Inbetriebnahmegenehmigung mehr erteilt. Hierzu gehören insbesondere die Angaben zu den Voraussetzungen der Inbetriebnahme und des Betriebs sowie zum jeweiligen Halter, von denen langfristig jeder eine solche Kennzeichnung benötigt.

Die zwölfstellige Fahrzeugnummernvergabe erfolgt durch das EBA bei Triebfahrzeugen nach folgendem Schema, das sich an der europäischen Vorgabe »Anlage P der TSI Betrieb« (TSI = Technische Spezifikationen für die Interoperabilität) orientiert:

1. Ziffer: Triebfahrzeuge erhalten die Ziffer 9.

2. Ziffer: Kennzeichnung des Triebfahrzeugtyps nach folgendem Schema:

| Code | Triebfahrzeugtyp | Bemerkungen |
|---|---|---|
| 0 | Unterschiedlich | z.B. Dampflok, Hybridlok |
| 1 | E-Lok | Vmax ≥ 100 km/h |
| 2 | Diesellok | Vmax ≥ 100 km/h |
| 3 | E-Triebzug (HGV) | Vmax ≥ 190 km/h |
| 4 | E-Triebzug (außer HGV) | Vmax < 190 km/h |
| 5 | Diesel-Triebzug | |
| 6 | Spezieller Beiwagen/Anhänger | |
| 7 | E-Rangierlok | Vmax < 100 km/h |
| 8 | Diesel-Rangierlok | Vmax < 100 km/h |
| 9 | Instandhaltungsfahrzeug | Nebenfahrzeuge |

3. und 4. Ziffer: Kennzeichnung des Landes (Ziffer 80 für Deutschland)

5. bis 8. Ziffer: Kennung mit vier Ziffern für die Bauartbezeichnung im Triebfahrzeugtyp

Die DB AG hat sich entschlossen, ihren Fahrzeugbestand zu registrieren und mit den neuen UIC-Nummern zu kennzeichnen. Zunächst werden alle neu ausgelieferten und zuzulassenden Triebfahrzeuge ab Werk mit der neuen UIC-Nr. versehen. Alle anderen Triebfahrzeuge werden schrittweise umgezeichnet. Es ist jedoch geplant, bei den Streckenloks die UIC-Nr. nur an der Seite anzubringen, so dass es an den Stirnflächen keine optischen Veränderungen gibt. In umfangreichen Verhandlungen mit dem EBA konnte die DB eine vorläufige Festlegung für die fünfte Ziffer erreichen, wodurch weitgehend die Änderung der bestehenden Kontrollziffer vermieden wird. Für eine reibungsarme Bestandsübernahme und zur Sicherstellung des laufenden Eisenbahnbetriebs traf das EBA daher folgende Festlegungen für die fünfte Ziffer:

| Triebfahrzeugtyp | Festlegung der ersten 5 Ziffern |
|---|---|
| E-Lok ≥ 100 km/h bei DB AG | 91 80 6xxx |
| E-Lok ≥ 100 km/h bei anderen VU | 91 80 xxxx |
| Diesellok ≥ 100 km/h bei DB AG | 92 80 1xxx |
| Diesellok ≥ 100 km/h bei anderen VU | 92 80 xxxx |
| E-Rangierlok bei DB AG | 97 80 8xxx |
| E-Rangierlok bei anderen VU | 97 80 xxxx |
| Diesel-Rangierlok bei DB AG | 98 80 3xxx |
| Diesel-Rangierlok bei anderen VU | 98 80 xxxx |
| E-Triebzug (HGV) bei DB AG | 93 80 5xxx |
| E-Triebzug (HGV) bei anderen VU | 93 80 xxxx |
| E-Triebzug < 190 km/h bei DB AG | 94 80 0xxx |
| E-Triebzug < 190 km/h bei anderen VU | 94 80 xxxx |
| Diesel-Triebzug bei DB AG | 95 80 0xxx |
| Diesel-Triebzug bei anderen VU | 95 80 xxxx |

Nach den ersten fünf Ziffern folgt bei DB-Fahrzeugen jeweils die siebenstellige DB-Nummer. Bei elektrischen und Diesel-Triebzügen wird - wie bei der DB schon bisher - pro Wagenkasten eine Nummer vergeben. Dieses Verfahren garantiert eine kompatible Schnittstelle zwischen dem neuen zwölfstelligen und dem bisherigen siebenstelligen Datensystem für Triebfahrzeuge. Einzige Ausnahme sind die Verbrennungstriebwagen der DB, wo eine Anpassung der Kontrollziffer erforderlich ist.

9. bis 11. Ziffer: laufende Nummer in dieser Lok-Bauart

12. Ziffer:
EDV-Prüfziffer, welche nach dem Schema errechnet wird, das im Kapitel »Die Einführung EDV-gerechter Betriebsnummern bei DB und DR« beschrieben ist. Die Prüfziffer wird dann wie folgt ermittelt: Unter die elfstellige Baureihennummer wird die Ziffernfolge 21212121212 geschrieben und die untereinander stehenden Ziffern werden miteinander multipliziert:
91 80 6103 218
21 21 2121 212
18-1-16-0-12-1-0-3-4-1-16
Die Quersumme dieser Zahlenfolge (1+8+1+1+6+0+1+2+1+0+3+4+1+1+6) ist die Zahl 36. Diese Zahl wird von der nächsten Zehnerzahl (hier 40) abgezogen. Die Differenz ergibt die Kontrollziffer (hier 4). Die Lokomotive hat also die Betriebsnummer 91 80 6103 218-4.

NE-Fahrzeuge werden bei der Bestandsübernahme bei gleichem Fahrzeugtyp in die gleiche Baureihe passend einsortiert bzw. mit einer neuen, vom EBA festgelegten Baureihenbezeichnung aufgenommen, wenn der Fahrzeugtyp noch nicht vorhanden ist. Sonderfälle wie Hybridfahrzeuge oder Dampfloks erhalten eine Fahrzeugnummer, die mit dem Code 9080 beginnt. Bei Verkauf eines Fahrzeugs innerhalb des nationalen Registers ändert sich übrigens nur das Halter-Kurzzeichen.

Bezeichnungsbeispiele:

| Tfz-Typ | Heute | NEU |
|---|---|---|
| E-Lok ≥ 100 km/h | 101 001-6 = | 91 80 6101 001-6 D-DB |
| Diesellok ≥ 100 km/h | 218 499-2 = | 92 80 1218 499-2 D-DB |
| E-Triebzug (HGV) | 403 022-7 = | 93 80 5403 022-7 D-DB |
| E-Triebzug < 190 km/h | 423 444-9 = | 94 80 0423 444-9 D-DB |
| | 433 444-7 = | 94 80 0433 444-7 D-DB |
| | 433 944-6 = | 94 80 0433 944-6 D-DB |
| | 423 944-8 = | 94 80 0423 944-8 D-DB |
| Diesel-Triebzug | 643 066-4 = | 95 80 0643 066-3 D-DB |
| | 943 066-1 = | 95 80 0943 066-0 D-DB |
| | 643 566-3 = | 95 80 0643 566-2 D-DB |

# Bezeichnungssysteme der Länderbahnen vor 1920

*Als Gattungen Xa bis Xb bezeichnete die Badische Staatsbahn ihre Rangiertenderlokomotiven.*
*Foto: Slg. Töpelmann, Archiv transpress*

In diesem Typenbuch werden neben den Triebfahrzeugen von DRG, DB, DR und DB AG auch Lokomotiven und Triebwagen der bis 1920 eigenständigen Länderbahnen vorgestellt. Jede Bahngesellschaft hatte bis zur Gründung der Reichsbahn im Jahr 1920 ein eigenes System, ihre Triebfahrzeuge zu klassifizieren und zu nummerieren. Im Folgenden werden die Bezeichnungssysteme der Länderbahnen kurz angerissen, da in der Kopfzeile der entsprechenden Fahrzeugbeschreibungen auch die vormalige Länderbahnbezeichnung aufgeführt ist.

## Badische Staatsbahn (bis 1918 Großherzoglich Badische Staats-Eisenbahnen)

Im Großherzogtum Baden begann bereits am 12. September 1840 das Eisenbahnzeitalter, als der Abschnitt Mannheim–Heidelberg als Teil der großen badischen Hauptbahn von Mannheim nach Basel eröffnet werden konnte. Zwar hatte sich Baden von Anfang an dem Staatsbahnwesen verschrieben, doch ausländische Berater veranlassten eine verhängnisvolle Fehlentscheidung bei der Wahl der Spurweite. Die badischen Strecken waren zunächst in Breitspur (1.600 mm) angelegt. Da sich aber in der Folge die Nachbarstaaten dieser Spurweite nicht anschlossen und Baden eine verkehrstechnische Isolation drohte, wurde in den Jahren 1854/55 über 280 km Strecke auf Normalspur umgenagelt. Daneben spurte man 63 Lokomotiven und 1.100 Wagen um.

Die Badischen Staatsbahn führte schon zeitig für ihre Lokomotiven Gattungszeichen mit römischen Ziffern ein, wobei jede Bauart ein neues Gattungszeichen erhielt. Ab 1868 galt ein neues Bezeichnungsschema, was ebenfalls römische Ziffern verwendete. Diese gaben aber jetzt den Verwendungszweck der Lokomotiven an. Bauartunterschiede innerhalb einer Gattung kennzeichneten kleine Buchstaben (beginnend mit a), die einzelnen Lieferserien wurden durch arabische Ziffern (beginnend mit 1) angegeben. Dieses Schema bestand bis zur Übernahme durch die DRG und umfasste folgende Gattungen:

| Gattung | Typ |
|---|---|
| Ia bis Ig | leichte Tenderlokomotiven mit den Radsatzfolgen 1A, B, 1B, 1'B |
| IIa bis IId | Schnellzuglokomotiven mit den Radsatzfolgen 2'B und 2'B1' |
| III, IIIa, IIIb | Personenzuglokomotiven mit der Radsatzfolge 2'B |
| IVa bis IVh | Schnellzuglokomotiven (auch Tenderlokomotiven) mit den Radsatzfolgen B1, 1B, 1'B1', 2'C, 1'C1' und 2'C1' |
| Va bis Vc | leichte Personenzuglokomotiven (auch Tenderlokomotiven) mit den Radsatzfolgen 1B und 2'B |
| VIa bis VIc | Personenzuglokomotiven (auch Tenderlokomotiven) mit den Radsatzfolgen 1'C und 1'C1' |
| VIIa bis VIId | Güterzuglokomotiven der Radsatzfolge C |
| VIIIa bis VIIIe | Güterzuglokomotiven (auch Tenderlokomotiven) mit den Radsatzfolgen B'B, D und 1'D |
| IXa bis IXb | Zahnradtenderlokomotiven mit den Radsatzfolgen C und C1' |
| Xa bis Xb | Rangiertenderlokomotiven mit den Radsatzfolgen C und D |

Die nach preußischem Vorbild beschafften 1'Eh3-Güterzuglokomotive der Gattung G 12 behielt diese Gattungsbezeichnung auch in Baden. Die Nummerierung badischer Dampfloks begann mit der Bahnnummer 1 und es wurde fortlaufend weiter nummeriert. Durch Ausmusterung frei gewordene Bahnnummern wurden mit Neubeschaffungen wieder belegt. War keine Nummer frei, nummerierte die Badische Staatsbahn fortlaufend weiter. Einzelne Bahnnummern sind auf diese Weise bis zu viermal besetzt worden. Zusätzlich trugen die ersten badischen Lokomotiven zu ihren Bahnnummern auch Namen, doch bereits 1868 wurde ab der Bahnnummer 217 auf eine Namensgebung verzichtet.

Als Gattungsbezeichnung für ihre Elektrolokomotiven verwendete die Badische Staatsbahn ein A und eine arabische Zahl, welche der Reihenfolge der Beschaffung der einzelnen Gattungen entsprach. Umfasste eine Ellokgattung mehr als eine Lokomotive, wurden (beginnend mit 1) fortlaufende Betriebsnummern vergeben.

## Bayerische Staatsbahn (bis 1918 Königlich Bayerische Staatseisenbahnen)

In Bayern wurde als erste Eisenbahn auf deutschem Boden am 7. Dezember 1835 die Strecke von Nürnberg nach Fürth eröffnet. War diese noch auf Privatinitiative entstanden, erkannte der Staat recht schnell die Vorteile, welche die Eisenbahn für Handel, Wirtschaft und Verkehr darstellte. Umfangreiche Privatbahnen wie in Sachsen und Preußen gab es in Bayern nicht, der Staat baute ab 1850 die Mehrzahl der Strecken. Die Erschließung des östlichen Bayerns übernahm zwar zunächst die private, 1856 gegründete Bayerische Ostbahn, doch war der Staat auch an ihr beteiligt. Außerdem wurde die Ostbahn schon zum 1. Januar 1875 verstaatlicht.

Die Bayerische Staatsbahn entwickelte früh ein relativ übersichtliches Bezeichnungsschema für ihre Lokomotiven, das Großbuchstaben verwendete, welche die Zahl der gekuppelten Radsätze charakterisierte:

A ungekuppelte Lokomotiven mit Tender
AA ungekuppelte Lokomotiven mit Vorspannachse (Booster) und Tender
B zweifach gekuppelte Lokomotiven mit Tender
BB Mallet-Lokomotiven mit zwei zweifach gekuppelten Triebwerken
C dreifach gekuppelte Lokomotiven mit Tender
D Tenderlokomotiven (ohne Berücksichtigung der Zahl der gekuppelten Radsätze)
E vierfach gekuppelte Lokomotiven mit Tender

Jede neue Lokomotivgattung erhielt (beginnend mit I) fortlaufend eine arabische Ziffer. Da dieses Schema keine Information über den Verwendungszweck der Maschinen vermittelte, führte die Bayerische Staatsbahn ab 1901 ergänzend ein neues Bezeichnungssystem ein. Haupt- und Nebengattungszeichen wiesen auf die Verwendung der Lokomotiven hin. Dazu wurden die Zahl der gekuppelten Radsätze und die Gesamtzahl der Radsätze als Bruch angegeben. Hauptgattungszeichen waren:

S Schnellzuglokomotive
P Personenzuglokomotive
G Güterzuglokomotive
M Motorlokomotive
R Rangierlokomotive

Die Nebengattungszeichen hatten folgende Bedeutung:

H Heißdampf
L Lokalbahnlokomotive.
N Nassdampf
s Schmalspurlokomotive
t Tenderlokomotive
z Zahnradlokomotive

Folgende Beispiele mögen diese Systematik verdeutlichen:

S 3/6 Schnellzuglokomotive mit drei gekuppelten und insgesamt sechs Radsätzen
P 3/5 H Personenzuglokomotive mit drei gekuppelten und insgesamt fünf Radsätzen und Heißdampftriebwerk
PtzL 3/4 Personenzug-Tenderlokomotive für Zahnradbetrieb auf normalspurigen Strecken lokalen Charakters mit drei gekuppelten Radsätzen und einem Laufradsatz

Mit seiner Einführung verwendete die Bayerische Staatsbahn dieses System für alle neu beschafften Dampfloks. Jedoch wurden die nach dem alten System bezeichneten Loks nicht umgezeichnet, sondern liefen in dieser Form, bis die Bayerische Staatsbahn in der DRG aufging.

Bis 1890 erhielten die bayerischen Dampfloks neben einer Bahnnummer auch einen Namen. Ab 1891 wurde nur noch eine Bahnnummer vergeben, wobei meistens einer Gattung auch eine Nummernreihe zugeordnet war. Wilde Nummerierungen oder Doppelbelegungen waren sehr selten.

Wie bei den Dampflokomotiven war die Gattungsbezeichnung für elektrische Lokomotiven bei der Bayerischen Staatsbahn aufgebaut. Sowohl Verwendungszweck als auch die Anzahl der angetriebenen und aller Radsätze war erkennbar. Eine fünfstellige Betriebsnummer erlaubte eine eindeutige Identifizierung:

| | | |
|---|---|---|
| EP 3/5 | 20 001 bis 20 005 | Personenzuglokomotiven |
| EP 3/6 | 20 101 bis 20 104 | Personenzuglokomotiven |
| EP 3/6 | 20 121 bis 20 124 | Personenzuglokomotiven |
| EG 4x1/1 | 20 201 und 20 202 | Güterzuglokomotiven |
| EG 2x2/2 | 20 221 und 20 222 | Güterzuglokomotiven |

Die Gruppenverwaltung Bayern der DRG änderte 1920 die Gattungsbezeichnungen der bayerischen Elloks. Die fünfstelligen Betriebsnummern wurden beibehalten. Jeder Gattung war aber nun eine eindeutige Gattungsbezeichnung zugeordnet, welche allerdings nichts mehr über das Kuppelradsatzverhältnis aussagte.

| | | |
|---|---|---|
| ES 1 | | Schnellzuglokomotiven |
| EP 1 | ex. EP 3/5 | Personenzuglokomotiven |
| EP 2 | | Personenzuglokomotiven |
| EP 3 | ex. EP 3/6 20101-20104 | Personenzuglokomotiven |
| EP 4 | ex. EP 3/6 20121-20124 | Personenzuglokomotiven |
| EP 5 | | Personenzuglokomotiven |
| EG 1 | ex. EG 4x1/1 | Güterzuglokomotiven |
| EG 2 | ex. EG 2x2/2 | Güterzuglokomotiven |
| EG 3 | | Güterzuglokomotiven |
| EG 4 | | Güterzuglokomotiven |
| EG 5 | | Güterzuglokomotiven |

*Die Bayerische Staatsbahn besaß ein Bezeichnungssystem, das neben dem Verwendungszweck auch die Achsanordnung enthielt. Die Pt 2/5 mit der Bahnnummer 5201 war also eine Personenzug-Tenderlokomotive mit zwei gekuppelten Achsen und fünf Achsen insgesamt. Foto: Slg. Töpelmann, Archiv transpress*

## Mecklenburgische Staatsbahn (bis 1918 Großherzoglich Mecklenburgische Friedrich-Franz-Eisenbahn)

Mit der Aufnahme des durchgehenden Betriebes auf der Berlin-Hamburger Eisenbahn kam 1846 auch das Großherzogtum Mecklenburg-Schwerin erstmals in den Genuss des neuen Verkehrsmittels. Unter privater Initiative entstand ab 1847 die erste eigene Eisenbahn im Großherzogtum, welche von Hagenow (Anschluss an die Berlin-Hamburger Bahn) nach Schwerin und später weiter nach Wismar und Rostock führte. Sie erhielt den Namen Friedrich-Franz-Eisenbahn. Erst ab 1863 erfolgte der Bahnbau auch unter staatlicher Regie. 1873 entschloss sich der Staat, die Friedrich-Franz-Eisenbahn zu kaufen. Als Großherzogliche Friedrich-Franz-Eisenbahn blieb sie aber nur zwei Jahre in Staatsbesitz, denn finanzielle Probleme führten zum Verkauf der Aktien, so dass die Bahn wieder privatisiert wurde. Zwischen 1880 und 1890 verdoppelte sich das Streckennetz im Großherzogtum. Die meisten Wirtschaftsgebiete waren zwar nun an das Eisenbahnnetz angeschlossen, doch die Vielzahl der privaten Bahngesellschaften verfolgte eher eigene Interessen als dem gesamtwirtschaftlichen Nutzen zu dienen. Der Staat sah sich daher erneut zum Eingreifen veranlasst und führte zwischen 1890 und 1894 eine zweite Verstaatlichungswelle durch, aus welcher die Großherzogliche Mecklenburgische Friedrich-Franz-Eisenbahn (MFFE) hervorging. Dieses Unternehmen hatte bis 1918 Bestand und firmierte dann als Mecklenburgische Staatsbahn.

Bis 1895 waren die Lokomotiven entsprechend ihrem Verwendungszweck in Gattungen eingeteilt, die durch römische Ziffern bezeichnet wurden:

| Gattung | Typ |
|---|---|
| I bis VII | Reisezuglokomotiven |
| VIII bis X | Güterzuglokomotiven |
| XX | Güterzuglokomotiven |
| XI bis XVII | Tenderlokomotiven |
| XXI | Tenderlokomotiven |
| XVIII bis XIX | Schmalspurlokomotiven |

Charakteristisch für die mecklenburgischen Bahnen waren geringes Verkehrsaufkommen, weitgehend ebene Strecken und ein leichter Oberbau. Entsprechend einfach und leicht konnten die Lokomotiven ausgeführt werden. Ab 1884 orientierte sich der Neubau von Maschinen fast ausschließlich nach preußischem Vorbild. Lediglich die Gattungen T 4 und T 7 (Schmalspur) waren eigene Entwicklungen. Daher war es nur logisch, dass die Mecklenburgische Staatsbahn gegen Ende des 19. Jahrhunderts das preußische System übernahm. Die Betriebsnummern blieben unverändert. Die Gattungsbezeichnung bestand nun aus einem Buchstaben und einer arabischen Ziffer. Die Buchstaben standen für:

P Reisezug-, (Personenzug-)Lokomotiven
G Lokomotiven im Güterzugdienst
T Tenderlokomotiven (auch Schmalspur)

Eine zusätzliche Indexziffer kennzeichnete das Arbeitsverfahren. Für einfache Dampfdehnung stand die Zahl 1, für Verbundmaschinen die Zahl 2. Bei der geringen Zahl von Lokomotiven konnte jeder Gattung eine eigene Nummernreihe zugewiesen werden. Zweitbesetzungen waren nicht erforderlich.

## Oldenburgische Staatsbahn (bis 1918 Großherzoglich Oldenburgische Staatseisenbahnen)

Vergleichsweise spät begann im Großherzogtum Oldenburg der Eisenbahnbau. Das dünn besiedelte und industriell wenig erschlossene Land erforderte nur ein geringes Verkehrsbedürfnis. Technische Schwierigkeiten beim Bahnbau erwartete man durch zahlreichen Wasserläufe und Moorgebiete in dem ansonsten flachen Land. Die Regierung besaß weder die finanziellen Mittel noch wollte sie dem Königreich Preußen als politischem Gegner einen Bahnanschluss an die Nordsee verschaffen.

Doch schließlich war es Preußen, das den Bahnbau in Oldenburg in Gang brachte. Zum Bau eines Kriegshafens (später Wilhelmshaven) hatte 1853 das Großherzogtum Oldenburg dem Königreich Preußen ein Gebiet um die Ortschaft Heppens abgetreten. Dieser Kriegshafen musste natürlich einen Eisenbahnanschluss besitzen. Politischer Druck und finanzielle Unterstützung von Seiten Preußens führten schließlich 1867 zur Eröffnung der ersten Strecken der Großherzoglich Oldenburgischen Staatseisenbahnen, welche von Oldenburg nach Bremen und nach Wilhelmshaven führten. Langsam folgten weitere Strecken, doch bis 1920 verfügte Oldenburg nur über ein 691 km großes Eisenbahnnetz.

Die Oldenburgische Staatsbahn gab ihren Lokomotiven einen Namen und Bahnnummern in der Reihenfolge ihrer Beschaffung. Doppelbesetzungen gab es nicht, da die Nummern ausgemusterter Loks nicht wieder belegt wurden. Bei der Namensgebung ging die Staatsbahn eigene Wege. Die vergleichsweise geringe Zahl der Loks ließ es zu, jede Gattung mit einer Namensgruppe eindeutig abzugrenzen. Die Schnellzuglokomotiven fuhren mit den Namen germanischer Götter, die 2'Bn2v-Personenzuglokomotiven mit Namen der Planeten unseres Sonnensystems. Die Cn2-Tenderlokomotiven hörten auf die Namen von Singvögeln (AMSEL, DROSSEL, FINK, STAR), die kleinen 1A-Tenderloks auf Namen wie FLINK, FLOTT, FRISCH und die Bn2-Tenderloks auf die neckischen Namen SCHNIPP, SCHNAPP und SCHNURR. Damit erübrigten sich Gattungsbezeichnungen.

Zum Teil baute die Oldenburgische Staatsbahn ihre Lokomotiven selbst, zum Teil standen bewährte preußische Vorbilder Pate. Erst unmittelbar vor der Übernahme durch die DRG rang sich die Bahnverwaltung zu Gattungsbezeichnungen nach preußischem Vorbild durch, wobei die Buchstaben S, P, G und T vergeben wurden. Die Schmalspurlokomotiven von Oldenburgs einziger Schmalspurbahn (1.000 mm) auf der ostfriesischen Insel Wangerooge blieben davon ausgenommen.

## Die Pfalzbahnen (bis 1909 Pfälzische Eisenbahnen, bis 1918 Pfalzbahn der Königlich Bayerischen Staatseisenbahnen)

In der zum Königreich Bayern gehörenden Pfalz blieb der Bahnbau privater Initiative vorbehalten. Schon 1837 genehmigte der bayerische König Ludwig I. den Bau der ersten Eisenbahn in der Pfalz. Als Pfälzische Ludwigsbahn nahm sie 1847 auf den Teilstrecken Ludwigshafen–Schifferstadt–Neustadt/Weinstraße und Schifferstadt–Speyer den Betrieb auf. Bis 1865 kamen noch zwei weitere Privatbahnen hinzu, die Maximiliansbahn und die Pfälzische Nordbahn. Im Interesse einer wirtschaftlichen Betriebsführung schlossen sich am 1. Januar 1870 diese drei Bahngesellschaften zu den Pfälzischen Eisenbahnen zusammen, ohne jedoch ihre Selbstständigkeit völlig aufzugeben. Ungefähr ab 1898 führten die Pfalzbahnen Gattungsbezeichnungen mit Buchstaben, arabischen und römischen Ziffern ein. Die Buchstaben zeigten den Verwendungszweck an:

| | |
|---|---|
| P | Reisezug-, (Personenzug-)Lokomotiven mit und ohne Tender |
| G | Güterzuglokomotiven |
| T | Tenderlokomotiven im Rangier- und Nebenbahndienst |
| L | Lokalbahnlokomotiven (nur schmalspurige Tenderlokomotiven) |

Jede Baureihe einer Gattung erhielt in der Reihenfolge ihrer Beschaffung eine arabische Ziffer (P 1 bis P 5, G 1 bis G 5 usw.). Jede Weiterentwicklung oder Bauartänderung einer Baureihe wurde zusätzlich zur arabischen Ziffer durch eine römische Hochzahl (P 1', P 1'', P 1''') gekennzeichnet. Daneben besaßen die Lokomotiven Namen und Nummern, wobei die Nummern ausgemusterter Lokomotiven erneut vergeben wurden.

Am 1. Januar 1909 wurden die Pfalzbahnen verstaatlicht und von den Königlich Bayerischen Staatseisenbahnen übernommen. Das Streckennetz umfasste zu diesem Zeitpunkt 872 km. Nach der Verstaatlichung blieben die pfälzischen Gattungsbezeichnungen bei den vorhandenen Loks erhalten. Erst Neubeschaffungen wurden nach bayerischem Schema eingereiht.

## Preußische Staatsbahn (bis 1896 Königlich Preußische Staatseisenbahnen, bis 1918 Vereinigte Preußische und Hessische Staatseisenbahnen)

Im Königreich Preußen blieb der Bau von Eisenbahnen anfangs vollständig privaten Investoren überlassen. Erst Jahre später trat der Staat als Bauherr auf oder kaufte die privaten Bahngesellschaften an. Mit dem Gesetz über die einheitliche Verwaltungsstruktur der Eisenbahnen vom 4. Februar 1880 wurde schließlich die Grundlage für den Aufbau eines staatlichen Eisenbahnwesens geschaffen. Damit konnten die Königlich Preußischen Staatseisenbahnen ins Leben gerufen werden. Vielfach wird für diesen Zeitraum die Existenz einer sogenannten »Königlich Preußischen Eisenbahn-Verwaltung« angenommen, die es organisatorisch unter einem solchen Namen jedoch nie gegeben hat. Fakt ist jedoch, dass paradoxerweise verschiedene Fahrzeuge preußischer Bahnen Embleme mit dem Kürzel »K.P.E.V.« trugen, welches fälschlich verwendet wurde. Bis 1895 entstanden als Verwaltungsbezirke die Eisenbahndirektionen, die weitgehend selbstständig agieren konnten und direkt dem Ministerium für öffentliche Arbeiten unterstanden. Ab dem 1. April 1883 galt für alle Direktionen und für die auf Rechnung des Staates geführten Privatbahnen ein einheitliches Nummernschema. Die Lokomotiven wurden entsprechend der Zahl der gekuppelten Radsätze und dem Verwendungszweck in Gruppen eingeteilt, wobei jeder Gruppe eine Nummernreihe zugeordnet war:

| | |
|---|---|
| 1-99 | ungekuppelte Lokomotiven |
| 100-499 | zweifach gekuppelte Reisezuglokomotiven |
| 500-799 | zweifach gekuppelte Güterzuglokomotiven |
| 800-1399 | dreifach gekuppelte Güterzuglokomotiven |
| 1400-1699 | zweifach gekuppelte Tenderlokomotiven |
| 1700-1899 | dreifach gekuppelte Tenderlokomotiven |
| 1900-1999 | Speziallokomotiven |

Nach diesem Schema musste jede Direktion ihre Lokomotiven nummerieren und den Direktionsnamen hinzufügen. Theoretisch war es so möglich, dass in den elf vorhandenen Direktionen die gleiche Loknummer elfmal auftauchen konnte. Problematisch erwies sich auch bald die ungenügende Unterscheidung in einzelne Lokomotivbauarten. Eine detaillierte Unterscheidung war lediglich durch die sogenannten Musterblätter möglich, die schon ab 1875 in Preußen eingeführt worden waren. Die Herstellung der Lokomotiven sollte nach einheitlichen Vorschriften, den preußischen »Normalien«, erfolgen. Dabei waren die Spezifikationen eines jeden Lokomotivtyps in einem Musterblatt festgelegt. Diese Angabe wurde aber nur bahnintern verwendet, bei der Bezeichnung einer Lokomotive spielte sie keine Rolle.

Um 1890 war die Verstaatlichung der Bahnen auf preußischem Territorium weitgehend abgeschlossen. Im Jahr 1896 gingen die Königlich Preußischen und die Großherzoglich Hessischen Staatseisenbahnen eine Betriebs- und Finanzgemeinschaft ein. Die Zahl der Direktionen war damit auf 21 angestiegen und natürlich war bei der Vielzahl von Lokomotiven auch das Nummernsystem von 1883 längst nicht mehr ausreichend. Zur genaueren Unterscheidung kam nun folgendes Schema zur Anwendung:

| | |
|---|---|
| 3/5 | Zahl der Kuppelradsätze/Gesamtzahl der Radsätze |
| H | Heißdampf-Lokomotive |
| SL | Schnellzug-Lokomotive |
| PL | Personenzug-Lokomotive |
| GL | Güterzug-Lokomotive |
| TL | Tender-Lokomotive |
| 3cyl. | Dreizylindertriebwerk |
| 4cyl. | Vierzylindertriebwerk |
| v. | Verbundtriebwerk |
| dr. | Laufdrehgestell |
| dr.kr. | Drehgestell Bauart Krauss (Lenkgestell) |

Nicht gesondert ausgewiesen wurden Schlepptenderloks, Zweizylindertriebwerke und die Betriebsart Nassdampf. Die spätere P 8 (DRG 38.10-40) war nach diesem Schema also eine 3/5 HPL dr. Zu weiteren Unterscheidung konnten das Einsatzgebiet (wie z.B. Ruhrtyp, Bauart Wannsee), die für die Entwicklung verantwortliche Direktion (z.B. Bauart Erfurt), die Urheberfirma, der Konstrukteur oder nur das Baujahr angegeben werden.

Erst ab 1903 führten die Preußisch-Hessischen Staatsbahnen Gruppenzeichen ein, welche vier Hauptgruppen umfassten:

| | | |
|---|---|---|
| S | = | Schnellzuglokomotiven |
| P | = | Personenzuglokomotiven |
| G | = | Güterzuglokomotiven |
| T | = | Tenderlokomotiven |

Diese Buchstaben wurden durch beigestellte Zahlen ergänzt, welche Leistungsklasse und Dampfart ausdrückten. Heißdampfmaschinen erhielten gerade, und Nassdampfloks ungerade Zahlen. Je höher die Zahl, desto höher auch die Leistungsklasse. Gleichzeitig wurde das Nummernsystem so geändert, dass aus der Nummernreihe eine Unterscheidung in Zwillings- und Verbundlokomotiven möglich war.

Ab etwa 1910 entstanden aus den Gruppenzeichen durch die zusätzliche Indizierung mit einer Ziffer die Gattungszeichen. Beispielsweise wurden jetzt die Tenderlokomotiven der Gruppe T 9, je nach Anordnung des Laufradsatzes und der konstruktiven Ausführung, in T 9.1, T 9.2 und T 9.3 unterschieden. Die Schnellzugmaschine »verstärkte S 3« erhielt das Gattungszeichen S 5.2. Doch den grundlegenden Mangel des preußischen Nummernsystems konnte auch diese feine Differenzierung nicht lösen. Bis zum Übergang auf die DRG blieb die mehrfache Vergabe einer Bahnnummer ein großes Problem.

Ihre Wechselstrom-Lokomotiven kennzeichneten die Preußisch-Hessischen Staatsbahnen anfangs mit einer aus drei Buchstaben bestehenden Gattungsbezeichnung und einer fünfstelligen Betriebsnummer in der Reihenfolge ihrer Beschaffung:

| | |
|---|---|
| WSL 10501 ff | Schnell- und Personenzugmaschinen (Wechselstrom-Schnellzug-Lokomotive) |
| WGL 10201 ff | Güterzugmaschinen (Wechselstrom-Güterzug-Lokomotive) |

Hingegen gab es für die Akkumulator-Triebwagen anfangs keine besondere Gattungsbezeichnung. Sie erhielten zunächst zwei-, drei- oder vierstellige Nummern, wobei jede Eigentumsdirektion unterschiedlich verfuhr.

Ab 1911/1912 kam für die elektrischen Triebfahrzeuge ein neues Bezeichnungssystem zur Anwendung:

| | |
|---|---|
| ES 1 ff | Schnellzuglokomotiven |
| EP 201 ff | Personenzuglokomotiven |
| EG 501 ff | Güterzuglokomotiven |
| EV 1 ff | Rangierlokomotiven |
| ES 1 ff | Triebgestelle (führerstandslose Elektrolokomotiven) |
| ET | Elektrische Triebwagen |
| AT 201 ff | Akkumulator-Triebwagen |

Elektrolokomotiven aus zwei selbstständig verfahrbaren Teilen erhielten Doppelnummern (z.B. EG 551/552). Analog wurde mit Doppeltriebwagen verfahren (z.B. AT 241/242). Zwei- und dreiteilige Elektroloks bekamen zur Unterscheidung kleine Buchstaben zugesetzt (z.B. EG 538 abc). Bei dreiteiligen Triebwagenzügen wurde ein ähnliches Verfahren gewählt. Der Mittelwagen eines dreiteiligen Zuges erhielt die Nummer des einen Endwagens mit dem Zusatzbuchstaben »a« (z.B. ET 831/831a/832 oder AT 533/533a/534). Die Bezeichnung AT oder ET wurde auch für antriebslose Endwagen (Steuerwagen) verwendet.

*Die Preußische Staatsbahn führte 1903 ihr bekanntes Bezeichnungssystem mit den Gattungen S, P, G und T ein. Die kleine T4 Mainz 6504 trug am Führerhaus noch den Schild mit dem preußischen Adler und dem hessischen Löwen der Preußisch-Hessischen Staatsbahn.*

*Foto: Slg. Töpelmann, Archiv transpress*

*Die Dampflokomotiven der preußischen Gattung T 18 reihte die Deutsche Reichsbahn-Gesellschaft nach ihrem dritten Umzeichnungsplan als Baureihe 78 ein. Die letzten Maschinen dieser leistungsfähigen Gattung musterte die Deutsche Bundesbahn erst Anfang der 1970er-Jahre aus.*
*Foto: Hubert, Slg. Töpelmann, Archiv transpress*

## Sächsische Staatsbahn (bis 1918 Königlich Sächsische Staats-Eisenbahnen)

Auch der sächsische Staat trat anfangs nicht als Bauherr von Eisenbahnstrecken auf, förderte aber ihren Bau durch private Gesellschaften. Die ersten staatlichen Bahnen entstanden durch den Aufkauf von Privatbahngesellschaften, die in finanzielle Schwierigkeiten geraten waren und an deren Strecken der Staat ein unmittelbares Interesse hatte. Bedingt durch die topografischen Verhältnisse Sachsens gab es zunächst eine Westliche und eine Östliche Staatsbahn mit eigenen Direktionen. Erst nach der Aufnahme des durchgehenden Betriebs auf der Strecke Dresden-Freiberg-Chemnitz am 1. März 1869 konnten beide Direktionen zum 1. Juli des gleichen Jahres unter dem Dach der Königlichen Generaldirektion der Sächsischen Staatseisenbahn vereinigt werden. Ab diesem Zeitpunkt wandte sich der sächsische Staat verstärkt dem Bahnbau zu und kaufte auch die meisten Privatbahnen auf. So entstand das dichteste Eisenbahnnetz Europas.
In der Folge mussten auch die Lokomotivbestände neu geordnet werden. Schon ab 1871 wurde ein Gattungssystem eingeführt, das im Prinzip mit seinen Ergänzungen bis zur Übernahme durch

*Die Sachsen vergaben Hauptgattungszeichnungen.* *Foto: Slg. Koppisch, Archiv transpress*

die DRG Bestand hatte. Lokomotiven gleicher Bauart erhielten als Hauptgattungszeichen eine römische Ziffer, wobei die Klassifizierung entsprechend der Spurweite immer mit der Zahl »I« begann. Zusatzbuchstaben erweiterten das System im Laufe der Jahre:

V Verbundtriebwerk (in Frakturschrift)
H Heißdampf (in Frakturschrift)
T Tenderlokomotive
O Omnibus-Lokomotive (ab 1885 für Omnibuszüge)
S Sekundärbahn-Lokomotive (Nebenbahn-Lokomotive Normalspur) ab 1884
M Nebenbahn-Lokomotive für Meterspur ab 1902
K Nebenbahn-Lokomotive für Kleinspur (750 mm) ab 1881
a alt (wenn das Hauptgattungszeichen durch eine moderne Konstruktion nochmals besetzt wurde)
b Lokomotive mit beweglichem Laufradsatz (bei älteren Maschinen mit Nowotny-Lenkradsatz)
1 Schnellzuglokomotive (bei Maschinen gleicher Radsatzfolge)
2 Personenzuglokomotive (bei Maschinen gleicher Radsatzfolge)

Die Gattung XII H1 (DRG 17.8) war somit eine Schnellzuglokomotive, die Gattung XII H2 (DRG 38.2-3) eine Personenzuglokomotive.
Anfangs trugen in Sachsen alle Lokomotiven einen Namen. Die Privatbahnen verzichteten zum Teil auf die Vergabe von Nummern, dies erfolgte dann erst bei der Übernahme durch die Staatsbahn. Mit dem Nummernplan von 1892 versuchte die Staatsbahn, bestimmten Gattungen eindeutige Nummernreihen zuzuordnen. Die zunehmende Zahl von Lokomotiven erforderte in den Jahren 1900, 1906, 1912, 1916 und 1918 zum Teil weitgehende Korrekturen im Nummernplan. Ab 1892 entfiel bei Güterzuglokomotiven die Namensgebung. Die Staatsbahn zog bei ihnen alle Namensschilder ein und bewahrte sie auf, um sie gelegentlich wieder an Schnellzug- und Personenzugmaschinen anzubringen. Nach 1900 wurden überhaupt keine Namen mehr vergeben.

*Nach der Gründung der Deutschen Reichsbahn blieben die Bezeichnungssysteme der ehemaligen Länderbahnen bis zur Einführung des endgültigen Umzeichnungs-planes von 1925 in Kraft. Obwohl die T 16.1 bereits das Kürzel D.R.B. am Führerhaus trägt, hat sie noch ihre angestammten preußischen Loknummern.* *Foto: Slg. Töpelmann, Archiv transpress*

## Württembergische Staatsbahn (bis 1918 Königlich Württembergische Staats-Eisenbahnen)

Mit der Eröffnung der ersten Teilstrecke Cannstatt-Untertürkheim der württembergischen Ostbahn von Stuttgart nach Ulm begann am 22. Oktober 1845 im Königreich Württemberg das Eisenbahnzeitalter. Im Gegensatz zu anderen deutschen Staaten stand in Württemberg die Eisenbahn von Anfang an unter Staatshoheit. Ein königliches Dekret von 1843 bestimmte den Bau von Hauptstrecken zur Staatsaufgabe. Konzessionen an private Gesellschaften konnten lediglich für Nebenbahnen oder Zweigstrecken vergeben werden. Von dieser Möglichkeit wurde in der Folgezeit aber nur wenig Gebrauch gemacht.
Bedingt durch den schnell wachsenden Lokomotivpark musste die Württembergische Staatsbahn mehrmals die Klassifizierung ihrer Lokomotiven anpassen. Zuerst waren die Loks eines Herstellers in einer Klasse zusammengefasst, welche mit römischen Ziffern bezeichnet wurde. Dieses System wurde sehr schnell unübersichtlich und 1858 durch folgende neue Klasseneinteilung mit Großbuchstaben ersetzt:

Klasse A leichte Schnell- und Eilzuglokomotiven
Klasse B schwere Schnell- und Eilzuglokomotiven
Klasse C leichte Personenzuglokomotiven
Klasse D schwere Personenzuglokomotiven
Klasse E leichte Güterzuglokomotiven
Klasse F schwere Güterzuglokomotiven
Klasse T Tenderlokomotiven

Bald stellte sich heraus, dass eine Einteilung in leichte und schwere Lokomotiven zeitlich beschränkt war. Im Laufe der technischen Entwicklung wurden »schwere« Lokomotiven schnell zu »leichten« Lokomotiven. Bis zum Jahre 1892 erfolgte daher eine nochmalige Überarbeitung des Bezeichnungssystems, welches dann bis 1925 Bestand hatte. Es galten folgende Hauptgattungsbuchstaben:

Klassen A bis E Schnellzug- und Personenzuglokomotiven
Klassen F bis K Güterzuglokomotiven
Kassen T bis T 6 Tenderlokomotiven
Klasse DW Dampftriebwagena

Durch kleine Zusatzbuchstaben waren weitere Unterscheidungen möglich:

a alte Bauart
aa sehr alte, ausmusterungsreife Bauart

| | |
|---|---|
| c | compound (Verbundtriebwerk) |
| d | duplex (Doppeltriebwerk der Bauart Mallet) |
| h | Heißdampf |
| n | Nebenbahndienst |
| s | Schmalspur (Spurweite 1.000 mm) |
| ss | Schmalspur (Spurweite 750 mm) |
| z | Zahnradlokomotive |

Lokomotiven preußischer Bauart, die von der Württembergischen Staatsbahn in Dienst gestellt worden sind, behielten die preußische Gattungsbezeichnung (G 12, T 18 usw.). Die württembergischen Lokomotiven hatten von Anbeginn Namen erhalten (erst 1896 hat man auf eine Namensgebung verzichtet) und eine Bahnnummer, die nach Ausmusterung einer Lokomotive erneut besetzt worden ist. Charakteristisch für die Württembergische Staatsbahn waren die in eigener Werkstätte vorgenommenen Umbauten an Lokomotiven, die oft zu völlig neuen Gattungen führten. So entstanden beispielsweise aus Schlepptendermaschinen Tenderlokomotiven. Zum Teil sind die Lokomotiven nicht nur einmal umgebaut worden, so dass es für den Lokomotivhistoriker schwierig ist, den Ausgangspunkt zu ermitteln.

*Die Württembergische Staatsbahn ordnete ihre Fahrzeuge nach Klassen ein. Die Tenderlokomotiven fasste man als Klasse T zusammen.* *Foto: Slg. Koppisch, Archiv transpress*

## Anmerkungen

Wie schon erwähnt, sind die im Typenbuch behandelten Triebfahrzeuge nach den Nummernplänen der DRG und DB geordnet. Am Anfang stehen die Dampflokomotiven, welche mit den Schnellzugmaschinen der Baureihe 01 beginnen und mit den Schmalspurloks der Baureihe 99 enden. In entsprechender Reihenfolge werden Elektroloks, Dieselloks, Dampf-, Elektro-, Akku- und Dieseltriebwagen aufgeführt. In der Kopfzeile jeder Typenbeschreibung finden sich neben der Baureihenbezeichnung Informationen zu Herkunft und Verbleib des Triebfahrzeugs. An erster Stelle steht die Bahnverwaltung, welche das Triebfahrzeug beschafft hat bzw. von welcher Gesellschaft Lokomotiven oder Triebwagen an DRG, DB oder DR gelangten. Weiter folgen die deutschen Staatsbahnen (DRG, DB, DR), welche das jeweilige Triebfahrzeug in ihren Bestandslisten führten.

Bei Lokomotiven und Triebwagen der ehemaligen Länderbahnen steht vor der Länderbahn-Gattungsbezeichnung die entsprechende Länderbahnverwaltung in abgekürzter Form:

| | |
|---|---|
| bad. | für Badische Staatsbahn |
| bay. | für Bayerische Staatsbahn |
| meck. | für Mecklenburgische Friedrich-Franz-Eisenbahn |
| old. | für Oldenburgische Staatsbahn |
| pfälz. | für Pfälzische Eisenbahn bzw. Pfalzbahnen |
| pr. oder preuß. | für Preußische oder Preußisch-Hessische Staatsbahn |
| sä. oder sächs. | für Sächsische Staatsbahn |
| wü. oder württ. | für Württembergische Staatsbahn |

Zwischen 1930 und 1943 übernahm die DRG die Triebfahrzeuge verstaatlichter Privatbahnen. Der zum Teil geringe Fahrzeugbestand dieser Bahnverwaltungen machte eine Unterscheidung nach Gattungen meist überflüssig, so dass in der Kopfzeile in der Regel nur die Abkürzung der jeweiligen Bahngesellschaft aufgeführt ist:

| | |
|---|---|
| Hf Brm | Hafenbahn Bremen (verstaatlicht am 13. September 1930) |
| SAAR | Eisenbahnen des Saargebiets (übernommen am 1. März 1935) |
| LBE | Lübeck-Büchener Eisenbahn (verstaatlicht am 1. Januar 1938) |
| BLE | Braunschweigische Landes-Eisenbahn (verstaatlicht am 1. Januar 1938) |
| LAG | Lokalbahn AG München (verstaatlicht am 1. August 1938) |
| LEAG | Lausitzer Eisenbahn AG (verstaatlicht am 1. Januar 1939) |
| MFWE | Mecklenburgische Friedrich-Wilhelm-Eisenbahn (verstaatlicht am 1. Januar 1941) |
| WPE | Wittenberge-Perleberger Eisenbahn (verstaatlicht am 1. Januar 1941) |
| PE | Prignitzer Eisenbahngesellschaft (verstaatlicht am 1. Januar 1941) |
| ELE | Eutin-Lübecker Eisenbahn (verstaatlicht am 1. Mai 1941) |
| KOE | Kreis Oldenburger Eisenbahn (verstaatlicht am 1. August 1941) |
| ZFE | Zschipkau-Finsterwalder Eisenbahn (verstaatlicht 1943) |

Analog wird mit den Triebfahrzeugen verfahren, welche die DR 1949 von den in der Sowjetzone verstaatlichten Privatbahnen in ihren Bestand eingereiht hat. Die Abkürzungen stehen für folgende Bahngesellschaften:

| | |
|---|---|
| FKB | AG Franzburger Kreisbahnen |
| GHE | Gernrode-Harzgeroder Eisenbahn-Gesellschaft |
| GWME | Gera-Meuselwitz-Wuitzer Eisenbahn-AG |
| HBE | Halberstadt-Blankenburger Eisenbahn-Gesellschaft AG |
| HHE | Halle-Hettstedter Eisenbahn-Gesellschaft AG |
| LJK | Luckenwalde-Jüterboger Kleinbahn |
| MPSB | Mecklenburg-Pommersche Schmalspurbahn |
| NWE | Nordhausen-Wernigeroder Eisenbahn-Gesellschaft |
| RüKB | Rügensche Kleinbahnen AG |

Aus Platzgründen konnten die vielen technischen Daten einer Lokomotive oder eines Triebwagens nur auszugsweise wiedergegeben werden. Zu weiteren Angaben werden interessierte Leser auf die einschlägige Fachliteratur verwiesen. Der Datenblock ist wie folgt aufgebaut:

### Baureihenbezeichnung

Angegeben sind hier die Baureihenbezeichnung und/oder die Betriebsnummer, auf welche sich die technischen Daten beziehen. Dahinter ist die Eisenbahnverwaltung aufgeführt, welche diese Bezeichnung erstmals vergab.

### Spurweite (nur bei Schmalspurloks)

Bei DRG, DB und DR waren bzw. sind zum Teil heute noch schmalspurige Triebfahrzeuge mit den Spurweiten 600, 750, 900 und 1.000 mm im Bestand.

### Radsatzanordnung

Zur Beschreibung der Radsatzfolge bei Lokomotiven und Triebwagen werden folgende Buchstaben, Zahlen und Zeichen verwendet:

| | |
|---|---|
| A | ein im Hauptrahmen gelagerter Antriebsradsatz |
| B, C, ... | zwei, drei oder mehrere im Hauptrahmen gelagerte Antriebsradsätze, die miteinander gekuppelt sind |
| A' | ein vom Hauptrahmen unabhängiger, seitenverschiebbarer Treibradsatz |
| B', C', ... | zwei, drei oder mehrere vom Hauptrahmen unabhängige Treibradsätze, die miteinander gekuppelt und in einem eigenen Rahmengestell gelagert sind |
| o | Einzelradsatz-Antrieb (zusätzlich zum Großbuchstaben) |
| 1 | ein im Hauptrahmen gelagerter Laufradsatz |
| 2, 3 | zwei oder drei aufeinander folgende, im Hauptrahmen gelagerte Laufradsätze |
| 1' | ein vom Hauptrahmen unabhängiger, seitenverschiebbarer Laufradsatz |
| 2', 3' | zwei oder drei vom Hauptrahmen unabhängige Laufradsätze, die in einem eigenen Rahmengestell gelagert sind |
| (1A) o.Ä. | sind Lauf- und Antriebsradsatz in einem eigenen Rahmengestell vereinigt, wird dies nicht durch einen Hochstrich, sondern durch eine Klammer gekennzeichnet |
| (Bo)' o.Ä. | Jakobsdrehgestell (nur bei Triebwagen) |
| + | Triebfahrzeug besteht aus mehreren, einzeln verfahrbaren Einheiten |

Bei Dampflokomotiven oder -triebwagen werden zusätzlich Betriebsart, Zylinderzahl und Arbeitsverfahren wie folgt angegeben:

| | |
|---|---|
| n | Nassdampf |
| h | Heißdampf |
| 2, 3, 4 | Zahl der Zylinder |
| v | Verbundverfahren = zweistufige Dampfdehnung (keine Angabe bedeutet einfache Dampfdehnung) |
| t | Tenderlokomotive (Schlepptenderloks werden nicht besonders gekennzeichnet) |

### Stromsystem (nur bei elektrischen Lokomotiven und Triebwagen)
Bei Gleichstrom wird nur die Spannung (in Volt) angegeben, bei Wechselstrom zusätzlich die Frequenz (in Hertz).

### Kraftübertragung (nur bei Diesellokomotiven und Dieseltriebwagen)
Bei Dieseltriebfahrzeugen stehen grundsätzlich mehrere Möglichkeiten der Kraftübertragung zur Verfügung. Neben der mechanischen Leistungsübertragung sind dies die elektrische Leistungsübertragung (Generator und elektrische Fahrmotoren) sowie die hydraulische Übertragung mit Hilfe von Strömungsgetrieben.

### Vmax
Genannt wird hier die zulässige Geschwindigkeit. Sie ist die von der Bahnverwaltung festgelegte höchste Geschwindigkeit, mit der ein Triebfahrzeug verkehren darf und liegt in jedem Fall unter der möglichen Höchstgeschwindigkeit.

### Leistungsangaben
Die Leistung von Dampflokomotiven und -triebwagen wird mit der alten, damals gültigen Maßeinheit PS (= Pferdestärke) angegeben, sofern überhaupt Leistungsangaben zu ermitteln waren. Dabei wird unterschieden zwischen indizierter Leistung (PSi), die in den Dampfzylindern erzeugt wird, und effektiver Leistung (PSe), die nach Abzug der Leistungsverluste durch Reibung und Bewegen der Eigenmasse am Zughaken nutzbar zur Verfügung steht. Auf jeden Fall ist die effektive Leistung geringer als die indizierte Leistung. Daher wird in der Regel die indizierte Leistung angegeben.

Bei älteren Dieseltriebfahrzeugen wird die Leistung sowohl in PS als auch mit der heute gültigen Maßeinheit kW (= Kilowatt) genannt, um besser die Motorenentwicklung darzustellen. Motorenhersteller orientierten sich bei der Entwicklung neuer Dieselmotoren lange Jahre an der Leistungsgröße in PS.

Die Leistung elektrischer Triebfahrzeug wird durch die Angabe der Stundenleistung und der Dauerleistung (jeweils in kW) charakterisiert.

### Größte Radsatzfahrmasse
Die Angabe gibt Aufschluss darüber, auf welchen Strecken ein Triebfahrzeug eingesetzt werden konnte und wo nicht.

### Indienststellung
Angegeben wird der Zeitraum, in welchem die Triebfahrzeuge einer Baureihe ihren Dienst bei der beschaffenden Bahnverwaltung aufgenommen haben.

### Verbleib
Die meisten der beschriebenen Triebfahrzeuge sind heute längst von den Schienen der Staatsbahn verschwunden. Viele haben aber auf die eine oder andere Art bis heute überlebt, sei es bei Privat- oder Museumsbahnen oder auch nur als Ausstellungsstück im Museum oder als Denkmal. Um dem interessierten Leser die Möglichkeit zu geben, erhaltene Triebfahrzeuge persönlich in Augenschein zu nehmen, werden diese und ihr derzeitiger Standort (soweit bekannt) aufgeführt.

## Verzeichnis der Abkürzungen

### Bahnverwaltungen

| | |
|---|---|
| AL | Chemins de Fer d'Alsace et de Lorraine (1918-1938, Eisenbahn in Elsass-Lothringen) |
| AVG | Albtal-Verkehrs-Gesellschaft mbH |
| CFL | Chemins de Fer Luxembourgeois des Société Nationale (Luxemburgische Eisenbahnen) |
| ČSD | Československé Státní Dráhy (Tschechoslowakische Staatsbahnen) |
| DB | Deutsche Bundesbahn (1949-1993) |
| DB AG | Deutsche Bahn (ab 1994) |
| DR | Deutsche Reichsbahn (1949-1993) |
| DRG | Deutsche Reichsbahn-Gesellschaft (1920 bis 1945) |
| GHE | Gernrode-Harzgeroder Eisenbahn-Gesellschaft |
| HBE | Halberstadt-Blankenburger Eisenbahn-Gesellschaft AG |
| HSB | Harzer Schmalspurbahnen GmbH |
| KPEV | Königlich-Preußische Eisenbahn-Verwaltung (»inoffizielle« Bezeichnung) |
| LAG | Lokalbahn AG München (verstaatlicht am 1. August 1938) |
| MÁV | Magyar Államvatustak (Ungarische Staatseisenbahn) |
| NS | Nederlandse Spoorwegen (Niederländische Staatsbahnen) |
| NWE | Nordhausen-Wernigeroder Eisenbahn-Gesellschaft |
| OeBB | Oensingen-Balsthal-Bahn, Schweiz |
| ÖBB | Österreichische Bundesbahnen |
| PKP | Polskie Koleje Panstwowe (Polnische Staatsbahnen) |
| SBB | Schweizer Bundesbahnen |
| SDG | Sächsische Dampfseisenbahngesellschaft GmbH (bis Mai 2007: BVO Bahn GmbH) |
| SJ | Statens Järnvagar (Schwedische Staatsbahnen) |
| SLB | Salzburger Lokalbahn |
| SNCB | Société Nationale des Chemins de Fer Belges (Belgische Staatsbahnen) |
| SNCF | Société Nationale des Chemins de Fer Français (Französische Staatsbahnen) |
| StH | Stern & Hafferl Verkehrsgesellschaft mbH, Gmunden, Österreich |
| UBB | Usedomer Bäderbahn |

### Triebfahrzeughersteller

| | |
|---|---|
| ABB | Asea Brown Boveri |
| ADtranz | ABB Daimler Transportation (ab 2001 Bombardier Transportation) |
| AEG | Allgemeine Elektrizitätsgesellschaft, Berlin; AEG-Telefunken; AEG-Westinghouse Berlin |
| Alstom | u.a. Nachfolger von GEC-Alsthom und LHB |
| BBC | Brown, Boveri & Cie., Mannheim |
| Beuchelt | Beuchelt Stahlbau und Maschinenfabrik, Grünberg |
| BEW | Bergmann-Elektrizitätswerke AG, Berlin-Rosental |
| BMAG | Berliner Maschinenbau AG (vorm. Louis Schwartzkopff) |
| Bombardier | Bombardier Transportation (u.a. Nachfolger von ADtranz und Talbot) |
| Borsig | Borsig-Lokomotivwerke, Berlin-Tegel |
| DWA | Deutsche Waggonbau Ammendorf |
| DWK | Deutsche Werke Kiel AG |
| DUEWAG | Düsseldorfer Waggonfabrik AG |
| FGL | Felten & Guilleaume AG |
| Hanomag | Hannoversche Maschinenbau AG |
| Henschel | Henschel-Werke AG, Kassel (Rheinstahl) |
| Humboldt | Maschinenbauanstalt Humboldt AG, Köln-Kalk |
| ISTH | Industrie- und Stahlbau Thyssen-Henschel (zuvor Rheinstahl Transporttechnik Henschel, Kassel) |
| Kat | Katharinenhütte, Rohrbach/Pfalz |
| KHD | Klöckner-Humboldt-Deutz AG, Köln-Kalk |
| KL | Krupp-Garbe-Lahmeyer AG |
| KM | Krauss-Maffei AG, München-Allach |
| Krauss | Lokomotivfabrik Krauss & Co, München |
| Krupp | Friedrich Krupp AG, Maschinenfabriken, Essen |
| LEW | Kombinat VEB Lokomotivbau - Elektrotechnische Werke »Hans Beimler«, Hennigsdorf (ab 1990 AEG Schienenfahrzeuge GmbH, ab 1996 ADtranz, ab 2001 Bombardier Transportation) |
| LHB | Linke-Hofmann-Busch AG, Salzgitter |
| LHW | Linke-Hofmann-Werke AG, Breslau |
| LKM | Lokomotivbau »Karl Marx« Babelsberg |
| Maffei | J. A. Maffei Lokomotivfabrik, München |
| MaK | Maschinenbau Kiel GmbH |
| MAN | Maschinenfabrik Augsburg-Nürnberg AG |
| MBB | Messerschmitt-Bölkow-Blohm GmbH, Donauwörth (vorher WMD) |
| MBGK | Maschinenbau-Gesellschaft Karlsruhe |
| ME | Maschinenfabrik Esslingen |
| MGH | Maschinenbau-Gesellschaft Heilbronn |
| MSW | Maffei-Schwartzkopff-Werke GmbH, Wildau |
| MTU | Motoren- und Turbinen-Union Friedrichshafen GmbH |
| MWM | Motoren-Werke Mannheim |
| NAG | Nationale Automobil-Gesellschaft, Berlin-Oberschöneweide |
| NFW | Nordwestdeutsche Fahrzeugwerke Wilhelmshaven |
| Pöge | Pöge-Elektrizitäts AG, Chemnitz |
| Škoda | Škoda-Werke Plzen (Pilsen) |
| SLM | Schweizer Lokomotiv- und Maschinenfabrik, Winterthur |
| SMF | Sächsische Maschinenfabrik, vorm. Richard Hartmann AG, Chemnitz |
| SSW | Siemens-Schuckert-Werke AG, Berlin (bis 1966) |

Siemens Siemens AG (ab 1967), Erlangen/München
TAG Triebwagenbau AG
UGK Union-Gießerei, Königsberg
VOMAG Vogtländische Maschinenfabrik AG, Plauen
Vulcan Stettiner Schiffs- und Maschinenbau AG Vulcan, Stettin
Wasseg Liefergemeinschaft AEG und SSW
WMD Waggon- und Maschinenbau GmbH, Donauwörth
WUMAG Waggon- und Maschinenbau AG, Görlitz
ZF Zahnradfabrik AG Friedrichshafen

## Sonstige Abkürzungen

AW Ausbesserungswerk (DB)
BD Bundesbahndirektion (DB)
BEM Bayerisches Eisenbahnmuseum, Nördlingen
Bf Bahnhof
Bh Betriebshof
BMV Bundesministerium für Verkehr
BOStrab Betriebsordnung für Straßenbahnen
Bw Bahnbetriebswerk
BZA Bundesbahn-Zentralamt
DDM Deutsches Dampflok-Museum, Neuenmarkt-Wirsberg
DEV Deutscher Eisenbahn-Verein, Bruchhausen-Vilsen
DGEG Deutsche Gesellschaft für Eisenbahngeschichte
DLA Deutsches Lokomotivbild-Archiv, Darmstadt
DME Deutsche Museums-Eisenbahn GmbH, EVU und EIU des Eisenbahnmuseums Darmstadt-Kranichstein
DMM Deutsches Museum München
DSG Deutsche Schlaf- und Speisewagen-Gesellschaft
DTB oder DTM Deutsches Technik-Museum Berlin
EBO Eisenbahn-Bau- und Betriebsordnung
ED Eisenbahn-Direktion
EIU Eisenbahninfrastrukturunternehmen
EMW Eisenbahn-Museum Wien
EVU Eisenbahnverkehrsunternehmen
FCKW Fluorchlorkohlenwasserstoff
FDt Fernschnell-Triebwagen
FVA Fahrzeug-Versuchsanstalt, Halle (Saale)
GFK Glasfaserverstärkter Kunststoff
GSt Gleisbogenabhängige Wagenkastensteuerung
GTO Gate-Turn-Off
Hbf Hauptbahnhof
IC InterCity
ICE InterCityExpress
IR InterRegio
IRE InterRegioExpress
IVA Internationale Verkehrsausstellung München (1965)
Indusi Induktive Zugsicherung
LüK Länge über Kupplung
LüP Länge über Puffer
KED Königliche Eisenbahn-Direktion (PHS bis 1918)
MBK Museumsbahn Buckower Kleinbahn
RAW/Raw Reichsbahn-Ausbesserungswerk (DRG/DR)
RBD/Rbd Reichsbahndirektion (DRG/DR)
RB RegionalBahn
RE RegionalExpress
RVM Reichsverkehrsministerium (bis 1945)
RZA Reichsbahn-Zentralamt
SBZ Sowjetische Besatzungszone Deutschlands
SDAG Sowjetisch-Deutsche Aktiengesellschaft
SE StadtExpress
SEH Süddeutsches Eisenbahnmuseum Heilbronn
Sifa Sicherheitsfahrschaltung
SMAD Sowjetische Militär-Administration in Deutschland
TEE Trans-Europ-Express
TEV Thüringer Eisenbahnverein, Weimar
UEF Ulmer Eisenbahnfreunde
ÜK Übergangs-Kriegslokomotive
UIC Union Internationale des Chemins de fer (Internationaler Eisenbahnverband)
US United States (Vereinigte Staaten von Amerika)
VDV Verband Deutscher Verkehrsunternehmen
VEB Volkseigener Betrieb
VEFS Verein zur Erhaltung und Förderung des Schienenverkehrs e.V., Bocholt
VES-M Versuchs- und Entwicklungsstelle für die Maschinenwirtschaft (DR)
VMD Verkehrsmuseum Dresden
VMN Verkehrsmuseum Nürnberg
VVM Verein Verkehrsamateure und Museumsbahn, Hamburg
ZHL Freunde der Zahnradbahn Honau-Lichtenstein e.V.

## Literaturverzeichnis

Deutsches Lok-Archiv; transpress
diverse Baureihenbücher; Bayerisches Eisenbahnmuseum
diverse Baureihenbücher; EK-Verlag GmbH
diverse Baureihenbücher; GeraMond Verlag
diverse Baureihenbücher; transpress
Obermayer; Taschenbücher Deutsche Triebfahrzeuge; Franckh´sche Verlagshandlung
diverse Ausgaben der Zeitschriften AEG-Mitteilungen, BAHN-REPORT, BAHN-SPECIAL, BBC-Nachrichten, der schienenbus, Die Bundesbahn, DREHSCHEIBE, Eisenbahn-JOURNAL, EISENBAHN-KURIER, eisenbahn magazin, EISENBAHN-REVUE International, Elektrische Bahnen, Glasers Annalen, LOK Report, LOKRUNDSCHAU, Modelleisenbahner, Welt der Eisenbahn

*Zu den modernsten Fahrzeugen der Deutschen Bahn AG gehören die Neigetechnik-ICE der Baureihen 411 und 415.* *Foto: Estler*

## 01, 02 (DRG), 01, 001 (DB), 01, 01.20 (DR)

Im ersten Typenplan der 1920 gegründeten Deutschen Reichsbahn-Gesellschaft (DRG) waren mit den Baureihen 01 und 02 je eine Zweizylinder- und eine Vierzylinder-Verbund-Schnellzuglokomotive enthalten, die in allen übrigen Teilen identisch waren. Mit den jeweils zehn Voraus-Lokomotiven beider Bauarten unternahmen die Lokversuchsanstalt (LVA) Grunewald und der Betriebsdienst ab 1926 Vergleichsfahrten, um zu ermitteln, welche Bauart die geeignetere war.
Die Fahrzeuge hatten die Radsatzfolge 2'C1', einen Treib- und Kuppelraddurchmesser von 2.000 mm und waren 120 km/h schnell. Die Leistung beider Maschinen betrug rund 2.300 PS. Die erste 02 lieferte Henschel im Jahr 1925, die erste 01 kam ebenfalls 1925 von Borsig. Nach dem Abschluss der Vergleichstests fielen die Würfel zu Gunsten der Zweizylindermaschine, die zehn Vierzylinderloks wurden 1937-1942 in Zwillingsmaschinen umgebaut und in 01 011 bzw.01 233-241 umgezeichnet.
Von den bis 1937 gelieferten 241 Maschinen (231 Baureihe 01 und 10 Baureihe 02) verblieben nach dem Krieg 171 Maschinen bei der späteren DB, 70 Maschinen kamen zur späteren DR. Wegen Kriegsschäden musterte die DR fünf Maschinen (01 026, 030, 035, 110, 214) aus, bei der DB schieden sechs Maschinen (01 038, 053, 145, 155, 201, 238) aus dem Bestand. Fünf DB-Maschinen erhielten 1950/51 Henschel-Mischvorwärmer, gleichzeitig wurden Verbrennungskammern in die Kessel eingebaut (01 042, 046, 112, 154, 192). Beide deutsche Staatsbahnen beschlossen Ende der 1950er-Jahre, einen Teil ihrer 01 zu modernisieren bzw. zu rekonstruieren. Bei der DB erhielten daher ab 1957 insgesamt 50 Maschinen neue geschweißte Hochleistungskessel, wie sie bereits die BR 01.10 erhalten hatten. Die Rekonstruktion der DR veränderte die Maschinen grundlegend (siehe Baureihe 01.5).
Die Maschinen kamen in ganz Deutschland zum Einsatz, die letzten Hochburgen der Baureihe 01 waren bis 1973 das Bw Hof bei der DB sowie Dresden (1978) und Saalfeld (1981) bei der DR. Die letzte planmäßig eingesetzte Altbau-01 war die 01 2204, die vom Bw Wismar aus bis 1982 im Planbetrieb fuhr.
Zahlreiche Lokomotiven blieben erhalten, betriebsfähig sind 01 066 (Nördlingen), 01 118 (Frankfurt), 01 150 (Heilbronn), 01 180 (Nördlingen) und 01 202 (Schweiz). Aufgearbeitet wird derzeit die 01 173 im Auftrag der Ulmer Eisenbahnfreunde, Abteilung Historischer Dampfschnellzug.

*Foto: Blaschke*

**Technische Daten:**

| Baureihenbezeichnung: | 01 (DRG) | 02 (DRG) | 01 (DB, Mischvorw.) | 01 (DB, Neubaukessel) |
|---|---|---|---|---|
| Radsatzanordnung: | 2'C1'h2 | 2'C1'h4v | 2'C1'h2 | 2'C1'h2 |
| Zylinderdurchmesser (mm): | 600 | 2x 460 / 720 | 600 | 600 |
| Kolbenhub (mm): | 660 | 660 | 660 | 660 |
| Verdampfungsheizfläche (m²): | 247,25 | 237,56 | 216,23 | 193,09 |
| Vmax (km/h): | 120 / 130 | 120 | 130 | 130 |
| Leistung (PSi): | 2.240 | 2.300 | 2.450 | 2.330 |
| Dienstmasse (o. Tender) (t): | 108,90 | 113,50 | 111,10 | 108,30 |
| Größte Radsatzfahrmasse (t): | 20,2 | 20,2 | 19,9 | 19,8 |
| Länge über Puffer (mm): | 23.940 | 23.750 | 23.940 | 23.940 |
| Treib-/Kuppelraddurchmesser (mm): | 2.000 | 2.000 | 2.000 | 2.000 |
| Laufraddurchmesser (v) (mm): | 850 / 1.000 | 850 | 1.000 | 1.000 |
| Laufraddurchmesser (h) (mm: | 1.250 | 1.250 | 1.250 | 1.250 |
| Wasserkasteninhalt (m³): | 32 / 34 | 32 | 32 / 34 | 34 |
| Brennstoffvorrat (t): | 10 | 10 | 10 | 10 |
| Indienststellung: | 1925-1937 | 1925 | 1950 / 51 | 1957-1961 |
| Verbleib: | betriebsf.: 01 066, 01 118, 01 202 | | | |
| | Museal: 01 005, 008, 111, 137, 150, 173, 204 (alle Altbaukessel); | | | |
| | 01 164, 180 (Schweiz), 220 (alle Neubaukessel) | | | |

## 01.5, 01.05, 01.15 (DR)

Anfang der 1960er-Jahre wurden von der Deutschen Reichsbahn der DDR insgesamt 35 Maschinen der Baureihe 01 einer umfangreichen Rekonstruktion unterzogen. War zunächst nur der Einbau eines geschweißten Reko-Kessels vorgesehen, zwang der Erhaltungszustand der ausgewählten Lokomotiven schließlich zu weitreichenden Umbauten, die aus den Maschinen in weiten Teilen neue Fahrzeuge machten. Die Rekokessel lieferte das Raw Halberstadt, eingebaut wurden sie im Raw Meiningen. Beim Umbau wurde der Kessel höher gelegt, den Kesselscheitel zierte eine durchgehende Domverkleidung, die Führerhäuser wurden durch neue in Schweißausführung ersetzt. Die so umgebauten Lokomotiven hatten mit ihrem ursprünglichen Aussehen kaum noch Gemeinsamkeiten, daher wurden die Maschinen nach dem Umbau unter der neuen Baureihenbezeichnung 01.5 geführt. Ab der 01 519 (Umbau 1964) erhielten die Loks Ölhauptfeuerung, die übrigen Maschinen wurden 1965/66 entsprechend nachgerüstet, lediglich sechs Maschinen behielten die Rostfeuerung. Insgesamt zehn Lokomotiven waren zeitweise mit Boxpok-Rädern ausgestattet, die aber bis 1974 gegen verstärkte Speichenräder ausgetauscht wurden. Die 01 504 fuhr anfangs mit einem Giesl-Flachejektor, außerdem besaßen alle Maschinen nach dem Umbau eine kegelige Rauchkammertür ohne Zentralverschluss. Mit Einführung der EDV-Nummern wurden die kohlegefeuerten Maschinen zur Baureihe 01.15, die ölgefeuerten bezeichnete die DR als 01.05.
Nach dem Umbau kamen die Lokomotiven im schweren Schnellzugverkehr der DR von Berlin-Ostbahnhof (rostgefeuerte Loks) sowie den Bw Wittenberge und Erfurt aus zum Einsatz und erreichten planmäßig auch die westdeutschen Wendepunkte Bebra und Hamburg-Altona. Nach Ende der Erfurter Einsätze gelangten die Maschinen nach Pasewalk und Saalfeld. Im Saaletal endete schließlich auch 1982 die Karriere dieser wohl gelungensten Bauform der Baureihe 01.
Fünf Maschinen der Baureihe 01.5 blieben erhalten, darunter mit der 01 509 (Pressnitztalbahn) eine ölgefeuerte Maschine. Betriebsfähig sind derzeit die 01 509, die 01 519 (EFZ) und die 01 533 (ÖGEG). Museal erhalten werden die 01 514 (TM Speyer) und die 01 531 (DB, Eisenbahnmuseum Bw Arnstadt).

*Foto: Estler*

**Technische Daten:**

| Baureihenbezeichnung: | 01.05 (DR) | 01.15 (DR) |
|---|---|---|
| Radsatzanordnung: | 2'C1'h2 | 2'C1'h2 |
| Zylinderdurchmesser (mm): | 600 | 600 |
| Kolbenhub (mm): | 660 | 660 |
| Verdampfungsheizfläche (m²): | 219,17 | 219,17 |
| Vmax (km/h): | 130 | 130 |
| Leistung (PSi): | 2.500 | 2.450 |
| Dienstmasse (o. Tender) (t): | 111,00 | 111,00 |
| Größte Radsatzfahrmasse (t): | 19,6 | 19,6 |
| Länge über Puffer (mm): | 24.330 | 24.330 |
| Treib-/Kuppelraddurchmesser (mm) | 2.000 | 2.000 |
| Laufraddurchmesser (v/h) (mm): | 1.000 / 1.250 | 1.000 / 1.250 |
| Wasserkasteninhalt (m³): | 34 | 34 |
| Brennstoffvorrat: | 13,5 m³ Öl | 10 t Kohle |
| Indienststellung: | 1964-1965 | 1962-1964 |
| Verbleib: | 01 533 bf; 01 509 Öl, 01 514, 01 519, 01 531 abgestellt bzw. Museum | |

## 01.10 (DRG, DB), 011, 012 (DB)

In der zweiten Hälfte der 1930er-Jahre wuchs der Bedarf an schnellfahrenden Lokomotiven für das Netz der FD-und D-Züge der Reichsbahn stark an. Die vorhandenen zweizylindrigen Einheitsloks der Reihen 01 und 03 waren für den geplanten schnellen Verkehr nur bedingt geeignet. Nach den guten Erfahrungen mit den teil- und vollverkleideten Versuchslokomotiven 03 154 und 03 193 entschloss sich die DRG, aus der zweizylindrigen Baureihe 01 eine dreizylindrige Stromlinien-Pazifik mit 150 km/h Höchstgeschwindigkeit entwickeln zu lassen. Mit Konstruktion und Bau der neuen Maschine wurde die BMAG (vorm. Schwartzkopff) in Berlin beauftragt. Im Juli 1939 war die Baumusterlok 01 1001 fertig, ihr folgten bis Herbst 1940 weitere 54 Maschinen, einen Weiterbau verhinderte der Zweite Weltkrieg. Die Maschinen kamen zunächst u.a. nach Leipzig, Halle, Berlin, Hannover, Erfurt, Dresden, Frankfurt (Oder), Würzburg und München, ab 1942/43 auch nach Kattowitz und Breslau.

Nach dem Krieg fanden sich alle 55 Maschinen in den Westzonen, wo sie mit Ausnahme der 01 1067 (+ 07.06.48) bis 1951 wieder in Betrieb gingen, nun allerdings ohne Stromschale. Von 1953 bis 1957 erhielten alle Lokomotiven neue geschweißte Hochleistungskessel mit Verbrennungskammer, nachdem die Ursprungskessel Ermüdungserscheinungen gezeigt hatten. 34 Maschinen wurden schließlich 1956 bis 1958 auf Ölhauptfeuerung umgebaut, wodurch die Loks zu den leistungsfähigsten Schnellzugdampfloks der DB (mit Ausnahme der Baureihe 10) wurden. Ab 1968 trugen die verbliebenen Rostloks die Baureihenbezeichnung 011, die Ölloks fuhren als 012.

Nach Beheimatungen in Bebra, Hagen-Eckesey, Offenburg, Kassel, Osnabrück und Hamburg-Altona wurden die noch vorhandenen Maschinen schließlich ab 1967 nach und nach im Bw Rheine (Westf.) zusammengezogen. Von dort zogen sie bis 31. Mai 1975 Reisezüge auf der Hauptstrecke nach Norddeich Mole.

Zehn Maschinen der Reihe 01.10 blieben museal oder betriebsfähig erhalten. Die 1996 wieder betriebsfähig aufgearbeitete 01 1102 trägt als Erinnerung an das ursprüngliche Erscheinungsbild eine Stromlinienvollverkleidung, die in den Niederlanden erhaltene 01 1075 wurde 1992 auf Kohlefeuerung zurückgebaut. Die 01 1066 (Ulmer Eisenbahnfreunde), 01 1100 und 01 1104 repräsentieren den letzten DB-Zustand.

*Foto: Estler*

**Technische Daten:**

| | | | |
|---|---|---|---|
| Baureihenbezeichnung: | 01.10 (DRG) | 01.10/011 (DB, Kohle) | 01.10/012 (DB, Öl) |
| Radsatzanordnung: | 2'C1'h3 | 2'C1'h3 | 2'C1'h3 |
| Zylinderdurchmesser (mm): | 3 x 500 | 3 x 500 | 3 x 500 |
| Kolbenhub (mm): | 660 | 660 | 660 |
| Verdampfungsheizfläche (m²): | 247,15 | 206,51 | 206,51 |
| Vmax (km/h): | 150/140 | 140 | 140 |
| Leistung (PSi): | 2.120 | 2.350 | 2.470 |
| Dienstmasse (o. Tender) (t): | 114,30 | 110,80 | 111,30 |
| Größte Radsatzfahrmasse (t): | 20,9 | 20,2 | 20,2 |
| Länge über Puffer (mm): | 24.130 | 24.130 | 24.130 |
| Treib-/Kuppelraddurchmesser (mm): | 2.000 | 2.000 | 2.000 |
| Laufraddurchmesser (v/h): | 1.000/1.250 | 1.000/1.250 | 1.000/1.250 |
| Wasserkasteninhalt (m³): | 38 | 38 | 38 |
| Brennstoffvorrat: | 10 t Kohle | 10 t Kohle | 13,5 m³ Öl |
| Indienststellung: | 1939-1940 | U 1953-1957 | U 1956-1958 |
| Verbleib: | mus: 01 1056 (K), 1061, 1063, 1081, 1104 | | |
| | bf: 01 1066, 1075 (K), 1100, 1102 (St) | | |

## 03 (DRG, DB, DR), 003 (DB), 03.20 (DR)

Weil die Radsatzfahrmasse der Baureihe 01 (20 t) für zahlreiche Hauptbahnen der DRG zu hoch war, entstand als leichtere Variante der BR 01 ab 1930 die Baureihe 03. Kessel und Zylinder waren kleiner als bei der 01, auch der Barrenrahmen war leichter, so dass die Maschinen nur eine Radsatzfahrmasse von 18 t aufwiesen. Drei Vorauslokomotiven lieferte Borsig 1930 an die DRG, ihnen folgten bis 1937 weitere 295 Maschinen. Neben Borsig waren am Bau auch Krupp, Henschel und BMAG beteiligt. 1934 wurde die 03 154 zu Versuchszwecken mit einer Stromlinienteilverkleidung versehen, 1936 erhielt 03 193 ebenfalls versuchsweise eine vollständige Stromschale, gleichzeitig war diese Maschine Reserve bei Ausfällen der Baureihe 05.

Die Lokomotiven wurden bevorzugt in Nord- und Ostdeutschland beheimatet, wo zahlreiche Hauptbahnen noch nicht für 20 t Achsfahrmasse ausgebaut waren. Nach dem Zweiten Weltkrieg gelangten 86 Maschinen zur DR, 144 übernahm die DB, die Übrigen gelangten zur PKP oder blieben verschollen. Die DB-Maschinen waren u.a. in Osnabrück, Hannover, Mönchengladbach und Trier beheimatet, ab 1960/61 wurde das Bw Rheine zur 03-Hochburg. Ende der 1960er-Jahre wurde die 03 (ab 1968: 003) überflüssig. Die letzten DB-Maschinen setzte das Bw Ulm bis 1972 auf der Hauptbahn nach Friedrichshafen ein.

Deutlich länger waren die Maschinen der DR im Einsatz. Ab 1960 erhielten die DR-Maschinen Mischvorwärmeranlagen (Bauart IfS) und neue Hinterkessel. Ab 1969 bekamen insgesamt 52 Lokomotiven Reko-Kessel von ausgemusterten Lokomotiven der Reihe 22, die letzten Umbauten erfolgten erst 1975. Hochburgen der Baureihe 03 (03.20) bei der DR waren u.a. die Betriebswerke Berlin Ostbahnhof, Leipzig Hbf West, Magdeburg und gegen Ende Lutherstadt Wittenberg. Die letzte planmäßige 03-Leistung der DR bestritt 03 2117 vom Bw Oebisfelde am 12. September 1980.

Auch von der BR 03 blieben einige Maschinen erhalten, darunter mit 03 001 (Dresden) die Urahnin dieser Baureihe. Betriebsfähig ist derzeit nur 03 2155 (WFL, Nossen), ansonsten museal erhalten sind in Deutschland die 03 131, 188, 2098, 2204 (in HU), 2243 und 2295. Im Eisenbahnmuseum in Prora auf Rügen erinnert seit März 2001 der mit Stromlinienverkleidung versehene und als »03 193« bezeichnete Torso der 03 2002 an glorreiche Glanzzeiten.

*Foto: Blaschke*

**Technische Daten:**

| | | |
|---|---|---|
| Baureihenbezeichnung: | 03 (DRG) | 03.20 (Reko DR) |
| Radsatzanordnung: | 2'C1'h2 | 2'C1'h2 |
| Zylinderdurchmesser (mm): | 570 | 570 |
| Kolbenhub (mm): | 660 | 660 |
| Verdampfungsheizfläche (m²): | 202,22 | 206,30 |
| Vmax (km/h): | 120/130 | 130 |
| Leistung (PSi): | 1.980 | 1.980 |
| Dienstmasse (o. Tender) (t): | 100,3 | 103,0 |
| Größte Radsatzfahrmasse (t): | 18,2 | 18,8 |
| Länge über Puffer (mm): | 23.905 | 23.905 |
| Treib-/Kuppelraddurchmesser (mm): | 2.000 | 2.000 |
| Laufraddurchmesser (v/h) (mm): | 1.000 (bis 03 162: 850)/1.250 | 1.000/1.250 (bis 03 162: 850)/1.250 |
| Wasserkasteninhalt (m³): | 34 | 34 |
| Brennstoffvorrat (t): | 10 | 10 |
| Indienststellung: | 1930-1937 | Umbau 1969-1975 |
| Verbleib: | 03 001, 002 (als 03 193), 098, 131, 155, 188, 204, 273 (Polen), 295 | |

Foto: Blaschke

Foto: Blaschke

## 03.10 (DRG, DB, DR)

Als Weiterentwicklung der zweizylindrigen Baureihe 03 entstand ab 1939 die dreizylindrige Baureihe 03.10. Wie ihre zweizylindrige Schwester war sie für die Bespannung schnellfahrender Reisezüge auf Hauptstrecken vorgesehen, die noch nicht auf 20 t Achsfahrmasse ausgebaut waren und somit den Einsatz der Baureihen 01/01.10 nicht zuließen. Die Maschinen erhielten eine Stromlinienverkleidung, nachdem Versuche der LVA Grunewald mit einer unverkleideten 03, der teilverkleideten 03 154 und der vollverkleideten 03 193 ergeben hatten, dass mit der Stromschale eine Leistungssteigerung zu erreichen war. Ursprünglich waren die Maschinen für eine Vmax von 150 km/h zugelassen, mit Verfügung des RVM vom 25. Februar 1941 wurde diese wie bei der BR 01.10 auf 140 km/h gesenkt.

Die Maschinen waren als Dreizylinderloks mit einfacher Dampfdehnung konstruiert, der Innenzylinder trieb den erste Kuppelradsatz an, die beiden Außenzylinder den zweiten Kuppelradsatz. Die Treib- und Kuppelräder hatten 2.000 mm Durchmesser, die Vorlaufräder 1.000 mm und die Nachlaufräder 1.250 mm.

Der Kessel bestand aus St47K, die Rohrlänge betrug 6,8 m, der Kesselüberdruck 16 $kp/cm^2$ und die Verdampfungsheizfläche 202,96 $m^2$. Mit einer Leistung von knapp 1.800 PSi sollten die Maschinen Schnellzüge mit 540 t in der Ebene mit 120 km/h ziehen, auf 4 ‰ Steigung waren noch 360 t Zugmasse mit 100 km/h zu befördern. Gekuppelt waren die Lokomotiven mit dem Tender 2'2'T34St.

Die beiden Vorauslokomotiven 03 1001 und 03 1002 lieferte Borsig im Jahr 1939, ihnen sollten 138 weitere Maschinen folgen. Es blieb jedoch wegen des Zweiten Weltkrieges bei insgesamt 60 Maschinen, deren Bau sich die Firmen Borsig, Krupp und Krauss-Maffei teilten. Während die Baulose von Krupp und Krauss-Maffei ursprünglich auch im Triebwerksbereich vollverkleidet waren, lieferte Borsig seine Loks mit ausgeschnittener Triebwerksverkleidung. Bei den anderen Maschinen wurde diese Form im Rahmen der Sonderarbeit 754 nachgeholt, nachdem sich die Vollverkleidung als betriebsuntauglich erwiesen hatte.

Die Lokomotiven kamen zunächst vor allem in Süddeutschland (Bw Ulm und Nürnberg) und in Österreich (Bw Wien West und Linz) zum Einsatz, wurden dann aber in Breslau, Posen, Kattowitz und Stargard konzentriert. Nach dem Krieg verblieben 26 Maschinen bei der DB, 21 Loks bei der DR. Zehn Lokomotiven gelangten nach Polen, 03 1091 und 1092 waren bereits 1944 ausgemustert worden, der Verbleib von 03 1002 ist unsicher.

Bei beiden deutschen Staatsbahnen wurden Anfang der 1950er-Jahre die Stromschalen komplett entfernt. Einerseits wegen ihres durch den Krieg erbärmlichen Zustands, andererseits, weil sie angesichts der vergleichsweise niedrigen Geschwindigkeiten, die das Streckennetz nach dem Krieg zuließ, keinen Leistungsgewinn brachten. Mitte der 1950er-Jahre zeigten die St47K-Kessel aller Maschinen starke Ermüdungserscheinungen, der Kessel der 03 1046 zerknallte am 10. Oktober 1958 bei der Durchfahrt durch den Bahnhof Wünsdorf bei Dresden. Da beide Staatsbahnen auf die Lokomotiven nicht verzichten konnten, wurden alle mit neuen Kesseln ausgerüstet. Die DR-Maschinen 03 1077 und 1088 erhielten geschweißte Nachbaukessel. Die bei der DB verbliebenen 26 Lokomotiven bekamen zwischen 1957 und 1961 neue geschweißte Hochleistungskessel mit Verbrennungskammer, wie sie auch bei den BR 01.10 und 41 Verwendung fanden. Lieferant war Krupp, eingebaut wurden sie im AW Braunschweig. Im Rahmen des Umbaus erhielten die Fahrzeuge auch Mischvorwärmeranlagen, Kohlekastenabdeckklappen sowie Heißdampfregler (ausgenommen 03 1021). Zunächst von den Bw Dortmund Bbf, Hamburg-Altona, Ludwigshafen und Paderborn eingesetzt, wurde die Baureihe ab 1958 in Hagen-Eckesey zusammengezogen und blieb dort bis November 1966 im Einsatz.

Bei der DR blieben nach der Neubekesselung von 03 1077 und 1088 sowie der zwischenzeitlichen Ausmusterung der 03 1047, 1079 und 1086 noch 16 Maschinen im Bestand, die einen Rekokessel erhielten. Hersteller dieser Kessel war das Raw Halberstadt, eingebaut wurden die Dampferzeuger 1959 im Raw Meiningen. Die Kessel waren vollständig geschweißt, besaßen eine Verbrennungskammer und konnten u.a. auch für die Baureihen 22 und 41 verwendet werden. Mit der Neubekesselung wurden die meisten Maschinen mit Mischvorwärmer-Anlagen ausgestattet, lediglich 03 1010 und 03 1074 behielten den Oberflächenvorwärmer Bauart Knorr. Diese beiden Maschinen erhielten eine Riggenbach-Gegendruckbremse und fanden als Bremslok bei der VES-M Halle (Saale) Verwendung. Die 03 1010 bekam überdies einen Giesl-Flachejektor. Eine Sonderrolle fiel der 03 1087 zu, sie fuhr ab 1952 mit einer Kohlenstaubfeuerung der Bauart Wendler, die sie erst 1959 bei der Rekonstruktion im Raw Meiningen zu Gunsten einer Rostfeuerung verlor. Ab 1965 wurden alle anderen Maschinen in Meiningen auf Ölhauptfeuerung umgebaut. Eingesetzt wurden die DR-Maschinen seit den 1950er-Jahren vom Bw Stralsund, ihnen oblag vor allem die Traktion der Schnellzüge von Stralsund nach Berlin, Rostock und Saßnitz. Der planmäßige Einsatz endete bei der DR erst 1980.

Drei Maschinen der Baureihe 03.10 blieben erhalten: Seit Oktober 2000 wieder betriebsfähig ist die ehemalige VES-M-Lokomotive 03 1010, die 1981 wieder Rostfeuerung erhalten hatte, nicht betriebsfähig ist 03 1090. Im Warschauer Eisenbahnmuseum in Polen wird die noch teilverkleidete ehemalige 03 1015 für die Nachwelt aufbewahrt.

**Technische Daten:**

| | | | |
|---|---|---|---|
| Baureihenbezeichnung: | 03.10 (DRG) | 03.10 (Umbau DB) | 03.10 (Reko DR, Öl) |
| Radsatzanordnung: | 2'C1'h3 | 2'C1'h3 | 2'C1'h3 |
| Zylinderdurchmesser (mm): | 3 x 470 | 3 x 470 | 3 x 470 |
| Kolbenhub (mm): | 660 | 660 | 660 |
| Verdampfungsheizfläche (m²): | 206,30 | 206,30 | 206,30 |
| Vmax (km/h) | 150/140 km/h (50 km/h rückw.) | 150/140 km/h (50 km/h rückw.) | 150/140 km/h (50 km/h rückw.) |
| Leistung (PSi): | 1.790 | 1.870 | 1.990 |
| Dienstmasse (o. Tender) (t): | 103,4 | 104,2 | 104,0 |
| Größte Radsatzfahrmasse (t) | 18,3 | 19 | 19 |
| Länge über Puffer/Kupplung (mm) | 23.905 | 23.905 | 23.905 |
| Treib-/Kuppelraddurchmesser (mm): | 2.000 | 2.000 | 2.000 |
| Laufraddurchmesser (v/h): | 1.000/1.250 | 1.000/1.250 | 1.000/1.250 |
| Wasserkasteninhalt (m³): | 34 | 34 | 34 |
| Brennstoffvorrat (t): | 10 | 10 | 13,5 m³ (Öl) |
| Indienststellung: | 1939-1940 | Umbau 1957-1961 | Umbau 1959-1972 |
| Verbleib: | 03 1015 (Polen) | ++ | 03 1010 (VMD, Halle P), 1090 (VMN, Schwerin) |

## 04 (DRG)

Im Jahr 1932 entstanden bei Krupp die beiden Mitteldruck-Schnellzugmaschinen 04 001 und 04 002. Im Aufbau entsprachen sie weitgehend der Baureihe 03, besaßen aber einen für 25 kp/cm² Überdruck ausgelegten Kessel aus hochfestem Stahl. Ferner waren sie als Vierzylinder-Verbundmaschinen konstruiert, da man einen Kesseldruck von 25 kp/cm² nur in zweistufiger Dampfdehnung wirtschaftlich entspannen konnte. Der Kessel der 04 001 war Kupfer-Mangan-Stahl gefertigt und besaß eine Rohrlänge von 5.800 mm. Chrom-Molybdän-Stahl und 6.800 mm Rohrlänge erhielt der Kessel der 04 002. Beide Loks erhielten Feuerbüchswasserkammern zur Beschleunigung der Verdampfung. Mit den Mitteldruckmaschinen wollte die DRG erproben, ob mit höherem Kesseldruck die Wirtschaftlichkeit entscheidend verbessert werden könnte. Nach der Ablieferung wurden die Maschinen daher von der LVA Grunewald eingehenden Testfahrten unterzogen. Dabei erreichte die 04 001 kaum die Leistung der Baureihe 03, während die 04 002 in ihrer Leistungsfähigkeit fast an die 01 herankam.
Schon nach kurzer Betriebszeit häuften sich die Schäden und zwangen immer wieder zu Reparaturen. Auf Grund der ständigen Kesselprobleme im Versuchsbetrieb wurde der Kesseldruck auf 20 kp/cm² herabgesetzt. 1935 wurden die beiden Maschinen dem Bw Hamburg-Altona zugewiesen und in 02 101 und 102 umgezeichnet. Da die Hamburger Personale keine Erfahrung mit Verbundmaschinen besaßen, erfolgte schon 1936 die Umstationierung nach Hof. Am 3. April 1939 zerknallte der Kessel der 02 102 in Folge eines Bedienfehlers (Wassermangel). Die Überreste wurden kurz darauf verschrottet. Wenig später musste auch die Schwesterlok den Dienst quittieren und landete ebenfalls auf dem Schrottplatz.

*Foto: Slg. Kleine, Archiv transpress*

| Technische Daten: | |
|---|---|
| Baureihenbezeichnung: | 04 (DRG) |
| Radsatzanordnung: | 2'C1'h4v |
| Zylinderdurchmesser (mm): | 2 x 350/520 |
| Kolbenhub (mm): | 660 |
| Verdampfungsheizfläche (m²): | 206,8 |
| Vmax (km/h): | 130 |
| Leistung (PSi): | 2.200 |
| Dienstmasse (o. Tender) (t): | 106,3 |
| Größte Radsatzfahrmasse (t): | 18,9 |
| Länge über Puffer (mm): | 23.905 |
| Treib-/Kuppelraddurchmesser (mm): | 2.000 |
| Laufraddurchmesser (v/h) (mm): | 1.000/1.250 |
| Wasserkasteninhalt (m³): | 32 |
| Brennstoffvorrat (t): | 10 |
| Indienststellung: | 1932 |
| Verbleib: | ++ 1939/40 |

## 05 (DRG, DB)

Für Geschwindigkeiten von 150 km/h im Versuchs- wie auch im planmäßigen Verkehr entstanden 1935 bei Borsig zwei Schnellfahrlokomotiven mit der Achsfolge 2'C2' und einer Stromlinienvollverkleidung. Vorangegangen waren Versuche mit teil- bzw. vollverkleideten Serienmaschinen der Baureihe 03 sowie Windkanal-Untersuchungen. Ab dem 8. März 1935 stand der LVA Grunewald die 05 001 zur Verfügung, die 05 002 folgte am 17. Mai 1935. Die weinrot lackierten Maschinen sprengten alle bis dahin gültigen Normen der Einheitsloks. Die Treib- und Kuppelräder maßen 2.300 mm, drei Zylinder sorgten für den Antrieb des zweiten Kuppelradsatzes (Außenzylinder) bzw. des ersten Kuppelradsatzes (Innenzylinder). Die Lokomotiven waren für 175 km/h Höchstgeschwindigkeit zugelassen und leisteten rund 3.400 PS. Am 11. Mai 1936 erreichte die 05 002 vor einem knapp 200 Tonnen schweren Versuchszug auf der Strecke Hamburg_Berlin eine Spitzengeschwindigkeit von 200,4 km/h, ein Weltrekord, der nur von einer britischen Stromliniendampflok bergabwärts fahrend noch einmal geringfügig überboten wurde.
Eine dritte Maschine der Reihe 05 lieferte Borsig 1937. Im Gegensatz zu ihren beiden Schwestern hatte die 05 003 jedoch ein vorne liegendes Führerhaus, auch der Stehkessel war vorne angeordnet. Daher erhielt die Maschine eine Kohlenstaubfeuerung. Da die Maschine jedoch von Anfang an Schwierigkeiten mit der Verbrennung hatte, wurde sie schon 1944 der Normalform angeglichen, dabei verlor sie auch ihre Verkleidung.
Alle drei Maschinen blieben nach dem Krieg im Westen und wurden 1950/51 bei Krauss-Maffei hauptuntersucht. Ohne Stromschale und mit vermindertem Kesseldruck (16 kp/cm² statt 20 kp/cm²) wurden sie noch bis 1958 vom Bw Hamm vor FD-Zügen eingesetzt. Die 05 001 blieb erhalten und steht heute mit halbseitiger Verkleidung im Verkehrsmuseum Nürnberg.

*Foto: Slg. Kleine, Archiv transpress*

| Technische Daten: | | | |
|---|---|---|---|
| Baureihenbezeichnung: | 05 001-002 (DRG) | 05 003 (DRG) | 05 001-003 (DB) |
| Radsatzanordnung: | 2'C2'h3 | 2'C2'h3 | 2'C2'h3 |
| Zylinderdurchmesser (mm): | 3 x 450 | 3 x 450 | 3 x 450 |
| Kolbenhub (mm): | 660 | 660 | 660 |
| Verdampfungsheizfläche (m²): | 255,52 | 226,52 | 255,52/226,52 |
| Vmax (km/h): | 175 | 175 | 175 |
| Leistung (PSi): | 3.400 | 3.400 | 3.400 |
| Dienstmasse (o. Tender) (t): | 129,9 | 124,0 | 124,0 |
| Größte Radsatzfahrmasse (t): | 19,4 | 19,1 | 19,4/19,1 |
| Länge über Puffer (mm): | 26.265 | 27.000 | 26.265 |
| Treib-/Kuppelraddurchmesser (mm): | 2.300 | 2.300 | 2.300 |
| Laufraddurchmesser (v/h) (mm): | 1.100/1.100 | 1.100/1.100 | 1.100/1.100 |
| Wasserkasteninhalt (m³): | 37 | 38,5 | 37 |
| Brennstoffvorrat (t): | 10 | 10/12 | 10 |
| Indienststellung: | 1935 | 1937 | 1950-1951 |
| Verbleib: | 05 001 (VM Nürnberg) | ++ | |

## 06 (DRG, DB)

Im Jahr 1939 lieferte Krupp die beiden 2'D2'-Schnellzugdampfloks 06 001 und 06 002. Die beiden vollverkleideten Maschinen waren als Drilling konzipiert, bereits 1936 bestellt, aber erst drei Jahre später fertig gestellt worden und sollten im schweren Schnellzugdienst im Hügelland eingesetzt werden. Um trotz des großen Radsatzstandes enge Krümmungen durchfahren zu können, entfiel bei 06 001 der Spurkranz des dritten Kuppelradsatzes. Die 06 002 hatte dagegen geschwächte Spurkränze auf den Rädern des zweiten und dritten Kuppelradsatzes, zusätzlich hatte der dritte Kuppelradsatz 10 mm Seitenspiel. Auf den Fahrwerken der Riesenloks ruhten die größten in Deutschland hergestellten Kessel, die auch bei der Baureihe 45 zur Anwendung kamen. Sie besaßen eine Rohrlänge von 7.500 mm und eine Rostfläche von 5,04 m². Die Rostfläche war damit so groß, dass sie von zwei Heizern befeuert werden musste, da auf eine mechanische Kohlenbeschickung durch einen Stoker verzichtet wurde. Die beiden größten deutschen Schnellzugloks konnten in der Ebene einen 650 Tonnen schweren Zug mit 120 km/h und auf Steigungen von 1:100 immerhin noch mit 60 km/h befördern. Schon bald zeigte sich, dass vor allem die Kesselkonstruktion ein völliger Fehlgriff war und auch das Fahrwerk seine Tücken besaß. Ferner war für Maschinen dieser Dimensionen kein richtiger Bedarf vorhanden. So wundert es nicht, dass die in Frankfurt beheimateten Maschinen häufig wegen Kesselschäden oder Entgleisungen dem Betrieb nicht zur Verfügung standen. Daher nahm die DB, bei der die Maschinen nach dem Krieg verblieben, von der zunächst vorgesehenen Neubekesselung Abstand und musterte beide Loks am 14. November 1951 aus.

| Technische Daten: | |
|---|---|
| Baureihenbezeichnung: | 06 (DRG) |
| Radsatzanordnung: | 2'D2'h3 |
| Zylinderdurchmesser (mm): | 3 x 520 |
| Kolbenhub (mm): | 720 |
| Verdampfungsheizfläche (m²): | 288,54 |
| Vmax (km/h): | 140 |
| Leistung (PSi): | 3.500 |
| Dienstmasse (o. Tender) (t): | 141,8 |
| Größte Radsatzfahrmasse (t): | 20,0 |
| Länge über Puffer (mm): | 26.520 |
| Treib-/Kuppelraddurchmesser (mm): | 2.000 |
| Laufraddurchmesser (v/h) (mm): | 1.000 / 1.000 |
| Wasserkasteninhalt (m³): | 38 |
| Brennstoffvorrat (t): | 10 |
| Indienststellung: | 1939 |
| Verbleib: | ++ |

Foto: Slg. Kleine, Archiv transpress

## 07, 08 (DR)

Zwei »Fremdlokomotiven« französischen Ursprungs baute die Deutsche Reichsbahn der DDR 1951/52 auf Kohlenstaubfeuerung um und setzte sie bis 1958 unter den Nummern 07 1001 und 08 1001 ein. Hinter der 07 1001 verbirgt sich die ehemalig SNCF-Lokomotive 231 E 18, eine Pacific-Vierzylinderverbund-Lokomotive, die unter André Chapélon entwickelt worden war. Die durch Kriegsereignisse nach Deutschland gekommene Maschine wurde den hiesigen Betriebsverhältnissen angepasst (u.a. Verlegung der Steuerung auf die rechte Seite, Umbau auf deutsche Führerstandsarmaturen) und erhielt eine Kohlenstaubfeuerung der Bauart Wendler. Ansonsten blieb sie aber weitgehend unverändert. Später wurde noch der Kylchap-Doppelschornstein ersetzt. Die Lok kam zum Bw Dresden-Altstadt, wurde aber als Einzelgänger bereits am 4. Februar 1958 ausgemustert.

Die 08 1001 trug ursprünglich die SNCF-Nummer 241 A 21. Auch diese 2'D1'-Maschine besaß ein Vierzylinder-Verbundtriebwerk. Wie die 07 1001 wurde auch die 08 1001 den deutschen Verhältnissen angepasst und ebenfalls mit einer Wendler-Kohlenstaubfeuerung ausgerüstet. Ihr Kesseldruck wurde von 20 kp/cm² auf 16 kp/cm² reduziert. Die Lok kam zunächst zur Erprobung zur VES-M Halle, danach zum Bw Dresden-Altstadt. Auch sie wurde bereits im Februar 1958 ausgemustert, doch kehrte im Jahr 1998 noch einmal eine Lok dieses Typs auf deutsche Gleise zurück. Nach erfolgter Hauptuntersuchung im Raw Meiningen zog die in Privatbesitz befindliche 241 A 65 einige Monate lang Dampfsonderzüge auf verschiedenen Strecken und kam dabei u.a. auch nach Halle.

| Technische Daten: | | |
|---|---|---|
| Baureihenbezeichnung: | 07 1001 (DR) | 08 1001 (DR) |
| Radsatzanordnung: | 2'C1'h4v | 2'D1'h4v |
| Zylinderdurchmesser (mm): | 2x 420 / 640 | 2 x 450 / 660 |
| Kolbenhub (mm): | 650 | 720 |
| Verdampfungsheizfläche (m²): | 199,30 | 223,20 |
| Vmax (km/h): | 140 | 120 |
| Leistung (PSi): | 2.890 | |
| Dienstmasse (o. Tender) (t): | 101,8 | 122,5 |
| Größte Radsatzfahrmasse (t): | 17,0 | 19,4 |
| Länge über Puffer (mm): | 22.880 | 24.875 |
| Treib-/Kuppelraddurchmesser (mm): | 1.950 | 1.950 |
| Laufraddurchmesser (v/h) (mm): | 960 / 1.150 | 920 / 1.080 |
| Wasserkasteninhalt (m³): | 28 | 28 |
| Brennstoffvorrat (t): | | |
| Indienststellung: | Umbau 1952 | Umbau 1952 |
| Verbleib: | ++ | ++ |

Foto: Slg. K.-J. Kühne

## 10 (DB)

Für den schweren Schnellzugdienst sah das Neubau-Typenprogramm der DB eine Dreizylinder-Pazifik-Schnellzugdampflok vor, welche die Baureihen 01.10 und 03.10 ablösen sollte. Die beiden Baumusterlokomotiven der als Baureihe 10 bezeichneten Maschinen lieferte Krupp 1956/57. Ein Weiterbau unterblieb, weil durch den Traktionswandel kein Bedarf an neuen schweren Schnellzugdampfloks mehr bestand. Gemäß den neuen Baugrundsätzen besaß auch die Baureihe 10 einen vollständig geschweißten Kessel mit Verbrennungskammer. Jeder der drei Zylinder hatte seine eigene Heusinger-Steuerung, welche die Dampfverteilung besorgte. Die beiden äußeren Zylinder wirkten auf den mittleren Kuppelradsatz, während der Innenzylinder den dritten Kuppelradsatz antrieb. Die Ausrüstung mit Doppelblasrohr und Doppelschornstein sollte einen kräftigeren Saugzug bewirken. Die 10 001 wurde mit Rostfeuerung und Ölzusatzfeuerung geliefert, die 10 002 besaß von Anfang an Ölhauptfeuerung. 1959 wurde die 10 001 ihrer Schwesterlok angeglichen.

Mit 22 Tonnen Radsatzfahrmasse waren die teilverkleideten Lokomotiven zu schwer geraten, so dass sie nur auf wenigen Strecken eingesetzt werden konnten. Zunächst beim Bw Bebra beheimatet, gelangten sie später zum Bw Kassel und fuhren von dort bis 1967/68 nach Gießen und Münster/Westfalen. Nach mehrfachen Triebwerksschäden endete ihre Karriere bereits Ende 1967/Anfang 1968. Die 10 002 blieb noch einige Zeit als Heizlok in Ludwigshafen unter Dampf und wurde schließlich im April 1972 im AW Offenburg verschrottet. Erhalten geblieben ist die 10 001, sie steht nicht betriebsfähig im Deutschen Dampflokomotivmuseum in Neuenmarkt-Wirsberg.

Foto: Blaschke

| Technische Daten: | |
|---|---|
| Baureihenbezeichnung: | 10 (DB) |
| Radsatzanordnung: | 2'C1'h3 |
| Zylinderdurchmesser (mm): | 3 x 480 |
| Kolbenhub (mm): | 720 |
| Verdampfungsheizfläche (m²): | 216,40 |
| Vmax (km/h): | 140 |
| Leistung (PSi): | 2500 |
| Dienstmasse (o. Tender) (t): | 118,90 |
| Größte Radsatzfahrmasse (t): | 22,4 |
| Länge über Puffer (mm): | 26.503 |
| Treib-/Kuppelraddurchmesser (mm): | 2.000 |
| Laufraddurchmesser (v/h) (mm): | 1.000 |
| Wasserkasteninhalt (m³): | 40 |
| Brennstoffvorrat (m³): | 12,5 Öl |
| Indienststellung: | 1956-1957 |
| Verbleib: | 10 001 (DDM) |

## 13.0, 13.6-8, 13.18 (preuß., old. S 3, S 5.2, LBE S 5.2, DRG)

Bei der Gründung der DRG gelangten noch insgesamt 239 2'B-Lokomotiven der preußischen Gattungen S 3 und S 5.2 in deren Fahrzeugbestand. Die Reichsbahn ordnete die Maschinen in die Baureihe 13 ein, die S 3 erhielten die Bezeichnung 13 001-028, die S 5 wurden unter den Nummern 13 651-850 geführt. Die von der Oldenburgischen Staatsbahn stammenden S 3-Maschinen erhielten die Nummern 13 1801-1806, die oldenburgischen S 5.2 die Nummern 13 1851-1861. Bis 1930 verschwanden alle Maschinen aus dem Betriebsdienst.

Die preußischen S 3 entstand zwischen 1892 und 1904 in 1.027 Exemplaren. Die Nassdampfverbundmaschinen waren 100 km/h schnell und vermochten in der Ebene 200 Tonnen mit 90 km/h zu befördern. Für die Konstruktion zeichnete A. v. Borries bei Hanomag verantwortlich. Weil um die Jahrhundertwende die Leistung der S 3 für die gestiegenen Zuglasten nicht mehr ausreichte, lieferte Vulcan ab 1905 eine verstärkte Ausführung, welche die KPEV als S 5.2 bezeichnete. Sie erhielt eine größeren Kessel mit größerer Heizfläche aber gleicher Rostfläche wie die S 3. Rohrheizfläche und Feuerbüchsheizfläche waren dagegen auch angewachsen. Da der Kessel höher gelegt worden war, konnte die Dampfverteilung durch eine Heusinger-Steuerung mit Kuhnscher Schleife erfolgen.

Sechs S 3-Lokomotiven und elf S 5.2 beschaffte die Oldenburgische Staatsbahn für ihre Schnellzugstrecke Wilhelmshaven–Oldenburg–Bremen. Auch die Lübeck-Büchener Eisenbahn (LBE) gönnte sich zwischen 1907 und 1911 sieben Maschinen nach dem Vorbild der S 5.2 für ihre Schnellzüge. Eine von denen kam nach der Verstaatlichung 1938 noch als 13 001 in zweiter Besetzung zur DRG. Als letzte S 5.2 wurde sie nach 33 Dienstjahren am 6. April 1944 abgestellt.

Foto: Slg. Kleine, Archiv transpress

| Technische Daten: | | | |
|---|---|---|---|
| Baureihenbezeichnung: | 13.0 (DRG) | 13.6-8 (DRG) | 13 001'' (DRG) |
| Radsatzanordnung: | 2'Bn2v | 2'Bn2v | 2'Bn2v |
| Zylinderdurchmesser (mm): | 460/680 | 475/700 | 475/700 |
| Kolbenhub (mm): | 600 | 600 | |
| Verdampfungsheizfläche (m²): | 117,70 | 136,39 | |
| Vmax (km/h): | 100 | 100 | |
| Leistung (PSi): | | 800 | |
| Dienstmasse (o. Tender) (t): | 50,5 | 55,2 | |
| Größte Radsatzfahrmasse (t): | 15,6 | 17,1 | 16 |
| Länge über Puffer (mm): | 17.561 | 17.761 | 16.711 |
| Treib-/Kuppelraddurchmesser (mm): | 1.980 | 1.980 | 1.980 |
| Laufraddurchmesser (mm): | 1.000 | 1.000 | 1.000 |
| Wasserkasteninhalt (m³): | 15-21,5 | 16/21,5 | 12,0 |
| Brennstoffvorrat (t): | | | |
| Indienststellung: | 1892-1904 | 1905-1913 | 1907-1911 |
| Verbleib: | ++ | ++ | ++ |

## 13.5, 13.10-12 (preuß. S 4, S 6, DRG)

Im Jahr 1902 lieferte Borsig die ersten sechs Maschinen der preußischen Gattung S 4. Die S 4 ist die erste serienmäßig gelieferte Heißdampf-Schnellzuglokomotive der Preußischen Staatsbahn und wurde in 104 Exemplaren bis 1909 von Henschel, Borsig und Humboldt gebaut. Die 2'B-h2-Lokomotiven erreichten eine Höchstgeschwindigkeit von 100 km/h und vermochten in der Ebene Züge mit 380 Tonnen Gewicht mit 95 km/h zu ziehen. Ihre Beschaffung wurde schließlich zu Gunsten der stärkeren S 6 eingestellt, die ab 1906 als Weiterentwicklung der S 4 auf die Gleise kam. Die erste Lokomotive lieferte Linke-Hofmann in Breslau als »Hannover 601«, sie wurde zunächst eingehend erprobt. Da beim Bau der Maschine wegen der zulässigen Radsatzlasten zunächst wo immer möglich Gewicht gespart werden musste, konnte die S 6 im Betrieb erst befriedigen, nachdem die Konstruktion ab 1910 dank der nun höheren Radsatzlasten verstärkt werden konnte. Als letzte zweifach gekuppelte Schnellzugdampflok Deutschlands brachte es die S 6 bis 1913 auf 584 Exemplare, davon gelangten noch 286 Maschinen zur DRG. Dort erhielten sie Baureihenbezeichnung 13.10-12 und wurden als 13 1001-1286 übernommen. Von der Gattung S 4 gelangten nur noch vier Exemplare zur Reichsbahn, sie erhielten die Nummern 13 501-504. Beide Gattungen schieden bis Ende der 1920er-Jahre aus dem Dienst. Mit der ehemaligen 13 1247 blieb in Polen eine S 6 der Nachwelt erhalten.

| Technische Daten: | | |
|---|---|---|
| Baureihenbezeichnung: | 13.5 (DRG) | 13.10-12 (DRG) |
| Radsatzanordnung: | 2'Bh2 | 2'Bh2 |
| Zylinderdurchmesser (mm): | 540 | 550 |
| Kolbenhub (mm): | 600 | 630 |
| Verdampfungsheizfläche (m²): | 104,53 | 136,98 |
| Vmax (km/h): | 100 | 110 |
| Leistung (PSi): | 1.000 | 1.160 |
| Dienstmasse (o. Tender) (t): | 50,2 | 60,6 |
| Größte Radsatzfahrmasse (t): | 16,0 | 17,6 |
| Länge über Puffer (mm): | 18.210 | 18.350 |
| Treib-/Kuppelraddurchmesser (mm): | 1.980 | 2.100 |
| Laufraddurchmesser (mm): | 1.000 | 1.000 |
| Wasserkasteninhalt (m³): | 13-16 | 21,5 |
| Brennstoffvorrat (t): | | |
| Indienststellung: | 1902-1909 | 1906-1913 |
| Verbleib: | ++ | 13 1247 (Warschau, Bahntechnikum) |

*Foto: Slg. Töpelmann, Archiv transpress*

## 13.15, 13.70, 13.71 (sächs. VIII V 1, VIII 2, DRG)

In den Jahren 1891 und 1894 lieferte Hartmann jeweils zehn 2'B-Schnellzuglokomotiven der Gattung VIII 2 an die Sächsischen Staatseisenbahnen. Die Maschinen hatten ein Nassdampf-Zwillingstriebwerk und brachten es auf 85 km/h Höchstgeschwindigkeit, für die sächsische Streckentopographie wohl ausreichend. Von den zwanzig Maschinen übernahm die DRG noch zwölf Maschinen, welche die Nummern 13 7001-7012 erhielten, aber schon bald ausgemustert wurden.

Da die Gattung VIII 2 nur kurze Zeit den Anforderungen genügten, führte Sachsen ab 1896 bei seinen Schnellzuglokomotiven das Verbundprinzip ein. Wiederum bei Hartmann entstanden ab 1896 insgesamt 32 Lokomotiven der Gattung VIII V 1 in drei Baulosen. Die 2'Bn2v-Maschinen waren ebenfalls 85 km/h schnell, die Maschinen der dritten Serie waren etwas stärker als die Loks der beiden ersten und hatten einen höheren Kesseldruck (13 bar statt 12 bar). Charakteristisch für alle »VIII V 2« war die zwischen den Rahmen eingezogene Belpaire-Feuerbüchse und die außen liegende Heusinger-Steuerung. Insgesamt 23 Lokomotiven wurden von der DR übernommen, dort erhielten die stärkeren Maschinen die Nummern 13 1501-1511, die anderen ordnete die Reichsbahn als 13 7101-7112 ein. Bis 1930 waren alle Maschinen ausgemustert.

| Technische Daten: | | |
|---|---|---|
| Baureihenbezeichnung: | 13.15, 13.71 (DRG) | 13.70 (DRG) |
| Radsatzanordnung: | 2'Bn2v | 2'Bn2 |
| Zylinderdurchmesser (mm): | 460/680 | 440 |
| Kolbenhub (mm): | 630 | 600 |
| Verdampfungsheizfläche (m²): | 117,86 | 119,48 |
| Vmax (km/h): | 85 | 85 |
| Leistung (PSi): | | |
| Dienstmasse (o. Tender) (t): | 55,7 | 49,4 |
| Größte Radsatzfahrmasse (t): | 15,7 | 14,0 |
| Länge über Puffer (mm): | 16.792 | 16.482 |
| Treib-/Kuppelraddurchmesser (mm): | 1.885 | 1.875 |
| Laufraddurchmesser (mm): | 1.245 | 1.030 |
| Wasserkasteninhalt (m³): | 12-21 | 12/21 |
| Brennstoffvorrat (t): | | |
| Indienststellung: | 1896-1900 | 1891-1894 |
| Verbleib: | ++ | ++ |

*Foto: Archiv transpress*

## 13.16, 13.17 (württ. AD, ADh, DRG)

Die Königlich-Württembergische Staatsbahn (K.W.St.E.) benötigten gegen Endes des 19. Jahrhunderts neue leistungsstärkere Reisezuglokomotiven. So entstanden ab 1899 bei der Maschinenfabrik Esslingen insgesamt 98 2'B-Nassdampfverbundmaschinen der Klasse AD, die letzte Lok wurde 1907 abgeliefert. 24 Stück der 100 km/h schnellen Lokomotiven mit dem charakteristischen Verbindungsrohr zwischen den beiden Dampfdomen wurden von der DRG übernommen und erhielten die Nummern 13 1601-1624.

Im Jahr 1907 wurden versuchsweise zwei Maschinen auf Heißdampf umgebaut, nachdem die Erfahrungen anderer deutscher Staatsbahnen mit Heißdampfmaschinen positiv verlaufen waren. Der durch den Umbau erzielte rund 20-%-ige Leistungsgewinn veranlasste die K.W.St.E., weitere Neubauten in Heißdampfbauweise ohne Verbundausführung in Betrieb zu nehmen. So entstanden bis 1909 insgesamt 17 Maschinen der nun als Klasse ADh bezeichneten Schnellzuglokomotive, die ebenfalls von Esslingen gebaut wurden. Die Hauptabmessungen unterschieden sich kaum von der Klasse AD, der Kesseldruck der Heißdampfloks war mit 12 bar um 2 bar niedriger als bei den Nassdampfmaschinen. Die Reichsbahn übernahm 14 Lokomotiven und bezeichnete sie als 13 1701-1714. Die letzten Loks wurden 1932 ausgemustert.

*Foto: Slg. Töpelmann, Archiv transpress*

**Technische Daten:**

| | | |
|---|---|---|
| Baureihenbezeichnung: | 13.16 (DRG) | 13.17 (DRG) |
| Radsatzanordnung: | 2'Bn2v | 2'Bh2 |
| Zylinderdurchmesser (mm): | 450/670 | 490 |
| Kolbenhub (mm): | 560 | 560 |
| Verdampfungsheizfläche (m²): | 129,10 | 129,10 |
| Vmax (km/h): | 100 | 100 |
| Leistung (PSi): | | |
| Dienstmasse (o. Tender) (t): | 50,2 | 51,4 |
| Größte Radsatzfahrmasse (t): | 14,6 | 14,6 |
| Länge über Puffer (mm): | 15.437 | 15.427 |
| Treib-/Kuppelraddurchmesser (mm): | 1.800 | 1.800 |
| Laufraddurchmesser (mm): | 850 | 850 |
| Wasserkasteninhalt (m³): | 10/15,5 | 10/15,5 |
| Brennstoffvorrat (t): | | |
| Indienststellung: | 1899-1907 | 1907-1909 |
| Verbleib: | ++ | ++ |

## 14.0 (preuß. S 8, S 9, DRG)

Obwohl sich nach 1900 das Heißdampfprinzip vielerorts durchgesetzt hatte, lieferte Hanomag noch 1908 die ersten zehn Exemplare der Nassdampfverbund-Maschine Gattung S 9 an die Preußische Staatsbahn. Ihnen folgten bis 1910 weitere 89 Lokomotiven, gebaut wurden auch sie von Hanomag. Die 110 km/h schnellen Maschinen besaßen mit 4,00 m² die größte Rostfläche aller preußischen Lokomotiven, doch die Leistung der Loks genügte schon bald den gestiegenen Anforderungen nicht mehr. Ferner waren sie den Heißdampfmaschinen der Gattung S 6 (Radsatzfolge 2'B) unterlegen, was u.a. seinen Grund in der zu geringen Dimensionierung der Hochdruckzylinder hatte, welche die erzeugte Dampfmenge nicht verarbeiten konnten.

1913/14 erhielten zwei Maschinen Ersatzkessel mit Rauchrohrüberhitzer, als Heißdampfloks wurden sie fortan als S 8 bezeichnet. Die DRG übernahm neben diesen beiden nur noch eine Maschine der Nassdampfbauart und bezeichnete die Lokomotiven als 14 001-002 (Heißdampf) bzw. 14 031. Sie musterte alle drei jedoch schon 1926 aus. Als Reparation gelangten nach Ende des Ersten Weltkriegs einige Maschinen nach Belgien und Frankreich.

*Foto: Hubert, Slg. Töpelmann, Archiv transpress*

**Technische Daten:**

| | |
|---|---|
| Baureihenbezeichnung: | 14.0 (DRG) |
| Radsatzanordnung: | 2'B1'h4v (14 031: 2'B1'n4v) |
| Zylinderdurchmesser (mm): | 2 x 380/580 |
| Kolbenhub (mm): | 600 |
| Verdampfungsheizfläche (m²): | 229,71 (14 031: 182,54) |
| Vmax (km/h): | 110 |
| Leistung (PSi): | |
| Dienstmasse (o. Tender) (t): | 74,5 |
| Größte Radsatzfahrmasse (t): | 16,5 |
| Länge über Puffer (mm): | 21.858 |
| Treib-/Kuppelraddurchmesser (mm): | 1.980 |
| Laufraddurchmesser (v) (mm): | 1.000 |
| Laufraddurchmesser (h) (mm): | 1.250 |
| Wasserkasteninhalt (m³): | 21,5-31,5 |
| Brennstoffvorrat (t): | |
| Indienststellung: | 1908-1910 |
| Verbleib: | ++ |

## 14.1 (pfälz. P 3.1, DRG)

Zwischen 1898 und 1904 lieferte Krauss in München insgesamt zwölf Dampflokomotiven der Gattung P 3.1 an die Pfälzischen Eisenbahnen. Die ersten 11 Maschinen waren Nassdampflokomotiven, die 1904 nachgelieferte Lok eine Heißdampfmaschine mit Pielock-Überhitzer. Die 2'B1'n2-Maschinen besaßen ein Triebwerk mit innenliegenden Zylindern, ebenso lag die Joy-Steuerung innerhalb des Blechinnenrahmens. Charakteristisch war der zusätzlich vorhandene Blechaußenrahmen mit seinen Ausschnitten zur Kontrolle der Kuppelradsatzlager. Auf eine Verbundwirkung hatte die Pfalzbahn zunächst verzichtet, doch wurden alle Maschinen 1913 in Vierzylinder-Verbundmaschinen umgebaut, um eine höhere Leistung zu erzielen. Dabei erhielten die Fahrzeuge nun zusätzlich zwei außenliegende Niederdruckzylinder, die beiden innenliegenden wurden zu Hochdruckzylindern. Kolbenschieber ersetzten die Flachschieber und das Laufdrehgestell musste etwas nach vorne gerückt werden. Aus dem Umbau resultierte nicht nur die gewünschte höhere Leistung, sondern auch ein um rund 15 % niedrigerer Brennstoffverbrauch. Die DRG übernahm nur noch fünf der kostenintensiven und unterhaltungsaufwändigen Lokomotiven, reihte sie als 14 101-105 ein, musterte sie jedoch bereits 1926 aus.

| Technische Daten: | |
|---|---|
| Baureihenbezeichnung: | 14.1 (DRG) |
| Radsatzanordnung: | 2'B1'n4v |
| Zylinderdurchmesser (mm): | 4 x 490 |
| Kolbenhub (mm): | 570 |
| Verdampfungsheizfläche (m²): | 168,62 |
| Vmax (km/h): | 100 |
| Leistung (PSi): | |
| Dienstmasse (o. Tender) (t): | 59,6 |
| Größte Radsatzfahrmasse (t): | 15,0 |
| Länge über Puffer (mm): | 19.070 |
| Treib-/Kuppelraddurchmesser (mm): | 1.980 |
| Laufraddurchmesser (v/h) (mm): | 950 |
| Wasserkasteninhalt (m³): | 16,0 |
| Brennstoffvorrat (t): | |
| Indienststellung: | 1898-1904 (Umbau 1913) |
| Verbleib: | ++ |

*Foto: Slg. Töpelmann, Archiv transpress*

## 14.1 (bay. S 2/5, DRG)

Nach guten Erfahrungen mit zwei 2'B1'-Maschinen von Baldwin (Philadelphia/USA) bestellte die Bayerische Staatsbahn (K.Bay.Sts.B.) im Jahr 1903 bei Maffei Lokomotiven der gleichen Radsatzfolge mit der Gattungsbezeichnung S 2/5. Die Maschinen waren in Verbundbauweise konstruiert und als erste deutsche Schnellzugdampflok hatte die S 2/5 einen Barrenrahmen erhalten, der noch aufwändig geschmiedet werden musste. Der Einachsantrieb nach der Bauart v. Borries wirkte auf den ersten Kuppelradsatz. Mit den zeitgleich entwickelten S 3/5 N (DRG 17.4) waren viele Baugruppen identisch.

Zwar erreichte bei Versuchsfahrten eine der Lokomotiven sogar 135 km/h, doch schon bald erwiesen sich die insgesamt zehn Lokomotiven als zu schwach: Mit nur zwei gekuppelten Radsätzen konnten die Maschinen nur auf den bayerischen Flachlandstrecken eingesetzt werden, für die stark anwachsenden Zuglasten waren die S 3/5 N mit drei Kuppelradsätzen deutlich besser geeignet. So übernahm die DRG nur noch fünf der technisch und formal hervorragend gelungenen Fahrzeuge. Sie erhielten die Nummern 14 141-145, die letzten beiden Maschinen setzte das Bw Augsburg noch bis 1926 vor Personenzügen nach Ulm ein, danach wurden sie zerlegt.

| Technische Daten: | |
|---|---|
| Baureihenbezeichnung: | 14.1 (DRG) |
| Radsatzanordnung: | 2'B1'n4v |
| Zylinderdurchmesser (mm): | 2 x 340/570 |
| Kolbenhub (mm): | 640 |
| Verdampfungsheizfläche (m²): | 205,50 |
| Vmax (km/h): | 110 |
| Leistung (PSi): | 1.100 |
| Dienstmasse (o. Tender) (t): | 68,6 |
| Größte Radsatzfahrmasse (t): | 16,0 |
| Länge über Puffer (mm): | 19.275 |
| Treib-/Kuppelraddurchmesser (mm): | 2.000 |
| Laufraddurchmesser (v) (mm): | 950 |
| Laufraddurchmesser (h) (mm): | 1.206 |
| Wasserkasteninhalt (m³): | 21,0 |
| Brennstoffvorrat (t): | |
| Indienststellung: | 1904 |
| Verbleib: | ++ |

*Foto: Slg. Töpelmann, Archiv transpress*

## 14.2, 14.3 (sächs. X V, X H1, DRG)

Die sächsische Maschinenfabrik Hartmann aus Chemnitz präsentierte auf der Pariser Weltausstellung 1900 die erste sächsische »Atlantik«-Lokomotive, eine Vierzylinder-Nassdampfverbundmaschine Bauart de Glehn mit Antrieb auf die beiden ersten Kuppelradsätze. Wie viele andere Maschinen ihrer Zeit besaß sie ein Führerhaus mit Windschneide. Die Sächsischen Staatsbahnen übernahmen die Ausstellungslok sowie eine weitere Probelok und bestellten weitere 13 Maschinen, die Hartmann bis 1903 auslieferte. Die Loks erhielten die Bezeichnung X V und waren für den Schnellzugdienst zwischen Dresden und Leipzig bestimmt. Sie besaßen einen Kessel mit Belpaire-Feuerbüchse, der im Feuerbüchsbereich zwischen die Rahmenwangen eingezogen war. Die Dampfmaschine war als Vierzylinder-Verbundtriebwerk der Bauart de Glehn ausgeführt. Die außen liegenden Hochdruckzylinder wirkten auf den zweiten Kuppelradsatz, die innen liegenden Niederdruckzylinder auf den ersten Kuppelradsatz. Die Steuerung erfolgte über eine Heusingersteuerung für die Außenzylinder und eine Joy-Steuerung für die Innenzylinder. Alle 15 Maschinen wurden von der DRG übernommen. Da die Kesselleistung jedoch nur die Beförderung leichter Schnellzüge zuließ, trennte sich die Reichsbahn bereits 1925/26 von den Loks.

Zunächst als eine verbesserte Auflage der X V gedacht war die von 1909 bis 1913 in 13 Exemplaren gebaute X H1. Letztlich übernahm man jedoch nur die Radsatzanordnung, der Kessel entsprach dem der XII H1 (DRG 17.8), ebenso übernahm man von dieser die Zwillingsbauart des Triebwerkes. Die 100 km/h schnellen Lokomotiven zählten zu den stärksten deutschen Atlantik-Lokomotiven, doch nach 1913 reichte ihre Leistung nicht mehr aus, so dass die Bauart nicht weiterbeschafft wurde. Die DRG übernahm noch 17 Stück der dank spitzer Rauchkammer und Krempenschornstein elegant wirkenden Maschinen und reihte sie als 14 301-317 ein. 1932 wurden die beiden Letzten ausgemustert.

Foto: Slg. Kleine, Archiv transpress

| Technische Daten: | | |
|---|---|---|
| Baureihenbezeichnung: | 14.2 (DRG) | 14.3 (DRG) |
| Radsatzanordnung: | 2'B1'n4v | 2'B1'h2 |
| Zylinderdurchmesser (mm): | 2 x 350/555 | 510 |
| Kolbenhub (mm): | 660 | 630 |
| Verdampfungsheizfläche (m²): | 160,80 | 171,66 |
| Vmax (km/h): | 100 | 100 |
| Leistung (PSi): | 1.060 | |
| Dienstmasse (o. Tender) (t): | 69,4 | 70,1 |
| Größte Radsatzfahrmasse (t): | 15,7 | 15,5 |
| Länge über Puffer (mm): | 19.565 | 20.353 |
| Treib-/Kuppelraddurchmesser (mm): | 1.980 | 2.000 |
| Laufraddurchmesser (v) (mm): | 1.065 | 1.065 |
| Laufraddurchmesser (h) (mm): | 1.240 | 1.260 |
| Wasserkasteninhalt (m³): | 18-21 | 21,0 |
| Brennstoffvorrat (t): | | 5/7 |
| Indienststellung: | 1900-1903 | 1909-1913 |
| Verbleib: | ++ | ++ |

## 15.0 (bay. S 2/6, DRG)

Anfang des 20. Jahrhunderts sorgten Schnellfahrversuche für Aufsehen auf den Schienen verschiedener deutscher Staatsbahnen. Auch die Bayerische Staatsbahn (K.Bay.Sts.B.) gab im Zuge dieses »Geschwindigkeitsrausches« im Jahr 1905 eine Schnellfahrlokomotive in Auftrag. Schon ein Jahr später lieferte Maffei die unter Federführung von Chefkonstrukteur Anton Hammel entworfene S 2/6 mit der Betriebsnummer 3201 ab. Die S 2/6 war eine 2'B2'-Heißdampfverbundlokomotive mit Barrenrahmen, 150 km/h Höchstgeschwindigkeit und 16 Tonnen Radsatzfahrmasse. Obwohl die Lok nicht verkleidet war, gab es doch einige Elemente, welche den Luftwiderstand reduzieren sollten. Vor den Zylindern befand sich eine gewölbte Verkleidung, die Rauchkammertür war kegelförmig ausgeführt, Schornstein und Dampfdom erhielten Windschneiden. Das Führerhaus war ebenfalls strömungsgünstig ausgebildet und ging stufenlos in die Kesselverkleidung über. Im Juli 1907 erreichte die Maschine mit einem 150 Tonnen schweren Versuchszug auf der Strecke München–Augsburg die Höchstgeschwindigkeit von 154,5 km/h und damit den Geschwindigkeitsweltrekord.

Die Lok war zunächst in München beheimatet, kam 1910 nach Ludwigshafen und lief von dort vor Schnellzügen nach Straßburg und Bingerbrück. 1922 gelangte sie zurück nach München, ab 1923 war sie in Augsburg stationiert. Ihre DRG-Betriebsnummer 15 001 hat sie nie getragen, denn schon 1925 erhielt das Einzelstück einen Ehrenplatz im Verkehrsmuseum Nürnberg.

Foto: Maey, Slg. Kleine, Archiv transpress

| Technische Daten: | |
|---|---|
| Baureihenbezeichnung: | 15.0 (DRG) |
| Radsatzanordnung: | 2'B2'h4v |
| Zylinderdurchmesser (mm): | 2 x 410/610 |
| Kolbenhub (mm): | 640 |
| Verdampfungsheizfläche (m²): | 214,50 |
| Vmax (km/h): | 150 |
| Leistung (PSi): | 2.200 |
| Dienstmasse (o. Tender) (t): | 83,4 |
| Größte Radsatzfahrmasse (t): | 16,0 |
| Länge über Puffer (mm): | 21.182 |
| Treib-/Kuppelraddurchmesser (mm): | 2.200 |
| Laufraddurchmesser (v/h) (mm): | 1.006 |
| Wasserkasteninhalt (m³): | 26 |
| Brennstoffvorrat (t): | |
| Indienststellung: | 1906 |
| Verbleib: | 15 001 (VM Nürnberg) |

## 16.0 (old. S 10, DRG)

Für ihre Schnellzugstrecke Bremen–Oldenburg gab die Oldenburgische Staatsbahn 1915 bei Hanomag eine 1'C1'-Schnellzuglokomotive mit nur 15 Tonnen Radsatzfahrmasse in Auftrag, da auf der oldenburgischen Paradestrecke keine größeren Radsatzlasten zugelassen waren. Somit konnte auch nicht auf bewährte preußische Konstruktionen zurückgegriffen werden. Die erste Maschine mit dieser für Deutschland überaus ungewöhnlichen Radsatzfolge im Schnellzugdienst wurde Ende 1916 fertig und im Januar 1917 übergeben. Sie trug die Fabriknummer 8000 und den Namen »BERLIN«. Zwei weitere mit den Fabriknummern 8001 und 8002 sowie den Namen »DRESDEN« und »MÜNCHEN« folgten wenige Tage später. Die Zwillingsmaschinen mit Lentz-Ventilsteuerung waren die ersten Heißdampfmaschinen der Oldenburgischen Staatsbahn und wurden als oldenburgische S 10 bezeichnet. Sie zeigten allerdings ein gewisses Missverhältnis zwischen Kessel und Fahrwerk, dessen Laufradsätze als Adamsachsen ausgeführt waren. Nur kurze Zeit liefen die 100 km/h schnellen Fahrzeuge vor Schnellzügen zwischen Oldenburg und Hannover, denn der Betrieb hatte alsbald mit dem unruhigen Lauf und mit Kesselschäden zu kämpfen. Ferner führte die falsche Abstimmung von Strahlungs- und Rohrheizfläche zu Undichtigkeiten an den Rohrwänden.
Trotz dieser Mängel übernahm die DRG noch alle drei Maschinen, obwohl sie auf ihrer Stammstrecke schon 1918/19 nach deren Umbau auf höhere Radsatzlasten nicht mehr benötigt wurden. Im Jahr 1926 wurden sie schließlich ausgemustert.

| Technische Daten: | |
|---|---|
| Baureihenbezeichnung: | 16.0 (DRG) |
| Radsatzanordnung: | 1'C1'h2 |
| Zylinderdurchmesser (mm): | 580 |
| Kolbenhub (mm): | 630 |
| Verdampfungsheizfläche (m²): | 145,88 |
| Vmax (km/h): | 100 |
| Leistung (PSi): | 1.130 |
| Dienstmasse (o. Tender) (t): | 73,9 |
| Größte Radsatzfahrmasse (t): | 15,2 |
| Länge über Puffer (mm): | 20.610 |
| Treib-/Kuppelraddurchmesser (mm): | 1.980 |
| Laufraddurchmesser (v) (mm): | 1.100 |
| Laufraddurchmesser (h) (mm): | 1.100 |
| Wasserkasteninhalt (m³): | 20,0 |
| Brennstoffvorrat (t): | 5 |
| Indienststellung: | 1916-1917 |
| Verbleib: | ++ |

*Foto: Slg. Kleine, Archiv transpress*

## 17.0-1 (preuß. S 10, LBE S 10, DRG, DB, DR)

Im Jahr 1909 erhielt Schwartzkopff den Auftrag zum Bau von zwei Probelokomotiven der Gattung S 10 für die Preußische Staatsbahn. Die 2'C-Schnellzugmaschinen besaßen ein Vierzylinder-Heißdampftriebwerk, für Kessel und Rahmen diente die P 8 (DRG 38.10-40) als Vorbild. Den beiden Vorauslokomotiven, die zunächst als S 8 bezeichnet wurden, folgten bis 1914 insgesamt 200 Serienmaschinen in verbesserter Ausführung (statt Blechrahmen kombinierter Barren-Blechrahmen). Doch zufriedenstellende Leistungen brachte die S 10 erst nach zwei weiteren Änderungen: der Vergrößerung der Rostfläche und der Erhöhung des Kesseldrucks von 12 auf 14 bar. Wegen ihres hohen Kohleverbrauchs zählte die S 10 dennoch zu den unwirtschaftlichsten preußischen Heißdampfmaschinen. Weitere fünf Lokomotiven in etwas schwächerer Ausführung und mit drei- statt vierachsigem Tender beschaffte 1912/13 die Lübeck-Büchener Eisenbahn (LBE).
Von der DRG wurden 135 Maschinen übernommen und als 17 001-135 eingereiht. Die übrigen Loks gingen als Reparationen nach Polen, Belgien, Litauen und Elsass-Lothringen. Von der LBE gelangten nach ihrer Verstaatlichung 1938 noch drei Lokomotiven zur Reichsbahn, sie erhielten die Nummern 17 141-143.
Eingesetzt wurden die S 10 im Schnellzugdienst in Norddeutschland gemeinsam mit den Gattungen S 10.1 und S 10.2. Doch schon Anfang der 1930er-Jahre ging ihre Karriere zu Ende, die meisten Maschinen waren bis 1935 ausgemustert. Für Bremslokeinsätze bei der LVA Grunewald hatten die 17 039, 102 und 107 Riggenbach-Gegendruckbremsen erhalten. Die 17 039 und 17 102 blieben in den Westzonen und wurden im September 1948 ausgemustert. Die 17 107 sowie die ex-LBE-Maschine 17 141 gelangten nach dem Zweiten Weltkrieg zur DR und wurden dort im Februar und im November 1951 ausgemustert. Im Deutschen Technikmuseum in Berlin kann heute noch die aufgeschnittene 17 008 bewundert werden.

| Technische Daten: | |
|---|---|
| Baureihenbezeichnung: | 17.0-1 (DRG) |
| Radsatzanordnung: | 2'Ch4 |
| Zylinderdurchmesser (mm): | 4 x 430 |
| Kolbenhub (mm): | 630 |
| Verdampfungsheizfläche (m²): | 155,5 |
| Vmax (km/h): | 110 |
| Leistung (PSi): | 1.170 |
| Dienstmasse (o. Tender) (t): | 77,2 (17 141-143: 71,7) |
| Größte Radsatzfahrmasse (t): | 17,5 (17 141-143: 16) |
| Länge über Puffer (mm): | 20.750 (17 141-143: 18.650) |
| Treib-/Kuppelraddurchmesser (mm): | 1.980 |
| Laufraddurchmesser (v) (mm): | 1.000 |
| Laufraddurchmesser (h) (mm): | - |
| Wasserkasteninhalt (m³): | 31,5 (17 141-143: 16,0) |
| Brennstoffvorrat (t): | |
| Indienststellung: | 1910-1914 |
| Verbleib: | 17 008 (DTB) |

*Foto: Hubert, Slg. Töpelmann, Archiv transpress*

## 17.2, 17.3" (preuß. S 10.2, LBE S 10.2, DRG)

Als dritte S 10-Version neben der Verbundmaschine S 10.1 und der Vierzylinderlok S 10 beschaffte die Preußische Staatsbahn (KPEV) bei Vulcan in Stettin ab 1914 die Dreizylinder-Schnellzuglokomotive S 10.2. Von den sechs Vorauslokomotiven erhielten drei Gleichstromzylinder Bauart Stumpf. Die Kesselkonstruktion stammte von der S 10 und auch in den übrigen Bauteilen entsprach die S 10.2 weitgehend der Vierlings-S 10. Bis 1916 entstanden insgesamt 124 Lokomotiven für die KPEV. Die rund 1.200 PS starken Maschinen hatten eine Höchstgeschwindigkeit von 120 km/h, der Antrieb erfolgte wie bei der S 10.0 auf den ersten Kuppelradsatz.

Die DRG übernahm noch 96 Maschinen und reihte sie als 17 201-296 ein. Zu Versuchszwecken erhielt 1925 die Lokomotive 17 206 einen Hochdruckkessel für 60 kp/cm$^2$ und die Bezeichnung H17 206. Im Rahmen der Versuche mit Mitteldrucklokomotiven wurden 1933 auch die beiden Lokomotiven 17 236 und 239 mit neuen Kessel und Innenzylindern für 25 kp/cm$^2$ ausgerüstet.

In Anlehnung an die S 10.2 beschaffte die Lübeck-Büchener Eisenbahn (LBE) zwischen 1919 und 1932 insgesamt 10 Drillingslokomotiven und baute zwei ihrer fünf Vierlings-S 10 in Drillinge um. Nach der Verstaatlichung 1938 kamen diese Maschinen als 17 301-312 in zweiter Besetzung zur Reichsbahn.

Die Haupteinsatzgebiete aller S 10.2 waren der Schnellzug- und später der Personenzugdienst in Nord- und Westdeutschland. Alle 17.3" und 88 Maschinen der Reihe Baureihe 17.2 gelangten nach dem Zweiten Weltkrieg zur späteren DB, wurden dort aber bereits bis 1950 ausgemustert.

Foto: Hubert, Slg. Kleine, Archiv transpress

**Technische Daten:**

| | | | |
|---|---|---|---|
| Baureihenbezeichnung: | 17.2 (DRG) | H 17 206 (DRG) | 17.3" (DRG) |
| Radsatzanordnung: | 2'Ch3 | 2'Ch3v | 2'Ch3 |
| Zylinderdurchmesser (mm): | 3 x 500 | HD 1 x 290, ND 2 x 500 | 3 x 500 |
| Kolbenhub (mm): | 630 | 630 | 630 |
| Verdampfungsheizfläche (m²): | 155,5 | 137,2 | |
| Vmax (km/h): | 110 | 120 | 110 |
| Leistung (PSi): | 1.200 | 1.150 | |
| Dienstmasse (o. Tender) (t): | 80,9 | 93,6 | 71,7-80,0 |
| Größte Radsatzfahrmasse (t): | 17,8 | 20 | 16-18 |
| Länge über Puffer (mm): | 21.200 | 21.200 | 19.098 (ab 17 303: 19.048) |
| Treib-/Kuppelraddurchmesser (mm): | 1.980 | 1.980 | 1.980 |
| Laufraddurchmesser (v) (mm): | 1.000 | 1.000 | 1.000 |
| Laufraddurchmesser (h) (mm): | - | - | - |
| Wasserkasteninhalt (m³): | 31,5 | 31,5 | 16,0 |
| Brennstoffvorrat (t): | 7 | 7 | |
| Indienststellung: | 1914-1916 | 1925 | 1920-1932 |
| Verbleib: | ++ | ++ | ++ |

## 17.3 (bay. C V, DRG)

Im Jahr 1896 präsentierte Maffei auf der Bayerischen Gewerbeausstellung in Nürnberg eine 2'Cn4v-Lokomotive, die anschließend von der Bayerischen Staatsbahn (K.Bay.Sts.B.) erworben und erprobt wurde. In der Folge erhielt Maffei den Auftrag zum Bau von insgesamt 43 dieser Maschinen in verstärkter Form. Die zwischen 1899 und 1901 gelieferten Lokomotiven erhielten die Gattungsbezeichnung C V, leisteten 1.200 PS und waren 90 km/h schnell. Ihr Kuppelraddurchmesser betrug nun 1.870 mm, die Räder der Musterlok hatten noch einen Durchmesser von 1.640 mm besessen. Beim Triebwerk der Bauart de Glehn wirkten die innenliegenden Hochdruckzylinder auf den ersten Kuppelradsatz, die außenliegenden Niederdruckzylinder auf den zweiten Kuppelradsatz. Eine außenliegende Heusinger-Steuerung mit Kuhnscher Schleife besorgte die Dampfverteilung. Anfangs wurden Flachschieber, später auch Kolbenschieber eingebaut.

Nach dem Ersten Weltkrieg mussten 17 Maschinen an Frankreich abgegeben werden. 22 Maschinen gelangten noch in den Bestand der DRG und erhielten dort die Nummern 17 301-322. Da die Lokomotiven jedoch für die gestiegenen Anforderungen zu schwach waren, wurde die letzte C V bereits 1930 ausgemustert.

Foto: Slg. Töpelmann, Archiv transpress

**Technische Daten:**

| | |
|---|---|
| Baureihenbezeichnung: | 17.3 (DRG) |
| Radsatzanordnung: | 2'Cn4v |
| Zylinderdurchmesser (mm): | 2 x 380/610 (ab Baujahr 1900: 2 x 360/610) |
| Kolbenhub (mm): | 640 |
| Verdampfungsheizfläche (m²): | 153,0 |
| Vmax (km/h): | 90 |
| Leistung (PSi): | 1.200 |
| Dienstmasse (o. Tender) (t): | 66,2 |
| Größte Radsatzfahrmasse (t): | 15,6 |
| Länge über Puffer (mm): | 18.840 |
| Treib-/Kuppelraddurchmesser (mm): | 1.870 |
| Laufraddurchmesser (v) (mm): | 950 |
| Laufraddurchmesser (h) (mm): | - |
| Wasserkasteninhalt (m³): | 21,5 |
| Brennstoffvorrat (t): | 7 |
| Indienststellung: | 1899-1901 |
| Verbleib: | ++ |

## 17.4-5 (bay. S 3/5 N, S 3/5 H, DRG, DB)

Gleichzeitig mit der S 2/5 (spät. BR 14.1) bestellte die Bayerische Staatsbahn bei Maffei die dreifach gekuppelte Schnellzugdampflok S 3/5. Beide Gattungen hatten einige Gemeinsamkeiten, so besaßen z.B. beide Bauarten einen Barrenrahmen und auch die Kessel beider Maschinen waren bis auf die Rohrlänge gleich. Die ersten 13 Maschinen lieferte Maffei ab 1903, sie kamen von München aus im Schnellzugdienst zum Einsatz. Weitere 26 Maschinen folgten bis 1907, wie die erste Serie waren dies Nassdampfloks. Neben München war auch Nürnberg Heimat dieser Exemplare. Den 39 Nassdampflokomotiven folgten zwischen 1906 und 1911 weitere 30 Maschinen in Heißdampfausführung, die als S 3/5 H bezeichnet wurden und deutlich leistungsfähiger waren als ihre Schwestern. Wesentliche Unterschiede waren die Verringerung der Rohrheizfläche auf 236 $m^2$ sowie die Vergrößerung der Zylinderdurchmesser.

Von der DRG wurden 24 Heiß- und 20 Nassdampflokomotiven übernommen und als 17 501-524 (Heißdampf) bzw. 17 401-420 (Nassdampf) eingereiht. Ab 1935 verschwanden die Loks aus München und Nürnberg und gelangten in die RBD Augsburg. Bei der späteren DB fanden sich nach dem Zweiten Weltkrieg noch acht Nassdampf- und 21 Heißdampfmaschinen. Sie wurden bis 1948 ausgemustert.

| Technische Daten: | | |
|---|---|---|
| Baureihenbezeichnung: | 17.4 (DRG) | 17.5 (DRG) |
| Radsatzanordnung: | 2'Cn4v | 2'Ch4v |
| Zylinderdurchmesser (mm): | 2 x 335/570 | 2 x 360/590 |
| Kolbenhub (mm): | 640 | 640 |
| Verdampfungsheizfläche (m²): | 210,5 | 159,47 |
| Vmax (km/h): | 110 | 110 |
| Leistung (PSi): | 1.100 | 1.260 |
| Dienstmasse (o. Tender) (t): | 69,8 | 71,9 |
| Größte Radsatzfahrmasse (t): | 15,6 | 15,6 |
| Länge über Puffer (mm): | 19.325 | 19.325 |
| Treib-/Kuppelraddurchmesser (mm): | 1.870 | 1.870 |
| Laufraddurchmesser (v) (mm): | 950 | 950 |
| Laufraddurchmesser (h) (mm): | - | - |
| Wasserkasteninhalt (m³): | 21,0 | 21,8 |
| Brennstoffvorrat (t): | 7 | 7,5 |
| Indienststellung: | 1903-1907 | 1906-1911 |
| Verbleib: | ++ | ++ |

*Foto: Maey, Slg. Kleine, Archiv transpress*

## 17.6-8 (sächs. XII H, XII HV, XII H1, DRG, DR)

Im Jahr 1905 erhielt Hartmann in Chemnitz den Auftrag zum Bau von sechs 2'Ch4-Schnellzugdampfloks für die Sächsischen Staatsbahnen. Die Maschinen wurden 1906 geliefert und erhielten die Gattungsbezeichnung XII H sowie die Betriebsnummern 1-6. Die Lokomotiven waren 100 km/h schnell, alle vier Zylinder trieben den ersten Kuppelradsatz an. Bemerkenswert war das Erscheinungsbild, die Fahrzeuge erhielten ein Führerhaus mit Windschneide und Verkleidungen am Drehgestell und an der Rauchkammer. Da der Dampfverbrauch der Lok höher als erwartet war, beauftragten die Sächsischen Staatsbahnen Hartmann bereits 1907 mit dem Bau einer Verbundmaschine, um Aufschlüsse über die Wirtschaftlichkeit zu erlangen. 1909 folgte schließlich ein Auftrag für eine 2'Ch2-Maschine auf der Basis der Vierlingsvariante.

Die Verbundmaschinen erhielten die Gattungsbezeichnung XII HV, die Zwillingslok die Bezeichnung XII H 1. Während die sechs Vierlingsmaschinen sowie die 1909 gelieferten sieben Zwillingsloks nicht weiterbeschafft wurden, entstanden von der XII HV bis 1914 insgesamt 42 Maschinen. Einige Maschinen der XII HV bzw. XII H1 mussten als Reparation abgegeben werden, die DRG übernahm alle sechs XII H, 39 Loks der Gattung XII HV und vier XII H1. Sie erhielten die Nummern 17 601-606 (XII H), 17 701-734; 17 751-755 (XII HV) sowie 17 801-804 (XII H1). Mit Ausnahme der 17 604 sind jedoch alle Maschinen zwischen 1925 und 1936 ausgemustert worden. 17 604 hielt sich als Heizlok in Dresden bis 1956 und wurde dann verschrottet.

| Technische Daten: | | | |
|---|---|---|---|
| Baureihenbezeichnung: | 17.6 (DRG) | 17.7 (DRG) | 17.8 (DRG) |
| Radsatzanordnung: | 2'Ch4 | 2'Ch4v | 2'Ch2 |
| Zylinderdurchmesser (mm): | 4 x 430 | 2 x 430/680 | 610 |
| Kolbenhub (mm): | 630 | 630 | 630 |
| Verdampfungsheizfläche (m²): | 146,13 | 146,34 | 177,66 |
| Vmax (km/h): | 100 | 100 | 100 |
| Leistung (PSi): | | | |
| Dienstmasse (o. Tender) (t): | 73,3 | 78,3 | 72,2 |
| Größte Radsatzfahrmasse (t): | 16,4 | 17,2 | 15,9 |
| Länge über Puffer (mm): | 20.545 | 20.780 | 19.803 |
| Treib-/Kuppelraddurchmesser (mm): | 1.905 | 1.905 | 1.905 |
| Laufraddurchmesser (v) (mm): | 1.065 | 1.065 | 1.065 |
| Laufraddurchmesser (h) (mm): | - | - | - |
| Wasserkasteninhalt (m³): | 21,8 | 28,0 | 21,0 |
| Brennstoffvorrat (t): | 5 | 7 | 7 |
| Indienststellung: | 1906 | 1908-1914 | 1909 |
| Verbleib: | ++ | ++ | ++ |

*Foto: Slg. Kleine, Archiv transpress*

## 17.10-12 (preuß. S 10.1, DRG, DB, DR)

Als dritte Spielart der preußischen S 10-Familie entstand ab 1911 die Vierzylinder-Heißdampfverbundmaschine der Gattung S 10.1. Die ersten zehn Lokomotiven lieferte Henschel 1911 an die KPEV, sie gingen in die Direktionen Halle, Stettin, Bromberg und Posen. Das Triebwerk entsprach der Bauart de Glehn, die innen liegenden Niederdruckzylinder trieben den ersten Kuppelradsatz an, die Hochdruckzylinder den zweiten. Die 120 km/h schnellen Lokomotiven leisteten rund 1.400 PS. Insgesamt baute Henschel 135 Maschinen dieser als S 10.1 (Bauart 1911) bezeichneten Type.
Ihr folgten ab 1913 noch einmal 102 überarbeitete Maschinen der Gattung S 10.1 (Bauart 1914). Grund für die Überarbeitung war der Wunsch, einen Speisewasser-Vorwärmer einbauen zu können. Die strikte Begrenzung der Radsatzfahrmasse ließ dies bei der ersten Bauserie nicht zu, daher musste bei der Konstruktion Gewicht eingespart werden. Durch die Verlagerung der Zylinder in eine Ebene und die damit verbundenen Änderungen an der Frontpartie unterschieden sich die Maschinen auch äußerlich von ihren Vorgängern.
Die DRG übernahm insgesamt 209 Maschinen beider Bauarten als 17 1001-1209. Sie liefen im Schnellzugdienst, wurden jedoch bis Kriegsende nach und nach von den Einheitsloks verdrängt. Nach dem Zweiten Weltkrieg blieben bis auf fünf Maschinen alle Loks der Bauart 1914 in den Westzonen. Dort wurden sie bis 1952 ausgemustert. Bei der DR blieben hingegen noch 39 Maschinen beider Bauarten im Dienst. 15 Loks erhielten eine Kohlenstaubfeuerung System Wendler, die 17 1119 bekam schon 1949 eine Kohlestaubfeuerung und einen Kondenstender. Die letzten 17.10 der DR wurden 1964 ausgemustert. Als Museumsstück blieb die 17 1055 erhalten. Sie trägt heute die Bezeichnung »Osten 1135« und gehört dem Verkehrsmuseum Dresden.

*Foto: Blaschke*

**Technische Daten:**

| | | |
|---|---|---|
| Baureihenbezeichnung: | 17.10-11 (DRG) | 17.11-12 (DRG) |
| Radsatzanordnung: | 2'Ch4v | 2'Ch4v |
| Zylinderdurchmesser (mm): | 2 x 400/610 | 2 x 400/610 |
| Kolbenhub (mm): | 660 | 660 |
| Verdampfungsheizfläche (m²): | 163,06 | 163,06 |
| Vmax (km/h): | 120 | 120 |
| Leistung (PSi): | 1.420 | 1.440 |
| Dienstmasse (o. Tender) (t): | 83,1 | 82,2 |
| Größte Radsatzfahrmasse (t): | 17,8 | 17,8 |
| Länge über Puffer (mm): | 20.910 | 21.110 |
| Treib-/Kuppelraddurchmesser (mm): | 1.980 | 1.980 |
| Laufraddurchmesser (v) (mm): | 1.000 | 1.000 |
| Laufraddurchmesser (h) (mm): | - | - |
| Wasserkasteninhalt (m³): | 31,5 | 31,5 |
| Brennstoffvorrat (t): | 7 | 7 |
| Indienststellung: | ab 1911 | ab 1914 |
| Verbleib: | 17 1055 (VMD, Dresden Altstadt) | ++ |

## 18.0 (sächs. XVIII H, DRG, DR)

Um den Bedarf an leistungsfähigen Schnellzugmaschinen zu decken, wollte die Sächsische Staatseisenbahn die bayerische S 3/6 nachbauen, doch scheiterten die Lizenzverhandlungen mit Maffei. Daher erhielt Hartmann den Auftrag zum Bau einer 2'C1'-Maschine mit 17 Tonnen Radsatzfahrmasse. Die zehn Maschinen umfassende Serie wurde 1917/18 geliefert und als Gattung XVIII H bezeichnet. Die Loks waren als Drillingsmaschine ausgebildet, besaßen einen kombinierten Blech-/Barrenrahmen, leisteten rund 1.700 PS und waren 120 km/h schnell. Damit überbot die »XVIII H« mühelos die geforderte Leistung, einen 430 Tonnen schweren Schnellzug in der Ebene mit 100 km/h zu befördern. Sie war in der Lage, sogar 550 Tonnen in der Ebene mit 100 km/h zu ziehen. Auf Grund ihrer guten Laufeigenschaften konnte später die Höchstgeschwindigkeit sogar auf 120 km/h erhöht werden.

Alle zehn Maschinen wurden von der DRG übernommen und erhielten die Nummern 18 001-010. Sie liefen von Dresden aus im Schnellzugdienst nach Berlin, Cottbus, Bodenbach und Breslau. Für den Einsatz zwischen Chemnitz und Riesa erhielten einige Loks ein Läutewerk. Den Zweiten Weltkrieg überstanden neun Lokomotiven, da die 18 002 durch einen Bombentreffer im April 1945 zerstört wurde. Erhebliche Kriegsschäden wies auch die 18 004 auf, so dass 1951 aus dem Bestand gestrichen wurde. Bei der DR erlebte die Baureihe ihre letzte Blüte mit Langläufen Dresden–Magdeburg oder Dresden–Güstrow. Bis 1965 wurden sie jedoch Stück für Stück abgestellt und bis 1968 ausgemustert. Die geplante Erhaltung der 18 010 kam leider nicht zustande.

*Foto: Slg. Töpelmann, Archiv transpress*

**Technische Daten:**

| | |
|---|---|
| Baureihenbezeichnung: | 18.0 (DRG) |
| Radsatzanordnung: | 2'C1'h3 |
| Zylinderdurchmesser (mm): | 3 x 500 |
| Kolbenhub (mm): | 630 |
| Verdampfungsheizfläche (m²): | 216,25 |
| Vmax (km/h): | 120 (anfangs: 100) |
| Leistung (PSi): | 1.700 |
| Dienstmasse (o. Tender) (t): | 93,55 |
| Größte Radsatzfahrmasse (t): | 17,2 |
| Länge über Puffer (mm): | 22.150 |
| Treib-/Kuppelraddurchmesser (mm): | 1.905 |
| Laufraddurchmesser (v) (mm): | 1.065 |
| Laufraddurchmesser (h) (mm): | 1.260 |
| Wasserkasteninhalt (m³): | 31,0 |
| Brennstoffvorrat (t): | 7 |
| Indienststellung: | 1917-1918 |
| Verbleib: | ++ |

## 18.1 (württ. C, DRG, DB)

Nachdem die württembergischen Lokomotiven der Klassen A, AD, ADh und E um die Jahrhundertwende zunehmend an ihre Leistungsgrenze gelangten, bestellte die Württembergische Staatsbahn (K.W.St.E.) ab 1908 neue Schnellzugmaschinen bei der Maschinenfabrik Esslingen (ME). Die ersten fünf dieser 2'C1'h4v-Lokomotiven wurden 1909 geliefert und erhielten die Klassenbezeichnung C. Sie zählten mit ihren nur 1.800 mm großen Treib- und Kuppelrädern zu den kleinsten Pazifik-Loks, waren aber für die hügeligen und kurvenreichen Strecken Württembergs bestens geeignet. Eine recht eigenwillige Konstruktion war der Blechrahmen mit außenliegendem Hilfsrahmen, da die ME zu dieser Zeit noch keine Barrenrahmen bearbeiten konnte. Bis 1921 baute Esslingen insgesamt 21 Stück der anfangs nur 100 km/h schnellen Lokomotiven. Wegen ihrer guten Laufeigenschaften konnte später die Höchstgeschwindigkeit sogar auf 120 km/h hochgesetzt werden. Vier Maschinen mussten nach dem Ersten Weltkrieg an Polen (1) bzw. Frankreich (3) abgegeben werden, so dass die Reichsbahn noch 37 Lokomotiven übernahm und als 18 101-137 einnummerte.

Abgesehen von Kriegseinsätzen waren die Maschinen stets in Württemberg beheimatet, vom Bw Stuttgart-Rosenstein aus fuhren sie u.a. auf den Hauptbahnen Richtung Ulm, Heilbronn und Tuttlingen. Nach dem Zweiten Weltkrieg kamen zwar insgesamt 23 Maschinen bei den Bw Heilbronn und Ulm wieder in Fahrt, doch der Stern der »Schönen Württembergerin« begann jetzt schnell zu sinken. Im Mai 1953 verließ die letzte C das Bw Heilbronn in Richtung Bw Ulm, welches als Auflauf-Bw bestimmt worden war. Dort stand am 13. Februar 1955 zum letzten Mal eine württembergische Pazifik unter Dampf, dann war dieses Kapitel beendet. Keine dieser formschönen Maschinen blieb erhalten.

| Technische Daten: | |
|---|---|
| Baureihenbezeichnung: | 18.1 (DRG) |
| Radsatzanordnung: | 2'C1'h4v |
| Zylinderdurchmesser (mm): | 2 x 420/620 |
| Kolbenhub (mm): | 612 |
| Verdampfungsheizfläche (m²): | 208,0 |
| Vmax (km/h): | 120 (anfangs: 100) |
| Leistung (PSi): | 1.840 |
| Dienstmasse (o. Tender) (t): | 87,8 |
| Größte Radsatzfahrmasse (t): | 15,9 |
| Länge über Puffer (mm): | 21.935 |
| Treib-/Kuppelraddurchmesser (mm): | 1.800 |
| Laufraddurchmesser (v) (mm): | 1.000 |
| Laufraddurchmesser (h) (mm): | 1.250 |
| Wasserkasteninhalt (m³): | 31,5 |
| Brennstoffvorrat (t): | 10 |
| Indienststellung: | 1909-1921 |
| Verbleib: | ++ |

Foto: Maey, Slg. Töpelmann, Archiv transpress

## 18.2 (bad. IV f, DRG)

Auch bei der Badischen Staatsbahn waren die Zuglasten um 1900 für die vorhandenen 2'B1'-Lokomotiven zu groß geworden, so dass im Rahmen einer Ausschreibung nach einer leistungsfähigeren Maschine gesucht wurde. Sieger des Wettbewerbs wurde ein Entwurf der Firma Maffei. Weil die Durchkonstruktion der 2'C1'h4v-Lokomotive jedoch länger als gedacht dauerte, kamen erst 1907 die Ersten dieser als Gattung »IV f« bezeichneten Type auf die Gleise. Konstruktive Besonderheiten waren u.a. der glattflächige Kessel mit der spitzen Rauchkammertür, die windschneidig ausgebildete Stirnwand des Führerhauses und der vom amerikanischen Lokomotivbau übernommene Barrenrahmen. Bis 1913 wuchs die Serie auf insgesamt 35 Lokomotiven an, 32 davon wurden als Lizenz bei der Maschinenbau-Gesellschaft Karlsruhe gebaut. Die IVf leisteten gut 1.700 PS, waren 100 km/h schnell und kamen im Rheintal und auf der Schwarzwaldbahn gleichermaßen zum Einsatz.

Die Reichsbahn übernahm noch 22 Stück der eleganten Vierzylinder-Verbund-Lokomotiven und bezeichnete sie als 18 201, 18 211-217, 18 231-238 und 18 251-256. Doch schon bald erwies sich das Triebwerk als sehr verschleißanfällig und die hohen Unterhaltungskosten taten ein Übriges. Da ihre Höchstgeschwindigkeit alsbald auch nicht mehr für die hochwertigen Schnellzüge auf der Rheintalstrecke ausreichte, blieben die Loks nur wenige Jahre im Dienst und wurden bis Anfang der 1930er-Jahre ausgemustert. Lediglich drei Maschinen hielten sich als Waschloks noch einige Jahre in Mannheim, Heidelberg und Karlsruhe.

| Technische Daten: | |
|---|---|
| Baureihenbezeichnung: | 18.2 (DRG) |
| Radsatzanordnung: | 2'C1'h4v |
| Zylinderdurchmesser (mm): | 2 x 425 / 650 |
| Kolbenhub (mm): | 610 / 670 |
| Verdampfungsheizfläche (m²): | 208,72 |
| Vmax (km/h): | 100 |
| Leistung (PSi): | 1.770 |
| Dienstmasse (o. Tender) (t): | 88,3 |
| Größte Radsatzfahrmasse (t): | 16,7 |
| Länge über Puffer (mm): | 21.110 |
| Treib-/Kuppelraddurchmesser (mm): | 1.800 |
| Laufraddurchmesser (v) (mm): | 990 |
| Laufraddurchmesser (h) (mm): | 1.200 |
| Wasserkasteninhalt (m³): | 20,0 |
| Brennstoffvorrat (t): | 7,5 |
| Indienststellung: | 1907-1913 |
| Verbleib: | ++ |

Foto: Bellingrodt, Slg. Kleine, Archiv transpress

## 18 201", 02 (DR)

Für die Erprobung von Reisezugwagen mit Geschwindigkeiten bis 160 km/h standen dem Schienenfahrzeugbau der DDR Ende der 1950er-Jahre keine geeigneten Triebfahrzeuge zur Verfügung. Lediglich die Tenderlokomotive 61 002, die einst für den Henschel-Wegmann-Zug gebaut worden war, konnte mit ihrer zugelassenen Vmax von 175 km/h die erforderliche Geschwindigkeit erreichen, war jedoch auf Grund ihrer Kesselprobleme und Leistung nicht geeignet.
Unter weitgehender Verwendung ihres Fahrwerks und Rahmens entstand daher 1961 eine neue Schlepptenderlokomotive. Deren äußere Zylinder, das hintere Rahmenteil sowie der Schleppradsatz mit seiner Rückstellvorrichtung stammten von der H45 024. Als Kessel fand ein Reko-Kessel Typ 39 E analog dem der BR 22 Verwendung. Die Innenzylinder der 2'C1'h3-Maschine waren eine geschweißte Neukonstruktion. Für ihren Dienst als Versuchs- und Bremslokomotive der VES-M Halle erhielt sie eine Riggenbach-Gegendruckbremse, außerdem wurde sie mit Giesl-Flachejektor, Indusi und 1967 mit Ölhauptfeuerung ausgerüstet. Den besonderen Charakter der Maschine unterstrich die Teilverkleidung und die abweichende Lackierung in Grün.
Die Lok wurde im Bw Halle P stationiert und lief im Versuchsdienst sowie im Schnell- und Eilzugdienst zwischen Berlin, Halle und Saalfeld. Während einer Versuchsfahrt erreichte sie 1972 eine Geschwindigkeit von 182,4 km/h - den höchsten offiziell gemessenen Wert. Mit der Einführung der EDV-Nummern wurde sie 1970 zur 02 0201. Anfang der 1970er-Jahre erhielt sie den Status als »offizielle Traditionslokomotive« und blieb so bis zu ihrer Abstellung 1997 als schnellste betriebsfähige Dampflok der Welt im Einsatz. Seit 2004 wurde die seit 2002 wieder in Betrieb befindliche 18 201 von der Dampf-Plus GmbH betrieben und hatte ihr Domizil im Museumsbahnbetriebswerk Lutherstadt Wittenberg. 2019 erwarb WFL die Lok, deren Fristen mittlerweile abgelaufen waren, und brachte sie in das Bw Nossen. Dort wird sie derzeit hauptuntersucht.

*Foto: Blaschke*

| Technische Daten: | |
|---|---|
| Baureihenbezeichnung: | 18 201 (DR) |
| Radsatzanordnung: | 2'C1'h3 |
| Zylinderdurchmesser (mm): | 3 x 520 |
| Kolbenhub (mm): | 660 |
| Verdampfungsheizfläche (m²): | 206,3 |
| Vmax (km/h): | 180 |
| Leistung (PSi): | 1.590 |
| Dienstmasse (o. Tender) (t): | 113,6 |
| Größte Radsatzfahrmasse (t): | 20 |
| Länge über Puffer (mm): | 25.145 |
| Treib-/Kuppelraddurchmesser (mm): | 2.300 |
| Laufraddurchmesser (v) (mm): | 1.100 |
| Laufraddurchmesser (h) (mm): | 1.250 |
| Wasserkasteninhalt (m³): | 34,0 |
| Brennstoffvorrat (m³): | 13,5 |
| Indienststellung: | 1961 |
| Verbleib: | 18 201 (Wedler Franz Logistik GmbH & Co.KG, Bw Nossen) |

## 18.3 (bad IV h, DRG, DB, DR), 018 (DB), 02 (DR)

Nachdem die Gattung »IV f« die ihr zugedachten Aufgaben nur unzureichend erfüllen konnte, benötigte die Badische Staatsbahn vor dem Ersten Weltkrieg stärkere Schnellzugloks. Wieder gelang es Maffei, den Auftrag zu bekommen. Die Ablieferung der drei 1915 bestellten Exemplare verschob sich durch den Krieg bis 1918. Die 2'C1'h4v-Maschinen erhielten die Gattungsbezeichnung »IV h1« und kamen zum Bw Offenburg. Den drei Maschinen folgte 1919 ein zweites Baulos (IV h2) und 1920 ein drittes (IV h3). Alle 20 Loks übernahm die DRG als 18 301-303, 18 311-319 und 18 321-328.
Die Maschinen liefen im schweren Schnellzugdienst auf der Oberrheinstrecke, der Paradezug war der »Rheingold«. Ab 1933 wanderten die Loks langsam Richtung Norden, und wurden in Koblenz (1933), Bremen und Hamburg-Altona (1935) beheimatet. Bis auf die 18 326 überstanden alle Loks den Zweiten Weltkrieg, doch als Splittergattung wurden sie bereits 1948 ausgemustert. Lediglich die 18 316, 319 und 323 blieben für Versuchsdienste des BZA Minden im Bestand, die 18 314 kam zur DR. Nach einem Triebwerksschaden wurde 18 319 am 1. Juli 1964 ausgemustert, ihren Kessel mit verlängerter Rauchkammer erhielt die 18 316. Am 10. Juli 1969 folgte die Ausmusterung der 18 316, am 3. Dezember 1969 musste schließlich die 18 323 den Dienst quittieren, welche zuvor sogar noch die EDV-gerechte Umzeichnung in die Baureihe 018 erlebt hatten.
Ein besonders wechselvolles Leben hatte 18 314 der DR. Sie fuhr zunächst weitgehend unverändert. 1958/59 wurde die Maschine jedoch grundlegend umgebaut, sie erhielt dabei einen Rekokessel mit Verbrennungskammer, eine Riggenbach-Gegendruckbremse sowie eine Teilverkleidung. So stand sie als Versuchslokomotive in Diensten der VES-M Halle. Im Januar 1968 erhielt die Lok eine Ölhauptfeuerung und Mitte 1970 die EDV-gerechte Nummer 02 0314. Dann fuhr noch bis zum Ablauf ihrer Kesselfrist am 31. Dezember 1971. Erhalten blieben die 18 314 (Museum Sinsheim), 18 323 (Denkmal Offenburg) und 18 316 (Landesmuseum für Technik und Arbeit in Mannheim).

*Foto: Blaschke*

| Technische Daten: | | |
|---|---|---|
| Baureihenbezeichnung: | 18.3 (DRG) | 18 314 (DR) |
| Radsatzanordnung: | 2'C1'h4v | 2'C1'h4v |
| Zylinderdurchmesser (mm): | 2 x 440/680 | 2 x 440/680 |
| Kolbenhub (mm): | 680 | 680 |
| Verdampfungsheizfläche (m²): | 224,8 | 199,5 |
| Vmax (km/h): | 140 | 150 |
| Leistung (PSi): | 1.950 | 1.950 |
| Dienstmasse (o. Tender) (t): | 97,0 | 105,0 |
| Größte Radsatzfahrmasse (t): | 17,9 | 18,5 |
| Länge über Puffer (mm): | 23.230 | 23.630 |
| Treib-/Kuppelraddurchmesser (mm): | 2.100 | 2.100 |
| Laufraddurchmesser (v) (mm): | 990 | 990 |
| Laufraddurchmesser (h) (mm): | 1.200 | 1.200 |
| Wasserkasteninhalt (m³): | 29,6 | 34,0 |
| Brennstoffvorrat: | 9 t Kohle | 13,5 m³ Öl |
| Indienststellung: | 1918-1920 | Umbau 1960 |
| Verbleib: | 18 316 (LTA Mannheim), 323 (Offenburg) | 18 314 (Sinsheim) |

*Foto: Blaschke*

*Foto: Blaschke*

## 18.4-5 (bay. S 3/6, DRG, DB), 18.6 (DB)

Im Frühjahr 1907 erhielt Maffei den Auftrag zum Bau einer Pazifik-Verbundlokomotive für die Bayerische Staatsbahn. Ausgehend von der im gleichen Haus entstandenen badischen »IV f« entwickelte Maffei die bayerische S 3/6. Die erste Maschine verließ im Juli 1908 das Werk, ihr folgten noch im gleichen Jahr weitere sechs Lokomotiven. In drei Bauserien (a bis c) lieferte Maffei bis 1911 weitere 16 weitgehend baugleiche Maschinen. Abweichend von diesen ersten 23 Loks erhielten die Serien d und e, die Maffei 1912/1913 mit insgesamt 18 Maschinen lieferte, Treibräder mit 2.000 mm Durchmesser statt 1.870 mm. Dadurch bedingt lag auch de Kessel dieser Maschinen höher. Ab der Serie f (drei Maschinen, 1913/1914) kehrte man jedoch zum ursprünglichen Treibraddurchmesser zurück. Es folgten schließlich noch die Serien g (zehn Maschinen für die pfälzischen Strecken, 1914), h (fünf Lokomotiven, 1914) und i (30 Maschinen, 17 Tonnen Radsatzfahrmasse, 1915-18). Insgesamt umfasste diese erste Beschaffungsperiode 89 Lokomotiven. Mit Ausnahme der 18 »Hochhaxigen« besaßen alle Maschinen ein Windschneidenführerhaus.

Die zweite Beschaffungsperiode begann 1923 und endete erst zur Reichsbahnzeit 1931. In den Jahren 1923/24 lieferte Maffei die Serie k mit 30 Maschinen, es folgten 1927/28 die Serien l und m (20 Maschinen) sowie die Serie n mit nur noch zwei Maschinen 1930. Weil Maffei Bankrott ging, wurden die letzten 18 Exemplare der S 3/6 als Serie o von Henschel 1930/31 in Lizenz gebaut.

Die Maschinen waren zunächst in München, Nürnberg und Ludwigshafen beheimatet und liefen im schweren Schnellzugdienst. Nach dem Ersten Weltkrieg mussten 19 Maschinen als Reparation abgegeben werden. Bei der DRG erhielten die verbliebenen Maschinen mit kleinen Rädern die Nummern 18 401-434, 18 461-478 und 18 479-548, die »Großrädrigen« die Nummern 18 441-458. Neben den großen bayerischen Betriebswerken beheimateten u.a. auch die Bw Wiesbaden, Darmstadt, Halle/S. und Osnabrück die bayerischen Paradepferde. Die bekannteste Zugleistung während der Reichsbahnzeit ist sicherlich die Bespannung des FFD 101/102 »Rheingold«.

Fünf Maschinen (18 403, 413, 414, 426 und 474) wurden im Zweiten Weltkrieg so schwer beschädigt, dass sie nicht mehr repariert wurden, die übrigen Loks liefen nach dem Krieg größtenteils im Personenzugdienst. Von 1953 bis 1956 wurden insgesamt 30 Maschinen aus den letzten drei Serien von der DB grundlegend modernisiert. Dabei erhielten sie vollständig geschweißte Verbrennungskammerkessel und neu gestaltete Führerhäuser. Die fortan als 18 601-630 bezeichneten Maschinen liefen zunächst im Schnellzugdienst u.a. in Darmstadt, Hof, Regensburg, Nürnberg, Lindau und Ulm. Ab 1961 wurden sie in Lindau konzentriert, doch schon 1965 endete dort ihre Karriere. Ihre nicht modernisierten Schwestern waren bereits bis 1960 ausgemustert, lediglich 18 505 blieb beim BZA Minden länger in Betrieb.

Einige S 3/6 blieben als Denkmal oder museal erhalten, betriebsfähig war bis 2004 die 18 478 aus der dritten Bauserie, die vom Bayerischen Eisenbahnmuseum Nördlingen aus eingesetzt wurde und derzeit eine HU erhält.

**Technische Daten:**

| | | | | | |
|---|---|---|---|---|---|
| Baureihenbezeichnung: | 18.4 (DRG) | 18.4 (DRG) | 18.4-5 (DRG) | 18.5 (DRG) | 18.6 (Umbau DB) |
| Radsatzanordnung: | 2'C1'h4v | 2'C1'h4v | 2'C1'h4v | 2'C1'h4v | 2'C1'h4v |
| Zylinderdurchmesser (mm): | 2 x 425/650 | 2 x 425/650 | 2 x 440/650 | 2 x 440/650 | 2 x 440/650 |
| Kolbenhub (mm): | 610/670 | 670 | 610/670 | 610/670 | 610/670 |
| Verdampfungsheizfläche (m²): | 218,4 | 204,5 | 219,1 | 201,1 | 185,0 |
| Vmax (km/h): | 120 | 120 | 120 | 120 | 120 |
| Leistung (PSi): | 1.770 | 1.770 | 1.830 | 1.830 | 1.950 |
| Dienstmasse (o. Tender) (t): | 87,3 | 89,0 | 92,3 | 96,2 | 96,1 |
| Größte Radsatzfahrmasse (t): | 16,8 | 16,7 | 17,9 | 18 | 18,1 |
| Länge über Puffer (mm): | 21.396 | 22.095 | 21.221 | 21.370 | 22.842 |
| Treib-/Kuppelraddurchmesser (mm): | 1.870 | 2.000 | 1.870 | 1.870 | 1.870 |
| Laufraddurchmesser (v) (mm): | 950 | 950 | 950 | 950 | 950 |
| Laufraddurchmesser (h) (mm): | 1.206 | 1.206 | 1.206 | 1.206 | 1.206 |
| Wasserkasteninhalt (m³): | 26,2 | 32,5 | 26,4 | 27,4 | 31,7 |
| Brennstoffvorrat (t): | 7,5 | 8 | 7,5 | 8,5 | 9,0 |
| Indienststellung: | 1908-1918 | 1912-1913 | 1923-1924 | 1927-1931 | 1953-1956 |
| Verbleib: | 18 478 (BEM in HU) | 18 451 (DM München) | 18 505 (DGEG, Neustadt/Weinstr.), 18 508 (Schweiz) | 18 528 (Denkmal München) | 18 612 (DDM) |

## T18.10 (DRG)

Die konventionelle Dampflokomotive hatte nach Einführung des Heißdampf-Verfahrens ihre höchste Entwicklungsstufe erreicht. Weitere Verbesserungen des Wirkungsgrades waren nur durch einen höheren Kesseldruck oder durch eine bessere Ausnutzung des Wärmegefälles bei der Expansion des Dampfes bis zum atmosphärischen Druck zu erwarten. Letztere Möglichkeit war nur bei Verwendung einer Dampfturbine gegeben. Anfang der 1920er-Jahre hatten Bahnverwaltungen in Italien, Schweden und der Schweiz bereits entsprechende Erfahrungen gesammelt. Auch die DRG wollte nicht zurückstehen und ließ bei Krupp die erste deutsche Schnellzuglok mit Dampfturbinenantrieb entwickeln. Die T18 1001 war 1924 fertiggestellt. Der Antrieb erfolgte über Vorgelege und Blindwelle auf die drei Kuppelradsätze. Erst nach Umbauten entstand eine brauchbare Maschine mit einer 25- bis 40-%-igen Brennstoffersparnis gegenüber herkömmlichen Dampfloks. Bis 1940 lief die T18 1001 beim Bw Hamm, dann zerstörte ein Bombentreffer die Lok.

Eine zweite Turbinenlok mit der Betriebsnummer T18 1002 entstand 1926 bei Maffei. Bei einem Kesseldruck von 22 bar (T18 1001: 15 bar) konnte der Kessel relativ kurz gehalten werden, was den freien Aufbau von Turbinengruppe und Vorgelege über dem führenden Laufdrehgestell ermöglichte. Die beiden Kondensatoren befanden sich nun rechts und links des Rahmens unterhalb der Laufbleche und waren parallelgeschaltet. Erste Erprobungen zeigten ebenfalls nicht den gewünschten Wirkungsgrad. Erst der Einbau einer neuen Hauptturbine ohne Rückwärtsturbine und eine zusätzliche Rangierturbine mit Wendegetriebe für Vorwärts- und Rückwärtsfahrt brachten Besserung. Ab 1929 fuhr die T18 1002 vom Bw München Hbf aus nach Würzburg und Lindau, bis auch sie bei einem Luftangriff im Jahre 1943 zerstört wurde.

*Foto: Slg. Töpelmann, Archiv transpress*

| Technische Daten: | | |
|---|---|---|
| Baureihenbezeichnung: | T18 1001 (DRG) | T18 1002 (DRG) |
| Radsatzanordnung: | 2'C1'Turbinenlok | 2'C1'Turbinenlok |
| Zylinderdurchmesser (mm): | - | - |
| Kolbenhub (mm): | (630) | - |
| Verdampfungsheizfläche (m²): | 155,00 | 159,70 |
| Vmax (km/h): | 110 | 120 |
| Leistung (PSe): | 2.000 | 2.750 |
| Dienstmasse (o. Tender) (t): | 113,70 | 104,00 |
| Größte Radsatzfahrmasse (t): | 20 | 20 |
| Länge über Puffer (mm): | 23.446 | 24.135 |
| Treib-/Kuppelraddurchmesser (mm): | 1.650 | 1.750 |
| Laufraddurchmesser (v) (mm): | 1.000 | 850 |
| Laufraddurchmesser (h) (mm): | 1.250 | 1.206 |
| Wasserkasteninhalt (m³): | 19,5 (Kond.) | 24,3 (Kond.) |
| Brennstoffvorrat (t): | | 6,0 |
| Indienststellung: | 1924 | 1926 |
| Verbleib: | ++ | ++ |

## 19 1001 (DRG)

Im Jahr 1941 lieferte Henschel mit der Jubiläumsfabriknummer 25000 eine Schnellfahrlokomotive an die DRG, die nur noch äußerlich an die bisherigen Schnellfahrdampfloks erinnerte. Die als 19 1001 bezeichnete Maschine wurde nicht mehr durch herkömmliche Triebwerke angetrieben, sondern besaß Einzelradsatzantrieb wie die Elektrolokomotiven der Reihen E 04, E 17 und E 18/19. Für den Antrieb sorgten zweizylindrige Dampfmotoren in V-Anordnung auf jedem Treibradsatz. Die Treibradsätze waren untereinander nicht gekuppelt. Der Dampfmotor saß bei den Treibradsätzen 1 und 3 zur besseren Gewichtsverteilung auf der linken, bei den Treibradsätzen 2 und 4 auf der rechten Seite. Die Motoren waren Bestandteil des abgefederten Fahrzeugteils und durch Gelenkkupplungen mit den Treibradsätzen verbunden. Dank dieser Antriebsform konnte der Treibraddurchmesser auf 1.250 mm begrenzt werden, der Kesseldruck betrug 20 kp/cm², die Radsatzfahrmasse 18 Tonnen.

Die 175 km/h schnelle Lokomotive beeindruckte durch ihre Laufruhe auch im hohen Geschwindigkeitsbereich. Bei einer Versuchsfahrt wurde sogar eine Höchstgeschwindigkeit von 186 km/h erreicht. Einziger Nachteil der Maschine war eine gewisse Schleuderneigung der Treibradsätze. Nach verschiedenen Messfahrten kam die Lok im Frühjahr 1943 zum Bw Hamburg-Altona und lief im Schnellzugdienst Berlin–Hamburg und Hamburg–Osnabrück. Ein Bombenangriff setzte sie im Oktober 1944 außer Gefecht. Auf Anweisung der amerikanischen Besatzungsmacht wurde sie bei Henschel in Stand gesetzt und im Oktober 1945 nach Virginia verschifft. Als Ausstellungsobjekt blieb sie bis Mitte 1952 erhalten, ehe sie in den USA verschrottet wurde, nachdem die Deutsche Bundesbahn die Übernahme der Kosten für den Rücktransport abgelehnt hatte.

*Foto: Slg. Kleine, Archiv transpress*

| Technische Daten: | |
|---|---|
| Baureihenbezeichnung: | 19 1001 (DRG) |
| Radsatzanordnung: | 1'Do1' |
| Zylinderdurchmesser (mm): | 8 x 300 |
| Kolbenhub (mm): | 300 |
| Verdampfungsheizfläche (m²): | 239,67 |
| Vmax (km/h): | 175 |
| Leistung (PSi): | 1.700 |
| Dienstmasse (o. Tender) (t): | 109,3 |
| Größte Radsatzfahrmasse (t): | 18,7 |
| Länge über Puffer (mm): | 23.775 |
| Treib-/Kuppelraddurchmesser (mm): | 1.250 |
| Laufraddurchmesser (v) (mm): | 1.000 |
| Laufraddurchmesser (h) (mm): | 1.250 |
| Wasserkasteninhalt (m³): | 38,0 |
| Brennstoffvorrat (t): | 12,5 |
| Indienststellung: | 1941 |
| Verbleib: | ++ |

## 19.0 (sächs. XX HV, DRG, DR), 04 (DR)

Für den schweren Schnellzugdienst im sächsischen Hügelland entstand bei Hartmann in Chemnitz ab 1918 die 1'D1'h4v-Lokomotive der Gattung XX HV. Bis 1922 lieferte Hartmann insgesamt 23 Maschinen. Sie waren zum Zeitpunkt ihrer Inbetriebnahme die größten Schnellzuglokomotiven Europas. Die 120 km/h schnellen Loks leisteten rund 1.800 PS und zogen damit Züge mit 585 Tonnen Gewicht auf 10 ‰ Steigung noch mit 50 km/h. Während die ersten Maschinen noch von der Sächsischen Staatseisenbahn beschafft worden waren, war für die Bestellung der letzten acht Lokomotiven bereits die DRG zuständig, welche allen 1925 die Betriebsnummern 19 001-023 zuwies.

Die Lokomotiven waren in Dresden sowie Reichenbach/Vogtland zu Hause und bewältigten den Schnellzugverkehr auf der Strecke Hof-Reichenbach-Dresden/Leipzig. Kurzzeitig waren je vier Maschinen der letzten beiden Serien in den Betriebswerken Stuttgart-Rosenstein und Frankfurt (Main) 1 beheimatet, doch schon 1925 kehrten sie nach Sachsen zurück. Von Reichenbach aus erreichten die Maschinen u.a. auch Regensburg und Nürnberg.

Nach dem Zweiten Weltkrieg war der Bestand auf nur noch 16 Maschinen geschmolzen, bis auf drei Loks waren sie jedoch bereits Mitte der 1950er-Jahre ausgemustert. Die 19 015, 017 und 022 kamen als Bremslokomotiven zur Fahrzeug-Versuchsanstalt (FVA) Halle. Dort wurden die 19 015 und 19 022 zwischen 1961 und 1965 rekonstruiert. Dabei erhielten sie einen Reko-Kessel, neue Führerhäuser, Witte-Windleitbleche und eine spitze Rauchkammertür. Größere Veränderungen waren auch an den Zylindergruppen und der Steuerung nötig. Die 19 017 kam im Ursprungszustand 1973 zum VM Dresden, die beiden anderen erhielten 1967 eine Ölhauptfeuerung und blieben bis Mitte der 1970er-Jahre unter den neuen EDV-Nummern 04 0015 bzw. 04 0022 im Einsatz.

**Technische Daten:**

| | | |
|---|---|---|
| Baureihenbezeichnung: | 19.0 (DRG) | 19.0 (Reko DR) |
| Radsatzanordnung: | 1'D1'h4v | 1'D1'h4v |
| Zylinderdurchmesser (mm): | 2 x 480/720 | 2 x 480/720 |
| Kolbenhub (mm): | 630 | 630 |
| Verdampfungsheizfläche (m²): | 227,05 | 206,3 |
| Vmax (km/h): | 120 | 120 |
| Leistung (PSi): | 1.800 | 2.000 |
| Dienstmasse (o. Tender) (t): | 99,9 | 107,7 |
| Größte Radsatzfahrmasse (t): | 17,2 | 18 |
| Länge über Puffer (mm): | 22.632 | 24.210 |
| Treib-/Kuppelraddurchmesser (mm): | 1.905 | 1.905 |
| Laufraddurchmesser (v) (mm): | 1.065 | 1.000 |
| Laufraddurchmesser (h) (mm): | 1.260 | 1.250 |
| Wasserkasteninhalt (m³): | 31 | 38,0 |
| Brennstoffvorrat: | 7 t Kohle | 10 m³ Öl |
| Indienststellung: | 1918-1922 | 1964-1965 |
| Verbleib: | 19 017 (VMD, Dresden-Altstadt) | ++ |

*Foto: Hubert, Slg. Töpelmann, Archiv transpress*

*Foto: Blaschke*

## 23 (DRG, DR)

Abgesehen von der BR 24 hatte die DRG keine Einheitsmaschinen für den Personenzugdienst beschafft. Mit der preußischen P 8 stand einstweilen eine für diese Zwecke ausreichende Maschine in großen Stückzahlen zur Verfügung. Erst 1939/40 entschied man sich zum Bau einer »Ersatz-P 8«. Aus Gründen der Vereinheitlichung sollte die neue Baureihe 23 den gleichen Kessel wie die BR 50 erhalten. Mit dem Bau der beiden Probelokomotiven wurde Schichau in Elbing beauftragt. Am 23. September 1941 erfolgte die Abnahme der 23 001, kurz darauf folgte 23 002. Wegen des Krieges unterblieb der in 800 Exemplaren geplante Weiterbau, die Beschaffung von Güterzugmaschinen war nun wichtiger.

Die 1'C1'-Zweizylinderlokomotiven waren 110 km/h schnell und leisteten etwa 1.500 PS. Sie kamen nach Berlin und überstanden dort auch den Zweiten Weltkrieg. 1954 gelangten beide Maschinen zur Fahrzeug-Versuchsanstalt Halle (später VES-M). Drei Jahre später versah man 23 001 mit einer Riggenbach-Gegendruckbremse, weil sie als Bremslokreserve für Messfahrten vorgehalten wurde. Beide Maschinen sollten Anfang der 1960er-Jahre einen neuen Rekokessel erhalten, tatsächlich umgebaut wurde aber nur 23 001, für ihre Schwestermaschine stellte das Raw Cottbus wegen Rahmen- und Radschäden den Ausmusterungsantrag. Im September 1967 wurde die 23 002 ausgemustert und kurz darauf verschrottet. Die 23 001 blieb ab 1970 als 35 2001 bezeichnet noch bis 1974 in Betrieb.

*Foto: Maey, Slg. Kleine, Archiv transpress*

| Technische Daten: | |
|---|---|
| Baureihenbezeichnung: | 23 (DRG) |
| Radsatzanordnung: | 1'C1'h2 |
| Zylinderdurchmesser (mm): | 550 |
| Kolbenhub (mm): | 660 |
| Verdampfungsheizfläche (m²): | 177,83 |
| Vmax (km/h): | 110 |
| Leistung (Psi): | 1.500 |
| Dienstmasse (o. Tender) (t): | 88,4 |
| Größte Radsatzfahrmasse (t): | 18,0 |
| Länge über Puffer (mm): | 22.940 |
| Treib-/Kuppelraddurchmesser (mm): | 1.750 |
| Laufraddurchmesser (v) (mm): | 1.000 |
| Laufraddurchmesser (h) (mm): | 1.250 |
| Wasserkasteninhalt (m³): | 26,0 |
| Brennstoffvorrat (t): | 10 |
| Indienststellung: | 1941 |
| Verbleib: | ++ |

## 23, 023 (DB)

Auch bei der DB griff man nach dem Zweiten Weltkrieg die Entwicklung der »Ersatz-P 8« wieder auf. Ein Nachbau der Einheitslok schied auf Grund der fortgeschrittenen Entwicklung der Dampfloktechnik aus. So entstanden unter Federführung von Friedrich Witte die »Neuen Baugrundsätze« für Dampfloks. Wesentliche Merkmale waren unter anderen der vollständig geschweißte Verbrennungskammer-Kessel, Schweißung aller wesentlichen Baugruppen und allseitig geschlossene Führerhäuser.
1950 lieferte Henschel die erste Maschine der DB-Neubaureihe 23. Der Rahmen war eine geschweißte Blechkonstruktion, die Maschine leistete knapp 1.800 PS und erreichte 110 km/h bei Vorwärts- und 85 km/h bei Rückwärtsfahrt. Bis 1959 wuchs die Baureihe 23 auf 105 Maschinen an, die von Jung gelieferte 23 105 war die letzte für die DB gebaute Dampflok überhaupt. Die ersten 52 Loks erhielten noch einen Knorr-Oberflächenvorwärmer, die anderen besaßen Mischvorwärmer und Wälzlager statt der ursprünglichen Gleitlager. Die Radsatzfahrmasse konnte wahlweise auf 17 oder 19 Tonnen eingestellt werden. Nahezu alle Maschinen wurden im Lauf der Zeit von den ungeliebten Heißdampf- auf die unproblematischen Nassdampfregler umgestellt.
Die Hochburgen der BR 23 waren die Bw Kempten, Hagen, Kaiserslautern und Saarbrücken, aber auch in Bestwig, Mönchengladbach, Mainz und Minden waren die Loks vor fast allen Zugarten im Einsatz. Letzte Heimatdienststelle war Crailsheim, wo am 23. Dezember 1975 mit der 023 023 die letzte Lok ausgemustert wurde. Als Denkmal blieb die 23 029 in Aalen erhalten. Museumsmaschinen sind 23 019 (DDM Neuenmarkt-Wirsberg), 23 023 (Stoomst. Nederland), 23 042 (DME Da.-Kranichstein, betriebsf.), 23 058 (Eurovapor/SEH, in Reparatur), 23 071, 23 076 (beide VSM, betriebsf.) und 23 105 (VMN, SEH).

*Foto: Estler*

| Technische Daten: | |
|---|---|
| Baureihenbezeichnung: | 23 (DB) |
| Radsatzanordnung: | 1'C1'h2 |
| Zylinderdurchmesser (mm): | 550 |
| Kolbenhub (mm): | 660 |
| Verdampfungsheizfläche (m²): | 156,28 |
| Vmax (km/h): | 110 vorwärts/85 rückwärts |
| Leistung (Psi): | 1.785 |
| Dienstmasse (o. Tender) (t): | 82,8 |
| Größte Radsatzfahrmasse (t): | 18,9 |
| Länge über Puffer (mm): | 21.325 |
| Treib-/Kuppelraddurchmesser (mm): | 1.750 |
| Laufraddurchmesser (v) (mm): | 1.000 |
| Laufraddurchmesser (h) (mm): | 1.250 |
| Wasserkasteninhalt (m³): | 31,0 |
| Brennstoffvorrat (t): | 8 |
| Indienststellung: | 1950-1959 |
| Verbleib: | Denkmal: 23 019; |
| | Museum: 23 023, 029, 042, 058, 071, 076, 105 (tlw.bf.) |

## 23.10, 35.10 (DR)

Als auch die DR nach dem Zweiten Weltkrieg die Entwicklung der »Ersatz-P 8« wieder aufgriff, kam der Nachbau der Einheitsbaureihe 23 ebenfalls nicht in Betracht. Für die neue Loktype sollten moderne Baugrundsätze angewendet werden und überdies musste sie der vorzugsweise verwendeten Braunkohlefeuerung angepasst sein. So entwickelte das Institut für Schienenfahrzeuge (IfS) in Zusammenarbeit mit dem TZA eine neue 1'C1'h2-Lokomotive, welche die Baureihenbezeichnung 23.10 erhielt. In die Konstruktion flossen die Erfahrungen mit den bereits fertig gestellten Neubaureihen 65.10 und 83.10 ein. Parallel entstand die 1'Eh2-Güterzugbaureihe 50.40, die in vielen Teilen mit der 23.10 baugleich war.
Die beiden Baumustermaschinen 23 1001 und 23 1002 lieferte LKM Babelsberg 1956. Die nachfolgenden 111 Serienmaschinen waren gegenüber den beiden Erstlingen nur geringfügig verändert und wurden von LKM bis 1958 gebaut. Alle Maschinen besaßen einen Blechrahmen, für die nötige Dampferzeugung sorgte der vollständig geschweißte Kessel mit Verbrennungskammer. Wie die Einheitsloks waren auch die Neubau-Maschinen 110 km/h schnell, jedoch mit rund 1.700 PS leistungsfähiger.
Die Neubauloks gelangten zunächst schwerpunktmäßig in die Reichsbahndirektionen Cottbus, Greifswald und Schwerin und kamen vor nahezu allen Zuggattungen zum Einsatz. Nach Auslieferung aller Maschinen waren sie in allen Direktionen mit Ausnahme der Rbd Erfurt heimisch. 1970 erhielten sie mit der Umstellung auf EDV-gerechte Betriebsnummern die neue Baureihenbezeichnung 35. Bis 1975 waren die Lokomotiven unverzichtbar, danach begann ihr Stern schnell zu sinken. Zwischen 1975 und 1977 verschwanden 89 Loks von den Gleisen, die letzte Planfahrt absolvierte die 35 1106 am 21. Mai 1977. Mit der Ausmusterung der 35 1043 endete 1981 die Ära der Neubauloks.
Sechs Maschinen der Reihe 23.10 blieben erhalten: Als Museumsstücke stehen 23 1021 in Prora, 23 1028 und 1074 in Gera und 23 1113 in Nossen. Nach einem Unfall im August 2017 ist die 23 1019 (Cottbus) abgestellt. Als betriebsfähige Museumslok fährt nuru noch die 23 1097 (Glauchau).

| Technische Daten: | |
|---|---|
| Baureihenbezeichnung: | 23.10 (DR) |
| Radsatzanordnung: | 1'C1'h2 |
| Zylinderdurchmesser (mm): | 550 |
| Kolbenhub (mm): | 660 |
| Verdampfungsheizfläche (m²): | 159,6 |
| Vmax (km/h): | 110 |
| Leistung (Psi): | 1.700 |
| Dienstmasse (o. Tender) (t): | 87,2 |
| Größte Radsatzfahrmasse (t): | 17,8 |
| Länge über Puffer (mm): | 22.660 |
| Treib-/Kuppelraddurchmesser (mm): | 1.750 |
| Laufraddurchmesser (v) (mm): | 1.000 |
| Laufraddurchmesser (h) (mm): | 1.250 |
| Wasserkasteninhalt (m³): | 28,0 |
| Brennstoffvorrat (t): | 10 |
| Indienststellung: | 1956-1958 |
| Verbleib: | 23 1019, 23 1021 mus. |
| | 23 1097 bf, 23 1113 nbf. |

*Foto: Slg. Kleine, Archiv transpress*

## 24 (DRG, DB, DR)

Lokomotiven für den Nebenbahndienst waren im Einheits-Typenprogramm der DRG zunächst nicht enthalten, weil die Beschaffung neuer Hauptbahnmaschinen Priorität genoss. Erst später wurde der Neubau der Nebenbahnmaschinen BR 24 (Schlepptender), 64 und 86 beschlossen. Die ersten 17 Maschinen der BR 24 lieferten 1928 Schichau (24 001-010) und Linke-Hofmann (24 031-037). Ein Jahr später liefen bereits 69 Stück der 90 km/h schnellen und gut 900 PS starken Maschinen in den Direktionen Stuttgart, Stettin, Schwerin, Regensburg und Münster. Die Baureihe 24 war in vielen Teilen baugleich mit der 1'C1'-Tenderlok der Reihe 64. Auffällig war der wegen der günstigeren Masseverteilung weit nach vorn geschobene Kessel. Dadurch lag der Schornstein nicht mehr in einer Achse mit den Zylindern, wie das bei den übrigen Einheitsloks der Fall war. Die letzte der insgesamt 95 Loks 24 wurde erst 1940 abgenommen. 24 069 und 24 070 wurden im Rahmen des DRG-Versuchsprogrammes als Mitteldrucklokomotiven abgeliefert und erhielten ein Zweizylinderverbundtriebwerk. 1952 wurden sie in die Regelausführung umgebaut.

*Foto: Blaschke*

Ende der 1930er-Jahre kamen die Maschinen zum größten Teil nach Ostpreußen und liefen dort auf langen Nebenstrecken. Daher resultiert auch ihr Beiname »Steppenpferd«. Nach dem Zweiten Weltkrieg waren die Maschinen auf die DR (4), DB (48) und die PKP (42) verteilt. Bei der DR endete 1968 der Planeinsatz beim Bw Jerichow. Als Hilfszugreserve in Güsten und Stendal erhielt die 24 009 sogar noch 1970 die EDV-gerechte Nummer 37 1009 verpasst. 1972 durfte sie schließlich nach Verkauf in die Bundesrepublik ausreisen. Schon im August 1966 war mit der 24 067 die letzte DB-24er beim Bw Rheydt ausgemustert worden. Die allerletzten Maschinen waren in Polen unter Dampf, dort endete der Einsatz Mitte der 1970er-Jahre.
24 004 steht als Leihgabe bei den Geraer Eisenbahnwelten, die 24 009 und 24 083 (beide ex PKP) befinden sich an weiteren Standorten. Daneben kann in Polen noch die ehemalige 24 092 bewundert werden.

| Technische Daten: | |
|---|---|
| Baureihenbezeichnung: | 24 (DRG) |
| Radsatzanordnung: | 1'Ch2 |
| Zylinderdurchmesser (mm): | 500 |
| Kolbenhub (mm): | 660 |
| Verdampfungsheizfläche (m²): | 104,48 |
| Vmax (km/h): | 90 |
| Leistung (Psi): | 920 |
| Dienstmasse (o. Tender) (t): | 57,4 |
| Größte Radsatzfahrmasse (t): | 15,1 |
| Länge über Puffer (mm): | 16.955 |
| Treib-/Kuppelraddurchmesser (mm): | 1.500 |
| Laufraddurchmesser (v) (mm): | 850 |
| Laufraddurchmesser (h) (mm): | - |
| Wasserkasteninhalt (m³): | 16,0-17,0 |
| Brennstoffvorrat (t): | 6,0 |
| Indienststellung: | 1928-1940 |
| Verbleib: | 24 004 (VMD, Dresden-Altstadt), 24 009, |
| | 083 (beide betriebsfähig), 092 (Polen) |

## 25, 25.10 (DR)

Nach dem Zweiten Weltkrieg benötigte die Deutsche Reichsbahn in der sowjetischen Besatzungszone dringend eine leistungsfähige Universal-Dampflok für den Personen- und Güterverkehr. Aber erst 1950 beauftragte die DR den VEB Lokomotivbau-Elektrotechnische Werke »Hans Beimler« Hennigsdorf (LEW) mit der Entwicklung der gewünschten 1'D-Schlepptenderlok. Da die DR nicht mehr auf Steinkohle zur Lokomotivfeuerung zurückgreifen konnte, sollte ein Baumuster mit einer pneumatischen Kohlenstaubfeuerung der Bauart Wendler und die zweite Lok mit einem Stoker ausgerüstet werden. Diese mechanische Rostbeschickung sollte den Heizer bei der Verfeuerung der Braunkohle entlasten. Als die Konstruktionsarbeiten richtig anliefen, gab die DR allerdings das Konzept der Universallok auf.
Trotzdem lieferte LEW die beiden Maschinen 1954/55. Während die DR die Stoker-Lok als 25 001 bezeichnete, wurde die Kohlenstaub-Maschine als 25 1001 in Dienst gestellt. Konstruktive Mängel und mangelnde Fertigungsqualität brachten beiden Maschinen einen schlechten Ruf ein. Besonders die neue Mischvorwärmer-Anlage, der Heißdampfregler und die unbefriedigende Laufruhe der 90 km/h schnellen Loks sorgten für Ärger bei den Personalen. Die Stoker-Einrichtung der 25 001 bewährte sich überhaupt nicht, so dass die DR die Lok 1958 auf Kohlenstaubfeuerung umrüsten ließ. Fortan hieß die Maschine 25 1002.
Das Bw Arnstadt setzte die beiden 25er meist im Personenzugdienst auf den Strecken nach Erfurt, Meiningen und Saalfeld ein. Zwischen 1960 und 1962 gaben die Maschinen ein kurzes Gastspiel im Bw Senftenberg, bevor die DR sie nach weiteren Einsätzen beim Bw Arnstadt im März 1964 (25 1001) und im Juni 1964 (25 1002) abstellte. Im November 1968 erfolgte schließlich die Ausmusterung und ein Jahr später waren die beiden Einzelgänger verschrottet.

*Foto: Slg. Kleine, Archiv transpress*

| Technische Daten: | |
|---|---|
| Baureihenbezeichnung: | 25 001 / 25 1001 (DR) |
| Radsatzanordnung: | 1'Dh2 |
| Zylinderdurchmesser (mm): | 600 |
| Kolbenhub (mm): | 660 |
| Verdampfungsheizfläche (m²): | 171,8 / 158,6 |
| Vmax (km/h): | 100 |
| Leistung (PSi): | 1.875 |
| Dienstmasse (o. Tender) (t): | 86,1 / 89,0 |
| Größte Radsatzfahrmasse (t): | 17-18 |
| Länge über Puffer (mm): | 22.695 / 23.835 |
| Treib-/Kuppelraddurchmesser (mm): | 1.600 |
| Laufraddurchmesser (v) (mm): | 1.000 |
| Laufraddurchmesser (h) (mm): | - |
| Wasserkasteninhalt (m³): | 30 / 27,5 |
| Brennstoffvorrat (t): | 10 / 11,5 |
| Indienststellung: | 1954 / 1955 |
| Verbleib: | ++ |

## 34.73 (meckl. P 3.1, DRG)

Als Weiterentwicklung der preußischen P 2 entstand ab 1884 die preußische P 3.1. Bis 1897 wurden 617 Maschinen dieser 1B-Lokomotiven gebaut, hinzu kamen 41 etwas abgeänderte Maschinen für die Mecklenburgische Friedrich-Franz-Eisenbahn. Diese als mecklenburgische P 3.1 bezeichneten Maschinen trugen dort die Nummern 101-141, waren rund 90 km/h schnell und besaßen gebremste Kuppelradsätze, was für damalige Verhältnisse ein beträchtlicher Fortschritt war. Der vordere Laufradsatz lag hinter den Zylindern und war fest im Rahmen gelagert. Damit ergab sich ein fester Radsatzstand von 4.500 mm. Die Dampfverteilung besorgte eine innenliegende Allan-Steuerung. Die Maschinen sind in Mecklenburg zwischen 1888 und 1907 beschafft worden und liefen in dort im Personenverkehr. Bis 1903 beförderten sie sogar Schnellzüge zwischen Warnemünde und Neustrelitz.

Die DRG übernahm noch insgesamt 22 Loks der Gattung P 3.1, allesamt Maschinen mecklenburgischen Ursprungs. Sie liefen in der RBD Schwerin und erhielten die Nummern 34 7301-7308, 34 7351-7364. Doch schon 1926 war die Zeit dieser Fahrzeuge zu Ende.

| Technische Daten: | |
|---|---|
| Baureihenbezeichnung: | 34.73 (DRG) |
| Radsatzanordnung: | 1Bn2 |
| Zylinderdurchmesser (mm): | 400 |
| Kolbenhub (mm): | 560 |
| Verdampfungsheizfläche (m²): | 101,90 |
| Vmax (km/h): | 90 |
| Leistung (Psi): | |
| Dienstmasse (o. Tender) (t): | 39,0 |
| Größte Radsatzfahrmasse (t): | 13,1 |
| Länge über Puffer (mm): | 15.248 |
| Treib-/Kuppelraddurchmesser (mm): | 1.750 |
| Laufraddurchmesser (v) (mm): | 1.150 |
| Laufraddurchmesser (h) (mm): | - |
| Wasserkasteninhalt (m³): | 10,5 |
| Brennstoffvorrat (t): | |
| Indienststellung: | 1888-1907 |
| Verbleib: | ++ |

Foto: Slg. Töpelmann, Archiv transpress

## 34.76, 34.77-78, 34.79, 34.80 (sächs. III, IIIb, IIIb V, VIb V, DRG)

Für den Personenzugdienst auf den krümmungsreichen Strecken im Erzgebirge beschaffte die Sächsische Staatseisenbahn 1871/72 von Hartmann und der Maschinenfabrik Esslingen (ME) insgesamt 87 1Bn2-Maschinen der Gattung III. Die Loks waren 70 km/h schnell, die beiden Baulose unterschieden sich in einigen Details. So lieferte Hartmann seine 66 Maschinen mit gewölbtem Dom und ohne Umlauf, die Esslinger Maschinen waren deutlich leichter als die Hartmann-Loks und hatten nur eine Radsatzfahrmasse von 11 Tonnen. Die DRG übernahm nur noch eine Maschine. Sie erhielt die Betriebsnummer 34 7611, wurde aber bereits 1925 ausgemustert.

Ein buntes Sammelsurium an Maschinen ordnete die Sächsische Staatsbahn unter der Gattung IIIb ein. Zu den insgesamt 204 Maschinen zählten einerseits Exemplare, die in verschiedenen Baulosen ab 1873 von Hartmann, Henschel, Schwartzkopff und der ME an die Staatsbahn geliefert wurden. Zum anderen wurden darunter aber auch die 1'Bn2-Maschinen erfasst, die von den Privatbahnen übernommen wurden. Allen gemeinsam waren die Radsatzfolge und der relativ kurze Radsatzstand von 3.800 bis 4.330 mm. Bei der DRG erhielten die noch übernommenen Maschinen die Nummern 34 7701-7702 und 7721-7807. 1930 wurde die letzte Lok ausgemustert. Die 1874 von der ME (Fabrik-Nr. 1329) gebaute Maschine ordnete die DRG fälschlich als 52 7001 ein, doch wurde sie bereits Mitte der 1920er-Jahre ausgemustert.

Unter den Nummern 34 7901-7902 und 34 8011 führte die DRG noch drei sächsische 1'Bn2v-Maschinen, die ebenfalls bereits 1925 ausgemustert wurden. Die beiden 34.79 liefen ursprünglich unter der Bezeichnung IIIb V und waren eine Ableitung aus der Schnellzuglok der Gattung VIb V, der die 34 8011 entstammte. Beide Typen genügten aber schon wenige Jahre nach ihrer Inbetriebnahme den Anforderungen nicht mehr, so dass ihre Beschaffung nach 18 Stück IIIb V bzw. 12 Stück VIb V eingestellt wurde.

| Technische Daten: | | | | |
|---|---|---|---|---|
| Baureihenbezeichnung: | 34.76 (DRG) | 34.77-78 (DRG) | 34.79 (DRG) | 34.80 (DRG) |
| Radsatzanordnung: | 1Bn2 | 1'Bn2 | 1'Bn2v | 1'Bn2v |
| Zylinderdurchmesser (mm): | 406 | 406 | 420/650 | 440/650 |
| Kolbenhub (mm): | 560 | 560 | 560 | 560 |
| Verdampfungsheizfläche (m²): | 91,93 | 92,93 | 97,02 | 102,13 |
| Vmax (km/h): | 70 | 60 | 75 | 85 |
| Leistung (Psi): | | | | |
| Dienstmasse (o. Tender) (t): | 37,17 | 35,79 | 41,40 | 48,20 |
| Größte Radsatzfahrmasse (t): | 13 | 11,5 | 13,9 | 14,6 |
| Länge über Puffer (mm): | 13.035 | 13.854 | 13.996 | 15.083 |
| Treib-/Kuppelraddurchmesser (mm): | 1.560 | 1.560 | 1.560 | 1.875 |
| Laufraddurchmesser (v) (mm): | 1.035 | 1.035 | 1.230 | 1.230 |
| Laufraddurchmesser (h) (mm): | - | - | - | - |
| Wasserkasteninhalt (m³): | 5,56 | 7,5 | 9,0 | 12,0 |
| Brennstoffvorrat (t): | | 4,5 | 4,5 | 4,5 |
| Indienststellung: | 1871-1872 | 1873-1901 | 1889-1892 | 1886-1890 |
| Verbleib: | ++ | ++ | ++ | ++ |

Foto: Archiv transpress

## 34.81, 34.82 (württ. A, Ac, DRG)

Ab 1878 beschaffte die Württembergische Staatsbahn (K.W.St.E) für den Personenzugdienst 1Bn2-Lokomotiven mit fest im Rahmen gelagerten Radsätzen und bezeichnete sie als Klasse A. Die insgesamt 25 von Esslingen gelieferten Maschinen waren als Zwilling ausgebildet, weil sich Württemberg mit dem Verbundprinzip zunächst nicht anfreunden mochte. Nachdem allerdings die Ergebnisse bei anderen Bahnen befriedigend verlaufen waren, griff auch die K.W.St.E. zum Verbundprinzip und beschaffte bis 1897 weiter 31 Maschinen in Verbundbauweise, diese wurden als Klasse Ac bezeichnet. Zwillings- wie Verbundmaschinen waren 80 km/h schnell. Die Verbundmaschinen beförderten zuweilen sogar Schnellzüge, ansonsten waren die Loks vor Personenzügen eingesetzt. Charakteristisch für alle Loks waren die tiefe Kessellage, der im Vergleich zum Langkessel überhöhte Hinterkessel, der große Dampfdom gleich hinter dem Schornstein und die innenliegende Allan-Steuerung. Bei den Verbundloks blieb anfangs die erhoffte Kohleersparnis von rund 20 % aus. Erst nach Erhöhung des Kesseldrucks von 12 auf 14 bar konnte die gewünschte Brennstoffersparnis sowie eine Leistungssteigerung erreicht werden.

Zur DRG gelangten noch zwei Maschinen der Klasse A und neun Loks der Klasse Ac. Sie erhielten die Nummern 34 8101-8102 bzw. 34 8201-8209, wurden jedoch schon kurz nach der Umzeichnung ausgemustert.

*Foto: Slg. Töpelmann, Archiv transpress*

**Technische Daten:**

| | | |
|---|---|---|
| Baureihenbezeichnung: | 34.81 (DRG) | 34.82 (DRG) |
| Radsatzanordnung: | 1Bn2 | 1Bn2v |
| Zylinderdurchmesser (mm): | 420 | 420/600 |
| Kolbenhub (mm): | 560 | 560 |
| Verdampfungsheizfläche (m²): | 105,25 | 105,25 |
| Vmax (km/h): | 81 | 81 |
| Leistung (Psi): | | |
| Dienstmasse (o. Tender) (t): | 36,9-38,9 | 40,4 |
| Größte Radsatzfahrmasse (t): | 13 | 13,6 |
| Länge über Puffer (mm): | 14.085 | 14.092 |
| Treib-/Kuppelraddurchmesser (mm): | 1.650 | 1.650 |
| Laufraddurchmesser (v) (mm): | 1.045 | 1.045 |
| Laufraddurchmesser (h) (mm): | - | - |
| Wasserkasteninhalt (m³): | 10,0 | 10,0 |
| Brennstoffvorrat (t): | 6 | 6 |
| Indienststellung: | 1878-1891 | 1889-1897 |
| Verbleib: | ++ | ++ |

## 36.0-4, 36.6, 36.12 (preuß. P 4.2, meckl. P 4.2, old. P 4.2, DRG, DR)

In den Jahren 1891/92 hatte Henschel einige Versuchsloks für die Preußische Staatsbahn gebaut, darunter auch jeweils zwei 2'B-Personenzugmaschinen in Zwillings- bzw. in Verbundausführung. Zunächst wurden nur die Zwillingsmaschinen als Gattung P 4.1 weiterbeschafft. Erst ab 1898 stellte man auch die Verbundmaschine als Gattung P 4.2 in Dienst, ab 1903 wurden nur noch Verbundlokomotiven gebaut. Die 2'Bn2v-Maschinen leisteten knapp 600 PS und waren 90 km/h schnell. Den Bau der 695 preußischen Maschinen, die bis 1910 geliefert wurden, teilten sich Henschel, Schwartzkopff, Linke-Hofmann, Humboldt und Hanomag. Zudem lieferte die Industrie weitere 32 Maschinen an die Mecklenburgische Friedrich-Franz-Eisenbahn und auch die Oldenburgische Staatsbahn beschaffte insgesamt acht Exemplare dieser Gattung.

Die preußischen Loks waren hauptsächlich in den östlichen Provinzen zu Hause und liefen dort noch in den 1930er-Jahren. Die DRG übernahm 438 Maschinen der preußischen P 4.2 und reihte sie als 36 001-36 438 in ihren Bestand ein. Komplett übernommen wurden die mecklenburgischen P 4.2 (36 601-620 und 36 651-662). Die acht oldenburgischen Maschinen bekamen bei der DRG die Nummern 36 1251-1258. Einige der an Polen nach dem Ersten Weltkrieg als Reparation abgegebenen P 4.2 wurden 1940 von der Reichsbahn wieder übernommen und liefen fortan unter den Nummern 36 442-521.

Die meisten Fahrzeuge musterte die Reichsbahn bis in die 1940er-Jahre aus. Einige überlebten jedoch den Zweiten Weltkrieg und blieben bis 1948 im Bestand. Die letzte P 4.2 war die 36 457 der DR. Sie war von 1948 bis 1951 im Raw Stendal auf Kohlenstaubfeuerung System Wendler umgebaut worden. Als Versuchslok blieb sie bis 1959 im Bestand der DR.

*Foto: Bellingrodt, Slg. Töpelmann, Archiv transpress*

**Technische Daten:**

| | | | |
|---|---|---|---|
| Baureihenbezeichnung: | 36.0-4 (DRG) | 36.6 (DRG) | 36.12 (DRG) |
| Radsatzanordnung: | 2'Bn2v | 2'Bn2v | 2'Bn2v |
| Zylinderdurchmesser (mm): | 460/680 | 460/680 | 460/680 |
| Kolbenhub (mm): | 600 | 600 | 600 |
| Verdampfungsheizfläche (m²): | 115,55 | 117,92 | 119,35 |
| Vmax (km/h): | 90 | 90 | 90 |
| Leistung (Psi): | 580 | 580 | 580 |
| Dienstmasse (o. Tender) (t): | 51,0 | 49,0 | 52,2 |
| Größte Radsatzfahrmasse (t): | 14,9 | 14 | 14 |
| Länge über Puffer (mm): | 17.611 | 17.340 | 17.461 |
| Treib-/Kuppelraddurchmesser (mm): | 1.750 | 1.600 | 1.750 |
| Laufraddurchmesser (v) (mm): | 1.000 | 850 | 1.000 |
| Laufraddurchmesser (h) (mm): | - | - | - |
| Wasserkasteninhalt (m³): | 16,0 | 16,0 | 16,0 |
| Brennstoffvorrat (t): | 5 | 6 | 5 |
| Indienststellung: | 1898-1910 | 1903-1912 | 1907-1909 |
| Verbleib: | ++ | ++ | ++ |

## 36.7, 36.7-8 (bay. B XI Zwilling, B XI Verbund, DRG)

Als Nachfolge der ab 1890 beschafften 1'Bn2v-Schnellzuglok der Gattung B X beschaffte die Bayerische Staatsbahn ab 1895 die Gattung B XI. Da ein größerer und leistungsfähigerer Kessel nicht mehr auf einem 1'B-Fahrwerk untergebracht werden konnte, trat an die Stelle des vorderen Laufradsatzes ein Drehgestell. Die ersten 39 Maschinen dieser 90 km/h schnellen Type lieferte Maffei 1892 in Zwillingsbauweise. Zwischen 1895 und 1900 stellte die Staatsbahn weitere hundert Maschinen in Dienst. Wiederum war Maffei der Lieferant, im Gegensatz zu den 1892 gebauten Loks wiesen diese nun ein Zweizylinder-Verbundtriebwerk auf. Zusätzlich erhielten sie eine Anfahrvorrichtung der Bauart Mallet, die beim Anfahren selbsttätig auf Zwillingsbetrieb schaltete, wenn die Steuerung auf 70 % Füllung ausgelegt war. Zur weiteren Leistungssteigerung war der Kesseldruck der Verbundloks von 12 auf 13 kp/cm² erhöht. Mit der Gattung B XI fanden erstmals in Bayern vierachsige Tender Verwendung.

Die insgesamt 139 Maschinen beider Bauarten liefen im Personen- aber auch im Schnellzugdienst und erreichten tägliche Laufleistungen bis zu 350 km. Nur acht Maschinen der Zwillingsausführung wurden von der DRG übernommen und als 36 701-708 eingereiht. Von den 100 Verbundmaschinen gelangten noch 76 Stück zur Reichsbahn, sie erhielten die Nummern 36 751-826. Während die letzte Zwillingsmaschine bereits 1926 ausgemustert wurde, blieb die Verbundausführung noch bis 1931 im Bestand.

**Technische Daten:**

| | | |
|---|---|---|
| Baureihenbezeichnung: | 36.7 (DRG) | 36.7-8 (DRG) |
| Radsatzanordnung: | 2'Bn2 | 2'Bn2v |
| Zylinderdurchmesser (mm): | 430 | 455/670 |
| Kolbenhub (mm): | 610 | 610 |
| Verdampfungsheizfläche (m²): | 116,2 | 116,8 |
| Vmax (km/h): | 90 | 90 |
| Leistung (Psi): | | |
| Dienstmasse (o. Tender) (t): | 50,4 | 51,5 |
| Größte Radsatzfahrmasse (t): | 14,3 | 15 |
| Länge über Puffer (mm): | 16.885 | 16.986 |
| Treib-/Kuppelraddurchmesser (mm): | 1.870 | 1.870 |
| Laufraddurchmesser (v) (mm): | 1.006 | 1.006 |
| Laufraddurchmesser (h) (mm): | - | - |
| Wasserkasteninhalt (m³): | 18,0 | 18,0 |
| Brennstoffvorrat (t): | 6,5 | 6,5 |
| Indienststellung: | 1892 | 1895-1900 |
| Verbleib: | ++ | ++ |

*Foto: Maey, Slg. Töpelmann, Archiv transpress*

## 36 861 (bay. P 2/4, DRG)

Unter der Nummer 36 861 reihte die Reichsbahn einen Sonderling in ihren Fahrzeugpark ein, der 1896 als Gattung AA I von Maffei an die Bayerische Staatsbahn geliefert worden war. Die Maschine besaß ursprünglich die außergewöhnliche Radsatzfolge 2'aA1 und war in Anlehnung an die B XI konstruiert worden. Weil die immer größer werdenden Zuggewichte den bis dato verwendeten Maschinen mit einem Kuppelradsatz beim Anfahren zunehmend Probleme bereiteten, andererseits jedoch die Zugkraft eines Treibradsatzes für Beharrungsfahrten ausreichte, entwickelte der Krauss-Chefkonstrukteur R. v. Helmholtz einen zuschaltbaren Treibradsatz als Anfahrhilfe. Dieser konnte bei Streckenfahrt von der Schiene abgehoben werden, so dass sich der Widerstand entsprechend verringerte. So erhielt die AAI zwischen dem Laufdrehgestell und dem normalen Treibradsatz einen zusätzlichen Treibradsatz mit 1.000 mm Durchmesser, der von einer Zwillings-Hilfsdampfmaschine angetrieben wurde und mittels eines Druckzylinders auf die Schienen gedrückt werden konnte. Die Lok erhielt die Bahnnummer 1400, wurde aber trotz ihres geringeren Brennstoffverbrauchs wegen der hohen Unterhaltskosten nicht weiter gebaut.

Nach einem Unfall wurde die Lok 1907 in eine Heißdampfmaschine mit der Radsatzfolge 2'B umgebaut und fortan als P 2/4 bezeichnet. Bis 1933 war die 36 861 beim Bw Simbach im Einsatz, dann wurde sie ausgemustert und verschrottet.

**Technische Daten:**

| | |
|---|---|
| Baureihenbezeichnung: | 36 861 (DRG) |
| Radsatzanordnung: | 2'Bh2 |
| Zylinderdurchmesser (mm): | 490 |
| Kolbenhub (mm): | 610 |
| Verdampfungsheizfläche (m²): | 94,6 |
| Vmax (km/h): | 90 |
| Leistung (Psi): | |
| Dienstmasse (o. Tender) (t): | 51,7 |
| Größte Radsatzfahrmasse (t): | 14,9 |
| Länge über Puffer (mm): | 16.577 |
| Treib-/Kuppelraddurchmesser (mm): | 1.870 |
| Laufraddurchmesser (v) (mm): | 1.006 |
| Laufraddurchmesser (h) (mm): | - |
| Wasserkasteninhalt (m³): | 14,5 |
| Brennstoffvorrat (t): | 6 |
| Indienststellung: | 1896 (Umbau 1907) |
| Verbleib: | ++ |

*Foto: Slg. Koppisch, Archiv transpress*

## 36.9-10 (sächs. VIII V2, DRG)

Auch bei der Sächsischen Staatsbahn entstanden in den letzten Jahren des 19. Jahrhunderts Lokomotiven der Radsatzfolge 2'B, nachdem die erforderlichen höheren Leistungen mit den bis dahin gebräuchlichen 1B-Maschinen nicht mehr erbracht werden konnten. Aus den ab 1891 gelieferten Zwillingsmaschinen der Gattung VIII 2 entstanden ab 1894 die Verbundtypen VIII V1 bzw. ab 1896 die VII V2. Die ersten 20 Maschinen der Gattung VIII V2 lieferte Hartmann in Chemnitz 1896/97. Bis 1902 folgten weitere 98 Maschinen, wobei an den einzelnen Lieferungen neben Hartmann auch Schwartzkopff, die Maschinenfabrik Esslingen und Linke-Hofmann beteiligt waren. Der Kessel besaß eine für die sächsischen Dampfloks typische Belpaire-Feuerbüchse und war zwischen den Rahmenwangen im Feuerbüchsbereich eingezogen. Zwei Dampfstrahlpumpen der Bauart Schäfer & Buddenberg dienten zur Kesselspeisung. Für den Antrieb sorgte ein Zweizylinder-Verbundtriebwerk mit Heusingersteuerung und Lindnerscher Anfahrvorrichtung, welches auf den ersten Kuppelradsatz wirkte. Die 80 km/h schnellen Maschinen fanden in ganz Sachsen Verbreitung und liefen auf den steigungsreichen Strecken Dresden–Görlitz oder Riesa–Chemnitz ebenso wie im Flachland.

111 Maschinen kamen zur DRG, sechs Loks waren 1924 bereits ausgemustert und eine Maschine als Reparation in Polen verblieben. Umgezeichnet wurden 109 Lokomotiven und erhielten die Betriebsnummern 36 901-919, 921-948 und 951-1014. Sie blieben ihrer angestammten Heimat treu, waren jedoch schon ab 1910 durch die Lieferung leistungsfähigerer Lokomotiven sukzessive auf Nebenstrecken und in den Vorortverkehr verdrängt worden. Im Jahr 1931 war die Ausmusterung abgeschlossen.

*Foto: Hubert, Slg. Töpelmann, Archiv transpress*

| Technische Daten: | |
|---|---|
| Baureihenbezeichnung: | 36.9-10 (DRG) |
| Radsatzanordnung: | 2'Bn2v |
| Zylinderdurchmesser (mm): | 460/680 |
| Kolbenhub (mm): | 600 |
| Verdampfungsheizfläche (m²): | 130,77 |
| Vmax (km/h): | 80 |
| Leistung (PSi): | |
| Dienstmasse (o. Tender) (t): | 54,5 |
| Größte Radsatzfahrmasse (t): | 16,0 |
| Länge über Puffer (mm): | 16.790 |
| Treib-/Kuppelraddurchmesser (mm): | 1.590 |
| Laufraddurchmesser (v) (mm): | 1.065 |
| Laufraddurchmesser (h) (mm): | - |
| Wasserkasteninhalt (m³): | 21,0 |
| Brennstoffvorrat (t): | 4,7 |
| Indienststellung: | 1896-1902 |
| Verbleib: | ++ |

## 36.12, 36.70 (old. P 4.1, preuß. P 4.1, DRG)

Im Jahre 1890 erhielt die KED Hannover der Preußischen Staatsbahn (KPEV) zwei 2'Bn2v-Lokomotiven für die Traktion vor den immer schwerer werdenden Personenzügen von Henschel geliefert. Ebenfalls von Henschel kamen acht Versuchslokomotiven zur KED Erfurt, darunter zwei 2'Bn2-Maschinen für den Personenzugdienst. Den Vorauslokomotiven der »Erfurter Bauart« folgten bis 1893 zunächst 55 Serienmaschinen. Sie erhielten die Gattungsbezeichnung P 4 und waren mit einer innenliegenden Allan-Steuerung ausgestattet. Da man mit ihren Laufeigenschaften jedoch nicht so recht zufrieden war, griff man für die ab 1893 gelieferten Lokomotiven auf das Fahrwerk der hannoverschen Bauart zurück. Das verbesserte Laufdrehgestell und die außenliegende Heusinger-Steuerung brachten den Durchbruch. Am Bau der folgenden 425, nun als P 4.1 bezeichneten Lokomotiven, die bis 1904 geliefert wurden, waren die Firmen Henschel, Grafenstaden, Hanomag, Schwartzkopff, Linke-Hofmann und Borsig beteiligt. Die Loks waren schließlich im gesamten Netz der KPEV vertreten.

Zwischen 1896 und 1902 beschaffte auch die Oldenburgische Staatsbahn insgesamt 19 Maschinen der Gattung P 4.1 mit geringen Änderungen, der Lieferant war Hanomag. Einige Maschinen fanden schließlich auch ihren Weg zur mecklenburgischen Friedrich-Franz-Eisenbahn. Insgesamt belief sich die Zahl der gelieferten P 4.1 auf rund 500 Maschinen, von der DRG wurden aber nur noch neun preußische und alle 19 oldenburgischen P 4.1 eingereiht und als 36 7001-7009 sowie 36 1201-1219 bezeichnet. Zwischen 1926 und 1931 wurden alle Maschinen ausgemustert.

*Foto: Hubert, Slg. Töpelmann, Archiv transpress*

| Technische Daten: | | |
|---|---|---|
| Baureihenbezeichnung: | 36.12 (DRG) | 36.70 (DRG) |
| Radsatzanordnung: | 2'Bn2 | 2'Bn2 |
| Zylinderdurchmesser (mm): | 460 | 430 (ab Baujahr 1896: 460) |
| Kolbenhub (mm): | 600 | 600 |
| Verdampfungsheizfläche (m²): | 119,47 | 118,91 |
| Vmax (km/h): | 90 | 90 |
| Leistung (Psi): | | |
| Dienstmasse (o. Tender) (t): | 45,2 | 48,4 |
| Größte Radsatzfahrmasse (t): | 14 | 14 |
| Länge über Puffer (mm): | 15.213 | 17.511 |
| Treib-/Kuppelraddurchmesser (mm): | 1.750 | 1.750 |
| Laufraddurchmesser (v) (mm): | 1.000 | 1.000 |
| Laufraddurchmesser (h) (mm): | - | - |
| Wasserkasteninhalt (m³): | 12,0 | 16,0 |
| Brennstoffvorrat (t): | 4 | 5 |
| Indienststellung: | 1896-1902 | 1893-1904 |
| Verbleib: | ++ | ++ |

## 37.0-1, 37.2 (preuß. P 6, LBE P 6/G 6, DRG)

Da zweifach gekuppelte Personenzugloks für die immer schwerer werdenden Züge nicht mehr ausreichten, beschaffte die KPEV 1902 nach Vorschlägen von Robert Garbe eine dreifach gekuppelte Heißdampf-Schlepptenderlok. Garbe hatte die Maschine als Universallokomotive vorgesehen. Sie sollte Personen- und Güterzüge ebenso befördern können wie Schnellzüge im Hügelland. Deshalb erhielt die als Gattung P 6 bezeichnete 1'Ch2-Maschine Kuppelräder mit 1.550 mm bzw. 1.600 mm Durchmesser. Die Maschinen waren 90 km/h schnell und leisteten rund 1.000 PS. Schon bald zeigte sich, dass die P 6 nicht die erhoffte Universallok war. Auch konnte die zulässige Höchstgeschwindigkeit wegen der schlechten Laufeigenschaften nicht ausgefahren werden. Durch die unglückliche Architektur ergaben sich große Überhänge. Dennoch wurden 275 Maschinen gebaut.

Eng verwandt mit der P 6 waren sechs Maschinen, welche die Lübeck-Büchener Eisenbahn (LBE) zwischen 1913 und 1919 bei Linke-Hofmann bauen ließ. Sie wurden als G 6 bezeichnet, hatten kleinere Kuppelräder (1.400 mm) und damit auch eine Vmax von nur 70 km/h sowie geringere Überhänge. Drei Loks erhielten 1927/28 Kuppelräder mit 1.500 mm Durchmesser. Mit einer Vmax von 80 km/h mutierten sie zur P 6.

Während von der preußischen P 6 nur 163 Maschinen zur DRG kamen und dort die Nummern 37 001-163 erhielten, übernahm sie die LBE-Maschinen 1938 komplett und gab ihnen die Nummern 37 201-206. Einige P 6 überlebten bis kurz nach dem Zweiten Weltkrieg, der große Rest war bereits in den 1930er-Jahren von den Gleisen verschwunden. Nur in Polen blieb eine P 6 erhalten, für welche bei der DRG die Nummer 37 171 vorgesehen war, nach Ende des Ersten Weltkriegs aber als Reparationsleistung an Polen abgegeben werden musste.

| Technische Daten: | | |
|---|---|---|
| Baureihenbezeichnung: | 37.0-1 (DRG) | 37.2 (DRG) |
| Radsatzanordnung: | 1'Ch2 | 1'Ch2 |
| Zylinderdurchmesser (mm): | 540 | 540 |
| Kolbenhub (mm): | 630 | 630 |
| Verdampfungsheizfläche (m²): | 134,93 | 132,28 |
| Vmax (km/h): | 90 | 70/80 |
| Leistung (Psi): | 1.026 | |
| Dienstmasse (o. Tender) (t): | 57,1 | 60,2 |
| Größte Radsatzfahrmasse (t): | 15,2 | 15 |
| Länge über Puffer (mm): | 17.608 | 16.850 |
| Treib-/Kuppelraddurchmesser (mm): | 1.600 | 1.400/1.500 |
| Laufraddurchmesser (v) (mm): | 1.000 | 1.000 |
| Laufraddurchmesser (h) (mm): | - | - |
| Wasserkasteninhalt (m³): | 16,0 | 12,0 |
| Brennstoffvorrat (t): | 5 | 5 |
| Indienststellung: | 1903-1906 | 1913-1919 |
| Verbleib: | »37 171« (Eisenbahnmuseum Warschau) | ++ |

*Foto: Hubert, Slg. Töpelmann, Archiv transpress*

## 38.0, 38.4 (bay. P 3/5 N, P 3/5 H, DRG, DB)

Nahezu zeitgleich mit der Schnellzuglokomotive S 3/5 (DRG 17.4-5) entwickelte Maffei-Chefkonstrukteur Anton Hammel auch eine ebenfalls dreifach gekuppelte Nassdampfverbundmaschine für den Personenverkehr der Bayerischen Staatsbahn (K.Bay.St.B.). Die als P 3/5 N bezeichnete Maschine war ihrer schnellen Schwester in vielen Bereichen ähnlich, besaß wie diese einen Barrenrahmen nach amerikanischem Vorbild, kleinere Treibräder, aber die gleichen Zylinder. Die ersten Maschinen wurden 1905 an die Staatsbahn geliefert, die sie allerdings nicht im Personen- sondern im Schnellzugdienst auf der Allgäubahn München–Lindau einsetzte. Bis 1907 lieferte Maffei insgesamt 36 Stück der 90 km/h schnellen 2'Cn4v-Lokomotiven, beheimatet waren sie in München, Kempten, Lindau und Schweinfurt.

Durch Kriegsverluste und Reparationen bedingt gelangten nur noch 13 Loks zur DRG, dort erhielten sie die Nummern 38 001-013. Im Jahr 1924 ließ die Reichsbahn alle 13 Lokomotiven auf Heißdampf umbauen. 1932 wurden die ersten Loks ausgemustert, die letzte Maschine verschwand 1938 von den Gleisen.

Als eine verbesserte Version der P 3/5 N beschaffte die Gruppenverwaltung Bayern der DRG ebenfalls bei Maffei 1921 insgesamt 80 Heißdampf-Lokomotiven der Gattung P 3/5 H, um den Mangel an Triebfahrzeugen möglichst schnell zu lindern. Auch diese Maschinen wurden zunächst im Schnellzugdienst eingesetzt, sie erhielten die Reichsbahnnummern 38 401-480. Alle 80 Maschinen überstanden den Zweiten Weltkrieg, wurden jedoch schon früh ausgemustert. Als 1949 die DB gegründet wurde, waren noch 38 Maschinen im Einsatz, als letzte schied die 38 432 Anfang 1955 in Lindau aus dem Betriebsdienst. Zwei Exemplare blieben als Heizloks noch einige Zeit unter Dampf.

| Technische Daten: | | |
|---|---|---|
| Baureihenbezeichnung: | 38.0 (DRG) | 38.4 (DRG) |
| Radsatzanordnung: | 2'Cn4v (ab 1924: 2'Ch4v) | 2'Ch4v |
| Zylinderdurchmesser (mm): | 2 x 340/570 | 2 x 360/590 |
| Kolbenhub (mm): | 640 | 640 |
| Verdampfungsheizfläche (m²): | 165,5 | 142,7 |
| Vmax (km/h): | 90 | 90 |
| Leistung (Psi): | 990 | 1.200 |
| Dienstmasse (o. Tender) (t): | 68,8 | 72,1 |
| Größte Radsatzfahrmasse (t): | 15,3 | 15,7 |
| Länge über Puffer (mm): | 18.524 | 19.439 |
| Treib-/Kuppelraddurchmesser (mm): | 1.640 | 1.640 |
| Laufraddurchmesser (v) (mm): | 850 | 850 |
| Laufraddurchmesser (h) (mm): | - | - |
| Wasserkasteninhalt (m³): | 18,2 | 21,8 |
| Brennstoffvorrat (t): | 6,5 | 8 |
| Indienststellung: | 1905-1907 | 1921 |
| Verbleib: | ++ | ++ |

*Foto: Bellingrodt, Slg. Töpelmann, Archiv transpress*

## 38.2-3 (sächs. XII H2, DRG, DR)

Anfang des 20. Jahrhunderts waren die zweifach gekuppelten sächsischen Personenzuglokomotiven an ihrer Leistungsgrenze angelangt. Für die Züge auf den meist steigungsreichen Strecken benötigte die Sächsische Staatsbahn eine dreifach gekuppelte Maschine. So entstand ab 1910 bei Hartmann in Chemnitz die Gattung XII H2. Als Kessel diente der bewährte Dampferzeuger der Schnellzugmaschine XII H1, der geringfügig modifiziert wurde. Der Kuppelraddurchmesser war dem Einsatzzweck entsprechend auf 1.590 mm verringert worden. Die Zwillingsmaschinen leisteten rund 1.300 PS und waren 90 km/h schnell. Den ersten zehn Maschinen folgten bis 1927 weitere 159 Lokomotiven. Kriegsverluste (6) sowie Reparationsabgaben von zum größten Teil fabrikneuer Maschinen nach Frankreich (25) und Belgien (4) ließen noch insgesamt 134 Loks als 38 201-334 in den Bestand der DRG gelangen. Die ersten 21 Maschinen unterschieden sich von den nachfolgenden durch den niedrigeren Umlauf.

Neben dem Einsatz vor Personenzügen liefen die Loks auch im Schnellzugdienst auf der »Sachsenmagistrale« Dresden–Leipzig. Der Zweite Weltkrieg wirbelte den Bestand tüchtig durcheinander, so verblieben z.B. über 60 Lokomotiven in der Tschechoslowakei. Die DR verfügte nach der Einreihung ehemaliger Reparationslokomotiven (38 204", 38 251-254) sowie eines Rückkehrers aus der Tschechoslowakei (38 312) ab 1957 über 65 betriebsfähige Exemplare und setzte sie bis Ende der 1960er-Jahre vorzugsweise in Sachsen ein. Die letzte Maschine erhielt sogar noch die EDV-Nummer 38 5308-2. Mit einer Sonderfahrt im August 1971 beschloss sie die Ära des »sächsischen Rollwagens«. Diesen Spitznamen hatten die Maschinen übrigens wegen ihrer guten Laufeigenschaften erhalten. Als Museumslok blieb die 38 205 erhalten, sie ist nicht mehr betriebsfähig.

Foto: Estler

| Technische Daten: | |
|---|---|
| Baureihenbezeichnung: | 38.2-3 (DRG) |
| Radsatzanordnung: | 2'Ch2 |
| Zylinderdurchmesser (mm): | 550 |
| Kolbenhub (mm): | 600 |
| Verdampfungsheizfläche (m²): | 162,28 |
| Vmax (km/h): | 90 |
| Leistung (Psi): | 1.320 |
| Dienstmasse (o. Tender) (t): | 73,3 |
| Größte Radsatzfahrmasse (t): | 15,7 |
| Länge über Puffer (mm): | 18.972 |
| Treib-/Kuppelraddurchmesser (mm): | 1.590 |
| Laufraddurchmesser (v) (mm): | 1.065 |
| Laufraddurchmesser (h) (mm): | - |
| Wasserkasteninhalt (m³): | 21,0 |
| Brennstoffvorrat (t): | 7 |
| Indienststellung: | 1910-1927 |
| Verbleib: | 38 205 (VMD, Chemnitz-Hilbersdorf) |

## 38.70 (bad. IVe2-6, DRG)

Für den Einsatz auf der Schwarzwaldbahn Offenburg–Villingen entwickelte die Badische Staatsbahn zusammen mit der elsässischen Lokomotivfabrik Grafenstaden die 2'Ch4v-Lokomotive der Gattung IVe. Die Maschine besaß ein Vierzylinder-Verbundtriebwerk der Bauart de Glehn und war die erste 2'C-Bauart in Deutschland. Das Laufdrehgestell hatte einen Außenrahmen, um Platz für das Niederdruck-Innentriebwerk zu gewinnen, welches auf den ersten Kuppelradsatz wirkte. Die außenliegenden Hochdruckzylinder trieben den zweiten Kuppelradsatz an. Um allen vier Zylindern beim Anfahren in Verbindung mit einem Hilfsregler Frischluft zuzuführen, waren die Hoch- und Niederdrucksteuerung getrennt ausgeführt. Die Loks verfügten über einen genieteten Blechinnenrahmen. Die gekuppelten Radsätze besaßen Federn unterhalb der Achslager, die nicht durch Ausgleichshebel verbunden waren. Mit ihren 1.600 mm großen Treibrädern war die IVe für den Dienst auf der Gebirgsbahn bestens geeignet und zog dort Schnell- und Personenzüge gleichermaßen. Trotz der lauftechnischen Mängel des Grafenstadener Außenrahmen-Drehgestells überzeugten die Loks durch ihre gute Laufruhe und waren wegen ihres hohen Beschleunigungsvermögens und ihres sparsamen Dampfverbrauchs überaus beliebt.

Acht Maschinen lieferte Grafenstaden selbst, die übrigen 75 Stück wurden bis 1901 bei der Maschinenbau-Gesellschaft Karlsruhe gefertigt. Die DRG übernahm noch 35 Stück und gab ihnen die Nummern 38 7001-7007, 38 7021-7025, 38 7031-7034, 38 7041-46 und 38 7061-73. Letztlich wurden jedoch auch sie ein Opfer der gestiegenen Zuglasten und Geschwindigkeiten. 1928 waren nur noch zehn Lokomotiven im Bestand und 1932 wurden mit 38 7001, 7004 und 7025 die letzten drei Maschinen ausgemustert.

Foto: Maey, Slg. Kleine, Archiv transpress

| Technische Daten: | |
|---|---|
| Baureihenbezeichnung: | 38.70 (DRG) |
| Radsatzanordnung: | 2'Cn4v |
| Zylinderdurchmesser (mm): | 2 x 350/550 |
| Kolbenhub (mm): | 640 |
| Verdampfungsheizfläche (m²): | 125,93 |
| Vmax (km/h): | 75/90 |
| Leistung (Psi): | 810 |
| Dienstmasse (o. Tender) (t): | 58,3 |
| Größte Radsatzfahrmasse (t): | 14,1 |
| Länge über Puffer (mm): | 17.520 |
| Treib-/Kuppelraddurchmesser (mm): | 1.600 |
| Laufraddurchmesser (v) (mm): | 850 |
| Laufraddurchmesser (h) (mm): | - |
| Wasserkasteninhalt (m³): | 15,0 |
| Brennstoffvorrat (t): | 5 |
| Indienststellung: | 1894-1901 |
| Verbleib: | ++ |

## 38.10-40 (preuß. P 8, DRG, DR, DB), 038 (DB)

Nachdem der ab 1902 gelieferten P 6 auf Grund ihrer unglücklichen Konstruktion kein Erfolg beschieden war, benötigte die KPEV weiterhin einen kräftigen und schnellen Dreikuppler für den Personenzugdienst. 1905 legte Robert Garbe die Entwürfe der neuen 2'C-Maschine vor, mit der Fahrzeugnummer »Coeln 2401« verließ ein Jahr später die erste der als P 8 bezeichneten Lokomotiven die Werkshallen von Schwartzkopff. Weil Garbe die Lok ursprünglich als Schnellzugmaschine gedacht hatte, besaß die P 8 anfangs ein Windschneidenführerhaus. Da jedoch wegen des Masseausgleichs die Vmax auf 100 km/h begrenzt werden musste, wurde schon bald darauf verzichtet. Nach Beseitigung der Kinderkrankheiten wurde die P 8 zu einer der erfolgreichsten preußischen Lokkonstruktionen überhaupt. Allein für deutsche Bahnverwaltungen wurden bis 1923 über 3.500 Stück der 100 km/h schnellen und knapp 1.200 PS starken Maschinen gefertigt, am Bau waren nahezu alle deutschen Lokomotivfabriken beteiligt. Nach dem Ersten Weltkrieg mussten 628 Maschinen als Reparationsleistung abgegeben werden, die Fehlbestände versuchte die DRG durch Nachbestellungen wieder aufzufüllen. Bei der Reichsbahn erhielten die Lokomotiven die Baureihenbezeichnung 38.10-40, die letzte P 8 wurde von AEG bereits als 38 4051 im Jahr 1923 geliefert. Beheimatet waren die Lokomotiven in fast jedem Betriebswerk, sie zogen Personenzüge ebenso wie Güterzüge und nicht selten auch Schnellzüge.

Einen interessanten Versuch zur Verbesserung der Wärmewirtschaftlichkeit unternahm die DRG mit der 38 3255 zwischen 1927 und 1937. Die Lok erhielt einen Abdampfturbinen-Triebtender mit der Radsatzfolge 1B2'. Die dreistufige Hauptturbine im Tender lief an, sobald die herkömmliche Kolbendampfmaschine Dampf abgab. Trotz Einsparungen von bis zu 30 % Brennstoff wurde die Lok 1937 wegen häufiger Störungen in die Normalausführung zurückgebaut.

Auch nach dem Zweiten Weltkrieg konnten die beiden deutschen Staatsbahnen auf die P 8 noch jahrzehntelang nicht verzichten. Rund 700 Maschinen gelangten zur DR, etwa 1.200 Loks zur Bundesbahn. Zahlreiche Lokomotiven verblieben im Ausland. Die DR rüstete in den 1960er-Jahren rund 70 Lokomotiven mit Giesl-Flachejektoren aus, um Kohle zu sparen. Bei der DB erhielten viele P 8 einen Wannentender 2'2'T30 an Stelle des preußischen Kastentenders. Ab Ende der 1950er-Jahre begannen sich die Bestände bei beiden deutschen Bahnen spürbar zu lichten. Die letzte P 8 der DR wurde 1972 ausgemustert, bei der DB hielten sich die Maschinen noch zwei Jahre länger. Immer wieder totgesagt, dampfte 38 1772 (ab 1968: 038 772-0) bis zum 31. Dezember 1974 beim Bw Rottweil, ehe sie Anfang 1975, bereits z-gestellt, mit eigener Kraft nach Norddeutschland fuhr, wo sie zunächst museal erhalten wurde.

Zahlreiche P 8 werden für die Nachwelt aufbewahrt. Bis 1998 unter Dampf war die DR-Traditionslok 38 1182. Auch die letzte DB-P 8 lief nach einer Hauptuntersuchung wieder einige Jahre im Museumsbetrieb. Wegen Fristablauf in 2017 abgestellt sind derzeit bei der DGEG die in der ehemaligen DDR vom Denkmalsockel gehievte 38 2267 (in HU) sowie die aus Rumänien zurückgeholte 38 3199 beim SEH. Im Einsatz in Deutschland ist nur noch die ebenfalls aus Rumänien stammende 38 2460 (privat, Augsburg). Daneben gibt es im In- und Ausland zahlreiche Museums- und Denkmallokomotiven.

Foto: Bellingrodt, Slg. Töpelmann, Archiv transpress

**Technische Daten:**

| | | |
|---|---|---|
| Baureihenbezeichnung: | 38.10-40 (DRG) | T38 3255 (DRG) |
| Radsatzanordnung: | 2'Ch2 | 2'Ch2+1B2' |
| Zylinderdurchmesser (mm): | 575 (bis 1910: 590) | 575 |
| Kolbenhub (mm): | 630 | 630 |
| Verdampfungsheizfläche (m²): | 143,9 | 143,9 |
| Vmax (km/h): | 100 | 100 |
| Leistung (PSi): | 1.180 | |
| Dienstmasse (o. Tender) (t): | 78,2 | 78,2 |
| Größte Radsatzfahrmasse (t): | 15,7 | 15,7 |
| Länge über Puffer (mm): | 18.590 | 22.917 |
| Treib-/Kuppelraddurchmesser (mm): | 1.750 | 1.750, Tender: 1.400 |
| Laufraddurchmesser (v) (mm): | 1.000 | 1.000, Tender: 850 |
| Laufraddurchmesser (h) (mm): | - | - |
| Wasserkasteninhalt (m³): | 21,5 | 21,5 |
| Brennstoffvorrat (t): | 7 | 7 |
| Indienststellung: | 1906-1923 | Umbau 1927 |
| Verbleib: | nicht betriebsfähig: 38 1182, 1444, 1772, 2383, 2425, 2884, 3180, 3650, 3711; betriebsfähig: 38 2267, 2460, 3199 | Rückbau 1937 |

Foto: Blaschke

Foto: Blaschke

## 39.0-2 (preuß. P 10, DRG, DR, DB), 22, 39 (DR)

Mit der preußischen P 10 endete die Entwicklung von Personenzug-Dampflokomotiven in Preußen. Weil die Züge nach dem Ersten Weltkrieg länger und schwerer geworden waren, reichte in vielen Fällen die Zugkraft der P 8 nicht mehr aus. Um Vorspannfahrten möglichst zu vermeiden, benötigte man eine stärkere Maschine, die nun allerdings als Vierkuppler konzipiert werden musste , um die Radsatzfahrmasse von 17 Tonnen möglichst nicht zu überschreiten. Nach einem Entwurf von Borsig entstand so ab 1922 die 1'D1'-Maschine der Gattung P 10 mit Dreizylinder-Triebwerk und Antrieb auf den zweiten Kuppelradsatz. Mit 19 Tonnen mittlerer Radsatzfahrmasse waren sie allerdings schwerer als geplant, was ihre Einsatzgebiete zunächst erheblich beschränkte. Die rund 1.600 PS starken und 110 km/h schnellen Lokomotiven waren die leistungsstärksten Personenzug-Dampfloks der deutschen Länderbahnen. Bis 1927 wurden 260 Maschinen von verschiedenen Herstellern gebaut. Bei der DRG erhielten die Loks die Nummern 39 001-260. Zunächst liefen die Loks vor allem im schweren Schnellzugdienst im Mittelgebirge, erst in den 1930er-Jahren kamen sie in die ihr eigentlich zugedachten Eil- und Personenzugdienste. Markante Einsatzstrecken waren u.a. die Strecken Erfurt–Schweinfurt und Stuttgart–Tuttlingen. Bei der DB verblieben nach dem Zweiten Weltkrieg 154 Maschinen, die DR verfügte noch über 94 Lokomotiven. Die DB setzte ihre P 10 im Schnell- und Eilzugdienst bei den Direktionen Frankfurt, Augsburg, Köln, Karlsruhe und Stuttgart ein. Die letzten Einsätze erfolgten bis Juli 1967 vom Bw Stuttgart aus.

Auch die DR konnte auf die Dienste der P 10 zunächst noch nicht verzichten. Daher bezog sie die nach Ausmusterung von neun Kriegsschadloks noch verfügbaren 85 Maschinen in ihr Rekonstruktionsprogramm ein. Zwischen 1958 und 1962 erhielten alle im Raw Meiningen geschweißte Rekokessel mit Verbrennungskammer und Mischvorwärmeranlage. Wegen des längeren Reko-Kessels musste auch der Rahmen angepasst werden, dadurch veränderte sich ebenfalls der Radsatzstand. Die umgebauten Maschinen erhielten die Betriebsnummern 22 001-085 und wurden im schweren Personen- und Eilzugdienst in Sachsen und Thüringen eingesetzt. Die EDV-Nummerierung gab den Maschinen ihre alte Bezeichnung 39 zurück, doch die meisten Loks waren schon 1968 überflüssig geworden. Die letzten rekonstruierten P 10 verschwanden 1971, ihre Kessel wurden für die BR 03 weiterverwendet.

Erhalten geblieben sind 39 184 und 39 230 sowie einige zuletzt als Dampfspender genutzte Torsi der DR-Rekomaschinen (22 029, 047, 064, 066, 073 und 075), wobei die optische Wiederaufarbeitung der 22 064 beim BEM schon sehr weit fortgeschritten ist.

Foto: Blaschke

| Technische Daten: | | |
|---|---|---|
| Baureihenbezeichnung: | 22 (Reko DR) | 39.0-2 (DRG) |
| Radsatzanordnung: | 1'D1'h3 | 1'D1'h3 |
| Zylinderdurchmesser (mm): | 3 x 520 | 3 x 520 |
| Kolbenhub (mm): | 660 | 660 |
| Verdampfungsheizfläche (m²): | 206,3 | 217,01 |
| Vmax (km/h): | 110 | 110 |
| Leistung (PSi): | 1.690 | 1.620 |
| Dienstmasse (o. Tender) (t): | 107,5 | 110,4 |
| Größte Radsatzfahrmasse (t): | 19,1 | 19,4 |
| Länge über Puffer (mm): | 23.700 | 22.890 |
| Treib-/Kuppelraddurchmesser (mm): | 1.750 | 1.750 |
| Laufraddurchmesser (v) (mm): | 1.000 | 1.000 |
| Laufraddurchmesser (h) (mm): | 1.100 | 1.100 |
| Wasserkasteninhalt (m³): | 34,0 | 31,5 |
| Brennstoffvorrat (t): | 10 | 7 |
| Indienststellung: | 1958-1962 | 1922-1927 |
| Verbleib: | u.a. 22 064 (BEM) | 39 184 (Werksmuseum LHB Salzgitter), 230 (VMN, DDM) |

*Foto: Blaschke*

## 41 (DRG, DB, DR), 041, 042 (DB)

Für schnellfahrende Güterzüge entwickelte die Lokomotivindustrie im Rahmen des Einheitslokprogramms die 1'D1'-Lokomotive der Baureihe 41. Die beiden Baumustermaschinen lieferte Schwartzkopff 1936. Das Fahrwerk war eine Neuentwicklung, der Kessel war der gleiche wie bei der Baureihe 03, allerdings wurde er bei der BR 41 für 20 bar ausgelegt. Die Radsatzfahrmasse konnte wahlweise auf 18 t oder 20 t eingestellt werden. Mit der Baureihe 41 entstand erstmals eine universell einsetzbare Mehrzwecklokomotive. Den beiden Vorserienmaschinen folgten 364 Serienlokomotiven, die geringfügig verbessert und von nahezu allen deutschen Lokomotivfabriken bis 1941 geliefert wurden. Die 90 km/h schnellen und rund 1.900 PS starken Lokomotiven kamen in fast allen Bereichen zum Einsatz. Wie bei anderen Maschinen zeigte auch der St47K-Kessel der BR 41 nach wenigen Jahren Ermüdungserscheinungen. Daher wurde zunächst der Kesseldruck auf 16 bar reduziert, außerdem wurden 1943/44 einige Ersatzkessel beschafft.
Nach dem Zweiten Weltkrieg blieben 220 Loks bei der DB, 124 bei der DR. Da beide Staatsbahnen auf die Baureihe 41 nicht verzichten konnten, wurden zahlreiche Maschinen mit neuen Kesseln versehen. Bei der DB wurden 99 Maschinen umgebaut, sie erhielten geschweißte Hochleistungskessel mit Verbrennungskammer, 40 Maschinen überdies Ölhauptfeuerung. Die nicht umgebauten Maschinen wurden größtenteils in den 1960er-Jahren ausgemustert, bis 1971 folgten die rostgefeuerten Umbaumaschinen, die ab 1968 als 041 bezeichnet wurden. Die ölgefeuerten 41er (ab 1968: 042) hingegen blieben bis zum Ende der Dampftraktion bei der DB 1977 beim Bw Rheine im Einsatz.
Die Rekonstruktion bei der DR betraf zunächst 80 Maschinen, diese erhielten ab 1961 den geschweißten Reko-Kessel mit Verbrennungskammer und Mischvorwärmeranlage. Anfang der 1970er-Jahre wurde noch eine Maschine rekonstruiert. Wie bei der DB zählten auch die Reko-41 der DR zu den letzten eingesetzten Normalspurdampfloks überhaupt, ihr Planeinsatz endete erst 1987 in Güsten.
Zahlreiche Maschinen der beiden modernisierten Spielarten blieben als Museumslokomotiven erhalten, darunter die ex DB-Maschine 41 018 sowie die ex DR-Lok 41 1144 in betriebsfähigem Zustand. Die 41 052 der Osnabrücker Dampflokfreunde erhält derzeit eine HU.

**Technische Daten:**

| | | | |
|---|---|---|---|
| Baureihenbezeichnung: | 41 (DRG) | 41 (Umbau DB) | 41 (Reko DR) |
| Radsatzanordnung: | 1'D1'h2 | 1'D1'h2 | 1'D1'h2 |
| Zylinderdurchmesser (mm): | 520 | 520 | 520 |
| Kolbenhub (mm): | 720 | 720 | 720 |
| Verdampfungsheizfläche (m²): | 203,65 | 177,54 | 206,3 |
| Vmax (km/h): | 90 | 90 | 90 |
| Leistung (PSi): | 1.900 | 2.050 (bei Öl feuerung: 2.139) | 1.990 |
| Dienstmasse (o. Tender) (t): | 101,9 | 101,5 | 103.2 |
| Größte Radsatzfahrmasse (t): | 19,7 | 20,2 | 20 |
| Länge über Puffer (mm): | 23.905 | 23.905 | 23.905 |
| Treib-/Kuppelraddurchmesser (mm): | 1.600 | 1.600 | 1.600 |
| Laufraddurchmesser (v) (mm): | 1.000 | 1.000 | 1.000 |
| Laufraddurchmesser (h) (mm): | 1.250 | 1.250 | 1.250 |
| Wasserkasteninhalt (m³): | 34,0 | 34,0 | 32,0 |
| Brennstoffvorrat: | 10 t Kohle | 10 t Kohle oder 12 m³ Öl | 10 t Kohle |
| Indienststellung: | 1936-1941 | 1957-1961 | ab 1961 |
| Verbleib: | ++ | bf: 41 018, 144, 150, 360; | |
| | | Mus: 41 024, 052, 073, 096, 105, 113, 137, 185, 186, | |
| | | 225, 231, 241, 271, 364 | |

*Foto: Estler*

Foto: Blaschke

## 42 (DRG, DB, DR)

Bereits 1941 stand für den Einsatz auf Strecken in Österreich und den besetzten Gebieten in Russland eine Kriegslokomotive zur Diskussion, die mit 18 t Radsatzfahrmasse, dem Kessel der Baureihe 44 und dem Fahrwerk der Baureihe 50 ausgestattet sein sollte. Aus 20 Projektvorschlägen für diese sogenannte »Zweite Kriegsdampflok« (KDL 2) wurden schließlich zwei favorisiert. Danach sollten von dem als Baureihe 42 bezeichneten Typ zunächst 8.000 Maschinen (wenig später reduziert auf 5.000) gebaut werden. Schließlich legte der Hauptausschuss Konstruktion folgende Stückzahlen fest: 2.500 Lokomotiven mit Stehbolzenkessel und Barrenrahmen, 1.150 Lokomotiven mit Brotankessel und Blechrahmen, 650 Lokomotiven mit Brotankessel und Kondenstender. Die ersten beiden Maschinen lieferte Henschel 1943 mit Brotankessel und den Nummern 42 0001 und 42 0002. Die erste Maschine mit Stehbolzenkessel lieferte Schwartzkopff 1944 mit der Nummer 42 501. Die ursprünglich vorgesehenen Stückzahlen wurden wegen des Krieges nicht verwirklicht, insgesamt lieferte die Industrie 865 der 80 km/h schnellen und rund 1.800 PS starken Maschinen. Durch Nachbauten nach dem Zweiten Weltkrieg in Polen und Wien-Floridsdorf wuchs die Stückzahl schließlich auf 1.063 Maschinen an.
Zur DB gelangten 701 Lokomotiven, zur DR nur 49. Während die Bundesbahn ihre Maschinen schon Mitte der 1950er-Jahre ausmusterte, liefen die Reichsbahn-Maschinen noch bis 1968/69. Erhalten blieben in Deutschland mit 42 1504 (Speyer), 42 »2754« (Hermeskeil) und 42 »2768« (Nördlingen) drei Maschinen, die aus Polen bzw. Bulgarien zurückgekauft wurden. Weitere Maschinen sind noch in Bulgarien, Luxemburg (CFL 5519, betriebsfähig), Österreich und Polen vorhanden.

| Technische Daten: | |
|---|---|
| Baureihenbezeichnung: | 42 (DRG) |
| Radsatzanordnung: | 1'Eh2 |
| Zylinderdurchmesser (mm): | 630 |
| Kolbenhub (mm): | 660 |
| Verdampfungsheizfläche (m²): | 199,6 |
| Vmax (km/h): | 80 |
| Leistung (PSi): | 1.800 |
| Dienstmasse (o. Tender) (t): | 96,92 |
| Größte Radsatzfahrmasse (t): | 17,6 |
| Länge über Puffer (mm): | 23.000 |
| Treib-/Kuppelraddurchmesser (mm): | 1.400 |
| Laufraddurchmesser (v) (mm): | 850 |
| Laufraddurchmesser (h) (mm): | - |
| Wasserkasteninhalt (m³): | 30,0 |
| Brennstoffvorrat (t): | 10 |
| Indienststellung: | 1943-1949 |
| Verbleib: | u.a. 42 1504 (Technikmuseum Speyer), 2768 (BEM) |

## 42.90 (Umbau DB)

Steigende Kohlepreise waren 1950 für die DB der Anlass, bei Dampflokomotiven nach Wegen zu suchen, die wärmewirtschaftlichen Eigenschaften zu verbessern und gleichzeitig Brennstoff einzusparen. Eine Möglichkeit wurde in dem so genannten Franco-Crosti-Rauchgasvorwärmer gefunden, der 1926 von dem italienischen Ingenieur Attilo Franco (1873-1936) zum Patent angemeldet und nach seinem Tod von seinem Mitarbeiter Piero Crosti weiterentwickelt worden war. Mit diesem Vorwärmer konnten die Rauchgase zur Vorwärmung des Speisewassers genutzt werden. Die DB beauftragte daher 1951 die Firma Henschel, die beiden Kriegsloks 52 893 und 894 mit Franco-Crosti-Rauchgasvorwärmern auszurüsten. Um den Vorwärmer unter dem Kessel anbringen zu können, musste dieser um 250 mm angehoben werden. Zur Verschiebung des Temperaturgefälles in Richtung Vorwärmer wurde die Verdampfungsheizfläche des Langkessels deutlich verkleinert. Die Rauchgase wurden in der Rauchkammertür umgelenkt und durch die beiden Vorwärmertrommeln unter dem Langkessel geleitet. Abgeschlossen wurden die Vorwärmertrommeln durch je eine Rauchkammer mit einem dreidüsigen Blasrohr. Die Rauchgase entwichen daher nicht mehr durch den Schornstein, sondern durch je einen elliptischen Schornstein an jeder Seite des Kessels in Höhe des Treibradsatzes.
Durch den Umbau stieg die Kuppelradsatzfahrmasse auf über 18 Tonnen an, so dass sie der Baureihe 42 zugeordnet (42 9000 und 9001). Ausgiebige Versuchsfahrten und die Dauerbeobachtung im Planbetrieb zeigten bald, dass die nur 10- bis 15-%-ige Brennstoffeinsparung doch geringer war als erwartet. Der hohe Konstruktionsaufwand konnte daher nicht amortisiert werden. Beide Loks mussten schon 1959 den Dienst quittieren, die 42 9000 am 20. Juli, die 42 9001 am 30 September.

Foto: Bellingrodt, Slg. Töpelmann, Archiv transpress

| Technische Daten: | |
|---|---|
| Baureihenbezeichnung: | 42.90 (DB) |
| Radsatzanordnung: | 1'Eh2 |
| Zylinderdurchmesser (mm): | 600 |
| Kolbenhub (mm): | 660 |
| Verdampfungsheizfläche (m²): | 121,2 |
| Vmax (km/h): | 80 |
| Leistung (PSi): | 1.630 |
| Dienstmasse (o. Tender) (t): | 98,7 |
| Größte Radsatzfahrmasse (t): | 18 |
| Länge über Puffer (mm): | 22.975 |
| Treib-/Kuppelraddurchmesser (mm): | 1.400 |
| Laufraddurchmesser (v) (mm): | 850 |
| Laufraddurchmesser (h) (mm): | - |
| Wasserkasteninhalt (m³): | 30,0 |
| Brennstoffvorrat (t): | 10 |
| Indienststellung: | 1951 |
| Verbleib: | ++ |

## 43 (DRG, DR)

Für den schweren Güterzugdienst war bereits im ersten Typisierungsplan des DRG-Vereinheitlichungsbüros eine fünffach gekuppelte, schwere Schlepptenderlok vorgesehen. Ähnlich wie bei den Schnellzugmaschinen wurden von der 1'E-Type je zehn Probelokomotiven in Zwei- bzw. Dreizylinderbauart geliefert, um Aufschluss über die geeignetere Bauform zu erlangen. Die Zweizylindermaschinen lieferten Henschel und Schwartzkopff im Jahr 1927, sie erhielten die Nummern 43 001-010. Ihnen folgten bis 1928 weitere 25 Maschinen, wiederum von Henschel und Schwartzkopff gebaut und mit den Nummern 43 011-035 versehen. Mit Ausnahme des Triebwerks entsprachen sie der Ursprungsausführung der BR 44. Sie leisteten knapp 1.900 PS. Eingehende Messfahrten der LVA Grunewald mit der 43 007 wiesen nach, dass die BR 43 im Leistungsbereich um 1.100 PSi einen Gesamtwirkungsgrad von 10 % erreichte. Dies war der beste Wert aller Einheitslokomotiven überhaupt. Dennoch unterblieb ein Weiterbau, die DRG gab der dreizylindrigen BR 44 den Vorzug.

Die Lokomotiven kamen zunächst in den Direktionen Dresden, Erfurt und Karlsruhe zum Einsatz. Nach dem Zweiten Weltkrieg waren alle Maschinen in Mitteldeutschland. Die DR musterte 43 023 bereits 1950 aus, die übrigen Loks fanden in der Kohleabfuhr aus den Lausitzer Revieren eine angemessene Beschäftigung. Mit Ausnahme von 43 030 und 032 (ausgemustert 1965/66) waren die Loks noch bis Ende der 1960er-Jahre bei den Betriebswerken Cottbus, Rostock und Wittenberge im Dienst. Als nicht betriebsfähige Museumslok ist 43 001 erhalten geblieben.

Techn. Daten siehe BR 44

*Foto: Blaschke*

## 44 (DRG, DB, DR), 043, 044, (DB), 44.00, 44.20, 44.90 (DR)

Nach den ersten zehn Vorauslokomotiven der Drillingsvariante für den schweren Güterverkehr wurden zunächst wegen des geringeren Dampfverbrauchs die Zweizylindervariante BR 43 weiter beschafft. Erst 1937 ging dann die Drillingslok der BR 44 in Serie. Zunächst lieferten Krupp, Henschel und Schwartzkopff 53 Maschinen der so genannten Zwischenausführung, die sich in einigen Punkten von der Ursprungsausführung unterschied. So war der Kessel um 50 mm tiefer gelegt und der Zylinderdurchmesser von 600 mm auf 550 m verkleinert worden. Ab der Betriebsnummer 44 066 galt dann die Standardausführung, die einen geänderten Antrieb der Steuerung des Innenzylinders aufwies. Zwischen 1926 und 1944 entstanden insgesamt 1.753 Lokomotiven der Baureihe 44 für die DRG. Neben den deutschen Lokomotivfabriken waren am Bau ab 1942 auch Firmen in den okkupierten Ländern beteiligt. Kriegsbedingt wurden die Maschinen ab 1942 schrittweise vereinfacht und als »Übergangskriegslokomotiven« geliefert.

Im Rahmen des so genannten Mitteldruckprogramms wurden zwischen 1933 und 1939 auch die beiden Lokomotiven 44 011 und 012 mit einem Kesseldruck von 25 bar erprobt und besaßen dafür ein Vierzylinder-Verbundtriebwerk. Zwar erreichten die Lokomotiven bei Dampf- und Brennstoffverbrauch hervorragende Werte, doch forderte der höhere Druck einen enormen Unterhaltungsaufwand. Daher wurde der Druck zunächst auf 20 bar und schließlich auf 16 bar festgelegt. Als Einzelgänger ist 44 011 von der DB 1950 ausgemustert worden, 44 012 überlebte als Bremslok in Halle bis 1962.

Im schweren Güterzugdienst erfüllte die Baureihe 44 in ganz Deutschland die in sie gesetzten Erwartungen. Nach dem Zweiten Weltkrieg waren bei der DB 1.242 Lokomotiven, die DR verfügte über 335 Loks. Darüber hinaus liefen Maschinen in Polen, der Tschechoslowakei, in Österreich, in Frankreich, in Belgien und sogar in der Türkei.

Bei beiden deutschen Staatsbahnen war die Baureihe 44 einstweilen unverzichtbar. Daher wurden sie nicht nur weiterhin voll unterhalten, sondern teilweise auch umgebaut. Von den 335 DR-Maschinen wurden zwischen 1959 und 1967 95 Maschinen auf Ölhauptfeuerung umgebaut, zum Teil erhielten die Loks auch geschweißte Nachbaukessel. Weitere 22 Maschinen wurden schon zwischen 1951 und 1957 mit Kohlenstaubfeuerung System Wendler ausgerüstet. Mit Einführung der EDV-Nummern wurden die rostgefeuerten Maschinen zur Baureihe 44.20, die ölgefeuerten zur 44.00 und die staubgefeuerten zur 44.90. Der Einsatz der staubgefeuerten Maschinen endete 1975 im Bw Arnstadt, die ölgefeuerten Loks liefen bis 1981 in Saalfeld. Anschließend wurden einige Loks wieder auf Rostfeuerung umgebaut, kamen aber nicht mehr in den Streckendienst. Für das Braunkohlewerk Geiseltal wurden 1982/83 sogar noch einmal zwei Loks auf Kohlenstaubfeuerung umgerüstet.

Die DB versah 1950 einige Maschinen mit Verbrennungskammern und ab 1955 insgesamt 32 Loks mit Ölhauptfeuerung. Letztere trugen ab 1968 die Bezeichnung 043. Bis zum Ende der Dampftraktion bei der DB im Oktober 1977 blieben die letzten 043 beim Bw Rheine im Einsatz.

Als Museums- und Denkmalloks blieben zahlreiche Maschinen erhalten, darunter mit 44 0093 auch eine ölgefeuerte ex-Reichsbahn-Lok. Zurzeit betriebsfähig sind und 44 546 (BEM Nördlingen) und 44 1486 (Staßfurt).

*Foto: Estler*

**Technische Daten:**

| Baureihenbezeichnung: | 43 (DRG) | 44 (DRG) | 44 (DRG Mitteldruck) | 44 (Umbau DB) | 44 (Umbau DR) |
|---|---|---|---|---|---|
| Radsatzanordnung: | 1'Eh2 | 1'Eh3 | 1'Eh4v | 1'Eh3 | 1'Eh3 |
| Zylinderdurchmesser (mm): | 720 | 3 x 550 | 2 x 440/700 | 3 x 550 | 3 x 550 |
| Kolbenhub (mm): | 660 | 660 | 660 | 660 | 660 |
| Verdampfungsheizfläche (m²): | 237,0 | 237,0 | 220,4 | 195,44 | 238,0 |
| Vmax (km/h): | 70 | 70 | 80 | 80 | 80 |
| Leistung (PSi): | 1.880 | 1.910 | 2.540 | Öl: 2.100 | Öl: 2.100 |
| Dienstmasse (o. Tender) (t): | 110,8 | 114,1 | 114,9 | 110,0 | 109,8 |
| Größte Radsatzfahrmasse (t): | 19,3 | 19,3 | 19 | 19 | 19 |
| Länge über Puffer (mm): | 22.620 | 22.620 | 22.655 | 22.620 | 23.202 |
| Treib-/Kuppelraddurchmesser (mm): | 1.400 | 1.400 | 1.400 | 1.400 | 1.400 |
| Laufraddurchmesser (v) (mm): | 850 | 850 | 850 | 850 | 850 |
| Laufraddurchmesser (h) (mm): | - | - | - | - | - |
| Wasserkasteninhalt (m³): | 32,0 | 32,0 | 32,0 | 30,0/34,0 | 22,0/34,0 |
| Brennstoffvorrat: | 10 t Kohle | 10 t Kohle | 10 t Kohle | 10 t Kohle oder 12 m³ Öl | 9,5 t Kohle/11,2 m³ Öl |
| Indienststellung: | 1927-1928 | 1927-1949 | 1932 | 1950-1960 | 1951-1967 |
| Verbleib: | u.a. 43 001 (VMD, Chemnitz), | u.a. 44 1377 (DGEG) | ++ | u.a. 44 381 (BEM) | u.a. 44 0093 (Bw Arnstadt/hist.) |

## 45 (DRG, DB, DR), H 45 (DR)

Als Ersatz für die G 12 und als Ergänzung der BR 44 entwickelte Henschel 1936/37 die schwere 1'E1'h3-Lokomotive der Baureihe 45 für den schweren Güterzugdienst. Die rund 2.800 PS starken Maschinen waren die stärksten deutschen Dampflokomotiven. Den beiden Vorauslokomotiven folgte erst 1940 eine Serie von 26 Lokomotiven. Zuvor waren die beiden Baumustermaschinen beim LVA Grunewald eingehend untersucht worden. Der ursprünglich auf 20 kp/cm² festgelegte Kesseldruck musste schon nach kurzer Zeit wegen Kesselschäden auf 16 kp/cm² reduziert werden.

Bis auf die 45 024 gelangten alle Maschinen zur DB, zwölf Maschinen kamen allerdings gar nicht mehr in Betrieb und wurden 1953 ausgemustert. Als Bremslokomotiven wieder hergerichtet wurden die 45 003, 004, 011 und 020. Mit neuen geschweißten Hochleistungskesseln und mechanischer Rostbeschickung rüstete die DB die 45 010, 016, 019, 021 und 023 aus, nur neue Stehkessel mit Verbrennungskammer erhielten die 45 008, 009, 012, 014 und 022. Bis Anfang der 1960er-Jahre waren die meisten Loks von den Gleisen verschwunden, als Bremsloks der BZA Minden und München überlebten bis 1968 lediglich die 45 010, 45 019 und 45 023. Als Museumsstück blieb die 45 010 erhalten.

Die bei der DR verbliebene 45 024 wurde 1951 zu einer Hochdrucklokomotive umgebaut. Sie erhielt einen für 42 kp/cm² ausgelegten Zwangsumlaufkessel Bauart La Mont, Kondensationsanlage und Kohlenstaubfeuerung System LOWA. Nachdem die als H 45 024 bezeichnete Lok in Leipzig ausgestellt war, erfolgten 1953 Probefahrten, die aber nicht erfolgreich waren. So stand die Maschine noch einige Jahre abgestellt, ehe sie verschrottet wurde. Ihre beiden äußeren Niederdruck-Zylinder, Schleppradsatz und hinteres Rahmenteil fanden bei der 18 201 noch Verwendung.

*Foto: Blaschke*

**Technische Daten:**

| Baureihenbezeichnung: | 45 (DRG) | 45 (Umbau DB) | H 45 024 (Umbau DR) |
|---|---|---|---|
| Radsatzanordnung: | 1'E1'h3 | 1'E1'h3 | 1'E1'h3v |
| Zylinderdurchmesser (mm): | 3 x 520 | 3 x 520 | 1 x 400 / 2 x 520 |
| Kolbenhub (mm): | 720 | 720 | 720 |
| Verdampfungsheizfläche (m²): | 289,0 | 269,02 | 149,0 |
| Vmax (km/h): | 90 | 90 | 100 |
| Leistung (PSi): | 2.800 (ab 45 003: 3.020) | 3.000 | 2.900 |
| Dienstmasse (o. Tender) (t): | 128,4 | 128,5 / 125,5 | 127,0 |
| Größte Radsatzfahrmasse (t): | 19,7 | 20 | 20 |
| Länge über Puffer (mm): | 25.645 | 25.645 | 27.350 |
| Treib-/Kuppelraddurchmesser (mm): | 1.600 | 1.600 | 1.600 |
| Laufraddurchmesser (v) (mm): | 1.000 | 1.000 | 1.000 |
| Laufraddurchmesser (h) (mm): | 1.250 | 1.250 | 1.250 |
| Wasserkasteninhalt (m³): | 38,0 | 29,0 | 10,0 |
| Brennstoffvorrat (t): | 10 | 12 | 24 |
| Indienststellung: | 1936-1941 | 1951 / 50 | 1951 |
| Verbleib: | ++ | 45 010 (VMN) | ++ |

## 50.40 (DB)

Schon 1951 hatte die DB zwei Lokomotiven der Baureihe 52 versuchsweise mit Rauchgas-Vorwärmern der Bauart Franco-Crosti ausgerüstet, um die Wirtschaftlichkeit der Maschinen zu verbessern. Da die Betriebsergebnisse der beiden Lokomotiven zunächst vollauf befriedigten, erhielt Henschel den Auftrag, die 50 1412 mit einer verbesserten Franco-Crosti-Vorwärmeranlage auszurüsten. Die Lok war ab 1955 zu Versuchsfahrten beim BZA Minden. 1958 erhielt sie die Nummer 50 4001. Der Baumustermaschine folgten bis 1959 weitere 30 Lokomotiven, welche die Nummern 50 4002-4031 bekamen. Charakteristisch für die Umbaulokomotiven waren die beiden übereinander liegenden Kessel sowie der auf der Heizerseite angeordnete seitliche Schornstein. Der obere Kessel war der Verdampferkessel, darunter lag der Vorwärmerkessel. Die Rauchgase wurden aus der Rauchkammer des oberen Kessels durch die Rohre des Vorwärmers gelenkt und entströmten erst dann dem neuen Schornstein, der seitlich am Langkessel auf der Heizerseite angebracht war. Das Speisewasser wurde zuerst im Oberflächenvorwärmer, dann im Vorwärmerkessel erhitzt und gelangte erst dann in den Hauptkessel. Damit konnte die Wärmeenergie der Verbrennungsgase besser ausgenutzt und so der Brennstoffverbrauch gesenkt werden. Als einzige Lok besaß die 50 4011 versuchsweise eine Ölhauptfeuerung.

Die Loks waren zunächst in Oberlahnstein, Osnabrück und Kirchweyhe beheimatet, später in Bingerbrück und Hamm. Schließlich sorgte der hohe Unterhaltungsaufwand dafür, dass die Maschinen bis 1967 ausgemustert wurden.

*Foto: Blaschke*

**Technische Daten:**

| Baureihenbezeichnung: | 50.40 (Umbau DB) |
|---|---|
| Radsatzanordnung: | 1'Eh2 |
| Zylinderdurchmesser (mm): | 600 |
| Kolbenhub (mm): | 660 |
| Verdampfungsheizfläche (m²): | 193,47 |
| Vmax (km/h): | 80 |
| Leistung (PSi): | 1.540 |
| Dienstmasse (o. Tender) (t): | 88,05 |
| Größte Radsatzfahrmasse (t): | 15,7 |
| Länge über Puffer (mm): | 22.940 |
| Treib-/Kuppelraddurchmesser (mm): | 1.400 |
| Laufraddurchmesser (v) (mm): | 850 |
| Laufraddurchmesser (h) (mm): | - |
| Wasserkasteninhalt (m³): | 26,0 |
| Brennstoffvorrat (t): | 8 |
| Indienststellung: | 1954-1959 |
| Verbleib: | ++ |

*Foto: Estler*

## 50 (DRG, DB, DR), 050-053 (DB), 50.00, 50.35-37, 50.50 (DR)

Als Ersatz für die Eh2-Güterzugdampfloks der Reihe 57.10-40 (preuß. G 10) entstand ab 1939 die 1'E-Lokomotive der Baureihe 50. Mit ihren rund 15 t Radsatzfahrmasse war sie auch auf Nebenbahnen mit leichtem Oberbau problemlos einzusetzen. Da an vielen Endbahnhöfen entweder gar keine Drehscheiben waren oder die vorhandenen zu kurz, sollte die Maschine in beiden Richtungen gleich schnell sein. Daher erhielt der Tender zum Schutz des Lokpersonals bei Rückwärtsfahrt eine Schutzwand. Die rund 1.600 PS starke und 80 km/h schnelle Maschine entwickelte sich schnell zu einer universell einsetzbaren, robusten und zuverlässigen Lokomotive. So folgten den zwölf Vorausloks, die Henschel 1939 geliefert hatte, im Lauf der nächsten Jahre über 3.000 Maschinen, an deren Bau nahezu alle europäischen Lokomotivschmieden beteiligt waren. Wie die Baureihe 44 wurde auch die Baureihe 50 im Zuge des Zweiten Weltkrieges schrittweise vereinfacht, so dass ab 1942 Lokomotiven als 50 ÜK ausgeliefert wurden. Über 300 Maschinen waren schließlich so weit vereinfacht worden, dass sie, obwohl als BR 50 geplant, der Kriegslok-Baueihe 52 zugeordnet wurden.

Trotz zahlreicher Kriegsverluste fanden sich nach 1945 allein bei den beiden deutschen Bahnen fast 3.000 Lokomotiven, davon verfügte die DR nach Abgaben und Ausmusterungen über 317, die DB über mehr als 2.000 Maschinen. Die DB-Maschinen waren in der gesamten Bundesrepublik zu Hause. Sie erhielten Witte-Bleche, die Umlaufschürze entfiel bei den meisten Maschinen. Ab 1961 erhielten die Tender von über 700 Loks Zugführerkabinen. Mit der Einführung der Computernummern wurden aus der BR 50 die Baureihen 050-053. Sie zählten zu den letzten Dampfloks der Deutschen Bundesbahn und standen bis 1977 im Einsatz.

Von den verbliebenen Reichsbahnlokomotiven wurden ab 1957 insgesamt 208 Maschinen rekonstruiert. Sie erhielten u.a. einen Reko-Kessel mit Verbrennungskammer, Mischvorwärmer Bauart IfS, Seitenzugregler und kleine Windleitbleche. Ein Teil der Maschinen bekam einen Giesl-Flachejektor. Die Reko-50 erhielten die Nummern 50 3501-3708. Ab 1966 wurden 72 Loks auf Ölhauptfeuerung umgerüstet und als 50 5001-5072 bezeichnet, ab 1970 liefen sie als 50 0001-0072.

Auch von den verbliebenen DR-Altbaumaschinen trugen einige Lokomotiven zeitweise den Giesl-Flachejektor. Als letzte nicht rekonstruierte 50 war 50 3145 im Erzgebirge bis 1987 im Einsatz. Ein Jahr länger hielten sich die rekonstruierten Maschinen. 50 3559 zog am 29. Oktober 1988 den letzten planmäßig mit einer Normalspurdampflok bespannten Zug auf deutschen Gleisen und beendete damit eine Ära. Zahlreiche Maschinen der Baureihe 50 in allen Spielarten blieben, teilweise betriebsfähig, erhalten.

**Technische Daten:**

| | | | |
|---|---|---|---|
| Baureihenbezeichnung: | 50 (DRG) | 50.35-37 (DR) | 50.50 (DR) |
| Radsatzanordnung: | 1'Eh2 | 1'Eh2 | 1'Eh2 |
| Zylinderdurchmesser (mm): | 600 | 600 | 600 |
| Kolbenhub (mm): | 660 | 660 | 660 |
| Verdampfungsheizfläche (m²): | 177,6 | 172,3 | 172,3 |
| Vmax (km/h): | 80 | 80 | 80 |
| Leistung (PSi): | 1.700 | 1.760 | 1.760 |
| Dienstmasse (o. Tender) (t): | 88,05 | 88,2 | 88,2 |
| Größte Radsatzfahrmasse (t): | 15,2 | 15 | 15 |
| Länge über Puffer (mm): | 22.940 | 22.940 | 22.940 |
| Treib-/Kuppelraddurchmesser (mm): | 1.400 | 1.400 | 1.400 |
| Laufraddurchmesser (v) (mm): | 850 | 850 | 850 |
| Laufraddurchmesser (h) (mm): | - | - | - |
| Wasserkasteninhalt (m³): | 26,0 | 26,0 | 26,0 |
| Brennstoffvorrat (t): | 8 | 8 | Öl: 11,2 m³ |
| Indienststellung: | 1939-1944 | 1957-1962 | 1966-1967 |
| Verbleib: | u.a. 50 001 (DTB), | u.a 50 3545 (DBK), | 50 0072 (BEM) |
| | 2740 (AVG, privat), | 3616 (VSE), 3636 | |
| | 2988 (Blumberg) | (GES) | |

*Foto: Estler*

## 50.40 (Neubau DR)

Parallel zur DR-Neubaudampflok der Reihe 23.10 entwickelte das Institut für Schienenfahrzeuge auch eine Neubaudampflok für den Güterverkehr. Die beiden Baumusterlokomotiven lieferte der VEB Lokomotivbau Karl Marx in Babelsberg Ende 1956, sie erhielten die Nummern 50 4001 und 50 4002. Wie die Baureihe 50 hatte die Baureihe 50.40 eine Radsatzfahrmasse von 15 t, war allerdings etwas kürzer als die Einheitslok. Die Loks besaßen einen Blechrahmen, einen Verbrennungskammerkessel und die IfS-Mischvorwärmeranlage älterer Bauart. Ab 1959 wurden weitere 86 Serienlokomotiven gebaut, sie erhielten Nassdampfregler und IfS-Mischvorwärmer der neuen Bauart. Der Speisedom entfiel. Mit der Ablieferung der 50 4088 endete nicht nur der Bau der DR-Neubaudampfloks, sie war vielmehr die letzte neu gebaute Staatsbahndampflok in Deutschland überhaupt.

Die Lokomotiven kamen in den Norden der DDR, ihre Heimatbetriebswerke waren u.a. Güstrow, Wismar, Hagenow Land und Wittenberge. Während die Leistung der Maschine vollauf befriedigte, erwies sich der Blechrahmen auf die Dauer als sehr unterhaltungsaufwändig. Daher wurden die meisten Maschinen bereits nach weniger als 20 Jahren ausgemustert. Die letzten 50.40 verschwanden 1980 von den Reichsbahngleisen, dienten zum Teil allerdings noch ein paar Jahre als Heizloks. Letzte erhaltene Lokomotive ist die 50 4073 (BEM, Nördlingen), welche inzwischen in einen ausstellungsreifen Zustand versetzt wurde.

*Foto: Blaschke*

| Technische Daten: | |
|---|---|
| Baureihenbezeichnung: | 50.40 (DR) |
| Radsatzanordnung: | 1'Eh2 |
| Zylinderdurchmesser (mm): | 600 |
| Kolbenhub (mm): | 660 |
| Verdampfungsheizfläche (m²): | 193,47 |
| Vmax (km/h): | 80 |
| Leistung (PSi): | 1.760 |
| Dienstmasse (o. Tender) (t): | 88,2 |
| Größte Radsatzfahrmasse (t): | 14,8 |
| Länge über Puffer (mm): | 22.600 |
| Treib-/Kuppelraddurchmesser (mm): | 1.400 |
| Laufraddurchmesser (v) (mm): | 850 |
| Laufraddurchmesser (h) (mm): | - |
| Wasserkasteninhalt (m³): | 26,0 |
| Brennstoffvorrat (t): | 10,0 |
| Indienststellung: | 1956-1960 |
| Verbleib: | 50 4073 (BEM) |

## 52.70 (sächs. IIIb, DRG)

Zwischen 1871 und 1874 beschaffte die Sächsische Staatsbahn 1B-Personenzuglokomotiven bei Hartmann in Chemnitz und bei der Maschinenfabrik Esslingen. Während die letzten Mohikaner der 66 Hartmann-Loks (sächs. III) bei der DRG als Baureihe 34.76 geführt wurden, waren im vorläufigen Umzeichnungsplan von 1923 für sechs Exemplare der 21 Maschinen umfassenden Kessler-Lieferung die Betriebsnummern 52 7001-7006 vorgesehen. Damit wurden sie aus nicht mehr ganz nachvollziehbaren Gründen den Güterzugloks zugeordnet. Schließlich wurde 1925 (wahrscheinlich nur buchmäßig) noch eine Esslinger Lok, die ehemalige »BRANDIS«, in 52 7001 umgezeichnet. Kurz darauf folgte ihre Ausmusterung.

Anfangs war der vordere, hinter den Zylindern angeordnete Laufradsatz der Maschinen starr im Rahmen gelagert. Ab 1885 erhielten alle Loks ein Einachs-Drehgestell der Bauart Nowotny-Klien mit Keilrückstellung und mutierten zur Gattung »IIIb«. Charakteristisch war für die »Esslinger« neben den damals allgemein üblichen Radschutzkästen über den Kuppelrädern den Umlauf sowie der Dampfdom mit flacher Decke. Mit 8,5 bar war ihr Kesseldruck relativ niedrig. Das Zweizylinder-Nassdampftriebwerk wirkte auf den ersten Kuppelradsatz.

*Foto: Archiv transpress*

| Technische Daten: | |
|---|---|
| Baureihenbezeichnung: | 52.70 (DRG) |
| Radsatzanordnung: | 1Bn2 (ab 1885: 1'Bn2) |
| Zylinderdurchmesser (mm): | 406 |
| Kolbenhub (mm): | 560 |
| Verdampfungsheizfläche (m²): | 90,80 |
| Vmax (km/h): | 70 |
| Leistung (PSi): | |
| Dienstmasse (o. Tender) (t): | 34,6 |
| Größte Radsatzfahrmasse (t): | 11,5 |
| Länge über Puffer (mm): | 13.035 |
| Treib-/Kuppelraddurchmesser (mm): | 1.525 |
| Laufraddurchmesser (v) (mm): | 990 |
| Laufraddurchmesser (h) (mm): | - |
| Wasserkasteninhalt (m³): | 7,5 |
| Brennstoffvorrat (t): | |
| Indienststellung: | 1871-1874 |
| Verbleib: | ++ |

## 52 (DRG, DB, DR), 52.80 (DR), 52.90 (DR)

Mit dem Beginn des Zweiten Weltkrieges stieg der Bedarf an Güterzugdampfloks sprunghaft an. Die Forderungen des Militärs nach mehr Lokomotiven konnte die Fahrzeugindustrie mit den Einheitsloks jedoch nicht erfüllen. Zunächst gingen DRG und Industrie dazu über, die im Beschaffungsplan verbliebenen Baureihen 44, 50 und 86 schrittweise zu vereinfachen, um die Produktion zu beschleunigen und lieferte die Maschinen als Übergangskriegslokomotiven (ÜK) aus. Da auch dies nicht ausreichte, wurde die Industrie 1941 aufgefordert, eine Kriegslokomotive auf der Basis der Baureihe 50 zu konstruieren. Im September 1942 lieferte Borsig die erste Maschine, sie erhielt die Nummer 52 001. Die Vereinfachungen gegenüber der BR 50 waren enorm. Unter anderem entfiel der Oberflächenvorwärmer, die Steuerung war vereinfacht, auf Achslagerstellkeile wurde zunächst verzichtet, statt des Barrenrahmens verwendete man einen Blechrahmen. Das vollständig geschlossene und beheizbare Führerhaus besaß nur noch ein Seitenfenster. Rauchkammerzentralverschluss, Läutewerk und Rauchkammerstreben entfielen, statt des Kastentenders erhielt die Baureihe 52 einen Leichtbau-Wannentender 2'2'T30 oder einen Steifrahmentender 4T30.
In nur drei Jahren entstanden über 6.000 Lokomotiven der BR 52, beteiligt waren praktisch alle deutschen Lokomotivfabriken. Zahlreiche Loks besaßen für den Einsatz im Osten besondere Frostschutzeinrichtungen, auch zu Versuchen wurden einzelne Loks herangezogen (Wellrohrkessel, Ventilsteuerung). Speziell für den Einsatz im Osten mit langen Strecken durch Steppengebiete ohne Wasser beschaffte die Reichsbahn 178 Maschinen mit Kondensationseinrichtung. Die erste Kondenslok lieferte Henschel 1943 mit der Nummer 52 1850.
Durch die Kriegsereignisse war die BR 52 schließlich in ganz Europa zu finden. Die beiden deutschen Staatsbahnen verfügten nach Kriegsende über rund 2.400 Maschinen, wovon der größere Teil bei der DR verblieb. Die DB musterte ihre Maschinen bis Mitte der 1960er-Jahre aus, da genügend Loks der Reihe 50 zur Verfügung standen. Die DR hingegen konnte auf die Baureihe 52 nicht verzichten. Um die Loks noch langfristig einsetzen zu können, wurden zahlreiche Maschinen ab 1958 einer Generalreparatur unterzogen. Sie erhielten Vorwärmer und Achslagerstellkeile sowie neue Stehkessel in geschweißter Ausführung. Zentraler Aspekt bei der Mehrzahl der Loks war der Einbau neuer Krauss-Helmholtz-Lenkgestelle. Zum Teil wurden sie auch mit Giesl-Flachejektoren ausgestattet. Die generalreparierten Maschinen behielten ihre ursprüngliche Betriebsnummer und blieben teilweise bis weit in die 1980er-Jahre im Einsatz.
Ab 1960 erhielten insgesamt 200 Loks einen Rekokessel, dessen Beschaffung und Einbau kaum teurer war als die aufwändige Generalreparatur. Die rekonstruierten Lokomotiven bekamen die Nummern 52 8001-8200. Als betriebsfähige Heizlokomotiven überlebten zahlreiche Reko-52er bis heute. Nur bis 1977 im Einsatz stand die kohlenstaubgefeuerte Variante der BR 52. Weil in der DDR Lokomotivkohle knapp war, baute die Reichsbahn Anfang der 1950er-Jahre zahlreiche Lokomotiven verschiedener Baureihen auf Staubfeuerung System Wendler um. Die so umgerüsteten 52er behielten zunächst ihre Nummer, ab 1970 wurden sie als 52.90 bezeichnet. Ihr Heimat-Bw war Senftenberg.
Die Baureihe 52 ist noch heute als Museumslok allgegenwärtig. Sowohl die Ursprungsausführung als auch rekonstruierte und generalreparierte Maschinen blieben in großer Stückzahl in ganz Europa erhalten.

*Foto: Estler*

**Technische Daten:**

| Baureihenbezeichnung: | 52 (DRG Kriegslok) | 52.18-20 | 52.80 (DR) | 52.90 (DR) |
|---|---|---|---|---|
| | | (DRG Kondens) | | |
| Radsatzanordnung: | 1'Eh2 | 1'Eh2 | 1'Eh2 | 1'Eh2 |
| Zylinderdurchmesser (mm): | 600 | 600 | 600 | 600 |
| Kolbenhub (mm): | 660 | 660 | 660 | 660 |
| Verdampfungsheizfläche (m²): | 177,6 | 171,3 | 177,6 | 172,3 |
| Vmax (km/h): | 80 | 80 | 80 | 80 |
| Leistung (PSi): | 1.620 | 1.520 | 1.600 | 1.600 |
| Dienstmasse (o. Tender) (t): | 84,0 | 89,1 | 84,4 | 89,7 |
| Größte Radsatzfahrmasse (t): | 15,4 | 15,8 | 15 | 15 |
| Länge über Puffer (mm): | 22.975 | 27.535/26.205 | 22.975 | 22.975 |
| Treib-/Kuppelraddurchmesser (mm): | 1.400 | 1.400 | 1.400 | 1.400 |
| Laufraddurchmesser (v) (mm): | 850 | 850 | 850 | 850 |
| Laufraddurchmesser (h) (mm): | - | - | - | - |
| Wasserkasteninhalt (m³): | 30,0 | 16,0/13,5 | 30,0 | 22,0 |
| Brennstoffvorrat (t): | 10 | 9 | 10 | 9,5 |
| Indienststellung: | 1942-1951 | 1943-1947 | ab 1960 | ab 1951 |
| Verbleib: | u.a. 52 360 | ++ | u.a. 52 8029 | 52 9900 (VMN, |
| | (EM Vienenburg ), | | (HNG Röbel), | Halle P) |
| | 2195 (BEM), | | 8080 (Ostsächs- | |
| | 6666 (VMN, Berlin) | | ische EF, Löbau), | |
| | | | 8183 (VSE), | |

*Foto: Estler*

## 53.0, 53.10, 53.70" (preuß. G 4.2, old. G 4.2, BLE, DRG)

Als Weiterentwicklung der preußischen Gattungen G 3 und G 4.1 entstand ab 1882 die Gattung G 4.2. Die ersten beiden Maschinen kamen von Henschel, am Bau der bis 1899 gelieferten knapp 800 Lokomotiven waren außerdem Grafenstaden, Hohenzollern, Borsig, Vulcan, Union, Schichau, Hanomag und Schwartzkopff beteiligt.
Die 55 km/h schnellen Maschinen waren als Zweizylinder-Nassdampf-Verbundmaschine ausgeführt, der Hochdruckzylinder saß rechts, der Niederdruckzylinder links. Angetrieben wurde der zweite Kuppelradsatz, die Dampfverteilung erfolgte über eine innenliegende Allan-Steuerung mit Flachschiebern. Neben der Preußischen Staatsbahn beschafften auch die Bahnverwaltungen von Oldenburg, Mecklenburg und Elsass-Lothringen Maschinen dieser Gattung.

Die meisten Loks waren beim Übergang der Länderbahnen in die Deutsche Reichsbahn bereits ausgemustert, zur DRG kamen noch 25 preußische und 11 oldenburgische G 4.2. Sie erhielten die Nummern 53 001-025, 53 1001-1003 und 53 1051-1058. Unter den Nummern 53 7001-7004 in zweiter Besetzung führte die DRG vier G 4.2, die 1938 von der Braunschweigischen Landeseisenbahn (BLE) übernommen wurden. Diese vier Maschinen hatte die BLE 1922 von der DRG gekauft. Sie waren die letzten bei der DRG eingesetzten Loks dieser Gattung, die Übrigen verschwanden bereits bis 1929 von den Schienen.

Foto: Slg. Töpelmann, Archiv transpress

**Technische Daten:**

| Baureihenbezeichnung: | 53.0 (DRG) | 53.10 (DRG) | 53.70" (DRG) |
|---|---|---|---|
| Radsatzanordnung: | Cn2v | Cn2v | Cn2v |
| Zylinderdurchmesser (mm): | 460/650 | 460/650 | 460/650 |
| Kolbenhub (mm): | 630 | 630 | 630 |
| Verdampfungsheizfläche (m²): | 116,0 | 114,46/112,66 | 116,0 |
| Vmax (km/h): | 55 | 45 | 45 |
| Leistung (PSi): | 580 | 580 | 580 |
| Dienstmasse (o. Tender) (t): | 41,2 | 40,2/41,7 | 40,1 |
| Größte Radsatzfahrmasse (t): | 14,8 | 14,4 | 14 |
| Länge über Puffer (mm): | 15.131 | 15.131 | 15.131 |
| Treib-/Kuppelraddurchmesser (mm): | 1.340 | 1.330 | 1.340 |
| Laufraddurchmesser (v) (mm): | - | - | - |
| Laufraddurchmesser (h) (mm): | - | - | - |
| Wasserkasteninhalt (m³): | 12,0 | 12,0/10,5 | 12,0 |
| Brennstoffvorrat (t): | 4 | 4/5 | 4 |
| Indienststellung: | 1882-1899 | 1895-1909 | 1890-1897 |
| Verbleib: | ++ | ++ | ++ |

## 53.3 (preuß. G 4.3, DRG)

Weil die Zugkraft der zahlreich vorhandenen Dreikuppler der Gattungen G 3, G 4.1 und G 4.2 nicht mehr ausreichte, beschaffte die Preußische Staatsbahn zwischen 1903 und 1907 insgesamt 63 Lokomotiven der Gattung G 4.3. Alle Lokomotiven wurden von der Union Gießerei in Königsberg gebaut und den Direktionen Königsberg und Stettin zugeteilt. Wie die G 4.2 war die G 4.3 als Zweizylinder-Nassdampf-Verbundmaschine konstruiert, allerdings besaßen die neuen Maschinen eine außenliegende Heusingersteuerung mit einschienigem Kreuzkopf. Der Kessel war höher gelegt und der Radsatzstand vergrößert worden. Die mit dem Ziel der Verbesserung der Laufeigenschaften von dreifach gekuppelten Loks entwickelte Maschine überzeugte zwar mit ihren Fahreigenschaften, war aber schon bald mit den immer größer werdenden Lasten überfordert. Zur DRG kamen noch 27 Maschinen, sie erhielten die Nummern 53 301-327. Schon bald hatte man für die Dreikuppler keine Verwendung mehr, so dass sie bis 1930 alle ausgemustert waren. 1939 gelangten noch einmal drei Maschinen zur DRG, dabei handelte es sich um Lokomotiven, die nach dem Ersten Weltkrieg in Polen verblieben waren. Sie überlebten als 53 7751-7753 den Zweiten Weltkrieg und wurden erst Ende der 1940er-Jahre ausgemustert.

Foto: Hubert, Slg. Töpelmann, Archiv transpress

**Technische Daten:**

| Baureihenbezeichnung: | 53.3 (DRG) |
|---|---|
| Radsatzanordnung: | Cn2v |
| Zylinderdurchmesser (mm): | 460/680 |
| Kolbenhub (mm): | 630 |
| Verdampfungsheizfläche (m²): | 117,71 |
| Vmax (km/h): | 60 |
| Leistung (PSi): | 670 |
| Dienstmasse (o. Tender) (t): | 46,7 |
| Größte Radsatzfahrmasse (t): | 16,0 |
| Länge über Puffer (mm): | 15.100 |
| Treib-/Kuppelraddurchmesser (mm): | 1.350 |
| Laufraddurchmesser (v) (mm): | - |
| Laufraddurchmesser (h) (mm): | - |
| Wasserkasteninhalt (m³): | 10,5 |
| Brennstoffvorrat (t): | 4 |
| Indienststellung: | 1903-1907 |
| Verbleib: | ++ |

## 53.6-7 (sächs. V V, DRG)

Auf der Basis der Zwillingsmaschine Gattung V entstand 1885 eine dreifach gekuppelte Zweizylinder-Nassdampf-Verbundlokomotive für die Sächsische Staatsbahn. Sie erhielt die Gattungsbezeichnung V V. Beim Bau machte man sich die Erfahrungen in Preußen mit der G 4.2 zu Nutze und übernahm von dieser bei der ersten Lok »KÄNZLI« die Zylinderabmessungen und das v. Borriessche Anfahrventil. Bei den Serienlieferungen ab 1887 wurden die Zylinderdurchmesser vergrößert und die Maschinen erhielten die Lindnersche Anfahrvorrichtung. Wie die G 4.2 verfügte auch die V V über eine innenliegende Allan-Steuerung. Sie besaßen einen aus drei Schüssen gefertigten Langkessel mit halbrunder Decke, welcher im Feuerbüchsbereich zwischen die Rahmenwangen eingezogen war. Gegenüber der Gattung V (DRG-Baureihe 53.82) wurde der Kesseldruck um ein Drittel auf 12 bar erhöht.Besonders auffälliges Merkmal war der große abgerundete Dampfdom in Kesselmitte. Das Ramsbottom-Sicherheitsventil thronte direkt vor der Führerhausvorderwand, der Sandkasten war direkt hinter dem Schornstein angeordnet. Bis 1901 beschaffte die Sächsische Staatsbahn insgesamt 164 Lokomotiven, die meisten baute Hartmann in Chemnitz, elf Maschinen wurden von Sigl in Wiener Neustadt geliefert.

Zur DRG kamen noch 130 Maschinen, darunter ein erst 1920 bei Hartmann gebauter »Nachzügler«, der ursprünglich für die Türkei bestimmt war und bei der Reichsbahn die Nummer 53 751 erhielt. Die übrigen Maschinen belegten, allerdings nur für kurze Zeit, die Nummern 53 601-729.

| Technische Daten: | |
|---|---|
| Baureihenbezeichnung: | 53.6-7 (DRG) |
| Radsatzanordnung: | Cn2v |
| Zylinderdurchmesser (mm): | 460/650 |
| Kolbenhub (mm): | 610 |
| Verdampfungsheizfläche (m²): | 115,06 |
| Vmax (km/h): | 45 |
| Leistung (PSi): | |
| Dienstmasse (o. Tender) (t): | 42,0 |
| Größte Radsatzfahrmasse (t): | 14,8 |
| Länge über Puffer (mm): | 14.718 |
| Treib-/Kuppelraddurchmesser (mm): | 1.420 |
| Laufraddurchmesser (v) (mm): | - |
| Laufraddurchmesser (h) (mm): | - |
| Wasserkasteninhalt (m³): | 7,5 |
| Brennstoffvorrat (t): | 4 |
| Indienststellung: | 1885-1920 |
| Verbleib: | ++ |

*Foto: Hubert, Slg. Töpelmann, Archiv transpress*

## 53.8, 53.83 (württ. Fc, F 2, DRG)

Für die steigungsreiche Hauptstrecke Stuttgart-Ulm hatte die Württembergische Staatsbahn bereits 1849 dreifach gekuppelte Lokomotiven, die so genannte »Albklasse« beschafft. Weil die Maschinen jedoch in 2'B-Loks umgebaut wurden, fehlten um 1860 leistungsfähige Dreikuppler. So entstanden zunächst ab 1864 die Zwillingsmaschinen der Klasse F in 98 Exemplaren. 1889 folgten sechs Maschinen mit höherem Kesseldruck, sie erhielten die Klassenbezeichnung F 2. Die 98 Loks der Klasse F wurden bis 1910 sukzessive in F 2 umgebaut. Eine der umgebauten Maschinen kam noch zur DRG, wo sie die Nummer 53 8301 erhielt.

Die ab 1890 gebauten dreifach gekuppelten Maschinen wurden, wie bei anderen Bahnverwaltungen auch, als Zweizylinder-Nassdampf-Verbundmaschinen ausgeführt. Sie konnten in der Ebene einen Zug von 1.000 t mit einer Geschwindigkeit von 45 km/h befördern. Dies entsprach der damals vorgeschriebenen Höchstgeschwindigkeit für Güterzüge. Auf einer Steigung von 10 ‰ waren es noch 379 t mit 25 km/h.

Zwischen 1890 und 1892 entstanden bei der Maschinenfabrik Esslingen 30 Exemplare der Klasse Fc, 1896 bis 1909 folgten weitere 95 Stück. Damit bildete sie die wichtigste Stütze des württembergischen Güterzugdienstes. Zur Reichsbahn gelangten noch 65 Lokomotiven der Klasse Fc, doch war den ab 1925 als 53 801-865 bezeichneten Maschinen kein langes Leben mehr beschieden. 1931 wurden die letzten Fc ausgemustert.

| Technische Daten: | | |
|---|---|---|
| Baureihenbezeichnung: | 53.8 (DRG) | 53.83 (DRG) |
| Radsatzanordnung: | Cn2v | Cn2 |
| Zylinderdurchmesser (mm): | 480/685 | 450 |
| Kolbenhub (mm): | 612 | 612 |
| Verdampfungsheizfläche (m²): | 117,9 | 117,9 |
| Vmax (km/h): | 45 | 45 |
| Leistung (PSi): | | |
| Dienstmasse (o. Tender) (t): | 39,7 | 38,0 |
| Größte Radsatzfahrmasse (t): | 13,3 | 12,7 |
| Länge über Puffer (mm): | 14.102 | 14.057 |
| Treib-/Kuppelraddurchmesser (mm): | 1.230 | 1.250 |
| Laufraddurchmesser (v) (mm): | - | - |
| Laufraddurchmesser (h) (mm): | - | - |
| Wasserkasteninhalt (m³): | 10,0 | 10,0 |
| Brennstoffvorrat (t): | 6 | 6 |
| Indienststellung: | 1890-1909 | 1889-1910 |
| Verbleib: | ++ | ++ |

*Foto: Maey, Slg. Kleine, Archiv transpress*

## 53.70-71, 53.76 (preuß. G 3, G 4, G 4.1, DRG)

Um die enorme Vielfalt an vorhandenen Dreikupplern zu reduzieren, entstanden ab Mitte der 70er-Jahre des 19. Jahrhunderts in Preußen Lokomotiven, denen einheitliche Zeichnungen (so genannte Normalien) zu Grunde lagen. Die erste preußische Normal-Güterzuglokomotive war eine dreifach gekuppelte Nassdampf-Lokomotive. Die erste dieser zunächst als G 3 bezeichneten Gattung wurde 1877 geliefert. Spätere Lieferungen erhielten die Gattungsbezeichnung G 4 bzw. nach Erhöhung des Kesseldrucks auf 12 kp/cm$^2$ die Bezeichnung G 4.1. Bis zur Jahrhundertwende entstanden rund 2.200 solcher Normallokomotiven, am Bau waren zwölf Lokomotivfabriken beteiligt. Je nach den Bedürfnissen erhielten die Lokomotiven wahlweise eine innen- oder außenliegende Allan-Steuerung. Trotz ihres teilweise schon hohen Alters gelangten immerhin noch 157 G 3/G 4-Maschinen zur DRG, die sie als 53 7001-7157 in ihren Bestand einreihte. Von den G 4.1 übernahm die DRG nur noch 17 Stück in ihren Bestand, sie bekamen die Nummern 53 7601-7617.
Mit ihrer Höchstgeschwindigkeit von 45 km/h waren sie jedoch den gestiegenen Anforderungen schon bald nicht mehr gewachsen, so dass sie früh ausgemustert wurden. Umso erstaunlicher ist es, dass mit der G 3 »3143 Saarbrücken« bis heute eine Maschine erhalten geblieben ist, für die im Umzeichnungsplan der DRG die Nummer 53 7027 vorgesehen war. Diese Nummer wurde aber nicht mehr angeschrieben, da sie vor der Umzeichnung den Dienst quittieren musste. Sie diente dann Jahrzehnte lang als Kranprüfgewicht im AW Trier und wurde zum Eisenbahnjubiläum 1985 mustergültig museal aufgearbeitet. Heute steht sie im Verkehrsmuseum Nürnberg.

Foto: Hubert, Slg. Töpelmann, Archiv transpress

| Technische Daten: | | |
|---|---|---|
| Baureihenbezeichnung: | 53.70-71 (DRG) | 53.76 (DRG) |
| Radsatzanordnung: | Cn2 | Cn2 |
| Zylinderdurchmesser (mm): | 450 | 450 |
| Kolbenhub (mm): | 630 | 630 |
| Verdampfungsheizfläche (m²): | 116,0 | 116,0 |
| Vmax (km/h): | 45 | 45 |
| Leistung (PSi): | 530 | 530 |
| Dienstmasse (o. Tender) (t): | 40,1 | 40,1 |
| Größte Radsatzfahrmasse (t): | 14,4 | 14,4 |
| Länge über Puffer (mm): | 15.375 | 15.375 |
| Treib-/Kuppelraddurchmesser (mm): | 1.340 | 1.340 |
| Laufraddurchmesser (v) (mm): | - | - |
| Laufraddurchmesser (h) (mm): | - | - |
| Wasserkasteninhalt (m³): | 10,5 | 12,0 |
| Brennstoffvorrat (t): | 4 | 5 |
| Indienststellung: | ab 1877 | ab 1897 |
| Verbleib: | »3143 Saarbrücken« (VM Nürnberg) | ++ |

## 53.80, 53.80-81 (bay. C IV, DRG)

Weil auch in Bayern in den 80er-Jahren des 19. Jahrhunderts die vorhandenen dreifach gekuppelten Maschinen an die Grenzen ihrer Leistungsfähigkeit stießen und überdies teilweise schon sehr alt waren, beschaffte die Bayerische Staatsbahn (K.Bay.Sts.B.) ab 1884 die Maschinen der Gattung C IV. Im Unterschied zu den Vorläufertypen C I, C II und C III verfügte die als C IV bezeichnete Maschine über einen innenliegenden Rahmen. Die ersten Maschinen lieferte Maffei, ab 1889 war auch Krauss am Bau der Lokomotiven. Bis 1893 entstanden zunächst 87 Lokomotiven in Zweizylinder-Nassdampf-Ausführung. Bereits 1889 lieferte Krauss mit den Bahnnummern 911 und 912 zwei C IV-Maschinen in Zweizylinder-Verbundausführung. Sie waren die ersten Lokomotiven der Bayerischen Staatsbahn mit Verbundtriebwerk. Den beiden Probelokomotiven folgten bis 1897 weitere 98 Maschinen mit Verbundtriebwerk, die sich von den zwei erstgebauten allerdings in einigen Bereichen unterschieden. So verfügten sie über 13 kp/cm$^2$ Kesseldruck an Stelle der 12 kp/cm$^2$ der Vorausloks. Auch die Kessellage unterschied sich von den Probelokomotiven, wodurch sich die Länge über Puffer auf 15.040 mm vergrößerte.
Alle Maschinen hatten eine innenliegende Allan-Steuerung. Bei der DRG erhielten die noch vorhandenen Zwillingsmaschinen die Nummern 53 8011-8076, die Verbundmaschinen wurden als 53 8081-8168 bezeichnet. Obwohl sie bereits Anfang des 20. Jahrhunderts in vielen Fällen den Ansprüchen nicht mehr genügt hatten, wurden die letzten Loks erst 1931 (Zwilling) bzw. 1932 (Verbund) ausgemustert.

Foto: Maey, Slg. Kleine, Archiv transpress

| Technische Daten: | | |
|---|---|---|
| Baureihenbezeichnung: | 53.80 (DRG) | 53.80-81 (DRG) |
| Radsatzanordnung: | Cn2 | Cn2v |
| Zylinderdurchmesser (mm): | 486 | 486/705 (ab 53 8083: 500/705) |
| Kolbenhub (mm): | 630 | 630 |
| Verdampfungsheizfläche (m²): | 111,8 | 111,8 |
| Vmax (km/h): | 50 | 50 |
| Leistung (PSi): | | |
| Dienstmasse (o. Tender) (t): | 40,6 | 41,3 (ab 53 8083: 42,7) |
| Größte Radsatzfahrmasse (t): | 13,5 (ab 53 8046: 13,8) | 13,8 (ab 53 8083: 14,2) |
| Länge über Puffer (mm): | 14.630 | 15.040 |
| Treib-/Kuppelraddurchmesser (mm): | 1.340 | 1.340 |
| Laufraddurchmesser (v) (mm): | - | - |
| Laufraddurchmesser (h) (mm): | - | - |
| Wasserkasteninhalt (m³): | 10,0 | 10,5 |
| Brennstoffvorrat (t): | 5 | 5 |
| Indienststellung: | 1884-1893 | 1889-1897 |
| Verbleib: | ++ | ++ |

## 53.82 (sächs. V, DRG)

Unter der Gattungsbezeichnung »sächs. V« wurden 173 Lokomotiven geführt, die bereits ab 1859 von der Berlin-Dresdner Bahn, der Leipzig-Dresdner Bahn und der Sächsischen Staatsbahn beschafft worden waren. Der Beschaffungszeitraum der Lokomotiven erstreckte sich über fast 30 Jahre (1859-1887), entsprechend unterschiedlich waren die einzelnen Lieferserien. Allen Loks gemeinsam war das dreifach gekuppelte Nassdampf-Zwillingstriebwerk und der überhängende Stehkessel mit Dampfdom. Sie unterschieden sich durch verschiedene Steuerungen, wobei die Bauarten Allan, Gooch und Stephenson verwendet wurden. Unterschiedlich ausgeführt waren auch die Bremsen: Anfangs kamen Dampfschlittenbremsen zum Einbau, später Dampfklotzbremsen und bei den zuletzt gelieferten Loks schon Westinghouse-Druckluftbremsen. Die Maschinen wurden von Hartmann, Esslingen, Henschel, Sigl, Union und Schwartzkopff gebaut. Zur DRG gelangten nur noch elf Maschinen der Gattung V, dort erhielten sie die Nummern 53 8201-8211. Ihre Reichsbahnzeit währte allerdings nur kurz, die nicht mehr zeitgemäßen Veteranen wurden schon bald ausgemustert und verschrottet.

| Technische Daten: | |
|---|---|
| Baureihenbezeichnung: | 53.82 (DRG) |
| Radsatzanordnung: | Cn2 |
| Zylinderdurchmesser (mm): | 457 |
| Kolbenhub (mm): | 610 |
| Verdampfungsheizfläche (m²): | 111,1 / 115,4 / 121,4 / 111,41 |
| Vmax (km/h): | 40 / 45 |
| Leistung (PSi): | |
| Dienstmasse (o. Tender) (t): | 37,3 / 38,9 / 38,2 / 40,6 |
| Größte Radsatzfahrmasse (t): | 13,7 |
| Länge über Puffer (mm): | 14.663 |
| Treib-/Kuppelraddurchmesser (mm): | 1.400 |
| Laufraddurchmesser (v) (mm): | - |
| Laufraddurchmesser (h) (mm): | - |
| Wasserkasteninhalt (m³): | 7,5 |
| Brennstoffvorrat (t): | 4 |
| Indienststellung: | 1859-1887 |
| Verbleib: | ++ |

*Foto: Archiv transpress*

## 53.85 (bad. VIIa, VIIc, DRG)

Ab 1866 beschaffte die Badische Staatsbahn für den Güterverkehr die Gattung VIIa, eine dreifach gekuppelte Lokomotive mit Nassdampf-Zwillingstriebwerk, die in 17 Serien bis 1891 weiter gebaut wurde. Die VIIa besaß einen Innenrahmen und Stephenson-Steuerung. Die ersten drei Serien hatten noch einen Crampton-Kessel mit einem großen Dampfdom über den Stehkessel erhalten. Die Serien 4 bis 17 waren dagegen mit einem Belpaire-Kessel ausgerüstet, der im Laufe der Entwicklung immer weiter verbessert wurde. So variierten die Anordnung der Ausströmrohre sowie die Aufbauten auf dem Kessel. Bis zum Ende der Lieferzeit konnte der Kesseldruck auf 10 bar erhöht werden, später eingebaute Ersatzkessel waren sogar bis 12 bar belastbar. Die Höhe der Kesselmitte lag bei den ersten Bauserien 1.750 mm über der Schienenoberkante, ab Baujahr 1890 dann 1.891 mm über der Schienenoberkante. Betrug die Rostfläche anfangs nur 1,26 m², konnte sie im Laufe der Zeit um rund 17 % vergrößert werden. Bis 1891 wurden unter der Bezeichnung VIIa insgesamt 171 Maschinen gebaut.

Ab 1891 folgten zunächst vier Lokomotiven mit einem auf 500 mm vergrößerten Zylinderdurchmesser. Sie erhielten die Bezeichnung VIIc.

Ab 1893 hielt auch in Baden das Verbundtriebwerk bei den Güterzugmaschinen Einzug. Die aus der VIIa/VIIc weiterentwickelte Cn2v-Maschine der Gattung VIId wurde bis 1902 in 109 Exemplaren beschafft.

Zur Reichsbahn gelangten jedoch nur noch Zwillingsmaschinen der Gattung VIIa (47 Stück) und VIIc (3 Stück). Sie erhielten die Nummern 53 8501-8587 (mit Lücken), 53 8597 und 53 8598. Als Rangierlokomotiven hielten sich die letzten Vertreter dieser Gattung noch bis Anfang der 1930er-Jahre in Mannheim.

| Technische Daten: | |
|---|---|
| Baureihenbezeichnung: | 53.85 (DRG) |
| Radsatzanordnung: | Cn2 |
| Zylinderdurchmesser (mm): | 457 (VIIc: 500) |
| Kolbenhub (mm): | 635 |
| Verdampfungsheizfläche (m²): | 122,34-123,86 |
| Vmax (km/h): | 45 |
| Leistung (PSi): | |
| Dienstmasse (o. Tender) (t): | 35,35-40,20 |
| Größte Radsatzfahrmasse (t): 11,80-13,40 | |
| Länge über Puffer (mm): | 14.645 / 14.766 (VIIc: 14.832) |
| Treib-/Kuppelraddurchmesser (mm): | 1.220 / 1.250 (ab Bauserie 16: 1.262) |
| Laufraddurchmesser (v) (mm): | - |
| Laufraddurchmesser (h) (mm): | - |
| Wasserkasteninhalt (m³): | 8,0 (VIIc: 13,5) |
| Brennstoffvorrat (t): | 4 |
| Indienststellung: | 1866-1893 |
| Verbleib: | ++ |

*Foto: Archiv transpress*

*Foto: Slg. Töpelmann, Archiv transpress*

## 54.0, 54.2-3, 54.6, 54.8-10, 54.10, 54.12 (preuß. G 5.1, G 5.2, G 5.3, G 5.4, G 5.5, meckl. G 5.4, DRG)

Als Weiterentwicklung der Gattung G 4 stellte die Preußische Staatsbahn ab 1892 die ersten Lokomotiven der G 5-Familie in Dienst. Im Gegensatz zur G 4 besaß die G 5 einen Vorlaufradsatz. Die Maschinen der Gattung G 5.1 waren damit die ersten Lokomotiven dieser Radsatzfolge (Mogultyp) in Mitteleuropa. Der Kessel war größer als jener der G 4.1, dennoch war der Leistungsgewinn der G 5.1 unbedeutend. Insgesamt 268 Maschinen dieser 1'Cn2-Type wurden bis 1902 geliefert, am Bau waren die Firmen Vulcan, Schwartzkopff, Schichau, Humboldt, Jung, Henschel und Hanomag beteiligt. Zur Reichsbahn gelangten noch 71 Stück der 65 km/h schnellen Lokomotiven. Sie erhielten die Nummern 54 001-071, wurden aber bis 1930 ausgemustert.
Noch während die Zwillingsmaschinen gebaut wurden, erhielt 1894 Hanomag den Auftrag zum Bau einer aus der G 5.1 abgeleiteten Verbundmaschine. Ein Jahr später war die erste Maschine fertig und erhielt die Gattungsbezeichnung G 5.2. Bis 1901 wurden von der Verbundtype 491 Lokomotiven allein für Preußen gebaut, weitere 215 Maschinen entstanden 1900-1908 für die Reichseisenbahn Elsass-Lothringen. Da die Maschinen bereits mit Druckluftbremse ausgerüstet waren, konnten sie auch im Personenzugdienst eingesetzt werden. Zur Reichsbahn gelangten 167 Maschinen, allesamt preußischen Ursprungs. Sie erhielten die Nummern 54 201-367, doch wurden auch sie bis 1930 ausgemustert.
Während die beiden ersten G 5-Spielarten eine Adamsachse als Vorläufer besaßen, erhielten die ab 1901 gebauten Verbundmaschinen der Gattung G 5.4 ein Krauss-Helmholtz-Drehgestell, um die Laufeigenschaften zu verbessern. Das Gleiche galt für die 1903 erstmals gebaute Zwillingsvariante der Gattung G 5.3. Die G 5.4 wurde bis 1910 in 748 Exemplaren beschafft, ihre Zwillings-Schwester brachte es bis 1906 auf 206 Einheiten. Im Gegensatz zu den Vorgängertypen besaßen die beiden Varianten nun eine Heusingersteuerung, auch war der Radsatzstand um 300 mm verkürzt worden.

*Foto: Hubert, Slg. Töpelmann, Archiv transpress*

Von beiden Ausführungen gelangten zahlreiche Exemplare zur Reichsbahn. Die 265 Verbundmaschinen der Gattung G 5.4 erhielten die Nummern 54 801-1066, die 71 Zwillingsmaschinen liefen nun unter den Nummern 54 601-671. Insgesamt 20 Maschinen beider Gattungen wurden von der DRG zu Heißdampfverbundmaschinen umgebaut. Die letzten Maschinen waren noch in den ersten Jahren nach dem Zweiten Weltkrieg im Einsatz.
Als preußische G 5.5 entstanden schließlich ab 1910 noch einmal Lokomotiven in Nassdampfverbundbauweise mit Adamsachse an Stelle des Krauss-Helmholtzgestells. Die Maschinen dieser Bauform, die zur Reichsbahn gelangten, erhielten die Nummern 54 1067-1092. Neun Lokomotiven gleicher Bauform lieferte Linke-Hofmann 1906-1913 an die Mecklenburgische Friedrich-Franz-Eisenbahn für den Güterverkehr Richtung Skandinavien (via Trajekt). Nur noch drei dieser Lokomotiven gelangten zur Reichsbahn und erhielten dort die Nummern 54 1201-1203. Sie verschwanden bereits vor dem Zweiten Weltkrieg von den Gleisen.

**Technische Daten:**

| Baureihenbezeichnung: | 54.0 (DRG) | 54.2-3 (DRG) | 54.6 (DRG) | 54.8-10 (DRG) | 54.10, 54.12 (DRG) |
|---|---|---|---|---|---|
| Radsatzanordnung: | 1'Cn2 | 1'Cn2v | 1'Cn2 | 1'Cn2v | 1'Cn2v |
| Zylinderdurchmesser (mm): | 450 | 480/680 | 490 | 500/750 | 500/700 |
| Kolbenhub (mm): | 630 | 630 | 630 | 630 | 630 |
| Verdampfungsheizfläche (m²): | 137,0 | 137,0 | 137,0 | 137,0 | 125,56 |
| Vmax (km/h): | 65 | 65 | 65 | 65 | 65/60 |
| Leistung (PSi): | 770 | 825 | 770 | 825 (Heißdampf: 1.020) | 900 |
| Dienstmasse (o. Tender) (t): | 48,5 | 51,1 | 54,1 | 55,1 | 57,2 |
| Größte Radsatzfahrmasse (t): | 13,7 | 14,6 | 14,5 | 15,3 | 14 |
| Länge über Puffer (mm): | 15.990 | 16.168 | 16.168 | 16.168 | 16.168 |
| Treib-/Kuppelraddurchmesser (mm): | 1.350 | 1.350 | 1.350 | 1.350 | 1.350 |
| Laufraddurchmesser (v) (mm): | 1.000 | 1.000 | 1.000 | 1.000 | 1.000 |
| Laufraddurchmesser (h) (mm): | - | - | - | - | - |
| Wasserkasteninhalt (m³): | 12,0 | 12,0 | 12,0 | 12,0 | 12,0 |
| Brennstoffvorrat (t): | 5 | 5 | 5 | 5 | 5 |
| Indienststellung: | 1892-1902 | 1895-1901 | 1903-1906 | 1903-1910 | 1906-1913 |
| Verbleib: | ++ | ++ | ++ | ++ | ++ |

## 54.13, 54.14 (bay. C VI, G 3/4 N, DRG)

Für den Güterzugdienst im Flachland und als Aushilfe im Personenzugverkehr lieferte die Firma Krauss im Jahr 1899 die erste Lokomotive der Klasse C VI an die Bayerische Staatsbahn. Die Lokomotiven waren als Zweizylinder-Nassdampfverbundmaschine ausgebildet, besaßen ein vorauslaufendes Krauss-Helmholtz-Drehgestell und eine Heusingersteuerung mit gerader Schwinge. Sie wiesen durchaus große Ähnlichkeiten mit der preußischen Baureihe G 5.4 auf, glänzten aber durch einen höheren Kesseldruck und bessere Laufeigenschaften. Bis 1905 beschaffte die Bayerische Staatsbahn insgesamt 83 Maschinen der 60 km/h schnellen Type, neben Krauss war an der Lieferung auch Maffei beteiligt.

| Technische Daten: | | |
|---|---|---|
| Baureihenbezeichnung: | 54.13 (DRG) | 54.14 (DRG) |
| Radsatzanordnung: | 1'Cn2v | 1'Cn2v |
| Zylinderdurchmesser (mm): | 500/740 | 500/740 |
| Kolbenhub (mm): | 630 | 630 |
| Verdampfungsheizfläche (m²): | 133,2 | 133,2 |
| Vmax (km/h): | 60 | 60 |
| Leistung (PSi): | | |
| Dienstmasse (o. Tender) (t): | 55,2 | 55,8 |
| Größte Radsatzfahrmasse (t): | 14,2 | 14,2 |
| Länge über Puffer (mm): | 17.435 | 17.457 |
| Treib-/Kuppelraddurchmesser (mm): | 1.340 | 1.340 |
| Laufraddurchmesser (v) (mm): | 1.006 | 1.006 |
| Laufraddurchmesser (h) (mm): | - | - |
| Wasserkasteninhalt (m³): | 18,0 | 18,0 |
| Brennstoffvorrat (t): | 6,5 | 6,5 |
| Indienststellung: | 1899-1905 | 1907-1909 |
| Verbleib: | ++ | ++ |

Zwischen 1907 und 1909 entstanden wiederum bei Krauss weitere 37 Maschinen dieses Typs, die nun allerdings als Klasse G 3/4 N bezeichnet wurden und gegenüber den Vorgängerinnen geringfügige Modifikationen aufwiesen.
Zur DRG gelangten 1925 noch 96 Maschinen der beiden Varianten, davon 64 Loks der Klasse C VI und 32 Loks der Klasse G 3/4 N. Sie erhielten die Nummern 54 1301-1364 und 54 1401-1432. Während die letzte Lok der Reihe 54.13 bereits 1931 ausgemustert wurde, hielt sich die letzte G 3/4 N bis 1935.

*Foto: Slg. Töpelmann, Archiv transpress*

## 54.15-17 (bay. G 3/4 H, DRG, DB, DR)

Zehn Jahre nach Ablieferung der letzten G 3/4 N entstand in Bayern erneut eine 1'C-gekuppelte Güterzugdampflok, dieses Mal allerdings in Heißdampf-Ausführung. Statt des Verbundtriebwerkes setzte man bei der als G 3/4 H bezeichneten Baureihe auf ein Zwillingstriebwerk, auch kehrte man bei der Konstruktion der Vorlaufachse zur Adamsachse zurück. Auch optisch unterschied sich die 65 km/h schnelle und rund 1.000 PS starke Maschine von ihren Vorgängerinnen durch den höher liegenden Kessel. Die erste Lok lieferte Maffei im Jahr 1919, ihr folgten bis 1923 noch 224 weitere Maschinen, an deren Bau auch Krauss beteiligt war. Die Lokomotiven verfügten über einen Überhitzer und Speisewasservorwärmung.
Alle 225 Lokomotiven wurden von der Reichsbahn übernommen und als 54 1501-1725 eingereiht. Sie blieben im Wesentlichen ihrer bayerisch-schwäbischen Heimat treu. Einige dieser leistungsfähigen Maschinen verschlug es jedoch auch in fremde Gefilde. So gelangte die Baureihe nach Norddeutschland und nach 1939 in die »Ostmark« (Österreich). Zwei Maschinen verblieben nach dem Zweiten Weltkrieg in Mitteldeutschland (54 1507 und 1554) und waren bis 1957 beim Bw Halle G im Einsatz. Die 54 1534, 1548, 1550, 1559, 1589 und 1663 fanden sich nach dem Zweiten Weltkrieg in Österreich. Die ÖBB hielten sie als Reihe 654 bis 1957 in ihrem Fahrzeugpark.
Der Großteil der übrigen Lokomotiven wurde nach dem Zweiten Weltkrieg weiter im angestammten Einsatzgebiet eingesetzt, nun unter der Ägide der DB. Erst Mitte der 1960er-Jahre ging das Leben der G 3/4 H endgültig zu Ende, das letzte Exemplar (54 1632) wurde 1966 in Nürnberg ausgemustert. Leider blieb keine dieser für Güterzugloks ausgesprochen eleganten und formschönen Maschinen erhalten.

*Foto: Blaschke*

| Technische Daten: | |
|---|---|
| Baureihenbezeichnung: | 54.15-17 (DRG) |
| Radsatzanordnung: | 1'Ch2 |
| Zylinderdurchmesser (mm): | 520 |
| Kolbenhub (mm): | 630 |
| Verdampfungsheizfläche (m²): | 128,5 |
| Vmax (km/h): | 65 |
| Leistung (PSi): | 1.040 |
| Dienstmasse (o. Tender) (t): | 61,4 (ab 54 1666 62,2) |
| Größte Radsatzfahrmasse (t): | 16,7 |
| Länge über Puffer (mm): | 17.500 |
| Treib-/Kuppelraddurchmesser (mm): | 1.350 |
| Laufraddurchmesser (v) (mm): | 950 |
| Laufraddurchmesser (h) (mm): | - |
| Wasserkasteninhalt (m³): | 18,2 |
| Brennstoffvorrat (t): | 6 |
| Indienststellung: | 1919-1923 |
| Verbleib: | ++ |

*Foto: Bellingrodt, Slg. Töpelmann, Archiv transpress*

## 55.0-6, 55.7-13, 55.57, 55.72 (preuß. G 7.1, G 7.2, meckl. G 7.2, pfälz. G 4.1, LBE, DRG, DB, DR)

Als Ableitung aus der Gattung G 5 entstanden ab 1893 die vierfach gekuppelten preußischen Güterzugmaschinen der Gattung G 7. Wie bei der G 5 gab es im Lauf der Zeit auch bei der G 7 verschiedene Bauarten. Die erste Ausführung war die Nassdampf-Zwillingsmaschine. Sie wurde als G 7.1 bezeichnet und war die erste vierfach gekuppelte Lokomotive der Preußischen Staatsbahn. Der Kessel entsprach weitgehend dem der G 5, ebenso verfügte auch die G 7.1 über eine innenliegende Allansteuerung, allerdings mit einschienigem Kreuzkopf. Ab 1906 erhielten der zweite und vierte Kuppelradsatz 10 mm Seitenspiel in beide Richtungen, um die Kurvenläufigkeit zu verbessern.
Über 1.200 Maschinen dieser Gattung gingen allein an die Preußische Staatsbahn, weitere Lokomotiven wurden für andere Bahnverwaltungen gebaut. Zur Linderung akuten Fahrzeugmangels wurden für Preußen 1916 sogar noch 200 Loks nachgebaut. Hersteller der Maschinen waren die Firmen Vulcan, Schwartzkopff, O&K, Jung, Hohenzollern, Schichau, Hartmann, Henschel, Borsig, Linke-Hofmann und Hanomag.
Zur DRG kamen noch 660 preußische Maschinen, sie erhielten die Nummern 55 001-660. Weitere Maschinen übernahm die Reichsbahn von den Saarbahnen (55 661-673), der LBE (55 681-683) und der ehemaligen Pfalzbahn (55 7201-7215).

*Foto: Maey, Slg. Kleine, Archiv transpress*

Trotz ihres zum Teil hohen Alters überlebten einige Lokomotiven auch den Zweiten Weltkrieg und einige blieben noch jahrelang im Einsatz. Die DB musterte 1957 die letzte G 7.1 aus. Die letzte aktive G 7.1 auf deutschen Gleisen war 55 669, welche die DR erst 1966 ausmusterte. Sie ist als Museumsstück erhalten geblieben wie auch die ehemalige 55 274 in Polen.
Parallel zur Zwillingsmaschine entwickelte Vulcan ab 1895 auch eine Verbundlokomotive. Die Dn2v-Maschine erhielt die Gattungsbezeichnung G 7.2. Abgesehen vom Triebwerk und den sich daraus ergebenden Modifikationen entsprach die Lok weitgehend der G 7.1. Am Bau der über 1.600 Lokomotiven allein für Preußen waren die meisten deutschen Lokomotivfabriken beteiligt. Neben Preußen gingen auch von der Verbundvariante zahlreiche Maschinen an andere Bahnverwaltungen.
Die DRG übernahm von Preußen 691 Lokomotiven als 55 702-1392. Von den Saarbahnen kamen die 55 1393-1407, aus Elsass-Lothringen die 55 1408-1410 und aus Mecklenburg die 55 5701-5705. Den Zweiten Weltkrieg überstanden zwar noch einige Maschinen, doch musterten beide deutsche Staatsbahnen ihre Lokomotiven schon nach kurzer Zeit aus. Erhalten blieb in Polen die ehemalige 55 860".

**Technische Daten:**

| Baureihenbezeichnung: | 55.0-6 (DRG) | 55.7-13 (DRG) | 55.57 (DRG) | 55.72 (DRG) |
|---|---|---|---|---|
| Radsatzanordnung: | Dn2 | Dn2v | Dn2v | Dn2 |
| Zylinderdurchmesser (mm): | 520 | 530/750 | 530/750 | 530 |
| Kolbenhub (mm): | 630 | 630 | 630 | 630 |
| Verdampfungsheizfläche (m²): | 151,21 | 136,61 | 135,52 | 145,72 |
| Vmax (km/h): | 50/45 | 45 | 45 | 45 |
| Leistung (PSi): | 820 | 870 | 870 | 820 |
| Dienstmasse (o. Tender) (t): | 52,6/53,5 | 54,4 | 55,6 | 54,8 |
| Größte Radsatzfahrmasse (t): | 14,7 | 14,7 | 13,5 | 14,1 |
| Länge über Puffer (mm): | 16.613 | 16.620 | 16.620 | 16.770 (ab 55 7213: 16.970) |
| Treib-/Kuppelraddurchmesser (mm): | 1.250 | 1.250 | 1.100 | 1.250 |
| Laufraddurchmesser (v) (mm): | - | - | - | - |
| Laufraddurchmesser (h) (mm): | - | - | - | - |
| Wasserkasteninhalt (m³): | 12,0 | 12,0 | 12,0 | 12,0 |
| Brennstoffvorrat (t): | 5 | 5 | 5 | 6 |
| Indienststellung: | 1893-1916 | 1895-1911 | 1914-1916 | 1898-1899 |
| Verbleib: | 55 274 (Polen), 669 (VMD, Dresden-Altstadt) | 55 860" (Polen) | ++ | ++ |

## 55.16-22 (preuß. G 8, DRG, DB, DR)

Um die Jahrhundertwende war es möglich geworden, für Dampflokomotiven den Heißdampf zu nutzen. So entstand in Preußen neben den zahlreichen Nassdampfmaschinen ab 1902 auch eine Heißdampfgüterzuglok. Die ersten Maschinen dieser als G 8 bezeichneten Type lieferte Vulcan in Stettin. Die Gattung G 8 war die erste serienmäßige Heißdampf-Güterzuglokomotive der Welt und wurde allein in Preußen in 1.056 Exemplaren beschafft. Die rund 92 Tonnen schweren D-Kuppler waren 55 km/h schnell und leisteten rund 1.100 PS.
Neben Preußen setzten auch die Saarbahnen G 8 ein. Mindestens 25 ursprünglich preußische Maschinen verschlug es im Ersten Weltkrieg in die Türkei, wo sie von der Türkischen Staatsbahn zum Teil noch bis in die 1980er-Jahre eingesetzt wurden.
Die G 8 »4813 Halle « verschlug es im Ersten Weltkrieg nach Italien, wo sie bei der FS die Betriebsnummer 422.009 erhielt und nach ihrer Außerdienststellung im Museo Ferroviaro Piemontese einen verdienten Ruheplatz fand.

Die DRG übernahm 656 preußische Lokomotiven und gab ihnen die Nummern 55 1601-2256. Unter den Nummern 55 2257-2268 liefen zwölf von den Saarbahnen stammende Loks. Zur DB gelangten rund 200 Maschinen, die DR verfügte nach dem Zweiten Weltkrieg über rund 50 Loks. Die letzten DB-G 8 gingen bereits 1955 den Weg des alten Eisens, die DR musterte die letzten Loks erst Ende der 1960er-Jahre aus.
Die 1916 in die Türkei gelangte G 8 »4981 Münster« erfuhr ein besonders bemerkenswertes Schicksal: Als zuletzt im Rangierdienst des Depot Catalagzi (Schwarzmeerküste) eingesetzte türkische »44 079« wurde sie 1987 in einer fünfwöchigen Odyssee auf dem Schienenweg von der Türkei nach Darmstadt-Kranichstein überführt und dort wieder betriebsfähig hergerichtet. In weitgehend ursprünglichem Zustand dampft sie dort mittlerweile vor Museumszügen. In Polen wird mit der ehemaligen 55 2199 eine weitere G 8 erhalten.

| Technische Daten: | |
|---|---|
| Baureihenbezeichnung: | 55.16-22 (DRG) |
| Radsatzanordnung: | Dh2 |
| Zylinderdurchmesser (mm): | 600 |
| Kolbenhub (mm): | 660 |
| Verdampfungsheizfläche (m²): | 137,54 |
| Vmax (km/h): | 55 |
| Leistung (PSi): | 1.100 |
| Dienstmasse (o. Tender) (t): | 58,5 |
| Größte Radsatzfahrmasse (t): | 16,4 |
| Länge über Puffer (mm): | 17.968 |
| Treib-/Kuppelraddurchmesser (mm): | 1.350 |
| Laufraddurchmesser (v) (mm): | - |
| Laufraddurchmesser (h) (mm): | - |
| Wasserkasteninhalt (m³): | 16,5 |
| Brennstoffvorrat (t): | 7 |
| Indienststellung: | 1902-1913 |
| Verbleib: | G 8 »4813 Halle « (Italien), 55 2199 (Polen), G 8 »4981 Münster« (DME) |

*Foto: Hubert, Slg. Töpelmann, Archiv transpress*

## 55.23-24 (preuß. G 9, DRG, DB, DR)

Obwohl mit der G 8 bereits eine vierfach gekuppelte Heißdampfmaschine existierte, erhielt Schichau 1908 von der Preußischen Staatsbahn den Auftrag, noch einmal einen Nassdampf-Vierkuppler zu entwickeln, weil es mit den Heißdampfmaschinen noch verschiedene Probleme gab. Unter Verwendung des Laufwerkes der G 7 entstand so die Gattung G 9, die gegenüber der G 7 einen leistungsfähigeren Kessel erhielt, wodurch sich die Achsfahrmasse auf 15 t erhöhte. Während die ersten zehn Maschinen noch die innenliegende Allan-Steuerung besaßen, wurde bei den nachfolgenden Lokomotiven der außenliegenden Heusinger-Steuerung der Vorzug gegeben. Bis 1913 lieferten Schichau, Henschel, Borsig und Hanomag 200 Lokomotiven an die Preußische Staatsbahn, welche zunächst vorwiegend dem Erztransport zwischen dem Ruhrgebiet und der Nordsee dienten. Davon gelangten noch 133 Loks zur DRG, wo sie die Nummern 55 2301-2433 erhielten. Ab 1923 wurden 36 Lokomotiven auf Heißdampf umgebaut, was zu einer Steigerung von Leistung und Geschwindigkeit führte.
Den Zweiten Weltkrieg überlebten nur noch fünf Maschinen bei der DR und 14 bei der DB. Letztere waren bis 1949 ausgemustert, bei der DR hingegen stand die 55 2461 noch bis 1961 im Dienst, danach gelangte sie als Heizlok nach Vetschau und blieb so noch einige Jahre erhalten.

| Technische Daten: | |
|---|---|
| Baureihenbezeichnung: | 55.23-24 (DRG) |
| Radsatzanordnung: | Dn2 (ab 1923 auch: Dh2) |
| Zylinderdurchmesser (mm): | 550 |
| Kolbenhub (mm): | 630 |
| Verdampfungsheizfläche (m²): | 197,58 |
| Vmax (km/h): | 45 (Heißdampf: 55) |
| Leistung (PSi): | 925 (Heißdampf: 1.025) |
| Dienstmasse (o. Tender) (t): | 59,0 (Heißdampf: 65,5) |
| Größte Radsatzfahrmasse (t): | 15,2 |
| Länge über Puffer (mm): | 16.758 |
| Treib-/Kuppelraddurchmesser (mm): | 1.250 |
| Laufraddurchmesser (v) (mm): | - |
| Laufraddurchmesser (h) (mm): | - |
| Wasserkasteninhalt (m³): | 12,0 |
| Brennstoffvorrat (t): | 5 |
| Indienststellung: | 1909-1913 |
| Verbleib: | ++ |

*Foto: Hubert, Slg. Töpelmann, Archiv transpress*

## 55.25-56, 55.58 (preuß. G 8.1, meckl. G 8.1, DRG, DB, DR), 055 (DB)

Die bis 1908 von der Preußischen Staatsbahn in Dienst gestellten verschiedenen D-Kuppler für den Güterverkehr erwiesen sich allesamt den Anforderungen des Betriebsdienstes immer nur kurzzeitig gewachsen. Die Zugkraft der Maschinen reichte für die nach wie vor steigenden Zuglasten nicht aus. So entstand als Weiterentwicklung der an sich gelungenen Gattung G 8 im Jahr 1913 die Gattung G 8.1. Ihr Kessel entsprach in der Grundbauart dem der G 8, doch durch die Verwendung dickerer Bleche und durch einen größeren Durchmesser war er schwerer als sein Vorgänger. Auch beim Rahmen wurden stärkere Bleche verwendet, so dass sich die Reibungsmasse der Maschine erhöhte. Eigens für die G 8.1 entstand der neue Tender der preußischen Bauart 3 T 16,5, welcher den Aktionsradius der Maschinen deutlich erweiterte.

Die G 8.1 ist eine der meistgebauten Dampflokomotiven Deutschlands geworden. In nur acht Jahren stellte allein Preußen fast 5.000 Maschinen in Dienst, etwa 150 weitere Maschinen gingen an andere deutsche Eisenbahnverwaltungen und noch einmal so viele ins Ausland. Angesichts dieser Stückzahl ist es kein Wunder, dass die 55 km/h schnellen und rund 1.260 PS starken Vierkuppler auf allen Strecken zu Hause waren.

Zur DRG gelangten 3.119 preußische Maschinen, sie bekamen die Nummern 55 2051-2857 und 55 2861-5622. Die Nummern 55 5801-5810 und 55 5851-5852 trugen ehemals mecklenburgische Lokomotiven. Nach dem Zweiten Weltkrieg war der Bestand der Maschinen bei beiden deutschen Staatsbahnen auf zusammen rund 1.000 Exemplare geschrumpft. Die letzten Lokomotiven erlebten noch die Ära der Computernummern, dadurch wurde aus der 55 die 055 (DB), bei der DR wurde lediglich eine Kontrollziffer ergänzt. Im Jahr 1973 endete der Einsatz der G 8.1 in Deutschland, erhalten geblieben sind hier die 55 3345 in Bochum-Dahlhausen und die 55 3528 in Speyer. In Polen erinnern die ehemaligen 55 3052", 3347" und 4765 an bessere Zeiten.

Foto: Blaschke

**Technische Daten:**

| | | |
|---|---|---|
| Baureihenbezeichnung: | 55.25-56 (DRG) | 55.58 (DRG) |
| Radsatzanordnung: | Dh2 | Dh2 |
| Zylinderdurchmesser (mm): | 600 | 600 |
| Kolbenhub (mm): | 660 | 660 |
| Verdampfungsheizfläche (m²): | 144,43 | 144,31 |
| Vmax (km/h): | 55 | 55 |
| Leistung (PSi): | 1.260 | 1.260 |
| Dienstmasse (o. Tender) (t): | 69,9 | 67,7 |
| Größte Radsatzfahrmasse (t): | 17,6 | 17 |
| Länge über Puffer (mm): | 18.290 | 18.290 |
| Treib-/Kuppelraddurchmesser (mm): | 1.350 | 1.350 |
| Laufraddurchmesser (v) (mm): | - | - |
| Laufraddurchmesser (h) (mm): | - | - |
| Wasserkasteninhalt (m³): | 16,5 | 16,5 |
| Brennstoffvorrat (t): | 7 | 7 |
| Indienststellung: | 1913-1921 | 1918-1919 |
| Verbleib: | 55 3345 (DGEG), 3528 (Technikmuseum Speyer), 3052", 3347", 4765 (alle Polen) | ++ |

## 55.59 (pfälz. G 5, DRG)

Als letzte eigenständige Entwicklung der Pfalzbahnen entstand im Jahr 1905 die erste Lokomotive der Gattung pfälzische G 5 bei Krauss in München. Die Lokomotive war als Zweizylinder-Nassdampf-Verbundmaschine ausgelegt. Auffällig war die außergewöhnlich hohe Kessellage. Dadurch konnte eine breite Feuerbüchse und eine große Rostfläche realisiert werden. Bei einem Kuppelraddurchmesser von nur 1.250 mm mussten die großvolumigen Zylinder stark geneigt angeordnet werden. Als erste deutsche Nassdampfmaschine erhielt die pfälzische G 5 Kolbenschieber.

Insgesamt 24 Maschinen wurden zwischen 1905 und 1906 gebaut. Alle Loks entstanden bei Krauss in München und kamen nach ihrer Fertigstellung in der Pfalz zum Einsatz. Zur DRG gelangten nur noch 22 Lokomotiven, zwei mussten nach dem Ersten Weltkrieg als Reparation an die Franzosen abgegeben werden. Die DRG teilte ihren Loks die Betriebsnummern 55 5901-5922 zu. Sie blieben nur bis in die zweite Hälfte der 1920er-Jahre im Dienst. Die letzte pfälzische G 5 wurde 1929 ausgemustert.

Foto: Maey, Slg. Kleine, Archiv transpress

**Technische Daten:**

| | |
|---|---|
| Baureihenbezeichnung: | 55.59 (DRG) |
| Radsatzanordnung: | Dn2v |
| Zylinderdurchmesser (mm): | 540/810 |
| Kolbenhub (mm): | 660 |
| Verdampfungsheizfläche (m²): | 156,08 |
| Vmax (km/h): | 45 |
| Leistung (PSi): | |
| Dienstmasse (o. Tender) (t): | 56,7 |
| Größte Radsatzfahrmasse (t): | 15,0 |
| Länge über Puffer (mm): | 17.396 |
| Treib-/Kuppelraddurchmesser (mm): | 1.250 |
| Laufraddurchmesser (v) (mm): | - |
| Laufraddurchmesser (h) (mm): | - |
| Wasserkasteninhalt (m³): | 16,0 |
| Brennstoffvorrat (t): | 7 |
| Indienststellung: | 1905-1906 |
| Verbleib: | ++ |

## 55.60 (sächs. I V, DRG)

Obwohl bereits einige deutsche Bahnverwaltungen mit Schlepptenderlokomotiven der Bauart Mallet schlechte Erfahrungen gemacht hatten, beschaffte die Sächsische Staatsbahn zwischen 1898 und 1903 insgesamt 30 B'Bn4v-Lokomotiven für den Güterzugdienst auf Hügelstrecken und bezeichnete sie als Gattung I V. Lieferant aller Loks war Hartmann in Chemnitz. Wie bei den anderen Bahnverwaltungen überzeugte auch die Mallet in Sachsen nicht. Der kurze feste Radsatzstand sorgte für einen unruhigen Lauf, die Triebwerke neigten zum Schleudern, so dass die Masse nicht vollständig genutzt werden konnte.
Nach Ende des Ersten Weltkriegs mussten sieben Stück als Reparation nach Frankreich abgegeben werden. Noch 13 Lokomotiven gelangten zur DRG und erhielten die Nummern 55 6001-6013. Es waren die einzigen Mallet-Maschinen mit Schlepptender, welche die Reichsbahn einsetzte. Doch sie blieben es nicht lange, denn schon kurz nach der Umzeichnung wurden die letzten Lokomotiven 1926 ausgemustert.

| Technische Daten: | |
|---|---|
| Baureihenbezeichnung: | 55.60 (DRG) |
| Radsatzanordnung: | B'Bn4v |
| Zylinderdurchmesser (mm): | 2 x 420/650 |
| Kolbenhub (mm): | 600 |
| Verdampfungsheizfläche (m²): | 141,1 |
| Vmax (km/h): | 45 |
| Leistung (PSi): | |
| Dienstmasse (o. Tender) (t): | 60,0 |
| Größte Radsatzfahrmasse (t): | 15,1 |
| Länge über Puffer (mm): | 16.756 (ab 55 6012: 17.658) |
| Treib-/Kuppelraddurchmesser (mm): | 1.260 |
| Laufraddurchmesser (v) (mm): | - |
| Laufraddurchmesser (h) (mm): | - |
| Wasserkasteninhalt (m³): | 9,0 |
| Brennstoffvorrat (t): | 4 |
| Indienststellung: | 1898-1903 |
| Verbleib: | ++ |

Foto: Archiv transpress

## 55.62 (old. G 7, DRG)

Eine der wenigen eigenen Lokomotivkonstruktionen der Oldenburgischen Staatsbahn war die vierfach gekuppelte Güterzuglok der Gattung G 7. Ansonsten ließ man vorwiegend bei Hanomag bewährte preußische Typen nachbauen. Die oldenburgische G 7 war der erste Vierkuppler dieser Bahn und entstand, verglichen mit anderen Bahnverwaltungen, relativ spät und eigentlich schon in veralteter Ausführung. Denn die ab 1912 beschaffte G 7 besaß noch ein Zweizylinder-Nassdampfverbundtriebwerk, obwohl zu dieser Zeit in Preußen schon vier- und fünffach gekuppelte Maschinen in Heißdampfausführung produziert wurden. Charakteristisch für die G 7 war der vergleichsweise hoch liegende Kessel und der Kuppelraddurchmesser von 1.350 mm. Entsprechend der oldenburgischen Gepflogenheiten hatte sie eine äußere Heusinger-Steuerung, welche über eine Lentz-Ventilsteuerung die Dampfverteilung besorgte. Die Ventile waren in vier einzelnen Töpfen an das Zylindergussstück angeschraubt. Ein eher üblicher, geschlossener Ventilkasten kam nicht zur Anwendung.
Zwischen 1912 und 1918 lieferte Hanomag insgesamt 22 Exemplare dieser Güterzugloks. Nach Ende des Ersten Weltkriegs mussten 1919 neun Maschinen als Reparationsleistung an Belgien abgegeben werden. Die restlichen 13 wurden 1925 von der DRG als 55 6201-6213 eingereiht und sukzessive auf Heißdampf umgebaut. Die zulässige Geschwindigkeit konnte danach von 45 auf 60 km/h erhöht werden. Schon Anfang der 1930er-Jahre mussten die ersten Maschinen den Dienst quittieren und 1935 waren bis auf die 55 6213 alle ausgemustert.

| Technische Daten: | |
|---|---|
| Baureihenbezeichnung: | 55.62 (DRG) |
| Radsatzanordnung: | Dn2v (ab 1925: Dh2v) |
| Zylinderdurchmesser (mm): | 500/750 |
| Kolbenhub (mm): | 660 |
| Verdampfungsheizfläche (m²): | 180,10 |
| Vmax (km/h): | 45 (ab 1925: 60) |
| Leistung (PSi): | |
| Dienstmasse (o. Tender) (t): | 61,2 |
| Größte Radsatzfahrmasse (t): | 15 |
| Länge über Puffer (mm): | 17.395 |
| Treib-/Kuppelraddurchmesser (mm): | 1.350 |
| Laufraddurchmesser (v) (mm): | - |
| Laufraddurchmesser (h) (mm): | - |
| Wasserkasteninhalt (m³): | 16,0 |
| Brennstoffvorrat (t): | 6 |
| Indienststellung: | 1912-1918 |
| Verbleib: | ++ |

Foto: Sammlung Weisbrod

## 56.0, 56.2 (preuß., meckl. G 7.3, LBE, DRG)

Neben den beiden laufachslosen Varianten G 7.1 und G 7.2 beschaffte die Preußische Staatsbahn zwischen 1893 und 1895 einen weiteren Vierkuppler mit nur 15 Exemplaren, der mit vorderem Laufradsatz ausgerüstet war. Die als G 7.3 bezeichnete Lokomotive war bei Hanomag entwickelt und gebaut worden, sie war als Zweizylinder-Nassdampfverbundlok konstruiert. Da auf Grund der geringen Belastung und der niedrigen Geschwindigkeit von nur 45 km/h der Laufradsatz kaum Führungskräfte übernehmen konnte, wurde auf einen Weiterbau der Lok zu Gunsten der laufradsatzlosen G 7.1 und G 7.2 zunächst verzichtet.
Erst der Erste Weltkrieg sorgte für einen echten Serienbau der Gattung G 7.3, da die Deutsche Heeresbahn eine unkomplizierte Lokomotive mit geringer Radsatzfahrmasse wünschte. Nach den vorhandenen Zeichnungen bauten 1917 Maffei, Esslingen und Krauss insgesamt 70 Maschinen in leicht verbesserter Ausführung (14 bar Kesseldruck, Speisewasservorwärmer und Knorr-Druckluftbremse) nach. Davon gingen einige nach Kriegsende zur Mecklenburgischen Friedrich-Franz-Eisenbahn (MFFE) und zur Lübeck-Büchener Eisenbahn (LBE).
Zur DRG gelangten zunächst noch elf Exemplare, sie erhielten die Nummern 56 001-005 (ex Preußen) und 56 201-205 (ex Mecklenburg). Die elfte Maschine wurde mit der Nummer 55 701 falsch eingereiht. Schon bald nach der Umzeichnung waren alle G 7.3 ausgemustert. Als die LBE zum 1. Januar 1938 in der Reichsbahn aufging, bereicherten noch zwei LBE-G 7.3 den DRG-Bestand. Sie erhielten die Nummern 56 001 und 002 in zweiter Besetzung, weil die ursprünglichen Maschinen bereits ausgemustert waren. Die 56 002" ging im Zweiten Weltkrieg verschollen, während die 56 001" nach Kriegsende bei der Jugoslawischen Staatsbahn verblieb.

*Foto: Hubert, Slg. Töpelmann, Archiv transpress*

**Technische Daten:**

| Baureihenbezeichnung: | 56.0 (DRG) | 56.2 (DRG) | 56 001"-002" (DRG) |
|---|---|---|---|
| Radsatzanordnung: | 1'Dn2v | 1'Dn2v | 1'Dn2v |
| Zylinderdurchmesser (mm): | 530/750 | 530/750 | 530/750 |
| Kolbenhub (mm): | 630 | 630 | 630 |
| Verdampfungsheizfläche (m²): | 144,0 (ab 56 003: 147,0) | 147,0 | 147,0 |
| Vmax (km/h): | 45 | 45 | 45 |
| Leistung (PSi): | 680 (ab 56 003: 700) | 700 | 700 |
| Dienstmasse (o. Tender) (t): | 56,9 (ab 56 003: 59,6) | 59,6 | 59,6 |
| Größte Radsatzfahrmasse (t): | 13,6 | 13,6 | 13,6 |
| Länge über Puffer (mm): | 16.283 (ab 56 003: 17.378) | 17.378 | 17.378 |
| Treib-/Kuppelraddurchmesser (mm): | 1.250 | 1.250 | 1.250 |
| Laufraddurchmesser (v) (mm): | 1.000 | 1.000 | 1.000 |
| Laufraddurchmesser (h) (mm): | - | - | - |
| Wasserkasteninhalt (m³): | 12,0 | 16,5 | 16,5 |
| Brennstoffvorrat (t): | 5 | 7 | 7 |
| Indienststellung: | 1893-1894, 1917 | 1917 | 1917 |
| Verbleib: | ++ | ++ | ++ |

## 56.1, 56.20-29 (preuß. G 8.3, G 8.2, DRG, DR)

Im Jahr 1917 kam die erste preußische G 12 auf die Schienen. Als sich nach dem Ende des Ersten Weltkriegs der Bedarf für eine moderne vierfach gekuppelte Güterzugdampflok mit Laufachse abzeichnete, entwickelte in Preußen aus der fünffach gekuppelten G 12 die um einen Kesselschuss und einen Kuppelradsatz verkürzte G 8.3. Abgesehen von den durch die Verkürzung notwendigen Modifikationen änderte man gegenüber der G 12 wenig. So verfügten die Loks ebenfalls über ein Dreizylindertriebwerk, einen Barrenrahmen und auch die Anzahl der Heiz- und Rauchrohre war gleich. Insgesamt entstanden 1919/20 bei Henschel 85 Loks, die alle zur DRG (56 101-185) gelangten. Ein Nachbau der Maschinen unterblieb, weil die Leistungen nicht restlos befriedigten. Zu Vergleichszwecken wurde ab Ende 1919 die gleiche Maschine von Henschel in Zweizylinderausführung geliefert und als Gattung G 8.2 bezeichnet. Sie bewährte sich besser, so dass bis 1928 insgesamt 846 Exemplare beschafft wurden. Bei der DRG erhielten sie die Nummern 56 2001-2485 und 2551-2916.
Nach dem Zweiten Weltkrieg blieb der Löwenanteil von 60 G 8.3 in der sowjetisch besetzten Zone, fünf fanden sich in der Britischen Zone und 16 verschlug es nach Polen. Der Verbleib der restlichen vier Loks ist unsicher. Die fünf westlichen Loks (56 152, 169, 110, 167, 170) wurden 1946/47 an die OHE verkauft und dort als 56 101-105 noch bis 1964 eingesetzt, nachdem sie zu Zwillingsmaschinen umgebaut worden waren. Die letzten G 8.3 der DR blieben bis 1967 im Bestand.
Die meisten G 8.2, rund 530 Exemplare, kamen nach 1945 zur DB. Dort wurde die Mehrzahl bis Ende 1959 ausgemustert. Als letzter Mohikaner quittierte am 28. Oktober 1963 die 56 2637 den Dienst. Nur etwas 60 G 8.2 besaß nach 1945 die DR, wo als Letzte die 56 2009 Ende 1970 verschwand. In Deutschland blieb keine der beiden Gattungen erhalten, doch in Polen hat die 56 2795 als Museumslok überlebt.

*Foto: Blaschke*

**Technische Daten:**

| Baureihenbezeichnung: | 56.1 (DRG) | 56.20-29 (DRG) |
|---|---|---|
| Radsatzanordnung: | 1'Dh3 | 1'Dh2 |
| Zylinderdurchmesser (mm): | 3 x 520 | 620 |
| Kolbenhub (mm): | 660 | 660 |
| Verdampfungsheizfläche (m²): | 167,05 | 164,15 |
| Vmax (km/h): | 65 | 65 |
| Leistung (PSi): | 1.240 | 1.390 |
| Dienstmasse (o. Tender) (t): | 84,3 | 83,5 |
| Größte Radsatzfahrmasse (t): | 17,9 | 17,7 |
| Länge über Puffer (mm): | 16.975 | 16.995 |
| Treib-/Kuppelraddurchmesser (mm): | 1.400 | 1.400 |
| Laufraddurchmesser (v) (mm): | 1.000 | 1.000 |
| Laufraddurchmesser (h) (mm): | - | - |
| Wasserkasteninhalt (m³): | 20,0 | 20,0 |
| Brennstoffvorrat (t): | 6 | 6 |
| Indienststellung: | 1919-1920 | 1919-1928 |
| Verbleib: | ++ | 56 2795 (Eisenbahnmuseum Warschau) |

## 56.2-8 (preuß./meckl. G 8.1 mit Laufradsatz, DRG, DR, DB

Die DRG hatte über mehr als 3.000 Lokomotiven der preuß./meckl. Gattung G 8.1 in ihren Bestand übernommen. Die Maschinen verfügten dank ihres leistungsfähigen Kessels über eine hohe Zugkraft, waren mit 17,5 Tonnen mittlerer Radsatzfahrmasse jedoch seinerzeit nur auf Hauptbahnen einsetzbar. Zudem sorgte das vierfach gekuppelte Fahrwerk ohne Laufradsatz für unruhigen Lauf und bedingte die niedrige Höchstgeschwindigkeit von nur 55 km/h.
Daher rüstete die DRG zwischen 1934 und 1941 insgesamt 691 Maschinen mit einem vorauslaufenden Bissel-Gestell aus, wodurch nicht nur die Laufeigenschaften verbessert werden konnten, sondern auch die mittlere Radsatzfahrmasse auf rund 16 t sank. Die nun 70 km/h schnellen Maschinen erhielten wegen der geänderten Radsatzfolge die Nummern 56 201-891.

Den Zweiten Weltkrieg überstanden über 400 Lokomotiven, davon kamen etwa 350 zur DB. Dort blieben die Maschinen in zahlreichen Betriebswerken (u.a. Kassel, Hamburg, Münster, Mainz) noch bis Mitte der 1960er-Jahre im Einsatz. Am längsten überlebte die 56 241 vom Bw Hohenbudberg, bei der erst am 27. Juli 1967 das Feuer erlosch. Einige Jahre länger hielten sich die Maschinen der DR in Betriebswerken im nördlichen Teil der DDR. Erst 1971 wurden als letzte die beiden Pasewalker 56 234 und 339 aus dem Verkehr gezogen. Die 56 218, 258, 317, 543 und 598 verblieben nach dem Zweiten Weltkrieg in Österreich, mussten dort aber längstens bis 1956 den Dienst quittieren. Erhalten blieb in Polen die ehemalige 56 511, welche nach dem Zweiten Weltkrieg dort eine neue Heimat gefunden hatte.

| Technische Daten: | |
|---|---|
| Baureihenbezeichnung: | 56.2-8 (DRG) |
| Radsatzanordnung: | 1'Dh2 |
| Zylinderdurchmesser (mm): | 600 |
| Kolbenhub (mm): | 660 |
| Verdampfungsheizfläche (m²): | 146,33 |
| Vmax (km/h): | 70 |
| Leistung (PSi): | 1.260 |
| Dienstmasse (o. Tender) (t): | 74,6 |
| Größte Radsatzfahrmasse (t): | 16,2 |
| Länge über Puffer (mm): | 18.296 |
| Treib-/Kuppelraddurchmesser (mm): | 1.350 |
| Laufraddurchmesser (v) (mm): | 850 |
| Laufraddurchmesser (h) (mm): | - |
| Wasserkasteninhalt (m³): | 16,5 |
| Brennstoffvorrat (t): | 7,1 |
| Indienststellung: | Umbau 1934-1941 |
| Verbleib: | 56 511 (Polen) |

*Foto: Blaschke*

## 56.4; 56 8-11 (bay. G 4/5 N, G 4/5 H, DRG)

Unter der Fabriknummer 5000 lieferte Krauss 1905 die erste Lok der Gattung G 4/5 N an die Bayerische Staatsbahn. Der Entwicklung dieser Zweizylinder-Nassdampfmaschine lagen Erfahrungen mit zwei aus Amerika stammenden 1'D-Loks zu Grunde. Um die Feuerbüchse noch über dem Rahmen anordnen zu können, wurde der Kessel ungewöhnlich hoch gelegt. Der Musterlok folgten bis 1906 weitere sechs Maschinen. Mit ihnen fand der Bau von Nassdampfloks in Bayern seinen Abschluss. Drei Loks gingen im Ersten Weltkrieg verloren, so dass die DRG noch vier Maschinen in ihren Fuhrpark übernahm und unter den Nummern 56 401-404 führte. Doch schon 1927 trennte sich die Reichsbahn von der letzten Maschine.
Nachdem sich die Bauart 1'D jedoch bewährt hatte, beschaffte die Bayerische Staatsbahn ab 1915 weitere Maschinen mit dieser Radsatzfolge. Allerdings waren auch in Bayern mittlerweile die Vorzüge des Heißdampfes bekannt, außerdem sollte die neue 1'D eine Verbundlok sein. So entstand bei Maffei in München 1915 die erste Lok der Gattung G 4/5 H in Anlehnung an die kurz vorher für die Gotthardbahn gebauten Lokomotiven. Mit Überhitzer und Vorwärmeranlage ausgerüstet, erwies sich die Bauart als außerordentlich leistungsfähig. Zwischen 1915 und 1919 stellte die Bayerische Staatsbahn insgesamt 230 Lokomotiven in Dienst. Die Loks kamen in ganz Bayern vor Güterzügen zum Einsatz, bewährten sich aber auch vor Personenzügen. Als Reparation mussten nach dem Vertragsabschluss von Versailles 62 Maschinen an Frankreich und Belgien abgegeben werden. Zur DRG gelangten schließlich noch 169 Lokomotiven, sie erhielten die Betriebsnummern 56 801-809, 901-1035 und 1101-1125. Die meisten Maschinen wurden bis 1935 ausgemustert, doch überlebten drei Lokomotiven sogar noch den Zweiten Weltkrieg. Als Splittergattung verschwanden jedoch auch sie bis 1947 von den Gleisen.

| Technische Daten: | | |
|---|---|---|
| Baureihenbezeichnung: | 56.4 (DRG) | 56.8-11 (DRG) |
| Radsatzanordnung: | 1'Dn2 | 1'Dh4v |
| Zylinderdurchmesser (mm): | 540 | 400/620 |
| Kolbenhub (mm): | 610 | 610/640 |
| Verdampfungsheizfläche (m²): | 179,7 | 178,50 |
| Vmax (km/h): | 60 | 60 |
| Leistung (PSi): | | 1.340 |
| Dienstmasse (o. Tender) (t): | 64,8 | 76,6 |
| Größte Radsatzfahrmasse (t): | 14,4 | 15,9 |
| Länge über Puffer (mm): | 18.354 | 18.250 |
| Treib-/Kuppelraddurchmesser (mm): | 1.270 | 1.300 |
| Laufraddurchmesser (v) (mm): | 1.006 | 880 |
| Laufraddurchmesser (h) (mm): | - | - |
| Wasserkasteninhalt (m³): | 18,2 | 20,2 |
| Brennstoffvorrat (t): | 6,5 | 6,5 |
| Indienststellung: | 1905-1906 | 1915-1919 |
| Verbleib: | ++ | ++ |

*Foto: Slg. Töpelmann, Archiv transpress*

## 56.5, 56.6 (sächs. IX V, IX HV, DRG)

Nachdem die Sächsische Staatsbahn mit den Malletmaschinen der Gattung I V keine guten Erfahrungen gemacht hatte, konzentrierte man sich in der Folge auf die Bauart 1'D. Im Jahr 1902 lieferte die Sächsische Maschinenfabrik, vormals Hartmann, die erste Lokomotive aus, sie bekam die Gattungsbezeichnung IX V. Bis 1906 erhielt die Sächsische Staatsbahn insgesamt 20 der Nassdampfverbundmaschinen. Bemerkenswert war der als Klien-Lindner-Hohlachse ausgebildete vierte Kuppelradsatz, der radial einstellbar war und eine Seitenverschiebbarkeit von 30 mm aufwies. Auffällig war darüber hinaus das rund fünf Meter lange Dampfsammelrohr auf dem Kesselscheitel, das der Dampftrocknung diente.
Die Maschinen erhielten die Bahnnummern 751-770 und erfüllten offenbar die Erwartungen, denn zwischen 1907 und 1908 beschaffte die Sächsische Staatsbahn weitere 30 Lokomotiven, allerdings nun in Heißdampfversion (Gattung IX HV) mit Schmidtschem Rauchröhrenüberhitzer, 15 bar Kesseldruck sowie Kolbenschieber statt Flachschieber.
Im endgültigen Umzeichnungsplan der DRG wurden 1925 allerdings nur noch 16 Nassdampf- und 25 Heißdampfmaschinen geführt. Sie erhielten die Nummern 56 501-516 und 56 601-625. Beide Spielarten blieben ihrer sächsischen Heimat treu und liefen vor Güterzügen im Bereich der RBD Dresden. Teilweise rüstete die Reichsbahn die Loks mit Westinghouse-Druckluftbremse, Speisewasservorwärmern und Kolbenspeisepumpen aus, doch trotz dieser Investitionen fuhr die letzte IX V bereits 1932 aufs Abstellgleis.

*Foto: Archiv transpress*

**Technische Daten:**

| | | |
|---|---|---|
| Baureihenbezeichnung: | 56.5 (DRG) | 56.6 (DRG) |
| Radsatzanordnung: | 1'Dn2v | 1'Dh2v |
| Zylinderdurchmesser (mm): | 530/770 | 530/770 |
| Kolbenhub (mm): | 630 | 630 |
| Verdampfungsheizfläche (m²): | 180,56 | 154,8 |
| Vmax (km/h): | 50 | 50 |
| Leistung (PSi): | 1.300 | 1.390 |
| Dienstmasse (o. Tender) (t): | 72,0 | 72,0 |
| Größte Radsatzfahrmasse (t): | 15,0 | 15,0 |
| Länge über Puffer (mm): | 17.410 (ab 56 503: 17.586) | 18.241 |
| Treib-/Kuppelraddurchmesser (mm): | 1.260 | 1.260 |
| Laufraddurchmesser (v) (mm): | 1.065 | 1.065 |
| Laufraddurchmesser (h) (mm): | - | - |
| Wasserkasteninhalt (m³): | 9,0 | 12,0 |
| Brennstoffvorrat (t): | 4 | 6 |
| Indienststellung: | 1902-1906 | 1907-1908 |
| Verbleib: | ++ | ++ |

## 56.7 (bad. VIIIe, DRG)

Mit der badischen Gattung VIIIe fand die eigenständige Entwicklung von Güterzuglokomotiven im Großherzogtum ihren Abschluss. Ähnlich wie in Sachsen folgte auch in Baden der Malletbauart eine 1'D-Maschine. Die erste Lok der Gattung VIIIe wurde 1908 von Maffei geliefert, bis 1915 folgten in mehreren Serien weitere 69 Maschinen, größtenteils von der Maschinenbau-Gesellschaft Karlsruhe. Die Vierzylinder-Verbundmaschinen besaßen als erste in Deutschland gebaute Güterzuglokomotiven einen durchgehenden Barrenrahmen. Ungewöhnlich für die damalige Zeit waren ferner die hohe Kessellage und der hohe Kesseldruck von 16 bar. Die ersten 39 Loks erhielten Dampftrockner der Bauart Clench, alle anderen waren mit Rauchröhrenüberhitzung der Bauart Schmidt ausgerüstet. Die Dampftrockner bewährten sich nicht und wurden später wieder ausgebaut, so dass diese Loks dann als Nassdampf-Verbundmaschinen liefen.
Von der Reichsbahn wurden noch 68 der insgesamt 70 Lokomotiven übernommen, sie erhielten die Nummern 56 701-785 (mit Lücken). Ihr Einsatzgebiet blieben die badischen Strecken. Schon bald genügten die Loks den gestiegenen Anforderungen nicht mehr, so dass sie bis 1931 sukzessive ausgemustert wurden.

*Foto: Archiv transpress*

**Technische Daten:**

| | |
|---|---|
| Baureihenbezeichnung: | 56.7 (DRG) |
| Radsatzanordnung: | 1'Dh4v/1'Dn4v |
| Zylinderdurchmesser (mm): | 2 x 395/635 |
| Kolbenhub (mm): | 640 |
| Verdampfungsheizfläche (m²): | 195,0 |
| Vmax (km/h): | 65 |
| Leistung (PSi): | |
| Dienstmasse (o. Tender) (t): | 76,0 |
| Größte Radsatzfahrmasse (t): | 16,5 |
| Länge über Puffer (mm): | 18.784 |
| Treib-/Kuppelraddurchmesser (mm): | 1.350 |
| Laufraddurchmesser (v) (mm): | 850 |
| Laufraddurchmesser (h) (mm): | - |
| Wasserkasteninhalt (m³): | 20,0 |
| Brennstoffvorrat (t): | 7 |
| Indienststellung: | 1908-1915 |
| Verbleib: | ++ |

## 56.30 (LBE G 8.2, DRG, DB, DR)

Anfang der 1920er-Jahre benötigte die Lübeck-Büchener Eisenbahn (LBE) dringend leistungsstärkere und schnellere Güterzuglokomotiven, da sich ihr Fahrzeugpark für den Güterzugdienst nur aus dreifach gekuppelten Heißdampfmaschinen und Vierkupplern der Nassdampfbauart zusammensetzte. Die LBE orientierte sich bei ihrer neuen Güterzuglok an der preußischen G 8.2, eine der damals leistungsstärksten Maschinen mit der Radsatzfolge 1'D. Insgesamt acht Vierkuppler wurden bei Linke-Hofmann als eigenständige Konstruktion in Auftrag gegeben. Sie waren wegen ihres größeren Kuppelradsatzstandes fast 2.000 mm länger als die preußischen Vorbilder, erhielten aber bei der LBE ebenfalls die Gattungsbezeichnung G 8.2 und die Bahnnummern 91-98. Der Beschaffungszeitraum erstreckte sich von 1923 bis 1930, daher ergaben sich zwangsläufig kleine Änderungen. War die Höchstgeschwindigkeit der beiden zuerst geliefert auf 65 km/h begrenzt, durften die Maschinen ab Bahnnummer 93 mit bis zu 75 km/h unterwegs sein. Die »schnellen« G 8.2 wurden daher vor allem sonntags auch im Personenzugdienst eingesetzt und besaßen sogar Windleitbleche. Versuchsweise war die Bahnnummer 97 mit einer Feuerbüchs-Wasserkammer der Bauart Nicholson ausgerüstet worden, was eine rund 2 $m^2$ größere Strahlungsheizfläche zur Folge hatte.

Nach der Verstaatlichung der LBE 1938 gelangten die Maschinen als 56 3001-3008 in den Bestand der DRG. Nach Ende des Zweiten Weltkriegs blieb die 56 3002 in der sowjetisch besetzten Zone und wurde nach 1948 von der DR ausgemustert. Die übrigen blieben bis 1950/51 bei der DB, welche einige noch an Privatbahnen verkaufen konnte. Als Werklok einer Zeche blieb so die 56 3007 »CARL ALEXANDER« erhalten und kann heute bei der Deutschen Museumseisenbahn (DME) in Darmstadt-Kranichstein besichtigt werden.

| Technische Daten: | |
|---|---|
| Baureihenbezeichnung: | 56.30 (DRG) |
| Radsatzanordnung: | 1'Dh2 |
| Zylinderdurchmesser (mm): | 620 |
| Kolbenhub (mm): | 660 |
| Verdampfungsheizfläche (m²): | |
| Vmax (km/h): | 65 (ab 56 3003: 75) |
| Leistung (PSi): | |
| Dienstmasse (o. Tender) (t): | 79,4 |
| Größte Radsatzfahrmasse (t): | 17 |
| Länge über Puffer (mm): | 18.645 |
| Treib-/Kuppelraddurchmesser (mm): | 1.400 |
| Laufraddurchmesser (v) (mm): | 1.000 |
| Laufraddurchmesser (h) (mm): | - |
| Wasserkasteninhalt (m³): | 16,5 |
| Brennstoffvorrat (t): | 7 |
| Indienststellung: | 1923-1930 |
| Verbleib: | 56 3007 (DME) |

*Foto: Hubert/Archiv Dirk Endisch*

## 57.0, 57.1, 57.2 (sächs. XI V, XI H, XI HV, DRG)

Anfang des 20. Jahrhunderts benötigte Sachsen eine leistungsfähige fünffach gekuppelte Güterzugmaschine für seine krümmungs- und steigungsreichen Strecken. Um die geeignetste Bauart zu finden, lieferte Hartmann die neuen Loks 1905 in drei Varianten - zwei Nassdampf-Verbundloks (XI V), acht Heißdampf-Zwillinge (XI H) und zwei Heißdampfverbundmaschinen (XI HV). Die Nassdampfmaschinen besaßen Dampftrockner der Bauart Klien, der Schornstein lag am Ende der Rauchkammer, wodurch sie sich von den Heißdampfloks auch äußerlich merkbar unterschieden.

Da beide Heißdampfvarianten zunächst nur eingeschränkt befriedigten, wurden ab 1909 weitere Nassdampfloks geliefert, deren Bestand bis 1915 auf 108 Maschinen anwuchs. Der Antrieb erfolgte nun auf den dritten Kuppelradsatz, bei den beiden Musterloks und den ersten beiden Serienmaschinen war noch der vierte Kuppelradsatz angetrieben. Der als Verbindungsrohr zwischen den beiden Dampfdomen ausgeführte Dampftrockner wurde später wieder entfernt. Dagegen wurde die Heißdampf-Zwillingsmaschine nicht nachgebaut, von der Verbundvariante aber zwischen 1915 und 1918 noch einmal 31 Maschinen geliefert. Statt Rauchkammerüberhitzer kam nun ein Rauchrohrüberhitzer der Bauart Schmidt zum Einbau und der Antrieb wurde ebenfalls auf den dritten Kuppelradsatz verlegt.

Die DRG übernahm 1925 insgesamt 76 Loks der Gattung XI V, fünf Loks der Gattung XI H und 18 Loks der Gattung XI HV. Sie erhielten die Nummern 57 001-014, 021-083 (XI V), 57 101-105 (XI H) und 57 201-218 (XI HV). Die DRG ließ 47 Nassdampfloks auf Heißdampf umbauen und ab Oktober 1930 wurde bei insgesamt 67 Lokomotiven das Fahrwerk umgebaut, wobei der fünfte Kuppelradsatz festgelegt wurde. Bald danach jedoch begann die Ausmusterung, als Letzte rollte im Jahr 1939 die 57 078 aufs Abstellgleis.

| Technische Daten: | | | |
|---|---|---|---|
| Baureihenbezeichnung: | 57.0 (DRG) | 57.1 (DRG) | 57.2 (DRG) |
| Radsatzanordnung: | En2v | Eh2 | Eh2v |
| Zylinderdurchmesser (mm): | 590/860 | 620 | 590/860 |
| Kolbenhub (mm): | 660/630 | 630 | 630 |
| Verdampfungsheizfläche (m²): | 200,6 | 160,3 | 169,72 |
| Vmax (km/h): | 50 | 50 | 50 |
| Leistung (PSi): | 1.200 | 1.200 | 1.216 |
| Dienstmasse (o. Tender) (t): | 69,8 | 69,6 | 71,8 |
| Größte Radsatzfahrmasse (t): | 14,8 | 14,8 | 14,8 |
| Länge über Puffer (mm): | 18.498 | 18.486 | 18.376 |
| Treib-/Kuppelraddurchmesser (mm): | 1.260 | 1.260 | 1.260 |
| Laufraddurchmesser (v) (mm): | - | - | - |
| Laufraddurchmesser (h) (mm): | - | - | - |
| Wasserkasteninhalt (m³): | 12,0 | 12,0 | 12,0 |
| Brennstoffvorrat (t): | 5 | 5 | 5 |
| Indienststellung: | 1905-1915 | 1905 | 1905-1918 |
| Verbleib: | ++ | ++ | ++ |

*Foto: Archiv transpress*

## 57.3, 57.4 (württ. H, Hh, DRG)

Auch in Württemberg bestand Anfang des 20. Jahrhunderts Bedarf an einer fünffach gekuppelten modernen Güterzuglok. Daher entstanden zwischen 1905 und 1908 zunächst acht Zweizylinder-Nassdampfverbundlokomotiven bei der Maschinenfabrik Esslingen, welche die Württembergische Staatsbahn (KWStE) unter der Klassenbezeichnung H führte. Die Maschinen besaßen einen außerordentlich leistungsfähigen Kessel. Die adäquate Bogenläufigkeit wurde durch seitenverschiebbare Radsätze nach dem Prinzip von Gölsdorf erreicht. Der Antrieb erfolgte auf den vierten Kuppelradsatz, wobei eine überlange Treibstange durch das Zurücksetzen des Kreuzkopfes vermieden wurde. Dafür mussten die Konstrukteure aber der Kolbenstange eine zusätzliche Brillenführung geben. Ungewöhnlich hoch für die damalige Zeit war der Kesseldruck von 15 bar. Ihr charakteristisches Aussehen erhielten die Maschinen durch das Verbindungsrohr zwischen den beiden Dampfdomen, das zur Gewinnung trockenen Dampfes diente. Später wurde zwischen den Dampfdomen ein Sandkasten angebracht, durch welchen das Dampfsammelrohr dann hindurchführte.

Die acht Loks vermochten den Bedarf nicht zu decken, so dass die Staatsbahn ab 1909 weitere Maschinen bestellte, allerdings nun in Heißdampfausführung und mit reduziertem Kesseldruck von 13 bar. In mehreren Serien entstanden zwischen 1909 und 1920 insgesamt 26 Loks der nun als Klasse Hh bezeichneten Maschinen. Lieferant war weiterhin Esslingen. Vier Nassdampf- und 17 Heißdampfloks gelangten noch zur Reichsbahn und erhielten dort die Betriebsnummern 57 301-304 und 57 401-417. Die vier Nassdampfloks wurden von der DRG sogar noch auf Heißdampf umgerüstet. Alle übernommenen Maschinen blieben in Württemberg bis etwa 1935 im Einsatz.

*Foto: Archiv Dirk Endisch*

| Technische Daten: | | |
|---|---|---|
| Baureihenbezeichnung: | 57.3 (DRG) | 57.4 (DRG) |
| Radsatzanordnung: | En2v (ab 1925: Eh2v) | Eh2 |
| Zylinderdurchmesser (mm): | 565/860 | 620 |
| Kolbenhub (mm): | 612 | 612 |
| Verdampfungsheizfläche (m²): | 193,7 | 159,2 |
| Vmax (km/h): | 45 | 45 |
| Leistung (PSi): | | |
| Dienstmasse (o. Tender) (t): | 72,9 | 73,8 |
| Größte Radsatzfahrmasse (t): | 14,6 | 14,8 |
| Länge über Puffer (mm): | 17.035 | 17.111 |
| Treib-/Kuppelraddurchmesser (mm): | 1.250 | 1.250 |
| Laufraddurchmesser (v) (mm): | - | - |
| Laufraddurchmesser (h) (mm): | - | - |
| Wasserkasteninhalt (m³): | 15,5 | 15,5 |
| Brennstoffvorrat (t): | 6 | 6 |
| Indienststellung: | 1905-1909 | 1909-1920 |
| Verbleib: | ++ | ++ |

## 57.5 (bay. G 5/5, DRG, DB)

Für die bayerischen Steilrampen beschaffte die Bayerische Staatsbahn bereits 1911 insgesamt 15 Lokomotiven der Gattung G 5/5. Die fünffach gekuppelten Maschinen waren den bayerischen Traditionen folgend als Vierzylinder-Heißdampfverbundmaschinen ausgelegt. Sie leisteten rund 1.650 PSi und waren damit allen anderen Länderbahn-Bauarten deutlich überlegen. Modernes Zubehör war weiterhin ein Barrenrahmen. Je ein innerer Hochdruckzylinder und ein äußerer Niederdruckzylinder waren zu einem Gussstück zusammengefasst. Eine außenliegende Heusinger-Steuerung mit Hängeeisen besorgte über den gemeinsamen Kolbenschieber der Hoch- und Niederdruckzylinder die Dampfverteilung. Alle vier Zylinder wirkten auf den dritten Kuppelradsatz.

Im Jahr 1920 folgten den Maschinen der ersten Serie weitere Loks, die nun etwas verstärkt ausgelegt waren und eine höhere Leistung besaßen. Bis 1924 wurden insgesamt 80 Loks der Nachfolgeserie geliefert und in Dienst gestellt. Die DRG übernahm nur noch sieben Maschinen der ersten Serie, sie erhielten die Nummern 57 501-507. Die Nachbauserie gelangte hingegen komplett zur Reichsbahn, die Maschinen erhielten die Nummern 57 511-590. Nach dem Zweiten Weltkrieg waren nur noch rund 20 Maschinen im Bereich der späteren DB vorhanden. Die meisten wurden bereits bis 1947 ausgemustert, die letzte G 5/5 hielt sich noch bis 1953.

*Foto: Slg. Töpelmann, Archiv transpress*

| Technische Daten: | |
|---|---|
| Baureihenbezeichnung: | 57.5 (DRG) |
| Radsatzanordnung: | Eh4v |
| Zylinderdurchmesser (mm): | 425/650 |
| Kolbenhub (mm): | 610/640 |
| Verdampfungsheizfläche (m²): | 206,0 |
| Vmax (km/h): | 60 |
| Leistung (PSi): | 1.650 |
| Dienstmasse (o. Tender) (t): | 84,4 |
| Größte Radsatzfahrmasse (t): | 15-17 |
| Länge über Puffer (mm): | 19.974 |
| Treib-/Kuppelraddurchmesser (mm): | 1.270 |
| Laufraddurchmesser (v) (mm): | - |
| Laufraddurchmesser (h) (mm): | - |
| Wasserkasteninhalt (m³): | 21,8 |
| Brennstoffvorrat (t): | 8,0 |
| Indienststellung: | 1911-1924 |
| Verbleib: | ++ |

## 57.10-35, 057 (preuß. G 10, DRG, DB, DR)

Für den Güterverkehr auf Hauptbahnen fehlte der Preußischen Staatsbahn Anfang des 20. Jahrhunderts ein leistungsfähiger Fünfkuppler. Zwar verfügte die KPEV über die Tenderloks der Gattung T 16, doch reichten deren begrenzte Vorräte nicht aus, um längere Strecken ohne Halt zurückzulegen. Unter Verwendung des Kessels der P 8 und des Fahrwerkes der T 16 sollte eine Güterzugschlepptenderlokomotive konstruiert werden. Nachdem der zunächst vorgesehene Antrieb auf den vierten Kuppelradsatz zu Gunsten eines Antriebs des dritten Radsatzes verworfen worden war, erhielt Henschel in Kassel schließlich 1908 den Auftrag zur Konstruktion der neuen Bauart. Die ersten Maschinen der G 10 standen ab 1910 zur Verfügung. Die positiven Ergebnisse mündeten schließlich in den Serienbau, der 1912 begann, wobei im Lauf der Zeit verschiedene Veränderungen vorgenommen wurden.

Bis 1925 beschaffte die KPEV 2.580 Maschinen, weitere 35 Maschinen erhielten die Reichseisenbahnen Elsass-Lothringen und 27 Stück gingen an die Saarbahnen. Über 350 Loks wurden ins Ausland geliefert. Mit ihrer Leistung von rund 1.100 PSi wurde die G 10 zum unersetzlichen Zugpferd im Güterzugdienst der KPEV, wenngleich sich der Unterhalt der G 8.1 als billiger erwies. Die meisten Maschinen gelangten zur DRG und erhielten die Nummern 57 1001-3524. An ihrem Einsatz änderte sich nichts. Nach dem Zweiten Weltkrieg verblieben zahlreiche Loks in Norwegen, Belgien, Frankreich, Österreich, Polen und in Griechenland. Bei der DB fanden sich 749 Maschinen, die DR verfügte über 112 G 10. Die letzten Loks erlebten gerade noch die EDV-gerechte Umzeichnung zur Baureihe 057, wurden aber bis zum Jahr 1970 ausgemustert. Bei der DR endete der Einsatz 1972. Als nicht betriebsfähige Museumsloks werden die 57 3088 und 3297 sowie die ehemalige 57 1658 erhalten. Aus Rumänien fanden inzwischen fünf G 10-Nachbauten ihren Weg nach Deutschland und Österreich.

| Technische Daten: | |
|---|---|
| Baureihenbezeichnung: | 57.10-35 (DRG) |
| Radsatzanordnung: | Eh2 |
| Zylinderdurchmesser (mm): | 630 |
| Kolbenhub (mm): | 660 |
| Verdampfungsheizfläche (m²): | 143,27 |
| Vmax (km/h): | 60 |
| Leistung (PSi): | 1.100 |
| Dienstmasse (o. Tender) (t): | 76,6 |
| Größte Radsatzfahrmasse (t): | 15,3 |
| Länge über Puffer (mm): | 18.910 |
| Treib-/Kuppelraddurchmesser (mm): | 1.400 |
| Laufraddurchmesser (v) (mm): | - |
| Laufraddurchmesser (h) (mm): | - |
| Wasserkasteninhalt (m³): | 16,5 |
| Brennstoffvorrat (t): | 7 |
| Indienststellung: | 1910-1925 |
| Verbleib: | 57 1658 (Polen), 3088 (VMN, EF Betzdorf), 3297 (VMD, Chemnitz) |

*Foto: Blaschke*

## 58.0, 58.1 (preuß. G 12.1, sä. XIII H, DRG, DR)

Für die Bewältigung der immer größer werdenden Transportschwierigkeiten im Ersten Weltkrieg entwickelte Henschel eine schwere fünffach gekuppelte Heißdampf-Güterzuglokomotive, die ab 1915 in 21 Exemplaren an die Preußische Staatsbahn geliefert wurde und dort die Bezeichnung G 12.1 erhielt. Der größte bis dahin in Preußen verwendete Kessel mit 5.000 mm Rohrlänge erzwang einen vorderen Laufradsatz, der in einem Bissel-Gestell ruhte. Zur Erzielung eines gleichmäßigen Drehmoments wurden die Maschinen mit einem Dreizylinder-Triebwerk ausgestattet. Dabei arbeiteten die beiden äußeren Zylinder auf den dritten Kuppelradsatz, während der Innenzylinder auf den zweiten Kuppelradsatz wirkte. Ein »konservativer« Blechrahmen vervollständigte das wuchtige Erscheinungsbild. Die zu geringe Überhitzung in den langen Rohren wurde ab 1916 durch einen fünfreihigen Überhitzer korrigiert.

Zwölf identische Lokomotiven kamen zu den Reichseisenbahnen Elsass-Lothringen und 1917 lieferte Hartmann insgesamt 20 Maschinen ganz ähnlicher Bauart an die Sächsische Staatsbahn, die ihnen die Gattungsbezeichnung XIII H gab. Diese Loks wurden gegenüber dem preußischen Vorbild an vielen Stellen verstärkt, erhielten eine vergrößerte Gesamtheizfläche, eine vergrößerte Überhitzerheizfläche sowie eine verbesserte Anordnung der Rohre. Die sächsische Variante überschritt damit als erste deutsche Güterzuglokomotive die 100-t-Gewichtsgrenze.

Die DRG übernahm noch 15 preußische und 14 sächsische Maschinen und gab ihnen die Nummern 58 001-015 und 58 101-114. Doch schon 1935 rollten die letzten Maschinen aufs Abstellgleis. Allerdings konnten 1941 die sechs als Reparation nach Frankreich abgegebenen sächsischen G 12.1 wieder heimgeholt werden. Sie liefen bis 1951 beim Bw Zwickau.

| Technische Daten: | | |
|---|---|---|
| Baureihenbezeichnung: | 58.0 (DRG) | 58.1 (DRG) |
| Radsatzanordnung: | 1'Eh3 | 1'Eh3 |
| Zylinderdurchmesser (mm): | 3 x 560 | 3 x 560 |
| Kolbenhub (mm): | 660 | 660 |
| Verdampfungsheizfläche (m²): | 195,63 | 210,51 |
| Vmax (km/h): | 60 | 60 |
| Leistung (PSi): | 1.636 | 1.636 |
| Dienstmasse (o. Tender) (t): | 98,8 | 101,1 |
| Größte Radsatzfahrmasse (t): | 17,1 | 17,1 |
| Länge über Puffer (mm): | 20.340 | 20.703 |
| Treib-/Kuppelraddurchmesser (mm): | 1.400 | 1.400 |
| Laufraddurchmesser (v) (mm): | 1.000 | 1.000 |
| Laufraddurchmesser (h) (mm): | - | - |
| Wasserkasteninhalt (m³): | 21,5 | 21,0 |
| Brennstoffvorrat (t): | 7 | 7 |
| Indienststellung: | 1915-1917 | 1917 |
| Verbleib: | ++ | ++ |

*Foto: Archiv transpress*

## 58.2-3, 4, 5, 10-21 (bad. G 12, sä. XIII H, wü. G 12, pr. G 12, DRG, DB, DR)

Eine wesentliche Erkenntnis des Ersten Weltkriegs war die Tatsache, dass die Vielzahl verschiedener Lokomotiven nicht nur den Betrieb stark beeinträchtigte, sondern auch die Unterhaltung. Daher forderte das Kriegsministerium 1915 die Entwicklung einer leistungsstarken Einheitsgüterzuglok mit möglichst geringer Radsatzfahrmasse. Um die Entwicklung schnell zum Abschluss zu bringen, wurde eine Kommission gebildet, der neben den Vertretern der Eisenbahnen auch Militärs angehörten. Die Vertreter der KPEV setzten schließlich den Bau einer 1'E-Heißdampflok durch.
Anfang 1917 erhielt Henschel den Auftrag, die Konstruktionsunterlagen für die neue Lok zu erstellen. In Anlehnung an eine 1'E-Lok für die Türkei, entwickelte Henschel binnen kürzester Zeit die neue »Einheitslok«. Die ersten Maschinen waren 1917 fertig gestellt und erhielten in Preußen, Württemberg und Baden die Bezeichnung G 12. In Sachsen wurden die G 12 als XIII H geführt. Mit einer Kesselhöhe von 3.000 mm, dem Belpaire-Hinterkessel und dem durchgehenden Barrenrahmen hatten die Maschinen mit den preußischen Lokbautraditionen nichts mehr gemein. Über 1.300 Loks wurden zwischen 1917 und 1921 gebaut, die meisten gelangten zur DRG. Dort mutierten die badischen G 12 zur DRG-Baureihe 58.2-3, die sächsischen G 12 (sä. XIII H) zur BR 58.4, die württembergischen G 12 zur BR 58.5 und die preußischen G 12 zur BR 58.10-21.
Sie kamen in fast allen Reichsbahndirektionen zum Einsatz, lediglich im Flachland erwiesen sie sich als nur mäßig geeignet. Durch den Zweiten Weltkrieg verschlug es zahlreiche Maschinen ins Ausland, so u.a. nach Bulgarien, Österreich und Polen. Die bei der DB verbliebenen Maschinen wurden bis 1953 ausgemustert. Die bei der DR verbliebenen Loks hingegen waren noch auf längere Zeit unentbehrlich, so dass ein Teil von ihnen grundlegend rekonstruiert wurde. Die letzten G 12 in der Ursprungsversion liefen noch bis 1976 im Erzgebirge. Mehrere G 12 sind erhalten geblieben, darunter die betriebsfähige 58 311 der Ulmer Eisenbahnfreunde.

*Foto: Blaschke*

**Technische Daten:**

| | | | | |
|---|---|---|---|---|
| Baureihenbezeichnung: | 58.2-3 (DRG) | 58.4 (DRG) | 58.5 (DRG) | 58.10-21 (DRG) |
| Radsatzanordnung: | 1'Eh3 | 1'Eh3 | 1'Eh3 | 1'Eh3 |
| Zylinderdurchmesser (mm): | 3 x 570 | 3 x 570 | 3 x 570 | 3 x 570 |
| Kolbenhub (mm): | 660 | 660 | 660 | 660 |
| Verdampfungsheizfläche (m²): | 192,19 | 192,13 | 194,96 | 194,96 |
| Vmax (km/h): | 65 | 65 | 65 | 65 |
| Leistung (PSi): | 1.540 | 1.540 | 1.540 | 1.540 |
| Dienstmasse (o. Tender) (t): | 93,6 | 96,5 | 94,3 | 95,7 |
| Größte Radsatzfahrmasse (t): | 16,7 | 16,7 | 16,7 | 16,7 |
| Länge über Puffer (mm): | 18.495 | 18.567 | 18.495 | 18.495 |
| Treib-/Kuppelraddurchmesser (mm): | 1.400 | 1.400 | 1.400 | 1.400 |
| Laufraddurchmesser (v) (mm): | 1.000 | 1.000 | 1.000 | 1.000 |
| Laufraddurchmesser (h) (mm): | - | - | - | - |
| Wasserkasteninhalt (m³): | 20,0 | 21,0 | 20,0 | 20,0 |
| Brennstoffvorrat (t): | 6 | 7 | 6 | 6 |
| Indienststellung: | 1918-1921 | 1919-1925 | 1919-1922 | 1917-1921 |
| Verbleib: | 58 261 (VMD, Chemnitz), 311 (UEF) | ++ | ++ | u.a. 58 1226 (Slowenien), 1297 (Polen), 1616 (EM Hermeskeil) |

## 58.6, 58.23 (LBE, DRG)

Für die Polnische Staatsbahn lieferte Schwartzkopff 1923 insgesamt fünfzehn 1'E-Güterzug-Schlepptenderloks der Baureihe Ty 23. Zwei weitere Maschinen baute Schwartzkopff 1924 in Erwartung weiterer Aufträge durch die Polnische Staatsbahn. Doch diese blieben aus und so harrten die beiden Loks neuer Käufer. Erst 1935 fand sich mit der Lübeck-Büchener Eisenbahn (LBE) ein potenzieller Kunde, der schnell einigermaßen leistungsfähige Güterzugloks benötigte. Die beiden Maschinen erschienen wohl für die Bedürfnisse der LBE ausreichend und so unterzeichnete die Bahnverwaltung den Kaufvertrag. Sie erhielten die LBE-Bahnnummern 99 und 100. Die »neuen« Loks besaßen wie die G 12 eine Barrenrahmen und einen Belpaire-Kessel. Doch damit erschöpften sich schon die Ähnlichkeiten. Die Kesselmitte lag um 100 mm höher als bei der G 12 und die beiden Maschinen waren mit einem Zweizylinder-Heißdampftriebwerk ausgerüstet. Ferner war der Treibraddurchmesser mit 1.450 mm etwas größer und die zulässige Höchstgeschwindigkeit lag mit 75 km/h um 10 km/h höher als bei der G 12.
Nach der Verstaatlichung der LBE zum 1. Januar 1938 erhielten die beiden Güterzugloks bei der DRG die Betriebsnummern 58 601 und 602. Schon 1941 erfolgte eine erneute Umzeichnung in 58 2301 und 2302. Im Zweiten Weltkrieg verlor sich die Spur der beiden Einzelgänger auf den östlichen Kriegsschauplätzen.

*Foto: Estler*

**Technische Daten:**

| | |
|---|---|
| Baureihenbezeichnung: | 58.6 (DRG) |
| Radsatzanordnung: | 1'Eh2 |
| Zylinderdurchmesser (mm): | 650 |
| Kolbenhub (mm): | 720 |
| Verdampfungsheizfläche (m²): | 191,1 |
| Vmax (km/h): | 75 |
| Leistung (PSi): | 1.320 |
| Dienstmasse (o. Tender) (t): | 95,2 |
| Größte Radsatzfahrmasse (t): | 17 |
| Länge über Puffer (mm): | 20.065 |
| Treib-/Kuppelraddurchmesser (mm): | 1.450 |
| Laufraddurchmesser (v) (mm): | 1.000 |
| Laufraddurchmesser (h) (mm): | - |
| Wasserkasteninhalt (m³): | 21,5 |
| Brennstoffvorrat (t): | 10 |
| Indienststellung: | 1924 |
| Verbleib: | ++ |

## 58.30 (DR)

Weil die DR auf die Maschinen der ehemaligen preußischen Gattung G 12 noch nicht verzichten konnte, beschloss sie, insgesamt 56 Stück der teilweise recht betagten Maschinen in ihr Modernisierungsprogramm aufzunehmen und grundlegend zu rekonstruieren. Dabei erhielten die Lokomotiven bis 1963 neue geschweißte Reko-Kessel mit Verbrennungskammer, neue Mittelzylinder, Druckausgleichkolbenschieber der Bauart Trofimoff, Mischvorwärmer, neue Führerhäuser und Windleitbleche sowie teilweise auch neue Tender. Darüber hinaus bedingte der Umbau eine Verlängerung des Rahmens sowie Änderungen am Fahrwerk und der Steuerung. Die zulässige Geschwindigkeit konnte dadurch auf 70 km/h erhöht werden. Die so entstandenen Maschinen hatten mit der Ursprungslok kaum noch Gemeinsamkeiten und mit ihrem neuen Führerhaus, dem hochliegenden Kessel, der steilen Rauchkammerschürze und den beiden oberhalb der Zylinder liegenden Hauptluftbehältern hatten sie ein völlig neues, markantes »Gesicht« erhalten. Die neue Baureihenbezeichnung 58.30 war daher durchaus gerechtfertigt.

Die Loks erhielten die Nummern 58 3001-3056 und wurden fortan im schweren Güterzugdienst vor allem in den Räumen Dresden, Leipzig und Gera eingesetzt. Sie verbrauchten 15 bis 25 % weniger Brennstoff als die preußische G 12 und waren bedingt durch den höheren Kesseldruck auch im Dampfverbrauch sparsamer. Die Lokpersonale lobten die großen Leistungsreserven des neuen Kessels. Im Flachland kam die Reko-G 12 sogar an die Leistungen der Baureihe 44 heran. Erst 1981 verschwand die letzte Reko-G 12 von den Gleisen der DR, doch blieben zwei Maschinen erhalten. Die 58 3047 wartet in Glauchau bei der dortigen IG auf bessere Zeiten, die 58 3049 befindet sich im Eisenbahnmuseum Schwarzenberg (Erzgebirge).

*Foto: Blaschke*

| Technische Daten: | |
|---|---|
| Baureihenbezeichnung: | 58.30 (DR) |
| Radsatzanordnung: | 1'Eh3 |
| Zylinderdurchmesser (mm): | 3 x 570 |
| Kolbenhub (mm): | 660 |
| Verdampfungsheizfläche (m²): | 172,3 |
| Vmax (km/h): | 70 |
| Leistung (PSi): | 1.615 |
| Dienstmasse (o. Tender) (t): | 97,2 |
| Größte Radsatzfahrmasse (t): | 17,4 |
| Länge über Puffer (mm): | 22.110 |
| Treib-/Kuppelraddurchmesser (mm): | 1.400 |
| Laufraddurchmesser (v) (mm): | 1.000 |
| Laufraddurchmesser (h) (mm): | - |
| Wasserkasteninhalt (m³): | 28,0 |
| Brennstoffvorrat (t): | 10 |
| Indienststellung: | 1958-1963 |
| Verbleib: | 58 3047 (VMN, Glauchau), 3049 (VSE Schwarzenberg) |

## 59.0 (württ. K, DRG, DB)

Um 1917 stand die Württembergische Staatsbahn einmal mehr vor dem Problem, eine leistungsfähige Maschine für die Geislinger Steige beschaffen zu müssen. Vorgabe war, dass die Maschine eine Radsatzfahrmasse von maximal 16 Tonnen haben durfte. Nachdem in Österreich bereits gute Erfahrungen mit sechsfach gekuppelten Maschinen gemacht worden waren, wählte man auch in Württemberg diese Bauart und beschritt damit einen für Deutschland einzigartigen Weg. Zur guten Bogenläufigkeit waren der erste und sechste Kuppelradsatz seitenverschiebbar gelagert sowie die Spurkränze der Räder des dritten und vierten Kuppelradsatzes um 15 mm geschwächt. Um eine möglichst wirtschaftliche Betriebsweise zu gewährleisten, wurden ein Vierzylinder-Verbundtriebwerk, Heißdampfausführung mit einem Überhitzer von 80 m² Heizfläche sowie eine Speisewasser-Vorwärmanlage vorgesehen. Der Antrieb erfolgte nach der Bauart de Glehn, wobei die äußeren Niederdruckzylinder auf den vierten Kuppelradsatz und die inneren Hochdruckzylinder auf den dritten Kuppelradsatz wirkten. Von 1917 bis 1924 lieferte die Maschinenfabrik Esslingen 44 Maschinen der Klasse K. Die Konstruktion erwies sich als überaus gelungen.

Alle Loks wurden von der DRG übernommen und als 59 001-044 eingereiht. Sie blieben zunächst auf der Hauptbahn Stuttgart–Ulm im Einsatz. Nachdem 1933 die Geislinger Steige elektrifiziert worden war, wanderten die Giganten auf andere Strecken ab, ehe sie schließlich ab 1942 nach Österreich auf den Semmering und später auch nach Jugoslawien umgesetzt wurden. Durch Rückgaben kam die DB nach dem Zweiten Weltkrieg noch einmal kurzzeitig in den Besitz einiger Loks, wo sie aber bis 1953 ausgemustert wurden. Etwas länger hielten sich die Loks in Österreich auf der Semmeringbahn und die letzte jugoslawische K ist erst Anfang der 1970er-Jahre verschrottet worden.

| Technische Daten: | |
|---|---|
| Baureihenbezeichnung: | 59.0 (DRG) |
| Radsatzanordnung: | 1'Fh4v |
| Zylinderdurchmesser (mm): | 2 x 500/750 |
| Kolbenhub (mm): | 650 |
| Verdampfungsheizfläche (m²): | 232,0 |
| Vmax (km/h): | 60 |
| Leistung (PSi): | 1.920 |
| Dienstmasse (o. Tender) (t): | 108,0 |
| Größte Radsatzfahrmasse (t): | 16,0 |
| Länge über Puffer (mm): | 10.190 |
| Treib-/Kuppelraddurchmesser (mm): | 1.350 |
| Laufraddurchmesser (v) (mm): | 943 |
| Laufraddurchmesser (h) (mm): | - |
| Wasserkasteninhalt (m³): | 20,0 |
| Brennstoffvorrat (t): | 6 |
| Indienststellung: | 1917-1924 |
| Verbleib: | ++ |

*Foto: Maey, Slg. Kleine, Archiv transpress*

*Foto: Hubert/Archiv Dirk Endisch*

## 60 (LBE, DRG, DR)

Die Lübeck-Büchener Eisenbahn (LBE) beschaffte für den Schnellverkehr mit Doppelstock-Wendezügen zwischen Hamburg und Lübeck bei Henschel zwei kleine 1'B1'-Stromlinien-Tenderlokomotiven. Die Lieferung erfolgte im Frühjahr 1936 unter den Fabriknummern 22814 und 22815 und am 7. April 1936 wurde der 72-t-Doppelstockzug der Öffentlichkeit vorgestellt. Um die Fahrtzeit von einer Stunde zwischen Hamburg und Travemünde einzuhalten, musste die Lok in 5,5 Minuten die Spitzengeschwindigkeit von 120 km/h (geschoben und gezogen) erreichen. Die Kuppelräder der Loks maßen 1.980 mm im Durchmesser, die Laufräder 1.000 mm. Die als Bisselachsen ausgeführten Laufradsätze waren im Bereich des VMEV (Verein Mitteleuropäischer Eisenbahnverwaltungen) normalerweise für derartige Geschwindigkeiten als führende Achsen nicht zugelassen, doch die Lokomotiven besaßen einen bemerkenswert ruhigen, fast schlingerfreien Lauf, so dass eine Ausnahmegenehmigung erteilt wurde. 1937 kam eine dritte, stärkere 1'B1'-Stromlinien-Tenderlok dazu (Fabriknummer 23382), die einen größeren Kessel und einen größeren Wasservorrat besaß. Auch äußerlich waren durch eine veränderte Verkleidung kleine Unterschiede zu erkennen.

Da 1938 die LBE von DRG übernommen wurde und zur RBD Schwerin kam, wurden die drei »Mickymäuse«, wie die Stromlinien-Tenderlokomotiven scherzhaft genannt wurden, umnummeriert (DRG-Betriebsnummern 60 001 bis 60 003, Gattungszeichen St 24.18 und St 25.19). Mit Kriegsbeginn wurde durch eine Verfügung des Reichsverkehrs-Ministeriums der Schnellverkehr eingestellt und die Maschinen sollten als Heizloks weiterverwendet werden. Dieses Schicksal ereilte nur die 60 001, die im November 1942 ausgemustert und noch im Krieg verschrottet wurde. Die beiden anderen Exemplare verblieben in der sowjetischen Zone und kamen in den Bestand der DR. Sie waren nach einer Instandsetzung bis 1954 in Stralsund (60 003) und bis 1958 im Berliner Nahverkehr (60 002) im Einsatz. Die 60 002 wurde schließlich als letzte im Jahr 1967 im Raw »Einheit« in Leipzig zerlegt.

**Technische Daten:**

| | | |
|---|---|---|
| Baureihenbezeichnung: | 60 001-002 (DRG) | 60 003 (DRG) |
| Radsatzanordnung: | 1'B1'h2t | 1'B1'h2t |
| Zylinderdurchmesser (mm): | 400 | 400 |
| Kolbenhub (mm): | 660 | 660 |
| Verdampfungsheizfläche (m²): | 75,36 | 87,36 |
| Vmax (km/h): | 120 | 120 |
| Leistung (PSi): | | |
| Dienstmasse (t): | 69,0 | 72,85 |
| Größte Radsatzfahrmasse (t): | 18,4 | 19,25 |
| Länge über Puffer (mm): | 12.380 | 12.380 |
| Treib-/Kuppelraddurchmesser (mm): | 1.980 | 1.980 |
| Laufraddurchmesser (v) (mm): | 1.000 | 1.000 |
| Laufraddurchmesser (h) (mm): | 1.000 | 1.000 |
| Wasserkasteninhalt (m³): | 9,25 | 11 |
| Brennstoffvorrat (t): | 3 | |
| Indienststellung: | 1936 | 1937 |
| Verbleib: | ++ | ++ |

## 61 (DRG, DB, DR)

Die Firma Henschel entwickelte in den Jahren 1934/1935 eine Schnellfahr-Tenderlokomotive mit Stromlinienverkleidung (Betriebsnummer 61 001), die ab dem Sommerfahrplan 1936 vor dem ebenfalls neu konzipierten Henschel-Wegmann-Zug zwischen Berlin und Dresden als Schnellverbindung eingesetzt wurde. Die 176 km lange Strecke wurde bei einer Reisegeschwindigkeit von rund 108 km/h in sagenhaften 100 Minuten durchfahren. Die erzielbare Höchstgeschwindigkeit von 175 km/h konnte im Bahnbetrieb aber in der Regel nicht ausgenutzt werden, weil auf die »langsameren« Loks des jeweiligen Gegenzuges Rücksicht genommen werden musste.
Im Jahr 1939 kam eine zweite, verbesserte Schnellfahr-Tenderlokomotive (Dreizylinder-Triebwerk, dreiachsiges hinteres Drehgestell, größerer Wasserkasten) mit der Betriebsnummer 61 002 hinzu, so dass nunmehr die Fahrplangestaltung weiter verbessert hätte werden können. Jedoch mit dem Beginn des Zweiten Weltkriegs wurde der Schnellverkehr eingestellt und der Henschel-Wegmann-Zug in einen Lazarettzug umgewandelt.
Nach Kriegsende versah die 61 001 ihren Dienst in den Westzonen bei den Bahnbetriebswerken Hannover und Bielefeld. Nach einem Unfall im Jahr 1951 lohnte sich eine Instandsetzung nicht mehr; sie wurde 1952 ausgemustert und 1957 zerlegt.
In der sowjetisch besetzten Zone blieb nach 1945 die 61 002 zurück. Sie wurde nach Triebwerksentkleidung und bei reduziertem Kesseldruck bis 1958 vorwiegend auf der Elbtalstrecke Dresden-Bad Schandau eingesetzt. Bekannt sind auch Einsätze vor dem Sonderzug des damaligen DDR-Verkehrsministers Kramer. 1960 wurde sie bei der VES-M Halle unter Verwendung von Baugruppen der Lok H 45 024 und eines Kessels der Baureihe 22 zu einer Schnellfahrlokomotive mit Schlepptender und Teilverkleidung umgebaut und erhielt die Betriebsnummer 18 201.

| Technische Daten: | | |
|---|---|---|
| Baureihenbezeichnung: | 61 001 (DRG) | 61 002 (DRG) |
| Radsatzanordnung: | 2'C2'h2t | 2'C3'h3t |
| Zylinderdurchmesser (mm): | 460 | 3 x 390 |
| Kolbenhub (mm): | 750 | 660 |
| Verdampfungsheizfläche (m²): | 151,65 | 149,82 |
| Vmax (km/h): | 175 | 175 |
| Leistung (PSi): | 1.450 | 1.450 |
| Dienstmasse (t): | 129,1 | 146,3 |
| Größte Radsatzfahrmasse (t): | 19,0 | 18,8 |
| Länge über Puffer (mm): | 18.475 | 18.825 |
| Treib-/Kuppelraddurchmesser (mm): | 2.300 | 2.300 |
| Laufraddurchmesser (v) (mm): | 1.100 | 1.100 |
| Laufraddurchmesser (h) (mm): | 1.100 | 1.100 |
| Wasserkasteninhalt (m³): | 17,0 | 21,0 |
| Brennstoffvorrat (t): | 5,0 | 6,0 |
| Indienststellung: | 1935 | 1939 |
| Verbleib: | ++ | Umbau in 18 201 |

*Foto: Hubert, Slg. Kleine, Archiv transpress*

## 62 (DRG, DB, DR)

Die Tenderloks der Baureihe 62 wurde 1927/1928 für Schnell-, Eil- und Personenverkehr in kurzen Distanzen auf Hauptstrecken entwickelt. Sie gehörten zur ersten Generation der DRG-Einheitslokomotiven mit 20 t Radsatzfahrmasse. Die Maschinen waren insbesondere dort vorgesehen, wo der Einsatz von Schlepptenderlokomotiven wegen des Wendens unwirtschaftlich war. Ihre Höchstgeschwindigkeit von 100 km/h erreichten sie in beiden Fahrtrichtungen. Bei Messfahrten konnte ein Schnellzug mit über 600 t auf ebener Strecke noch mit 100 km/h gefahren werden. Bei einer Steigung von 10 ‰ schaffte die BR 62 immerhin noch 385 t mit 60 km/h. Die Abnahme der 1928 von Henschel gebauten 15 Loks durch die DRG dauerte bis 1932. Die Reichsbahn-Direktionen Erfurt, Stettin und Wuppertal teilten sich die 15 Maschinen. Bis Kriegsende bediente die Baureihe 62 vor allem die Strecken Eisenach-Meiningen, Altefähr-Saßnitz, Düsseldorf-Remscheid und Düsseldorf-Wuppertal.

*Foto: Blaschke*

Nach Kriegsende verblieben acht Maschinen bei der DR und sieben bei der DB. Die Loks der DB waren in Dortmund, Düsseldorf, Essen und Krefeld stationiert. Sie wurden hauptsächlich im Ruhr-Schnellverkehr eingesetzt. Bis 1956 waren alle ausgemustert und wenig später auch verschrottet. Davon ausgenommen war die 62 003, die noch als Unterrichtsmodell diente. Aber auch diese wurde 1972 nach längerer Abstellzeit verschrottet.
Die acht DR-Maschinen durchliefen nacheinander verschiedene Bahnbetriebswerke, zuletzt waren sie im Bw Frankfurt (Oder) stationiert. Als letzte schied die 62 007 (ab 1970: 62 1007) am 4. Mai 1971 aus dem Betriebsdienst aus. Anschließend diente sie noch als Heizlok in ihrem Heimat-Bw. Ihre offizielle z-Stellung erfolgte erst im Januar 1973. Als einzige überlebte die 62 015, die von der DR als betriebsfähige Museumslokomotive erhalten wurde. Auch in ihr ist zwischenzeitlich das Feuer erloschen.

| Technische Daten: | |
|---|---|
| Baureihenbezeichnung: | 62 (DRG) |
| Radsatzanordnung: | 2'C2'h2t |
| Zylinderdurchmesser (mm): | 600 |
| Kolbenhub (mm): | 660 |
| Verdampfungsheizfläche (m²): | 195,25 |
| Vmax (km/h): | 100 |
| Leistung (PSi): | 1.680 |
| Dienstmasse (t): | 123,6 |
| Größte Radsatzfahrmasse (t): | 20,3 |
| Länge über Puffer (mm): | 17.140 |
| Treib-/Kuppelraddurchmesser (mm): | 1.750 |
| Laufraddurchmesser (v) (mm): | 850 |
| Laufraddurchmesser (h) (mm): | 850 |
| Wasserkasteninhalt (m³): | 14,0 |
| Brennstoffvorrat (t): | 4,3 |
| Indienststellung: | 1928-1932 |
| Verbleib: | 62 015 (VMN, Dresden-Altstadt) |

## 64 (DRG, DB, DR), 064 (DB)

Ab 1926 wurde die Baureihe 64 als 1'C1'h2-Tenderlok entwickelt und ab 1928 in Betrieb genommen. Alle deutschen Lokomotivfabriken beteiligten sich am Bau dieses Typs und bis zum Jahre 1940 wurden insgesamt 520 Stück (64 001-520) in Dienst gestellt. Als Einheitslok der ersten Generation für 15 t Radsatzfahrmasse brachte die Typisierung vieler Bauteile eine weitgehende Übereinstimmung mit den Baureihen 24 und 86. Sowohl der Kessel als auch Gruppen des Triebwerks entsprachen jenen der Baureihe 24 und konnten ausgetauscht werden. Bemerkenswert sind einige Sonderausführungen: Die Dampfverteilung erfolgte bei der 64 020 durch eine Winterthur-Steuerung, bei der 64 293 durch eine Ventilsteuerung der Bauart Esslingen. Mit einem Friedmann-Abdampfinjektor waren die 64 233-234, 243-257 und 273-282 ausgestattet. Bei den letzten zehn Stück der Baureihe (64 511-520) ruhten die Laufradsätze in Krauss-Helmholtz-Lenkgestellen, alle anderen Maschinen waren mit Bissel-Gestellen ausgerüstet. Diese Loks erreichten eine 90 km/h und wurden vorwiegend im Flachland auf kurzen Nebenbahnstrecken ohne Wendemöglichkeit eingesetzt. Sie hatten in beiden Fahrtrichtungen gleich gute Laufeigenschaften.

Nach Kriegsende verblieben im Westen rund 280 Maschinen, im Osten wurden noch 115 Loks gezählt, so dass über 100 Stück im Krieg verloren gingen oder bei fremden Bahnverwaltungen (Tschechoslowakei, Polen) verblieben. Bei der DB waren 1968 noch 92 Maschinen vorhanden, 1971 nur noch 30 Stück. Die letzten Maschinen fuhren bis Ende 1974 im süddeutschen Raum. Diverse 64er blieben als Denkmals- oder Museumslokomotiven erhalten. Noch heute sind in Deutschland die 64 419 und 491 betriebsfähig, in Belgien (CFV3V) die 64 250 und in den Niederlanden (VSM) die 64 415. Bei der DR setzte ab 1970 die Ausmusterung in großem Umfang ein. Bis 1974 waren ebenfalls alle Loks außer Dienst gestellt und wenig später verschrottet. Überlebt hat nur die 64 007.

*Foto: Blaschke*

| Technische Daten: | |
|---|---|
| Baureihenbezeichnung: | 64 (DRG) |
| Radsatzanordnung: | 1'C1'h2t |
| Zylinderdurchmesser (mm): | 500 |
| Kolbenhub (mm): | 660 |
| Verdampfungsheizfläche (m²): | 104,4 |
| Vmax (km/h): | 90 |
| Leistung (PSi): | 950 |
| Dienstmasse (t): | 74,9 (ab 64 511: 75,2) |
| Größte Radsatzfahrmasse (t): | 15,3 |
| Länge über Puffer (mm): | 12.400 (ab 64 368: 12.500) |
| Treib-/Kuppelraddurchmesser (mm): | 1.500 |
| Laufraddurchmesser (v) (mm): | 850 |
| Laufraddurchmesser (h) (mm): | 850 |
| Wasserkasteninhalt (m³): | 9,0 |
| Brennstoffvorrat (t): | 3,0 |
| Indienststellung: | 1928-1940 |
| Verbleib: | u.a. 64 007 (VMN, Schwerin), 289 (EFZ, Tübingen), 491 (DBK, Gaildorf), 491 (DSF, Ebermannstadt) |

## 65, 065 (DB)

Das Neubauprogramm der DB sah eine Tenderlokomotive für den Personenverkehr im Vorortdienst vor. Vorstudien für diese Baureihe 65 waren gut zehn Jahre vorher noch zu DRG-Zeiten gemacht worden, daher resultierte auch die formale Ähnlichkeit mit der später gebauten DR-Baureihe 65.10. Beide waren als Ersatz für die Baureihen 93 (preuß. T 14 und T 14.1) und 78 (preuß. T 18) vorgesehen.

Die Krauss-Maffei AG in München lieferte im März 1951 die ersten beiden Prototypen 65 001 und 002, weitere elf Maschinen wurden noch im Laufe des Jahres in Dienst gestellt (65 003-013). Die letzten fünf Exemplare wurden erst in den Jahren 1955 und 1956 geliefert. Die Lokomotiven hatten nach den neuen Baugrundsätzen der DB vollständig geschweißte Hochleistungskessel mit Verbrennungskammern sowie einen geschweißten Blechrahmen erhalten. Die ersten 13 Exemplare waren mit Knorr-Oberflächenvorwärmern ausgerüstet, die andern erhielten Henschel-Mischvorwärmer. Die 65 012-018 wurden mit einer Steuereinrichtung für den Wendezugbetrieb versehen. Die zugelassene Höchstgeschwindigkeit betrug 85 km/h.

Es handelte sich bei der Baureihe 65 um sehr zuverlässige Maschinen, die allerdings nicht universell verwendbar war: Für Nebenbahnen waren sie nur bedingt einsatzfähig, für den Güterfernverkehr verfügten sie über zu kleine Vorräte. Als erste wurde die 65 007 bereits im Jahre 1966 ausgemustert. 1972 musste als letzte die 65 018 den Dienst quittieren. Sie fand zunächst im Deutschen Dampflokmuseum in Neuenmarkt-Wirsberg Unterschlupf, wurde aber 1981 an die niederländische Museumsbahn Stoom Stichting Nederland (SSN) in Rotterdam abgegeben, welche sie betriebsfähig aufarbeiten ließ. Dort kann sie noch heute bewundert werden.

*Foto: Blaschke*

| Technische Daten: | |
|---|---|
| Baureihenbezeichnung: | 65 (DB) |
| Radsatzanordnung: | 1'D2'h2t |
| Zylinderdurchmesser (mm): | 570 |
| Kolbenhub (mm): | 660 |
| Verdampfungsheizfläche (m²): | 139,93 |
| Vmax (km/h): | 85 |
| Leistung (PSi): | 1.480 |
| Dienstmasse (t): | 107,6 |
| Größte Radsatzfahrmasse (t): | 16,9 |
| Länge über Puffer (mm): | 15.475 |
| Treib-/Kuppelraddurchmesser (mm): | 1.500 |
| Laufraddurchmesser (v) (mm): | 850 |
| Laufraddurchmesser (h) (mm): | 850 |
| Wasserkasteninhalt (m³): | 14,0 |
| Brennstoffvorrat (t): | 4,8 |
| Indienststellung: | 1951-1956 |
| Verbleib: | 65 018 (SSN, Rotterdam) |

## 65.10 (DR)

Auch für die DR in der DDR wurde nach dem Krieg mit der Baureihe 65.10 eine neue, leistungsfähige Tenderlokomotive entwickelt. Sie sollte als Mehrzweck-Tenderlok die Maschinen der Baureihen 74, 75, 78, 86, 93 und 94 ersetzen, sich bei Bedarf auch zur Bewältigung des Berufsverkehrs eignen und auf Hauptbahnen einsetzbar sein. Die ersten Exemplare wurden im Jahre 1955 geliefert. Bis 1957 wurden insgesamt 88 Maschinen (Betriebsnummern 65 1001-1088) in Dienst gestellt, sieben weitere gingen an die Leuna-Werke. Die Baureihe 65.10 hatte einen vollständig geschweißten Kessel und einen geschweißten Blechrahmen. Mischvorwärmer und moderne Führerhäuser waren weitere zeitgemäße Zugaben. Im Gegensatz zur Baureihe 65 der DB wurden die beiden Achsen des hinteren Drehgestells in einem Außenrahmen gelagert. Als einzige deutsche Tenderlok war die 65 1004 versuchsweise mit einer Kohlenstaubfeuerung des Systems Wendler ausgerüstet worden. Diese Maßnahme wurde 1962 wieder rückgängig gemacht. Ab 1967 wurden in alle Maschinen flache Giesl-Schornsteine eingebaut.

Anfängliche Schwier gkeiten beim Betrieb der Lokomotiven waren vor allem auf die unzureichende Erprobung v eler neuer Baugruppen zurückzuführen, was im Laufe der Jahre immer wieder zu technischen Änderungen und Verbesserungen führte. Die Loks bewährten sich recht gut, nachdem einige Mängel abgestellt worden waren. Sie waren universell einsetzbar und dank der großen Vorräte auch auf längeren Strecken verwendbar. Die letzten Loks schieden erst 1979 aus. Drei Exemplare blieben erhalten. Die 65 1008 wird im ehemaligen Bw Pasewalk von dem Regionalverein Pomerania betreut. Im Mai 1999 musste sie zunächst untersuchungspflichtig abgestellt werden, ging aber nach einer HU Anfang Oktober 2003 wieder in Betrieb und musste schließlich im September 2011 nach Fristablauf das Feuer in ihrem Kessel erlöschen lassen. Den Berlinern Eisenbahnfreunden (BEF) gehört die 65 1057.

| Technische Daten: | |
|---|---|
| Baureihenbezeichnung: | 65.10 (DR) |
| Radsatzanordnung: | 1'D2'h2t |
| Zylinderdurchmesser (mm): | 600 |
| Kolbenhub (mm): | 660 |
| Verdampfungsheizfläche (m²): | 147,44 |
| Vmax (km/h): | 90 |
| Leistung (PSi): | 1.500 |
| Dienstmasse (t): | 121,7 |
| Größte Radsatzfahrmasse (t): | 17,5 |
| Länge über Puffer (mm): | 17.500 |
| Treib-/Kuppelraddurchmesser (mm): | 1.600 |
| Laufraddurchmesser (v) (mm): | 1.000 |
| Laufraddurchmesser (h) (mm): | 1.000 |
| Wasserkasteninhalt (m³): | 16,0 |
| Brennstoffvorrat (t): | 9,0 |
| Indienststellung: | 1954-1957 |
| Verbleib: | 65 1008 (Pasewalk), 1049 (VMN, Arnstadt), 1057 (BEF) |

*Foto: Estler*

## 66 (DB)

Die Baureihe 66 war nach den Baureihen 23, 65 und 82 die vierte und vorletzte des Neubauprogramms der DB. Diese Universallokomotive sollte im leichten Personenzugdienst auf Haupt- und Nebenbahnen sowie im Eilgüterzugdienst Verwendung finden. Beste Voraussetzungen hierfür boten die Höchstgeschwindigkeit von 100 km/h und die geringe Radsatzfahrmasse von 15 t. Eigentlich sollte diese Maschine die Baureihen 38.10 und 78 ablösen, jedoch der Wandel in der Zugförderung und die verstärkte Beschaffung von Dieselloks machten dieses Vorhaben zunichte. Deshalb wurden von der Baureihe lediglich die beiden Exemplare 66 001 und 002 gebaut, die Henschel im Oktober 1955 auslieferte. Diese allerdings verkörperten den letzten Entwicklungsstand im Dampflokbau der DB. Sie erfüllten alle Erwartungen und zählten zu den gelungensten DB-Konstruktionen, weil bei ihrem Bau genügend Erfahrungswerte aus den Nachkriegs-Baureihen vorhanden waren.

Die 66er erhielten einen geschweißten Hochleistungskessel mit Verbrennungskammer, einen geschweißten Blechrahmen und eine Mischvorwärmeranlage. Wartungsfreundlich liefen alle Radsatz- und Stangenlager sowie die Steuerung in Rollenlagern. Vor allem wurde auch Wert gelegt auf die Arbeitsbedingungen des Lokpersonals in Form von völlig geschlossenem Führerhaus, Oberlichtfenster, Fußbodenheizung sowie gepolsterte Sitze mit Rückenlehnen. Beide Maschinen waren ab Herbst 1956 mit Einrichtungen für den Wendezugbetrieb ausgerüstet.

Die 66 001 wurde in Gießen nach einem Triebwerksschaden 1967 ausgemustert, ein Jahr später auch die 66 002. Letztere wurde von der Deutschen Gesellschaft für Eisenbahngeschichte erworben und steht heute in Bochum-Dahlhausen.

| Technische Daten: | |
|---|---|
| Baureihenbezeichnung: | 66 (DB) |
| Radsatzanordnung: | 1'C2'h2t |
| Zylinderdurchmesser (mm): | 470 |
| Kolbenhub (mm): | 660 |
| Verdampfungsheizfläche (m²): | 87,46 |
| Vmax (km/h): | 100 |
| Leistung (PSi): | 1.170 |
| Dienstmasse (t): | 93,4 |
| Größte Radsatzfahrmasse (t): | 15,8 |
| Länge über Puffer (mm): | 14.798 |
| Treib-/Kuppelraddurchmesser (mm): | 1.600 |
| Laufraddurchmesser (v) (mm): | 1.000 |
| Laufraddurchmesser (h) (mm): | 850 |
| Wasserkasteninhalt (m³): | 14,3 |
| Brennstoffvorrat (t): | 5,0 |
| Indienststellung: | 1955 |
| Verbleib: | 66 002 (DGEG) |

*Foto: Blaschke*

## 70.0 (bay. Pt 2/3, DRG, DB), 70.1 (bad. I g1-2 und Nachbau DRG, DB, DR)

Zur Beförderung leichter Züge auf Nebenbahnen nahm die Bayerische Staatsbahn von 1909 bis 1916 insgesamt 97 Lokomotiven mit der Gattungsbezeichnung »Pt 2/3« in Betrieb. Diese Tenderloks hatten in der Ausführung des Laufwerks in Deutschland bisher kein Vorbild: Der Radsatzstand zwischen dem vorderen Laufradsatz und dem ersten Kuppelradsatz betrug 4.000 mm, während der Abstand zwischen erstem und zweitem Kuppelradsatz nur 1.450 mm aufwies. Laufradsatz und erster Kuppelradsatz lagerten fest im Rahmen, währen der zweite Kuppelradsatz 20 mm Seitenspiel besaß. Bei den letzten sechs Maschinen (1915/16) wurde der Laufraddurchmesser von 850 auf 1.006 mm vergrößert.
Die DRG übernahm 1925 alle Maschinen als 70 001-097. In den Jahren 1934 bis 1937 wurden bei ungefähr 50 Loks die vorderen Laufradsätze in einem Bisselgestell gelagert und die zweiten Kuppelradsätze festgelegt. Die Radsatzfolge änderte sich damit in 1'B.
Bei der DB standen 1947 noch 89 Lokomotiven im Einsatz. Als letzte wurde 1963 die 70 083 ausgemustert. Sie blieb erhalten und ist inzwischen wieder betriebsfähig hergerichtet. Vier Loks fuhren nach Kriegsende in Österreich. Die 770.86 überlebte und steht heute betriebsfähig für Sonderfahrten zur Verfügung.
Die Pt 2/3 bewährte sich so gut, dass auch die Badische Staatsbahn 20 Maschinen in ähnlicher Ausführung beschaffte. Diese »I g1-2« übernahm die DRG als 70 101-105 und 111-125. Die DRG veranlasste 1927/28 bei Krupp einen modernisierten Nachbau (70 126-133), der eigentlich eine Mischung zwischen der badischen I g2 und der bayerischen Pt 2/3 darstellte. Zwischen 1936 und 1941 mussten vier 70.1 den Dienst quittieren, der Rest überlebte den Zweiten Weltkrieg. Die 70 125 verschlug es zur DR und fiel 1955 dem Schneidbrenner zum Opfer. 23 Stück kamen in den Bestand der DB und wurden größtenteils bis 1953 ausgemustert. Als letzte verschwand 1955 die 70 122 von den Schienen.

*Foto: Blaschke*

**Technische Daten:**

| | | |
|---|---|---|
| Baureihenbezeichnung: | 70.0 (DRG) | 70.1 (DRG) |
| Radsatzanordnung: | 1Bh2t (später auch: 1'Bh2t) | 1Bh2t |
| Zylinderdurchmesser (mm): | 375 | 375 |
| Kolbenhub (mm): | 500 | 500 |
| Verdampfungsheizfläche (m²): | 57,94 | 58,06 (ab 70 126: 58,46) |
| Vmax (km/h): | 65 | 65 (ab 70 126: 70) |
| Leistung (PSi): | 420 | 420 (ab 70 126: 460) |
| Dienstmasse (t): | 39,6 (ab 70 092: 39,9) | 42,0 (ab 70 126: 45,1) |
| Größte Radsatzfahrmasse (t): | 13,9 (ab 70 092: 14,3) | 14,5 (ab 70 126: 15,2) |
| Länge über Puffer (mm): | 9.165 (ab 70 092: 9.265) | 9.225 (ab 70 126: 9.640) |
| Treib-/Kuppelraddurchmesser (mm): | 1.250 | 1.260 (ab 70 126: 1.250) |
| Laufraddurchmesser (v) (mm): | 850 (ab 70 092: 1.006) | 850 |
| Laufraddurchmesser (h) (mm): | - | - |
| Wasserkasteninhalt (m³): | 6,0 | 6,0 |
| Brennstoffvorrat (t): | 1,1 (ab 70 092: 1,3) | 1,7 (ab 70 126: 2,0) |
| Indienststellung: | 1909-1916 | 1914-1928 |
| Verbleib: | 70 083 (BLV, Landshut), | ++ |
| | 086 (als 770.86, B+B Österreich) | |

## 70.2 (ELE, DRG)

Bis in die 90er-Jahre des 19. Jahrhunderts genügten der Eutin-Lübecker Eisenbahn (ELE) für den Personen- und Güterzugverkehrs einfache 1B-Tenderloks. Eine leichte Verbesserung brachten acht Maschinen, die zwischen 1892 und 1909 von Henschel entsprechend der preußischen T 4.1 geliefert wurden. Dies waren 1'B-Nassdampftenderloks mit einem Zweizylinder-Triebwerk. Zwar war der vordere Laufradsatz als seitenbewegliche Adamsachse ausgebildet, lag aber hinter den Zylindern. Damit ergaben sich vorne und hinten erheblich überhängende Massen. Abweichend von der preußischen Bauart besaßen sie einen Dampfdom. Zwischen 1921 und 1928 wurden die meisten dieser sowohl im Personen- wie auch im Güterzugdienst eingesetzten Maschinen ausgemustert. Nur die 1909 gebaute Bahnnummer 4" kam in den Genuss einer zweiten Karriere, denn sie wurde 1924 bei Henschel auf Heißdampf umgebaut. So erlebte sie sogar noch die Verstaatlichung der ELE 1941 und erhielt auf ihre alten Tage noch kurzzeitig die DRG-Betriebsnummer 70 201. Am 23. August 1944 wurde die Maschine an die Vereinigten Aluminium-Werke (VAW) in Schwandorf verkauft, wo sie erst um 1959 den Dienst quittieren musste.

*Foto: DLA Darmstadt (Hubert)/Bildarchiv der Eisenbahnstiftung*

**Technische Daten:**

| | |
|---|---|
| Baureihenbezeichnung: | 70.2 (DRG) |
| Radsatzanordnung: | 1'Bh2t |
| Zylinderdurchmesser (mm): | 420 |
| Kolbenhub (mm): | 610 |
| Verdampfungsheizfläche (m²): | 69,14 |
| Vmax (km/h): | 75 |
| Leistung (PSi): | |
| Dienstmasse (t): | 42,1 |
| Größte Radsatzfahrmasse (t): | 14,4 |
| Länge über Puffer (mm): | 10.010 |
| Treib-/Kuppelraddurchmesser (mm): | 1.600 |
| Laufraddurchmesser (v) (mm): | 975 |
| Laufraddurchmesser (h) (mm): | - |
| Wasserkasteninhalt (m³): | |
| Brennstoffvorrat (t): | |
| Indienststellung: | 1909 (Umbau 1924) |
| Verbleib: | ++ |

## 70.71 (bay. D IX, DRG)

Für den leichten Personenzugdienst auf der Strecke Reichenhall–Freilassing–Salzburg beschaffte die Bayerische Staatsbahn 1Bn2-Tenderlokomotiven der Gattung D IX. In den Jahren 1888 bis 1899 lieferte Maffei insgesamt 55 dieser Maschinen. Die einzelnen Lieferungen wiesen kaum Unterschiede auf, nur bei den Heizflächen, bei den Massen und bei den Vorräten gab es ab 1896 leichte Änderungen. In ihrer Leistung blieben diese Maschinen unter der Leistung ähnlicher preußischer Lokomotiven, die sich dort bereits seit längerer Zeit im Einsatz befanden. Sowohl die starre Anordnung der Treibradsätze und des Laufradsatzes als auch die Anordnung der Zylinder vor dem Laufradsatz erwiesen sich als nicht besonders glücklich. Nachdem sich die Lokomotiven der Gattung D VIII auf der Strecke zwischen Freilassung und Berchtesgaden gut bewährt hatten, wurde die bayerische D IX vorwiegend im Flachland und hier vor allem im Vorortverkehr von München, Augsburg und Nürnberg eingesetzt. Die Lokomotiven konnten auf ebener Strecke 170 t mit 65 km/h, auf Steigungen mit 20 ‰ Lasten von 95 t mit 20 km/h befördern.

Eine Maschine dieser Bauart schied bereits vor 1925 aus, die anderen 54 Exemplare wurden von der DRG übernommen (Betriebsnummern 70 7101-7154). Einzelne Loks wurden schon kurz nach der Umzeichnung im Jahre 1925 außer Dienst gestellt, die anderen folgten nach und nach. Bis zum Jahre 1932 waren alle Exemplare dieser Baureihe von der Bildfläche verschwunden.

| Technische Daten: | |
|---|---|
| Baureihenbezeichnung: | 70.71 (DRG) |
| Radsatzanordnung: | 1Bn2t |
| Zylinderdurchmesser (mm): | 330 |
| Kolbenhub (mm): | 500 |
| Verdampfungsheizfläche (m²): | 60,2 (bis 70 7118: 61,9) |
| Vmax (km/h): | 65 |
| Leistung (PSi): | 290 |
| Dienstmasse (t): | 35,8 (bis 70 7118: 34,0) |
| Größte Radsatzfahrmasse (t): | 12,4 (bis 70 7118: 11,9) |
| Länge über Puffer (mm): | 8.440 |
| Treib-/Kuppelraddurchmesser (mm): | 1.340 (bis 70 7118: 1.320) |
| Laufraddurchmesser (v) (mm): | 1.040 (bis 70 7118: 1.030) |
| Laufraddurchmesser (h) (mm): | - |
| Wasserkasteninhalt (m³): | 5,2 (bis 70 7118: 4,1) |
| Brennstoffvorrat (t): | 1,1 |
| Indienststellung: | 1888-1899 |
| Verbleib: | ++ |

*Foto: Archiv transpress*

## 71.0 (preuß. T 5.1, DRG), 71.3 (sä. IV T, DRG, DR), 71.4 (old. T 5.1, DRG)

Um den steigenden Anforderungen des Berliner Stadtverkehrs gerecht zu werden, waren leistungsfähige, gut beschleunigende Lokomotiven gefragt. Die neuen 1'B1'-Tenderloks der Gattung T 5.1 wurden von Henschel erstmals 1895 geliefert. Man verzichtete auf seitliche Wasserkästen und verlegte den Wasservorrat in einen Kasten vor dem vorderen Laufradsatz. Die beiden Kuppelradsätze hatten nur einen Radstand von 2.000 mm, was zwar eine gute Bogenläufigkeit bewirkte, jedoch bei höheren Geschwindigkeiten einen unruhigen Lauf verursachte. Die preußische Staatsbahn nahm zwischen 1895 und 1905 insgesamt 309 der T 5.1 in Betrieb. Von der DRG wurden nur noch 26 Stück übernommen (71 001-026), die alle bis zum Jahre 1930 ausgemustert waren.

Von 1907 bis 1921 beschaffte die Oldenburgische Staatsbahn 20 Personenzug-Tenderlokomotiven, die von der Hanomag nach dem Vorbild der preußischen T 5.1 gebaut wurden. Die bekannten Mängel der preußischen Maschine versuchte man durch vergrößerten Radsatzstand, höhere Kessellage und andere Anordnung der Bremsen zu beheben. Die oldenburgischen T 5.1 sind als 71 401-420 von der DRG übernommen und ebenfalls in den Jahren 1927 bis 1930 außer Betrieb genommen worden.

Die Sächsische Staatsbahn übernahm mit nur geringen Modifikationen ebenfalls das Konzept der T 5.1. Aber auch bei der »IV T« wurden der unruhige Lauf bei höheren Geschwindigkeiten bemängelt und verschiedene Entgleisungen beklagt. Zwischen 1897 und 1909 bezog die Sächsische Staatsbahn von Hartmann 91 Loks, wobei immer wieder kleinere Änderungen erfolgten. So wurden ab 1902 seitliche Wasserkästen angebracht, um den Wasservorrat zu erhöhen. Die DRG übernahm als Baureihe 71.3 noch 85 Maschinen. Neun davon waren nach 1945 noch im Einsatz und kamen zur DR. Die letzten Exemplare wurden 1955 ausgemustert.

| Technische Daten: | | | |
|---|---|---|---|
| Baureihenbezeichnung: | 71.0 (DRG) | 71.3 (DRG) | 71.4 (DRG) |
| Radsatzanordnung: | 1'B1'n2t | 1'B1'n2t | 1'B1'n2t |
| Zylinderdurchmesser (mm): | 430 | 430 | 430 |
| Kolbenhub (mm): | 600 | 600 | 600 |
| Verdampfungsheizfläche (m²): | 95,09 | 93,98 (ab 71 341: 94,01) | 100,68 |
| Vmax (km/h): | 75 | 75 | 75 |
| Leistung (PSi): | 510 | 510 | 510 |
| Dienstmasse (t): | 53,2 | 56,3 (ab 71 341: 60,1) | 54,8 |
| Größte Radsatzfahrmasse (t): | 15,7 | 14,9 (ab 71 341: 15,3) | 15,3 |
| Länge über Puffer (mm): | 11.685 | 11.770 | 11.685 |
| Treib-/Kuppelraddurchmesser (mm): | 1.600 | 1.590 | 1.600 |
| Laufraddurchmesser (v) (mm): | 1.000 | 1.065 | 1.000 |
| Laufraddurchmesser (h) (mm): | 1.000 | 1.065 | 1.000 |
| Wasserkasteninhalt (m³): | 5,5 | 7,5 | 5,5 |
| Brennstoffvorrat (t): | 1,6 | 2,0 | 1,6 |
| Indienststellung: | 1895-1905 | 1897-1909 | 1907-1921 |
| Verbleib: | ++ | ++ | ++ |

*Foto: Archiv transpress*

## 71.0" (DRG, DB)

Das Aufgabengebiet dieser Einheitslok war die Beförderung von schnellen Personenzügen auf Nebenbahnen. Im Einsatz war sie gegenüber einigen Schwächen des Triebwagenverkehrs (geringere Flexibilität im Platzangebot, begrenzte Möglichkeit des Gütertransports) im Vorteil. Schwartzkopff lieferte 1934 die ersten beiden Maschinen der Baureihe 71.0 in zweiter Besetzung. Jeweils zwei Lokomotiven dieses Typs bauten 1936 Krupp und Borsig. Die Hoffnung, durch einen Kesseldruck von 20 bar bei günstigem Verbrauch eine erhöhte Leistung zu erzielen, erfüllte sich nicht, weshalb der Kesseldruck später auf 16 bar gesenkt wurde. Bei den später gebauten vier Exemplaren wurde der Kuppelraddurchmesser von 1.500 auf 1.600 mm und der Zylinderdurchmesser von 310 mm auf 330 mm vergrößert. Sie konnten daher für eine Höchstgeschwindigkeit von 100 km/h zugelassen werden. Alle sechs Maschinen waren mit einer mechanischen Rostbeschickung ausgestattet, die einen Einmannbetrieb erlaubte. Abweichend von üblichen Gepflogenheiten erhielten die Loks einen Blechrahmen. Angetrieben war der zweite Kuppelradsatz, die Laufradsätze ruhten in Bisselgestellen.
Da die preußischen 1'B1'-Loks bereits ausgemustert waren, konnte die Baureihe 71 erneut belegt werden und so erhielten die sechs Exemplare die Betriebsnummern 71 001-006. Nach dem Zweiten Weltkrieg waren die Lokomotiven zunächst beim Bahnbetriebswerk Nürnberg stationiert, später kamen sie nach Kaiserslautern und Landau. Bis August 1956 waren alle Maschinen ausgemustert.

Foto: Bellingrodt, Slg. Kleine, Archiv transpress

| Technische Daten: | |
|---|---|
| Baureihenbezeichnung: | 71.0" (DRG) |
| Radsatzanordnung: | 1'B1'h2t |
| Zylinderdurchmesser (mm): | 310 (ab 71 003: 330) |
| Kolbenhub (mm): | 660 |
| Verdampfungsheizfläche (m²): | 67,38 (ab 71 003: 67,74) |
| Vmax (km/h): | 90 (ab 71 003: 100) |
| Leistung (PSi): | 560 (ab 71 003: 570) |
| Dienstmasse (t): | 58,6 |
| Größte Radsatzfahrmasse (t): | 15,1 (ab 71 003: 15,0) |
| Länge über Puffer (mm): | 11.800 |
| Treib-/Kuppelraddurchmesser (mm): | 1.500 (ab 71 003: 1.600) |
| Laufraddurchmesser (v) (mm): | 850 |
| Laufraddurchmesser (h) (mm): | 850 |
| Wasserkasteninhalt (m³): | 7,0 |
| Brennstoffvorrat (t): | 3,0 (ab 71 003: 2,8) |
| Indienststellung: | 1934-1936 |
| Verbleib: | ++ |

## 71.2 (bay. Pt 2/4 H, DRG)

Diese 1'B1'-Maschinen waren bei der Bayerischen Staatsbahn für den leichten Perso-nenzugdienst auf Hauptbahnen und für schwere Züge auf Nebenbahnen vorgesehen. Die in den Jahren von 1906 bis 1909 von der Firma Krauss erbauten 12 Maschinen waren so konstruiert, dass unter bestimmten Voraussetzungen ein Einmannbetrieb möglich war. So waren alle Armaturen und Bedienhebel auf die rechte Führerstandsseite verlegt worden. Übergangsbrücken an den Lokomotivenden ermöglichten dem Zugführer den Zugang zum Führerhaus und es gab einen gesicherten Laufgang auf der rechten Lokomotivseite sowie eine zusätzliche Tür an der Vorderwand des Führerhauses. So war es dem Zugführer möglich, zumindest zeitweise auf dem Führerstand die Strecke zu beobachten und den Zug bei Bedarf (z.B. bei Dienstunfähigkeit des Lokomotivführers oder während der Heizphase) notfalls anhalten zu können. Alle Maschinen waren mit einer Schüttfeuerung mit Fülltrichter ausgerüstet. Obwohl nur für eine Höchstgeschwindigkeit von 75 km/h zugelassen, waren auf Grund ihrer guten Laufeigenschaften in beiden Fahrtrichtungen auch Geschwindigkeiten bis 90 km/h ohne weiteres möglich.
Im Verlauf der Lieferungen blieben Radsatzanordnung, Rahmen, Laufwerk und Federung gleich. Verbesserungen gab es bei der Ausgestaltung des Führerhauses und weiteren Details. Die bayerischen Lokomotiven waren gegenüber den vergleichbaren preußischen Maschinen nicht nur in der Laufruhe überlegen, sondern auch in ihrer Leistungsfähigkeit. Sie konnten auf ebener Strecke mühelos bis zu 250 t Zuglast bei einer Geschwindigkeit von 75 km/h bewegen. Sie zählten somit zu den leistungsfähigsten Loks in dieser Bauart.
Die DRG übernahm alle zwölf Maschinen als Baureihe 71.2 (71 201-212). 1933 waren noch zehn Loks in München und Augsburg stationiert, die letzten wurden erst 1948 ausgemustert.

Foto: Slg. Töpelmann, Archiv transpress

| Technische Daten: | |
|---|---|
| Baureihenbezeichnung: | 71.2 (DRG) |
| Radsatzanordnung: | 1'B1'h2t |
| Zylinderdurchmesser (mm): | 440 |
| Kolbenhub (mm): | 540 |
| Verdampfungsheizfläche (m²): | 67,90 |
| Vmax (km/h): | 75 |
| Leistung (PSi): | |
| Dienstmasse (t): | 60,0 |
| Größte Radsatzfahrmasse (t): | 16,0 |
| Länge über Puffer (mm): | 10.700 |
| Treib-/Kuppelraddurchmesser (mm): | 1.546 |
| Laufraddurchmesser (v) (mm): | 1.006 |
| Laufraddurchmesser (h) (mm): | 1.006 |
| Wasserkasteninhalt (m³): | 8,0 |
| Brennstoffvorrat (t): | 1,8 |
| Indienststellung: | 1906-1909 |
| Verbleib: | ++ |

## 72.0 (preuß. T 5.2, DRG), 72 001-002'' (ELE, DRG, DR)

Die Mängel beim Einsatz der T 5.1 im Berliner Vorortverkehr veranlassten 1898 die Preußische Staatsbahn, bei den Firmen Henschel und Grafenstaden eine Serie von 2'B-Nassdampf-Tenderlokomotiven in Auftrag zu geben, die diese Nachteile ausräumten. Die vor allem auf der Strecke Berlin–Potsdam eingesetzte T 5.2 (»Wannsee-Typ«) war bezüglich Kesselgröße, Heizfläche, Vorräten und Dienstmasse der T 5.1 überlegen. Sie erhielt größere Zylinderdurchmesser und statt Flachschieber wurden Kolbenschieber verwendet. Der hintere Kuppelradsatz war weit nach hinten gerutscht und befand sich unter dem Führerstand. Trotz des größeren Radsatzstands von 2.600 mm war die Lok insgesamt kürzer als die T 5.1. Für die Rückwärtsfahrt war sie mit ihren großen Treibrädern weniger geeignet, deshalb beschränkte sich ihr Einsatz vor allen auf die Ringstrecken. Sie erreichte 60 km/h mit 550 t in der Ebene. Der Kessel war dem Triebwerk deutlich überlegen und so konnte die eigentlich vorhandene Leistung letztendlich nicht ganz ausgenutzt werden. Insgesamt 44 Maschinen wurden geliefert. Versuchsweise wurden zwei mit Rauchkammerüberhitzer ausgestattet. Die DRG übernahm nur noch zwei Nassdampfloks als 72 001 und 002. Beide wurden 1930 ausgemustert.

1942 wurden die genannten Betriebsnummern zum zweiten Mal besetzt: Die Eutin-Lübecker Eisenbahn (ELE) bestellte in den Jahren 1911/12 bei der Firma Henschel zwei Maschinen desselben Typs. Beide Loks wurden 1924 bzw. 1930 auf Heißdampf umgerüstet. Nach der Übernahme durch die DRG 1941 bekamen diese Maschinen die Nummern 72 001 und 002. 1942/43 gingen sie als Werkslok in Privatbesitz über. Nach dem Zweiten Weltkrieg tauchte eine dieser ELE-Lokomotiven beim Bw Berlin Anhalter Bf wieder auf. Nach einer Aufarbeitung bei LEW Hennigsdorf wurde sie noch kurz als 72 001 in den Betriebspark der DR übernommen, aber schon 1955 ausgemustert und wenig später verschrottet.

*Foto: Kirchhoff, Slg. Töpelmann, Archiv transpress*

**Technische Daten:**

| | | |
|---|---|---|
| Baureihenbezeichnung: | 72.0 (DRG) | 72 001-002'' (DRG) |
| Radsatzanordnung: | 2'Bn2t | 2'Bh2t |
| Zylinderdurchmesser (mm): | 440 | 440 |
| Kolbenhub (mm): | 600 | 600 |
| Verdampfungsheizfläche (m²): | 100,68 | 121,00 |
| Vmax (km/h): | 75 | 80 |
| Leistung (PSi): | 590 | |
| Dienstmasse (t): | 56,4 | 56,6 |
| Größte Radsatzfahrmasse (t): | 16,7 | 16,7 |
| Länge über Puffer (mm): | 10.856 | 10.856 |
| Treib-/Kuppelraddurchmesser (mm): | 1.600 | 1.600 |
| Laufraddurchmesser (v) (mm): | 800 | 850 |
| Laufraddurchmesser (h) (mm): | - | - |
| Wasserkasteninhalt (m³): | 6,0 | 6,0 |
| Brennstoffvorrat (t): | 2,0 | 2,0 |
| Indienststellung: | 1899-1900 | 1911 (Umbau 1924/1930) |
| Verbleib: | ++ | ++ |

## 72.1 (bay. Pt 2/4 N, DRG)

Die Bayerische Staatsbahn stellte 1909 mit der Pt 2/3 (DRG-Baureihe 70.0) eine leistungsfähige Tenderlokomotive in Dienst, die sich in der Praxis gut bewährte und sogar später von anderen Bahnverwaltungen nachgebaut wurde. Ungewöhnlich an dieser Maschine war der große Abstand zwischen dem fest im Rahmen gelagerten Laufradsatz und den weit nach hinten verschobenen Kuppelradsätzen. Gleichzeitig mit der Inbetriebnahme dieser Gattung hatte die Bayerische Staatsbahn zu vergleichenden Versuchen zwei 2'B-Tenderloks ähnlicher Bauart, aber mit Zweizylinder-Nassdampftriebwerk entwickeln lassen. Bei geringfügig höherer Kessellage entsprachen die Kesselabmessungen jenen der Pt 2/3. Anstelle des festen Laufradsatzes war aber ein Drehgestell mit einem Seitenspiel von 20 mm verwendet worden. Wegen des Drehgestells blieb in dem genieteten Blechrahmen kein Platz für einen zusätzlichen Wasserbehälter. Um ein angestrebtes Fassungsvermögen von rund 6 m³ zu erhalten, mussten daher die seitlichen Wasserkästen etwas länger ausgeführt werden.

Diese gravierende Änderung in der Konzeption erwies sich als Flop, was allein schon die Tatsache belegt, dass überhaupt nur zwei Maschinen dieses Typs gebaut wurden. Einfache Laufradsätze wären ausreichend und weniger aufwändig gewesen. Auch die Leistung blieb deutlich hinter vergleichbaren Lokomotiven zurück, auf einen Nachbau der Pt 2/4 wurde deshalb verzichtet. Beide Loks wurden von der DRG übernommen (72 101 und 102), aber bereits im Jahre 1929 ausgemustert.

*Foto: Archiv Obermayer*

**Technische Daten:**

| | |
|---|---|
| Baureihenbezeichnung: | 72.1 (DRG) |
| Radsatzanordnung: | 2'Bn2t |
| Zylinderdurchmesser (mm): | 350 |
| Kolbenhub (mm): | 500 |
| Verdampfungsheizfläche (m²): | 73,58 |
| Vmax (km/h): | 65 |
| Leistung (PSi): | 390 |
| Dienstmasse (t): | 39,0 |
| Größte Radsatzfahrmasse (t): | 13,2 |
| Länge über Puffer (mm): | 9.065 |
| Treib-/Kuppelraddurchmesser (mm): | 1.250 |
| Laufraddurchmesser (v) (mm): | 800 |
| Laufraddurchmesser (h) (mm): | - |
| Wasserkasteninhalt (m³): | 6,0 |
| Brennstoffvorrat (t): | 1,1 |
| Indienststellung: | 1909 |
| Verbleib: | ++ |

*Foto: Maey, Slg. Kleine, Archiv transpress*

## 73.0 (pfälz. P 2'', DRG), 73.0-1 (bay. D XII, DRG), 73.1 (bay. Pt 2/5 N, DRG), 73.2 (bay. Pt 2/5 H, DRG)

Bei der Entwicklung von Tenderlokomotiven der Gattung D XII der Bayerischen Staatsbahn im Jahre 1897 kamen moderne Konstruktionsprinzipien zum Durchbruch. Die Radsatzfolge 1'B2' ermöglichte das Unterbringen größerer Vorräte und veränderte die Reibungsmasse bei abnehmenden Vorräten nur geringfügig. Das Laufwerk mit dem vorderen Krauss-Helmholtz-Drehgestell, der festen Treibachse und dem hinteren seitenverschiebbaren Drehgestell hatte praktisch keinen festen Radsatzstand, aber eine große geführte Länge, so dass die Laufeigenschaften in beiden Richtungen sowohl auf der Geraden als auch in der Kurve überzeugten.
Die zwischen 1897 und 1904 beschafften 96 Lokomotiven waren zunächst für den Münchner Vorortverkehr vorgesehen, fuhren später u.a. auch in Nürnberg, Lindau, Aschaffenburg. Auf Grund ihrer hervorragenden Laufeigenschaften und ihrer großen Vorräte konnten sie im Schnellzugverkehr ebenso eingesetzt werden. Zwei dieser Lokomotiven kamen 1916 zur Pfalzbahn und später als Gattung T 5 zur den Saarbahnen. Die restlichen 94 Stück wurden von der DRG als Baureihe 73.0-1 übernommen und erhielten die Betriebsnummern 73 031 bis 73 124. Die ersten Ausmusterungen erfolgten bereits 1925. Eine große Anzahl wurde in der Zeit von 1931 bis 1935 außer Dienst gestellt, die letzten Exemplare erst 1948 in den Westzonen.
Die Pfälzische Eisenbahn beschaffte von der zu ihrer Zeit leistungsfähigsten Maschine zwischen 1900 und 1903 ebenfalls 31 Stück in fast baugleicher Ausführung. Die Firma Krauss stellte 21 Stück her, Maffei lieferte die restlichen zehn dieser mit der Gattungsbezeichnung P 2'' versehenen Maschinen. Die DRG übernahm davon 28 Loks mit den Betriebsnummern 73 001 bis 73 028, welche bis 1935 alle ausgemustert waren.
Obwohl sich die 1'B2'-Lokomotiven mit Nassdampf-Triebwerk hervorragend bewährten, zeigte die Firma Krauss im Jahre 1906 auf der Bayerischen Jubiläums-Landesausstellung eine der D XII ähnliche Maschine in Heißdampf-Ausführung, welche die Bezeichnung Pt 2/5 H und die Bahnnummer 5201 erhalten hatte. Diese Konstruktion versprach keine wesentliche Verbesserung der Leistungsfähigkeit und wurde deshalb auch nicht weiterverfolgt. Es blieb deshalb bei diesem Einzel-Exemplar, das mit der Betriebsnummer 73 201 von der DRG übernommen wurde. Sie war zunächst in München, später in Nürnberg eingesetzt und wurde dort 1933 ausgemustert.
Im Jahre 1907 wurden weitere 9 Maschinen des Typs D XII bestellt, welche die Bezeichnung Pt 2/5 N trugen und als Baureihe 73.1 mit den Betriebsnummern 73 131 bis 73 139 zur DRG gelangten. Sie waren wieder mit einem Nassdampftriebwerk ausgestattet. Zwischen 1931 und 1935 wurden auch diese Maschinen ausgemustert.
In den Jahren 1903 bis 1911 stellten auch die Reichseisenbahnen in Elsass-Lothringen 37 Maschinen in Dienst, die der pfälzischen P 2'' entsprachen und zunächst die Baureihenbezeichnung D 32, später T 5 erhielten. Lediglich eine dieser Maschinen kam nach dem Ersten Weltkrieg nach München, wo sie als 73 125 noch für einige Zeit in den Maschinenpark aufgenommen wurde.

*Foto: Slg. Töpelmann, Archiv transpress*

**Technische Daten:**

| Baureihenbezeichnung: | 73.0 (DRG) | 73.0-1 (DRG) | 73.1 (DRG) | 73.2 (DRG) |
|---|---|---|---|---|
| Radsatzanordnung: | 1'B2'n2t | 1'B2'n2t | 1'B2'n2t | 1'B2'h2t |
| Zylinderdurchmesser (mm): | 450 | 450 | 450 | 500 |
| Kolbenhub (mm): | 560 | 560 | 560 | 560 |
| Verdampfungsheizfläche (m²): | 104,63 | 104,63 | 104,63 | 89,07 |
| Vmax (km/h): | 90 | 90 | 90 | 90 |
| Leistung (PSi): | | | | |
| Dienstmasse (t): | 68,5 | 67,8-68,8 | 68,8 | 70,7 |
| Größte Radsatzfahrmasse (t): | 15,3 | 14,4-15,3 | 15,3 | 16,0 |
| Länge über Puffer (mm): | 11.928 | 11.850/11.928 | 11.888 | 11.894 |
| Treib-/Kuppelraddurchmesser (mm): | 1.640 | 1.640 | 1.640 | 1.640 |
| Laufraddurchmesser (v) (mm): | 1.006 | 1.006 | 1.006 | 1.006 |
| Laufraddurchmesser (h) (mm): | 1.006 | 1.006 | 1.006 | 1.006 |
| Wasserkasteninhalt (m³): | 9,1 | 8,9-9,1 | 9,1 | 9,1 |
| Brennstoffvorrat (t): | 3,2 | 2,3-3,2 | 3,2 | 3,0 |
| Indienststellung: | 1900-1903 | 1897-1904 | 1907 | 1906 |
| Verbleib: | ++ | ++ | ++ | ++ |

## 74.0-3 (pr. T 11, DRG, DB, DR)

Zur Bewältigung des gestiegenen Personenzugverkehrs auf den Strecken Frankfurt–Hanau und Hanau–Friedberg gab die KED Frankfurt eine leistungsstarke 1'Cn2-Tenderlok in Auftrag. Die Union-Gießerei in Königsberg entwickelte 1902 aus der Gattung T 9.3 die T 11 mit einem Kuppelraddurchmesser von 1.500 mm, die eine Höchstgeschwindigkeit von 80 km/h erreichen konnte. Kesseldurchmesser und -höhenlage entsprachen der T 9.3, Rohrlänge und -zahl wurden erhöht und bei gleichem Kolbenhub bekam der Zylinder einen um 300 mm größeren Durchmesser. Der Laufradsatz bildete mit dem ersten Kuppelradsatz ein Krauss-Helmholtz-Gestell, die Kuppelradsätze waren nahezu gleich belastet. Das Leistungsprogramm sah die Beförderung von 165 t mit 60 km/h vor. Die T 11 war zwar als Nassdampfmaschine konzipiert, doch ab 1923 baute man knapp 40 Exemplare auf Heißdampf um.
Bis 1910 erwarb die Preußische Staatsbahn 471 Lokomotiven der Gattung T 11. Weitere neun Exemplare gingen an die Lübeck-Büchener Eisenbahn (LBE). Danach wurde die Produktion zugunsten des Nachfolgemodells T 12 eingestellt. Bis zur Elektrifizierung der Berliner S-Bahn hat sich die T 11 (wie auch die T 12) im Berliner Stadtbahnverkehr bestens bewährt. Später war ihr Hauptbetätigungsfeld der Rangierdienst. Die meisten T 11 wurden von der DRG als 74 001-358 übernommen.
Nach dem Zweiten Weltkrieg blieben noch 120 Stück der T 11 übrig: 65 übernahm die DB, 55 gingen auf die DR über. Die DB musterte alle ihre Maschinen bis 1950/51 aus. Die DR-Maschinen wurden hauptsächlich im Thüringer Raum bis etwa 1958 verwendet. Als letzte musste 1965 die 74 231 des Bw Gotha den Dienst quittieren. Danach war die Lok bei der Industriebahn Erfurt bis 1974 im Einsatz. Als preußische T 11 »7512 Han« zieht die vormalige 74 231 heute bei der Museumseisenbahn Minden die Museumszüge. Eine weitere T 11 (ex DRG 74 104") blieb in Polen erhalten.

| Technische Daten: | | |
|---|---|---|
| Baureihenbezeichnung: | 74.0-3 (DRG) | 74.0-3 (Umbau DRG) |
| Radsatzanordnung: | 1'Cn2t | 1'Ch2t |
| Zylinderdurchmesser (mm): | 480 | 480 |
| Kolbenhub (mm): | 630 | 630 |
| Verdampfungsheizfläche (m²): | 116,4 | 89,5 |
| Vmax (km/h): | 80 | 80 |
| Leistung (PSi): | 520 | 645 |
| Dienstmasse (t): | 62,6 | 62,7 |
| Größte Radsatzfahrmasse (t): | 15,8 | 15,6 |
| Länge über Puffer (mm): | 11.190 | 11.190 |
| Treib-/Kuppelraddurchmesser (mm): | 1.500 | 1.500 |
| Laufraddurchmesser (v) (mm): | 1.000 | 1.000 |
| Laufraddurchmesser (h) (mm): | - | - |
| Wasserkasteninhalt (m³): | 7,4 | 7,4 |
| Brennstoffvorrat (t): | 2,5 | 2,5 |
| Indienststellung: | 1903-1910 | Umbau ab 1923 |
| Verbleib: | 74 104" (Polen), 74 231 (MEM) | ++ |

*Foto: Slg. Kleine, Archiv transpress*

## 74.3 (LBE T 10, DRG, DB)

In Anlehnung an die preußische T 9.3 (DRG 91.3-18) beschaffte die Lübeck-Büchener Eisenbahn (LBE) 1911/12 fünf 1'C-Nassdampftenderloks von den Linke-Hofmann-Werken. Sie wurden als Gattung T 10 bezeichnet, erhielten die Bahnnummern 118 bis 122 und die Namen »Rothenburgsort«, »Hasselbrook«, »Schlutup«, »Moisling« und »Dänischburg«. Wie bei T 9.3 erfolgte der Antrieb auf den zweiten Kuppelradsatz und der Laufradsatz war mit dem ersten Kuppelradsatz zu einem Krauss-Helmholtz-Gestell zusammengefasst. Dagegen erhielten die LBE-Maschinen einen mit 1.400 mm um 50 mm größeren Kuppelradsatzdurchmesser. Daher konnte problemlos die zulässige Höchstgeschwindigkeit auf 70 km/h festgelegt werden, bei der T 9.3 waren es nur 65 km/h.
Bei der LBE fuhren die Loks vorwiegend im Güterzugdienst, kamen aber auch im sonntäglichen Ausflugsverkehr von Personenzügen zum Einsatz. In der Ebene konnten sie eine Last von 250 t mit 70 km/h befördern, bei 5 ‰ Steigung waren es mit 50 km/h stolze 260 t.
Nach der Verreichlichung der LBE 1938 kamen noch vier Maschinen (Nr. 119-122) in den Bestand der DRG, welche sie als Personenzugloks einordnete und mit den Betriebsnummern 74 361-364 in ihren Bestand einreihte. Nach dem Zweiten Weltkrieg gelangten alle vier Tenderloks in den Bestand der DB, welche sie zwischen 1950 und 1954 ausmusterte.

| Technische Daten: | |
|---|---|
| Baureihenbezeichnung: | 74.3 (DRG) |
| Radsatzanordnung: | 1'Cn2t |
| Zylinderdurchmesser (mm): | 450 |
| Kolbenhub (mm): | 630 |
| Verdampfungsheizfläche (m²): | 103,60 |
| Vmax (km/h): | 70 |
| Leistung (PSi): | 650 |
| Dienstmasse (t): | 60,48 (74 363-364: 58,8) |
| Größte Radsatzfahrmasse (t): | 15 |
| Länge über Puffer (mm): | 10.415 |
| Treib-/Kuppelraddurchmesser (mm): | 1.400 |
| Laufraddurchmesser (v) (mm): | 1.000 |
| Laufraddurchmesser (h) (mm): | - |
| Wasserkasteninhalt (m³): | |
| Brennstoffvorrat (t): | |
| Indienststellung: | 1911-1912 |
| Verbleib: | ++ |

*Foto: DLA Darmstadt (Hubert)/Bildarchiv der Eisenbahnstiftung*

## 74.4-13 (pr. T 12, LBE T 12, DRG, DB, DR)

Die ersten T 12 entstanden schon 1902, als die Union-Gießerei vier 1'Ch2-Maschinen lieferte, also noch vor der Einführung der T 11. Diese Loks waren mit Rauchrohrüberhitzer der Bauart Schmidt ausgerüstet und gegenüber der T 11 an der vergrößerten Rauchkammer erkennbar. Nach ausgedehnten Versuchsfahrten auf der Berliner Stadtbahn zeigte sich, dass die T 12 gegenüber der T 11 mit erheblichen Einsparungen beim Kohle- und Wasserverbrauch aufwarten konnte und sich somit als wirtschaftlicher erwies. In den Jahren 1905 bis 1907 lief daher die Serienfertigung der T 12 in größerem Umfang an.
Ab 1911 war nicht nur die endgültige Form der T 12 gefunden, sondern auch definitiv die Entscheidung zugunsten der Heißdampflokomotive gefallen. Im Jahr 1913 lieferte die Firma Borsig die ersten Lokomotiven mit Speisewasservorwärmer, der dann ab 1916 serienmäßig eingebaut wurde. Bis zum Jahre 1923 sind von der T 12 fast 1.000 Maschinen gebaut worden. Nach Elektrifizierung der Berliner Stadtbahn blieben den T 12 nur Rangieraufgaben oder Personen- und Güterzüge auf kürzeren Strecken.
Die DRG übernahm von der Preußischen Staatsbahn im Jahre 1925 noch 899 Loks der T 12 mit den Betriebsnummern 74 401-543 und 545-1300. Später kamen von den Saarbahnen noch zehn Stück (74 1301-1310) und nach der Verreichlichung der Lübeck-Büchener Eisenbahn 1938 weitere elf (74 1311-1321) hinzu. Die 74 1317-1321 waren bei der Übernahme mit Wendezugsteuerung und einer Stromlinienverkleidung (als Marketing-Gag) ausgestattet.
Auch nach dem Zweiten Weltkrieg waren noch viele Lokomotiven in beiden Teilen Deutschlands im Einsatz. Die DB musterte alle T 12 bis 1966 aus. Etwa zur gleichen Zeit verschwanden auch bei der DR die letzten T 12. Mit den 74 1192 und 1230 in Deutschland sowie der ehemaligen 74 1234 in Polen blieben drei Exemplare für die Nachwelt erhalten.

Foto: Blaschke

| Technische Daten: | |
|---|---|
| Baureihenbezeichnung: | 74.4-13 (DRG) |
| Radsatzanordnung: | 1'Ch2t |
| Zylinderdurchmesser (mm): | 540 |
| Kolbenhub (mm): | 630 |
| Verdampfungsheizfläche (m²): | 105,37 (ex LBE: 110,42) |
| Vmax (km/h): | 80 |
| Leistung (PSi): | 870 (ex LBE: 910) |
| Dienstmasse (t): | 67,2 (ex LBE: 72,0) |
| Größte Radsatzfahrmasse (t): | 17,7 (ex LBE: 18,7) |
| Länge über Puffer (mm): | 11.800 (ex LBE: 12.100) |
| Treib-/Kuppelraddurchmesser (mm): | 1.500 |
| Laufraddurchmesser (v) (mm): | 1.000 |
| Laufraddurchmesser (h) (mm): | - |
| Wasserkasteninhalt (m³): | 7,0 (ex LBE: 7,5) |
| Brennstoffvorrat (t): | 2,5 |
| Indienststellung: | 1902-1923 |
| Verbleib: | 74 1192 (DGEG, Bochum-Dahlhausen), 1230 (VMN, Berlin-Schöneweide), 1234 (Polen) |

## 75.0 (wü. T 5, DRG, DB)

Die Württembergische Staatsbahn beauftragte 1908/09 die Maschinenfabrik Esslingen mit der Entwicklung einer leistungsfähigen Tenderlok. Die ersten 1910 gelieferten neun Maschinen der Gattung T 5 (Bahnnummern 1201-1209) mit der Radsatzfolge 1'C1' und einem ungewöhnlich langen festen Radsatzstand von 4.000 mm konnten die Wünsche nach hoher Leistung bei geringer Masse erfüllen. Sie waren mit einem Zweizylinder-Heißdampftriebwerk ausgestattet. Trotz des Treibraddurchmessers von 1.450 mm liefen die Maschinen erstaunlich ruhig und so konnte die zunächst vorgesehene Höchstgeschwindigkeit von 70 km/h auf 80 km/h heraufgesetzt werden. In der Ebene konnte die T 5 einen Reisezug von 250 Tonnen mit 80 km/h befördern.
Mit ihren reichlich bemessenen Vorräten und dem ruhigen Lauf war die T 5 prädestiniert für den Einsatz im schnellen Personenzugdienst auf kurzen Haupt- und wichtigen Nebenbahnstrecken. Der erste Einsatz erfolgte auf der Strecke Eutingen–Freudenstadt–Hausach. Nachdem auf den krümmungs- und steigungsreichen Schwarzwaldstrecken sehr gute Erfahrungen gesammelt wurden, konnten die Maschinen sogar im Schnellzugdienst zwischen Stuttgart und Immendingen verwendet werden.
Von 1910 bis 1920 wurden insgesamt 96 Exemplare angeschafft. Die überwiegende Anzahl dieser Lokomotiven stellte die Maschinenfabrik Esslingen her. Drei Loks mussten 1919 als Reparationsleistung an Frankreich abgegeben werden, so dass die DRG noch 93 Stück als 75 001-093 übernahm. Schwerpunktmäßig lief die T 5 nun im Großraum Stuttgart. Nach dem Zweiten Weltkrieg besaß die DB noch 89 der bewährten Maschinen. Ab 1959 erfolgte verstärkt die Ausmusterung der T 5. Letztes großes Heimat-Bw war Aulendorf. Im Juni 1963 trat dort die 75 042 zur allerletzten Fahrt einer T 5 an. Sie sollte eigentlich zu Museumszwecken erhalten werden, ist dann aber leider verschrottet worden.

Foto: Slg. Töpelmann, Archiv transpress

| Technische Daten: | |
|---|---|
| Baureihenbezeichnung: | 75.0 (DRG) |
| Radsatzanordnung: | 1'C1'h2t |
| Zylinderdurchmesser (mm): | 500 |
| Kolbenhub (mm): | 612 |
| Verdampfungsheizfläche (m²): | 110,08-112,99 |
| Vmax (km/h): | 80 (anfangs 70) |
| Leistung (PSi): | 880 |
| Dienstmasse (t): | 69,5-74,1 |
| Größte Radsatzfahrmasse (t): | 14,7-15,6 |
| Länge über Puffer (mm): | 12.200 |
| Treib-/Kuppelraddurchmesser (mm): | 1.450 |
| Laufraddurchmesser (v) (mm): | 943 |
| Laufraddurchmesser (h) (mm): | 943 |
| Wasserkasteninhalt (m³): | 8,4 (ab 75 016: 10,0) |
| Brennstoffvorrat (t): | 3,3 (ab 75 016: 4,0) |
| Indienststellung: | 1910-1920 |
| Verbleib: | ++ |

## 75.1-3 (bad. VI b1-11, KOE, DRG, DB, DR)

Als erste deutsche Bahnverwaltung setzte die Badische Staatsbahn ab 1900 eine 1'C1'-Tenderlokomotive ein, welche die Gattungsbezeichnung »VI b« erhielt. Nicht nur gestiegenes Verkehrsaufkommen sondern auch die Bewältigung von beträchtlichen Steilstrecken erforderten eine leistungsfähige Lok. Für den vorgesehenen Einsatz auf der Höllentalbahn erhielten die ersten Bauserien eine nach hinten geneigte Feuerbüchse, so dass während der Fahrt auf der Steilstrecke (mit Zahnrad-Schublok) auch bei niedrigem Wasserstand die Feuerbüchsendecke immer wasserbedeckt blieb. Die VI b verfügte über ein Zweizylinder-Nassdampftriebwerk mit waagerechten Zylindern und Antrieb des zweiten Kuppelradsatzes. Als besonderes Kennzeichen galt das Verbindungsrohr zwischen den beiden Dampfdomen. Mit ihren sehr guten Laufeigenschaften bewährten sich die Loks in allen Diensten.

Die ersten 15 Exemplare der VI b stellte 1900 Maffei her, weitere 116 Stück lieferte in mehreren Baulosen bis 1908 die Maschinenbau-Gesellschaft Karlsruhe (MBG). Obwohl mit der badischen VI c bereits ein stärkeres Nachfolgemodell verfügbar war, kam es in den Jahren 1921 und 1923 zu einer Nachlieferung von 42 Lokomotiven, so dass insgesamt 173 Exemplare der VI b gebaut worden sind.

1925 zeichnete die DRG 164 Lokomotiven in 75 101-302 um, wobei die Ordnungsnummern nicht fortlaufend vergeben wurden. Zwischen 1935 und 1937 erwarb die Kreis Oldenburger Eisenbahn (KOE) fünf Maschinen von der DRG. Diese wurden nach der Verstaatlichung der KOE 1941 mit ihren alten Betriebsnummern wieder in den Bestand eingereiht. Zur DB kamen nach dem Zweiten Weltkrieg noch 117 Loks. Ab 1953 setzte verstärkt deren Ausmusterung ein, die 75 299 wurde im Mai 1962 als letzte beim Bw Haltingen ausgemustert. Bei der DR waren nach 1945 noch sieben VI b vorhanden. Sie quittierten zwischen 1955 und 1965 den Dienst.

| Technische Daten: | |
|---|---|
| Baureihenbezeichnung: | 75.1-3 (DRG) |
| Radsatzanordnung: | 1'C1'n2t |
| Zylinderdurchmesser (mm): | 435 |
| Kolbenhub (mm): | 630 |
| Verdampfungsheizfläche (m²): | 116,27-119,32 |
| Vmax (km/h): | 80 |
| Leistung (PSi): | 540 |
| Dienstmasse (t): | 64,2-67,3 |
| Größte Radsatzfahrmasse (t): | 14,5 |
| Länge über Puffer (mm): | 11.760 (ab 75 221: 11.764, ab 75 761: 12.144) |
| Treib-/Kuppelraddurchmesser (mm): | 1.480 |
| Laufraddurchmesser (v) (mm): | 990 |
| Laufraddurchmesser (h) (mm): | 990 |
| Wasserkasteninhalt (m³): | 7,0 |
| Brennstoffvorrat (t): | 3,0 |
| Indienststellung: | 1900-1923 |
| Verbleib: | ++ |

*Foto: Bellingrodt, Slg. Töpelmann, Archiv transpress*

## 75.4, 75.10-11 (bad. VI c1-9, DRG, DB, DR)

Auf den kurvenreichen und steilen Strecken in Baden hatte sich die Gattung VI b gut bewährt. Die Badische Staatsbahn griff deshalb bei der Weiterentwicklung dieses Typs auf die Achsfolge 1'C1' zurück, stattete jedoch die Maschinen der neuen Gattung »VI c« mit einem Heißdampftriebwerk aus. Die höhere zulässige Radsatzfahrmasse ließ neben dem Einbau eines Überhitzers auch einen größeren Kessel zu, weshalb die Leistungsfähigkeit und die Geschwindigkeit der neuen Lok noch einmal erhöht werden konnte. Unter diesem Gesichtpunkt wurde der Raddurchmessers von 1.480 auf 1.600 mm vergrößert wie auch der feste Radsatzstand von 3.400 auf 4.000 mm.

Die erste Lieferung erfolgte 1914 durch die Maschinenbau-Gesellschaft Karlsruhe (MBG). Bis 1921 produzierten die MBG und die Firma Jung insgesamt 135 Loks der Gattung VI c, die dann zusammen mit dem Vorgängermodell VI b etwa 50 Prozent des gesamten badischen Fuhrparks ausmachten. Die VI c war eine für fast alle Betriebsarten einsetzbare Maschine. 1918 mussten 28 Loks als Reparationsleistung abgegeben werden, 15 nach Frankreich und 13 nach Belgien. Die restlichen 107 Exemplare übernahm die DRG als 75 401-494 (mit Lücken) und 75 1001-1023 sowie 1101-1120. Bald machten sich die VI c auch außerhalb Badens nützlich: Ende der 1920er-Jahre kamen zehn Loks zur Berliner S-Bahn, 1935 gingen 38 Loks nach Mecklenburg. Zur DB gelangten nach dem Kriege noch 66 Stück, die hauptsächlich in Freiburg, Offenburg, Radolfzell, Singen, Waldshut, Karlsruhe und Villingen eingesetzt waren. Mit der 75 1118 wurde erst 1967 die letzte VI c ausgemustert. Sie ist heute betriebsfähige Museumslok der Ulmer Eisenbahnfreunde (UEF) und fährt im Museumsbetrieb zwischen Amstetten und Gerstetten. Bei der DR verblieben nach 1945 noch 29 Lokomotiven. Sie fuhren bis Ende der 1960er-Jahre in Haldensleben, Bautzen und Löbau.

| Technische Daten: | |
|---|---|
| Baureihenbezeichnung: | 75.4, 75.10-11 (DRG) |
| Radsatzanordnung: | 1'C1'h2t |
| Zylinderdurchmesser (mm): | 540 |
| Kolbenhub (mm): | 640 |
| Verdampfungsheizfläche (m²): | 105,22 |
| Vmax (km/h): | 90 |
| Leistung (PSi): | 790 |
| Dienstmasse (t): | 76,2 (ab 75 1001: 79,5) |
| Größte Radsatzfahrmasse (t): | 16,4 (ab 75 1001: 17,0) |
| Länge über Puffer (mm): | 12.700 |
| Treib-/Kuppelraddurchmesser (mm): | 1.600 |
| Laufraddurchmesser (v) (mm): | 990 |
| Laufraddurchmesser (h) (mm): | 990 |
| Wasserkasteninhalt (m³): | 10,0 |
| Brennstoffvorrat (t): | 4,5 |
| Indienststellung: | 1914-1921 |
| Verbleib: | 75 1118 (UEF) |

*Foto: Blaschke*

## 75.5 (sä. XIV HT, DRG, DR)

Nachdem im Vorort- und Berufsverkehr die Gattung IV T den Anforderungen nicht mehr genügte, beschafften die Sächsischen Staatsbahnen eine dreifach gekuppelte Maschine mit der Radsatzfolge 1'C1'. Die sächsische XIV HT war die schwerste aller deutschen Länderbahnlokomotiven mit dieser Radsatzfolge. Sie besaß ein Zweizylinder-Heißdampftriebwerk mit außenliegenden, waagerecht angeordneten Zylindern. Die Sächsischen Staatsbahnen behielten die Adamsachsen bei, obwohl andere Bahnverwaltungen mit dem Krauss-Helmholtz-Gestell bessere Erfahrungen machten. Trotz einiger dadurch bedingter Mängel im Laufverhalten erfüllten die Loks die in sie gesetzten Erwartungen.

Im Jahr 1911 lieferte Hartmann die ersten acht Maschinen, 1912 folgten weitere sieben. Beide Serien hatten glatt durchlaufende, bis fast zur Schornsteinmittelachse reichende Wasserkästen, die vorn im Bereich des ersten Kuppelradsatzes zur besseren Zugänglichkeit der Steuerung eine Aussparung hatten. Bei späteren Lieferungen wurden die Wasserkästen wegen der besseren Streckensicht vorne abgeschrägt. Bis 1921 lieferte Hartmann insgesamt 106 Lokomotiven. Ab 1917 waren sie mit einem Speisewasservorwärmer ausgestattet, das Führerhaus erhielt einen weiteren Lüfteraufsatz und die kegelige Rauchkammertür wurde durch eine glatte ersetzt. Charakteristisch waren die beiden, durch ein im Kessel verlegtes Rohr verbundenen Dampfdome, zwischen denen der Sandkasten untergebracht war.

Einige Maschinen mussten 1919 als Reparationsleistung an Polen und Frankreich abgegeben werden. In den Bestand der DRG kamen noch 83 XIV HT, diese erhielten die Betriebsnummern 75 501-505 und 511-588. Nach 1945 waren im Bereich der DR 89 Maschinen vorhanden, da einige Reparations-Lokomotiven von 1919 während des Zweiten Weltkriegs wieder eingedeutscht wurden. Alle XIV HT verblieben im sächsischen Raum. Bis 1966/67 war der Bestand auf etwa 30 Exemplare zusammengeschmolzen. Die 75 515 aus dem Jahr 1911 absolvierte am 2. Oktober 1977 von Karl-Marx-Stadt (heute Chemnitz) nach Wolkenstein die letzte Fahrt einer sächsischen XIV HT und ging dann in den Bestand des Verkehrsmuseums Dresden über. Immerhin war sie inzwischen 66 Jahre alt und hatte 2,5 Mio Kilometer auf dem Buckel. Im Neuenmarkt-Wirsberger Dampflokmuseum kann mit der 75 501 eine weitere Sächsin bewundert werden.

Foto: Archiv transpress

| Technische Daten: | |
|---|---|
| Baureihenbezeichnung: | 75.5 (DRG) |
| Radsatzanordnung: | 1'C1'h2t |
| Zylinderdurchmesser (mm): | 550 |
| Kolbenhub (mm): | 600 |
| Verdampfungsheizfläche (m²): | 122,26 |
| Vmax (km/h): | 75 |
| Leistung (PSi): | 990 |
| Dienstmasse (t): | 76,7-82,2 |
| Größte Radsatzfahrmasse (t): | 15,9-16,5 |
| Länge über Puffer (mm): | 12.415 |
| Treib-/Kuppelraddurchmesser (mm): | 1.590 |
| Laufraddurchmesser (v) (mm): | 1.065 |
| Laufraddurchmesser (h) (mm): | 1.065 |
| Wasserkasteninhalt (m³): | 8,0 (ab 75 551: 9,0) |
| Brennstoffvorrat (t): | 2,5 (ab 75 551: 2,8) |
| Indienststellung: | 1911-1921 |
| Verbleib: | 75 501 (DDM Neuenmarkt-Wirsberg), 515 (VMD, Chemnitz) |

## 75 601-605 (BLE, DRG, DB)

Mitte der 1930er-Jahre hatte sich auch bei der Braunschweigischen Landeseisenbahn (BLE) die wirtschaftliche Situation konsolidiert, die Folgen der Weltwirtschaftskrise waren weitgehend überwunden und die Modernisierung des Lokomotivparks konnte fortgesetzt werden. Zur Beschleunigung des Reiseverkehrs beschaffte die BLE fünf moderne 1'C1'h2-Tenderloks mit den Bahnnummern 45-49, welche Krupp in den Jahren 1934 bis 1937 lieferte. Angetrieben wurde bei den kräftigen, geradezu bullig wirkenden Maschinen der zweite Kuppelradsatz. Auffällig war die Ausrüstung mit Windleitblechen, welche an die langen Wasserkästen nahtlos anschlossen. Auf dem Langkessel thronten ein Speisedom und ein Dampfdom, an die jeweils unter gemeinsamer Verkleidung ein Sandkasten angelehnt war. Somit konnten die Kuppelräder in beiden Fahrtrichtungen gesandet werden. Die Loks waren in der Lage, in der Ebene 540 t Last mit 70 km/h zu ziehen und auf einer Steigung von 5 ‰ immer noch 400 t mit 50 km/h.

Nach ihrer Indienststellung übernahmen die Maschinen den Personenverkehr auf den BLE-Strecken Gliesmarode-Fallersleben und Derneburg-Seesen. Mit der Verstaatlichung der BLE zum 1. Januar 1938 gelangten die fünf Loks in den Bestand der DRG und wurden als 75 601-605 eingereiht, blieben aber ihrem bisherigen Einsatzgebiet weitgehend treu. Nach Ende des Zweiten Weltkriegs befanden sich alle fünf Maschinen in den Westzonen. Schon Ende 1946 wurde die 75 601 an die Osthannoversche Eisenbahn AG verkauft. Sie erhielt dort die Betriebsnummer 75 099 und wurde im Sommer 1964 ausgemustert. Die anderen vier erwarb 1946/47 die DEG für die Braunschweig-Schöninger Eisenbahn AG. Dort mussten sie erst 1970 den Dienst quittieren.

Foto: Hubert/Archiv Dirk Endisch

| Technische Daten: | |
|---|---|
| Baureihenbezeichnung: | 75.6 (DRG) |
| Radsatzanordnung: | 1'C1'h2t |
| Zylinderdurchmesser (mm): | 500 |
| Kolbenhub (mm): | 660 |
| Verdampfungsheizfläche (m²): | 104,30 |
| Vmax (km/h): | 75 |
| Leistung (PSi): | |
| Dienstmasse (t): | 77,21 |
| Größte Radsatzfahrmasse (t): | 15 |
| Länge über Puffer (mm): | 12.370 |
| Treib-/Kuppelraddurchmesser (mm): | 1.350 |
| Laufraddurchmesser (v) (mm): | 900 |
| Laufraddurchmesser (h) (mm): | 900 |
| Wasserkasteninhalt (m³): | |
| Brennstoffvorrat (t): | |
| Indienststellung: | 1934-1937 |
| Verbleib: | ++ |

## 75 611-613, 621-624, 631-634 (PE, WPE, MFWE, ELE, DRG, DR)

Nach dem Ersten Weltkrieg benötigte die Eutin-Lübecker Eisenbahn (ELE) dringend neue leistungsfähige Loks. Da die deutschen Länderbahnen mit Maschinen der Radsatzfolge 1'C1' ausgezeichnete Erfahrungen gemacht hatten, bestellte die ELE bei Henschel eine Heißdampftenderlok dieses Typs. Die 1924 gelieferte Bahnnummer 11" war eine gelungene Neukonstruktion, welche nicht nur von der ELE in drei weiteren Exemplaren (Bahnnummern 12"-14") bis 1929 nachbeschafft sondern auch später an andere Privatbahnen geliefert wurde. Mit der Übernahme der ELE 1941 durch die DRG erhielten die vier Maschinen die Betriebsnummern 75 631-634. Nach Kriegsende 1945 kam die 75 633 in den Bestand der DR und musste Ende der 1960er-Jahre beim Bw Haldensleben den Dienst quittieren. Die drei anderen blieben in den Westzonen und wurden im November 1946 an die DEG zum Einsatz bei der Teutoburger Wald-Eisenbahn (TWE) verkauft. Die ehemalige 75 634 gelangte noch zur Farge-Vegesacker Eisenbahn und wurde dort erst 1971 ausgemustert. Sie blieb unter der Obhut des VVM Hamburg erhalten und ist heute in Aumühle zu bewundern.

1935 musste auch die Prignitzer Eisenbahn AG (PE) den Reiseverkehr beschleunigen. Henschel lieferte 1936 in Anlehnung an den ELE-Typ zwei weitgehend identische Maschinen, welche die Bahnnummern 8" und 9" erhielten. Die Wittenberge-Perleberger Eisenbahn (WPE) zog 1937 mit der Beschaffung einer weiteren Henschel-Maschine (Nr. 111) nach. Die auch in diesem Gebiet operierende Mecklenburgische Friedrich-Wilhelm-Eisenbahn (MFWE) schloss sich diesen Beschaffungen an und bezog 1936 jeweils zwei Exemplare von Henschel (Bahnnummern 29 und 30) und Schwarzkopff (Bahnnummern 31 und 32). 1941 wurden alle drei Bahnen verstaatlicht und die DRG reihte die Loks als 75 611-612 (PE), 613 (WPE) und 621-624 (MFWE) in ihren Bestand ein. Nach Kriegsende befanden sich alle Loks in der sowjetischen Zone, mussten aber zum Teil schon Anfang der 1950er-Jahre den Dienst quittieren. Als letzte schied die 75 622 erst 1969 beim Bw Haldensleben aus.

**Technische Daten:**

| | | | |
|---|---|---|---|
| Baureihenbezeichnung: | 75 611-613 (DRG) | 75 621-624 (DRG) | 75 631-634 (DRG) |
| Radsatzanordnung: | 1'C1'h2t | 1'C1'h2t | 1'C1'h2t |
| Zylinderdurchmesser (mm): | 500 | 520 | 520 |
| Kolbenhub (mm): | 660 | 630 | 630 |
| Verdampfungsheizfläche (m²): | 102,15 | 103,4 | 97,76 |
| Vmax (km/h): | 80 | 80 | 90 (bis 1936: 80) |
| Leistung (PSi): | | | 858 |
| Dienstmasse (t): | 74,5 | 75,2 | 76,85 |
| Größte Radsatzfahrmasse (t): | 16 | 15 | 15 |
| Länge über Puffer (mm): | 12.250 | 12.580 | 12.750 |
| Treib-/Kuppelraddurchmesser (mm): | 1.500 | 1.480 | 1.500 |
| Laufraddurchmesser (v) (mm): | 850 | 850 | 1.000 |
| Laufraddurchmesser (h) (mm): | 850 | 850 | 1.000 |
| Wasserkasteninhalt (m³): | 8,0 | 9,0 | 9,3 |
| Brennstoffvorrat (t): | 3,0 | 4,0 | 3,5 |
| Indienststellung: | 1935-1937 | 1936 | 1924-1929 |
| Verbleib: | ++ | ++ | 75 634 (VVM, Aumühle) |

*Foto: Slg. Grundmann*

## 76.0 (pr. T 10, DRG, DB)

Für den schnellen Nahverkehr zwischen den Kopfbahnhöfen Frankfurt (Main) und Wiesbaden suchte die KED Mainz eine leistungsstarke Tenderlokomotive, die das zeitraubende Wenden an den Endbahnhöfen ersparte. Nach einigen unbefriedigenden Versuchen mit bereits verfügbaren Maschinen entwickelte die Firma Borsig auf Vorschlag von Robert Garbe eine 2'C-Heißdampftenderlok, die beim Lauf- und Triebwerk weitgehend der Schlepptenderlok P 8 entsprach und den etwas verkürzten Kessel der P 6 erhielt. Weil auf nachlaufende Achsen verzichtet worden war, musste der Kessel zur gleichmäßigen Masseverteilung weit nach vorn geschoben werden. Die als Baureihe T 10 bezeichnete Maschine wirkte wenig harmonisch, entsprach aber den Erwartungen. Am 30. Juni 1909 fanden auf der Strecke Frankfurt-Wiesbaden die ersten Probefahrten statt. Die Laufeigenschaften bei der Rückwärtsfahrt ließen allerdings zu wünschen übrig, weil der dritte Kuppelradsatz mit seinem 1.750 mm großen Raddurchmesser zur Führung der Lokomotive bei hohen Geschwindigkeiten ungeeignet war. Gewarnt durch Entgleisungen vermied das Zugpersonal lieber die schnelle Rückwärtsfahrt und wendete die Maschine nach Möglichkeit in den Kopfbahnhöfen.

Nur zwölf T 10 wurden bis 1912 von Borsig gebaut. Alle Maschinen gelangten zur KED Mainz. Nach dem Ersten Weltkrieg ging eine Maschine als Reparationsleistung nach Frankreich (7404). Sie kam jedoch 1940 als Rückführlok wieder zurück ins Reich. Elf Lokomotiven übernahm die DRG und versah sie mit den Betriebsnummern 76 001-011. Anfang der 1920er-Jahre waren sie im Raum Alzey eingesetzt. Später fuhren sie beim Bw Darmstadt. Außer der 1939 ausgeschiedenen 76 009 mussten bis 1945 weitere zwei Loks den Dienst quittieren. Zur DB kamen acht Maschinen. Alle wurden bis 1949 an Privatbahnen verkauft, allein sechs an die Osthannoversche Eisenbahn, wo sie bis 1965 Dienst taten.

**Technische Daten:**

| | |
|---|---|
| Baureihenbezeichnung: | 76.0 (DRG) |
| Radsatzanordnung: | 2'Ch2t |
| Zylinderdurchmesser (mm): | 575 |
| Kolbenhub (mm): | 630 |
| Verdampfungsheizfläche (m²): | 134,33 |
| Vmax (km/h): | 100 |
| Leistung (PSi): | 980 |
| Dienstmasse (t): | 76,1 |
| Größte Radsatzfahrmasse (t): | 16,2 |
| Länge über Puffer (mm): | 11.800 |
| Treib-/Kuppelraddurchmesser (mm): | 1.750 |
| Laufraddurchmesser (v) (mm): | 1.000 |
| Laufraddurchmesser (h) (mm): | - |
| Wasserkasteninhalt (m³): | 7,5 |
| Brennstoffvorrat (t): | 3,0 |
| Indienststellung: | 1909-1912 |
| Verbleib: | ++ |

*Foto: Bellingrodt, Slg. Töpelmann, Archiv transpress*

## 77.0, 77.1 (pfälz. P 5, pfälz./bay. Pt 3/6, DRG, DB, DR)

Weil die Zweikuppler der Pfälzischen Eisenbahnen nicht mehr ausreichten, wurde der Einsatz einer neuen Tenderlok erforderlich, um den Zugbetrieb bei den in der Pfalz relativ kurzen Strecken mit häufigem Anfahren und vielen Wendevorgängen wirtschaftlich vorteilhaft und rationell zu gestalten. Konzipiert wurde eine 1'C2'-Maschine. Der vordere Laufradsatz bildete mit dem zweiten Kuppelradsatz ein Krauss-Helmholtz-Gestell, die hinteren Laufradsätze ruhten in einem Drehgestell. Da der Abstand zwischen vorderem Laufradsatz und erstem Kuppelradsatz sehr klein war, musste der Zylinderblock hochgelegt und geneigt angebracht werden. Somit erfolgte der Antrieb nunmehr über den dritten Kuppelradsatz. Es war eine eigenwillige und ungewohnte Konstruktion, die sich jedoch recht gut bewährte. Die Maschine hatte einen beträchtlichen Aktionsradius. Krauss lieferte 1908 die ersten zwölf Stück dieser als pfälzische P 5 bezeichneten Lokomotive. Zunächst waren sie mit einem Zweizylinder-Nassdampftriebwerk ausgestattet, ab 1911 wurden sie auf Heißdampf umgebaut. Bei der DRG trugen sie ab 1925 die Betriebsnummern 77 001-012.

Nach der Übernahme des pfälzischen Netzes durch die Bayerische Staatsbahn wurden 1911 vier und 1913 fünf weitere Loks dieser Art beschafft, die nur geringfügige Änderungen gegenüber der P 5 aufwiesen, allerdings mit einem Schmidt-Überhitzer ausgestattet wurden. Diese als pfälzische Pt 3/6 bezeichneten Maschinen (DRG-Betriebsnummern 77 101-109) bewährten sich ebenfalls und wurden vor Eil- und Schnellzügen eingesetzt. Auf Grund ihres guten Leistungsvermögens wurden 1923 je zehn weitere Lokomotiven für das pfälzische (pfälz. Pt 3/6) und das bayerische (bay. Pt 3/6) Netz bestellt und eingesetzt. Von der DRG erhielten sie 1925 die Betriebsnummern 77 110-129. Nach 1945 kamen noch 36 Lokomotiven zur DB, von denen die meisten bis 1950 ausgemustert oder an Privatbahnen verkauft wurden. Als letzte ihrer Gattung schied im Mai 1954 die 77 122 beim Bw Neustadt/Weinstraße aus. Die 77 107 verschlug es zur DR, wo die Maschine bis Februar 1956 beim Bw Seddin im Dienst stand.

Foto: Slg. Töpelmann, Archiv transpress

**Technische Daten:**

| | | |
|---|---|---|
| Baureihenbezeichnung: | 77.0 (DRG) | 77.1 (DRG) |
| Radsatzanordnung: | 1'C2'h2t (anfangs 1'C2'n2t) | 1'C2'h2t |
| Zylinderdurchmesser (mm): | 530 | 530 |
| Kolbenhub (mm): | 560 | 560 |
| Verdampfungsheizfläche (m²): | 109,94 | 110,94 |
| Vmax (km/h): | 90 | 90 |
| Leistung (PSi): | 860 | 880 |
| Dienstmasse (t): | 92,9 | 91,1-94,8 |
| Größte Radsatzfahrmasse (t): | 16,7 | 16,1-16,3 |
| Länge über Puffer (mm): | 13.140 | 13.460 |
| Treib-/Kuppelraddurchmesser (mm): | 1.500 | 1.500 |
| Laufraddurchmesser (v) (mm): | 960 | 960 |
| Laufraddurchmesser (h) (mm): | 960 | 960 |
| Wasserkasteninhalt (m³): | 15,3 | 13,7-14,0 |
| Brennstoffvorrat (t): | 4,0 | 4,0-4,8 |
| Indienststellung: | 1908 | 1911-1923 |
| Verbleib: | ++ | ++ |

## 78.0-5 (pr. T 18, wü. T 18, ELE, DRG, DB, DR), 078 (DB)

Von der T 18 wurden für die Preußische Staatsbahn, die Württembergische Staatsbahn, die DRG und die Saarbahnen insgesamt 534 Stück gebaut. Sogar an die Staatseisenbahn der Türkischen Republik wurden einige Exemplare geliefert. Die Lokomotive besaß ein Zweizylinder-Heißdampftriebwerk mit außenliegenden, waagerecht zwischen den Laufradsätzen des vorderen Drehgestells angeordneten Zylindern. Der Antrieb erfolgte auf den zweiten Kuppelradsatz und es war je ein vorderes sowie hinteres zweiachsiges Drehgestell mit 40 mm Seitenspiel vorhanden. Die T 18 verfügte über einen robusten Rahmen. Die beim Prototyp von 1912 noch vorhandenen lästigen Zuckungen bei Fahrgeschwindigkeiten von mehr als 60 km/h konnten bald durch einen verbesserten Massenausgleich reduziert werden. Somit wurde die T 18 trotz ihres relativ geringen Kuppelraddurchmessers von 1.650 mm für 100 km/h zugelassen. Die ersten zehn Maschinen aus dem Jahre 1912 wurden auf Rügen zwischen Altefähr und Saßnitz eingesetzt. Die nächsten neun waren für die KED Mainz bestimmt, um die T 10 abzulösen.

Die DRG reihte bis 1927 insgesamt 438 preußische (und Nachbauten) sowie 20 württembergische T 18 als 78 001-282 und 351-528 (mit Lücken) in ihren Bestand ein. Später kamen die Saar-Maschinen (78 283-328) hinzu. Nach Verstaatlichung der Eutin-Lübecker Eisenbahn (ELE) 1941 übernahm die DRG deren T 18 als 78 329 und 330. Das Ende des Zweiten Weltkriegs überlebten noch gut 500 Maschinen. Davon fanden sich 409 Exemplare im Bestand der DB wieder und 49 verblieben bei der DR. Der Rest lief im Ausland wie z.B. Polen. Bis 1968 war der Bestand bei der DB auf etwa 50 Lokomotiven geschrumpft. Als letzte T 18 wurde am 31. Dezember 1974 die 78 246 des Bw Rottweil ausgemustert. Sie steht heute im Deutschen Dampflok-Museum Neuenmarkt-Wirsberg. Bei der DR quittierten die letzten T 18 im Jahr 1972 den Dienst. Die 78 009 des Verkehrsmuseums Dresden blieb als älteste T 18 erhalten. Betriebsfähig ist heute die 78 468, die lange Jahre als Exponat des Museums für Hamburgische Geschichte diente.

Foto: Blaschke

**Technische Daten:**

| | |
|---|---|
| Baureihenbezeichnung: | 78.0-5 (DRG) |
| Radsatzanordnung: | 2'C2'h2t |
| Zylinderdurchmesser (mm): | 560 |
| Kolbenhub (mm): | 630 |
| Verdampfungsheizfläche (m²): | 135,49 |
| Vmax (km/h): | 100 (bis 78 009: 90) |
| Leistung (PSi): | 1.140 |
| Dienstmasse (t): | 106,0 |
| Größte Radsatzfahrmasse (t): | 17,1 |
| Länge über Puffer (mm): | 14.800 |
| Treib-/Kuppelraddurchmesser (mm): | 1.650 |
| Laufraddurchmesser (v) (mm): | 1.000 |
| Laufraddurchmesser (h) (mm): | 1.000 |
| Wasserkasteninhalt (m³): | 12,0 |
| Brennstoffvorrat (t): | 4,5 |
| Indienststellung: | 1912-1939 |
| Verbleib: | 78 009 (VMD), 189 (Warschau) 192 (Tuttlingen), 246 (DDM), 468 (Oberhausen), 510 (VMN) |

## 78.10 (DB)

Die Beschleunigung des Vorort- und Städteschnellverkehrs Anfang der 1950er-Jahre war Anlass, den großen Bestand an Lokomotiven der Baureihe 38.10-40 (pr. P 8) auf eine diesbezügliche Nutzung zu untersuchen. Deshalb unternahm die DB den Versuch, diese Lokomotive in eine Tenderlok umzubauen, um das erforderliche Wenden am Zielbahnhof einzusparen. Die Firma Krauss-Maffei wurde im Jahre 1951 auf Grund der Anregungen von Prof. Mölbert, Hannover, und in Zusammenarbeit mit dem BZA München beauftragt, die 38 2919 und 2990 mit Kurztendern auszurüsten. Kessel, Trieb- und Laufwerk blieben fast unverändert. Das Führerhaus hingegen wurde vollständig in Schweißkonstruktion komplett neu gebaut. Der neu entwickelte zweiachsige Tender wurde mit der Maschine durch eine kräftige Deichsel verbunden, das Führerhaus wurde nach hinten geschlossen. Die Kohle konnte durch einen kreisförmigen Ausschnitt in der Führerhausrückwand entnommen werden. Die beiden Maschinen galten nach dem Umbau als Tenderlokomotiven mit der Radsatzfolge 2'C2' und erhielten daher die Betriebsnummern 78 1001 und 1002. Man attestierte ihnen eine zulässige Höchstgeschwindigkeit von 100 km/h in beiden Fahrtrichtungen, doch sollen bei Rückwärtsfahrt schon Geschwindigkeiten über 60 km/h problematisch gewesen sein.

Mehr Maschinen sind nicht umgebaut worden, weil sich diese Investitionen auf Grund des fortschreitenden Strukturwandels nicht mehr lohnten. Zunächst liefen die beiden Maschinen ab 1953 im Bereich der BD München, später wurden sie im Bodenseegebiet eingesetzt. Beide Lokomotiven wurden schon 1959 abgestellt und 1961 ausgemustert.

| Technische Daten: | |
|---|---|
| Baureihenbezeichnung: | 78.10 (DB) |
| Radsatzanordnung: | 2'C2'h2t |
| Zylinderdurchmesser (mm): | 575 |
| Kolbenhub (mm): | 630 |
| Verdampfungsheizfläche (m²): | 146,0 |
| Vmax (km/h): | 100 |
| Leistung (PSi): | 1.180 |
| Dienstmasse (t): | 109,7 |
| Größte Radsatzfahrmasse (t): | 17,3 |
| Länge über Puffer (mm): | 17.237 |
| Treib-/Kuppelraddurchmesser (mm): | 1.750 |
| Laufraddurchmesser (v) (mm): | 1.000 |
| Laufraddurchmesser (h) (mm): | 1.000 |
| Wasserkasteninhalt (m³): | 17,0 |
| Brennstoffvorrat (t): | 5,0 |
| Indienststellung: | Umbau 1951 |
| Verbleib: | ++ |

*Foto: Archiv transpress*

## 79.0 (sä. XV HTV, DRG)

Die Sächsische Staatsbahn nahm im Jahre 1916 zwei Loks in Betrieb, die zu den eigenwilligsten Konstruktionen im deutschen Lokomotivbau gehörten. Nach Plänen von Lindner, dem damaligen Vorstand des maschinentechnischen Amts der Sächsischen Staatsbahn, baute Hartmann in Chemnitz zwei ungewöhnliche Vierzylinder-Verbund-Heißdampftenderloks (Fabriknr. 3843 und 3844), welche als Gattung XV HTV bezeichnet und mit den Bahnnummern 1351 und 1352 versehen wurden.

Zwei dreifach gekuppelte Triebwerke waren starr miteinander und mit dem Aufbau verbunden. Je ein Hochdruck- und ein Niederdruckzylinder auf jeder Seite waren in einem Gussstück vereinigt und in der Mitte der Lokomotive angeordnet. Der Antrieb erfolgte jeweils auf die mittlere Achse jeder einzelnen Triebwerksgruppe, beide Triebwerke arbeiteten unabhängig voneinander. Der Raddurchmesser betrug 1.400 mm, die Endradsätze waren als Klien-Lindner-Hohlachsen ausgeführt. Der Gesamtradsatzstand maß stolze 11.100 mm mit einem festen Radsatzstand von 7.500 mm. Die Maschinen konnten noch Gleisbögen mit einem Radius von 170 m befahren.

Von der XV HTV wurden nur zwei Exemplare gebaut, die Unterhaltung der vier Triebwerke und der Hohlachsen war zu aufwändig und zu teuer. Beide Lokomotiven kamen noch als 79 001-002 in den Bestand der DRG. Entsprechend ihrem vorgesehenen Verwendungszweck wurden sie anfangs zu Vorspanndiensten auf den Steilstrecken im Erzgebirge eingesetzt, wo sie sich durchaus bewährten. Später wurden sie dann zum Verschub- und Rangierdienst degradiert. Das unausweichliche Ende folgte mit der Ausmusterung im Jahr 1932.

Gleich zweimal ist die Baureihe 79 später noch besetzt worden: 1938 von der DRG mit einer 1'D1'h2-Tenderlok der Braunschweigischen Landeseisenbahn und 1952 von der DR mit der 2'D2'h4v-Tenderlok für die VES-M Halle, einer ehemaligen T 20 der AL.

| Technische Daten: | |
|---|---|
| Baureihenbezeichnung: | 79.0 (DRG) |
| Radsatzanordnung: | CCh4vt |
| Zylinderdurchmesser (mm): | 2 x 440/680 |
| Kolbenhub (mm): | 630 |
| Verdampfungsheizfläche (m²): | 127,20 |
| Vmax (km/h): | 70 |
| Leistung (PSi): | - |
| Dienstmasse (t): | 92,2 |
| Größte Radsatzfahrmasse (t): | 15,4 |
| Länge über Puffer (mm): | 14.660 |
| Treib-/Kuppelraddurchmesser (mm): | 1.400 |
| Laufraddurchmesser (v) (mm): | - |
| Laufraddurchmesser (h) (mm): | - |
| Wasserkasteninhalt (m³): | 8,5 |
| Brennstoffvorrat (t): | 2,2 |
| Indienststellung: | 1916 |
| Verbleib: | ++ |

*Foto: Slg. Töpelmann, Archiv transpress*

## 79.0" (BLE, DRG)

Nachdem die Folgen der Weltwirtschaftskrise weitgehend überwunden waren und sich auch bei der Braunschweigischen Landesbahn (BLE) die wirtschaftliche Lage wieder gebessert hatte, konnte die BLE die Modernisierung ihres Fahrzeugparks fortführen. Für den gemischten Verkehr bestellte die BLE eine 1'D1'-Tenderlok bei Krupp, die 1934 geliefert wurde und die Bahnnummer 44 erhielt. Die Tenderlok besaß ein Zweizylinder-Heißdampftriebwerk, der Antrieb erfolgte auf den dritten Kuppelradsatz. Während die beiden Laufradsätze in Bissel-Gestellen ruhten, waren die vier Kuppelradsätze fest im Rahmen gelagert. Auf dem Kessel saßen ein Speisedom und ein Dampfdom, denen jeweils unter gemeinsamer Verkleidung ein Sandkasten zugeordnet war. Die Lok hatte sogar Windleitbleche erhalten, die nahtlos an die seitlichen Wasserkästen anschlossen. Bei der BLE war die bullige Maschine vorwiegend im Braunschweiger Ringverkehr vor Personen- und Güterzügen unterwegs. Mit der Übernahme der BLE durch die DRG zum 1. Januar 1938 kam auch die Nr. 44 in den Bestand der DRG, erhielt dort in zweiter Besetzung die Betriebsnummer 79 001" und fuhr zunächst weiter auf ihren Stammstrecken. Nach Ende des Zweiten Weltkriegs befand sich die 79 001" in den Westzonen, wurde aber schon 1947 an die Deutsche Eisenbahn-Gesellschaft verkauft. Dort erhielt sie die Bahnnummer 261 und war zunächst auf der Braunschweig-Schöninger Eisenbahn im Einsatz. Bald darauf wurde sie zur Kleinbahn Frankfurt-Höchst-Königstein (FK) umgesetzt. Nach einem Zwischenspiel auf der Teutoburger Wald-Eisenbahn in den Jahren 1961-1966 kehrte sie wieder zur FK zurück. Dort wurde sie 1968 abgestellt und schließlich 1973 verschrottet.

*Foto: Helmut Röth/Bildarchiv der Eisenbahnstiftung*

| Technische Daten: | |
|---|---|
| Baureihenbezeichnung: | 79.0" (DRG) |
| Radsatzanordnung: | 1'D1'h2t |
| Zylinderdurchmesser (mm): | 570 |
| Kolbenhub (mm): | 660 |
| Verdampfungsheizfläche (m²): | 115,20 |
| Vmax (km/h): | 75 |
| Leistung (PSi): | |
| Dienstmasse (t): | 88,3 |
| Größte Radsatzfahrmasse (t): | 15 |
| Länge über Puffer (mm): | 13.525 |
| Treib-/Kuppelraddurchmesser (mm): | 1.350 |
| Laufraddurchmesser (v) (mm): | 900 |
| Laufraddurchmesser (h) (mm): | 900 |
| Wasserkasteninhalt (m³): | |
| Brennstoffvorrat (t): | |
| Indienststellung: | 1934 |
| Verbleib: | ++ |

## 79.0''' (AL T 20, DR)

Die Tenderlok 242 TA 602 der ehemaligen AL (Elsass-Lothringischen Eisenbahnen), eine 2'D2'h4v-Maschine, war nach Kriegsende 1945 in der sowjetisch besetzten Zone stehen geblieben und wurde dort 1952 von der DR generalüberholt. Die Lokomotive verfügte über ein Vierzylinder-Heißdampfverbund-Triebwerk mit außenliegenden waagerechten Hochdruck- und innenliegenden geneigten Niederdruck-Zylindern. Die Hochdruckzylinder wirkten dabei auf den zweiten Kuppelradsatz, die Niederdruckzylinder auf den ersten Kuppelradsatz. Die Maschine war bereits mit Rechtssteuerung ausgestattet. Beim Umbau erhielt sie eine Verbundluftpumpe. Die Verbundspeisepumpe und Dampfstrahlpumpe wurden ausgetauscht und wie Dampfpfeife, Turbogenerator, Bremsen und Vorwärmer durch Normteile der Reichsbahn ersetzt. Zwei seitlich angebrachte und nach vorn abgeschrägte Wasserkästen konnten 14 Kubikmeter Wasser aufnehmen. Der Kohlekasten hinter dem Führerhaus wurde durch einen Blechaufsatz bis unter das Führerhausdach erhöht.

Nach dem Umbau erhielt die Maschine von der DR in Drittbesetzung die Betriebsnummer 79 001. Weder im Versuchsdienst bei der Fahrzeugversuchsanstalt Halle/Saale noch beim Einsatz vor Reisezügen im Raum Halle konnte die Lokomotive überzeugen. Ihr Lauf war so unruhig, dass sie nie bis zur zulässigen Höchstgeschwindigkeit von 100 km/h ausgefahren werden konnte. Scherzhaft wurde sie vom Personal als »Gurkenhobel« bezeichnet. So war es nicht verwunderlich, dass ihr niemand so richtig nachweinte, als sie 1963 ausgemustert wurde.

*Foto: Slg. Töpelmann, Archiv transpress*

| Technische Daten: | |
|---|---|
| Baureihenbezeichnung: | 79.0''' (DR) |
| Radsatzanordnung: | 2'D2'h4vt |
| Zylinderdurchmesser (mm): | 2 x 420/630 |
| Kolbenhub (mm): | 650 |
| Verdampfungsheizfläche (m²): | 156,70 |
| Vmax (km/h): | 110 |
| Leistung (PSi): | |
| Dienstmasse (t): | 121,75 |
| Größte Radsatzfahrmasse (t): | 17,0 |
| Länge über Puffer (mm): | 17.745 |
| Treib-/Kuppelraddurchmesser (mm): | 1.660 |
| Laufraddurchmesser (v) (mm): | 1.100 |
| Laufraddurchmesser (h) (mm): | 1.100 |
| Wasserkasteninhalt (m³): | 14,4 |
| Brennstoffvorrat (t): | 8,0 |
| Indienststellung: | 1929 (Umbau 1952) |
| Verbleib: | ++ |

## 80 (DRG, DB, DR)

Die Tenderloks der BR 80 gehörten zum ersten Typisierungsplan der DRG und waren für den Rangierdienst in großen Personenbahnhöfen vorgesehen. Neben diesen Dreikupplern für 17,5 t Radsatzfahrmasse waren auch Vier- und Fünfkuppler geplant, die zeitgleich als Baureihen 81 und 87 verwirklicht wurden. Mit der Entwicklung dieser einfachen und sparsamen Typen sollten die Kosten im Rangierbetrieb gesenkt werden, daher wurde auch der Heißdampfausführung der Vorzug gegeben. Bei der Konstruktion der Baureihe 80 wurde darauf Wert gelegt, so viel wie möglich an Masse einzusparen zugunsten eines leistungsfähigen Kessels. Statt der ursprünglich vorgesehenen Kuppelräder mit 1.250 mm Durchmesser wurde dieser auf 1.100 mm reduziert. Das standardisierte Typenprogramm ermöglichte es, dass vier verschiedene Firmen zwischen 1927 und 1929 insgesamt 39 Maschinen (80 001-039) lieferten, die sofort auf vielen Bahnhöfen ihren Dienst aufnahmen. Alle Loks überstanden den Krieg: 22 kamen zur DR, 17 verblieben bei der DB. Anfang der 1960er-Jahre war die Mehrzahl der DR-Maschinen in Leipzig eingesetzt, wo sie ab 1962/63 überflüssig wurden. Die meisten 80er fanden eine neue Beschäftigung als Werkloks in den Ausbesserungswerken. Als letzte überlebte in diesen Diensten die 80 019, die erst im November 1984 im Raw Engelsdorf abgestellt und im Mai 1987 verschrottet wurde. Die letzten DB-Maschinen waren in Schweinfurt stationiert und mussten bis 1964 den Dienst quittieren. Zehn Exemplare erhielten eine neue Chance als Werkloks bei Bergbaubetrieben und Zechen in Nordrhein-Westfalen und Niedersachsen. Als letzte stand dort die ehemalige 80 039 bis August 1977 unter Dampf. Insgesamt sieben Stück blieben erhalten, sechs in Deutschland und die 80 036 bei der holländischen Museumsbahn VSM in Apeldoorn. Betriebsfähig ist seit 2003 wieder die 80 039 der Hammer Eisenbahnfreunde.

| Technische Daten: | |
|---|---|
| Baureihenbezeichnung: | 80 (DRG) |
| Radsatzanordnung: | Ch2t |
| Zylinderdurchmesser (mm): | 450 |
| Kolbenhub (mm): | 550 |
| Verdampfungsheizfläche (m²): | 69,62 |
| Vmax (km/h): | 45 |
| Leistung (PSi): | 575 |
| Dienstmasse (t): | 54,4 |
| Größte Radsatzfahrmasse (t): | 18,2 |
| Länge über Puffer (mm): | 9.670 |
| Treib-/Kuppelraddurchmesser (mm): | 1.100 |
| Laufraddurchmesser (v) (mm): | - |
| Laufraddurchmesser (h) (mm): | - |
| Wasserkasteninhalt (m³): | 5,0 |
| Brennstoffvorrat (t): | 2,0 |
| Indienststellung: | 1928-1929 |
| Verbleib: | 80 009 (privat, Berlin), 013 (DDM), 014 (SEH), 023 (VMD, Dresden-Altstadt), 030 (DGEG, Bochum-Dahlhausen), 036 (VSM Apeldoorn, NL), 039 (EF Hamm) |

*Foto: Maey, Slg. Kleine, Archiv transpress*

## 81 (DRG, DB)

Bei den Vierkupplern der Baureihe 81 aus dem ersten Typisierungsplan der DRG galt das gleiche Prinzip wie bei der Baureihe 80: Klasse statt Masse. Die Heizfläche konnte vergrößert, der Kessel um 1.000 mm verlängert und die Vorräte erhöht werden. Auch sie wurden als Heißdampfloks ausgeführt. Vorgesehen waren diese Maschinen für den mittelschweren Rangierdienst. Sehr vorteilhaft wirkten sich im Betrieb die großen Vorräte aus. Die 81er waren den 80ern nicht nur sehr ähnlich, eine erhebliche Anzahl von Bauteilen war zwischen den beiden Typen austauschbar. Lediglich zehn Exemplare wurden 1928 als 81 001-010 von der Firma Hanomag geliefert. Erst über zehn Jahre später (1939) waren weitere 60 Loks zur Beschaffung vorgesehen. Die sich bei Krupp bereits im Bau befindlichen Maschinen wurden wegen dem beginnenden Zweiten Weltkrieg nicht mehr fertiggestellt. Nach ihrer Abnahme wurden die zehn Loks den Bahnbetriebswerken Goslar (81 001-005) und Oldenburg (81 006-010) zugeteilt. Die Goslarer 81er kamen 1935 nach Bayern (Hof und Regensburg), wo sie sich aber nicht behaupten konnten, so dass sie um 1943 ebenfalls zur RBD Münster versetzt wurden. Alle 81er überstanden den Krieg und wurden hauptsächlich im Großraum Oldenburg eingesetzt. Zwischen 1961 und 1963 musterte die DB alle zehn Loks aus. Die 81 005 fuhr nach ihrer Ausmusterung noch einige Zeit als Werklok im AW Nied. Die 81 004 entging als einzige der Verschrottung. Zunächst jahrelang in Oldenburg und Emden abgestellt, war sie für das Museum der Steamtown Foundation in den USA vorgesehen. Eine Verschiffung erfolgte jedoch wegen der hohen Transportkosten nicht. Nach einigen Jahren als vor sich hinrostendes Denkmal kam die 81 004 im Jahr 1996 zum Arbeitskreis »Hessencourier« nach Naumburg bei Kassel, wo sie eine entsprechende Pflege fand.

| Technische Daten: | |
|---|---|
| Baureihenbezeichnung: | 81 (DRG) |
| Radsatzanordnung: | Dh2t |
| Zylinderdurchmesser (mm): | 500 |
| Kolbenhub (mm): | 550 |
| Verdampfungsheizfläche (m²): | 95,91 |
| Vmax (km/h): | 45 |
| Leistung (PSi): | 860 |
| Dienstmasse (t): | 67,5 |
| Größte Radsatzfahrmasse (t): | 17,0 |
| Länge über Puffer (mm): | 11.080 |
| Treib-/Kuppelraddurchmesser (mm): | 1.100 |
| Laufraddurchmesser (v) (mm): | - |
| Laufraddurchmesser (h) (mm): | - |
| Wasserkasteninhalt (m³): | 8,0 |
| Brennstoffvorrat (t): | 3 |
| Indienststellung: | 1928 |
| Verbleib: | 81 004 (Hessencourier, Naumburg) |

*Foto: Blaschke*

## 82, 082 (DB)

Ende der 1940er-Jahre verfügte die neugegründete Deutsche Bundesbahn über einen in großen Teilen überalterten Fahrzeugpark. Da auf die Dampflok zunächst noch nicht verzichtet werden konnte, andererseits ein Nachbau der Vorkriegskonstruktionen nicht vertretbar erschien, entstand unter Federführung von Friedrich Witte das Neubaudampflok-Typenprogramm. Die erste Lok dieses Typenprogramms war die Baureihe 82. Sie sollte im schweren Rangierdienst und im Güterzugstreckendienst die noch aus Länderbahnzeiten stammenden Maschinen ablösen. 1950 kam mit der 82 023 die erste Maschine auf die Gleise, ihr folgten bis 1955 weitere 40 Lokomotiven. Gebaut wurden sie von Krupp (82 001-022), Henschel (82 023-032) und der Maschinenfabrik Esslingen (82 033-041). Der Fünfkuppler verfügte wie alle DB-Neubaudampfloks über einen vollständig geschweißten Blechrahmen. Fest im Rahmen gelagert war nur der Treibradsatz, die beiden vorderen bzw. hinteren Kuppelradsätze waren jeweils zu Beugniot-Gestellen zusammengefasst, um den Kurvenlauf in engen Radien zu gewährleisten. Der Kessel war ebenfalls vollständig geschweißt und trug auf dem zweiten Kesselschuss den Dampfdom. Die beiden letzten Loks (82 040 und 041) erhielten eine Riggenbach-Gegendruckbremse für den Einsatz auf Steilstrecken.

Die ersten Lokomotiven gelangten im Oktober 1950 zu den Betriebswerken Siegen und Ratingen West. In der Folge erhielten auch Bremen-Walle, Soest, Hamm und Hamburg-Wilhelmsburg Maschinen der BR 82. Die beiden Steilstreckenmaschinen kamen zum Bw Freudenstadt für den Einsatz auf der Murgtalbahn. Schon Ende der 1960er-Jahre sank der Stern der ersten DB-Neubaudampflok, die letzten Maschinen setzten die Betriebswerke Emden und Koblenz-Mosel ein. Am 1. Mai 1972 endete mit der Abstellung der Koblenzer 082 035 die Ära der Baureihe 82. Erhalten blieb die 82 008, welche inzwischen im Eisenbahnmuseum von Koblenz-Lützel betreut wird.

*Foto: Blaschke*

| Technische Daten: | |
|---|---|
| Baureihenbezeichnung: | 82 (DB) |
| Radsatzanordnung: | Eh2t |
| Zylinderdurchmesser (mm): | 600 |
| Kolbenhub (mm): | 660 |
| Verdampfungsheizfläche ($m^2$): | 122,21 |
| Vmax (km/h): | 70 |
| Leistung (PSi): | 1.290 |
| Dienstmasse (t): | 91,8 |
| Größte Radsatzfahrmasse (t): | 18,9 |
| Länge über Puffer (mm): | 14.060 |
| Treib-/Kuppelraddurchmesser (mm): | 1.400 |
| Laufraddurchmesser (mm): | - |
| Wasserkasteninhalt ($m^3$): | 11,0 |
| Brennstoffvorrat (t): | 4,0 |
| Indienststellung: | 1950-1955 |
| Verbleib: | 82 008 (VMN, Neumünster) |

## 83.10 (DR)

Für den Nebenbahnbetrieb in der DDR fehlte Anfang der 1950er-Jahre eine leistungsfähige und wirtschaftliche Lokomotive. Verschärft wurde die Situation durch die Übernahme der Privatbahnen 1949 durch die DR, welche ihr einen vielfältigen und höchst uneinheitlichen Lokomotivpark bescherte. Das Neubauprogramm der DR sah zur Abhilfe eine 1'D2'-Tenderlok als Baureihe 83.10 vor, die nach den neuen Baugrundsätzen weitgehend geschweißt ausgeführt wurde und als moderne, nicht erprobte Zutaten einen Heißdampfregler, einen Mischvorwärmer und dezentrale Sandkästen erhielt. Ihre Konstruktion orientierte sich an der Baureihe 65.10. Analog erhielt die Baureihe 83.10 einen Blechrahmen. Die beiden seitlichen Wasserkästen waren nicht bis zum Führerhaus durchgezogen, um die Waschluken zugänglich zu lassen. Als Mehrzweck-Maschine für den Personenzug- und Güterzugdienst auf Nebenbahnen erschien eine Höchstgeschwindigkeit von 60 km/h ausreichend. In der Ebene konnte sie bei dieser Geschwindigkeit eine Last von 1.000 t ziehen.

Der VEB Lokomotivbau »Karl Marx« (LKM) in Potsdam-Babelsberg lieferte im April 1955 mit der 83 1001 die erste Maschine aus, welche sofort von der Fahrzeug-Versuchsanstalt Halle erprobt wurde. Dabei ergaben sich zahlreiche Mängel. Vor allem der Mischvorwärmer und der Heißdampfregler bereiteten erhebliche Probleme. Doch dies konnte bei den bis Ende Oktober 1955 komplett ausgelieferten Serienmaschinen (83 1002-1027) nicht mehr berücksichtigt werden. So mussten die diversen Probleme in den Folgejahren mühsam durch Nachbesserungen beseitigt werden. Der erhoffte Einsatzzweck (Ablösung der alten Länderbahnloks, Typenvereinheitlichung) blieb aus und schließlich führte auch der einsetzende Strukturwandel zugunsten von Dieselloks dazu, dass es bei den 27 vorhandenen Exemplaren blieb. Als letzte mussten 1972 die 83 1025 und 1027 beim Bw Haldensleben den Dienst quittieren.

*Foto: Kleine, Archiv transpress*

| Technische Daten: | |
|---|---|
| Baureihenbezeichnung: | 83.10 (DR) |
| Radsatzanordnung: | 1'D2'h2t |
| Zylinderdurchmesser (mm): | 500 |
| Kolbenhub (mm): | 660 |
| Verdampfungsheizfläche ($m^2$): | 106,16 |
| Vmax (km/h): | 60 |
| Leistung (PSi): | 1.080 |
| Dienstmasse (t): | 103,0 |
| Größte Radsatzfahrmasse (t): | 15,0 |
| Länge über Puffer (mm): | 15.000 |
| Treib-/Kuppelraddurchmesser (mm): | 1.250 |
| Laufraddurchmesser (v) (mm): | 850 |
| Laufraddurchmesser (h) (mm): | 850 |
| Wasserkasteninhalt ($m^3$): | 14,0 |
| Brennstoffvorrat (t): | 8,0 |
| Indienststellung: | 1955-1956 |
| Verbleib: | ++ |

## 84 (DRG, DR)

Zur Bewältigung des gestiegenen Ausflugsverkehrs auf der steilen und kurvenreichen Müglitztalbahn Heidenau–Altenberg im Osterzgebirge, die zwischen 1935 und 1938 auf Normalspur umgebaut worden war, forderte der Betrieb eine leistungsstarke Lokomotive. Die Berliner Maschinenbau AG (vormals Schwartzkopff) und Orenstein & Koppel (O&K) lieferten 1935 zur Erprobung je zwei der von ihnen entwickelten Maschinen, die zwar gleiche die Radsatzfolge 1'E1' und gleiche Kessel, aber unterschiedliche Triebwerke besaßen. Die Schwartzkopff-Maschinen (84 001 und 002) waren mit einem Dreizylindertriebwerk ausgestattet. Die Loks hatten keinen festen Radstand und besaßen Schwartzkopff-Eckhardt-Lenkgestelle. Die O&K-Maschinen (84 003 und 004) erhielten ein Zweizylindertriebwerk und zahnradgekuppelte Endradsätze der Bauart Luttermöller. Nach ausgiebigem Probebetrieb entschied man sich für die Dreizylinder-Maschinen, die insgesamt die besseren Laufeigenschaften aufwiesen und bei gleicher Leistung einen geringeren Energiebedarf hatten. Mit dem Bau der nächstfolgenden acht Lokomotiven (84 005-012) wurde 1937 Schwartzkopff beauftragt.

Bis kurz vor Ende des Zweiten Weltkriegs fuhren die 84er hauptsächlich von Dresden aus nach Altenberg oder im Dresdener Vorortverkehr. Nach Kriegsende war die Mehrzahl der Maschinen zum Teil beschädigt abgestellt. Sukzessive erfolgte ihre Aufarbeitung. Wegen defekter Getriebe lief die 84 004 ab Dezember 1946 als 2'C2'-Maschine und wurde im Juni 1947 abgestellt. Die übrigen elf Maschinen fanden zwischen 1949 und 1951 auf der Strecke Schwarzenberg–Johanngeorgenstadt ein neues Einsatzgebiet. Bedingt durch den im Interesse der sowjetischen Besatzer in großem Stil laufenden Uranbergbau wurden leistungsfähige Loks zur Abfuhr benötigt. Bis 1960 verschwanden die letzten 84er aus dem Betriebsdienst.

**Technische Daten:**

| | | | |
|---|---|---|---|
| Baureihenbezeichnung: | 84 001-002 (DRG) | 84 003-004 (DRG) | 84 005-012 (DRG) |
| Radsatzanordnung: | 1'E1'h3t | 1'E1'h2t | 1'E1'h3t |
| Zylinderdurchmesser (mm): | 3 x 480 | 600 | 3 x 500 |
| Kolbenhub (mm): | 660 | 660 | 660 |
| Verdampfungsheizfläche (m²): | 210,1 | 210,1 | 210,1 |
| Vmax (km/h): | 70 | 70 | 80 |
| Leistung (PSi): | 1.940 | 1.940 | 1.940 |
| Dienstmasse (t): | 125,5 | 125,2 | 125,5 |
| Größte Radsatzfahrmasse (t): | 18,3 | 18,9 | 18,3 |
| Länge über Puffer (mm): | 15.550 | 15.950 | 15.550 |
| Treib-/Kuppelraddurchmesser (mm): | 1.400 | 1.400 | 1.400 |
| Laufraddurchmesser (v) (mm): | 850 | 850 | 850 |
| Laufraddurchmesser (h) (mm): | 850 | 850 | 850 |
| Wasserkasteninhalt (m³): | 14,0 | 14,0 | 13,7 |
| Brennstoffvorrat (t): | 3,0 | 3,0 | 3,0 |
| Indienststellung: | 1935-1936 | 1935-1936 | 1936-1937 |
| Verbleib: | ++ | ++ | ++ |

*Foto: Bellingrodt, Slg. Kleine, Archiv transpress*

## 85 (DRG, DB)

Die DRG bestellte Ende 1931 bei der Firma Henschel insgesamt zehn Lokomotiven als 85 001-010, die vor allem im Reisezug- und Güterzugdienst, aber auch als Schublokomotiven auf der Höllentalbahn Freiburg/Breisgau–Neustadt/Schwarzwald eingesetzt werden sollten. Sie waren Voraussetzung für die Aufhebung des Zahnradbetriebs im Abschnitt Hirschsprung–Hinterzarten. Mit der 95.0 hatte man auf den Steilstrecken im Thüringer Wald gute Erfahrungen gemacht, allerdings waren nicht genug dieser Maschinen verfügbar, um den gesamten Bedarf abzudecken. Die zwischenzeitlich erfolgte Typisierung von Bauteilen bei den Einheitslokomotiven war auch beim Bau dieser 1'E1'-Tenderlok von Vorteil. Das Dreizylindertriebwerk und das Fahrwerk, erweitert um den hinteren Laufradsatz, waren identisch mit Baureihe 44, ebenso die Steuerung. Der Kessel wurde mit geringfügigen Änderungen von der Baureihe 62 übernommen.

Haupteinsatzgebiet der 85er waren Zeit ihres Lebens die Höllental- und die angrenzende Dreiseenbahn. Stationiert waren sie seit 1933 beim Bw Freiburg/Breisgau. Auch die Elektrifizierung der Höllental- und Dreiseenbahn für den Versuchsbetrieb mit 20 kV/50 Hz im Jahr 1936 änderte wenig. Die vier neuen Elloks (E 244) konnten bei weitem nicht alle Leistungen abdecken und fielen häufig wegen kleiner Schäden aus. Die 85 004 wurde ein Opfer des Zweiten Weltkriegs, die übrigen neun versahen bis zur Umstellung der Höllental- und Dreiseenbahn auf das normale Stromsystem am 20. Mai 1960 unentwegt ihren Dienst. Acht Maschinen wurden daraufhin abgestellt und im Jahre 1961 ausgemustert. Die 85 007 kam noch zum Bw Wuppertal-Vohwinkel und betätigte sich für ein knappes Jahr als Schublok auf der Steilrampe Erkrath–Hochdahl. Dann war Schluss, aber sie blieb wenigstens erhalten. Äußerlich restauriert präsentiert sich die 85 007 heute im ehemaligen Bw Freiburg.

**Technische Daten:**

| | |
|---|---|
| Baureihenbezeichnung: | 85 (DRG) |
| Radsatzanordnung: | 1'E1'h3t |
| Zylinderdurchmesser (mm): | 3 x 600 |
| Kolbenhub (mm): | 660 |
| Verdampfungsheizfläche (m²): | 195,95 |
| Vmax (km/h): | 80 |
| Leistung (PSi): | 1.500 |
| Dienstmasse (t): | 133,6 |
| Größte Radsatzfahrmasse (t): | 20,1 |
| Länge über Puffer (mm): | 16.300 |
| Treib-/Kuppelraddurchmesser (mm): | 1.400 |
| Laufraddurchmesser (v) (mm): | 850 |
| Laufraddurchmesser (h) (mm): | 850 |
| Wasserkasteninhalt (m³): | 14,0 |
| Brennstoffvorrat (t): | 4,5 |
| Indienststellung: | 1932-1933 |
| Verbleib: | 85 007 (VMN, Freiburg/Breisgau) |

*Foto: Blaschke*

## 86 (DRG, DB, DR), 086 (DB)

Zur Beförderung schwerer Güterzüge auf Strecken mit geringer Steigung sowie von Personenzügen und gemischten Zügen auf Strecken mit größeren Steigungen war nach dem Einheits-Typenprogramm der DRG die BR 86 vorgesehen. Die ersten sieben Maschinen übernahm die DRG 1928, wobei die Standardisierung es erlaubte, viele Bauteile aus anderen Baureihen zu übernehmen. Zunächst wurden die Loks mit den wenig befriedigenden Bissel-Laufachsen ausgerüstet. Daher erhielten die 86 293-296 und 336-875 die bewährten Krauss-Helmholtz-Lenkgestelle. Mit einer Radsatzfahrmasse von 15 Tonnen und einem Kuppelraddurchmesser von 1.400 mm wiesen die 86er dann sowohl vorwärts als auch rückwärts gute Fahreigenschaften auf.
Auch noch während des Zweiten Weltkriegs wurden die 86er weiter gebaut, allerdings in vereinfachter Form. Bis 1943 waren fast alle deutschen Lokomotivfabriken am Bau der insgesamt 774 Maschinen beteiligt. Die 86 966 entstand in diesem Jahr bei Krupp aus noch vorhandenen Ersatzteilen, das restliche Baulos wurde storniert.
Rund zwanzig Maschinen gingen während des Kriegs verloren und eine große Anzahl verblieb nach Kriegsende bei ausländischen Bahnverwaltungen. 385 Lokomotiven der Baureihe 86 übernahm die DB. Ab 1968 als Baureihe 086 bezeichnet, verschwanden die letzten DB-Vierkuppler 1974 von den Schienen. 175 Loks gingen an die DR, die vor allem im Erzgebirge Verwendung fanden. Einige verschlug es auch auf die Insel Usedom. Bis 1976 zog die DR ihre Maschinen aus dem planmäßigen Dienst zurück. Auf der Erzgebirgsstrecke Schlettau-Crottendorf erlebten Mitte der 1980er-Jahre ein paar Maschinen eine Renaissance, die allerdings 1987 endgültig beendet war. Dreizehn Exemplare blieben erhalten. Betriebsfähig ist derzeit nur die 86 333 der PRESS.

Foto: Blaschke

| Technische Daten: | |
|---|---|
| Baureihenbezeichnung: | 86 (DRG) |
| Radsatzanordnung: | 1'D1'h2 |
| Zylinderdurchmesser (mm): | 570 |
| Kolbenhub (mm): | 660 |
| Verdampfungsheizfläche (m²): | 117,37 |
| Vmax (km/h): | 80 (bis 86 233: 70) |
| Leistung (PSi): | 1.030 |
| Dienstmasse (t): | 87,3-88,5 |
| Größte Radsatzfahrmasse (t): | 14,9-15,6 |
| Länge über Puffer (mm): | 13.920 (bis 86 229: 13.820) |
| Treib-/Kuppelraddurchmesser (mm): | 1.400 |
| Laufraddurchmesser (v) (mm): | 850 |
| Laufraddurchmesser (h) (mm): | 850 |
| Wasserkasteninhalt (m³): | 9,0 |
| Brennstoffvorrat (t): | 4,0 |
| Indienststellung: | 1928-1943 |
| Verbleib: | u.a. 86 001 (VMN, Chemnitz-Hilbersdorf), 049 (VSE), 056 (ÖGEG), 283 (DDM), 333 (Wutachtal), 346 (UEF), 348 (GES), 457 (VMN, Heilbronn), 501 (Österreich), 607 (VMD, Adorf), 744 (MEM) |

## 87 (DRG, DB)

Die Vorgaben für eine Lokomotive speziell für die Hamburger Hafenbahn stellten die Planer der DRG unter Berücksichtigung der Vereinheitlichungsbestrebungen vor keine leichte Aufgabe: Sie sollte höchstens eine Radsatzfahrmasse 17,5 t haben, sie sollte Gleisbögen von 100 m Radius bewältigen können und sie sollte überaus leistungsstark sein. Daraus ergab sich die Notwendigkeit von fünffach gekuppelten Maschinen, die von der Firma Orenstein & Koppel erbaut wurden. Diese Rangier-Sonderlokomotive besaß ein Zweizylinder-Heißdampftriebwerk mit außenliegenden, waagerecht angeordneten Zylindern. Der Antrieb erfolgte auf den dritten Kuppelradsatz. Die beiden Endradsätze waren nicht durch Stangen, sondern durch ein Zahnradgetriebe der Bauart Luttermöller gekuppelt. Viele Bauteile und Baugruppen dieser Konstruktion waren baugleich bzw. austauschbar mit einer Reihe von anderen Typen des ersten Einheitsprogramms der DRG (z.B. 80, 81, 86). Nach der Leistungsvorgabe sollten die Maschinen 1.510 Tonnen Wagenzugmasse mit 45 km/h und 2.250 Tonnen mit 35 km/h bewegen können.
Insgesamt 16 Loks (Betriebsnummern 87 001-016) wurden im Jahr 1928 in Dienst gestellt, deren Heimatbetriebswerk nahezu ausschließlich Hamburg-Wilhelmsburg war. Haupteinsatzbereich waren immer die Gleisanlagen des Hamburger Hafens. Einsätze am Ablaufberg oder gar im Streckendienst waren die absolute Ausnahme. Wegen fehlender Ersatzteile für die Zahnradgetriebe liefen während und nach dem Zweiten Weltkrieg einige Lokomotiven auch als 1'C1'-, 1'D- und D1'-Maschinen. Schon in den Jahren 1951 bis 1955 wurden die etwas komplizierten »Rangierhobel« abgestellt, ausgemustert und durch die Baureihe 82 abgelöst.

Foto: Bellingrodt, Slg. Töpelmann, Archiv transpress

| Technische Daten: | |
|---|---|
| Baureihenbezeichnung: | 87 (DRG) |
| Radsatzanordnung: | Eh2t |
| Zylinderdurchmesser (mm): | 600 |
| Kolbenhub (mm): | 550 |
| Verdampfungsheizfläche (m²): | 117,37 |
| Vmax (km/h): | 45 |
| Leistung (PSi): | 940 |
| Dienstmasse (t): | 85,6 |
| Größte Radsatzfahrmasse (t): | 17,4 |
| Länge über Puffer (mm): | 13.300 |
| Treib-/Kuppelraddurchmesser (mm): | 1.100 |
| Laufraddurchmesser (v) (mm): | - |
| Laufraddurchmesser (h) (mm): | - |
| Wasserkasteninhalt (m³): | 9,0 |
| Brennstoffvorrat (t): | 3,0 |
| Indienststellung: | 1928 |
| Verbleib: | ++ |

## 88.70, 88.76 (LBE, Hf Brm, DRG, DR)

Mit der Übernahme der Hafenbahn Bremen 1930 durch die DRG kam auch eine kleine, zweifach gekuppelte Tenderlok in den Bestand der Reichsbahn, die 1892 von Henschel gebaut worden war. Sie wurde als 88 7601 eingereiht und entsprach einer preußischen T 2 nach dem Musterblatt III 4 b. Die Maschine war mit einem dreischüssigen Langkessel ausgestattet. Auf dem vorderen Ende des ersten Kesselschusses thronte ein Regleraufsatz. Die Reglerstange führte man mitten durch den Sandkasten auf dem mittleren Kesselschuss hindurch zum Führerhaus. Der Lokrahmen war als Wasserkasten ausgebildet, die Kohlevorräte lagerten in kurzen Kästen rechts und links vor dem Führerhaus. Die 88 7601 besaß ein Zweizylinder-Nassdampftriebwerk. Schon kurz nach ihrer Umzeichnung musste die Tenderlok den Dienst quittieren.
Mit der Verstaatlichung der Lübeck-Büchener Eisenbahn (LBE) 1938 erhielt die DRG noch einmal zwei ähnliche Maschinen und gab ihnen die Betriebsnummern 88 7001 und 7002. Sie stammten aus einer zwischen 1888 und 1892 in vier Exemplaren von Henschel gelieferten Serie, die bei der LBE als Gattung T 1 geführt wurde. Sie waren für den Dienst auf der damals noch als Nebenbahn betriebenen Strecke Lübeck-Travemünde vorgesehen und erhielten Namen von nahegelegenen Ortschaften. Ab 1900 wanderten sie in den Rangierdienst ab, 1923 wurden die »TRAVEMÜNDE« und die »SCHWARTAU« ausgemustert. Die »PRIWALL« (88 7002) war zeitweise mit einem Tender gekuppelt, um ihren Aktionsradius zu vergrößern. Beide Maschinen fanden sich nach Ende des Zweiten Weltkriegs im Bestand der DR wieder. Die 88 7002 verschwand relativ schnell als Werklok im Raw Rostock, wurde aber nach dessen Schließung als 98 7087 wieder in den Betriebspark übernommen und schließlich 1957 ausgemustert. Im gleichen Jahr konnte die 88 7001 (ex »BARNITZ«) als Werklok verkauft werden.

| Technische Daten: | | |
|---|---|---|
| Baureihenbezeichnung: | 88.70 (DRG) | 88.76 (DRG) |
| Radsatzanordnung: | Bn2t | Bn2t |
| Zylinderdurchmesser (mm): | 330 | 330 |
| Kolbenhub (mm): | 550 | 550 |
| Verdampfungsheizfläche (m²): | 55,09 | 57,50 |
| Vmax (km/h): | 40 | 40 |
| Leistung (PSi): | | |
| Dienstmasse (t): | 27,45 | 27,1 |
| Größte Radsatzfahrmasse (t): | 13,8 | 13,6 |
| Länge über Puffer (mm): | 8.089 | 8.089 |
| Treib-/Kuppelraddurchmesser (mm): | 1.080 | 1.080 |
| Laufraddurchmesser (v) (mm): | - | - |
| Laufraddurchmesser (h) (mm): | - | - |
| Wasserkasteninhalt (m³): | | |
| Brennstoffvorrat (t): | | |
| Indienststellung: | 1888-1892 | 1892 |
| Verbleib: | ++ | ++ |

*Foto: Slg. Töpelmann, Archiv transpress*

## 88.71-72, 88.73 (bay. D IV, pfälz. T 1, DRG)

Für den Rangierdienst auf bayerischen Bahnhöfen entwickelte Maffei 1875 die zweifach gekuppelten Tenderloks der Gattung D IV. Ihr Antrieb erfolgte auf den zweiten Kuppelradsatz. Ihre besonderen Kennzeichen waren die im Innenrahmen eingehängten Wasserkästen, die später sehr weit verbreitet waren. Im Laufe der gesamten Beschaffungsperiode von 1875 bis 1897, während der von Maffei und Krauss insgesamt 132 Maschinen hergestellt worden sind, blieben zwar Zylinderdurchmesser, Kolbenhub, Rostfläche und Kesseldruck gleich, Veränderungen gab es jedoch bei der Verdampfungsheizfläche und bei der Größe der Vorratsbehälter. Daher stieg die Radsatzfahrmasse entsprechend der Bauartänderungen leicht an. Auch der Raddurchmesser wurde bei späteren Lieferungen von 985 auf 1.006 mm vergrößert. Die Loks erreichten eine Höchstgeschwindigkeit von 45 km/h. Der lange Beschaffungszeitraum zeigt, dass die zweifach gekuppelte Maschine durchaus als Erfolgsmodell gelten kann, obwohl schon 1877 mit dem Nachfolgemodell D V (DRG-Baureihe 89.81) erstmals eine dreifach gekuppelte Tenderlok konzipiert wurde.
Von den 132 gebauten Maschinen der Gattung D IV zeichnete die DRG 1925 noch 101 Exemplare (88 7101-7201) um, die längstens bis 1930 im Einsatz waren. Die Pfälzischen Eisenbahnen beschafften zwischen 1892 und 1897 insgesamt 31 Stück der erfolgreichen D IV. Die als pfälzische T 1 bezeichnete Serie unterschied sich nur unwesentlich von den bayerischen Schwestern. Auch in der Pfalz bewährte sich diese unverwüstliche Tenderlok. Die DRG übernahm 1925 noch 21 Stück (88 7301-7321) in ihren Bestand. Als letzte musste 1936 die 88 7306 zwar offiziell den Dienst quittieren, blieb aber bis 1961 beim Bw Ludwigshafen als Verschubgerät im Einsatz. Nach einem längeren Zwischenspiel als Denkmal in Stegen (Breisgau) ist die letzte pfälzische T 1 heute im DGEG-Museum in Neustadt/Weinstraße zu bewundern.

| Technische Daten: | | |
|---|---|---|
| Baureihenbezeichnung: | 88.71-72 (DRG) | 88.73 (DRG) |
| Radsatzanordnung: | Bn2t | Bn2t |
| Zylinderdurchmesser (mm): | 330 | 330 |
| Kolbenhub (mm): | 508 | 508 |
| Verdampfungsheizfläche (m²): | 64,3 | 64,5 |
| Vmax (km/h): | 45 | 45 |
| Leistung (PSi): | | |
| Dienstmasse (t): | 24,3 (ab 88 7155: 28,8) | 29,0 |
| Größte Radsatzfahrmasse (t): | 12,1 (ab 88 7155: 14,4) | 14,5 |
| Länge über Puffer (mm): | 8.005 | 8.005 |
| Treib-/Kuppelraddurchmesser (mm): | 985 (ab 88 7155: 1.006) | 985 |
| Laufraddurchmesser (v) (mm): | - | - |
| Laufraddurchmesser (h) (mm): | - | - |
| Wasserkasteninhalt (m³): | 3,75 (ab 88 7155: 4,0) | 3,5 |
| Brennstoffvorrat (t): | 1,0 (ab 88 7155: 1,5) | 0,9 |
| Indienststellung: | 1875-1897 | 1892-1897 |
| Verbleib: | ++ | 88 7306 (DGEG, Neustadt/Weinstraße) |

*Foto: Slg. Töpelmann, Archiv transpress*

## 88.74 (wü. T 2, DRG)

Für den leichten Nebenbahndienst, aber vor allem für den Rangierdienst im Stuttgarter Hauptbahnhof beschaffte die Württembergische Staatsbahn in den Jahren 1896 bis 1904 von der Maschinenbau-Gesellschaft Heilbronn zehn zweiachsige Lokomotiven (württ. T 2). Der Antrieb des Zweizylinder-Nassdampftriebwerks ging auf den zweiten Kuppelradsatz. Ungewöhnlich waren die Scheibenräder mit einem relativ geringen Durchmesser von 800 mm. Der Wasserkasten war im Rahmen unter dem Kessel untergebracht, die Kohle lagerte in den beiden Vorratskästen an der Führerhausvorderwand. Die letzten vier Stück der T 2-Serie aus dem Jahre 1904 bekamen ein geschlossenes Führerhaus mit einer Tür an der Rückfront und ein Läutewerk. Darüber hinaus wurde der Kessel höher gelegt und die Behälter für die Vorräte wurden vergrößert. Alle Maschinen waren an der Rückseite mit Übergangsbrücken versehen.

Nur eine dieser Lokomotiven übernahm die DRG mit der Betriebsnummer 88 7401 und sie war damit die kleinste Normalspur-Lok der Reichsbahn. Bereits kurze Zeit später kam sie als Werklokomotive ins RAW Esslingen. Die übrigen Maschinen waren vorher schon an verschiedene Privat- und Industriebetriebe abgegeben worden. Die Bahnnummer T 1005 wurde 1921 an das Hüttenwerk Laucherthal bei Sigmaringen verkauft, wo sie noch bis 1976 in Betrieb war. Über den Verein zur Erhaltung Historischer Dampflokomotiven in Aschaffenburg und das Deutsche Dampflokmuseum in Neuenmarkt-Wirsberg gelangte sie schließlich zum Deutschen Technikmuseum nach Berlin. Dort kann heute der kleine Zweikuppler ausgiebig bewundert werden.

*Foto: Blaschke*

| Technische Daten: | |
|---|---|
| Baureihenbezeichnung: | 88.74 (DRG) |
| Radsatzanordnung: | Bn2t |
| Zylinderdurchmesser (mm): | 270 |
| Kolbenhub (mm): | 380 |
| Verdampfungsheizfläche (m²): | 26,3 |
| Vmax (km/h): | 30 |
| Leistung (PSi): | 100 |
| Dienstmasse (t): | 15,3 |
| Größte Radsatzfahrmasse (t): | 7,65 |
| Länge über Puffer (mm): | 6.380 |
| Treib-/Kuppelraddurchmesser (mm): | 800 |
| Laufraddurchmesser (v) (mm): | - |
| Laufraddurchmesser (h) (mm): | - |
| Wasserkasteninhalt (m³): | 1,6 |
| Brennstoffvorrat (t): | 0,5 |
| Indienststellung: | 1896-1904 |
| Verbleib: | T 1005 (Deutsches Technikmuseum Berlin) |

## 88.75 (bad. Ib1-2, bad. Ie1-6, DRG)

Der Schiffsbrückenverkehr über den Rhein zwischen Baden und der Pfalz gehört zu den Besonderheiten im Eisenbahnwesen. In den Jahren 1864/65 entstand bei Maxau die erste Eisenbahn-Schiffsbrücke mit einer Gesamtlänge von 363 m, wobei die eigentliche Schiffsbrücke, die von 34 Kähnen getragen wurde, eine Länge von 234 m aufwies. Später kam bei Speyer eine weitere Eisenbahn-Schiffsbrücke hinzu. Während einer Zugfahrt über die Brücken tauchten die Kähne rund 20 cm ins Wasser ein, so dass die Lokomotive ständig in einer Mulde lief und so permanent eine 3-%o-Steigung zu bewältigen hatte. Daraus ergaben sich folgende Forderungen an die Bauart der Lokomotiven: geringe Masse, nur geringe Vorräte wegen der kurzen Entfernungen und besonders tiefe Kessellage. Zur Eröffnung des Schiffsbrückenverkehrs bezog die Pfalzbahn von der MBG Karlsruhe zunächst zwei B-Tenderloks der Gattung T 2.1. Bis 1873 kamen sechs weitere hinzu. Zwei dieser Lokomotiven gab die Pfalzbahn an die Badische Staatsbahn ab, die sie als Baureihe Ib1 einreihte. Eine dritte Lok wurde 1893 von der Badenbahn bei der MBG bestellt und als Gattung Ib2 bezeichnet. Von der DRG wurden noch die drei badischen Loks als 88 7501-7503 eingereiht.

Von 1887 bis 1893 beschaffte die Badische Staatsbahn bei der MBG in sechs Lieferungen weitere B-Tenderlokomotiven für den Rangier- und leichten Nebenbahnbetrieb. Sie unterschieden sich von der Ib1-2 äußerlich durch einen größeren Raddurchmesser, eine höhere Kessellage, die Kesselaufbauten, das Führerhaus und den Wegfall der langen seitlichen Wasserkästen, die nunmehr zwischen den Rahmenplatten untergebracht waren. Von den in Dienst gestellten 30 Lokomotiven übernahm die DRG noch 25 Exemplare und ordnete sie trotz der deutlichen Unterschiede als 88 7511-7563 (mit Lücken) der Baureihe 88.75 zu. Bis Ende der 1920er-Jahre waren alle 88.75 ausgemustert.

*Foto: Maey, Slg. Kleine, Archiv transpress*

| Technische Daten: | | |
|---|---|---|
| Baureihenbezeichnung: | 88 7501-7503 (DRG) | 88 7511-7563 (DRG) |
| Radsatzanordnung: | Bn2t | Bn2t |
| Zylinderdurchmesser (mm): | 280 | 325 (ab 88 7551: 356) |
| Kolbenhub (mm): | 460 | 550 |
| Verdampfungsheizfläche (m²): | 49,7 | 49,47 (ab 88 7551: 53,88) |
| Vmax (km/h): | 45 | 60 |
| Leistung (PSi): | | |
| Dienstmasse (t): | 21,0 (88 7503: 21,8) | 28,7 (ab 88 7551: 28,2) |
| Größte Radsatzfahrmasse (t): | 10,5 (88 7503: 10,9) | 14,35 (ab 88 7551: 14,1) |
| Länge über Puffer (mm): | 6.800 (88 7503: 6.875) | 7.740 |
| Treib-/Kuppelraddurchmesser (mm): | 940 | 1.235 |
| Laufraddurchmesser (v) (mm): | - | - |
| Laufraddurchmesser (h) (mm): | - | - |
| Wasserkasteninhalt (m³): | 2,0 | 3,5 |
| Brennstoffvorrat (t): | 0,7 | 1,0 |
| Indienststellung: | 1865-1893 | 1887-1893 |
| Verbleib: | ++ | ++ |

## 89.0, 89.10 (pr. T 8, LAG, MFWE, DRG, DR)

Anfang des 20. Jahrhunderts sollte die preußische T 3 durch eine schnellere und stärkere Lok abgelöst werden, wobei gleichzeitig auf das inzwischen bewährte Heißdampf-Verfahren zurückgegriffen werden sollte. So entwickelte die Maschinenbau-Gesellschaft Breslau eine C-Tenderlok, die für den Rangierdienst, den Vorort- und den Nebenbahnverkehr vorgesehen war. Von dieser preußischen T 8 wurden von 1906 bis 1909 insgesamt 100 Stück gebaut. Sie war ausgestattet mit einem genieteten Langkessel, einem Rauchrohrüberhitzer Bauart Schmidt und einem Zweizylinder-Triebwerk. Die Wasservorräte waren in zwei seitlichen, genieteten Wasserkästen untergebracht, die vom Führerhaus bis vor den Treibradsatz reichten und vorne leicht abgeschrägt waren. Die Kohlevorräte lagerten in von den Wasserkästen abgeteilten Behältern am Langkessel, die vom Führerhaus aus zugänglich waren.

| Technische Daten: | |
|---|---|
| Baureihenbezeichnung: | 89.0, 89.10 (DRG) |
| Radsatzanordnung: | Ch2t |
| Zylinderdurchmesser (mm): | 500 |
| Kolbenhub (mm): | 600 |
| Verdampfungsheizfläche (m²): | 68,50 |
| Vmax (km/h): | 60 |
| Leistung (PSi): | 690 |
| Dienstmasse (t): | 45,6 |
| Größte Radsatzfahrmasse (t): | 15,2 |
| Länge über Puffer (mm): | 9.460 |
| Treib-/Kuppelraddurchmesser (mm): | 1.350 |
| Laufraddurchmesser (v) (mm): | - |
| Laufraddurchmesser (h) (mm): | - |
| Wasserkasteninhalt (m³): | 5,0 |
| Brennstoffvorrat (t): | 1,4 |
| Indienststellung: | 1906-1909 |
| Verbleib: | 89 1004 (ex 89 001, VMN, BSW Halle P) |

Im Güterzugverkehr hat sich die T 8 anfangs sehr gut bewährt. Der kleine Kuppelraddurchmesser ermöglichte ihr ein zügiges Anfahren, so dass sie auch im Berliner Stadtbahnverkehr Verwendung finden sollte. Doch ihre Laufeigenschaften waren unbefriedigend. Es dauerte nicht sehr lange, bis die »Knochenschüttler« wieder aus diesen Diensten zurückgezogen wurden. Die DRG übernahm noch 78 Maschinen als 89 001-078. Sie wurden jedoch bis spätestens 1930 ausgemustert und zum Teil an Privatbahnen verkauft. Zwei Maschinen (89 006, 89 065) kamen zur Lokalbahn AG München, nach deren Verstaatlichung im Jahre 1938 jedoch wieder zur DRG zurück, wo sie nun als 89 1001 und 1002 liefen. Auch die Mecklenburgische Friedrich-Wilhelm-Eisenbahn hatte zwei T 8 (80 039 und 001) gekauft, die 1941 nach ihrer Verstaatlichung ebenfalls zur DRG zurückkamen (89 1003 und 89 1004). Die 89 1004 war bei der DR bis 1966 im Einsatz und kam dann in den Bestand der Verkehrsmuseums Dresden. Sie wird heute von der BSW-Gruppe des Bw Halle P betreut.

*Foto: Slg. Töpelmann, Archiv transpress*

## 89.0" (DRG, DR)

Bei der anstehenden Beschaffung einer leichten Rangierlokomotive wollte die Hauptverwaltung der DRG nochmals eine genaue Vergleichsprüfung zwischen Heißdampf- und Nassdampf-Lokomotive. Deshalb kam es zu dem Auftrag, je drei solcher Rangierloks mit 15 t Radsatzfahrmasse und drei gekuppelten Radsätzen in unterschiedlicher Triebwerks-Ausführung bauen zu lassen. 1934 lieferte Schwartzkopff die drei Maschinen der Nassdampf-Version (89 001-003), Henschel stellte die Heißdampf-Variante her (89 004-006). Der Vergleich fiel eindeutig zugunsten der Heißdampf-Version aus, was sowohl die Leistung, die Anfahrbeschleunigung und den Vorratsverbrauch betraf.
Die Tenderlok als Baureihe 89.0 in zweiter Besetzung, die kleinste Einheitslokomotive der DRG, besaß einen Langkessel mit 1.400 mm Durchmesser aus einem Schuss und genieteter Längsnaht, eine geschweißte Stahlfeuerbüchse und eine außenliegende Heusinger-Steuerung mit Kuhnscher Schleife. Der Antrieb erfolgte auf den dritten Kuppelradsatz. Der Wasservorrat von 4 m³ war im geschweißten Rahmenwasserkasten in einem unterhalb des Langkessels liegenden Wasserkasten untergebracht. Der geschweißte Kohlekasten hinter dem Führerhaus konnte mehr als zwei Tonnen Kohle aufnehmen.
Im Jahre 1938 kam es noch zu einem Folgeauftrag von vier Maschinen, welche die Firma Henschel ebenfalls in Heißdampf-Ausführung lieferte (89 007-010). Der Ausbruch des Zweiten Weltkriegs verhinderte weitere Beschaffungen. Nach dem Krieg blieben fünf dieser Lokomotiven bei der Polnischen Staatsbahn, drei gingen als Reparationsleistung in die UdSSR und die 89 005 und 008 kamen zur DR. Letztere fuhr bis 1968 im Raw Dresden und wurde dann dem Dresdener Verkehrsmuseum übergeben. Seit 1992 befindet sie sich im Eigentum der Mecklenburgischen Eisenbahnfreunde in Schwerin.

| Technische Daten: | |
|---|---|
| Baureihenbezeichnung: | 89.0" (DRG) |
| Radsatzanordnung: | Cn2t (ab 89 004: Ch2t) |
| Zylinderdurchmesser (mm): | 420 |
| Kolbenhub (mm): | 550 |
| Verdampfungsheizfläche (m²): | 82,20 (ab 89 004: 67,86) |
| Vmax (km/h): | 45 |
| Leistung (PSi): | 320 (ab 89 004: 525) |
| Dienstmasse (t): | 45,8 |
| Größte Radsatzfahrmasse (t): | 15,3 (ab 89 004: 15,6) |
| Länge über Puffer (mm): | 9.600 |
| Treib-/Kuppelraddurchmesser (mm): | 1.100 |
| Laufraddurchmesser (v) (mm): | - |
| Laufraddurchmesser (h) (mm): | - |
| Wasserkasteninhalt (m³): | 4,5 (ab 89 004: 4,8) |
| Brennstoffvorrat (t): | 2,6 |
| Indienststellung: | 1934-1938 |
| Verbleib: | 89 008 (MEF, Schwerin) |

*Foto: Bellingrodt, Slg. Kleine, Archiv transpress*

*Foto: Slg. Töpelmann, Archiv transpress*

## 89.2, 89.82 (sä V T, DRG, DR)

Die sächsische V T hatte eine lange Beschaffungszeit und ist demzufolge im Laufe der Zeit vielfach verändert und verbessert worden, obwohl die Gattungsbezeichnung stets die gleiche blieb. Bei der Übernahme durch die DRG sind die älteren Bauserien der Jahre 1872 bis 1895 als Baureihe 89.82 eingereiht worden, weil sie zur baldigen Ausmusterung vorgesehen waren. Die jüngeren Maschinen aus den Jahren 1896 bis 1920 wurden als Baureihe 89.2 eingeordnet.

Das Grundprinzip der von der Firma Hartmann in Chemnitz gebauten Lokomotiven war eine dreifach gekuppelte Nassdampf-Tenderlok mit Antrieb auf den zweiten Kuppelradsatz. Sie wurde eingesetzt als Nebenbahn- und Rangierlok, als »fleißiges Lieschen« der Eisenbahn im Schatten der großen Schnellzugmaschinen. Die ersten Lieferungen erfolgten in den Jahren 1872 bis 1878. In vier Baulosen wurden 32 Maschinen hergestellt. Sie hatten eine kurze, 750 mm lange Rauchkammer, einen hohen Schornstein und einen überhöhten Hinterkessel. Hinten und vorn wies die V T erhebliche Überhänge auf. Die beiden seitlichen Wasserkästen verliefen vom Führerhaus bis zum Puffer und waren ab der Rauchkammer abgeschrägt. Insgesamt 15 dieser Lokomotiven erhielten bei der DRG noch die Betriebsnummern 89 8201-8215. Als Zwischenstufe in der Entwicklung der V T sind die Lieferungen aus den Jahren 1888 bis 1892 anzusehen. Sie wurden von der DRG als 89 8251-8267 eingereiht. Sie besaßen ein höheres Führerhaus, Wasserkästen nur noch bis zur Rauchkammer, die gleich kurze Rauchkammer und noch einen Kuppelraddurchmesser von 1.400 mm. Weitere sechs Maschinen (89 8216-8221) aus dem Jahre 1895 erfuhren einschneidende Veränderungen: Die Rauchkammer wurde um 550 mm verlängert, der Hinterkessel war nicht mehr erhöht und der Kuppelraddurchmesser wurde auf 1.240 mm verringert. Bis zum Beginn der 1930er-Jahre waren alle Exemplare der Baureihe 89.82, die zu den ältesten Lokomotiven der DRG zählten, ausgemustert.

Die V T ab Baujahr 1896 wurden bei der DRG als Baureihe 89.2 geführt. Die zehn Maschinen aus dem Jahre 1896 (89 201-210) hatten die gleichen Konstruktionsmerkmale wie die 89.82 aus dem Jahre 1895. 1897 folgten weitere zwölf, 1898 und 1899 kamen noch einmal zwanzig Stück in gleicher Bauart hinzu (89 211-222; 89 223-242). Im Jahr 1901 wurden 31 Loks in Dienst gestellt, von denen die DRG noch 27 Stück übernahm (89 243-269). Alle diese Lokomotiven besaßen eine Radsatzfahrmasse von 14 t.

Ab 1914 gab es gegenüber den Maschinen aus dem Jahre 1901 ganz neue Konstruktionsmerkmale (89 281-284). Der Kuppelraddurchmesser betrug jetzt 1.260 mm, der Durchmesser des Kessels war vergrößert und seine Mittelachse höhergelegt. Der Kohlekasten befand sich jetzt hinter dem Führerhaus, was eine Vergrößerung der Vorräte erlaubte. Der Radsatzstand zwischen zweitem und drittem Kuppelradsatz betrug nun 1.460 mm. Das Baulos von 1919 mit weiteren zehn Lokomotiven (89 285-294) sah weitere Veränderungen: Der Radsatzstand zwischen zweitem und drittem Kuppelradsatz wurde auf 1.800 mm vergrößert, die Wasserkästen waren ab Langkesselmitte nach vorn abgeschrägt und das bisher vorne auf den Pufferbohlen vorhandenen Rangiergeländer entfiel. 1920 gab es noch einen Nachzügler (89 295), der ursprünglich den Türkischen Staatsbahnen zugedacht war.

Rund 25 Exemplare gelangten nach dem Zweiten Weltkrieg in den Bestand der DR. Einige dienten bis 1967 im sächsischen Raum als Rangierloks. Wenig später endete die Zeit dieser Oldies auch bei Industriebetrieben oder Ausbesserungswerken.

*Foto: Slg. Kleine, Archiv transpress*

| Technische Daten: | | |
|---|---|---|
| Baureihenbezeichnung: | 89.2 (DRG) | 89.82 (DRG) |
| Radsatzanordnung: | Cn2t | Cn2t |
| Zylinderdurchmesser (mm): | 400 (ab 89 223: 430) | 400-457 |
| Kolbenhub (mm): | 600 | 610 |
| Verdampfungsheizfläche (m²): | 76,94-102,18 | 101,85-102,23 (89 1216-21: 81,60) |
| Vmax (km/h): | 40 (ab 89 281: 50) | 40 |
| Leistung (PSi): | | |
| Dienstmasse (t): | 42,0-48,8 | 40,6-45,0 |
| Größte Radsatzfahrmasse (t): | 14,0-16,8 | 13,5-15,0 |
| Länge über Puffer (mm): | 9.635-9.825 | 9.296-9.630 |
| Treib-/Kuppelraddurchmesser (mm): | 1.240 (ab 89 281:1.260) | 1.390 (89 1216-21: 1.240) |
| Laufraddurchmesser (v) (mm): | - | - |
| Laufraddurchmesser (h) (mm): | - | - |
| Wasserkasteninhalt (m³): | 3,8-4,0 | 3,5-3,8 |
| Brennstoffvorrat (t): | 1,5-2,0 | 1,5-1,8 |
| Indienststellung: | 1896-1920 | 1872-1895 |
| Verbleib: | ++ | ++ |

## 89.1, 89.81 (pfälz. T 3, bay. D V, DRG, DB)

Die ersten dreifach gekuppelten Tenderlokomotiven der Bayerischen Staatsbahn lieferte 1877 Maffei. Die als Gattung D V bezeichneten Loks erhielten erstmals einen Kesseldruck von 12 bar und waren für den Güterzugdienst auf der Strecke Plattling–Eisenstein vorgesehen. Die insgesamt zehn beschafften Exemplare verschwanden aber bald wieder aus dem Streckendienst und wanderten in den Rangierdienst ab, weil ihre Leistung nicht den Erwartungen entsprach. Ausgestattet waren sie mit einem genieteten Langkessel, einem Zweizylinder-Nassdampftriebwerk mit Antrieb auf den zweiten Kuppelradsatz und außenliegender Stephenson-Steuerung. Alle zehn Loks übernahm die DRG als 89 8101-8110. In den Jahren 1925 bis 1928 wurden die meisten Exemplare ausgemustert, als letzte die 89 8106 und 8107.

Von 1889 bis 1903 lieferte Maffei der Pfälzischen Eisenbahn insgesamt 27 Tenderloks der Gattung T 3 mit drei gekuppelten Achsen für den Einsatz auf Verschiebebahnhöfen und auf Nebenbahnstrecken, welche bayerische D V zum Vorbild hatten. Kesseldruck und Triebwerksabmessungen waren gleich, Raddurchmesser, Radsatzstand und Länge über Puffer waren etwas größer, Rost- und Verdampfungsheizfläche in geringem Maße reduziert. Im Verlauf mehrerer Lieferungen verminderte man das Gewicht durch Verringerung der Bleckdicke beim Kessel und durch andere konstruktive Veränderungen, was der Vergrößerung der Wasser- und Kohlevorräte zugute kam.

Der pfälzischen T 3 war eine erfolgreiche und lange Lebensdauer beschieden, deutlich länger als dem bayerischen Schwestermodell. Vor Übernahme durch die DRG kamen sechs Maschinen zur Saarbahn. Den anderen 21 teilte die DRG 1925 die Betriebsnummern 89 101-121 zu. Zwölf Stück davon übernahm 1947 noch die DB. Die letzten Maschinen wurden 1953 beim Bw Ludwigshafen ausgemustert. Die 89 104 überlebte noch bis 1959 als Werklok im AW Frankfurt/Main.

**Technische Daten:**

| | | |
|---|---|---|
| Baureihenbezeichnung: | 89.1 (DRG) | 89.81 (DRG) |
| Radsatzanordnung: | Cn2t | Cn2t |
| Zylinderdurchmesser (mm): | 420 | 420 |
| Kolbenhub (mm): | 610 | 610 |
| Verdampfungsheizfläche (m²): | 89,6 | 92,0 |
| Vmax (km/h): | 45 | 45 |
| Leistung (PSi): | 400 | 400 |
| Dienstmasse (t): | 42,0 | 44,6 |
| Größte Radsatzfahrmasse (t): | 14,0 | 15,2 |
| Länge über Puffer (mm): | 8.900 (ab 89 105: 9.210) | 8.801 |
| Treib-/Kuppelraddurchmesser (mm): | 1.245 | 1.212 |
| Laufraddurchmesser (v) (mm): | - | - |
| Laufraddurchmesser (h) (mm): | - | - |
| Wasserkasteninhalt (m³): | 4,0 (ab 89 105: 5,0) | 5,5 |
| Brennstoffvorrat (t): | 1,0 (ab 89 105: 1,5) | 1,6 |
| Indienststellung: | 1889-1903 | 1877-1878 |
| Verbleib: | ++ | ++ |

*Foto: Maey, Slg. Töpelmann, Archiv transpress*

## 89.3, 89.3-4, 89.4 (wü. T 3, wü. T 3 L, DRG, DB, DR)

Um den gestiegenen Anforderungen des Rangier- und Nebenbahndienstes gerecht zu werden, beschaffte die Württembergische Staatsbahn von 1891 bis 1913 insgesamt 110 leichte C-Tenderloks. Die Lieferung von Krauss und die ersten Exemplare der ME hatten neben dem Rahmenwasserkasten nur kurze seitliche Wasserkästen. Ab 1896 wurden die Wasserkästen nach vorne bis zur Rauchkammer verlängert. Alle 110 Loks wurden von der DRG übernommen und 1925 in 89 301-313 und 89 314-410 umgezeichnet. Anfang der 1930er-Jahre stand nur noch die Hälfte im Einsatz, nach dem Zweiten Weltkrieg quittierte in den Westzonen als letzte die 89 381 (Werklok AW Krefeld-Oppum) im November 1950 den Dienst. Die ehemalige 89 354 befand sich bei Kriegsende als Werklok in der sowjetischen Zone und wurde von der DR später als 89 7574 eingereiht, bis 1956 aber ausgemustert. Diverse T 3 fuhren noch lange bei Industriebetrieben, so dass vier bis heute überlebt haben. Im Mannheimer Landesmuseum für Technik und Arbeit fährt die zur Dampfspeicherlok umgebaute 89 312. Ferner blieben die 89 339, 363 und 407 sowie die einstige Werklok Nr. 1 der ME (Fabriknr. ME 4092) erhalten.

Auf Veranlassung von Adolf Klose, dem damaligen technischen Leiter der Württembergischen Staatsbahn, wurden 1894 und 1896 vier Loks beschafft, die im Prinzip der T 3 mit kurzen Wasserkästen glichen. Der Radsatzstand hatte sich jedoch um 1.400 mm auf 4.400 mm vergrößert. Als sogenannte radial einstellbare Klose-Lenkradsätze waren der vordere und hintere Kuppelradsatz ausgebildet, womit den besonderen Verhältnissen der Nebenstrecken Schiltach–Schramberg und Waldenburg–Künzelsau Rechnung getragen wurde. Die Klose-Bauart T 3 L konnte ihre Leistungsfähigkeit auf den engen Gleisbögen mit erstaunlicher Laufruhe tatsächlich beweisen, doch die hohen Unterhaltungskosten führten zu keiner weiteren Beschaffung. Die DRG übernahm nur noch eine dieser Loks für kurze Zeit als 89 411.

**Technische Daten:**

| | | |
|---|---|---|
| Baureihenbezeichnung: | 89.3, 3-4 (DRG) | 89 411 (DRG) |
| Radsatzanordnung: | Cn2t | Cn2t |
| Zylinderdurchmesser (mm): | 380 | 380 |
| Kolbenhub (mm): | 540 | 540 |
| Verdampfungsheizfläche (m²): | 63,9 | 63,9 |
| Vmax (km/h): | 45 | 45 |
| Leistung (PSi): | 300 | 300 |
| Dienstmasse (t): | 29,7 (89 312-313 u. ab 317: 35,7) | 32,3 |
| Größte Radsatzfahrmasse (t): | 10,0 (89 312-313 u. ab 317: 12,0) | 10,8 |
| Länge über Puffer (mm): | 8.505 | 8.920 |
| Treib-/Kuppelraddurchmesser (mm): | 1.045 | 1.045 |
| Laufraddurchmesser (mm): | - | - |
| Wasserkasteninhalt (m³): | 3,1 (89 312-313 u. ab 317: 5,3) | 3,0 |
| Brennstoffvorrat (t): | 1,3 (89 312-313 u. ab 317: 1,5) | 1,3 |
| Indienststellung: | 1891-1913 | 1894-1896 |
| Verbleib: | 89 312 (LTA Mannheim), 339 (DME Darmstadt-Kranichstein), 363 (GES, Kornwestheim), 407 (SEH) | ++ |

*Foto: Maey, Slg. Töpelmann, Archiv transpress*

## 89.9 (LBE, PE, MFWE, WPE, DRG, DB, DR)

Mit der Verstaatlichung diverser Privatbahnen Ende der 1930er-, Anfang der 1940er-Jahre übernahm die DRG auch eine ganze Reihe von unterschiedlichen laufradsatzlosen Dreikupplern, welche alle unter der Baureihenbezeichnung 89.9 eingereiht wurden.
Den Reigen eröffneten die 89 901 und 902, welche mit der Verstaatlichung der Lübeck-Büchener Eisenbahn (LBE) zum 1. Januar 1938 ihre DRG-Nummern erhielten. Die beiden leistungsfähigen Heißdampf-Rangierloks mit einer relativ hohen Radsatzmasse von 19 Tonnen waren 1924 von Henschel an die LBE geliefert worden, wo sie die Bahnnummern 101 und 102 erhielten. Charakteristisch für die beiden Maschinen waren der zweischüssige Langkessel und der Blechrahmen, welcher im vorderen Teil als Wasserkasten ausgebildet war. Daneben standen noch zwei seitliche Wasserkästen zur Verfügung. Nach dem Zweiten Weltkrieg verblieben beide Loks bei der DR und mussten dort im Dezember 1960 (89 902) bzw. März 1965 (89 901) ihren Abschied nehmen.
Mit der Verstaatlichung der Prignitzer Eisenbahn (PE) zum 1. Januar 1941 gelangten gleich mehrere verschiedene Dreikuppler in den DRG-Bestand. Als 89 911 und 912 wurden die Bahnnummern 1'' und 2'' übernommen, welche 1925 von Linke-Hofmann gebaut worden waren. Die Heißdampfloks waren weitgehend mit dem ELNA-Typ 4 H identisch und konnten in der Ebene 295 Tonnen Anhängelast mit 50 km/h befördern. Ihren einschüssigen Kessel speisten eine Knorr-Kolbenspeisepumpe mit Oberflächenvorwärmer sowie eine Strahlpumpe. Der T-förmige Wasserkasten unter dem Langkessel ragte zwischen die Wangen des Blechrahmens hinein.
Die Bahnnummer 3'' der PE wurde bei der DRG zu 89 921. Sie war ursprünglich 1913 als Nassdampflok von Borsig an die Kleinbahn Soltau-Lüneburg geliefert worden, welche die Maschine später an die PE verkaufte. 1927 gab die PE bei Borsig den Umbau auf Heißdampf in Auftrag. Ihre charakteristischen Merkmale waren ein Rahmenwasserkasten, Heusinger-Steuerung mit Kolbenschiebern sowie zur Kesselspeisung eine Knorr-Kolbenspeisepumpe mit Oberflächenvorwärmer und eine Strahlpumpe.
Die beiden leichtesten Dreikuppler der PE (Bahnnummern 10 »WITTSTOCK II« und 12 »PRITZWALK II«) mit einer Radsatzlast von nur 10 Tonnen reihte die DRG als 89 931 und 932 ein. Die ehemalige Nr. 10 war 1912 von Borsig ursprünglich als Nassdampflok geliefert und in den 1920er-Jahren von Borsig auf Heißdampf umgebaut worden. Von Henschel stammte die 1916 in Dienst gestellte Nr. 12, von Anfang an in Heißdampfausführung. Auch bei ihr fehlten die seitlichen Wasserkästen, der Wasservorrat lagerte im Rahmen.
Nach dem Zweiten Weltkrieg verloren sich die Spuren von drei ehemaligen PE-Maschinen, wobei wohl ein Teil als Beutegut der sowjetischen Besatzer in den Weiten der UdSSR verschwand. In der Sowjetzone blieben nur die 89 921 und 931 zurück. Erstere wurde schon 1947 als Werklok an die Grube Theodor in Bitterfeld verkauft, letztere fuhr bis 1967 bei der DR und tat dann noch einige Zeit als Werklok im Raw Zwickau Dienst.
Von der Mecklenburgischen Friedrich-Wilhelm-Eisenbahn (MFWE) kamen nach deren Verstaatlichung zum 1. Januar 1941 drei Nassdampf-Maschinen zur DRG, welche die Nummern 89 941 (MFWE Nr. 2''), 942 (MFWE Nr. 12) und 952 (MFWE Nr. 1'') erhielten. Dabei unterlief der DRG wohl ein Fehler, denn die bauartgleichen und 1911 von Hohenzollern gelieferten Nr. 1'' und 2'' hätten der Logik nach die Nummern 89 941 und 942 bekommen sollen und nicht die 1914 ebenfalls von Hohenzollern gebaute Nr. 12. Kennzeichnend für die beiden älteren Maschinen waren der zweischüssige Langkessel, der Dampfdom mit Flachschieberregler sowie die beiden kurzen seitlichen Wasserkästen, wobei ein Teil des linken Wasserkastens als Kohlekasten fungierte. Weitere Wasservorräte waren im vorderen Teil des Rahmens untergebracht. Alle drei ehemaligen MFWE-Loks gelangten nach Ende des Zweiten Weltkriegs zur DB, welche sich aber bald wieder von ihnen trennte. Die 89 941 und 942 wurden an die Westfälische Landeseisenbahn (WLE) verkauft, die 89 952 diente noch einige Zeit als Werklok des AW Lübeck.
Ebenfalls zum 1. Januar 1941 wurde die Wittenberge-Perleberger Eisenbahn (WPE) verstaatlicht. Deren Bahnnummer 106 wurde von der DRG als 89 951 eingereiht. Diese Nassdampf-Tenderlok war 1913 von Henschel an die WPE geliefert worden. Nach Kriegsende fand sich die 89 951 bei der Belgischen Staatsbahn, wo sie zunächst die Nummer 5901 und ab 1946 die Nummer 59 001 trug. Sie wurde zwar an die DB zurückgegeben, ging dort aber nicht mehr in Betrieb, sondern erhielt am 14. August 1950 ihren Ausmusterungsbescheid.

*Foto: Kleine, Archiv transpress*

**Technische Daten:**

| Baureihenbezeichnung: | 89 901-902 (DRG) | 89 911-912 (DRG) | 89 921 (DRG) | 89 931-932 (DRG) | 89 941-942, 952 (DRG) | 89 951 (DRG) |
|---|---|---|---|---|---|---|
| Radsatzanordnung: | Ch2t | Ch2t | Ch2t | Ch2t | Cn2t | Cn2t |
| Zylinderdurchmesser (mm): | 520 | 480 | 450 | | 430 | 380 |
| Kolbenhub (mm): | 630 | 550 | 550 | | 550 | 550 |
| Verdampfungsheizfläche (m²): | 73,57 | 76,00 | 77,00 | | | 60,10 |
| Vmax (km/h): | 40 | 55 | 45 | 45 | 60 | 45 |
| Leistung (PSi): | | 480 | | | | |
| Dienstmasse (t): | 57 | 42 | 45 | 30 | 50 | 33 |
| Größte Radsatzfahrmasse (t): | 19 | 14 | 15 | | | |
| Länge über Puffer (mm): | 10.450 | 10.450 | | 8.350 | 9.100 | 8.600 |
| Treib-/Kuppelraddurchmesser (mm): | 1.250 | 1.200 | 1.100 | 1.100 | 1.200 | 1.100 |
| Laufraddurchmesser (v) (mm): | - | - | - | - | - | - |
| Laufraddurchmesser (h) (mm): | - | - | - | - | - | - |
| Wasserkasteninhalt (m³): | 5,0 | | | | | |
| Brennstoffvorrat (t): | | | | | | |
| Indienststellung: | 1924 | 1925 | 1913 | 1912-1916 | 1911-1914 | 1913 |
| Verbleib: | ++ | ++ | ++ | ++ | ++ | ++ |

## 89.6, 89.7, 89.8 (bay. D II«, bay. R 3/3, DRG, DB, DR)

Die Bayerische Staatsbahn erwarb kurz vor Ende des 19. Jahrhunderts für den Nebenbahn- und Verschubdienst eine dreifach gekuppelte Zweizylinder-Nassdampftenderlok, die sich von dem Vorgängermodell »D V« (DRG-Baureihe 89.61) in der Leistung nur unwesentlich unterschied und in zweiter Besetzung als »D II« bezeichnet wurde. Die Beschaffung dieser neuen »D II« zog sich in mehreren Serien bis zum Jahre 1923 hin und im Laufe dieses langen Zeitraums ergaben sich in den Baumerkmalen auch verschiedene Veränderungen. Die Lok besaß einen genieteten Langkessel aus zwei Schüssen. Der Wasservorrat war in einem seitlichen und in einem im Rahmen befindlichen Wasserkasten untergebracht. In den Jahren 1898 bis 1904 bauten die Firmen Krauss und Maffei 73 »D V«. 70 Stück reihte die DRG als 89 601-670 in ihren Bestand ein. Krauss lieferte in den Jahren 1906/07 und 1913 weitere 18 Maschinen, welche die neue Bezeichnung »R 3/3« erhielten, von denen die DRG noch 17 übernahm (89 701-717). Weil der Bedarf an Tenderloks dieser Größenklasse in Bayern wuchs, gab es noch eine dritte größere Lieferung: Von der Firma Krauss wurden zwischen 1921 und 1923 insgesamt weitere 90 Loks der Gattung »R 3/3« geliefert, die etwas länger, größer und schwerer waren. Die DRG bezeichnete sie ab 1925 als 89 801-890. Die Maschinen fuhren auf fast allen größeren Bahnhöfen in Bayern. Nach dem Zweiten Weltkrieg gelangten die 89 603 und 621 in die DDR und drei nach Österreich. Bis 1957 musterte die ÖBB ihre Maschinen aus, doch die 89 837 leistete danach noch lange Jahre bei der Grazer Schleppbahn gute Dienste. Sie steht heute im Bayerischen Eisenbahn-Museum in Nördlingen. Die meisten Maschinen kamen zur DB, wobei schon in den 1950er-Jahren fast alle 89.6 und 89.7 ausschieden. Länger dauerte dagegen die Trennung von der etwas jüngeren 89.8. Als letzte mussten im Dezember 1964 die 89 801 und 883 den Dienst quittieren.

**Technische Daten:**

| Baureihenbezeichnung: | 89.6 (DRG) | 89.7 (DRG) | 89.8 (DRG) |
|---|---|---|---|
| Radsatzanordnung: | Cn2 | Cn2 | Cn2 |
| Zylinderdurchmesser (mm): | 420 | 420 | 420 |
| Kolbenhub (mm): | 610 | 610 | 610 |
| Verdampfungsheizfläche (m²): | 89,49 (ab 89 605: 88,60) | 88,60 | 88,60 |
| Vmax (km/h): | 45 | 45 | 45 |
| Leistung (PSi): | 430 | 430 | 430 |
| Dienstmasse (t): | 44,8 | 44,8 (ab 89 715: 45,3) | 47,6 |
| Größte Radsatzfahrmasse (t): | 15,1 | 15,1 | 16,3 |
| Länge über Puffer (mm): | 9.413 | 9.410 (ab 89 715: 9.450) | 9.974 |
| Treib-/Kuppelraddurchmesser (mm): | 1.216 | 1.216 | 1.216 |
| Laufraddurchmesser (mm): | - | - | - |
| Wasserkasteninhalt (m³): | 5,0 | 5,0 | 5,0 |
| Brennstoffvorrat (t): | 1,2 | 1,2 | 1,1 |
| Indienststellung: | 1898-1904 | 1906-1913 | 1921-1923 |
| Verbleib: | ++ | ++ | 89 801 (VMN, Koblenz), 837 (BEM) |

*Foto: Blaschke*

## 89 7512-7521 (Hf Brm, DRG, DB, DR), 89 7558 (KOE, DRG)

Die ersten durch die DRG von Privatbahnen übernommenen Dreikuppler waren 1930 zehn Loks der Hafenbahn Bremen. Sie hatten zwar mit der preußischen T 3 bis auf die Radsatzfolge nicht viel gemeinsam, wurden aber dennoch direkt im Anschluss als 89 7512-7521 eingereiht. Sie gehörten zum Typ »Pudel« der Firma Jung für Industrie- und Privatbahnen. Sie waren wesentlich größer und stärker als die T 3. Ihre Radsatzfahrmasse lag um drei bis vier Tonnen höher und sie wichen durch ihren höher gelegten Kessel und entsprechend kürzeren Schornstein auch äußerlich erheblich von der T 3 ab. Die DRG musterte zwei »Pudel«-Loks schon 1932 aus, 1934 folgte eine weitere. Die übrigen verblieben nach Ende des Zweiten Weltkriegs in Polen (eine Maschine), Österreich (zwei Loks als Reihe 689, ausgemustert 1959), bei der DR (eine Lok) und bei der DB (89 7513, 7515, 7518). Als letzte wurde bei der DB die 89 7513 am 19. November 1964 ausgemustert. Bis 1979 rostete sie auf einem Spielplatz in Berlin-Kreuzberg vor sich, doch zwischenzeitlich ist sie betriebsfähige Museumslok der Dampfzug-Betriebs-Gemeinschaft in Loburg.

Mit der Verstaatlichung der Kreis Oldenburger Eisenbahn (KOE) zum 1. August 1941 gelangten auch vier Cn2t-Loks in den Bestand der DRG (89 7556-7559). Diese Loks gehörten bis auf die 89 7558 zur Gattung der preußischen T 3. Die 89 7558 hingegen war eine Maschine vom Typ »Bismarck«, der von Henschel für den Einsatz auf Werk- und Privatbahnen entwickelt worden war. Im Gegensatz zur T 3 hatte diese Bauart einen längeren Rahmen, einen leistungsfähigeren Kessel und war 45 km/h schnell. Sie wurde 1949 an die Südstormarnsche Kreisbahn verkauft und dort 1954 ausgemustert. Im Deutschen Dampflok-Museum in Neuenmarkt-Wirsberg kann eine weitgehend identische »Bismarck«-Tenderlok (ex DR 89 6024) betriebsfähig bewundert werden.

**Technische Daten:**

| Baureihenbezeichnung: | 89 7512-7521 (DRG) | 89 7558 (DRG) |
|---|---|---|
| Radsatzanordnung: | Cn2t | Cn2t |
| Zylinderdurchmesser (mm): | 400 | 350 |
| Kolbenhub (mm): | 550 | 500 |
| Verdampfungsheizfläche (m²): | 77,5 | 47,8 |
| Vmax (km/h): | 40 | 45 |
| Leistung (PSi): | 450 | 430 |
| Dienstmasse (t): | 38,5 | 34,0 |
| Größte Radsatzfahrmasse (t): | 15 | 12 |
| Länge über Puffer (mm): | 9.415 | 9.200 |
| Treib-/Kuppelraddurchmesser (mm): | 1.100 | 1.100 |
| Laufraddurchmesser (mm): | - | - |
| Wasserkasteninhalt (m³): | 5,0 | 4,0 |
| Brennstoffvorrat (t): | 1,6 | 1,0 |
| Indienststellung: | 1912-1920 | 1912 |
| Verbleib: | 89 7513 (DBG Loburg) | ++ |

*Foto: Blaschke*

## 89.70-75, 89.80, 98.2 (pr. T 3, BLE, KOE, ZFE, meckl. T 3a, T3b, old. T 3, DRG, DB, DR)

Eine der ältesten Tenderlokomotiv-Typen, die im Bestand der DRG auftauchten, ist die dreifach gekuppelte Nassdampf-Lokomotive der Preußischen Staatsbahn T 3 für den Nebenbahn- und Verschubdienst. Es war die erste dreifach gekuppelte Maschine in Preußen und wurde eine der populärsten und langlebigsten Maschinen in Deutschland.

Sie besaß einen genieteten Langkessel aus drei Schüssen und 3.240 mm Abstand zwischen den Rohrwänden. Die ersten Ausführungen waren ohne Dom mit Regleraufsatz, spätere Lieferungen waren mit einem Dampfdom bestückt. Das Zweizylindertriebwerk mit außenliegenden, waagerecht angeordneten Zylindern wirkte auf den zweiten Kuppelradsatz. Ursprünglich war die Maschine mit einer Handbremse (Wurfhebelbremse) ausgerüstet, die einseitig von vorn auf den dritten Kuppelradsatz wirkte. Später verwendete man eine Heberlein-Bremse oder Dampfbremse; auch Druckluftbremsen der Bauart Knorr wurden eingebaut. Der Wasservorrat mit 3,5, später bis zu 5 m³, war im Rahmenwasserkasten untergebracht. Die Kohle (0,85 später bis zu 2 t) lagerte rechts und links vor dem Führerhaus am Langkessel. Die Lok schaffte auf Steigungen von 2 ‰ mit 30 km/h immerhin 430 t Anhängelast, auf Steigungen mit 5 ‰ waren es bei gleicher Geschwindigkeit noch 255 t.

Am Bau der T 3 waren fast alle deutschen Lokomotivfabriken beteiligt. Allein die Preußische Staatsbahn beschaffte von 1881 bis 1910 insgesamt 1.345 dieser Lokomotiven; weit über 100 Stück gingen an viele andere Staats- und Privatbahnverwaltungen. Auch im Ausland war dieser Typ gefragt: Sie wurde nach Frankreich, Italien, Griechenland und sogar nach China exportiert. Insgesamt sind von der T 3 etwa 1.550 Exemplare gebaut worden. Als echte preußische T 3 sind zunächst alle nach den Musterblättern M III-4e (zwei verschiedene Ausführungen) und M III-4p angefertigten Maschinen anzusehen. Aber auch die oldenburgischen T 3, die T 3 der Mecklenburgischen Friedrich-Franz-Eisenbahn und die Loks des Lenz-Typs »b« entsprachen der T 3. Während der langen Beschaffungszeit wurden die Maschinen entsprechend der gewonnenen Erfahrungen und Erkenntnisse zwangsläufig verändert, in erster Linie die Abmessungen (Länge, Gewicht, Leistung), die Form des Führerhauses, die Kesselaufbauten und die Art der Bremse. Mit dem Auftauchen stärkerer und schnellerer Lokgattungen konnten sie vom leichten Nebenbahn- in den Rangierdienst verdrängt werden. Die T 3 blieb aber immer eine robuste, wartungsarme und vielseitig einsetzbare Maschine.

Der erste vorläufige Umzeichnungsplan der DRG sah noch 745 Loks als Reihe 89.70 vor. Im endgültigen Plan von 1925 waren dann noch 511 Exemplare als 89 7001-7511 enthalten, von denen die meisten auch tatsächlich eine DRG-Nummer erhielten. Dazu kamen 40 mecklenburgische T 3 als 89 8001-8022 und 8051-8068 sowie 15 oldenburgische T 3, für welche interessanterweise die Nummern 98 201-215 reserviert waren, wobei von den oldenburgischen T 3 wohl keine mehr umgezeichnet wurde. Bereits kurz nach Erhalt einer DRG-Nummer mussten viele preußische T 3 ausscheiden. Mitte der 1930er-Jahre war der Bestand der DRG auf unter 200 Exemplare gesunken, denn viele Privat- und Werkbahnen kauften von der DRG wie schon vorher von der Preußischen Staatsbahn preiswert gebrauchte T 3. Im Gegenzug reihte die DRG aber einige Loks von Privatbahnen nach deren Verstaatlichung wieder ein. Zehn T 3 kamen 1938 nach Verstaatlichung der Braunschweigischen Landes-Eisenbahn (BLE) als 89 7531-7540 in den DRG-Bestand. Die T 3-ähnliche BLE-Lok mit der Betriebsnr. 34 wurde in 89 7541 umgezeichnet. Nächster Kandidat war 1. April 1941 die Kreis Oldenburger Eisenbahn (KOE). Ihre drei T 3 erhielten die Betriebsnummern 89 7556, 7557 und 7559. Von der Zschipkau-Finsterwalder Eisenbahn (ZFE) wurden 1943 fünf Dreikuppler als 89 7560-7564 übernommen, welche zumindest eine gewisse Ähnlichkeit mit der T 3 besaßen.

*Foto: Hubert, Slg. Töpelmann, Archiv transpress*

Nach Kriegsende verblieben in der sowjetisch besetzten Zone auf Staatsbahngleisen gut 40 preußische T 3. Mit Übernahme der Privatbahnen im Jahre 1949 gelangten über 100 weitere T 3 zur DR, die zusammen mit vielen anderen Dreikupplern als 89 953-7578 eingereiht wurden. Die letzten preußischen T 3 schieden bei der DR erst im Jahre 1969 aus. Als Traditionslok blieb in Dresden die betriebsfähige 89 6009 erhalten, die seit 1961 mit einem dreiachsigen Tender gekuppelt ist.

Die DB übernahm rund 70 preußische T 3, von denen sie sich relativ zügig trennte. Als letzte T 3 schied im April 1963 die 89 7538 aus. Als Werkloks 2 und 3 des AW Schwerte waren aber weiterhin preußische T 3 bei der DB im Einsatz. Sie erhielten sogar noch buchmäßig die EDV-Nummern 089 002 und 003. Mit der Ausmusterung der letzteren (ex 89 7531) am 21. Juni 1968 war das Kapitel der preußischen T 3 bei der DB endgültig beendet. Zahlreiche T 3 blieben jedoch nicht nur in Deutschland erhalten.

*Foto: Blaschke*

**Technische Daten:**

| Baureihenbezeichnung: | 89.70-75 (DRG) | 89.80 (DRG) | 98.2 (DRG) |
|---|---|---|---|
| Radsatzanordnung: | Cn2t | Cn2t | Cn2t |
| Zylinderdurchmesser (mm): | 350 | 350 | 340 |
| Kolbenhub (mm): | 550 | 550 | 550 |
| Verdampfungsheizfläche (m²): | 60,8 | 59,94/59,98 | 57,8 |
| Vmax (km/h): | 40 | 45 | 45 |
| Leistung (PSi): | 290 | 290 | 290 |
| Dienstmasse (t): | 29,5-35,9 | 30,8/33,4 | 32,4 |
| Größte Radsatzfahrmasse (t): | 9,9-11,9 | 10,3/11,1 | 10,8 |
| Länge über Puffer (mm): | 8.300/8-591 | 8.591 | 8.300 |
| Treib-/Kuppelraddurchmesser (mm): | 1.100 | 1.100/1.150 | 1.100 |
| Laufraddurchmesser (v) (mm): | - | - | - |
| Laufraddurchmesser (h) (mm): | - | - | - |
| Wasserkasteninhalt (m³): | 3,5-5,0 | 4,0 | 4,0 |
| Brennstoffvorrat (t): | 0,85-2,0 | 1,0 | 0,9 |
| Indienststellung: | 1882-1917 | 1884-1906 | 1898-1909 |
| Verbleib: | u.a. 89 6009 (VMN, Dresden- | ++ | ++ |
| | Altstadt), 7159 (DGEG, Neustadt/Weinstr.), | | |
| | 7296 (Museum Gramzow), | | |
| | 7462 (VMN, Koblenz-Lützel), | | |
| | 7531 (SEH), 7538 | | |
| | (Dampfloksammlung Grützmacher, | | |
| | Emmerthal-Lintorf) | | |

## 89.78 (preuß. T 7, Hf Brm/KOE, DRG)

Für den schweren Rangierdienst sowie den Güterverkehr im Ruhrgebiet und auf der Berliner Ringbahn wurden von der Preußischen Staatsbahn in den Jahren von 1881 bis 1893 insgesamt 371 Lokomotiven der Gattung »T 7« beschafft, die ähnliche Baumerkmale und ähnliche Leistungen wie die preußische »G 3« aufwiesen. Am Bau dieser Loks waren mehrere Hersteller beteiligt, neben der Königsberger Union auch Henschel, Hohenzollern, Borsig, Hanomag, Vulcan und Grafenstaden. Die »T 7« besaß ein Zweizylinder-Nassdampf-Triebwerk mit außenliegenden, waagerecht angeordneten Zylindern und Antrieb auf den zweiten Kuppelradsatz. Zylinder- und Schornsteinmitte befanden sich in einer Längsebene. Die Dampfverteilung besorgte eine außenliegende Allan-Steuerung mit Flachschiebern. Die Wasservorräte waren in seitlichen, genieteten Wasserkästen (4 $m^3$) und im Rahmenwasserkasten unter dem Führerhaus (1,5 $m^3$) untergebracht, der Kohlevorrat im genieteten Kohlekasten hinter dem Führerhaus (1,5 t).

Ab 1893 sah die Preußische Staatsbahn von der Bestellung weiterer T 7 zugunsten der neuen Baureihe T 9 ab, wobei Privat- und Werkbahnen bis 1925 noch etwa 40 Exemplare der T 7 mit geringfügigen Änderungen bezogen haben.

Die DRG übernahm nur noch 68 preußische T 7 und vergab die Betriebsnummern 89 7801 bis 7868. Hinzu kam 1930 eine weitere Lok dieser Bauart von der Bremer Hafenbahn als 89 7869 (Vulcan 1895). Schon im Dezember 1932 wurde sie an die Kreis Oldenburger Eisenbahn (KOE) verkauft. Nach der Übernahme der KOE durch die DRG im Jahr 1941 wurde sie wieder unter ihrer alten Betriebsnummer in den Bestand eingereiht. Nach 1945 waren nur noch einzelne T 7 als Privatbahn- oder Werklokomotiven vorhanden. Die DR konnte nach der Übernahme der Privatbahnen 1949 eine T 7 von der Arnstadt-Ichtershausener Eisenbahn in ihren Bestand als 89 6401 übernehmen. Sie wurde im Januar 1956 an die Erfurter Industriebahn verkauft und dort 1963 ausgemustert. Eine T 7 (Union-Gießerei Königsberg 1890, Fabrik-Nr. 537) blieb in Polen erhalten und kann im Museum von Jaworzyna Śląska (Königszelt) besichtigt werden.

| Technische Daten: | |
|---|---|
| Baureihenbezeichnung: | 89.78 (DRG) |
| Radsatzanordnung: | Cn2t |
| Zylinderdurchmesser (mm): | 430 |
| Kolbenhub (mm): | 630 |
| Verdampfungsheizfläche ($m^2$): | 96,18 |
| Vmax (km/h): | 45 |
| Leistung (PSi): | 430 |
| Dienstmasse (t): | 42,0 |
| Größte Radsatzfahrmasse (t): | 14,9 |
| Länge über Puffer (mm): | 9.560 |
| Treib-/Kuppelraddurchmesser (mm): | 1.330 |
| Laufraddurchmesser (v) (mm): | - |
| Laufraddurchmesser (h) (mm): | - |
| Wasserkasteninhalt ($m^3$): | 5,0 |
| Brennstoffvorrat (t): | 1,5 |
| Indienststellung: | 1881-1893 |
| Verbleib: | PKP TKh2-12 (Jaworzyna Śląska, Polen) |

Foto: Slg. Töpelmann, Archiv transpress

## 89.83 (bad. IX a1, DRG)

Von 1884 bis 1887 entstand die sogenannte Höllentalbahn zwischen Freiburg/Breisgau und Neustadt im Schwarzwald. Um die Schwarzwaldhöhen zu bewältigen und um Baukosten durch lange Streckenführungen zu ersparen, wurde das 7 km lange Teilstück Hirschsprung–Hinterzarten mit 55 ‰ Steigung für den Zahnradbetrieb nach dem System Bissinger-Klose konzipiert. Für die Bahn war ein gemischter Zahnrad- und Reibungsbetrieb vorgesehen und die Lokomotiven sollten die gesamte Strecke durchlaufen. Dazu bestellte die Badische Staatsbahn bei der Maschinenbaugesellschaft Karlsruhe im Jahre 1886 fünf und ein Jahr später weitere zwei dreifach gekuppelte Tender-Lokomotiven, die später die Gattungsbezeichnung IX a (Reihe 1 und 2) erhielten. Die Loks besaßen neben dem normalen außenliegenden Zweizylinder-Nassdampftriebwerk mit Antrieb auf den mittleren Kuppelradsatz ein zusätzliches, davon unabhängiges Innentriebwerk in Zweizylinder-Nassdampfausführung, welches die beiden Zahnräder antrieb. Diese Zahnräder waren durch Kuppelstangen verbunden.

Mit diesen sieben Loks wickelte die Badische Staatsbahn über 13 Jahre den gesamten Betrieb auf der Höllentalstrecke ab. Als 1901 die Strecke von Neustadt nach Hüfingen verlängert wurde, erhöhten sich mit dem weiterführenden Durchgangsverkehr die Anforderungen an den Betriebsdienst in großem Maße. Ab diesem Zeitpunkt übernahmen die neuen leistungsfähigeren Tenderloks der Gattung VI b den Zugdienst auf der gesamten Strecke und die IX a wurden nur noch für den Schubdienst eingesetzt. Zwischen 1910 und 1921 erfolgte die Ablösung im Schubdienst auf der Zahnradstrecke durch sieben stärkere IX b-Zahnradmaschinen.

Nach Ausbau ihres Zahnradtriebwerks wurden die IX a noch im Rangierdienst im Raum Freiburg weiterverwendet. Zwei Exemplare der badischen IX a (Reihe 1) gingen als BR 89.83 auf die DRG über und bekamen die Betriebsnummern 89 8301 und 8302. Sie wurden aber bald danach außer Dienst gestellt.

| Technische Daten: | |
|---|---|
| Baureihenbezeichnung: | 89.83 (DRG) |
| Radsatzanordnung: | Cn2t |
| Zylinderdurchmesser (mm): | 356 |
| Kolbenhub (mm): | 550 |
| Verdampfungsheizfläche ($m^2$): | 81,85 |
| Vmax (km/h): | 40 |
| Leistung (PSi): | |
| Dienstmasse (t): | 42,23 |
| Größte Radsatzfahrmasse (t): | 15,5 |
| Länge über Puffer (mm): | 8.980 |
| Treib-/Kuppelraddurchmesser (mm): | 1.080 |
| Laufraddurchmesser (v) (mm): | - |
| Laufraddurchmesser (h) (mm): | - |
| Wasserkasteninhalt ($m^3$): | |
| Brennstoffvorrat (t): | |
| Indienststellung: | 1887-1888 |
| Verbleib: | ++ |

Foto: Archiv Obermayer

Foto: Hubert, Slg. Töpelmann, Archiv transpress

## 90.0-2 (preuß. T 9.1, Hf Brm, LBE, DRG, DB, DR); 90 116, 232-233 (preuß. T 9 »Elberfeld«, »Langenschwalbach«, Hf Brm, DRG)

Die preußische C1'n2-Tenderlokomotive mit der späteren Bauartbezeichnung T 9.1, gedacht zur Verwendung im schweren Güterzugdienst, hatte zwei Vorbilder. Zum einen die für die steile und kurvenreiche Strecke von Elberfeld nach Cronenberg beschaffte, mit Krauss-Helmholtz-Lenkgestell ausgestattete C1'n2-Lokomotive, eine der bayerischen D VIII (DRG 98.6) ähnlichen Maschine. Von diesen »Elberfeld«-Loks wurden vier Stück von der Firma Krauss & Co. in München in den Jahren 1891 und 1893 hergestellt, weitere 33 dieses Typs in den Jahren 1895 bis 1899 von der Firma Henschel. Nur eine kam noch als 90 116 zur DRG.

Das andere Vorgängermodell wurde für die Strecke Wiesbaden-Langenschwalbach im Taunus beschafft. 1892 lieferte die Maschinenfabrik Esslingen acht C1'n2-Tender-Loks, in den Jahren 1893 bis 1895 baute die Firma Schwartzkopff weitere elf Maschinen in gleicher Ausführung. Von dieser Bauart »Langenschwalbach« kamen nach der Übernahme der Hafenbahn Bremen im Jahr 1930 noch zwei Exemplare als 90 232 und 233 zur DRG.

Der Normaltyp der T 9.1 wurde aber aus der T 7 heraus entwickelt. Man verwendete deren Laufwerk, verlängerte den Rahmen und fügte einen hinteren Laufradsatz hinzu. Deshalb konnte man den Kessel um zehn Prozent vergrößern und damit auch die Wasser- und Kohlevorräte steigern. Zur Ausstattung gehörten ein genieteter Langkessel aus drei Schüssen, eine Dreipunktabstützung des Laufwerks, ein Kuppelraddurchmesser von 1.350 mm sowie ein Zweizylinder-Nassdampftriebwerk mit Antrieb auf den zweiten Kuppelradsatz und Allan-Steuerung. Der Wasservorrat befand sich in zwei seitlichen, genieteten und in Höhe des zweiten Kuppelradsatzes nach vorn abgeschrägten Wasserkästen, der Kohlevorrat war hinter dem Führerhaus platziert. Obwohl das Krauss-Helmholtz-Lenkgestellt längst ausreichend erprobt war, wurde der Laufradsatz der T 9.1 als Adamsachse ausgebildet. Mit den Laufeigenschaften dieser Maschine war man daher nicht in vollem Umfang zufrieden. Die zulässige Geschwindigkeit lag bei 60 km/h mit 350 Tonnen Anhängelast in der Ebene.

In den Jahren 1892 bis 1901 beschaffte die Preußische Staatsbahn insgesamt 426 Stück von der T 9.1. Zunächst lieferte die Firma Borsig in Berlin-Tegel, später auch die Firmen Union, Hanomag, Hohenzollern, Henschel, Grafenstaden und Schichau. Die DRG übernahm noch 231 Maschinen (90 001 bis 90 231). Von der Bremer Hafenbahn kam 1930 die 90 234 hinzu und nach der Übernahme der Lübeck-Büchener Eisenbahn (LBE) wurden 1938 noch fünf Exemplare als 90 241-245 eingereiht.

Die letzten Vertreterinnen dieses Typs bei der späteren DB waren die 90 241, 243 und 244, die 1946 an Privatbahnen verkauft wurden. Bei der DGEG in Bochum-Dahlhausen steht heute noch die »CÖLN 7270«, die allerdings nie eine DRG-Nummer getragen hatte, da sie vor der vorgesehenen Umzeichnung in 90 009 als Werklok verkauft worden war. Ferner wird die »1857 CÖLN« (ex 90 042) im Süddeutschen Eisenbahnmuseum in Heilbronn erhalten. Bei der DR musste die letzte T 9.1 (90 108) im November 1953 ausscheiden.

**Technische Daten:**

| Baureihenbezeichnung: | 90.0-2 (DRG) | 90 116 (DRG) | 99 232-233 (DRG) |
|---|---|---|---|
| Radsatzanordnung: | C1'n2t | C1'n2t | C1'n2t |
| Zylinderdurchmesser (mm): | 430 | 400 | 450 |
| Kolbenhub (mm): | 630 | 500 | 630 |
| Verdampfungsheizfläche (m²): | 107,76 | 110,3 | 135,80 |
| Vmax (km/h): | 60 | 45 | 50 |
| Leistung (PSi): | 450 | | 620 |
| Dienstmasse (t): | 54,5 | 48,1 | 53,8 |
| Größte Radsatzfahrmasse (t): | 14,2 | 13,75 | 13,9 |
| Länge über Puffer (mm): | 11.320 (90 241-245: 11.536) | 10.470 | 10.380 |
| Treib-/Kuppelraddurchmesser (mm): | 1.350 | 1.080 | 1.250 |
| Laufraddurchmesser (v) (mm): | - | - | - |
| Laufraddurchmesser (h) (mm): | 1.000 | 810 | 810 |
| Wasserkasteninhalt (m³): | 5,83 | 7,37 | |
| Brennstoffvorrat (t): | 1,5 | 2,35 | |
| Indienststellung: | 1893-1903 | 1891-1899 | 1892-1895 |
| Verbleib: | 90 009 (DGEG), 042 (SEH) | ++ | ++ |

## 91.0-1 (preuß. T 9.2, Hf Brm, BLE, DRG)

Mit den Laufeigenschaften der T 9.1 (C1'n2) war die Preußische Staatsbahn nicht zufrieden und so ließ man eine neue 1´Cn2-Tenderlok entwickeln. Die Union-Gießerei in Königsberg lieferte 1893 die ersten neuen T 9.2, wobei Zylinderdurchmesser, Kolbenhub und Steuerung unverändert blieben. Man behielt auch hier die Adamsachse bei. Obwohl die T 9.2 wegen ihrer Vierpunktabstützung des Laufwerks und der größeren Länge bessere Laufeigenschaften als die T 9.1 erbrachte, wurden bis zum Jahre 1900 nur 229 davon gebaut. Erstaunlicherweise wurde von dem Vorgängermodell auch danach noch weitere nachbestellt, obwohl inzwischen klar war, dass die 1'C-Maschine sich als die bessere erwiesen hatte.

Die DRG übernahm 115 Maschinen dieses Typs (91 001-115). Hinzu kamen 1930 eine T 9.2 von der Bremer Hafenbahn (91 116) und weitere fünf 1935 von den Saarbahnen (91 117-121). Nach der Verstaatlichung der Braunschweigischen Landeseisenbahn (BLE) 1938 wurden sechs T 9.2 als 91 131-136 eingereiht. Bis auf die BLE-Maschinen waren alle T 9.2 bis 1945 ausgemustert oder an Privatbahnen oder Betriebe verkauft. Im Bereich der DB waren nach Kriegsende noch die 91 132 und 135 vorhanden, die 1946 und 1948 an Privatbahnen verkauft wurden. Bei der DR verblieben die 91 133 und 134, die noch bis 1966 im Einsatz waren. Letztere wurde sogar als Museumsstück für das Verkehrsmuseum in Dresden betriebsfähig aufgearbeitet und leistete noch bis 1999 gute Dienste vor Sonderzügen. Heute steht die 91 134 im »Mecklenburgischen Eisenbahn- und Technikmuseum« in Schwerin und gehört seit August 2006 dem Verein der »Mecklenburgischen Eisenbahnfreunde Schwerin«.

| Technische Daten: | |
|---|---|
| Baureihenbezeichnung: | 91.0-1 (DRG) |
| Radsatzanordnung: | 1'Cn2t |
| Zylinderdurchmesser (mm): | 430 |
| Kolbenhub (mm): | 630 |
| Verdampfungsheizfläche (m²): | 106,82 |
| Vmax (km/h): | 60 |
| Leistung (PSi): | 460 |
| Dienstmasse (t): | 52,6 |
| Größte Radsatzfahrmasse (t): | 13,7 |
| Länge über Puffer (mm): | 10.650 |
| Treib-/Kuppelraddurchmesser (mm): | 1.350 |
| Laufraddurchmesser (v) (mm): | 1.000 |
| Laufraddurchmesser (h) (mm): | - |
| Wasserkasteninhalt (m³): | 5,75 |
| Brennstoffvorrat (t): | 2,0 |
| Indienststellung: | 1892-1900 |
| Verbleib: | 91 134 (Schwerin) |

*Foto: Maey, Slg. Kleine, Archiv transpress*

## 91 201-202, 211-212 (BLE, PE, DRG, DR)

Von der aus kriegswichtigen Gründen zum 1. Januar 1938 verstaatlichten Braunschweigischen Landes-Eisenbahn (BLE) gelangten u.a. auch zwei 1'C-Tenderloks der ELNA-Typenreihe als 91 201 und 202 in den Bestand der DRG. Der »Engere Lokomotiv-Normen-Ausschuss« (ELNA) war nach Ende des Ersten Weltkriegs von deutschen Lokomotiv-Herstellern ins Leben gerufen worden, um genormte Maschinen für Klein- und Privatbahnen anbieten zu können. Schon 1921 konnten sechs ELNA-Gattungen vorgestellt werden, die in der Folge noch technisch verfeinert und durch Heißdampfvarianten ergänzt wurden. Die beiden BLE-Maschinen mit den Bahnnummern 32 und 33 entsprachen weitgehend dem ELNA-Typ 5 H (= Heißdampf) und waren 1928 von Henschel für den gemischten Dienst geliefert worden. Charakteristisch waren der Blechrahmen mit seinem T-förmigen Rahmenwasserkasten und der frei darüber liegende einschüssige Kessel. Die Spuren der 91 201 verlieren sich im Zweiten Weltkrieg. Dagegen überlebte die 91 202 (ex BLE 33) den Krieg, gelangte zur DR und wurde erst am 4. Oktober 1967 ausgemustert.

Zwei weitgehend der Standardausführung ELNA 5 H entsprechende Tenderloks konnte die DRG nach der Verstaatlichung der Prignitzer Eisenbahngesellschaft (PE) zum 1. Januar 1941 als 91 211 und 212 übernehmen. Die PE hatte die beiden Maschinen mit den Bahnnummern 4" und 5" im Jahre 1929 von Linke-Hofmann beschafft und setzte sie auf Grund ihrer Zugkraft und ihres Beschleunigungsvermögens sowohl im Personen- als auch im Güterzugdienst ein. Nach dem Zweiten Weltkrieg blieb die 91 211 verschollen, während sich die 91 212 nach Kriegsende im Bereich der Direktion Hamburg befand. Dort wurde sie zwar am 14. Juni 1946 ausgemustert, doch durfte sie ihr Können noch einige Zeit als Werklok Nr. 2 des EAW Glückstadt unter Beweis stellen.

*Foto: Archiv Dirk Endisch*

| Technische Daten: | | |
|---|---|---|
| Baureihenbezeichnung: | 91 201-202 (DRG) | 91 211-212 (DRG) |
| Radsatzanordnung: | 1'Ch2t | 1'Ch2t |
| Zylinderdurchmesser (mm): | 435 | 450 |
| Kolbenhub (mm): | 550 | 550 |
| Verdampfungsheizfläche (m²): | 67,32 | 70,0 |
| Vmax (km/h): | 65 | 55 |
| Leistung (PSi): | | |
| Dienstmasse (t): | 55,15 | 60,5 |
| Größte Radsatzfahrmasse (t): | 14 | 15 |
| Länge über Puffer (mm): | 10.010 | 10.010 |
| Treib-/Kuppelraddurchmesser (mm): | 1.250 | 1.200 |
| Laufraddurchmesser (v) (mm): | 800 | 850 |
| Laufraddurchmesser (h) (mm): | - | - |
| Wasserkasteninhalt (m³): | 8,0 | 6,0 |
| Brennstoffvorrat (t): | 2,0 | 1,6 |
| Indienststellung: | 1928 | 1929 |
| Verbleib: | ++ | ++ |

## 91 221-222, 231-232 (WPE, MFWE, DRG, DR)

Die Wittenberge-Perleberger Eisenbahn (WPE) beschaffte 1924/25 von Henschel zwei 1'Ch2-Tenderloks. Bemerkenswert war der zweischüssige Langkessel mit Speise- und Dampfdom. An letzteren war vorne und hinten je ein viereckiger Sandkasten angefügt, welcher die Räder des ersten Kuppelradsatzes von vorne, die Räder des zweiten Kuppelradsatzes von hinten sandete. Bei der WPE erhielten die beiden Dreikuppler zunächst die Bahnnummern 9 und 10, im Jahr 1932 erfolgte die Umzeichnung in 109 und 110. Nach Verstaatlichung der WPE reihte die DRG sie als 91 221 und 222 in ihren Bestand ein. Schon 1944 wurden sie an Privatbahnen verkauft. Die 91 221 gelangte zunächst als 151 (1. Besetzung) zur Kiel-Schöneberger Eisenbahn (KSE), ab 1948 fuhr sie als 161 bei der Farge-Vegesacker Eisenbahn (FVE) und landete schließlich unter der gleichen Betriebsnummer bei der Teutoburger Wald-Eisenbahn (TWE). Die 91 222 lief zunächst als 151 (1. Besetzung) bei der benachbarten Kleinbahn Kiel-Segeberg, kam dann als 152 (2. Besetzung) ebenfalls 1948 zur FVE und landete als 162 wie ihre Schwester 1953 bei der TWE. Beide Loks wurden 1952/53 in 1'Dh2t-Maschinen umgebaut. 1966/67 erlosch in ihren Kesseln das Feuer und 1969 wurden sie ausgemustert.

Foto: Sammlung Weisbrod

Von der Mecklenburgischen Friedrich-Wilhelm-Eisenbahn (MFWE) gelangten nach deren Verstaatlichung zum 1. Januar 1941 ebenfalls zwei 1'C-Heißdampftenderloks in den Bestand der DRG, welche die Nummern 91 231 und 232 erhielten. Sie waren im September 1925 von AEG mit den Bahnnummern 27 und 28 geliefert worden. Die Loks mit dem relativ großen Kuppelraddurchmesser von 1.350 mm erwiesen sich als überaus brauchbar und übertrafen sogar die geforderten Leistungen. Die 91 231 blieb nicht lange im Bestand der DRG, sondern wurde noch 1941 an die »Centralverwaltung für Secundairbahnen Hermann Bachstein GmbH« verkauft. Mit der Bahnnummer 40 fuhr sie zunächst bei der Greußen-Ebeleben-Keulaer Eisenbahn, später bei der Osterwieck-Wasserlebener Eisenbahn. Nach deren Übernahme 1949 durch die DR erhielt die ehemalige 91 231 die Nummer 91 6676. Bis 1961 leistete sie unauffällig ihren Dienst und wurde am 1. Dezember 1961 an die VEB Eisenwerke Thale verkauft. Direkt in den Bestand der DR kam die 91 232, welche ihren Dienst erst 1965 quittierte.

**Technische Daten:**

| Baureihenbezeichnung: | 91 221-222 (DRG) | 91 231-232 (DRG) |
|---|---|---|
| Radsatzanordnung: | 1'Ch2t | 1'Ch2t |
| Zylinderdurchmesser (mm): | 500 | 520 |
| Kolbenhub (mm): | 550 | 630 |
| Verdampfungsheizfläche (m²): | 89,60 | 96 |
| Vmax (km/h): | 45 | 60 |
| Leistung (PSi): | | 290 |
| Dienstmasse (t): | 53,60 | 57,5 |
| Größte Radsatzfahrmasse (t): | 16 | 16 |
| Länge über Puffer (mm): | 10.400 | 10.400 |
| Treib-/Kuppelraddurchmesser (mm): | 1.200 | 1.350 |
| Laufraddurchmesser (v) (mm): | 800 | 900 |
| Laufraddurchmesser (h) (mm): | - | - |
| Wasserkasteninhalt (m³): | | 6,0 |
| Brennstoffvorrat (t): | | 2,0 |
| Indienststellung: | 1924-1925 | 1925 |
| Verbleib: | ++ | ++ |

## 91.3-18, 91.20 (preuß. T 9.3, wü. T 9, DRG, DB, DR)

Da weder die Laufeigenschaften der preußischen T 9.1 (DRG 90.0-2) noch der T 9.2 (DRG 91.0-1) so recht befriedigten, entschloss sich die Preußische Staatsbahn, eine verbesserte Nachfolgebauart entwickeln zu lassen. Als direkte Nachfahrin der T 9.2 entstand so 1901 bei der Union-Gießerei in Königsberg die Gattung T 9.3. Sie war ihrer Vorgängerin erheblich überlegen. Die erfolgreiche T 9.3 darf für sich das Prädikat beanspruchen, die meistgebaute Tenderlok Deutschlands zu sein. In gut 13 Jahren (1901 bis 1913) verließen über 2.200 Exemplare die Fabrikhallen. In Preußen waren die T 9.3 praktisch auf allen Nebenbahnen anzutreffen, wobei ihr Haupteinsatzgebiet in der Beförderung leichter Güterzüge lag. Aber auch im Rangierdienst und gelegentlich auf Hauptstrecken konnte diese Tenderlok überzeugen. Nach dem Ersten Weltkrieg mussten viele Maschinen als Reparationsleistungen nach Belgien, Frankreich und Polen abgegeben werden. So konnte die DRG nur 1.503 T 9.3 übernehmen, welche als 91 303-1805 eingereiht wurden. Die zehn württembergischen T 9 erhielten die Nummern 91 2001-2010. Ersten Ausmusterungen standen auch einige Zugänge gegenüber: So wurden 1935 von den Saar-Bahnen 31 Maschinen (91 1806-1836) übernommen. Nach der Besetzung Polens wurden 1941 rund 270 Loks mit den Nummern bereits ausgemusterter T 9.3 in den DRG-Bestand eingereiht.

Foto: Slg. Töpelmann, Archiv transpress

Mit Ende des Zweiten Weltkriegs fanden sich die meisten Loks in den vier deutschen Besatzungszonen und in Polen wieder. Die DB musterte den Großteil ihres Bestandes schon in den 1950er-Jahren aus. Als letzte Maschine wurde beim Bw Krefeld am 11. Januar 1964 die 91 1595 abgestellt. Die DR musterte mit der 91 1971 des Bw Magdeburg ihre letzte T 9.3 am 22. Februar 1971 aus.
Im Januar 2007 stellte die Museumseisenbahn Minden (MEM) das Projekt der Wiederinbetriebnahme der preußischen T 9.3 »Danzig 7224« der Öffentlichkeit vor. Von der im November 2004 aus Polen zurückgeholten Ursprungslok können nur Rahmen und Fahrwerk übernommen werden. Der Kessel und alle Aufbauten müssen nach alten Zeichnungen neu gefertigt werden, denn die Lok war in Polen zu einer Dampfspeicherlok umgebaut worden. Die Rekonstruktion bzw. der Neuaufbau erfolgt in den nächsten Jahren unter der Federführung der MaLoWa-Werkstatt in Benndorf.

**Technische Daten:**

| Baureihenbezeichnung: | 91.3-18 (DRG) | 91.20 (DRG) |
|---|---|---|
| Radsatzanordnung: | 1'Cn2t | 1'Cn2t |
| Zylinderdurchmesser (mm): | 450 | 450 |
| Kolbenhub (mm): | 630 | 630 |
| Verdampfungsheizfläche (m²): | 103,66 | 102,08 |
| Vmax (km/h): | 65 | 60 |
| Leistung (PSi): | 440 | 450 |
| Dienstmasse (t): | 59,9 | 59,61 |
| Größte Radsatzfahrmasse (t): | 15,6 | 15,0 |
| Länge über Puffer (mm): | 10.700 | 10.620 |
| Treib-/Kuppelraddurchmesser (mm): | 1.350 | 1.350 |
| Laufraddurchmesser (v) (mm): | 1.000 | 1.000 |
| Laufraddurchmesser (h) (mm): | - | - |
| Wasserkasteninhalt (m³): | 7,0 | 7,0 |
| Brennstoffvorrat (t): | 2,0 | 2,0 |
| Indienststellung: | 1900-1914 | 1906-1907 |
| Verbleib: | 91 319 (Denkmal Münster), | ++ |
| | 494 (als Tki 3-119, Warschau), | |
| | 896" (VMD, Dresden-Friedrichstadt), 936" (DTB) | |

## 91.19 (meckl. T 4, DRG, DB, DR)

Für die Mecklenburgische Friedrich-Franz-Eisenbahn (MFE) reichten mittelschwere Tenderlokomotiven aus, um den Personen- und Güterzugverkehr zu bewältigen. Bei der Projektierung von Lokomotiven lehnte man sich meist an bereits bewährte Entwicklungen in anderen Ländern, vor allem Preußen, an. Mit der Vorgabe, eine dreifach gekuppelte 1'Cn2-Tenderlokomotive mit einfachem Aufbau, einfacher Wartung und mit maximal 12 t Radsatzfahrmasse zu entwickeln, wurde 1906 die Firma Henschel & Co. beauftragt. Ein direktes Vorbild für diese mecklenburgische »T 4« gab es nicht. 1907 lieferte Henschel die beiden ersten Exemplare der T 4, 1908 folgten vier weitere und bis zum Jahre 1922 wurden von den Firmen Henschel (37 Stück) und Orenstein & Koppel (13 Stück) insgesamt 50 Lokomotiven fertiggestellt.
Die T 4 war bestückt mit einem genieteten Langkessel und einem Zweizylinder-Nassdampftriebwerk. Ab dem Baujahr 1915 wurde der Kuppelraddurchmesser von 1.150 auf 1.200 mm vergrößert und die Höchstgeschwindigkeit von 45 auf 50 km/h erhöht. Die Lokomotive schaffte 720 Tonnen Anhängelast in der Ebene mit 45 km/h.
Bei der Übernahme durch die DRG waren alle 50 Loks noch einsatzfähig und gingen als 91 1901-1950 in den Bestand über. 35 Stück davon überlebten den Zweiten Weltkrieg, 31 kamen zur DR und vier zur DB. Die DB-Maschinen waren beim Bw Heiligenhafen stationiert und schieden bis 1950 aus. Bei der DR waren im Jahre 1966 beim Bw Wittenberge noch elf Lokomotiven im Einsatz. Die beiden letzten Maschinen wurden erst 1970 aus dem Verkehr gezogen. Insofern hatte die mecklenburgische T 4 eine ziemlich lange und erfolgreiche Lebenszeit.

| Technische Daten: | |
|---|---|
| Baureihenbezeichnung: | 91.19 (DRG) |
| Radsatzanordnung: | 1'Cn2t |
| Zylinderdurchmesser (mm): | 410 |
| Kolbenhub (mm): | 580 |
| Verdampfungsheizfläche (m²): | 96,10 |
| Vmax (km/h): | 45 (ab 91 1931: 50) |
| Leistung (PSi): | 470 |
| Dienstmasse (t): | 45,6-46,8 |
| Größte Radsatzfahrmasse (t): | 11,8-12,2 |
| Länge über Puffer (mm): | 10.375 |
| Treib-/Kuppelraddurchmesser (mm): | 1.150 (ab 91 1931: 1200) |
| Laufraddurchmesser (v) (mm): | 800 |
| Laufraddurchmesser (h) (mm): | - |
| Wasserkasteninhalt (m³): | 4,3-5,6 |
| Brennstoffvorrat (t): | 1,5 |
| Indienststellung: | 1907-1922 |
| Verbleib: | ++ |

*Foto: Slg. Töpelmann, Archiv transpress*

## 92.0 (wü. T 6, DRG, DB)

Die württembergische T 6 war die einzige deutsche vierfach gekuppelte Tenderlokomotive mit Heißdampf-Triebwerk. In den Jahren 1916/17 beschaffte die Württembergische Staatsbahn von der Maschinenfabrik Esslingen die ersten sechs Maschinen, weitere sechs folgten im Jahre 1918. Die Lok besaß ein Zweizylinder-Heißdampf-Triebwerk mit außenliegenden, geneigt angeordneten Zylindern und außenliegender Heusinger-Steuerung, einen Crampton-Langkessel aus zwei Schüssen und dazu einen Kleinrohrüberhitzer nach Bauart Schmidt.
Eine von den zwölf gebauten Lokomotiven musste nach dem Ersten Weltkrieg als Reparationsleistung an die Siegermächte abgegeben werden, so dass insgesamt elf T 6 zur DRG übergingen. Sie reihte diese Loks als 92 001-011 in ihren Maschinenpark ein. Bis zum Ende des Zweiten Weltkriegs kamen die T 6 im Großraum Stuttgart zum Einsatz, nur die 92 007 musste schon 1936/37 den Dienst quittieren. Zwischen 1946 und 1950 wurden alle Maschinen ausgemustert und zu einem großen Teil an Privatbahnen verkauft. Die 92 001 landete im Dezember 1948 bei der Hersfelder Kreisbahn, wurde aber schon 1951ausgemustert. Die 92 002 und 004 kamen zur Württembergischen Eisenbahngesellschaft (WEG) und waren bis 1963 noch im Einsatz. Zumindest die 92 003 und 011 gelangten zur Süddeutschen Eisenbahngesellschaft (SEG). Erstere wurde 1956 ausgemustert, die andere versah bei der Kaiserstuhlbahn noch bis 1974 ihren Dienst und steht heute als Denkmalslok im Europapark in Rust. Die Osthannoversche Eisenbahn (OHE) erwarb im Oktober 1947 die 92 008 und 010, verkaufte sie jedoch alsbald weiter. Die 92 008 beendete 1963 ihr Dasein auf der badischen Privatbahn Wiesloch-Waldangelloch, während die 92 010 bis 1953 im hohen Norden bei der Altona-Kaltenkirchen-Neumünster Eisenbahn fuhr.

| Technische Daten: | |
|---|---|
| Baureihenbezeichnung: | 92.0 (DRG) |
| Radsatzanordnung: | Dh2t |
| Zylinderdurchmesser (mm): | 500 |
| Kolbenhub (mm): | 560 |
| Verdampfungsheizfläche (m²): | 71,4 |
| Vmax (km/h): | 50 |
| Leistung (PSi): | 500 |
| Dienstmasse (t): | 60,0 |
| Größte Radsatzfahrmasse (t): | 15,0 |
| Länge über Puffer (mm): | 10.600 |
| Treib-/Kuppelraddurchmesser (mm): | 1.150 |
| Laufraddurchmesser (v) (mm): | - |
| Laufraddurchmesser (h) (mm): | - |
| Wasserkasteninhalt (m³): | 8,0 |
| Brennstoffvorrat (t): | 3,5 |
| Indienststellung: | 1916-1918 |
| Verbleib: | 92 011 (Denkmal Rust) |

*Foto: Bellingrodt, Slg. Töpelmann, Archiv transpress*

## 92.1 (wü. T 4, DRG, DB)

Nachdem die Dreikuppler der Gattung »württembergische T 3« im Schubdienst auf der Geislinger Steige nicht mehr den gestiegenen Anforderungen entsprachen, entschied sich die Württembergische Staatsbahn für den Bau einer stärkeren und schwereren Tenderlokomotive. Mit dem Bau dieser neuen Dn2-Maschine der Gattung T 4 wurde die Maschinenfabrik Esslingen beauftragt. Die erste Lieferung im Jahre 1907 umfasste fünf Exemplare, im Jahre 1909 folgten weitere drei Stück. Mit 16 Tonnen Radsatzfahrmasse war diese Lok vor dem Ersten Weltkrieg die schwerste vierfach gekuppelte Tenderlokomotive in Deutschland.

Auffallend an ihr waren ihre verhältnismäßig großen Kuppelräder: Mit 1.380 mm Durchmesser waren sie für den ihr zugedachten Zweck eigentlich zu groß. Nach dem Rückzug aus dem Schubdienst wurde in den 1930er-Jahren die Riggenbach-Gegendruckbremse durch eine Druckluftbremse der Marke Westinghouse ersetzt. Zur besseren Streckensicht waren die seitlich angebrachten Wasserkästen (insgesamt 6 m$^3$ Fassungsvermögen) im vorderen Teil abgeschrägt. Zunächst waren alle acht Maschinen im Bw Ulm stationiert. Die DRG übernahm alle Loks und gab ihnen die Betriebsnummern 92 101-108. Nach dem Rückzug aus dem Schubdienst machten sie sich bei den Bw Reutlingen und Tübingen nützlich. Im Herbst 1944 verschlug es die 92 103 und 106 nach Hamm, die 92 102 und 104 nach Hamburg. Alle acht Dampfloks überstanden den Zweiten Weltkrieg, wurden aber bereits zwischen 1946 und 1948 ausgeschieden. Die meisten begannen eine zweite Karriere als Werksloks in diversen Ausbesserungswerken. Hingegen wurde die 92 107 im Juni 1948 an die Mindener Kreisbahn verkauft, wo sie erst 1961 den Dienst quittierte.

Foto: Maey, Slg. Töpelmann, Archiv transpress

| Technische Daten: | |
|---|---|
| Baureihenbezeichnung: | 92.1 (DRG) |
| Radsatzanordnung: | Dn2t |
| Zylinderdurchmesser (mm): | 530 |
| Kolbenhub (mm): | 612 |
| Verdampfungsheizfläche (m²): | 143,4 |
| Vmax (km/h): | 52 |
| Leistung (PSi): | 580 |
| Dienstmasse (t): | 64,5 |
| Größte Radsatzfahrmasse (t): | 16,1 |
| Länge über Puffer (mm): | 11.000 |
| Treib-/Kuppelraddurchmesser (mm): | 1.380 |
| Laufraddurchmesser (v) (mm): | - |
| Laufraddurchmesser (h) (mm): | - |
| Wasserkasteninhalt (m³): | 6,0 |
| Brennstoffvorrat (t): | 1,5 |
| Indienststellung: | 1906-1909 |
| Verbleib: | ++ |

## 92.2-3 (bad. X b1-7, DRG, DB, DR)

Steigende Zuglasten im Güterverkehr veranlassten die Badische Staatsbahn als erste deutsche Bahnverwaltung schon Anfang des 20. Jahrhunderts zur Entwicklung einer vierfach gekuppelten Tenderlok für den Einsatz auf großen Verschiebebahnhöfen. Mit der Gattung »X b« konnte sie bereits 1907 die ersten Vierkuppler für den Rangierdienst in Betrieb nehmen, welche zunächst in 20 Exemplaren von der Badischen Maschinenbau-Gesellschaft (BMAG) in Karlsruhe geliefert wurden. Bis 1919 folgten in fünf weiteren Baulosen 48 Maschinen von der BMAG. Eine letzte Serie mit 30 Einheiten lieferte 1921 Maffei in München. Mit insgesamt 98 Stück war die badische »X b« eine überaus erfolgreiche Maschine. Ihr charakteristisches Aussehen erhielt die »X b« vor allem durch das Verbindungsrohr zwischen den beiden Domen, welches speziell den Anforderungen im Rangierdienst mit seiner oft stoßweisen Dampfentnahme diente.

Nach Ende des Ersten Weltkriegs mussten 1919 aus der fünften Bauserie zwei Loks als Reparationsleistung nach Frankreich und sechs nach Belgien abgegeben worden. Die restlichen 90 Maschinen übernahm die DRG und reihte sie mit den Nummern 92 201-320 (mit Lücken) in ihren Bestand ein. Bis 1945 mussten sechs »X b« den Dienst quittieren. Zwei der badischen Vierkuppler (92 214 und 310) fanden sich nach Ende des Zweiten Weltkriegs in der Sowjetzone wieder, wurden aber 1947 bzw. 1955 als Werksloks verkauft. Alle übrigen Rangierhobel verblieben in den Westzonen. 1950 zählte die DB noch 74 Maschinen in ihrem Bestand. Erst gegen Ende der 1950er-Jahre setzten größere Ausmusterungswellen ein. Letzte »X b« war die 92 319 des Bw Radolfzell, welche am 25. April 1966 ausgemustert und 1968 verschrottet wurde. Eine »X b« blieb erhalten: Das Deutsche Technik-Museum in Berlin konnte eine der belgischen Reparationsloks (ex SNCB 9184 ex bad. X b 175) erwerben.

Foto: Maey, Slg. Töpelmann, Archiv transpress

| Technische Daten: | |
|---|---|
| Baureihenbezeichnung: | 92.2-3 (DRG) |
| Radsatzanordnung: | Dn2t |
| Zylinderdurchmesser (mm): | 480 |
| Kolbenhub (mm): | 630 |
| Verdampfungsheizfläche (m²): | 110,19 (ab 92 241: 110,66, ab 92 291: 108,48) |
| Vmax (km/h): | 45 |
| Leistung (PSi): | 500 |
| Dienstmasse (t): | 58,1 |
| Größte Radsatzfahrmasse (t): | 15,0 |
| Länge über Puffer (mm): | 10.650 (ab 92 241: 10.694) |
| Treib-/Kuppelraddurchmesser (mm): | 1.262 |
| Laufraddurchmesser (v) (mm): | - |
| Laufraddurchmesser (h) (mm): | - |
| Wasserkasteninhalt (m³): | 7,0 |
| Brennstoffvorrat (t): | 2,5 (ab 92 291: 3,0) |
| Indienststellung: | 1907-1921 |
| Verbleib: | 92 »272« (DTB) |

## 92.4 (old./preuß. T 13.1), 92.5-10 (preuß. T 13, ZFE, DRG, DB, DR)

Auch die Preußische Staatsbahn sah sich zu Beginn des 20. Jahrhunderts gezwungen, den Anforderungen des immer unfangreicheren Verschubbetriebs auf den großen Rangierbahnhöfen, vor allem im Ruhrgebiet und Oberschlesien, mit der Entwicklung einer leistungsfähigen, vierfach gekuppelten und laufradsatzlosen Rangierlok zu genügen. Dem Bau der preußischen T 13 gingen allerdings erhebliche Auseinandersetzungen voraus, ob sie als Heißdampfmaschine mit Rauchrohrüberhitzer oder als Nassdampflok zu bauen sei. Während die Konstrukteure die Heißdampfvariante favorisierten, entschied sich das Ministerium für die vermeintlich »billigere« Nassdampflok. Ihre Kesselkonstruktion konnte fast unverändert von der preußischen T 11 (DRG 74.0-3) übernommen werden. Der Wasservorrat lagerte im Rahmenwasserkasten und in den beiden seitlichen, genieteten Wasserkästen. Das Zweizylinder-Triebwerk wirkte auf den zweiten Kuppelradsatz, was nur recht kurze Treibstangen erforderte. Fest im Rahmen gelagert waren die ersten drei Kuppelradsätze, nur der vierte Kuppelradsatz besaß 20 mm Seitenspiel. Diese Lauf- und Triebwerksausführung bescherte der T 13 einen recht unruhigen Lauf und machte sie für den Streckendienst weitgehend untauglich.

Insgesamt 667 Maschinen wurden zwischen 1910 und 1923 gebaut, davon für die Preußische Staatsbahn allein 587. Ab 1916 rüstete die Preußische Staatsbahn einzelne T 13 mit Kleinrohrüberhitzer der Bauart Schmidt und Speisewasservorwärmer aus. Diese Heißdampfumbauten erwiesen sich deutlich leistungsfähiger als die Nassdampfloks. Auch die Oldenburgische Staatsbahn, welche bereits ab 1911 die T 13 in Dienst gestellt hatte, beschaffte 1921 vom Hauslieferanten Hanomag vier Heißdampf T 13 mit Ventilsteuerung als neue Gattung T 13.1. Sie waren für den leichten Personenzugdienst vorgesehen. Neun entsprechende T 13.1 lieferte Hanomag 1921/22 nach Preußen. Weitere fünf T 13.1 lieferte Krauss in München 1923 an die seit 1920 eigenständigen Saarbahnen. Da 1918/19 fast 100 Loks der Gattung T 13 an die Siegermächte des Ersten Weltkriegs als Reparation abgegeben werden mussten, konnte die DRG 1925 noch insgesamt 485 Maschinen als 92 501-913 sowie 92 1001-1072 in ihren Bestand einreihen. Letztere entstammten der Nachlieferung von 1921-1923 und hatten eine um 1 Tonne höhere Radsatzfahrmasse. Als 92 401-404 wurden die oldenburgischen T 13.1, als 92 405-413 die preußischen T 13.1 übernommen. Nach der Wiederangliederung des Saarlandes 1935 erhielten die T 13.1 der Saarbahnen die Betriebsnummern 92 414-418. Die T 13 der Saarbahnen kamen als 92 919-950 in den DRG-Bestand. Während des Zweiten Weltkrieges stockte die DRG ihren Bestand mit Maschinen aus dem besetzten Polen (92 951-990 und 996) und der Tschechoslowakei (92 1101-1112) weiter auf. Von der 1943 verstaatlichten Zschipkau-Finsterwalder Eisenbahn (ZFE) gelangten die 92 991-995 zur DRG. Diese fünf Maschinen waren zwischen 1922 und 1929 von Orenstein & Koppel in Anlehnung an die T 13 für die ZFE gebaut worden.

Rund 200 T 13 wurden während des Zweiten Weltkriegs zum Osteinsatz abkommandiert, von denen die meisten nicht mehr zurückkehrten. Nach Kriegsende waren T 13 in Frankreich, Luxemburg, Jugoslawien, Österreich, Polen, der Tschechoslowakei und in der UdSSR zu finden. Die DB konnte 179 Loks der Gattung T 13 und 17 der Gattung T 13.1 übernehmen, die überwiegend in nördlichen Direktionsbezirken zu finden waren. Während die T 13.1 bis 1950 alle verkauft oder ausgemustert waren, begann der Stern der T 13 erst Mitte der 1950er-Jahre rapide zu sinken. Dennoch konnten sich einzelne Exemplare bis Mitte der 1960er-Jahre halten. Beim Bw Kassel musste im Dezember 1965 als letzte die 92 739 den Dienst quittieren. Sie blieb erhalten und steht heute im Fahrzeugmuseum der Deutschen Gesellschaft für Eisenbahngeschichte (DGEG) in Neustadt/Weinstraße.

In der DDR liefen die Loks einige Jahre länger als bei der DB, obwohl die DR nur 45 T 13 und eine T 13.1 nach Kriegsende übernehmen konnte. Als letzte wurde am 17. Dezember 1970 die 92 657 des Bw Roßlau ausgemustert. Dagegen wurde die 92 503 von der DR erhalten und bereichert heute den Bestand des Dresdener Verkehrsmuseums. Bei der Erfurter Industriebahn überlebte die 92 638. Sie wurde 1977 an die Museums-Eisenbahn Minden (MEM) verkauft, welche sie noch heute vor Sonderzügen einsetzt.

*Foto: Blaschke*

*Foto: Blaschke*

| **Technische Daten:** | | |
|---|---|---|
| Baureihenbezeichnung: | 92.4 (DRG) | 92.5-10 (DRG) |
| Radsatzanordnung: | Dh2t | Dn2t |
| Zylinderdurchmesser (mm): | 530 | 500 |
| Kolbenhub (mm): | 600 | 600 |
| Verdampfungsheizfläche (m²): | 92,51 | 112,44 |
| Vmax (km/h): | 45 | 45 |
| Leistung (PSi): | 600 | 500 |
| Dienstmasse (t): | 65,4 | 59,9 |
| Größte Radsatzfahrmasse (t): | 16,35 | 15,5 |
| Länge über Puffer (mm): | 11.100 | 11.100 |
| Treib-/Kuppelraddurchmesser (mm): | 1.250 | 1.250 |
| Laufraddurchmesser (v) (mm): | - | - |
| Laufraddurchmesser (h) (mm): | - | - |
| Wasserkasteninhalt (m³): | 7,0 | 7,0 |
| Brennstoffvorrat (t): | 2,5 | 2,5 |
| Indienststellung: | 1921-1923 | 1910-1922 |
| Verbleib: | ++ | 92 503 (VMD, Dresden-Altstadt), 638 (MEM), 739 (DGEG, Neustadt/Weinstraße) |

## 92 421 (BLE, DRG, DR)

Für den schweren Güterzug- und Rangierdienst beschaffte die Braunschweigische Landes-Eisenbahn (BLE) 1925 von Henschel einen Heißdampf-Vierkuppler, welcher die Bahnnummer 31 erhielt. Angetrieben wurde der dritte Kuppelradsatz. Für die Kesselspeisung standen neben der Strahlpumpe auch eine Kolbenspeisepumpe und ein Oberflächenvorwärmer der Bauart Knorr zur Verfügung. Letzterer befand sich längs auf dem Kesselscheitel zwischen Schornstein und Dampfdom. Unter gemeinsamer Verkleidung mit dem Dampfdom vervollständigten je ein Sandkasten davor und dahinter die Ausrüstung auf dem Langkesselscheitel. Die zum Zeitpunkt ihrer Beschaffung stärkste Maschine der BLE war in der Lage, in der Ebene einen Zug mit 1.365 Tonnen Anhängelast noch mit 40 km/h zu befördern. Bei einer Steigung von 5 ‰ konnten immerhin noch 695 Tonnen Last mit 30 km/h gezogen werden.

Die DRG reihte nach der Verstaatlichung der BLE zum 1. Januar 1938 diesen Vierkuppler als 92 421 in ihren Bestand ein. Nach Ende des Zweiten Weltkriegs fand sich die Maschine in der Sowjetzone wieder. Sie gelangte noch in den Bestand der DR, welche die 92 421 bis Anfang der 1950er-Jahre als Werkslokomotive im Raw Stendal einsetzte.

| Technische Daten: | |
|---|---|
| Baureihenbezeichnung: | 92 421 (DRG) |
| Radsatzanordnung: | Dh2t |
| Zylinderdurchmesser (mm): | 550 |
| Kolbenhub (mm): | 540 |
| Verdampfungsheizfläche (m²): | 82,42 |
| Vmax (km/h): | 40 |
| Leistung (PSi): | |
| Dienstmasse (t): | 64,0 |
| Größte Radsatzfahrmasse (t): | 16 |
| Länge über Puffer (mm): | 10.948 |
| Treib-/Kuppelraddurchmesser (mm): | 1.100 |
| Laufraddurchmesser (v) (mm): | - |
| Laufraddurchmesser (h) (mm): | - |
| Wasserkasteninhalt (m³): | 8,0 |
| Brennstoffvorrat (t): | 2,0 |
| Indienststellung: | 1925 |
| Verbleib: | ++ |

*Foto: Werkfoto Henschel/Archiv transpress*

## 92 431-437 (LBE, DRG, DR)

Im Jahre 1925 lieferte die Linke-Hofmann-Lauchhammer AG vier Heißdampf-Vierkuppler an die Lübeck-Büchener Eisenbahn (LBE), welche für den schweren Rangierdienst im Raum Lübeck und auf dem Rangierbahnhof Lübeck-Moisling benötigt wurden. Sie erhielten die Bahnnummer 123-126. In ihrem Aufbau erinnerten sie durchaus an den ELNA-Typ 6. Versuchsweise erhielt die Nr. 124 eine Lentz-Ventilsteuerung. Diese scheint sich aber nicht sonderlich bewährt zu haben, denn 1936 erfolgte der Rückbau auf die normale Kolbenschiebersteuerung. 1930 beschaffte die LBE mit den Bahnnummern 127-129 drei weitere Vierkuppler von Linke-Hofmann mit geringfügigen Unterschieden. So betrug z.B. der Kesseldruck nun 14 statt 13 bar.

Nach der Verstaatlichung der LBE zum 1. Januar 1938 verpasste die DRG diesen Vierkupplern die Betriebsnummern 92 431-437. Während des Krieges vermietete die RBD Schwerin die 92 435-437 an die Bachstein GmbH zur Verwendung auf der Anschlussbahn zum Konzentrationslager Buchenwald (Weimar-Großrudestedter Eisenbahn). Der Betreiber, die Thüringische Eisenbahn AG, konnte sie zum 1. Januar 1945 käuflich erwerben. Später fuhren sie auf der Weimar-Berka-Blankenhainer Eisenbahn, ab November 1946 als 92 0096-0098. Mit der Übernahme der Privatbahnen 1949 durch die DR erfolgte die erneute Umzeichnung in 92 6876-6678. Die 92 6876 und 6877 liefen nun in Thüringen und wurden schließlich 1964 als Werkslokomotiven in den Kalibergbau (VEB Kalikombinat »Werra«, Merkers/Rhön) verkauft. Die 92 6678 wechselte schon Anfang der 1950er-Jahre nach Frankfurt/Oder. Sie wurde am 1. Januar 1965 als Werkslok für den dortigen Hafen verkauft. Nach Österreich verschlug es während des Krieges die 92 431-434. Dort blieben sie auch nach Kriegsende und erhielten 1953 sogar noch die neuen ÖBB-Betriebsnummern 692 431-434.

| Technische Daten: | |
|---|---|
| Baureihenbezeichnung: | 92 431-437 (DRG) |
| Radsatzanordnung: | Dh2t |
| Zylinderdurchmesser (mm): | 600 |
| Kolbenhub (mm): | 660 |
| Verdampfungsheizfläche (m²): | 100,60 |
| Vmax (km/h): | 50 |
| Leistung (PSi): | |
| Dienstmasse (t): | 73,2 |
| Größte Radsatzfahrmasse (t): | 18 |
| Länge über Puffer (mm): | 11.600 (ab 99 435: 11.050) |
| Treib-/Kuppelraddurchmesser (mm): | 1.350 |
| Laufraddurchmesser (v) (mm): | - |
| Laufraddurchmesser (h) (mm): | - |
| Wasserkasteninhalt (m³): | 7,2 |
| Brennstoffvorrat (t): | 3,5 |
| Indienststellung: | 1925-1930 |
| Verbleib: | ++ |

*Foto: Werner Hubert/Bildarchiv der Eisenbahnstiftung*

## 92 441-442 (KOE, DRG, DB, DR)

Zwei interessante Heißdampf-Vierkuppler mit den Bahnnummern 10 und 11 beschaffte die Kreis Oldenburger Eisenbahn (KOE) in den Jahren 1927 und 1928 von der AEG. Sie wurden offensichtlich nach den Vorgaben der KOE konstruiert, denn sie entsprachen weder Länderbahn- noch Reichsbahn-Typen. Auch ließen sie keinerlei Ähnlichkeit mit den ELNA-Loks erkennen und besaßen kein Vorbild in vergleichbaren AEG-Lieferungen an andere Bahnen. Selbst beide Maschinen waren nicht vollkommen identisch. Die Nr. 10 trug ihren Speisewasservorwärmer quer auf dem Rahmen über dem ersten Kuppelradsatz, bei der Nr. 11 befand er sich auf dem Rahmen vor der Rauchkammer. Ferner erhielt die Nr. 11 seitliche Wasserkästen, die bis zum Speisedom reichten und 6 $m^3$ Wasser fassten. Bei der Nr. 10 endeten die Wasserkästen schon auf Höhe des Dampfdoms und konnten nur 4,4 $m^3$ Wasser aufnehmen.
Nach der Verstaatlichung der KOE zum 1. August 1941 gelangten die beiden Maschinen als 92 441 und 442 in den DRG-Bestand. Beide überlebten den Zweiten Weltkrieg. Die 92 441 fand sich in der Sowjetzone wieder und lief noch lange Jahre bei der DR. Sie wurde am 19. Januar 1966 beim Bw Frankfurt/Oder P ausgemustert. Die 92 442 erlebte das Kriegsende in ihrem alten Einsatzgebiet im Bw Heiligenhafen und kam noch in den Bestand der DB. Schon konnte 1949 sie an die Hohenzollerische Landesbahn AG (HzL) verkauft werden. Dort erhielt sie die Bahnnummer 16 und versah noch über 20 Jahre ihren Dienst. Als letzte Dampflok der HzL wurde sie am 24. Mai 1970 abgestellt und im darauffolgenden Jahr an die Gesellschaft zur Erhaltung von Schienenfahrzeugen (GES) verkauft. Dort zeigt sie noch heute vor Sonderzügen ihre Leistungsfähigkeit.

| Technische Daten: | |
|---|---|
| Baureihenbezeichnung: | 92 441-442 (DRG) |
| Radsatzanordnung: | Dh2t |
| Zylinderdurchmesser (mm): | 480 |
| Kolbenhub (mm): | 550 |
| Verdampfungsheizfläche (m²): | 75,8 |
| Vmax (km/h): | 40 |
| Leistung (PSi): | |
| Dienstmasse (t): | 47,9 (92 442: 50,65) |
| Größte Radsatzfahrmasse (t): | 13 |
| Länge über Puffer (mm): | 10.000 |
| Treib-/Kuppelraddurchmesser (mm): | 1.100 |
| Laufraddurchmesser (v) (mm): | - |
| Laufraddurchmesser (h) (mm): | - |
| Wasserkasteninhalt (m³): | 4,40 (92 442: 6,0) |
| Brennstoffvorrat (t): | 1,4 |
| Indienststellung: | 1927-1928 |
| Verbleib: | 99 442 (als GES 16) |

*Foto: Estler*

## 92 914-918 (Hf Brm, DRG)

Nach der am 13. September 1930 erfolgten Verstaatlichung der Hafenbahn Bremen übernahm die DRG auch fünf Nassdampf-Vierkuppler mit den Bahnnummern 20-24, welche 1922 von Jung geliefert worden waren. Die DRG reihte sie nicht ganz verständlich direkt im Anschluss an die preußischen T 13 als 92 914-918 ein. Auf den ersten Blick besaßen die Bremer Maschinen zwar eine gewisse Ähnlichkeit mit der T 13, doch im Endeffekt hatten sie wenig mit ihr gemeinsam. Im Gegensatz zur T 13 hatten sie einen symmetrischen Radsatzstand von 1.400 mm und angetrieben wurde der dritte Kuppelradsatz. Ferner thronten auf dem Kesselscheitel zwei Sandkästen. Vom vorderen Sandkasten wurde der erste Kuppelradsatz von vorne, vom hinteren Sandkasten der dritte Kuppelradsatz von hinten gesandet. Um dem Lokführer eine bessere Streckensicht zu ermöglichen, waren die beiden seitlichen Wasserkästen nach vorne abgeschrägt.
Schon 1934 wurden die Maschinen abgestellt und über die Berliner Firma Erich am Ende zum Verkauf angeboten. Mit den 92 916 und 917 konnten am 2. Juni 1936 zwei Maschinen an die Westfälische Landeseisenbahn verkauft werden. Hingegen wurde die 92 914 zunächst gemäß einer Vereinbarung in der WLE-Hauptwerkstätte in Lippstadt hinterstellt, bevor auch sie von der WLE am 23. September 1936 erworben wurde. Dort erhielten sie die Betriebsnummern 153-155 (ex 92 916, 917 u. 914; ab 1950/51 0153-0155). Ihr letztes Stündlein schlug 1957/58, als alle drei Loks bei der WLE den Dienst quittieren mussten. Das Schicksal der 92 915 und 918 liegt dagegen weiter im Dunkeln.

| Technische Daten: | |
|---|---|
| Baureihenbezeichnung: | 92 914-918 (DRG) |
| Radsatzanordnung: | Dn2t |
| Zylinderdurchmesser (mm): | 450 |
| Kolbenhub (mm): | 550 |
| Verdampfungsheizfläche (m²): | 111,7 |
| Vmax (km/h): | 45 |
| Leistung (PSi): | 550 |
| Dienstmasse (t): | 60,86 |
| Größte Radsatzfahrmasse (t): | 15,51 |
| Länge über Puffer (mm): | 10.548 |
| Treib-/Kuppelraddurchmesser (mm): | 1.200 |
| Laufraddurchmesser (v) (mm): | - |
| Laufraddurchmesser (h) (mm): | - |
| Wasserkasteninhalt (m³): | 7,0 |
| Brennstoffvorrat (t): | 1,6 |
| Indienststellung: | 1922 |
| Verbleib: | ++ |

*Foto: Archiv Dirk Endisch*

## 92 1081 (BLE, DRG, DB)

Zu Vergleichszwecken mit dem Heißdampf-Vierkuppler von Henschel (DRG 92 421) bestellte die Braunschweigische Landes-Eisenbahn (BLE) eine vierfach gekuppelte Nassdampf-Lokomotive bei Linke-Hofmann, die ebenfalls 1925 geliefert wurde und die Bahnnummer 30 erhielt. Gewisse Ähnlichkeiten mit den ELNA-Typen ließen sich bei dieser Maschine nicht leugnen. Kennzeichnend war u.a. der T-förmige Rahmenwasserkasten unter dem Langkessel. Zusätzlich waren noch zwei kurze seitliche Wasserkästen vorhanden. Der Langkessel bestand aus drei Schüssen. Auf ihm thronten unter gemeinsamer Verkleidung der Dampfdom und der Sandkasten. Der Oberflächenvorwärmer fand seinen Platz links vorne neben dem ersten Kesselschuss. Angetrieben wurde der dritte Kuppelradsatz. Vergleichsfahrten zeigten schnell die Überlegenheit der Heißdampflok, denn die Nr. 30 konnte in der Ebene nur 720 Tonnen Anhängelast mit 40 km/h bewältigen. Auf einer Steigung mit 5 ‰ waren es noch 510 Tonnen mit 30 km/h. Trotz dieser bescheideneren Leistungen war sie zu jener Zeit immer noch eine der stärksten BLE-Güterzugloks.

Die DRG übernahm die Nr. 30 nach der 1938 erfolgten Verstaatlichung der BLE als 92 1081. Nach Ende des Zweiten Weltkriegs fand sich die Maschine im Besitz der Niederländischen Staatsbahn wieder, wo sie die Bahnnummer 9001 erhalten hatte. Im Mai 1947 erfolgte über das Bw Rheine die Rückgabe nach Deutschland. Buchmäßig wurde die 92 1081 der Direktion Hamburg zugeordnet und dort am 2. Februar 1948 ausgemustert. Anschließend fand sie als Werkslokomotive zunächst im AW Köln-Nippes, später im AW Paderborn ein neues Betätigungsfeld. Dort endete ihre Karriere.

| Technische Daten: | |
|---|---|
| Baureihenbezeichnung: | 92 1081 (DRG) |
| Radsatzanordnung: | Dn2t |
| Zylinderdurchmesser (mm): | 500 |
| Kolbenhub (mm): | 600 |
| Verdampfungsheizfläche (m²): | 123,94 |
| Vmax (km/h): | 45 |
| Leistung (PSi): | |
| Dienstmasse (t): | 63,4 |
| Größte Radsatzfahrmasse (t): | 16 |
| Länge über Puffer (mm): | 10.500 |
| Treib-/Kuppelraddurchmesser (mm): | 1.250 |
| Laufraddurchmesser (v) (mm): | - |
| Laufraddurchmesser (h) (mm): | - |
| Wasserkasteninhalt (m³): | 8,5 |
| Brennstoffvorrat (t): | |
| Indienststellung: | 1925 |
| Verbleib: | ++ |

Foto: Archiv Transpress

## 92.20, 92.24 (pfälz., bay. R 4/4, LEAG, DRG, DB, DR)

Mit den bewährten Dreikupplern der Gattung »D II« bzw. »R 3/3« (DRG 89.6-8) waren eigentlich genügend Verschubloks für die bayerischen Bahnhöfe vorhanden, doch für den schweren Rangierdienst reichte ihr Reibungsgewicht nicht ganz aus. So beschaffte die Bayerische Staatsbahn zunächst für die unter bayerische Verwaltung gekommenen pfälzischen Strecken von der Firma Krauss in München in den Jahren 1914 und 1915 neun vierfach gekuppelte Verschubloks der Reihe R 4/4. Sie orientierten sich an den vier Vierkupplern, die Krauss zwischen 1904 und 1912 für die Lausitzer Eisenbahn AG (LEAG), eine Tochter der Localbahn AG München (LAG), geliefert hatte. Die R 4/4 bewährten sich gut, so dass 1918/19 für das bayerische Netz 33 Maschinen der Bauart R 4/4 von Krauss unverändert nachgebaut wurden. 1924/25 folgten nochmals neun nur leicht veränderte Maschinen. Die DRG reihte sieben der neun pfälzischen R 4/4 als 92 2001-2007 in ihren Fahrzeugpark ein. Die bayerischen R 4/4 wurden komplett als 92 2008-2040 von der DRG übernommen, die Nachbauten von 1924/25 erhielten die Betriebsnummern 92 2041-2049. Mit der Übernahme der LEAG durch die DRG 1938 wurden die R 4/4-ähnlichen Loks als 92 2401-2404 eingereiht.

Die R 4/4 waren vor dem Zweiten Weltkrieg in Bayern vor allem in Augsburg, München, Nürnberg und Regensburg sowie bis 1943 auch in der Pfalz zu finden. Nach Kriegsende waren noch alle 49 Exemplare vorhanden, doch mussten drei mit Schäden ausgemustert werden. Ab Ende 1954 begannen sich dann die Reihen der 92.20 langsam zu lichten und schon am 9. Januar 1962 quittierte als letzte Maschine die 92 2024 beim Bw Nürnberg Hbf den Dienst. Keine blieb für die Nachwelt erhalten. Nur zwei LEAG-Loks überlebten den Zweiten Weltkrieg. Die 92 2402 kam nach 1945 in den Bestand der ČSD, die 92 2403 fuhr bis 1955 bei der DR.

Foto: Slg. Töpelmann, Archiv transpress

| Technische Daten: | | |
|---|---|---|
| Baureihenbezeichnung: | 92.20 (DRG) | 92.24 (DRG) |
| Radsatzanordnung: | Dn2t | Dn2t |
| Zylinderdurchmesser (mm): | 530 | 540 |
| Kolbenhub (mm): | 650 | 560 |
| Verdampfungsheizfläche (m²): | 123,64 | 110,29 |
| Vmax (km/h): | 45 | 40 |
| Leistung (PSi): | 570 | 700 |
| Dienstmasse (t): | 65,0-70,0 | 57,2 |
| Größte Radsatzfahrmasse (t): | 16,4-18,6 | 14,5 |
| Länge über Puffer (mm): | 10.840 (ab 92 2028: 11.042, ab 2041: 11.100) | 10.540 |
| Treib-/Kuppelraddurchmesser (mm): | 1.216 | 1.110 |
| Laufraddurchmesser (v) (mm): | - | - |
| Laufraddurchmesser (h) (mm): | - | - |
| Wasserkasteninhalt (m³): | 7,5-9,0 | |
| Brennstoffvorrat (t): | 1,7-2,2 | |
| Indienststellung: | 1913-1925 | 1904 |
| Verbleib: | ++ | ++ |

## 93.0-4, 93.5-12 (preuß. T 14, T 14.1, FVE, MFWE, PE, DRG, DB, DR)

Vor allem für den schweren Nahgüterverkehr, aber auch für den schweren Personenzugdienst im Nahbereich, entwickelte 1914 die Union-Gießerei in Königsberg für die Preußische Staatsbahn die Zweizylinder-Heißdampftenderlok der Gattung T 14. Ihr Triebwerk entsprach weitgehend der bewährten preußischen G 8 (DRG 55.16-22). Das Laufwerk ergänzte ein vorderer und hinterer Laufradsatz, der jeweils als Adamsachse ausgebildet war. Zur besseren Kurvenläufigkeit waren die Spurkränze der Räder des zweiten und dritten Kuppelradsatzes um 15 mm geschwächt. Bedauerlicherweise wies die T 14 einige konstruktive Mängel auf: Vor allem das zu schwach bemessene Triebwerk, die ungleichen Radsatzlasten, der unruhige Lauf im oberen Geschwindigkeitsbereich, ein hoher Verbrauch an Schmierstoffen, zu knappe Vorräte und die schlechte Zugänglichkeit vieler Teile bereiteten im Betrieb erhebliche Probleme. Diese Mängel sollten mit der T 14.1 als überarbeitete T 14 beseitigt werden, welche 1919 erstmals von der Union-Gießerei geliefert wurde. Die Mängelbeseitigung gelang aber nur teilweise. Anstatt der Adamsachsen verwendete man nun bei den Laufradsätzen Deichselgestelle der Bauart Bissel. Zur Unterbringung von mehr Vorräten wurde der Rahmen verlängert. Problematisch war weiterhin die ungünstige Masseverteilung. Vor allem der hintere Laufradsatz war über Gebühr belastet, was der Betrieb durch die Stilllegung des hinteren Wasserkastens unter dem Kohlekasten zu kompensieren versuchte. Dies ging natürlich zu Lasten des Aktionsradius. Ansonsten gab es keine großen konstruktiven Unterschiede zur T 14, doch waren viele Einzelheiten bei der T 14.1 besser durchdacht worden.

Beide Spi elarten wurden sowohl im gemischten Streckendienst als auch im Rangierdienst verwendet. Der Bedarf an diesen starken Tenderloks war derart groß, dass von der T 14 bis 1919 zunächst insgesamt 547 Exemplare an die Preußische Staatsbahn und 40 an die Reichseisenbahnen in Elsaß-Lothringen geliefert wurden. Von der verbesserten T 14.1 wurden zwischen 1919 und 1927 nochmals 768 Maschinen gebaut. Darunter waren auch 39 Exemplare für Württemberg, die zwischen 1921 und 1923 von der Maschinenfabrik Esslingen in Lizenz hergestellt wurden.

Aufgrund des Versailler Vertrages mussten nach Ende des Ersten Weltkriegs rund 135 T 14 an Frankreich, Belgien und Polen abgegeben werden. Die T 14.1 kam mit sieben Reparationsloks an Polen noch glimpflich davon. Die DRG reihte 1925 die noch verbliebenen T 14 als 93 001-406 in ihren Bestand ein, die T 14.1 wurden als 93 501-1261 geführt. Ersten Zuwachs gab es 1927, als die beiden T 13 der privaten Farge-Vegesacker Eisenbahn GmbH (FVE) von der DRG als 93 407 und 408 gekauft wurden. Nach der Rückgliederung des Saarlandes 1935 kamen von den Saarbahnen deren T 13 als 93 409-417 zur DRG. Die Mecklenburgische Friedrich-Wilhelm-Eisenbahn (MFWE) erwarb 1934/35 von der DRG die 93 006, 010, 040 und 107, die Prignitzer Eisenbahn AG (PE) 1935 die 93 406. Nach der »Verreichlichung« beider Bahnen zum 1. Januar 1941 kehrten die T 13 unter ihren ursprünglichen Betriebsnummern in den DRG-Bestand zurück. Während des Zweiten Weltkriegs wurden mit den Nummern 93 418-540 und 1262-1264 belgische und polnische Reparationsmaschinen in den DRG-Bestand übernommen.

Mit Kriegsende 1945 zeigte sich in den Besatzungszonen ein sehr unterschiedliches Bild: Während bei der späteren DB die T 14.1 mit rund 435 Exemplaren ihrer älteren Schwester (rund 130 Loks) zahlenmäßig weit überlegen war, waren beide Bauarten in der späteren DDR in etwa gleicher Anzahl (rund 145 bzw. 130 Loks) vertreten. Bedingt durch die Kriegsereignisse waren die 93er außerdem über halb Europa verstreut und fuhren in Belgien (bis 1965), Frankreich (bis 1958), Jugoslawien (1960er-Jahre), Luxemburg (bis 1959), Österreich (bis 1958), Polen (bis 1972), in der Sowjetunion (bis 1969) und der Tschechoslowakei (1950/51 an UdSSR).

Foto: Blaschke

Bei der DB verschwanden die T 14 relativ schnell von den Schienen. Bis 1956 war der Bestand auf zehn betriebsfähige Maschinen reduziert. Zäh hielt sich die 93 026 des Bw Frankfurt Ost, die erst am 16. April 1960 abgestellt wurde. Der Bestand an T 14.1 nahm dagegen deutlich langsamer ab, da deren Ablösung weder mit der Baureihe 86 noch mit der 65 gelang. Erst die V 100 und die zweimotorigen Schienenbusse (VT 98) konnten sie verdrängen. Als letzte wurde die 93 526 am 23. August 1968 aus dem Verkehr gezogen, welche 1968 sogar noch die EDV-gerechte Baureihenbezeichnung 093 angemalt bekam. Sie blieb erhalten und steht heute im Deutschen Dampflok-Museum in Neuenmarkt-Wirsberg.

Bei der DR liefen die T 14 sogar länger als die T 14.1. Im Oktober 1971 schied im Bw Halberstadt die 93 916 als letzte 93.5 aus dem aktiven Dienst, am 23. Januar 1972 ebenfalls in Halberstadt als letzte 93.0 die 93 318. Erhalten blieb die 93 230 für das Verkehrsmuseum in Dresden. Sie befindet sich seit 2010 als Dauerleihgabe im Eisenbahnmuseum Dieringhausen.

Foto: Maey, Slg. Töpelmann, Archiv transpress

**Technische Daten:**

| | | |
|---|---|---|
| Baureihenbezeichnung: | 93.0-4 (DRG) | 93.5-12 (DRG) |
| Radsatzanordnung: | 1'D1'h2t | 1'D1'h2t |
| Zylinderdurchmesser (mm): | 600 | 600 |
| Kolbenhub (mm): | 660 | 660 |
| Verdampfungsheizfläche (m²): | 126,62 | 126,62 |
| Vmax (km/h): | 65 | 70 |
| Leistung (PSi): | 1.000 | 1.000 |
| Dienstmasse (t): | 97,6 | 101,0 |
| Größte Radsatzfahrmasse (t): | 16,9 | 17,9 |
| Länge über Puffer (mm): | 13.800 | 14.500 |
| Treib-/Kuppelraddurchmesser (mm): | 1.350 | 1.350 |
| Laufraddurchmesser (v) (mm): | 1.000 | 1.000 |
| Laufraddurchmesser (h) (mm): | 1.000 | 1.000 |
| Wasserkasteninhalt (m³): | 11,0 | 11,25 |
| Brennstoffvorrat (t): | 4,0 | 4,5 |
| Indienststellung: | 1914-1918 | 1918-1924 |
| Verbleib: | 93 108 (Polen), 230 (VMD, Dresden-Altstadt) | 93 526 (DDM) |

## 93 1601-1602 (MFWE, DRG, DR)

Obwohl die Mecklenburgische Friedrich-Wilhelm-Eisenbahn (MFWE) schon 1925 zwei leistungsstarke 1'C-Tenderloks (DRG 91 231 und 232) beschafft hatte, verlangten weiter steigendes Verkehrsaufkommen und höhere Zuglasten die Beschaffung noch leistungsfähigerer Maschinen. Die Bahnverwaltung bestellte daher Anfang 1927 bei AEG zwei entsprechende Heißdampf-Tenderloks. AEG verlängerte das vorhandene 1'C-Basismodell um einen Kuppelradsatz sowie einen hinteren Schleppradsatz und setzte einen leistungsfähigeren Kessel darauf. Der Antrieb erfolgte auf den dritten Kuppelradsatz. Die fest im Rahmen gelagerten vier Kuppelradsätze mussten zur Einhaltung eines maximalen Radsatzstandes von 4.500 mm eng zusammengerückt werden. Auf dem zweischüssigen Langkessel thronten ein Speisedom mit Winkelrost-Schlammabscheider, ein Dampfdom und ein Sandkasten. Diese beiden modernen Konstruktionen konnten in der Ebene 560 Tonnen Anhängelast mit 65 km/h und bei 6 ‰ Steigung immer noch 550 Tonnen mit 40 km/h ziehen.

Foto: Archiv Dirk Endisch

Schon im August 1927 konnten mit den beiden neuen Loks (Bahnnummern 33 und 34) erste Probefahrten unternommen werden. Bis zur Verstaatlichung der MFWE zum 1. Januar 1941 fuhren sie dort bevorzugt im schweren Güterzugdienst. Nach der Übernahme durch die DRG erhielten die Maschinen die Betriebsnummern 93 1601 und 1602. Beide überstanden den Zweiten Weltkrieg und fanden sich in der Sowjetzone wieder. Bei der DR leisteten sie noch lange Jahre gute Dienste, denn ihre Ausmusterung erfolgte beim Bw Nordhausen erst am 30. November 1967 (93 1601) bzw. am 18. November 1968 (93 1602).

| Technische Daten: | |
|---|---|
| Baureihenbezeichnung: | 93 1601-1602 (DRG) |
| Radsatzanordnung: | 1'D1'h2t |
| Zylinderdurchmesser (mm): | 575 |
| Kolbenhub (mm): | 630 |
| Verdampfungsheizfläche (m²): | 128,00 |
| Vmax (km/h): | 65 |
| Leistung (PSi): | |
| Dienstmasse (t): | 82,5 |
| Größte Radsatzfahrmasse (t): | 16 |
| Länge über Puffer (mm): | 13.450 |
| Treib-/Kuppelraddurchmesser (mm): | 1.350 |
| Laufraddurchmesser (v) (mm): | 900 |
| Laufraddurchmesser (h) (mm): | 900 |
| Wasserkasteninhalt (m³): | |
| Brennstoffvorrat (t): | |
| Indienststellung: | 1927 |
| Verbleib: | ++ |

## 93 1611-1612 (PE, DRG, DR)

Mitte der 1930er-Jahre war die Prignitzer Eisenbahn AG (PE) gezwungen, zur Bewältigung des gestiegen Verkehrsaufkommens neue leistungsfähige Lokomotiven zu beschaffen. Neben zwei Personenzug-Tenderloks (DRG 75 611 und 612) bestellte die PE bei Henschel auch zwei leistungsfähige Güterzug-Tenderloks. Henschel offerierte zunächst die relativ teure Baureihe 86 der DRG mit Barrenrahmen. Der hohe Preis zwang die PE zur Ablehnung dieses Angebots. Doch flugs zauberte Henschel ein neues Angebot aus dem Hut, das eine wesentlich einfachere und preisgünstigere Konstruktion vorsah. Diese 1'D1'-Lok entsprach zwar in ihren Hauptabmessungen weitgehend der Baureihe 86, war aber auf einen Blechrahmen aufgebaut, der in seinem vorderen Teil als Rahmenwasserkasten ausgebildet war. Trotz abgeschrägter seitlicher Wasserkästen war so der mitgeführte Wasservorrat größer als bei der Baureihe 86.
Die erste Maschine mit der Bahnnummer 7" konnte 1936 ausgeliefert werden, die zweite mit der Bahnnummer 22 folgte 1938. Nach der Verstaatlichung der PE zum 1. Januar 1941 reihte sie die DRG als 93 1611 und 1612 ein, wusste aber wohl nichts Rechtes mit ihnen anzufangen. Ab 1942 war die 93 1611 an die Thüringische Eisenbahn AG (Theag) zum Betrieb auf der Weimar-Berka-Blankenhainer Eisenbahn verliehen. Ihre Schwester folgte im Oktober 1944. Schließlich wurden sie zum 1. Januar 1945 an die Theag verkauft. Dort fuhren sie zunächst unter den Bahnnummern 20 und 21, ab November 1946 als 93 0020 und 0021. Mit der Übernahme der Privatbahnen 1949 durch die DR erfolgte die erneute Umzeichnung in 93 6676 und 6677. Nach Stationierungen in Weimar, Vacha und Eisenach gelangten sie 1962/63 nach Haldensleben, wo beide im Januar 1970 abgestellt wurden. Kurz nach ihrer Ausmusterung am 29. Oktober 1970 hieß die Endstation Schrottplatz.

Foto: Sammlung Weisbrod

| Technische Daten: | |
|---|---|
| Baureihenbezeichnung: | 93 1611-1612 (DRG) |
| Radsatzanordnung: | 1'D1'h2t |
| Zylinderdurchmesser (mm): | 570 |
| Kolbenhub (mm): | 660 |
| Verdampfungsheizfläche (m²): | 117,3 |
| Vmax (km/h): | 70 |
| Leistung (PSi): | |
| Dienstmasse (t): | 86 |
| Größte Radsatzfahrmasse (t): | 16 |
| Länge über Puffer (mm): | 13.700 |
| Treib-/Kuppelraddurchmesser (mm): | 1.400 |
| Laufraddurchmesser (v) (mm): | 850 |
| Laufraddurchmesser (h) (mm): | 850 |
| Wasserkasteninhalt (m³): | 10,2 |
| Brennstoffvorrat (t): | 3,5 |
| Indienststellung: | 1936-1938 |
| Verbleib: | ++ |

## 94.0 (pfälz. T 5, DRG)

Zur Beförderung von schweren Kohlezügen auf der Steilstrecke zwischen Biebermühle und Pirmasens beschaffte die Pfälzische Staatsbahn 1907 eine fünffach gekuppelte Tenderlokomotive. Es war die letzte Eigenentwicklung einer Tenderlokomotive der Pfalzbahn vor der Übernahme durch die Bayerische Staatsbahn. Mit dem Bau dieser fünffach gekuppelten Maschine betrat die Pfalz Neuland, man konnte aber auf bereits gemachte, gute Erfahrungen in Sachsen und Württemberg zurückgreifen.
Das Zweizylinder-Nassdampftriebwerk der pfälzischen T 5 wirkte auf den vierten Kuppelradsatz. Der Langkessel aus zwei Kesselschüssen hatte einen Abstand von 4.350 mm zwischen den Rohrwänden. Sandkasten und Dampfdom befanden sich auf dem vorderen Kesselschuss. Die T 5 war ausgerüstet mit außenliegender Heusinger-Steuerung und mit einer Druckluftbremse der Marke Schleifer. Zwischen Kessel und Rahmen war der breite Wasserkasten mit 6 $m^3$ Inhalt untergebracht, der Kohlevorrat (2,5 t) lagerte im Kasten hinter dem Führerhaus.
Insgesamt vier T 5 lieferte die Firma Krauss 1907 an die Pfälzische Staatsbahn. Alle vier wurden von der DRG übernommen, welche für sie im Umzeichnungsplan von 1925 die Betriebsnummern 94 001-004 vorsah. Zur endgültigen Umzeichnung kam es wohl nicht mehr, da die Maschinen bereits im September 1926 ausgemustert und verkauft wurden. Eine davon, die »94 002«, war noch bis 1974 als Nr. 3 »CARL ALEXANDER« der gleichnamigen Steinkohlenzeche in Baesweiler im Aachener Steinkohlenrevier im Einsatz und konnte erhalten werden. Sie ist heute in der Fahrzeugsammlung Pfalz der Deutschen Gesellschaft für Eisenbahngeschichte (DGEG) in Neustadt/Weinstraße zu bewundern.

| Technische Daten: | |
|---|---|
| Baureihenbezeichnung: | 94.0 (DRG) |
| Radsatzanordnung: | En2t |
| Zylinderdurchmesser (mm): | 560 |
| Kolbenhub (mm): | 560 |
| Verdampfungsheizfläche ($m^2$): | 169,0 |
| Vmax (km/h): | 40 |
| Leistung (PSi): | |
| Dienstmasse (t): | 72,0 |
| Größte Radsatzfahrmasse (t): | 14,4 |
| Länge über Puffer (mm): | 12.020 |
| Treib-/Kuppelraddurchmesser (mm): | 1.180 |
| Laufraddurchmesser (v) (mm): | - |
| Laufraddurchmesser (h) (mm): | - |
| Wasserkasteninhalt ($m^3$): | 6,0 |
| Brennstoffvorrat (t): | 2,5 |
| Indienststellung: | 1907 |
| Verbleib: | 94 002 (DGEG, Neustadt/Weinstraße) |

*Foto: Archiv Obermayer*

## 94.1 (wü. Tn, DRG, DB)

Nach dem Ersten Weltkrieg benötigten die württembergischen Staatsbahnen dringend eine leistungsfähige Ersatzmaschine für den Nebenbahndienst, der bis dahin mit den überalterten Lokomotiven der Klasse A (DRG-Baureihe 34.81) sowie drei und vierfach gekuppelten Tenderloks auskommen musste. Da auf vielen Nebenbahnen Württembergs der Oberbau damals noch recht schwach war, durfte die neue Gattung »Tn« eine durchschnittliche Radsatzlast von 13 Tonnen nicht überschreiten und musste daher als Fünfkuppler ausgeführt werden, um die nötige Leistung zu bringen. Mit der »Tn« entstand so der leichteste und kleinste deutsche Fünfkuppler auf Normalspur. Zudem wählten die Konstrukteure wegen der zu befahrenden engen Kurvenradien die Gölsdorfsche Radsatzanordnung, bei der nur der zweite und vierte Radsatz fest im Rahmen gelagert waren. Verschiedene Bauteile waren mit der T 5 (DRG 75.0) tauschbar. Auch der Kessel war in Anlehnung an den der T 5 entworfen worden.

Als Hauslieferant für die Württembergische Staatsbahn lieferte die Maschinenfabrik Esslingen 1921/22 insgesamt 30 Heißdampfmaschinen der Gattung Tn. Die Loks gelangten mit den Betriebsnummern 94 101-130 vollständig in den Bestand der DRG. Nach der Verstärkung des Oberbaus der württembergischen Nebenstrecken wanderten sie mehr und mehr in den Rangier- und Schubdienst ab. Alle 30 Loks überlebten den Zweiten Weltkrieg und waren auch bei der DB noch im Einsatz, fast ohne Ausnahme in der BD Stuttgart bei den Bw Aalen, Freudenstadt, Kornwestheim, Plochingen, Stuttgart und Tübingen. Erste Ausmusterungen erfolgten ab 1956. Allein 25 Exemplare schieden in den Jahren 1958 bis 1960 aus. Zu Beginn des Jahres 1961 war nur noch die 94 113 übrig, welche am 26. April 1961 beim Bw Tübingen den Dienst quittieren musste und im Februar 1963 verschrottet wurde.

| Technische Daten: | |
|---|---|
| Baureihenbezeichnung: | 94.1 (DRG) |
| Radsatzanordnung: | Eh2t |
| Zylinderdurchmesser (mm): | 500 |
| Kolbenhub (mm): | 560 |
| Verdampfungsheizfläche ($m^2$): | 106,02 |
| Vmax (km/h): | 50 |
| Leistung (PSi): | 770 |
| Dienstmasse (t): | 64,5 |
| Größte Radsatzfahrmasse (t): | 13,0 |
| Länge über Puffer (mm): | 11.020 |
| Treib-/Kuppelraddurchmesser (mm): | 1.150 |
| Laufraddurchmesser (v) (mm): | - |
| Laufraddurchmesser (h) (mm): | - |
| Wasserkasteninhalt ($m^3$): | 8,0 |
| Brennstoffvorrat (t): | 3,0 |
| Indienststellung: | 1921-1922 |
| Verbleib: | ++ |

*Foto: Slg. Töpelmann, Archiv transpress*

## 94.2-4, 94.5-17, 094 (preuß. T 16, T 16.1, ELE, DRG, DB, DR)

Noch im 19. Jahrhundert beschaffte die Preußische Staatsbahn ihre ersten fünffach gekuppelten Tenderloks (Gattung T 15), welche zur besseren Kurvenläufigkeit ein aufwändiges Schwingentriebwerk der Bauart Hagans besaßen. Der bekannte preußische Lokdezernent Robert Garbe regte daher 1904 die Entwicklung eines Fünfkupplers an, dessen Lauf- und Triebwerk nach dem Prinzip von Gölsdorf aufgebaut sein sollte. Dabei waren der erste, dritte und fünfte Kuppelradsatz mit Seitenspiel gelagert und der Antrieb erfolgte auf den vierten Kuppelradsatz. Schon 1905 lieferte die Berliner Maschinenbau AG (BMAG, vorm. Schwartzkopff) die beiden ersten Prototypen nach diesem Prinzip. Der Antrieb des vierten Kuppelradsatzes erforderte neben einer langen Treibstange eine sehr lange Kolbenstange in einer sogenannten Brillenführung. Schnell gingen weitere Maschinen der neuen Gattung T 16 in Betrieb. Auf Grund der nicht ganz befriedigenden Laufeigenschaften erfolgte ab Baujahr 1910 die Verlegung des Antriebs auf den nun festgelagerten dritten Kuppelradsatz.
1913 kam es zu gründlichen Veränderungen: Ein vierreihiger Überhitzer gelangte zum Einbau. Statt der Hängeeisensteuerung besorgte nun eine Steuerung mit Kuhnscher Schleife die Dampfverteilung. Obligatorisch wurde die Ausrüstung mit Abdampfvorwärmer, welcher zunächst in Längsrichtung auf und später neben dem Langkessel angebracht war. Dienstmasse und Radsatzlast lagen dadurch höher als bei früheren Versionen. Mit dieser »verstärkten« T 16 war der Übergang zur T 16.1 vollzogen.
Zwischen 1905 und 1913 lieferte die BMAG insgesamt 343 Exemplare der T 16 an die Preußische Staatsbahn, dazu kamen noch 12 Stück von Grafenstaden für die Reichseisenbahnen Elsaß-Lothringen. Die Beschaffung der T 16.1 erstreckte sich bis in das Jahr 1924, also noch weit bis in die Zeit der DRG. Gebaut wurden insgesamt 1.236 Maschinen für Preußen und die DRG, wobei ab 1921 neben der BMAG auch Hanomag, Henschel und Linke-Hofmann zum Zuge kamen. Grafenstaden lieferte 1915 noch sechs weitere T 16.1 für Elsaß-Lothringen. Als Reparationen mussten nach Ende des Ersten Weltkriegs über 180 T 16/16.1 abgegeben werden: 59 an Polen, 56 an Frankreich, 53 an Belgien, 10 an Bulgarien und 2 an Italien. Vier T 16.1 verblieben bei den unter französischer Verwaltung stehenden Saarbahnen. Daneben waren noch ein paar Kriegsverluste zu beklagen. Bei der DRG erhielten die verbliebenen T 16 die Betriebsnummern 94 201-467 und 94 501, wobei die 94 465-467 falsch eingereihte T 16.1 waren und 1934 in 94 1378-1380 umgezeichnet wurden. Die Nummern 94 502-1377 und 94 1501-1740 standen den noch vorhandenen T 16.1 zur Verfügung.
Für den Betrieb auf Steilstrecken wurde ab den 1920er-Jahren eine Anzahl von T 16.1 mit einer Riggenbach-Gegendruckbremse ausgerüstet. Sie kamen dann teils in Thüringen, teils in West- und Süddeutschland zum Einsatz und lösten dort den Zahnradbetrieb mit seinen Zahnradlokomotiven ab. Mit der Rückgliederung des Saarlandes ergänzten 1935 die 94 1381-1384 den DRG-Bestand. Nach der Verstaatlichung der Eutin-Lübecker Eisenbahn (ELE) zum 1. Mai 1941 kam die 1931 verkaufte 94 366 wieder in die Reihen der DRG zurück. Im besetzten Polen wurden ab 1941 an einstige Reparationsloks die Nummern 94 1385-1416 vergeben. Bedingt durch die Kriegsereignisse fanden nach dem Zweiten Weltkrieg zahlreiche Maschinen in Polen, Österreich, Jugoslawien, Ungarn, in der Tschechoslowakei und in der UdSSR eine neue Heimat. Die Mehrzahl der T 16/16.1 verblieb jedoch in den Westzonen. Nach der Ausmusterung von kriegsbeschädigten Maschinen besaß die DB 1950 noch 91 T 16 und 679 T 16.1. Rasch trennte sich die DB von ihren T 16, als letzte wurde die 94 446 am 8. Januar 1955 beim Bw Ludwigshafen ausgemustert. Dagegen blieben die T 16.1 recht lange im Dienst. Rund 140 Maschinen erhielten 1968 noch die EDV-gerechte Baureihenbezeichnung 094. Erst die forcierte Auslieferung der schweren Rangierdieselloks der Baureihen 290/291 konnte die letzten Fünfkuppler verdrängen, so dass im Dezember 1974 die letzten T 16.1 den Dienst quittieren mussten.
Die DR konnte nach Kriegsende noch 15 T 16 und 249 T 16.1 verbuchen. Die wenigen T 16 hielten sich bis Mitte der 1960er-Jahre. Immerhin konnte mit der 94 249 ein Exemplar in Deutschland erhalten werden, welches heute am Bahnhof Heiligenstadt Ost vom dortigen Eisenbahnverein betreut wird. Nur wenig länger als bei der DB blieben die T 16.1 der DR im Einsatz. Die letzten Exemplare wurden 1975 ausgemustert.
Elf T 16.1 entkamen dem Schneidbrenner. Seit Herbst 2017 wieder betriebsfähig ist die 94 1538 bei der Rennsteigbahn, welche lange Jahre in Gönnern als Denkmal stand, dann betriebsfähig aufgearbeitet wurde und zunächst bis 2012 bei der Rennsteigbahn im Einsatz stand.

*Foto: Estler*

*Foto: Hubert, Slg. Kleine, Archiv transpress*

**Technische Daten:**

| | | |
|---|---|---|
| Baureihenbezeichnung: | 94.2-4 (DRG) | 94.5-17 (DRG) |
| Radsatzanordnung: | Eh2t | Eh2t |
| Zylinderdurchmesser (mm): | 610 | 610 |
| Kolbenhub (mm): | 660 | 660 |
| Verdampfungsheizfläche (m²): | 134,14 | 126,99 |
| Vmax (km/h): | 50 | 60 |
| Leistung (PSi): | 1.070 | 1.070 |
| Dienstmasse (t): | 75,6 | 84,9 |
| Größte Radsatzfahrmasse (t): | 16,5 | 17,2 |
| Länge über Puffer (mm): | 12.500 | 12.660 |
| Treib-/Kuppelraddurchmesser (mm): | 1.350 | 1.350 |
| Laufraddurchmesser (v) (mm): | - | - |
| Laufraddurchmesser (h) (mm): | - | - |
| Wasserkasteninhalt (m³): | 7,0 | 8,0 |
| Brennstoffvorrat (t): | 2,0 | 3,0 |
| Indienststellung: | 1905-1913 | 1913-1924 |
| Verbleib: | 94 249 (VMD, Heiligenstadt), | 94 503 (ÖGEG, Österreich), |
| | 405 (Bulgarien), 477 (Polen) | 649 (Rumänien), 729 (Polen), |
| | | 1184 (Gaildorf), |
| | | 1283 (Denkmal Lünen), |
| | | 1292 (Rennsteigbahn), |
| | | 1538 (privat), |
| | | 1616 (Denkmal Minden), |
| | | 1640 (Niederlande), |
| | | 1692 (VMN, Neumünster), |
| | | 1697 (BEM), 1730 (DDM) |

## 94.19-21 (sächs. XI HT, DRG, DR)

Wie in andern Ländern auch, so auch in Sachsen, erforderte nach 1900 das gestiegene Aufkommen im Personen- und Güterverkehr leistungsfähigere Maschinen. Für den Rangierdienst reichte die dreifach gekuppelte sächsische VT nicht mehr aus und so bestellte die Sächsische Staatsbahn 1907 bei Hartmann eine fünffach gekuppelte Eh2-Tenderlok als Gattung »XI HT«. Hartmann lieferte im Jahre 1908 zunächst zehn Maschinen, weitere acht folgten in 1909 und bis zum Jahre 1923 wurden in mehreren Teillieferungen insgesamt 163 Exemplare produziert. Da die ersten XI HT für einige Strecken zu schwer waren, wurde 1910 auch eine etwas leichtere Ausführung mit nur 15 Tonnen Radsatzfahrmasse hergestellt (10 Stück), was durch Verkürzung des Kessels und durch Reduzierung der Vorräte erreicht wurde. Die Wasserkästen wurden ab 1915 zur besseren Streckensicht nach vorn abgeschrägt.
Durch Kriegseinwirkungen und Reparationsleistungen gingen 16 Loks verloren. Die DRG vergab an die von ihr übernommenen 139 Maschinen mit einer Radsatzfahrmasse von 16 t die Betriebsnummern 94 2001-2139. Die noch verbliebenen acht Maschinen mit 15 t Radsatzfahrmasse wurden als 94 1901-1908 eingereiht. Letztere mussten bereits 1936 den Dienst quittieren. Alle nach dem Zweiten Weltkrieg noch übrig gebliebenen Maschinen (über 110 Stück) kamen zur DR; hinzu kamen noch zwei Exemplare im Verlauf des Krieges zurück aus Frankreich (94 2151 und 2152). Der verstärkte Einsatz von Diesel-Lokomotiven seit 1966 hatte eine vermehrte Ausmusterung der Maschinen der Gattung XI HT zur Folge. Letztes Bw, das noch über 94.20-21 verfügte, war Aue (Sachsen), das sie auf der Eibenstocker Steilstrecke verwendete. 1975/76 war hier Schluss. Lediglich die 94 2105 blieb erhalten und befindet sich heute in der Obhut des Vereins sächsischer Eisenbahnfreunde (VSE) in Schwarzenberg.

| Technische Daten: | |
|---|---|
| Baureihenbezeichnung: | 94.19-21 (DRG) |
| Radsatzanordnung: | Eh2t |
| Zylinderdurchmesser (mm): | 590 (ab 94 2001: 620) |
| Kolbenhub (mm): | 630 |
| Verdampfungsheizfläche (m²): | 124,68 (ab 94 2001: 136,34, ab 94 2018: 136,55) |
| Vmax (km/h): | 45 (ab 94 2018: 60) |
| Leistung (PSi): | 1170 |
| Dienstmasse (t): | 74,1 (ab 94 2001: 77,3, ab 94 2023: 79,4) |
| Größte Radsatzfahrmasse (t): | 14,82 (ab 94 2001: 15,46, ab 94 2018: 15,88) |
| Länge über Puffer (mm): | 12.080 (ab 94 2001: 12.200, ab 94 2018: 12.390, ab 94 2023: 12.560) |
| Treib-/Kuppelraddurchmesser (mm): | 1.260 |
| Laufraddurchmesser (v) (mm): | - |
| Laufraddurchmesser (h) (mm): | - |
| Wasserkasteninhalt (m³): | 8,5 (94 2001-17: 7,5) |
| Brennstoffvorrat (t): | 2,5 (ab 94 2001: 2,2) |
| Indienststellung: | 1908-1925 |
| Verbleib: | 94 2105 (VSE Schwarzenberg) |

*Foto: Maey, Slg. Kleine, Archiv transpress*

## 95.0 (preuß. T 20, DRG, DB, DR)

Nach dem erfolgreichen Einsatz der Tenderloks der »Tierklasse« (DR 95.66) durch die Halberstadt-Blankenburger Eisenbahn (HBE) entschied sich auch die Preußische Staatsbahn für eine fünffach gekuppelte Tenderlokomotive, um sie als Zug- und Schiebelokomotive auf den Steilstrecken der Mittelgebirge und vor allem auch zur Ablösung des Zahnradbetriebs durch den Reibungsbetrieb einzusetzen.
Die zu den Giganten unter den deutschen Tenderlokomotiven zählende preußische T 20 war bestückt mit einem Zweizylinder-Heißdampftriebwerk, einem Barrenrahmen und einem Langkessel aus einem Schuss. Neben einer Druckluftbremse Bauart Knorr war zusätzlich eine Gegendruckbremse Bauart Riggenbach vorhanden. Mit 95,3 t Reibungsmasse übertraf die T 20 die HBE-Lok um über 20 Tonnen, lag aber um etwa 30 Tonnen niedriger als die mächtige bayerische Gt 2x4/4 (DRG 96.0). Ihre Vorteile waren die wesentlich kostengünstigere Unterhaltung und leichtere Handhabung. In den Jahren 1923/24 lieferten Borsig 18 Stück und Hanomag 27 Stück. Die DRG übernahm alle 45 Maschinen und gab ihnen die Betriebsnummern 95 001-045. Eingesetzt wurden sie vor allem auf den Steilstrecken des Thüringer Waldes, des Frankenwaldes, der Geislinger Steige und auf der Schiefen Ebene bei Neuenmarkt-Wirsberg. Nach 1945 kamen 14 dieser Lokomotiven zur DB und waren im Bw Aschaffenburg stationiert. Die letzten sechs Exemplare wurden 1958 ausgemustert. Die anderen 31 Loks waren bei der DR im Raum Probstzella und bis 1966 auch auf der Rübelandbahn im Harz eingesetzt. Ab 1966 wurden 24 Lokomotiven auf Ölfeuerung umgestellt. In den Jahren 1980/81 kam auch bei der DR das Aus für die T 20. Insgesamt fünf Maschinen werden museal erhalten, wobei die 95 027 seit 2010 für Sonderzugeinsätze u.a. auf der Rübelandbahn wieder betriebsfähig zur Verfügung steht.

| Technische Daten: | |
|---|---|
| Baureihenbezeichnung: | 95.0 (DRG) |
| Radsatzanordnung: | 1'E1'h2t |
| Zylinderdurchmesser (mm): | 700 |
| Kolbenhub (mm): | 660 |
| Verdampfungsheizfläche (m²): | 198,81 |
| Vmax (km/h): | 65 |
| Leistung (PSi): | 1.620 |
| Dienstmasse (t): | 127,4 |
| Größte Radsatzfahrmasse (t): | 19,5 |
| Länge über Puffer (mm): | 15.100 |
| Treib-/Kuppelraddurchmesser (mm): | 1.400 |
| Laufraddurchmesser (v) (mm): | 850 |
| Laufraddurchmesser (h) (mm): | 850 |
| Wasserkasteninhalt (m³): | 12,0 |
| Brennstoffvorrat (t): | 4,0 (Öl: 4,5 m³) |
| Indienststellung: | 1922-1924 |
| Verbleib: | 95 009 (EM Dieringhausen), 016 (DDM), 020 (Technik-Museum Speyer), 027 (VMD Arnstadt), 028 (DGEG) |

*Foto: Estler*

## 95.66 (HBE »Tierklasse«, DR)

Um 1917 stellte die Halberstadt-Blankenburger Eisenbahn (HBE) erste Überlegungen an, wie der schwerfällige und unwirtschaftliche Zahnradbetrieb auf ihrer Strecke Blankenburg-Tanne durch den wesentlich günstigeren Reibungsbetrieb ersetzt werden könnte. Erste Versuche mit »normalen« Tenderloks zeigten ermutigende Ergebnisse, so dass 1917 in Zusammenarbeit mit der Firma Borsig unter ihrem Chefkonstrukteur August Meister der Entwurf einer schweren 1'E1'-Tenderlok entstand, deren Abmessungen bis dahin in Europa einzigartig waren. Der Erste Weltkrieg verhinderte jedoch den sofortigen Bau. Daher konnten die ersten beiden Maschinen erst 1920 abgeliefert werden, denen 1921 zwei weitere folgten.

Erstmals kam bei einer deutschen Tenderlok ein Barrenrahmen zur Anwendung, wobei zur Übertragung der zu erwartenden Zug- und Stoßkräfte kräftige Stützen und besondere Versteifungen eingebaut wurden. Ein leistungsfähiger Kessel vervollständigte das Gesamtbild. Zusätzlich zur normalen Druckluftbremse der Bauart Knorr sorgte eine Riggenbach-Gegendruckbremse für die Sicherheit auf der Steilstrecke.

Bei der HBE erhielten die vier Loks die Namen »Mammut«, »Wisent«, »Büffel« und »Elch«. Sie bewährten sich ausgezeichnet. Der Zahnradbetrieb war damit Geschichte. Nach der Übernahme der HBE durch die DR im Jahre 1949 wurden die vier Loks der »Tierklasse« als 99 6676-6679 eingereiht. Schon am 4. Mai 1951 war das Leben der 99 6679 beendet, da an diesem Tag nach erfolgter Ausbesserung im Raw Meiningen dort ihr Kessel zerknallte. Die restlichen drei Maschinen wurden mit der Aufnahme des elektrischen Betriebes zwischen Blankenburg und Königshütte überflüssig und 1965/68 abgestellt. Erhalten blieb die 95 6676 (ex Mammut), die heute in Rübeland bewundert werden kann.

Foto: Estler

| Technische Daten: | |
|---|---|
| Baureihenbezeichnung: | 95.66 (DR) |
| Radsatzanordnung: | 1'E1'h2t |
| Zylinderdurchmesser (mm): | 700 |
| Kolbenhub (mm): | 550 |
| Verdampfungsheizfläche (m²): | 180,86 |
| Vmax (km/h): | 50 |
| Leistung (PSi): | 1.600 |
| Dienstmasse (t): | 102,5 |
| Größte Radsatzfahrmasse (t): | 16,7 |
| Länge über Puffer (mm): | 12.450 |
| Treib-/Kuppelraddurchmesser (mm): | 1.100 |
| Laufraddurchmesser (v) (mm): | 850 |
| Laufraddurchmesser (h) (mm): | 850 |
| Wasserkasteninhalt (m³): | 8,8 |
| Brennstoffvorrat (t): | 3,0 |
| Indienststellung: | 1920-1921 |
| Verbleib: | 95 6676 (VMD, Rübeland) |

## 96.0 (bay. Gt 2x4/4, DRG, DB, DR)

Im Gebiet der Bayerischen Staatsbahn waren es insbesondere drei Steilstrecken (Laufach-Heigenbrücken, Frankenwaldrampe, Schiefe Ebene), die in den ersten Jahren des 20. Jahrhunderts infolge erheblich gestiegener Zuglasten besondere Probleme bereiteten. Die zur Verfügung stehenden Loks waren nicht in der Lage, die ankommenden Güterzüge ungeteilt weiterzubefördern. Deshalb wurde im Jahre 1913 bei Maffei eine starke Mallet-Lok entwickelt, welche die Gattungsbezeichnung Gt 2 x 4/4 erhielt und zur damaligen Zeit als die größte und stärkste Tenderlok in Europa galt.

Die Maschine besaß zwei Triebwerke mit je vier gekuppelten Radsätzen. Der Antrieb erfolgte jeweils über den dritten Kuppelradsatz. Der Radsatzstand maß insgesamt 12.200 mm. Die Heißdampf-Verbundausführung erforderte für das vordere Drehgestell flexible Dampfleitungen zu den Niederdruck-Zylindern.

Die 15 in den Jahren 1913/14 gelieferten Maschinen waren wesentlich schneller und bis zu dreimal so leistungsfähig wie die bisher verfügbaren Güterzugloks, so dass spürbare Einsparungen bei Lokomotiven und Personal möglich waren. Mit der preußischen T 20 erwuchs der Gt 2 x 4/4 im Jahre 1922 eine ernsthafte Konkurrentin, die bei 30 t geringerer Masse mindestens die gleiche Leistung erbringen konnte. Daher wurde bei der Nachbestellung von weiteren zehn Exemplaren der Gt 2 x 4/4 konstruktiv einiges verbessert.

Alle 25 Maschinen wurden von der DRG mit den Betriebsnummern 96 001-025 in den Bestand eingereiht. Zum Teil wurden sie auch außerhalb Bayerns eingesetzt. 1933 mussten drei und 1940 zwei Loks den Dienst quittieren. Nach dem Zweiten Weltkrieg kamen von den verbliebenen Exemplaren 18 zur DB und zwei zur DR. Die DB-Maschinen wurden alle bereits im Jahre 1948 ausgemustert, die beiden DR-Loks überlebten nicht betriebsfähig bis 1954.

Foto: Bellingrodt, Slg. Töpelmann, Archiv transpress

| Technische Daten: | |
|---|---|
| Baureihenbezeichnung: | 96.0 (DRG) |
| Radsatzanordnung: | D'Dh4vt |
| Zylinderdurchmesser (mm): | 2 x 520/800 (ab 96 016: 2 x 600/800) |
| Kolbenhub (mm): | 640 |
| Verdampfungsheizfläche (m²): | 230,89 (ab 96 016: 200,43) |
| Vmax (km/h): | 50 |
| Leistung (PSi): | 1.470 (ab 96 016: 1.630) |
| Dienstmasse (t): | 123,2 (ab 96 016: 131,1) |
| Größte Radsatzfahrmasse (t): | 15,4 (ab 96 016: 16,4) |
| Länge über Puffer (mm): | 17.550 (ab 96 016: 17.700) |
| Treib-/Kuppelraddurchmesser (mm): | 1.216 |
| Laufraddurchmesser (v) (mm): | - |
| Laufraddurchmesser (h) (mm): | - |
| Wasserkasteninhalt (m³): | 11,0 (ab 96 016: 12,3) |
| Brennstoffvorrat (t): | 4,5 (ab 96 016: 5,0) |
| Indienststellung: | 1913-1924 |
| Verbleib: | ++ |

## 97.0 (preuß. T 26, DRG)

Für den Betrieb auf ihren kurz nach Beginn des 20. Jahrhunderts eröffneten Zahnradstrecken nach dem System Abt in den Bereichen der Direktionen Erfurt, Mainz, Frankfurt/Main, Köln und Kassel benötigten die Preußischen Staatsbahnen entsprechende Maschinen. Die ersten drei Zahnradtenderloks der Gattung T 26 mit der Radsatzfolge C1'n2(4) lieferte im Jahre 1902 die Maschinenfabrik Esslingen (ME) für die Direktion Erfurt. In den Jahren 1904 bis 1921 folgten weitere 32 Exemplare, die nun von der Firma Borsig hergestellt wurden.
Die etwas pummelig wirkenden T 26 besaßen für den Reibungsbetrieb ein Zweizylinder-Nassdampftriebwerk mit außenliegenden, etwas geneigt angebrachten Zylindern mit Antrieb auf den zweiten Kuppelradsatz. Das aus zwei Zahnradpaaren bestehende Zahnradtriebwerk wurde von den beiden Innenzylindern angetrieben. Die Kuppelradsätze waren fest im Rahmen verankert, der Laufradsatz war als Bisselachse mit 36 mm Seitenspiel ausgebildet. Zur Ausstattung gehörte auch eine extersche Wurfhebelbremse für die Lokomotive, Druckluftbremse für den Wagenzug und eine Schraubenbremse für die Zahnradmaschine. 5,5 m$^3$ Wasser waren in zwei seitlichen Wasserkästen, 2,1 t Kohle im Kohlekasten hinter dem Führerhaus untergebracht.
Mit dem Erscheinen der preußischen T 20 (DRG 95.0) verloren die Zahnradlokomotiven ihre Bedeutung und wurden nach und nach von dieser ersetzt, nachdem Zug um Zug vom Zahnrad- auf Reibungsbetrieb umgestellt worden war. Die DRG versah 1925 immerhin noch 30 Maschinen mit den Betriebsnummern 97 001-003 (Bauart ME) und 004-030 (Bauart Borsig). Bis 1933 waren alle T 26 entbehrlich und ausgemustert worden. Sieben Maschinen konnten nach Ausbau des Zahnradtriebwerks an Privat- und Werksbahnen verkauft werden und überlebten zum Teil sogar noch den Zweiten Weltkrieg.

| Technische Daten: | |
|---|---|
| Baureihenbezeichnung: | 97.0 (DRG) |
| Radsatzanordnung: | C1'h2(4)t |
| Zylinderdurchmesser (mm): | 2 x 470/420 |
| Kolbenhub (mm): | 500/450 |
| Verdampfungsheizfläche (m²): | 112,78 (ab 97 004: 123,36) |
| Vmax (km/h): | 50/20 |
| Leistung (PSi): | 575 (ab 97 004: 580) |
| Dienstmasse (t): | 55,88 (ab 97 004: 59,1) |
| Größte Radsatzfahrmasse (t): | 16,6 |
| Länge über Puffer (mm): | 10.300 (ab 97 004: 10.450) |
| Treib-/Kuppelraddurchmesser (mm): | 1.080 |
| Laufraddurchmesser (v) (mm): | - |
| Laufraddurchmesser (h) (mm): | 800 |
| Wasserkasteninhalt (m³): | 5,5 |
| Brennstoffvorrat (t): | 2,1 |
| Indienststellung: | 1902-1921 |
| Verbleib: | ++ |

*Foto: Maey, Slg. Töpelmann, Archiv transpress*

## 97.1 (bay. PtzL 3/4, DRG, DB)

Die Bayerische Staatsbahn eröffnete 1909 die Strecke von Erlau nach Obernzell. Gut drei Jahre später ging im Dezember 1912 auch die Weiterführung nach Wegscheid in Betrieb. Die starken Steigungen von bis zu 70 ‰ konnten hier nur durch zwei Zahnstangenabschnitte des Systems Strub zwischen Obernzell und Untergriesbach (3,8 km) sowie zwischen Mitterwasser und Wegscheid (2,4 km) bewältigt werden. Für diese Strecke lieferte Krauss in München 1912 drei Zahnradloks der Gattung PtzL 3/4.
Die PtzL 3/4 waren Vierzylinderloks. Jeweils zwei Zylinder waren auf jeder Seite übereinander angeordnet. Für den Reibungsbetrieb genügte ein Zwillingstriebwerk, bei dem die unteren Zylinder den zweiten Radsatz des Dreikupplers antrieben. Im Zahnstangenbetrieb wirkten die oberen Zylinder über eine komplizierte Übersetzung aus Treibstangen, Kurbelscheiben und Zwischenzahnrädern auf die beiden Zahnräder. Die beiden übereinander liegenden Triebwerke bedingten eine relativ hohe Kessellage. 1923 fertigte Krauss eine äußerlich ähnliche, aber verstärkte Maschine. Sie erhielt einen größeren Zylinderdurchmesser, höheren Kesseldruck, mehr Heizrohre und eine vergrößerte Rostfläche. Leistung, Länge und Gewicht hatten zugenommen.
Alle vier Loks übernahm die DRG als 97 101-104 in ihren Bestand. Mit einer Ausnahme blieben die vier einzigen bayerischen Zahnradloks ihrer Stammstrecke treu. Von 1943 bis 1946 weilte die 97 104 in Österreich. Bis zum Erscheinen der ersten zweimotorigen Schienenbusse (VT 98 901-903) im Jahr 1953 bewältigten die vier 97.1 den Gesamtverkehr auf ihrer Hausstrecke und liefen oft bis Passau durch, wo sich ihr Heimat-Bw befand. Als erste schied daraufhin 1954 die 97 102 aus, die restlichen blieben für den spärlichen Güterverkehr im Bestand. Am 23. April 1963 mussten die drei Passauer »Zahnradbockerl« schließlich den Dienst quittieren.

| Technische Daten: | |
|---|---|
| Baureihenbezeichnung: | 97.1 (DRG) |
| Radsatzanordnung: | C1'h2(4v)t |
| Zylinderdurchmesser (mm): | 2 x 460/460 (97 104: 2 x 480/480) |
| Kolbenhub (mm): | 508/508 |
| Verdampfungsheizfläche (m²): | 71,69 (97 104: 80,33) |
| Vmax (km/h): | 45/12 |
| Leistung (PSi): | 530/560 (97 104: 590/620) |
| Dienstmasse (t): | 57,8 (97 104: 59,9) |
| Größte Radsatzfahrmasse (t): | 15,6 (97 104: 15,7) |
| Länge über Puffer (mm): | 10.490 (97 104: 10.640) |
| Treib-/Kuppelraddurchmesser (mm): | 1.006 |
| Laufraddurchmesser (v) (mm): | - |
| Laufraddurchmesser (h) (mm): | 800 |
| Wasserkasteninhalt (m³): | 4,0 |
| Brennstoffvorrat (t): | 1,6 (97 104: 1,7) |
| Indienststellung: | 1912-1923 |
| Verbleib: | ++ |

*Foto: Hubert, Slg. Töpelmann, Archiv transpress*

## 97.2 (bad. IX b1, IX b2, DRG)

Die Badische Staatsbahn beschaffte im Jahre 1910 von der Maschinenfabrik Esslingen für den Betrieb auf der Steilstrecke der Höllentalbahn im Schwarzwald zwischen Hirschsprung und Hinterzarten vier Zahnradlokomotiven als Gattung »IX b.1«, um die zu schwach gewordenen, bisher verwendeten Loks der Gattung »IX a« (DRG 89.83) ablösen zu können. Die Maschinen verfügten ab Werk über ein Vierzylinder-Heißdampfverbundtriebwerk, doch schon 1916 wurde der Überhitzer der Bauart Clench-Gölsdorf ausgebaut, so dass sie nur noch im Nassdampfbetrieb liefen. Die außenliegenden Hochdruckzylinder der Reibungsmaschine mit Antrieb auf den zweiten Kuppelradsatz arbeiteten im Zwillings-Modus. Die darüber liegenden Zylinder der Zahnrad-Maschine fungierten als Niederdruckzylinder, so dass im Zahnstangenbetrieb alle vier Zylinder im Verbund arbeiteten. Die seitlichen Wasserkästen mit insgesamt 5 $m^3$ Inhalt waren der Streckensicht wegen vorn abgeschrägt.

Weitere drei Maschinen dieses Typs beschaffte die Badische Staatsbahn im Jahre 1921 als Gattung »IX b.2«, ebenfalls von der Maschinenfabrik Esslingen, diesmal aber sogleich in der Nassdampf-Version, ansonsten in den Baumerkmalen nur geringfügig verändert und nur geringfügig stärker in der Leistung.
Die DRG übernahm alle sieben Maschinen und reihte die im Bw Freiburg/Breisgau stationierten Lokomotiven als 97 201-204 (IX b.1) und 97 251-253 (IX b.2) in ihren Bestand ein. Als Anfang der 1930er-Jahre die Einheitslokomotiven der Baureihe 85 einsatzbereit waren und der »Ravenna-Viadukt« durch eine tragfähigere Brücke ersetzt war, konnte auch auf der Höllentalbahn der Reibungsbetrieb mit diesen neuen Zugmaschinen Einzug halten und die Zahnrad-Verbund-Loks ersetzen. So musste die Baureihe 97.2 bald darauf nach erfolgreich getaner Arbeit ausgeschieden und verschrottet werden.

Foto: Maey, Slg. Töpelmann, Archiv transpress

| Technische Daten: | |
|---|---|
| Baureihenbezeichnung: | 97.2 (DRG) |
| Radsatzanordnung: | C1'n2(4v)t |
| Zylinderdurchmesser (mm): | 2 x 450/450 |
| Kolbenhub (mm): | 550 |
| Verdampfungsheizfläche (m²): | 97,59 (ab 97 251: 115,70) |
| Vmax (km/h): | 45/23 |
| Leistung (PSi): | 680 |
| Dienstmasse (t): | 56,7 (ab 97 251: 57,05) |
| Größte Radsatzfahrmasse (t): | 14,3 |
| Länge über Puffer (mm): | 10.900 |
| Treib-/Kuppelraddurchmesser (mm): | 1.080 |
| Laufraddurchmesser (v) (mm): | - |
| Laufraddurchmesser (h) (mm): | 850 |
| Wasserkasteninhalt (m³): | 5,0 |
| Brennstoffvorrat (t): | 1,5 |
| Indienststellung: | 1910-1921 |
| Verbleib: | ++ |

## 97.3 (württ. Fz, DRG)

Für den Zugbetrieb auf der steilen Zahnradstrecke Honau–Lichtenstein beschaffte die Württembergische Staatsbahn im Jahre 1893 vier Naßdampf-Verbundlokomotiven als Gattung »Fz« mit der Radsatzfolge 1'C und vergab für diese neben den Bahnnummern 691 bis 694 die Namen »ACHALM«, »LICHTENSTEIN«, »GRAFENECK« und »MUENSINGEN«. Für die 1901 eröffnete Strecke Freudenstadt–Klosterreichenbach wurden zwischen 1899 und 1904 weitere fünf Exemplare dieser Bauart bestellt, die sich von der ersten Lieferung durch das Verbindungsrohr zwischen beiden Dampfdomen unterschieden. Das Triebwerk für die Reibungsmaschine arbeitete bei der »Fz« im Adhäsionsbetrieb getrennt von der Zahnradmaschine. Die Reibungsmaschine war bestückt mit zwei außenliegenden, waagerecht angeordneten Zylindern mit Antrieb auf den zweiten Kuppelradsatz. Die innenliegenden Zylinder der Zahnradmaschine waren um einen halben Kolbenhub nach vorn versetzt und zwischen den Außenzylindern angeordnet. Alle vier Zylinder hatten den gleichen Durchmesser. Beim Zahnradbetrieb wurden die Innenzylinder zugeschaltet, die äußeren Zylinder arbeiteten dann als Hochdruck-, die inneren als Niederdruck-Maschinen.
Die »Fz« für die Strecke Honau–Lichtenstein waren im Bw Reutlingen, die Loks für die Strecke Freudenstadt–Klosterreichenbach im Bw Freudenstadt stationiert. Im Jahre 1920 waren noch alle neun Maschinen im Einsatz. Sieben davon wurden 1925 von der DRG mit den Betriebsnummern 97 301-304 und 97 305-307 versehen. Die Honauer Lokomotiven mussten Mitte der 1920er-Jahre den leistungsstärkeren Maschinen der Baureihe 97.5 weichen und wurden dann nur noch einige Zeit als Reserve vorgehalten. Die Freudenstädter »Fz« wurden nach Einführung des Reibungsbetriebs um das Jahr 1936 ausgemustert.

Foto: Slg. Töpelmann, Archiv transpress

| Technische Daten: | |
|---|---|
| Baureihenbezeichnung: | 97.3 (DRG) |
| Radsatzanordnung: | C1'n2(4v)t |
| Zylinderdurchmesser (mm): | 2 x 420/420 |
| Kolbenhub (mm): | 612/540 |
| Verdampfungsheizfläche (m²): | 112,4 |
| Vmax (km/h): | 50/20 |
| Leistung (PSi): | |
| Dienstmasse (t): | 53,3 (ab 97 305: 54,1) |
| Größte Radsatzfahrmasse (t): | 13,8 (ab 97 305: 14,0) |
| Länge über Puffer (mm): | 9.490 (ab 97 305: 9.512) |
| Treib-/Kuppelraddurchmesser (mm): | 1.230 |
| Laufraddurchmesser (v) (mm): | 945 |
| Laufraddurchmesser (h) (mm): | - |
| Wasserkasteninhalt (m³): | 4,2 |
| Brennstoffvorrat (t): | 1,0 |
| Indienststellung: | 1893-1904 |
| Verbleib: | ++ |

## 97.4 (preuß. T 28, DRG, DR)

Die Preußische Staatsbahn bestellte 1920 bei Borsig ein stärkeres Nachfolgemodell für die Zahnradlokomotiven der Gattung T 26, weil diese den gestiegenen Anforderungen nicht mehr genügten. Die T 28 mit der Radsatzfolge 1'D1' und mit 16 Tonnen mittlerer Kuppelradsatzfahrmasse galt als die schwerste deutsche Zahnradlok. Allerdings blieb es bei einem Einzelstück, da Anfang der 1920er-Jahre zunehmend vom Zahnrad- auf den Reibungsbetrieb umgestellt wurde und sie zum Zeitpunkt ihrer Inbetriebnahme eigentlich schon überholt war. Angetrieben wurde die Lok von einem Vierzylinderverbund-Heißdampftriebwerk mit außenliegenden, waagerecht angeordneten Zylindern. Auf jeder Seite waren je ein Hochdruck- und ein Niederdruckzylinder mit gleichem Durchmesser und mit gleichem Kolbenhub in einem Gussstück übereinander angebracht. Auf der Reibungsstrecke wurde im Zwillingsbetrieb gearbeitet, auf der Zahnradstrecke übertrugen zusätzlich die obenliegenden Niederdruckzylinder ihre Kraft über Kuppelstangen und Kurbelscheiben auf die beiden Triebzahnräder.

| Technische Daten: | |
|---|---|
| Baureihenbezeichnung: | 97.4 (DRG) |
| Radsatzanordnung: | 1'D1'h2(4v)t |
| Zylinderdurchmesser (mm): | 2 x 520/520 |
| Kolbenhub (mm): | 500/500 |
| Verdampfungsheizfläche (m²): | 119,4 |
| Vmax (km/h): | 55/20 |
| Leistung (PSi): | 977 |
| Dienstmasse (t): | 94,3 |
| Größte Radsatzfahrmasse (t): | 17,8 |
| Länge über Puffer (mm): | 12.700 |
| Treib-/Kuppelraddurchmesser (mm): | 1.100 |
| Laufraddurchmesser (v) (mm): | 800 |
| Laufraddurchmesser (h) (mm): | 800 |
| Wasserkasteninhalt (m³): | 7,0 |
| Brennstoffvorrat (t): | 3,0 |
| Indienststellung: | 1921 |
| Verbleib: | ++ |

Die T 28 war zunächst mehrere Jahre auf den thüringischen Zahnradstrecken eingesetzt. Bei der DRG erhielt sie 1925 die Betriebsnummer 97 401. Nach Umstellung der einstigen preußischen Strecken auf Reibungsbetrieb wechselte die Maschine 1928 auf der Strecke von Linz am Rhein nach Seifen im Westerwald. Auch dort war die T 28 bald entbehrlich, so dass sie 1929 an die Eutin-Lübecker Eisenbahn (ELE) veräußert wurde. Dort wurde das Zahnradtriebwerk ausgebaut und die Lok als Reibungsmaschine eingesetzt. Über die Berliner Schrottfirma Erich am Ende kam die Maschine 1939 zur Brandenburgischen Städtebahn (BStB), wo sie im schweren Güterzugdienst ihren Dienst versah. 1949 übernahm die DR die BStB und somit auch die T 28, welche nun die Nummer 93 6576 erhielt, aber schon 1954 ausgemustert wurde.

*Foto: Archiv transpress*

## 97.5 (wü. Hz, DRG, DB)

Auf dem 1,79 km langen Zahnradabschnitt Honau–Lichtenstein waren nach dem Ersten Weltkrieg die Zahnradloks der Gattung »Fz« (DRG 97.3) an der Grenze ihrer Leistungsfähigkeit angelangt. Daher begann 1921 die Direktion Stuttgart in Zusammenarbeit mit der Maschinenfabrik Esslingen eine fünffach gekuppelte Zahnradtenderlok der Gattung »Hz« zu entwickeln. Die fünf Kuppelradsätze waren erforderlich, um die zulässige Radsatzfahrmasse von 16 Tonnen nicht zu überschreiten. Schließlich lieferte 1923 bzw. 1925 die Maschinenfabrik Esslingen je zwei Zahnradloks, welche von Anbeginn die DRG-Nummern 97 501-504 trugen.
Bei den 97.5 wählten die Erbauer zwei Hochdruckzylinder für das normale Triebwerk und zwei Niederdruckzylinder für das zwischen dem zweiten und dritten Kuppelradsatz angeordnete Antriebszahnrad, wobei hier die Kraftübertragung über zwei kurze Treibstangen, eine hochliegende Blindwelle und ein Vorgelege erfolgte. Ausführliche Untersuchungen hatten ergeben, dass auf der Riggenbachschen Leiterzahnstange der Bauart Bissinger-Klose ein Zahnrad günstiger war als zwei, vor allem in den Krümmungen. Ein zweites Zahnrad auf dem ersten Kuppelradsatz diente als Bremszahnrad.
Diese starken Loks lösten sogleich die älteren »Fz« ab, wobei das geforderte Leistungsprogramm sogar um 10 % übererfüllt wurde. Sie galten als die leistungsfähigsten Zahnrad-Dampfloks Deutschlands. Alle vier 97.5 überstanden den Zweiten Weltkrieg und kamen noch in den Bestand der DB. Wegen ihres schlechten Zustandes musste die 97 503 bereits am 27. November 1956 den Dienst quittieren. Mit dem Einsatz von Zahnradschienenbussen der Baureihe VT 97.9 ab 1961/62 schlug auch die Stunde der übrigen Maschinen. Sie wurden am 13. August 1962 ausgemustert. Alle drei blieben aber erhalten, wobei die 97 501 nach langen Jahren der Aufarbeitung durch den Verein der »Freunde der Zahnradbahn Honau - Lichtenstein« seit 2012 wieder betriebsfähig ist.

| Technische Daten: | |
|---|---|
| Baureihenbezeichnung: | 97.5 (DRG) |
| Radsatzanordnung: | Eh2(4v)t |
| Zylinderdurchmesser (mm): | 2 x 560/560 |
| Kolbenhub (mm): | 560/560 |
| Verdampfungsheizfläche (m²): | 116,28 |
| Vmax (km/h): | 50/10 |
| Leistung (PSi): | 830 (bei Zahnradbetrieb: 850) |
| Dienstmasse (t): | 74,9 |
| Größte Radsatzfahrmasse (t): | 15,0 |
| Länge über Puffer (mm): | 11.870 |
| Treib-/Kuppelraddurchmesser (mm): | 1.150 |
| Laufraddurchmesser (v) (mm): | - |
| Laufraddurchmesser (h) (mm): | - |
| Wasserkasteninhalt (m³): | 7,0 |
| Brennstoffvorrat (t): | 3,0 (später 4,0) |
| Indienststellung: | 1923-1925 |
| Verbleib: | 97 501 (ZHL, Reutlingen), 502 (DGEG, Bochum-Dahlhausen), 504 (DTB) |

*Foto: Estler*

## 98.0 (sä. I TV, DRG, DR)

In Sachsen war es schon immer ein Problem, Lokomotiven zu konstruieren, die sowohl zur Bewältigung der dortigen steilen und kurvenreichen Strecken geeignet als auch entsprechend leistungsstark waren. Die Sächsische Staatsbahn versuchte es auch mit zwei bei Hartmann in Chemnitz bereits im Jahre 1890 entwickelten B'B'-Tenderlokomotiven der Gattung MI TV, bei denen entsprechend der Bauart Meyer beide Triebwerke in Drehgestellen untergebracht waren. Der erhoffte Durchbruch gelang mit diesen beiden Maschinen aber nicht.
In verstärkter und verbesserter Fassung folgte ab 1910 eine zweite Bauserie mit zehn Exemplaren, jetzt als Gattung I TV bezeichnet, und ebenfalls von der Firma Hartmann geliefert. Mit zwei weiteren Baulosen in den Jahren 1913 (3 Stück) und 1914 (5 Stück) war schließlich ein Bestand von 18 Lokomotiven erreicht. Der Haupteinsatzort dieser Maschinen war die sogenannte »Windbergbahn«, die sich steil und kurvenreich von Freital nach Possendorf an den Hängen des Windberges hinaufzog.
Zur DRG gelangten 1925 noch 15 Lokomotiven, die mit den Betriebsnummern 98 001-015 versehen wurden. Bis zum Jahre 1933 waren vier Exemplare (98 003, 007, 008 und 015) bereits ausgemustert. Eine Lok wurde 1940 von der Kohleanschlussbahn Oberhohndorf-Reinsdorf übernommen und unter der Betriebsnummer 98 015 in Zweitbesetzung eingereiht. Nach Kriegsende 1945 kamen noch zwölf Maschinen zur DR und waren im Bw Dresden-Altstadt stationiert. Bis 1968 wurden sie dann alle Zug um Zug von Diesellokomotiven abgelöst. Nach der Ausmusterung der gesamten Baureihe blieb nur noch die 98 001 für das Verkehrsmuseum in Dresden erhalten, welche sich derzeit als Leihgabe im Sächsischen Industriemuseum in Chemnitz befindet.

*Foto: Archiv Dirk Endisch*

| Technische Daten: | |
|---|---|
| Baureihenbezeichnung: | 98.0 (DRG) |
| Radsatzanordnung: | B'B'n4vt |
| Zylinderdurchmesser (mm): | 2 x 360/570 |
| Kolbenhub (mm): | 630 |
| Verdampfungsheizfläche (m²): | 99,28 |
| Vmax (km/h): | 50 |
| Leistung (PSi): | 540 |
| Dienstmasse (t): | 60,5 |
| Größte Radsatzfahrmasse (t): | 15,4 |
| Länge über Puffer (mm): | 11.624 |
| Treib-/Kuppelraddurchmesser (mm): | 1.260 |
| Laufraddurchmesser (v) (mm): | - |
| Laufraddurchmesser (h) (mm): | - |
| Wasserkasteninhalt (m³): | 5,0 |
| Brennstoffvorrat (t): | 2,2 |
| Indienststellung: | 1910-1914 |
| Verbleib: | 98 001 (VMD, SEM Chemnitz-Hilbersdorf) |

## 98.1 (old. T 2, DRG)

Die Oldenburgische Staatsbahn beschaffte für den Rangier- und Güterzugdienst zweiachsige Tenderloks, die sich von der Konzeption her die preußische T 2 zum Vorbild nahmen. Hanomag lieferte in der Zeit von 1896 bis 1913 in mehreren Baulosen insgesamt 38 solcher als oldenburgische T 2 bezeichneten Lokomotiven, die neben den üblichen Bahnnummern auch mit Tiernamen versehen wurden (z.B. Ross, Bär, Widder, Dogge usw.). Der Antrieb erfolgte über ein Zweizylinder-Nassdampftriebwerk mit außenliegenden, waagerecht angeordneten Zylindern, welches den zweiten Kuppelradsatz antrieb. Äußerlich unterschied sich die oldenburgische T 2 gegenüber ihrem preußischen Vorbild vor allem durch den Verzicht auf einen Reglerdom. Entsprechend oldenburgischer Gepflogenheiten war der Regler in der Rauchkammer untergebracht. Um eine Anzahl von Loks für den Nebenbahndienst einsatzfähig zu machen, wurde diesen eine Druckluftbremse Bauart Westinghouse verpasst, deren Druckluftbehälter dann domartig auf dem Stehkesselscheitel vor dem Führerhaus platziert wurde.
Bis auf eine einzige Maschine übernahm die DRG alle übrigen 37 Dampfloks als Baureihe 98.1 und vergab die Betriebsnummern 98 101-137, wobei die 98 110-116 und 131-132 mit der schon erwähnten Druckluftbremse ausgestattet waren. Die meisten dieser Loks wurden schon bald nach der Übernahme ausgemustert. Nur wenige Exemplare waren noch in den 1930er-Jahren eingesetzt, aber einige davon waren immerhin bis zum Jahre 1953 aktiv: So z.B. die Maschinen mit den Nummern 98 112, 113, 115 und 116 als Werkslokomotiven in DR- oder DB-Ausbesserungswerken. Bei der Kleinbahn Lohne-Dinklage waren bis 1955 bzw. 1956 die ehemaligen 98 132 und 109 im Einsatz, welche die Kleinbahn 1931 von der DRG erworben hatte.

*Foto: DLA Darmstadt (Hubert)/Bildarchiv der Eisenbahnstiftung*

| Technische Daten: | |
|---|---|
| Baureihenbezeichnung: | 98.1 (DRG) |
| Radsatzanordnung: | Bn2t |
| Zylinderdurchmesser (mm): | 324 |
| Kolbenhub (mm): | 550 |
| Verdampfungsheizfläche (m²): | 57,20 |
| Vmax (km/h): | 50 |
| Leistung (PSi): | 270 |
| Dienstmasse (t): | 27,46 |
| Größte Radsatzfahrmasse (t): | 13,73 |
| Länge über Puffer (mm): | 8.089 |
| Treib-/Kuppelraddurchmesser (mm): | 1.100 |
| Laufraddurchmesser (v) (mm): | - |
| Laufraddurchmesser (h) (mm): | - |
| Wasserkasteninhalt (m³): | 3,5 |
| Brennstoffvorrat (t): | 0,85 |
| Indienststellung: | 1896-1913 |
| Verbleib: | ++ |

## 98.3 (bay. PtL 2/2, DRG, DB)

Zu Beginn des 20. Jahrhunderts benötigte die Bayerische Staatsbahn für den Personenverkehr auf ihren Lokalbahnen eine leichte Maschine mit möglichst geringen Betriebskosten. Die mit Konzeption und Bau beauftragten Münchener Lokfabriken Krauss & Comp. sowie J. A. Maffei entwickelten jeweils einen Zweikuppler für den Einmannbetrieb, eine »Motorlokomotive« (ML). Die Einsparung des Heizers gelang durch eine vom Lokführer zu betätigende Schüttgutfeuerung. Die ersten drei Loks der Gattung PtL 2/2 (anfangs noch ML 2/2) lieferte Krauss 1905. Ihr Kessel war vom Führerhaus vollständig umschlossen. Maffei lieferte zwischen 1906 und 1908 insgesamt 22 Loks der Gattung PtL 2/2. Sie hatten die Zylinder zwischen den beiden Radsätzen. Beide Bauarten wurden zwischen 1922 und 1924 ausgemustert.
Krauss entwickelte seine Konstruktion weiter und lieferte 1908/09 weitere 29 Exemplare. Sie unterschieden sich vor allem durch das neu gestaltete Führerhaus, welches den Loks sehr schnell den Spitznamen »Glaskasten« eintrug. Neun dieser »Glaskutschen« wurden von der DRG 1925 noch in 98 301-309 umgezeichnet. Krauss überarbeitete seine Version unter Wegfall der Blindwelle und mit Antrieb auf den zweiten Radsatz ein weiteres Mal. In dieser Ausführung lieferte Krauss 1911 neun und 1914 nochmals vier Expemlare. Diese Maschinen übernahm die DRG komplett als 98 310-322. Die 98.3 waren stets auf den Nebenbahnen in Bayern im Einsatz. 1942 wurden die 98 320 und 322 an Industriebetriebe verkauft. Mit der Wehrmacht gelangte die 98 305 im Jahr 1943 nach Norwegen und blieb nach Kriegsende dort zurück. Die 98 304 verblieb nach Kriegsende in Österreich, wo sie bis 1959 gute Dienste leistete. Die 98 321 wurde 1946 ausgemustert und verkauft. Die restlichen 17 Loks mussten bei der DB zwischen 1950 und 1963 den Dienst quittieren, als letzte wurde die 98 307 abgestellt.

**Technische Daten:**

| | |
|---|---|
| Baureihenbezeichnung: | 98.3 (DRG) |
| Radsatzanordnung: | Bh2t |
| Zylinderdurchmesser (mm): | 320 |
| Kolbenhub (mm): | 400 |
| Verdampfungsheizfläche (m²): | 28,73 |
| Vmax (km/h): | 50 |
| Leistung (PSi): | 210 |
| Dienstmasse (t): | 22,7 (ab 98 310: 22,1) |
| Größte Radsatzfahrmasse (t): | 11,5 (ab 98 310: 11,3) |
| Länge über Puffer (mm): | 7.004 (ab 98 310: 6.800) |
| Treib-/Kuppelraddurchmesser (mm): | 1.006 |
| Laufraddurchmesser (v) (mm): | - |
| Laufraddurchmesser (h) (mm): | - |
| Wasserkasteninhalt (m³): | 2,0 (ab 98 310: 2,2) |
| Brennstoffvorrat (t): | 0,6 |
| Indienststellung: | 1908-1914 |
| Verbleib: | 98 307 (VMN, Neuenmarkt-Wirsberg), »319« (VMN, Koblenz) |

*Foto: Blaschke*

## 98.4, 98.4-5, 98.5 (pfälz. T 4", bay. D XI, PtL 3/4, DRG, DB)

Als Weiterentwicklung der bayerischen Lokalbahnloks der Gattungen »D VIII« (DRG 98.6) und »D X« (DRG 98.77) wurden 1895 von Krauss in München erstmals drei Exemplare der neuen Gattung »D XI« geliefert. Bis 1912 wurde die »D XI« mit nur geringen Abweichungen gebaut. Krauss lieferte dabei den größeren Anteil mit 94 Exemplaren, von Maffei kamen 48. An die Bayerische Staatsbahn gingen zunächst nur 131 Loks, weitere elf übernahm sie in den Jahren 1901/02 (acht Stück als D XI) und 1908 (drei Stück als PtL 3/4) von Privatbahnen. Drei weitgehend baugleiche Loks beschaffte die Bayerische Staatsbahn im Jahr 1900 von Krauss als Gattung T 4" für ihr linksrheinisches Netz in der Pfalz. Eine letzte Kleinserie mit fünf Exemplaren lieferte Krauss 1914 als Gattung PtL 3/4.
Alle 150 Maschinen wurden 1925 von der DRG umgezeichnet: Die pfälzischen T 4" erhielten die Nummern 98 401-403, die »D XI« wurden als 98 411-423 sowie 431-556 eingereiht und die PtL 3/4 fuhren nun als 98 561-568. Nach Anlieferung der Baureihen 64 und 86 musste zwischen 1931 und 1935 rund die Hälfte des Bestands den Dienst quittieren. Nach Ende des Zweiten Weltkriegs kamen die verbliebenen Loks fast ausnahmslos zur DB. In den 1950er-Jahren mussten sie sich von den Schienen verabschieden und bis März 1957 waren alle bis auf die 98 507 des Bw Nürnberg Rbf abgestellt. Nach Einstellung des Personenverkehrs auf der Teilstrecke Greißelbach-Freystadt wurde die 98 507 nicht mehr benötigt und daher am 18. Juli 1960 außer Dienst gestellt. Nach langer Abstellzeit im AW Weiden erhielt sie eine äußerliche Aufarbeitung und steht seit dem 8. Mai 1968 als Denkmal gegenüber dem Ingolstädter Hauptbahnhof.

**Technische Daten:**

| | | | |
|---|---|---|---|
| Baureihenbezeichnung: | 98 401-403 (DRG) | 98 411-556 (DRG) | 98 561-568 (DRG) |
| Radsatzanordnung: | C1'n2t | C1'n2t | C1'n2t |
| Zylinderdurchmesser (mm): | 375 | 375 | 375 |
| Kolbenhub (mm): | 508 | 508 | 508 |
| Verdampfungsheizfläche (m²): | 67,35 | 66,63 | 66,63 |
| Vmax (km/h): | 45 | 45 | 45 |
| Leistung (PSi): | 320 | 320 | 320 |
| Dienstmasse (t): | 39,6 | 39,4-41,0 | 39,7-41,4 |
| Größte Radsatzfahrmasse (t): | 10,5 | 10,5-10,9 | 10,76-10,95 |
| Länge über Puffer (mm): | 9.294 | 9.288 (ab 98 478: 9.306) | 9.306 |
| Treib-/Kuppelraddurchmesser (mm): | 996 | 1.006 | 1.006 |
| Laufraddurchmesser (v) (mm): | - | - | - |
| Laufraddurchmesser (h) (mm): | 790 | 800 | 800 |
| Wasserkasteninhalt (m³): | 4,3 | 4,3 | 4,3 |
| Brennstoffvorrat (t): | 1,5 | 1,5 | 1,5 |
| Indienststellung: | 1900 | 1895-1912 | 1899-1914 |
| Verbleib: | ++ | 98 507 (Denkmal Ingolstadt) | ++ |

*Foto: Bellingrodt, Slg. Kleine, Archiv transpress*

*Foto: Slg. Töpelmann, Archiv transpress*

## 98.6 (pfälz. T 4', bay., pfälz. D VIII, DRG, DB)

Zum Ende der 80er-Jahre des 19. Jahrhunderts benötigte die Bayerische Staatsbahn dringend neue und leistungsfähigere Lokomotiven für die Strecke Freilassing–Berchtesgaden, welche eine Neigung von 40 ‰ und mehrere Gleisbögen von nur 180 m Halbmesser aufwies. Gefordert war, Zuglasten von 60 bis 70 t bei einer Geschwindigkeit von 15 km/h bergwärts zu bewältigen und bei der Talfahrt bei 45 km/h noch einen ruhigen Lauf zu gewährleisten.

Die Firma Krauss in München baute dafür im Jahre 1888 eine Lokomotive mit der Radsatzfolge C1' und kreierte dabei auf Vorschlag von Richard von Helmholtz eine Neuheit, indem der dritte Kuppelradsatz mit dem hinteren Laufradsatz zu einem »Krauss-Helmholtz-Drehgestell« vereinigt wurde. Dies erwies sich in der Folge für die Erfüllung der Vorgaben als sehr vorteilhaft, zumal beide Radsätze darüber hinaus auch noch seitenverschiebbar waren. Auf die Bremsen wurde besonderes Augenmerk gelegt: Die Lok war ausgestattet mit einer Dampf-Klotzbremse, mit einer Wurfhebelbremse und einer Riggenbach-Gegendruckbremse. Der Wagenzug wurde mit einer Druckluftbremse Bauart Westinghouse gebremst, deren Luftbehälter auf dem Langkessel vor dem hohen Dampfdom untergebracht war und genau dessen gleiche Verkleidung besaß. Auf dem Stehkesselscheitel befand sich vor und hinter den beiden hohen Domen außerdem je ein Sandkasten. Die als »D VIII« bezeichnete Gattung erhielt ein Zweizylinder-Nassdampftriebwerk mit außenliegenden, nach hinten leicht geneigten Zylindern, welches den zweiten Kuppelradsatz antrieb.

Krauss lieferte 1888 zunächst drei Lokomotiven, 1890 kamen zwei weitere hinzu. Alle fünf waren nicht nur mit Bahnnummern sondern auch mit Ortsnamen versehen. Eine dritte Lieferung mit fünf Maschinen erfolgte im Jahre 1893. Von der DRG wurden 1925 noch neun Exemplare als 98 661-669 eingereiht. Bis 1935 waren alle ausgemustert, nachdem sie zuletzt nur noch als Rangierlokomotiven zum Einsatz kamen.

Die erfolgreiche Bewährung der D VIII veranlasste die Bayerische Staatsbahn kurz vor der Jahrhundertwende zur Anschaffung weiterer solcher Maschinen, um den gestiegenen Anforderungen im Personen- und Güterzugdienst der vielen Lokalbahnen zu genügen. Krauss lieferte 1898 vier Loks als Nachbau der ersten Bauserien. Kessel und Triebwerksabmessungen blieben die gleichen, die Radsatzstände wurden aber leicht verändert. Der Kohlevorrat, der sich bisher links vor dem Führerhaus am Hinterkessel befunden hatte, war nun im Kohlekasten hinter dem Führerhaus untergebracht. Auf dem Kesselscheitel thronten nur noch der Dampfdom und ein Sandkasten. Auch wurde keine Riggenbach-Gegendruckbremse mehr eingebaut. 1903 wurden noch weitere fünf solcher Maschinen mit den gleichen Baumerkmalen in Dienst gestellt. Die DRG übernahm alle Lokomotiven unter der gleichen Baureihenbezeichnung mit den Betriebsnummern 98 671-679. Die meisten mussten ebenfalls bis Mitte der 1930er-Jahre den Dienst quittieren. Am längsten bei einer Staatsbahn überlebte die 98 671, die nach Ende des Zweiten Weltkriegs bei der Österreichischen Bundesbahn verblieben war. Sie wurde unter der ÖBB-Betriebsnummer 891.01 erst im November 1958 ausgemustert.

Auch die Pfalzbahn bezog von der Firma Krauss Lokomotiven, deren Konstruktionsmerkmale mit denen der bayerischen D VIII weitgehend übereinstimmten. So wurden 1895 bis 1897 zunächst sieben Maschinen (pfälz. T 4') und von 1908 bis 1910 noch weitere acht Exemplare (pfälz. D VIII) geliefert. Die pfälzische Weiterentwicklung der bayerischen »Ursprungs-D VIII« hatte ebenfalls den Kohlekasten hinter dem Führerhaus und die seitlichen Wasserkästen waren nach vorne verlängert. Auch hatten die Vorratsbehälter ein größeres Fassungsvermögen. Zylinder- und Raddurchmesser waren leicht abgeändert, die Radsatzstände leicht vergrößert. Alle Maschinen wurden von der DRG übernommen und erhielten die Betriebsnummern 98 651-657 (T 4') und 98 681-688 (D VIII). Sechs T 4' mussten bis 1935 den Dienst quittieren, für die 98 653 war 1940 Schluss. Von den D VIII gelangten die 98 682 und die 98 686 noch zur DB und fuhren bis 1950 beim Bw Passau. Am längsten überlebte die 98 681 als Werkslok in diversen Ausbesserungswerken sogar bis 1954.

**Technische Daten:**

| Baureihenbezeichnung: | 98 651-657 (DRG) | 98 661-669 (DRG) | 98 671-679 (DRG) | 98 681-688 (DRG) |
|---|---|---|---|---|
| Radsatzanordnung: | C1'n2t | C1'n2t | C1'n2t | C1'n2t |
| Zylinderdurchmesser (mm): | 406 | 390 | 406 | 406a |
| Kolbenhub (mm): | 508 | 508 | 508 | 508 |
| Verdampfungsheizfläche (m²): | 81,77 | 90,40 | 89,61 | 81,77 |
| Vmax (km/h): | 45 | 45 | 45 | 45 |
| Leistung (PSi): | 400 | 430 | 430 | 390 |
| Dienstmasse (t): | 47,2 | 43,3-44,3 | 47,5 | 51,4 |
| Größte Radsatzfahrmasse (t): | 12,2 | 12,0-12,1 | 12,5 | 13,6 |
| Länge über Puffer (mm): | 9.700 | 9.170 | 9.670 | 10.090 |
| Treib-/Kuppelraddurchmesser (mm): | 996 | 1.006 | 1.006 | 996 |
| Laufraddurchmesser (v) (mm): | - | - | - | - |
| Laufraddurchmesser (h) (mm): | 780 | 800 | 800 | 790 |
| Wasserkasteninhalt (m³): | 6,5 | 4,5 | 6,3 | 8,0 |
| Brennstoffvorrat (t): | 2,2 | 1,2 | 1,7 | 2,7 |
| Indienststellung: | 1895-1897 | 1888-1893 | 1898-1903 | 1908-1910 |
| Verbleib: | ++ | ++ | ++ | ++ |

## 98.7 (bay. BB II, DRG)

Um den gestiegenen Ansprüchen des Zugdienstes auf den Nebenstrecken mit geringen Gleisradien gerecht zu werden, entschied sich die Bayerische Staatsbahn Ende des 19. Jahrhunderts für den Bau einer vierfach gekuppelten Maschine der Bauart Mallet. Auftragnehmer war die Firma Maffei, welche in den Jahren 1899 bis 1903 vier Bauserien mit insgesamt 29 Stück lieferte. Im Jahre 1908 wurden noch zwei Maschinen nachgebaut, die geringfügig länger und schwerer waren. Die Loks der Gattung »BB II« waren Vierzylinderverbund-Nassdampfmaschinen. Die beiden Hochdruckzylinder waren für die beiden hinteren, fest im Rahmen verankerten Kuppelradsätze zuständig. Die beiden Niederdruckzylinder wirkten auf die beiden vorderen, seitenbeweglichen Kuppelradsätze. Die Dampfrohrverbindung zwischen den beiden Triebwerken und die Abdampfrohre der Niederdruckzylinder mussten bauartbedingt beweglich ausgeführt werden. Dies erwies sich in der Folge wegen undichter Stellen als besonderer Schwachpunkt. Weitere Nachteile waren der unruhige Lauf sowie die Schleuderneigung, zu welcher das Mallet-Triebwerk tendierte. Gelobt wurde dagegen der relativ geringe Dampfverbrauch.

Zur DRG kamen alle 31 Maschinen. Sie erhielten 1925 die Betriebsnummern 98 701-731 und fuhren vornehmlich in bayerischen Regionen. Doch die Leistungen der »BB II« entsprachen weiterhin nicht den Erwartungen, so dass die Maschinen bald aus dem Streckendienst zurückgezogen wurden. Bis 1938 waren die meisten Loks von der Bildfläche verschwunden und bis 1944 war das Kapitel »BB II« bei der DRG abgeschlossen. Einige verblieben bei Industriebetrieben. So auch die 98 727, welche 1943 von der Zuckerfabrik Regensburg erworben werden konnte. Als Werklok Nr. 4 (»Zucker-Susi«) versah sie dort bis 1972 ihren Dienst. Heute bereichert sie die Fahrzeugsammlung des Eisenbahnmuseums in Darmstadt-Kranichstein.

| Technische Daten: | |
|---|---|
| Baureihenbezeichnung: | 98.7 (DRG) |
| Radsatzanordnung: | B'Bn4vt |
| Zylinderdurchmesser (mm): | 2 x 310/490 |
| Kolbenhub (mm): | 530 |
| Verdampfungsheizfläche (m²): | 67,7 |
| Vmax (km/h): | 45 |
| Leistung (PSi): | 380 |
| Dienstmasse (t): | 42,6 (98 730-731: 43,8) |
| Größte Radsatzfahrmasse (t): | 10,65 (98 730-731: 11,0) |
| Länge über Puffer (mm): | 10.010 (98 730-731: 10.235) |
| Treib-/Kuppelraddurchmesser (mm): | 1.006 |
| Laufraddurchmesser (v) (mm): | - |
| Laufraddurchmesser (h) (mm): | - |
| Wasserkasteninhalt (m³): | 4,3 |
| Brennstoffvorrat (t): | 1,5 |
| Indienststellung: | 1899-1908 |
| Verbleib: | 98 727 (DME Darmstadt-Kranichstein) |

*Foto: Slg. Töpelmann, Archiv transpress*

## 98.8, 98.8-9, 98.16 (bay. GtL 4/4, LAG, DRG, DB), 098 (DB)

Der stetig wachsende Güterverkehr auf den Lokalbahnen Anfang des 20. Jahrhunderts veranlasste die Bayerischen Staatsbahnen, eine vierfach gekuppelte Güterzugtenderlok in Auftrag zu geben. Die beiden ersten der als Gattung GtL 4/4 bezeichneten Maschinen lieferte 1911 die Firma Krauss in München. Sie besaßen ein Laufwerk nach dem Göldorfschen Prinzip mit einer Seitenverschiebbarkeit des zweiten und vierten Radsatzes. Den beiden Prototypen folgte 1914 eine Serie von elf und nach kriegsbedingter Unterbrechung erst 1921/22 eine weitere Serie von vierzig Maschinen. Mit einem abgeänderten Führerhaus und vergrößerten Vorräten erhöhte sich 1923 der Bestand um 30 und 1924 um 17 Loks. Diese 100 Maschinen wurden 1925 von der DRG in 98 801-900 umgezeichnet. Die Lieferung der 98 901-917 im Jahr 1927 bildete den Abschluss. Ab 1934 erhielten alle Loks der letzten Lieferung sowie zwölf weitere der Baujahre 1923/24 einen vorderen Laufradsatz und mutierten zur Baureihe 98.11. Nach der Verstaatlichung der LAG 1938 wurden deren GtL 4/4 als 98 1601 und 1602 übernommen.

Im Zweiten Weltkrieg gingen die 98 806, 822, 824, 862 und 865 verloren. Nach Kriegsende verblieben drei in der Tschechoslowakei, während die 98 810 an eine Privatbahn verkauft wurde. Die übrigen Maschinen gelangten alle zur DB, die sie vorwiegend im fränkischen und oberpfälzischen Raum einsetzte. Nach 1960 ging es mit der GtL 4/4 rasch bergab, doch die 98 812 und 886 erlebten 1968 noch die EDV-gerechte Umzeichnung zur Baureihe 098. Als letzte quittierte die 098 812 im Juni 1970 den Dienst. Sie ging in den Besitz der Ulmer Eisenbahnfreunde (UEF) über. Ihre Schwester 98 886, bis 1998 Denkmal in Schweinfurt, ist wieder betriebsfähig.

| Technische Daten: | | | |
|---|---|---|---|
| Baureihenbezeichnung: | 98.801-853 (DRG) | 98.854-917 (DRG) | 98.16 (DRG) |
| Radsatzanordnung: | Dh2t | Dh2t | Dh2t |
| Zylinderdurchmesser (mm): | 460 | 460 | 460 |
| Kolbenhub (mm): | 508 | 508 | 508 |
| Verdampfungsheizfläche (m²): | 60,99 | 60,99 | 60,99 |
| Vmax (km/h): | 40 | 40 | 40 |
| Leistung (PSi): | 450 | 450 | 450 |
| Dienstmasse (t): | 43,0 (ab 98 814: 45,3) | 46,3 | 44,4 |
| Größte Radsatzfahrmasse (t): | 10,8 (ab 98 814: 11,5) | 12,2 | 11,3 |
| Länge über Puffer (mm): | 9.250 | 9.250 | 9.250 |
| Treib-/Kuppelraddurchmesser (mm): | 1.006 | 1.006 | 1.006 |
| Laufraddurchmesser (v) (mm): | - | - | - |
| Laufraddurchmesser (h) (mm): | - | - | - |
| Wasserkasteninhalt (m³): | 5,0 (ab 98 814: 5,3) | 5,4 | 5,0 |
| Brennstoffvorrat (t): | 1,7 | 1,8 | 2,0 |
| Indienststellung: | 1911-1914 | 1921-1927 | 1922 |
| Verbleib: | 98 812 (UEF) | 98 886 (Fränk. Freilandmuseum Fladungen) | ++ |

*Foto: Blaschke*

## 98.10, 98.17 (bay. GtL 4/5, LAG, DRG, DB)

Obwohl die bayerische GtL 4/4 (DRG 98.8-9) eine gelungene Maschine war, besaß sie jedoch zwei entscheidende Nachteile: Zum einen war ihre Höchstgeschwindigkeit mit 40 km/h nicht sehr hoch und zum zweiten forderte der Betrieb größere Vorräte. Ende der 1920er-Jahre konnten die bayerischen Lokalbahnen wieder stetig wachsendes Verkehrsaufkommen vermelden, und so benötigte die DRG entsprechende Maschinen. Da im DRG-Einheitslokprogramm keine Lokalbahnmaschine vorgesehen war, wurde von Krauss in München eine verbesserte GtL 4/4 als Baureihe 98.10 entwickelt, die nur typisch bayerische Baumerkmale aufwies. Zwischen 1929 und 1933 lieferte Krauss (ab 1931 nach der Fusion Krauss-Maffei) insgesamt 45 Exemplare der »bayerischen GtL 4/5«, welche die Betriebsnummern 98 1001-1045 erhielten. Triebwerk, Kessel, Zylinder und Führerhaus wurden weitgehend von der GtL 4/4 übernommen. Zur Abstützung des hinteren Überhangs wurde ein Laufradsatz hinzugefügt, der mit dem vierten Kuppelradsatz zu einem Krauss-Helmholtz-Gestell zusammengefasst war.

1938 wurde der ausschließlich in Bayern eingesetzte Bestand nach der Verstaatlichung der Localbahn AG München (LAG) um drei weitere Exemplare aufgestockt, welche als 98 1701-1703 eingereiht wurden. Ihre wesentlichsten Unterschiede zur Baureihe 98.10 bestanden im geringfügig größeren Kuppelraddurchmesser und der Höchstgeschwindigkeit von 60 km/h durch ein etwas verändertes Laufwerk. Nach dem Zweiten Weltkrieg konnte die DB alle 98.10 und 98.17 übernehmen. Erst ab 1958 begann die Ausmusterung. Bis Ende 1961 schrumpfte der Bestand auf zwölf Maschinen. Als letzter Mohikaner musste am 22. November 1966 die 98 1005 beim Bw Schwandorf den Dienst quittieren. Die letzte einstige LAG-Maschine (98 1701) hatte schon am 28. Oktober 1961 den Ausmusterungsbescheid erhalten. Bis Ende 1967 waren alle Loks verschrottet.

Foto: Blaschke

| Technische Daten: | | |
|---|---|---|
| Baureihenbezeichnung: | 98.10 (DRG) | 98.17 (DRG) |
| Radsatzanordnung: | D1'h2t | D1'h2t |
| Zylinderdurchmesser (mm): | 460 | 460 |
| Kolbenhub (mm): | 508 | 508 |
| Verdampfungsheizfläche (m²): | 60,99 | 60,99 |
| Vmax (km/h): | 45 | 60 |
| Leistung (PSi): | 450 | 450 |
| Dienstmasse (t): | 54,5 | 55,0 |
| Größte Radsatzfahrmasse (t): | 11,7 | 11,8 |
| Länge über Puffer (mm): | 10.050 | 10.182 |
| Treib-/Kuppelraddurchmesser (mm): | 1.006 | 1.100 |
| Laufraddurchmesser (v) (mm): | - | - |
| Laufraddurchmesser (h) (mm): | 850 | 850 |
| Wasserkasteninhalt (m³): | 6,3 | 6,3 |
| Brennstoffvorrat (t): | 2,7 | 2,7 |
| Indienststellung: | 1929-1931 | 1935-1936 |
| Verbleib: | ++ | ++ |

## 98.11 (Umbau DRG, DB, DR)

Da die Beschleunigung des bayerischen Lokalbahnverkehrs mit der ab 1929 in Dienst gestellten Baureihe 98.10 nicht so recht gelungen war, unternahm die DRG 1934 einen zweiten Versuch, den Nachteil der zu geringen Höchstgeschwindigkeit der ansonsten wohlgelungenen und zuverlässigen GtL 4/4 zu beseitigen. Versuchsweise stattete das RAW Weiden die 98 906 mit einem vorderen Laufradsatz aus, um die Laufeigenschaften zu verbessern. Versuchsfahrten zeigten sehr schnell den Erfolg des Umbaus, denn auch bei 60 km/h lief die modifizierte 98 906 noch erstaunlich ruhig. Daher wurde ihre Höchstgeschwindigkeit auf 55 km/h festgelegt. Mit dem um 0,7 Tonnen größeren Kohlevorrat konnte auch der Aktionsradius erweitert werden. In den Folgejahren wurden daher weitere 26 Maschinen entsprechend umgebaut, was bis 1939 im Wesentlichen abgeschlossen war. Erst in diesem Jahr erhielten die Umbauloks ihre neue Baureihenbezeichnung 98.11 und die neuen Betriebsnummern 98 1101-1127. 1940 und 1941 folgte mit der 98 1128 und 1129 jeweils noch eine Maschine.

Zum Einsatz kamen die Umbaumaschinen auf den bayerischen Lokalbahnen. Daher landeten nach Ende des Zweiten Weltkriegs bis auf die 98 1108 alle Exemplare bei der DB. Während die 98 1108 bei der DR bis 1965 lief, zuletzt beim Bw Probstzella, begann bei der DB ab Ende 1959 die planmäßige Ausmusterung. Nur die 98 1101 hatte nach einem Unfall bereits 1954 den Dienst quittieren müssen. Mit der Ausmusterung der 98 1105 und 98 1118 im März 1965 war das Ende der 98.11 so gut wie besiegelt, doch die 98 1125 hielt sich zäh beim Bw Schweinfurt. Sie wurde noch über zwei Jahre vorwiegend auf der Nebenbahn von Bad Neustadt/Saale nach Königshofen im Grabfeld eingesetzt. Als letzte ihrer Art wurde sie am 12. März 1968 ausgemustert und ein Jahr später in Frankfurt zerlegt.

Foto: Blaschke

| Technische Daten: | |
|---|---|
| Baureihenbezeichnung: | 98.11 (DRG) |
| Radsatzanordnung: | 1'Dh2t |
| Zylinderdurchmesser (mm): | 460 |
| Kolbenhub (mm): | 508 |
| Verdampfungsheizfläche (m²): | 60,99 |
| Vmax (km/h): | 55 |
| Leistung (PSi): | 450 |
| Dienstmasse (o. Tender) (t): | 50,7 |
| Größte Radsatzfahrmasse (t): | 11,6 |
| Länge über Puffer (mm): | 10.200 |
| Treib-/Kuppelraddurchmesser (mm): | 1.006 |
| Laufraddurchmesser (v) (mm): | 800 |
| Laufraddurchmesser (h) (mm): | - |
| Wasserkasteninhalt (m³): | 5,1 |
| Brennstoffvorrat (t): | 2,6 |
| Indienststellung: | Umbau 1934-1941 |
| Verbleib: | ++ |

## 98.15, 98.76", 98.77 (LAG, LEAG, bay. D X, DRG, DB)

Kurze Zeit nach der Inbetriebnahme der bayerischen »D VIII« (1888) entwarf die Firma Krauss in München ein etwas kleineres und leichteres Abbild dieser Lokomotive. Diese neue C1'-Lok mit Zweizylinder-Nassdampftriebwerk und der Gattungsbezeichnung »D X« sollte die Nebenbahnen im Bayerischen Wald und in Niederbayern bedienen. Krauss lieferte im Jahre 1890 sechs Stück mit den Fabriknummern 2237-2242. Drei weitere Lokomotiven mit kleineren Abweichungen wurden 1893 nachgeliefert. Alle neun »D X« wurden von der DRG übernommen und erhielten die Betriebsnummern 98 7701 bis 7709. Zwei davon, die 98 7706 und 7707, mussten aber bereits 1925 ausscheiden. Die übrigen ereilte die Ausmusterung im Jahre 1931.

In den Jahren von 1897 bis 1909 lieferte Firma Krauss, Mitgründerin und Mitgesellschafterin der Münchner Localbahn AG (LAG), 16 Lokomotiven mit identischer Radsatzfolge an diese Privatbahn. Die Maschinen glichen bis auf das Zweizylinder-Verbundtriebwerk weitgehend der bayerischen Gattung »D X«. Zehn Stück davon waren auf den bayerischen LAG-Strecken eingesetzt und wurden nach Verstaatlichung der LAG im Jahr 1938 von der DRG mit den Betriebsnummern 98 1501-1510 übernommen. Die anderen sechs Exemplare verkehrten bei der Lausitzer Eisenbahn AG (LEAG), die auch im Besitz der LAG war. Diese wurden 1939 von der DRG mit den Betriebsnummern 98 7601-7606 (in zweiter Besetzung) versehen. Die 98 7601 wurde schon 1939 verkauft und die Spur der 98 1502 verlor sich im Zweiten Weltkrieg. Die 98 1501 gelangte nach Österreich und wurde dort 1956 als 991.01 ausgeschieden. Alle anderen Lokomotiven befanden sich nach Kriegsende in den Westzonen und waren mit Ausnahme der 1947 verkauften 98 7603 bis 1950 in München, Rosenheim und Garmisch-Partenkirchen eingesetzt.

| Technische Daten: | | |
|---|---|---|
| Baureihenbezeichnung: | 98.15, 98.76" (DRG) | 98.77 (DRG) |
| Radsatzanordnung: | C1'n2vt | C1'n2t |
| Zylinderdurchmesser (mm): | 375/620 | 390 |
| Kolbenhub (mm): | 500 | 508 |
| Verdampfungsheizfläche (m²): | 67,40 | 71,71 |
| Vmax (km/h): | 45 (98 7601-7606: 40) | 45 |
| Leistung (PSi): | 300 | 300 |
| Dienstmasse (t): | 41,5 (98 7605-7606: 42,4) | 42,7 |
| Größte Radsatzfahrmasse (t): | 11 | 11,0 |
| Länge über Puffer (mm): | 9.692 | 9.310 (98 7701: 8.880) |
| Treib-/Kuppelraddurchmesser (mm): | 996 | 985 (ab 98 7707: 1.006) |
| Laufraddurchmesser (v) (mm): | - | - |
| Laufraddurchmesser (h) (mm): | 780 | 780 (ab 98 7707: 800) |
| Wasserkasteninhalt (m³): | | 4,2 |
| Brennstoffvorrat (t): | | 2,5 |
| Indienststellung: | 1897-1909 | 1890-1893 |
| Verbleib: | ++ | ++ |

*Foto: Bellingrodt, Slg. Ramsehthaler*

## 98.18 (LAG, DRG, DB)

Am 15. Mai 1936 lieferte Krauss-Maffei an die private Tegernseebahn (TAG) eine völlig neu entwickelte, vierfach gekuppelte Tenderlok, welche dort die Bahnnummer 7 erhielt. Diese Konstruktion kann als Abschluss der bayerischen Lokalbahnentwicklung angesehen werden. Sie zeichnete sich durch einen hervorragenden Kurvenlauf und eine Höchstgeschwindigkeit von 70 km/h aus, welche durch einen vorderen und hinteren Laufradsatz ermöglicht wurden. Die Laufradsätze waren mit dem jeweils anschließenden Kuppelradsatz zu einem Krauss-Helmholtz-Gestell zusammengefasst. Die guten Erfahrungen der Tegernseebahn mit ihrer neuen Lok veranlassten die Localbahn AG München (LAG), für ihre Strecke von Marktoberdorf nach Füssen zwei baugleiche Maschinen zu bestellen. Krauss-Maffei lieferte die beiden Exemplare 1937 an die LAG aus, wo sie die Bahnnummern 87 und 88 erhielten und gleichzeitig die größten Loks der LAG darstellten. Durch die Verstaatlichung der LAG zum 1. August 1938 gelangten auch die beiden »LAG-Edelrenner« als 98 1801 und 1802 in den Bestand der DRG.

Beide 98.18 überstanden den Zweiten Weltkrieg und kamen in den Bestand der DB. Sie bewährten sich zwar im Betrieb ausgezeichnet, doch war ihre Unterhaltung als Splittergattung zu aufwändig. Daher strich sie die DB 1959 aus dem Unterhaltungsbestand. Die umfangreiche Ausmusterungsverfügung vom 30. September 1960, von der über 900 Dampfloks betroffen waren, bedeutete auch das Ende für die beiden LAG-Loks, welche zuletzt in Kempten beheimatet waren. Betriebsfähig erhalten blieb dagegen die gleichartige Lok der Tegernseebahn, welche sich heute in der Obhut des Bayerischen Localbahn-Vereins (BLV) befindet und für Sonderfahrten zur Verfügung steht.

| Technische Daten: | |
|---|---|
| Baureihenbezeichnung: | 98.18 (DRG) |
| Radsatzanordnung: | 1'D1'h2t |
| Zylinderdurchmesser (mm): | 460 |
| Kolbenhub (mm): | 508 |
| Verdampfungsheizfläche (m²): | 66,11 |
| Vmax (km/h): | 70 |
| Leistung (PSi): | 470 |
| Dienstmasse (t): | 60,80 |
| Größte Radsatzfahrmasse (t): | 11,7 |
| Länge über Puffer (mm): | 11.600 |
| Treib-/Kuppelraddurchmesser (mm): | 1.100 |
| Laufraddurchmesser (v) (mm): | 850 |
| Laufraddurchmesser (h) (mm): | 850 |
| Wasserkasteninhalt (m³): | 6,30 |
| Brennstoffvorrat (t): | 2,7 |
| Indienststellung: | 1937 |
| Verbleib: | ++ |

*Foto: Carl Bellingrodt/Bildarchiv der Eisenbahnstiftung*

## 98.70 (sächs. VII TS, VII T, DRG, DR)

Für die Sächsische Staatsbahn und die sächsischen Privatbahnen bauten verschiedene Lokomotivfabriken in den Jahren zwischen 1873 bis 1894 eine große Anzahl zweifach gekuppelter Tenderlokomotiven, welche bei der Staatsbahn unter der Gattung »VII T« bzw. »VII TS« (T=Tenderlokomotive, S=Sekundärbahn) zusammengefasst waren. Hersteller waren neben Hartmann in Chemnitz auch die Maschinenbaugesellschaft Karlsruhe, Schichau in Elbing, Wöhlert in Berlin oder die Hanomag in Hannover. Im Laufe der Jahre ergaben sich auch bei den einzelnen Firmen mehr oder weniger große Unterschiede in den Baumerkmalen der einzelnen Typen. Allen Maschinen gemeinsam war die äußerst robuste Bauweise und eine relativ geringe Radsatzfahrmasse bis maximal 14 Tonnen. Weitere Beispiele für die weit auseinander klaffenden technischen Details waren die unterschiedliche Gestaltung der Führerhäuser oder die zwischen 885 und 1.360 mm liegenden Treibraddurchmesser. Nur die Loks von Karlsruhe und Wöhlert besaßen Dampfdome, ansonsten kamen Regleraufsätze zur Anwendung. Angetrieben wurde immer der zweite Kuppelradsatz und die Blechrahmen waren meist als Wasserkasten ausgebildet. 32 Exemplare der Gattung »VII T« und eine »VII TS« wurden 1925 von der DRG noch umgezeichnet in 98 7011 (einzige »VII TS«), 98 7031, 98 7041, 98 7091und 98 7051-7079. Letztere waren weitgehend identische Bauserien der Firma Hartmann aus den Jahren 1882/83, 1886, 1890, 1891 und 1894. Rund zehn dieser Maschinen gab die DRG bis 1930 als Werkloks ab. Die übrigen verschwanden mit wenigen Ausnahmen bis zum Zweiten Weltkrieg aus den Bestandslisten, doch einige gelangten nach Kriegsende noch zur DR. Eine weitere »VII TS« erhielt bei der DR die Nummer 98 7085. Sie war ab 1923 Werklok im Raw Chemnitz, wurde nach 1945 wieder in den Betriebsbestand eingereiht und erst 1963 endgültig ausgemustert. Als letzte musste 1967 die 98 7069 den Dienst quittieren. Für das Verkehrsmuseum in Dresden blieb die bereits 1964 abgestellte 98 7056 erhalten.

*Foto: Kleine, Archiv transpress*

**Technische Daten:**

| Baureihenbezeichnung: | 98 7011 (DRG), 98 7085 (DR) | 98 7031 (DRG) | 98 7041 (DRG) | 98 7051-7079 (DRG) | 98 7091 (DRG) |
|---|---|---|---|---|---|
| Radsatzanordnung: | Bn2t | Bn2t | Bn2t | Bn2t | Bn2t |
| Zylinderdurchmesser (mm): | 260 | 270 | 279 | 300 | 340 |
| Kolbenhub (mm): | 400 | 550 | 533 | 533 | 575 |
| Verdampfungsheizfläche ($m^2$): | 35,69 | 40,23 | 46,7 | 43,50 | 57,29 |
| Vmax (km/h): | 30 | 45 | 40 | 40 | 45 |
| Leistung (PSi): | | | | | |
| Dienstmasse (t): | 20,7 | 21,8 | 26,7 | 24,9-26,7 | 28,5 |
| Größte Radsatzfahrmasse (t): | 11 | 11 | 14 | 14 | 15 |
| Länge über Puffer (mm): | 6.463 | 7.160 | 7.680 | 7.878 | 8.311 |
| Treib-/Kuppelraddurchmesser (mm): | 885 (98 7085: 855) | 1.220 | 1.100 | 1.130 | 1.360 |
| Laufraddurchmesser (v) (mm): | - | - | - | - | - |
| Laufraddurchmesser (h) (mm): | - | - | - | - | - |
| Wasserkasteninhalt ($m^3$): | 2,15 | 2,7 | 2,0 | 2,85 | 2,67 |
| Brennstoffvorrat (t): | | 1,5 | 0,6 | 1,1 | 0,9 |
| Indienststellung: | 1890 | 1885 | 1873 | 1882-1894 | 1874 |
| Verbleib: | ++ | ++ | ++ | 98 7056 (VMD, Dresden-Altstadt) | ++ |

## 98 7111-7113 (sächs. VII, DRG)

Die Sächsische Staatsbahn bezog in den Jahren 1868/69 von den Firmen Schwartzkopff und Hartmann eine Anzahl von zweifach gekuppelten Schlepptenderloks. Die private Chemnitz-Komotauer Bahn beschaffte 1875 vier Lokomotiven der gleichen Bauart von der Firma Hartmann. Auch die private Chemnitz-Aue-Adorfer Bahn kaufte 1874/75 acht solcher Maschinen von Hartmann, ebenso gingen zwei Stück an die private Zwickau-Falkensteiner Bahn.
Nach Übernahme der Privatbahnen durch die Sächsische Staatsbahn liefen ab 1876 alle diese Bauserien trotz einiger Unterschiede in der Ausführung unter der sächsischen Gattungsbezeichnung »VII«. Insgesamt handelte es sich um 32 Schlepptenderloks ohne Laufradsatz, welche vorwiegend im gemischten Dienst verwendet wurden. Ihr typisches Aussehen erhielten diese Maschinen durch den tiefliegenden Kessel, die großen Radsätze und den fehlenden Umlauf. Der Antrieb erfolgte über den zweiten Kuppelradsatz durch ein außenliegendes Zweizylinder-Nassdampftriebwerk. Der Radsatzstand betrug 2.600 mm, der Kuppelraddurchmesser 1400 mm. Auf dem Langkessel fehlte der Dampfdom, ein Sandkasten kam erst später hinzu. Die zweiachsigen Tender fassten 5,5 bzw. mit 5,65 $m^3$ Wasservorrat und rund 3 Tonnen Kohle.
Die Maschinen wanderten bald schon nach ihrer Indienststellung in Nebenbahndienst ab. Die meisten wurden bereits bis zur Jahrhundertwende wieder ausgemustert. Nur drei Lokomotiven wurden noch von der DRG mit den Betriebsnummern 98 7111-7113 versehen, mussten jedoch schon im Jahre 1925 den Dienst quittieren.

*Foto: Sammlung Weisbrod*

**Technische Daten:**

| Baureihenbezeichnung: | 98.71 (DRG) |
|---|---|
| Radsatzanordnung: | Bn2 |
| Zylinderdurchmesser (mm): | 406 |
| Kolbenhub (mm): | 559 |
| Verdampfungsheizfläche ($m^2$): | 92,70 |
| Vmax (km/h): | 50 |
| Leistung (PSi): | |
| Dienstmasse (o. Tender) (t): | 29,30 |
| Größte Radsatzfahrmasse (t): | 15 |
| Länge über Puffer (o. Tender) (mm): | 7.620 |
| Treib-/Kuppelraddurchmesser (mm): | 1.390 |
| Laufraddurchmesser (v) (mm): | - |
| Laufraddurchmesser (h) (mm): | - |
| Wasserkasteninhalt ($m^3$): | 5,65 |
| Brennstoffvorrat (t): | 3 |
| Indienststellung: | 1874-1876 |
| Verbleib: | ++ |

## 98 7101-7102 (LAG, DRG)

Zur Verstärkung des Lokomotivparks auf ihrer Strecke Marktoberdorf-Füssen beschaffte die Localbahn AG München (LAG) 1895 bei Krauss in München zwei laufradsatzlose Dreikuppler als LAG 42 und 43. In ihrer Leistung entsprachen sie den sechs Jahre zuvor gelieferten LAG 9 und 10 (DRG 98 7691 und 7692), jedoch nicht in den Abmessungen. Nach erfolgreicher Bewährung gehörte nun die Ausstattung mit einem Verbundtriebwerk zum Standard. Die Maschinen zeichneten sich durch eine recht lange Rauchkammer aus. Auf dem Kessel thronten ein runder Dampfdom und ein rechteckiger Sandkasten. Später gesellte sich noch der Luftbehälter für die Druckluftbremse der Bauart Westinghouse hinzu. Ursprünglich waren die Dreikuppler nur mit einer Hardy-Saugluftbremse für den Wagenzug und einer Handbremse für die Lok ausgerüstet.

Der knapp bemessene Wasservorrat befand sich anfangs nur im Rahmenwasserkasten. Um den Aktionsradius zu erweitern, wurde später der Kohlekasten links am Langkessel verlängert und als zusätzliches Wasserreservoir benutzt.

Zunächst fuhren die beiden Maschinen nur zwischen Marktoberdorf und Füssen, doch als dort die Zuglasten zunahmen, wurden sie zwischen den einzelnen LAG-Bahnen herumgereicht. Bekannt sind Einsätze zwischen Fürth und Cadolzburg sowie als Reservelok auf der elektrifizierten Strecke von Bad Aibling nach Feilnbach. Ab 1937/38 waren beide Loks in der LAG-Hauptwerkstätte in München-Thalkirchen abgestellt. Dort erlebten sie auch die 1938 erfolgte Verstaatlichung und ihre Umzeichnung auf die DRG-Betriebsnummern 98 7101 (LAG 43) und 7102 (LAG 42). Wahrscheinlich ohne sie je in Betrieb zu nehmen, verkaufte die DRG beide Maschinen 1941 an die Augsburger Localbahn. Dort kamen sie wieder in Fahrt und standen unter den Bahnnummern 7 und 8 bis zum Ende des Dampfbetriebes im Jahre 1956 im Einsatz.

| Technische Daten: | |
|---|---|
| Baureihenbezeichnung: | 98.71 (DRG) |
| Radsatzanordnung: | Cn2vt |
| Zylinderdurchmesser (mm): | 360/550 |
| Kolbenhub (mm): | 500 |
| Verdampfungsheizfläche (m²): | 54,06 |
| Vmax (km/h): | 30 |
| Leistung (PSi): | 175 |
| Dienstmasse (t): | 29,10 |
| Größte Radsatzfahrmasse (t): | 9,9 |
| Länge über Puffer (mm): | 7.680 |
| Treib-/Kuppelraddurchmesser (mm): | 920 |
| Laufraddurchmesser (v) (mm): | - |
| Laufraddurchmesser (h) (mm): | - |
| Wasserkasteninhalt (m³): | 3,50 |
| Brennstoffvorrat (t): | 1,46 |
| Indienststellung: | 1895 |
| Verbleib: | ++ |

*Foto: Archiv Obermayer*

## 98 7201-7202, 7301-7307, 98.74" (LAG, LEAG, DRG, DB)

Zwischen 1890 und 1897 beschaffte die Localbahn AG München (LAG) insgesamt 15 Tenderloks mit der Radsatzfolge 1'C, welche auf ihren süddeutschen Strecken sowie in der Lausitz bei der Tochtergesellschaft Lausitzer Eisenbahn AG (LEAG) zu Einsatz kommen sollten. 15 Exemplare erhielten ein Zweizylinder-Nassdampfverbundtriebwerk, zwei Stück aus dem Jahr 1892 zu Vergleichszwecken ein »normales« Zweizylindertriebwerk, entsprachen aber sonst in ihren Abmessungen den Verbundmaschinen. Zur Erzielung guter Laufeigenschaften waren der Laufradsatz und der erste Kuppelradsatz zu einem Krauss-Helmholtz-Gestell zusammengefasst. Wegen der weit zurückverlegten Zylinder erfolgte der Antrieb auf den dritten Kuppelradsatz. Die Verbundloks bekamen die Bahnnummern 17, 18, 19, 20, 23, 24, 25, 40, 41, 44, 47, 48 und 49, wobei der LEAG die Bahnnummern 40, 41, 44 und 49 zugeordnet waren. Die beiden Zweizylinderloks von 1892 fuhren unter den Bahnnummern 27 und 28. Sie kamen nur in Bayern zum Einsatz.

Zwei bayerische Verbundloks (Nr. 18 und 20) wurden 1917 an die BASF verkauft. Alle übrigen Maschinen übernahm die DRG nach der Verstaatlichung von LAG und LEAG in den Jahren 1938/39. Die bei Zweizylinderloks erhielten die Betriebsnummern 98 7201 und 7202, die bayerischen Verbundloks wurden als 98 7301-7307 und die Lausitzer schließlich als 98 7401-7404 in zweiter Besetzung eingereiht. Im Jahre 1942 wurde die 98 7307 in einen Schneepflug umgebaut. Zum Osteinsatz abkommandiert blieb sie an der Ostfront verschollen. Alle anderen Maschinen erlebten das Kriegsende in Bayern. Schon 1946 wurde die 98 7301 ausgemustert, alle übrigen mussten 1950 als Splittergattung den Dienst quittieren.

| Technische Daten: | | | |
|---|---|---|---|
| Baureihenbezeichnung: | 98 7201-7102 (DRG) | 98 7301-7307 (DRG) | 98 7401-7404 (DRG) |
| Radsatzanordnung: | 1'Cn2t | 1'Cn2vt | 1'Cn2vt |
| Zylinderdurchmesser (mm): | 360 | 360/560 | 360/560 |
| Kolbenhub (mm): | 500 | 500 | 500 |
| Verdampfungsheizfläche (m²): | 66,20 | 66,20 | 66,20 |
| Vmax (km/h): | 45 | 50 | 40 |
| Leistung (PSi): | 250 | 250 | 250 |
| Dienstmasse (t): | 34,90 | 34,95 | 34,95 |
| Größte Radsatzfahrmasse (t): | 9,1 | 9,1 | 9,1 |
| Länge über Puffer (mm): | 8.090 | 8.090 | 8.100 |
| Treib-/Kuppelraddurchmesser (mm): | 1.090 | 1.090 | 1.090 |
| Laufraddurchmesser (v) (mm): | 780 | 780 | 770 |
| Laufraddurchmesser (h) (mm): | - | - | - |
| Wasserkasteninhalt (m³): | 4,0 | 4,0 | 4,0 |
| Brennstoffvorrat (t): | 1,7 | 1,7 | 1,7 |
| Indienststellung: | 1892 | 1890-1897 | 1895-1896 |
| Verbleib: | ++ | ++ | ++ |

*Foto: Bellingrodt, Slg. Ramsenthaler*

## 98.72 (sächs. IIIb T, DRG)

Für die 1875 eröffnete Muldentalbahn von Glauchau nach Großbothen lieferte die Firma Schwartzkopff im Jahre 1874 sechs zweifach gekuppelte Tenderloks mit der Radsatzfolge B1'. Nachdem 1878 die Muldentalbahn von der Sächsischen Staatsbahn übernommen worden war, bekamen diese Maschinen die Gattungsbezeichnung »IIIb T« und die Bahnnummern 1301 bis 1306. Weitere 16 Lokomotiven mit fast den gleichen Baumerkmalen baute 1875/76 die Firma Hartmann für die Chemnitz-Aue-Adorfer Eisenbahn. Auch sie wurden bald danach von der Sächsischen Staatsbahn übernommen (Bahnnummern 1307 bis 1322).

Die beiden Kuppelradsätze dieser »IIIb T« hatten einen Durchmesser von 1.400 mm und lagen weit vorn unter dem Langkessel. Der zweite Kuppelradsatz wurde von dem Zweizylinder-Nassdampftriebwerk angetrieben. Der hintere Laufradsatz, zunächst als Adams-Achse und später als Nowotny-Lenkachse ausgebildet, befand sich unter dem Führerhaus. Die Höchstgeschwindigkeit der Lokomotiven war mit 50 km/h angegeben. Sie waren vor allem im Vorortverkehr eingesetzt. Noch etwas später, in den Jahren 1889 bis 1892, bezog die Sächsische Staatsbahn selbst als dritte Bauserie von der Firma Hartmann weitere 20 Maschinen derselben Bauart in leicht verstärkter Ausführung (Bahnnummern 1323 bis 1342). Die Durchmesser von Kuppel- und Laufrädern wurden vergrößert, der Kesseldruck auf 10 bar erhöht. Von den Maschinen der Muldentalbahn kamen keine mehr zur DRG. Von der Chemnitz-Aue-Adorfer Eisenbahn wurden noch zwei Exemplare mit den Betriebsnummern 98 7211 und 7212 übernommen. Aus der dritten Bauserie ab 1889 verblieben der DRG noch sieben Loks, die sie mit den Bahnnummern 98 7221 bis 7227 versah. Spätestens im Jahre 1930 waren alle Loks ausgemustert.

*Foto: Archiv Obermayer*

| Technische Daten: | | |
|---|---|---|
| Baureihenbezeichnung: | 98 7211-7212 (DRG) | 98 7221-7227 (DRG) |
| Radsatzanordnung: | B1'n2t | B1'n2t |
| Zylinderdurchmesser (mm): | 415 | 415 |
| Kolbenhub (mm): | 559 | 559 |
| Verdampfungsheizfläche (m²): | 76,57 | 76,46 |
| Vmax (km/h): | 50 | 50 |
| Leistung (PSi): | | |
| Dienstmasse (t): | 38,7 | 41,6 |
| Größte Radsatzfahrmasse (t): | 14 | 15,3 |
| Länge über Puffer (mm): | 8.573 | 8.773 |
| Treib-/Kuppelraddurchmesser (mm): | 1.400 | 1.420 |
| Laufraddurchmesser (v) (mm): | - | - |
| Laufraddurchmesser (h) (mm): | 935 | 1.065 |
| Wasserkasteninhalt (m³): | 3,6 | 3,6 |
| Brennstoffvorrat (t): | 1,0 | 1,0 |
| Indienststellung: | 1875-1876 | 1889-1892 |
| Verbleib: | ++ | ++ |

## 98 7308-7309 (LAG, DRG, DB)

Im Jahre 1900 beschaffte die LAG von Krauss zwei weitere 1'C-Nassdampf-Verbundloks, welche die Bahnnummern 59 und 60 erhielten. In ihrer Konzeption wichen sie von den bisher beschafften Maschinen deutlich ab. Die seitlichen Wasserkästen waren weit nach vorne gerückt und saßen nun auf Höhe der Rauchkammer über dem Laufradsatz. Dies gab den Loks ein eigentümliches, kopflastiges Aussehen. Der Kohlevorrat lagerte nun im Kohlekasten hinter der Führerhausrückwand. Auch das Laufwerk wies andere Parameter auf. Zwar besorgte wieder ein Krauss-Helmholtz-Gestell die Führung im Gleis, doch mit einem Radsatzstand von 5.300 mm und einer Gesamtlänge von 9.670 mm waren diese Maschinen deutlich größer als die zuvor beschafften. Der Durchmesser der Treibräder war dagegen um 94 mm verringert. Der Kessel besaß eine um 9 % vergrößerte Heizfläche, was sich in einer höheren Leistung bemerkbar machte. Nicht verzichtet wurde auf die LAG-typische Blechummantelung der Einströmrohre, welche wiederum vom Kesselscheitel zu den Zylindern reichte.

Nach ihrer Anlieferung fuhren die beiden Maschinen zunächst auf der Isartalbahn und waren im Bw Thalkirchen beheimatet. Ab 1911 wechselten sie auf die Strecke Marktoberdorf–Füssen. Dort ereilte sie auch die Verstaatlichung der LAG zum 1. August 1938, welche ihnen die DRG-Betriebsnummern 98 7308 und 7309 bescherte. Beide Loks überstanden den Zweiten Weltkrieg und kamen noch in den Bestand der DB. Als Splittergattung schlug schon 1950 ihre Stunde, als sie beim Bw Nürnberg Hbf ausgemustert wurden.

*Foto: RVM-Filmstelle Berlin (Bellingrodt)/Bildarchiv der Eisenbahnstiftung*

| Technische Daten: | |
|---|---|
| Baureihenbezeichnung: | 98 7308-7309 (DRG) |
| Radsatzanordnung: | 1'Cn2vt |
| Zylinderdurchmesser (mm): | 400/620 |
| Kolbenhub (mm): | 500 |
| Verdampfungsheizfläche (m²): | 71,91 |
| Vmax (km/h): | 45 |
| Leistung (PSi): | 300 |
| Dienstmasse (t): | 41,7 |
| Größte Radsatzfahrmasse (t): | 10 |
| Länge über Puffer (mm): | 9.670 |
| Treib-/Kuppelraddurchmesser (mm): | 996 |
| Laufraddurchmesser (v) (mm): | 780 |
| Laufraddurchmesser (h) (mm): | - |
| Wasserkasteninhalt (m³): | |
| Brennstoffvorrat (t): | |
| Indienststellung: | 1900 |
| Verbleib: | ++ |

## 98 7311-7312 (sächs. II, DRG)

Im Jahre 1874 lieferte die Firma Schichau an die Sächsisch-Thüringische Eisenbahn für die Strecke von Wolfsgefährt nach Weischlitz eine Serie von acht 1B-Schlepptenderlokomotiven mit den Fabriknummern 111 bis 118. Bei der Sächsisch-Thüringischen Eisenbahn trugen die Lokomotiven keine Bahnnummern, sondern erhielten Stadt- und Landnamen wie BERGA, DRESDEN, ELSTERBERG, GREIZ, PLAUEN, OSTERLAND, VOIGTLAND und WEIMAR. Nach der Übernahme der Sächsisch-Thüringischen Eisenbahn durch die Sächsische Staatsbahn wurden sechs der acht Maschinen umbenannt in CASSEL, FALKENAU, FRANKENSTEIN, HEIDELBERG, WEISCHLITZ und WOLFSGEFÄHRT. Bei der BERGA und der ELSTERERG wurden die bisherigen Namen belassen.
Die nunmehr als Gattung »II« bezeichneten Maschinen verfügten über ein Zweizylinder-Nassdampftriebwerk mit außenliegenden, waagerecht angeordneten Zylindern, welche den ersten Kuppelradsatz antrieben und noch vor dem vorderen Laufradsatz angebracht waren. Der Durchmesser der Kuppelradsätze, die sehr eng nebeneinander lagen, betrug 1.535 mm, jener des Laufradsatzes 1.030 mm. Bei einem Gesamtradsatzstand von nur 3.295 mm waren vorn und hinten große Überhänge vorhanden, was beim Einsatz der Maschinen zu heftigen Schlingerbewegungen führte. Bemerkenswert im äußeren Erscheinungsbild waren die Radkästen für die Kuppelradsätze und das nach hinten offene Führerhaus.
Eigentlich waren noch sechs dieser Lokomotiven für die Übernahme durch die DRG vorgesehen. Nach weiteren Ausmusterungen berücksichtigte der Umzeichnungsplan von 1925 nur noch zwei Stück (WEISCHLITZ = 98 7311, BERGA = 98 7312). Aber auch diese beiden dürften ihre DRG-Nummern wohl kaum mehr getragen haben, denn sie wurden noch im selben Jahr ausgemustert.

*Foto: Sammlung Weisbrod*

| Technische Daten: | |
|---|---|
| Baureihenbezeichnung: | 98.73 (DRG) |
| Radsatzanordnung: | 1Bn2 |
| Zylinderdurchmesser (mm): | 432 |
| Kolbenhub (mm): | 559 |
| Verdampfungsheizfläche (m²): | 109,61 |
| Vmax (km/h): | 50 |
| Leistung (PSi): | |
| Dienstmasse (o. Tender) (t): | 34,60 |
| Größte Radsatzfahrmasse (t): | 13 |
| Länge über Puffer (o. Tender) (mm): | 8.000 |
| Treib-/Kuppelraddurchmesser (mm): | 1.535 |
| Laufraddurchmesser (v) (mm): | 1.030 |
| Laufraddurchmesser (h) (mm): | - |
| Wasserkasteninhalt (m³): | 8,25 |
| Brennstoffvorrat (t): | |
| Indienststellung: | 1874 |
| Verbleib: | ++ |

## 98.74 (old. T 1.2, DRG)

Bei den Nassdampf-Zweikupplern der Gattung »T 1.2« handelt es sich um eine Eigenentwicklung der Oldenburgischen Staatsbahn. Weil dieser die Preise der herkömmlichen Lokomotivfabriken zu teuer waren, wurden die Maschinen nach eigenen Entwürfen in der Hauptwerkstätte Oldenburg gefertigt. 1871/72 baute man zunächst fünf Maschinen mit den Fabriknummern 1 bis 5, 1873 folgten weitere sieben Exemplare mit den Fabriknummern 6 bis 12. Außerdem bekamen diese schnuckeligen Zweizylinder-Maschinen noch Namen wie SCHNIPP, SCHNAPP oder SCHNURR verpasst. Weitere drei dieser Loks wurden 1871 von Krauss bezogen, eine vierte gelangte über die Eutin-Lübecker Eisenbahn (ebenfalls von Krauss gebaut) in den Bestand.
Von 1888 bis 1892 beschaffte dann die Oldenburgische Staatsbahn von der Hohenzollern AG in Düsseldorf weitere 18 Maschinen dieser Gattung in verstärkter Ausführung. Der Kesseldruck war höher, Zylinderdurchmesser und Kuppelraddurchmesser waren größer und die Vorratsbehälter hatten ein größeres Fassungsvermögen. Damit waren diese wendigen Maschinen schneller und leistungsfähiger und konnten im Rangierdienst sowie bei der Beförderung von Bauzügen noch erfolgreicher eingesetzt werden. Auch diese Loks hatten zu den Bahnnummern zusätzlich Namen, welche sich auf die friesische Landschaft bezogen (z.B. GEEST, MARSCH). Bemerkenswert war die Form der Führerhausdächer, die nicht nach den Seiten, sondern nach vorn und hinten abgerundet waren. Außerdem war es im Führerhaus ziemlich eng und der Heizer hatte Mühe, die Kohle, die links neben dem Kessel verstaut war, in die Feuerbüchse zu befördern, ohne anzustoßen. Von der zweiten Bauserie wurden immerhin noch fünf Lokomotiven von der DRG übernommen und mit den Betriebsnummern 98 7401-7405 versehen. Sie haben das Jahr 1933 nicht überlebt.

*Foto: Sammlung Weisbrod*

| Technische Daten: | |
|---|---|
| Baureihenbezeichnung: | 98.74 (DRG) |
| Radsatzanordnung: | Bn2t |
| Zylinderdurchmesser (mm): | 255 |
| Kolbenhub (mm): | 500 |
| Verdampfungsheizfläche (m²): | 36,00 |
| Vmax (km/h): | 45 |
| Leistung (PSi): | |
| Dienstmasse (t): | 19,4 |
| Größte Radsatzfahrmasse (t): | 9,8 |
| Länge über Puffer (mm): | 6,700 |
| Treib-/Kuppelraddurchmesser (mm): | 1.130 |
| Laufraddurchmesser (v) (mm): | - |
| Laufraddurchmesser (h) (mm): | - |
| Wasserkasteninhalt (m³): | |
| Brennstoffvorrat (t): | |
| Indienststellung: | 1888-1892 |
| Verbleib: | ++ |

## 98.75 (bay. D VI, DRG)

Die kleinen Zweikuppler der Gattung »D VI« waren vor allem für die Verwendung auf den bayerischen Lokalbahnen vorgesehen. Sie hatten nicht mehr als 12 Tonnen Radsatzfahrmasse und erreichten eine Höchstgeschwindigkeit von 45 km/h. Neu waren das Umlaufblech und die vorne und hinten angebrachten Übergangseinrichtungen, über die das Zugbegleitpersonal auch während der Fahrt zum Lokpersonal gelangen konnte. Das Zweizylinder-Nassdampftriebwerk trieb den zweiten Kuppelradsatz an. Gebremst wurde zunächst nur mit einer Wurfhebelbremse der Bauart Exter. Die »D VI« waren zuverlässig und wirtschaftlich. Entwicklung und Bau dieser Maschinen lag zunächst in den Händen der Firma Maffei. Sie produzierte in der Zeit von 1880 bis 1885 insgesamt 30 solcher Loks. Zwölf weitere baugleiche Maschinen bezog die Bayerische Staatsbahn in den Jahren 1884/85 von der Firma Krauss in München.

Von 1886 bis 1894 lieferte Krauss eine weitere Bauserie der »D VI« mit elf Exemplaren, diese allerdings mit kleinen Änderungen. War der Wasservorrat bisher im Rahmen untergebracht, so waren die neuen Maschinen mit seitlichen Wasserkästen ausgestattet und der Vorrat konnte von 1,8 auf 2,33 $m^3$ gesteigert werden. Der Kohlevorrat wurde aus dem Führerhaus verbannt und die Kohle jetzt links vor dem Führerhaus untergebracht. Ansonsten blieb die Bauart unverändert.

Die Gattung D VI wurde bei der DRG zur Baureihe 98.75. Im Umzeichnungsplan von 1925 erhielten die 21 noch vorhandenen leichteren Loks der ersten Bauversion die Nummern 98 7501-7521. Darunter waren auch sieben Exemplare aus dem ersten Baulos von 1880. Die fünf noch verbliebenen schweren »D VI« bekamen die Nummern 98 7522-7526. Einige »D VI« waren als Schiffsbrücken-Lokomotiven in der Pfalz bei Maxau und Speyer tätig. Für diesen Zweck waren sie mit großen hölzernen Puffertellern ausgerüstet, die zum Teil mit Leder ausgepolstert waren. Diese Maßnahme sollte ein Verhaken mit dem vorderen Wagen während des Befahrens der Brückenrampen verhindern. Die Ausmusterung der letzten Lok erfolgte Ende der 1930er-Jahre.

Einziges Überbleibsel dieser Lokveteranen ist die »BERG«, eine Maschine aus der Serie von 1883 mit der Betriebsnummer 98 7508. Sie wurde 1927 an das Torfwerk Raubling bei Rosenheim verkauft und war dort bis 1964 im Einsatz. Gelegentlich diente sie auch als Filmlokomotive. 1966 wurde sie von der Deutschen Gesellschaft für Eisenbahngeschichte (DGEG) übernommen und dadurch vor dem Verschrotten bewahrt. Sie steht heute im Fahrzeugmuseum in Neustadt/Weinstraße.

*Foto: DLA Darmstadt (Maey)/Bildarchiv der Eisenbahnstiftung*

**Technische Daten:**

| Baureihenbezeichnung: | 98.75 (DRG) |
|---|---|
| Radsatzanordnung: | Bn2t |
| Zylinderdurchmesser (mm): | 266 |
| Kolbenhub (mm): | 508 |
| Verdampfungsheizfläche (m²): | 25,71 (ab 98 7522: 28,50) |
| Vmax (km/h): | 45 |
| Leistung (PSi): | 150 |
| Dienstmasse (t): | 18,5 (ab 98 7522: 19,6) |
| Größte Radsatzfahrmasse (t): | 9,3 (ab 98 7522: 9,8) |
| Länge über Puffer (mm): | 6.860 (ab 98 7522: 6.910) |
| Treib-/Kuppelraddurchmesser (mm): | 976 (ab 98 7522: 1.006) |
| Laufraddurchmesser (v) (mm): | - |
| Laufraddurchmesser (h) (mm): | - |
| Wasserkasteninhalt (m³): | 1,8 (ab 98 7522: 2,33) |
| Brennstoffvorrat (t): | 0,5 (ab 98 7522: 0,8) |
| Indienststellung: | 1880-1894 |
| Verbleib: | 98 7508 (DGEG, Neustadt/Weinstraße) |

## 98.76 (bay. D VII, PtL 3/3, LAG, DRG)

Von der Münchner Lokomotivfabrik Krauss bezog die Bayerische Staatsbahn in den Jahren von 1880 bis 1886 zunächst 30 Tenderloks zum schweren Dienst auf diversen Lokalbahnstrecken. An der weiteren Fertigung dieser als Gattung »D VII« bezeichneten dreifach gekuppelten Maschinen nahm auch die Firma Maffei teil. Insgesamt wurden 75 Exemplare hergestellt, 41 von Krauss und 34 von Maffei. Alle diese Dreikuppler hatten ein Zweizylinder-Triebwerk mit Antrieb auf den zweiten Kuppelradsatz. Alle waren auch mit einer Saugluftbremse Marke Hardy ausgestattet, die meisten zusätzlich mit einer Riggenbach-Gegendruckbremse. Später wurden diese durch Druckluftbremsen Bauart Westinghouse ersetzt. Im Laufe des Beschaffungszeitraumes vergrößerte sich der Kuppelraddurchmesser von 976 mm bis auf 1.006 mm. Das notwendige Wasser befand sich in den zwei seitlichen Wasserkästen vor dem Führerhaus und in einem weiteren Behälter im Rahmenkasten. Der Kohlevorrat befand sich in einem Aufbau auf dem linken Wasserkasten.

Sämtliche 75 »D VII« kamen noch zur DRG, wo sie die Betriebsnummern 98 7601-7614 und 98 7621-7681 erhielten. Bis 1935 hatten alle Maschinen ihren Dienst bei der DRG quittiert, doch einige hielten sich zäh als Heiz- und Werkloks: Die 98 7601 war bis 1961 in Marktredwitz Heizlok. Die 98 7639 wurde bis 1965 im Bw Nürnberg Hbf als Ellokschlepper verwendet. Die 98 7658 verbrachte bis 1966 ihre alten Tage als Schlepp- und Heizlok in Würzburg. Sie blieb erhalten und befindet sich heute in der Obhut des Bayerischen Localbahn-Vereins (BLV) in Bayerisch Eisenstein.

Zwei der bayerischen D VII ziemlich ähnliche Tenderloks lieferte Krauss 1889 an die Localbahn AG München (LAG) zur Verwendung auf deren Strecke von Murnau nach Garmisch-Partenkirchen: Die Maschinen waren im Gegensatz zur D VII mit einer Heusinger-Steuerung ausgestattet und die Kuppelradsätze hatten nur noch einen Durchmesser von 925 mm. Rost- und Heizfläche waren vergrößert, die Zahl der Heizrohre war größer und hinter dem hohen Dampfdom lag nunmehr ein viereckiger Sandkasten. Die seitlichen Wasserkästen besaßen einen kurzen und einen langen Ausschnitt, der Kohlevorrat lagerte vor dem Führerhaus in einem Aufsatz auf dem Wasserkasten und dem Kessel. 1908 übernahm die Bayerische Staatsbahn mit der Strecke Murnau–Garmisch auch diese beiden LAG-Loks als Gattung »PtL 3/3«. Bei der DRG erhielten sie die Betriebsnummern 98 7691 und 7692. Aber schon im Jahre 1927 schlug ihre letzte Stunde.

*Foto: Archiv Obermayer*

**Technische Daten:**

| Baureihenbezeichnung: | 98 7601-7621 (DRG) | 98 7622-7681 (DRG) | 98 7691-7692 (DRG) |
|---|---|---|---|
| Radsatzanordnung: | Cn2t | Cn2t | Cn2t |
| Zylinderdurchmesser (mm): | 330 | 330 | 350 |
| Kolbenhub (mm): | 508 | 508 | 500 |
| Verdampfungsheizfläche (m²): | 50,16 | 50,16 | 54,6 |
| Vmax (km/h): | 45 | 45 | 45 |
| Leistung (PSi): | 175 | 175 | 175 |
| Dienstmasse (t): | 26,7 | 28,1 | 27,3 |
| Größte Radsatzfahrmasse (t): | 8,9 | 9,4 | 9,1 |
| Länge über Puffer (mm): | 7.550 | 7.565 | 7.250 |
| Treib-/Kuppelraddurchmesser (mm): | 976 | 996/1.006 | 925 |
| Laufraddurchmesser (v) (mm): | - | - | - |
| Laufraddurchmesser (h) (mm): | - | - | - |
| Wasserkasteninhalt (m³): | 3,5 | 3,72 | 3,5 |
| Brennstoffvorrat (t): | 0,85 | 1,2 | 1,2 |
| Indienststellung: | 1880-1884 | 1884-1891 | 1889 |
| Verbleib: | ++ | 98 7658 (BLV) | ++ |

## 99.22 (DRG, DR)

Aus dem vereinheitlichten DRG-Beschaffungsprogramm für regelspurige Dampfloks wurden Ende der 1920er-Jahre auch Schmalspurdampfloks nach den Einheitsbaugrundsätzen abgeleitet. 1930 lieferte Schwartzkopf drei Maschinen als 99 221-223 und stärkste Schmalspurlok der DRG aus. Ausgerüstet waren die 99.22 mit dem Kessel der Einheitsloks der Baureihe 81, bei dem lediglich die Dome und die Rauchkammer etwas verändert worden waren. Wie fast alle Einheitsloks der DRG erhielten auch die Schmalspurmaschinen einen Barrenrahmen. Bei einer vorgegebenen Radsatzlast von maximal 10 Tonnen waren fünf Kuppelradsätze erforderlich, angetrieben wurde der mittlere Radsatz. Eine gute Kurvenläufigkeit wurde durch 20 mm Seitenspiel des zweiten und fünften Kuppelradsatzes sowie durch eine Spurkranzschwächung um 13 mm beim Treibradsatz erzielt. Die außenliegende Heusinger-Steuerung für Inneneinströmung und Kuhnscher Schleife sicherte eine gleichgute Dampfverteilung für beide Fahrtrichtungen.

| Technische Daten: | |
|---|---|
| Baureihenbezeichnung: | 99.22 (DRG) |
| Spurweite (mm): | 1.000 |
| Radsatzanordnung: | 1'E1'h2t |
| Zylinderdurchmesser (mm): | 500 |
| Kolbenhub (mm): | 500 |
| Verdampfungsheizfläche (m²): | 95,90 |
| Vmax (km/h): | 40 |
| Leistung (PSi): | 735 |
| Dienstmasse (t): | 65,8 |
| Größte Radsatzfahrmasse (t): | 10,1 |
| Länge über Kupplung/Puffer (mm): | 11.636 |
| Treib-/Kuppelraddurchmesser (mm): | 1.000 |
| Laufraddurchmesser (mm): | 550 |
| Wasserkasteninhalt (m³): | 8,0 |
| Brennstoffvorrat (t): | 3,0 |
| Indienststellung: | 1930 |
| Verbleib: | 99 222 (HSB) |

Nach ihrer Indienststellung kamen alle drei Loks zur Strecke Eisfeld–Unterneubrunn (später Schönbrunn). 1944 mussten die 99 221 und 223 ins besetzte Norwegen zum Einsatz auf der Strecke Thamshaven–Lökken abgegeben werden. Beide blieben nach Kriegsende in Norwegen und wurden dort später zerlegt. Die 99 222 fuhr bis zum Verkehrsträgerwechsel (Einstellung des Personenverkehrs) auf ihrer Stammstrecke und kam im August 1966 zur Harzquer- und Brockenbahn. 1973 büßte die ab 1970 als 99 7222 bezeichnete Maschine ihr elegantes Aussehen ein, denn ihr Knorr-Oberflächenvorwärmer wurde durch einen IfS-Mischvorwärmer ersetzt. Seit 1. Februar 1993 gehört die Maschine zum Betriebspark der privatisierten Harzer Schmalspurbahnen (HSB). 1999 erhielt sie wieder einen Oberflächenvorwärmer der Bauart Knorr und fährt heute somit weitgehend im Originalzustand.

*Foto: Dirk Endisch*

## 99.23-24 (DR)

Zum Ersatz des überalterten Fahrzeugparks auf den Meterspurstrecken im Harz und in Thüringen benötigte die Reichsbahn der DDR Anfang der 1950er-Jahre dringend neue und leistungsfähige Dampfloks. Daher erteilte die DR im Herbst 1950 dem VEB Lokomotivbau »Karl Marx« (LKM) in Potsdam-Babelsberg den Auftrag, in enger Anlehnung an die Einheitsloks der Baureihe 99.22 eine Maschine unter der Anwendung der neuen Baugrundsätze zu konstruieren. Äußerlich kaum von den Einheitsloks zu unterscheiden, entstand eine Neubaudampflok mit vollständig geschweißtem Kessel und vollständig geschweißtem Blechrahmen. Anstelle des Oberflächenvorwärmers wurde eine Mischvorwärmeranlage eingebaut. Die Laufradsätze liefen nicht mehr in Bisselgestellen sondern in Krauss-Helmholtz-Gestellen, zum Teil durch Beugniot-Hebel zwischen erstem und zweitem Kuppelradsatz ergänzt. Angetrieben wurde wie auch bei den Einheitsmaschinen der mittlere Radsatz, der aber nun spurkranzlos ausgeführt und wie der vierte Kuppelradsatz fest im Rahmen gelagert war.

| Technische Daten: | |
|---|---|
| Baureihenbezeichnung: | 99.23-24 (DR) |
| Spurweite (mm): | 1.000 |
| Radsatzanordnung: | 1'E1'h2t |
| Zylinderdurchmesser (mm): | 500 |
| Kolbenhub (mm): | 500 |
| Verdampfungsheizfläche (m²): | 95,50 |
| Vmax (km/h): | 40 |
| Leistung (PSi): | 700 |
| Dienstmasse (t): | 64,5 |
| Größte Radsatzfahrmasse (t): | 9,5 |
| Länge über Kupplung/Puffer (mm): | 12.500 |
| Treib-/Kuppelraddurchmesser (mm): | 1.000 |
| Laufraddurchmesser (mm): | 550 |
| Wasserkasteninhalt (m³): | 8,0 |
| Brennstoffvorrat (t): | 4,0 |
| Indienststellung: | 1954-1956 |
| Verbleib: | HSB |

Zwischen 1954 und 1956 wurden von LKM insgesamt 17 dieser Maschinen ausgeliefert. Zehn Loks, alle mit Beugniot-Hebel, kamen sofort zur Harzquer- und Brockenbahn. Drei fuhren zunächst auf der Strecke Gera-Pforten–Wuitz-Mumsdorf und vier waren zwischen Eisfeld und Schönbrunn eingesetzt. Ab März 1973 waren alle Neubauloks im Harz zu finden und kurze Zeit darauf komplett mit Beugniot-Hebeln nachgerüstet. Im Betrieb bewährten sich die Maschinen ausgezeichnet, vor allem die verbesserte Bogenläufigkeit machte sich positiv bemerkbar. Probleme bereitete im Laufe der Jahre nur der Blechrahmen. Alle 17 Maschinen wurden zum 1. Februar 1993 von der privatisierten Harzer Schmalspurbahnen (HSB) übernommen und sind auch heute dort noch vorhanden.

*Foto: Estler*

## 99.32 (DRG, DR), 099 (DB AG)

Zu Beginn der 1930er-Jahre waren auch die Vierkuppler der Baureihe 99.31 mit dem ständig steigenden Verkehr auf der »Molli« (Bad Doberan-Kühlungsborn) überfordert. Ihre geringe Höchstgeschwindigkeit von 30 km/h erwies bei der geplanten Beschleunigung des Bäderverkehrs als Hindernis. Daher beauftragte die DRG die Firma Orenstein & Koppel mit der Entwicklung von drei leistungsfähigen Heißdampflokomotiven, bei denen soweit als möglich die Baugrundsätze der Einheitslokomotiven angewendet werden sollten. So entstand bis 1932 die bemerkenswerte Konstruktion einer Tenderlok mit der Radsatzfolge 1'D1'. Mit ihrem großen Kuppelraddurchmesser von 1.100 mm war eine Höchstgeschwindigkeit von 50 km/h in beiden Richtungen möglich. Im Gegensatz zu den meisten Einheitsloks erhielten die schnellsten Schmalspurmaschinen der DRG keinen Barrenrahmen sondern einen genieteten Blechrahmen. Ihr unverwechselbares Aussehen bekamen die Loks durch die im oberen Bereich stark abgeschrägten Führerhäuser, welche durch die Profileinschränkungen auf der »Molli« verursacht wurden.
Bei der DRG erhielten die 1932 gelieferten Maschinen die Betriebsnummern 99 321-323. Den Zweiten Weltkrieg überstanden sie unbeschadet. Bei der DR wurden sie ab 1970 EDV-gerecht als 99 2321-2323 geführt. Ab Mitte der 1970er-Jahre erhielten sie anstelle ihrer verschlissenen Grauguss-Zylinder neue geschweißte Stahl-Zylinder. Schon vorher waren die Regelkolbenschieber durch Druckausgleichschieber der Bauart Müller und später durch Trofimoff-Schieber der Bauart Görlitz ersetzt worden. Im gemeinsamen Umzeichnungsplan von DB und DR erhielten die Loks die neuen Betriebsnummern 099 901-903. Seit der Privatisierung der Strecke als Bäderbahn »Molli« GmbH tragen die Maschinen wieder ihre alten DR-Nummern von 1970. Von 2008 bis 2009 entstand im Dampflokwerk Meiningen für die Bäderbahn die 99 2324 als Nachbau der DRG-Einheitslok, welcher in Anpassung der historischen Pläne an die heutigen Fertigungsverfahren erfolgte. Damit gab es nach fast 50 Jahren in Deutschland erstmals wieder eine neugebaute Dampflok für den Regelbetrieb

*Foto: Dirk Endisch*

| Technische Daten: | |
|---|---|
| Baureihenbezeichnung: | 99.32 (DRG) |
| Spurweite (mm): | 900 |
| Radsatzanordnung: | 1'D1'h2t |
| Zylinderdurchmesser (mm): | 380 |
| Kolbenhub (mm): | 550 |
| Verdampfungsheizfläche (m²): | 60,54 |
| Vmax (km/h): | 50 |
| Leistung (PSi): | 460 |
| Dienstmasse (t): | 43,7 |
| Größte Radsatzfahrmasse (t): | 7,95 |
| Länge über Kupplung/Puffer (mm): | 10.595 |
| Treib-/Kuppelraddurchmesser (mm): | 1.100 |
| Laufraddurchmesser (mm): | 550 |
| Wasserkasteninhalt (m³): | 4,25 |
| Brennstoffvorrat (t): | 1,70 |
| Indienststellung: | 1932 |
| Verbleib: | »Molli« GmbH |

## 99.33 (SDAG Wismut, DR), 099 (DB AG)

Um auf der »Molli« die in die Jahre gekommenen Vierkuppler der Baureihe 99.31 zu ersetzen, erwarb die DR 1958 von der Sowjetisch-Deutschen Aktiengesellschaft (SDAG) Wismut zwei dort entbehrlich gewordene Vierkuppler, denen ein Jahr später eine dritte Maschine folgte. Diese Loks rekrutierten sich aus dem 1949 aufgestellten Typenprogramm der VVB Lokomotiv- und Waggonbau (LOWA) für Industrie- und Werksbahnen. Wegen einer kostengünstigen Produktion waren viele Bau- und Ausrüstungsteile genormt. Aus Kostengründen wurden in der Regel auch nur Nassdampfmaschinen produziert. Die von DR erworbenen Loks waren 1950/51 vom VEB Lokomotivbau »Karl Marx« (LKM) in Potsdam-Babelsberg an die SDAG geliefert worden und fuhren dort unter den Bahnnummern 1, 22 und 44. Bevor sie auf der »Molli« zum Einsatz kommen konnten, mussten sie im Raw Görlitz an die speziellen Bedingungen der Bäderbahn angepasst werden. Die ursprünglich geraden Führerhauswände wurden auf Grund des eingeschränkten Lichtraumprofils der »Molli« im oberen Teil abgeschrägt. Angetrieben wurde der dritte Kuppelradsatz, die Dampfverteilung besorgte eine Heusinger-Steuerung.
Bei der DR erhielten sie die Betriebsnummern 99 331-333. Schon 1961 baute das Raw Görlitz die 99 331 und 332 auf Heißdampf um. Die nicht umgebaute 99 333 diente ab Mitte der 1960er-Jahre nur noch als Reservelok und wurde bereits 1968 ausgemustert. 1970 erhielten die beiden verbliebenen Maschinen die neuen Nummern 99 2331-2332. Im Umzeichnungsplan von 1992 waren sie als 099 904 und 905 berücksichtigt. Mit der Privatisierung der »Molli« verschwanden diese Nummern wieder. Die 99 2331 ist heute noch betriebsfähig, während die seit Ende 1995 abgestellte 99 2332 das »Molli«-Museum im Bahnhof Kühlungsborn West bereichert.

*Foto: Dirk Endisch*

| Technische Daten: | |
|---|---|
| Baureihenbezeichnung: | 99.33 (DR) |
| Spurweite (mm): | 900 |
| Radsatzanordnung: | Dn2t/h2t |
| Zylinderdurchmesser (mm): | 370 |
| Kolbenhub (mm): | 400 |
| Verdampfungsheizfläche (m²): | 42,89 |
| Vmax (km/h): | 35 |
| Leistung (PSi): | 230/320 |
| Dienstmasse (t): | 32,4 |
| Größte Radsatzfahrmasse (t): | 8,1 |
| Länge über Kupplung/Puffer (mm): | 8.860 |
| Treib-/Kuppelraddurchmesser (mm): | 800 |
| Laufraddurchmesser (mm): | - |
| Wasserkasteninhalt (m³): | 3,40 |
| Brennstoffvorrat (t): | 2,20 |
| Indienststellung: | 1950-1951, Umbau 1958-1960 |
| Verbleib: | 99 331, 332 (»Molli« GmbH) |

*Foto: Dirk Endisch*

## 99.51-60 (sä. IV K, DRG, DR), 099 (DB AG)

Ende des 19. Jahrhunderts betrieb die Sächsische Staatsbahn das umfangreichste 750-mm-Schmalspurnetz Deutschlands mit rund 20 Schmalspurstrecken von etwa 384 km Länge. Für deren steigendes Verkehrsaufkommen waren dringend neue leistungsfähige Lokomotiven erforderlich. Die Dreikuppler der Gattungen I K und III K genügten nicht mehr den gestiegenen Anforderungen. Daher entwickelte der Hauslieferant der Staatsbahn, die Sächsische Maschinenfabrik (vormals R. Hartmann) in Chemnitz, eine Nassdampf-Maschine der Gattung IV K mit einem größeren leistungsfähigen Kessel und vier gekuppelten Radsätzen. Auf Grund der engen Krümmungen der Schmalspurstrecken entschied sich Hartmann nicht für eine Einrahmen-Maschine sondern entwarf eine Drehgestell-Lok der Bauart Günther-Meyer. Bei dieser Konstruktion waren beide Radsatzgruppen als zweiachsige Triebdrehgestelle ausgeführt, im Gegensatz zur Bauart Mallet, wo nur die vordere Radsatzgruppe als Triebdrehgestell fungierte. Beide Triebwerke arbeiteten im Verbundverfahren, wobei das vordere, im Außenrahmen gelagerte Triebwerk von den Niederdruck-Zylindern, das hintere, im Innenrahmen gelagerte von den Hochdruck-Zylindern angetrieben wurde. Die Zylindergruppen waren in Lokmitte einander gegenüberliegend angeordnet, so dass die Triebwerke gegenläufig arbeiteten. Die beiden Triebdrehgestelle waren mit einem Zugeisen verbunden. Die Dampfverteilung erfolgte für beide Triebwerksgruppen durch eine außenliegende Heusinger-Steuerung mit Flachschiebern und gemeinsamer Umsteuerung.

Zwischen 1892 und 1921 wurden insgesamt 96 Exemplare geliefert. Damit war die IV K die größte Serie der für deutsche Bahnen beschafften Schmalspurlokomotiven. Trotz des langen Beschaffungszeitraums waren die Unterschiede zwischen den einzelnen Bauserien gering. Wesentliche Änderungen waren die Erhöhung des Kesselüberdrucks von 12 auf 14 bar und der Einbau größerer Niederdruck-Zylinder.

Bei der DRG wurden 1925 noch 91 IV K als 99 511–608 (mit Lücken) eingereiht, da fünf Maschinen von den südöstlichen Kriegsschauplätzen des Ersten Weltkrieges nicht mehr zurückgekehrt waren. Einige Loks mussten schon bei der DRG ihren Dienst quittieren. Weitere Lücken riss der Zweite Weltkrieg. Vier Exemplare blieben nach Kriegsende in den Weiten der Sowjetunion verschollen. Sieben Maschinen mussten nach Kriegsende 1946 als Reparationsleistung an die sowjetische Besatzungsmacht abgegeben werden und zwei Stück kamen zur tschechoslowakischen Staatsbahn. Die DR konnte noch 57 einsatzfähige IV K in ihren Bestand übernehmen. Fuhren die Loks bis 1950 von kriegsbedingten Auslandsaufenthalten abgesehen ausschließlich in Sachsen, kamen bei der DR durch die Übernahme der vielen privaten Schmalspurbahnen bald neue Einsatzgebiete hinzu. So gelangten auch neun Maschinen auf die Insel Rügen und wurden dafür extra mit Knorr-Druckluftbremsen ausgerüstet. Die erforderlichen drei Luftbehälter mussten auf dem Langkessel vor dem Dampfdom montiert werden, was diesen Loks ein schwerfälligeres Erscheinungsbild bescherte. Anfang der 1960er-Jahre zeigte sich, dass auf die Maschinen noch längere Zeit nicht verzichtet werden konnte. Daher entschloss sich die DR zur Generalreparatur von 30 Exemplaren und ließ sie mit geschweißten Nachbaukesseln und zum Teil sogar mit neuen Rahmen ausrüsten. 33 IV K erlebten 1970 noch die EDV-gerechte Umzeichnung und erhielten eine »1« vor ihrer Ordnungsnummer. Im Umzeichnungsplan von 1992 wurden noch 13 Maschinen als 099 701-713 aufgeführt. Mindestens 22 Lokomotiven sind bis heute, zum Teil betriebsfähig, erhalten geblieben.

| Technische Daten: | | |
|---|---|---|
| Baureihenbezeichnung: | 99.51-55 (DRG) | 99.56-60 (DRG) |
| Spurweite (mm): | 750 | 750 |
| Radsatzanordnung: | B'B'n4vt | B'B'n4vt |
| Zylinderdurchmesser (mm): | 2 x 240/370 | 2 x 240/400 |
| Kolbenhub (mm): | 380 | 380 |
| Verdampfungsheizfläche (m²): | 49,87 | 49,87 |
| Vmax (km/h): | 30 | 30 |
| Leistung (PSi): | 200/220 | 220/240 |
| Dienstmasse (t): | 26,6-28,5 | 28,5-29,6 |
| Größte Radsatzfahrmasse (t): | 6,65-7,1 | 7,1-7,4 |
| Länge über Kupplung/Puffer (mm): | 9.000 | 9.000 |
| Treib-/Kuppelraddurchmesser (mm): | 760 | 760 |
| Laufraddurchmesser (mm): | - | - |
| Wasserkasteninhalt (m³): | 2,40 | 2,40 |
| Brennstoffvorrat (t): | 1,02 | 1,02 |
| Indienststellung: | 1892-1908 | 1909-1921 |
| Verbleib: | u.a. 99 539 (Traditionsbahn Radebeul), 99 542 (Jöhstadt) | u.a. 99 582 (Schönheide) |

## 99.63 (wü. Tssd, DRG, DB)

Für die Zugförderung auf ihren vier 750-mm-Schmalspurbahnen beschaffte die Württembergische Staatsbahn zwischen 1899 und 1913 neun Mallet-Gelenklokomotiven der Klasse Tssd. Die Maschinen brachten mit Vorräten 28,7 t auf die Waage, leisteten etwa 250 PS und erreichten eine Höchstgeschwindigkeit von 30 km/h. Die Niederdruckzylinder trieben das vordere Fahrwerk an, die Hochdruckzylinder das hintere.
Die ersten Loks kamen fabrikneu zur Eröffnung der Strecke Warthausen–Ochsenhausen, die Nummern 44-46 zur Bottwartal- und Zabergäubahn (Marbach–Heilbronn Süd; Lauffen–Leonbronn). Alle neun Maschinen wurden von der DRG übernommen und erhielten die Nummern 99 631-99 639. Im Jahr 1937 wurde mit der 99 631 die erste Tssd ausgemustert, es folgten die 99 632 (4.3.1939), 99 634 (10.4.1940), 99 636 (10.4.1940) und 99 635 (30.5.1940). Die übrigen vier Maschinen gelangten nach dem Krieg zur DB und wurden weiterhin eingesetzt. Während die 99 638 und 99 639 beim Bw Heilbronn stationiert waren und dort am 18.10.1954 bzw. 27.11.1956 ausgemustert wurden, blieben die 99 633 und 99 637 beim Bw Aulendorf noch ein gutes Jahrzehnt länger in Dienst. Zur letzten Stammstrecke wurde nun die Federseebahn Schussenried–Buchau–Riedlingen, dort endete am 25.3.1965 die Karriere der 99 637. Die 99 633 blieb als Reserve bis zum 18.3.1969 im Bestand und half bei Bedarf auf der Federseebahn bzw. dem benachbarten Öchsle aus.
Nach ihrer Ausmusterung gelangte sie in den Besitz der DGEG, während ihre Schwester 99 637 in Buchau als Denkmal aufgestellt wurde und dort noch heute an die Schmalspurbahn erinnert. Die 99 633 wurde in jahrelanger Arbeit wieder aufgearbeitet und kam zwischen 1983 und 1992 im Museumsbetrieb zum Einsatz. Seit 2002 ist sie wieder bei der Öchsle-Museumsbahn beheimatet und dampft seit Frühjahr 2015 nach einer umfangreichen HU mit neuem Kessel erneut auf einer ihrer ehemaligen Einsatzstrecken.

*Foto: Dirk Endisch*

**Technische Daten:**

| | |
|---|---|
| Baureihenbezeichnung: | 99.63 (DRG) |
| Spurweite (mm): | 750 |
| Radsatzanordnung: | B'Bn4vt |
| Zylinderdurchmesser (mm): | 2 x 275 / 420 |
| Kolbenhub (mm): | 450 |
| Verdampfungsheizfläche (m²): | 56,4 |
| Vmax (km/h): | 30 |
| Leistung (PSi): | 250 |
| Dienstmasse (t): | 28,7 |
| Größte Radsatzfahrmasse (t): | 7,2 |
| Länge über Kupplung/Puffer (mm): | 8.226 |
| Treib-/Kuppelraddurchmesser (mm): | 900 |
| Laufraddurchmesser (mm): | - |
| Wasserkasteninhalt (m³): | 2,50 (99 637-639: 3,00) |
| Brennstoffvorrat (t): | 1,00 |
| Indienststellung: | 1899-1913 |
| Verbleib: | 99 633 (DGEG, Ochsenhausen), 99 637 (Denkmal Buchau) |

## 99.64-65, 67-71 (Heeresfeldbahn, sä. VI K, DRG, DB, DR)

Kurz vor Ende des Ersten Weltkriegs bestellten die Heeresfeldbahnen bei Henschel in Kassel 15 fünffach gekuppelte Heißdampftenderloks. Sie kamen aber für einen Kriegseinsatz zu spät. Da die Sächsische Staatsbahn leistungsfähige Loks für ihre steigungsreichen 750-mm-Schmalspurstrecken benötigte, übernahm sie kurzentschlossen die 15 Loks als Baureihe VI K und teilte ihnen die Nummern 210-224 zu. Bei der DRG erhielten die Fünfkuppler die Nummern 99 641-655. Da sie sich ausgezeichnet bewährten, orderte die DRG 47 weitere Maschinen, welche zwischen 1923 und 1927 als 99 671-717 von Henschel, der Sächsischen Maschinenfabrik in Chemnitz und der Maschinenfabrik Karlsruhe geliefert wurden. Nach dem Zweiten Weltkrieg waren neun Loks (99 649, 674, 676, 677, 681, 683, 698, 709 und 712) als Kriegsverluste auszubuchen. Weitere 15 Fünfkuppler verschwanden als Beutegut in der Sowjetunion.
Zur DB kamen noch zehn Maschinen, während die DR insgesamt 27 in ihren Bestand einreihen konnte. Bei der DB erhielt die 99 651 als letzte ihrer Gattung 1968 sogar noch die computergerechte Bezeichnung 099 651. Sie wurde am 19. September 1969 ausgemustert und an der Bottwartalbahn in Steinheim/Murr als Denkmal aufgestellt.
Bei der DR erhielten sieben Loks (99 673, 678, 685, 692, 703, 713 und 715) ab 1963 neue geschweißte Kessel und Wasserkästen. Sieben weitere (99 648, 653, 654, 687, 694, 696 und 706) wurden im Rahmen einer Generalreparatur gründlich saniert. Dieser Fast-Neubau bescherte den Loks zusätzlich einen geschweißten Blechrahmen. Ferner wurde der Antrieb vom vierten auf den dritten Radsatz verlegt. Neu war auch eine saugluftgesteuerte Druckluftbremse. Nach massivem Schmalspursterben konnte die DR Ende 1973 auf ihre Loks verzichten. Vier Loks blieben erhalten, wobei die 99 713 und 715 derzeit betriebsfähig sind und die 99 716 eine HU erhält.

*Foto: Dirk Endisch*

**Technische Daten:**

| | | | |
|---|---|---|---|
| Baureihenbezeichnung: | 99.64-65 (DRG) | 99. 67-71 (DRG) | 99. 64-71 (Reko DR) |
| Spurweite (mm): | 750 | 750 | 750 |
| Radsatzanordnung: | Eh2t | Eh2t | Eh2t |
| Zylinderdurchmesser (mm): | 430 | 430 | 430 |
| Kolbenhub (mm): | 400 | 400 | 400 |
| Verdampfungsheizfläche (m²): | 64,32 | 64,31 | 64,31 |
| Vmax (km/h): | 30 | 30 | 30 |
| Leistung (PSi): | 480 | 480 | 480 |
| Dienstmasse (t): | 40,4 | 42,15 | 42,25 |
| Größte Radsatzfahrmasse (t): | 8,1 | 8,45 | 8,45 |
| Länge über Kupplung/Puffer (mm): | 8.860 | 8.990 | 8.990 |
| Treib-/Kuppelraddurchmesser (mm): | 800 | 780 | 800 |
| Laufraddurchmesser (mm): | - | - | - |
| Wasserkasteninhalt (m³): | 4,50 | 4,50 | 4,50 |
| Brennstoffvorrat (t): | 2,00 | 2,5 | 2,5 |
| Indienststellung: | 1918 | 1923-1927 | Umbau 1964-66 |
| Verbleib: | 99 651 (Denkmal | 99 713 (SDG Radebeul), | ++ |
| | Steinheim/Murr) | 715 (privat, Jöhstadt), | |
| | | 99 716 (VMN Öchsle) | |

## 99.73-76 (DRG, DR), 099 (DB AG)

Die erste Einheitslokomotive für Schmalspurbahnen entstand aus dem Bestreben der RBD Dresden, auf ihren 750-mm-Strecken die vorhandenen sächsischen Maschinen durch eine leistungsfähigere Lok zu ergänzen. Der Neubau sollte in der Lage sein, allen betrieblichen Anforderungen hinsichtlich Kesselleistung und Laufeigenschaften ausreichend zu genügen. Ein Entwurf von Hartmann wurde daher bis 1928 vom Vereinheitlichungsbüro entsprechend den Baugrundsätzen für Einheitsloks überarbeitet.

Zwischen 1928 und 1933 lieferten Hartmann und Schwartzkopf insgesamt 32 Maschinen, welche die Betriebsnummern 99 731-762 erhielten. Die zuletzt gebauten 99 751-762 waren ab Werk mit einem Friedmann-Abdampfinjektor ausgerüstet worden. Bis 1938 erhielten sie aber wie alle anderen Maschinen einen Oberflächenvorwärmer der Bauart Knorr. Den Zweiten Weltkrieg überstanden alle Lokomotiven. Jedoch vereinnahmten die sowjetischen Besatzer nach Kriegsende zehn Loks als Beutegut und verschleppten sie 1945/46 in die Sowjetunion. Zwischen 1963 und 1966 ließ die DR 14 Maschinen mit nachgebauten Ersatzkesseln ausrüsten. Acht behielten ihre Originalkessel und wurden zwischen 1967 und 1973 ausgemustert. Die EDV-gerechte Umzeichnung bescherte den Loks ab 1970 eine »1« vor der Ordnungsnummer. Nach dem gemeinsamen Nummernplan von DB und DR fuhren sie ab 1992 als 099 722-735. Die auf den Zittauer Schmalspurstrecken eingesetzten 99 735, 749, 750, 758 und 760 erhielten ab 1992 eine Leichtölfeuerung, sind aber zwischenzeitlich fast alle wieder auf Rostfeuerung zurückgebaut worden. Zum Bestand der privatisierten Sächsisch-Oberlausitzer Eisenbahngesellschaft (SOEG) gehören heute sieben Maschinen. Ebenfalls sieben Exemplare nennt die SDG - Sächsische Dampfeisenbahngesellschaft (Betreiberin der Fichtelbergbahn, Lößnitzgrundbahn und Weißeritztalbahn) ihr Eigen, wobei als Dauerleihgabe die 99 759 im Sächsischen Schmalspurbahn- Museum Rittersgrün zu finden ist.

Foto: Estler

| Technische Daten: | |
|---|---|
| Baureihenbezeichnung: | 99.73-76 (DRG) |
| Spurweite (mm): | 750 |
| Radsatzanordnung: | 1'E1'h2t |
| Zylinderdurchmesser (mm): | 450 |
| Kolbenhub (mm): | 400 |
| Verdampfungsheizfläche (m²): | 80,30 |
| Vmax (km/h): | 30 |
| Leistung (PSi): | 600 |
| Dienstmasse (t): | 56,7 |
| Größte Radsatzfahrmasse (t): | 9,2 |
| Länge über Kupplung/Puffer (mm): | 10.540 |
| Treib-/Kuppelraddurchmesser (mm): | 800 |
| Laufraddurchmesser (mm): | 550 |
| Wasserkasteninhalt (m³): | 5,80 |
| Brennstoffvorrat (t): | 2,50 |
| Indienststellung: | 1928-1933 |
| Verbleib: | SOEG, Weißeritztalbahn, Rittersgrün |

## 99.77-79 (DR), 099 (DB AG)

Nach Ende des Zweiten Weltkriegs herrschte auf den sächsischen Schmalspurstrecken ein empfindlicher Mangel an leistungsfähigen Maschinen, da der vorhandene Lokomotivpark überaltert und in hohem Maße durch Reparationen an die sowjetische Besatzungsmacht dezimiert worden war. Die Reichsbahn der DDR beschloss daher, die Einheitslokomotiven der Baureihe 99.73-76 unter Berücksichtigung ihrer neuen Baugrundsätze nachzubauen. Der VEB Lokomotivbau »Karl Marx« (LKM) in Potsdam-Babelsberg wurde mit der Entwicklung beauftragt und lieferte zwischen 1952 und 1957 insgesamt 24 Fünfkuppler, welche die DR als 99 771-794 einreihte.

Bei ihrer Konstruktion und Produktion wurden die Erkenntnisse des modernen Lokomotivbaus berücksichtigt. Anstelle des Barrenrahmens der Einheitslok erhielten die Neubaumaschinen einen geschweißten Blechrahmen. Um Braunkohle entsprechend verfeuern zu können, waren Rost- und Strahlungsheizfläche vergrößert worden.

Da die Neubauloks ohne Baumuster gleich in Serie produziert wurden, gab es anfangs viele Mängel, die erst in jahrelanger Kleinarbeit weitgehend beseitigt werden konnten. Als wenig glücklich erwies sich die Wahl der Blechrahmen, die schon nach 15 Betriebsjahren erhebliche Verbiegungen aufwiesen. Wegen ihres verschlissenen Rahmens wurde bereits 1972 die 99 792 als Heizlok verkauft. 1976 wurde die 99 774 mit Kesselschäden abgestellt und 1980 verschrottet. Mit der Umsetzung der 99 784 und 782 nach Rügen in den Jahren 1983 und 1984 kamen die Neubauloks erstmals außerhalb ihrer sächsischen Heimat zum Einsatz. Erst nach der Wende konnten 1991/92 bei 14 Maschinen die verschlissenen Rahmen und Kessel durch Neubauten ersetzt werden. Heute verteilen sich die noch vorhandenen Neubauloks wie folgt: RüBB (4), SOEG (1), Bahnen der SDG (15), Traditionsbahn Radebeul (1) und Öchsle (1), wobei sich die 99 778 (SDG) als Dauerleihgabe im Eisenbahnmuseum Bw Nossen befindet.

Foto: Estler

| Technische Daten: | |
|---|---|
| Baureihenbezeichnung: | 99.77-79 (DR) |
| Spurweite (mm): | 750 |
| Radsatzanordnung: | 1'E1'h2t |
| Zylinderdurchmesser (mm): | 450 |
| Kolbenhub (mm): | 400 |
| Verdampfungsheizfläche (m²): | 76,90 |
| Vmax (km/h): | 30 |
| Leistung (PSi): | 565 |
| Dienstmasse (t): | 55,0 |
| Größte Radsatzfahrmasse (t): | 8,6 |
| Länge über Kupplung/Puffer (mm): | 11.300 |
| Treib-/Kuppelraddurchmesser (mm): | 800 |
| Laufraddurchmesser (mm): | 550 |
| Wasserkasteninhalt (m³): | 5,80 |
| Brennstoffvorrat (t): | 3,60 |
| Indienststellung: | 1952-1957 |
| Verbleib: | RüKB, SOEG, Pressnitztalbahn, Weißeritztalbahn, Fichtelbergbahn, Lößnitzgrundbahn, Öchsle |

## 99.463 (Lenz-Typen M und Mh, RüKB, DR)

Zur Beschleunigung des Zugverkehrs auf der Bäderstrecke Putbus-Göhren (750 mm) beschafften die Rügenschen Kleinbahnen (RüKB) 1913 eine vierfach gekuppelte Nassdampf-Tenderlok bei Vulcan in Stettin. Bei der RüKB wurde die Maschine unter der Nummer 51M eingereiht. Schon ein Jahr später folgte eine zweite Lok, welche die Nummer 52M erhielt. Ein starrer Rahmen, ein zwischen die Rahmenwangen eingesetzter Wasserkasten sowie um 30 mm seitenverschiebbare Gölsdorf-Radsätze kennzeichneten die Loks, welche in ihrem Äußeren durchaus eine gewisse Ähnlichkeit mit den späteren ELNA-Loks aufwiesen. Erst nach der Inflation konnte die RüKB eine weitere Maschine zu kaufen. Vulcan lieferte 1925 die 53Mh, die sich zwar an ihren Vorgängerinnen orientierte, aber jetzt in Heißdampfausführung hergestellt wurde. Bei sparsamerem Wasserverbrauch hatte die Lok eine höhere Leistung. Darauf wurden 1927 die beiden anderen Maschinen ebenfalls auf Heißdampf umgebaut. Ab 1943 liefen die Maschinen im Rahmen des neuen zentralen Bezeichnungssystems der Pommerschen Landesbahnen unter den Nummern 257, 258 und 259. Schon sechs Jahre später wurden sie nach der Übernahme durch die DR erneut umgezeichnet in 99 4631-4633. Zu Beginn der 1980er-Jahre waren vor allem die Kessel und Zylinderblöcke verschlissen. 1984 musste die 99 4631 abgestellt werden. Sie ging noch im gleichen Jahr als Denkmal nach Lehrte, kehrte aber im Juni 2002 wieder in ihre alte Heimat zurück. 1988 bzw. 1989 erlosch auch zunächst das Feuer in den Kesseln der beiden anderen Loks. Erst nach der Wende bekamen sie 1992 neue Kessel und Zylinder. Dabei erhielten sie einen grün-schwarzen Anstrich und ihre alten RüKB-Nummern wieder zurück. Die neuen DB-Nummern 099 770 und 771 trugen sie nie. Auch nach der Privatisierung der Schmalspurbahn auf Rügen sind die beiden Maschinen bis heute im Einsatz.

Foto: Dirk Endisch

| Technische Daten: | |
|---|---|
| Baureihenbezeichnung: | 99.463 (DR) |
| Spurweite (mm): | 750 |
| Radsatzanordnung: | Dh2t |
| Zylinderdurchmesser (mm): | 350 |
| Kolbenhub (mm): | 400 |
| Verdampfungsheizfläche (m²): | 33,77 |
| Vmax (km/h): | 30 |
| Leistung (PSi): | 235 |
| Dienstmasse (t): | 23,5 (99 4633: 25,5) |
| Größte Radsatzfahrmasse (t): | 5,9 (99 4633: 6,4) |
| Länge über Kupplung/Puffer (mm): | 7.724 (99 4633: 8.000) |
| Treib-/Kuppelraddurchmesser (mm): | 850 |
| Laufraddurchmesser (mm): | - |
| Wasserkasteninhalt (m³): | 2,20 |
| Brennstoffvorrat (t): | 0,80 |
| Indienststellung: | 1913-1925 |
| Verbleib: | 99 4631 (Museum Rügen) |

## 99.480 (Klb. Kreis Jerichow I, DR)

Die »Kleinbahnen des Kreises Jerichow I« (KJI) beschafften 1938 bei Henschel & Sohn in Kassel ihre ersten und einzigen Heißdampf-Maschinen. Mit den Bahnnummern 20 und 21 waren dies zwei leistungsfähige Vierkuppler mit einem vorderen Laufradsatz. Sie wurden speziell für die Einsatzbedingungen der Kleinbahn entworfen und sollten die Attraktivität der KJI spürbar erhöhen. Die modernen Maschinen besaßen einen robusten Blechinnenrahmen. Der Laufradsatz lief in einem Bissel-Gestell. Eine Heusinger-Steuerung mit Kuhnscher Schleife besorgte über Kolbenschieber der neuesten Bauart die Dampfverteilung.
Da der gering belastete vordere Laufradsatz der Maschinen zu Entgleisungen neigte, ließ Ende der 1940er-Jahre die Kleinbahn ihre Nr. 21 umbauen. Laufradsatz und Bisselgestell wurden entfernt, der Rahmen im vorderen Teil gekürzt und Kessel sowie Führerhaus etwas nach hinten versetzt. Bei der Übernahme 1949 durch die DR wurden daher die Loks mit unterschiedlichen Radsatzfolgen als 99 4801 (ex Nr. 20) und 4802 (ex Nr. 21) eingereiht. Da sich die Laufeigenschaften der umgebauten 99 4802 deutlich verschlechtert hatten, erfolgte der Rückbau 1964. Im Rahmen einer gleichzeitigen HU erhielt die 99 4802 (wie auch die 99 4801) ein neues geschweißtes Führerhaus mit oben eingezogenen Seitenwänden sowie neue geschweißte Vorratsbehälter.
Nach der Gesamtstilllegung des Burger Netzes am 25. September 1965 kamen beide Maschinen nach Rügen. Dort erlebten sie 1992 noch die Umzeichnung in 099 780 und 781 nach dem gemeinsamen Umzeichnungsplan von DB und DR. 1993 und 1994 erhielten sie im Rahmen einer Generalreparatur neue geschweißte Ersatzkessel. Mit der Privatisierung der Schmalspurbahn auf Rügen im Januar 1996 gelangten die Loks in den Bestand der neugegründeten Rügenschen Kleinbahn und versehen dort bis heute – nun beim derzeitigen Betreiber Rügensche BäderBahn (RüBB) – ihren Dienst.

Foto: Dirk Endisch

| Technische Daten: | |
|---|---|
| Baureihenbezeichnung: | 99.480 (DR) |
| Spurweite (mm): | 750 |
| Radsatzanordnung: | 1'Dh2t |
| Zylinderdurchmesser (mm): | 360 |
| Kolbenhub (mm): | 410 |
| Verdampfungsheizfläche (m²): | 44,59 |
| Vmax (km/h): | 40 |
| Leistung (PSi): | 320 |
| Dienstmasse (t): | 29,7 |
| Größte Radsatzfahrmasse (t): | 7,5 |
| Länge über Kupplung/Puffer (mm): | 9.440 |
| Treib-/Kuppelraddurchmesser (mm): | 850 |
| Laufraddurchmesser (mm): | 500 |
| Wasserkasteninhalt (m³): | 3,50 |
| Brennstoffvorrat (t): | 1,25 |
| Indienststellung: | 1938 |
| Verbleib: | RüKB |

## 99.590 (NWE, DR)

Die Wahl der richtigen Lokomotiven war schon bei der Projektierung der meterspurigen Harzquer- und Brockenbahn von entscheidender Bedeutung. Die Strecken der Nordhausen-Wernigeroder Eisenbahngesellschaft (NWE) zeichneten durch lange Steigungen verbunden mit engen Gleisbögen aus. Daher erhielt die Firma Arnold Jung in Jungenthal den Auftrag zum Bau von drei Mallet-Tenderlokomotiven, welche 1897 ausgeliefert wurden. Bis 1901 folgten sechs weitere von Jung und drei von der mecklenburgischen Waggonfabrik Güstrow. Bei der NWE erhielten die Loks die Nummern 11-22. Im Ersten Weltkrieg mussten sechs Maschinen (Nr. 12, 13, 15, 16, 17 und 19) an die Heeresfeldbahnen abgegeben werden. Sie kehrten von ihrem Einsatz in Frankreich nicht mehr zurück. Die übrigen Maschinen wurden ab 1918 als NWE 11-16 geführt. 1920 erwarb die NWE eine ähnliche Mallet-Lok, die 1918 von der Maschinenbaugesellschaft Karlsruhe für die Heeresfeldbahnen gebaut worden war. Sie erhielt die Bahnnummer 41". Wesentliche Unterschiede waren die größere Länge sowie die Lagerung der vorderen und hinteren Triebwerksgruppe in einem Innenrahmen.

Da ihre Kessel verschlissen waren, erhielten die sechs verbliebenen Original-Mallets zwischen 1924 und 1928 neue Kessel mit geringfügigen Modifikationen. 1927 verunglückte die NWE 14" (ex NWE 20) im Thumkuhlental. Die restlichen Maschinen überstanden auch den Zweiten Weltkrieg und wurden von der DR als 99 5901-5906 eingereiht. Mitte der 1950er-Jahre wurden die Loks zur Selketalbahn umgesetzt. 1971 wurde die 99 5905 ausgemustert, wegen schlechtem Allgemeinzustand folgte 1985 die 99 5904. Die restlichen Maschinen übernahm mit der Regionalisierung zum 1. Februar 1993 die Harzer Schmalspurbahnen GmbH (HSB). Seit dem Fristablauf von 99 5906 am 15. Mai 2022 ist keine Harz-Mallet mehr betriebsfähig.

*Foto: Estler*

| Technische Daten: | | |
|---|---|---|
| Baureihenbezeichnung: | 99 5901-5905 (DR) | 99 5906 (DR) |
| Spurweite (mm): | 1.000 | 1.000 |
| Radsatzanordnung: | B'B'n4vt | B'B'n4vt |
| Zylinderdurchmesser (mm): | 2 x 285/425 | 2 x 280/425 |
| Kolbenhub (mm): | 500 | 500 |
| Verdampfungsheizfläche (m²): | 61,34 | 64,87 |
| Vmax (km/h): | 30 | 30 |
| Leistung (PSi): | 255 | 270 |
| Dienstmasse (t): | 36,0 | 36,0 |
| Größte Radsatzfahrmasse (t): | 9,0 | 9,0 |
| Länge über Kupplung/Puffer (mm): | 8.875 | 9.400 |
| Treib-/Kuppelraddurchmesser (mm): | 1.000 | 1.000 |
| Laufraddurchmesser (mm): | - | - |
| Wasserkasteninhalt (m³): | 5,0 | 3,77 |
| Brennstoffvorrat (t): | 1,5 | 1,1 |
| Indienststellung: | 1897-1901 | 1918 |
| Verbleib: | 99 5901, 5902, 5903 (HSB) | 99 5906 (HSB) |

## 99.600 (NWE, DR)

Mitte der 1930er-Jahre planten die meterspurigen Harzbahnen, ihren Lokomotivpark von Grund auf zu erneuern. 1937 beauftragten die drei Bahnverwaltungen NWE, GHE und Südharz-Eisenbahn die Firma Krupp in Essen mit der Entwicklung einer Typenreihe moderner Heißdampf-Maschinen mit den Radsatzfolgen 1'C1', 1'D1' und 1'E1', die mit der weitgehenden Vereinheitlichung aller Bauteile auf dem Baukastenprinzip basieren sollten. Mit der NWE 21" lieferte Krupp 1939 einen ersten Prototyp mit der Radsatzfolge 1'C1' aus. Dabei sollte es auch bleiben, denn der Weiterbau wurde mit Beginn des Zweiten Weltkriegs storniert. Die Rüstungsproduktion hatte absoluten Vorrang. Die Maschine verkörperte den Stand den Lokomotivbau der späten 1930er-Jahre. Rahmen, Wasserkästen und Kessel waren vollständig geschweißt. Nur der Langkessel war mit der Rauchkammer durch eine genietete Rundnaht verbunden. Angetrieben wurde der dritte Kuppelradsatz. Die beiden Laufradsätze liefen in Bissel-Gestellen. Das relativ geräumige Führerhaus war vollständig geschlossen. Der hochliegende Kessel und eine ausgewogene Gewichtsverteilung ermöglichten hervorragende Laufeigenschaften, welche sich auch in der Höchstgeschwindigkeit von 50 km/h bemerkbar machten.

Nach der Übernahme der NWE 1949 durch die DR erhielt die Lok die Betriebsnummer 99 6001. Sie kam weiterhin im Reise- und Güterzugdienst auf der Harzquer- und Brockenbahn zum Einsatz, fuhr aber zeitweise auch auf der Selketalbahn. Anlässlich der Wiedereröffnung der Brockenstrecke im Jahr 1991 erhielt die Maschine ihre alte NWE-Betriebsnummer und einen »historischen« grünen Anstrich, den sie allerdings vorher nie besessen hatte. Seit der Privatisierung der Harzquer-, Brocken- und Selketalbahn im Februar 1993 gehört die 99 6001 zum Bestand der Harzer Schmalspurbahnen GmbH (HSB).

*Foto: Estler*

| Technische Daten: | |
|---|---|
| Baureihenbezeichnung: | 99.600 (DR) |
| Spurweite (mm): | 1.000 |
| Radsatzanordnung: | 1'C1'h2t |
| Zylinderdurchmesser (mm): | 420 |
| Kolbenhub (mm): | 500 |
| Verdampfungsheizfläche (m²): | 72,00 |
| Vmax (km/h): | 50 |
| Leistung (PSi): | 540 |
| Dienstmasse (t): | 47,6 |
| Größte Radsatzfahrmasse (t): | 10,0 |
| Länge über Kupplung/Puffer (mm): | 8.910 |
| Treib-/Kuppelraddurchmesser (mm): | 1.000 |
| Laufraddurchmesser (mm): | 600 |
| Wasserkasteninhalt (m³): | 5,0 |
| Brennstoffvorrat (t): | 2,0 |
| Indienststellung: | 1939 |
| Verbleib: | HSB |

## 99.610 (NWE, DR)

Im Auftrag der »Heerestechnischen Prüfungskommission der Heeresfeldbahnen« lieferte 1914 Henschel in Kassel zwei weitgehend baugleiche, meterspurige Dreikuppler. Eine davon war eine Heißdampflokomotive, die andere in Nassdampfausführung hergestellt worden. Beide Maschinen wurden dem Königlich-Württembergischen Eisenbahn-Regiment zur Erprobung zugeteilt. Noch während des Ersten Weltkriegs konnte die Nordhausen-Wernigeroder Eisenbahn-Gesellschaft (NWE) 1917 die Heißdampflok erwerben und reihte sie mit der Bahnnummer 6 in ihren Bestand ein. Die Nassdampflok lief ab 1917 zunächst unter der Bahnnummer 15 bei den Nassauischen Kleinbahnen, konnte aber 1921 von der NWE gekauft werden und erhielt die Bahnnummer 7. Wesentlicher äußerlicher Unterschied zwischen beiden Loks waren die unterschiedlich langen, seitlichen Wasserkästen. Die Nassdampflok hatte längere Wasserkästen erhalten, da man bei ihr einen größeren Wasserverbrauch erwartete. Der Kohlevorrat war im linken Vorratskasten vor dem Führerhaus untergebracht. Weitere Wasservorräte nahm der Rahmenwasserkasten des Innenrahmens auf. Alle drei Kuppelradsätze waren fest im Rahmen gelagert. Auf dem zweischüssigen Langkessel saß der runde Dampfdom mit der markanten, halbkugeligen Haube.

Bei der DR erhielten die Maschinen 1949 die Nummern 99 6101 (ex Nr. 6, Spitzname »Pfiffi«) und 6102 (ex Nr. 7, Spitzname »Fiffi«). Meistens besorgten die Dreikuppler den Rangier- und Güterzugdienst auf der Harzquerbahn. Bei Bedarf fuhr die 99 6101 auch Reisezüge auf der Selketalbahn, doch dafür waren die Maschinen wegen ihres geringen Raddurchmessers und der fest im Rahmen gelagerten Radsätze weniger geeignet. Beide Dreikuppler übernahm am 1. Februar 1993 die Harzer Schmalspurbahnen GmbH (HSB) in ihren Bestand. Die 99 6101 ist seit Mai 2015 in Wernigerode abgestellt, während dieses Schicksal die 99 6102 schon 2008 nach Ablauf ihrer Fristen ereilte. Nach einigen Jahren der Hinterstellung ist sie inzwischen rollfähig aufgearbeitet worden.

*Foto: Estler*

**Technische Daten:**

| | | |
|---|---|---|
| Baureihenbezeichnung: | 99 6101 (DR) | 99 6102 (DR) |
| Spurweite (mm): | 1.000 | 1.000 |
| Radsatzanordnung: | Ch2t | Cn2t |
| Zylinderdurchmesser (mm): | 430 | 400 |
| Kolbenhub (mm): | 400 | 400 |
| Verdampfungsheizfläche (m²): | 51,36 | 69,65 |
| Vmax (km/h): | 30 | 30 |
| Leistung (PSi): | 380 | 300 |
| Dienstmasse (t): | 32,0 | 32,0 |
| Größte Radsatzfahrmasse (t): | 10,7 | 10,7 |
| Länge über Kupplung/Puffer (mm): | 7.734 | 7.734 |
| Treib-/Kuppelraddurchmesser (mm): | 800 | 800 |
| Laufraddurchmesser (mm): | - | - |
| Wasserkasteninhalt (m³): | 4,0 | 4,40 |
| Brennstoffvorrat (t): | 1,10 | 1,10 |
| Indienststellung: | 1914 | 1914 |
| Verbleib: | Leihgabe IG HSB | Leihgabe Freundeskreis Selketalbahn |

## 99.720 (bad. C, DRG, DB)

Am 3. Juni 1905 wurde die einzige Schmalspurbahn (1.000 mm) im Bereich der Großherzoglich Badischen Staatseisenbahn eröffnet. Sie führte von Mosbach nach Mudau im Odenwald und war 28,19 km lang. Betrieben wurde die Strecke von der Deutschen Eisenbahn-Bau- und Betriebsgesellschaft (DBEG) als Privatbahn. Hierfür standen vier 1904 von Borsig gebaute Nassdampf-Tenderloks zur Verfügung. Diese Dreikuppler konnten ihre Verwandtschaft mit der preußischen T 3 nicht verleugnen. Ihre drei Radsätze lagerten ohne Seitenspiel in einem genieteten Blechrahmen. Die Dampfverteilung besorgte eine außenliegende Allan-Steuerung. Nach Umstellung der Bremsausrüstung auf Druckluftbremsen der Bauart Westinghouse fand zwischen Dampfdom und Sandkasten noch der große Hauptluftbehälter für die Bremse Platz. Am 1. Mai 1931 übernahm die DRG diese Schmalspurbahn und reihte die Dreikuppler als 99 7201-7204 in ihren Bestand ein. Alle vier Maschinen überstanden den Krieg und fuhren auch bei der DB weiter auf ihrer Stammstrecke. Erst mit dem Eintreffen von zwei Dieselloks der Baureihe V 52 im Jahre 1964 begann ihr Stern schlagartig zu verlöschen. Als erste musste die 99 7903 am 26. Oktober 1964 den Dienst quittieren. Sie wurde an die Albtal-Verkehrs-Gesellschaft (AVG) verkauft und half dort beim Abbau der meterspurigen Strecke von Busenbach nach Ittersbach. Heute ist sie Stammlok auf der Museumsbahn von Amstetten nach Oppingen. Die Ausmusterung der drei übrigen Maschinen erfolgte am 10. März 1965. Auch sie blieben alle erhalten. Während die 7202 als Denkmal in Mudau ihr Dasein fristet, gelangte die 99 7201 Anfang Februar 2007 nach langen Jahren als Denkmal in Passau zur IG Hirzbergbahn ins thüringische Georgenthal. Hingegen fand die 99 7204 nach langjährigem Denkmalsintermezzo in Unterbernbach/Niederbayern ab Frühjahr 1998 bei der Märkischen Museums-Eisenbahn (MME) in Herscheid-Hüinghausen eine neue Heimat. Dort erwarb sie Anfang Mai 2014 der niederländische Eisenbahnfreund Wim Pater, welcher sie nun in den nächsten Jahren betriebsfähig aufarbeiten und bei diversen deutschen Meterspurbahnen fahren lassen will.

*Foto: Estler*

**Technische Daten:**

| | |
|---|---|
| Baureihenbezeichnung: | 99.720 (DRG) |
| Spurweite (mm): | 1.000 |
| Radsatzanordnung: | Cn2t |
| Zylinderdurchmesser (mm): | 320 |
| Kolbenhub (mm): | 420 |
| Verdampfungsheizfläche (m²): | 47,15 |
| Vmax (km/h): | 30 |
| Leistung (PSi): | 160 |
| Dienstmasse (t): | 23,0 |
| Größte Radsatzfahrmasse (t): | 7,7 |
| Länge über Kupplung/Puffer (mm): | 7.060 |
| Treib-/Kuppelraddurchmesser (mm): | 900 |
| Laufraddurchmesser (mm): | - |
| Wasserkasteninhalt (m³): | 2,40 |
| Brennstoffvorrat (t): | 0,95 |
| Indienststellung: | 1904 |
| Verbleib: | 99 7201 (IG Hirzbergbahn), 7202 (Denkmal Mudau), 7203 (UEF), 7204 (MME) |

## E 00 (preuß. ES 2, DRG)

1911 nahmen die Preußischen Staatsbahnen den elektrischen Versuchsbetrieb mit Einphasen-Wechselstrom von 15 Hz und 10 kV auf der Strecke Dessau-Bitterfeld auf. Dafür beschafften sie drei Schnellzugloks mit der Radsatzfolge 2'B1' und gab ihnen die Nummern WSL 10 501-503 »Halle« (ab 1912: ES 1-3 »Halle«). Den mechanischen Teil fertigte Hanomag in Hannover, während die elektrische Ausrüstung von verschiedenen Herstellern stammte. Für die ES 1 war Siemens-Schuckert verantwortlich, AEG bestückte die ES 2 und Bergmann die ES 3. Charakteristisches Kennzeichen der ES 1-3 war der Parallelkurbelantrieb mit vertikalen Treibstangen auf eine Blindwelle, welche wiederum über vertikale Treibstangen die beiden Kuppelradsätze antrieb.
Im Januar 1913 einigten sich die deutschen Bahnverwaltungen auf ein einheitliches Stromsystem (Einphasen-Wechselstrom mit 16⅔ Hz und 15 kV). Ab Juli 1913 ruhte der elektrische Betrieb auf der Versuchsstrecke, da sie auf das vereinbarte Stromsystem umgestellt wurde. Die Versuchslokomotiven kamen bis zum Ersten Weltkrieg nicht mehr in Betrieb. Nach Kriegsende gelangte die ES 2 noch in den Bestand der DRG und wurde für einen Einsatz unter 16⅔ Hz/15 kV umgebaut. Da im mitteldeutschen Netz kein Bedarf mehr für die relativ leistungsschwache Maschine bestand, wurde sie 1923 auf die badische Wiesen- und Wehratalbahn umgesetzt. Im DRG-Umzeichnungsplan von 1926 war die Lok die Betriebsnummer E 00 02 vorgesehen. Diese

*Foto: Kleine, Archiv transpress*

wurde wahrscheinlich nicht mehr angeschrieben, da die Maschine 1926 bereits abgestellt war und 1927 ausgemustert wurde.
Zwei dieser preußischen Ellok-Urahnen blieben zunächst erhalten. Die ES 1 wurde im Deutschen Museum in München aufgestellt, im Zweiten Weltkrieg aber schwer beschädigt und 1950 verschrottet. Das Berliner Verkehrs- und Baumuseum erhielt Ende der 1920er-Jahre die E 00 02. Dort überstand sie den Zweiten Weltkrieg relativ unbeschadet, blieb aber bis in die 1980er-Jahre ungeschützt im Freien abgestellt und verrottete. Heute werden ihre Reste vom Deutschen Technikmuseum Berlin aufbewahrt.

| Technische Daten: | |
|---|---|
| Baureihenbezeichnung: | E 00 02 (DRG) |
| Radsatzanordnung: | 2'B1' |
| Stromsystem: | 16⅔ Hz, 15 kV |
| Vmax (km/h): | 110 |
| Stundenleistung (kW): | 662 |
| Dauerleistung (kW): | 460 |
| Dienstmasse (t): | 72,5 |
| Größte Radsatzfahrmasse (t): | 16,2 |
| Länge über Puffer (mm): | 12.500 |
| Treibraddurchmesser (mm): | 1.600 |
| Laufraddurchmesser (mm): | 1.000 |
| Indienststellung: | 1911 |
| Verbleib: | E 00 02 (Deutsches Technikmuseum Berlin) |

## E 01 (preuß. ES 9-19, DRG)

Im Herbst 1913 wurde die seit 1911 mit 15 Hz und 10 kV Wechselstrom betriebenen Strecke Dessau-Bitterfeld auf 16⅔ Hz und 15 kV umgestellt. Gleichzeitig begannen die Preußischen Staatsbahnen den elektrischen Betrieb nach Leipzig und nach Magdeburg zu erweitern. Hierfür bestellten sie bei der Berliner Maschinenbau AG (BMAG, mechanischer Teil) und der Maffei-Schwartzkopff-Werke GmbH (MSW, elektrischer Teil) elf Schnellzuglokomotiven ES 9-19. Als erste erschien im März 1914 die ES 9 auf der mitteldeutschen Strecke. Bis zum Ausbruch des Ersten Weltkriegs folgten noch zwei weitere Maschinen. Mit Kriegsbeginn wurde in Mitteldeutschland der elektrische Zugbetrieb eingestellt und die Anlagen zur Gewinnung kriegswichtigen Rohstoffs größtenteils abgebaut. Die abgestellten Schnellzugloks konnten im Mai 1915 auf die elektrifizierten Strecken Schlesiens umgesetzt werden. Dort wurden bis 1921 auch die restlichen acht Maschinen in Betrieb genommen.

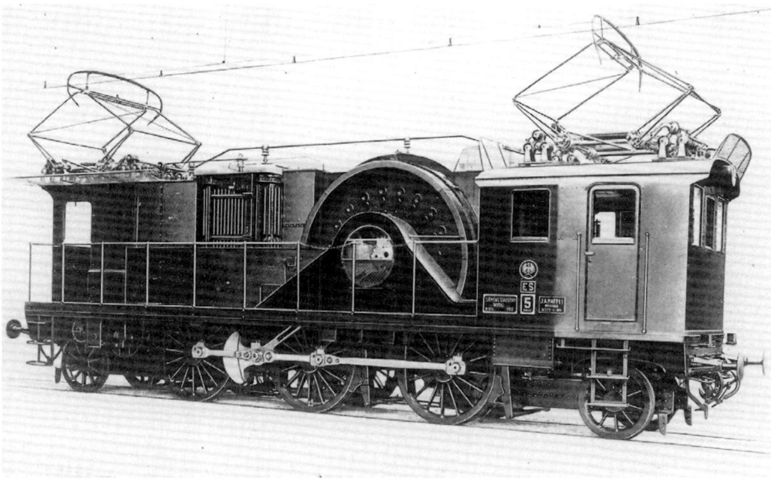

*Foto: Kleine, Archiv transpress*

Eine Besonderheit der ES 9-19 war der hohe Vorbau für den Transformator an der hinteren Stirnseite, da dieser vor dem Führerstand angeordnet werden musste. Den Innenraum füllte einer der größten Wechselstrom-Bahnmotoren der Welt aus. Sein Ständerdurchmesser betrug 3.200 mm, der Ankerdurchmesser 2.400 mm. Die Motorleistung wurde über schräge Treibstangen auf eine Blindwelle zwischen zweitem und drittem Kuppelradsatz und weiter über horizontale Treib- und Kuppelstangen übertragen. Im Frühsommer 1923 kamen die elf Maschinen wieder auf den neu elektrifizierten mitteldeutschen Strecken zum Einsatz und waren beim Bw Leipzig West beheimatet. Von der DRG wurden ab 1926 noch zehn Loks in E 01 09-17 und 19 umgezeichnet, die ES 18 war bereits ausgemustert. Höhere Zuggewichte beanspruchten die Loks über Gebühr und vor allem Ankerschäden häuften sich. Fehlende Ersatzteile und aufwändige Reparaturen führten zwischen 1927 und 1929 zur Abstellung und Ausmusterung aller E 01. Keine blieb erhalten.

| Technische Daten: | |
|---|---|
| Baureihenbezeichnung: | E 01 (DRG) |
| Radsatzanordnung: | 1'C1' |
| Stromsystem: | 16⅔ Hz, 15 kV |
| Vmax (km/h): | 110 |
| Stundenleistung (kW): | 1.325 |
| Dauerleistung (kW): | 885 |
| Dienstmasse (t): | 84,0 |
| Größte Radsatzfahrmasse (t): | 17,0 |
| Länge über Puffer (mm): | 12.405 |
| Treibraddurchmesser (mm): | 1.350 |
| Laufraddurchmesser (mm): | 1.000 |
| Indienststellung: | 1914-1921 |
| Verbleib: | ++ |

## 101 (DB AG)

*Foto: Estler*

Im September 1994 stellte ABB Henschel sein neues Triebfahrzeugkonzept »Eco 2000« vor, dessen Hauptkomponenten seit 1992 erprobt worden waren. Die wesentlichen Neuerungen bestanden im Wegfall der Relaistechnik, in besonders gleisschonenden Flexifloat-Drehgestellen mit Einzelradsatzsteuerung und integriertem Antrieb, einem kabelsparenden »Integrierten Fahrzeug-Bus«, dem prozessorgesteuerten Leitsystem MICAS-S zur Fahrzeugsteuerung und -diagnose sowie in einem modularen, kundengerechten Aufbau auf der Basis erprobter Baugruppen. Im November 1994 orderte die DB als Ablösung für die Baureihe 103 im EC/IC/IR-Verkehr insgesamt 145 vierachsige Maschinen aus der »Eco 2000«-Familie mit der neuen Bezeichnung 101.

Der Fahrzeugkasten entstand in solider, geschweißter Stahlbauweise aus Blechen und Profilen. Die drei Dachhauben sind einschließlich der in der Dachschräge liegenden Lüftungsgitter abnehmbar. Zwei Flexifloat-Drehgestelle mit relativ kurzen Radsatzständen von 2.650 mm und geringen ungefederten Massen sorgen auch in engen Kurven für hervorragende Fahreigenschaften. Auf jeden Radsatz wirkt ein integrierter Gesamtantrieb (IGA), in dem ein Drehstrom-Asynchron-Fahrmotor, ein Getriebe und die innenbelüftete Scheibenbremse zu einer Einheit zusammengefasst sind. Das Drehmoment zwischen Getriebe und Radsatz überträgt eine Gelenkhohlwelle. Eine Geschwindigkeitsmessung durch Radar gewährleistet zusammen mit der elektronischen Schlupf- und Gleitregelung der Einzelradsatzsteuerung stets optimale Fahrt an der Reibungsgrenze. Hauptkomponenten der Starkstromausrüstung sind der mit 13 Tonnen schwerste, jemals in einer DB-Lok verwendete Haupttransformator sowie die Stromrichter mit den GTO-Thyristoren. Die Fahr- und Bremssteuerung erfolgt durch das aus Sicherheitsgründen doppelt vorhandene Leitsystem MICAS-S mit 16-Bit-Rechner. Das daran angeschlossene Diagnosesystem DAVIS sorgt für höchste Verfügbarkeit und reduziert den Wartungsaufwand zusätzlich.

Vom 1. Juli 1996 bis zum 18. Juni 1999 lieferte ADtranz (nach der Übernahme von ABB Henschel) die 101 101-145 aus. Obwohl im Frühjahr 2023 fast 40 Loks aus dem aktiven Dienst ausgeschieden waren, waren die Maschinen von Hamburg aus noch in ganz Deutschland vor hochwertigen Reisezügen zu finden sind. 101 001 ist inzwischen in den Bestand des DB-Museums Koblenz übergegangen.

| Technische Daten: | |
|---|---|
| Baureihenbezeichnung: | 101 (DB AG) |
| Radsatzanordnung: | Bo'Bo' |
| Stromsystem: | $16\frac{2}{3}$ Hz, 15 kV |
| Vmax (km/h): | 220 |
| Stundenleistung (kW): | 6.600 |
| Dauerleistung (kW): | 6.400 |
| Dienstmasse (t): | 83 |
| Größte Radsatzfahrmasse (t): | 21 |
| Länge über Puffer (mm): | 19.100 |
| Treibraddurchmesser (mm): | 1.250 |
| Indienststellung: | 1996-1999 |
| Verbleib DB-Museum: | 101 001 |

## 102 (DB AG)

Mitte 2013 gewann DB Regio Oberbayern die Ausschreibung für den Weiterbetrieb des bereits seit 2006 verkehrenden München-Nürnberg-Express (NBE). Weil dafür aber die bisher verwendeten Loks der Baureihe 101 und ältere Reisezugwagen – beide von DB Fernverkehr angemietet – nicht mehr länger einsetzen werden sollten, sah sich DB Regio nach neuen Fahrzeugen um. Sie beim tschechischen Hersteller Škoda fündig, der für diesen Einsatz eine besondere Version seines Ellok-Typs 109 E anbot. Dazu gehören vollkommen neu konstruierte Doppelstock-Wendezüge.

Die vierachsigen Lokomotiven haben wassergekühlte IGBT-Stromrichter mit Vierquadranten-Stellern. Sämtliche Fahrmotoren lassen sich über Antriebswechselrichter einzeln ansteuern. Im Unterschied zu den übrigen Versionen ist die deutsche Ausführung nur als Einsystemmaschine für Wechselspannung ausgelegt. Die Loks sind für den Einbau des einheitlichen europäischen Sicherheitssystems ECTS vorbereitet und haben dynamische Bremsen, die Energie in die Oberleitung zurückspeisen. Die druckertüchtigten Führerräume haben Heiz-, Lüftungs- und Klimaanlage.

*Foto: DB AG (Miethe)*

Der Beginn des Einsatzes war eigentlich zum Winterfahrplan 2016 vorgesehen. Ein halbes Jahr später fanden erste Probefahrten mit den kompletten Zügen auf der Schnellfahrstrecke zwischen Mannheim und Stuttgart statt und Anfang November 2018 bekamen die Garnituren die TSI-Zertifizierung für Hochgeschwindigkeitszüge. Allerdings fehlte noch die abschließende Zulassung vom Eisenbahn-Bundesamt (EBA). In der Folgezeit gab es immer wieder Verzögerungen. Nach zahlreichen weiteren Probefahrten und Anpassungen erfolgte Anfang März 2020 die Betriebsfreigabe durch das EBA und im November 2020 begannen die ersten planmäßigen Fahrten.

DB Regio hat sechs Lokomotiven als Baureihe 102 im Bestand und setzt sie von München-Pasing aus ein. Zu jeder Lok gehören ein Doppelstockwendezug mit sechs Wagen (inkl. Steuerwagen), die insgesamt 676 Fahrgästen einen Sitzplatz bieten, dazu kommen noch 40 Stellplätze für Fahrräder. Die verkehrsroten Garnituren können bis zu 200 km/h schnell fahren.

| Technische Daten: | |
|---|---|
| Baureihenbezeichnung: | 102 (DB AG) |
| Radsatzanordnung: | Bo'Bo' |
| Stromsystem: | $16\frac{2}{3}$ Hz, 15 kV |
| Vmax (km/h): | 200 |
| Stundenleistung (kW): | 6.400 |
| Dauerleistung (kW): | 6.400 |
| Dienstmasse (t): | 86 |
| Größte Radsatzfahrmasse (t): | 21,5 |
| Länge über Puffer (mm): | 18.000 |
| Treibraddurchmesser (mm): | 1.250 |
| Indienststellung: | 2016-2021 |

## E 03.0, 103.0, 103.1 (DB)

Anfang der 1960er-Jahre entschloss sich die DB zu einem großen Schritt nach vorn mit der Entwicklung einer leistungsfähigen Maschine für hohe Geschwindigkeiten im hochwertigen Reisezugverkehr. Nach erfolgreichen Hochgeschwindigkeitsversuchen mit zwei modifizierten Maschinen der Baureihe E 10 (E 10 299 und 300) wurden Ende 1962 vier Probelokomotiven der neuen Baureihe E 03 bei Henschel (mech. Teil) und Siemens-Schuckert (elektr. Teil) in Auftrag gegeben, die noch rechtzeitig zur Internationalen Verkehrsausstellung 1965 in München fertiggestellt werden konnten. Während eine Lok als Ausstellungsstück diente, absolvierte die E 03 001 Demonstrationsfahrten zwischen München und Augsburg, bei denen erstmals eine planmäßige Höchstgeschwindigkeit von 200 km/h erreicht wurde. Die Stromlinienform des Aufbaus war im Windkanal ermittelt worden. Erprobt wurden zwei Arten der Kraftübertragung: Die E 03 001 und 003 erhielten den drehelastischen Henschel-Verzweigerantrieb, die E 03 002 und 004 den von der E 10 300 bekannten Siemens-Gummiringfeder-Kardanantrieb, der dann auch für die Serie übernommen wurde.

**Technische Daten:**

| | | |
|---|---|---|
| Baureihenbezeichnung: | E 03 (DB) | 103.1 (DB) |
| Radsatzanordnung: | Co'Co' | Co'Co' |
| Stromsystem: | $16\frac{2}{3}$ Hz, 15 kV | $16\frac{2}{3}$ Hz, 15 kV |
| Vmax (km/h): | 200 | 200 |
| Stundenleistung (kW): | 6.420 | 7.780 |
| Dauerleistung (kW): | 5.950 | 7.440 |
| Dienstmasse (t): | 112,0 | 114,0 |
| Größte Radsatzfahrmasse (t): | 18,8 | 18,8 |
| Länge über Puffer (mm): | 19.500 | 19.500 (ab 103 216: 20.200) |
| Treibraddurchmesser (mm): | 1.250 | 1.250 |
| Indienststellung: | 1965 | 1970-1974 |
| Verbleib: | E 03 001, 004 | 103 101, 113, 136, 184, 220, 226, 233, 235, 245 |

Für den ab 1971 geplanten InterCity-Verkehr wurde ab 1969 die Serienproduktion der Baureihe 103 aufgenommen. Bis 1974 kamen 145 deutlich leistungsstärkere Maschinen mit den Nummern 103 101-245 auf die Schienen. Sie wichen in einigen Punkten von den Prototypen ab. Äußerlich fiel sofort das zweite Lüfterband auf. Die letzten dreißig Exemplare erhielten einen um 700 mm verlängerten Rahmen mit einem vergrößerten Führerstand.
Zwischen 1986 und 1997 mussten die vier Prototypen den Dienst quittieren. Nach über dreißig Jahren Einsatz im schweren, hochwertigen Reisezugdienst mit höchsten Laufleistungen fuhren auch die Serienloks im Dezember 2002 ihre letzten Planleistungen. Mehrere Maschinen darunter 103 001, 002, 004, 101, 113, 132, 136, 167, 184, 197, 220, 224, 226, 233, 235 und 245 fanden bei diversen Vereinen oder privaten Eisenbahnunternehmen einen Unterschlupf.

*Foto: Estler*

## E 04 (DRG, DB, DR), 104 (DB), 204 (DR)

Aufbauend auf den guten Erfahrungen mit der Baureihe E 17 lieferte AEG in den Jahren 1932/33 zehn Maschinen ähnlicher Grundkonzeption als Baureihe E 04, jedoch mit nur drei angetriebenen Radsätzen, weiterentwickelten Gestell-Motoren und dem bewährten Kleinow-Federtopf-Antrieb. Die E 04 01-10 sollten die E 17 im mitteldeutschen Flachland ablösen, wo sie nicht ausgelastet waren. Die E 17 wurden auf der 1933 neu elektrifizierten Strecke Augsburg–Ulm–Stuttgart dringend benötigt. Die Maschinen waren zwar konstruktiv für 130 km/h ausgelegt, aber bis auf die E 04 09 und 10 nur für 110 km/h Höchstgeschwindigkeit zugelassen. Diese beiden besaßen eine geänderte Getriebeübersetzung sowie verstärkte Bremsen und waren für 130 km/h zugelassen. Anlässlich von Schnellfahrversuchen erreichte die E 04 09 bei einer Versuchsfahrt auf der Strecke München–Stuttgart am 28. Juni 1933 eine Geschwindigkeit von 151,5 km/h. Da nun auch die Leistungsfähigkeit der E 04 bei anspruchsvollen Streckenprofilen nachgewiesen war, bestellte die DRG noch 1933 elf weitere Maschinen für die süddeutschen Strecken. Der letzte Auftrag über zwei Lokomotiven (E 04 22 und 23) erfolgte 1934. Mit deren Auslieferung zum Jahresende 1935 war die Beschaffung der E 04 abgeschlossen.
Nach Kriegsende kamen die E 04 17-22 zur DB. Von 1950 bis 1968 waren sie in München beheimatet. Computergerecht dann als Baureihe 104 bezeichnet, fanden sie in Osnabrück eine neue Heimat, bis ihr Einsatz im Jahre 1981 endete. Die E 04 20 wird als Museumslok erhalten. Die anderen 17 Maschinen blieben nach Kriegsende in der sowjetisch besetzten Zone. Einige waren 1945/46 noch im Einsatz. Ende März 1946 mussten fast alle E 04 an die Sowjets abgegeben werden. 1952/53 kehrten alle wieder zurück. 14 Maschinen (E 04 01-03, 05-11, 14-16 und 23) arbeitete das Raw Dessau bis 1961 auf. Einsätze erfolgten zunächst von Magdeburg, Halle und Leipzig. Ab Mai 1968 liefen alle E 04 (ab 1970: 204) beim Bw Leipzig Hbf West, waren aber bis zu ihrer Außerdienststellung Ende 1976 auf dem gesamten elektrischen Netz der DR zu finden. Drei der DR-E 04 haben im Museumsbestand überlebt.

**Technische Daten:**

| | |
|---|---|
| Baureihenbezeichnung: | E 04 (DRG) |
| Radsatzanordnung: | 1'Co1' |
| Stromsystem: | $16\frac{2}{3}$ Hz, 15 kV |
| Vmax (km/h): | 110 (ab E 04 09: 130) |
| Stundenleistungleistung (kW): | 2.190 |
| Dauerleistung (kW): | 2.010 |
| Dienstmasse (t): | 92,0 |
| Größte Radsatzfahrmasse (t): | 20,5 |
| Länge über Puffer (mm): | 15.120 (E 04 17-22 bei DB: 15.620) |
| Treibraddurchmesser (mm): | 1.600 |
| Laufraddurchmesser (mm): | 1.000 |
| Indienststellung: | 1932-1935 |
| Verbleib: | E 04 01 (VMN, Leipzig Hbf), 07 (EF Staßfurt), 11 (Thür. EV, Weimar), 20 (VMN, Frankfurt/Main) |

*Foto: Estler*

## E 05, E 05.1 (DRG, DR)

Bereits Mitte der 1920er-Jahre propagierten die Siemens-Schuckert-Werke (SSW) den Tatzlagerantrieb. Als 1931 die Beschaffung der E 04 anstand, bot SSW eine 1'Co1'-Schnellzuglokomotive mit Tatzantrieb an. Um einen Vergleich mit dem Federtopf-Antrieb zu ermöglichen, reduzierte die DRG den E 04-Auftrag um zwei Maschinen und bestellte drei Lokomotiven der Baureihe E 05 mit Tatzlagerantrieb. Den mechanischen Teil sollte Henschel, den elektrisch Teil SSW liefern. Ursprünglich war eine Höchstgeschwindigkeit von 110 km/h vorgehen, doch Ende 1932 modifizierte die DRG den Auftrag und ließ eine Maschine mit 130 km/h Höchstgeschwindigkeit bauen. 1933 wurden die »langsamen« Loks als E 05 001 und 002 in Dienst gestellt, die »schnelle« erhielt die Betriebsnummer E 05 103.

Foto: Kleine, Archiv transpress

Nach der Anlieferung beim Bw Leipzig West folgten umfangreiche Vergleichsfahrten mit den E 04. Obwohl die E 05 103 dabei bis zu 163 km/h erreicht haben soll, befriedigten die Laufeigenschaften aller E 05 im Bereich über 100 km/h nicht sonderlich, die E 04 war hier eindeutig besser. Daher kam der Tatzlagerantrieb bei Schnellzugloks nicht mehr zum Zug, wohl aber bei den »langsamen« Baureihen E 44, E 93 und E 94.
Alle drei E 05 überlebten den Zweiten Weltkrieg und fuhren bis Ende März 1946 auf ihren mitteldeutschen Stammstrecken. Zusammen mit allen elektrischen Anlagen und Fahrzeugen wurden auch die E 05 als Reparationsleistung in die Sowjetunion abgefahren. Von dort kehrten 1952 nur die E 05 002 und 103 zurück. Nach der Wiederaufnahme des elektrischen Zugbetriebs bei der DR ab 1955 bestand bald erheblicher Bedarf an schnelllaufenden Maschinen. Daher entschloss sich die DR zur Aufarbeitung der E 05 103 unter Verwendung von Teilen der E 05 002. Ab September 1959 stand die E 05 103 dem Betriebsdienst zur Verfügung, doch auf Grund ihrer hohen Schadanfälligkeit wurde sie im Oktober 1964 schon wieder abgestellt. Einige Jahre diente sie noch als stationäre Trafostation in Halle Hbf und wurde schließlich 1969 verschrottet.

**Technische Daten:**

| Baureihenbezeichnung: | E 05 (DRG) | E 05.1 (DRG) |
|---|---|---|
| Radsatzanordnung: | 1'Co1' | 1'Co1' |
| Stromsystem: | $16^2/_3$ Hz, 15 kV | $16^2/_3$ Hz, 15 kV |
| Vmax (km/h): | 110 | 130 |
| Stundenleistung (kW): | 2.160 | 2.160 |
| Dauerleistung (kW): | 1.785 | 1.785 |
| Dienstmasse (t): | 89,0 | 90,0 |
| Größte Radsatzfahrmasse (t): | 19,8 | 20,1 |
| Länge über Puffer (mm): | 15.400 | 15.400 |
| Treibraddurchmesser (mm): | 1.400 | 1.400 |
| Laufraddurchmesser (mm): | 1.000 | 1.000 |
| Indienststellung: | 1933 | 1933 |
| Verbleib: | ++ | ++ |

## E 06 (preuß. ES 51-57, DRG), E 06.1 (DRG)

Für den Schnellzugdienst auf den mitteldeutschen elektrifizierten Strecken bestellte 1922 die DRG fünf 2'C2'-Schnellzuglokomotiven, welche schon von den Preußischen Staatsbahnen geplant worden waren. Geliefert wurden die ES 51-55 »Halle« in den Jahren 1924/25 von der Berliner Maschinenbau AG (BMAG, mechanischer Teil) und von der Bergmann-Elektrizitäts-Werke AG (BEW, elektrischer Teil). Ausgestattet waren die ab 1926 als E 06 01-05 bezeichneten Maschinen mit dem zu dieser Zeit bereits technisch überholten Parallelkurbel-Stangenantrieb über zwei Blindwellen. Die Räder aller drei Kuppelradsätze besaßen um 15 mm geschwächte Spurkränze. Durch die Ausstattung der Laufrad-Drehgestelle mit seitenverschiebbaren Drehzapfen wurde eine gute Führung im Gleis erreicht. Der Aufbau besaß an der vorderen Stirnfront einen Endführerstand, am hinteren Ende dagegen einen langen schmalen Vorbau. Bei den E 06 02-05 war dort die Druckluftausrüstung eingebaut, bei der E 06 01 zunächst der Heizkessel für die Zugheizung. 1927 verlor die E 06 01 bei einem Umbau den Heizkessel und wurde entsprechend angepasst. Den Innenraum füllte der damals zweitgrößte Wechselstrom-Bahnmotoren der Welt aus. Sein Ständerdurchmesser betrug 3.360 mm, der Ankerdurchmesser 2.580 mm. Er wog 22,3 Tonnen. Die Regelung der Betriebsspannung des Motors erfolgte durch eine elektro-pneumatische Schützensteuerung mit 16 Dauerfahrstufen. Der Haupttransformator war als fremdbelüfteter Öltransformator in Kernbauweise ausgeführt.
Im September 1924 bestellte die DRG zur Ablösung der leistungsschwachen E 01 zwei weitere Exemplare bei BMAG und BEW. Diese wurden 1926 noch als ES 56-57 »Halle« in Dienst gestellt und erhielten kurz darauf die Nummern E 06 06-07. Diese Maschinen wiesen verschiedene Änderungen und Verbesserungen auf: Statt des Öltransformators besaßen sie einen Trockentransformator in Mantelbauart sowie eine Schützensteuerung mit 18 Dauerfahrstufen. Motorkühlung und Kühlluftführung waren verbessert. Auf Grund des Transformators und des höheren Kühlluftbedarfs musste die Innenraumaufteilung geändert werden. Durch die Anbringung von DRG-Einheitspufferträgern vor den Stirnplatten vergrößerte sich die Länge um 580 mm.
Da die sieben E 06 immer noch nicht Ablösung der leistungsschwachen E 01 ausreichten, bestellte die DRG 1927 fünf weitere Exemplare als Baureihe E 06.1 bei BMAG und BEW. Sie wurden zwischen Juni und September 1928 als E 06 08-12 in Dienst gestellt. Im elektrischen Teil sowie im Antrieb entsprachen sie weitgehend den E 06 06-07. Ihr Äußeres wirkte aber durch den modernen Kastenaufbau mit den beiden Endführerständen, den abgeschrägten Ecken und dem über die Stirnfront vorgezogenen Dach wesentlich gefälliger. Die Luftansaugöffnungen lagen nun im oberen Teil zwischen den Maschinenraumfenstern, um die Verschmutzung des Maschinenraums zu vermindern.
Zeit ihres Lebens fuhren alle E 06 in Mitteldeutschland. Kamen sie anfangs vorwiegend im Schnellzugdienst zum Einsatz, sah man sie nach dem Eintreffen von E 17 und später E 04 vermehrt vor schweren Personenzügen und im Güterzugdienst. Im Zweiten Weltkrieg wurden die E 06 02 und 03 bei einem Fliegerangriff auf Leipzig am 3. Dezember 1943 schwer beschädigt und mussten daraufhin ausgemustert werden. Wenig später erlitt die E 06 05 bei einem Fliegerangriff auf Magdeburg das gleiche Schicksal. Auch nach Kriegsende fuhren die verbliebenen E 06 bis zur Einstellung des elektrischen Zugbetriebs in der sowjetischen Besatzungszone am 29. März 1946. Wie alle dort verbliebenen elektrischen Fahrzeuge wurden auch sie als Reparationsleistung in die UdSSR abgefahren. Zwischen 1952 und 1953 kehrten die neun E 06 in die DDR zurück, wurden aber von der DR nicht mehr aufgearbeitet sondern 1955/56 verschrottet.

Foto: Kleine, Archiv transpress

**Technische Daten:**

| Baureihenbezeichnung: | E 06 (DRG) | E 06.1 (DRG) |
|---|---|---|
| Radsatzanordnung: | 2'C2' | 2'C2' |
| Stromsystem: | $16^2/_3$ Hz, 15 kV | $16^2/_3$ Hz, 15 kV |
| Vmax (km/h): | 110 | 110 |
| Stundenleistung (kW): | 2.780 | 2.780 |
| Dauerleistung (kW): | 2.330 | 2.330 |
| Dienstmasse (t): | 111,6 (E 06 06-07: 109,4) | 110,0 |
| Größte Radsatzfahrmasse (t): | 20,0 | 20,0 |
| Länge über Puffer (mm): | 15.750 (E 06 06-07: 16.330) | 16.330 |
| Treibraddurchmesser (mm): | 1.600 | 1.600 |
| Laufraddurchmesser (mm): | 1.000 | 1.000 |
| Indienststellung: | 1924-1926 | 1928 |
| Verbleib: | ++ | ++ |

*Foto: Slg. Koppisch, Archiv transpress*

## E 10.0, 110.0 (DB)

Bereits 1948 griff die spätere DB die Pläne der DRG von 1940 zur Weiterentwicklung der Bo'Bo'-Elektrolokomotive E 44 wieder auf. Das als E 46 bezeichnete Projekt sah zunächst eine Universallokomotive für Reisezüge (bis 120 km/h) und mittelschwere Güterzüge vor, schwere Güterzüge sollten doppelt bespannt werden. Vorbild für die E 46 waren die laufachslosen Ae 4/4 der BLS bzw. Re 4/4 der SBB. Anfang Dezember 1950 bestellte die DB vier laufachslose vierachsige Drehgestelllokomotiven, wegen der auf 130 km/h erhöhten Geschwindigkeit nun als E 10 bezeichnet. Im Antrieb und der Steuerung unterschieden sie sich. Bestellt wurden E 10 001 (Alsthom-Hohlwellenantrieb mit Gelenkkupplung und Niederspannungssteuerung) bei AEG/KM, E 10 002 (BBC-Scheibenantrieb und Hochspannungssteuerung) bei BBC/Krupp, E 10 003 (SSW-Gummiringfederantrieb und SSW-Hochspannungssteuerung) bei SSW/ Henschel und E 10 004 (Sechéron-Antrieb mit Torsionsstab und Lamellenkupplung und Hochspannungssteuerung) bei AEG/BBC/Henschel. Eine zweite Maschine gleicher Bauart wurde als E 10 005 nachbestellt.
Am 23. August 1952 wurde als erste Lok E 10 001 in Dienst gestellt, es folgten E 10 003 (13. November 1952, zunächst Bw Nürnberg Hbf), E 10 004 (3.Dezember 1952), E 10 002 (13. Dezember 1952) und E 10 005 (23. März 1953). Die E 10 001 bis 004 wurden zunächst von München aus eingehenden Probe- und Versuchsfahrten unterzogen. Dagegen kam die E 10 005 zuerst beim Bw München Hbf, ab 22. Juli 1953 beim Bw Nürnberg Hbf direkt in den Betriebsdienst. Die übrigen Maschinen gelangten bis Mai 1955 ebenfalls nach Nürnberg, das bis zur Ausmusterung Heimat der Maschinen blieb.
Alle fünf Maschinen besaßen einen geschweißten Brückenrahmen. Auch die übrigen Bauteile und Baugruppen aller Maschinen waren weitgehend geschweißt, durch verschiedene konstruktive Maßnahmen gelang es, bei E 10 004 und E 10 005 Material und damit Gewicht einzusparen. Äußerlich unterschieden sich die E 10 002-005 kaum, lediglich die Anordnung der Fenster und Lüftergitter war verschieden. Die E 10 001 hatte durch ihre tiefliegenden Lampen hingegen ein unverwechselbares Gesicht. Auf E 10 001 und E 10 003-005 fanden Scherenstromabnehmer SBS 56 Verwendung, die E 10 002 trug die Bauform SBS 57. Alle Maschinen erhielten Sicherheitsfahrschaltung und Indusi sowie eine weitgehend übereinstimmende Führerstandsausrüstung.
Weil die DB noch vor Abschluss der Erprobung das Konzept der Universallokomotive verwarf, wurde keine der fünf Vorausmaschinen nachgebaut, doch fanden die in den E 10-Prototypen erprobten und bewährten Komponenten bei den Einheits-Elektrolokomotiven Verwendung.
Von Nürnberg aus zogen sie schnelle Reisezüge u.a. nach München, Regensburg/ Passau, Würzburg und Frankfurt, später wanderten sie in den Personen- und Eilzugdienst nach Bamberg, Coburg und Treuchtlingen ab. Schnellzüge bespannten die Maschinen allerdings weiterhin bis zur Ausmusterung auf der alten Magistrale Nürnberg–Lichtenfels–Ludwigsstadt(–Probstzella).
Am 26. Juni 1975 wurde als erste 110.0, wie die Maschinen ab 1968 bezeichnet wurden, die 110 001 ausgemustert. Es folgten 110 003 (28.10.76), 110 004 (27.01.77), 110 002 (27.10.77) und 110 005 (30.08.79). Museal, aber nicht betriebsfähig blieben 110 002 und 110 005 beim VM Nürnberg erhalten.

*Foto: Slg. Koppisch, Archiv transpress*

**Technische Daten:**

| Baureihenbezeichnung: | E 10 001 (DB) | E 10 002 (DB) | E 10 003 (DB) | E 10 004/005 (DB) |
|---|---|---|---|---|
| Radsatzanordnung: | Bo'Bo' | Bo'Bo' | Bo'Bo' | Bo'Bo' |
| Stromsystem: | 16⅔ Hz, 15 kV | 16⅔ Hz, 15 kV | 16⅔ Hz, 15 kV | 16⅔ Hz, 15 kV |
| Vmax (km/h): | 130 | 130 | 130 | 130 |
| Stundenleistung (kW): | 3.800 | 3.280 | 3.800 | 3.440 |
| Dauerleistung (kW): | 3.680 | 3.020 | 3.600 | 3.280 |
| Dienstmasse (t): | 83,3 | 82,1 | 80,3 | 80,0 |
| Größte Radsatzfahrmasse (t): | 20,8 | 20,5 | 20,1 | 20,0 |
| Länge über Puffer (mm): | 16.100 | 16.650 | 15.900 | 15.900 |
| Gesamtradsatzstand (mm): | 11.200 | 11.300 | 11.300 | 11.300 |
| Treibraddurchmesser (mm): | 1.350 | 1.250 | 1.250 | 1.250 |
| Indienststellung: | 1952 | 1952 | 1952 | 1952-1953 |
| Verbleib: | ++ | E 10 002 (VMN, Lichtenfels) | ++ | E 10 005 (VMN, Nördlingen) |

Foto: Dostal

## E 10.1, E 10.3, E 10.12-13; E 40, E 40.11, 110, 112, 113, 114, 115, 139, 140 (DB)

Das 1954 von der DB festgelegte Einheits-Typenprogramm für Elektrolokomotiven sah für den Einsatz im Schnell- und Eilzugdienst die Baureihe E 10 vor. Die 150 km/h schnellen Serienmaschinen sollten Schnellzüge von 500 t Gewicht auf 5 ‰ Steigung noch mit 140 km/h befördern können. Im Oktober 1954 bestellte die DB die ersten der als Baureihe E 10.1 bezeichneten Maschinen, für die Konstruktion zeichneten Krauss-Maffei (mech. Teil) und SSW (el. Teil) verantwortlich, am Bau beteiligt waren daneben auch Henschel, Krupp, AEG und BBC. Am 4. Dezember 1956 erhielt die DB mit E 10 101 die erste Serienmaschine, ihr folgten bis 1963 weitere 286 Maschinen (E 10 101-264; E 10 271-287). Aus der laufenden Serie entnahm die DB im Mai 1962 vorübergehend sechs Maschinen für die Beförderung des Paradezuges »Rheingold«, diese waren durch Veränderung der Übersetzung 160 km/h schnell und erhielten die Nummern E 10 1239-1244 sowie das Farbkleid Blau/Elfenbein des Rheingoldzuges. Schon vom Herbst 1962 wurden sie jedoch in die Regelausführung zurückgebaut und fortan als E 10 239-244 geführt. Für den »Rheingold« standen nun die dank einer Getriebeänderung 160 km/h schnellen Lokomotiven E 10 1265-1270 zur Verfügung. Den bei diesen Fahrzeugen erstmals verwendeten strömungsgünstigeren Kasten mit der charakteristischen »Bügelfalte« an den Stirnseiten erhielten ab 1963 alle Serien-E 10. Die so gestalteten Maschinen bildeten die Unterbaureihe E 10.3, die erste Serienmaschine mit Bügelfalte war die E 10 288. Den sechs Rheingold-E 10.12 folgten 1964 mit E 10 1308-1312 fünf weitere Maschinen, die letzte Serie der 160 km/h schnellen Maschinen wurde 1968 bereits als 112 485-504 abgeliefert. Insgesamt erhielt die DB 379 Serienmaschinen der Reihe E 10.1/E 10.3 sowie 31 Maschinen der Reihe E 10.12.

Für leichte bis mittelschwere Güterzüge sah das Typenprogramm die E 40 vor, die erste Lok (E 40 004) wurde am 21. Januar 1957 abgeliefert. Sie ist mit der E 10 nahezu baugleich, lediglich die Getriebeübersetzung wurde geändert und auf den serienmäßigen Einbau einer elektrischen Bremse wurde verzichtet. Für den Einsatz auf Steilstrecken erhielten ab 1960 die Maschinen E 40 131-137 und E 40 163-166 eine elektrische Widerstandsbremse. Die als E 40.11 bezeichnete Unterbaureihe erhielt später noch durch E 40 309-316 und E 40 552-563 Zuwachs. Aus der E 40 wurde 1968 EDV-gerecht die Baureihe 140, aus der E 40.11 die Baureihe 139. Beide Baureihen zusammen brachten es auf insgesamt 879 Maschinen. 1984 wurde die Vmax von 100 km/h auf 110 km/h erhöht.

Brückenrahmen und Profilstahl-Kastengerippe sind eine Schweißkonstruktion, auf welche die Bekleidungsbleche aufgeschweißt sind. Die Verkleidung bildet mit Brückenträger und Dachkonstruktion eine selbsttragende Einheit. Die vier Fahrmotoren leisten 3.620 kW, als Antrieb dient der SSW-Gummiringfederantrieb. Die Stromabnehmer wurden neu entwickelt und erhielten die Bezeichnung DBS 54a. Mittlerweile veränderte sich das Aussehen der meisten Maschinen durch zahllose Umbauten, erwähnt seien nur der Abbau der Schürzen (E 10.3), der Umbau der Lüfter, der Wegfall der Dachrinnen u.v.a.

Inzwischen sind die Maschinen bei der Deutschen Bahn komplett aus dem Bestand verschwunden. Allerdings sind noch zahlreiche Exemplare in unterschiedlichen – auch ehemaligen DB-Farbgebungen bei privaten Eisenbahnunternehmen in Betrieb. Als Museumsmaschinen bleiben u.a. die 110 348, 113 311 sowie 140 128 und 423 (alle VMN, Koblenz-Lützel). 110 239 zeigt sich wieder in den ursprünglichen TEE-Farben dunkelblau/creme. Sie gehört zwar der DB, wird aber vom Lokomotiv-Club 103 e. V. in Wuppertal gewartet und eingesetzt. E 10 121, E 10 228 und E 10 348 sind blau lackiert.

**Technische Daten:**

| Baureihenbezeichnung: | E 10.1 (DB) | E 10.3 (DB) | E 10.12 (DB) | E 40 (DB) |
|---|---|---|---|---|
| Radsatzanordnung: | Bo'Bo' | Bo'Bo' | Bo'Bo' | Bo'Bo' |
| Stromsystem: | 16²/₃ Hz, 15 kV | 16²/₃ Hz, 15 kV | 16²/₃ Hz, 15 kV | 16²/₃ Hz, 15 kV |
| Vmax (km/h): | 150/140 | 150/140 | 160 | 100/110 |
| Stundenleistung (kW): | 3.700 | 3.700 | 3.700 | 3.700 |
| Dauerleistung (kW): | 3.620 | 3.620 | 3.620 | 3.620 |
| Dienstmasse (t): | 84,6 | 86,0 | 86,0 | 83,0 (E 40.11: 86,0) |
| Größte Radsatzfahrmasse (t): | 21,2 | 21,5 | 21,5 | 20,9 (E 40.11: 21,5) |
| Länge über Puffer (mm): | 16.490 | 16.440 | 16.440 | 16.490 |
| Gesamtradsatzstand (mm): | 11.300 | 11.300 | 11.300 | 11.300 |
| Treibraddurchmesser (mm): | 1.250 | 1.250 | 1.250 | 1.250 |
| Indienststellung: | 1956-1963 | 1963-1969 | 1962-1968 | 1957-1973 |

Foto: Estler

*Foto: Estler*

## E 11, E 42, 211, 242 (DR), 109, 142 (DB AG)

Am 1. September 1955 konnte in der DDR zwischen Halle/Saale und Köthen der elektrische Zugbetrieb wieder aufgenommen werden. Ende 1957 hatte die DR schon 85 Kilometer unter Draht und weitere 220 Kilometer waren im Bau. Zum Einsatz gelangten zunächst instandgesetzte Altbau-Elektrolokomotiven der Baureihen E 04, E 44 und E 94, doch war absehbar, dass diese Maschinen für das geplante Elektrifizierungsprogramm nicht ausreichen würden. Daher bekam Ende 1956 der VEB Lokomotivbau - Elektrotechnische Werke »Hans Beimler« (LEW) Hennigsdorf den Auftrag zur Entwicklung einer neuen Bo'Bo'-Lokomotive. Da eine Lizenznahme der DB-Baureihe E 10 scheiterte, war die Entwicklung und Fertigung der elektrischen Ausrüstung Neuland für die DDR-Industrie. Als Vorbild mussten daher die Hauptkomponenten der vorhandenen Altbau-Elloks wie Transformator, Schaltwerk, Steuerung und Fahrmotoren dienen. Immerhin konnte LEW beim Fahrzeugteil auf die Erfahrungen mit an die PKP gelieferten Gleichstromloks der Baureihe EU 04 aufbauen.

Zum Jahresbeginn 1961 trafen die Prototypen E 11 001 und 002 im Raw Dessau ein. Anschließend erfolgte eine umfangreiche Erprobung durch die Versuchs- und Entwicklungsstelle der Maschinenwirtschaft (VES-M), wobei festgestellt wurde, dass die Lokomotiven nach Beseitigung einiger kleiner Mängel das geforderte Betriebsprogramm erfüllten. Versuchsweise wurde dabei die E 11 002 mit einem elastischen Gummiringantrieb ausgerüstet. Mit der E 11 003 begann im November 1962 die Auslieferung der Serienloks, allerdings in zwei Varianten. Neben 40 Maschinen der Baureihe E 11, vorwiegend für den Schnellzugdienst mit einer Höchstgeschwindigkeit von 120 km/h aber geringerer Anzugkraft, wurden 22 Exemplare der langsameren E 42 gebaut. Sie glich der E 11 im elektrischen Teil sowie optisch vollständig. Durch eine andere Getriebeübersetzung hatte die E 42 eine größere Anfahrzugkraft aber geringere Höchstgeschwindigkeit (100 km/h) und war deshalb für den Güterzug- und schweren Personenzugdienst vorgesehen.

Die Maschinen besaßen einen Aufbau in Stahlleichtbaukonstruktion, welcher mit dem Brückenrahmen verschweißt war. Die Dachteile über dem Maschinenraum waren abnehmbar. Die geschweißten, längsgekuppelten Drehgestelle besaßen einen Rahmen aus kastenförmigen Stahlblechträgern. Am Querträger für den seitenbeweglichen Drehzapfen waren auch die Fahrmotoren aufgehängt, die als zwölfpolige Einphasen-Reihenschlussmotoren in Tatzlagerbauart ausgeführt waren. Die vier Radsätze wurden über ein beiderseitiges, schrägverzahntes Stirnradgetriebe mit einer Übersetzung von 27:72 (E 11) oder 21:77 (E 42) angetrieben. Der zentral angeordnete Haupttransformator war ein fremdbelüfteter Manteltransformator mit zwangsweisem Ölumlauf. Zur Spannungsregelung der Fahrmotoren diente ein elektromotorisch betätigtes Nockenschaltwerk, das mechanisch mit einem Feinschaltwerk gekuppelt war, welches durch einen Zusatztransformator die feinstufige Spannungsänderung zwischen den 14 Fahrstufen ermöglichte.

Nach der Auslieferung der ersten Serie E 11/E 42 beschaffte die DR bis zum Sommer 1969 nur noch die E 42 in 151 weiteren Exemplaren. Ab 1970 wurden beide Baureihen computergerecht als 211 (E 11) und 242 (E 42) geführt und wieder in beiden Ausführungen hergestellt. Bis zum Jahresende 1976 konnten die 211 043 bis 096 und die 242 174 bis 292 ausgeliefert werden. Dann endete die Beschaffung. Natürlich gab es während der 15-jährigen Lieferzeit auch einige Änderungen. Am auffälligsten war der Ersatz der vier Doppel-Lüftungsöffnungen mit vertikalen Mehrfachdüsengittern durch sechs einzelne Lüftungsöffnungen. Zwischen 1985 und 1992 erfolgten diverse Umbauten, Rückbauten und Umzeichnungen. So mutierten zunächst 242er zur 211ern, ein paar Jahre später erfolgte der Rückbau sowie der Umbau von 211ern in die Baureihe 242.3. Doppeltraktionsfähige 211er erhielten ab 1989 die Bezeichnung 211.8.

Im gemeinsamen Umzeichnungsplan von DB und DR wurden 1992 die 211 zur Baureihe 109, die 242 zur Baureihe 142. Auf Grund des rapiden Verkehrsrückgangs begann der Stern der »Holzroller« nun schnell zu sinken. Diesen Spitznamen erhielten die Loks wegen den Laufstegen aus Holzbrettern auf dem Dach und wegen ihrer holzradähnlichen Speichenräder. Bis 1994 waren mit der Ausnahme von vier Maschinen alle 109er abgestellt. Ihr Einsatz endete am 31. Mai 1998. Die 142er hielten etwas länger durch, die letzten mussten erst im Sommer 1999 den Dienst quittieren.

Von der Baureihe E 11 werden noch die Maschinen 109 013, 026, 030, 073 und 084 in den Bestandslisten privater EVU geführt. Die beiden erstgenannten sind aber nicht betriebsfähig abgestellt.

Diverse Maschinen der Baureihe E 42 erlebten einen zweiten Frühling. In die Schweiz gelangten Mitte der 1990er-Jahre 21 langsame Holzroller. Anfang 2003 erwarb die Westfälische Almetalbahn (WAB) einige diese Loks und nahm sie sukzessive in Betrieb. 2023 wurden noch 17 Exemplare dieser Baureihe gelistet, wobei aber nur noch 142 001, 042, 110, 145, und 272 aktiv waren. E 11 001 und E 11 049 bleiben als Museumsloks erhalten.

**Technische Daten:**

| Baureihenbezeichnung: | E 11 001 / 002 (DR) | E 11 (DR) | E 42 (DR) |
|---|---|---|---|
| Radsatzanordnung: | Bo'Bo' | Bo'Bo' | Bo'Bo' |
| Stromsystem: | $16^{2}/_{3}$ Hz, 15 kV | $16^{2}/_{3}$ Hz, 15 kV | $16^{2}/_{3}$ Hz, 15 kV |
| Vmax (km/h): | 120 | 120 | 100 |
| Stundenleistung (kW): | 2.800 | 2.920 | 2.920 |
| | | (bis E 11 008: 2.760) | (bis E 42 002: 2.760) |
| Dauerleistung (kW): | 2.600 | 2.740 | 2.740 |
| | | (bis E 11 008: 2.600) | (bis E 42 002: 2.600) |
| Dienstmasse (t): | 82,5 | 82,5 | 82,5 |
| Größte Radsatzfahrmasse (t): | 20,6 | 20,6 | 20,6 |
| Länge über Puffer (mm): | 16.260 | 16.260 | 16.260 |
| Treibraddurchmesser (mm): | 1.350 | 1.350 | 1.350 |
| Indienststellung: | 1961 | 1962-1976 | 1963-1976 |
| Verbleib (DB-Museum): | E 11 001 | E 11 049 | E 42 002, 255 |

## 212, 243 (DR), 112, 114, 143 (DB AG)

Anfang der 1980er-Jahre wurde das Elektrifizierungsprogramm der Deutschen Reichsbahn (DR) stark beschleunigt. Daher musste auch eine größere Anzahl neuer Elektrolokomotiven beschafft werden. Die Baureihen 211/242 (DB AG: 109/142) kamen langsam »in die Jahre« kamen und entsprachen technisch nicht mehr dem neuesten Stand. Daher erteilte 1980 die DR dem VEB Lokomotivbau - Elektrotechnische Werke »Hans Beimler« (LEW) in Hennigsdorf den Auftrag, mit Erfahrungen aus der Baureihe 155 eine neue, energiewirtschaftlich günstige Lokomotivgeneration zu entwickeln. Die Konstruktion sollte nach bewährtem Muster so erfolgen, dass problemlos eine Schnellzugvariante mit 140 km/h und eine Mehrzweckvariante mit 120 km/h Höchstgeschwindigkeit abgeleitet werden können. Zunächst wurde ein Drehstromantrieb erwogen, LEW gab aber letztlich einer ausgereiften konventionellen Wechselstromausrüstung den Vorzug. 1982 konnte die erste Lok mit der Betriebsnummer 212 001 auf der Leipziger Frühjahrsmesse präsentiert werden. Ihr weißer Lokkasten mit den breiten roten Streifen an den Seitenwänden verhalfen ihr schnell zum Beinamen »Weiße Lady«. Im Oktober 1983 erhielt sie neue Drehgestelle mit Radsätzen und Getrieben für 120 km/h. Umgezeichnet in 243 001 wurde die Erprobung fortgesetzt, welche mit der Serienbestellung der Mehrzweckvariante endete.

Die Serienlieferung begann im Oktober 1984 mit der 243 002 und endete 1990 nach 646 gebauten Maschinen mit der 243 659. Ab der 243 299 wurde die Stirnfront leicht abgeändert: Zur Verringerung des Luftwiderstandes ersetzte LEW die Schräge über den Stirnscheiben durch eine strömungsgünstigere Rundung. Die Nummern 243 371-550 wurden nicht besetzt. Stattdessen stellte die DR die doppeltraktionsfähigen 243 801-968 in Dienst, da kurzfristig keine schweren Güterzuglokomotiven produziert werden konnten.

Die Maschinen wurden erstmals mit einer Geschwindigkeitsregelung und unterlagerter Zugkraftregelung ausgestattet. Zur Verbesserung der Arbeitsbedingungen der Lokführer wurde auf eine ergonomische Anordnung der Bedienelemente und der Führerstandsausrüstung erheblicher Wert gelegt. Das gleiche gilt für die Ausstattung mit einer Klimaanlage. Der Einbau einer Zugbeeinflussungseinrichtung (PZ 80) war von Anfang an vorgesehen und wurde ab der 243 086 auch eingebaut. Alle zuvor gebauten Maschinen wurden nachgerüstet. Aufforderungs-Sifa und MESA 2000 waren weitere Zutaten. Durch das Hochspannungsstufenschaltwerk mit nachgeschalteten Thyristorsteller war ein stufenloses Verstellen der Fahrmotorspannung und dadurch ein sehr komfortables Beschleunigen ohne Schaltrucke möglich. Als erste DR-Elloks erhielten sie serienmäßig Einholmstromabnehmer.

Nach der Wende machte sich die Baureihe 243 (ab 1992: 143) sehr schnell auch in den alten Bundesländern breit. Ab 1992 wurden Umbauten für S-Bahn-Verkehr mit entsprechender Lackierung vorgenommen. Dabei wurden ergänzend eine ZWS-Wendezugsteuerung, eine seitenselektive Türsteuerung, ein Fahrgastinformationssystem und meist die Indusi I 60 R installiert. Aus Kostengründen wird seit Ende 1999 die konventionelle Wendezugsteuerung Bauart DB (36-polig) für den Einsatz im alten Bundesgebiet anstatt der DR-Wendezugsteuerung eingebaut. Als nach der Wende ein Bedarf an schnelleren Elloks bestand, war LEW im Jahr 1990 kurzfristig in der Lage, aus der laufenden Serie der 243 vier Maschinen herauszunehmen und für 160 km/h Höchstgeschwindigkeit umzurüsten. Im Oktober 1990 stellte die DR diese Loks als 212 002 bis 005 in Dienst. Nach ausführlicher Erprobung dieser Vorserie lieferte LEW (ab November 1991: AEG) zwischen August 1991 und Januar 1992 insgesamt 35 Loks der BR 212.0 (ab 1992: 112.0). Anfang 1995 wurde die 112 025 des FTZ Halle/Saale als Bahndienstfahrzeug in 755 025 umgezeichnet. Inzwischen fährt sie unter der Nummer 114 501. Auf Grund des überwiegenden Einsatzes durch DB Regio erhielten die 112.0 zum 1. April 2000 die neue Baureihenbezeichnung 114. Die Zusammenführung der beiden deutschen Bahnen führte zu einer Gemeinschaftsbestellung der nun folgenden BR 112.1, die in 90 Exemplaren zwischen Ende 1992 und Mai 1994 je zur Hälfte an die DR (112 101-145) und die DB (112 146-190) ausgeliefert wurden. Leichte Änderungen ergaben sich durch die Ausrüstung mit ZWS/ZDS, MFA, Halogenstirnlampen, veränderten Lüftergittern und MESA 2002. Desweiteren wurden alle 112.1er mit LZB (I 80), ep-Bremse, HDP-Führerbremsventilanlage und selektivem Schleuderschutz ausgestattet. Um die 112.0 mit den 112.1 gemischt einsetzen zu können, wurden sie in den Jahren 1996 bis 1997 mit ZWS und ZDS nachgerüstet. Bis auf die Getriebeübersetzung, eine verbesserte Isolation der Fahrmotoren und dadurch bedingte höhere Leistung sind die Baureihen 112.1 und 114 ansonsten identisch mit der Baureihe 143.

Die »Weiße Lady« (143 001) blieb bis 30. Juni 2002 im Eigentum des Herstellers (zuletzt Bombardier). Dann wurde sie an die EKO-TRANS (Arcelor-Gruppe) verkauft.

Foto: Estler

**Technische Daten:**

| Baureihenbezeichnung: | 143 001 (212 001, DR) | 112/114 (DR/DB) | 143 (DR) |
|---|---|---|---|
| Radsatzanordnung: | Bo'Bo' | Bo'Bo' | Bo'Bo' |
| Stromsystem: | $16\frac{2}{3}$ Hz, 15 kV | $16\frac{2}{3}$ Hz, 15 kV | $16\frac{2}{3}$ Hz, 15 kV |
| Vmax (km/h): | 120 (140) | 160 | 120 |
| Stundenleistung (kW): | 3.720 | 4.220 | 3.720 |
| Dauerleistung (kW): | 3.540 (3.500) | 4.000 | 3.540 |
| Dienstmasse (t): | 82,5 | 82,0 | 82,0 |
| Größte Radsatzfahrmasse (t): | 20 | 20 | 20 |
| Länge über Puffer (mm): | 16.640 | 16.640 | 16.640 |
| Treibraddurchmesser (mm): | 1.250 | 1.250 | 1.250 |
| Indienststellung: | 1982 | 1990-1994 | 1984-1990 |
| Verbleib (DB Museum): | | 243 002, 005, 117, 243 | |

Foto: Estler

## 111 (DB)

Schon bald nach Auslaufen der 110-Fertigung im Jahre 1969 zeigte sich ein zusätzlicher Bedarf an Lokomotiven infolge der immer weiter fortschreitenden Elektrifizierung sowie zur Ablösung der Altbau-Elloks. Zunächst plante die DB einen Nachbau der 110 mit nur geringen konstruktiven Änderungen, doch der technische Fortschritt bedingte eine Überarbeitung der Konstruktion. So entstand die Baureihe 111, welche auf den ersten Blick zwar als Neukonstruktion erscheint, die elektrische Ausrüstung (Trafo, Schaltwerk, Motoren) ist jedoch weitgehend identisch mit jener der Baureihe 110. Die wesentlichen Verbesserungen waren beim Laufwerk mit weiterentwickelten Drehgestellen und einer geänderten Abstützung des Lokkastens, bei der Kühlluftführung, den modernen Führerständen sowie der Wendezug- und Mehrfachsteuerung finden. Alle Maschinen sollten ab Werk Einholmstromabnehmer erhalten. Doch da diese dringend für die Baureihe 103 benötigt wurden, erhielten die 111er anfangs zum Teil Scherenstromabnehmer.
Am 16. Dezember 1974 stellten Krauss-Maffei und Siemens mit der 111 001 den ersten Nachfolger der Baureihe 110 vor. Bis November 1984 lieferten Krauss-Maffei, Henschel, Krupp, Siemens, AEG und BBC an die DB insgesamt 227 Maschinen. Für den S-Bahn-Einsatz im Verkehrsverbund Rhein-Ruhr erhielten die ab 1978 gelieferten 111 111-188 eine S-Bahn-Ausrüstung, zeitmultiplexe Wendezugsteuerung (ZWS) sowie die S-Bahn-Farbgebung orange/lichtgrau.

*Foto: Dostal*

| Technische Daten: | |
|---|---|
| Baureihenbezeichnung: | 111 (DB) |
| Radsatzanordnung: | Bo'Bo' |
| Stromsystem: | 16⅔ Hz, 15 kV |
| Vmax (km/h): | 160 |
| Stundenleistung (kW): | 3.700 |
| Dauerleistung (kW): | 3.620 |
| Dienstmasse (t): | 83,0 |
| Größte Radsatzfahrmasse (t): | 21 |
| Länge über Puffer (mm): | 16.750 |
| Treibraddurchmesser (mm): | 1.250 |
| Indienststellung: | 1975-1984 |
| Verbleib (DB-Museum): | 111 001, 003 |

Im Mai 1980 konnte für den Einsatz vor IC-Zügen auf Grund der guten Laufeigenschaften und der leistungsstarken Widerstandsbremse die zulässige Höchstgeschwindigkeit von 150 auf 160 km/h erhöht werden. Für den Einsatz vor Doppelstockzügen wurden zwischenzeitlich die 111 111-227 mit zeitmultiplexer Wendezug- und Doppeltraktionssteuerung (ZWS/ZDS) nach- bzw. ausgerüstet.
Im Jahr 2023 waren schon vielen Loks der Baureihe 111 aus dem Bestand der Deutschen Bahn AG verschwunden. Die meisten von ihnen habe bei privaten Eisenbahnunternehmen neue Aufgabe gefunden. DB Regio hatte im Frühjahr 2023 nur noch etwa 40 Exemplare im aktiven Bestand, nahezu genauso viele waren abgestellt. 15 Maschinen werden von DB Gebrauchtzug vermietet. Einige von ihnen fallen durch besondere Anstriche und die Aufschrift »Miete oder kaufe mich« auf. So ist die 111 111 wieder in ihrem S-Bahn-Anstrich unterwegs. 111 074 wurde in den Farben der Touristik-Züge lackiert, und 111 212 ist in den TEE-Farben Rot und Beige unterwegs. 111 001 und 003 gehöre inzwischen zum Bestand des DB-Museums und ist in Koblenz beheimatet.

## E 15 (DRG)

Als eine der Versuchsbauarten von Elloks mit Einzelradsatzantrieb gilt die E 15 01, die 1927 als E 18 01 von den Siemens-Schuckert-Werken und Borsig an die DRG gelieferte wurde. Ursprünglich sollte die Schnellzuglok einen hochgelagerten Motor, ein Vorgelege und Hohlwellenantrieb erhalten. Doch da sich zwischenzeitlich der Tatzantrieb mit seinen Gewichtsvorteilen bewährt hatte, kam dieser zur Anwendung. Ungewöhnlich war das Laufwerk der E 18 01: Sie besaß zwei Außenrahmen-Drehgestelle aus Stahlblech, in denen je zwei festgelagerte Treibradsätze mit ihren Tatzlagermotoren sowie ein Laufradsatz in einem Bisselgestell mit 80 mm Seitenspiel ruhten. Diese »doppelten« Drehgestelle sorgten zwar für einen guten Bogenlauf, doch in der Geraden war im oberen Geschwindigkeitsbereich eine deutliche Schlingerneigung feststellbar. Die Abstützung des Hauptrahmens mit drei gefederten Gleitpfannen auf jedes Drehgestell trug auch nicht gerade zur Verbesserung der Laufeigenschaften bei. Erst der Einbau von Federpuffern zwischen jedes Drehgestell im November 1931 sorgte für einen zufriedenstellenden Fahrzeuglauf.

*Foto: Slg. Kleine, Archiv transpress*

Im November 1927 nahm die E 18 01 beim Bw Leipzig Hbf West ihren Dienst im mitteldeutschen Netz auf. Anfang der 1930er-Jahre kam sie für einige Zeit zum Versuchseinsatz auf die Gebirgsstrecken des schlesischen Netzes. Anschließend fuhr sie wieder im Reisezugdienst in Mitteldeutschland. Mit der Indienststellung der neuen Schnellzuglokomotiven der Baureihe E 18 im Jahr 1935 wurde die neue Betriebsnummer E 15 01 angebracht. Die Maschine überlebte den Zweiten Weltkrieg und war sogar nach Kriegsende noch im Einsatz. Die Einstellung des elektrischen Zugbetriebs in Mitteldeutschland erlebte die E 15 01 schadhaft abgestellt im Raw Dessau. Sie teilte das Schicksal fast aller in der sowjetisch besetzten Zone verblieben Elloks. Als Reparationsleistung wurde sie im September 1946 in die UdSSR abtransportiert. Im November 1952 kam sie zwar wieder in die DDR zurück, blieb aber abgestellt, wurde schließlich am 28. Februar 1961 ausgemustert und war bis Juli 1963 verschrottet.

| Technische Daten: | |
|---|---|
| Baureihenbezeichnung: | E 15 (DRG) |
| Radsatzanordnung: | (1'Bo)(Bo1') |
| Stromsystem: | 16⅔ Hz, 15 kV |
| Vmax (km/h): | 110 |
| Stundenleistung (kW): | 2.760 |
| Dauerleistung (kW): | 2.280 |
| Dienstmasse (t): | 103,5 |
| Größte Radsatzfahrmasse (t): | 18,8 |
| Länge über Puffer (mm): | 16.836 |
| Treibraddurchmesser (mm): | 1.400 |
| Laufraddurchmesser (mm): | 1.000 |
| Indienststellung: | 1927 |
| Verbleib: | ++ |

## E 16, E 16.1, 116 (bay. ES 1, DRG, DB)

In Bayern konnte schon 1915/16 der elektrische Betrieb zwischen München und Salzburg aufgenommen werden. Ab 1923 wurde die Elektrifizierung der Strecken von München nach Garmisch, Regensburg und Kufstein in Angriff genommen. Für den schweren Schnellzugdienst auf diesen Strecken bestellte die DRG (Gruppenverwaltung Bayern) zehn 1'Do1'-Elektroloks bei Krauss (mech. Teil) und BBC (elektr. Teil). Die ersten sechs Maschinen wurden 1926/27 noch unter der alten Länderbahn-Nummer ES 1 21001-006 ausgeliefert, die vier restlichen folgten als E 16 07-10. Für die anstehende Elektrifizierung der Strecke München–Augsburg beschaffte die DRG 1928/29 sieben weitere Loks als E 16 11-17 mit erhöhter Motorleistung. Alle E 16 besaßen als Besonderheit und unverwechselbares Kennzeichen den Buchli-Einzelradsatzantrieb. Bei dieser Konstruktion lagen Motorritzel und Großzahnrad in einem ölgefüllten Gehäuse außerhalb des Rahmens. Der einseitige Buchli-Antrieb erlaubte ein Seitenspiel von 15 mm bei allen vier Treibradsätzen. Nach den guten Erfahrungen mit den ersten 17 Maschinen bestellte die DRG 1930 noch einmal vier Exemplare. Sie wurden als E 16 18-21 zwischen März 1932 und Mai 1933 ausgeliefert. Neben vielen Detailverbesserungen besaßen diese Lokomotiven Motoren mit abermals erhöhter Leistung, einen leistungsfähigeren Haupttransformator sowie als äußeres Kennzeichen einen Hilfsrahmen für die Großzahnräder des Buchli-Getriebes. Auf Grund ihrer abweichenden Ausführung bezeichnete die DRG diese Loks als Unterbaureihe E 16.1. Abgesehen von einem Versuchseinsatz in Schlesien blieben die Loks immer im bayerischen Raum. Durch Kriegseinwirkungen gingen E 16 11 und 13 verloren. Zwischen 1948 und 1951 wurden die verbliebenen 19 Maschinen einer Generalreparatur unterzogen. Die E 16.1 verloren dabei ihren markanten Hilfsrahmen. Ab September 1958 waren alle E 16 (ab 1968: 116) beim Bw Freilassing beheimatet. Als letzte musste dort die 116 009 am 27. Juni 1979 den Dienst quittieren. Mit den 116 003, 007, 008 und 009 blieben gleich vier Maschinen erhalten.

*Foto: Estler*

**Technische Daten:**

| | | | |
|---|---|---|---|
| Baureihenbezeichnung: | E 16 01-10 (DRG) | E 16 11-17 (DRG) | E 16 18-21 (DRG) |
| Radsatzanordnung: | 1'Do1' | 1'Do1' | 1'Do1' |
| Stromsystem: | $16\frac{2}{3}$ Hz, 15 kV | $16\frac{2}{3}$ Hz, 15 kV | $16\frac{2}{3}$ Hz, 15 kV |
| Vmax (km/h): | 120 | 120 | 120 |
| Stundenleistung (kW): | 2.340 | 2.580 | 2.944 |
| Dauerleistung (kW): | 2.020 | 2.400 | 2.655 |
| Dienstmasse (t): | 110,8 | 110,8 | 110,8 |
| Größte Radsatzfahrmasse (t): | 20,1 | 20,1 | 20,1 |
| Länge über Puffer (mm): | 16.300 | 16.300 | 16.300 |
| Treibraddurchmesser (mm): | 1.640 | 1.640 | 1.640 |
| Laufraddurchmesser (mm): | 1.000 | 1.000 | 1.000 |
| Indienststellung: | 1926 | 1927 | 1931 |
| Verbleib: | E 16 03 (VMN, Koblenz-Lützel), | ++ | ++ |
| | 07 (Deut. Museum München), | | |
| | 08 (VMN, Darmstadt-Kranichstein), | | |
| | 09 (privat, Bahnpark Augsburg) | | |

## E 16.5 (DRG, DR)

Zu den Versuchsbauarten mit Tatzlagerantrieb (siehe auch E 15 01) zählte ebenfalls die E 16 101, welche 1926 von der DRG bei Borsig (mech. Teil) und den Siemens-Schuckert-Werken (SSW, elektr. Teil) in Auftrag gegeben worden war. Da die Baureihenbezeichnung E 16.1 schon vergeben war, erhielt die 1'Do1'-Maschine die vom Schema abweichende Bezeichnung E 16.5. Ihr Antrieb erforderte einen Außenrahmen in Stahlblechkonstruktion, in welchem die vier Treibradsätze gelagert waren. Die beiden Laufradsätze ruhten in einem Bisselgestell und waren durch Längsausgleichshebel jeweils mit den beiden folgenden Treibradsätzen verbunden. Der Kastenaufbau war identisch mit der E 15 01 und die elektrische Ausrüstung entsprach bis auf den Haupttransformator und den Richtungswender der E 15 01. Statt eines fremdbelüfteten, ölgekühlten Manteltransformators kam bei der E 16 101 ein fremdbelüfteter Trockentransformator in Mantelbauweise zur Anwendung. Ab Ende Oktober 1928 wurde die E 16 101 im Schnell- und Personenzugdienst beim Bw Leipzig Hbf West erprobt. Zwischen Januar 1929 und Herbst 1930 fuhr sie im planmäßigen Reisezugdienst auf den mitteldeutschen Strecken. Im Vergleich mit der E 15 01 hatte die Maschine einen wesentlich ruhigeren Lauf im geraden Gleis, doch wegen des starren Hauptrahmens war besonders bei höheren Geschwindigkeiten die Kurvenläufigkeit nicht sehr gut. In Gleisbögen traten bedingt durch die Fahrzeuglänge und die einfachen Laufradsätze Schlingerbewegungen auf. Trotzdem erhöhte die DRG 1934 ihre zulässige Höchstgeschwindigkeit auf 120 km/h. Den Zweiten Weltkrieg überstand die E 16 101 in Mitteldeutschland ohne Schaden und fuhr dort bis zur Einstellung des elektrischen Betriebes Ende März 1946. Als Reparationsleistung verschwand auch sie anschließend in der UdSSR. Von dort kehrte sie im November 1952 zurück, blieb aber als Schadlokomotive abgestellt. 1957/58 wurde die Lok vom Raw Dessau äußerlich wiederaufgearbeitet und der Hochschule für Verkehrswesen in Dresden als Studienobjekt zur Verfügung gestellt. Dort verkam sie ab Mitte der 1960er-Jahre zusehends und wurde schließlich 1972 verschrottet.

*Foto: Slg. Koppisch, Archiv transpress*

**Technische Daten:**

| | |
|---|---|
| Baureihenbezeichnung: | E 16.5 (DRG) |
| Radsatzanordnung: | 1'Do1' |
| Stromsystem: | $16\frac{2}{3}$ Hz, 15 kV |
| Vmax (km/h): | 120 (bis 1934: 110) |
| Stundenleistung (kW): | 2.800 |
| Dauerleistung (kW): | 2.300 |
| Dienstmasse (t): | 106,6 |
| Größte Radsatzfahrmasse (t): | 19,2 |
| Länge über Puffer (mm): | 16.960 |
| Treibraddurchmesser (mm): | 1.400 |
| Laufraddurchmesser (mm): | 1.000 |
| Indienststellung: | 1928 |
| Verbleib: | ++ |

## E 17 (DRG, DB, DR), 117 (DB)

Schon bald nach ihrer Gründung beschäftigte sich die DRG mit der Weiterentwicklung der Antriebstechnik bei den Elloks, denn der bisher hauptsächlich verwendete Stangenantrieb erschien wenig zukunftsträchtig. 1922 wurde mit der Baureihe E 16 mit Buchli-Antrieb ein erster Schritt in diese Richtung getan. AEG lieferte 1926/27 zwei Loks (E 21 01 und 02) mit dem von Kleinow weiterentwickelten Westinghouse-Federtopfantrieb. Nach zufriedenstellender Erprobung dieser Maschinen folgte noch im Oktober 1927 der Auftrag über eine Serienlieferung mit 33 Loks der Baureihe E 17. Ihr Leistungskatalog sah die Beförderung schwerer Schnellzüge im Flach- und im Hügelland vor. Gegenüber der E 21 ergab die konstruktive Überarbeitung eine Gewichtsverminderung um rund 10 Tonnen, so dass ein Laufradsatz entfallen konnte. Der um 150 mm reduzierte Treibraddurchmesser erforderte die Entwicklung neuer Fahrmotoren für die 1'Do1'-Maschinen. Jeder der vier Treibradsätze wurde von einem hochgelagerten, in Serie geschalteten Doppelmotor angetrieben.
Die ersten E 17 wurden 1928 ausgeliefert. Mit einer noch 1929 erfolgten Nachbestellung von fünf Maschinen standen bis Mitte 1930 alle 38 bestellten Loks im Dienst. Die Betriebsnummern wurden nach den Einsatzgebiete vergeben: In Bayern fuhren die E 17 01-18, in Mitteldeutschland die E 17 101-112 und in Schlesien die E 17 113-120. Insgesamt acht Maschinen (E 17 01, 02, 06, 08, 09, 11, 117, 119) gingen im Zweiten Weltkrieg durch Bombenangriffe oder Unfälle verloren. In der Sowjetzone verblieben vier E 17, die 1946 als Beutegut in die UdSSR abtransportiert wurden. Die E 17 10 blieb in der UdSSR, während 1952/53 die drei anderen (E 17 101, 123 und 124) zurückkamen. Die DR setzte die E 17 123 und 124 in den Jahren 1958/59 wieder instand. Wegen ihrer Störanfälligkeit wurden sie schon 1963 abgestellt. In den Bestand der DB kamen 26 Maschinen, die ab Dezember 1967 alle beim Bw Augsburg zusammengefasst waren und dort bis 1978 im Plandienst standen. Ansätze zu einer Modernisierung wie probeweise bei E 17 110 blieben in den Anfängen stecken. Mit der Ausmusterung der 117 106 und 113 am 24. April 1980 war das Kapitel dieser Baureihe beendet.

| Technische Daten: | |
|---|---|
| Baureihenbezeichnung: | E 17 (DRG) |
| Radsatzanordnung: | 1'Do1' |
| Stromsystem: | 16⅔ Hz, 15 kV |
| Vmax (km/h): | 120 (bis 1934: 110) |
| Stundenleistung (kW): | 2.800 |
| Dauerleistung (kW): | 2.300 |
| Dienstmasse (t): | 111,7 |
| Größte Radsatzfahrmasse (t): | 20,2 |
| Länge über Puffer (mm): | 15.950 |
| Treibraddurchmesser (mm): | 1.600 |
| Laufraddurchmesser (mm): | 1.000 |
| Indienststellung: | 1928-1930 |
| Verbleib: | E 17 103 (VMN, Lichtenfels), |
| | 113 (DGEG, Neustadt/Weinstr.) |

Foto: Estler

## E 18 (DRG, DB, DR), 118 (DB), 218 (DR)

Für den schweren Schnellzugdienst bestellt die DRG 1933 bei AEG eine 1'Do1'-Lokomotive. Das erste Exemplar der neuen Baureihe E 18 konnte im Mai 1935 ausgeliefert werden und kam unverzüglich in den Versuchsbetrieb. Die Lok übertraf alle Erwartungen und erreichte bei Testfahrten sogar 165 km/h. Als stärkste elektrische Einrahmenlokomotive der Welt wurde die E 18 22 auf der Pariser Weltausstellung präsentiert und errang dort drei Grand Prix. Neu waren bei diesen Loks die windschnittige Form und die erstmalige Anwendung der Schweißtechnik in größerem Umfang.
Bis Januar 1940 wurden die E 18 01-44 und 045-053 ausgeliefert. Auch die Bahnen Österreichs bestellten von diesem erfolgreichen Typ acht Maschinen in leicht modifizierter Ausführung. Diese liefen bei der DRG nach dem 1938 erfolgten Anschluss Österreichs als Baureihe E 18.2. Bei Kriegsende waren zahlreiche Maschinen durch Bombentreffer ausgebrannt oder durch Unfall zerstört. Neben den österreichischen E 18.2 blieben nach 1945 auch die E 18 42 und 046 bei den ÖBB. In der sowjetisch besetzten Zone waren elf Maschinen vorhanden. Nach Einstellung des elektrischen Zugbetriebs wurden sie 1946 in die UdSSR abgefahren und kamen 1952 wieder zurück. Die DB konnte in jahrelanger Arbeit wieder 39 Maschinen in Betrieb nehmen, einschließlich der fünf von der DR erworbenen Loks. Zusätzlich wurden 1955 noch zwei Nachbauten (E 18 054 und 055) aus vorhandenen Großteilen von Krupp fertiggestellt. Die 41 Maschinen fuhren in ganz Süddeutschland. Ab Sommer 1974 waren die nun computergerecht als 118 geführten Loks beim Bw Würzburg konzentriert Anfang der 1980er-Jahre begann ihr Stern rapide zu sinken und Anfang Sommer 1984 endete der Planeinsatz. Die letzten 118 wurden am 31. Juli 1984 ausgemustert.
Die DR baute zwischen 1958 und 1960 aus ihrem Schadbestand die E 18 19, 31 und 40 wieder auf. Zwischen 1967 und 1969 mutierten die E 18 19 und 31 zu 180 km/h-Schnellfahrlokomotiven für die VES-M in Halle. Ab Herbst 1977 standen beide E 18 (ab 1970: 218) nur noch als Reserve und für Sonderfahrten zur Verfügung.
Betriebsfähig ist derzeit die E 18 047, daneben konnten die E 18 03, 08, 19, 24, 31 und 204 erhalten werden.

Foto: Estler

| Technische Daten: | |
|---|---|
| Baureihenbezeichnung: | E 18 (DRG) |
| Radsatzanordnung: | 1'Do1' |
| Stromsystem: | 16⅔ Hz, 15 kV |
| Vmax (km/h): | 150 (DR: 180) |
| Stundenleistung (kW): | 3.040 |
| Dauerleistung (kW): | 2.840 |
| Dienstmasse (t): | 108,5 (DR: 111,3) |
| Größte Radsatzfahrmasse (t): | 19,6 |
| Länge über Puffer (mm): | 16.920 |
| Treibraddurchmesser (mm): | 1.600 |
| Laufraddurchmesser (mm): | 1.000 |
| Indienststellung: | 1935-1955 |
| Verbleib: | u.a. E 18 08 (VMN, Bahnpark Augsburg), E 18 31 (VMN, Halle P), |
| | E 18 047 (VMN, betriebsfähig) |

## E 19 (DRG, DB), 119 (DB)

In der zweiten Hälfte der 1930er-Jahre rückte die Verknüpfung des bayerischen und des mitteldeutschen elektrischen Netzes in greifbare Nähe. Geplant war von der DRG ein durchgehend elektrischer Betrieb zwischen München und Berlin. Für den schweren Schnellzugdienst auf dieser Magistrale ließ die DRG ab 1937 je zwei Probelokomotiven von AEG (E 19 01 und 02) und von Henschel/SSW (E 19 11 und 12) entwickeln. Beide Firmen griffen auf das Konzept der erfolgreichen E 18 zurück, doch bekamen alle vier E 19 erheblich stärkere Motoren, robustere Antriebselemente sowie Laufräder größeren Durchmessers. Im elektrischen Teil unterschieden sich die beiden Bauarten erheblich, die AEG-Maschinen besaßen vier neu entwickelte Wechselstrom-Reihenschlussmotoren, die SSW-Loks vier achtpolige Doppelmotoren. Besonderes Augenmerk wurde auf die Entwicklung einer wirksamen Bremse für die schnellen Fahrzeuge gelegt und so erhielten die E 19 zusätzlich eine elektrische Widerstandsbremse, da im Versuchsbetrieb bis zu 225 km/h schnell gefahren werden sollte.

Zwischen Januar 1939 und Juli 1940 wurde die vier E 19 ausgeliefert. Sie trugen eine exklusive, weinrote Lackierung. Die SSW-Maschinen ließen sich von den AEG-Loks durch den höheren, kantigeren Dachaufbau leicht unterscheiden. Der Ausbruch des Zweiten Weltkriegs verhinderte eine ausgiebige Erprobung. Nach Kriegsende blieben alle vier Maschinen in den Westzonen und wurden von der DB Anfang der 1950er-Jahre auf 140 km/h degradiert. Mit einer Ausnahme fuhren die E 19 (ab 1968: 119) Zeit ihres Lebens beim Bw Nürnberg Hbf. 1968 mussten »Edelhirsche« zum Bw Hagen-Eckesey wechseln. Von dort kehrten sie 1970 schwer angeschlagen nach Nürnberg zurück, wo die mit ihnen vertrauten Personale dank guter Pflege wieder bessere Laufleistungen erzielten. Als erste musste 1975 die 119 011 nach einem Trafoschaden den Dienst quittieren. Zwischen 1977 und 1978 folgten auch die drei anderen Maschinen. Zwei »Edelhirsche« werden der Nachwelt erhalten: Die Firma AEG kaufte die E 19 01 zurück, ließ sie weitgehend in den weinroten Ursprungszustand versetzen und stellte sie dem Deutschen Technikmuseum in Berlin als Leihgabe zur Verfügung. Ebenfalls im Ursprungszustand steht die E 19 12 im Nürnberger Verkehrsmuseum.

*Foto: Estler*

| **Technische Daten:** | | |
|---|---|---|
| Baureihenbezeichnung: | E 19.0 (DRG) | E 19.1 (DRG) |
| Radsatzanordnung: | 1'Do1' | 1'Do1' |
| Stromsystem: | 16⅔ Hz, 15 kV | 16⅔ Hz, 15 kV |
| Vmax (km/h): | 180 (DB: 140) | 180 (DB: 140) |
| Stundenleistung (kW): | 4.000 | 4.080 |
| Dauerleistung (kW): | 3.720 | 3.460 |
| Dienstmasse (t): | 113,0 | 110,7 |
| Größte Radsatzfahrmasse (t): | 20,2 | 20,4 |
| Länge über Puffer (mm): | 16.920 | 16.920 |
| Treibraddurchmesser (mm): | 1.600 | 1.600 |
| Laufraddurchmesser (mm): | 1.100 | 1.100 |
| Indienststellung: | 1939 | 1939-1940 |
| Verbleib: | E 19 01 (AEG, Deutsches Technikmuseum Berlin) | E 19 12 (VMN) |

## 120 (DB)

Mit den 1979/80 gelieferten fünf Vorserienlokomotiven der Baureihe 120 kam weltweit zum ersten Mal bei elektrischen Vollbahnlokomotiven der Drehstrom-Asynchronmotor zur Anwendung, der stufenlos geregelt werden kann. Vorläufer und Erprobungsträger für die Baureihe 120 waren die Dieselloks der Baureihe 202. Den Vorteilen der Drehstrommotoren standen lange unlösbare Schwierigkeiten entgegen. Erst mit Hilfe der elektronischen Schalt- und Regeltechnik konnte der Drehstrommotor flexibel und damit für den praktischen Betrieb nutzbar gemacht werden.

Äußerlich imponieren die 120er durch ihre Länge von 19.200 mm, mit der sie fast an die Baureihen 103, 150 und 151 herankommen. Im Unterschied dazu besitzen sie aber nur zweiachsige, völlig neu konstruierte Drehgestelle. Zur Leistungsübertragung dient ein BBC-Hohlwellen-Kardangelenkantrieb. Hauptrahmen und Leichtbau-Lokomotivkasten bilden eine selbsttragende Konstruktion Nach umfangreichen Versuchsfahrten konnten alle Maschinen für 200 km/h zugelassen werden. 1984 erreichte die 120 001 sogar die Rekordgeschwindigkeit von 265 km/h. Die anfangs vorhandene kombinierte elektrische Netz- und Widerstandsbremse konnte 1982 vereinfacht werden, die Widerstandsbremse entfiel, da die Netzbremse äußerst zuverlässig arbeitete.

Zwischen 1987 und 1989 entstanden bei AEG, BBC, Siemens, Krauss-Maffei, Krupp und Henschel die Serienlokomotiven 120 101-160 mit zahlreichen Verbesserungen wie zeitmultiplexe Wendezug- und Doppeltraktionssteuerung, verstärkte Netzbremse, zusätzliche elektropneumatische Bremse sowie eine automatische Fahr- und Bremssteuerung mit Schleuderschutz. Mangelnde Druckdichte für den Einsatz auf den Neubaustrecken sowie Schwierigkeiten mit der Elektronik erforderten einige Nachbesserungen und verzögerten die Inbetriebnahme. Heute fährt die Baureihe 120.1 vom Betriebshof München aus vor EC-, IC-, AutoZug- und Nachtzügen, daneben steht eine ganze Reihe von Güterzugleistungen auf dem Programm. 2023 stand keine Lok der Baureihe 120 mehr im Planeinsatz, lediglich 120 125 von DB Systemtechnik war noch vor Messzügen in ganz Deutschland unterwegs.

Von den Vorauslokomotiven bereichert die 120 003 seit Februar 2006 den Bahnpark Augsburg. 120 005 wird in orientroter Lackierung in Weimar den Besuchern gezeigt und 120 004 steht im DB-Museum in Koblenz. Von den Serienmaschinen konnten über zehn Fahrzeuge an private Unternehmen verkauft werden, die einen Teil davon weiterhin einsetzen.

*Foto: Estler*

| **Technische Daten:** | | |
|---|---|---|
| Baureihenbezeichnung: | 120.0 (DB) | 120.1 (DB) |
| Radsatzanordnung: | Bo'Bo' | Bo'Bo' |
| Stromsystem: | 16⅔ Hz, 15 kV | 16⅔ Hz, 15 kV |
| Vmax (km/h): | 200 | 200 |
| Stundenleistung (kW): | | |
| Dauerleistung (kW): | 5.600 | 5.600 |
| Dienstmasse (t): | 83,2 | 83,2 |
| Größte Radsatzfahrmasse (t): | 21 | 21 |
| Länge über Puffer (mm): | 19.200 | 19.200 |
| Treibraddurchmesser (mm): | 1.250 | 1.250 |
| Indienststellung: | 1979-1980 | 1987-1989 |
| Verbleib (DB-Museum): | 120 003, 004, 005 | 120 101 |

## E 21 (DRG, DR)

Als erste Schnellzuglokomotiven mit Einzelradsatzantrieb wurden von der DRG Anfang der 1920er-Jahre die E 16 beschafft. Um auch andere Antriebsarten als den Buchli-Antrieb zu erproben, forderte die DRG verschieden Firmen zur Abgabe eines Angebots über eine Schnellzuglok mit vier einzeln angetriebenen Radsätzen und einer Höchstgeschwindigkeit von 110 km/h auf. Von AEG kam der Entwurf einer Maschine mit dem von Kleinow weiterentwickelten Westinghouse-Antrieb. Die AEG erhielt den Auftrag zum Bau eines Prototyps, welcher unter der Betriebsnummer E 21 01 im Oktober 1926 der DRG übergeben werden konnte.
Charakteristisch für die Maschine waren der unsymmetrische Lokkasten und die Radsatzfolge 2'Do1', welche sich aus der Platzierung des schweren Transformators am vorderen Ende ergab. Daher bestand das Laufwerk aus dem vorderen Drehgestell mit zwei Laufradsätzen, den vier Antriebsradsätzen und einem hinteren, in einem Bisselgestell gelagerten Laufradsatz. Am Lokende befand sich vor dem Führerstand ein halbhoher Vorbau, unter dem sich der Luftverdichter verbarg. Dagegen fiel die vordere Stirnfront gerade ab. Das Dach konnte in fünf Segmenten abgenommen werden.

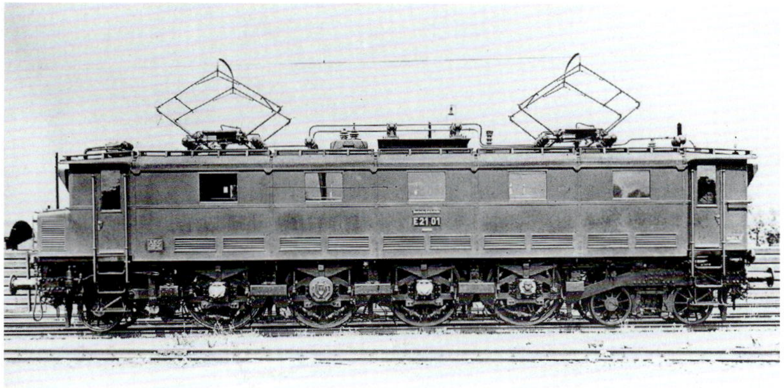


*Foto: Maey, Slg. Kleine, Archiv transpress*

Die ersten Versuchsfahrten der E 21 01 zeigten ausgezeichnete Ergebnisse und so wurde sogleich eine weitere Maschine mit kleinen Änderungen nachbestellt. Die im Mai 1928 ausgelieferte E 21 02 besaß ein geändertes Fahrwerk (statt Bisselgestell ein Krauss-Helmholtz-Gestell der Bauart AEG) und drei statt zwei Fenster an den Stirnfronten. Nach ihrer Erprobung in Mitteldeutschland kam die E 21 01 im April 1927 auf die schlesischen Gebirgsstrecken, während die E 21 02 gleich dort in Betrieb ging. Bis Februar 1945 fuhren sie im Reisezugdienst in Schlesien, vorwiegend zwischen Breslau und Görlitz. Dann konnten sie noch rechtzeitig ausgelagert werden und fanden in Leipzig eine neue Heimat. Nach der zwangsweisen Einstellung des elektrischen Betriebs Ende März 1946 mussten sie als Reparationsleistung an die sowjetischen Besatzer abgegeben werden. Ende 1952 kamen sie aus der UdSSR zurück und wurden 1959/60 wieder in Betrieb genommen. Wegen ihrer hohen Schadanfälligkeit erfolgte schon 1961/62 die Abstellung. Am 2. August 1966 wurden sie schließlich ausgemustert und waren bald darauf verschrottet.

| Technische Daten: | |
|---|---|
| Baureihenbezeichnung: | E 21 (DRG) |
| Radsatzanordnung: | 2'Do1' |
| Stromsystem: | $16^{2}/_{3}$ Hz, 15 kV |
| Vmax (km/h): | 110 |
| Stundenleistung (kW): | 2.840 |
| Dauerleistung (kW): | 2.040 |
| Dienstmasse (t): | 121,8 |
| Größte Radsatzfahrmasse (t): | 19,6 |
| Länge über Puffer (mm): | 16.500 |
| Treibraddurchmesser (mm): | 1.750 |
| Laufraddurchmesser (mm): | 1.000 |
| Indienststellung: | 1926-1928 |
| Verbleib: | ++ |

## E 21.5 (DRG)

An dem Bau von Versuchsmustern mit Einzelradsatzantrieb beteiligten sich auch die Bergmann-Elektrizitätswerke (BEW) in Berlin und lieferten im Oktober 1927 die E 21 51 an die DRG. Das Fahrzeugteil entstand bei den Linke-Hofmann-Werken (LHW) in Breslau. Der Lokkasten bestach durch seine relativ moderne, gefällige Form mit abgerundeten Kanten und geräumigen Endführerständen. Die asymmetrische Radsatzfolge 2'Do1' war wiederum durch die außermittige Anordnung des Haupttransformators über dem Laufdrehgestell vorgegeben. Der Antrieb war eine Eigenentwicklung von BEW: Je zwei hochgelagerten Fahrmotoren wirkten über eine einseitige elastische Gelenkarmkupplung und Blindzahnrad auf jeden Treibradsatz. Einmalig war die Durchführung des Fahrtrichtungswechsels mit pneumatischem Verstellen der Fahrmotorbürsten bei den acht Motoren. Mit 3.500 kW Stundenleistung war die E 21 51 die leistungsfähigste aller Versuchslokomotiven und zugleich sogar die preisgünstigste. Dies war aber nicht unbedingt ein Vorteil, denn schon nach der Abnahmeprobefahrt musste der Haupttransformator umgebaut werden. Ferner sorgte der BEW-Antrieb mit seiner großen statischen Belastung der Treibradsätze für Probleme. Neben nicht zufriedenstellenden Laufeigenschaften traten schnell Getriebeschäden auf. Daher wurde 1928 ein von LHW entwickelter Alternativantrieb eingebaut, der die statische Belastung verminderte. Damit verbesserten sich zwar die Laufeigenschaften, Getriebeschäden führten aber nach wie vor zu häufigen Ausfällen. Erst der Einbau neuer Stahlgusskupplungen beseitigte auch dieses Problem.
Eingesetzt war die E 21 51 seit ihrer Anlieferung im Reisezugdienst auf der schlesischen Gebirgsbahn. Als 1943 ihre Höchstgeschwindigkeit auf 75 km/h herabgesetzt wurde, waren vor allem Personenzüge ihr tägliches Brot. Im Februar 1945 konnte der Einzelgänger vor der heranrückenden Front nach Mitteldeutschland in Sicherheit gebracht werden. Die von den sowjetischen Besatzern verordnete Einstellung des elektrischen Betriebs Ende März 1946 erlebte die E 21 51 im RAW Dessau. Von dort wurde sie im September 1946 als Beutegut in die UdSSR verschleppt. Im Oktober 1952 kehrte sie in die DDR zurück, blieb aber als Schadlokomotive abgestellt und wurde schließlich im Juni 1966 ausgemustert.

*Foto: Maey, Slg. Kleine, Archiv transpress*

| Technische Daten: | |
|---|---|
| Baureihenbezeichnung: | E 21.5 (DRG) |
| Radsatzanordnung: | 2'Do1' |
| Stromsystem: | $16^{2}/_{3}$ Hz, 15 kV |
| Vmax (km/h): | 110 (ab 1943: 75) |
| Stundenleistung (kW): | 3.500 |
| Dauerleistung (kW): | 2.650 |
| Dienstmasse (t): | 121,9 |
| Größte Radsatzfahrmasse (t): | 19,8 |
| Länge über Puffer (mm): | 14.940 |
| Treibraddurchmesser (mm): | 1.400 |
| Laufraddurchmesser (mm): | 1.000 |
| Indienststellung: | 1927 |
| Verbleib: | ++ |

## 127

Anfang der 1990er-Jahre zog die Deutsche Bundesbahn die Beschaffung von 500 neuen Universal-Lokomotiven in Betracht, die das Aufgabengebiet der Baureihen 120 übernehmen und die alten Einheits-Elloks ablösen sollten. Auch musste die 103 altersbedingt ersetzt werden. Mehrere Hersteller reichten Entwürfe ein. Siemens und Krauss-Maffei bauten auf eigene Rechnung sogar eine Probelokomotive zur Erprobung der modernen Drehstromantriebstechnik in Elektrolokomotiven, die sie der Bundesbahn und anderen europäischen Bahnen zur Verfügung stellten. Die Maschine entsprach weitgehend der für die spanische RENFE gebauten Reihe S 252. Dank modularem Aufbau konnte sie schnell an die Wünsche und Stromsysteme der Kunden angepasst werden. Markant war die Lackierung mit silberfarbenen Seitenwänden und pinkfarbenen Stirnseiten.

Foto: Estler

Die Bundesbahn gab der als »EuroSprinter ES 01« bezeichneten und auffällig zunächst pink/silberfarben lackierten Lokomotive die Nummer 127 001 und beheimatete sie im September 1992 in München. Bei ihrer Abnahmefahrt im August 1993 erreichte sie auf der Neubaustrecke zwischen Fulda und Würzburg eine Geschwindigkeit von 310 km/h. Dies bedeutete einen neuen Rekord für deutsche Lokomotiven. Außer in Deutschland war die Maschine zu Präsentation- und Leistungsfahrten auch im europäischen Ausland unterwegs, so in im Oktober 1993 vier Wochen in Norwegen und Schweden sowie auch im Februar 1994 in der der Schweiz.
Im Laufe der Erprobungen gab es auch zahlreiche Umbauten und Verbesserungen. So bekamen beispielsweise die Stromrichter eine Wasserkühlung. Die Hilfsbetriebeumrichter wurden auf IGBT-Technik (insulated-gate bipolar transistor) mit Luftkühlung umgestellt.
Wurde die Lokomotive nicht zu Messfahrten herangezogen, war sie ab Ende August 1993 planmäßig vor EC- und IC-Zügen zwischen München und Stuttgart unterwegs. Hier konnte sie sowohl auf Flachstrecken als auch auf der Geislinger Steige ihre Leitungsfähigkeit unter Beweis stellen. Nach dem Ende des Mietvertrags im Sommer wurde 127 001 an den Hersteller zurückgegeben, der sie in seinen eigenen Lokpool einstellte und an Drittunternehmen vermietet. Er ersetzte die pinkfarbenen Bereiche durch gelbe.

| Technische Daten: | |
|---|---|
| Baureihenbezeichnung: | 127 |
| Radsatzanordnung: | Bo'Bo' |
| Stromsystem: | 16⅔ Hz, 15 kV |
| Vmax (km/h): | 230 km/h |
| Dauerleistung (kW): | 5.600 |
| Dienstmasse (t): | 86 |
| Größte Radsatzfahrmasse (t): | 21,5 |
| Länge über Puffer (mm): | 19.580 mm |
| Treibraddurchmesser (mm): | 1.250 mm |
| Indienststellung | 1993 |

## E 30 (preuß. EP 202-208, DRG)

Für den leichten Personenzugdienst auf den elektrifizierten Strecken Schlesiens bestellten die Preußischen Staatsbahnen 1913 bei den Maffei-Schwarzkopff-Werken (MSW, elektr. Teil) und der Berliner Maschinenbau AG (BMAG, Fahrzeugteil) sieben Maschinen als EP 202-208 mit der Radsatzfolge 1'C. Die Radsatzfolge musste aber nachträglich in 1'C1' abgeändert werden, da die Preußen zusätzlich den Einbau eines Heizkessels wünschte. Die Personenzugloks stimmten in vielen Teilen mit den vom selben Hersteller und fast zur gleichen Zeit gebauten Schnellzugloks ES 9-19 (DRG-Baureihe E 01) überein. So erhielten auch die EP 202-208 den riesigen Wechselstrommotor eingebaut, welcher über schräge Treibstangen, Blindwelle und Kuppelstangen die drei Kuppelradsätze antrieb. Zur Regelung des Fahrmotors diente ein handbetätigtes Nockenschaltwerk mit Zusatztrafo und 16 Dauerfahrstufen. Während vorne ein Stirnführerstand gute Sicht auf die Strecke ermöglichte, befand sich vor dem hinteren Führerstand ein großer, weit überhängender Vorbau mit dem Heizkessel. Zur besseren Kurvenläufigkeit besaß der mittlere Kuppelradsatz Seitenspiel. Der vordere Laufradsatz ruhte in einem Krauss-Helmholtz-Gestell, der hintere war als Adams-Achse mit Rückstelleinrichtung ausgebildet.
Bedingt durch den Ersten Weltkrieg erfolgte die Auslieferung der EP 202-208 nur langsam und erstreckte sich über die Jahre 1915 bis 1920. Nach Elektrifizierung der schlesischen Hauptbahn Königszelt-Hirschberg bis Mitte 1920 mussten sich die Personenzugloks auch auf dieser Strecke beweisen. Um die Leistungsfähigkeit zu steigern, wurde der fremdbelüftete Haupttransformator mit einer Ölumlaufkühlung versehen. Doch den schweren Anforderungen der schlesischen Gebirgsbahn waren die Maschinen auch damit nicht gewachsen. Durch die dauernde Überbeanspruchung häuften sich Motor- und Antriebsschäden. Daher setzte man 1924 die Personenzugloks ins mitteldeutsche Flachland um, wo ihre Leistung zunächst ausreichte. 1926/27 zeichnete sie die DRG in E 30 02-08 um. Doch ab 1927 häuften sich wieder die Schäden, da auch in Mitteldeutschland die Zuglasten angestiegen waren. Bereits 1928 wurde die E 30 08 ausgemustert. Mit der Indienststellung der leistungsfähigeren E 06.1 mussten die restlichen sechs bis 1930 ebenfalls den Dienst quittieren.

Foto: Slg. Kleine, Archiv transpress

| Technische Daten: | |
|---|---|
| Baureihenbezeichnung: | E 30 (DRG) |
| Radsatzanordnung: | 1'C1' |
| Stromsystem: | 16⅔ Hz, 15 kV |
| Vmax (km/h): | 90 |
| Stundenleistung (kW): | 900 |
| Dauerleistung (kW): | 538 |
| Dienstmasse (t): | 82,5 |
| Größte Radsatzfahrmasse (t): | 17,5 |
| Länge über Puffer (mm): | 12.930 |
| Treibraddurchmesser (mm): | 1.250 |
| Laufraddurchmesser (mm): | 1.000 |
| Indienststellung: | 1915-1920 |
| Verbleib: | ++ |

## E 32 (bay. EP 2, DRG, DB), 132 (DB)

Für den leichten Reisezugdienst auf den zu elektrifizierenden Strecken in Bayern waren im 1922 aufgestellten Typenprogramm der DRG die 1'C1'-Maschinen mit der bayerischen Baureihenbezeichnung EP 2 vorgesehen. Im September 1922 bestellte die DRG 19 Lokomotiven dieses Typs bei Maffei (mech. Teil) und BBC (elektr. Teil). 1924 wurde die Order um weitere zehn EP 2 erhöht. Zwischen Dezember 1924 und Juli 1926 konnten die Loks als EP 2 20006-20034 von der Gruppenverwaltung Bayern in Dienst gestellt werden. Gemäß dem Umzeichnungsplan vom August 1926 erhielten sie in der Folge die Betriebsnummern E 32 06-34. Beim Laufwerk der E 32 waren der vordere Laufradsatz und der erste Kuppelradsatz zu einem Krauss-Helmholtz-Gestell zusammengefasst. Der hintere Laufradsatz ruhte in einem Bissel-Gestell. Die Spurkränze des zweiten Kuppelradsatzes waren um 12 mm geschwächt. Die beiden schnelllaufenden 12poligen Wechselstrom-Reihenschlussmotoren entsprachen im elektrischen Aufbau den Motoren der E 16. Sie wirkten über Vorgelege, Parallelkurbeltrieb, schräge Treibstangen, Blindwelle sowie Treib- und Kuppelstangen auf die drei Treibradsätze. Die Regelung der Fahrmotoren erfolgte durch eine handbetätigte Schlittenschaltersteuerung mit 13 Dauerfahrstufen.

Erstes Einsatzgebiet war die Strecke München–Garmisch, wo sie vornehmlich Personenzüge zu befördern hatten. Mit weiteren Elektrifizierungen dehnte sich das Einsatzgebiet auf andere bayerische Strecken aus. Die Maschinen besaßen auf Grund ihrer guten Schwerpunktlage und der Fahrgestellkonstruktion einen ruhigen Lauf. Daher ließ die DRG 1935/36 acht Maschinen (E 32 26, 29, 18, 30, 32, 17, 13 und 07) mit geänderter Getriebeübersetzung ausrüsten, so dass die Höchstgeschwindigkeit auf 90 km/h angehoben werden konnte. Die Umbauloks erhielten die Betriebsnummern E 32 101-108. Fünf Maschinen mussten im Krieg oder nach Kriegsende wegen ihrer schweren Schäden ausgemustert werden. Die restlichen 24 kamen zunächst wieder auf bayerischen Strecken in Betrieb. Zur Ablösung der E 71 gelangten einige E 32 ab 1955 auf die badische Wiesen- und Wehratalbahn. Ab Mitte der 1960er-Jahre erfolgten die ersten Ausmusterungen, die E 32 (ab 1968: 132) fuhren nun vorwiegend vor Abstell- und Leerreisezügen in Frankfurt/Main und München. Als letzte musste im September 1971 die 132 027 den Dienst quittieren. Mit Teilen der E 32 20 und 107 museumsgerecht aufgearbeitet, wird sie von der DGEG als E 32 27 erhalten. Im Nürnberger Verkehrsmuseum kann seit 1974 der Führerstand der E 32 12 bewundert werden.

*Foto: Estler*

| Technische Daten: | |
|---|---|
| Baureihenbezeichnung: | E 32 (DRG) |
| Radsatzanordnung: | 1'C1' |
| Stromsystem: | $16\frac{2}{3}$ Hz, 15 kV |
| Vmax (km/h): | 75 (E 32 101-108: 90) |
| Stundenleistung (kW): | 1.170 |
| Dauerleistung (kW): | 1.010 |
| Dienstmasse (t): | 84,8 |
| Größte Radsatzfahrmasse (t): | 18,8 |
| Länge über Puffer (mm): | 13.010 |
| Treibraddurchmesser (mm): | 1.400 |
| Laufraddurchmesser (mm): | 850 |
| Indienststellung: | 1925-1927 |
| Verbleib: | E 32 27 (DGEG, Bochum-Dahlhausen) |

## E 36 (bay. EP 3, DRG)

Im ersten Elektrifizierungsprogramm Bayerns war auch die Strecke Salzburg– Freilassing–Berchtesgaden aufgeführt, wo ab dem 11. Juni 1914 elektrisch gefahren werden konnte. Für den Personenzugdienst auf dieser steigungs- und krümmungsreichen Strecke bestellte die Bayerische Staatsbahn 1912 bei Krauss in München (mech. Teil) und bei SSW (elektr. Teil) vier Maschinen mit der Radsatzfolge 1'C2'. Sie wurden 1914/15 als EP 3/6 20101-20104 in Betrieb genommen. Entsprechend der schwierigen Streckencharakteristik war ihr Laufwerk ausgebildet. Der vordere Laufradsatz war dem ersten Kuppelradsatz in einem Krauss-Helmholtz-Gestell zusammengefasst, die beiden hinteren Laufradsätze ruhten zusammen mit dem letzten Kuppelradsatz in einem Krauss-Lotter-Gestell. Ein großer 20poliger Wechselstrom-Reihenschlussmotor wirkte über Parallelkurbelantrieb, schräge Treibstangen, eine Blindwelle sowie Treib- und Kuppelstangen auf die drei Kuppelradsätze. Besonderes Merkmal war der hinter dem vorderen Führerstand stehende Dampfkessel für die Zugheizung, dessen Schornstein aus dem Dach ragte. Daher musste der vordere Stromabnehmer in der Fahrzeugmitte platziert werden.

Schon die ersten Einsätze zeigten die hervorragende Durchbildung des Laufwerks ohne festen Radsatzstand. Gelobt wurde der gute stoß- und schlingerfreie Lauf. Nach der Übernahme durch die DRG erhielten die Maschinen 1923/24 unter Beibehaltung ihrer Ordnungsnummer die neue Baureihenbezeichnung EP 3. Nach Inkrafttreten des Umzeichnungsplans vom August 1926 fuhren sie als E 36 01-04. Bis Ende 1929 sah man die E 36 vorwiegend vor Personenzügen, danach wanderten sie vermehrt in den Güterzugdienst ab. Mit der Indienststellung der neuen E 44.5 reduzierten sich ab Mitte der 1930er-Jahre ihre Laufleistungen drastisch. Vor allem wegen ihres geringen Leistungsvermögens wurden sie zwischen 1941 und 1943 ausgemustert. Der von Henschel durchgeführte Umbau in Schneepflüge bescherte den E 36 02 und 04 eine zweite Karriere, die erst mit der erneuten Ausmusterung 1979/80 endete. Die umgebaute E 36 02 konnte vom Bayerischen Eisenbahn-Museum (BEM) in Nördlingen erworben werden. Die ehemalige E 36 04 wurde dagegen bis zum Jahresende 1987 verschrottet.

| Technische Daten: | |
|---|---|
| Baureihenbezeichnung: | E 36 (DRG) |
| Radsatzanordnung: | 1'C2' |
| Stromsystem: | $16\frac{2}{3}$ Hz, 15 kV |
| Vmax (km/h): | 80 |
| Stundenleistung (kW): | 690 |
| Dauerleistung (kW): | 480 |
| Dienstmasse (t): | 78,8 |
| Größte Radsatzfahrmasse (t): | 14,6 |
| Länge über Puffer (mm): | 12.300 |
| Treibraddurchmesser (mm): | 1.100 |
| Laufraddurchmesser (mm): | 850 |
| Indienststellung: | 1914-1915 |
| Verbleib: | E 36 02 (als Schneepflug, BEM Nördlingen) |

*Foto: Slg. Kleine, Archiv transpress*

## E 36.2 (bay. EP 4, DRG)

Für die seit 1. Juni 1914 elektrisch betriebene Gebirgsstrecke Salzburg-Freilassing- Berchtesgaden beschaffte die Bayerische Staatsbahn insgesamt acht Personenzugmaschinen. Um Erfahrungen zu sammeln, kamen verschiedene Hersteller zum Zuge. Vier Loks der Gattung EP 3/6 mit den Betriebsnummern 20121-20124 lieferten 1915 Krauss in München (mech. Teil) und die Maffei-Schwartzkopff-Werke (elektr. Teil). Ihr Laufwerk und Antrieb entsprachen weitgehend den kurz zuvor angelieferten SSW-Maschinen (DRG E 36). Für die nötige Antriebsleistung sorgte ein riesiger, 40poliger Wechselstrom-Reihenschlussmotor (ähnlich DRG E 01 und E 30), der sogar noch in den Dachaufbau hineinragte. Er arbeitete über Parallelkurbeltrieb und zwei schräge Treibstangen auf eine Blindwelle zwischen erstem und zweitem Kuppelradsatz. Der führende Laufradsatz lagerte bei diesen Loks in einem Bisselgestell, das hintere Laufdrehstell war wiederum zusammen mit dem letzten Kuppelradsatz als Krauss-Lotter-Gestell ausgebildet. Somit waren die beiden ersten Kuppelradsätze fest gelagert. Durch eine handbetätigte Schaltwalzensteuerung mit Zusatztransformator und 16 Dauerfahrstufen konnte die Fahrmotorspannung geregelt werden. Auch diese Loks besaßen einen großen Dampfkessel für die Zugheizung, der allerdings sein Platz über dem ersten Kuppelradsatz fand. Daher konnten die beiden Scherenstromabnehmer ihre normale Position erhalten.

In ihren ersten Betriebsjahren fuhren die Maschinen auf ihrer Stammstrecke im Reisezugdienst. 1923/24 erhielten sie unter Beibehaltung ihrer Ordnungsnummer die neue Gattungsbezeichnung EP 4. Die DRG zeichnete sie 1926/27 in E 36 21-24 um. Im Vergleich zu den E 36 waren ihre Laufeigenschaften wegen der anderen Ausbildung des vorderen Laufradsatzes schlechter. Mit der Indienststellung der neuen E 44.5 im Jahr 1933 reduzierte sich ihr Einsatz drastisch. Ab Mitte der 1930er-Jahre konnte auf die Maschinen weitgehend verzichtet werden. Als erste musste im Dezember 1935 die E 36 21 den Dienst quittieren. Ihre drei Schwestern wurden schließlich im Herbst 1937 ausgemustert. Die E 36 24 sollte für das Verkehrsmuseum in Nürnberg erhalten bleiben. Die im RAW München-Freimann hinterstellte Lok wurde aber bei einem Bombenangriff im Zweiten Weltkrieg völlig zerstört.

*Foto: Maey, Slg. Kleine, Archiv transpress*

| Technische Daten: | |
|---|---|
| Baureihenbezeichnung: | E 36.2 (DRG) |
| Radsatzanordnung: | 1'C2' |
| Stromsystem: | $16^2/_3$ Hz, 15 kV |
| Vmax (km/h): | 80 |
| Stundenleistung (kW): | 960 |
| Dauerleistung (kW): | 740 |
| Dienstmasse (t): | 93,7 |
| Größte Radsatzfahrmasse (t): | 16,8 |
| Länge über Puffer (mm): | 13.550 |
| Treibraddurchmesser (mm): | 1.100 |
| Laufraddurchmesser (mm): | 850 |
| Indienststellung: | 1915 |
| Verbleib: | ++ |

## E 41, 141 (DB)

Die E 41 war bezüglich Länge und Leistung die kleinste Ellok des ersten Neubauprogramms der DB, vom Aufgabengebiet her aber die vielseitigste. Zugkraft und Höchstgeschwindigkeit wurden so bemessen, dass sowohl leichte Schnell- und Eilzüge als auch Güterzüge befördert werden können. Als »Mädchen für Alles« sollte sie aber auch niedrigere Anschaffungskosten und einen geringeren Energieverbrauch haben als die E 10 und die E 40. Daher ist ihre Konstruktion mit Kompromissen verknüpft. Um eine möglichst große Vereinheitlichung der Bauteile zu erhalten, wurde der grundsätzliche Aufbau von den anderen Einheits-Elloks übernommen. Auf Grund der geforderten Leistung von nur 2.400 kW erhielt die E 41 einen kostengünstigeren Transformator und anstatt der sonst üblichen Hochspannungssteuerung ein Niederspannungs-Schaltwerk. Dessen Geräuschentwicklung beim Anfahren wurde sehr schnell zum charakteristischen Merkmal dieser Maschinen. Für den Einsatz im Nahverkehr großer Ballungszentren wurden alle E 41 mit Wendezugsteuerung ausgerüstet. Damit konnte erstmals in Deutschland großflächig der Wendezugbetrieb auf elektrifizierten Strecken aufgenommen werden.

*Foto: Estler*

Als erste Serienlok des neuen Typenprogramms wurde am 27. Juni 1956 die E 41 001 an die DB ausgeliefert. Bis Ende 1969 beschaffte die DB in mehreren Serien insgesamt 451 Exemplare, ab der Betriebsnummer 436 mit der EDV-gerechten Baureihenbezeichnung 141. Die letzten fünf (141 447-551) rüstete man versuchsweise mit einer elektrischen Nutzbremse aus. Da sie für einen S-Bahn ähnlichen Verkehr im Ruhrgebiet vorgesehen waren, erhielten sie noch zusätzlich eine zentrale Türschließeinrichtung sowie ein Mikrofon für Zugdurchsagen. Damit wurden zwischen 1990 und 1993 noch insgesamt 104 Loks nachgerüstet, um sie für das »Fahren ohne Zugbegleiter« fit zu machen.

Schon ab 1987 lichtete sich der Bestand, wobei zunächst größere Schäden zur Ausmusterung führten. Die letzten vier »Knallfrösche« (141 400, 401, 402 und 439) wurden im Dezember 2006 abgestellt. Die Frankfurter E 41 001 wurde 1997 äußerlich weitgehend wieder in den Ablieferungszustand (blau mit silbernem Dach und Regenrinne) zurückversetzt und blieb mit diversen anderen Exemplaren erhalten. Dazu gehören unter anderem die 141 083 in Nördlingen, die 141 248 im Südwestfälischen Eisenbahnmuseum im Bw Siegen und die grüne 141 228 in Darmstadt.

| Technische Daten: | |
|---|---|
| Baureihenbezeichnung: | E 41 (DB) |
| Radsatzanordnung: | Bo'Bo' |
| Stromsystem: | $16^2/_3$ Hz, 15 kV |
| Vmax (km/h): | 120 |
| Stundenleistung (kW): | 2.400 |
| Dauerleistung (kW): | 2.310 |
| Dienstmasse (t): | 67,0 |
| Größte Radsatzfahrmasse (t): | 16,8 |
| Länge über Puffer (mm): | 15.660 |
| Treibraddurchmesser (mm): | 1.250 |
| Indienststellung: | 1956-1969 |
| Verbleib (DB-Museum): | E 41 001, 011, 055, 083, 228, 248, 366, 401 |

## E 42.1, E 42.2 (preuß. EP 213-219, DRG)

Anfang 1921 stoppte die DRG die Wechselstrom-Elektrifizierung der Berliner Stadt- und Vorortbahnen. Gleichzeitig wurde auch der Bau von zweifach gekuppelten Triebgestellen storniert, welche zusammen mit Abteilwagen für den elektrischen Betrieb in Berlin vorgesehen waren. Davon waren 15 Triebgestelle betroffen. Vier waren 1920 bei BMAG und MSW bestellt worden, elf sollten von AEG geliefert werden. Für die bei der Stornierung weitgehend fertiggestellten Bauteile, speziell die Fahrmotoren und den Antrieb, suchte die kostenbewusste DRG neue Verwendungsmöglichkeiten. Sie entschied sich für den Bau von sieben leichten B'B'-Personenzugloks für das schlesische Netz. So entstanden 1924 bei BMAG/MSW die EP 213 und 214 und bei AEG in den Jahren 1924/25 die EP 215-219. Bei allen Maschinen stützte sich ein kräftiger Brückenrahmen in Stahlblechkonstruktion mit dem Lokkasten und zwei Führerständen auf die beiden Triebdrehgestelle ab. Jedes Triebdrehgestell wurde von einem fremdbelüfteten Wechselstrom-Reihenschlussmotor über Getriebe, Blindwelle und Kuppelstangen bzw. Schlitzkuppelstangen bei

Foto: Slg. Koppisch, Archiv transpress

den AEG-Loks angetrieben. Unterschiedlich war die Regelung der Fahrmotorspannung: MSW verwendete eine handbetätigte Nockenschaltersteuerung mit Feinsteller, Zusatztransformator und 15 Dauerfahrstufen. AEG entschied sich dagegen für eine elektromagnetische Schützensteuerung mit 15 Dauerfahrstufen.
Alle Maschinen wurden von der DRG 1926/27 umgezeichnet, die EP 213-214 in E 42 13-14 (Baureihe E 42.1) und die EP 215-219 in E 42 15-19 (Baureihe E 42.2). Obwohl die E 42 bei ihrer Indienststellung technisch überholt waren, bewährten sie sich auf Grund ihrer robusten Bauweise recht gut. Anfängliche Fahrmotorschäden konnten durch den Einbau von Rollenlagern und einer verbesserten Kühlung bald beseitigt werden. 1941 musste die E 42 13 nach einem Unfall ausgemustert werden. Die übrigen E 42 versahen weiter ihren Dienst auf den schlesischen Strecken. Nach Ende des Zweiten Weltkriegs verlor sich die Spur der E 42 16 und 19, während die vier anderen gegen Ende 1945 von Schlesien aus als Reparationsleistung in die UdSSR abtransportiert wurden. Im Spätsommer 1952 durften die E 42 14, 15, 17 und 18 in die DDR zurückkehren. Da keine Verwendung mehr für sie bestand, blieben sie abgestellt, wurden im Dezember 1959 offiziell ausgemustert und waren bis Sommer 1960 zerlegt.

**Technische Daten:**

| | | |
|---|---|---|
| Baureihenbezeichnung: | E 42.1 (DRG) | E 42.2 (DRG) |
| Radsatzanordnung: | B'B' | B'B' |
| Stromsystem: | 16⅔ Hz, 15 kV | 16⅔ Hz, 15 kV |
| Vmax (km/h): | 70 | 70 |
| Stundenleistung (kW): | 840 | 780 |
| Dauerleistung (kW): | 740 | 595 |
| Dienstmasse (t): | 76,0 | 77,2 |
| Größte Radsatzfahrmasse (t): | 19,5 | 19,6 |
| Länge über Puffer (mm): | 12.900 | 13.380 |
| Treibraddurchmesser (mm): | 1.500 | 1.500 |
| Indienststellung: | 1924 | 1924-1925 |
| Verbleib: | ++ | ++ |

## E 44, E 44G, E 44W, E 44.11 (DRG, DB, DR), 144, 145 (DB), 244 (DR)

Nach der erfolgreichen Bewährung der Schnellzuglok E 17 im Jahr 1928 zeichnete sich als nächster Schritt die Schaffung einer etwas kleineren Mehrzwecklokomotive ab. Als grobes Konzept lag die Idee einer laufradsatzlosen Bo'Bo'-Drehgestellmaschine vor. Finanzielle Schwierigkeiten der DRG bedingt durch die Weltwirtschaftskrise verhinderten aber eine konkrete Auftragsvergabe. Auf eigenes Risiko entwickelten daraufhin Siemens, Bergmann und Maffei-Schwartzkopff je eine Versuchslok in dieser Ausführung. Schon im August 1930

Foto: Estler

konnte Siemens der Fachwelt seinen Prototyp präsentieren, der als wesentliche Merkmale einen geschweißten Brückenrahmen, einen weitgehend geschweißten Aufbau, einen luftgekühlten Transformator und Tatzlagermotoren aufwies. Die Fahrmotorspannung wurde durch eine handbetätigte elektromagnetische Schützensteuerung mit 19 Dauerfahrstufen und 54 Zwischenstufen geregelt. Die kurzgekuppelten Drehgestelle hatten alle Zug- und Stoßkräfte zu übertragen. Die Höchstgeschwindigkeit der Maschine betrug 80 km/h. Zunächst hatte die neue Lok ein umfangreiches Versuchsprogramm zu absolvieren, zuerst in Mitteldeutschland, dann in Schlesien und zuletzt in Bayern. 1932 übernahm die DRG die Maschine, reihte sie als E 44 001 in ihren Bestand ein und setzte auf Grund der guten Laufeigenschaften ihre Höchstgeschwindigkeit mit 90 km/h fest.
Inzwischen war aber bereits der Serienbau nach dem Vorbild der E 44 001 angelaufen. Dringender Bedarf lag vor, da die Elektrifizierung der Strecke Augsburg–Stuttgart kurz vor dem Abschluss stand. Dem ersten Kontingent von 20 Maschinen im Jahr 1933 folgten jährlich etwa 10 bis 15 weitere Exemplare und dies auch den Krieg hindurch, weil die inzwischen vielfach bewährte E 44 zur »Kriegs-Elektrolok 1« (KEL 1) erklärt worden war. Wichtigste Änderung gegenüber dem Prototyp war der Einbau ölgekühlter Trafos, später aus Kupfermangel in Aluminium ausgeführt, sowie die Verwendung eines manuell zu betätigendes Nockenschaltwerks mit Feinsteller, Zusatztrafo und nur 15 Dauerfahrstufen. Auf Grund der Erfahrungen mit den E 44 auf Steigungsstrecken in Österreich (seit 1938 unter DRG-Verwaltung) erhielten die E 44 ab 1943 eine elektrische Widerstandsbremse. Ihrer Betriebsnummer wurde ein hochgestelltes »W« hinzugefügt. Als erste konnten im Mai 1943 die E 44 152W und 153W in Betrieb genommen werden. Bis Kriegsende konnten noch die E 44 154W-175W und dazu die E 44 178W abgeliefert werden.
In Süddeutschland mussten bis Anfang 1946 insgesamt 13 Maschinen wegen schwerer Kriegsschäden aus dem Verkehr gezogen werden. Dagegen konnten 32 kriegsbeschädigte E 44 bis 1952 wieder aufgearbeitet werden. Die halbfertiggestellten E 44 176W-177W und 180W-183W wurden zwischen Ende 1945 und 1951 vollendet und an die DB abgeliefert. Anfang 1953 standen damit bei der DB insgesamt 118 E 44 im Dienst.
Schon Anfang der 1950er-Jahre führte die DB die Versuche mit Wendezugsteuerung fort und rüstete Mitte 1952 die E 44 039, 087, 089 und 147 entsprechend aus. Eine verbesserte Wende-

zugsteuerung erhielten 1954 die E 44 086, 089, 090, 094 und 096. Zur Unterscheidung erhielten alle wendezugfähigen E 44 ein hochgestelltes »G« hinter ihrer Betriebsnummer. Als vorläufig letzte Neuzugänge bauten Henschel und SSW aus vorhanden Teil 1954/55 noch die E 44 184-187 auf, die anstelle der Widerstandsbremse ebenfalls eine Wendezugsteuerung erhielten.

Nachdem schon ab Mitte der 1950er-Jahre die Widerstandsbremsen der E 44W bei Schäden nicht mehr repariert worden waren, entstand durch die Umstellung der steilen Höllentalbahn auf das normale Stromsystem wieder ein Bedarf an E 44 mit Widerstandsbremsen. 16 Loks mit betriebsfähiger Widerstandsbremse wurden 1959/60 in Freiburg zusammengezogen und 1962 von E 44W in E 44.11 umgezeichnet.

Aus den beiden überflüssig gewordenen 50-Hz-Maschinen E 244 11 und 22 entstanden 1963 und 1965 die E 44 188 und 189 als »modernste« Loks ihrer Baureihe. Erkennbar war dies u.a. am Kastenaufbau mit zwei in Gummi gefassten Stirnfenstern und seitlichen Lüftungsgittern wie die E 41 sowie an den Neubau-Stromabnehmern DBS 54a mit Doppelwippe.

Die EDV-gerechte Umzeichnung bescherte 1968 den E 44 die neue Baureihenbezeichnung 144, die E 44.11 hießen nun 145. Im September 1983 war der Plandienst bei der DB beendet und als letzte musste am 30. September 1984 die 144 081 den Dienst quittieren. In der sowjetisch besetzten Zone befanden sich bei Kriegsende 50 E 44, die allerdings zum Teil beschädigt waren. Die betriebsfähigen E 44 wickelten bis zur zwangsweisen Einstellung des elektrischen Zugbetriebs am 29. März 1946 über die Hälfte des elektrischen Zugverkehrs in Mitteldeutschland ab. Im September 1946 wurden 45 Maschinen als Beutegut in die UdSSR verschleppt. Dort dienten sie umgespurt auf 1.524 mm als Versuchsobjekte für den Betrieb unter $16\frac{2}{3}$ Hz/15 kV auf der Strecke Kotlas–Workuta im Petschoragebiet am nördlichen Polarkreis. 1952 erhielt die DR noch 44 Maschinen zurück. Mit der E 44 begann am 1. September 1955 bei der DR wieder der elektrische Betrieb. Insgesamt 46 Exemplare baute das Raw Dessau bis 1961 wieder auf (ab 1970: Baureihe 244). Die letzten vier wurden am 31. Dezember 1991 ausgemustert. Museal erhalten werden in Ost und West 19 Maschinen. Betriebsfähig ist heute nur noch die E 44 044 als »Werklok« im AW Dessau.

| **Technische Daten:** | | |
|---|---|---|
| Baureihenbezeichnung: | E 44 001 (DRG) | E 44 (DRG, DB) |
| Radsatzanordnung: | Bo'Bo' | Bo'Bo' |
| Stromsystem: | $16\frac{2}{3}$ Hz, 15 kV | $16\frac{2}{3}$ Hz, 15 kV |
| Vmax (km/h): | 90 | 90 |
| Stundenleistung (kW): | 2.120 | 2.200 |
| Dauerleistung (kW): | 1.830 | 1.860 |
| Dienstmasse (t): | 79,2 | 78,0 (E 44 188-189: 79,2) |
| Größte Radsatzfahrmasse (t): | 19,8 | 19,5 (E 44 188-189: 19,8) |
| Länge über Puffer (mm): | 14.530 | 15.290 |
| Treibraddurchmesser (mm): | 1.250 | 1.250 |
| Indienststellung: | 1930 | 1933-1955 (E 44 188-189: 1963/65) |
| Verbleib: | E 44 001 (VMN, Lichtenfels) | u.a. E 44 002 (VMN, Koblenz-Lützel), |
| | | 103 (VMN, TEV Weimar), 1170 (VMN, Siegen) |

*Foto: Estler*

*Foto: Estler*

*Foto: Dostal*

## E 44.5 (DRG, DB), 144.5 (DB)

Als letzte der drei Bo'Bo'-Versuchsloks erschien im April 1931 eine Maschine, die von den Maffei-Schwartzkopff-Werken (MSW, elektr. Teil) und der BMAG (Fahrzeugteil) auf eigenen Rechnung gebaut worden war. Diese besaß zwar in etwa die gleiche Fahrwerkskonstruktion wie die Siemens-Lokomotive, unterschied sich aber durch den kastenförmigen Aufbau ohne Vorbauten, wie er schon bei der E 75 verwendet wurde. Ähnlich wie beim Bergmann-Prototyp (E 44 2001) sorgten Pressluftzylinder für eine gleichmäßige Belastung aller Radsätze beim Anfahren. Dem Einsatz auf Steilstrecken wurde durch den Einbau einer elektrischen Widerstandsbremse Rechnung getragen. Auch bei einigen elektrischen Bauteilen stand die E 75 Pate, so beim ölgekühlten Trafo und der handbetätigten Nockenschaltersteuerung mit Zusatztransformator, Feinsteller und 15 Dauerfahrstufen. Diese Steuerung bewährte sich so gut, dass die von DRG für alle zukünftigen Elloks vorgeschrieben wurde.

*Foto: Estler*

Bei Probefahrten in Schlesien und vor allem auf der Strecke Freilassing–Berchtesgaden stellte die Maschine ihre ausgezeichneten Qualitäten unter Beweis. Daher übernahm sie die DRG 1932 als E 44 101 in ihren Bestand und bestellte vier weitere Exemplare. Die Serienloks E 44 102-105 unterschieden sich nur geringfügig vom Prototyp. Die elektrische Ausrüstung musste zum Teil von AEG komplettiert werden, da MSW in Konkurs ging.
Zur endgültigen Ablösung der Stangenelloks zwischen Freilassing und Berchtesgaden beschaffte die DRG vier weitere Exemplare, die deutlich überarbeitet worden waren. Stärkere Fahrmotoren und ein verbesserter Transformator erforderten eine Verlängerung der Radsatzstände und des Kastens. Das Mehrgewicht musste durch die Konstruktion eines neuen Rahmens mit seinen charakteristischen Aussparungen an den Längsträgern wieder kompensiert werden. Die E 44 108 und 109 erhielten außerdem eine Getriebeübersetzung für 90 km/h. Als sich 1938 sich die Normal-E-44 der Ordnungsnummer 100 näherten, wurden die E 44 101-109 in E 44 501-509 umgezeichnet. Sie blieben mit wenigen kurzen Ausnahmen immer ihrer Stammstrecke treu. Als erste wurde schon 1959 die Versuchslok E 44 501 ausgemustert. Sie diente aber noch bis 1982 als Aufgleisungsobjekt. Die Serienloks mussten zwischen 1977 und 1983 den Dienst quittieren. Die E 44 502, 507 und 508 blieben erhalten.

| Technische Daten: | | | |
|---|---|---|---|
| Baureihenbezeichnung: | E 44 501 (DRG) | E 44 502-505 (DRG) | E 44 506-509 (DRG) |
| Radsatzanordnung: | Bo'Bo' | Bo'Bo' | Bo'Bo' |
| Stromsystem: | 16⅔ Hz, 15 kV | 16⅔ Hz, 15 kV | 16⅔ Hz, 15 kV |
| Vmax (km/h): | 80 | 80 | 80 (ab E 44 508: 90) |
| Stundenleistung (kW): | 1.600 | 1.600 | 2.200 |
| Dauerleistung (kW): | 1.440 | 1.430 | 2.000 |
| Dienstmasse (t): | 79,2 | 79,2 | 76,9 (ab E 44 508: 79,1) |
| Größte Radsatzfahrmasse (t): | 19,8 | 19,8 | 19,9 (ab E 44 508: 19,8) |
| Länge über Puffer (mm): | 13.150 | 13.520 | 14.300 |
| Treibraddurchmesser (mm): | 1.250 | 1.250 | 1.250 |
| Indienststellung: | 1931 | 1933 | 1934-1935 |
| Verbleib: | ++ | E 44 502 | E 44 507 (VMN, TEV Weimar), |
| | | (Denkmal Freilassing) | 508 (VMN, EM Selb) |

## E 44 2001 (DRG)

Schon Mitte Juni 1930 konnten die Bergmann-Elektrizitätswerke (BEW) als erste ihren auf eigene Rechnung gebauten Prototyp einer Bo'Bo'-Drehgestell-Lok vorstellen. Lieferant des mechanischen Teils war die Berliner Maschinenbau AG (BMAG). Äußerlich ähnelte die Maschine der Siemens-Lok. Brückenrahmen und Lokomotivkasten waren Schweißkonstruktionen. Die Abstützung auf die beiden Drehgestelle übernahmen aber halbkugelförmige Mittelzapfen, seitliche Druckluftstützen und Stahlgusskonsolen. Wie bei den anderen Prototypen waren Pufferträger und Zughakenkästen an den Drehgestellen angebracht. Die Zug- und Stoßkräfte wurden aber von den recht kräftigen Drehzapfen aufgenommen und somit nicht von den Drehgestellen sondern vom Brückenrahmen übertragen. Die Regelung der Fahrmotorspannung erfolgte durch ein Nockenschaltwerk mit Kommutator-Feinsteller, Zusatztransformator und zwölf Dauerfahrstufen. Dabei ermöglichte der Feinsteller ein extrem langsames Weiterschalten zwischen den einzelnen Fahrstufen.
Die ersten Einsätze im Versuchsdienst sowie im Planbetrieb absolvierte die Maschine in Mitteldeutschland. Ab Mai 1931 musste sie sich auf den schlesischen Bergstrecken bewähren. Die DRG übernahm zwar 1932 die Lok als E 44 201 in ihren Bestand, doch verhinderten Mängel bei einer Reihe von Bauteilen sowie konstruktive Unzulänglichkeiten eine positive Beurteilung. Daher kam es zu keinem Nachbau, obwohl die E 44 201 der billigste Prototyp war und eine Reihe von technischen Neuerungen aufwies. Ab Januar 1934 fuhr die Lok auf der Strecke Freilassing–Berchtesgaden. Ein Umbau 1938 durch AEG brachte der Maschine Änderungen am Haupttransformator sowie den Ersatz ihrer Steuerung durch die DRG-Einheitssteuerung. Im gleichen Jahr erhielt sie die neue Betriebsnummer E 44 2001. Mit der Lieferung von neuen E 44W an das Bw Freilassing konnte auf die ab Mitte 1942 nur noch im Rangierdienst eingesetzte Lok verzichtet werden. Daher wurde sie im Oktober 1943 an das Bw München Ost abgegeben. Dort betätigte sie sich ebenfalls als Rangierlok und erhielt sogar 1944 noch eine Hauptuntersuchung. Im Februar 1945 wurde sie bei einem Luftangriff schwer beschädigt, nicht wieder aufgearbeitet und schließlich 1949 ausgemustert.

*Foto: Slg. Kleine, Archiv transpress*

| Technische Daten: | |
|---|---|
| Baureihenbezeichnung: | E 44 2001 (DRG) |
| Radsatzanordnung: | Bo'Bo' |
| Stromsystem: | 16⅔ Hz, 15 kV |
| Vmax (km/h): | 80 |
| Stundenleistung (kW): | 2.200 |
| Dauerleistung (kW): | 1.760 |
| Dienstmasse (t): | 82,5 |
| Größte Radsatzfahrmasse (t): | 22,3 |
| Länge über Puffer (mm): | 13.500 |
| Treibraddurchmesser (mm): | 1.250 |
| Indienststellung: | 1930 |
| Verbleib: | ++ |

## 145 (DB AG)

Die Konstruktion der Baureihe 145 beruht auf den Erkenntnissen, die mit dem Erprobungsträger 12X gewonnen wurden. AEG Hennigsdorf hatte die als 128 001 bezeichnete Lok 1994 präsentiert und die Deutsche Bahn hatte die Maschine ausgiebig getestet. Das erste Exemplar der neuen Baureihe, 145 001, wurde im Juli 1997 vorgestellt. Die Bauartzulassung lag im Januar 1998 vor. Kurze Zeit später begann ADtranz (heute Bombardier) mit der Lieferung der in den Werken Kassel und Hennigsdorf gefertigten Maschinen.
Die äußere Gestaltung mit der glattflächigen Außenhaut entspricht dem üblichen Design der DB AG-Neubauloks. Der Aufbau (Lokführerbereiche, Untergestell und Seitenwände) ist vollständig geschweißt. Die Führerhäuser sind druckdicht und bieten den Lokführern einen erhöhten Schutz. Der Dachhauben ermöglichen einen schnellen Wechsel von Baugruppen aus dem Maschinenraum.
Wegen der geringeren Höchstgeschwindigkeit von 140 km/h erhielten die 145 einen preisgünstigeren Tatzlagerantrieb mit integrierten Drehstromasynchron-Motoren. Vereinfacht wurde auch die Regelung der Radsätze eines Drehgestells, die gemeinsam über einen Stromrichter gesteuert bzw. versorgt werden. Das Drehgestell entspricht weitgehend dem der Baureihe 101, nur der Radsatzabstand ist um 50 mm geringer. Wie bei der 101 werden die Längskräfte zwischen Drehgestell und Lokkasten nicht über Drehzapfen sondern über tief angelenkte Zug- und Druckstangen übertragen. Prinzipiell ist auch der konstruktive Aufbau von Rahmen und Kasten gleich, nur weist die Front der 145 einen Knick oberhalb der unteren Frontlampen auf. Weiter entwickelt wurde dagegen die Leittechnik mit dem 32-Bit-System MITRAC. Kernstück sind dabei die beiden aus Sicherheitsgründen doppelt vorhandenen »Integrierten Steuergeräte« (ISG), in denen jeweils die Antriebs- und Bremssteuerung, die Schlupfregelung und weitere Subsysteme zusammenlaufen. Die Verbindung untereinander bzw. mit dem ISG übernimmt ein international genormten »Multifunctional Vehicle Bus« (MV-Bus).
Seit Ende 2000 sind alle 80 Exemplare der Baureihe 145 ausgeliefert. Insgesamt 400 Stück sind von der Baureihe 185 bestellt, deren Serienlieferung im ersten Halbjahr 2001 anlief. Weil die Loks aus Platz- und Gewichtsgründen nicht die Zugsicherungssysteme und andere Ausrüstungsteile für alle denkbaren Einsatzländer tragen können, werden sie bei Anlieferung bzw. später bei Bedarf mit bestimmten »Paketen« aus- oder nachgerüstet.
Von der ursprünglich 80 Exemplaren hatte DB Cargo im Frühjahr 2023 noch 35 Maschinen im Bestand, die in Seddin beheimatet waren und vor Güterzügen in ganz Deutschland fuhren. Die übrigen Maschinen waren an Dritte verkauft oder vermietet, darunter die DB-Tochter Mitteldeutsche Eisenbahn GmbH (MEG) und die RBH Logistics GmbH.

Foto: Dostal

**Technische Daten:**

| | | |
|---|---|---|
| Baureihenbezeichnung: | 145 (DB AG) | 185 (DB AG) |
| Radsatzanordnung: | Bo'Bo' | Bo'Bo' |
| Stromsystem: | 16²/3 Hz / 15 kV | 16²/3 Hz / 15 kV; 50 Hz / 25 kV |
| Vmax (km/h): | 140 | 140 |
| Stundenleistung (kW): | | |
| Dauerleistung (kW): | 4.200 | 4.200 (ab 185 050: 5.600) |
| Dienstmasse (t): | 80 | 85 |
| Größte Radsatzfahrmasse (t): | 20 | 21,25 |
| Länge über Puffer (mm): | 18.900 | 18.900 |
| Treibraddurchmesser (mm): | 1.250 | 1.250 |
| Indienststellung: | 1997-2000 | 2000-2009 |

## 146 (DB AG)

Ende der 1990er-Jahre gelangte die DB zu der Erkenntnis gelangt, dass man im Nahverkehr trotz aller Umstellungsbemühungen auf Triebwagen moderne, schnelllaufende Elloks für den Einsatz vor Doppelstockzügen bis 160 km/h benötigte. Versuchsweise wurden zunächst Mitte Mai 1999 die 145 018 und 019 mit einem Nahverkehrspaket (Zugzielanzeige, Türsteuerungsfunktion, Fahrgastinfoanlagen und Fahrgastnotruf) modifiziert. Dieses Nahverkehrspaket erhielten für den Einsatz im Rahmen der EXPO 2000 später auch die 145 031-050. Als Weiterentwicklung der Baureihe 145 wurden 2001/02 dann insgesamt 31 Exemplare der »Regio-Lok« 146.0 ausgeliefert. Diese Maschinen fahren heute alle in Nordrhein-Westfalen beim Betriebshof Dortmund. Wesentliches Unterscheidungsmerkmal der neuen Baureihe 146.0 ist der GEALAIF-Hohlwellenantrieb, um die vorgesehene Höchstgeschwindigkeit von 160 km/h zu erreichen. Der Hohlwellenantrieb ist gefedert im Drehgestell aufgehängt. Hier überträgt der Motor seine Kraft auf eine Hohlwelle, die über Kardangelenke mit dem Radsatz verbunden ist. Die Loks sind mit einem nahverkehrsspezifischen Zusatzpaket ausgestattet, dessen markantestes äußeres Merkmal die durchgehende Zugzielanzeige über den Stirnfenstern ist. Hinzu kommen die Ausrüstung zu Fahrgastinformation über Lautsprecher im Wagenzug, zu Türsteuerungsfunktion sowie Fahrgastnotruf über einen IBIS-Bus.

Eine zweite Bauserie wurde in den Jahren 2003 bis 2005 ausgeliefert. Diese 32 Loks sind eine Variante der Baureihe 185 und wurden daher als Baureihe 146.1 eingeordnet. Gegenüber den Loks der Baureihe 146.0 erhielten sie eine von 4.200 auf 5.600 kW erhöhte Traktionsleistung, eine betriebs- und servicefreundlichere Funktionalität sowie die Vorbereitung für den Zweifrequenzbetrieb unter 16²/3 Hz/15 kV und 50 Hz/25 kV. Beheimatet sind sie in Braunschweig, Freiburg und Frankfurt/Main.
Von Juli 2005 bis März 2006 wurde von Bombardier in Kassel eine dritte Bauserie mit 47 Maschinen ausgeliefert. Da bei diesen Maschinen die mit der 185.2 eingeführten Änderungen übernommen wurden, erhielten sie die Baureihenbezeichnung 146.2 und 146.3.
Für den Einsatz vor neuen Doppelstock-IC-Wagen beschaffte DB Fernverkehr ab 2013 die Maschinen der Unterbauart 146.5, die wie die Wagen weiß lackiert sind. Die 27 Fahrzeuge waren auch 2023 noch in Leipzig beheimatet und unter anderem in Richtung Norden-Norddeich unterwegs.
Die roten Maschinen von DB Regio waren 2023 auf zahlreiche Werke in ganz Deutschland verteilt und waren dort mit Doppelstockzügen im Regionalverkehr unterwegs.

**Technische Daten:**

| | | | |
|---|---|---|---|
| Baureihenbezeichnung: | 146.0 (DB AG) | 146.1 (DB AG) | 146.2 (DB AG) |
| Radsatzanordnung: | Bo'Bo' | Bo'Bo' | Bo'Bo' |
| Stromsystem: | 16²/3 Hz / 15 kV | 16²/3 Hz / 15 kV | 16²/3 Hz / 15 kV |
| Vmax (km/h): | 160 | 160 | 160 |
| Stundenleistung (kW): | | | |
| Dauerleistung (kW): | 4.200 | 5.600 | 5.600 |
| Dienstmasse (t): | 80 | 84 | 84 |
| Größte Radsatzfahrmasse (t): | 20 | 21 | 21 |
| Länge über Puffer (mm): | 18.900 | 18.900 | 18.900 |
| Treibraddurchmesser (mm): | 1.250 | 1.250 | 1.250 |
| Indienststellung: | 2001-2002 | 2003-2005 | 2005-2006 |

Foto: Estler

## 147 (DB AG)

Neben der Güterzugversion der TRAXX F 140 AC 3 (Baureihe 187) bestellten sowohl DB Regio als auch DB Fernverkehr eine Ausführung dieses Typs für Reisezüge.
DB Regio wollte mit der Baureihe 147 alte Maschinen der Baureihe 111 und 143 ablösen und bestellt zunächst 20 Exemplare in Einspannungsausführung, die 2015 an das Werk Stuttgart geliefert wurden. Dort waren die Maschinen geschlossen bis 2019 unterwegs. Durch die Abgabe mehrerer Netze an private Anbieter wurden die Loks im Süden Deutschlands überflüssig und 2020 bis auf 147 001 bis 003 nach Berlin-Lichtenberg und einige später nach Cottbus umbeheimatet.
DB Fernverkehr hat für seine 147 die Bespannung neuer aus Doppelstockwagen gebildeter IC2-Züge vorgesehen. Einsatzstrecken sind dabei die Gäubahn von Stuttgart in die Schweiz und die Verbindung von Stuttgart nach Nürnberg. 2020 waren 17 Exemplare der weißen Maschinen in Leipzig beheimatet. Für den Einsatz in die Schweiz sind die Lokomotiven mit ETCS Level 2 ausgestattet, außerdem haben sie zusätzliche Stromabnehmer mit schmalen Schleifstücken und eine Rückseheinrichtung.
Ständige Problem mit der Software in Verbindung mit den Doppelstockwagen führten immer wieder zu Verzögerungen bei der Inbetriebnahme der Züge. Auch die längst überfällige Zulassung für die Schweiz war 2020 noch nicht erteilt. Dies veranlasste die Bahn, die weiteren 25 bestellten Züge nicht abzunehmen, bevor diese nicht Probleme gelöst sind.
Auch 2021 waren erst 34 der 43 vorgesehenen Loks von Leipzig aus im Einsatz. Die nach wie vor nicht erteilte Zulassung für die Schweiz veranlasste die Deutsche Bahn, die Loks bis Ende 2022 von der Gäubahn abzuziehen und durch »Kiss«-Triebwagen von Stadler zu ersetzen.
Der Lokkasten und der mechanische Teil unterscheiden sich kaum von der Baureihe 187. Für eine Höchstgeschwindigkeit von 160 km/h wurde aber ein vollabgefederter Hohlwellenantrieb statt einer Tatzlagerantriebs verwendet. Drehgestelle und Antrieb sind so aufgelegt, dass auch eine Höchstgeschwindigkeit von 200 km/h möglich ist. Vier Radbremsscheiben in jedem Drehgestell sorgen für eine sicher Verzögerung.
2023 waren die Lokomotiven u. a. mit IC-Zügen auf der Gäubahn zwischen Stuttgart und Zürich unterwegs. Als weitere Verbindung wurden die IC-Züge zwischen Nürnberg und Karlsruhe mit den weißen Loks bespannt.

*Foto: Estler*

| Technische Daten: | |
|---|---|
| Baureihenbezeichnung: | 147 (DB AG) |
| Radsatzanordnung: | Bo'Bo' |
| Stromsystem: | 16⅔ Hz/15 kV |
| Vmax (km/h): | 160 |
| Stundenleistung (kW): | 5.600 |
| Dauerleistung (kW): | 5.600 |
| Dienstmasse (t): | 86 |
| Größte Radsatzfahrmasse (t): | 22,5 |
| Länge über Puffer (mm): | 18.900 |
| Treibraddurchmesser (mm): | 1.250 |
| Indienststellung: | 2015- |

## E 49 (preuß. EP 209/210-211/212, DRG)

Bereits 1911 holten die Preußischen Staatsbahnen bei der Industrie Angebote für eine schwere Reisezuglokomotive ein, die auf den zu elektrifizierenden Strecken Schlesiens zum Einsatz kommen sollte. Nach mehreren Auftragsmodifikationen bestellte die Staatsbahn schließlich noch vor Ausbruch des Ersten Weltkriegs 13 Doppellokomotiven der Radsatzfolge 2'B+B1'. Als Lieferanten kamen die Linke-Hofmann-Werke in Breslau beim Fahrzeugteil und die Bergmann-Elektrizitätswerke in Berlin mit dem elektrischen Teil zum Zuge. Der Kriegsausbruch verzögerte jedoch in erheblichem Maß die Fertigstellung. Erst 1921/22 konnten mit den EP 209/210 und 211/212 noch zwei Doppelloks abgeliefert werden. Auf den Bau der restlichen elf wurde verzichtet, da sich zwischenzeitlich bessere Konstruktionen gefunden hatten.
Jede der kurzgekuppelten Lokhälften besaß zwei gekuppelte Radsätze, die von einem schnelllaufenden Wechselstrom-Reihenschlussmotor über Getriebe, Vorgelege-Blindwelle und Schar-

*Foto: Slg. Kleine, Archiv transpress*

| Technische Daten: | |
|---|---|
| Baureihenbezeichnung: | E 49 (DRG) |
| Radsatzanordnung: | 2'B+B1' |
| Stromsystem: | 16²/₃ Hz, 15 kV |
| Vmax (km/h): | 90 |
| Stundenleistung (kW): | 1.765 |
| Dauerleistung (kW): | 1.290 |
| Dienstmasse (t): | 113,0 |
| Größte Radsatzfahrmasse (t): | 17,5 |
| Länge über Puffer (mm): | 16.493 |
| Treibraddurchmesser (mm): | 1.700 |
| Laufraddurchmesser v/h (mm): | 1.100 / 1.150 |
| Indienststellung: | 1921-1922 |
| Verbleib: | ++ |

nierkuppelstangen angetrieben wurden. Die Regelung der Fahrmotorspannung besorgte eine elektropneumatische Schützensteuerung mit 11 Dauerfahrstufen. Wegen der besseren Masseverteilung erhielt die vordere Lokhälfte ein zweiachsiges Laufdrehgestell. Darüber befand sich in der Vorbau mit dem Haupttransformator. Der Laufradsatz der hinteren Lokhälfte ruhte in einem Bissel-Gestell. Im darüber befindlichen Vorbau fand der Dampfheizkessel seinen Platz. Die Wasservorräte nahmen die halbhohen Wasserkästen seitlich am Vorbau auf.
Die Laufeigenschaften der Doppelloks befriedigten nicht. Sie neigten zu starken Schlingerbewegungen und ihr großer Treibraddurchmesser von 1.700 mm bereitete Anfahrschwierigkeiten. Daher blieben sie auch nicht lange im Betriebsbestand der DRG. Noch vor der Vergabe der neuen Baureihenbezeichnungen wurde 1925 die EP 209/210 in Schlesien ausgemustert. Ihre Schwesterlok kam 1926 auf das mitteldeutsche Netz und erhielt dort noch die Betriebsnummer E 49 00. Ein Getriebe- und Motorschaden beendete 1929 ihr Leben.

## E 50 35, E 50.3 (preuß. EP 235-246, DRG)

Gleichzeitig mit den Doppelloks der späteren DRG-Baureihe E 49 bestellten die Preußischen Staatsbahnen noch vor Beginn des Ersten Weltkriegs eine einrahmige, einmotorige Versuchsausführung mit der Radsatzfolge 2'D1' als EP 235. Lieferanten waren Linke-Hofmann (Fahrzeugteil) und Bergmann (elektr. Teil). Wider Erwarten bewährte sich die Maschine im Betriebseinsatz sehr gut, was vor allem auf den Dreiecksantrieb zurückzuführen war. Dabei wirkte der große Gestell-Fahrmotor über Paralle kurbelbetrieb mit entgegengesetzt geneigten Treibstangen und zwei Blindwellen auf die Kuppelradsätze. Als Fahrmotor diente der größte Wechselstrom-Bahnmotor der Welt mit einem äußeren Durchmesser von 3.600 mm, einem Ankerdurchmesser von 2.700 mm und einem Kommutatordurchmesser von 2.580 mm. Einschließlich Ankerwelle wog er 25,5 Tonnen. Auf Grund der guten Ergebnisse mit der EP 235 gaben die Preußen 1918 bei LHW/BEW elf weitere Maschinen als EP 236-246 für die schlesischen Strecken in Auftrag. Sie entsprachen weitgehend der bewährten Probelok, erhielten aber ein verstärktes Fahrzeugteil und den nicht ganz so großen Fahrmotor der späteren DRG-Baureihe E 06.

Die EP 235 wurde 1926 von Schlesien nach Mitteldeutschland zum Bw Magdeburg-Rothensee umstationiert. Die DRG sah für sie die neue Betriebsnummer E 50 35 vor, musterte sie aber schon im März 1927 aus. Ihren riesigen Fahrmotor erhielt das Berliner Verkehrs- und Baumuseum. Nach jahrzehntelanger Abstellung und Verrottung im Freien befinden sich seine Reste in der Obhut des Deutschen Technikmuseums Berlin. Die EP 236-246 erhielten bei der DRG 1926/27 die Betriebsnummern E 50 36-46. Durch die Anlieferung neuer E 44 überflüssig, wechselten zwischen April und Juni 1934 die E 50 41-46 von Schlesien nach Mitteldeutschland. Zum Jahresende 1944 wurden bis auf die E 50 37 die restlichen Maschinen nach Mitteldeutschland rückgeführt. Nach zwangsweiser Einstellung des elektrischen Betriebs im März 1946 brachten die sowjetischen Besatzer neun Loks als Beutegut in die UdSSR. Zwar kehrten alle 1952/53 in die DDR zurück, doch keine wurde mehr aufgearbeitet. Teile von der E 50 42 kamen ins Verkehrsmuseum nach Dresden.

Foto: Koppisch, Archiv transpress

| Technische Daten: | | |
|---|---|---|
| Baureihenbezeichnung: | E 50 35 (DRG) | E 50.3 (DRG) |
| Radsatzanordnung: | 2'D1' | 2'D1' |
| Stromsystem: | $16^2/_3$ Hz, 15 kV | $16^2/_3$ Hz, 15 kV |
| Vmax (km/h): | 90 | 90 |
| Stundenleistung (kW): | 2.200 | 2.400 |
| Dauerleistung (kW): | 1.650 | 1.650 |
| Dienstmasse (t): | 109,8 | 108,6 |
| Größte Radsatzfahrmasse (t): | 17 | 16,9 |
| Länge über Puffer (mm): | 14.400 | 14.800 |
| Treibraddurchmesser (mm): | 1.250 | 1.250 |
| Laufraddurchmesser (mm): | 1.000 | 1.000 |
| Indienststellung: | 1917 | 1923-1924 |
| Verbleib: | E 50 35 (Motor, DTM Berlin) | E 50 42 (Rahmen, Motor und Antrieb, VM Dresden) |

## E 50.4 (preuß. EP 247-252, DRG)

Aufbauend auf den guten Erfahrungen mit der EP 235 wurden auch die Maffei-Schwartzkopff-Werke (elektr. Teil) und die Berliner Maschinenbau AG an der weiteren Beschaffung ähnlicher Maschinen beteiligt. Im Jahr 1920 erhielten sie von der Eisenbahn-Direktion Breslau den Auftrag zur Lieferung von 2'D1'-Lokomotiven für den schweren Reisezugdienst auf den schlesischen Gebirgsstrecken. Laufwerk und Antrieb entsprachen weitgehend den BEW-Maschinen (DRG E 50.3), doch auf Grund der abweichenden elektrischen Ausrüstung erhielten sie einen längeren Hauptrahmen. Ein großer, 48poliger kompensierter Wechselstrom-Reihenschlussmotor wirkte über Parallelkurbelantrieb mit zwei schrägen, zu einander geneigten Treibstangen auf zwei Blindwellen und weiter über Treib- und Kuppelstangen auf die vier Kuppelradsätze. An jedem Ende des Lokkastens befand sich ein Vorbau. Vor dem vorderen Führerstand fand der Öltransformator seinen Platz, der durch außenliegende Kühlerschlangen vom Fahrtwind gekühlt wurde. Im hinteren Vorbau war der Dampfkessel für die Zugheizung untergebracht, der untere Teil diente als Wasserkasten.

Infolge ihrer relativ geringen Leistung und Zugkraft bewährten sich die Maschinen nicht sonderlich gut auf den schlesischen Gebirgsstrecken. Als erste wurde schon 1926 die EP 250 nach Mitteldeutschland umgesetzt. Nach dem Umzeichnungsplan vom August 1926 verpasste ihnen die DRG die Betriebsnummern E 50 47-52. Nach Eintreffen der neuen E 17 in Schlesien konnten zwischen Dezember 1928 und Juni 1929 auch die restlichen fünf E 50 ans mitteldeutsche Netz abgegeben werden. Am 20. November 1929 hatte die E 50 50 einen schweren Unfall, wurde nicht mehr repariert sondern im August 1932 ausgemustert. Ab Anfang der 1930er-Jahre waren die Maschinen bevorzugt im Güterzugdienst eingesetzt. Im Zweiten Weltkrieg brannte die E 50 49 nach einem Fliegerangriff aus. Beschädigt waren bei Kriegsende die E 50 47 und 48. Die beiden anderen fuhren bis zur zwangsweisen Einstellung des elektrischen Betriebs in Mitteldeutschland am 29. März 1946. Die vier noch vorhandenen Loks verschleppten die sowjetischen Besatzer im September 1946 in die UdSSR. Im Herbst 1952 kamen sie in die DDR zurück. Bis zur ihrer Ausmusterung 1955/56 blieben sie abgestellt.

Foto: Slg. Koppisch, Archiv transpress

| Technische Daten: | |
|---|---|
| Baureihenbezeichnung: | E 50.4 (DRG) |
| Radsatzanordnung: | 2'D1' |
| Stromsystem: | $16^2/_3$ Hz, 15 kV |
| Vmax (km/h): | 90 |
| Stundenleistung (kW): | 1.900 |
| Dauerleistung (kW): | 1.600 |
| Dienstmasse (t): | 114,2 |
| Größte Radsatzfahrmasse (t): | 17,5 |
| Länge über Puffer (mm): | 15.200 |
| Treibraddurchmesser (mm): | 1.250 |
| Laufraddurchmesser (mm): | 1.000 |
| Indienststellung: | 1923-1924 |
| Verbleib: | ++ |

## E 50, 150 (DB)

Im DB-Typenprogramm von 1954 war die sechsachsige E 50 war die größte, schwerste und stärkste Maschine. Ihre Aufgabe war die Beförderung schwerer Güterzüge und unter Ausnutzung der Höchstgeschwindigkeit von 100 km/h sollte die Lok auch im schweren Schnellzugdienst verwendbar sein. In Zusammenarbeit mit dem BZA München wurde die E 50 im mechanischen Teil von Krupp und im elektrischen Teil von AEG entwickelt. Als erste wurden im Januar 1957 die E 50 001 und 002 ausgeliefert.

Wie bei allen Neubau-Elloks der DB bildete der hier besonders kräftige, geschweißte Brückenrahmen zusammen mit dem Lokkasten in Stahlleichtbauweise eine selbsttragende, zusammenhängende Konstruktion. Die beiden dreiachsigen Drehgestelle bestanden aus kastenförmig zusammengeschweißten Hohlträgern. Um eine bessere Laufruhe zu erzielen, wurden die Drehzapfen der Drehgestelle außermittig zwischen den beiden äußeren Radsätzen angeordnet. Nur vorsichtig löste man sich von Bewährtem, denn die ersten 25 Maschinen erhielten noch einen Tatzlagerantrieb. Ab E 50 026 setzte sich aber der Gummiringfederantrieb durch, welcher schon an der E 10 003 erfolgreich erprobt worden war. Bis 1973 entstanden 194 Maschinen, ab der Ordnungsnummer 140 mit der EDV-gerechten Baureihenbezeichnung 150. Im Laufe der diversen Serien gab es kleine Verbesserungen. Ab E 50 042 änderte sich das Aussehen durch den Einbau von Doppelscheinwerfern mit getrennten Rücklichtern und die Verwendung von senkrechten Lüfterlamellen. Bis zur E 50 127 wurde die umlaufende Regenrinne beibehalten. Ab der 150 156 kamen Verschleißpufferträger und aufgesetzte Lüftergitter hinzu.

Die Maschinen bewährten sich im schweren Güterzugdienst besonders im Hügelland ausgezeichnet. In größerem Maße abgelöst wurden die 150er erst durch die neue Baureihe 152, deren Serienlieferung 1998 begann. Beschleunigt wurde das Ganze mit dem »Fund« größere Mengen Asbest in den Maschinen und so entschied die DB, mit sofortiger Wirkung die Hauptuntersuchungen einzustellen. Letztes Betriebswerk war Kornwestheim, von wo aus sie sich bis ganz zuletzt vor schweren Ölzügen und im Schubdienst auf der Geislinger Steige bewähren durften. Zum Jahresende 2003 mussten die letzten 150er den Dienst quittieren und schieden damit als erste der vier Einheitsellok-Baureihen komplett aus dem DB-Betriebsbestand aus. Lediglich 150 091 und 186 blieben der Nachwelt erhalten. Sie stehen beide im DB-Museum in Koblenz.

*Foto: Estler*

| Technische Daten: | |
|---|---|
| Baureihenbezeichnung: | E 50 (DB) |
| Radsatzanordnung: | Co'Co' |
| Stromsystem: | 16⅔ Hz, 15 kV |
| Vmax (km/h): | 100 |
| Stundenleistung (kW): | 4.500 |
| Dauerleistung (kW): | 4.410 |
| Dienstmasse (t): | 128,0 (bis E 50 025: 126,0) |
| Größte Radsatzfahrmasse (t): | 21,4 (bis E 50 025: 21,0) |
| Länge über Puffer (mm): | 19.490 |
| Treibraddurchmesser (mm): | 1.250 |
| Indienststellung: | 1957-1973 |
| Verbleib (DB-Museum): | E 50 091, 186 |

## 151 (DB)

Auf Grund gestiegener Leistungsanforderungen im schweren und schnellen Güterverkehr erschien 1972 als Weiterentwicklung der 150 die Baureihe 151. Der Konstruktion lagen die neuen Eckdaten der Eisenbahn-Bau- und Betriebsordnung (EBO) von 1967 zugrunde, welche für den Güterverkehr Geschwindigkeiten bis 120 km/h und Zuglasten bis 2.000 Tonnen vorsahen. Diese Werte konnten nur von einer Lok mit über 5.000 kW Leistung erreicht werden, so dass eine bloße Überarbeitung der Baureihe 150 von vornherein ausschied.

Für die Konstruktion der 151 zeichneten Krupp und AEG verantwortlich. Im Interesse der Standardisierung griff man auf die bewährten Fahrmotoren der Baureihen 110 und 140 zurück, musste aber zur gewünschten Leistungssteigerung ganz neue Verfahren der Isolation und Wärmeableitung entwickeln. Trotzdem wurde die Lok durch den unvermeidlichen neuen, leistungsfähigeren Haupttransformator und die verstärkte elektrische Widerstandsbremse so schwer, dass die geforderte Radsatzlast nur durch äußerste Anwendung der Leichtbautechnik eingehalten werden konnte. Die Führerräume erhielten nach neuesten Erkenntnissen körpergerechte Sitze und Klimaanlagen. Obligatorisch war die Ausrüstung mit Verschleißpufferbohlen, bei denen ein Anbau einer Mittelpufferkupplung problemlos möglich ist. Die bewährten Drehgestelle der 150 entfielen und neue in geschweißter Stahlleichtbauweise wurden konstruiert. Von der Baureihe 103 übernommen werden konnten die Kastenabstützung und die Radsatzführung durch Lemniskatenlenker. Erhalten blieb der bewährte Gummiringfederantrieb. Die Regelung der Fahrmotorspannung besorgte nun ein 29-stufiges Hochspannungsschaltwerk mit Thyristor-Lastschaltern. Als erste wurde am 21. November 1972 die 151 001 abgeliefert. Bis 1977 entstanden bei Krupp, Henschel, Krauss-Maffei, AEG, Siemens und BBC 170 Maschinen, von denen heute noch fast alle im gesamten Bundesgebiet im Einsatz sind. Die 151 089-122 waren mit einer automatischen Kupplung (»Unicupler«) ausgestattet und liefen in Doppeltraktion vor schweren Erzzügen in den Relationen Hamburg-Beddingen (5.700 t), Venlo-Dillingen (5.130 t) und Moers-Linz (3.220 t).

Inzwischen sie alle Loks der Baureihe 151 aus dem Bestand der DB ausgeschieden und sind bei privaten Unternehmen im Einsatz. Allerdings mietet die DB bei Bedarf immer wieder Maschinen an. 151 121 gehört inzwischen zum Bestand des BD Museums in Koblenz-Lützel.

| Technische Daten: | |
|---|---|
| Baureihenbezeichnung: | 151 (DB) |
| Radsatzanordnung: | Co'Co' |
| Stromsystem: | 16⅔ Hz, 15 kV |
| Vmax (km/h): | 120 |
| Stundenleistung (kW): | 6.300 |
| Dauerleistung (kW): | 5.982 |
| Dienstmasse (t): | 118,0 |
| Größte Radsatzfahrmasse (t): | 20 |
| Länge über Puffer (mm): | 19.490 |
| Treibraddurchmesser (mm): | 1.250 |
| Indienststellung: | 1972-1977 |
| Verbleib (DB Museum): | 151 121 |

*Foto: Dostal*

## E 52 (bay. EP 5, DRG, DB), 152 (DB)

Für den Reisezugdienst auf den elektrifizierten Strecken Bayerns waren Anfang der 1920er-Jahre nur 13 Maschinen der späteren Baureihen E 36, E 36.2 und E 62 vorhanden. Schwere Schnell- und Personenzüge beanspruchten diese Lokomotiven über ihre Leistungsgrenzen hinaus. Daher bestellte die DRG für die Gruppenverwaltung Bayern 1922 bei Maffei (Fahrzeugteil) und der Liefergemeinschaft WASSEG (AEG und Siemens, elektr. Teil) insgesamt 35 schwere Personenzugloks der Gattung EP 5. Eine grundlegende Forderung war die Verwendung der gleichen Motoren, welche die EG 5 (spätere E 91) erhalten sollten. War zunächst die Radsatzfolge 1'BB1' vorgesehen, zeichnete sich schon bald ab, dass die Maschinen ein zu hohes Gesamtgewicht erhalten würden. Daher wählte man die Radsatzfolge 2'BB2', um wenigstens bei den Radsatzlasten noch unter der 20-t-Grenze zu bleiben. Mit einem Dienstgewicht von 140 Tonnen blieben sie bis heute die schwersten deutschen Elektroloks. Auf Grund der Höchstgeschwindigkeit von 90 km/h erhielten die Treibräder den beachtlichen Durchmesser von 1.400 mm. Obwohl das Fahrwerk so eng wie möglich zusammengerückt wurde, ergab sich schließlich die imposante Gesamtlänge von 17,2 m.

Die Maschinen gingen zwischen 1924 und 1926 noch mit den Länderbahn-Nummern EP 5 21501-21535 in Betrieb. Mit dem Erscheinen des DRG-Umzeichnungsplans vom August 1926 wurden sie als E 52 01-35 geführt. Obwohl ohne Prototypen in Dienst gestellt, bewährten sich die Loks in der Praxis recht gut. Nach Ende des Zweiten Weltkriegs mussten sechs E 52 als Kriegsverlust ausgebucht werden. Die DB ließ 1956/57 ihre verbliebenen 29 Maschinen noch einmal gründlich aufarbeiten und geringfügig modernisieren. Ab 1968 EDV-gerecht als Baureihe 152 geführt, begann ihr Stern schnell zu sinken. Als letzte wurde am 1. Februar 1973 die 152 014 ausgemustert. Doch insgesamt 17 Maschinen dienten zwischen 1969 und 1984 als Heizloks in ganz Deutschland. So überlebte die 152 034 (zuletzt Heizlok in Offenbach). Sie wurde 1978/79 als Museumslok wiederhergestellt, annähernd im Ursprungszustand und mit bayerischer Farbgebung. Als EP 5 21534 steht sie heute im Verkehrsmuseum Nürnberg.

*Foto: Estler*

| Technische Daten: | |
|---|---|
| Baureihenbezeichnung: | E 52 (DRG) |
| Radsatzanordnung: | 2'BB2' |
| Stromsystem: | 16²/₃ Hz, 15 kV |
| Vmax (km/h): | 90 |
| Stundenleistung (kW): | 2.200 |
| Dauerleistung (kW): | 1.660 |
| Dienstmasse (t): | 140,0 |
| Größte Radsatzfahrmasse (t): | 19,6 |
| Länge über Puffer (mm): | 17.210 |
| Treibraddurchmesser (mm): | 1.400 |
| Laufraddurchmesser (mm): | 850 |
| Indienststellung: | 1924-1926 |
| Verbleib: | E 52 34 (VMN) |

## 152 (DB AG)

Im September 1995 konnten sich Siemens und Krauss-Maffei mit ihrem Konzept einer schweren Güterzuglok bei der großen DB-Ausschreibung durchsetzen. Die DB erteilten den Auftrag zum Bau von 195 Exemplaren der Baureihe 152 auf der Basis des »Euro-Sprinters«. Aus Kostengründen wurde die neue Baureihe als »entfeinerter« Euro-Sprinter konzipiert. Rahmenlänge und Drehzapfenabstand konnten vom Euro-Sprinter übernommen werden. Zug- und Stoßkräfte zwischen den entfeinerten Drehgestellen und dem Lokkasten werden mittels Drehzapfen übertragen. Als billigere Lösung wurde dagegen die Frontgestaltung des Aufbaus entsprechend den anderen neuen Baureihen (101, 145 etc.) ausgeführt. Die Verblendung des Trafos wurde ebenfalls eingespart. Aus Kostengründen entfiel auch der aufwändige Hohlwellenantrieb. Für die nur 140 km/h schnelle Güterzuglok reichte der Tatzlagerantrieb aus. Wie die Baureihe 101 erhielt die 152 eine Einzelradsatzsteuerung. Dabei besitzt jeder Drehstrom-Asynchronfahrmotor einen eigenen Pulswechselrichter zur Regelung des Drehmoments. Wie alle neuen Drehstromloks hat die 152 zwei Bremssysteme. Im Regelbetrieb kommt die elektrische Nutzbremse zur Anwendung, dabei wird die Energie ins Netz zurückgespeist. Als mechanische Bremsen stehen Scheibenbremsen zur Verfügung, welche vor allem bei Schnellbremsungen und als Feststellbremse gefordert sind. Die Steuerung, Regelung, Überwachung und Diagnose der 152 laufen über das aus Sicherheitsgründen doppelt vorhandene Mikrocomputersystem SIBAS 32. Die Verbindung aller Systeme erfolgt nicht durch »Drahtverhau« sondern durch den international genormten »Multifunctional Vehicle Bus« (MV-Bus). Versuchsweise erhielt die 152 190 (ex 152 032) ein IGBT-Stromrichter-System (Insolated Gate Bipolar Transistor), das zukünftig die GTO-Thyristortechnik ersetzen soll. Am 10. Dezember 1996 erfolgte bei Krauss-Maffei in München-Allach der feierlich inszenierte Roll-Out der 152 001. Im Februar 1998 begann mit der 152 005 die Serienlieferung. Bis August 2001 waren alle 170 Exemplare der Baureihe 152 ausgeliefert, denn wegen der Nichtzulassung der 152 in Österreich wurden die letzten 25 bestellten Maschinen in eine Order gleicher Stückzahl für die neue Baureihe 182 umgewandelt. Im Frühjahr 2023 waren 169 Maschinen aktiv.

*Foto: Estler*

| Technische Daten: | |
|---|---|
| Baureihenbezeichnung: | 152 (DB AG) |
| Radsatzanordnung: | Bo'Bo' |
| Stromsystem | 16²/₃ Hz / 15 kV |
| Vmax (km/h): | 140 |
| Stundenleistung (kW): | |
| Dauerleistung (kW): | 6.400 |
| Dienstmasse (t): | 87 |
| Größte Radsatzfahrmasse (t): | 21 |
| Länge über Puffer (mm): | 19.580 |
| Treibraddurchmesser (mm): | 1.250 |
| Indienststellung: | 1996-2001 |

## 250 (DR), 155 (DB AG)

Anfang der 1970er-Jahre erforderten bei der DR zunehmende Ektrifizierungen und die steigenden Zuglasten die Konzeption einer neuen elektrischen Lok. Um alle betrieblichen Bedürfnisse zu erfüllen, wurde eine sechsachsige Maschine konstruiert, die für alle Züge geeignet erschien. Die rasche Entwicklung der Leistungs-, Steuerungs- und Informationselektronik sowie verbesserte Fertigungstechniken bedingten eine völlige Neuentwicklung. Allerdings wurde beim elektrischen Teil weitgehend auf konventionelle Technik zurückgegriffen, um möglichst schnell eine größere Stückzahl beschaffen zu können. 1974 lieferte der VEB Lokomotivbau - Elektrotechnische Werke »Hans Beimler« (LEW) in Hennigsdorf die Prototypen 250 001-003.
Erstmals kam bei diesen Maschinen der sogenannte Kegelringfederantrieb zur Anwendung, mit dem das Siemens-Patent des Gummiringfederantriebs umgangen werden konnte. Eine weitere Besonderheit war die Gestaltung des Lokomotivkastens durch Industrie-Designer. Das eigenwillige Aussehen brachte den Loks schnell die Spitznamen »Kabel-Container« oder »Energie-Container« ein. Das Laufwerk bestand aus zwei Triebdrehgestellen mit drei einzeln angetriebenen Radsätzen, die in einem geschweißten Drehgestellrahmen ruhten. Der mittlere Radsatz erhielt zur besseren Kurvenläufigkeit 10 mm Seitenspiel. Die Regelung der sechs Tatzlagermotoren besorgte eine Hochspannungssteuerung mit Stufenwähler und Thyristorsteller.
Nach ihrer Anlieferung wurden die Prototypen gründlichen Versuchen, einer Probezerlegung und einem vielseitigen Betriebseinsatz unterzogen. Mit nur unwesentlichen Änderungen begann 1977 mit der 250 004 die Serienlieferung, welche schließlich auf Grund des 1981 begonnenen zweiten Elektrifizierungsprogramms 270 Exemplare umfasste. Versuchsweise war die 250 002 für 160 km/h Höchstgeschwindigkeit ausgelegt. 1992 erhielten die »Energie-Container« die neue Baureihenbezeichnung 155. Mit ihrer Höchstgeschwindigkeit von 125 km/h sind die Loks zwar auch für den schweren Schnell- und Personenzugdienst geeignet, werden heute aber fast ausschließlich im Güterzugdienst verwendet. Allerdings nicht mehr von DB Cargo, sondern nur noch von privaten Unternehmen, die die Loks nach der Ausmusterung bei der DB übernommen haben. Der erste (und einzige noch erhaltene) Prototyp 155 001 wurde am 3. April 2006 ausgemustert und bereichert inzwischen das DB-Museum in Halle. Die 250 250 des DB Museums wird vom Thüringer Eisenbahnverein e.V. (TEV) in Weimar betreut.

*Foto: Dostal*

| Technische Daten: | |
|---|---|
| Baureihenbezeichnung: | 250 (DR) |
| Radsatzanordnung: | Co'Co' |
| Stromsystem: | 16⅔ Hz, 15 kV |
| Vmax (km/h): | 125 |
| Stundenleistung (kW): | 5.400 |
| Dauerleistung (kW): | 5.100 |
| Dienstmasse (t): | 123,0 |
| Größte Radsatzfahrmasse (t): | 20,5 |
| Länge über Puffer (mm): | 19.600 |
| Treibraddurchmesser (mm): | 1.250 |
| Indienststellung: | 1974-1984 |
| Verbleib (DB Museum): | 250 001, 250 |

## 252 (DR), 156 (DB AG)

Der weitere Ausbau des elektrischen Streckennetzes ab Mitte der 1980er-Jahre veranlasste die DR, für den schweren Güterzugdienst eine leistungsstarke Elektrolok beim VEB Lokomotivbau - Elektrotechnische Werke »Hans Beimler« (LEW) in Hennigsdorf entwickeln zu lassen. Da jegliches Knowhow für einen zeitgemäßen Drehstromantrieb fehlte, entschied sich LEW für eine Konstruktion, deren mechanischer Teil auf der Baureihe 250 basierte und im elektrischen Teil die Wechselstromtechnik der bewährten Baureihe 143 zum Vorbild nahm. Doch die politischen Ereignisse überholten die letzte Neuentwicklung unter DR-Regie. Durch den Zusammenbruch der Wirtschaft nach der Wende ging der Güterverkehr dramatisch zurück. Daher stornierte die DR ihre Bestellung von 75 Maschinen der neuen Baureihe 252 und ließ nur noch vier Prototypen fertigstellen. Im Frühjahr 1991 lieferte LEW die vier schnellen Güterzugloks als 252 001-004 aus. Im März 1991 wurde die 252 004 zusammen mit der 243 001 auf der Leipziger Messe der Öffentlichkeit vorgestellt. Weitere Präsentationen erfolgten kurze Zeit später in Berlin-Wannsee und im Bw Wustermark.

*Foto: Dostal*

Die äußere Form war jener der Baureihe 120 nachempfunden. Der Lokkasten und der Hauptrahmen waren als geschweißte Stahlleichtbaukonstruktion ausgeführt. Flexicoilfedern stützten den Lokkasten auf den beiden dreiachsigen Drehgestellen ab. Der Kegelringfederantrieb wurde von der Baureihe 250 adaptiert. Die Regelung der Wechselstromfahrmotoren erfolgte analog der Baureihe 243 über Stufenwähler mit einem verbesserten Thyristorsteller. Damit regelte die Hauptsteuerung die Geschwindigkeit der Lok automatisch auf die vom Lokführer eingegebenen Werte ein. Versuchsweise erhielten die 252 003 und 004 statische Umrichter für die Drehstrom-Hilfsbetriebe sowie das mikroprozessorgesteuerte Rechnersystem »SIBAS 16« von Siemens für die komplette Loksteuerung mit bildschirmgestützten Betriebsanzeigen und Diagnosemöglichkeiten.
Die umfangreiche Erprobung fand im Raum Halle (Saale) wurde die 252 002 zur Personalschulung vor planmäßigen Zügen eingesetzt. Im Frühjahr 1992 wurden die vier Lokomotiven om Bw Dresden-Friedrichstadt beheimatet. Dort führten sie bis zu ihrer Abstellung im Oktober 2002 ein Einzelgängerdasein. Im September 2003 wurden die Maschinen an die Mitteldeutsche Eisenbahn GmbH (MEG) verkauft, erhielten dort die Betriebsnummern 801 bis 804, fuhren halb Deutschland umher und haben sich bei der MEG gut bewährt. Inzwischen gehören alle vier Maschinen der Karsdorf GmbH & Co. KG.

| Technische Daten: | |
|---|---|
| Baureihenbezeichnung: | 252 (DR) |
| Radsatzanordnung: | Co'Co' |
| Stromsystem: | 16⅔ Hz, 15 kV |
| Vmax (km/h): | 120 |
| Stundenleistung (kW): | 5.880 |
| Dauerleistung (kW): | 5.580 |
| Dienstmasse (t): | 120,0 |
| Größte Radsatzfahrmasse (t): | 20 |
| Länge über Puffer (mm): | 19.500 |
| Treibraddurchmesser (mm): | 1.250 |
| Indienststellung: | 1991 |

## 159 (DB AG)

Stadler Rail Valencia bietet unter der Bezeichnung »EuroDual« eine sechsachsige Zweikraftlokomotive mit dieselelektrischem und elektrischem Antrieb für den schweren Streckendienst an. Die erste »EuroDual« wurde 2017 nach Frankreich geliefert und dort ausführlich getestet. Die »EuroDual F« ist unter Einphasenwechselspannung von 25 kV mit 50 Hz und der Gleichspannung von 1,5 kV einsetzbar.
Ende 2018 bekam die Havelländische Eisenbahn die ersten zehn Exemplare einer aus der französischen Maschine weiterentwickelten Ausführung (»EuroDual D«), die sich im Aussehen und beim elektrischen Teil unterscheidet. Noch im gleichen Jahre gab es mit der als 159 001 bezeichneten Maschine zwischen Treuchtlingen und Donauwörth ersten Probe- und Messfahrten. Seit November 2021 sind die Lokomotiven auch für den Einsatz in Österreich zugelassen.
Die Lokomotiven beruhen auf Komponenten der Vossloh Euro 4000 (Rahmen und Drehgestelle), der vierachsigen Diesellokomotive UKLIGHT (Class 68) (Tank, Dieselmotoranlage, Lüfter, Abgasanlage) und der zweikraftfähigen, auf der UKLIGHT basierenden Class 88 (Haupttransformator, elektrische Ausrüstung).
Die tragenden Elemente bestehen aus hochfesten Stahlsorten in unterschiedlichen Güten. Die Seitenwände des Maschinenraumes sind fest mit dem Rahmen verschweißt. Die Führerhäuser und Einstiegsräume wurden als eigene Baugruppen gefertigt und später auf den Rahmen aufgesetzt. Die Führerräume sind schallgedämmt und klimatisiert. Das Führerpult steht in der Mitte unter der Frontscheibe. Auf dem Dach aus fünf Segmenten sind außer den Stromabnehmern weitere Komponenten wie die Kühlerlüfter montiert. Die dreiachsigen Drehgestelle sind oberbauschonend, weil wegen ihrer besonderen Konstruktion in Bögen nur geringere Querkräfte auf die Gleise wirken. Für die Primärfederung stehen Schraubenfedern zur Verfügung, die Sekundärfederung übernehmen Gummi-Metall-Federn und Schwingungsdämpfer. Den Antrieb auf nicht elektrifizierten Strecken übernimmt ein Sechzehnzylinder-Viertaktdieselmotor Typ C175-16 von Caterpillar mit einer Leistung von 2.800 kW genutzt. Der elektrische Antrieb hat unter Wechselspannung eine Leistung von bis zu 7.100 kW. Die Loks sind mit einer Funkfernsteuerung ausgestattet. Im August 2020 unternahm DB Fernverkehr Testfahrten auf der Schnellfahrstrecke Köln/Rhein-Main mit der angemieteten 159 003. Im Sommer 2022 mietete DB Cargo mit den 159 240 bis 243 vier Maschinen von an der European Loc Pool AG (ELP) mit Sitz in Frauenfeld an und beheimatete die verkehrsroten Sechsachser zunächst in Mühldorf (Oberbayern). Im Januar 2023 gingen 159 241 und 243 dann nach Oberhausen. Inzwischen ist auch die 159 244 für die DB unterwegs.

Foto: DB AG (Wiktor)

**Technische Daten:**

| | |
|---|---|
| Baureihenbezeichnung: | 159 (DB AG) |
| Radsatzanordnung: | Co'Co' |
| Stromsystem: | $16\frac{2}{3}$ Hz, 15 kV; 50 Hz, 25 kV |
| Vmax (km/h): | 10 |
| Leistung (kW): | 6.150 kW (am Rad), 2.800 kW* |
| Dienstmasse (t): | 123 |
| Länge über Puffer (mm): | 23.020 |
| Tankinhalt | 3.500 l |
| Indienststellung: | seit 2017 |
| * Oberleitungsbetrieb, Dieselbetrieb | |

## E 60 (DRG, DB), 160 (DB)

Speziell für den Rangierdienst auf den ausgedehnten Gleisanlagen der Münchner Bahnhöfe bestellte die DRG 1926 zwei Elektroloks, um die saubere Betriebsart auch bei Rangierleistungen nutzen zu können. Aus Gründen einer einheitlichen Ersatzteilvorhaltung forderte die DRG, möglichst viele Bauteile der gerade beschafften E 52 und E 91 zu übernehmen. Von der E 91 kam der Winterthur-Schrägstangenantrieb mit Blindwelle und den drei Kuppelradsätzen. Die Antriebsleistung stellte ein Doppelmotor zur Verfügung, welcher auch bei der E 52 oder E 91 zur Anwendung kam. Die Regelung des Fahrmotors erfolgte durch eine elektromagnetische Schützensteuerung mit 14 Dauerfahrstufen. Ursprünglich besaßen die Lokomotiven eine Stromabnehmer-Sonderkonstruktion mit zwei weit auseinanderliegenden Schleifstücken, um Trennstellen in der Fahrleitung besser überbrücken zu können.
Die ersten beiden Maschinen wurden 1927 als E 60 01 und 02 in Dienst gestellt. Bis Juni 1934 folgten in mehreren Kleinserien die E 60 03-14, welche zum Teil auch auf anderen bayerischen Bahnhöfen zum Einsatz kamen. Neben dem Rangierdienst sah man die E 60 vor Nahgüterzügen und Übergaben. Ihre charakteristische Gestaltung mit den beiden Vorbauten, der hintere langgestreckt und der vordere relativ kurz, verhalf ihnen schnell zu dem Beinamen »Bügeleisen«.
Nach dem Anschluss von Österreich gelangten ab 1938 auch einige Maschinen ins »Anschlussgebiet« nach Innsbruck, Kufstein und Wörgl. Alle E 60 überstanden den Krieg ohne allzu schwere Schäden, die in Österreich verbliebenen kehrten im Rahmen eines Loktausches 1945/46 nach Bayern zurück. 1957/58 ließ die DB die Loks gründlich aufarbeiten und modernisieren. So erhielten sie u.a. Rangierbühnen über den Puffern, zusätzliche Fenster und eine neue Verkabelung. Bis 1964 fuhren die E 60 (ab 1968: 160) nur wieder in Bayern, dann kam Heidelberg als neuer Standort hinzu. Erste Ausmusterungen erfolgten 1977 und mit der Abstellung der 160 012 im Juni 1983 war gleichzeitig der Rangierdienst mit Elektroloks bei der DB beendet. Als Museumslokomotiven blieben die 160 009, 010 und 012 erhalten.

Foto: Estler

**Technische Daten:**

| | |
|---|---|
| Baureihenbezeichnung: | E 60 (DRG) |
| Radsatzanordnung: | 1'C |
| Stromsystem: | $16\frac{2}{3}$ Hz, 15 kV |
| Vmax (km/h): | 55 |
| Stundenleistung (kW): | 1.074 |
| Dauerleistung (kW): | 830 |
| Dienstmasse (t): | 72,5 |
| Größte Radsatzfahrmasse (t): | 19,3 |
| Länge über Puffer (mm): | 11.100 |
| Treibraddurchmesser (mm): | 1.250 |
| Laufraddurchmesser (mm): | 850 |
| Indienststellung: | 1927-1934 |
| Verbleib: | E 60 09 (DME, Darmstadt-Kranichstein), |
| | 10 (VMN, Koblenz-Lützel), |
| | 12 (Auto- und Technikmuseum Sinsheim) |

## E 61 (bad. A2, DRG)

Schon 1903 befasste sich die Badische Staatsbahn erstmals mit der Frage der Einführung der elektrischen Zugförderung. Doch erst 1908 genehmigte der badische Landtag die Elektrifizierung der Wiesen- und Wehratalbahn (Basel–Zell und Schopfheim–Säckingen). Schließlich konnte am 13. September 1913 feierlich der elektrische Zugbetrieb eröffnet werden. Dafür hatte die Badische Staatsbahn 1'C1'-Lokomotiven vorgesehen. 1910 lieferten Maffei (mech. Teil) und SSW (elektr. Teil) einen ersten Prototyp, der die Bezeichnung A1 erhielt. Da in Baden noch kein elektrischer Betrieb möglich war, wurde die A1 auf Strecken anderer Bahnverwaltungen erprobt. Diese Probefahrten verliefen jedoch wegen des unruhigen Fahrzeuglaufs wenig zufriedenstellend, so dass für die Serienausführung erheblicher Änderungsbedarf bestand. Neun verbesserte Lokomotiven der Gattung A2 mit den Betriebsnummern 1-9 wurden 1912/13 von Maffei und SSW an die Badische Staatsbahn geliefert.

Sie besaßen einen Kastenaufbau mit zwei Endführerständen. Die beiden großen zwölfpoligen Wechselstrom-Reihenschlussmotoren waren nun fast in Fahrzeugmitte gelagert. Sie arbeiteten bei acht Maschinen über Parallelkurbeltrieb und schräge Treibstangen auf eine Blindwelle zwischen erstem und zweitem Kuppelradsatz. Bei der A2 mit der Betriebsnummer 4 wirkte dagegen jeder Fahrmotor auf seine eigene Blindwelle. Sie befanden sich zwischen den Kuppelradsätzen. Stufenlos erfolgte die Regelung der Fahrmotorspannung durch einen handbetätigten Drehtransformator.

Erste Probefahrten konnten schon 1912 im fertiggestellten Abschnitt Lörrach–Schopfheim stattfinden. Doch bald zeigte sich, dass die Probleme der A1 nur teilweise beseitigt waren. Zum Teil erhebliche Schüttelschwingungen verminderten die Freude an den neuen Loks und konnten erst durch den Einbau einer federnden Lagerung eines Fahrmotorankers etwas gemildert werden. Von der DRG wurden alle A2 übernommen und ab 1926/27 als E 61 01-03, 05-09 und die im Antrieb abweichende Maschine als E 62 14 bezeichnet. Ihre Ablösung übernahmen ab 1929 in Mitteldeutschland überflüssig gewordene E 71.1. Als letzte musste am 13. November 1933 die E 61 09 den Dienst quittieren. Keine blieb erhalten.

*Foto: Maey, Slg. Kleine, Archiv transpress*

| Technische Daten: | |
|---|---|
| Baureihenbezeichnung: | E 61 (DRG) |
| Radsatzanordnung: | 1'C1' |
| Stromsystem: | 16⅔ Hz, 15 kV |
| Vmax (km/h): | 60 |
| Stundenleistung (kW): | 750 |
| Dauerleistung (kW): | 350 |
| Dienstmasse (t): | 71,1 (E 61 14: 73,8) |
| Größte Radsatzfahrmasse (t): | 14,3 (E 61 14: 14,7) |
| Länge über Puffer (mm): | 12.400 |
| Treibraddurchmesser (mm): | 1.050 |
| Laufraddurchmesser (mm): | 850 |
| Indienststellung: | 1912-1913 |
| Verbleib: | ++ |

## E 61.2 (bad. A3, DRG)

Speziell für den Reisezugdienst auf der Wiesen- und Wehratalbahn stellte die Badische Staatsbahn 1913 ihre beiden 70 km/h schnellen 1'C1'-Maschinen der Gattung A3 in Dienst. Gebaut wurden die Loks von der Maschinenfabrik Karlsruhe (mech. Teil) und BBC (elektr. Teil). Ihr Kastenaufbau als blechverkleidete Stahlkonstruktion mit den beiden Endführerständen war »aerodynamisch« ausgebildet, da er sich zu den Fahrzeugenden hin stark trapezförmig verjüngte. Den Antrieb besorgten zwei große, mittig gelagerte, zehnpolige fremdbelüftete Deri-Motoren mit zwei Kommutatoren. Sie wirkten direkt (übersetzungslos) mittels zweier schräger Treibstangen auf den mittleren Kuppelradsatz. Um ein ungleiches Federspiel der Antriebsradsätze auszugleichen, verbanden Schlitzkuppelstangen die drei Kuppelradsätze. Der vordere Laufradsatz ruhte in einem Adams-Gestell mit Rückstellvorrichtung. Als Nowotny-Achse war der hintere Laufradsatz ausgebildet, die über einen mittigen Drehzapfen in der Radsatzwelle geführt wurde. Zur besseren Bogenläufigkeit waren die Spurkränze des mittleren Kuppelradsatzes geschwächt. Durch eine pneumatische Bürstenverstellung konnte die Fahrmotorspannung stufenlos geregelt werden. Für durchlaufende Reisezugwagen anderer Bahnverwaltungen besaßen die Maschinen anfangs einen elektrisch beheizten Dampfkessel mit zwei Wasserbehältern unter dem Bodenblech.

Die Laufeigenschaften der A3 waren zwar besser als die der A2 (DRG E 61), doch viele kleine Mängel und die aufwändige Unterhaltung der Fahrmotoren machten die Loks auch nicht viel beliebter. Beide A3 wurden von der DRG übernommen und nach dem Umzeichnungsplan vom August 1926 als E 61 21 und 22 geführt. Doch bald darauf schlug ihre letzte Stunde. Nach dem Eintreffen der mitteldeutschen E 71.1 wurden beide Loks noch vor den ersten A2 im Jahre 1930 ausgemustert und bald darauf der Zerlegung zugeführt.

*Foto: Slg. Kleine, Archiv transpress*

| Technische Daten: | |
|---|---|
| Baureihenbezeichnung: | E 61.2 (DRG) |
| Radsatzanordnung: | 1'C1' |
| Stromsystem: | 16⅔ Hz, 15 kV |
| Vmax (km/h): | 70 |
| Stundenleistung (kW): | 660 |
| Dauerleistung (kW): | 590 |
| Dienstmasse (t): | 70,0 |
| Größte Radsatzfahrmasse (t): | 14,5 |
| Länge über Puffer (mm): | 11.960 |
| Treibraddurchmesser (mm): | 1.480 |
| Laufraddurchmesser (mm): | 990 |
| Indienststellung: | 1913 |
| Verbleib: | ++ |

## E 62 (bay. EP 3/5 (EP 1), DRG, DB)

1908 erhielt die Bayerische Staatsbahn die Genehmigung zur Elektrifizierung der Strecke Salzburg-Freilassing-Berchtesgaden und der im Bau befindlichen Karwendelbahn Garmisch-Mittenwald-Scharnitz (Staatsgrenze). Letztere, auch bekannt als Mittenwaldbahn, führte weiter nach Innsbruck und sollte zusammen mit der Österreichischen Staatsbahn von Anfang an elektrisch betrieben werden. Im August 1910 wurde auch die Elektrifizierung der Außerfernbahn Garmisch-Griesen-Reichsgrenze und weiter bis zum österreichischen Reutte beschlossen. Für den Personenzugdienst auf der Mittenwald- und der Außerfernbahn bestellte die Bayerische Staatsbahn 1911 fünf Elektroloks der Baureihe EP 3/5 bei Maffei (mech. Teil) und den Maffei-Schwartzkopff-Werken (elektr. Teil). Doch zur Eröffnung des elektrischen Betriebs auf der Mittenwaldbahn am 28. Oktober 1912 waren die bayerischen Elloks noch im Bau. Immerhin waren ersten bayerischen EP 3/5 rechtzeitig zur Eröffnung des elektrischen Betriebes zwischen Garmisch und Reutte am 29. Mai 1913 fertiggestellt.

*Foto: Maey, Slg. Kleine, Archiv transpress*

Die Konstruktion der 1'C1'-Maschinen basierte auf der badischen A2, welche 1912 von Maffei und Siemens gebaut worden war. Mit ihrer Indienststellung bis zum Sommer 1913 übernahmen die fünf Maschinen den Gesamtverkehr auf der Außerfernbahn. Zwischen April und August 1914 weilte die EP 3/5 20004 beim Bw Freilassing und eröffnete am 11. Juni den elektrischen Betrieb nach Berchtesgaden. Außer zweimaliger Umzeichnung änderte sich bis 1939 wenig im Leben dieser Maschinen. 1918 erhielten sie die neue Baureihenbezeichnung EP 1 und 1926 von der DRG die neuen Nummern E 62 01-05. Als erste musste 1939 die E 62 03 den Dienst quittieren und wurde anschließend als Ersatzteilspender verwendet. Im September 1941 ereilte die E 62 05 das gleiche Schicksal. Die drei übrigen Maschinen erlebten das Ende des Zweiten Weltkriegs, doch 1947 und 1949 war für die E 62 04 und 02 Schluss. Zäh hielt sich die E 62 01, welche erst am 23. April 1955 ausgemustert wurde. Von ihr blieben ein Teil des Rahmens mit zwei Kuppelradsätzen, der Antrieb sowie der große Fahrmotor im Verkehrsmuseum Nürnberg erhalten. Diese Teile wurden beim Brand des Museums-Depots in Nürnberg-Gostenhof am 17. Oktober 2005 schwer beschädigt.

| Technische Daten: | |
|---|---|
| Baureihenbezeichnung: | E 62 (DRG) |
| Radsatzanordnung: | 1'C1' |
| Stromsystem: | $16^{2}/_{3}$ Hz, 15 kV |
| Vmax (km/h): | 45 |
| Stundenleistung (kW): | 710 |
| Dauerleistung (kW): | 440 |
| Dienstmasse (t): | 72,5 |
| Größte Radsatzfahrmasse (t): | 15,5 |
| Länge über Puffer (mm): | 12.250 |
| Treibraddurchmesser (mm): | 1.050 |
| Laufraddurchmesser (mm): | 850 |
| Indienststellung: | 1913 |
| Verbleib: | E 62 01 (Rahmen, Motor und Antrieb VM Nürnberg) |

## E 63 (DRG, DB), 163 (DB)

*Foto: Estler*

| Technische Daten: | | |
|---|---|---|
| Baureihenbezeichnung: | E 63 01-04, 08 (DRG) | E 63 05-07 (DRG) |
| Radsatzanordnung: | C | C |
| Stromsystem: | $162^{2}/_{3}$ Hz, 15 kV | $16^{2}/_{3}$ Hz, 15 kV |
| Vmax (km/h): | 45 | 50 |
| Dauerleistung (kW): | 725 | 710 |
| Dauerleistung (kW): | 667 | 650 |
| Dienstmasse (t): | 53,1 | 51,4 |
| Größte Radsatzfahrmasse (t): | 17,7 | 17,4 |
| Länge über Puffer (mm): | 10.200 | 10.200 |
| Treibraddurchmesser (mm): | 1.250 | 1.250 |
| Indienststellung: | 1935-1940 | 1935-1936 |
| Verbleib: | E 63 01 (Denkmal Bw Stuttgart), | E 63 05 (VMN, |
| | 02 (Denkmal Kriegenbrunn), | Bahnpark Augsburg) |
| | 08 (VMN, SEH Heilbronn) | |

Mit der fortschreitenden Elektrifizierung in Süddeutschland in den 1930er-Jahren entstand auch ein Mehrbedarf an elektrischen Rangierloks. Noch vor der Indienststellung der letzten E 60 forderte die DRG eine Variante ohne Laufradsatz und mit einer geringeren Radsatzfahrmasse. Zusätzliche Vorgabe war die Übernahme des E 60-Triebwerks mit seinen drei Kuppelradsätzen und dem Schrägstangenantrieb der Bauart Winterthur. 1934 bestellte die DRG vier Maschinen bei AEG, drei weitere Exemplare bei BBC (elektr. Teil) und Krauss (mech. Teil). Die AEG-Maschinen gingen 1935 als E 63 01-04 in Betrieb, die BBC-Loks folgten 1935/36 als E 63 05-07. Die Hersteller bedienten sich bei der Ausrüstung der E 63 bereits vorhandener Komponenten. AEG baute den Motor der E 18 ein, BBC verwendete jenen der E 16.1. Äußerlich glichen beide Ausführungen nur hinsichtlich des Fahrwerks mit dem Winterthurer Schrägstangenantrieb über Vorgelegeblindwelle. Verschieden waren die Form und Platzierung der Führerhäuser, die Länge der Überhänge sowie die Höhe und Ausführung der Vorbauten. Um die Anfahrzugkraft zu erhöhen, erhielten die AEG-Maschinen Ballastgewichte.

Nach ihrer Auslieferung 1935/36 kamen die E 63 01 und 02 nach Stuttgart, die E 63 03 bis 07 nach München. Für den Rangierdienst in Nürnberg Hbf und Halle/Saale Hbf bestellte die DRG 1937 bei AEG acht weitere Loks. Mit dem Ausbruch des Zweiten Weltkriegs wurde diese Bestellung als nicht kriegswichtig storniert und nur noch eine Maschine als E 63 08 fertiggestellt. Nach ihrer Ablieferung im März 1940 nahm sie in München ihren Dienst auf. Alle E 63 überlebten den Krieg, wenn auch zum Teil schwer beschädigt. Erst ab Oktober 1951 waren sie wieder vollzählig in Betrieb. Zum Jahresende 1959 hatten mit einer Ausnahme alle E 63 ihre endgültige Heimat gefunden: Die AEG-Serie befand sich komplett in Stuttgart, die BBC-Serie in Augsburg. Die DB ließ 1960/61 alle E 63 (ab 1968: 163) gründlich überholen und mit Rangierbühnen ausrüsten. Zwischen 1976 und 1978 mussten die Maschinen ihren Dienst quittieren. Dabei kam die 163 002 für ihre letzten vier Dienstmonate noch zum Bw Garmisch. Mit den 163 001, 002, 005 und 008 blieben gleich vier Loks der Nachwelt erhalten.

## E 69 (LAG, DRG, DB), 169 (DB)

Die Geschichte der fünf Maschinen der Baureihe E 69 ist eng verknüpft mit ihrer Stammstrecke, der Nebenbahn Murnau–Oberammergau. Diese wurde am 5. April 1900 als Privatbahn eröffnet und solle von Anfang an elektrisch mit Drehstrom betrieben werden. Diverse Probleme verhinderten aber die Aufnahme des elektrischen Betriebs und die Strecke wurde am 19. November 1903 an die Lokalbahn AG, München (LAG) verkauft. Auf Vorschlag der Firma Siemens entschied sich die LAG dann für den Betrieb mit Einphasen-Wechselstrom von 5.500 V/16 Hz. Am 1. Januar 1905 konnte mit vier elektrischen Triebwagen der Personenverkehr schließlich aufgenommen werden. Für den Güterzugdienst bestellte die LAG im März 1905 eine zweiachsige Elektrolok mit Mittelführerstand, welche von Siemens (elektr. Teil) und der Katharinenhütte in Rohrbach/Pfalz (mech. Teil) geliefert wurde. Am 19. Februar 1906 konnte die LAG 1 mit dem inoffiziellen Namen »Katharina« als erste Einphasen-Wechselstrom-Ellok der Welt den Dienst aufnehmen. Ihrer Zeit weit voraus trieben zwei Tatzlagermotoren die beiden Radsätze an, welche wegen der teilweise engen Radien als Lenkradsätze ausgeführt waren. Eine handbetätigte elektromagnetische Schützensteuerung regelte die Spannung der Fahrmotoren. Den Fahrstrom bezog die LAG 1 durch zwei kurze Lyrabügel.

Steigende Zuglasten im Güterverkehr sowie die Oberammergauer Passionsfestspiele 1910 veranlassten die LAG zur Beschaffung einer zweiten Elektrolok bei Siemens (elektr. Teil) und Krauss in München (Fahrzeugteil), die sich in ihrer Grundkonzeption an ihre Vorgängerin anlehnte. Neu waren ein verstärkter Profilrahmen, stärkere Tatzlagermotoren und die starre Lagerung der beiden Antriebsradsätze. Am 19. Mai 1909 wurde die LAG 2 »Pauline« in Dienst gestellt und hatte im darauffolgenden Jahr bei den Passionsfestspielen ihre erste große Bewährungsprobe, die sie hervorragend bestand. Daher bestellte im Jahr darauf die LAG bei Siemens und Krauss eine dritte, fast identische Lok, die am 17. Dezember 1912 als LAG 3 »Hermine« in Betrieb ging.

Nach Ende des Ersten Weltkriegs bewältigten die drei Elloks nicht nur den Güter- sondern vermehrt auch den Personenverkehr, die Triebwagen wurden bis 1919 ausgemustert. Als bei einem Zusammenstoß am 2. Juni 1921 die LAG 1 und LAG 2 zum Teil schwer beschädigt wurden, musste sofort Ersatz beschafft werden, da nur noch die »Hermine« für den Betrieb zur Verfügung stand. Siemens konnte der LAG kurzfristig eine etwas exotisch anmutende Lok anbieten. Die neue LAG 4 »Johanna« fiel von der Form her völlig aus dem Rahmen. Sie besaß einen Endführerstand, einen langen, flachen Vorbau und darüber ein weit vorgezogenes Dach. Nachdem Siemens seine Drehstrom-Versuchslok von 1903 als Ganzes nicht hatte verkaufen können, wurde sie kurzerhand in der Mitte durchgeschnitten. Die eine Hälfte erhielt Wechselstrommotoren und wurde zur LAG 4, die andere Hälfte wurde mit Gleichstrommotoren ausgerüstet und auf der eigenen Güterbahn als Werklok verwendet. Wegen ihrer großen Störanfälligkeit wurde die LAG 4 schon Anfang April 1930 zunächst abgestellt. Zu den Jubiläums-Passionsfestspielen 1934 musste sie wieder reaktiviert werden, was allerdings fast einem Neuaufbau entsprach. Von Krauss in München kamen Rahmen und Aufbau ähnlich der anderen Maschinen, die neue elektrische Ausrüstung steuerte Siemens bei.

Zum Ersatz der störanfälligen LAG 4 wurde 1929 bei Maffei und Siemens eine neue Maschine bestellt. Am 1. April 1930 als LAG Nr. 5 »Adolfine« geliefert war sie als wuchtigste, schwerste und stärkste Maschine der Nebenbahn vorwiegend für den Güterverkehr bestimmt. Ihr Führerhaus war geräumiger, ihre Vorbauten höher ausgeführt. Zwei entsprechend ausgelegte Tatzlagermotoren und erstmals ein fremdbelüfteter Haupttransformator bildeten die Basis ihrer Leistungsfähigkeit.

Nach Verstaatlichung der LAG am 1. August 1938 gingen alle fünf Loks als E 69 01-05 in den Bestand der DRG über. Als letzte erhielt 1940 die E 69 03 eine neue elektrische Ausrüstung, nachdem die E 69 01, 02 und 05 schon in den Jahren 1935/36 entsprechend umgebaut worden waren. Den Zweiten Weltkrieg überstanden alle Maschinen unbeschädigt und waren mit Ausnahme der E 69 05 bis zur Umstellung ihrer Stammstrecke auf das normale Stromsystem (15 kV/$16^2/_3$ Hz) im Herbst 1954 dort im Einsatz. Schon im Oktober 1953 war die E 69 05 auf den Betrieb unter 15 kV umgebaut worden. Sie wurde dann zunächst als Rangierlok in Garmisch eingesetzt und übernahm nach Umstellung ihrer Stammstrecke den Güterverkehr. Bei der E 69 01 lohnten schwere Verschleißerscheinungen keinen Umbau mehr. Sie wurde aber nicht verschrottet, sondern zunächst im AW München-Freimann als Denkmal aufgestellt. Ab 1985 stand sie im Deutschen Museum in München und gelangte 2006 in die »Lokwelt Freilassing«. Bis Mai 1955 waren auch die E 69 02, 03 und 04 auf den Betrieb unter 15 kV umgerüstet. Während ab Juli 1955 die E 69 04 ihre Schwesterlok auf der Oberammergauer Strecke unterstützte, kamen die E 69 02 und 03 für acht Jahre als Rangierloks nach Heidelberg. Ab Sommer 1964 befanden sich alle vier Maschinen wieder in Murnau und teilten sich den Gesamtverkehr auf ihrer alten Stammstrecke. 1968 erhielten sie die EDV-gerechte Baureihenbezeichnung 169. Als erste musste die 169 004 im April 1977 den Dienst quittieren. Sie fand 1978 zunächst einen würdigen Platz vor dem Bundesbahn-Zentralamt München und kehrte 1997 als Denkmal nach Murnau zurück. Im September 1981 endete für die drei übrigen 169er der Plandienst. Die 169 005 wurde sofort ausgemustert und im Herbst 1982 an den Bayerischen Localbahn-Verein verkauft. Die 169 002 und 003 gelangten dagegen in den Bestand des Nürnberger Verkehrsmuseums. Betriebsfähig sind derzeit die 169 003 und 005.

*Foto: Estler*

*Foto: Estler*

**Technische Daten:**

| | | | | |
|---|---|---|---|---|
| Baureihenbezeichnung: | E 69 01 (DRG) | E 69 02-03 (DRG) | E 63 04 (DRG) | E 63 05 (DRG) |
| Radsatzanordnung: | Bo | Bo | Bo | Bo |
| Stromsystem: | 16 Hz / 5,5 kV | 16 Hz / 5,5 kV (nach Umbau: $16^2/_3$ Hz / 15 kV) | 16 Hz / 5,5 kV (nach Umbau: $16^2/_3$ Hz / 15 kV) | 16 Hz / 5,5 kV (nach Umbau: $16^2/_3$ Hz / 15 kV) |
| Vmax (km/h): | 40 | 50 | 50 | 50 |
| Stundenleistung (kW): | 206 | 352 | 268 | 605 |
| Dauerleistung (kW): | 160 | 306 | 237 | 565 |
| Dienstmasse (t): | 23,5 | 26,0 | 25,6 | 32,0 |
| Größte Radsatzfahrmasse (t): | 11,8 | 13,0 | 12,8 | 16,0 |
| Länge über Puffer (mm): | 7.500 | 7.350 | 7.750 | 8.700 |
| Treibraddurchmesser (mm): | 1.000 | 1.000 | 1.000 | 1.000 |
| Indienststellung: | 1905 | 1909-1912 | 1922 | 1930 |
| Verbleib: | E 69 01 (DM, Freilassing) | E 69 02 (VMN), 03 (VMN, BEM Nördlingen) | E 69 04 (Denkmal Murnau) | E 69 05 (BLV, Landshut) |

## E 70 02-06 (preuß. EG 502-506, DRG)

Für den Versuchsbetrieb auf der mit Einphasen-Wechselstrom von 15 Hz und 10 kV elektrifizierten Strecke Dessau–Bitterfeld bestellten die Preußischen Staatsbahnen 1909 fünf vierfach gekuppelte Güterzugloks als WGL 10 204-208 (ab 1912: EG 502-506), mit denen möglichst viele elektrische Bauteile erprobt werden sollten. Daher stimmten die Maschinen lediglich in der Grundkonzeption mit hochliegendem Fahrmotor und Parallelkurbelantrieb sowie in ihren Hauptabmessungen überein. Den mechanischen Teil der ersten vier Loks (EG 502-505) lieferte Hanomag, der Fahrzeugteil der EG 506 stammte von der Berliner Maschinenbau AG. Bei der elektrischen Ausrüstung ging jede der beteiligten Firmen und Firmengruppen ihre eigenen Wege:

- EG 502 (AEG): Repulsationsmotor Bauart Winter-Eichberg, Schaltwalzensteuerung mit Zusatztransformator
- EG 503 (AEG/FGL): kompensierter Wechselstrom-Reihenschlussmotor, elektromagnetische Schützensteuerung
- EG 504 (BBC): 12poliger Repulsationsmotor Bauart Deri, Steuerung durch manuelles Verstellen der Kommutatorbürsten
- EG 505 (SSW): 16poliger Wechselstrom-Reihenschlussmotor, Steuerung über Schaltwalze und elektromotorisch betätigten Drehtransformator
- EG 506 (MSW): kompensierter Wechselstrom-Reihenschlussmotor, Steuerung über Schaltwalze und druckluftbetätigten Drehtransformator

Die EG 503 war erst 1913 einsatzbereit, die übrigen fuhren schon ab 1911 auf der Versuchsstrecke. Als ab Mitte 1913 die Bahnverwaltung die Versuchsstrecke auf das zwischenzeitlich vereinbarte, einheitliche Stromsystem (16⅔ Hz/15 kV) umstellte, wurden auch die EG 502-506 entsprechend umgebaut. Mit dem Ausbruch des Ersten Weltkriegs musste im mitteldeutschen Netz der elektrische Betrieb eingestellt werden. Nach der Wiederelektrifizierung in Mitteldeutschland 1922/23 bestand für die fünf Güterzugloks dort kein rechter Bedarf mehr. Bis Frühjahr 1923 wurden alle an die badische Wiesen- und Wehratalbahn abgegeben. Von der DRG erhielten sie 1926/27 noch die Betriebsnummern E 70 02-06, wurden aber zwischen 1928 und 1930 ausgemustert.

Foto: RVM (Werkfoto)/Bildarchiv der Eisenbahnstiftung

**Technische Daten:**

| Baureihenbezeichnung: | E 70 02 (DRG) | E 70 03 (DRG) | E 70 04 (DRG) | E 70 05 (DRG) | E 70 06 (DRG) |
|---|---|---|---|---|---|
| Radsatzanordnung: | D | D | D | D | D |
| Stromsystem: | 16⅔ Hz/15 kV | 16⅔ Hz/15 kV | 16⅔ Hz/15 kV | 16⅔ Hz/15 kV | 16⅔ Hz/15 kV |
| | (bis 1913: | (bis 1913: | | | (bis 1913: |
| | 15 Hz/10 kV) | 15 Hz/10 kV) | | | 15 Hz/10 kV) |
| Vmax (km/h): | 50 | 50 | 50 | 50 | 50 |
| Stundenleistung (kW): | 588 | 588 | 441 | 441 | 441 |
| Dauerleistung (kW): | 332 | 441 | 367 | 367 | 294 |
| Dienstmasse (t): | 66,0 | 64,6 | 60,1 | 66,8 | 63,2 |
| Größte Radsatzfahrmasse (t): | 16,8 | 16,8 | 16,2 | 16,9 | 16,0 |
| Länge über Puffer (mm): | 10.500 | 10.500 | 10.500 | 10.500 | 10.500 |
| Treibraddurchmesser (mm): | 1.050 | 1.050 | 1.050 | 1.050 | 1.050 |
| Indienststellung: | 1911 | 1913 | 1911 | 1911 | 1912 |
| Verbleib: | ++ | ++ | ++ | ++ | ++ |

## E 70 07-08 (preuß. EG 507-508, DRG)

Die Planungen der Preußischen Staatsbahnen sahen ursprünglich die Elektrifizierung der Berliner Stadt- und Vorortbahnen mit Einphasen-Wechselstrom von 16⅔ Hz und 15 kV vor. Hierfür bestellte die Staatsbahn schon 1910 eine Serie von zehn vierfach gekuppelten Maschinen für den Nahgüterzugdienst und den fallweisen Einsatz vor Personenzügen. 1913 lieferten die BMAG (Fahrzeugteil) und MSW (elektr. Teil) zwei Loks als EG 507-508. Ihre elektrische Ausrüstung stimmte weitgehend mit der 1911 gelieferten EG 506 überein. Die Leistung des kompensierten Wechselstrom-Reihenschlussmotors konnte aber durch Fremdbelüftung um fast 100 Prozent gesteigert werden. Da die Loks für Vielfachtraktion ausgelegt waren, erfolgte die Regelung des Fahrmotors über eine Schützensteuerung und einen Drehtransformator, der für vollen Dauerstrom ausgelegt war und durch einen Elektromotor angetrieben wurde. Die Leistungsübertragung besorgte der bewährte Parallelkurbelantrieb mit schräger Treibstange und Blindwelle zwischen den mittleren Kuppelradsätzen. Die beiden Maschinen besaßen nur einen Endführerstand sowie einen langen schmalen, vorne abgerundeten Vorbau, in dem die elektrischen Einrichtungen untergebracht waren. Charakteristisch waren die seitlichen, auf Fahrzeugbreite hinausreichenden Blechverkleidungen von Motor und Treibstangen.

Die ersten Probefahrten der EG 507 und 508 erfolgten auf den mitteldeutschen Strecken. Obwohl der erste und vierte Kuppelradsatz 10 mm Seitenspiel erhalten hatten, befriedigten die Laufeigenschaften nicht und die Höchstgeschwindigkeit wurde zunächst auf 60, später auf 50 km/h reduziert. Da nach Ausbruch des Ersten Weltkriegs der elektrische Betrieb in Mitteldeutschland eingestellt werden musste, wurden die Maschinen nach Schlesien umgesetzt. Mitte der 1920er-Jahre gelangten die beiden Preußen nach Bayern zum Bw Garmisch und wurden im Rangierdienst eingesetzt. 1926/27 erhielten sie von der DRG die Betriebsnummern E 70 07 und 08. Schon im November 1928 wurde die E 70 07 ausgemustert. Ihre Schwester hielt noch zehn Jahre länger durch und musste erst 1938 den Dienst quittieren. Eine Aufstellung im Verkehrsmuseum Nürnberg scheiterte an Beschädigungen im Zweiten Weltkrieg. Auch sie wurde verschrottet.

Foto: Slg. Koppisch, Archiv transpress

**Technische Daten:**

| Baureihenbezeichnung: | E 70 07-08 (DRG) |
|---|---|
| Radsatzanordnung: | D |
| Stromsystem: | 16⅔ Hz, 15 kV |
| Vmax (km/h): | 50 (bei Anlieferung: 70) |
| Stundenleistung (kW): | 920 |
| Dauerleistung (kW): | 530 |
| Dienstmasse (t): | 68,1 |
| Größte Radsatzfahrmasse (t): | 17,2 |
| Länge über Puffer (mm): | 10.000 |
| Treibraddurchmesser (mm): | 1.050 |
| Indienststellung: | 1913 |
| Verbleib: | ++ |

## E 70.2 (bay. EG 2 x 2/2, DRG, DB)

Zum ersten Elektrifizierungsprogramm in Bayern gehörte auch die Strecke Salzburg–Freilassing–Berchtesgaden, auf welcher am 11. Juni 1914 der elektrische Betrieb aufgenommen werden konnte. Für diese Strecke bestellte die Bayerische Staatsbahn 1912 insgesamt zwölf Maschinen, neben acht Personenzugloks (DRG E 36) auch vier Güterzug- und Schiebeloks. Bei den Maschinen für den Güterzugdienst wurden zwei Varianten bestellt, die EG 1 als Bo'Bo'-Maschinen (DRG E 73.09) und die EG 2 x 2/2 mit der Radsatzfolge B'B'. Bedingt durch den Ausbruch des Zweiten Weltkriegs konnten die beiden EG 2 x 2/2 20221 und 20222 erst 1920 von Krauss (mech. Teil) und BBC (elektr. Teil) abgeliefert werden. Von der DRG erhielten sie ab 1926/27 die Betriebsnummern E 70 21 und 22.

Zur Erzielung guter Laufeigenschaften erhielten die beiden E 70.2 zwei Drehgestelle mit zwei gekuppelten Radsätzen ohne Seitenspiel. Ein halbhoch gelagerter Fahrmotor wirkte über ein Getriebe, eine Vorgelegeblindwelle und Schlitzkuppelstangen auf die beiden Kuppelradsätze. Die Schlitzkuppelstangen sollten für einen Ausgleich der unterschiedlichen Vertikalbewegungen beider Radsätze sorgen. Ein Brückenrahmen aus Profilstahl stützte sich über Federstempel auf die Drehgestelle ab und verband die beiden Drehzapfen. Der Lokkasten umfasste zwei Führerstände mit dazwischen liegendem Maschinenraum. Die gerundeten Vorbauhauben an den Führerstands-Stirnwänden waren fest mit dem Aufbau verbunden. Die Regelung der beiden 16poligen Wechselstrom-Reihenschlussmotoren erfolgte durch ein handbetätigtes Schlittenschaltwerk mit 14 Dauerfahrstufen.

Beide E 70.2 liefen Zeit ihres Lebens ausschließlich auf ihrer Hausstrecke. Vorwiegend machten sie sich im Güterzugdienst nützlich und besorgten den Schubdienst auf der 40-‰-Rampe zwischen Bad Reichenhall und Hallthurm. Ab Mitte der 1930er-Jahre reduzierten sich ihre Laufleistungen deutlich durch die Indienststellung der neuen E 44.5. Beide Maschinen überlebten zwar den Zweiten Weltkrieg, doch gab es nach 1945 keine richtige Verwendung mehr. Daher wurde im Februar 1947 die E 70 22 ausgemustert und im Dezember 1951 folgte der Abschied der E 70 21. Beide Loks wurden bald darauf zerlegt.

Foto: Maey, Slg. Kleine, Archiv transpress

| Technische Daten: | |
|---|---|
| Baureihenbezeichnung: | E 70.2 (DRG) |
| Radsatzanordnung: | B'B' |
| Stromsystem: | $16\frac{2}{3}$ Hz, 15 kV |
| Vmax (km/h): | 50 |
| Stundenleistung (kW): | 720 |
| Dauerleistung (kW): | 610 |
| Dienstmasse (t): | 64,8 |
| Größte Radsatzfahrmasse (t): | 16,2 |
| Länge über Puffer (mm): | 12.450 |
| Treibraddurchmesser (mm): | 1.250 |
| Indienststellung: | 1920 |
| Verbleib: | ++ |

## E 71.1 (preuß. EG 511-537, DRG, DB)

Für den Güterzugdienst auf den zu elektrifizierenden Strecken Mitteldeutschlands bestellten die Preußischen Staatsbahnen 1912 bei AEG eine Serie von 18 B'B'-Güterzuglokomotiven, die ungewöhnliche technische Neuerungen aufwies. Statt der bisher üblichen Ausrüstung wurden bei diesen Maschinen zwei kurzgekuppelte Triebdrehgestelle gewählt, in denen die Fahrmotoren halbhoch gelagert waren und über eine Vorgelege-Blindwelle und Schlitzkuppelstangen auf die Kuppelradsätze wirkten. Der Lokkasten mit den beiden Führerständen und dem Haupttransformator war auf einem Brückenrahmen aufgebaut.

Noch vor Auslieferung der ersten Maschine (EG 511) im März 1914 war die Bestellung noch 1913 auf 27 Exemplare erhöht worden. Bis Juli 1914 folgten mit den EG 512 und 512 zwei weitere Maschinen, dann unterbrach der Erste Weltkrieg die Produktion. Erst nach Kriegsende begann der Weiterbau mit kleinen Änderungen. Die Betriebserfahrungen mit den ersten drei Loks waren positiv, bemängelt wurden lediglich die zu engen Führerstände. Mit geräumigeren Führerständen behob man dieses Manko bei den Nachkriegsmaschinen, die dadurch 400 mm länger wurden. 1922 war die Auslieferung abgeschlossen und nach Wiederelektrifizierung der mitteldeutschen Strecken waren die EG 511-537 ab 1923 alle dort zu finden. Bis auf die 1926 nach Unfall ausgemusterte EG 512 erhielten die Loks ab 1927 die DRG-Betriebsnummern E 71 11 und 13-37. Ein Teil fand auf der badischen Wiesen- und Wehratalbahn ein neues Einsatzgebiet. Diese E 71 wurden ab 1931 für den Einsatz im Personenzugdienst umgebaut durch Erhöhung der Höchstgeschwindigkeit auf 65 km/h, eine verbesserte Lüftung der Fahrmotoren und eine elektrische Zugheizeinrichtung. Die mitteldeutschen E 71 mussten bis 1945 größtenteils den Dienst quittieren. Von den Sowjets konnte 1946 nur noch die E 71 30 als Beutegut abtransportiert werden. Nach ihrer Rückkehr im August 1952 ging sie nicht mehr in Betrieb. Sie wurde nur äußerlich aufgearbeitet und steht seit April 1962 im Verkehrsmuseum Dresden. In den Bestand der DB gelangten noch neun E 71. Diese fuhren bis 1957 auf ihrer badischen Stammstrecke, dann erfolgte die Ablösung durch E 32. Als letzte wurde am 4. August 1959 die E 71 28 ausgemustert. Auch sie blieb - wie auch die E 71 19 - erhalten.

Foto: Maey, Slg. Kleine, Archiv transpress

| Technische Daten: | |
|---|---|
| Baureihenbezeichnung: | E 71.1 (DRG) |
| Radsatzanordnung: | B'B' |
| Stromsystem: | $16\frac{2}{3}$ Hz, 15 kV |
| Vmax (km/h): | 50 (E 71 11, 13-14, 18-19, 22, 25-27, 29, 31-33: 65) |
| Stundenleistung (kW): | 785 (E 71 11, 13-14, 18-19, 22, 25-27, 29, 31-33: 780) |
| Dauerleistung (kW): | 592 (E 71 11, 13-14, 18-19, 22, 25-27, 29, 31-33: 590) |
| Dienstmasse (t): | 64,9 |
| Größte Radsatzfahrmasse (t): | 16,9 |
| Länge über Puffer (mm): | 11.600 (E 71 11-13: 11.200) |
| Treibraddurchmesser (mm): | 1.350 |
| Indienststellung: | 1914-1922 |
| Verbleib: | E 71 19 (VMN, Bahnpark Augsburg), 28 (DTM Berlin), 30 (VMD) |

## E 73 (bay. EG 1, DRG)

Für den Güterzug- und Schubdienst auf der ab 11. Juni 1914 elektrisch betriebenen Strecke Salzburg–Freilassing–Berchtesgaden beschaffte die Bayerische Staatsbahn neben den späteren E 70.2 zwei weitere Loks als EG 4 x 1/1 20201 und 20202. Geliefert wurden die Bo'Bo'-Maschinen 1914/15 von Krauss (mech. Teil) und Bergmann (elektr. Teil). Bemerkenswert für die damalige Zeit war die Ausführung als Drehgestell-Lok mit Einzelradsatzantrieb durch Tatzlagermotoren. Dadurch sollten eine gute Bogenläufigkeit sowie geringere Spurkranzabnutzung und Schienenverschleiß erreicht werden. Die Regelung der Fahrmotoren erfolgte durch eine manuell betätigte, elektromagnetische Schützensteuerung mit Bürstenverstellung und neun Dauerfahrstufen. Der Lokkasten war als blechverkleidetes Profilstahlgerüst ausgeführt und besaß zwei Endführerstände mit stirnseitigen Übergangstüren. Dazwischen befand sich der Maschinenraum mit dem fremdbelüfteten Trockentransformator. Das Dach konnte mit der oberen Hälfte der Seitenwände über dem Maschinenraum abgenommen werden.

Ab 1923/24 erhielten sie die neue Baureihenbezeichnung EG 1, 1926/27 erfolgte die Umzeichnung durch die DRG in E 73 01 und 02. Beide Maschinen fuhren ausschließlich auf ihrer Stammstrecke und besorgten in den ersten Jahren vorwiegend den Schubdienst auf der 40-‰-Rampe zwischen Bad Reichenhall und Hallthurm. Ab Mitte der 1920er-Jahre überwog dann der Einsatz im Rangierdienst, für den sie auf Grund ihrer Steuerung allerdings weniger geeignet waren. Schon 1936 wurde die E 73 01 abgestellt und im November 1937 ausgemustert. Die E 73 02 hielt etwas länger durch, sie musste erst am 28. November 1941 den Dienst quittieren. Nach ihrer Ausmusterung wurde sie in einen Schneepflug umgebaut, der bis Anfang der 1980er-Jahre in Freilassing verwendet wurde. 1982 erfolgte die Verschrottung im AW Weiden.

*Foto: Maey, Slg. Kleine, Archiv transpress*

| Technische Daten: | |
|---|---|
| Baureihenbezeichnung: | E 73 (DRG) |
| Radsatzanordnung: | Bo'Bo' |
| Stromsystem: | 16⅔ Hz, 15 kV |
| Vmax (km/h): | 50 |
| Stundenleistung (kW): | 790 |
| Dauerleistung (kW): | 560 |
| Dienstmasse (t): | 56,0 |
| Größte Radsatzfahrmasse (t): | 14,0 |
| Länge über Puffer (mm): | 10.990 |
| Treibraddurchmesser (mm): | 1.100 |
| Indienststellung: | 1914-1915 |
| Verbleib: | ++ |

## E 73 03 (preuß. EV 1/2, DRG)

Ab 1903 beschäftigten sich die Preußischen Staatsbahnen mit dem Einphasen-Wechselstromsystem und untersuchten es auf seine praktische Umsetzung. Für den Versuchsbetrieb auf der 1,5 km langen und mit 6 kV/25 Hz elektrifizierten Oranienburger Teststrecke lieferten AEG (elektr. Teil) und Vulcan (Fahrzeugteil) 1908 die erste deutsche Wechselstrom-Lokomotive mit der Betriebsnummer WGL 10 201/10 202 für den Hauptbahndienst. Gleichzeitig war sie die erste Elektrolok mit einer elektromagnetischen Schützensteuerung zur Regelung der Fahrmotorspannung. Als am 1. Mai 1911 der elektrische Wechselstrombetrieb mit 3 kV und 25 Hz auf der Hafenbahn in Hamburg-Altona aufgenommen wurde, stand hierfür die umgebaute WGL 10 201/10 202 zur Verfügung. Ursprünglich wurden bei der aus zwei kurzgekuppelten Fahrzeughälften bestehende Maschine nur drei Radsätze durch Tatzlagermotoren angetrieben. Für den Einsatz auf der Hafenbahn erhielt auch der vierte Radsatz einen Tatzlagermotor. Doch zunächst bereitete die Lok erhebliche Probleme. Die Stromabnehmer mit ihren Aluminium-Schleifleisten und eine starke Schleuderneigung waren die Hauptkritikpunkte. Erst ein erneuter Umbau im Jahr 1912 brachte Besserung. Zwei weitere Stromabnehmer auf der zweiten Fahrzeughälfte, also nun insgesamt vier, verbesserten die Stromversorgung. Die Reduzierung der Fahrstufen von acht auf vier verminderte dagegen die Schleuderneigung. Gleichzeitig erhielt die Lok die neue Bezeichnung EV 1/2 »ALTONA«.

Bei der DRG fuhr die Maschine ab August 1926 unter der Betriebsnummer E 73 03. Ab Ende 1926 wanderte die von den Lokpersonalen »Anton« genannte Maschine in den Reservedienst, da mit der E 73 06 nun eine dritte Lok vorhanden. Bis zur Umstellung der Hamburger Hafenbahn von 3 auf 6,3 kV im Jahr 1932 kam die E 73 03 noch zu gelegentlichen Einsatzehren. Dann war Schluss, denn ein nochmaliger Umbau lohnte sich nicht mehr. Sie wurde am 1. Juli 1932 ausgemustert aber nicht verschrottet, sondern nach einer Aufarbeitung bei AEG im Nürnberger Verkehrsmuseum aufgestellt. Während des Zweiten Weltkriegs erfolgte die Auslagerung nach Pressig-Rothenkirchen. Dort wurde sie 1944 bei einem Luftangriff so schwer beschädigt, dass ihre Zerlegung im Jahre 1955 unausweichlich war.

*Foto: Slg. Koppisch, Archiv transpress*

| Technische Daten: | |
|---|---|
| Baureihenbezeichnung: | E 73 03 (DRG) |
| Radsatzanordnung: | Bo+Bo |
| Stromsystem: | 25 Hz, 3 kV |
| Vmax (km/h): | 50 |
| Stundenleistung (kW): | 880 |
| Dauerleistung (kW): | 735 |
| Dienstmasse (t): | 68,33 (bis 1912: 67,62) |
| Größte Radsatzfahrmasse (t): | 20,6 |
| Länge über Puffer (mm): | 14.140 |
| Treibraddurchmesser (mm): | 1.370 |
| Indienststellung: | 1907 |
| Verbleib: | ++ |

## E 73 05 (preuß. EV 5", DRG, DB)

Die 1911 mit Einphasen-Wechselstrom (3 kV/25 Hz) elektrifizierte, nur 1,7 km lange Hafenbahn Hamburg-Altona wies eine relativ schwierige Streckencharakteristik auf. So befand sich im Laufe der Strecke ein 800 Meter langer Tunnel, der zum Teil in einer Steigung von 27,8 Promille sowie in einem engen Bogen lag. Um dem steigenden Verkehr nach Ende des Ersten Weltkriegs zu genügen, bestellte die Eisenbahndirektion Altona 1919 eine vierachsige Drehgestell-Lokomotive bei der Berliner Maschinenbau AG (Fahrzeugteil) und den Maffei-Schwartzkopff-Werken (elektr. Teil). Die als EV 5 in zweiter Besetzung geführte Maschine zeichnete sich durch ein recht fortschrittliches Design aus. Ein kräftiger Brückenrahmen aus Profilstahl ruhte auf den beiden Antriebsdrehgestellen, die zur besseren Übertragung von Zug- und Stoßeinrichtungen miteinander gekuppelt waren. Jeder der vier Radsätze wurde von einem Wechselstrom-Reihenschlussmotor in Tatzlagerbauart angetrieben. Die Regelung der Fahrmotoren erfolgte durch eine elektromagnetische Schützensteuerung mit neun Dauerfahrstufen. Auf dem Brückenrahmen war der Lokkasten mit den beiden Führerstanden aufgebaut. Im dazwischen liegenden Maschinenraum hatte der von 3 auf 6,3 kV umschaltbare Haupttransformator seinen Platz. Auf dem Dach sorgten zwei Scherenstromabnehmer der Sonderbauart mit zwei Schleifstücken für eine sichere Stromübertragung. Die halbhohen, abgeschrägten und vorne abgerundeten Vorbauten waren mit den Drehgestellen verbunden.

Am 15. Juni 1923 konnte die EV 5" abgeliefert werden. Sie erfüllte problemlos alle an sie gestellten Erwartungen und war den Anforderungen des schweren Hafenbahnbetriebs hervorragend gewachsen. Auf der 27,8-‰-Rampe konnte sie acht zweiachsige Kühlwagen mit einem Gewicht von 230 Tonnen mühelos bergwärts schieben. Von der DRG erhielt sie 1926 die neue Nummer E 73 05. Die anspruchloseste, betriebssicherste und am meisten benutzte Hafenbahn-Ellok versah bis zur Einstellung des elektrischen Hafenbahnbetriebs zuverlässig ihren Dienst. Am 23. Mai 1954 wurde sie abgestellt und 1959 schließlich zerlegt.

*Foto: Slg. Koppisch, Archiv transpress*

| Technische Daten: | |
|---|---|
| Baureihenbezeichnung: | E 73 05 (DRG) |
| Radsatzanordnung: | Bo'Bo' |
| Stromsystem: | 25 Hz, 6,3 kV; 25 Hz, 3 kV |
| Vmax (km/h): | 50 |
| Stundenleistung (kW): | 740 |
| Dauerleistung (kW): | 515 |
| Dienstmasse (t): | 70.4 |
| Größte Radsatzfahrmasse (t): | 17,7 |
| Länge über Puffer (mm): | 12.550 |
| Treibraddurchmesser (mm): | 1.250 |
| Indienststellung: | 1923 |
| Verbleib: | ++ |

## E 73 06 (preuß. EV 6, DRG, DB)

Zur Ablösung der nicht sonderlich gut geeigneten E 73 03 bestellte die DRG im Jahr 1924 eine weitere vierachsige Lok, für welche die Bezeichnung EV 6 vorgesehen war. Wiederum lieferte die BMAG den Fahrzeugteil und die MSW die elektrische Ausrüstung. Auf Wunsch des Eisenbahn-Zentralamtes sollte die Maschine gleichzeitig als Erprobungsträger für technische Neuerungen bei Antrieb und Steuerung dienen. Daher erhielt sie den elastischen Westinghouse-Antrieb (Westinghouse-Quill-Drive), bei dem Zwillingsmotoren über Hohlwelle und an den Radreifen angreifenden Wickelfedern jeden Radsatz antrieben. Dieser Antrieb war eigentlich für schnellfahrende Loks entwickelt worden und erforderte einen relativ großen Raddurchmesser von 1.600 mm, für eine Rangierlok eher ungewöhnlich. Zur Regelung der Fahrmotoren kam die von MSW entwickelte Steuerung mit handbetätigtem Nockenschaltwerk, Zusatztransformator, Feinsteller sowie zehn Dauerfahrstufen zur Anwendung. Auf den beiden nicht miteinander gekuppelten Drehgestellen mit halbkugelförmigen Drehzapfen lagerte ein kräftiger Brückenrahmen aus Profilstahl. In der Mitte des Daches umschloss eine große Haube den oberen Teil des Haupttransformators.

Am 26. August 1926 wurde die Maschine unter ihrer neuen DRG-Betriebsnummer E 73 06 in Dienst gestellt und war zu diesem Zeitpunkt die modernste Ellok der DRG. Sie war aber auch sehr unterhaltungsaufwändig, da sowohl Antrieb als auch Getriebe häufige Störungsquellen darstellten. Trotz ihrer für den Rangierdienst nicht optimalen Leistungsauslegung erfüllte sie das geforderte Leistungsprogramm problemlos und schob sogar 380-t-Züge mit 30 km/h die Steilrampe nach Altona Hbf hinauf. Ein schwerer Unfall setzte die E 73 06 am 8. August 1951 längere Zeit außer Gefecht, als sie mit einem Zug die Steilrampe hinunter ins Rutschen kam, nicht mehr Abbremsen konnte, mit voller Wucht am Kai einen Prellbock überfuhr und sich schließlich weit dahinter ins Erdreich bohrte. Erst im November 1952 war sie wieder hergestellt. Die aufwändige Reparatur dürfte sich kaum gelohnt haben, denn Ende März 1954 musste sie schon wieder das Ausbesserungswerk aufsuchen. Da der elektrische Wechselstrombetrieb der Hafenbahn kurz vor der Einstellung stand, wurde sie nicht mehr repariert sondern blieb abgestellt und wurde einige Zeit später verschrottet.

*Foto: Slg. Koppisch, Archiv transpress*

| Technische Daten: | |
|---|---|
| Baureihenbezeichnung: | E 73 06 (DRG) |
| Radsatzanordnung: | Bo'Bo' |
| Stromsystem: | 25 Hz, 6,3 kV; 25 Hz, 3 kV |
| Vmax (km/h): | 50 |
| Stundenleistung (kW): | 1.180 |
| Dauerleistung (kW): | 910 |
| Dienstmasse (t): | 80,9 |
| Größte Radsatzfahrmasse (t): | 20,3 |
| Länge über Puffer (mm): | 13.850 |
| Treibraddurchmesser (mm): | 1.600 |
| Indienststellung: | 1926 |
| Verbleib: | ++ |

## E 75 (DRG, DB), 175 (DB)

Die schlechten Laufeigenschaften der zwischen 1924 und 1926 in Dienst gestellten Reihe E 77 veranlassten die DRG, für den weiteren Bedarf diese Bauart konstruktiv zu überarbeiten. Kernstück der E 75 war ein einteiliger, durchlaufender Rahmen, in welchem die vier Treibradsätze fest gelagert waren. Beibehalten wurde der Schrägstangenantrieb der Bauart Winterthur mit Blindwelle. Praktisch unverändert konnte die elektrische Ausrichtung der E 77 übernommen werden. Lediglich die Regelung der Fahrmotoren erfolgte durch ein zwischenzeitlich bewährtes, handbetätigtes Nockenschaltwerk mit Zusatztransformator, Kollektor-Feinsteller und 13 Dauerfahrstufen. Auf Grund der geänderten Konstruktion war die E 75 um sieben Tonnen leichter und rund einen Meter kürzer. Bis 1927 hatte die DRG insgesamt 79 Exemplare bestellt. Die Auslieferung der ersten E 75 begann im Herbst 1928. Lieferanten der Fahrzeugteile waren die Berliner Maschinenbau AG, die Linke-Hofmann-Werke in Breslau und Maffei in München. Für die elektrische Ausrüstung zeichneten Bergmann und Maffei-Schwartzkopff verantwortlich. Die Weltwirtschaftskrise 1929/39 blieb auch für die DRG nicht ohne Folgen und bedingt durch ihre schlechte Finanzlage stornierte sie über die Hälfte der bestellten E 75. Wie schon in der Vergangenheit erfolgte eine unterschiedliche Nummerierung entsprechend der Einsatzgebiete: Die bayerischen Maschinen liefen als E 75 01-12, die mitteldeutschen als E 75 51-69.

Zwischen April 1943 und Februar 1944 wurden alle E 75 in Bayern zusammengezogen, während die E 77 komplett nach Mitteldeutschland abwanderten. Nach Kriegsende fanden sich die E 75 07 und 58 in der sowjetisch besetzten Zone wieder, letztere war noch bis Ende März 1946 in Betrieb. Sieben Exemplare mussten als Kriegsverlust ausgebucht werden, so dass noch 22 Maschinen in den Bestand der DB gelangten. Eine geplante Modernisierung wurde 1960/61 nur bei den E 75 09, 55 und 69 durchgeführt. Ab 1964 erfolgten die ersten Abstellungen. Die EDV-gerechte Umzeichnung zur Baureihe 175 erlebte ab 1968 nur rund die Hälfte der DB-Maschinen. Mit der Abstellung der 175 004 am 2. Februar 1972 war das Kapitel Betriebsdienst beendet. Aus den noch als Heizloks verwendeten 175 009 und 059 entstand 1983/84 für das Nürnberger Verkehrsmuseum die »E 75 09«, die beim Brand des Museums-Depots in Nürnberg-Gostenhof am 17. Oktober 2005 schwer beschädigt wurde.

*Foto: Blaschke*

| Technische Daten: | |
|---|---|
| Baureihenbezeichnung: | E 75 (DRG) |
| Radsatzanordnung: | 1'BB1' |
| Stromsystem: | 16²/₃ Hz, 15 kV |
| Vmax (km/h): | 70 |
| Stundenleistung (kW): | 1.880 |
| Dauerleistung (kW): | 1.600 |
| Dienstmasse (t): | 106,2 |
| Größte Radsatzfahrmasse (t): | 19,7 |
| Länge über Puffer (mm): | 15.380 |
| Treibraddurchmesser (mm): | 1.400 |
| Laufraddurchmesser (mm): | 1.000 |
| Indienststellung: | 1928-1931 |
| Verbleib: | E 75 09 (VMN) |

## E 77 (bay. EG 3, preuß. EG 701-725, DRG, DR)

Anfang der 1920er-Jahre stellte die DRG ein Beschaffungsprogramm für Elektroloks auf, das aus Wirtschaftlichkeitsgründen auf weitgehend vereinheitlichten Bauteilen für die verschiedenen Loktypen basierte. Für den Personenzug- und leichten Güterzugdienst orderte die DRG 1922 insgesamt 37 Exemplare einer (1B)(B1)-Maschine. 1924 wurde der Auftrag um weitere 19 Maschinen aufgestockt. Den Bau der Fahrzeugteile teilten sich die Berliner Maschinenbau AG, die Linke-Hofmann-Werke in Breslau und Krauss in München, während die elektrische Ausrüstung von der Liefergemeinschaft BMS (Bergmann und Maffei-Schwartzkopff) produziert wurde. Im Herbst 1924 rollten die ersten Loks an. Bis Oktober 1926 wurden in Mitteldeutschland die EG 701-725 in Dienst gestellt und unter weiß-blauem Himmel die »bayerischen« EG 3 22001-22031. Nach dem neuen DRG-Bezeichnungsschema erhielten die bayerischen Maschinen 1926/27 die Nummern E 77 01-31, die preußischen die Nummern E 77 51-75.

*Foto: Blaschke*

Die E 77 waren Gelenklokomotive mit zwei Triebdrehgestellen und einer Transformatorenbrücke (Mittelteil). Der Mittelteil ruhte auf zwei Kugelzapfen der Antriebsgestelle. Je ein Motor arbeitete über ein Vorgelege auf eine Blindwelle, die wiederum über den Winterthurer Schrägstangenantrieb auf die beiden Kuppelradsätze wirkte. Zusätzlich besaß jedes Triebdrehgestell einen Laufradsatz. Sehr schnell zeigten sich jedoch vor allem im oberen Geschwindigkeitsbereich unbefriedigende Laufeigenschaften. Daher wurden alle Loks bis Mitte 1928 umgebaut, wobei die Laufradsätze 30 mm Seitenspiel erhielten, die Kuppelradsätze dagegen fest gelagert waren. Doch dieser Umbau zeigte nur wenig Erfolg – die Laufeigenschaften blieben bescheiden. Daher wurden die E 77 ab 1930 fast nur noch im Güterzugdienst eingesetzt. Während des Zweiten Weltkriegs mussten fünf Maschinen den Dienst quittieren. Mit der zwangsweisen Einstellung des elektrischen Betriebs Ende März 1946 endete auch der Einsatz der E 77. Insgesamt 41 Exemplare mussten als sowjetisches Beutegut den Weg in die UdSSR antreten. Bis auf die E 77 05, 58 und 75 kamen alle 1952/53 wieder zurück. 1959/60 ließ die DR zehn Loks (E 77 03, 10, 14, 15, 18, 24, 25, 30, 52 und 53) wiederaufarbeiten. Doch schon bis 1966 fuhren alle E 77 aufs Abstellgleis. Lediglich die E 77 10 blieb betriebsfähig erhalten.

| Technische Daten: | |
|---|---|
| Baureihenbezeichnung: | E 77 (DRG) |
| Radsatzanordnung: | (1B)(B1), ab 1928: (1'B)(B1') |
| Stromsystem: | 16²/₃ Hz, 15 kV |
| Vmax (km/h): | 65 |
| Stundenleistung (kW): | 1.880 |
| Dauerleistung (kW): | 1.600 |
| Dienstmasse (t): | 113,0 |
| Größte Radsatzfahrmasse (t): | 19,8 |
| Länge über Puffer (mm): | 16.250 |
| Treibraddurchmesser (mm): | 1.400 |
| Treibraddurchmesser (mm): | 1.000 |
| Indienststellung: | 1924-1926 |
| Verbleib: | E 77 10 (VMN, Dresden-Friedrichstadt) |

## E 79 (bay. EG 4, DRG)

Auf der bayerischen Strecke Freilassing–Berchtesgaden erforderten die schwierigen Einsatzbedingungen zwischen Bad Reichenhall und Hallthurm Anfang der 1920er-Jahre leistungsfähigere Loks. Daher ließ die Gruppenverwaltung Bayern der DRG 1922 zusätzlich zum ersten Elloktypenprogramm zwei Maschinen als bayerische EG 4 22101 und 22102 entwickeln, die erheblich von den standardisierten Baugrundsätzen abwichen. Um möglichst große Reibungskräfte auf der krümmungs- und steigungsreichen Gebirgsstrecke entfalten zu können, entstand eine zweimotorige Einrahmenlok mit der Radsatzfolge 2'D1'. Die elektrische Ausrüstung lieferte die Firma Pöge. Für den Fahrzeugteil zeichnete Maffei verantwortlich.

Als Antrieb dienten zwei hochliegende, schnelllaufende Gestellmotoren, welche über eine gemeinsame Vorgelegewelle, Doppelparallelkurbelantrieb, zwei Blindwellen und Kuppelstangen auf die vier Kuppelradsätze wirkten. Zur besseren Kurvenläufigkeit war das Laufdrehgestell zusammen mit dem ersten Kuppelradsatz als Lottergestell ausgebildet. Die beiden 20poligen Wechselstrom-Reihenschlussmotoren waren stets in Serie geschaltet. Ihre sehr feinstufige Regelung erfolgte durch elektromagnetische Schütze mit Drehtransformator als Feinsteller. Auf dem innenliegenden Hauptrahmen saß der Lokkasten mit den beiden Endführerständen und Übergangstüren an den Stirnseiten.

Offensichtlich war die Firma Pöge mit diesem Auftrag überfordert, da Ende 1924 die Fahrmotoren neu berechnet werden mussten. Erst im Juli bzw. Mai 1927 erfolgte die Auslieferung der beiden Maschinen, welche gleich die neuen DRG-Betriebsnummern E 79 01 und 02 erhielten. Die Loks erfüllten die in sie gesetzten Erwartungen bezüglich Kurvenläufigkeit und feinstufiger Regelung der Motorspannung voll und ganz. In den ersten Betriebsjahren fuhren sie sogar Schnell- und Personenzüge ohne Schublok nach Berchtesgaden. Ab Mitte der 1930er-Jahre versahen sie nach Indienststellung der neuen E 44.5 vermehrt den Schubdienst auf der Reichenhaller 40-‰-Rampe. Doch bald hatte die DRG keine richtige Verwendung mehr für die beiden schwer zu unterhaltenden Einzelgänger und musterte die E 79 01 im Juni 1939, die E 79 02 im November 1940 aus. Beide wanderten bald darauf auf den Schrottplatz.

*Foto: Maey, Slg. Kleine, Archiv transpress*

| Technische Daten: | |
|---|---|
| Baureihenbezeichnung: | E 79 (DRG) |
| Radsatzanordnung: | 2'D1' |
| Stromsystem: | 16⅔ Hz, 15 kV |
| Vmax (km/h): | 65 |
| Stundenleistung (kW): | 1.480 |
| Dauerleistung (kW): | 1.180 |
| Dienstmasse (t): | 116,0 |
| Größte Radsatzfahrmasse (t): | 19,8 |
| Länge über Puffer (mm): | 15.264 |
| Treibraddurchmesser (mm): | 1.250 |
| Laufraddurchmesser (mm): | 850 |
| Indienststellung: | 1927 |
| Verbleib: | ++ |

## E 80 (DRG, DB)

Erste elektrische Rangierlokomotiven beschaffte die DRG schon 1927 mit der E 60. Sie hatten aber den Nachteil, dass sie auf fahrdrahtlosen Bahnhofs- und Streckengleisen nicht fahren konnten. Da genügend Erfahrungen mit Akku-Triebwagen vorlagen, bestellte die DRG im Oktober 1927 nach einem Entwurf von Siemens fünf Elektroloks für Oberleitungs- und Akkubetrieb. Den Fahrzeugteil lieferte Maffei, die elektrische Ausrüstung kam von Siemens. Zwischen Mai und Oktober 1930 gingen die E 80 01-05 beim Bw München Hbf in Betrieb.

Ihr Lokomotivkasten war durch den großen Mittelführerstand und die beiden langen Batterievorbauten gekennzeichnet. Um die Radsatzlast in Grenzen zu halten, liefen sie auf zwei dreiachsigen Drehgestellen, von denen jeweils der mittlere Radsatz als Laufradsatz ausgeführt war. Wegen der empfindlichen elektrischen Ausrüstung wurde eine doppelte Achsfederung eingebaut. Die vier Gleichstrommotoren bezogen ihren Strom entweder über Quecksilberdampf-Gleichrichter aus der Fahrleitung oder direkt von den Akkumulatoren. Diese Bleibatterien mit 168 Zellen konnten sowohl durch die Fahrleitung während des Betriebs als auch stationär aufgeladen werden. Ihre Kapazität reichte für einen fünfstündigen Einsatz ohne Fahrdraht. Der bewährte Tatzantrieb und ein Nockenschaltwerk mit 15 Dauerfahrstufen vervollständigten die elektrische Ausrüstung.

Die fünf E 80 waren stets auf den Münchner Rangierbahnhöfen eingesetzt. Bei einem Bombenangriff im Zweiten Weltkrieg wurde die E 80 04 so schwer beschädigt, dass ihre Ausmusterung bereits im Februar 1944 verfügt werden musste. Die anderen vier Loks kamen noch in den Bestand die DB. In den Jahren 1956/57 erhielt die E 80 01 als erste Wechselstrom-Ellok einen Silizium-Gleichrichter. Damit konnten für den geplante Bau von Zweisystem-Elloks (E 320) wertvolle Erfahrungen gewonnen werden. Weitere Zutaten des Umbaus waren eine zusätzliche Belüftung der Fahrmotoren und ein stärkerer Haupttransformator. Ende der 1950er-Jahre brachten die in großer Zahl beschafften Rangierdieselloks der Reihe V 60 das schnelle Ende der relativ komplizierten Sonderlinge. Die DB musterte am 9. März 1959 die E 80 02, am 13. Januar 1960 die E 80 03 und 05 sowie als letzte am 3. Juni 1961 die Versuchslok E 80 01 aus. Bis Sommer 1963 waren alle verschrottet.

*Foto: Maey, Slg. Kleine, Archiv transpress*

| Technische Daten: | |
|---|---|
| Baureihenbezeichnung: | E 80 (DRG) |
| Radsatzanordnung: | (A1A)(A1A) |
| Stromsystem: | 16⅔ Hz, 15 kV |
| Vmax (km/h): | 40 |
| Stundenleistung (kW): | 248 |
| Dauerleistung (kW): | 210 |
| Dienstmasse (t): | 90,6 |
| Größte Radsatzfahrmasse (t): | 17,0 |
| Länge über Puffer (mm): | 15.400 |
| Treibraddurchmesser (mm): | 1.000 |
| Laufraddurchmesser (mm): | 1.000 |
| Indienststellung: | 1930 |
| Verbleib: | ++ |

## E 90.5 (preuß. EG 551/552-569/570, DRG)

Mit dem Beginn der Elektrifizierung der schlesischen Gebirgsbahnen leiteten die Preußischen Staatsbahnen die Beschaffung von Elektroloks unterschiedlichster Spielarten in größerem Umfang ein. Als Variante für den schweren Güter- und Reisezugdienst bestellte die KPEV 1912 zwölf Doppelloks. Der Ausbruch des Ersten Weltkriegs verzögerte ihre Herstellung und so konnten die EG 551/552-569/570 erst zwischen 1919 und 1923 abgeliefert werden. Als Lieferant des elektrischen Teils fungierte BBC, während sich die Firmen Humboldt, LHW und Beuchelt die Produktion des Fahrzeugteils im Verhältnis 7:2:1 aufteilten.

Die Maschinen bestanden aus zwei weitgehend autark aufgebauten, kurzgekuppelten Lokhälften. Jede besaß zwei in einem gemeinsamen Gehäuse untergebrachte Wechselstrom-Reihenschlussmotoren (Doppelmotor). Die Leistungsübertragung auf die drei Kuppelradsätze erfolgte über eine Vorgelegeblindwelle, Hallsche Kurbeln und Kuppelstangen. Im langen schmalen Vorbau vor dem Führerstand war ein Trockentransformator untergebracht. Dieser hatte drei Anzapfungen für die elektrische Zugheizung erhalten, so dass auch die Beförderung von Reisezügen möglich war. Für die Regelung der Fahrmotoren stand ein handbetätigtes Schlittenschaltwerk mit 14 Dauerfahrstufen zur Verfügung, das wegen seiner Schwergängigkeit beim Fahrpersonal unbeliebt war.

Schon wenige Jahre nach ihrer Indienststellung wanderten die Maschinen wegen ihrer geringen Höchstgeschwindigkeit in den Güterzugdienst auf Nebenstrecken ab. Die DRG zeichnete sie 1927 in E 90 51-60 um. Nach der Beheimatung aller E 90.5 ab 1929 beim Bw Hirschberg wurden fünf Loks mit Schneepflügen ausgerüstet. Mit dem Einbau von stirnseitigen Rohrkühlern für die Druckluft mussten 1932 die Hauptrahmenenden verlängert werden. Die DRG musterte schon Mitte der 1930er-Jahre die E 90 55 und 59 aus. Nach Ende des Zweiten Weltkriegs waren noch die E 90 52, 57 und 60 betriebsfähig in Schlesien vorhanden, die zum Teil über Mitteldeutschland als Beutegut in die UdSSR abgefahren wurden. 1952/53 kehrten sie in die DDR zurück, wurden aber nicht mehr aufgearbeitet sondern 1955/56 verschrottet.

*Foto: Slg. Koppisch, Archiv transpress*

| Technische Daten: | |
|---|---|
| Baureihenbezeichnung: | E 90.5 (DRG) |
| Radsatzanordnung: | C+C |
| Stromsystem: | $16^2/_3$ Hz, 15 kV |
| Vmax (km/h): | 50 |
| Stundenleistung (kW): | 1.530 |
| Dauerleistung (kW): | 910 |
| Dienstmasse (t): | 98,2 |
| Größte Radsatzfahrmasse (t): | 16,5 |
| Länge über Puffer (mm): | 15.950 (ab 1932: 17.350) |
| Treibraddurchmesser (mm): | 1.250 |
| Indienststellung: | 1919-1923 |
| Verbleib: | ++ |

## E 91, E 91.9 (preuß. EG 581-594, bay. EG 5, DRG, DB), 191 (DB)

Anfang der 1920er-Jahre benötigte die DRG für die neuen Streckenelektrifizierungen in Bayern und Schlesien dringend leistungsfähige Lokomotiven. Für den Güterzugdienst sah das Beschaffungsprogramm von 1922 eine C'C'-Maschine mit Winterthurer Schrägstangenantrieb vor. Die Gruppenverwaltung Bayern bestellte im Herbst 1922 zunächst 16 Exemplare bei Krauss (mech. Teil) und der Liefergemeinschaft WASSEG (AEG und SSW, elektr. Teil). Zum Jahresende 1922 folgte ein Anschlussauftrag an AEG über 14 Maschinen für die schlesischen Strecken und 1924 eine Nachbestellung von vier Maschinen bei Krauss/WASSEG. Die schlesischen Loks wurden zwischen August 1925 und Mai 1926 als EG 581-594 in Dienst gestellt. Erst ab 1927 trugen sie die Betriebsnummern E 91 81-94. Die erste bayerische Lok ging im Januar 1926 als EG 5 22501 (E 91 01) in Betrieb. Mit der Auslieferung der E 91 20 im September 1927 war die Beschaffung zunächst abgeschlossen.

Der Lokomotivkasten aller E 91 war dreigeteilt, der Mittelteil ruhte quasi als Brücke auf zwei Kugelzapfen der Antriebsgestelle. Die Doppelmotoren waren weitgehend identisch mit der Baureihe E 52. Je ein Doppelmotor arbeitete über ein Vorgelege auf die Blindwelle, welche wiederum über den Winterthurer Schrägstangenantrieb auf die drei Kuppelradsätze wirkte. 1927 wurde für die schlesischen Strecken eine weitere Serie als E 91.9 bestellt und 1929 ausgeliefert. Die E 91 95-106 waren bei gleicher Leistung rund sieben Tonnen leichter, 600 mm länger und besaßen eine elektrische Widerstandsbremse. Äußerlich konnten sie an den hochgesetzten Lüfteröffnungen gut von den älteren Serien unterschieden werden.

Acht schlesische Maschinen gerieten in die Hände der Sowjets und wurden in die UdSSR verbracht. 1952 kehrten sie in die DDR zurück, wurden aber nicht mehr aufgearbeitet und bis 1965 verschrottet. Zur DB gelangten 23 Exemplare beider Bauarten. 1957/58 ließ die DB alle E 91 (ab 1968: 191) gründlich aufarbeiten und setzte sie im Nahgüterverkehr, im Schubdienst und im Rangierdienst auf großen Rangierbahnhöfen ein. Ab 1972 erfolgte die Ausmusterung in größerem Umfang, 1975 mussten die letzten 191 den Dienst quittieren. Die E 91 99 bleibt der Nachwelt als Museumslok erhalten.

*Foto: Blaschke*

| Technische Daten: | | |
|---|---|---|
| Baureihenbezeichnung: | E 91 (DRG) | E 91.9 (DRG) |
| Radsatzanordnung: | C'C' | C'C' |
| Stromsystem: | $16^2/_3$ Hz, 15 kV | $16^2/_3$ Hz, 15 kV |
| Vmax (km/h): | 55 | 55 |
| Stundenleistung (kW): | 2.200 | 2.200 |
| Dauerleistung (kW): | 1.660 | 1.660 |
| Dienstmasse (t): | 123,7 | 116,4 |
| Größte Radsatzfahrmasse (t): | 20,7 | 19,6 |
| Länge über Puffer (mm): | 16.700 | 17.300 |
| Treibraddurchmesser (mm): | 1.250 | 1.250 |
| Indienststellung: | 1925-1927 | 1929 |
| Verbleib: | ++ | E 91 99 (VMN, Bahnpark Augsburg) |

## E 91.3 (preuß. EG 538abc-549abc, DRG)

Für den Güterzugdienst auf den schlesischen Gebirgsbahnen bestellten die Preußischen Staatsbahnen 1912 als weitere Variante insgesamt 20 Maschinen mit der Radsatzfolge B+B+B, acht bei den Maffei-Schwarzkopff-Werken (MSW) sowie zwölf bei Siemens (elektr. Teil) und LHW (Fahrzeugteil). Der Auftrag für die MSW-Loks wurde aber später storniert. Wegen des Ausbruchs des Ersten Weltkriegs erstreckte sich die Auslieferung der EG 538abc-549abc von 1915 bis 1922.
Interessant war die Fahrwerksanordnung der schweren Güterzugloks. Sie besaßen drei untereinander kurzgekuppelte, zweiachsige Triebgestelle, in denen jeweils ein Fahrmotor ruhte. Wegen des Außenrahmens musste der Antrieb über eine Vorgelegewelle und sogenannte Hallsche Kurbeln erfolgen. Auf dem mittleren Triebgestell waren in einem holzverkleideten Aufbau die beiden Führerstände mit einem dazwischen liegenden Packabteil untergebracht. Die beiden Endgestelle trugen die Hochspannungskammern mit Hauptschalter und Haupttransformator. Die drei Fahrmotoren waren ständig in Reihe geschaltet. Ihre Regelung erfolgte durch eine elektromagnetische Schützensteuerung mit 15 Dauerfahrstufen.
Das Betriebsprogramm sah die Beförderung von Zügen mit 500 Tonnen Anhängelast bei 20 Promille Steigung vor. Dies wurde von den Maschinen problemlos bewältigt. Vor schweren Zügen neigten die Loks auf Grund ihres Fahrwerks beim Anfahren leicht zum Schleudern. Ferner hatten sie wegen der Triebwerksdreiteilung und auftretender Torsionsschwingungen anfangs einen unruhigen Lauf. Erst nach dem Einbau von gefederten Großzahnrädern verbesserten sich die Laufeigenschaften und die Höchstgeschwindigkeit konnte von 45 auf 50 km/h angehoben werden.
1927 erhielten die Maschinen von der DRG die Betriebsnummern E 91 38-49. Inzwischen waren sie vermehrt auf Nebenstrecken und im Rangierdienst zu finden, da stärkere Loks ihre Nachfolge auf den Hauptstrecken angetreten hatten. Die Ausmusterung der E 91.3 begann 1934, zog sich zehn Jahre dahin und war erst 1943 mit der Abstellung der E 91 40 beendet. Die E 91 38, 45 und 47 fanden nach ihrer Ausmusterung noch als fahrbare Zugvorheizanlagen Verwendung. Keine blieb erhalten.

Foto: Slg. Koppisch, Archiv transpress

| Technische Daten: | |
|---|---|
| Baureihenbezeichnung: | E 91.3 (DRG) |
| Radsatzanordnung: | B+B+B |
| Stromsystem: | 16⅔ Hz, 15 kV |
| Vmax (km/h): | 50 (bei Anlieferung: 45) |
| Stundenleistung (kW): | 1.025 |
| Dauerleistung (kW): | 835 |
| Dienstmasse (t): | 101,7 |
| Größte Radsatzfahrmasse (t): | 17,2 |
| Länge über Puffer (mm): | 17.200 |
| Treibraddurchmesser (mm): | 1.350 |
| Indienststellung: | 1915-1922 |
| Verbleib: | ++ |

## E 92.7 (preuß. EG 571ab-579ab, DRG)

Bereits vor dem Ersten Weltkrieg beschlossen die Preußischen Staatsbahnen die Erprobung des Tatzlagerantriebs. Der Kriegsausbruch verhinderte jedoch zunächst dieses Vorhaben, das erst nach 1918 wieder aufgegriffen wurde. In den Jahren 1923/24 lieferten LHW (Fahrzeugteil) und Siemens (elektr. Teil) neun Co+Co-Doppellokomotiven für den Güterzugdienst auf den schlesischen Gebirgsstrecken ab. Sie erhielten die Betriebsnummern EG 571ab-579ab.
Jede Fahrzeughälfte besaß drei durch Tatzlagermotoren angetriebene Radsätze. Um eine gute Kurvenläufigkeit zur erreichen, erhielt der mittlere Treibradsatz 15 mm Seitenspiel und seine Räder waren spurkranzgeschwächt. Aus Gründen einer einfacheren und besseren Ersatzteilhaltung wurden dieselben Fahrmotoren verwendet, die schon bei den Triebwagen der späteren DRG-Baureihe ET 88 zum Einbau gelangten. Ihre Regelung erfolgte durch eine elektromagnetische Schützensteuerung mit 15 Dauerfahrstufen. In den langen Vorbauten waren die Transformatoren untergebracht. Je zwei Fahrzeughälften waren kurzgekuppelt und bildeten betrieblich eine Einheit.
Ab 1926/27 erhielten die Loks von der DRG die Betriebsnummern E 92 71-79. Die guten Laufeigenschaften der Maschinen konnten alle Bedenken gegenüber dem wartungsfreundlichen Tatzantrieb ausräumen, da weder der Oberbau durch Stöße geschädigt wurde noch eine Schleuderneigung beim Anfahren festzustellen war. Daher konnte ab 1930 die Höchstgeschwindigkeit problemlos auf 60 km/h erhöht werden, um einen Einsatz vor schnelleren Güterzügen und vor Reisezügen zu ermöglichen. Für den Reisezugdienst erhielten sie nachträglich eine elektrische Zugheizeinrichtung eingebaut. Ende 1944/Anfang 1945 verließ die komplette Baureihe Schlesien und fand in Mitteldeutschland beim Bw Leipzig-Wahren eine neue Heimat. Nur vier Maschinen überstand das Kriegsende betriebsfähig. Nach der Einstellung des mitteldeutschen elektrischen Betriebs im März 1946 brachten die sowjetischen Besatzer sieben Loks als Beutegut in die UdSSR. Während die E 92 72 dort verblieb, kehrten die sechs anderen im August 1952 in die DDR zurück. Sie blieben abgestellt und wurden bis Mitte der 1960er-Jahre verschrottet.

Foto: Slg. Koppisch, Archiv transpress

| Technische Daten: | |
|---|---|
| Baureihenbezeichnung: | E 92.7 (DRG) |
| Radsatzanordnung: | Co+Co |
| Stromsystem: | 16⅔ Hz, 15 kV |
| Vmax (km/h): | 60 (bis 1930: 50) |
| Stundenleistung (kW): | 1.404 |
| Dauerleistung (kW): | 1.080 |
| Dienstmasse (t): | 114,0 |
| Größte Radsatzfahrmasse (t): | 19,8 |
| Länge über Puffer (mm): | 17.282 |
| Treibraddurchmesser (mm): | 1.300 |
| Indienststellung: | 1923-1924 |
| Verbleib: | ++ |

## E 93 (DRG, DB), 193 (DB)

Die Elektrifizierung der Strecke Augsburg–Ulm–Stuttgart mit der Geislinger Steige Anfang der 1930er-Jahre war der Anlass zur Beschaffung neuer schwerer Güterzugloks. Nach den guten Erfahrungen mit den Prototypen der Baureihe E 44 lag es nahe, deren Konstruktionsprinzipien – laufradsatzlose kurzgekuppelte Drehgestelle, Brückenrahmen und Tatzlagerantrieb – auch an einer sechsachsigen Güterzuglok zu erproben.

Bei der Konstruktion der E 93 wurde großer Wert auf Kostenreduzierung gelegt. Gegenüber den Vorgängern konnte die elektrische Ausrüstung radikal vereinfacht werden und beim mechanischen Teil kam weitgehend Schweißtechnik zur Anwendung. Mit ihren halbhohen Vorbauten nach dem Vorbild von Schweizer Elloks bürgerte sich für die E 93 schnell der Beiname »Deutsches Krokodil« ein. Um einen guten Bogenlauf zu gewährleisten, mussten die dreiachsigen Drehgestelle sorgfältig ausgebildet werden. Die Spurkränze der mittleren Antriebsradsätze wurden um 10 mm geschwächt werden, um den Verschleiß an Schienen zu mindern. Ferner sollten Ausgleichshebel in Verbindung mit der Kurzkupplung zwischen den Drehgestellen die Entlastung der hinteren Radsätze beim Anfahren unterdrücken.

Foto: Estler

1933 lieferte AEG die zwei ersten Exemplare als E 93 01-02 an das Bw Kornwestheim. Sie erfüllten voll und ganz das vorgesehene Betriebsprogramm, das u.a. die Beförderung von 1.600-t-Zügen auf 5 ‰ Steigung mit 60 km/h vorsah. Über die Geislinger Steige konnten mit Schublok noch 1.200 Tonnen befördert werden. Erst 1935 folgten zwei weitere Maschinen (E 93 03-04). Mit auf 70 km/h heraufgesetzter Höchstgeschwindigkeit erschienen 1937 die E 93 05-13. Die letzten fünf Exemplare (E 93 14-18) wurden 1939 in Dienst gestellt, dann trat die verbesserte E 94 ihre Nachfolge an. Alle 18 Maschinen überstanden zum Teil beschädigt den Krieg, wurden wieder aufgearbeitet und waren ab September 1958 komplett beim Bw Kornwestheim beheimatet. Neben dem Schubdienst für die Geislinger Steige erledigten die E 93 (ab 1968: 193) vor allem Güterzugleistungen rund um den Stuttgarter »Kirchturm«. Als erste musste im Januar 1977 die 193 010 den Dienst quittieren. Mit der Ausmusterung der 193 004 und 006 im Januar 1985 war das Kapitel abgeschlossen. Neben der DB-Museumslok 193 007 blieben die 193 008 und 012 erhalten.

| Technische Daten: | |
|---|---|
| Baureihenbezeichnung: | E 93 |
| Radsatzanordnung: | Co'Co' |
| Stromsystem: | $16\frac{2}{3}$ Hz, 15 kV |
| Vmax (km/h): | 70 (E 93 01-04: 65) |
| Stundenleistung (kW): | 2.502 |
| Dauerleistung (kW): | 2.214 |
| Dienstmasse (t): | 117,6 (E 93 01-04: 117,2) |
| Größte Radsatzfahrmasse (t): | 19,7 (E 93 01-04: 19,6) |
| Länge über Puffer (mm): | 17.700 |
| Treibraddurchmesser (mm): | 1.250 |
| Indienststellung: | 1933-1939 |
| Verbleib: | E 93 07 (VMN, Kornwestheim), E 93 08 (Denkmal Neckarwestheim), E 93 12 (DGEG, Neustadt/Weinstraße) |

## E 94 (DRG, DB, DR), 194 (DB), 254 (DR)

Als Weiterentwicklung der E 93 ließ die DRG bei AEG ab Mitte der 1930er-Jahre die E 94 mit einer höheren Leistung und einer Höchstgeschwindigkeit von 90 km/h konzipieren. Schon im November 1937 wandelte die DRG eine Bestellung von elf E 93 in E 94 um. Sie sollten den Güterverkehr auf den Mittelgebirgsstrecken beschleunigen. Weiteres Leistungskriterium war nach dem 1938 vollzogenen »Anschluss« Österreichs die Bewältigung der elektrifizierten Alpenstrecken über den Arlberg und Brenner. Daher bestellte die DRG bis Mai 1939 nochmals 87 Maschinen. Die E 94 erhielten einen stärkeren Trafo, der im Zeichen der Kriegswirtschaft aus Aluminium bestand, stärkere Motoren und einen wuchtigen Dachaufbau, unter dem sich die Bremswiderstände verbargen. Insgesamt wurden die Loks rund eine Tonne schwerer und einen Meter länger als die Baureihe E 93. Mit ihren beiden, beweglichen Vorbauten ähnelten sie äußerlich sehr stark ihrer Vorgängerin und wurde mit ihrem charakteristischen Aussehen ebenfalls als »deutsches Krokodil« bezeichnet.

Als erste wurde im April 1940 von AEG die E 94 001 ausgeliefert. Zum strategischen Transportmittel erklärt durfte die E 94 als »Kriegs-Elektrolokomotive 2« (KEL 2) weitergebaut werden. Bis 1945 gab die DRG insgesamt 285 Maschinen in Auftrag, von denen bis Kriegsende nur 145 Loks (E 94 001-136 und 151-159) in Dienst gestellt werden konnten. Die Mehrzahl der E 94 baute AEG, daneben waren SSW und ELIN (elektr. Teil) sowie Krauss-Maffei und die Wiener Lokomotivfabrik Floridsdorf (mech. Teil) beteiligt. Auf Beschluss des Alliierten Kontrollrats mussten nach Kriegsende 44 Maschinen an Österreich abgegeben werden, die dort zusammen mit drei in Wien nach 1945 fertiggestellten Loks die spätere ÖBB-Baureihe 1020 bildeten.

In die Westzonen gelangten 68 Loks. Zwischen 1946 und 1953 kamen noch neun aus vorgefertigten Baugruppen komplettierte Maschinen (E 94 137-142, 145, 160-161) hinzu.

In Schlesien befanden sich bei Kriegsende 13 Maschinen, in Mitteldeutschland waren zwölf Loks betriebsfähig. Die schlesischen E 94 wurde mit einer Ausnahme noch 1945 in die UdSSR verschleppt, der größte Teil der mitteldeutschen E 94 folgte nach der zwangsweisen Einstellung des elektrischer Zugbetriebs Ende März 1946. In der UdSSR dienten die Maschinen als Versuchsobjekte für den Betrieb unter $16\frac{2}{3}$ Hz/15 kV auf der Strecke Kotlas–Workuta im Petschoragebiet am nördlichen Polarkreis. 1952 erhielt die DR insgesamt 27 Maschinen zurück. Vier E 94 (042, 046, 054 und 055) verkaufte die DR 1953/54 an die DB, welche sie bis November 1954 wieder instandsetzte.

Obwohl der Bau der neu entwickelten Reihe E 50 bereits beschlossen war, bestellte die DB 1953/54 auf Grund des dringenden Ellokbedarfs noch einmal 43 E 94, an deren Bau erstmals auch BBC, Henschel und Krupp beteiligt waren. 24 Exemplare aus dieser Serie erhielten neue, stärkere Motoren von Siemens, einen leistungsfähigeren Transformator und wurden als E 94 262-285 eingereiht. Diese Verbesserungen waren zuvor in den E 94 141 und 142 erprobt worden, welche daneben eine BBC-Hochspannungssteuerung mit 28 Dauerfahrstufen erhalten hatten. Mit einer Hochspannungssteuerung von SSW wurden die E 94 270 und 271 ausgerüstet. Normalerweise erfolgte die Regelung der Fahrmotoren bei der E 94 durch ein manuell zu betätigendes Nockenschaltwerk mit Kollektor-Feinregler, Zusatztransformator, Stromteiler und 18 Dauerfahrstufen. EDV-gerecht erhielten die Maschinen 1968 die Baureihenbezeichnung 194. Die 194 141-142 und 262-285 wurden 1970 für eine Höchstgeschwindigkeit von 100 km/h zugelassen und dann als Baureihe 194.5 geführt. Ab Herbst 1984 begannen sich die Reihen der 194 verstärkt zu lichten. Ende Mai 1988 endete der Planeinsatz und schon am 28. Juni 1988 waren die letzten »Krokodile« ausgemustert.

Nach der Wiederaufnahme des elektrischen Betriebs in der DDR ließ die DR zwischen 1956 und 1960 aus »Rückkehrern« und Schadlokomotiven insgesamt 23 E 94 wiederaufarbeiten. Ab 1970 erhielten sie die EDV-gerechte Baureihenbezeichnung 254. Erst nach Wende wurden im August 1990 die letzten sieben Exemplare abgestellt.

Diverse »Krokodile« blieben in Ost und West erhalten. Als betriebsfähige Museumslokomotiven fungieren die E 94 158, 192 und 279, während weitere Krokodile (E 94 051, 052 und 280) bei privaten Verkehrsunternehmen im Einsatz stehen.

| Technische Daten: | | |
|---|---|---|
| Baureihenbezeichnung: | E 94 (DRG) | E 94.2 (DB) |
| Radsatzanordnung: | Co'Co' | Co'Co' |
| Stromsystem: | $16\frac{2}{3}$ Hz, 15 kV | $16\frac{2}{3}$ Hz, 15 kV |
| Vmax (km/h): | 90 | 100 (bis 1972: 90) |
| Stundenleistung (kW): | 3.300 | 4.680 |
| Dauerleistung (kW): | 3.000 | 4.440 |
| Dienstmasse (t): | 118,7 | 123,0 |
| Größte Radsatzfahrmasse (t): | 20 | 20 |
| Länge über Puffer (mm): | 18.600 | 18.600 |
| Treibraddurchmesser (mm): | 1.250 | 1.250 |
| Indienststellung: | 1940-1956 | 1954-1956 |
| Verbleib: | u.a. E 94 056 (VMN, Leipzig Hbf), 080 (DGEG, Bochum-Dahlhausen), 106 (privat, TEV Weimar) | u.a. E 94 279 (VMN, Kornwestheim) |

*Foto: Estler*

## E 95 (DRG, DR)

Anfang der 1920er-Jahre plante die DRG die Elektrifizierung der Strecke Brockau-Breslau-Liegnitz-Kohlfurt-Görlitz, welche vorwiegend zur Abfuhr der oberschlesischen Kohle Richtung Berlin und Dresden diente. Für diese krümmungsreiche Hügellandstrecke war die Beschaffung leistungsstarker Elektroloks vorgesehen. 1924 schrieb die DRG eine Ellok mit sechs angetriebenen Radsätzen aus, die mit Rücksicht auf die kurzen Revisionsstände älterer Werkstätten eine zweiteiligen Lokkasten erhalten sollten. Die höheren Kosten durch doppelt vorhandene Transformatoren und Steuerungen wurden dabei in Kauf genommen. Nach einer Vielzahl von Entwürfen fiel die Entscheidung auf Initiative der AEG zugunsten einzeln angetriebener Radsätze mit Tatzlagermotoren. Die DRG erteilte schließlich den Auftrag zum Bau von sechs 1'Co+Co1'-Maschinen der Baureihe E 95. Den mechanischen Teil lieferte komplett AEG, während die elektrische Ausrüstung zu gleichen Teilen von AEG (E 95 01-03) sowie den Siemens-Schuckert-Werken (E 95 04-06) kam.

Die E 95 waren damals die teuersten aber auch leistungsfähigsten Elloks der DRG. Ferner können sie sich mit dem Prädikat der längsten deutschen Ellok schmücken. Jede Lokhälfte besaß drei fest gelagerte, angetriebene Radsätze und einen Laufradsatz, der in einem Bisselgestell ruhte. Beide Lokhälften waren durch eine Kurzkupplung mit Stoßpuffern und eine Kupplung mit Vertikalgelenk verbunden. Ein Führerstand befand sich in der Mitte einer jeden Lokhälfte. Die dachhohen schmalen Vorbauten vor jedem Führerstand nahmen den Haupttransformator und die Steuerung auf, welche als elektromagnetische Schützensteuerung mit 25 Dauerfahrstufen ausgebildet war.

Da aus Geldknappheit von der Elektrifizierung der Strecke Breslau-Liegnitz-Görlitz Abstand genommen werden musste, kamen die E 95 nach ihrer Anlieferung 1927/28 auf die schlesische Gebirgsbahn. Dort erlebten die Maschinen auch das Ende des Zweiten Weltkriegs. Alle sechs wurden 1945/46 als Reparationsleistung in die UdSSR abtransportiert. Von dort kehrten die Loks 1952 in die DDR zurück. 1959 ließ die DR die E 95 01-03 für den schweren Kohleverkehr wiederaufarbeiten. Die letzte Stunde der E 95 schlug 1969/70. Während die E 95 01 und 03 verschrottet wurden, diente die E 95 02 bis 1978 als Weichenheizlok in Halle Hbf. Als Museumslok des Verkehrsmuseums Dresden ist sie heute äußerlich aufgearbeitet im Betriebshof Halle P zu bewundern.

*Foto: Bellingrodt, Slg. Kleine, Archiv transpress*

| Technische Daten: | |
|---|---|
| Baureihenbezeichnung: | E 95 (DRG) |
| Radsatzanordnung: | 1'Co+Co1' |
| Stromsystem: | $16^2/_3$ Hz, 15 kV |
| Vmax (km/h): | 70 |
| Stundenleistung (kW): | 2.778 |
| Dauerleistung (kW): | 2.418 |
| Dienstmasse (t): | 138,5 |
| Größte Radsatzfahrmasse (t): | 19,8 |
| Länge über Puffer (mm): | 20.900 |
| Treibraddurchmesser (mm): | 1.400 |
| Laufraddurchmesser (mm): | 850 |
| Indienststellung: | 1927-1928 |
| Verbleib: | E 95 02 (VMD, Halle P) |

## E 170 (DRG, DB)

Die Bayerische Staatsbahn hatte schon 1908/09 die mit 1.000 Volt Gleichstrom elektrifizierten Lokalbahnen Berchtesgaden-Reichsgrenze(-Salzburg) und Berchtesgaden-Königssee in Betrieb genommen. Für den Verkehr standen anfangs nur Personen- und Gepäcktriebwagen zur Verfügung. Der nach der Inflation zunehmende Güterverkehr veranlasste Mitte der 1920er-Jahre die DRG, erstmals eine Lokomotive zu beschaffen. Fündig wurde sie bei der Spandauer Hafenbahn und konnte von dort eine vierachsige Gleichstromlok übernehmen. Sie erhielt 1926/27 die Betriebsnummer E 170 01.

Gebaut worden war die Maschine bereits 1913 von Borsig (mech. Teil) und SSW (elektr. Teil). Ihr Laufwerk bestand aus zwei Außenrahmen-Drehgestellen mit jeweils zwei durch Tatzlagermotoren angetrieben Radsätzen. Die Regelung der vier eigenbelüfteten Gleichstrom-Reihenschlussmotoren erfolgte durch eine Fahrschaltersteuerung. Auf dem kräftigen Hauptrahmen ruhte der Lokkasten mit Mittelführerstand und zwei abnehmbaren Vorbauhauben, unter denen sich die elektrische Ausrüstung verbarg. Beide Vorbauten waren kürzer und schmaler als der Rahmen. Auf dem Dach thronte ein Scherenstromabnehmer der Sonderbauart zunächst mit drei, später nur noch mit zwei Schleifstücken.

Zwischen Berchtesgaden und der Reichsgrenze musste am 2. Oktober 1938 der Betrieb wegen dem Bau des Führerhauptquartiers eingestellt werden. Den Gleichstrom-Inselbetrieb auf der Königsseebahn stellte die DRG 1942 auf das normale Wechselstromsystem mit 15 kV/16⅔ Hz um. Die E 170 01 wurde 1944/45 in eine Akkulok umgebaut. Rahmen und Vorbauten mussten verstärkt werden. Die Stromversorgung stellten nun Bleibatterien mit 270 Zellen sicher. Nach Ende des Zweiten Weltkriegs kam die E 170 01 in den Bestand der DB, welche sie meistens als Verschublok in Berchtesgaden Hbf benutzte. Sie war bis 1959 in Betrieb und wurde bald nach ihrer Ausmusterung zerlegt.

*Foto: Maey, S'g. Kleine, Archiv transpress*

| Technische Daten: | |
|---|---|
| Baureihenbezeichnung: | E 170 (DRG) |
| Radsatzanordnung: | Bo'Bo' |
| Stromsystem: | 1.000 V= |
| Vmax (km/h): | 25 |
| Stundenleistung (kW): | 320 |
| Dauerleistung (kW): | 265 |
| Dienstmasse (t): | 42,0 |
| Größte Radsatzfahrmasse (t): | 10,5 |
| Länge über Puffer (mm): | 10.000 |
| Treibraddurchmesser (mm): | 950 |
| Indienststellung: | 1913 |
| Verbleib: | ++ |

## E 176 (DRG, DR)

Für den Rangier- und Hilfsdienst auf den Gleisanlagen der mit 750 Volt Gleichstrom (Stromschiene) elektrifizierten Berliner S-Bahn beschaffte die DRG 1933 von AEG eine zweiachsige Gleichstromlok. Ihre Stromversorgung erfolgte wahlweise über die Stromschiene oder beim Befahren von stromlosen Gleisen durch Akkumulatoren. Eine selbsttätige Nachladeeinrichtung gewährleistete das Nachladen der Akkumulatoren während des Stromschienenbetriebs. 1940 erhielt diese Maschine von der DRG die Betriebsnummer E 176 11. Zwei weitere, nahezu baugleiche Maschinen lieferte AEG 1942, welche von der DRG als E 176 01 und 02 eingereiht wurden. Diese beiden gingen im Zweiten Weltkrieg verloren, während die E 176 11 nach Kriegsende in den Bestand der DR gelangte. 1966 ließ die DR die E 176 11 generalüberholen. Dabei wurde der elektrische Teil komplett erneuert und den Berliner S-Bahnzügen angeglichen. Bis heute wird sie als Werklok im Raw Schöneweide eingesetzt.

Als Antrieb dienten zwei eigenbelüftete, ständig in Serie geschaltete Gleichstrom-Reihenschlussmotoren, welche über Tatzlager auf die beiden Antriebsradsätze wirkten. Die Regelung der Motoren erfolgte durch einen handbetätigten Fahrschalter mit 13 Nockenschaltern sowie zwölf (nach Umbau: elf) Anfahrstufen und einer Dauerfahrstufe. Der kräftige Außenrahmen war durch Querträger und Stirnwandplatten versteift und trug neben den normalen Zug- und Stoßeinrichtungen auch die S-Bahnübliche Scharfenbergkupplung. Auf dem Rahmen ruhte der Lokomotivkasten mit Mittelführerstand und zwei Vorbauten, unter denen die elektrische Ausrüstung und die Akkumulatoren untergebracht waren. Die Stromversorgung über Stromschiene erfolgte durch vier manuell zu betätigende seitliche Stromabnehmer.

*Von A.Savin - Eigenes Werk, FAL, https://commons.wikimedia.org/w/index.php?curid=135882283*

| Technische Daten: | | | |
|---|---|---|---|
| Baureihenbezeichnung: | E 176 01-02 (DRG) | E 176 11 (DRG) | E 176 11 (Reko DR) |
| Radsatzanordnung: | Bo | Bo | Bo |
| Stromsystem: | 750 V= | 750 V= | 750 V= |
| Vmax (km/h): | 60 | 50 | 60 |
| Stundenleistung (kW): | 216 | 220 | 180 |
| Dauerleistung (kW): | 156 | 154 | |
| Dienstmasse (t): | 31,8 | 29,1 | 30,7 |
| Größte Radsatzfahrmasse (t): | 15,9 | 14,6 | 15,4 |
| Länge über Puffer (mm): | 7.000 | 7.000 | 7.600 |
| Treibraddurchmesser (mm): | 900 | 900 | 900 |
| Indienststellung: | 1942 | 1933 | Umbau 1966 |
| Verbleib: | ++ | Umbau | S-Bahn Berlin |

## E 178 (DRG)

»Große Projekte erfordern unkonventionelle Lösungen«, so könnte man die Entstehungsgeschichte der E 178 01 beschreiben. Bereits Mitte der 1920er-Jahre gab es Planungen, den Fernverkehr in Berlin neu zu ordnen. Im Norden und im Süden der Stadt sollte jeweils ein großer Fernbahnhof angelegt und durch eine Tunnelstrecke verbunden werden. Zur Beförderung oder Überführung der Reisezüge einschließlich der (Dampf-)Lokomotiven durch die Tunnelstrecke waren Elektroloks vorgesehen, die gleichzeitig die Wagen vorzuheizen hatten. Der elektrische Betrieb im Tunnel sollte wie bei der S-Bahn mit seitlicher Stromschiene und 750 Volt Gleichstrom erfolgen. Für dieses Vorhaben wurden sechs Loks bestellt. Die Weltwirtschaftskrise verhinderte jedoch die Ausführung der hochfliegenden Pläne. Daher stornierte die DRG fünf der georderten Loks und ließ nur noch bis Anfang 1929 die E 178 01 bei LHW (Fahrzeugteil) und SSW (elektr. Teil) fertig stellen.

Foto: Maey, Slg. Kleine, Archiv transpress

Bei der E 178 01 handelte es sich um eine kurzgekuppelte Doppellok. Jede Lokhälfte trug einen großen Dampfkessel, welcher der Maschine ihr charakteristisches Aussehen verlieh. Die Dampfkessel waren feuerlos und sollten über stationäre Kesselanlagen gespeist werden. Am Kurzkuppelende der vorderen Hälfte befand sich das Führerhaus mit diagonal angeordneten Führertischen, an der hinteren Hälfte an gleicher Stelle die Schützenkammer. An den Stirnseiten waren niedrige Vorbauten für Luftverdichter und Hauptluftbehälter angebracht. Jede Lokhälfte besaß einen vorderen Laufradsatz und zwei einzelne, durch Tatzlagermotoren angetriebene Radsätze, die alle fest im Rahmen gelagert waren. Zur besseren Kurvenläufigkeit waren die Spurkränze des jeweils ersten Antriebsradsatzes um 15 mm geschwächt. Die Regelung der vier Gleichstrom-Reihenschlussmotoren erfolgte durch eine elektropneumatische Schützensteuerung mit 22 Anfahr- und vier Dauerfahrstufen. Da ihr eigentlicher Verwendungszweck nicht realisiert werden konnte, nutzte die DRG die E 178 01 in der Folge im Rangierdienst bei den S-Bahnbetriebswerken Friedrichsfelde und Papestraße. Hierfür rüstete man die Maschine mit Scharfenbergkupplungen nach. Im Zweiten Weltkrieg wurde die Lok bei einem Luftangriff auf das RAW Schöneweide schwer beschädigt und ihre Reste bald darauf verschrottet.

| Technische Daten: | |
|---|---|
| Baureihenbezeichnung: | E 178 (DRG) |
| Radsatzanordnung: | 1Bo+Bo1 |
| Stromsystem: | 750 V= |
| Vmax (km/h): | 80 |
| Stundenleistung (kW): | 850 |
| Dauerleistung (kW): | 570 |
| Dienstmasse (t): | 98,6 |
| Größte Radsatzfahrmasse (t): | |
| Länge über Puffer (mm): | 17.500 |
| Treibraddurchmesser (mm): | 1.000 |
| Laufraddurchmesser (mm): | 1.000 |
| Indienststellung: | 1929 |
| Verbleib: | ++ |

## E 191 (sächs. IME, DRG, DR)

Für den Güterverkehr auf der seit dem 14. Mai 1917 mit 650 Volt Gleichstrom elektrisch betriebenen, 4,96 km langen Meterspurstrecke von Klingenthal nach Sachsenberg-Georgenthal beschaffte die sächsische Staatsbahn zwei vierachsige Elloks als IME 1 und 2. Von der Sächsischen Maschinenfabrik (mech. Teil) und Siemens (elektr. Teil) gebaut, standen beide Maschinen bei der Betriebsaufnahme zur Verfügung. Ihr Laufwerk bildeten zwei Außenrahmen-Triebdrehgestelle mit Mittelpufferkupplung und Bahn- bzw. Schneeräumer. Den jeweils innenliegenden Radsatz eines Drehgestells trieb ein Tatzlagermotor an. Dieser war mit dem äußeren Radsatz durch Kuppelstangen und Hallsche Kurbeln verbunden. Zur Regelung der Fahrmotoren dienten zwei parallel geschaltete, handbediente Schaltwalzen mit zehn Anfahr- und zwei Dauerfahrstufen. Auf dem Hauptrahmen saßen der Lokomotivkasten mit dem Mittelführerstand und zwei Vorbauten, unter denen die elektrische Ausrüstung ihren Platz hatte. Die Stromversorgung erfolgte durch eine Scherenstromabnehmer mit anfangs drei, später zwei Schleifstücken.

Nach dem Ersten Weltkrieg kamen beide Maschinen in den Bestand der DRG, behielten aber ihre sächsischen Betriebsnummern. Erst 1950 zeichnete sie die DR analog dem DRG-Schema in E 191 01 und 02 um. Bis zur Stilllegung ihrer Stammstrecke am 4. April 1964 beförderten die E 191 unermüdlich die anfallenden Güterzüge. Versuche, sie zu verkaufen, blieben erfolglos. Daher wurden die beiden Einzelstücke bis zum Jahresende 1967 im Raw Dessau zerlegt.

Foto: Hubert, Slg. Kleine, Archiv transpress

| Technische Daten: | |
|---|---|
| Baureihenbezeichnung: | E 191 (DR) |
| Spurweite (mm): | 1.000 |
| Radsatzanordnung: | B'B' |
| Stromsystem: | 650 V= |
| Vmax (km/h): | 20 |
| Stundenleistung (kW): | 150 |
| Dauerleistung (kW): | 130 |
| Dienstmasse (t): | 30 |
| Größte Radsatzfahrmasse (t): | 7,5 |
| Länge über Puffer (mm): | 9.275 |
| Treibraddurchmesser (mm): | 1.000 |
| Indienststellung: | 1917 |
| Verbleib: | ++ |

*Fotos: Bellingrodt, Slg. Kleine, Archiv transpress*

## E 244 (DRG, DB)

Die 35 km lange Höllentalbahn Freiburg–Neustadt/Schwarzwald erforderte wegen ihrer starken Steigungen von bis zu 55 ‰ schon immer besondere Triebfahrzeuge. Bis 1933 war zwischen Hirschsprung und Hinterzarten noch eine Zahnstange nötig. Mit der Anlieferung der leistungsfähigen Tenderloks der Baureihe 85 konnte die Strecke vollständig auf Reibungsbetrieb umgestellt werden. Mitte der 1930er-Jahre entschloss sich die DRG, die Höllentalbahn und die 19 km lange Dreiseenbahn Titisee-Seebrugg zu elektrifizieren. Um Versuchsergebnisse mit anderen Stromsystemen zu gewinnen, kam Einphasenwechselstrom mit 20 kV und 50 Hz zur Anwendung. Am 18. Juni 1936 konnte der elektrische Zugbetrieb aufgenommen werden. Dafür beschaffte die DRG von verschiedenen Herstellern vier recht unterschiedliche Elloks als E 244 01 (AEG), 11 (Krauss-Maffei/BBC), 21 (Krauss-Maffei/SSW) und 31 (Krupp). Der Dampflokbetrieb konnte aber nicht aufgegeben werden, da die vier Maschinen für den Verkehr der beiden Strecken bei weitem nicht ausreichten. Nach dem Zweiten Weltkrieg gehörten die beiden Strecken zur französischen Besatzungszone. Da die Franzosen an den Ergebnissen mit den 50-Hz-Elloks der Höllentalbahn sehr interessiert waren, wurden auf Anweisung der Besatzungsmacht zwei weitere Elektro-Triebfahrzeuge auf 20 kV/50 Hz umgebaut. Aus den Überresten der kriegsbeschädigten E 44 005 entstand bis 1950 die E 244 22 (SWDE/AEG), aus dem Gerippe des ET 25 026a/b im selben Jahr der ET 255 01a/b.

Da die ersten vier Loks Versuchsausführungen darstellten, ließen die Vorgaben der DRG weitreichenden Gestaltungsspielraum. Gefordert war u.a. ein Fahrzeugaufbau ähnlich den E 44 und E 44.5. Für die E 244 01 wählte AEG den Aufbau der Reihe E 44.5, die anderen drei Loks sowie die E 244 22 glichen der E 44. Die unterschiedlichen elektrischen Anlagen hatten aber andere Lüftergitteranordnungen, höhere Dachaufbauten und z.T. leicht abweichende Gesamtlängen gegenüber der E 44 zur Folge. Das Leistungsprogramm sah die Beförderung von 180 Tonnen schweren Zügen auf der 55,5-Promille-Steigung mit 60 km/h vor. Vorgeschrieben war auch der Tatzantrieb. Fahrmotoren, Transformatoren, Schaltung, Steuerung und elektrische Bremse waren herstellerspezifisch. Folgende Motoren und Steuerung wurden verwendet:

E 244 01: vier Gleichstrom-Reihenschlussmotoren und Gittersteuerung mit Drehregler (7 Dauerfahrstufen)

E 244 11: vier Gleichstrom-Reihenschlussmotoren und Stufenschalter mit Überlastschutz (28 Dauerfahrstufen)

E 244 21: 2 x vier Wechselstrom-Reihenschlussmotoren und Nockenschaltwerk mit Feinsteller (14 Dauerfahrstufen)

E 244 22: vier modifizierte Wechselstrom-Reihenschlussmotoren (Tandemmotoren) und Wander-Nockenschaltwerk mit Feinsteller (15 Dauerfahrstufen)

E 244 31: je vier Einphasen- und Drehstrom-Asynchronmotoren sowie Nockenschaltwerk (3 Dauerfahrstufen)

Auf Grund ihrer Ausstattung mit Gleichstrommotoren besaßen die E 244 01 und 11 Quecksilberdampf-Gleichrichter, wie sie auch schon von der Baureihe E 80 her bekannt waren. Mit Ausnahme der E 244 31 waren die Maschinen mit einer Gleichstrom-Widerstandsbremse ausgerüstet. Die E 244 31 hingegen besaß eine elektrische Nutzbremse, die beim Abbremsen Strom wieder in die Fahrleitung zurückspeiste.

Alle fünf E 244 bewährten sich nach anfänglichen Kinderkrankheiten durchaus, auch wenn sie durch die Anfälligkeit bestimmter Bauteile und oft schwierige Ersatzteilbeschaffung häufig für den Betrieb nicht zur Verfügung standen. Als der Fahrdraht mit normalem Stromsystem Freiburg erreichte, beschloss die DB, auch die Höllental- und die Dreiseenbahn auf die übliche Fahrdrahtspannung von 15 kV und $16\frac{2}{3}$ Hz umzustellen. Der Wechsel wurde am 20. Mai 1960 vollzogen. Damit waren die fünf E 244 arbeitslos. Doch einigen winkte noch eine zweite Karriere. Nur die E 244 01 wurde verschrottet. Die E 244 11 und 22 wurden für den Betrieb unter dem normalen Stromsystem umgebaut und kamen 1963 als E 44 188 bzw. 1965 als E 44 189 wieder zum Einsatz. Die Fahrmotoren der E 244 22 fanden weitere Verwendung in der E 344 01, deren Rahmen und Drehgestelle von E 244 21 stammten. Die beiden in E 44 umgebauten Loks leisteten der DB noch lange Jahre treue Dienste. Ihre Ausmusterung erfolgte erst 1982 (144 188 ex E 244 11) bzw. 1983 (144 189 ex E 244 22).

Die technisch interessante E 244 31 blieb als Museumslok erhalten. Einen Radsatz mitsamt Antrieb baute man aus, stellte ihn dem Verkehrsmuseum Nürnberg zur Verfügung und ersetzte ihn durch einen Laufradsatz. Die Lok fand zunächst im Deutschem Museum München eine Bleibe. Später gelangte sie im Tausch gegen die V 140 001 zur Universität Karlsruhe. Über ein Zwischenspiel bei der DGEG in Neustadt/Weinstraße wurde die E 244 31 bis 2013 der »Historischen Eisenbahn Mannheim« als Leihgabe überlassen.

**Technische Daten:**

| Baureihenbezeichnung: | E 244 01 (DRG) | E 244 11 (DRG) | E 244 21 (DRG) | E 244 22 (DB) | E 244 31 (DRG) |
|---|---|---|---|---|---|
| Radsatzanordnung: | Bo'Bo' | Bo'Bo' | Bo'Bo' | Bo'Bo' | Bo'Bo' |
| Stromsystem: | 50 Hz, 20 kV | 50 Hz, 20 kV | 50 Hz, 20 kV | 50 Hz, 20 kV | 50 Hz, 20 kV |
| Vmax (km/h): | 85 | 85 | 85 | 80 | 83,5 |
| Stundenleistung (kW): | 2.000 | 2.400 | 2.060 | 2.600 | 2.020 |
| Dauerleistung (kW): | 1.720 | 2.340 | 1.940 | 2.460 | 1.960 |
| Dienstmasse (t): | 85,0 | 84,6 | 84,8 | 84,0 | 83,0 |
| Größte Radsatzfahrmasse (t): | 21,7 | 21,5 | 21,2 | 21,0 | 20,8 |
| Länge über Puffer (mm): | 14.300 | 15.290 | 16.440 | 15.290 | 15.080 |
| Treibraddurchmesser (mm): | 1.250 | 1.250 | 1.250 | 1.250 | 1.250 |
| Indienststellung: | 1936 | 1936 | 1936 | 1950 | 1936 |
| Verbleib: | ++ | Umbau in E 44 188 | Umbau in E 344 01 | Umbau in E 44 189 | E 244 31 (Uni Karlsruhe, Historische Eisenbahn Mannheim) |

## E 251, 251 (DR), 171 (DB AG)

Für die Rübelandbahn von Blankenburg nach Königshütte mit ihren Steigungen von bis zu 60 ‰ brachte das 1958 beschlossene »Chemieprogramm der DDR« einen erheblichen Anstieg der Beförderungsleistungen mit sich, da die Nachfrage nach Kalk enorm zunahm. Mit den eingesetzten Dampfloks der Baureihen 95.0 (preuß. T 20) und 95.66 (ex HBE »Tierklasse«) ließ sich die Durchlassfähigkeit der steilen Strecke nicht mehr steigern. Entsprechende leistungsstarke Dieselloks standen auch nicht zur Verfügung. Aus Kostengründen schied eine Elektrifizierung mit dem normalen Stromsystem (15 kV / $16^2/_3$ Hz) aus, da dies eine eigene Bahnstromversorgung erforderte. Erfolgversprechend und kostengünstig erschien aber eine Elektrifizierung bei Energieversorgung aus dem Landesnetz mit der dort üblichen Frequenz von 50 Hz. Daher wurde die Inselstrecke ab März 1963 mit 25 kV und 50 Hz elektrifiziert.
Schon 1961 hatte der VEB Lokomotivbau - Elektrotechnische Werke »Hans Beimler« (LEW) in Hennigsdorf auf eigenes Risiko zwei 50-Hz-Versuchslokomotiven (LEW I und II) gebaut. Aufbauend auf den Erfahrungen mit diesen Musterloks bestellte die DR bei LEW 15 sechsachsige Lokomotiven mit einer Leistung von 3.660 kW als E 251 001-015. Lokkasten und Oberrahmen wurden als Schweißkonstruktion gefertigt. Jedes Drehgestell besaß drei einzeln angetriebene Radsätze mit unsymmetrischem Radsatzabstand. Die Leistungsübertragung von den Gleichstrommotoren erfolgte durch einen Tatzantrieb. Zwei Silizium-Gleichrichter stellten die Stromversorgung der Fahrmotoren sicher. Die Steuerung übernahm ein Hochspannungs-Schaltwerk mit 34 Dauerfahrstufen. Speziell für den Steilstreckeneinsatz erhielten die Loks eine elektrische Widerstandsbremse.

*Foto: Estler*

| Technische Daten: | |
|---|---|
| Baureihenbezeichnung: | E 251 (DR) |
| Radsatzanordnung: | Co'Co' |
| Stromsystem: | 50 Hz, 20 kV |
| Vmax (km/h): | 80 |
| Stundenleistung (kW): | 3.660 |
| Dauerleistung (kW): | 3.300 |
| Dienstmasse (t): | 126,0 |
| Größte Radsatzfahrmasse (t): | 21,0 |
| Länge über Puffer (mm): | 18.640 |
| Treibraddurchmesser (mm): | 1.350 |
| Indienststellung: | 1965 |
| Verbleib (DB-Museum): | 251 001, 002, 012 |

Alle 15 Maschinen wurden 1965 ausgeliefert. Ab August 1966 bestritten sie den Gesamtverkehr auf der Rübelandbahn. Bei der EDV-gerechten Umzeichnung 1970 entfiel nur das »E«, dafür kam die Kontrollziffer dazu. 1992 wurden alle in die Baureihe 171 umgezeichnet. Die unter Denkmalschutz stehenden 171 001 und 002 erhielten 1999 wieder die klassische grüne DR-Lackierung. Mitte Dezember 2004 endete der Einsatz der Reihe 171 auf der Rübelandbahn. Vier Maschinen (171 006, 007, 010 und 015) wurden in den Jahren zuvor schon als Ersatzteilspender abgestellt und anschließend verschrottet. Im April 2005 wurden acht Loks im Schuppen des ehemaligen Bw Zwickau untergestellt, wo sie bessere Zeiten warteten. 2010 wurden sie allerdings an einen Schrotthändler verkauft. Drei Exemplare bleiben beim DB Museum der Nachwelt erhalten. 171 001 und 002 befinden sich in Wittenberg bzw. Blankenburg. Die E 251 012 ist in Weimar untergekommen.

## 230 (DR), 180 (DB AG)

Nach der Elektrifizierung der Elbtalstrecke von Dresden nach Bad Schandau und Schöna im Jahr 1976 bestand zum elektrischen Netz der tschechoslowakischen Staatsbahn (ČSD) nur noch eine kurze Fahrdrahtlücke. Diese konnte gut zehn Jahre später geschlossen werden, nachdem sich beide Bahnverwaltungen auf den Betrieb mit Zweisystemloks geeinigt hatten. Im Gegensatz zur DR betrieb die ČSD ihre anschließende Strecke mit 3.000 Volt Gleichstrom. DR und ČSD beauftragten Škoda mit der Konstruktion eines gemeinsamen Loktyps. Beim mechanischen Teil griff Škoda auf die bewährten Konstruktionen der ČSD-Baureihen 69E, 70E und 71E zurück. Dabei übertrug eine Pendelkonstruktion das Gewicht des geschweißten Lokkastens auf die ebenfalls geschweißten Drehgestellrahmen. Die zweistufige Federung übernahmen Schraubenfedern und hydraulische Schwingungsdämpfer. Die Radsätze wurden durch einen Gestellmotor und Gelenkwelle angetrieben. Zur Regelung der Motorspannung diente eine Gleichstrom-Widerstandssteuerung mit elektromagnetischen Schützen. Bei Gleichstrombetrieb erfolgte die Stromversorgung der Fahrmotoren direkt, bei Wechselstrombetrieb über Haupttransformator, Gleichrichter und Glättungsdrosseln.
1988 lieferte Škoda an jede Bahnverwaltung einen Prototyp ab (DR: 230 001, ČSD: 372 001). Die ausgiebigen Versuchsfahrten verliefen zufriedenstellend, so dass sich für die Serienausführung nur wenige Änderungen ergaben. Lediglich die Fahrsteuerung der Baureihe 243 sollte bei den Serienloks zur Anwendung kommen. Diese konnten 1991 zu D-Mark-Konditionen als 230 002-020 beim Bw Dresden in Dienst gestellt werden. Seitdem sind die 230 (ab 1992: 180) zusammen mit ihren tschechischen Schwestern auf der Elbstrecke unterwegs. Seit dem 31. Mai 1992 laufen die auch »Knödelpressen« genannten Maschinen zusätzlich zwischen Berlin und Rzepin (Reppen, Polen). Versuche, die maximal zulässige Geschwindigkeit auf 160 km/h zu erhöhen, wurden bald wieder eingestellt. Umgebaut auf 160 km/h wurde nur die 180 001, die 2003 als Ausgleich für eine verunfallte ČD-372 an die Tschechische Bahn abgegeben wurde. Inzwischen sind alle Lokomotiven aus dem Bestand der Deutschen Bahn verschwunden. 14 Lokomotiven wurden vom Gleisbauunternehmen TSS Cargo a.s. in Ostrava-Přívoz erworben und sollten an private Bahnen weitergereicht werden. Dafür wurden mehrere Loks umfassend aufgearbeitet. Nach einigen wenigen Einsätzen wurden die Loks aber abgestellt. Die 180 014 gehört dem DB-Museum und bereichert seit Mai 2007 den Bestand des Thüringer Eisenbahnvereins in Weimar.

| Technische Daten: | |
|---|---|
| Baureihenbezeichnung: | 230 (DR) |
| Radsatzanordnung: | Bo'Bo' |
| Stromsystem: | $16^2/_3$ Hz / 15 kV und 3 kV= |
| Vmax (km/h): | 120 |
| Stundenleistung (kW): | 3.260 |
| Dauerleistung (kW): | 3.080 |
| Dienstmasse (t): | 84,0 |
| Größte Radsatzfahrmasse (t): | 21 |
| Länge über Puffer (mm): | 16.800 |
| Treibraddurchmesser (mm): | 1.250 |
| Indienststellung: | 1988-1991 |
| Verbleib (DB-Museum): | 230 014 |

*Foto: Dostal*

## E 310, E 410, 181.0, 181.1, 184.0, 184.1 (DB)

Mitte der 1960er-Jahre erreichte der Fahrdraht auch in Trier und Aachen die Grenzen der BRD. Um die Betriebsabläufe an den Landesgrenzen zu vereinfachen, entschloss sich die DB zum Bau von Mehrsystem-Elloks. Für den Betrieb unter den Stromsystemen von DB, SNCB (Belgien), SNCF (Frankreich) und NS (Niederlande) wurden fünf Viersystemloks als Baureihe E 410 in Auftrag gegeben. Die ersten drei dieser »Europaloks« (E 410 001-003) wurden von AEG, die beiden anderen (E 410 011-012) von BBC ausgerüstet. Für den Einsatz zwischen Saarbrücken und Metz bestellte die DB bei Krupp und AEG vier Zweifrequenzloks (E 310).
Krupp wandte sich vom ganzteiligen Lokomotivkasten ab und ersetzte ihn durch einen Brückenrahmen, der an seinen Enden die Führerhäuser trug. Der Maschinenraum wurde von drei mit dem Rahmen verschraubten, einzeln abnehmbaren Leichtmetallhauben abgedeckt. Die Leistungsübertragung der für 150 km/h ausgelegten Maschinen erfolgte durch einen Gummiring-Kardanantrieb. Erstmals kam serienmäßig eine Thyristorsteuerung bei der DB zur Anwendung. Bei Betrieb unter Gleichstrom wurden die E 410 001-003 über Wechselrichter, die BBC-Maschinen E 410 011-012 hingegen direkt gespeist. Die E 410 besaßen vier Einholm-Stromabnehmer, je einen für jedes Fahrleitungssystem mit unterschiedliche Auslenkung und Anpresskraft.
Die E 310 hatten genau denselben Aufbau und dasselbe Leistungsspektrum wie die »Europaloks«. Nur fehlten ihnen der Gleichstromteil in der elektrischen Ausrüstung sowie die beiden Stromabnehmer für das belgische bzw. niederländische Netz. Die beiden ersten E 310 wurden mit elektrischer Widerstandsbremse, die E 310 003 und 004 mit elektrischer Nutzbremse ausgerüstet. Nach ihrer Indienststellung in den Jahren 1966/67 kamen die E 410 (ab 1968: 184) zum Bw Köln-Deutzerfeld. Ihr Einsatz stand unter keinem guten Stern, denn im belgischen Netz kam es durch Überschläge immer wieder zu Störungen und Schäden an der elektrischen Einrichtung. 1973 wurden alle fünf Maschinen nach Saarbrücken abgegeben, wo seit 1967 die E 310 (ab 1968: 181) weitgehend problemlos liefen. Dort wurden die 184er nur als Zweisystemloks verwendet, der Gleichstromteil stillgelegt. Als erste musste 1981 die 184 111 den Dienst quittieren. Den Jahrtausendwechsel überlebten nur noch die 181 001 (abgestellt im August 2003) und die 184 003 (abgestellt im Januar 2002).

*Foto: Estler*

| Technische Daten: | | |
|---|---|---|
| Baureihenbezeichnung: | E 310 (DB) | E 410 (DB) |
| Radsatzanordnung: | Bo'Bo' | Bo'Bo' |
| Stromsystem: | $16^{2}/_{3}$ Hz/15 kV; 50 Hz/25 kV | $16^{2}/_{3}$ Hz/15 kV; 50 Hz/25 kV; 1,5 kV=; 3 kV= |
| Vmax (km/h): | 150 | 150 |
| Stundenleistung (kW): | 3.240 | 3.240 |
| Dauerleistung (kW): | 3.000 | 3.000 |
| Dienstmasse (t): | 84,0 | 84,0 |
| Größte Radsatzfahrmasse (t): | 21,0 | 21,0 |
| Länge über Puffer (mm): | 16.950 | 16.950 |
| Treibraddurchmesser (mm): | 1.250 | 1.250 |
| Indienststellung: | 1967 | 1966-1967 |
| Verbleib: | 181 001 (VMN, Koblenz-Lützel) | 184 003 (VMN, Koblenz-Lützel), |
| | | 112 (DTM, Berlin) |

## 181.2 (DB)

Mit der Elektrifizierung der Moselstrecke und weiterer Strecken im »Montandreieck« nach Frankreich (Trier-Apach) und Luxemburg (Trier-Wasserbillig) ab 1972 wuchs der Bedarf an Zweifrequenzlokomotiven. Daher gab die DB bei Krupp und AEG 25 Maschinen in Auftrag, die zunächst weitgehend den Prototypen der Baureihe 181 entsprechen sollten. Technische Neuerungen bei Laufwerk und Steuerelektronik sowie die Forderung nach wartungsärmeren Bauteilen führten dann aber zu einer weitgehenden Neukonstruktion, die nur noch äußerliche Ähnlichkeiten mit ihren Vorgängern aufwies. Die Baureihe 181.2 erhielt neu konstruierte Drehgestelle, die einen verringerten Radsatzabstand besaßen und eine Geschwindigkeit von 160 km/h erlaubten. Die Radsätze mit gefederten Lagern und Lemniskaten-Anlenkung wurden in den Drehgestellen querelastisch geführt. Der bewährte Gummiring-Kardanantrieb sowie die vier Mischstrommotoren der Vorgänger blieben erhalten. Die Dauerleistung lag um 200 kW höher als bei der Reihe 181. Der Aufbau des Lokkastens mit je zwei Längssicken und den drei abnehmbaren Maschinenhauben war gleichgeblieben. Die Ansaugöffnungen für Kühlluft sowie die drei Fenster auf der rechten Seite gingen jedoch teilweise in die Dachrundung über. Neu waren auch die ergonomisch gestalteten Führerstände mit dem für die Baureihe 111 entwickelten neuen Führertisch.
Die 25 Maschinen wurden als 181 201-225 zwischen Juli 1974 und April 1975 abgeliefert und beim Bw Saarbrücken stationiert. Auf Grund ihres europäischen Einsatzraumes im »Montandreieck« erhielten einige Loks Namen. So fährt die 181 211 als »Lorraine«, die 181 212 als »Luxembourg«, die 181 213 als »Saar« und die 181 214 als »Mosel«. Im Oktober 2004 waren die formschönen Maschinen komplett in Frankfurt/Main beheimatet. Die Neulieferung von deutschen und französischen Zweisystemloks machten die Loks mehr und mehr entbehrlich und inzwischen sind alle aus dem Bestand der Deutschen Bahn AG ausgeschieden. Die Maschinen 181 204, 205, 211, 213, 215 und 218 konnten an die Schlünß Eisenbahn Logistik verkauft werden. Die blau lackierten 181 201 (DB-Museum Koblenz) und 206 (DGEG Neustadt/Weinstraße) bleiben als Museumsloks erhalten.

*Foto: Estler*

| Technische Daten: | |
|---|---|
| Baureihenbezeichnung: | 181.2 (DB) |
| Radsatzanordnung: | Bo'Bo' |
| Stromsystem: | $16^{2}/_{3}$ Hz / 15 kV; 50 Hz / 25 kV |
| Vmax (km/h): | 160 |
| Stundenleistung (kW): | 3.300 |
| Dauerleistung (kW): | 3.200 |
| Dienstmasse (t): | 82,5 |
| Größte Radsatzfahrmasse (t): | 21 |
| Länge über Puffer (mm): | 17.940 |
| Treibraddurchmesser (mm): | 1.250 |
| Indienststellung: | 1974-1975 |
| Verbleib (DB-Museum): | 181 201, 206 |

## E 320, 182 (DB)

Mit der Elektrifizierung der Strecken im Großraum Saarbrücken bis 1960 erreichte der Fahrdraht die französische Grenze. Um im grenzüberschreitenden Verkehr elektrisch fahren zu können, bestellte die DB schon 1957 drei Zweisystemloks für den Betrieb unter 15 kV/16⅔ Hz (DB) als auch unter 25 kV/50 Hz (SNCF). Der Auftrag ging zu gleichen Teilen an die bekannten deutschen Lokbauer: AEG und Krupp lieferten die E 320 01, BBC und Henschel die E 320 11 sowie Siemens und Krauss-Maffei die E 320 21. Alle drei Maschinen unterschieden sich äußerlich, abgesehen von den Dachaufbauten, nicht von der Baureihe E 10.1/E 40. Erheblich waren die Unterschiede im elektrischen Teil. Als Gleichrichterloks ausgeführt, wandelten sie den eingespeisten Wechselstrom in welligen Gleichstrom um. Daher mussten besondere Fahrmotoren eingebaut werden. Alle drei E 320 besaßen eine elektrische Widerstandsbremse, doch war deren Ausführung bei jedem Modell anders. Auch bei den Transformatoren, Schalt- und Steueranlagen ging jede Firma ihre eigenen Wege. Besondere Sicherungen mussten für die empfindlichen Silizium-Gleichrichter und zur Kontrolle der Stromabnehmer eingebaut werden. Für jedes Stromsystem stand nur ein Bügel zur Verfügung. Die Umschaltung erfolgte während der Fahrt und auf freier Strecke, wobei die entsprechenden Stellen durch besondere Signale gekennzeichnet waren.

Foto: Estler

Als erste wurde im Dezember 1959 die E 320 21 in Betrieb genommen. Sie absolvierte ihre ersten Probefahrten auf der Höllentalbahn. Dafür war bei allen Loks eine besondere Umschalteinrichtung vorhanden. Im Juni und im Oktober 1960 folgten die E 320 11 und 01 direkt zum Bw Saarbrücken. Die mit den E 320 gesammelten Erfahrungen mündeten ab 1966 in die Konstruktion der neuen Baureihen E 310 und E 410. 1968 erhielten die Maschinen die neue Baureihenbezeichnung 182. Ab Mitte der 1970er-Jahre wurde für die drei Einzelgänger die Ersatzteilhaltung zunehmend schwieriger. Als erste wurde die 182 001 am 30. Juni 1977 ausgemustert. Am 26. Oktober 1978 folgte die 182 011 und am 1. Oktober 1982 schließlich als letzte die 182 021.

Die 182 001 wurde nach ihrer Ausmusterung von AEG zurückgekauft und als Erprobungsträger verwendet. Ein Drehgestell erhielt zwei Drehstrom-Asynchronmotoren. Als Masseausgleich blieben im anderen Drehgestell die ursprünglichen Motoren abgeschaltet erhalten. Zwischen 1981 und 1987 war die 182 001 gelegentlich als Mietlok bei der DB eingesetzt. Sie blieb erhalten und steht heute im Koblenz-Lützel.

**Technische Daten:**

| | | | |
|---|---|---|---|
| Baureihenbezeichnung: | E 320 01 (DB) | E 320 11 (DB) | E 320 21 (DB) |
| Radsatzanordnung: | Bo'Bo' | Bo'Bo' | Bo'Bo' |
| Stromsystem: | 16⅔ Hz / 15 kV; 50 Hz / 25 kV | 16⅔ Hz / 15 kV; 50 Hz / 25 kV | 16⅔ Hz / 15 kV; 50 Hz / 25 kV |
| Vmax (km/h): | 120 | 120 | 120 |
| Stundenleistung (kW): | 2.660 | 2.500 | 2.550 |
| Dauerleistung (kW): | 2.340 | 2.320 | 2.340 |
| Dienstmasse (t): | 83,7 | 81,5 | 83,7 |
| Größte Radsatzfahrmasse (t): | 21,0 | 20,5 | 21,0 |
| Länge über Puffer (mm): | 16.440 | 16.440 | 16.440 |
| Treibraddurchmesser (mm): | 1.250 | 1.250 | 1.250 |
| Indienststellung: | 1960 | 1960 | 1959 |
| Verbleib: | 182 001 (VMN, Koblenz-Lützel) | ++ | ++ |

## 182 (DB AG)

Im Sommer 2000 verweigerten die Österreichischen Bundesbahnen (ÖBB) der DB-Baureihe 152 generell die Zulassung. Die DB AG reagierte sehr schnell und bestellte 25 Loks weitgehend bauartgleich mit der ÖBB-Baureihe 1116 »Taurus« (Stier). Die Auslieferung der neuen DB-Baureihe 182 begann im Juli 2001 und war schon im Dezember 2001 abgeschlossen. Die Stationierung der Loks erfolgte in Nürnberg.

Abgeleitet sind die ÖBB-Baureihen 1016/1116/1216 aus der DB-Baureihe 152. Bestellt haben die ÖBB bei Siemens-Verkehrstechnik insgesamt 382 »Stiere«, 50 davon als Einsystemvariante 1016, 282 als Zweisystem-Variante 1116 (16⅔ Hz/15 kV und 50 Hz/25 kV) und weitere 50 als Dreisystemlok 1216 für den zusätzlichen Einsatz unter 3 kV Gleichstrom. Dies ist auch der größte Auftrag in der Geschichte von Siemens. Die elektrischen Hauptbauteile, die Einzelradsatzregelung mit vier Pulswechselrichtern, die drei parallel geschalteten Vierquadrantensteller für die beiden Gleichstromzwischenkreise sowie Steuerung und Bedienung entsprechen weitgehend der Baureihe 152. Wesentliche Unterschiede sind in der Frontgestaltung sowie in der Bauart der Drehgestelle zu finden. Die markante gerundete Kopfform mit der glasfaserverstärkten Haube aus Kunststoff vermittelt ein aerodynamisches Bild. Das neue Drehgestell ist hochgeschwindigkeitstauglich und wurde erstmals im spanischen Eurosprinter angewendet. Sein Kernstück ist der sogenannte Hochleistungsantrieb mit getrennter Bremswelle (HAB), der im Prinzip einem Hohlwellenantrieb mit Gummi-Kardangelenken entspricht. Auf Grund des geänderten Antriebs erhielten die »Stiere« kleinere Räder mit nur 1.150 mm Durchmesser anstatt 1.250 mm wie bei der Baureihe 152. Auch sind die Maschinen um 300 mm kürzer als die 152, da auf die Untersuchungseinrichtungen in der ÖBB-Hauptwerkstätte Linz Rücksicht genommen werden musste. Im Unterschied zu den ÖBB-Loks entfällt bei der DB-Baureihe 182 die Ausrüstung für den Einsatz nach Ungarn. Dafür erhalten sie eine zeitmultiplexe Wendezug- und Doppeltraktionssteuerung, DB-Zugfunk, Stromzähler und ein Display für den elektronischen Buchfahrplan im Führertisch. Vorhanden sind auch die Voraussetzungen für das kommende Globalsystem für Mobilfunk (GSM). 2023 waren die Loks in Cottbus und Rostock zuhause und wurden vor schnellen IRE-Züge im Großraum Berlin eingesetzt. 2013 kaufte DB Systemtechnik die 182 506 und bespannt mit ihr die RAILab-Messzügen Im Dezember 2020 gingen 182 535 und 182 536 an die DB Netz AG.

Foto: Estler

**Technische Daten:**

| | |
|---|---|
| Baureihenbezeichnung: | 182 (DB AG) |
| Radsatzanordnung: | Bo'Bo' |
| Stromsystem: | 16⅔ Hz / 15 kV; 50 Hz / 25 kV |
| Vmax (km/h): | 230 |
| Stundenleistung (kW): | |
| Dauerleistung (kW): | 6.400 |
| Dienstmasse (t): | 85 |
| Größte Radsatzfahrmasse (t): | 21 |
| Länge über Puffer (mm): | 19.280 |
| Treibraddurchmesser (mm): | 1.150 |
| Indienststellung: | 2001 |

## E 344, 183 (DB)

Die Umstellung der Höllental- und Dreiseenbahn am 20. Mai 1960 auf das normale DB-Stromsystem machte die fünf Loks der Reihe E 244 arbeitslos. Da im Saarbrücker Raum mit den drei 1959/60 in Dienst gestellten E 320 der Bedarf an Zweifrequenzloks noch nicht gedeckt war, baute das AW München-Freimann nach Konstruktionsplänen von Krauss-Maffei eine vierte Zweisystemlok. Rahmen, Drehgestelle und andere mechanische Teile der neuen E 344 01 wurden von der E 244 21 übernommen. Von der E 244 22 kamen die Fahrmotoren (Tandemmotoren) und auch die E 244 31 steuerte einige Teile bei. Der gesamte Fahrzeugaufbau, die Schaltung und der Haupttransformator mit seinem Niederspannungsschaltwerk waren eine Neukonstruktion, welche sich eng an die E 41 anlehnte. Die Steuerung entsprach der E 320 01. Schon äußerlich war die E 344 01 eine Einzelgängerin. Zwar waren die Ähnlichkeiten mit der E 41 unverkennbar, doch einen charakteristischen Unterschied bildete die Pufferbohle, welche nicht am Lokkasten angeschweißt war sondern wie bei der E 44 an den Drehgestellen. Als einzige deutsche Zweifrequenzlok kam die E 344 ohne Gleichrichter aus, ihre Motoren konnten direkt mit 16⅔-Hz- oder 50-Hz-Wechselspannung betrieben werden. Eine weitere Besonderheit war der automatische Stromabnehmerwechsel beim Systemwechsel.

*Foto: Joachim Claus/Bildarchiv der Eisenbahnstiftung*

Am 31. Oktober 1962 wurde die E 344 01 abgenommen und dem Bw Saarbrücken Hbf zugeteilt. Anfangs erbrachte Lok hohe Laufleistungen, weil die drei E 320 noch an Kinderkrankheiten litten und öfters ausfielen. Beim Personal erhielt sie aber bald den Ruf einer »lahmen Ente«, weil beim Betrieb unter 50 Hz Verzögerungen beim Anfahren und Rangieren auftraten. Mit der Auslieferung der vier neuen E 310 (ab 1968 Baureihe 181) im Jahr 1967 begann ihr Stern zu sinken. Zuletzt fuhr die ab 1968 als 183 001 bezeichnete Lok kaum noch nach Frankreich, sondern im Saarbrücker Personenzugdienst rund um den Kirchturm. Nach einem Motorschaden stellte man sie am 1. Mai 1969 auf »z«, musterte sie am 24. Mai 1969 aus und verschrottete sie Anfang der 1970er-Jahre im AW München-Freimann.

| **Technische Daten:** | |
|---|---|
| Baureihenbezeichnung: | E 344 01 (DB) |
| Radsatzanordnung: | Bo'Bo' |
| Stromsystem: | 16⅔ Hz / 15 kV; 50 Hz / 25 kV |
| Vmax (km/h): | 100 |
| Stundenleistung (kW): | 2.400 |
| Dauerleistung (kW): | 2.150 |
| Dienstmasse (t): | 80,5 |
| Größte Radsatzfahrmasse (t): | 20,2 |
| Länge über Puffer (mm): | 16.440 |
| Treibraddurchmesser (mm): | 1.250 |
| Indienststellung: | 1962 |
| Verbleib: | ++ |

## 185 (DB AG)

Anfang 2000 präsentierte die Firma Bombardier mit 185 001 das erste Exemplar einer Mehrsystemvariante der Baureihe 145. In die Entwicklung der Baureihe 185 flossen außerdem Erfahrungen aus Bau und Betrieb der Baureihe 146 ein, gehören doch alle Typen zur erfolgreichen TRAXX-Plattform des Herstellers. Die Baureihe 185 sollte ältere Einheitselektroloks bei der Deutschen Bahn AG ersetzen, besonders die Baureihe 140. Insgesamt 400 Stück waren von der Baureihe 185 bestellt, deren Serienlieferung im ersten Halbjahr 2001 anlief.
Bei der Baureihe 185 bilden Untergestell, Seitenwände, Führerstände und Dach eine Einheit. Um die Verwendung von Ballastgewichten zu vermeiden, wurden die Türen und das Dach aus Stahl statt aus Leichtmetall gefertigt. Die Maschinen unterscheiden sich von denen der Baureihe 145 durch ihre technische Ausrüstung: Sie besitzen zusätzliche Einrichtungen, die den Betrieb unter den verschiedenen Wechselstromsystemen in Europa erlauben. Beim Antrieb handelt es sich um vier GEALIF-Drehstrom-Asynchronmotoren. Zu den leicht austauschbaren Bauteilen zählen die Drehgestelle. Sie wurden mehrere Konsolen erweitert, die den Anbau von Sicherheitseinrichtungen ermöglichen.
Um die Maschinen auch in Ländern mit kleinerem Umgrenzungsprofil einsetzten zu können, ist die 185 um 105 mm niedriger als die Baureihe 146. Die war auch nötig um einen erhöhten Sicherheitsabstand beim Betrieb unter Fahrleitungen mit einer Spannung von 25 kV zu erreichen. Die Serienloks besitzen zwei Stromabnehmer mit unterschiedlich breiten Schleifstücken. Spezielle zusätzliche Zugsicherungseinrichtungen und Bremsanlagen stellen den Einsatz im Ausland sicher. So gibt es für die Baureihe 185 beispielsweise passend zum Einsatzgebiet ein »Schweiz-Paket« (185 085-150) mit den schweizerischen Zugsicherungen oder ein »Skandinavien-Paket«. Die »Schweiz«-Loks sind mit vier Stromabnehmern – zwei davon mit schmalen Schleifstücke – ausgestattet. Auch die Version für den Verkehr nach Frankreich besitzt zwei zusätzliche Stromabnehmer und die französischen Sicherungssysteme. Die Stromabnehmer sind so montiert, dass sich die Wippen möglichst nahe über dem Drehpunkt der Drehgestelle befinden.
Ab 185 201 verstärke der Hersteller die Stirnpartien der Führerstände, um den Lokführer bei Unfällen den Lokführer besser zu schützen. So werden die neueren europäischen Anforderungen bezüglich Crashsicherheit erfüllt.
Die meisten der 400 Maschinen befanden sich 2023 im Bestand von DB Cargo und waren vor Güterzüger in ganz Deutschland unterwegs. 182 321 bis 337 waren in Dänemark bei DB Schenker Rail Scandinavia A/S registriert. Einige wenige trugen mit markante Werbefolien.

*Foto: Estler*

| Technische Daten: | |
|---|---|
| Baureihenbezeichnung: | 185 (DB AG) |
| Radsatzanordnung: | Bo'Bo' |
| Stromsystem: | 16⅔ Hz/15 kV; 50 Hz/25 kV |
| Vmax (km/h): | 140 |
| Stundenleistung (kW): | 4.200 (ab 185 050: 5.600) |
| Dauerleistung (kW): | 4.200 (ab 185 050: 5.600) |
| Dienstmasse (t): | 85 |
| Größte Radsatzfahrmasse (t): | 21,25 |
| Länge über Puffer (mm): | 18.900 |
| Treibraddurchmesser (mm): | 1.250 |
| Indienststellung: | 2000-2009 |

## 187 (DB AG)

Auf der Messe Transport und Logistik in München stellte Bombardier im Mai 2011 mit der 187 001 die erste Maschine ihrer neuen TRAXX-3-Generation dem Publikum vor. Die Maschinen unterschieden sich äußerlich deutlich von den bisherigen TRAXX-Maschinen. Sie können als Besonderheit zusätzlich mit einem »LastMile«-Dieselmotor mit angeschlossenem Generator und einer weiteren Batterie ausgestattet werden, mit dem die Loks auf nicht elektrifizierten Strecken selbständig fahren können. Dabei wird eine Höchstgeschwindigkeit von 60 km/h herreicht, mit 2.000 t Anhängelast immerhin noch 40 km/h. Der Tankinhalt von 400 Litern reicht für einen Betrieb von bis zu acht Stunden. Der Wechsel vom elektrischen auf den Dieselantrieb kann auch während der Fahrt erfolgen. Kurze Strecken wie Werksanschlüsse können auch nur mit der eingebauten Batterie zurückgelegt werden.
Der Lokkasten unterscheidet sich grundlegend von der Baureihe 185, denn er ist unter Verwendung von GfK-Formteilen in den Frontbereichen so aufgebaut, dass er ohne große Änderungen als Ellok oder als Diesellok ausgebaut werden kann. Dafür musste in der Mitte ein Platz für den Dieselmotor oder den Stromrichter freigehalten werden, sodass ein gerader Durchgang durch die Lok nicht mehr möglich ist. Neu ist auch die Ausführung der Seitenwände. Sie haben Spannvorrichtungen, an denen Planen befestigt werden können. So können die Loks beim Einsatz für Privatbahnen schnell umbeschriftet bzw. umgestaltet werden ohne aufwändig beklebt oder lackiert werden zu müssen.
Die elektrische Ausrüstung mit ihren aus IGBT-Halbleitern aufgebauten Stromrichtern und dem Einzelradantrieb ermöglicht den Einsatz und unterschiedlichen Wechselspannungen. Der Transformator ist unterflur um Untergestell zwischen den Drehgestellen eingebaut. Die Kühlung des Trafos erfolgt aus Umwelt- und Brandschutzgründen mit dem biologisch abbaubaren Estergemisch Nycodiel 1215. Der Einbau einer Funkfernsteuerung ist möglich.
DB Cargo hatte die Maschinen allerdings ohne »LastMile« bestellt und sie als Baureihe 187 eingereiht. Die 100 Fahrzeuge sind von Mannheim aus vor Güterzügen in ganz Deutschland unterwegs. 2021 gab die Deutsche Bahn zehn Maschinen im Tausch gegen Loks der Baureihe 189 an MRCE ab. Sieben Exemplare gingen an die DB-Tochter RBH.

*Foto: Estler*

| Technische Daten: | |
|---|---|
| Baureihenbezeichnung: | 187 (DB AG) |
| Radsatzanordnung: | Bo'Bo' |
| Stromsystem: | $16\frac{2}{3}$ Hz/15 kV; 50 Hz/25 kV |
| Vmax (km/h): | 140 |
| Stundenleistung (kW): | 5.600/180* |
| Dauerleistung (kW): | 5.600/180* |
| Dienstmasse (t): | 87 |
| Größte Radsatzfahrmasse (t): | 22 |
| Länge über Puffer (mm): | 18.900 |
| Treibraddurchmesser (mm): | 1.250 |
| Indienststellung: | 2015- |
| * mit »LastMile«-Antrieb | |

## 189 (DB AG)

Im August 1999 wandelte die DB bei Siemens eine vereinbarte Option über 100 weitere Loks der Reihe 152 in eine Bestellung von 100 Viersystemloks der Baureihe 189 um. Sie können als »neue« Europaloks sowohl unter 15 und 25 kV Wechselspannung als auch unter 1,5 und 3 kV Gleichspannung eingesetzt werden. Die 189 basiert zwar auf der 152, doch bestehen im mechanischen und besonders im elektrischen Teil erhebliche Unterschiede zu ihrer Vorgängerin.
Äußerlich gibt es zwei markante Unterscheidungsmerkmale: Der Lokkasten erhielt zur Gewichtseinsparung gesickte Seitenwände und die Stirnlampen bestehen aus einer Vielzahl von Leuchtdioden, mit der jede beliebige Beleuchtungsanordnung für die diversen europäischen Bahnnetze darstellbar ist. Die Drehgestelle mussten nach der Nichtzulassung der 152 in Österreich erheblich überarbeitet werden. Der Radsatzstand wurde auf 2.900 mm verringert und die Anlenkung der Radsätze erfolgt nun mit den beim TAURUS bewährten längssteifen und querweichen Dreieckslenkern. Lediglich der Tatzlagerantrieb und die Einzelradsatzsteuerung wurden von der 152 weitgehend unverändert übernommen, die Motoren mussten wegen des Gleichstrombetriebs modifiziert werden. Die Stromrichter der 152 in GTO-Technik wurden durch ein IGBT-Stromrichter-System (Insolated Gate Bipolar Transistor) ersetzt. Um im Maschinenraum Platz für die im Gleichstrombetrieb erforderlichen zusätzlichen Komponenten und die verschiedenen Zugsicherungssysteme zu schaffen, wurden Wechselstrom-Hauptschalter, Systemwahlschalter und Überspannungsableiter auf dem Dach aufgebaut. Je nach Einsatzgebiet erhalten die Loks nur bestimmte Zugsicherungssysteme; der Einbau aller europäischen Systeme scheidet schon aus Platzgründen aus. Auch die Stromabnehmer und die Schleifstücke werden nur entsprechend dem konkreten Bedarf montiert.
Auf der Innotrans 2002 wurde am 26. September die erste Lok offiziell an die DB übergeben. Die drei Prototypen (189 001-003) unternahmen anschließend ausgiebige Testfahrten in Deutschland, Österreich, der Tschechei und Ungarn. Im Juni 2003 begann mit der 189 004 die Serienlieferung, welche mit der 189 100 im Dezember 2005 beendet war. Im Oktober 2003 gab die DB die Vorserienmaschinen wegen abweichender Ausrüstung an Siemens zurück und erhielt ersatzweise drei Loks der Serienausführung, die nun in zweiter Besetzung als 189 001-003 laufen. Alle 189er sind in Nürnberg stationiert.

*Foto: Estler*

| Technische Daten: | |
|---|---|
| Baureihenbezeichnung: | 189 (DB AG) |
| Radsatzanordnung: | Bo'Bo' |
| Stromsystem: | $16\frac{2}{3}$ Hz / 15 kV; 50 Hz / 25 kV; 1,5 kV=; 3 kV= |
| Vmax (km/h): | 140 |
| Stundenleistung (kW): | |
| Dauerleistung (kW): | 6.400 (1,5 kV=: 4.200, 3 kV=: 6.000) |
| Dienstmasse (t): | 87 |
| Größte Radsatzfahrmasse (t): | 21 |
| Länge über Puffer (mm): | 19.580 |
| Treibraddurchmesser (mm): | 1.250 |
| Indienststellung: | 2003-2005 |
| Verbleib: | DB AG |

## 193 (DB AG)

Mit dem »Vectron« stellte Siemens auf der Innotrans 2010 in Berlin eine Weiterentwicklung ihrer »EuroSprinter«-Plattform vor. Die modular aufgebauten Maschinen werden und mit unterschiedlichen Ausstattungen und Sicherheitspaketen angeboten. Die Deutsche Bahn entschied sich recht spät zur Beschaffung solcher Loks und nahm ihre ersten Wechselstrom-»Vectron« erst 2017 in den Bestand auf. Für DB Cargo Polska ist die Gleichstromversion schon seit 2012 als Baureihe 170 in Polen unterwegs.

Die Drehgestelle sind mit einer Radsatzführung mit Dreieckslenkern und mit einer Zugkraftübertragung mit tief angelenkten Drehzapfen und Flexicoilfedern ausgestattet. Sie sind so aufgebaut, dass sich Radsätze mit Spurweiten von 1.435 mm bis 1.676 mm verbauen lassen.

Der Lokkasten gliedert sich in die Hauptbaugruppen Untergestelle, Maschinenraum seitenwände und »Frontend«. Sie werden im Laserhybrid-Schweißverfahren in München-Allach hergestellt. Die Enden sind durch Schließringbolzen mit den Seitenwänden verbunden. Deshalb lassen sich die Crash-Elemente bei Beschädigungen schnell austauschen. Sie sollen die Triebfahrzeugführer im Falle eines Unfalls vor Verletzungen schützen.

Alle Aggregate sind links und rechts eines gerade verlaufenden Mittelgangs eingebaut. Gleich- und Wechsel spannungseinrichtungen sind räumlich voneinander getrennt. Für unterschiedliche Einrichtungen stehen mehrere Einbauplätze in Gerüsten zur Verfügung.

Der Antrieb besteht aus zwei Stromrichtern der Bauart SIBAC 3000 und vier Drehstrom-Asynchron-Fahrmotoren. Jedes Drehgestell mit eigenem Stromrichter ist mit zwei teilabgefederten Ritzelhohlwellenantrieben ausgestattet. Zwischen Motor und Getriebe wird das Drehmoment über eine wartungsfreie Kupplung aus Stahllamellen übertragen.

Die Lokomotiven sind mit vier unabhängig voneinander wirkenden Bremssystemen ausgestattet: eine indirekt wirkende Druckluftbremse, eine direkt wirkende Druckluftbremse, eine elektrodynamische Bremse und Federspeicherbremse.

Je nach Ausstattung können bis zu vier Stromabnehmer auf dem Lokdach montiert werden. Außerdem lassen sich je nach Wunsch unterschiedliche Führertische und Sicherheitseinrichtungen einbauen.

Die Loks sind mit Microcomputer-Steuergeräten vom Typ »Siemens Bahnautomatisierungssystem« (SIBAS) ausgestattet. Dazu gehören ein Bussystem mit »Wire Train Bus« (WTB) und »Multivehicle Vehicle Bus« (MVB) und das Fernsteuersystem »Time Division Multitraction Control« (TMC).

Im Frühjahr 2023 hatte DB Cargo 103 Exemplare der Baureihe 193 im Bestand und setzt diese von Nürnberg aus in ganz Deutschland ein. Viele Loks dieser Baureihe sind mit Werbeaufschriften verziert.

*Foto: Estler*

| Technische Daten: | |
|---|---|
| Baureihenbezeichnung: | 193 (DB AG) |
| Radsatzanordnung: | Bo'Bo' |
| Stromsystem: | 16⅔ Hz/15 kV; 50 Hz/25 kV; 1,5 kV=; 3kV= |
| Vmax (km/h): | 200 |
| Stundenleistung (kW): | 6.400/6.000/4.200* |
| Dauerleistung (kW): | 6.400/6.000/4.200* |
| Dienstmasse (t): | 80,0 – 90,0** |
| Größte Radsatzfahrmasse (t): | 22 |
| Länge über Puffer (mm): | 18.900 |
| Treibraddurchmesser (mm): | 1.250 |
| Indienststellung: | 2010- |
| * je nach Stromsystem | |
| * je nach Ausstattung | |

*Foto: DB AG (Kirbach)*

# V 15.10, V 15.20-23, V 23, 101.0, 101.1-3, 101.5-7, 102.0, 102.1-2 (DR), 311.0, 311.1-3, 311.5-7, 312.0, 312.1-2 (DB AG)

Auch bei der DR bestand Anfang der 1950er-Jahre ein enormer Bedarf an leichten Rangierdiesellokomotiven, die eine höhere Leistung als die Kleinloks aufweisen sollten. 1956 stellte der VEB Lokomotivbau »Karl Marx« (LKM) in Potsdam-Babelsberg einen ersten Prototyp mit der Werksbezeichnung V 10 B für Werk- und Anschlussbahnen vor, der auf den Erfahrungen mit den Kleinloks aufbaute. Kennzeichnend waren der hochgesetzte geschlossene Führerstand, die mechanische Kraftübertragung und eine Leistung von 102 PS. Die DR konnte sich mit dieser Entwicklung anfreunden, wollte aber eine Motorleistung von 150 bis 180 PS sowie die hydraulische Kraftübertragung haben. Nach Erprobung einer weiteren Baumusterlok (V 15 101) im Sommer 1958 folgte nach der konstruktiven Überarbeitung bis Dezember 1959 eine Nullserie (V 15 1001-1005) und bis Juni 1960 eine Kleinserie (V 15 1006-1020). Sie erhielten einen Sechszylinder-Viertakt-Reihenmotor mit 150 PS Leistung des VEB Elbewerk Roßlau. Die Kraftübertragung erfolgte über eine drehelastische Kupplung und Gelenkwelle auf das Strömungsgetriebe, welches über das angeflanschte Wendegetriebe mittels Stirnrädern auf die Blindwelle und diese wiederum über Treib- und Kuppelstangen auf die beiden Radsätze wirkte. Der stabile Innenrahmen mit verstärkten Enden wurde aus Stahlblech geschweißt. Am vorderen Rahmenende waren auf jeder Seite breite Rangiertritte ausgespart. Im Gegensatz zum Vorbau mit beidseitigem Umlauf zur Wartung der Maschinenanlage nahm das Führerhaus die gesamte Fahrzeugbreite ein.

Mit einigen Detailverbesserungen und einer Motorleistung von 180 PS stellte die DR zwischen 1960 und 1964 knapp 350 Loks der Baureihe V 15.20-23 in Dienst. Einige wenige wurden später noch angekauft. Nachdem zwischenzeitlich ein stärkerer 220-PS-Motor zur Verfügung stand, wurde dieser mit einem verbesserten Strömungsgetriebe auch in einer V 15 erprobt. Nach Auswertung dieser Ergebnisse erhielt im März 1968 die DR ihre erste 220-PS-Variante als V 23 001.

*Foto: Endisch*

*Foto: Estler*

Der Fahrzeugteil entsprach mit geringen Änderungen der V 15. Bis 1969 folgten weitere 79 Exemplare als V 23 002-080. Später wurde eine weitere Maschine angekauft. Bei der computergerechten Umzeichnung 1970 erhielten die V 15.10 die Baureihenbezeichnung 101.0, die V 15.20-23 wurden zur 101.1-3 und die V 23.0 fuhren nun als 102.0.

Als die Beschaffung weiterer Lokomotiven dieser Leistungsklasse anstand, entschloss sich die DR zu einer grundlegenden Überarbeitung der Konstruktion. Von der Baureihe 102.0 wurden die Antriebsanlage sowie bewährte Konstruktionselemente übernommen. Abgesehen vom prinzipiellen Aufbau mit hinten angesetztem Führerhaus wandelte sich das Äußere erheblich. Die Konturen waren kantiger geworden. Das doppelwandige, schallisolierte Führerhaus war nur noch über eine Tür in der Rückfront zugänglich. Davor befand sich eine Übergangsbrücke mit Geländer. Radsatzstand und Gesamtlänge waren um rund einen Meter angewachsen. Insgesamt 157 Maschinen der neuen Baureihe 102.1-2 wurden in den Jahren 1970 und 1971 ausgeliefert. Ihr kantiges Äußeres sowie die orangegelbe Farbgebung verhalfen ihnen schnell zu Spitznamen wie »Postkasten« oder »Gartenlaube«.

Zwischen 1975 und 1979 wurden im Rahmen von Ausbesserungen bei vielen Loks der Baureihe 101.1-3 die verschlissenen Antriebsanlagen durch die stärkeren 220-PS-Motoren und die verbesserten Strömungsgetriebe ersetzt. Sie erhielten dann die Baureihenbezeichnung 101.5-7 sowie eine neue Ordnungsnummer. Im Umzeichnungsplan von 1992 mutierten die 101 zur Baureihe 311 und die 102 zur Baureihe 312. Die 311er wurden bis 1999 vollständig ausgemustert, während die 312er noch zwei Jahre Gnadenfrist erhielten. Die letzten Maschinen wurden am 27. November 2001 aus den Listen gestrichen. Diverse Loks kamen in die Obhut von Museen und Museumsbahnen oder fanden eine neues Auskommen bei privaten Eisenbahnunternehmen und Industriebetrieben.

## Technische Daten:

| Baureihenbezeichnung: | 101.0 (DR) | 101.1-3 (DR) | 101.5-7 (DR) | 102.0 (DR) | 102.1-2 (DR) |
|---|---|---|---|---|---|
| Radsatzanordnung: | B | B | B | B | B |
| Kraftübertragung: | diesel- hydraulisch | diesel- hydraulisch | diesel- hydraulisch | diesel- hydraulisch | diesel- hydraulisch |
| Vmax (km/h): | 32 | 37 | 42 | 55 | 40 |
| Leistung (PS): | 150 | 180 | 220 | 220 | 220 |
| Leistung (kW): | 110 | 132 | 162 | 162 | 162 |
| Dienstmasse (t): | 20 | 21,5 | 21,5 | 24 | 24,3 |
| Größte Radsatzfahrmasse (t): | 10 | 10,7 | 10,7 | 12 | 12,2 |
| Länge über Puffer (mm): | 6.940 | 6.940 | 6.940 | 6.940 | 8.000 |
| Treibraddurchmesser (mm): | 900 | 1.000 | 1.000 | 1.000 | 1.000 |
| Kraftstoffvorrat (l): | 350 | 350 | 400 | 400 | 500 |
| Indienststellung: | 1959-60 | 1960-64 | U 1975-79 | 1968-69 | 1970-71 |
| Verbleib: | u.a. V 15 1001 (VMD, Dresden-Altstadt), 101 020 (Ostsächsische EF, Löbau) | | u.a. 101 559 (Berliner EF) | u.a. 102 001 (VMN, Bw Halle P) | u.a. 102 188 (IG Bw Dresden-Altstadt) |

## V 16 001-003 (DRG), V 16 004 (DRG, DR)

Schon bald nach Ende des Ersten Weltkriegs wandte sich die deutsche Industrie verstärkt der Entwicklung von Brennkraftlokomotiven zu. Die »Motorlokomotiv-Verkaufsgesellschaft mbH Baden« bot Anfang der 1920er-Jahre ein besonders reichhaltiges Programm kleinerer Dieselloks an. Nachdem sich diese bei Industriebetrieben schon bewährt hatten, bestellte die DRG drei zweiachsige Diesellokomotiven für den Rangierdienst. Der Fahrzeugteil wurde von der Maschinenbau-Gesellschaft Karlsruhe gefertigt, der 160-PS-Motor kam von den Motorenwerken Mannheim. Die Kraftübertragung erfolgte über ein hydrostatisches Getriebe mit Pumpe, Umsteuerschieber und Ölmotor auf ein Vorgelege mit Blindwelle und weiter über Kuppelstangen auf die beiden Radsätze.
Die erste Maschine wurde 1924 als V 6001 auf der Fahrzeugausstellung der Eisenbahntechnischen Tagung in Seddin vorgestellt. Kurz darauf folgten die V 6002 und V 6003. Nach ausführlichen Erprobungen unterblieben weitere Bestellungen. 1930 wurden die drei Loks zwar noch in V 16 001-003 umgezeichnet, mussten aber schon vor dem Beginn des Zweiten Weltkriegs den Dienst quittieren.
Nach den ersten Erfolgen mit Zweikraft-Kleinlokomotiven bestellte die DRG Anfang der 1930er-Jahre bei SSW eine stärkere dreiachsige Zweikraftlok. Die als V 16 004 bezeichnete Maschinen mit Mittelführerstand besaß einen 75-PS-Dieselmotor von Deutz, welcher direkt mit einem 48-kW-Gleichstromgenerator gekuppelt war. Als elektrischer Speicher wurden Akkumulatoren mit einer Kapazität von 455 Ah eingebaut. Den Antrieb besorgten drei Gleichstrom-Reihenschlussmotoren der Tatzlagerbauart, welche nur von den Akkumulatoren oder nur vom Generator oder von beiden gemeinsam gespeist werden konnten.
Nach ihrer Auslieferung 1933 fuhr die V 16 004 zunächst als Verschublok auf dem Anhalter Bahnhof in Berlin. Im Rahmen einer Generalreparatur wurde die bei der DR verbliebene und seit Kriegsende abgestellte V 16 004 bis 1957 wieder hergerichtet und erhielt dabei einen neuen 45-PS-Dieselmotor sowie neue Akkumulatoren. Wieder hauptsächlich im Rangierdienst auf den Berliner Bahnhöfen eingesetzt, bekam sie 1960 die neue Betriebsnummer A 20 090. 1966 wurde der Einzelgänger an das Wohnungsbaukombinat Berlin zum Einsatz im Betonwerk Berlin verkauft, wo die Karriere als Werklok BWB 25 endete.

*Foto: Slg. Johannes Glöckner/Bildarchiv der Eisenbahnstiftung*

| Technische Daten: | | |
|---|---|---|
| Baureihenbezeichnung: | V 16 001-003 (DRG) | V 16 004 (DRG) |
| Radsatzanordnung: | B | Co |
| Kraftübertragung: | hydrostatisch-mechanisch | elektrisch |
| Vmax (km/h): | 26 | 45 |
| Leistung (PS): | 160 | 75 |
| Leistung (kW): | 118 | 55 |
| Dienstmasse (t): | 30,2 | 47,3 |
| Größte Radsatzfahrmasse (t): | 15 | 16 |
| Länge über Puffer (mm): | 7.770 | 9.100 |
| Treibraddurchmesser (mm): | 1.000 | 1.000 |
| Kraftstoffvorrat (l): | | 150 |
| Indienststellung: | 1924 | 1933 |
| Verbleib: | ++ | ++ |

## V 16.1, V 22.1 (Wehrmacht, DB)

Nach Ende des Zweiten Weltkriegs fanden neben den vereinheitlichten Wehrmachtsdieselloks (später V 20, V 36) auch zwei Einzelstücke von Deutz den Weg in den Bestand der späteren Bundesbahn. Eine in den Westzonen vorgefundene Deutz-Maschine des Typs A6M220R erhielt die Nummer V 16 100. Die zweiachsige Lok war schon 1936 an die Wehrmacht (Flughafenbau Anklam) geliefert worden. Als Antrieb diente ein 6-Zylinder-Viertakt-Dieselmotor. Die Kraftübertragung erfolgte mechanisch über ein Viergang-Lamellengetriebe, Blindwelle und Kuppelstangen. Die Blindwelle war kurz vor dem hinteren Radsatz angeordnet. Auffallend war das geräumige Führerhaus mit den großen Fenstern.

*Foto: Ludger Kenning/Bildarchiv der Eisenbahnstiftung*

Die V 16 100 konnte 1953 an die Mindener Kreisbahnen (MKB) verkauft werden. Dort erhielt sie die Betriebsnummer V 5 und blieb bis 1969 im Bestand der MKB. Dann wurde sie an das Erzbergwerk in Kleinenbremen verkauft. 1977 übernahm die neugegründete Museums-Eisenbahn Minden (MEM) die Lok.
Eine dreiachsige Deutz-Maschine des Typs A6M324R mit einem 235-PS-Motor gelangte als V 22 100 zur DB. Sie war ebenfalls für die Wehrmacht gebaut worden und ähnelte äußerlich durchaus der V 16 100, wies jedoch erhebliche Unterschiede bei Fahrwerk und Motor auf. Mechanisch erfolgte auch hier die Kraftübertragung, wobei die Blindwelle hinter dem letzten Radsatz angeordnet war. Treibstangen wirkten von der Blindwelle auf den mittleren Radsatz, der über Kuppelstangen mit den beiden anderen verbunden war. Sie wurde schon 1952 an die Mindener Kreisbahnen (MKB) verkauft und bekam die Betriebsnummer V 4. Dort wurde sie 1972 abgestellt und 1975 an die niederländische Museumsbahn Stoomtram Hoorn–Medemblik (SHM) verkauft. Ein Jahr später musste sie auch dort den Dienst quittieren und wurde 1979 verschrottet.

| Technische Daten: | | |
|---|---|---|
| Baureihenbezeichnung: | V 16 100 (DB) | V 22 100 (DB) |
| Radsatzanordnung: | B | C |
| Kraftübertragung: | mechanisch | mechanisch |
| Vmax (km/h): | 33 | 26,5 |
| Leistung (PS): | 165 | 235 |
| Leistung (kW): | 121 | 173 |
| Dienstmasse (t): | 28 | 45 |
| Größte Radsatzfahrmasse (t): | 14 | |
| Länge über Puffer (mm): | 7.720 | 8.220 |
| Treibraddurchmesser (mm): | 850 | 950 |
| Kraftstoffvorrat (l): | | |
| Indienststellung: | 1936 | 1940 |
| Verbleib: | V 16 100 (V 5 MEM) | ++ |

## V 15, V 16.0, V 22.0 (Wehrmacht, DB, DR)

Nach Kriegsende gelangten auch diverse Loks der Deutschen Werke in Kiel (DWK) in die Bestände der späteren Bundesbahn und der Reichsbahn der DDR, die zwischen 1934 und 1944 an die verschiedensten Bereiche der Wehrmacht geliefert worden waren. Sie besaßen alle Stangenantrieb, ein mechanisches Viergang-Getriebe mit Druckluftschaltung sowie Baukasten-Motoren aus eigener Herstellung. Kennzeichnend waren ferner die typischen DWK-Formen im Bereich des Motorvorbaus und ihr geräumiger Endführerstand.
So fanden sich in den Westzonen einige Loks des DWK-Typs D 150 wieder. Nach dem Umzeichnungsplan von 1947 erhielten fünf Loks die neue Baureihenbezeichnung V 15 (001-005), wodurch die Motorleistung mit rund 150 PS erkennbar werden sollte. Eine weitere Maschine dieser Bauart wurde seltsamerweise als V 16 001 in zweiter Besetzung eingereiht. Die DR erbte zwei Loks dieser Bauart und übernahm sie als V 15 040 (++ 1966) sowie V 16 073 (+ 1964).
Vier Maschinen des DWK-Typs 160B wurden als V 16.0 eingereiht und entsprechend ihrer unterschiedlichen Achsdrücke noch einmal in drei Nummerngruppen aufgeteilt: V 16 002 (zweite Besetzung, Achsdruck 14 t), V 16 005 (15 t), V 16 010 und 011 (16 t). Auch von dieser Bauart verblieben zwei Loks bei der DR und fuhren dort als V 16 043 (Umbau in V 16 075, + 1971) und 071 (+ 1966).

*Foto: Estler*

All diese Maschinen galten schon kurz nach der Gründung der DB als Splittergattungen, die sobald als möglich ersetzt bzw. verkauft werden sollten. Sämtliche V 15 und V 16.0 schieden spätestens 1951 aus dem DB-Bestand aus. Die V 15 002 hat in Schweden bei einer Museumsbahn überlebt.
14 zwei- und dreiachsige Maschinen mit 220 PS Leistung blieben nach Kriegsende in den Westzonen. Für die zweiachsigen Maschinen des Typs 220B waren ab 1947 die Nummern V 22 001-009 vorgesehen, für die dreiachsigen Loks des Typs 220C die Nummern V 22 015-019. Nach eingehenden Untersuchungen bot sich bei den V 22 001-009 die Möglichkeit an, sie durch Motortausch, dem Einbau eines neuen dieselhydraulischen Getriebes und diversen anderen Änderungen technisch weitgehend an die Einheitsloks WR200B14 (DB V 20) anzugleichen. Zwischen 1951 und 1953 wurden diese neun Maschinen entsprechend umgebaut und anschließend als V 20 051-059 wieder in Betrieb genommen. Drei weitere 220B gelangten in der Sowjetzone zur DR und wurden als V 22 045-047 eingereiht. Als letzte wurde erst 1968 die V 22 045 ausgemustert.
Die dreiachsigen Loks konnten konstruktionsbedingt nicht umgebaut werden. Die V 22 017-019 wurden von der DB nicht mehr in ihren Bestand übernommen, sie fanden schon vorher neue Interessenten. Die V 22 015 und 016 fuhren noch bis November 1951 bei der DB, dann wurden auch sie verkauft.

**Technische Daten:**

| | | | |
|---|---|---|---|
| Baureihenbezeichnung: | V 15 (DB) | V 16 (DB) | V 22.0 (DB) |
| Radsatzanordnung: | B | B | B (V 22 015-019: C) |
| Kraftübertragung: | mechanisch | mechanisch | mechanisch |
| Vmax (km/h): | 28-31,7 | 28,5 | 42 (V 22 015-019: 37) |
| Leistung (PS): | 150 | 160 | 220 |
| Leistung (kW): | 110 | 118 | 162 |
| Dienstmasse (t): | 26-34 | 28-32 | 30-34 (V 22 015-019: 36-40) |
| Größte Radsatzfahrmasse (t): | 13-17 | 14-16 | |
| Länge über Puffer (mm): | 7.000-7.400 | 7.400 | 7.700 (V 22 015-019: 7.400) |
| Treibraddurchmesser (mm): | 900-950 | 950 | 950 (V 22 015-019: 900) |
| Kraftstoffvorrat (l): | | | |
| Indienststellung: | 1934-1937 | 1938-1943 | 1938-1944 |
| Verbleib: | V 15 002 (Schweden) | ++ | ++ |

## V 20 (Wehrmacht, DB, DR), 270 (DB)

Für die Deutsche Wehrmacht wurden Ende der 1930er-Jahre in großer Zahl zwei- und dreiachsige Diesselloks mit hydraulischer Kraftübertragung gebaut. Unter der Typbezeichnung WR200B14 entstanden nach einheitlichen Baugrundsätzen bei verschiedenen Firmen bis 1943 insgesamt 123 zweiachsige Dieselloks. Sie waren mit Motoren unterschiedlichster Hersteller ausgerüstet. Ihre Leistungen schwankten zwischen 150 und 235 PS. Bei allen gleich war der Antrieb, der über eine Kupplung sowie ein Strömungs- und Wendegetriebe auf eine zwischen den beiden Radsätzen gelagerte Blindwelle wirkte. Diese war wiederum mit den Rädern der Radsätze durch Kuppelstangen verbunden. Charakteristisch für diese Maschinen war ihr gedrungener Endführerstand.
Nach Kriegsende wurden von der DB insgesamt 22 Maschinen als Baureihe V 20 (002, 005-008, 020-023, 030-041 und 050) eingereiht. Die einzelnen Nummerngruppen kennzeichneten dabei insbesondere die verschiedenen Motorbauarten. Dazu kam noch die V 20 001 als ehemalige WR240B15 (240 PS). Da die meisten Loks in einem recht desolaten Zustand waren, wurden sie zunächst instandgesetzt. Die V 20 001, 020-023, 039 und 050 erhielten in der Folge neue 6-Zylinder-Viertaktmotoren von MaK mit 200 PS Leistung eingebaut, die anderen behielten ihre Deutz-Motoren.

*Foto: Estler*

Dazu kamen noch bis Anfang der 1950er-Jahre die umgebauten V 22 001-009 (hydraulische Kraftübertragung und 200-PS-Motor von MaK), welche dann als V 20 051-059 geführt wurden. Die V 20 060 entstand nach Umbau (hydraulische Kraftübertragung und 200-PS-Motor von MaK) aus der ehemaligen V 20 015, welche dem DWK-Typ D200 entsprach.
Ab 1968 liefen die Maschinen computergerecht als Baureihe 270. Beheimatet waren sie meist als Einzelstücke in den verschiedensten Bahnbetriebswerken und wurden vorwiegend für Bedarfsaufgaben wie Bauzugdienst oder Übergabefahrten eingesetzt. Aber auch im Streckendienst auf Nebenbahnen und im leichten Rangierdienst konnten die Loks vereinzelt beobachtet werden. Im Juni 1980 verschwand als letzte die 270 054 aus dem Bestand der DB. Sechs ehemalige DB-Maschinen blieben erhalten.
Die DR konnte noch vier Loks der Bauart WR 200 B 14 in ihren Bestand übernehmen und teilte ihnen die bei der Bundesbahn auch vorhandenen Nummern V 20 005-008 zu. Bis Ende der 1960er-Jahre waren alle ausgemustert.

**Technische Daten:**

| | |
|---|---|
| Baureihenbezeichnung: | V 20 (DB) |
| Radsatzanordnung: | B |
| Kraftübertragung: | dieselhydraulisch |
| Vmax (km/h): | 55 |
| Leistung (PS): | 200 |
| Leistung (kW): | 147 |
| Dienstmasse (t): | 27 (V 20 051-059: 31) |
| Größte Radsatzfahrmasse (t): | 13,5 (V 20 051-059: 15,5) |
| Länge über Puffer (mm): | 8.000 (V 20 051-059: 7.700, V 20 060: 7.400) |
| Treibraddurchmesser (mm): | 1.100 (V 20 051-059: 1.000, V 20 060: 950) |
| Kraftstoffvorrat (l): | 360 |
| Indienststellung: | 1936-1943 |
| Verbleib: | V 20 022 (AHE, betriebsfähig), 035 u. 058 (VBV), 036 (VMN, Neumünster), 039 (VVM, betriebsfähig), 051 (VMN, EF Kraichgau) |

## V 29, 299 (DB)

Als Ersatz für die auf der Strecke Mundenheim–Meckenheim eingesetzten Kastendampfloks der Reihe 99.08-09 benötigte die DB dringend neue Loks. Für die schwierigen Betriebsbedingungen der Meterspurstrecke schien eine dreiachsige Stangendiesellok nicht geeignet. Erforderlich war eine Lok mit guter Streckensicht wegen der Ortsdurchfahrten, geringem Achsdruck wegen des schlechten Oberbaus und guter Kurvenläufigkeit. Daher lieferte 1952 die Firma Jung drei Drehgestell-Loks mit den Betriebsnummern V 29 951 bis 953. Jeweils ein Drehgestell wurde von einem 145 PS starken Deutz-Motor angetrieben. Die Leistungsübertragung erfolgte hydraulisch durch ein Voith-Getriebe vom Typ L 33 yu, das auch bei der V 20 verwendet wurde. Den Mittelführerstand umgaben auf beiden Seiten relativ niedrige, vorne etwas abgeflachte Vorbauten, wo die Antriebsanlagen untergebracht waren.

Die drei Maschinen wurden dem Bw Ludwigshafen zugeteilt und ersetzten zwischen Mundenheim und Meckenheim die noch vorhandenen Dampfloks. Doch schon am 2. Oktober 1955 erfolgte die Einstellung des Gesamtverkehrs auf dieser Bahn. Die drei V 29 wurden daraufhin zu anderen Bahnen umgesetzt. Die V 29 951 und 953 gingen zur Walhallabahn Regensburg–Wörth. Dort erlebten sie noch 1968 ihre computergerechte Umzeichnung in 299 951 und 953, doch die Bahn wurde am 31. Dezember 1968 stillgelegt. Wenig später erfolgte am 3. Januar 1969 ihre z-Stellung und bald darauf am 15. März die Ausmusterung. Besser erwischte es die V 29 952, welche zur Strecke Nagold–Altensteig umgesetzt wurde. Dort endete zwar der Personenverkehr bereits zum Winterfahrplan 1962/63, die Lok diente aber weiterhin im Güterzugdienst und zuletzt sogar beim Streckenabbau. Nach ihrer Ausmusterung am 20. September 1967 konnte sie an die Mittelbadischen Eisenbahn (MEG) verkauft werden. Dort lief sie auf der Meterspurstrecke Schwarzach–Scherzheim als V 29-01. Nach deren Stilllegung zum Jahresende 1980 gelangte die Lok 1981 in das DGEG-Schmalspurmuseum in Viernheim. Ab 1997 fand sie beim DEV in Bruchhausen-Vilsen einen neuen Unterschlupf und ist seit Sommer 2001 wieder betriebsfähig.

*Foto: Blaschke*

| Technische Daten: | |
|---|---|
| Baureihenbezeichnung: | V 29 (DB) |
| Spurweite (mm): | 1.000 |
| Radsatzanordnung: | B'B' |
| Kraftübertragung: | dieselhydraulisch |
| Vmax (km/h): | 40 |
| Leistung (PS): | 2 x 145 |
| Leistung (kW): | 2 x 107 |
| Dienstmasse (t): | 28 |
| Größte Radsatzfahrmasse (t): | |
| Länge über Puffer/Kupplung (mm): | 9.140 |
| Drehgestellradsatzstand (mm) | 2.240 |
| Treibraddurchmesser (mm): | 850 |
| Kraftstoffvorrat (l): | 600 |
| Indienststellung: | 1952 |
| Verbleib: | V 29 952 (DEV, Bruchhausen-Vilsen) |

## (V 30 001), 103 901, 199 301 (DR)

Mitte der 1960er-Jahre erhielt der VEB Lokomotivbau »Karl Marx« (LKM) in Potsdam-Babelsberg von der Indonesischen Staatsbahn den Auftrag, 30 dieselhydraulische Lokomotiven in Kapspur (1.067 mm) vorwiegend für den Rangierdienst zu liefern. Nach Vorgaben des Auftraggebers sollten sie mit westdeutschen Maybach-Motoren und Voith-Strömungsgetrieben ausgerüstet werden. Nach Abschluss der Konstruktionsarbeiten fertigte LKM bis 1966 zunächst einen meterspurigen Prototyp mit der Werksbezeichnung V 30 C und testete ihn auf der Harzquer- und Brockenbahn in einem umfangreichen Versuchsprogramm. Die Erprobung verlief positiv und noch 1967 konnte die bestellte Serie nach Indonesien ausgeliefert werden. Der Prototyp blieb zunächst Eigentum des Herstellers und wurde 1969 von der DR gekauft. Nach einem Umbau entsprechend den Anforderungen der Harzquer- und Brockenbahn erhielt die Maschine 1970 die Bezeichnung 103 901.

In ihrer äußeren Gestaltung sowie antriebstechnisch orientierte sich die Lok an der V 36. Der Endführerstand erstreckte sich über die volle Fahrzeugbreite und war doppelwandig sowie schall- und wärmeisoliert ausgeführt. Davor befand sich der Maschinenvorbau mit seitlichen Umläufen mit Klappen und abnehmbaren Teilen zur Wartung der Maschinenanlage. Im Gegensatz zu den exportierten Loks diente ein Sechszylinder-Viertakt-Reihendieselmotor des VEB Elbewerk Roßlau mit 330 PS Leistung als Antriebsaggregat. Über Strömungs- und Wendegetriebe aus heimischer Produktion erfolgte die Kraftübertragung zur Blindwelle und weiter über Treib- und Kuppelstangen auf die Radsätze. Gelagert war die Blindwelle zwischen zweitem und drittem Radsatz.

Eingesetzt wurde die 103 901 ausschließlich auf den Harzer Schmalspurbahnen. Sie tummelte sich vorwiegend im Rangierdienst in Wernigerode und Nordhausen, kam aber auch mit Arbeitszügen auf die Strecke. 1973 erhielt sie die neue Betriebsnummer 199 301. Auch heute ist die Einzelgängerin im Harz noch vorhanden. Eigentümer ist seit Januar 1993 die Harzer Schmalspurbahnen GmbH (HSB), doch ist die Lok seit 1997 nach Fristablauf abgestellt.

*Foto: Estler*

| Technische Daten: | |
|---|---|
| Baureihenbezeichnung: | 103 901 (DR) |
| Spurweite (mm): | 1.000 |
| Radsatzanordnung: | C |
| Kraftübertragung: | dieselhydraulisch |
| Vmax (km/h): | 30 |
| Leistung (PS): | 330 |
| Leistung (kW): | 243 |
| Dienstmasse (t): | 30 |
| Größte Radsatzfahrmasse (t): | 10 |
| Länge über Puffer/Kupplung (mm): | 8.200 |
| Treibraddurchmesser (mm): | 900 |
| Kraftstoffvorrat (l): | 500 |
| Indienststellung: | 1966 (Umbau 1969/70) |
| Verbleib: | 199 301 (HSB) |

## V 36 (Wehrmacht, DB, DR), 236 (DB), 103 (DR)

Zwischen 1936 und 1945 beschaffte die Deutsche Wehrmacht rund 450 Diesellokomotiven für Dienste in Versorgungs- und Munitionslagern, bei Pioniereinheiten und für den Transport von Eisenbahngeschützen. Der überwiegende Teil dieser Lokomotiven gehörte zur Bauart WR360C, der eine Motorleistung von 360 PS besaß und dessen drei Radsätze über Blindwelle und Kuppelstangen angetrieben wurden. Bei Kriegsende waren die Loks in ganz Europa verstreut. Die in den Westzonen Deutschlands vorgefundenen Maschinen kamen größtenteils in den Bestand der späteren DB. Daneben konnten sich zahlreiche Privat- und Industriebahnen sowie die Eisenbahneinheiten der Besatzungsmächte aus dem übriggebliebenen Fundus bedienen. Insgesamt 77 Maschinen dieses Typs wurden in den DB-Bestand als V 36 001-003, 101-126, 201-238, 301 und 310-318 eingereiht.
Die V 36 001-003 gehörten zur kleinsten und leichtesten Bauart W360C12. Sie waren nur 8.700 mm lang und nur 45 km/h schnell. Wie die meisten V 36 hatten sie hydraulische Kraftübertragung auf eine Blindwelle zwischen dem zweiten und dritten Radsatz sowie ein Endführerhaus mit Übergangstür. Die V 36 001 wurde 1955 umgebaut und in V 36 239 umgezeichnet. Alle drei Loks wurden in den 1960er-Jahren verkauft.
Bei den Maschinen V 36 301 und 310-318 handelte es sich um die abweichende Bauart W360C15/17 der Deutschen Werke in Kiel. Anstelle des hydraulischen Getriebes erhielten sie eine mechanische Kraftübertragung. Ein Einzelstück war dabei die V 36 310, die 1937 als erste dieses Typs gebaut wurde. Sie besaß einen fast mittig angeordneten Führerstand und die Blindwelle war hinter den drei Radsätzen eingebaut. Bis Anfang der 1960er-Jahre waren alle Loks an Privatbahnen verkauft. Erhalten sind heute die ehemaligen V 36 311, 314 und 316, die lange Jahre bei den Mindener Kreisbahnen (MKB) fuhren.
Alle übernommenen Wehrmachtlokomotiven der Bauart W360C14 wurden als V 36.1 und V 36.2 eingereiht. Dazu kamen 1947 noch die V 36 150 und 251-254, die aus vorgefertigten Teilen bei Holmag (später MaK) entstanden. Nachbestellt wurden in der ersten Nachkriegszeit weitere neun Maschinen (V 36 255-262).

Auf Grund des spürbaren Lokmangels Ende der 1940er-Jahre entschloss sich die DB, den Auftrag für eine konstruktiv überarbeitete Serie von 18 Maschinen zu erteilen. Grundsätzlich entsprachen sie zwar der Vorkriegsausführung, erhielten aber neue Motoren der MWM, neue Getriebe von Voith sowie größere Kraftstofftanks und Luftbehälter. Somit ergab sich bei den als V 36 401-418 bezeichneten und 1950 von MaK gelieferten Maschinen eine Verlängerung um 40 mm sowie ein größerer Radsatzstand. Abweichend von den anderen hatten die V 36 416 und 418 eine Vollsichtkanzel auf dem Führerhaus erhalten.
Die Lokomotiven der Baureihe V 36 wurden vor allem im Rangier-, Übergabe- und Bauzugdienst eingesetzt. In den 1950er-Jahren fuhren sie auch im Vorortverkehr von Ballungsräumen. Speziell hierfür erhielt eine Reihe der V 36.1-2 Wendezugeinrichtung, Sicherheitsfahrschaltung und einen hochgelegten Führerstand zur besseren Streckensicht. Dabei wurde das Führerhausdach aufgeschnitten und darüber ein kanzelartiger Aufbau errichtet. Ein völlig neu gestaltetes, höher gelegtes Führerhaus erhielt die V 36 238. Ab Mitte der 1970er-Jahre befanden sich die ab 1968 als 236 geführten Maschinen stark auf dem Rückzug. Mit der Ausmusterung der 236 405 am 22. August 1981 war dieses Kapitel bei der DB abgeschlossen. Viele der ausgemusterten Fahrzeuge gelangten an Privatbahnen und Industriebetriebe. Rund 20 Maschinen der Bauserien V 36.1-2 und V 36.4 werden museal erhalten.
Bei der DR waren nach Kriegsende rund 40 Maschinen der Bauart W360C14 verblieben. 35 davon wurden wieder hergerichtet und als V 36 015-080 (mit Lücken) in den Betriebsbestand übernommen. Ein großer Teil erhielt Mitte der 1960er-Jahre einen neuen SKL-Sechszylinder-Dieselmotor mit ebenfalls 360 PS Leistung eingebaut. Ab 1970 fuhren sie unter der neuen Baureihenbezeichnung 103. 1982 war auch ihr Einsatz beendet. Als einzige DR-V 36 blieb die V 36 027 erhalten, die als Leihgabe des DB-Museums von den mecklenburgische Eisenbahnfreunden in Schwerin betreut wird.

*Foto: Estler*

*Foto: Estler*

**Technische Daten:**

| Baureihenbezeichnung: | V 36.0 (DB) | V 36.1-2 (DB) | V 36.3 (DB) | V 36 310 (DB) | V 36.4 (DB) |
|---|---|---|---|---|---|
| Radsatzanordnung: | C | C | C | C | C |
| Kraftübertragung: | hydraulisch | hydraulisch | mechanisch | mechanisch | hydraulisch |
| Vmax (km/h): | 45 | 55 | 62,5 | 62,5 | 55 |
| Leistung (PS): | 360 | 360 | 360 | 360 | 360 |
| Leistung (kW): | 265 | 265 | 265 | 265 | 265 |
| Dienstmasse (t): | 36 | 39-43 | 51 | 51 | 41 |
| Größte Radsatzfahrmasse (t): | 13,1 | 14,4-14,9 | 15-17 | 20,1 | 14 |
| Länge über Puffer (mm): | 8.700 | 9.200 | 9.100 | 9.100 | 9.240 |
| Treibraddurchmesser (mm): | 1.100 | 1.100 | 1.250 | 1.250 | 1.100 |
| Kraftstoffvorrat (l): | 700 | 630-1.500 | 700 | 1.000 | 630-1.500 |
| Indienststellung: | 1938 | 1938-1948 | 1941-1944 | 1937 | 1959 |
| Verbleib: | ++ | u. a. V 36 123 (DFS, Ebermannstadt) | V 36 311, 314, 316 | ++ | u. a. V 36 412 (Eisenbahn-Tradition, Lengerich) |

## V 36.48 (DR)

Im Typenprogramm der Deutschen Reichsbahn (DR) für Dieselloks war auch der Bau einer Maschine für die 750-mm-Schmalspurbahnen vorgesehen, welche die überalterten Dampflokomotiven ersetzen sollte. Das Anforderungsprofil sah eine hydraulische Kraftübertragung sowie universellen Einsatz vor. Ferner sollten so weit als möglich Aggregate, Baugruppen und Bauteile der normalspurigen Dieselloks zum Einbau kommen. Schon 1956 begann LKM mit der Entwicklung dieser Schmalspur-Diesellokomotive unter der Arbeitsbezeichnung V 36 K. Doch erst im Dezember 1960 bzw. im Mai 1961 konnten die zwei Baumuster V 36 4801 und 4802 zu Probefahrten auf das sächsische Schmalspurnetz überführt werden.
Zur Erfüllung des Leistungsprogramms war eine vierachsige Drehgestell-Maschine entstanden, die von zwei Maschinenanlagen analog der V 15.20-23 angetrieben wurde. Das Fahrzeug bestand aus zwei kurzgekuppelten Triebgestellen und einem dreipunktgelagerten Brückenrahmen. Auf den Triebgestellen ruhten die beiden Maschinenanlagen mit 180-PS-Dieselmotor, Strömungs- und Wendegetriebe sowie Kühlanlage. Der Mittelführerstand war auf dem Brückenrahmen aufgebaut.
Die Erprobung der beiden Maschinen brachte durchwachsene Ergebnisse. Zwar konnte die leistungsmäßige Überlegenheit gegenüber den Dampfloks bewiesen werden, doch musste eine ganze Reihe von Nachteilen festgestellt werden. Mit ihrer hohen Radsatzlast waren die Loks nur begrenzt auf den sächsischen Schmalspurstrecken einsetzbar, da hier generell nur eine Radsatzlast von sieben Tonnen zugelassen war. Die gesamte Maschinenanlage einschließlich der Steuer- und Hilfseinrichtungen erwies sich in hohem Maße störanfällig. Mangelhafte Schallisolierung führte zu einer unvertretbar hohen Lärmbelästigung und viele Bauteile waren nur schwer zugänglich. Daher wurden die Versuche 1962 abgebrochen und die Maschinenanlagen zur weiteren Verwendung ausgebaut. Zunächst blieben die antrieblosen Loks konserviert abgestellt, wurden aber einige Jahre später verschrottet.

Foto: Gerhard Illner/Bildarchiv der Eisenbahnstiftung

| Technische Daten: | |
|---|---|
| Baureihenbezeichnung: | V 36.48 (DR) |
| Spurweite (mm): | 750 |
| Radsatzanordnung: | B'B' |
| Kraftübertragung: | dieselhydraulisch |
| Vmax (km/h): | 30 |
| Leistung (PS): | 2 x 180 |
| Leistung (kW): | 2 x 132 |
| Dienstmasse (t): | 41,2 |
| Größte Radsatzfahrmasse (t): | 10,3 |
| Länge über Puffer/Kupplung (mm): | 12.100 |
| Drehgestellradsatzstand (mm) | 2.000 |
| Treibraddurchmesser (mm): | 800 |
| Kraftstoffvorrat (l): | 700 |
| Indienststellung: | 1960-1961 |
| Verbleib: | ++ |

## V 45, 245 (DB)

Gebaut wurden die zehn zweiachsigen V 45 im Jahre 1956 für die damals noch unter französischer Verwaltung stehenden Eisenbahnen des Saarlandes, die dringend neue, leistungsfähige Lokomotiven für den Rangierdienst benötigten. Auf Grund des französischen Einflusses lieferte den mechanischen Teil SACM in Graffenstaden. Der 400-PS-Dieselmotor stammte von Saurer, das hydraulische Getriebe von Voith. Die beiden Radsätze wurden über Ketten angetrieben. Die einfachen, kompakten Maschinen waren mit einem Endführerhaus ausgestattet.
Als am 1. Januar 1957 das Saarland wieder der Bundesrepublik angegliedert wurde, übernahm die DB auch die zehn Rangierloks der Baureihe V 45 in ihren Bestand. Doch schon kurz nach der Übernahme bot die DB die zehn Loks per Anzeige in Fachzeitschriften zum Verkauf an. Doch Käufer waren nicht zu finden, so dass sich die DB entschloss, die Maschinen selber weiter zu nutzen. Während die V 45 001 und 002 als Ersatzteilspender abgestellt wurden, kam die Mehrzahl der anderen acht Loks in Ausbesserungswerke, wo sie sich beim Rangieren von auszubessernden und ausgebesserten Fahrzeugen nützlich machten. Die V 45 005 war lange Jahre beim Bw Bayreuth beheimatet und kam dort sogar fallweise im Personenzugdienst auf der Nebenbahn von Falls nach Gefrees zum Einsatz. Dann wurde auch sie zum Dienst im Ausbesserungswerk Witten abkommandiert. Die letzten ab 1968 als 245 geführten Maschinen wurden Ende 1980 ausgemustert. Erhalten blieben zunächst die V 45 009 und 010. Erstere befindet sich nach wie vor im Dampflokmuseum in Neuenmarkt-Wirsberg als Leihgabe des Verkehrsmuseums. Letztere durfte noch einige Jahre als Denkmal bei ihrer langjährigen Wirkungsstätte, dem Ausbesserungswerk Paderborn herumstehen, landete aber schließlich auch auf dem Schrottplatz.

Foto: Estler

| Technische Daten: | |
|---|---|
| Baureihenbezeichnung: | V 45 (DB) |
| Radsatzanordnung: | B |
| Kraftübertragung: | dieselhydraulisch |
| Vmax (km/h): | 50 |
| Leistung (PS): | 400 |
| Leistung (kW): | 294 |
| Dienstmasse (t): | 33,5 |
| Größte Radsatzfahrmasse (t): | 17 |
| Länge über Puffer (mm): | 9.360 |
| Treibraddurchmesser (mm): | 1.050 |
| Kraftstoffvorrat (l): | 450 |
| Indienststellung: | 1956 |
| Verbleib: | V 45 009 (VMN, DDM Neuenmarkt-Wirsberg) |

## V 50 (DB)

Wenig bekannt sind die beiden Dieselloks der DB-Baureihe V 50, denn ihr Einsatz bei der Bundesbahn währte nur wenige Jahre. 1957 fertigte die Firma Krauss-Maffei zwei dreiachsige Dieselloks des Typs ML 500 mit hydraulischem Stangenantrieb für die Wilhelmsburger Industriebahnen GmbH, wo sie unter den Nummern 30 und 31 liefen. Zum 1. Juli 1962 verlor diese Bahn nach 69 Jahren ihre Selbstständigkeit. Beide Dieselloks kamen damit in den Eigentumsbestand der DB. Entsprechend dem damals geltenden Bezeichnungsschema für Diesellokomotiven (Motorleistung in PS geteilt durch 10) wurden sie als V 50 eingereiht und dem Bw Hamburg-Wilhelmsburg zugeteilt.

Doch die beiden Einzelgänger bereiteten der DB bei einer sinnvollen Einsatzgestaltung Probleme. Mit ihren 500 PS waren sie der in großer Stückzahl beschafften V 60 leistungsmäßig unterlegen. Auch die Ersatzteilhaltung bereitete erhebliche Schwierigkeiten, denn außer der Radsatzfolge hatten sie mit der V 60 nicht viel gemeinsam. Daher teilten die beiden Loks das gleiche Schicksal wie andere, von der DB übernommene Dieselloks. Sie wurden so schnell wie möglich verkauft. Als erste konnte die V 50 002 an die Firma VTG abgegeben werden, die sie im Kesselwagenverschub in München-Pfaffenhofen verwendete. Später kam sie zur Hoechst AG in das Werk Gendorf. Sie wurde 2002 verschrottet. Schließlich konnte am 16. September 1964 auch die V 50 001 verkauft werden. Ihre neue Heimat war die Verden-Walsroder Eisenbahn GmbH (VWE). Dort behielt sie zunächst ihre DB-Nummer und wurde erst in den 1970er-Jahren in V 3 umgezeichnet. Bis Mitte 1978 war sie noch häufig für die DB im Rangierdienst in Nienburg im Einsatz. Dies war der Ausgleich für die Triebfahrzeug-Gestellung durch die DB auf der VWE-Strecke Böhme–Walsrode. Nach Kündigung des Rangiervertrages durch die DB wurde die V 3 zur Reservelok mit nur noch sporadischen Einsätzen und schließlich im September 1983 verkauft. Über mehrere Stationen gelangte sie 1995 zur Papierfabrik Scheufelen in Oberlenningen (Teck). Von dort konnte sie der GES-Ableger »Förderverein Württembergisches Privatbahnmuseum Nürtingen« im Mai 2003 erwerben.

Gleichartige Loks lieferte Krauss-Maffei an verschiedene Werk- und Industriebahnen. Eine Weiterentwicklung der ML 500 waren die bis in die 1970er-Jahre gebauten Typen M 500 C und ML 500 C.

*Foto: Estler*

| Technische Daten: | |
|---|---|
| Baureihenbezeichnung: | V 50 (DB) |
| Radsatzanordnung: | C |
| Kraftübertragung: | dieselhydraulisch |
| Vmax (km/h): | 55 |
| Leistung (PS): | 500 |
| Leistung (kW): | 368 |
| Dienstmasse (t): | 54 |
| Größte Radsatzfahrmasse (t): | 18 |
| Länge über Puffer (mm): | 8.395 |
| Treibraddurchmesser (mm): | 1.100 |
| Kraftstoffvorrat (l): | 1.300 |
| Indienststellung: | 1957 |
| Verbleib: | V 50 001 (GES, Nürtingen) |

## V 51/V 52, 251/252 (DB)

Zur Ablösung der Dampftraktion auf den Schmalspurbahnen Bad Schussenried–Riedlingen, Biberach–Ochsenhausen, Lauffen–Leonbronn und Marbach–Heilbronn Süd mit 750 mm Spurweite sowie Mosbach–Mudau (1.000 mm) beschaffte die DB mit Unterstützung des Landes Baden-Württemberg fünf Schmalspur-Dieselloks mit hydraulischer Kraftübertragung. Da es sich nur um eine kleine Stückzahl handelte, der keine Großserie folgen sollte, verzichtete die DB auf eine eigene Entwicklung und adaptierte die von MaK angebotene Drehgestelllokomotive G 480 B'B' für ihre Erfordernisse. Hersteller aller fünf Maschinen war Gmeinder in Mosbach. Die drei 750-mm-Maschinen erhielten die Nummern V 51 901-903, die beiden meterspurigen Loks die Nummern V 52 901-902. Die V 51 kamen vorwiegend im Güterzugdienst zum Einsatz, daher verzichtete man bei ihnen auf die Zugheizung. Die V 52 hingegen wurden im Odenwald auch im Reisezugdienst verwendet und verfügten daher über eine elektrische Heizanlage.

Die ab 1. Januar 1968 als 251/252 bezeichneten Maschinen blieben bis zur Einstellung ihren Heimatstrecken treu. Nach Stilllegung der Bottwartalbahn und der Federseebahn (1969) verkaufte die DB die 251 901 an die Steiermärkische Landesbahn. Die beiden übrigen Maschinen zogen bis zur Einstellung der Strecke Warthausen–Ochsenhausen 1983 die dort verbliebenen Güterzüge. Ihre Ausmusterung erfolgte am 29. Dezember 1983. Die 251 902 wurde verkauft und kam nach Wiedereröffnung des »Öchsle« als Museumsbahn ab 1985 dort noch einmal zum Einsatz, die 251 903 erwarb schließlich eine Baufirma in Südeuropa. Schon 1973 trennte sich die DB nach Einstellung der Strecke Mosbach–Mudau von den beiden V 52. Beide Maschinen wurden auf 1.435 mm umgespurt und an die AVG (252 901) bzw. SWEG (252 902) verkauft. Nachdem sie auch dort mittlerweile überflüssig wurden, gingen sie ebenfalls den Weg nach Südeuropa.

In Deutschland erhalten blieben die V 51 901, die aus Österreich zurückkam und heute auf der Rügenschen Kleinbahn fährt, sowie die unter privater Obhut befindliche V 51 902.

*Foto: Estler*

| Technische Daten: | | |
|---|---|---|
| Baureihenbezeichnung: | V 51 (DB) | V 52 (DB) |
| Spurweite (mm): | 750 | 1.000 |
| Radsatzanordnung: | B'B' | B'B' |
| Kraftübertragung: | dieselhydraulisch | dieselhydraulisch |
| Vmax (km/h): | 40 | 40 |
| Leistung (PS): | 2 x 270 | 2 x 270 |
| Leistung (kW): | 2 x 199 | 2 x 199 |
| Dienstmasse (t): | 39 | 39 |
| Größte Radsatzfahrmasse (t): | 9,7 | 9,9 |
| Länge über Puffer/Kupplung (mm): | 9.810 | 9.780 |
| Drehgestellradsatzstand (mm) | 1.700 | 1.700 |
| Treibraddurchmesser (mm): | 850 | 850 |
| Kraftstoffvorrat (l): | 1.800 | 1.800 |
| Indienststellung: | 1964 | 1964 |
| Verbleib: | V 51 901 (RüKB, betriebsfähig), 902 (privat) | verkauft |

## V 60.10-11, 104, 105, 106.0-1, 106.2-9 (DR), 344, 345, 346, 347 (DB AG)

Analog zur Bundesbahn war auch bei der Reichsbahn der DDR Anfang der 1950er-Jahre die Entwicklung einer Rangierdiesellok vorgesehen, welche vor allem die alten Länderbahndampfloks der Baureihe 89, 91 und 92 ablösen sollte. Diese Maschinen sollten außer im Rangierdienst auch im leichten Streckendienst sowie im Arbeitszugdienst eingesetzt werden können. Folgende Punkte waren u.a. vorgegeben:

- Achslast unter 15 Tonnen
- Befahrbarkeit von 80 Meter Gleisbogenhalbmesser
- Gutes Blickfeld auf Puffer und Strecke
- Fahren in beiden Fahrtrichtungen von beiden Führerstandseiten
- Sicheres Mitfahren der Rangierer auf tiefliegenden Rangiertritten
- Zwei Geschwindigkeitsstufen, eine für den Rangierdienst mit hohen Zugkräften und eine für den Streckendienst ausreichende Höchstgeschwindigkeit

Doch der Diesellok- und Dieselmotorenbau der DDR verfügte noch nicht über genügend Erfahrungen und Kenntnisse zur Befriedigung dieser Forderungen. So konnten erst 1959 die beiden ersten Baumusterlokomotiven V 60 1001 und 1002 durch den VEB Lokomotivbau »Karl Marx« (LKM) in Potsdam-Babelsberg vorgestellt werden. Entstanden war eine vierachsige Rangierlok mit einem 650-PS-Motor aus heimischer Produktion. Die Kraftübertragung erfolgte über eine drehelastische Kupplung, Gelenkwelle, Strömungsgetriebe und Zahnräder zur Blindwelle und weiter über Treib- und Kuppelstangen auf die Radsätze. Zur besseren Kurvenläufigkeit erhielten die vier rollengelagerten Radsätze jeweils 25 mm Seitenspiel und wurden paarweise in Beugniot-Hebeln geführt. Der geschweißte Blechinnenrahmen wurde mit Längsversteifungen verstärkt, um die Stöße im Rangierbetrieb besser auffangen zu können. Unter dem vorderen, längeren Vorbau befand sich der größte Teil der Maschinenanlage, unter dem hinteren der Tank, Druckluftbehälter und Batterien.

Nach ausführlicher Erprobung und der Beseitigung einiger Kinderkrankheiten bei den Baumusterloks folgte 1961 eine erste Kleinserie (V 60 1003-1007). Die erste Serienlieferung in den Jahren 1962 bis 1964 endete mit der V 60 1070. Aufgrund von Erkenntnissen im Betriebsdienst stellten sich einige Verbesserungswünsche ein, die bei der 1964 vorgestellten Musterlok V 60 1201 Berücksichtigung fanden. Die Radsatzlast wurde durch den Einbau von Graugussballast auf 15 t heraufgesetzt. Neu waren auch das verbreiterte Führerhaus und das über die Stirnwände vorgezogene Führerhausdach als Sonnen- und Regenschutz. Die weitere Serienfertigung ab V 60 1202 wurde im gleichen Jahr vom VEB Lokomotivbau - Elektrotechnische Werke »Hans Beimler« in Hennigsdorf übernommen. 1970 erfolgte die computergerechte Umzeichnung in die Baureihe 106. Im Laufe der Jahre kamen weitere Änderungen hinzu wie z.B. der Einbau verbesserter Strömungsgetriebe, verbesserter Kühlanlagen und einer Vielfachsteuerung. Als 1975 mit der 106 999 die zu vergebenden Ordnungsnummern erschöpft waren, erhielten die weiteren Lieferungen der DR-V 60 die Baureihenbezeichnung 105. Bis 1982 folgten noch die 105 001-165. Mit einzelnen Ankäufen von Industriebahnen (105.9) war 1983 die Beschaffung endgültig abgeschlossen.

Zur Senkung des Kraftstoffverbrauchs wurde zwischen 1991 und 1993 bei 79 Maschinen die Motorleistung von 478 kW auf 365 kW gedrosselt. Zunächst noch als Baureihe 104 geführt, erhielten sie ab 1992 die Baureihenbezeichnung 344. Analog wurden die 105 und 106 in 345 und 346 umgezeichnet. 14 Maschinen der Baureihe 105/106 wurden zwischen 1985 und 1987 für den Einsatz auf dem Breitspurteil (1.520 mm) des Fährhafens Mukran auf Rügen umgespurt und erhielten zusätzlich die russische Mittelpufferkupplung eingebaut. Seit 1992 fahren sie als Baureihe 347. Derzeit sind noch drei Maschinen in Betrieb. Die letzten leistungsreduzierten 344er mussten schon im Dezember 2004 den Dienst quittieren, während von den Baureihen 345/346 noch knapp 50 Exemplare im Einsatz stehen.

Foto: Estler

Foto: Estler

**Technische Daten:**

| Baureihenbezeichnung: | 344 (DR) | 345/346 (DR) | 347 (DR) |
|---|---|---|---|
| Spurweite (mm): | 1.435 | 1.435 | 1.520 |
| Radsatzanordnung: | D | D | D |
| Kraftübertragung: | dieselhydraulisch | dieselhydraulisch | dieselhydraulisch |
| Vmax (km/h): | 60 | 60 | 60 |
| Leistung (PS): | 496 | 650 | 650 |
| Leistung (kW): | 365 | 478 | 478 |
| Dienstmasse (t): | 60 | 60 (bis 346 170: 55) | 60 |
| Größte Radsatzfahrmasse (t): | 15 | 15 (bis 346 170: 13,8) | 15 |
| Länge über Puffer/Kupplung (mm): | 10.880 | 10.880 | 10.880 |
| Treibraddurchmesser (mm): | 1.100 | 1.100 | 1.100 |
| Kraftstoffvorrat (l): | 2.100 | 2.100 | 2.100 |
| Indienststellung: | U 1991-93 | 1959-1982 | U 1985-87 |
| Verbleib: | ++ | u.a. V 60 1001 (VMD, SEM Chemnitz-Hilbersdorf), V 60 1100 (VMN, Arnstadt), V 60 1120 (SEM) | DB AG |

## V 60, 260/261, 360/361/362/363/364/365 (DB)

Anfang der 1950er-Jahre benötigte die DB eine kräftige Diesellok für den Verschubdienst. Gerade hier waren Dampfloks besonders unwirtschaftlich und der Bestand stark überaltert. Die vorhandenen Kleinloks waren in vielen Fällen zu schwach oder zu langsam und Maschinen wie die V 20 und V 36 nicht in genügender Anzahl vorhanden. Daher wurde von DB und Lokindustrie eine Arbeitsgemeinschaft gebildet, um eine moderne Rangierdiesellok zu entwerfen. Basis für den Antrieb bildete die V 36, der analog über Getriebe, Blindwelle und Treibstangen erfolgen sollte. 1955/56 wurden vier Vorserienloks (V 60 001-004) geliefert, die sich so hervorragend bewährten, dass nach nur kurzer Erprobungszeit die Serienausführung folgte. Zwischen zwei unterschiedlich langen Vorbauten sitzt bei den V 60 das Führerhaus, unter dem das hydraulische Getriebe und das Nachschaltgetriebe ihren Platz haben. Unter dem vorderen Vorbau ist der Motor untergebracht, wobei 650-PS-Motoren verschiedener Hersteller zum Einbau kamen. Der Rahmen ist vollständig geschweißt. Zwischen dem zweiten und dritten Radsatz befindet sich die Blindwelle, welche über Kuppelstangen die Radsätze antreibt. Zur besseren Kurvenläufigkeit ist der mittlere Radsatz um 30 mm seitenverschiebbar.

Insgesamt 942 Maschinen der Baureihe V 60 wurden bis 1961 in zwei Versionen geliefert. Erst mit der Einführung des neuen Nummernschemas 1968 wurde differenziert und die leichtere Ausführung als 260, die schwerere als 261 bezeichnet. Dabei unterscheiden sich die 261 vor allem durch dickere Rahmenwangen und Deckbleche von den 260. Ab 1. Oktober 1987 erfolgte die Einstufung der Maschinen als Kleinloks, die Baureihenbezeichnung änderte sich in 360 und 361. Durch die Ausrüstung mit Funkfernsteuerung wurde aus den 360 die neue Baureihe 364, aus den 361 die Baureihe 365. Mit der Umrüstung funkferngesteuertere V 60 auf Caterpillar-Dieselmotoren mit 480 kW Leistung entstanden nochmals zwei neue Baureihen. Aus den 364 wurden nach dem Umbau die 362, analog die 365 in 363 umgezeichnet. Zwar haben sich die Reihen schon deutlich gelichtet, doch mangels Alternativen müssen die DB-V 60 noch einige Jahre durchhalten. Während die Baureihen 360 und 361, seit 2004 bei der DB verschwunden sind, waren Anfang 2023 die Baureihen 362 und 363 in Betrieb. Die letzten 364 und 365 standen abgestellt in Ulm.

*Foto: Estler*

| Technische Daten: | | | | |
|---|---|---|---|---|
| Baureihenbezeichnung: | 360/364 (DB) | 361/365 (DB) | 362 (DB) | 363 (DB) |
| Radsatzanordnung: | C | C | C | C |
| Kraftübertragung: | dieselhydraulisch | dieselhydraulisch | dieselhydraulisch | dieselhydraulisch |
| Vmax (km/h): | 60 | 60 | 60 | 60 |
| Leistung (PS): | 650 | 650 | - | - |
| Leistung (kW): | 478 | 478 | 480 | 480 |
| Dienstmasse (t): | 48-49 | 53 | 48-49 | 53 |
| Größte Radsatzfahrmasse (t): | 16,1 | 18,0 | 16,1 | 18,0 |
| Länge über Puffer (mm): | 10.450 | 10.450 | 10.450 | 10.450 |
| Treibraddurchmesser (mm): | 1.250 | 1.250 | 1.250 | 1.250 |
| Kraftstoffvorrat (l): | 1.350-1.800 | 900-1.350 | 1.350-1.800 | 900-1.350 |
| Indienststellung: | 1955-1961 | 1955-1961 | U ab 2000 | U ab 1998 |

## V 65, 265 (DB)

Alle renommierten deutschen Lokfabriken entwickelten Anfang der 1950er-Jahre eigene Typenprogramme für Diesellokomotiven, welche sowohl für den Export als auch für Privat- und Industriebahnen gedacht waren. Gleichzeitig suchte die Bundesbahn auch im Nebenbahndienst nach Ersatz für die Dampflokomotiven. Daher erwarb sie 1956 von der Maschinenbau GmbH (MaK) in Kiel nach ausgedehnten Probefahrten 15 Exemplare des MaK-Typs 650 D und reihte sie als Baureihe V 65 in ihren Bestand ein.

Auf Grund der geforderten Höchstgeschwindigkeit von 80 km/h besaß die V 65 vier Radsätze, die von einer in Lokmitte angeordneten Blindwelle über Kuppelstangen angetrieben wurden. Zur besseren Kurvenläufigkeit waren die Radsätze in einem Beugniot-Fahrwerk vereinigt. Dabei waren je zwei benachbarte Radsätze über Lenkhebel in einem Beugniot-Gestell so gelagert, dass ihre seitliche Verschiebung gegensinnig erfolgte und so eine drehgestellähnliche Führung im Gleis bewirkte. Während bei den DB-Dieselloks bis dahin ausschließlich schnelllaufende Dieselmotoren verwendet wurden, erhielt die V 65 einen langsamlaufenden MaK-Schiffsdiesel mit 650 PS Leistung. Leistungsübertragung, Getriebe und Aufbau entsprachen ansonsten weitgehend der V 60. Da der Einsatz der V 65 überwiegend im Nebenbahndienst erfolgen sollte, erhielten sie auch eine Zugheizeinrichtung, wobei zur Dampferzeugung die Abwärme der Auspuffgase genutzt wurde.

Alle 15 Maschinen liefen zunächst vom Bw Marburg/Lahn aus auf Nebenstrecken im hessischen Bergland. Obwohl die Laufeigenschaften befriedigten und die Spurkranzabnutzung gering war, sah die DB von einer Weiterbeschaffung ab, da die geringe Leistung und der Blindwellenantrieb nicht dem Konzept einer zukunftsweisenden Diesellok für Nebenbahnen entsprachen. Nach Indienststellung der modernen V 100 wanderten die V 65 (ab 1968: 265) in den Rangier- sowie Übergabedienst ab und kamen zum Bw Hamburg-Altona. Einige fuhren sogar zeitweise im Fährbahnhof Puttgarden, wo sie Wagen auf die Eisenbahnfährschiffe rangierten. Als letzte wurde am 16. April 1980 nach einem Schaden die 265 004 außer Dienst gestellt. Zwei V 65 blieben erhalten. Die V 65 011 steht als Leihgabe des Verkehrsmuseums Nürnberg bei der DGEG in Bochum-Dahlhausen, während die V 65 001 von den Osnabrücker Dampflokfreunden (ODF) für Sonderfahrten vorgehalten wird.

*Foto: Blaschke*

| Technische Daten: | |
|---|---|
| Baureihenbezeichnung: | V 65 (DB) |
| Radsatzanordnung: | D |
| Kraftübertragung: | dieselhydraulisch |
| Vmax (km/h): | 80 |
| Leistung (PS): | 650 |
| Leistung (kW): | 478 |
| Dienstmasse (t): | 54 |
| Größte Radsatzfahrmasse (t): | 13,5 |
| Länge über Puffer (mm): | 10.740 |
| Treibraddurchmesser (mm): | 1.250 |
| Kraftstoffvorrat (l): | 1.130 |
| Indienststellung: | 1956 |
| Verbleib: | V 65 001 (ODF), V 65 011 (VMN, Bochum-Dahlhausen) |

## V 75, 107 (DR)

Anfang der 1960er-Jahre bestand bei der DR dringender Bedarf für eine Rangierdiesellok vor allem zur Ablösung der Dampflokomotiven der Baureihe 80. Da sich aber die DR-V 60 noch im Erprobungsstadium befand, entschloss man sich zum Import von 20 vierachsigen, dieselelektrischen Rangierloks aus der Tschechoslowakei. Schon Anfang der 1950er-Jahre hatten sich die tschechoslowakischen Staatsbahnen ČSD mit der Verdieselung des mittleren und schweren Rangierdienstes beschäftigt. Die Prager Lokomotivfabrik Českomoravska Kolben Daněk (ČKD) entwickelte daraufhin eine vierachsige Drehgestelllok mit elektrischer Kraftübertragung. 1954/55 erschienen sechs Probemaschinen mit einem 720-PS-Motor zunächst als BR T 434, später in T 436 umgezeichnet. Ab 1956/57 wurde die verbesserte T 435 mit einem stärkeren Motor von 750 Leistung in großer Stückzahl an die ČSD ausgeliefert. Die 20 Importlokomotiven der DR waren identisch mit der T 435. Sie erhielten die Baureihenbezeichnung V 75.

*Foto: Estler*

Rahmen und die beiden zweiachsigen Drehgestelle der V 75 waren eine Schweißkonstruktion. Ein langer schmaler und hoher Vorbau mit seitlichen, durch Geländer abgesicherten Umläufen umschloss die Maschinenanlage. An einem Fahrzeugende befand sich ein über die volle Breite reichender Endführerstand. Als Antriebsaggregat diente ein nicht aufgeladener Sechszylinder-Viertakt-Reihendieselmotor mit 750 PS Leistung. Die Kraftübertragung auf die vier Gleichstrom-Tatzlagermotoren erfolgte durch einen direkt an den Dieselmotor angeflanschten Gleichstromgenerator.

Nach ihrer Auslieferung wurden die V 75 zunächst im Rangierdienst auf verschiedenen Leipziger Bahnhöfen eingesetzt. Später fuhren sie auch vor Nahgüterzügen, Bauzügen und außerhalb der Heizperiode gelegentlich sogar vor Personenzügen. Ab 1970 als Baureihe 107 geführt begann ihr Stern als Splittergattung Anfang der 1980er-Jahre zu sinken. Einzelne Lokomotiven konnten noch an Industriebetriebe verkauft werden, doch bis Ende der 1980er-Jahre waren alle DR-V 75 ausgemustert. Einzige aktive Maschine ist die V 75 Bei der Arco Transportation GmbH sind heute noch zwei ehemalige V 75 018, die bei der Railsystems RP GmbH mit Sitz in Gotha im Bauzugdienst zu bewundern.

| Technische Daten: | |
|---|---|
| Baureihenbezeichnung: | V 75 (DR) |
| Radsatzanordnung: | Bo'Bo' |
| Kraftübertragung: | dieselelektrisch |
| Vmax (km/h): | 60 |
| Leistung (PS): | 750 |
| Leistung (kW): | 552 |
| Dienstmasse (t): | 62,6 |
| Größte Radsatzfahrmasse (t): | 15,8 |
| Länge über Puffer (mm): | 12.560 |
| Drehgestellradsatzstand (mm) | 2.400 |
| Treibraddurchmesser (mm): | 1.000 |
| Kraftstoffvorrat (l): | 2.000 |
| Indienststellung: | 1962 |

## 279 (DB)

Die DB-Baureihe 279 umfasste lediglich zwei Maschinen und gab bei der Bundesbahn nur ein sehr kurzes Gastspiel. Hinter dieser Baureihe verbargen sich die ehemaligen Diesellokomotiven 4 und 5 der Söhrebahn. Diese Vierkuppler wurden 1958 bzw. 1961 von Henschel gebaut und besaßen einen hydraulischen Stangenantrieb über Blindwelle. Lokomotiven dieses Typs mit Mittelführerstand und zwei unterschiedlich geformte Vorbauten sind an viele Industrie- und Privatbahnen geliefert worden.

Eröffnet wurde die Söhrebahn am 22. August 1912, um die Bodenschätze bei Wellerode in Richtung Kassel abtransportieren zu können. Basalt wurde zwar nur bis in die 1930er-Jahre abgebaut, aber die Förderung von Braunkohle im Stollen- und Tagebau blieb bis 1966 erhalten. Das weitere Güteraufkommen resultierte aus Land- und Forstwirtschaft. Ein guter Kunde waren daneben die Junkers-Werke, welche über ein rund 2 km langes Industriegleis von Lohfelden aus bedient wurden.

*Foto: Helmut Röth/Bildarchiv der Eisenbahnstiftung*

Neben dem Güterverkehr war auf der Söhrebahn lange Zeit auch ein umfangreiches Fahrgastaufkommen im Berufs- und Schülerverkehr zu bewältigen. Doch hier machte sich zunehmend die Konkurrenz des Individualverkehrs bemerkbar. Daher wurden mit dem Ende des Braunkohlenabbaus am 1. September 1966 der Güterverkehr ab Lohfelden und der gesamte Personenverkehr eingestellt.

Die Bundesbahn übernahm den Restbetrieb zum 1. Januar 1970. Die beiden Diesellokomotiven wurden dem Bw Kassel zugewiesen und in 279 001 und 002 umgezeichnet. Mit den Sonderlingen wusste die DB in der Folge nicht viel anzufangen. Daher wurden die Loks mehrfach auch an Privatbahnen (Butzbach-Licher Eisenbahn, Kleinbahn Frankfurt-Königstein) verliehen. Am 24. Juni 1971 musste die 279 001 den Dienst quittieren. Die noch zum Bw Frankfurt/Main 1 umgesetzte 279 002 folgte ihr am 15. September 1971. Auf Grund ihres guten Zustands konnten beide Maschinen über eine Münchener Firma an eine oberitalienische Privatbahn verkauft werden.

| Technische Daten: | |
|---|---|
| Baureihenbezeichnung: | 279 (DB) |
| Radsatzanordnung: | D |
| Kraftübertragung: | dieselhydraulisch |
| Vmax (km/h): | 60 |
| Leistung (PS): | 850 |
| Leistung (kW): | 625 |
| Dienstmasse (t): | 60 |
| Größte Radsatzfahrmasse (t): | |
| Länge über Puffer (mm): | 11.050 |
| Treibraddurchmesser (mm): | 1.250 |
| Kraftstoffvorrat (l): | |
| Indienststellung: | 1958 / 1961 |
| Verbleib: | Italien, Azienda Consorziale Trasporti, Reggio Emilia (ACT), 850 003 und 004 |

## V 80, 280 (DB)

Vor 1945 war der Bau von Großdieselloks in Deutschland über Einzelexemplare nicht hinausgekommen. Das Problem lag vor allem in der Leistungsübertragung. Schon bei der DRG konnte das von Föttinger entwickelte hydraulische Strömungsgetriebe seine Bewährungsprobe beim Antrieb von Dieseltriebwagen bestehen. Bei der 1935 gebauten V 140 001 konnte erstmals bei einer Großdiesellok die hydraulische Kraftübertragung erfolgreich angewendet werden. Der Zweite Weltkrieg unterbrach diese richtungsweisenden Versuche, doch Ende der 1940er-Jahre wurden sie wieder aufgenommen. Als Gemeinschaftsentwicklung des BZA München sowie der Industrie entstand das Konzept der V 80: eine Diesellok mit zweiachsigen, über Gelenkwellen angetriebenen Drehgestellen und hochliegendem Mittelführerstand. Unter dem kürzeren Vorbau waren die komplette Heizanlage, unter dem längeren Motor, Kühlanlage und Kraftstofftank untergebracht. Das Getriebe befand sich in Fahrzeugmitte unter dem Führerhaus. Drehgestelle, Rahmen und Aufbau waren komplett geschweißt. Als Motoren standen zunächst zwei 800-PS-Aggregate von Daimler-Benz bzw. von MAN sowie eine 1.000-PS-Maschine von Maybach zur Verfügung.

Zehn V 80 wurden in den Jahren 1951/52 ausgeliefert. Als innovative Wegbereiter einer neuen Lok-Generation wurden sie ausgiebig getestet und mussten natürlich auch diverse Verbesserungen über sich ergehen lassen. Wichtige Änderungen waren der Austausch des ursprünglichen Heizkessels gegen ein Vapor-Heating-Aggregat und der Ersatz der ursprünglichen Motoren durch den MTU-Typ MB 12V 493 mit 1.100 PS Leistung.
Die ab 1968 computergerecht als Baureihe 280 geführten Loks wurden als Splittergattung zwischen 1976 und 1978 ausgemustert. Die 280 010 wurde 1977 an die Hersfelder Kreisbahn verkauft. Später folgte sie dem Großteil der übrigen Maschinen nach Italien, die dort bei Privatbahnen und vor Bauzügen ein neues Auskommen fanden. Als DB-Museumslok blieb zunächst die V 80 002 erhalten, die aber beim Brand des Museums-Depots in Nürnberg-Gostenhof am 17. Oktober 2005 so schwer beschädigt wurde, dass ihre Reste verschrottet werden mussten. Immerhin kehrte im Oktober 2005 die V 80 001 aus Italien zurück.

*Foto: Estler*

| Technische Daten: | |
|---|---|
| Baureihenbezeichnung: | V 80 (DB) |
| Radsatzanordnung: | B'B' |
| Kraftübertragung: | dieselhydraulisch |
| Vmax (km/h): | 100 |
| Leistung (PS): | 1.100 |
| Leistung (kW): | 809 |
| Dienstmasse (t): | 58 |
| Größte Radsatzfahrmasse (t): | 15 |
| Länge über Puffer (mm): | 12.800 |
| Drehgestellradsatzstand (mm) | 2.900 |
| Treibraddurchmesser (mm): | 940 |
| Kraftstoffvorrat (l): | 1.650 |
| Indienststellung: | 1951-1952 |
| Verbleib: | V 80 001 (privat, Frankfurt/Main) |

## V 90, 290/294/296, 291/295 (DB)

Für den schweren Rangierdienst waren die V 60 zu schwach. Anfang der 1960er-Jahre war dies noch eine Domäne von Dampfloks. Zu ihrer Ablösung war die Beschaffung einer schweren Diesel-Rangierlok unumgänglich. In Anlehnung an die leichten vierachsigen Loks der Baureihe V 100 entwickelten das BZA München und MaK in Kiel eine vierachsige Diesel-Rangierlok mit einer Radsatzlast von 20 Tonnen.
Die ersten 20 Vorausloks der neuen Baureihe V 90 wurden 1964 von MaK ausgeliefert. In der Form ähnelten sie der V 100. Sie hatten aber größere Radsatzstände, ein erheblich höheres Gewicht und waren fast zwei Meter länger. Die V 90 erhielt den von den V 100 und V 200.1 her bekannten 12-Zylinder-Motor von MTU/MB, dessen Leistung dem Einsatz der Lok entsprechend auf 1.100 PS gedrosselt worden war. Über das hydraulische Getriebe von Voith wurde die Antriebsleistung über Gelenkwellen zu den Radsatzgetrieben geleitet. Die V 90 (ab 1968: 290) bewährte sich gut, daher wurden zwischen 1966 und 1974 weitere 387 Exemplare beschafft.
Noch vor dem Serienbau der V 90 fertigte MaK auf eigene Kosten drei Exemplare der Variante V 90P, welche mit dem hauseigenen, langsamlaufenden Acht-Zylinder-Reihenmotor (1.100-1.400 PS) ausgerüstet waren. Diese drei Loks wurden zunächst von der DB als V 90 901-901 (ab 1968: 291 901-903) angemietet und später auch gekauft. Mit einem verbesserten Motor (gedrosselt auf 1.100 PS) bestellte die DB 100 Serienmaschinen, die zwischen 1974 und 1978 geliefert und als 291 001-100 eingereiht wurden. Mit dem Einbau einer Funkfernsteuerung ab Dezember 1995 entstanden zwei weitere Baureihen. Die funkferngesteuerten 290 wurden zur 294, analog die 291 zur 295. Durch den Einbau neuer Motoren mit 1.000 kW Leistung mutierten zehn Loks der Baureihe 294 im Jahr 2000 zur Unterbauart 294.95. Die 294 951-960 fahren im schweren Hüttenverkehr des Saarlandes. Sie werden im Zugverband eingesetzt, wobei die Schublok über Satellit von der Zuglok ferngesteuert wird. Durch Remotorisierung der 290/294 mit dem abgasarmen MTU-Motor 8V4000R41 (1.000 kW) entstanden ab 2003 die Unterbaureihen 290.5/294.5. Für den zentral funkferngesteuerten Einsatz auf großen Rangierbahnhöfen erschien ab 2004 aus umgebauten 290ern die Baureihe 296.

*Foto: Estler*

| Technische Daten: | | |
|---|---|---|
| Baureihenbezeichnung: | 290/294/296 (DB) | 291/295 (DB) |
| Radsatzanordnung: | B'B' | B'B' |
| Kraftübertragung: | dieselhydraulisch | dieselhydraulisch |
| Vmax (km/h): | 80 | 90 |
| Leistung (PS): | 1.100 | 1.100 |
| Leistung (kW): | 809 (290.5/294.5: 1.000) | 809 |
| Dienstmasse (t): | 78,8 | 76-90 |
| Größte Radsatzfahrmasse (t): | 20 | 19-23 |
| Länge über Puffer/Kupplung (mm): | 14.320 (bis 290 020: 14.000) | 14.320 |
| Drehgestellradsatzstand (mm) | 2.500 | 2.500 |
| Treibraddurchmesser (mm): | 1.100 | 1.100 |
| Kraftstoffvorrat (l): | 3.200 | 3.500 |
| Indienststellung: | 1964-1974 | 1965-1978 |
| Verbleib (DB-Museum): | 290 001 | |

## V 100.10, V 100.20, 211, 212, 213, 714 (DB)

Für den gemischten Dienst auf Nebenbahnen sah das erste Diesellok-Typenprogramm der DB eine Diesellok der Baureihe V 65.2 vor, die eine Leistung von 650 bis 800 PS haben sollte. Als Vorbild diente die V 80, jedoch sollte die neue Lok deutlich kostengünstiger sein. In Zusammenarbeit mit dem BZA München wurde MaK in Kiel mit der Entwicklung beauftragt, wobei nun ein leistungsfähiger 1.100-PS-Motor zum Einbau kommen sollte und sich die Baureihenbezeichnung in V 100 änderte. Im Spätherbst 1958 lieferte MaK fünf Vorauslokomotiven V 100 001-005 (später V 100 1001-1005) sowie die V 100 006 (später V 100 2001), die einen 1.350-PS-Motor erhalten hatte.

Mit ihrem Vorbild V 80 hatte die V 100 nur die grobe Form gemeinsam, denn das rundliche Design der V 80 musste einer eckigeren, kantigeren Form weichen. Die Motorleistung wurde über eine elastische Kupplung und Gelenkwelle auf das hydraulische Getriebe übertragen, welches über ein Stufengetriebe die Fahrt im Streckengang (Vmax 100 km/h) oder im Rangiergang (Vmax 65 km/h) zuließ. Eine Neukonstruktion waren die Drehgestelle als geschweißte Rohrkonstruktion. Die Maschinenanlage im vorderen längeren Vorbau war von außen über eine haubenförmige Schiebetür gut zugänglich.

Nach der Bewährung der Probeloks wurde Ende 1959 eine erste Vorausserie von 36 Maschinen (V 100 1008-1043) mit einem 1.100-PS-Motor bestellt. Wahlweise standen dafür Zwölfzylinder-Dieselmotoren von Maybach, MAN und Daimler-Benz zur Verfügung. Zeitgleich mit der Ablieferung der Vorausserie der V 100.10 erfolgte 1961/62 die Serienbestellung von weiteren 322 Maschinen sowie von 20 Vorausloks der Baureihe V 100.20 mit einem stärkeren 1.350-PS-Motor als »leichte Hauptbahnlokomotive«. Zwischen 1963 und 1965 schlossen sich zwei Serien mit insgesamt 360 Exemplaren der stärkeren Variante V 100.20 an. Für den Einsatz auf der Steilstrecke Rastatt–Freudenstadt wurden 1965 aus der letzten Serie zehn Maschinen (V 100 2332-2341) abgezweigt und mit hydrodynamischer Bremse ausgerüstet.

Ab 1968 erhielten die V 100.10 die computergerechte Baureihenbezeichnung 211, die V 100.20 liefen nun als 212 und die zehn steilstreckentauglichen Loks wurden in 213 umgezeichnet. Mit der Inbetriebnahme der ersten Neubaustrecken im Jahre 1988 wurden sogenannte »Tunnelhilfszüge« in Betrieb genommen. Als Triebfahrzeuge wählte man Lokomotiven der Baureihe 212, die entsprechend ihrem besonderen Einsatzzweck umgerüstet wurden. Auffallend war besonders die Vielzahl von Scheinwerfern an der Stirnfront. Zunächst als Baureihe 214 geführt erhielten sie 1994 die Bezeichnung 714. Insgesamt 15 Maschinen wurden so umgebaut und sind auch heute noch vor ihren Rettungszügen zu finden.

Die Baureihe 211 verschwand bis August 2001 völlig aus dem Bestand der DB. Die 212 hielten noch gut drei Jahre länger durch, die Abstellung der letzten Loks erfolgte im Dezember 2004. Als letzter Mohikaner schied im November 2006 die 213 333 bei der DB-Tochter SüdostBayernBahn aus. Die DB Bahnbau Gruppe und DB Fahrwegdienste hatten 2023 noch Maschinen der Reihe 212 im Bestand.

| Technische Daten: | | |
|---|---|---|
| Baureihenbezeichnung: | 211 (DB) | 212/213/714 (DB) |
| Radsatzanordnung: | B'B' | B'B' |
| Kraftübertragung: | dieselhydraulisch | dieselhydraulisch |
| Vmax (km/h): | 100 | 100 |
| Leistung (PS): | 1.100 | 1.350 |
| Leistung (kW): | 809 | 993 |
| Dienstmasse (t): | 62 | 63 |
| Größte Radsatzfahrmasse (t): | 16 | 16 |
| Länge über Puffer (mm): | 12.100 | 12.300 (bis 212 021: 12.100) |
| Drehgestellradsatzstand (mm) | 2.000 | 2.200 |
| Treibraddurchmesser (mm): | 950 | 950 |
| Kraftstoffvorrat (l): | 2.270 | 2.270 |
| Indienststellung: | 1958-1963 | 1959-1966 |
| Verbleib (DB-Museum): | 212 001, 062, 077, 084, 308, 313, 372 | u.a. V 100 2372 |

Ausgemusterte Loks wanderten größtenteils nicht auf den Schrott, sondern konnten meist über Lokhändler verkauft werden. Viele werden heute bei Gleisbaufirmen in Frankreich und Italien eingesetzt. Aber auch deutsche Privatbahnen und ausländische Staatsbahnen waren und sind noch dankbare Abnehmer der 211, 212 und 213.

*Foto: Estler*

*Foto: Estler*

## V 100.0-1, V 100.2, 108, 110.0-1, 110.2-8, 110.9, 111, 112, 114, 199.8 (DR), 201, 202, 203, 204, 293, 298 (DB AG)

Mit einigen Jahren Zeitverzögerung zur Entwicklung bei der Bundesbahn benötigte auch die DR Anfang der 1960er-Jahre dringend Dieselloks für den mittleren Leistungsbereich zum Ersatz der überalterten Dampflokomotiven. Daher erteilte sie 1963 dem VEB Lokomotivbau »Karl Marx« (LKM) in Potsdam-Babelsberg den Auftrag, eine vierachsige Drehgestell-Lokomotive mit hydraulischer Kraftübertragung, mittig angeordnetem Führerhaus, einer Radsatzlast von 16 Tonnen und einer Leistung von 900 bis 1.000 PS zu entwickeln. Zur Leipziger Frühjahrsmesse 1964 stellte LKM die erste Baumusterlok V 100 001 mit einem 900-PS-Motor vor. Mit einem 1.000-PS-Motor folgte im Februar 1965 ein zweiter Prototyp, die V 100 002. Die Erprobungen brachten zufriedenstellende Ergebnisse und so hätte eigentlich nur mit kleinen Änderungen die Serienfertigung beginnen können. Kapazitätsengpässe bei LKM erforderten die Verlagerung des Serienbaus zum VEB Lokomotivbau - Elektrotechnische Werke »Hans Beimler« (LEW) in Hennigsdorf, der zunächst 1966 mit einem dritten Prototyp (V 100 003) seine Qualifikation unter Beweis stellen musste. Im Januar 1967 konnte mit der V 100 004 schließlich die erste Serienlok an die DR ausgeliefert werden.

Die Maschinen besaßen einen geschweißten Hauptrahmen aus zwei kastenförmigen Längs- und mehreren Querträgern. Darauf ruhten das über die ganze Fahrzeugbreite reichende Führerhaus sowie die beiden schmaleren Vorbauten, welche als nichttragende Leichtbauhauben ausgeführt waren. Im vorderen Vorbau waren Kühleranlage und Dieselmotor untergebracht, im hinteren Vorbau der Lüftergenerator, die Druckluftbehälter, die Lichtanlassmaschine und die Batterien. Der Antrieb erfolgte durch ein dreistufiges Strömungsgetriebe über Gelenkwellen zu den vier Radsätzen.

Mit der Auslieferung der V 100 171 im Dezember 1969 endete der erste Serienbau. Die nicht von der DR übernommenen V 100 001 und 002 gingen am 19. Dezember 1968 bei einem Großbrand im Raw Cottbus verloren. Die freigewordenen Nummern V 100 001 und 002 besetzten erneut zwei Loks, welche die DR im November 1969 und März 1970 vom VEB Kali- und Steinsalzbetrieb Saale, Werk Bernburg übernahm. Als Erprobungsträger für einen 1.200-PS-Motor diente die V 100 137. Um die Radsatzfahrmasse von knapp 16 Tonnen auf 15 Tonnen zu drücken, verzichtete man bei den folgenden Maschinen auf das Stufengetriebe und den Langsamgang. 1969 wurde mit der V 100 201 (ab 1970: 110 201) ein Prototyp vorgestellt. Analog folgten in den Jahren 1970 bis 1978 in mehreren Serien die 110 202-896. Erneut wurde bei 110 457 ein 1.200-PS-Motor erprobt. Von 1981 an wurden weitere 494 Maschinen umgerüstet, welche unter Beibehaltung ihrer Ordnungsnummer die Baureihenbezeichnung 112 erhielten.

Schon 1978 baute das Raw Stendal versuchsweise bei 110 203 einen 1.430-PS-Motor und ein stärkeres Getriebe ein. Bald darauf wurde der nun auf 1.500 PS eingestellte Motor in der 112 358 erprobt. Ab 1983 begann das Raw Stendal mit dem Umbau von weiteren 63 Maschinen, welche nun zur Baureihe 114 mutierten.

Als Baureihe 111 »Rangier-V 100« bestellte die DR 1981 bei LEW insgesamt 37 Lokomotiven des Exporttyps mit der Werksbezeichnung V 100.4. Durch Umbau entstanden noch zusätzlich die 111 107 und 128. Entfallen war die Zugheizeinrichtung mit dem Heizdampfkessel. Sie besaßen den 1.000-PS-Standardmotor der Baureihe 110. Durch eine veränderte Getriebeübersetzung reduzierte sich ihre Höchstgeschwindigkeit auf 65 km/h.

Erste Versuche für eine bessere »Rangier-V 100« gab es schon 1978. Das Raw Stendal baute die 110 156 und 161 in Rangierloks um und bezeichnete sie neu als Baureihe 108. Ballast ersetzte den Heizkessel und ein neues hydraulisches Wendegetriebe verminderte die Höchstgeschwindigkeit auf 60 km/h. Weitere Experimente folgten 1990 mit den 111 036 und 037, da auch diese Baureihe nicht optimal für den Rangierdienst geeignet war. Neben neuen Strömungsgetrieben war vor allem die Ausstattung mit Seitenführerpulten der entscheidende Durchbruch zur tauglichen Rangierlok.

Foto: Estler

Als letzte Mutation baute die DR für den Einsatz auf der meterspurigen Harzquerbahn zwischen 1988 und 1990 insgesamt zehn 110er um. Um die geforderte Bogenläufigkeit und Radsatzfahrmasse zu erzielen, mussten die als Baureihe 199.8 bezeichneten Maschinen mit neuentwickelten dreiachsigen Schmalspur-Drehgestellen ausgerüstet werden. Anfang 1993 gingen alle Maschinen in das Eigentum der privatisierten Harzer Schmalspurbahnen GmbH über.

Mit dem gemeinsamen Umzeichnungsplan von 1992 änderten sich die Baureihenbezeichnungen erneut. Aus der 110 wurde die 201, aus der 112 die 202 und aus der 114 die 204. Die Rangierloks der Baureihe 108 wurden in die Baureihe 298 umgezeichnet und die letzten Exemplare der Baureihe 111 trugen noch kurz die Bezeichnung 293. Bis Herbst 1993 wurde alle 111/293 sowie 43 Loks der Baureihe 201 in Rangierdiesel umgebaut. Alle liefen dann als Baureihe 298, wobei die ehemaligen 111er als 298.3 eingereiht wurden.

Am 9. April 1998 wurde mit der 201 868 die letzte ihrer Gattung abgestellt. Die Reihe 202 überlebte nur wenig länger, denn in Görlitz quittierten im September 2001 die letzten fünf Loks den Dienst. Von den leistungsstarken 204 laufen noch einige wenige Maschinen in Saalfeld. Weitgehend ungefährdet sind die Rangierdiesel der Baureihe 298 war 2023 noch mit über 20 Exemplaren in der Bestandsliste der DB vertreten.

Zahlreiche Loks fanden bei privaten Verkehrsunternehmen und Museumsbahnen ein neues Zuhause. Darunter auch unter der Baureihenbezeichnung 203 die im Schienenfahrzeugzentrum Stendal umfassend modernisierten und remotorisierten 202er.

**Technische Daten:**

| Baureihenbezeichnung: | 108 (DR) | 110 (DR) | 111 (DR) | 112 (DR) | 114 (DR) | 199.8 (DR) |
|---|---|---|---|---|---|---|
| Spurweite (mm): | 1.435 | 1.435 | 1.435 | 1.435 | 1.435 | 1.000 |
| Radsatzanordnung: | B'B' | B'B' | B'B' | B'B' | B'B' | C'C' |
| Kraftübertragung: | dieselhydraulisch | dieselhydraulisch | dieselhydraulisch | dieselhydraulisch | dieselhydraulisch | dieselhydraulisch |
| Vmax (km/h): | 80 | 100 | 65 | 100 | 100 | 50 |
| Leistung (PS): | 1.020 | 1.000 | 1.000 | 1.200 | 1.500 | 1.200 |
| Leistung (kW): | 750 | 736 | 736 | 883 | 1.100 | 883 |
| Dienstmasse (t): | 68 | 60-63,7 | 62,2 | 64 | 64 | 60 |
| Größte Radsatzfahrmasse (t): | 17 | 15-16,4 | 15,5 | 16 | 16 | 10 |
| Länge über Puffer/Kupplung (mm): | 13.940 | 13.940/14.240 | 14.240 | 13.940/14.240 | 13.940/14.240 | 13.560 |
| Drehgestellradsatzstand (mm) | 2.300 | 2.300 | 2.300 | 2.300 | 2.300 | 2.500 |
| Treibraddurchmesser (mm): | 1.000 | 1.000 | 1.000 | 1.000 | 1.000 | 850 |
| Kraftstoffvorrat (l): | 2.600 | 2.600 | 2.780 | 2.600 | 2.600 | 2.600 |
| Indienststellung: | U. 1978-93 | 1964-78 | 1981-83 | U. 1978-90 | U. 1983-91 | U. 1988-90 |

## 214 (DB AG)

2007 modernisierte die Alstom Lokomotiven Service GmbH Lokomotiven der Baureihe V 100 beider deutscher Bahnverwaltungen. Während die DR-Maschinen nur neue Motoren und Einrichtungen bekamen, wurden die DB-Maschinen komplett neu aufgebaut. Dabei bleiben nur Rahmen und Laufwerke der Spenderlokomotiven erhalten. Maschinenanlagen und Aufbauten entstanden vollkommen neu.
Die Gmeinder Lokomotivenfabrik GmbH (GLG) in Mosbach agierte als Zulieferer und steuerte die Fahrerkabine, die Steuerung, die Kühler und weitere Aggregate bei. Es entstand ein Aufbau mit Mittelführerstand und zwei unterschiedlich langen Vorbauten. Getriebe und Kraftstoffbehälter bleiben wie bei den Spendern unter dem Führerhaus. Das Führerhaus wurde nach ergonomischen Gesichtspunkten eingerichtet und bietet einen hohen Lärm- und Brandschutz.
Die Loks bekamen Caterpillar-Motoren vom Typ 3508 BSC mit Partikelfilter-Anlage und einer Leistung von 970 kW, die ihr Drehmoment über das grundüberholte und angepasste Hauptgetriebe und die Achsgetriebe an die vier Radsätze weiterleiten.
Auch bei der Kühleranlage handelt es sich um eine völlige Neukonstruktion. Dabei wurde eine Hydrostatikanlage für den Antrieb des Kühlerlüfters und des Luftverdichters genutzt.
Der ehemalige Heizkessel wurde durch eine Vorwärmanlage ersetzt.
Dank einer Funkfernsteuerung können die Maschinen beim Rangieren von nur einem Lokrangierführer bedient werden, der sich nicht auf der Lok befinden muss.
Die Druckluftteinrichtung und die Druckluftbremse wurden auf neuesten Stand gebracht.
In Juni 2007 wurde die 214 001 als erste Lok dieser Baureihe auf der transport logistik in München vorgestellt. Weitere 24 Exemplare gingen an zahlreiche Privatbahnen in Deutschland, Frankreich und Norwegen. 214 014 bis 018 wurden von DB Regio Mittelfranken angemietet und als Rangierloks in Nürnberg Hbf getestet. Obwohl sich die verkehrsroten Maschinen durchaus bewährten, konnte sich die Deutsche Bahn nicht zu einer Beschaffung durchringen. Im November 2016 gingen alle Maschinen an den Hersteller zurück, der sie bis heute an Dritte vermietet. Bei der Deutschen Bahn übernahmen die Hybridloks der Baureihe 1002 den Dienst der 214.

*Foto: Dostal*

| Technische Daten: | |
|---|---|
| Baureihenbezeichnung: | 214 (DB AG) |
| Radsatzanordnung: | B'B' |
| Kraftübertragung: | dieselhydraulisch |
| Vmax (km/h): | 100 |
| Leistung (kW): | 970 |
| Dienstmasse (t): | 62 |
| Länge über Puffer/Kupplung (mm): | 12.300 |
| Drehgestellradsatzstand (mm) | 2.200 |
| Treibraddurchmesser (mm): | 950 |
| Indienststellung: | 2006 |

## 202, DE 2500

Anfang der 1970er-Jahre bauten Henschel und BBC auf eigenes Risiko drei dieselelektrische Großdieselloks. Die DE 2500 hatten einen modularen Aufbau, der die Verwendung unterschiedlicher Drehgestelle erlaubte. Sogar eine schmalspurige Ausführung mit einer Spurweite von nur 1.000 mm war geplant, wurde aber nicht gebaut.
Um Erfahrungen mit dieselelektrischen Triebfahrzeugen zu sammeln, mietete die DB die drei Maschinen an und reihte sie als 202 002 bis 004 in ihren Bestand ein.
202 002 hatte dreiachsige Drehgestelle und wurde wegen ihres weißen Anstrichs schnell als »Weißer Riese« bekannt. Die blaue 202 004 war ebenfalls sechsachsig und wurde bald »Blauer Bock« genannt. 202 003 mit ihrem orangefarbenen Kasten repräsentierte die vierachsige Version. Sie bekam den Spitznamen »Roter Ochse«.
Nachdem 202 003 auf der Hannovermesse 1971 präsentiert worden war, wurde sie von Mannheim aus umfassend getestet. 1973 folgten die beiden anderen Loks. 1974 wurde 202 002 zur elektrischen Lokomotive mit Drehstromantrieb umgebaut. Weil die Lok keine Stromabnehmer und keinen Transformator hatte, wurde sie mit einem Steuerwagen gekuppelt, in den alle notwendigen Aggregate eingebaut worden waren. Er lieferte über eine Kabelverbindung Strom für in die Lok.
1977 wurde das Fahrzeug zur kompletten Elektrolok umgebaut und kam, nun als gelbe 1600 P zu den Niederländischen Eisenbahnen (NS). Nach dem Ende der Versuche wurde sie an den Hersteller zurückgegeben, äußerlich in den weißen Ursprungszustand zurückversetzt und im Werkshof in Kassel als Konferenzraum aufgestellt.
Für die Vorbereitungen auf den Hochgeschwindigkeitsverkehrs in Deutschland wurde 202 003 im Jahr 1980. Der Führerstand 1 wurde stromlinienförmig verkleidet und das von Henschel neu entwickelte, vordere Drehgestell hatte eine steuerbare Umkopplung der Antriebsmassen (UMAN). Bei höheren Geschwindigkeiten soll das System dafür sorgen, dass die ungefederten Massen, die einen unruhigen Lauf verursachen, reduziert werden. Dieses Prinzip wurde später beim ICE umgesetzt. Das Drehgestell ermöglichte Geschwindigkeiten von bis zu 350 km/h. Nach dem Ende der Versuche wurde 202 003 wieder zurückgebaut und bis Juni 1985 von Mannheim aus eingesetzt. Nach dem Mietende kam sie ins Museum für Verkehr und Technik in Berlin
202 004 hatte im Jahr 1983 kurz vor Ende der Mietzeit einen Generatorschaden und ging zurück an den Hersteller. Dort wurde sie repariert und Hersfelder Eisenbahn vermietet.

*Foto: Dostal*

| Technische Daten: | |
|---|---|
| Baureihenbezeichnung: | 202 (DB) |
| Radsatzanordnung: | Bo'Bo', Co'Co' |
| Kraftübertragung: | dieselelektrisch |
| Vmax (km/h): | 140 |
| Leistung (PS): | 2.500 |
| Leistung (kW): | 1.840 |
| Dienstmasse (t): | 76, 80* |
| Radsatzfahrmasse (t): | 19, 13,3* |
| Länge über Puffer (mm): | 18.000 |
| Drehgestellradsatzstand (mm): | 3.200, 4.000* |
| Treibraddurchmesser (mm): | 1.080 |
| Kraftstoffvorrat (l): | 4.700 |
| Indienststellung: | 1972-73 |
| * 202 003, 202 002 und 004 | |

## V 120 (DRG)

Zu Beginn der 1920er-Jahre war zwischen der DRG und dem Kommissariat für Verkehrswesen der UdSSR eine Arbeitsgemeinschaft gebildet wurden, welche die Entwicklung von leistungsfähigen Großdiesellokomotiven mit unterschiedlicher Kraftübertragung zum Ziel hatte. Bis 1924 entstand bei der Maschinenfabrik Esslingen (ME) in Zusammenarbeit mit dem russischen Lokomotivkonstrukteur Lomonosoff eine Diesellokomotive mit elektrischer Kraftübertragung für die Bahnen der UdSSR. Als Antriebsaggregat diente ein 1.200-PS-Sechszylinder-Dieselmotor von MAN, der eigentlich für den Antrieb von U-Booten entwickelt worden war. Im gleichen Jahr bestellte die DRG eine Diesellok mit pneumatischer Kraftübertragung (Diesel-Druckluft-Lokomotive), welche ebenfalls den MAN-Motor erhalten sollte. Die zunächst als V 3201 bezeichnete Maschine war eine Gemeinschaftsentwicklung des Reichsbahn-Zentralamts, der ME und MAN. Ihr Triebwerk mit zwei Zylindern, der Heusinger-Steuerung sowie den Treib- und Kuppelstangen war weitgehend identisch mit dem von DRG-Einheits-Dampflokomotiven. Der Dieselmotor trieb einen Luftverdichter an. In einem Lufterhitzer wurde die verdichtete Luft von den Motorabgasen auf rund 350° C erwärmt und anschließend den Lokzylindern zugeführt. Die großen Stirnkühler vor den Führerständen verliehen der Maschine mit ihrem kastenartigen Aufbau ein ungewöhnliches Aussehen.

Erst 1927 konnte die V 3201 ihre erste Probefahrt unternehmen. Umfangreiche Versuche und Änderungen verzögerten die Indienststellung um weitere zwei Jahre. Nach weiteren Erprobungen beim Lokomotivversuchsamt Berlin-Grunewald gelangte die Lok, ab 1930 als V 120 001 bezeichnet, in den Planbetrieb bei der RBD Stuttgart. Dort war sie noch mehrere Jahre im Einsatz, ohne wirklich zu befriedigen. Daher wurde sie schon Mitte der 1930er-Jahre ausgemustert und verschrottet.

*Foto: RVM/Bildarchiv der Eisenbahnstiftung*

| Technische Daten: | |
|---|---|
| Baureihenbezeichnung: | V 120 (DRG) |
| Radsatzanordnung: | 2'C2' |
| Kraftübertragung: | pneumatisch |
| Vmax (km/h): | 80 |
| Leistung (PS): | 1.200 |
| Leistung (kW): | 883 |
| Dienstmasse (t): | 124,6 |
| Größte Radsatzfahrmasse (t): | 18 |
| Länge über Puffer (mm): | 16.330 |
| Treibraddurchmesser (mm): | 1.600 |
| Laufraddurchmesser (mm): | 850 |
| Kraftstoffvorrat (l): | 2.000 |
| Indienststellung: | 1927 |
| Verbleib: | ++ |

## V 140 (DRG, DB)

Trotz der wenig ermutigenden Ergebnisse mit der V 120 001 war die DRG weiter an einer leistungsstarken Diesellok interessiert. Zwischenzeitlich hatte sich die hydraulische Kraftübertragung bei Kleinlokomotiven und Triebwagen bewährt, so dass hydraulische Strömungsgetriebe auch zur Übertragung höherer Leistungen ins Auge gefasst werden konnten. Ab Sommer 1934 entstand daher unter Federführung des Reichsbahn-Zentralamts bei Krauss-Maffei eine zunächst als V 16 101 bezeichnete Maschine mit einem 1.400-PS-Motor von MAN und hydraulischer Kraftübertragung durch ein Voith-Strömungsgetriebe. Dieses wirkte auf eine Blindwelle, welche über Kuppelstangen die drei Treibradsätze antrieb. Die beiden Laufradsätze waren als Bisselradsätze mit Rückstelleinrichtung ausgeführt. Ein 120-PS-Hilfsdieselmotor von MAN diente zusätzlich zur Energieversorgung und für den Antrieb des Druckluftterzeugers.

Nach nur achtmonatiger Bauzeit konnte die Maschine am 13. Juli 1935 rechtzeitig zur Hundertjahrfeier der Deutschen Eisenbahnen in Nürnberg fertiggestellt und dem staunenden Publikum präsentiert werden. Anschließend folgten umfangreiche Probefahrten der nun richtig als V 140 001 bezeichneten Lok, bei der ihre »Kinderkrankheiten« beseitigt werden konnten. Danach erfüllte die richtungsweisende Maschine alle an sie gestellten Forderungen. Als erste hydraulische Großdiesellok wurde sie voller Stolz 1937 auf der Pariser Weltausstellung präsentiert. Der Zweite Weltkrieg unterbrach zunächst die weitere Entwicklung von leistungsfähigen Dieselloks und schickte auch die V 140 001 aufs Abstellgleis. Nach Kriegsende wurde die in den Westzonen verbliebene Maschine wieder reaktiviert und fuhr noch bis 1954 bei der Deutschen Bundesbahn. Auf Grund ihres Einzelgängerstatus und der immer schwierigeren Ersatzteilbeschaffung trennte sich die DB von der Urahnin aller hydraulischen Dieselloks. Als bahnbrechende Konstruktion wanderte sie aber nicht auf den Schrott, sondern wurde museal erhalten. Bis 1970 stand sie bei der TH Karlsruhe und kam dann ins Deutsche Museum nach München, wo sie in der Außenstelle »Lokwelt Freilassing« heute bewundert werden kann.

*Foto: Koppisch, Archiv transpress*

| Technische Daten: | |
|---|---|
| Baureihenbezeichnung: | V 140 (DRG) |
| Radsatzanordnung: | 1'C1' |
| Kraftübertragung: | hydraulisch |
| Vmax (km/h): | 100 |
| Leistung (PS): | 1.400 + 120 |
| Leistung (kW): | 1.030 + 88 |
| Dienstmasse (t): | 83,0 |
| Größte Radsatzfahrmasse (t): | 17,3 |
| Länge über Puffer (mm): | 14.400 |
| Treibraddurchmesser (mm): | 1.400 |
| Laufraddurchmesser (mm): | 850 |
| Kraftstoffvorrat (l): | 1.500 |
| Indienststellung: | 1935 |
| Verbleib: | V 140 001 (DMM, Lokwelt Freilassing) |

## V 160, V 162, V 164, V 168, V 169, 210, 215, 216, 217, 218, 219, 225, 226 (DB)

Höhere Transportleistungen und das sich abzeichnende Ende der Dampftraktion veranlassten die DB Ende der 1950er-Jahre, im Rahmen ihres erweiterten Typenprogramms eine Mehrzwecklok mittlerer Leistung (1.900 PS) in Auftrag zu geben. Als Konstruktionsmerkmale wurden vorgegeben: eine einmotorige, vierachsige Drehgestell-Lok mit dieselhydraulischer Kraftübertragung, einer Höchstgeschwindigkeit von mindestens 120 km/h sowie ausreichende Zugheizung für einen D-Zug mit zehn Wagen.

1960/61 lieferte die Firma Krupp sechs Prototypen als V 160 001-006, die mit unterschiedlichen 1.900-PS-Motoren und Getrieben ausgerüstet waren. 1962/63 folgten vier weitere Maschinen (V 160 007-010) von Henschel. Die ersten neun Loks besaßen unterhalb der Stirnfenster einen wohlgerundeten Vorbau, der ihnen schnell den Spitznamen »Lollo« einbrachte. Die zehnte Lok hingegen zeigte das von der V 320 001 übernommene kantige, moderne Gesicht, das zum typischen Kennzeichen der ganzen V 160-Familie werden sollte. Rahmen und Aufbau waren in Stahlleichtbauweise vollständig geschweißt. Zwischen den beiden schallgedämmten Führerständen befand sich der Motorraum mit Antriebsanlage, Kühlergruppe und ölgefeuertem Zwangsdurchlaufkessel für die Zugheizung. Er war über einen Seitengang zugänglich. Die Leistungsübertragung erfolgte durch ein Strömungsgetriebe, das für Motoren dieser Leistungsklasse neu entwickelt werden musste. Außerdem besaßen die V 160 001-009 Einrichtungen für Wendezugbetrieb und Doppeltraktion.

Beim Probebetrieb zeigte sich, dass mehrere Bauteile wie etwa die Gelenkwellen zu schwach dimensioniert worden waren. Dies konnte beim Bau der ab 1964 ausgelieferten Serienloks mit verstärkten Bauteilen verbessert werden. Weil bei der Serienlieferung auch ein schwererer Motor zum Einbau kam, stieg das Gewicht der Loks um rund drei Tonnen an. Mit einer Radsatzlast von 20 t kam ein Einsatz der V 160 auf Nebenbahnen praktisch nicht mehr in Frage. Da aber hierfür zwischenzeitlich genügend V 100 zur Verfügung standen, war dies nicht weiter problematisch. Bis 1969 wurden insgesamt 214 Serienloks der Baureihe V 160 (ab 1968: 216) gebaut, davon erhielt etwa die Hälfte Vielfachsteuerung. Im Laufe der Zeit erfolgten noch Verbesserungen zur Bekämpfung des Lärms durch Dämmung der Führerhäuser, elastische Lagerung des Motors und Einbau wirksamerer Schalldämpfer.

Schon während des Baus der V 160-Serienlieferung gab es erste Überlegungen, die Dampfheizung durch eine elektrische Zugheizung zu ersetzen. Krupp lieferte 1965 die V 162 001. Sie besaß neben dem von der V 160 her bekannten 1.900-PS-Motor noch einen 500-PS-Heizdieselmotor von MAN, der über ein Zahnradgetriebe einen BBC-Drehstromgenerator antrieb. Die Leistung des Heizdiesels konnte im Sommer- oder Güterzugbetrieb zur Traktionsleistung mit herangezogen werden. Kurz darauf folgte im Februar 1966 die V 162 002 mit einem AEG-Generator und als letzte im Oktober 1966 die V 162 003. Sie besaß einen Siemens-Generator, der jedoch direkt am Heizdiesel angeflanscht war. Alle drei V 162 (ab 1968: 217) unterschieden sich von der V 160 äußerlich nur durch den um 400 mm verlängerten Rahmen sowie die geänderte Folge von Fenstern und Lüftungsgittern. 1968/69 folgten auf diese Prototypen zwölf ebenfalls von Krupp gebaute Serienmaschinen 217 011-022. Sie erhielten wie die V 162 003 einen direkt an den Heizdieselmotor angeflanschten Drehstromgenerator und zusätzlich neue hydraulische Getriebe für 130 km/h. Auch hier kann die Leistung des Heizdiesels wiederum zur Traktionsleistung mit herangezogen werden. Ferner können die Maschinen alleinfahrend auch nur vom Heizdiesel angetrieben werden.

Mit der V 169 001 (ab 1968: 219 001) entstand 1965 eine weitere Variante zur Lösung des Problems der elektrischen Zugheizung. Grundgedanke ihrer Konstruktion war, die begrenzte Leistung des Dieselmotors durch Zuschaltung einer Gasturbine entscheidend zu vergrößern. Bei der V 169 001 wurde der Drehstromgenerator für die elektrische Zugheizung direkt vom 2.150-PS-Dieselmotor angetrieben. Um den Leistungsentzug zu kompensieren, installierte die Firma Klöckner-Humboldt-Deutz (KHD) eine Zweiwellen-Gasturbine mit 900 PS Leistung, die normalerweise als Antrieb für Hubschrauber verwendet wurde. Diese nur unter Volllast arbeitende Turbine konnte beim Anfahren oder bei Bergfahrten als Booster zugeschaltet werden.

Ab Mitte der 1960er-Jahre führte die fortschreitende Ausmusterung von Dampflokomotiven zu einem steigenden Bedarf an leistungsfähigen Dieselloks. Diese sollten sowohl höhere Geschwindigkeiten fahren können als auch den Übergang auf elektrische Zugheizung ermöglichen. Ein leistungsfähiger Motor mit 2.500 PS war zwar gerade von MAN entwickelt worden, aber noch nicht genügend erprobt. Auch lagen noch nicht genügend Erfahrungen mit der elektrischen Zugheizung vor. Um den dringenden Lokbedarf zu decken, wurde als Zwischenlösung die Baureihe V 168 (ab 1968: 215) konzipiert. Dies war eine um 400 mm verlängerte Version der V 160, welche den wahlweisen Einbau verschieden starker Motoren gestatten sollte. An der Dampfheizung mit Heizkessel der Bauart Vapor-Heating hielt man vorläufig fest, doch sollten die Loks auf elektrische Heizung umrüstbar sein. 1968 lieferte Krupp zehn Vorserien-Maschinen 215 001-010. Sie dienten als Erprobungsträger für den neuen 2500-PS-Motor von MAN. Mit dem Einbau einer hydrodynamischen Bremse konnte bei den 215 005-010 die Höchstgeschwindigkeit auf 140 km/h angehoben werden. Zwischen 1969 und 1971 folgen 140 Serienmaschinen der Baureihe 215. Bis auf die 215 071-093 und die letzten 20 Exemplare erhielten alle den zuverlässigen 1.900-PS-Motor. Bei ihnen kam ein inzwischen verbesserter 2.500-PS-Motor zum Einbau.

Aus dem Bestreben heraus, eine Diesellokomotive für 160 km/h, mit elektrischer Zugheizung und genügend Leistungsreserven zu entwickeln, entstanden zwischen 1969 und 1971 bei Krupp als weitere V 160-Variante die acht Maschinen der Baureihe 210. Sie waren mit einem 2.500-PS-Motor ausgestattet, von dem bis zu 500 PS für die elektrische Heizung abgezweigt werden konnten. Der Generator für die elektrische Heizung wurde dabei über eine Kardanwelle aus dem hydraulischen Getriebe angetrieben. Dazu kam noch eine von KHD in Lizenz gebaute Gasturbine mit 1.200 PS Leistung, die für den Einsatz auf Lokomotiven etwas modifiziert wurde. Die Turbine war als zuschaltbare Leistungsreserve (Booster) beim Anfahren und in Steigungen konzipiert. Neu entwickelt wurden von MaK die Drehgestelle mit gleitstückloser Kastenabstützung und Gummischichtfedern für die Radsätze. Zur Ausrüstung der damals schnellsten Dieselloks der Bundesbahn gehörte auch eine hydrodynamische Bremse.

*Foto: Estler*

**Technische Daten:**

| Baureihenbezeichnung: | 210 (DB) | 215 (DB) | 216 (DB) | 217 (DB) | 218 (DB) | 219 (DB) |
|---|---|---|---|---|---|---|
| Radsatzanordnung: | B'B' | B'B' | B'B' | B'B' | B'B' | B'B' |
| Kraftübertragung: | dieselhydraulisch | dieselhydraulisch | dieselhydraulisch | dieselhydraulisch | dieselhydraulisch | dieselhydraulisch |
| Vmax (km/h): | 160 | 140 | 120 | 130 | 140 | 130 |
| Leistung (PS): | 2.500+1.200 | 1.900/2.500 | 1.900 | 1.900+500 | 2.500/2.800 | 2.150+900 |
| Leistung (kW): | 1.840+883 | 1.397/1.840 | 1.397 | 1.397+367 | 1.840/2.061 | 1.582+662 |
| Dienstmasse (t): | 79 | 78 | 77 | 80 | 80 | 77 |
| Größte Radsatzfahrmasse (t): | 20 | 19 | 20 | 20 | 20 | 20 |
| Länge über Puffer (mm): | 16.400 | 16.400 | 16.000 | 16.400 | 16.400 | 16.400 |
| Drehgestellradsatzstand (mm) | 2.800 | 2.800 | 2.800 | 2.800 | 2.800 | 2.800 |
| Treibraddurchmesser (mm): | 1.000 | 1.000 | 1.000 | 1.000 | 1.000 | 1.000 |
| Kraftstoffvorrat (l): | 3.320 | 3.050 | 2.700 | 3.150 | 3.100 | 3.330 |
| Indienststellung: | 1970-71 | 1968-71 | 1960-69 | 1965-69 | 1968-79 | 1965 |
| Verbleib (D3-Museum): | ++ | 215 049 | 216 003, 067, 221 | 217 014 | 218 128, 137, 217, 225 | EVB 420 01 |

Foto: Estler

Foto: Estler

Die grundsätzlichen Probleme der Einführung der elektrischen Zugheizung konnten schon mit den drei Vorserienloks der Baureihe V 162 geklärt werden. Nach der Entwicklung eines 2500-PS-Dieselmotors standen grundsätzlich zwei Varianten zur Verfügung: zusätzlicher Motor für die Heizleistung oder Heizleistung direkt vom Fahrmotor. Zu Vergleichszwecken wurden 1968/69 von Krupp je zwölf Maschinen der Baureihen V 162 (ab 1968: 217) und V 164 (ab 1968: 218) geliefert. Bei den 218 001-012 konnten mit dem Einbau des 2.500-PS-Motors die Sonderaggregate für die Heizung entfallen; der Heizgenerator wird bei Bedarf hydraulisch mit dem Traktionsdiesel gekuppelt. Drehgestelle, Getriebe, Bremsanlagen und Kühlsystem waren der höheren Leistung des Motors und der zu erwartenden höheren Geschwindigkeit angepasst worden. Den zwölf Vorserienmaschinen folgte nach ausgiebiger Erprobung die Serienbestellung, da dem Konzept der 218 mit nur einem Motor gegenüber der 217 mit zwei Motoren (Traktions- und Heizdiesel) aus wirtschaftlichen Überlegungen heraus der Vorrang eingeräumt wurde. Diese Serienbestellung vereinigte alle Erfahrungen aus den Bauarten der V 160-Familie.

Als Abschluss des Baus von Großdieselloks bei der Bundesbahn entstanden zwischen 1971 und 1979 die 398 Serienmaschinen, an deren Bau neben Krupp auch Krauss-Maffei und Rheinstahl-Henschel beteiligt waren. Natürlich wurden während der langen Beschaffungszeit zahlreiche Detailverbesserungen an der Serie vorgenommen. Wurde anfangs noch ausschließlich der 2.500-PS-Motor eingebaut, erhielten die späteren Lieferserien und damit über die Hälfte der Maschinen einen stärkeren Motor mit 2.800 PS Leistung.

2023 war nur noch die Baureihe 218 im Betriebsbestand der Deutschen Bahn AG.

Als erste verschwand die 219 001 still und ruhmlos von den Schienen. Zunächst wurde die Turbine nur stillgelegt, dann ausgebaut und die Maschine im Güterverkehr verwendet. Im Januar 1978 wurde sie ausgemustert und 1985 nach Italien verkauft. Ihre Gasturbine blieb als Ausstellungsstück erhalten. Zwischenzeitlich wieder aus Italien zurückgekehrt verdient die Lok sich heute ihr Brot überwiegend im Bedarfsdienst. Eigentümer ist die Firma LokRapid in Oldenburg.

Auch bei den 210 hat sich der Einbau der Turbine auf Dauer nicht bewährt. Nachdem schon bald Schäden an Oberleitungen festgestellt wurden, unter denen die Turbinenloks verkehrten, erhielten die Maschinen schornsteinähnliche Aufbauten zur seitlichen Ablenkung der heißen Abgase. Dann gerieten wiederholt Turbinen in Brand oder fielen aus. Dies führte zunächst zu deren Stilllegung und ab 1979 zum Ausbau. Dabei wurden die Loks bis 1981 den 218 angeglichen, ihre Höchstgeschwindigkeit auf 140 km/h herabgesetzt und in 218 901-908 umgezeichnet. Sie wurden bis September 2004 alle abgestellt und bald darauf verschrottet.

Die Vorserienloks 216 001-010 sind zwischen 1978 und 1984 ausgemustert worden. Die Serienloks nahmen im Februar 2004 mit der Abstellung der letzten fünf Maschinen ihren Abschied. Sieben Maschinen erhielten als Baureihe 226 Scharfenberg-Kupplungen montiert und noch eine Gnadenfrist als ICE-Abschlepploks. Zusätzlich mussten die Dampferzeuger für die Zugheizung Webasto-Standheizungen und entsprechenden Ausgleichsgewichten weichen. Die letzten beiden Loks quittierten im Juli 2005 den Dienst. Einige 216 begannen eine zweite Karriere bei Privatbahnen oder Baufirmen (vorwiegend in Italien).

Ab 2001 ging es dann der Baureihe 215 richtig an den Kragen. 67 Exemplare wurden bis Mitte 2003 an DB Cargo verkauft und als Baureihe 225 eingereiht. In der Regel wurden dabei die nicht mehr benötigten Dampfheizungsanlagen durch Warmhaltegeräte ersetzt. Im Sommer 2003 kaufte DB Autozug dann 16 Loks der Baureihe 215 von DB Regio. 14 Stück wurden analog der Baureihe 225 umgebaut und als Baureihe 215.9 bezeichnet. Ihr Einsatzgebiet waren in Doppeltraktion die Autozüge zwischen Niebüll und Westerland auf Sylt. Die »alte« Baureihe 215 war damit ab Mitte 2003 Geschichte.

Auch die Reihen der Baureihe 218 haben sich zwischenzeitlich gelichtet. Die letzten sieben vorhandenen Vorserienmaschinen wechselten bis September 2005 zu DB Cargo und erhielten dort die Baureihenbezeichnung 225.8. Insgesamt 19 Maschinen erhielten die Baureihenbezeichnung 218.8 und fungieren als Schlepploks für liegengebliebene ICE-Züge auf den Neubaustrecken. Die meisten wurden für Schleppzwecke mit Übergangskupplungen des Typs Scharfenberg ausgerüstet.

Foto: Dostal

*Fotos: Estler*

## V 180, V 240, 118 (DR), 228 (DB AG)

Schon während des zweiten Fünfjahresplans der DDR (1956-1960) sollten über 400 Dieselloks für den Strecken- und Rangierdienst zum Einsatz kommen, um den Traktionswandel in größerem Umfang einzuleiten. Für den mittelschweren Reisezug- und Güterzugdienst auf Haupt- und Nebenbahnen war eine vierachsige, zweimotorige Drehgestell-Lok mit 1.800 PS Leistung als Baureihe V 180 vorgesehen. Nach diversen Schwierigkeiten und Verzögerungen stellte erst Anfang 1960 der VEB Lokomotivbau »Karl Marx« (LKM) in Potsdam-Babelsberg mit der V 180 001 die erste Großdiesellok der DDR zur Erprobung zur Verfügung. Zum Untersuchen verschiedener Varianten bei den Drehgestellen, der Maschinenausrüstung, Steuerung und Überwachung sowie vor allem zur Gewichtsminimierung folgten bis 1963 drei weitere Baumuster als V 180 002-004. Nach ausführlichsten Tests konnte im Frühjahr 1963 mit den V 180 005-009 eine erste Kleinserie ausgeliefert werden. Mit der Ablieferung der V 180 087 war Ende 1965 die erste Serienfertigung abgeschlossen. Schon während der Indienststellung der Serie V 180.0 konnte der Motorenhersteller VEB Motorenwerk Johannisthal einen leistungsstärkeren Dieselmotor mit 1.000 PS vorstellen. Ab Mitte 1965 erhielten alle V 180 diesen Motor und bildeten die neue Unterbaureihe V 180.1. Bis 1967 verließen insgesamt 82 Exemplare der 2.000-PS-Loks (V 180 101-182) die Werkshallen.

Die neuen V 180 konnten zwar die Dampfloks im mittelschweren Reisezug- und Güterzugdienst auf Hauptbahnen vollwertig ersetzen, waren aber mit ihrer Radsatzfahrmasse von fast 20 Tonnen für viele Nebenstrecken zu schwer. Die DR forderte daher eine sechsachsige V 180 mit einer Radsatzfahrmasse von höchstens 15,75 Tonnen. LKM lieferte mit der sechsachsigen, 2.000 PS starken V 180 201 im Januar 1964 einen ersten Prototyp, der voll stolz auf der Leipziger Frühjahrsmesse präsentiert wurde. Schon bei der Aufstellung des ersten DR-Typenprogramms für Dieselloks war eine 2.400-PS-Maschine als V 240 vorgesehen gewesen. Aufbauend auf den Erkenntnissen mit der sechsachsigen V 180.2 präsentierte LKM 1965 die sechsachsige V 240 001 mit zwei 1.200-PS-Maschinenanlagen. Die Serienlieferung der V 180.2 begann im August 1966 und war 1970 mit der Ordnungsnummer 406 beendet. Die letzten Maschinen wurden schon mit der EDV-gerechten Baureihenbezeichnung 118 ausgeliefert. Die V 240 001 blieb zunächst im Eigentum des Herstellers und wurde erst im Juni 1971 nach Angleichung an die Serien-118 von der DR als 118 202 in ihren Bestand eingereiht.

Alle V 180 besaßen einen Rahmen und Lokkasten als gemeinsame Tragekonstruktion, die in Leichtbauweise aus Blechen und Profilen geschweißt waren. Das Dach war in sieben einzeln abnehmbare Sektionen geteilt. Versuchsweise erhielten die V 180 059, 131 und 203 zeitweise Führerhäuser aus glasfaserverstärktem Kunststoff mit blendfreien Scheiben, die den Loks ein sehr modernes Aussehen gaben. Die Maschinen liefen auf zwei- bzw. dreiachsigen Drehgestellen, deren Rahmen als geschweißte Blechträgerkonstruktionen ausgeführt waren. Für das Fortkommen sorgten zwei Antriebsanlagen, jeweils bestehend aus Dieselmotor, Kühlanlage, Strömungsgetriebe, Lichtanlassmaschine und Lüftergenerator. Sie wurden synchron gesteuert, arbeiteten aber völlig unabhängig voneinander, so dass bei Ausfall einer Maschinenanlage mit halber Leistung weitergefahren werden konnte. Bei den meisten V 180 fanden westdeutsche Voith-Strömungsgetriebe Verwendung, erst ab der V 180 300 war die DDR in der Lage, ein adäquates Getriebe zu liefern.

Ab 1979 erhielten die 118.0 im Rahmen planmäßiger Ausbesserungen die leistungsstärkeren 1.000-PS-Motoren und wurden dann als Baureihe 118.5 geführt. Analog verfuhr man mit den 118.2, welche sukzessive mit 1.200-PS-Motoren ausgestattet wurden. Sie mutierten zur Baureihe 118.6. Mit Einführung des gemeinsamen Nummernplans von DB und DR 1992 wurde den 118ern die neue Baureihenbezeichnung 228 zugeteilt. Der planmäßige Einsatz bei der DB endete im Frühsommer 1998 mit der Abstellung der 228 700. Viele Maschinen fanden zwischenzeitlich den Weg zu Eisenbahnmuseen oder Museumsbahnen. Auch bei privaten Eisenbahnverkehrsunternehmen erfreut sich die erste Großdiesellok der DDR große Beliebtheit und so ist es auch heute noch möglich, die einstigen DDR-Stars auf deutschen Schienen im Betrieb zu erleben.

**Technische Daten:**

| Baureihenbezeichnung: | 118.0 (DR) | 118.1 (DR) | 118.2 (DR) | 118.5 (DR) | 118.6 (DR) | V 240 (DR) |
|---|---|---|---|---|---|---|
| Radsatzanordnung: | B'B' | B'B' | C'C' | B'B' | C'C' | C'C' |
| Kraftübertragung: | dieselhydraulisch | dieselhydraulisch | dieselhydraulisch | dieselhydraulisch | dieselhydraulisch | dieselhydraulisch |
| Vmax (km/h): | 120 | 120 | 120 | 120 | 120 | 140 |
| Leistung (PS): | 2 x 900 | 2 x 1.000 | 2 x 1.000 | 2 x 1.000 | 2 x 1.200 | 2 x 1.200 |
| Leistung (kW): | 2 x 662 | 2 x 736 | 2 x 736 | 2 x 736 | 2 x 883 | 2 x 883 |
| Dienstmasse (t): | 78 | 78 | 90 | 78 | 90 | 90 |
| Größte Radsatzfahrmasse (t): | 19,5 | 19,5 | 15 | 19,5 | 15 | 15 |
| Länge über Puffer (mm): | 19.460 | 19.460 | 19.460 | 19.460 | 19.460 | 19.460 |
| Drehgestellradsatzstand (mm) | 3.400 | 3.400 | 3.600 | 3.400 | 3.600 | 3.600 |
| Treibraddurchmesser (mm): | 1.000 | 1.000 | 1.000 | 1.000 | 1.000 | 1.000 |
| Kraftstoffvorrat (l): | 3.800 | 3.700 | 3.700 | 3.800 | 3.700 | 3.700 |
| Indienststellung: | 1960-65 | 1965-67 | 1964-70 | 1979-87 | 1971-90 | 1965 |
| Verbleib: | u.a. V 180 005 (VMN, Arnstadt) | u.a. V 180 141 (SEM) | u.a. V 180 370 (IG 58 3047, Glauchau) | | | V 240 001 (VMD, Dresden-Altstadt) |

## 119 (DR), 219, 229 (DB AG)

*Foto: Estler*

| Technische Daten: | | |
|---|---|---|
| Baureihenbezeichnung: | 219 (DR) | 229 (DB AG) |
| Radsatzanordnung: | C'C' | C'C' |
| Kraftübertragung: | dieselhydraulisch | dieselhydraulisch |
| Vmax (km/h): | 120 | 140 |
| Leistung (PS): | 2 x 1.350 (ab 1989: 2 x 1.496) | 2 x 1.686 |
| Leistung (kW): | 2 x 993 (ab 1989: 2 x 1.100) | 2 x 1.240 |
| Dienstmasse (t): | 99 | 100 |
| Größte Radsatzfahrmasse (t): | 16,5 | 16,7 |
| Länge über Puffer (mm): | 19.500 | 19.500 |
| Drehgestellradsatzstand (mm) | 3.600 | 3.600 |
| Treibraddurchmesser (mm): | 1.000 | 1.000 |
| Kraftstoffvorrat (l): | 4.000 | 4.000 |
| Indienststellung: | 1976-1985 | 1992-1993 |
| Verbleib: | 219 003 (SEM Chemnitz-Hilbersdorf), 084 (VMN, TEV Weimar), 158 (VMN, Berlin) | 229 118 (VMN, TEV Weimar) |

Die Misere mit der Baureihe 119 begann mit dem folgenschweren Beschluss des Politbüros der SED, die Fertigung der mittlerweile ausgereiften Baureihe 118 einzustellen und unmittelbar darauf die Weiterentwicklung dieser erfolgreichen Lok zum Bau nach Rumänien abzugeben. Dies resultierte aus dem Beschluss des Rats für Gegenseitige Wirtschaftshilfe (RGW), welcher den Bau von Lokomotiven nach Leistungsgruppen auf verschiedene Länder verteilte. Die DDR durfte daher nur noch Lokomotiven bis 2.000 PS bauen. Die neuen Maschinen entstanden ab 1976 im Bukarester Lokomotivwerk »23. August«, wo es bis dahin weder eine vergleichbare Fertigung noch Erfahrungen mit Dieseltraktion dieser Größenordnung gegeben hatte. Diese Defizite konnten auch die auf den Balkan abgeordneten Fachleute aus der DDR nicht kompensieren. Bereits im August 1976 ging die 119 001 auf Probefahrt. Doch die neuen Lokomotiven zeigten schnell erhebliche Material- und Verarbeitungsmängel: Wasserpumpen versagten, Kühlerelemente leckten ebenso wie die Dieselmotoren, deren Abgaskrümmer rissen. Dies brachte den Maschinen schnell Schmähnamen wie »Ceaucescus Rache« oder »Karpaten-Schreck« ein. Geradezu ein Synonym war die Bezeichnung »U-Boot«, nicht allein wegen der Bullaugen-Fenster an den Seiten, sondern auch wegen des häufigen Abtauchens im Ausbesserungswerk. Spürbare Verbesserungen brachte erst die Umrüstung der Loks im Raw Karl-Marx-Stadt vom rumänischen Maybach-Lizenzmotor MB 820 SR auf den schon in der Baureihe 118 bewährten 12 KVD 21 A-4 aus heimischer Produktion mit den entsprechenden Getriebeanpassungen. Die Baureihe 119 war die erste DR-Lok, bei der nicht benötigte Heizleistung für die Traktion verwendet werden konnte. Von der elektrischen Zugheizung abgesehen entsprach sie zum Großteil der V 180.

Zur Beschleunigung des Fernverkehrs in den neuen Bundesländern wurden in den Jahren 1992 und 1993 zwanzig Lokomotiven der Baureihe 219 bei Krupp in Essen zur 140 km/h schnellen 229 umgebaut. Als Antriebsaggregate erhielten die Maschinen zwei MTU-Dieselmotoren des Typs 12 V 396 TE 14 eingebaut, die zusammen eine Nennleistung von 3.754 PS erbrachten. Für die Energieversorgung wurden zwei Generatoren mit insgesamt 800 kVA Leistung installiert. Auch die Arbeitsbedingungen für den Lokführer wurden nach ergonomischen Gesichtspunkten erheblich verbessert. Den bisherigen dreizehnstufigen Fahrschalter ersetzte eine elektronische Fahrstufensteuerung. Die Ausrüstung mit der Indusi PZ 80 erlaubte einen Einsatz sowohl auf DR- als auch DB-Gleisen. Neu war auch ein Zugbahnfunkgerät MESA 2002. Nach nur kurzer Verwendung im Fernverkehr wanderten die Maschinen bis Mitte 1994 in untergeordnete Dienste ab. Im Regionalverkehr standen die letzten Maschinen bis Ende Juli 2001 in Betrieb. Acht Maschinen konnten verkauft werden. Vier (229 100, 126, 147 und 181) fanden bei der DB Bahnbau (heute DB Netz Instandsetzung) eine neue Heimat. Die anderen vier gelangten zur Mitteldeutschen Eisenbahngesellschaft (MEG). Zwei laufen dort als MEG 301 (229 120) und 302 (229 173). Die 229 184 und 199 dienten bei der MEG nur als Ersatzteilspender. Als Museumslok wird die 229 188 erhalten.

Nicht viel besser erging es der Baureihe 219. Die 1976 gebauten beiden Prototypen wurden früh ausgemustert, da sie stark von den Serienmaschinen abwichen. Auch für die Serien-219 gab es keine Renaissance. Zwar wurde die 219 158 bis Herbst 2000 als Prototyp einer rundum modernisierten Lok aufgebaut. Ihr Kernstück war ein leistungsfähiger, im Kraftstoffverbrauch sparsamer und wartungsfreundlicher 1.500-kW-Motor von Caterpillar, dem das Voith-Strömungsgetriebe und ein neuer Heizgenerator angepasst wurden. Doch auch das half nichts mehr, ab 2001 ging es rapide bergab. Die letzten Planleistungen erbrachten 219er im August 2003. Bis zum Jahresende 2003 waren alle abgestellt. Zwölf Maschinen fanden bei DB-Töchtern in Rumänien und Bulgarien eine neue Heimat. Drei 219er bereichern den Museumsbestand, der Rest ist verschrottet.

*Foto: Estler*

## V 200.0, V 200.1, 220, 221 (DB)

| Technische Daten: | | |
|---|---|---|
| Baureihenbezeichnung: | V 200.0 (DB) | V 200.1 (DB) |
| Radsatzanordnung: | B'B' | B'B' |
| Kraftübertragung: | dieselhydraulisch | dieselhydraulisch |
| Vmax (km/h): | 140 | 140 |
| Leistung (PS): | 2 x 1.100 | 2 x 1.350 |
| Leistung (kW): | 2 x 809 | 2 x 993 |
| Dienstmasse (t): | 73-81 | 78-80 |
| Größte Radsatzfahrmasse (t): | 22 (bis V 200 005: 20) | 20,5 |
| Länge über Puffer (mm): | 18.470 (bis V 200 005: 18.530) | 18.440 |
| Drehgestellradsatzstand (mm) | 3.200 | 3.200 |
| Treibraddurchmesser (mm): | 950 (bis V 200 005: 940) | 950 |
| Kraftstoffvorrat (l): | 2.700 | 2.700 |
| Indienststellung: | 1953-1959 | 1962-1965 |
| Verbleib: | u.a. V 200 033 (HEF, betriebsfähig) | u.a. V 200 101 u. 120 (SEM Heilbronn) |

Mit der V 200 aus dem ersten DB-Typenprogramm für Diesellloks gelang in Deutschland der Durchbruch zur Großdiesellok für den schweren Streckendienst. Sie hat das Gesicht der DB in den 1950er-Jahren entscheiden mitgeprägt. Fünf Prototypen wurden zunächst in Auftrag gegeben. Die ersten beiden konnten 1953 anlässlich der Deutschen Verkehrsausstellung in München der Öffentlichkeit präsentiert werden. Die V 200 erhielten zunächst verbesserte 1.000-PS-Motoren analog den kurz zuvor gelieferten V 80, VT 08 und VT 12. Im Gegensatz zur V 80 besaß die V 200 jedoch zwei geräuschisolierte Endführerstände und zwei Maschinenanlagen, um die im schweren Streckendienst mit Geschwindigkeiten bis zu 140 km/h geforderten Leistungen zu erbringen. Die beiden Maschinenanlagen mit ihren Strömungsgetrieben und Kühlaggregaten bildeten zwei voneinander unabhängige Gruppen. Jede wirkte nur auf ein Drehgestell, so dass die Lok bei Ausfall einer Anlage immer noch betriebsfähig blieb. Rahmen, Aufbau und Drehgestelle waren zum größten Teil eine Schweißkonstruktion in Stahlleichtbauweise.

Die fünf Prototypen wurden ausgiebig getestet und sorgten auch für viel Aufsehen bei Vorführfahrten im Ausland. Nachdem sich keine grundsätzlichen Konstruktionsmängel gezeigt hatten, wurde 1955 ein Auftrag über 50 Maschinen mit geringen Detailänderungen (z.B. 1.100-PS-Motoren) an die Industrie vergeben. 1958 folgte eine zweite Bestellung mit 31 Lokomotiven. Wahlweise konnten wie schon bei der Vorserie Motoren und Getriebe verschiedener Hersteller eingebaut werden. Die Vorserienmaschinen wurden dann leistungsmäßig entsprechend angeglichen.

Wachsendes Verkehrsaufkommen mit höheren Zuglasten beanspruchten vor allem auf steigungsreichen Strecken die V 200.0 in hohem Maße. Daher erhielt Krauss-Maffei 1960 den Auftrag, eine stärker motorisierte Variante zu entwickeln. Die »neue« Baureihe V 200.1 erhielt zwei Maschinenanlagen zu je 1.350 PS. Das Mehrgewicht durch die stärkeren Maschinenanlagen wurde durch einen leichteren Dampfheizkessel sowie durch die Verwendung von Leichtbaustoffen bei den Vorratsbehältern kompensiert. Äußerlich ergaben sich geringe Änderungen bei den Lüfter- und Fensteranordnungen sowie den Stirnpartien. 50 Maschinen wurden in den Jahren 1962 bis 1965 geliefert. Auch diese Loks bewährten sich hervorragend. Ein Weiterbau unterblieb aber, weil die einmotorige Großdiesellok (V 160-Familie) inzwischen ihren Siegeszug angetreten hatte. Bei der DB mussten die letzten V 200.0 (ab 1968: 220) 1984 ihren Dienst quittieren. Die V 200.1 (ab 1968: 221) wurden etwas länger benötigt, ihre letzte Stunde schlug 1988. Als Museumsloks des Verkehrsmuseums Nürnberg blieben die V 200 002, 007 und 116 erhalten, wobei die V 200 002 beim Brand des Museums-Depots in Nürnberg-Gostenhof am 17. Oktober 2005 so schwer beschädigt wurde, dass ihre Reste verschrottet werden mussten. Die betriebsfähige 221 135 gehört der Lokführerin Barbara Pirch. Daneben bereichern noch weitere 220 und 221 diverse Museen als Ausstellungsstücke. Ein großer Teil der 220 und 221 wanderte nach seiner Abstellung nicht auf den Schrott, sondern konnte an verschiedene Bahnen und Baufirmen im Ausland verkauft werden. Ehemalige 220 fuhren u.a. in Saudi-Arabien, Italien (noch heute) und der Schweiz. Die aus der Schweiz zurückgekehrte ehemalige 220 053 fährt heute als D9 bei der »Brohltal-Schmalspureisenbahn Betriebs-GmbH«. Diverse 221 machten sich noch einige Jahre in Albanien und Griechenland nützlich. Alle 20 Exemplare der nach Griechenland verkauften 221 wurden im Mai 2002 von der Prignitzer Eisenbahn GmbH (PEG) erworben und wieder zurück nach Deutschland geholt. Einige der teils sehr heruntergewirtschafteten Maschinen wurden zwischenzeitlich überholt und an diverse private Verkehrsunternehmen veräußert (221 105, 106, 117, 122, 134 und 136).

Foto: Estler

Foto: Estler

## V 188, 288 (DB)

Dieselelektrische Exoten mit bemerkenswerter Vergangenheit waren die Doppelloks der Baureihe V 188 (ab 1968: 288) der DB. Im Jahre 1937 hatte Krupp den Auftrag zum Bau des größten in der Welt jemals gebauten Artilleriegeschützes erhalten, der Eisenbahnkanone »Dora« mit 80 cm Kaliber und einer Reichweite von bis zu 47 km. Drei Züge waren erforderlich, um das Riesengeschütz in seine Stellung zu bringen. Für den Transport und zur Stromversorgung beim Aufbau und Einsatz des Riesengeschützes bestellte die Wehrmacht bei Krupp sechs Doppellokomotiven mit dieselelektrischer Kraftübertragung. Jede Lokomotiveinheit des Typs D 311 bestand aus zwei kurzgekuppelten Teilen zu je vier Radsätzen. In jedem Teil befand sich ein 940 PS starker, aufgeladener Sechszylinder-Reihenmotor von MAN. Dieser trieb einen Gleichstromgenerator an, der wiederum die vier Tatzlagermotoren mit Strom versorgte. Führerstände waren nur an den Stirnseiten der »Zwillings-Loks« vorhanden. Die beiden ersten Doppelloks D 311.01A/B und 02A/B wurden im Oktober 1941 abgeliefert, zwei weitere Maschinen folgten im August 1942. Die beiden letzten konnten nicht mehr fertiggestellt werden, da die Produktionsstätten von Krupp durch Luftangriffe weitgehend zerstört wurden.

Das völlig überdimensionierte Geschütz kam nur ein einziges Mal vor Sewastopol zum Fronteinsatz und wurde zusammen mit einem Schwestergeschütz 1945 gesprengt. Den Krieg dagegen überstanden drei der vier Doppelloks, von denen zwei zwischen 1948 und 1951 bei Krauss-Maffei aufgearbeitet wurden. Bei der DB erhielten sie die Nummern V 188 001a/b und V 188 002a/b. Doch zunächst erwiesen sich die Loks als wenig zuverlässig und schon im April 1954 wurde die V 188 002 abgestellt. Bis 1957/58 wurden die Loks umgebaut und erhielten neue Maybach-Motoren von je 1.000 PS Leistung (später 1.100 PS) sowie neue Getriebe von Gmeinder. Danach funktionierten sie ausgezeichnet und wurden erst vom Bw Gemünden und ab 1968 vom Bw Bamberg aus eingesetzt. Stets beförderten sie schwere Güterzüge bzw. verrichteten anfangs Schubdienste auf der noch nicht elektrifizierten Spessartrampe Laufach-Heigenbrücken. Im Rahmen der allgemeinen Typenbereinigung wurden die beiden Kriegsveteranen zwischen 1969 und 1972 ausgemustert und verschrottet.

Foto: Blaschke

| Technische Daten: | |
|---|---|
| Baureihenbezeichnung: | V 188 (DB) |
| Radsatzanordnung: | Do+Do |
| Kraftübertragung: | dieselelektrisch |
| Vmax (km/h): | 75 |
| Leistung (PS): | 2 x 1.100 |
| Leistung (kW): | 2 x 809 |
| Dienstmasse (t): | 147 |
| Größte Radsatzfahrmasse (t): | 17,75 |
| Länge über Puffer (mm): | 22.510 |
| Treibraddurchmesser (mm): | 1.250 |
| Kraftstoffvorrat (l): | 1.350 |
| Indienststellung: | 1941-1942 |
| Verbleib: | ++ |

## V 200, 120 (DR), 220 (DB AG)

Die V 200 war die erste dieselelektrische Großdiesellok der DR. Sie war ausschließlich für den schweren Güterzugdienst vorgesehen. Entwickelt und gebaut wurden die Maschinen in Woroschilowgrad (Lugansk) in der damaligen UdSSR. Da die ersten Loks ohne Schalldämpfer ausgeliefert wurden, erzeugten sie einen ohrenbetäubenden Lärm. Daher erhielten sie schnell die Spitznamen »Taigatrommel« und »Wumme«. Sie wurden von einem langsam laufenden, 2.000 PS starken Zwölfzylinder-Zweitaktmotor angetrieben. Der Motor wirkte auf einen fremderregten Gleichstrom-Traktionsgenerator, der seine erzeugte Energie an sechs parallel geschaltete Gleichstrom-Fahrmotoren abgab. Zwei Kühlkreisläufe führten die durch den Motor erzeugte Wärme in Kühlwasser, Abgasturbolader und Motoröl ab.

Die ersten beiden Loks (V 200 001 und 002) wurden im Dezember 1966 im Bw Leipzig-Wahren beheimatet. Diese beiden Prototypen dienten zur Schulung der Lokführer und des Werkstattpersonals sowie für eine Reihe von messtechnischen Untersuchungen der Versuchs- und Entwicklungsstelle der Maschinenwirtschaft Halle (Saale). Mit den V 200 003-090 folgte 1967 die erste große Serienlieferung. Nach der Auswertung von Praxiserfahrungen rollte 1968 die zweite Lieferung (V 200 091-177) mit einigen Verbesserungen an. 1969 kamen mit den V 200 178-287 und 1970 mit den V 200 288-314 weitere Sowjetimporte ins Land. Mit der computergerechten Bezeichnung 120 und den zwischen 1973 und 1975 in Dienst gestellten Betriebsnummern 315-378 war die Beschaffung beendet.

Bei den Lokführern war die »Taigatrommel« durch ihren einfachen aber robusten Aufbau beliebt. Etwaige Störungen konnten meist selbst an Ort und Stelle behoben werden. 1995 wurden die letzten Maschinen der Baureihe ausgemustert und zum größten Teil verschrottet. Einige wenige Loks wurden an Museen abgegeben und an privaten Interessenten veräußert. Bei privaten Eisenbahnverkehrsunternehmen erlebten die »Taigatrommeln« mit vorwiegend überflüssigen Maschinen osteuropäischer Bahnverwaltungen noch einmal eine Renaissance, welche aber inzwischen weitgehend beendet ist.

Foto: Estler

| Technische Daten: | |
|---|---|
| Baureihenbezeichnung: | V 200 (DR) |
| Radsatzanordnung: | Co'Co' |
| Kraftübertragung: | dieselelektrisch |
| Vmax (km/h): | 120 |
| Leistung (PS): | 2.000 |
| Leistung (kW): | 1.271 |
| Dienstmasse (t): | 115,1 |
| Größte Radsatzfahrmasse (t): | 19,2 |
| Länge über Puffer (mm): | 17.550 |
| Drehgestellradsatzstand (mm) | 4.200 |
| Treibraddurchmesser (mm): | 1.050 |
| Kraftstoffvorrat (l): | 3.900 |
| Indienststellung: | 1966-1975 |
| Verbleib: | u.a. 120 001 (VMN, Mecklenburgische EF Schwerin), 120 274 (Museums-Bw Arnstadt), 120 366 (EF Staßfurt) |

## V 300, 230 (DB)

Als sechsachsige Weiterentwicklung der V 200 lieferte Krauss-Maffei 1957 drei Maschinen des Typs ML 2200 an die jugoslawische Staatsbahn. Sie verfügten über bessere Reibungsverhältnisse bei geringerer Radsatzlast, waren aber etwas länger und schwerer ausgefallen. Ihre Ausführung ließ gegebenenfalls die Installation stärkerer Maschinenanlagen zu. Eine vierte Lok wurde von Krauss-Maffei auf eigene Rechnung gebaut und der DB zum Probeeinsatz überlassen. Beheimat war die ML 2200 beim Bw Frankfurt-Griesheim, doch war die Lokomotive häufig zu Test- und Demonstrationsfahrten unterwegs. Versuche am Semmering im Herbst 1957 lieferten beachtliche Ergebnisse vor schwersten Zügen. Ein anschließender Einsatz auf der Schwarzwaldbahn zeigte jedoch, dass eine Leistungssteigerung durchaus wünschenswert wäre. Daher erfolgte zwischen November 1957 und Mai 1958 bei Krauss-Maffei der Einbau stärkerer Maybach-Motoren mit 1.425 PS Leistung und neuer Getriebe. Unter der neuen Bezeichnung ML 3000 absolvierte sie weitere Test- und Demonstrationsfahrten (u.a. Österreich, Ungarn).
Schließlich wurde die Lokomotive am 4. August 1965 von der DB übernommen und dem Bw Hamm zugeteilt. Dort machte sich mit einem weiteren »Giganten«, der V 320 001, nützlich. Nachdem die V 320 nach Kempten umgesetzt worden war, verließ auch die V 300 das Bw Hamm. Lübeck und Hamburg-Altona waren die letzten Stationen ihres Lebenswegs. Dort beförderte sie zuletzt Schnellzüge zwischen Westerland und Hamburg-Altona. Am 26. August 1975 musste sie den Dienst quittieren. Versuche, die Maschine nach Italien zu verkaufen, waren ein Fehlschlag. Nach einigen Probefahrten im Raum Udine kehrte der Koloss Ende 1978 nach Deutschland zurück und wurde 1979 in Penzberg bei München verschrottet.

*Foto: Koppisch, Archiv transpress*

| Technische Daten: | |
|---|---|
| Baureihenbezeichnung: | V 300 (DB) |
| Radsatzanordnung: | C'C' |
| Kraftübertragung: | dieselhydraulisch |
| Vmax (km/h): | 140 |
| Leistung (PS): | 2 x 1.425 |
| Leistung (kW): | 2 x 1.048 |
| Dienstmasse (t): | 104 |
| Größte Radsatzfahrmasse (t): | 17,3 |
| Länge über Puffer (mm): | 20.270 |
| Drehgestellradsatzstand (mm) | 3.500 |
| Treibraddurchmesser (mm): | 950 |
| Kraftstoffvorrat (l): | 4.620 |
| Indienststellung: | 1957 |
| Verbleib: | ++ |

## V 320, 232 (DB)

Schon 1956 begann die Firma Henschel auf eigene Rechnung, aber in Zusammenarbeit mit dem BZA München mit der Konstruktion der bis heute größten und stärksten dieselhydraulischen Lok Europas. Bei der Entwicklung dieses Giganten konnte Henschel dabei auf wertvolle Erfahrungen mit Exportloks zurückgreifen. Im Übrigen bediente man sich bei der V 320 001 des bewährten Verfahrens, in die große Maschine zwei 1.900-PS-Motoren der gerade entstehenden V 160 einzubauen. Völlig neu waren jedoch die dreiachsigen Drehgestelle. Die Radsätze erhielten im Hinblick auf die Höchstgeschwindigkeit von 160 km/h den ungewöhnlich großen Durchmesser von 1.100 mm. Durch eine bei Stillstand zu betätigende Umschaltvorrichtung konnte entweder die Kombination hohe Geschwindigkeit (160 km/h) bei geringerer Zugkraft (Schnellzüge) oder niedrige Geschwindigkeit (100 km/h) bei hoher Zugkraft (Güterzüge) gewählt werden. Das moderne, kantige Design ihrer Stirnfronten war richtungsweisend für alle nachfolgenden DB-Dieselloks. Wegen hoher Auslastung von Henschel konnte die V 320 001 erst 1962 ausgeliefert werden. Mit der Maschine wurden zunächst ausgedehnten Mess- und Probefahrten unternommen. Ab 1963 gelangte sie als Mietlok in den Bestand der DB und fuhr zunächst beim Bw Hamm. 1965 kam die V 320 nach Kempten und beförderte vorwiegend schwere Schnellzüge zwischen München und Lindau. 1974 beendete die DB das Mietverhältnis und gab sie ans Herstellerwerk zurück. Henschel unterzog die Maschine einer Hauptuntersuchung und verkaufte sie im April 1976 an die Hersfelder Kreisbahn, wo sie bis 1988 verwendet wurde. Danach kam die Lok zur Teutoburger Wald-Eisenbahn (TWE). Nach ihrem Fristablauf 1992 verschwand sie nach Italien, um sich ihr Gnadenbrot im Bauzugdienst zu verdienen. Damit schien das Schicksal dieser hochinteressanten Maschine besiegelt, doch 1999 erfolgte durch die Gleisbaufirma WIEBE der spektakuläre Rückimport nach Deutschland. Nach aufwändiger Aufarbeitung und dem Einbau neuer Motoren war sie seit März 2000 als 320 001-1 (WIEBE 7) wieder auf deutschen Schienen unterwegs. Nach einem Achslagerschaden im August 2015 wurde die Loks zunächst abgestellt. Untersuchungen am Fahrwerk brachten weitere Schäden zu Tage, sodass Wiebe keine Reparatur mehr vornahm. Im August 2017 kam die Lok ins Bombardier-Werk in Kassel und sollte dort nicht öffentlich zugänglich aufgestellt werden. Im September 2020 gelangte der große Sechsachser dann als Dauerleihgabe zum Historischen Lokschuppen Wittenberge.

*Foto: Koppisch, Archiv transpress*

| Technische Daten: | |
|---|---|
| Baureihenbezeichnung: | V 320 (DB) |
| Radsatzanordnung: | C'C' |
| Kraftübertragung: | dieselhydraulisch |
| Vmax (km/h): | 160 |
| Leistung (PS): | 2 x 1.900 |
| Leistung (kW): | 2 x 1.397 |
| Dienstmasse (t): | 121,4 |
| Größte Radsatzfahrmasse (t): | 20 |
| Länge über Puffer (mm): | 23.000 |
| Drehgestellradsatzstand (mm) | 4.350 |
| Treibraddurchmesser (mm): | 1.100 |
| Kraftstoffvorrat (l): | 4.320 |
| Indienststellung: | 1962 |
| Verbleib: | WIEBE |

## V 300, 130.0, 130.1, 131, 132, 142 (DR), 230, 231, 232, 233, 234, 241, 242, 754.1 (DB AG)

Nach den Beschlüssen des VII. Parteitages der SED sollte der Traktionswandel in der DDR deutlich forciert werden. Zur beschleunigten Ablösung der Dampfloks wurde eine 3.000-PS-Diesellok vorgesehen. Speziell für den Reisezugdienst war der Einbau einer elektrischen Zugheizung vorgesehen. Eine erste Baumusterlok stellte der sowjetische Hersteller, die Lokomotivfabrik »Oktoberrevolution« im ukrainischen Lugansk (ab 1972: Woroschilowgrad), als V 300 001 im Jahr 1969 fertig und präsentierte sie auf der Leipziger Frühjahrsmesse 1970 der Öffentlichkeit. Sie wurde nicht von der DR übernommen, sondern ging zur weiteren Erprobung ans Herstellerwerk zurück. 1970 traf mit den computergerecht als 130 001-011 geführten Loks eine Probeserie bei der DR ein, die zunächst eingehend untersucht wurde. Da sich die elektrische Zugheizung noch in Entwicklung befand, mussten diese Maschinen wie auch die 1971 (130 012-054) und 1972 (130 055-080) gelieferten ohne auskommen. Zugelassen war die 130 für eine Höchstgeschwindigkeit von 140 km/h, die jedoch für den Regelbetrieb bei der DR auf 120 km/h beschränkt wurde. Erst 1972 stellte der sowjetische Hersteller mit den 130 101 und 102 zwei Probelokomotiven mit elektrischer Zugheizung zur Verfügung. Daher wurde im gleichen Jahr vereinbart, bis zur Feststellung der Betriebssicherheit der elektrischen Zugheizung weitere Lieferungen mit reduzierter Höchstgeschwindigkeit von 100 km/h, dafür aber erhöhter Zugkraft als Güterzugloks zu produzieren. In zwei Serien gelangten 1972 die 131 001-017 und 1973 die 131 018-076 zur DR. Schließlich war auch die elektrische Zugheizung funktionstüchtig und betriebssicher. Damit konnte die Auslieferung der 120 km/h schnellen Baureihe 132 beginnen. Zwischen 1973 und 1982 wurden insgesamt 709 Exemplare in Dienst gestellt.

Konstruktiv waren die Lokomotiven der Baureihen 130, 131 und 132 weitgehend identisch. Ihr Rahmen und die beiden dreiachsigen Drehgestelle sind eine aus Blechen und Profilen bestehende Schweißkonstruktion. Der Fahrzeugkasten besteht aus Blechen und Profilen mit seitlichen Versteifungssicken und ist mit dem Rahmen verschweißt. Angetrieben werden die Maschinen von einem 16-Zylinder-Viertakt-Dieselmotor mit Aufladung. Dieser hat eine Dauerleistung von 2.200 kW (3.000 PS). Die vom Motor erzeugte mechanische Energie wird über eine Lamellenkupplung zum Traktionsgenerator übertragen und dort in elektrische Energie umgewandelt. Der so erzeugte Drehstrom wird von der Gleichrichteranlage in Gleichstrom umgeformt und den in Reihe geschalteten Fahrmotoren zugeführt, welche die Radsätze antreiben. Bei der Baureihe 132 erzeugte zusätzlich ein Heizgenerator die notwendige Energie, um Reisezugwagen über die Heizleitung mit Strom für die Beleuchtung, Klimatisierung und andere Verbraucher zu versorgen. Wegen des zusätzlichen Heizgenerators und der Umgruppierung einiger Aggregate im Maschinenraum musste der Rahmen der 132 um 200 mm verlängert werden.

Auf Grund ihrer hohen Stückzahl hatten die scherzhaft »Ludmilla« genannten Maschinen bald einen großen Anteil an der Zugförderung auf nicht elektrifizierten Strecken. Anfang der 1970er-Jahre war für den Einsatz im schweren Zugdienst die Weiterentwicklung der 132 mit einem 4.000-PS-Motor zur Baureihe 142 vorgesehen. Schon zur Leipziger Frühjahrsmesse 1975 konnte mit der 142 001 ein erstes Baumuster präsentiert werden, das allerdings wieder an den Hersteller zurückging. 1977 und 1978 importierte die DR sechs Probelokomotiven (142 001-006). Wegen steigender Rohölpreise und der dadurch forcierten Elektrifizierung wichtiger Hauptstrecken unterblieb jedoch eine weitere Beschaffung.

Nach der Wende wurden von 1992 bis 1996 insgesamt 64 »Ludmillas« (ab 1992: Baureihe 232) für eine Höchstgeschwindigkeit von 140 km/h mit geänderter Getriebeübersetzung und angepasster Bremsausrüstung modifiziert. Unter Beibehaltung ihrer Ordnungsnummern erhielten sie die neue Baureihenbezeichnung 234 und teilweise modifizierte Motoren. Außerdem wurde die Schalldämpfung überarbeitet. Ab 2001 begannen sich mangels Bedarfs die Reihen dieser schnellen Loks drastisch zu lichten. Ab September 2001 gab es neun Rückbauten in die Unterbaureihe

Foto: Estler

Foto: Estler

Foto: Dostal

**Technische Daten:**

| Baureihenbezeichnung: | 230.0 (DR) | 754.1 (DR) | 231 (DR) | 232/233 (DR/DB) | 234 (DB AG) | 241 (DB AG) | 242 (DR) |
|---|---|---|---|---|---|---|---|
| Radsatzanordnung: | Co'Co' | Co'Co' | Co'Co' | Co'Co' | Co'Co' | Co'Co' | Co'Co' |
| Kraftübertragung: | dieselelektrisch | dieselelektrisch | dieselelektrisch | dieselelektrisch | dieselelektrisch | dieselelektrisch | dieselelektrisch |
| Vmax (km/h): | 140 | 140 | 100 | 120 | 140 | 100 | 120 |
| Leistung (PS): | 3.000 | 3.000 | 3.000 | 3.000 | 3.000 | 4.000 | 4.000 |
| Leistung (kW): | 2.200 | 2.200 | 2.200 | 2.200 | 2.200 | 2.940 | 2.940 |
| Dienstmasse (t): | 116,2 | 120 | 116,2 | 122,4 | 122 | 127 | 126 |
| Größte Radsatzfahrmasse (t): | 19,4 | 20,5 | 19,4 | 20,4 | 20,4 | 21 | 20,9 |
| Länge über Puffer (mm): | 20.620 | 20.620 | 20.620 | 20.820 | 20.820 | 20.820 | 20.820 |
| Drehgestellradsatzstand (mm): | 3.700 | 3.700 | 3.700 | 3.700 | 3.700 | 3.700 | 3.700 |
| Treibraddurchmesser (mm): | 1.050 | 1.050 | 1.050 | 1.050 | 1.050 | 1.050 | 1.050 |
| Kraftstoffvorrat (l): | 4.000 | 4.000 | 4.000 | 4.000 | 4.000 | 4.000 | 4.000 |
| Indienststellung: | 1970-72 | 1972 | 1972-73 | 1973-82 | 1991-96 | 1998-99 | 1977-78 |
| Verbleib (DB-Museum): | 130 101 | 131 001 | 232 372 | 234 304 | | | |

*Foto: Dostal*

*Foto: DB AG (Schmidt)*

232.9 (232 901-909) für den Einsatz in den Niederlanden. Die Höchstgeschwindigkeit wurde dabei wieder auf 120 km/h reduziert.

Der drastische Einbruch im Güterverkehr nach der Wende hatte bald einen großen Überbestand an DR-Dieselloks zur Folge. Bis 1994 verschwand die Baureihe 230 (bis 1992: 130) von den Schienen. Ein Jahr später war auch das Kapitel der Baureihen 231 (bis 1992: 131) und 242 (bis 1992: 142) beendet. Die beiden Versuchsloks 130 101 und 102 standen bis 1997 dem VES-M Halle als Bremsloks zur Verfügung und hatten daher 1992 die neue Bezeichnung 754 101 und 102 erhalten.

Zuletzt ließ DB Cargo einige Maschinen umbauen. 1998 wurde zunächst versuchsweise die 232 800 mit einem 4 000-PS-Motor remotorisiert. Vor allem für den grenzüberschreitenden Güterverkehr in die Niederlande und nach Belgien erhielten zwischen 1999 und 2001 zehn »Ludmillas« ebenfalls diesen Motor und wurden in die Baureihe 241 (5 Stück für die Niederlande) bzw. 241.8 (5 Stück für Belgien) umgezeichnet. Ihre Höchstgeschwindigkeit wurde auf 100 km/h reduziert. Um auf den ausländischen Schienennetzen fahren zu können, mussten auch Zugfunk- und Signalsteuerungssysteme angepasst werden.

Ab 2002 wurden 65 Exemplare der 232 in die Baureihe 233 umgebaut. Wesentliche Maßnahmen waren der Einbau eines neuen Kolomna-Dieselmotors des Typs 12D49M und einer Nennleistung von 2.206 kW sowie Verbesserungen bei Kühlsystem, elektrischer Anlage und Führerstand. Nur noch wenige Maschinen der Baureihen 232 und 233 sind für DB Cargo unterwegs. Allerdings fahren diverse »Ludmillas« zwischenzeitlich für private Eisenbahnverkehrsunternehmen oder werden museal erhalten.

## 240 (DB)

Nach den Untersuchungen mit den Lokomotiven der Baureihe 202 in den 1970er- und 80er-Jahren hat die DB den dieselelektrischen Antrieb nicht weiterverfolgt, sondern mit den Baureihen 216 bis 218 ganz auf den hydraulischen Antrieb gesetzt. Weil jedoch im Ausland dieselelektrische Loks weit verbreitet waren, entwickelte die deutsche Industrie um konkurrenzfähig zu bleiben immer wieder neue Maschinen mit diesem Antrieb.

So stellten die Lokomotivfabriken Krupp, MaK und ABB 1989 mit der DE 1024 eine neue sechsachsige, dieselelektrische Mehrzwecklokomotive mit einer Höchstgeschwindigkeit von 160 km/h vor, die sowohl für den schweren Reisezug- als auch für den Güterzugdienst geeignet war.

Schleswig-Holstein und die Europäische Gemeinschaft beteiligten sich an der Finanzierung der Maschinen. Es entstanden drei baugleiche Exemplare, die die Bundesbahn 1990 anmietete und in Hamburg beheimatete. Sie trugen die Namen »Kiel« (240 001), »Westerland« (240 002) und »Lübeck« (240 003) sowie die zugehörigen Stadtwappen an den Führerständen.

Außer der herkömmlichen Druckluftbremse hatten die DE 1024 eine elektrische Bremse, die die beim Bremsen freiwerdende Energie in die Zugsammelschiene einspeisen konnte.

Bei zahlreichen Messfahrten kamen die weiß/rot/ blau lackierten Loks auch in Norwegen und auch auf den Gleisen der Deutschen Reichsbahn der DDR zum Einsatz. Waren sie nicht im Messeinsatz, gehörten IC- und IR-Züge im Norden Deutschlands zu ihren Aufgaben. Auch die Deutsche Bahn AG setzte die Versuche mit den drei Maschinen fort und setzte sie von Hamburg aus ein. Die Bespannung schwerer Güterzüge im Ruhrgebiete gehörte ebenfalls zu ihren Aufgaben. Nach dem Ende der Versuche gingen die Loks Ende Juli 1996 an den Hersteller zurück. Von dort gelangten sie zur Hafen- und Güterverkehr Köln AG (HGK), die sie als DE 11 bis DE 13 einsetzte.

| Technische Daten: | |
|---|---|
| Baureihenbezeichnung: | 240 (DB AG) |
| Radsatzanordnung: | Co'Co' |
| Kraftübertragung: | dieselelektrisch |
| Vmax (km/h): | 160 |
| Leistung (kW): | 2.650 |
| Dienstmasse (t): | 117 |
| Größte Radsatzfahrmasse (t): | 20 |
| Länge über Puffer (mm): | 20.060 |
| Drehgestellradsatzstand (mm): | 3.890 |
| Treibraddurchmesser (mm): | 1.016 |
| Kraftstoffvorrat (l): | 5.000 |
| Indienststellung: | 1989 |

*Foto: Eisenbahnstiftung (Schiffer)*

## 245 (DB AG)

Bombardier in Kassel liefert mit den Maschinen des Typs »TRAXX DE ME« (ME = Multi-Engine) die neuesten Dieselloks an die Deutsche Bahn AG. Sie unterschieden sich durch vier kleine Motoren von den herkömmlichen Dieselloks, die von einem oder zwei großen Motoren angetrieben werden.

Die Verwendung Einsatz der kleinen Motoren hat seinen Grund in den aktuellen Abgasnormen, die mit den angebotenen großen Motoren nur schwer eingehalten werden konnten, was aufwändige Neukonstruktionen zur Folge gehabt hätte. Die kleinen Motoren halten die Abgaswerte leicht ein.

Die Reihe 245 baut auf den Reihen 185/186 auf und hat deren Drehgestelle inklusive des elektrischen Antriebs. Neu sind Seitenwände und Dach, die mit Lüftergittern, Abgasauslässen und Revisionsklappen ausgestattet werden mussten.

*Foto: Estler*

An jeden Motor vom Typ Caterpillar Typ CAT C 18 ACERT mit Ladeluftkühlung und Direkteinspritzung ist ein Generator angeflanscht, der die elektrische Energie für den Fahrmotor eines Radsatzes liefert. Motoren und Generatoren befinden sich in der Mitte des Maschinenraums. Zwischen dem Motorbereich und den beiden Führerräumen sind die Kühleinrichtungen und die Druckluftanlage platziert.

Um Energie zu sparen lassen sich die Motoren einzeln zu- und abschalten, so kann immer die besten Traktionsleistung gewählt werden.

Die verkehrsroten Loks von DB Regio werden vor RegionalExpress-Zügen von Ulm, Mühldorf (Südostbayernbahn) und Frankfurt/Main aus eingesetzt. 245 201 bis 215 215 gehören der NAH. SH GmbH in Kiel und sind für den Verkehr auf der Marschbahn lediglich von DB Regio angemietet. DB Fernverkehr setzt 245 021 bis 027 von Niebüll aus ebenfalls auf der Marschbahn ein. 245 035 bis 037) stehen für DB Regio Baden-Württemberg von Ulm aus im Einsatz. Sie befördern überwiegend IRE-Züge zwischen Basel und Friedrichshafen. 245 028 bis 027 sind als Abschleploks für ICE-Züge vorgesehen, aber noch nicht ausgeliefert.

| Technische Daten: | |
|---|---|
| Baureihenbezeichnung: | 245 (DB AG) |
| Radsatzanordnung: | Bo'Bo' |
| Kraftübertragung: | dieselelektrisch |
| Vmax (km/h): | 160 |
| Leistung (kW): | 4 x 563 |
| Dienstmasse (t): | 83 |
| Größte Radsatzfahrmasse (t): | 21 |
| Länge über Puffer/Kupplung (mm): | 18.900 |
| Drehgestellradsatzstand (mm) | 2.600 |
| Treibraddurchmesser (mm): | 1.250 |
| Kraftstoffvorrat (l): | 2.700 |
| Indienststellung: | seit 2014 |

## 249 (DB AG)

Um ein Umspannen von Lokomotiven zwischen elektrifizierten und nicht elektrifizierten Strecken zu vermeiden und so den Bahnbetrieb effektiver zu machen, nahm Siemens auch eine Ausführung in die »Vectron«-Plattform auf, die sowohl mit Strom aus der Oberleitung als auch mit einem Dieselmotor angetrieben werden kann. Der »Vectron DualMode« entspricht in seiner Grundkonstruktion dem dieselelektrischen »Vectron DE«. Zustätzlich bekommen die Maschinen aber einen Stromabnehmer, einen Hauptschalter sowie zwei Überspannungsableiter. Um den Haupttransformator unterbringen zu können, musste der Kraftstofftank zwischen den Drehgestellen verkleinert werden. Die zwei dem Trafo nachgeschalteten Vierquadrantensteller speisen denselben Zwischenspannungskreis wie der Gleichrichter des an den Dieselmotor angeflanschten Generators.

Der »Vectron DualMode« wird in zwei Varianten angeboten, als »Vollversion« (Baureihe 248) und als »light-Version« (Baureihe 249).

Die Maschinen der Baureihe 248 sind mit einem Dieselmotor von MTU mit einer Leistung von 2.000 kW ausgestattet. Die Baureihe 249 muss sich mit einem Dieselmotor von Cummins mit einer Leistung von 950 kW begnügen. Gegenüber den Vectron DE erhöht sich die Radsatzlast bei der Baureihe 248 auf 22,5 t, bei der Baureihe 249 auf 21 t.

Äußerlich fallen die Maschinen durch die großen Lüfteröffnungen in den Seitenwänden auf, hinter denen sich auch die Luftansaugöffnungen für den Dieselmotor verbergen. Im erhöhten Dachaufbau befindet sich der Partikelfilter zur Abgasreinigung.

Während sich die Deutsche Bahn bisher noch nicht zum Kauf der Baureihe 248 entschließen konnte, hat sie von der Baureihe 249 zunächst 150 Exemplare bestellt. Die Loks sind für den Einsatz bei DBCargo vorgesehen und bekommen für Rangieraufgaben breite Tritte mit Haltebügeln über den Puffern, eine automatische Rangierkupplung vom Typ RK 900 sowie eine Funkfernsteuerung. Die ersten Maschinen sind bereits fertiggestellt und befinden sich im Zulassungs- und Probeeinsatz. Bisher ist Siemens noch der Eigentümer und die Deutsche Bahn hat die Loks nur angemietet.

Inzwischen hat auch DBFernverkehr 21 Maschinen bestellt. Sie sollen in weißem IC-Anstrich nach Sylt und im Allgäu eingesetzt werden.

*Foto: DB AG (Lang)*

| Technische Daten: | |
|---|---|
| Baureihenbezeichnung: | 249 (DB AG) |
| Radsatzanordnung: | Bo'Bo' |
| Kraftübertragung: | dieselelektrisch |
| Vmax (km/h): | 120 |
| Leistung (kW): | |
| elektrisch | 2.200 |
| Diesel | 950 |
| Dienstmasse (t): | 84 |
| Größte Radsatzfahrmasse (t): | 21 |
| Länge über Puffer (mm): | 19.975 |
| Drehgestellradsatzstand (mm): | 2.700 |
| Treibraddurchmesser (mm): | 1.100 |
| Kraftstoffvorrat (l): | 1.500 |
| Indienststellung: | 2022 |

## 261, 265 (DB AG)

Im September 2008 bestellte die Deutsche Bahn AG für rund 250 Millionen Euro bei Voith Turbo Lokomotivtechnik 130 Diesellokomotiven vom Typ Gravita, nachdem die erste Maschine im selben Jahr auf der InnoTrans in Berlin vorgestellt worden war. Diese Bestellung teilt sich in 99 Maschinen der leichten Ausführung 10 BB mit einer Leistung von 1.000 kW und einem Gewicht von 80 Tonnen. Die 31 anderen Loks gehören zur schwereren Ausführung 15 BB. Sie leisten 1.800 kW und wiegen je nach Ausstattung zwischen 84 und 90 Tonnen. Die leichten Maschinen werden bei der DB als Baureihe 261 bezeichnete, die schweren als Baureihe 265.
Die Lokomotiven haben eine hydrodynamische Leistungsübertragung, Gelenkwellenantrieb der Radsätze, Mittelführerhaus und niedrige Aufbauten. Als Antriebsmaschine wird bei der 261 der MTU-Dieselmotor 8 V 4000 R43 verwendet. Das Turbowendegetriebe 4r4zseU2 überträgt die Leistung mittels Gelenkwellen auf die vier Radsatzgetriebe. Das Getriebeprinzip erlaubt ein verschleißfreies Bremsen des Fahrzeuges über die Wandler der Gegenrichtung. Das Turbogetriebe enthält ein im Stillstand schaltbares Stufengetriebe, das im Rangiergang 50 km/h und im Streckengang 100 km/h erlaubt. Motor und Getriebe sind im langen Vorbau untergebracht. Unter dem kurzen befinden sich die elektrischen Einrichtungen sowie das Druckluftsystem mit dem Luftpresser und das Steuerventil für die Bremse.
Der selbsttragende Lokomotivrahmen ist eine Schweißkonstruktion mit Deckblech und innen liegenden Langträgern. Die Aufbauten sind mit abnehmbaren Hauben und großen Wartungstüren versehen. Das Mittelführerhaus reicht über die gesamte breite und ermöglich so eine gute Streckensicht.
Die Maschinen sind mit der Mikroprozessorsteuerung Voith TRACSYS gemäß EN 50155 ausgerüstet, haben eine Schleuderschutz- und Gleitschutzeinrichtung, eine Mehrfachsteuerung mit bis zu drei Lokomotiven mittels serieller Datenübertragungsleitung und eine Geschwindigkeits-Konstantregelung, die im Bereich zwischen 3 und 15 km/h wirksam ist.
Im Frühjahr 2022 befanden sich 261 011 bis 109 und 265 001 bis 031 im Bestand von DB Cargo. Sie wurden sowohl im Strecken- als auch im Rangierdienst, meist in der nördlichen Hälfte Deutschlands genutzt. Südlichste Heimatdienststelle war Mainz.

*Foto: DB AG (Busbach)*

**Technische Daten:**

| | | |
|---|---|---|
| Baureihenbezeichnung: | 261 (DB AG) | 265 (DB AG) |
| Radsatzanordnung: | B'B' | B'B' |
| Kraftübertragung: | hydrodynamisch | hydrodynamisch |
| Vmax (km/h): | 100 | 100 |
| Leistung (kW): | 1.000 | 1.800 |
| Dienstmasse (t): | 80 | 83-90 |
| Größte Radsatzfahrmasse (t): | 20 | |
| Länge über Puffer (mm): | 15.720 | 16.880 |
| Drehgestellradsatzstand (mm): | 2.300 | 2.300 |
| Treibraddurchmesser (mm): | 1.000 | |
| Kraftstoffvorrat (l): | 3.000 | 4.500 |
| Indienststellung: | 2010 – 2013 | 2012 – 2014 |

## 266, 077 (DB AG)

Mit den Lokomotiven der Baureihe 266 hat die DB Cargo Lokomotiven des US-amerikanische Herstellers Electro-Motive Diesel (EMD) in ihrem Bestand. Sie gehören zur Class 66 und sind mit elektrischer Kraftübertragung ausgestattet.
Die Class 66 entstand Anfang der 1990er-Jahre aus der Class 59, von der die DB-Yeoman GmbH fünf Lokomotiven erwarb. Eine kam nach Deutschland und wurde als 259 003 ab 1997 von Seddin aus eingesetzt. Später wurde sie an Heavy Haul Power International abgegeben. Die Maschinen wurde dann unter der Bezeichnung JT42CWR in großer Stückzahl für zahlreiche Privatbahnen gebaut.
Mitte der 2000er-Jahre musste die Konstruktion überarbeitet werden, um die strengeren Abgasnorm der EU-Stufe IIIa einzuhalten Diese Loks werden als Typ JT42CWRM, oder auch als Class 77 bezeichnet. Um die Aggregate einbauen zu können, musste das Tankvolumen um 1.400 Liter verringert werden. Trotzdem stieg das Gesamtgewicht um 5.000 kg.

*Foto: Estler*

Die Maschinen laufen auf dreiachsigen Drehgestellen mit radial einstellbaren Endradsätzen. Die mittleren Radsätze sind seitenverschiebbar. Ausnahmsweise hat der Triebfahrzeugführer seinen Arbeitsplatz auf der linken Seite, denn die Loks wurden für den englischen Linksverkehr entwickelt.
Die Dieselmotoren vom Typ 12N-710G3B-T2 haben Turbolader und eine elektronische Kraftstoffeinspritzung. Sie sind mit Drehstromgeneratoren vom Typ EM AR8/CA6 verbunden. Diese speisen sechs Reihenschlussmotoren (D43TRC) mit Tatzlagerantrieb.
Die beiden Führerräume sind klimatisiert. Auf Grund internationaler Vorgaben hat der Lokführer seinen Arbeitsplatz auf der linken Seite des Raums.
Dank Mehrfachtraktionseinrichtung können zwei Loks von einem Führerpult aus gesteuert werden.
Zu DB Cargo kamen die Maschinen über die DB-Tochtergesellschaft Euro Cargo Rail SAS (ECR) mit Sitz in Paris. Deshalb sind die Loks auch grau lackiert. Inzwischen sind aber die ersten verkehrsroten Exemplare unterwegs. Einige von ihnen werden nach dem französischen Nummernschema als Baureihe 077 geführt. Angeschrieben ist jedoch die Baureihe 247. Im Frühjahr 2023 standen DB Cargo 60 Maschinen zur Verfügung, die in Bremerhaven Mühldorf, Oberhausen, und Nürnberg beheimatet waren.

**Technische Daten:**

| | |
|---|---|
| Baureihenbezeichnung: | 266, 077 (DB AG) |
| Radsatzanordnung: | Co'Co' |
| Kraftübertragung: | dieselelektrisch |
| Vmax (km/h): | 120 |
| Leistung (kW): | 2.420 |
| Dienstmasse (t): | 129,6 |
| Größte Radsatzfahrmasse (t): | 21,6 |
| Länge über Puffer (mm): | 21.349 |
| Drehgestellradsatzstand (mm): | 4.195 |
| Treibraddurchmesser (mm): | 1.120 |
| Kraftstoffvorrat (l): | 5.150 |
| Indienststellung: | 2008 |

## (0)650 (DB AG)

Seit 2008 hat Vossloh mit der dreiachsigen Rangier-Diesellokomotive mit hydraulischer Kraftübertragung vom Typ G6 im Programm, di im selben Jahr auf der InnoTrans in Berlin vorgestellt wurde. Die Loks können je nach Anforderungen in mit unterschiedlichen Ausstattungen geliefert werden.
Zu Erprobungszwecken als Nachfolger für die Baureihen 362 und 363 hat DB Regio mehrere Exemplare übernommen und setzt sie im Rangierdienst ein. So waren die (0)650 107 im Frühjahr 2023 in Rostock, die (0)650 114 und 301 in Cottbus tätig. Die Loks sind nicht verkehrsrot unterwegs, sondern tragen den grau/grünen Anstrich des Herstellers. Lediglich ein DB-Logo weist auf den Einsatz bei DB Regio hin.
Die Radsätze des Fahrwerks sind seitenverschiebbar und werden über Lenker verschleißfreie in den Halterungen geführt.
Der tiefe Schwerpunkt des Lokrahmens sorgt für eine gute Gleislage, auch bei schlecht verlegten Gleisen. An den Enden des Rahmens lassen sich auf Wunsch Energieverzehrelemente einbauen. Der Rahmen ist für eine Pufferdruck von 4.600 kN ausgelegt
Die Steuereinrichtungen befinden sich in einem geräumigen Mittelführerhaus. Stirnseitige Drehtüren und Laufstegen entlang der beiden schmaleren Vorbauten ermöglichen von beiden Seiten einen Zugang. Vorbauten und Führerhaus wurden als einzeln abnehmbare Sektionen ausgeführt. Die Batterie befindet sich in einem Kasten auf dem Umlauf.
Auch bei der Motorisierung sind unterschiedliche Ausführungen möglich. So lassen sich Motoren von Cummins, MTU und Caterpillar verwenden. Das Drehmoment des Motors wird über ein Turbogetriebe der Bauart L3r4zeU2 mit dynamischer Bremsfunktion und Geschwindigkeits-Konstant-Regelung an die Radsätze geleitet. Das Getriebe kann auch mit einer integrierten Schaltstufe geliefert werden. Es sind Höchstgeschwindigkeiten von 35 km/h für eine reine Rangierlok und 80 km/h für den leichten Streckendienst möglich. Radscheibenbremsen wirken auf alle Radsätze. Die Kühl- und Abgasanlage ist in Blöcken zusammengefasst, die schnell ausgetauscht werden können. Um künftige Emissionsvorschriften einhalten zu können, lassen sich Partikelfilter oder Katalysatoren in die Abgasanlage nachrüsten.

*Foto: Estler*

| Technische Daten: | |
|---|---|
| Baureihenbezeichnung: | (0)650 (DB AG) |
| Radsatzanordnung: | C |
| Kraftübertragung: | dieselhydraulisch |
| Vmax (km/h): | 40/80 |
| Leistung (kW): | 650 |
| Dienstmasse (t): | 60-67,5 |
| Länge über Puffer (mm): | 10.350/10.790* |
| Treibraddurchmesser (mm): | 1.000 |
| Indienststellung: | seit 2008 |
| *ohne/mit Stoßverzehrelemente | |

## 1002 (DB AG)

Mit der H3-Plattform bietet Alstom seit 2013 eine Plattform für Rangierlokomotiven an, auf der je nach Kundenwünschen unterschiedliche Ausstattungen zusammengestellt werden können. Auch ein leichter Streckendienst ist möglich. Transport bietet für die Loks in ganz Europa einen Wartungsservice an.
Allen gemeinsam sind das dreiachsige Fahrwerk und der Aufbau mit zwei unterschiedlich langen Vorbauten und geräumigem Mittelführerhaus. Durch Geländer gesicherte Laufstege neben den Vorbauten führen von den Lokenden zu den Stirntüren der Führerhäuser.
Die maximale Höchstgeschwindigkeit beträgt 100 km/h Die Lokomotiven entsprechen der Crash-Norm EN 15227 und den technischen Spezifikationen Interoperabilität (TSI).
Die Hybrid-Version ist mit einem 350 kW Dieselgenerator und einer Batterie ausgestattet, die über einen an den Motor angeflanschten Generator geladen wird. Bei Spitzenbelastung kann der Generator auch die Fahrmotoren direkt speisen. Während im Teillastbetrieb ganz auf den Verbrennungsmotor verzichtet werden kann. Somit können im Vergleich zu herkömmlichen Lokomotiven circa 30 bis 50 % Dieseltreibstoff eingespart werden. Durch eine spezielle hydraulische Koppelung der drei Radsätze konnte ein Radsatzstand von nur 3,2 m erreicht werden. Sie bewirkt eine bogengenaue Drehung der Endradsätze und eine Querverschiebung der Mittelachse. Damit können Gleisbögen mit einem minimalen Radius von 60 m durchfahren werden.

| Technische Daten: | |
|---|---|
| Baureihenbezeichnung: | 1002 (DB AG) |
| Radsatzanordnung: | A'A'A' |
| Kraftübertragung: | elektrisch |
| Vmax (km/h): | 60 |
| Stundenleistung (kW): | 700 |
| Dienstmasse (t): | 67,5 |
| Größte Radsatzfahrmasse (t): | 22,5 |
| Länge über Kupplung (mm): | 12.800 |
| Treibraddurchmesser (mm): | 1.000 |
| Kraftstoffvorrat (l): | 2.000 |
| Indienststellung: | seit 2013 |

Nach den ersten Prototypen von 2014 begann der Einsatz der Serienlokomotiven im Jahr 2015. Von den inzwischen über 40 Exemplaren hat DB Regio fünf angemietet und setzt sie im Rangierdienst in Nürnberg ein. Eigentümer ist die DAL Deutsche Anlagen-Leasing GmbH & Co. KG mit Sitz in Mainz. Die Loks fallen von weitem schon durch ihre rot/grüne Lackierung auf, die auf den Umweltaspekt der Maschinen hinweist.
Ende 2022 stellte das Werk Stendal im Rahmen einen ersten Prototyp mit Wasserstoffantrieb vor. Dafür der Dieselmotor entsprechend umgebaut. Zunächst sollen Untersuchungen in eigener Regie durchgeführt werden.

*Foto: Estler*

## Kö I (DRG, DR, DB), 311 (DB), 100.0 (DR)

Ende der 1920er-Jahre beschloss die DRG den Bau verschiedener sogenannter Kleinlokomotiven, die auf kleineren Bahnhöfen den Rangierdienst übernehmen sollten. 1931 führte die DRG für ihre Kleinloks ein eigenes Bezeichnungssystem ein, welches die Maschinchen in zwei Leistungsgruppen einteilte. Die Leistungsgruppe I (Loks bis 39 PS Motorleistung) erhielt die Nummerngruppe 0001 bis 3999. Bis 1932 stellte die DRG in dieser Leistungsgruppe 28 Loks unterschiedlichster Bauart in Dienst. Bei d esen Prototypen wurden zur Kraftübertragung nicht nur Ketten, sondern auch Stangen, Zahnräder und Blindwellen verwendet. Sie schieden schon bald wieder aus dem Bestand aus.
Ab 1933 wurden die ersten Kleinserien der Leistungsgruppe I produziert. Gmeinder und Jung lieferten je 34 Exemplare, Windhoff sieben. Da noch keine einheitlichen Baugrundsätze festgelegt worden waren, entwickelte jede Firma ein eigenes Modell.
Nach Auswertung der Betriebserfahrungen konnten die Maße für eine Einheitsbauart mit Dieselmotoren festgelegt werden. Mit der Kö 0080 lieferte 1934 Gmeinder die erste der neuen Einheitsbauart, von der weitere 80 Exemplare folgten (Kö 0105-0184). Vier Motoren (25-30 PS) verschiedener Hersteller konnten wahlweise eingebaut werden. Zwischen 1935 und 1938 folgte die verstärkte Bauart (Kö 0185-0289). Letztere unterschied sich durch eine etwas höhere Leistung (35-39 PS), war 100 mm länger und um zwei Tonnen schwerer. Allen gemeinsam war die Ausführung mit Endführerstand, Zahnradgetriebe, mechanischer Kupplung und Antrieb über Rollenketten.
In den Westzonen und in der sowjetischen Zone waren nach Kriegsende erhebliche Stückzahlen der Kö I vorhanden. Sowohl bei DB als auch bei der DR wurden bis in die 1960er-Jahre alle Maschinen ausgemustert, die nicht der Einheitsbauart entsprachen. Die DB rüstete den verbleibenden Rest auf Deutz-Motoren von 50 PS Leistung um, bei der DR ersetzte ein 38-PS-Motor des VEB Dieselmotorenwerk Schönebeck die verschlissenen Aggregate. In diesen Ausführungen taten die letzten Exemplare bei der DB (ab 1968 als Baureihe 311) Dienst bis 1979, bei der DR (ab 1970 als Baureihe 100.0) bis 1984. Erhalten blieben zwei Maschinen der Vorserienbauart, acht der normalen Bauart und 25 der verstärkten Ausführung.

*Foto: Estler*

| Technische Daten: | | |
|---|---|---|
| Baureihenbezeichnung: | 311 (DB) | 100.0 (DR) |
| Radsatzanordnung: | B | B |
| Kraftübertragung: | mechanisch | mechanisch |
| Vmax (km/h): | 23 | 18-23 |
| Leistung (PS): | 50 | 38 |
| Leistung (kW): | 37 | 28 |
| Dienstmasse (t): | 10,2 | 8-10,2 |
| Größte Radsatzfahrmasse (t): | 5,3 | 5,3 |
| Länge über Puffer (mm): | 5.575 | 5.475/5.575 |
| Treibraddurchmesser (mm): | 850 | 850 |
| Kraftstoffvorrat (l): | 56 | 56 |
| Indienststellung: | 1934-1938 | 1934-1938 |
| Verbleib: | u.a. Kö 0116 (BEM Nördlingen), | u.a. Kö 0049 (VSE Schwarzenberg) |
| | 311 221 (Eifelbahn, Gerolstein) | |

## Köf III, 331, 332, 333, 335 (DB)

Ab Mitte der 1950er-Jahre zeigte sich, dass die Kleinloks der Leistungsgruppe (Lg) II den Anforderungen nicht mehr genügten. Daher begann ab 1958 die Entwicklung von stärkeren Kleinloks der Lg III. Gmeinder lieferte 1959/60 die ersten acht Probeloks. Drei (Köf 10 001-003) besaßen eine Höchstgeschwindigkeit von nur 30 km/h, während die restlichen fünf (Köf 11 001-005) 45 km/h schnell waren. Zu Vergleichszwecken erhielten drei Maschinen (Köf 10 001-002 und 11 001) einen 240-PS-Motor der Motorenwerke Mannheim (MWM), die übrigen Fahrzeuge eine 232-PS-Motor von Kaelble. Die Leistungsübertragung erfolgte vom Motor über Gelenkwelle auf ein hydraulisches Getriebe und weiter über Rollenketten auf die Radsätze.
Nach Abschluss der Erprobung entschloss sich die DB zur Weiterbeschaffung der Köf 11 mit dem 240-PS-Motor der MWM und dem Voith-Getriebe L 213 U, von der zwischen 1962 und 1966 insgesamt 312 Exemplare als Köf 11 006-317 geliefert wurden. 1965 baute Gmeinder auf eigene Kosten eine verbesserte Kleinlok, bei der die Kraftübertragung zwischen einem neuen Voith-Strömungsgetriebe und den Radsätzen durch Gelenkwellen erfolgte. Sie wurde im Mai 1967 nach ausgiebiger Erprobung von der DB als Köf 12 001 übernommen und in Serie nachgebaut. Ab 1968 fuhren die Kleinloks EDV-gerecht umgezeichnet als 331 (Köf 10), 332 (Köf 11) und 333 (Köf 12). Bis 1978 wurden von der Baureihe 333 insgesamt 250 Exemplare (333 002-251) in Dienst gestellt. Ab der Betriebsnummer 333 102 ergab sich durch ein verstärktes Kühlsystem auch eine äußerlich sichtbare Veränderung, da der Kühlervorbau nun eine runde, mit Schutzgitter gesicherte Lüfteröffnung besaß.
Durch Getriebeumbau wurde zwischen 1982 und 1985 die Höchstgeschwindigkeit der 331 001-003 auf 45 km/h angehoben. Die 331 003 musste 1989 den Dienst quittieren, die beiden anderen liefen ab dem 1. Januar 1992 als 332 601 (+ 23.08.2001) und 602 (+ 31.07.1995). Die »Ketten-Köf« der Baureihe 332 wurden bis 2002 vollständig ausgemustert. Insgesamt 220 Exemplare der Baureihe 333 wurden zwischen 1984 und 1995 mit Funkfernsteuerung und halbautomatischer Rangierkupplung ausgerüstet und in Baureihe 335 mit gleicher Ordnungsnummer umgezeichnet. 2001 wurde bei einigen 335 die Funkfernsteuerung wieder stillgelegt, da man sie nicht mehr benötigte. Sie erhielten ihre alte Baureihenbezeichnung 333 zurück. Die Ordnungsnummern wurden zur Unterscheidung um 500 erhöht (333.5-7). Bei der DB sind nur noch wenige Maschinen der Baureihe 335 – meist in internen Diensten – im Einsatz. Zahlreiche Lokomotiven haben aber bei Privat- und Museumsbahnen ein neues Einsatzfeld gefunden.

*Foto: Estler*

| Technische Daten: | | | |
|---|---|---|---|
| Baureihenbezeichnung: | 331 (DB) | 332 (DB) | 333/335 (DB) |
| Radsatzanordnung: | B | B | B |
| Kraftübertragung: | hydr., Kette | hydr., Kette | hydr., Gelenkwelle |
| Vmax (km/h): | 30 | 45 | 45 |
| Leistung (PS): | 240 | 240 | 240 |
| Leistung (kW): | 177 | 177 | 177 |
| Dienstmasse (t): | 20,3 | 20,3 | 24,2 |
| Größte Radsatzfahrmasse (t): | 10,2 | 10,2 | 12,1 |
| Länge über Puffer (mm): | 7.830 | 7.830 | 7.830 |
| Treibraddurchmesser (mm): | 950 | 950 | 950 |
| Kraftstoffvorrat (l): | 270 | 270 | 270 |
| Indienststellung: | 1959 | 1959-1966 | 1965-1978 |
| Verbleib (DB-Museum): | + | 332 245, 262, 298, 304 | 333 068, 678 |

## Kö, Köf II (DRG, DB, DR), 321, 322, 323, 324 (DB), 100.1-9, 310 (DR)

Die Entwicklung der Kleinloks der Leistungsgruppe II (über 40 PS Leistung) verlief weitgehend parallel zur Entwicklung der Leistungsgruppe I. Erste Erfahrungen mit Probelokomotiven führten 1932 zum Konzept einer Einheits-Kleinlok der Leistungsgruppe II (ab Kb 4065). Wesentliche Unterschiede gegenüber der Leistungsgruppe I waren: Das Führerhaus befand sich nicht mehr über sondern hinter dem zweiten Radsatz. Daher konnte es so tief gesetzt werden, dass ein Einstieg ohne Zwischenstufen möglich war. Die Fahrzeuge waren um einen Meter länger. Das Gesamtgewicht stieg auf Grund robusterer Bauweise und größerer Motoren ganz beträchtlich, verbesserte aber Reibungslast und Zugkraft der Maschinen. Radsatzstand, Raddurchmesser und der Antrieb über Ketten waren identisch mit der Leistungsgruppe I. Bei Motoren und Getrieben herrschte anfangs eine bunte Vielfalt. Je nach Typ und Hersteller schwankten die Leistungen zwischen 50 und 110 PS. Zunächst wurden nur mechanische Zahnradgetriebe installiert. 1933 erhielt die Kbf 4736 erstmals eine hydraulische Kraftübertragung. 1937 verfügte die DRG die längst fällige Beschränkung auf zwei Motorentypen, die gegeneinander tauschbar waren. Bis zum Jahr 1944 wurden von zahlreichen Firmen rund 1.300 Kleinloks der Leistungsgruppe II gebaut.

Nach Kriegsende waren in den Westzonen rund 450 Kleinloks der Leistungsgruppe II vorhanden, in der sowjetischen Zone knapp 300 verblieben. Daneben wurden zahlreiche weitere Maschinen aus Wehrmachtsbeständen übernommen. Ab 1948 bis 1965 wurden von der DB insgesamt 736 Kleinlokomotiven mit weitgehend unveränderter Konstruktion nachbeschafft (Betriebsnummern 6100 bis 6835). Sie wurden aber durchweg mit Motoren von über 100 PS sowie mit Strömungsgetrieben ausgerüstet. Die älteren Lokomotiven erhielten nach und nach stärkere Motoren, durchweg Flüssigkeitsgetriebe statt der ursprünglichen Rädergetriebe, Druckluftbremsen und wurden in zahlreichen Einzelteilen vereinheitlicht.

Ab 1. Januar 1968 erfolgte die Eingruppierung in die Baureihen 321, 322 und 323/324 nach folgendem Schema:

321: mechanische Bremse, Vmax 30 km/h
322: Druckluftbremse, Vmax 30 km/h
323/324: Druckluftbremse, Vmax 45 km/h

In den 1970er-Jahren wurde noch eine größere Anzahl durch den Einbau von Türen und Fenstern in die Führerhäuser winterfest gemacht. Die Kleinloks ohne Druckluftbremse (Baureihe 321) schieden durch Umbau und Ausmusterung bis 1974 aus dem Bestand der DB aus. 1987 schlug die letzte Stunde der Baureihe 322.

Bei der DR verlief die Entwicklung ähnlich. Auch hier wurden die übernommenen Kleinloks der Leistungsgruppe II sukzessive vereinheitlicht und verbessert. Ab 1948 baute LKM in Babelsberg

*Foto: Dostal*

*Foto: Estler*

*Foto: Estler*

Kleinloks der Einheitsbauart nach, die mit mechanischem Getriebe und Motoren von 60 oder 90 PS ausgerüstet wurden. 32 dieser Nachbauten gelangten als Kö 4001-4032 in den Bestand der DR. Im Laufe der Jahre ließ auch die DR in ihre Kleinloks immer stärkere Motoren einbauen, zuletzt solche mit 125 PS Leistung. Ab 1970 erfolgte die computergerechte Umzeichnung in die Baureihe 100. Dabei wurden die 295 Maschinen mit Rädergetriebe als Baureihe 100.1-7, die 78 Loks mit hydraulischem Antrieb als Baureihe 100.8-9 bezeichnet. Im gemeinsamen Nummerplan von DB und DR erhielten die Kleinloks der DR die neue Baureihenbezeichnung 310.

Bei der DB AG hielten sich die letzten Exemplare der Leistungsgruppe II zäh und sowohl für die Baureihe 310 als auch für die Baureihe 323 schlug erst 1999 die letzte Stunde. Viele der vor allem in den letzten Jahren ausgemusterten Maschinen konnten an Industriebetriebe, Privat- und Museumsbahnen abgegeben werden, so dass auch heute noch genügend Gelegenheit besteht, eine dieser Kleinloks über irgendwelche Gleise wieseln zu sehen.

**Technische Daten:**

| | | | | |
|---|---|---|---|---|
| Baureihenbezeichnung: | 321, 322 (DB) | 323/324 (DB) | 100.1-7 (DR) | 100.8-9 (DR) |
| Radsatzanordnung: | B | B | B | B |
| Kraftübertragung: | hydr. | hydr. | mech. | hydr. |
| Vmax (km/h): | 30 | 45 | 30 | 30 |
| Leistung (PS): | 118-128 | 118-128 | 125 | 125 |
| Leistung (kW): | 87-94 | 87-94 | 92 | 92 |
| Dienstmasse (t): | 16-17 | 16-17 | 16-17 | 16-17 |
| Größte Radsatzfahrmasse (t): | 8 | 8 | 8 | 8 |
| Länge über Puffer (mm): | 6.452 (321-324 auch: 6.392) | 6.452 | 6.452 | 6.452 |
| Treibraddurchmesser (mm): | 850 | 850 | 850 | 850 |
| Kraftstoffvorrat (l): | 110-200 | 110-200 | 110 | 110-200 |
| Indienststellung: | 1933-1959 | 1933-1965 | 1932-1966 | 1934-1964 |
| Verbleib: | u.a. 321 021 (DME), 322 656 (HEF) | u.a. 323 872 | u.a. 100 126 (IG 58 3047, Glauchau) | u.a. 100 886 (TEV, Weimar) |

## 333.9 (DB)

Zum 1. Januar 1975 übernahm die Deutsche Bundesbahn den Restbetrieb der privaten Kerkerbachbahn an der DB-Strecke Limburg-Gießen einschließlich der beiden noch vorhandenen Diesellloks. Die dreischienige Strecke (1.000 mm und 1.435 mm) von Kerkerbach nach Dehrn war schon am 1. Mai 1886 eröffnet worden. Eine weitere, nur meterspurige Strecke von Kerkerbach nach Mengerskirchen konnte bis zum 15. April 1908 in Betrieb genommen werden. Bis Ende 1960 wurde der Schmalspurbetrieb aufgegeben. Damit wickelte die Bahn bis zur Übernahme durch die DB nur noch den Güterverkehr auf dem 3,7 km langen Abschnitt Kerkerbach-Dehrn ab. Bei der Firma Ruhrthaler beschaffte die Kerkerbachbahn 1958 zwei gleichartige zweiachsige Diesellloks als Nr. 18 und 19. Während die Nr. 18 mit dem Namen »Steeden« normalspurig war, lief die Nr. 19 »Kerkerbachtal« auf den Meterspurgleisen und wurde erst 1961 auf Normalspur umgerüstet. Nach Übernahme durch die DB erhielten die Loks die Nummern 333 901-902. Die

*Foto: Peter Schiffer/Bildarchiv der Eisenbahnstiftung*

beiden Maschinen waren zunächst beim Bw Limburg beheimatet und fuhren weiter auf ihrer alten Stammstrecke. Als erste wurde die 333 901 nach einem Schaden am 27. Mai 1979 beim Bw Limburg aus dem Bestand gestrichen. Am 27. Februar 1980 verließ die Lok das Ausbesserungswerk Nürnberg, wo sie im Auftrag eines Käufers untersucht und repariert worden war. Über diverse Umwege und Umspurung auf Meterspur gelangte sie 1991 als Tm 2/2 74 zur Brig-Visp-Zermatt-Bahn (BVZ) in die Schweiz.
Die 333 902 diente ab 2. Oktober 1978 als Werklok dem AW Schwetzingen und seit dem 1. Januar 1979 als Werklok im AW Darmstadt. Am 22. Juli 1979 wechselte sie zum Bw Hanau, wo die Maschine nur herumstand. Mit der leihweisen Abgabe zum Bw Friedberg am 24. Juli 1980 ging ihre Odyssee weiter. Dort kam sie für kurze Zeit vom Bahnhof Hungen aus zum Einsatz. Ende 1980 beendete ein Achsbruch ihre weitere Karriere und sie musste ins Ausbesserungswerk nach Nürnberg. Eigentlich sollte sie noch einmal repariert werden. Doch die HVB entschied anders und stellte die Lok am 1. August 1981 auf »z«. Kurz darauf wurde sie verkauft, wieder aufgearbeitet und auf 1.000 mm umgespurt. Noch im gleichen Jahr trat sie in der Schweiz bei der Furka-Oberalp-Bahn (FO) als Tm 2/2 4973 ihren Dienst an. Nach der Fusion von BVZ und FO am 1. Januar 2003 zur Matterhorn-Gotthardt-Bahn AG (MGBahn) sind beide Maschinen wieder unter einem Dach vereinigt.

| Technische Daten: | |
|---|---|
| Baureihenbezeichnung: | 333.9 (DB) |
| Radsatzanordnung: | B |
| Kraftübertragung: | mechanisch |
| Vmax (km/h): | 30 |
| Leistung (PS): | 250 |
| Leistung (kW): | 184 |
| Dienstmasse (t): | 29 |
| Größte Radsatzfahrmasse (t): | |
| Länge über Puffer (mm): | 7.900 |
| Treibraddurchmesser (mm): | |
| Kraftstoffvorrat (l): | |
| Indienststellung: | 1958 |
| Verbleib: | MGBahn (Schweiz) |

## Ks, Ka, 381, 382 (DRG, DB)

Parallel zu den Kleinloks der Leistungsgruppe II mit Verbrennungsmotoren ließ die DRG auch ähnliche Fahrzeuge mit Elektroantrieb durch Akkumulatoren entwickeln. 1930 lieferte AEG vier Akku-Kleinloks als A 6001-6004 (ab 1931: Ks 4012-4015). Sie besaßen eine allseits offene Bedienungsplattform mit den Batterien, nur geschützt durch ein von acht Stützen getragenes Dach. Die beiden Radsätze mit Tatzlagermotoren ruhten in einem geschweißten Außenrahmen.
Mit der Ks 4071 lieferte 1932 AEG die erste Akku-Kleinlok, welche in ihrer äußeren Form den Fahrzeugen mit Verbrennungsmotoren entsprach. Auch bei ihr erfolgte der Antrieb durch zwei Tatzlagermotoren. In dem langen Vorbau waren nun die Akkumulatoren untergebracht. In den Jahren 1935 bis 1938 kamen in mehreren Serien insgesamt 41 Maschinen als Ks 4815-4820, 4859-4870, 4903-4910 und 4979-4993 in den Bestand der DRG, an deren Bau die Berliner Maschinenbau AG, Windhoff in Rheine, AEG und Siemens beteiligt waren. Sie wurden von zwei parallel zu den Radsätzen eingebauten Gleichstrommotoren über Zahnräder und Ketten angetrieben.

*Foto: Estler*

In den Bestand der DB gelangten die Ks 4012-4015 sowie 36 Exemplare der zweiten Generation. 1955 beschaffte die DB zwei weitere Kleinloks mit Akku-Antrieb. Sie wurden von Gmeinder in Mosbach gebaut, erhielten Garbe-Lahmeyer-Motoren und in zweiter Besetzung die Nummern Ks 4992-4993. Äußerlich unterschieden sie sich von den Vorkriegsloks insbesondere durch ihre breiteren und höheren Vorbauten.
Schon 1959 wurde die Ks 4014 ausgemustert. Die drei anderen bekamen 1960 die Baureihenbezeichnung Ka. Die Ka 4015 erhielt sogar noch einen neuen, weitgehend geschlossenen Kastenaufbau, 1968 die EDV-gerechte Betriebsnummer 381 101 und wurde erst 1973 verkauft. Die Serienloks der DRG wurden 1968 ebenfalls in die Baureihe 381, die DB-Nachbauloks in die Baureihe 382 umgezeichnet. Die AEG-Vorauslok Ks 4071 wurde zur 381 201. Nach ihrer Ausmusterung 1970 kam sie als Denkmalslok ins AW Limburg. Alle Akku-Kleinloks sind zwischenzeitlich aus dem Bestand der DB ausgeschieden. Vier werden aber noch als interne Verschubgeräte in verschiedenen Werken und Betriebshöfen (381 005 in Köln-Deutzerfeld, 381 018 in Dessau, 381 020 in Mainz-Bischofsheim und 382 001 in Hamburg-Ohlsdorf) eingesetzt.

| Technische Daten: | | | |
|---|---|---|---|
| Baureihenbezeichnung: | Ka 4012-4015 (DRG) | 381 (DRG) | 382 (DB) |
| Radsatzanordnung: | Bo | Bo | Bo |
| Kraftübertragung: | elektrisch | elektr., Kette | elektr., Kette |
| Vmax (km/h): | 30 | 25 | 30 |
| Leistung (kW): | 35 | 34 | 70 |
| Dienstmasse (t): | 10,4 | 16,5-17,0 (381 201: 14,4) | 24,2 |
| Größte Radsatzfahrmasse (t): | 5,5 | 8,5 | 12,5 |
| Länge über Puffer (mm): | 5.600 | 6.450 (381 201: 6.500) | 6.456 |
| Treibraddurchmesser (mm): | 850 | 850 | 850 |
| Indienststellung: | 1930 | 1932-1938 | 1955 |
| Verbleib: | Ka 4013 (DGEG, Bochum-Dahlhausen), 381 101 (BEM) | u.a. 381 011 und 016 (beide BEM), 381 201 (VMN, Denkmal AW Limburg) | 382 001 (S-Bahn Hamburg) |

## V 11, Köf 99, 329, 399 (DB)

Als erste Diesellok der Wangerooger Inselbahn erschien 1952 die V 11 901, eine kleine dreiachsige, von Gmeinder gebaute Maschine. In ihrer Konzeption lehnte sie sich eng an einen Feldbahndieselloktyp der Wehrmacht im Zweiten Weltkrieg an. Ihr 130-PS-Motor übertrug seine Leistung über ein Flüssigkeitsgetriebe, Blindwelle und Kuppelstangen auf die drei Treibachsen. Technisch identisch, nur äußerlich moderner gestaltet, lieferte Gmeinder 1957 zwei weitere Loks als V 11 902-903 an die Inselbahn. Insbesondere die Führerhäuser waren deutlich größer ausgeführt. Diese drei Diesellokomotiven ermöglichten nun die vollständige Aufgabe des Dampflokbetriebs. Anfang der 1960er-Jahre erfolgte mit den neuen Betriebsnummern Köf 99 501-503 ihre eindeutige Zuordnung zu den Kleinlokomotiven.

Mit drei Maschinen war der Fahrzeugbestand vor allem während der gesetzlich vorgeschriebenen Untersuchungen oder bei Schäden knapp bemessen. So übernahm die DB 1971 zunächst leihweise und ab September 1972 käuflich eine gebrauchte Diesellok der Inselbahn Juist mit dem Namen »Heinrich«. Im Anschluss an die ab 1968 als 329 501-503 geführten Köf 99 erhielt sie die Betriebsnummer 329 504. Diese Maschine war 1952 bei Klöckner-Humboldt-Deutz für die der Reederei Norden-Frisia gehörende Juister Inselbahn erbaut worden. Im Gegensatz zu den 329 501-503 war die 329 504 nur zweiachsig und mit einem 120-PS-Motor ausgestattet. Ihr Antrieb erfolgte ebenfalls über Blindwelle und Kuppelstangen. Nach Einführung des Bezeichnungsschemas von 1992 fuhren die vier Loks als 399 101-104.

Als Schnäppchen konnte die DB im gleichen Jahr zwei fast neuwertige Schmalspur-Diesselloks aus rumänischer Produktion von der Mansfeld Transport GmbH erwerben. Die Maschinen des Typs L18H-C wurden 1990 von der Lokfabrik »23. August« in Budapest gebaut und sollten eigentlich auf der meterspurigen Schlackenbahn der August-Bebel-Hütte in Helbra zum Einsatz kommen. Durch den Zusammenbruch der DDR-Wirtschaft nach der Wende erübrigte sich ein Einsatz bei der Schlackenbahn. In einer umfangreichen Umbauaktion wurden die beiden Neuzugänge in der Wangerooger Werkstatt den Erfordernissen des Inselbahnbetriebs angepasst und erhielten die Betriebsnummern 399 105-106. Im Aufbau entsprachen sie weitgehend den vorhandenen Maschinen. Als Antriebsaggregat dient ein in Lizenz gebauter MAN-Sechszylinder-Motor mit 132 kW Leistung. Der Antrieb erfolgt über Hydraulikgetriebe, Gelenkwelle und Radsatzgetriebe auf den vorderen Radsatz, der mit den beiden anderen Radsätzen über Kuppelstangen verbunden ist.

Foto: Blaschke

Foto: Endisch

Foto: Estler

Da sich die rumänischen Loks in der Folge als recht störanfällig erwiesen, waren sie nur bedingt als Ersatz für die älteren Maschinen geeignet. Daher wurden 1998 bei der Diepholzer Lokfabrik Schöttler (SCHÖMA) zwei leistungsfähige, zweiachsige Maschinen (399 107-108) bestellt, welche sich in ähnlicher Form bei den Inselbahnen Borkums und Langeoogs schon bewährt hatten. Im Hinblick auf die aggressive, salzhaltige Meeresluft erhielten sie Aufbauten aus Nirosta-Blechen. Als Antriebsaggregat dient ein KHD-Motor mit 166 kW Leistung. Der Antrieb erfolgt erstmals nicht über Kuppelstangen sondern über hochdimensionierte Gelenkwellen. Die 399 107 ist zusätzlich mit Funkfernsteuerung ausgerüstet. Im April 1999 erreichten die beiden Neubauloks die Insel und übernahmen sofort die Hauptlast des Inselbahnverkehrs.

Die 399 101-104 konnten daher in den Jahren 1998 bis 2000 abgestellt werden und fielen am 13. Mai 2001 gesammelt der Ausmusterung anheim. Im Mai 2002 wurden sie von der zur Guttwein-Gruppe gehörenden Eisenbahn-Betriebs-Gesellschaft mbH erworben und im Eisenbahn- und Technikmuseum in Prora auf Rügen unzugänglich hinterstellt.

**Technische Daten:**

| Baureihenbezeichnung: | 399 101-103 (DB) | 104 (DB) | 105-106 (DB) | 107-108 (DB) |
|---|---|---|---|---|
| Radsatzanordnung: | C | B | C | B |
| Kraftübertragung: | hydraulisch | hydraulisch | hydraulisch | hydraulisch |
| Vmax (km/h): | 20 | 20 | 20 | 20 |
| Leistung (PS): | 130 | 120 | - | - |
| Leistung (kW): | 96 | 88 | 132 | 166 |
| Dienstmasse (t): | 16,5 | 13 | 16,6 | 16 |
| Größte Radsatzfahrmasse (t): | 5,5 | 6,5 | 5,5 | 5,5 |
| Länge über Puffer/Kupplung (mm): | 5.566 | 6.090 | 5.400 | 6.597 |
| Treibraddurchmesser (mm): | 700 | 820 |  | 770 |
| Kraftstoffvorrat (l): | 136 | 180 | 200 | 700 |
| Indienststellung: | 1952-1957 | 1952 | 1990 (U 1992) | 1999 |
| Verbleib: | 399 101-103 (ETM, Prora) | 399 104 (ETM, Prora) | DB AG | DB AG |

## Köf, 100, 199, 399 (DR)

Mitte der 1930er-Jahre wurden für militärische Transport- und Nachschubbahnen auf feldbahnmäßig verlegten Gleisen Schmalspurdiesellokomotiven unterschiedlicher Leistung entwickelt. Als Köf 6001 und 6003 wurden die beiden Maschinen mit einer Spurweite von 750 mm nach ihrer Aufarbeitung bezeichnet, welche die DR aus früheren Wehrmachtsbeständen übernommen hatte. Die Fahrzeuge stammten aus einer Serie des Typs HF 130 C, die während des Kriegs für die Spurweiten von 600 und 750 mm gebaut worden war. Durch Umpressen der Radscheiben konnten sie auf beiden Spurweiten eingesetzt werden. Zwischen 1937 und 1944 lieferten sechs Hersteller 341 solcher Maschinen. Die DR setzte die beiden Loks zunächst auf Schmalspurbahnen der Rbd Berlin ein. 1964 kamen sie auf die Insel Rügen zum Rangierdienst auf den Bahnhöfen Bergen und Altefähr, später Putbus. EDV-gerecht erhielten sie 1970 die Bezeichnung 100 901 und 902. Anfang der 1970er-Jahre wurden beide Loks zunächst abgestellt. Ab 1975 dienten sie wieder aufgearbeitet und umgezeichnet in 199 001 und 002 als Bauzugloks. Wegen eines Getriebeschadens musste die 199 002 in den 1980er-Jahren abgestellt und verschrottet werden. Mit Einführung des Umzeichnungsplans von 1992 wurde die 199 901 als 399 703 geführt. Auch nach der Privatisierung der Schmalspurbahn auf Rügen wird sie von der Rügenschen Kleinbahn betriebsfähig vorgehalten. Angetrieben wird die Lok von einem KHD-Dieselmotor des Typs A 6 M 517 mit 130 PS Leistung. Sie ist mit einem zweistufigen Strömungsgetriebe ausgerüstet, das über Wendegetriebe, Blindwelle und Kuppelstangen auf die drei im Außenrahmen gelagerten Radsätze wirkt.

Als Weiterentwicklung des Heeresfeldbahntyps HF 130 C stellte der VEB Lokomotivbau »Karl Marx« (LKM) in Potsdam-Babelsberg in den 1950er-Jahren die Schmalspurdiesselloks der Bauart Ns 4 her. Ein 90-PS-Motor sorgte für die nötige Antriebsleistung und wirkte über ein Viergang-Rädergetriebe, Blindwelle und Kuppelstangen auf die drei Radsätze. Zur Bedienung des schmalspurigen Anschlussgleises (750 mm) zur Papierfabrik Wilischthal erwarb die DR zwei solcher Maschine und reihte sie als 199 007 (1973 ex VEB Feinspinnerei Venusberg/Erzgebirge) und 199 008 (1990 ex GISAG Schmiedeberg) in ihren Bestand ein. Erstere wird heute von der IG Preßnitztalbahn betriebsfähig erhalten, während letztere seit Mai 2002 als »199 032« des Fördervereins »Wilder Robert« über die Gleise der Döllnitzbahn Oschatz–Mügeln–Kemmlitz dieselt.

Aus dem Typ Ns 4 entstand bei LKM in der Folge die Schmalspurdiesellok des Typs V 10 C. Ein 100-PS-Motor des VEB Dieselmotorenwerk Schönebeck und ein modernes äußeres Erscheinungsbild waren die markantesten Kennzeichen dieser Maschinen, die für Spurweiten zwischen 600 und 1.000 mm produziert wurden. Nach Einstellung der Spreewaldbahn (1.000 mm) mussten im Cottbuser Stadtgebiet zahlreiche Anschlüsse weiterbedient werden. Hierfür kaufte die DR 1970 vom VEB Spanplattenwerk Gotha zwei 1964 gebaute Loks dieses Typs und reihte sie als 100 905 und 906 (ab 1973: 199 005 und 006) in ihren Bestand ein. Anfang 1983 wurden die schmalspurigen Anschlüsse auf Regelspur umgestellt und darauf die beiden Loks zur Harzquer- und Brockenbahn umgesetzt. Im Umzeichnungsplan von 1992 noch kurzzeitig als 399 112 und 113 geführt, aber schon im Oktober 1991 ausgemustert, gingen sie unter ihren alten Betriebsnummern in den Bestand der Harzer Schmalspurbahnen (HSB) über. Die HSB überließ die Dieselloks als Dauerleihgabe der »IG Harzer Schmalspurbahnen«. Sie stehen derzeit abgestellt in Nordhausen Nord. Bei einer betriebsfähigen Aufarbeitung der 199 005 soll die 199 006 als Ersatzteilspender dienen.

Bei der schmalspurigen Berliner Pioniereisenbahn »Ernst Thälmann« (600 mm), die ab 1979 der DR unterstand, liefen ebenfalls Dieselloks des Typs Ns 4 (199 103) und V 10 C (199 101 und 102). Noch heute sind die 199 102 und 103 im Einsatzbestand der zwischenzeitlich privatisierten Berliner Parkeisenbahn vorhanden. Die 199 101 befindet sich hingegen seit 25. August 1998 leihweise bei der Dampfkleinbahn Mühlenstroth in Gütersloh.

Für den Rollbockverkehr auf den schmalspurigen Gleisen (1.000 mm) der Industriebahn Halle/Saale suchte die DR 1983 zur Ablösung der verschlissenen Diesellokomotiven kostengünstige Alternativen. Sie wurden in den normalspurigen Kleinloks 100 128 und 287 gefunden. Nach Umspurung und dem Ersatz der normalen Zug- und Stoßeinrichtungen durch solche für den Rollbockverkehr stand ihrem Einsatz als 199 003 und 004 nichts mehr im Wege. Auf die gleiche Weise adaptierte die DR drei Kleinlokomotiven für die Harzquer- und Brockenbahn. 1984 entstand aus der 100 325 die 199 010 und 1991 folgten mit dem Umbau der 100 639 und 213 die 199 011 und 012. Die 199 003 und 004 wurden nach Einstellung des Rollbockverkehrs 1991 in Halle abgestellt und im September 1992 ausgemustert. Die 199 004 gelangte 2006 zur BSW-Gruppe Bw Halle P, welche sie noch im gleichen Jahr auf einen kleinen Denkmalssockel im Bw Halle P setzte. Im Juni 2007 wurde die 199 003 von der IG Hirzbergbahn erworben und noch im gleichen Monat zum Vereinssitz nach Georgenthal überführt. Dagegen erhielten die 199 010-012 im Umzeichnungsplan von 1992 noch kurzzeitig die Nummern 399 114-116. Seit 1993 befinden sie sich unter ihren alten Nummern im Bestand der Harzer Schmalspurbahnen (HSB). Derzeit wird nur noch die 199 011 für Rangierarbeiten in Wernigerode-Westerntor eingesetzt. Die beiden anderen Maschinen sind abgestellt. Die 199 010 übernahm der Freundeskreis Selketalbahn in Pflege.

*Foto: Estler*

*Foto: Blaschke*

| Technische Daten: | | | | |
|---|---|---|---|---|
| Baureihenbezeichnung: | 199 001-002 (DR) | 199 007, 008, 103 (DR) | 199 005-006, 101-102 (DR) | 199 003-004, 010-012 (DR) |
| Spurweite (mm): | 750 | 750/600 | 1.000/600 | 1.000 |
| Radsatzanordnung: | C | C | C | B |
| Kraftübertragung: | hydraulisch | mechanisch | mechanisch | mechanisch |
| Vmax (km/h): | 20 | 24 | 24 | 30 |
| Leistung (PS): | 130 | 90 | 100 | 125 |
| Leistung (kW): | 96 | 66 | 74 | 92 |
| Dienstmasse (t): | 16,5 | 14,6 | 16 | 16 |
| Größte Radsatzfahrmasse (t): | 5,5 | 4,9 | 5,3 | 8 |
| Länge über Puffer/Kupplung (mm): | 5.356 | 5.340 | 5.400/5.200 | 5.350 |
| Treibraddurchmesser (mm): | 700 | 700 | 700 | 850 |
| Kraftstoffvorrat (l): | 110 | 180 | 350/160 | 110 |
| Indienststellung: | 1944 | 1957/58 | 1964, 1969/1971 | Umbau 1983-1991 |
| Verbleib: | siehe Text | siehe Text | | |

## 401 (DB)

Für den Hochgeschwindigkeitsverkehr (InterCity-Express) auf ihren Neubaustrecken stellte die DB 1990 bis 1992 neue elektrische Triebzüge (ICE-1) in Dienst. Die 280 km/h schnellen Züge bestehen aus zwei Triebköpfen der Baureihe 401 und bis zu 14 Mittelwagen. Die 120 Triebköpfe sind in zwei Serien unterteilt. Die ersten 40 (401 001-020 und 501-520) sind mit Traktionsstromrichtern in normaler Thyristortechnik ausgerüstet, die anderen 60 (ab 401 051 und 551) erhielten Stromrichter mit abschaltbaren GTO-Thyristoren in FCKW-freier Siedebadkühlung. Jeder Triebkopf ist mit vier bewährten Drehstrom-Asynchronmotoren ausgestattet. Einige erhielten einen zweiten, schmaleren Stromabnehmer für Einsätze auf dem SBB-Netz (siebziger und achtziger Nummern). Die Datenübertragung im Zugverband erfolgt über zwei Lichtwellenleiter-Strecken. Die vier Mittelwagenbauarten des ICE-1 wurden wie beim Vorserien-ICE (410.0) aus Aluminium-Großstrangpressprofilen gefertigt. Als Baureihe 801 laufen 198 1.-Klasse-Mittelwagen. Mit 376 Einheiten entfällt der größte Anteil auf die Baureihe 802, den 2.-Klasse-Mittelwagen. Vom Servicewagen (Baureihe 803) wurden 60 Stück gebaut. Als einziger Wagen überragt mit seinem unverwechselbaren 45 cm hohen »Höcker« der ebenfalls in 60 Einheiten gebaute Speisewagen (Baureihe 804) den ICE-Zugverband.

Nach 15 Jahren hartem Einsatz wurden die ICE-1 ab 2005 einer kompletten Modernisierung unterzogen. Dabei wurden 118 Triebköpfe und 708 Mittelwagen vollständig entkernt, alle Bauteile (WC-Anlagen, Wandverkleidung, Sitze, Bord-Restaurants etc.) ausgebaut und größtenteils ersetzt. So bekamen die Züge die vom ICE-3 her bekannten Sitze und die Innenwände wurden mit Brauntönen »veredelt«. Steckdosen an den Plätzen, moderne Displays für Fahrgastinformationssysteme und elektronische Sitzplatzreservierungen steigern den Reisekomfort. Verbesserungen gibt es auch bei den Bremsen, den Gleitschutzgebern, bei der Steuerungssoftware und der Energieversorgung für die Klimaanlage.

2014 entschied sich die Bahn, die Züge mit einem zweiten Redesign aufzuwerten und die Einsatzzeit auf 2030 zu verlängern. Dabei werden die Züge auf neun Wagen verkürzt und auf Linien mit geringerem Fahrgastaufkommen, als ICE-Sprinter sowie bei Bedarf als Entlastungs- oder Ersatzzüge zum Einsatz kommen.

| Technische Daten: | |
|---|---|
| Baureihenbezeichnung: | 401.0+Mittelwagen+401.5 (DB) |
| Radsatzanordnung (vierzehnteilig): | Bo'Bo'+12 x 2'2'+Bo'Bo' |
| Stromsystem: | 16⅔ Hz/15 kV |
| Vmax (km/h): | 280 |
| Stundenleistung (kW): | |
| Dauerleistung (kW): | 2 x 4.800 |
| Dienstmasse (t), vierzehnteilig: | 80+625+80 (ab 401 051/551: 78) |
| Größte Radsatzfahrmasse (t): | 20 |
| Länge über Kupplung (mm), vierzehnteilig: | 357.920 |
| Drehzapfenabstand (mm): | 14.460+12 x 19.000+14.460 |
| Radsatzabstand Triebgestell (mm): | 3.000 |
| Radsatzabstand Laufdrehgestell (mm): | 2.800 |
| Treibraddurchmesser (mm): | 1.040 |
| Laufraddurchmesser (mm): | 1.000 |
| Sitzplätze (vierzehnteilig): | 645+40 (Speisewagen) |
| Indienststellung: | 1990-1993 |

Foto: Estler

## 402, 410.1 (DB AG)

Schon bald zeigte sich nach der überaus erfolgreichen Einführung des ICE-Verkehrs, dass auch ein Bedarf nach kleineren Einheiten vorhanden ist. Die ICE-1 können jedoch nur mit hohem betrieblichem Aufwand an wechselnde Nachfragesituationen angepasst werden. Um sowohl kleinere Einheiten für Schwachlastzeiten als auch Flügelzugbildungen zu ermöglichen, erhielt im August 1993 eine Arbeitsgemeinschaft unter Federführung von Siemens und AEG (später ADtranz) den Auftrag, den ICE-2 als Kurzzug mit nur einem Triebkopf, sechs Mittelwagen und einem Steuerwagen zu entwickeln. Die Triebköpfe der Baureihe 402 entsprechen weitgehend ihren Vorgängern. Zur Doppelzugbildung wurden sie wie auch die Steuerwagen zusätzlich mit einer automatischen Scharfenbergkupplung ausgestattet, die hinter einer Bugklappe versteckt ist. Bei den Mittelwagen des ICE-2 konnte zu den Vorgängern eine Masseersparnis von 5 t erzielt werden. Dies gelang durch weniger unterflurige Anschweißteile, spantenfreien Rohbau, vereinfachten Druckschutz, effektivere Energieversorgung, neuartige Leichtbausitze, leichtere Werkstoffe beim Innenausbau sowie den Verzicht auf Abteile. Im Gegensatz zu den stahlgefederten Drehgestellen des ICE-1 wurden beim ICE-2 luftgefederte Drehgestelle der Bauart SGP 400 verwendet. Insgesamt 44 Einheiten wurden zwischen 1995 und 1997 geliefert. Die Steuerwagen laufen dabei als Baureihe 808, die Mittelwagen werden als Baureihen 805 (1. Klasse), 806 (2. Klasse) und 807 (Speisewagen) geführt. Als Reserve dienen zwei Triebköpfe sowie ein Steuerwagen.

Da der Versuchs-ICE (Baureihe 410.0) zwischenzeitlich auch schon in die Jahre gekommen war, wurde 1996 auf Basis des ICE- 2 ein neuer Versuchszug gebaut. Zwei weitere Triebköpfe wurden für Messfahrten als 410 101 und 102 in Dienst gestellt. Im Gegensatz zum 402 sind sie für 350 km/h (und mehr) zugelassen. Die angetriebenen Mess-Mittelwagen 410 201, 202 und 203 sowie der antriebslose Mittelwagen 410 801 der Arbeitsgemeinschaft Siemens/Bombardier (vormals ADtranz) befinden sich nicht mehr im Zug. Er ist heute nur noch mit den beiden Messwagen 810 101 und 102 unterwegs.

| Technische Daten: | | |
|---|---|---|
| Baureihenbezeichnung: | 402.0+6xMittelwagen+Steuerwagen (DB AG) | 410.1 (DB AG) |
| Radsatzanordnung (achtteilig): | Bo'Bo'+7 x 2'2' | Bo'Bo' |
| Stromsystem: | 16⅔ Hz/15 kV | 16⅔ Hz/15 kV |
| Vmax (km/h): | 280 | 350 |
| Stundenleistung (kW): | | |
| Dauerleistung (kW): | 4.800 | 4.800 |
| Dienstmasse (t), achtteilig: | 78+340 | 78 |
| Größte Radsatzfahrmasse (t): | 20 | 20 |
| Länge über Kupplung (mm): | 205.400 (achtteilig) | 20.560 |
| Drehzapfenabstand (mm): | 14.460+7 x 19.000 | 14.460 |
| Radsatzabstand Triebgestell (mm): | 3.000 | 3.000 |
| Radsatzabstand Laufdrehgestell (mm): | 2.800 | - |
| Treibraddurchmesser (mm): | 1.040 | 1.040 |
| Laufraddurchmesser (mm): | 1.000 | - |
| Sitzplätze (vierzehnteilig): | 645+40 (Speisewagen) | - |
| Indienststellung: | 1995-1997 | 1996 |

Foto: Estler

## 403/404 (DB)

Für das seinerzeit rein erstklassige Intercitysystem beschaffte die DB im Jahr 1973 drei jeweils vierteilige Triebzüge mit der Baureihenbezeichnung 403 (Triebköpfe) bzw. 404 (Mitteltriebwagen). Die Züge mit Allachsantrieb waren für eine Höchstgeschwindigkeit von 200 km/h ausgelegt. Ihre charakteristische Form brachte ihnen sehr schnell den Spitznamen »Donald Duck« ein. Durch die konsequente Verwendung hochwertiger Leichtmetalllegierungen und Großstrangpressprofilen konnte der Wagenkasten extrem leicht gehalten werden. Die Einrichtung bestand aus 1.-Klasse-Abteilen in den Endwagen und einem 1.-Klasse-Großraum im Mittelwagen 404.0. Im Mittelwagen 404.1 befanden sich das Restaurant, drei 1.-Klasse-Abteile sowie das Zugsekretariat und eine Telefonzelle. Die gesamte elektrische Ausrüstung fand außerhalb des Wagenkastens in Bodenwannen bzw. auf dem Dach Platz. Jeder Wagen verfügte über eine in sich abgeschlossene elektrische Anlage. Eine elektronische Thyristoranschnittssteuerung regelte die vierpoligen Mischstrom-Reihenschlussmotoren. Ursprünglich waren die Züge mit einer elektronisch gesteuerten »Gleisbogenabhängigen Wagenkastensteuerung« ausgerüstet.

*Foto: Estler*

Nach ihrer Auslieferung im Sommer 1973 wurden die drei Züge zunächst eingehenden Erprobungen unterzogen und erreichten dabei bis zu 226 km/h. Ab Mai 1974 fuhren die Züge IC-Leistungen zwischen München und Bremen. Die Einführung der 2. Klasse im Intercity-System 1979 verdrängte sie aus dem fahrplanmäßigen Dienst, sie standen fortan für Charterfahrten zur Verfügung. Ihre optische Affinität zum Flugzeug setzten die Züge schließlich ab dem 27. März 1982 um. Vom Bw Düsseldorf aus »flogen« die Züge unter den Flugnummern LH 1001-1008 als »Airport-Express« von Frankfurt nach Düsseldorf im Auftrag der Lufthansa. Zuvor waren sie im AW Bad Cannstatt einem gründlichen Umbau nach den Vorgaben der Fluggesellschaft unterzogen worden, dabei tauschten sie auch ihr einzigartiges Farbkleid in Weiß-Rot-Schwarz gegen die Produktfarbe Gelb der Lufthansa ein. Nach dem Ende des »Airport-Express« am 27. Mai 1993 wurden die Fahrzeuge im AW Nürnberg abgestellt. Im Herbst 2000 erwarb die Prignitzer Eisenbahn die einstigen DB-Paradepferde, die jedoch immer noch einer Wiederaufarbeitung harren.

| Technische Daten: | |
|---|---|
| Baureihenbezeichnung: | 403.0+404.0+404.1+403.0 (DB) |
| Radsatzanordnung: | Bo'Bo'+Bo'Bo'+Bo'Bo'+Bo'Bo' |
| Stromsystem: | 16⅔ Hz/15 kV |
| Vmax (km/h): | 200 |
| Stundenleistung (kW): | 16 x 240 (3.840) |
| Dauerleistung (kW): | |
| Dienstmasse (t): | 235 |
| Größte Radsatzfahrmasse (t): | 15,7 |
| Länge über Kupplung (mm): | 109.220 |
| Drehzapfenabstand (mm): | 19.000+19.000+19.000+19.000 |
| Radsatzabstand Triebgestell (mm): | 2.600 |
| Treibraddurchmesser (mm): | 1.050 |
| Sitzplätze: | 159+24 (Speiseraum) |
| Indienststellung: | 1973 |
| Verbleib: | Prignitzer Eisenbahn seit 2000 |

## 403 (DB AG), 406 (DB AG, NS)

Neue Anforderungen an Hochgeschwindigkeitszüge stellte die Neubaustrecke Frankfurt–Köln, die Steigungen von bis zu 40 ‰ sowie eine Streckenhöchstgeschwindigkeit von 300 km/h aufweist. Auch sollten Einsätze im benachbarten Ausland unter allen möglichen Stromsystemen und unter Einhaltung der dort geltenden Fahrzeugbegrenzungen möglich sein. Dies erforderte die Abkehr vom bisherigen Triebkopf-Konzept und die Rückkehr zum »klassischen« Triebwagen bei der dritten ICE-Generation. Die DB AG bestellte 1994 bei der Arbeitsgemeinschaft Siemens/AEG (später ADtranz, heute Bombardier) insgesamt fünfzig ICE 3, davon 37 Züge der BR 403 für den Betrieb unter 15 kV/16⅔ Hz und 13 Viersystemzüge der BR 406. Mit vier weiteren 406 schlossen sich 1995 für den Einsatz in der Relation Amsterdam–Köln–Frankfurt die NS an.
Antriebstechnisch bestehen die achtteiligen ICE-3-Garnituren aus zwei vierteiligen, betrieblich nicht teilbaren Zughälften, die spiegelbildlich zusammengesetzt sind. Auf den angetriebenen Endwagen mit Stromrichter (403.0 und 403.5) folgen ein antriebsloser Trafo-Mittelwagen mit dem DB-Stromabnehmer (403.1 und 403.6), ein angetriebener Mittelwagen mit Stromrichter (403.2 und 403.7) sowie ein antriebsloser Mittelwagen (403.3 und 403.8), wo Batterie und Ladegerät untergebracht sind. Neu gestaltet wurde beim ICE-3 auch die strömungstechnisch optimierte Frontpartie mit der automatischen Scharfenbergkupplung, die hinter einer Bugklappe versteckt ist. Die Mehrsystemzüge sind entsprechend aufgebaut. Die Stromabnehmer für den Gleichstrombetrieb befinden sich auf den Mittelwagen 406.2 und 406.7. Weitere Stromabnehmer mit schmaler Wippe für die Wechselstromnetze Belgiens, Frankreichs und der Schweiz befinden sich auf den Mittelwagen 406.3 und 406.8.
Am 9. Juli 1999 wurde der erste ICE-3 vorgestellt. Ab Juni 2000 fuhren die ICE-3 planmäßig zur EXPO nach Hannover. Nach Fertigstellung der Neubaustrecke Frankfurt/Main–Köln im Herbst 2002 sind sie natürlich vorrangig dort zu finden und verteilen sich in Frankfurt bzw. Köln in alle Himmelsrichtungen. Neu hinzugekommen ist ab Mitte Juni 2007 der Einsatz zwischen Frankfurt und Paris.

*Foto: Estler*

| Technische Daten: | | |
|---|---|---|
| Baureihenbezeichnung: | 403.0+403.1+403.2 | 406.0+406.1+406.2+406.3 |
| | 403.3+403.8+403.7 | 406.8+406.7+406.6+406.5 |
| | 403.6+403.5 (DB AG) | (DB AG, NS) |
| Radsatzanordnung: | Bo'Bo'+2'2'+Bo'Bo'+2'2'+2'2'+Bo'Bo'+2'2'+Bo'Bo' | |
| Stromsystem: | 16⅔ Hz/15 kV | 25 kV/50 Hz; 15 kV/16⅔ Hz; |
| | | 1,5 kV=; 3 kV= |
| Vmax (km/h): | 330 | 330/220 (unter Gleichstrom) |
| Stundenleistung (kW): | | |
| Dauerleistung (kW): | 8.000 | 8.000 (4.300 bei 3 kV= |
| | | 3.600 bei 1,5 kV=) |
| Dienstmasse (t): | 409 | 435 |
| Größte Radsatzfahrmasse (t): | 17 | 17 |
| Länge über Kupplung (mm): | 200.320 | 200.320 |
| Drehzapfenabstand (mm): | 8 x 17.375 | 8 x 17.375 |
| Radsatzabstand Triebgestell (mm): | 2.500 | 2.500 |
| Radsatzabstand Laufdrehgestell (mm): | 2.500 | 2.500 |
| Treibraddurchmesser (mm): | 920 | 920 |
| Laufraddurchmesser (mm): | 920 | 920 |
| Sitzplätze: | 415 | 404 |
| Indienststellung: | 1999-2002 | 1999-2002 |

## 407 (DB AG), 408 (DB AG)

*Foto: Estler*

Nach Spanien, China und Russland beschaffte die Deutsche Bahn AG ab 2012 Züge aus der von Siemens angebotenen »Velaro«-Plattform und bezeichnete diese 15 Mehrsystemzüge als Baureihe 407.
Die Wagenkästen aus Aluminium sind nach den aktuellen Richtlinien der »Technische Spezifikationen für die Interoperabilität« (TSI) konstruiert. Anders als bei den bisherigen ICE-Zügen öffnen sich die Bugklappen nicht zu den Seiten hin, sondern nach oben und unten.
Die Drehgestelle des Typs SF 500 wurden mit neuen Radsatzwellen sowie einem Fahrdiagnosesystemen ausgerüstet. Generatorische Bremsen, Wirbelstrombremsen und pneumatische Scheibenbremsen sorgen für eine ausreichende Verzögerung.
In dem achtteiligen Triebzug werden der erste, dritte, sechste und achte Wagen angetrieben. Die Züge sind zum Befahren von Steigungen bis zu 40 ‰ geeignet.
Hinter dem Führerraum sind die Steuerungs- und Zugbeeinflussungstechnik zusammengefasst. Das Train Communication Network (TCN) für den Datenaustausch besteht aus dem Zugbus (WTB) und dem Fahrzeugbus (MVB).
Ein erster, nur aus drei Wagen bestehender Zug wurde 2010 auf der InnoTrans in Berlin vorgestellt. Anfang Januar 2011 stand ein kompletter Zug für Messfahrten zur Verfügung. Wegen Problemen mit der Software verzögerten sich die Zulassungsfahrten bis Mitte 2012. Danach bekamen die ersten Züge eine Zulassung für Einfachtraktion. Ende 2013 genehmigte das Eisenbahnbundesamt (EBA) auch den Einsatz in Mehrfachtraktion.
Im August 2019 schrieb die Bahn die Beschaffung weiterer »Velaro«-Züge aus, von denen der erste im Februar 2022 als »ICE 3 neu« (Baureihe 408) präsentiert wurde und der ab 5. Dezember 2022 der erste Triebzug auf der Schnellfahrstrecke Köln–Rhein/Main in den Fahrgasteinsatz ging. Seit Ende 2022 waren dann vier Züge auf den Relationen Dortmund – Frankfurt/Main – Stuttgart – München sowie Dortmund – Frankfurt/Main – Nürnberg – München unterwegs. Weitere 14 Triebzüge sollen bald nach Brüssel und Amsterdam verkehren.

| Technische Daten: | | |
|---|---|---|
| Baureihenbezeichnung: | 407 (DB AG) | 408 (DB AG) |
| Radsatzanordnung (Halbzug): | Bo'Bo'+2'2'+Bo'Bo'+2'2' | Bo'Bo'+2'2'+Bo'Bo'+2'2' |
| Stromsystem: | 15 kV/16,7 Hz ~, 25 kV/50 Hz ~, 3 kV =, 1,5 kV = | 15 kV/16,7 Hz ~, 25 kV/50 Hz ~, 3 kV =, 1,5 kV = |
| Vmax (km/h): | 320/200/160 | 320/200/160 |
| Stundenleistung (kW): | 8.000/4.200* | 8.000/4.200* |
| Dienstmasse (t): | 454 | 493 |
| Größte Radsatzfahrmasse (t): | 17 | 17 |
| Länge über Kupplung (mm): | 200.720 | 200.720 |
| Drehzapfenabstand (mm): | 17.375 | |
| Radsatzstand (mm): | 2.500 | 2.500 |
| Sitzplätze (vierzehnteilig): | 444+16 (Speisewagen) | 339+16 (Speisewagen) |
| Indienststellung: | 2009 | 2022 |

** Wechselspannung/Gleichspannung

## (409) THALYS (DB AG)

Für den Hochgeschwindigkeitsverkehr zwischen Paris, Brüssel, Köln und Amsterdam (PBKA) einigten sich im Juni 1992 die beteiligten Bahngesellschaften SNCF, SNCB, DB und NS auf ein gemeinsames Fahrzeug. Diese Vierstrom-PBKA-Hochgeschwindigkeitszüge mit ihrem charakteristischen Outfit in bordeauxrot und graumetallic sind eine Weiterentwicklung des TGV und werden unter dem Produktnamen »THALYS« vermarktet. Von den vier beteiligten Bahnen wurden zunächst 17 Garnituren bei GEC-Alsthom bestellt. Davon erhielten die SNCB neun Einheiten (4311-4319), die SNCF sechs (4341-4346), die NS zwei (4331-4332) und die DB zwei (4321-4322). Ausgelegt sind die Züge für 1,5 kV und 3 kV Gleichstrom (niederländisches und herkömmliches belgisches Netz), 15 kV/$16\frac{2}{3}$ Hz Wechselstrom (deutsches Netz) und 25 kV/50 Hz (Teile des französischen Netzes sowie französische und belgische Hochgeschwindigkeitsstrecken). Auf den 25-kV-Hochgeschwindigkeitsstrecken erreichen sie eine Höchstgeschwindigkeit von 300 km/h, ansonsten nur 220 km/h. Automatisch erkennt der Bordcomputer die unterschiedlichen Strom- und Signalsysteme. Eine Zuggarnitur besteht aus zwei Triebköpfen und acht Mittelwagen. Die Mittelwagen sind über Jakobsdrehgestelle miteinander verbunden und bilden somit eine betriebliche Einheit. Fünf Mittelwagen (einer mit Bar) sind für die Fahrgäste der 2. Klasse vorgesehen und drei Mittelwagen führen die 1. Klasse. Insgesamt finden in dem rund 200 m langen »THALYS« 377 Fahrgäste Platz. Gewartet werden die Züge in Brüssel, daher haben die DB-Garnituren auch keine DB-Nummer erhalten. DB-intern werden sie als Baureihe 409 bezeichnet. Ihr Einsatz in Deutschland erfolgt derzeit zweistündlich in der Relation Paris–Köln mit einzelnen Verlängerungen nach Düsseldorf.

| Technische Daten: | |
|---|---|
| Baureihenbezeichnung: | (409) THALYS (DB AG) |
| Radsatzanordnung (zehnteilig): | Bo'Bo'+2'(2)'(2)'(2)'(2)'(2)'(2)'(2)'2'+Bo'Bo' |
| Stromsystem: | 25 kV/50 Hz; 15 kV/$16\frac{2}{3}$ Hz; 1,5 kV=; 3 kV= |
| Vmax (km/h): | 300 km/h (25 kV/50 Hz), |
| | 220 km/h (1,5 kV=, 3 kV= und 15 kV/$16\frac{2}{3}$ Hz) |
| Stundenleistung (kW): | |
| Dauerleistung (kW): | 2 x 4.400 (25 kV/50 Hz), 2 x 2.560 (3 kV=) |
| | 2 x 1.844,5 (15 kV/$16\frac{2}{3}$ Hz), 2 x 1.840 (1,5 kV=) |
| Dienstmasse (t), zehnteilig: | 415 |
| Größte Radsatzfahrmasse (t): | 17 |
| Länge über Kupplung (mm), zehnteilig: | 200.190 |
| Drehzapfenabstand (mm): | 14.000+8x18.700+14.000 |
| Radsatzabstand Triebgestell (mm): | 3.000 |
| Radsatzabstand Laufdrehgestell (mm): | 3.000 |
| Treibraddurchmesser (mm): | 920 |
| Laufraddurchmesser (mm): | 920 |
| Sitzplätze (zehnteilig): | 377 |
| Indienststellung: | 1996-1998 |

*Foto: Estler*

## 410.0 (DB)

Mit dem Erprobungsträger Intercity Experimental (ICE, später ICE-V) begann das Hochgeschwindigkeitszeitalter bei der DB. Die Entwicklungsarbeiten für diesen Triebzug nahmen Mitte 1983 unter der Projektleitung des BZA München ihren Anfang. Gefordert war eine planmäßige Höchstgeschwindigkeit von 250 km/h. Bei Demonstrationsfahrten sollten jedoch 300 km/h erreicht werden und bei Versuchen sogar bis zu 350 km/h. Im März 1985 konnte der erste Triebkopf an die DB übergeben werden, im August war der ganze Zug komplett. Er bestand aus zwei allradsatzangetriebenen Triebköpfen (410 001 und 002) und drei Mittelwagen. Zwei Mittelwagen (810 001 und 002) fungierten als Demonstrationswagen für die zukünftigen Ausgestaltungsmöglichkeiten, der 810 003 diente als Messwagen. Bei der Gestaltung des Zuges wurde der Aerodynamik besondere Aufmerksamkeit geschenkt, um einen wirtschaftlichen Energieverbrauch zu erreichen und Druckstöße bei Zugbegegnungen und Tunneleinfahrten erträglich zu gestalten. Der Fahrzeugkasten der Triebköpfe wurde in geschweißter Leichtbauweise hergestellt. Bei nichttragenden Bauteilen kamen Aluminium und glasfaserverstärkte Verbundwerkstoffe zur Anwendung. Für den Antrieb aller Radsätze des Triebkopfes kamen die bewährten kollektorlosen Drehstrom-Asynchronmotoren zur Anwendung. Von den Elloks der Baureihe 120 wurde die Leistungsübertragung weitgehend übernommen.

Nach seiner Inbetriebnahme absolvierte der Prototyp ein umfangreiches Versuchs-, Erprobungs- und Demonstrationsprogramm. Ein denkwürdiger Tag war der 1. Mai 1988. Die beiden Triebköpfe mit zwei Mittelwagen stellten mit 406,9 km/h einen neuen Weltrekord für Schienenfahrzeuge auf. Nach der Aufnahme des planmäßigen ICE-Verkehrs mit den neuen ICE-1-Triebzügen wurde der Prototyp weiter als Erprobungsträger verwendet. Nach Indienststellung eines zweiten Versuchszugs im Jahr 1996 kam der Ur-ICE nur noch sporadisch zum Einsatz, wurde schließlich mit Fristablauf am 5. Mai 1998 abgestellt und wird seit Sommer 2000 museal erhalten.

| Technische Daten: | |
|---|---|
| Baureihenbezeichnung: | 410.0+3x810+410.0 (DB) |
| Radsatzanordnung: | Bo'Bo'+2'2'+2'2'+2'2'+Bo'Bo' |
| Stromsystem: | 16⅔ Hz/15 kV |
| Vmax (km/h): | 350 |
| Stundenleistung (kW): | 8.400 |
| Dauerleistung (kW): | 7.280 |
| Dienstmasse (t): | 299 |
| Größte Radsatzfahrmasse (t): | 20 |
| Länge über Kupplung (mm): | 114.640 |
| Drehzapfenabstand (mm): | 11.460+3x17.000+11.460 |
| Radsatzabstand Triebgestell (mm): | 3.000 |
| Radsatzabstand Laufdrehgestell (mm): | 2.800 |
| Treibraddurchmesser (mm): | 1.000 |
| Laufraddurchmesser (mm): | 920 |
| Sitzplätze: | 87 |
| Indienststellung: | 1985 |
| Verbleib: | 410 001+810 001 (Denkmal FTZ Minden), |
| | 410 002 (Deutsches Museum München) |

Foto: Estler

## ET 11 (DRG, DB)

Nach den guten Erfahrungen mit dem Diesel-Schnelltriebwagen »Fliegender Hamburger« entschloss sich die DRG im Hinblick auf weitere Elektrifizierungen, die Versuche auch auf elektrische Schnelltriebwagen auszuweiten. 1934 erteilte sie den Auftrag zum Bau dreier solcher Züge mit zwar weitgehend gleichem wagenbaulichem Teil, aber unterschiedlicher Technik. Die drei Züge wurden von ME/BBC (1935), MAN/SSW (1936) und MAN/AEG (1937) gebaut und als elT 1900 bis 1902 in den Bestand übernommen. Die 160 km/h schnellen Fahrzeuge bestanden aus zwei kurzgekuppelten Triebwagen, bei denen beide Radsätze des jeweils vorderen Drehgestells angetrieben wurden. Drehgestelle, Fahrzeugrahmen und Wagenkasten waren geschweißt. Wesentliche technische Unterschiede waren: Der elT 1900 (ab 1940: ET 11 01) von BBC besaß Buchli-Antrieb, Trommel- und Magnetschienenbremse, während der elT 1901 (ET 11 02) von SSW zwar die gleiche Bremsausrüstung, dafür aber einen Tatzlagerantrieb erhalten hatte. Mit dem bewährten AEG-Federtopfantrieb, Klotz- und Magnetschienenbremse war schließlich der elT 1902 (ET 11 03) ausgerüstet.

Foto: Slg. Koppisch, Archiv transpress

Ab Sommer 1936 liefen die Fahrzeuge planmäßig auf der Strecke Stuttgart–München–Berchtesgaden im FDt-Dienst. Alle drei Triebwagen überstanden weitgehend unbeschadet den Krieg und dienten zunächst u.a. der amerikanischen Besatzungsmacht. 1952 unterzog die DB die Wagen einer grundlegenden Aufarbeitung. Dann fuhren die eleganten Fahrzeuge fast ausschließlich im Gelegenheits- und Sonderverkehr. Erst mit Aufnahme des durchgehenden elektrischen Betriebs nach Frankfurt/Main übernahmen sie ab November 1957 das Zugpaar F 29/30 »Münchner Kindl« von München über Stuttgart nach Frankfurt. Dem ständig steigenden Verkehrsaufkommen genügten die zweiteiligen ET 11 schon 1959 nicht mehr und so musterte die DB die Einheiten ET 11 02 und 03 im September 1961 aus. Als Bahndienstfahrzeug »München 5015« diente der ehemalige ET 11 01 noch bis Februar 1971. Kurz vor der Verschrottung erwarb die DGEG den Triebwagen und restaurierte ihn anschließend vorbildlich

| Technische Daten: | | | |
|---|---|---|---|
| Baureihenbezeichnung: | ET 11 01 (DRG) | ET 11 02 (DRG) | ET 11 03 (DRG) |
| Radsatzanordnung: | Bo'2'+2'Bo | Bo'2'+2'Bo | Bo'2'+2'Bo |
| Stromsystem: | 16⅔ Hz/15 kV | 16⅔ Hz/15 kV | 16⅔ Hz/15 kV |
| Vmax (km/h): | 160 | 160 | 160 |
| Stundenleistung (kW): | 1.413 | 1.020 | 1.020 |
| Dauerleistung (kW): | 1.250 | 920 | 920 |
| Dienstmasse (t): | 104,0 | 107,7 | 113,5 |
| Größte Radsatzfahrmasse (t): | 18,5 | 18,8 | 20,0 |
| Länge über Puffer/Kupplung (mm): | 43.585 | 43.585 | 43.585 |
| Drehzapfenabstand (mm): | 13.900+13.900 | 13.900+13.900 | 13.900+13.900 |
| Radsatzabstand Triebgestell (mm): | 3.700 | 3.600 | 3.700 |
| Radsatzabstand Laufdrehgestell (mm): | 3.000 | 3.000 | 3.000 |
| Treibraddurchmesser (mm): | 1.100 | 950 | 1.100 |
| Laufraddurchmesser (mm): | 950 | 950 | 970 |
| Sitzplätze: | 77 | 77 | 77 |
| Indienststellung: | 1935 | 1936 | 1937 |
| Verbleib: | ET 11 01 (DGEG, | ++ | ++ |
| | Neustadt/Weinstraße) | | |

## 411/415 (DB AG)

Neigetechnik war Anfang der 1990er-Jahre das Zauberwort zur Steigerung von Geschwindigkeit und Komfort auf herkömmlichen, kurvenreichen Strecken. Für den Einsatz auf den elektrifizierten Altbaustrecken bestellte 1994 die DB AG beim Konsortium »IC NeiTech« (DWA Berlin, DUEWAG, Fiat und Siemens) 32 siebenteilige Züge als Baureihe 411 und elf fünfteilige als Baureihe 415. Im Frühjahr 2002 vergab die DB AG an Siemens einen Folgeauftrag über die Lieferung von 28 weiteren siebenteiligen Neigezügen (411 051-078) mit nur geringen Modifikationen, die bis März 2006 ausgeliefert wurden.
Aufgebaut sind die Triebzüge im Modulsystem. Die beiden antriebslosen End- bzw. Steuerwagen (411.0, 411.5, 415.0 und 415.5) fungieren als Trafowagen und tragen die Stromabnehmer. Die Transformatoren sind unter dem Wagenboden angebracht. Anschließend folgen zwei angetriebene Mittelwagen (411.1, 411.6, 415.1 und 415.6) als Stromrichterwagen. Ohne Traktionstechnik schließen sich beim 411 zwei weitere angetrieben Mittelwagen (411.2 und 411.7) an, beim fünfteiligen 415 läuft in der Mitte nur einer als 415.7. In der Mitte des siebenteiligen 411 bildet ein antriebloser Mittelwagen (411.8) den Abschluss, wobei bei Bedarf auch noch ein zweiter eingefügt werden kann.
Zunächst wurden beide Baureihen als ICT bezeichnet, heute laufen sie offiziell als ICE-T. Ihre elektrische Ausrüstung entspricht weitgehend dem ICE-3. Die bewährte Aluminium-Integralbauweise kam auch bei den Wagenkästen der ICE-T zur Anwendung. Beide Triebzüge besitzen ein Neigesystem von FIAT ähnlich dem italienischen »Pendolino«. Die elektronisch gesteuerte, hydraulisch arbeitende Neigetechnik konnte dabei vollständig in die Drehgestelle integriert werden. Bei Kurvenfahrt neigen sich die Züge um bis zu 8° nach beiden Seiten. Kurven können daher um bis zu 30 % schneller durchfahren werden. Durch eine mechanische Nachführeinrichtung bleibt der Stromabnehmer stets in relativer Fahrdrahtmitte. Die Neigetechnik und eine entsprechende Anpassung der Strecken lassen Fahrzeitgewinne von bis zu 20 % zu.

*Foto: Estler*

Ab dem 30. Mai 1999 fuhren die 415 alternierend mit »Cisalpinos« im Planbetrieb zwischen Stuttgart und Zürich. Hierfür erhielten die fünf Triebzüge 415 080-084 ein »Schweiz-Paket«, d.h. zusätzliche SBB-Ausrüstung für den grenzüberschreitenden Verkehr. Nach Entfall der Cisalpino-Leistungen ab Dezember 2006 mussten aus Kapazitätsgründen diese 415 zu siebenteiligen Einheiten erweitert werden. Unter Beibehaltung ihrer Ordnungsnummern laufen sie jetzt als BR 411. Die ihrer Mittelwagen beraubten 411 020-024 wurden entsprechend in 415 umgezeichnet. Für den Einsatz in Österreich erhielten die 411 001-005 und 007-016 ein »Österreich-Paket«. Anschließend wurden die 411 014-016 an die ÖBB verkauft und in 4011 090-092 umgezeichnet. Ende 2020 wurden sie wieder in den Bestand der Deutschen Bahn überführt.
Ähnlich wie beim ICE 3 bereiten auch dem ICE-T die Radsatzwellen Probleme 2008 wurden in vier Treibradsatzwellen Risse entdeckt, sodass die Wartungsintervalle stark verkürzt wurden und die Züge durften nur mit ausgeschalteter Neigetechnik verkehren. Inzwischen sind die Probleme behoben und die Züge wieder »bogenschnell«.
Inzwischen hat die Bahn die roten Streifen der meisten Züge im vorderen Bereich durch grüne ersetzt, um so die Versorgung mit »Öko«-Strom aufzuzeigen.

| Technische Daten: | | |
|---|---|---|
| Baureihenbezeichnung: | 411.0+411.1+411.2+ | 415.0+415.1+415.7+ |
| | 411.8+411.7+411.6 | 415.6+415.5 (DB AG) |
| | +411.5 (DB AG, ÖBB) | |
| Radsatzanordnung: | 2'2'+(1A)(A1)+(1A)(A1)+2'2'+ | 2'2'+(1A)(A1)+(1A)(A1)+ |
| | (1A)(A1)+(1A)(A1)+2'2' | (1A)(A1)+2'2' |
| Stromsystem: | 16⅔ Hz/15 kV | 16⅔ Hz/15 kV |
| Vmax (km/h): | 230 | 230 |
| Stundenleistung (kW): | | |
| Dauerleistung (kW): | 4.000 (8 x 500) | 3.000 (6 x 500) |
| Dienstmasse (t): | 368 | 273 |
| Größte Radsatzfahrmasse (t): | | |
| Länge über Kupplung (mm): | 184.400 | 132.600 |
| Drehzapfenabstand (mm): | 7 x 19.000 | 5 x 19.000 |
| Radsatzabstand Triebgestell (mm): | 2.700 | 2.700 |
| Radsatzabstand Laufdrehgestell (mm): | 2.700 | 2.700 |
| Treibraddurchmesser (mm): | 890 | 890 |
| Laufraddurchmesser (mm): | 890 | 890 |
| Sitzplätze: | 357 + 24 (Restaurant) | 250 |
| Indienststellung: | 1998-2006 | 1998-2000 |

## 412 (DB AG)

Mit der Beschaffung der ICE-3-Züge ab Mitte der 1990er-Jahre war die Geschichte dieser Fahrzeuge bei der Deutschen Bahn noch nicht abgeschlossen. Zum einen sollten weitere hochwertige, lokbespannte Reisezugverbindungen in Deutschland auf ICE-Züge umgestellt werden, zum anderen musste über eine Ablösung der ICE-1- und ICE-2-Züge nachgedacht werden. Zunächst gingen aus den Projekten keine konkreten Entwicklungen hervor, weil sich die Bahn für ein »Redesign« ihrer ICE-1- und ICE-2-Züge entschied. Erst nach dem Jahr 2000 wandte sie sich der Beschaffung neuer ICE-Züge zu.
Anfang 2012 entschied sich die Bahn für Fahrzeuge von Siemens mit Bombardier als Zulieferer. Ursprünglich war von bis zu 300 Zügen die Rede, von denen die Bahn aber 2013 wieder Abstand nahm, weil lokbespannte Züge übernahmen. Inzwischen sind 37 Siebenteiler (Tz 9201 bis 9237), 50 Zwölfteiler (Tz 9001 bis 9050) und 50 Dreizehnteiler (Tz 9451 bis 9500) vorgesehen.
Technisch lehnen sich die Züge an den ICE 3 an. Die elektrischen Einrichtungen und Antriebe sind über den ganzen Zug verteilt. Es sind fünf Wagentypen vorgesehen: Endwagen, angetriebene Mittelwagen (»PowerCars«), nicht angetriebene Mittelwagen, Speisewagen und Servicewagen.
Anfang 2012 wurde zunächst ein Holzmodell im Maßstab 1:1 gefertigt und im April 2014 begann der Bau des ersten Vorserienzuges. Im Dezember 2014 verließ dann die erste fünfteilige Einheit das Werk in Hennigsdorf in Richtung Wegberg-Wildenrath. Sie sollte zusammen mit einem zweiten Zug ab Herbst 2015 unter realen Voraussetzungen – auch mit Fahrgästen – getestet werden. Dieser Termin musste wegen Verzögerungen aber auf 2017 verschoben werden und im Dezember desselben Jahres begann ein erster Regelbetrieb. Seit Mitte Dezember 2019 sind Züge vom Typ ICE 4 nach ihrer offiziellen Zulassung auch in der Schweiz unterwegs. Sie lösten die Baureihe 401 ab. Zuvor fand am 22. November in Zürich die Taufe des Zugs Tz 9026 auf den Namen »Zürichsee« statt. Zunächst wurde die Verbindung zwischen Hamburg, Basel, Zürich und Chur mit den ICE 4 gefahren, ab Juni 2020 folgten auch Verbindungen nach Bern und Interlaken. Zur gleichen Zeit wurden auch die ICE-Linie 11 (Hamburg – Berlin – Leipzig – Frankfurt/Main – München) von ICE-4-Zügen übernommen. Dafür übernahmen die ICE 1 wieder die ICE-Linie 22 (Hamburg – Stuttgart) von den ICE 4. Siebenteilige Einheiten wurden ab November 2020 zwischen Berlin und Köln bzw. /Düsseldorf erprobt. Inzwischen sind sie bevorzugt auf der Linie 10 zwischen Köln, Hannover und Berlin anzutreffen. Dreizehnteilige Einheiten sind auf der Verbindung zwischen Dortmund und München (über Stuttgart) und zwischen Hamburg und der Schweiz unterwegs.

| Technische Daten: | |
|---|---|
| Baureihenbezeichnung: | 412/812 (DB AG) |
| Radsatzanordnung: | Bo'Bo'/2'2' |
| Stromsystem: | 16⅔ Hz / 15 kV |
| Vmax (km/h): | 250/265 |
| Dauerleistung (kW): | |
| siebenteilig | 4.950 |
| zwölfteilig | 9.900 |
| dreizehnteilig | 11.550 |
| Dienstmasse (t): | |
| siebenteilig | 392,14 |
| zwölfteilig | 675 |
| dreizehnteilig | 736,25 |
| Endwagen | 54,4 |
| Mittelwagen | 45-62,5 |
| Größte Radsatzfahrmasse (t): | 18,5-20 |
| Länge über Kupplung (mm): | |
| siebenteilig | 202.000 |
| zwölfteilig | 346.000 |
| dreizehnteilig | 374.000 |
| Endwagen | 29.106 |
| Mittelwagen | 28.750 |
| Indienststellung: | seit 2013 |

*Foto: Estler*

## 4010/4110 (DB AG)

Ab 2011 kaufte die österreichische Westbahn bei Stadler Doppelstocktriebzüge des Typs KISS, mit dem sie den InterCity-Verkehr zwischen Salzburg und Wien bestritt. Dabei wurden vier- und sechsteilige Einheiten als Baureihe 4010 und 4110 eingesetzt.
Die Wagenkästen sind aus Aluminium in Leichtbau-Integralbauweise gefertigt. Die Drehgestelle sind luftgefedert. Die redundante Antriebsausrüstung hat acht Antriebsstränge mit wassergekühlten IGBT-Stromrichtern. Die Fahrzeugleittechnik wird über den Zugbus und Diagnoserechner abgewickelt.
Fahrgasträume und Führerstand werden durch Klimaanlagen mit Frischluft versorgt. Ein Flächenheizsystem sorgt für Wärme in den Innenräumen. In den Mittelwagen sind Bistros eingerichtet, das die Fahrgäste mit Speisen und Getränken versorgt. Einige der geschlossenen WC-System sind behindertenfreundlich eingerichtet. Den Fahrgästen stehen WLAN-Zugänge zur Verfügung. Fahrgastinformationssysteme versorgen die Fahrgäste mit Informationen.

Foto: DB AG (Miethe)

Die Einstiegtüren befinden sich neben den Drehgestellen und führen direkt in die unteren Stockwerke. Bei den sechsteiligen 4010 sind sie doppelflügelig, bei den vierteiligen 4110 einflügelig ausgeführt.
Im Juli 2019 verkaufte die Westbahn ihre Züge an die Deutsche Bahn AG. Die sie ebenfalls im IC-Dienst nutzt. In einem ersten Schritt kamen neun vierteiligen KISS-2-Einheiten der Baureihe 4110 zur DB. Sie werden seit Frühjahr 2020 auf den InterCity-Linien zwischen Dresden – Berlin – Rostock bzw. Wien – Nürnberg – Berlin – Rostock eingesetzt. Im Februar 2020 war der erste Zug betriebsbereit. Er trug den weißen IC-Anstrich und wurde in Berlin Hauptbahnhof präsentiert. Die acht Sechsteiler sollen Ende 2021 nach Deutschland kommen. Sie sind für den Einsatz auf der EC-Linie 62 (Frankfurt/Main – Salzburg) und auf der Gäubahn zwischen Stuttgart und Zürich vorgesehen. Mitte Oktober 2019 entschied DB Fernverkehr AG, vierteiligen Züge mit zwei Mittelwagen bei Stadler in sechsteilige Einheiten umbauen zu lassen. Die Unterhaltung der Züge übernimmt weiterhin ÖBB Stadler Services in Wien. Dazu fährt wöchentlich nachts ein Zug als IC 17 von Rostock über Berlin, Leipzig und Nürnberg nach Wien.

**Technische Daten:**

| | | |
|---|---|---|
| Baureihenbezeichnung: | 4010 (DB AG) | 4110 (DB AG) |
| Radsatzanordnung: | Bo' Bo'+2'2'+2'2'+ Bo'Bo' | Bo'Bo'+2'2'+2'2'+2'2'+2'2'+ Bo'Bo' |
| Stromsystem: | 16⅔ Hz / 15 kV | 16⅔ Hz / 15 kV |
| Vmax (km/h): | 200 | 200 |
| Stundenleistung (kW): | 6.000 | 6.000 |
| Dauerleistung (kW): | 4.000 | 4.000 |
| Dienstmasse (t): | 297 | 212 |
| Länge über Kupplung (mm): | 150.000 | |
| Treibraddurchmesser (mm): | 920 | 920 |
| Sitzplätze: | 501/523 | 323 |
| Indienststellung: | 2020 | 2020 |

## 420/421 (DB)

Rechtzeitig zu Beginn der Olympiade 1972 musste das mit normalem Bahnstrom elektrifizierte S-Bahnsystem in München in Betrieb gehen. Hierfür mussten neue Triebwagen entwickelt werden. Zwar konnte die DB auf die Erfahrungen mit den Baureihen 427 und 430 zurückgreifen, doch wegen der steigungsreichen Tunnel- und Rampenstrecken im Zentrum Münchens und im Interesse einer möglichst hohen Beschleunigung kam nur ein Leichtbaufahrzeug in Frage, bei dem alle Radsätze angetrieben waren. Daher erhielten auch die Mittelwagen (Baureihe 421) der dreiteiligen Triebzüge je vier Motoren. Die Höchstgeschwindigkeit von 120 km/h kann so in nur 44 Sekunden erreicht werden, die Anfahrbeschleunigung beträgt 1,0 m/s2.
Bei der elektrischen Ausrüstung kamen erstmals in größerem Umfang wartungsfreie Elemente der Leistungselektronik zur Anwendung. Die Regelung des Fahrstroms erfolgte durch eine Thyristor-Anschnittsteuerung. Die gesamte elektrische Ausrüstung konnte in der unter dem ganzen Zug angeordneten, weitgehend geschlossenen Bodenwanne untergebracht werden. Die Wagenkästen sind luftgefedert und besitzen eine Niveauregelung. Über die automatische Scharfenbergkupplung können bis zu drei Einheiten in Vielfachsteuerung betrieben werden.
Die Erprobung der drei 1969 gelieferten Prototypen 420 001-003 musste im Hinblick auf die Olympischen Sommerspiele forciert werden. Trotzdem standen rechtzeitig zum Beginn der Spiele 120 Einheiten zur Verfügung, die sich trotz einiger Kinderkrankheiten (Probleme mit Flachstellen an den Rädern, mangelnde Winterfestigkeit der Fahrmotoren und Türen) hervorragend bewährten. In den Folgejahren wurden weitere Serien mit nur geringen Änderungen für die S-Bahnnetze in Stuttgart, Frankfurt und im Ruhrgebiet geliefert. Bis 1997 konnten insgesamt 480 Garnituren in Dienst gestellt werden.
2023 waren die Züge nur noch sporadisch im Großraum Köln und in München unterwegs. Aus Stuttgart und Frankfurt am Main waren sie komplett verschwunden.
Zwei Triebzüge der 7. Bauserie (420 400 und 416) wurden 2005 einem umfangreichen Redesign-Programm unter dem Titel »ET 420Plus« unterzogen. Neben umfangreichen Verbesserungen im Innerraum gab es auch äußerliche Änderungen wie digitale Zugzielanzeiger (LCD) vorne und an den Seiten, Dachaufbauten für die Klimaanlage, LED-Scheinwerfer und Rückleuchten sowie automatische Türschließvorrichtungen mit TAV. Die Erprobungen brachten nicht den gewünschten Erfolg und die Bahn entschied sich zur Beschaffung der Nachfolgebaureihe 430.Die beiden umgebauten Züge bleiben aber museal der Nachwelt erhalten. Beide gehören der DB AG und sind an Museen verliehen.

**Technische Daten:**

| | |
|---|---|
| Baureihenbezeichnung: | 420/421 (DB) |
| Radsatzanordnung: | Bo'Bo'+Bo'Bo'+Bo'Bo' |
| Stromsystem: | 16⅔ Hz/15 kV |
| Vmax (km/h): | 120 |
| Dauerleistung (kW): | 2.400 |
| Dienstmasse (t): | 139,0 (420 131-412: 129,0; ab 420 413: 135,0) |
| Größte Radsatzfahrmasse (t): | 12,25 |
| Länge über Puffer/Kupplung (mm): | 67.400 |
| Drehzapfenabstand (mm): | 16.500+14.000+16.500 |
| Radsatzabstand Triebgestell (mm): | 2.500 |
| Treibraddurchmesser (mm): | 850 |
| Sitzplätze: | 194 |
| Indienststellung: | 1969-1997 |
| Verbleib: | DB AG |

Foto: Estler

## 280 (DR)

Bis Anfang der 1970er-Jahre waren auch in der DDR mit dem Entstehen von großen Neubausiedlungen in der Peripherie der Großstädte die Verkehrsbedürfnisse entsprechend angewachsen. Neue S-Bahn- und Schnellbahnsysteme sollten diese befriedigen helfen. Daher bekam der VEB LEW Hennigsdorf vor der DR den Auftrag, einen nahverkehrsgerechten Triebzug für den S-Bahnverkehr zu entwickeln. Am 5. Oktober 1973 wurde der erste vierteilige Zug mit den Betriebsnummern 280 001-004 an die DR übergeben. Ein zweiter Prototyp (280 005-008) wurde 1974 geliefert.

Die allachsgetriebenen Züge bestanden aus zwei Triebwagen und zwei dazwischen kurzgekuppelten Mittelwagen. Sie waren nach dem Viertelzug-Prinzip aufgebaut, d.h. je ein Trieb- und Mittelwagen bildeten eine elektrotechnisch abgeschlossen Einheit. Die geschweißten Wagenkästen bestanden aus Abkantprofilen. Die innenliegenden Trittstufen der Einstiege erforderten dabei besondere Rahmenkonstruktionen. Die Drehgestelle waren geschweißte, H-förmig ausgebildete Leichtbaukonstruktionen. Jeder Radsatz wurde durch einen vierpoligen Wellenstrom-Reihenschlussmotor über Tatzlager angetrieben. Geregelt wurden sie über ein vierstufiges Niederspannungsschaltwerk und Gleichrichterschaltungen mit Siliziumdioden und -thyristoren.

Ab April 1975 begann der Probebetrieb auf der Leipziger S-Bahnlinie B zwischen Leipzig Hbf und Wurzen. Bald darauf erfolgten die ersten Einsätze mit Fahrgästen u.a. auch im Großraum Magdeburg. Anfang 1976 waren alle Erprobungen abgeschlossen und die Kinderkrankheiten weitgehend beseitigt. Zu einer Serienfertigung kam es aus volkswirtschaftlichen Gründen (Kapazitätsengpässe durch den forcierten Bau von Elloks) aber nicht. 1978 wurden die beiden Prototypen aus dem Planbetrieb zurückgezogen. Auf öffentlichen Druck wurde 1979/80 noch einmal ein Halbzug reaktiviert und fuhr für kurze Zeit zwischen Leipzig und Wurzen. Nach einem Motorschaden war damit auch Schluss und die Züge wurden 1980/81 ausgemustert.

| Technische Daten: | |
|---|---|
| Baureihenbezeichnung: | 280 (DR) |
| Radsatzanordnung: | Bo'Bo'+Bo'Bo'+Bo'Bo'+Bo'Bo' |
| Stromsystem: | 16⅔ Hz/15 kV |
| Vmax (km/h): | 120 |
| Stundenleistung (kW): | 3.360 |
| Dauerleistung (kW): | 3.040 |
| Dienstmasse (t): | 192,0 |
| Größte Radsatzfahrmasse (t): | |
| Länge über Puffer (mm): | 97.000 |
| Drehzapfenabstand (mm): | 4 x 17.000 |
| Radsatzabstand Triebgestell (mm): | 2.500 |
| Radsatzabstand Laufdrehgestell (mm): | - |
| Treibraddurchmesser (mm): | 850 |
| Laufraddurchmesser (mm): | 850 |
| Sitzplätze: | 332 |
| Indienststellung: | 1973-1974 |
| Verbleib: | ++ |

*Foto: Estler*

## 422/432, 423/433 (DB AG)

Schon seit 1990 wurden Überlegungen für einem Nachfolgetyp der bewährten S-Bahn-Baureihe 420/421 angestellt, da sich u.a. auch die Antriebstechnik entscheidend weiter entwickelt hatte. Ferner war für die Sicherheit der Fahrgäste die durchgehende Begehbarkeit ein weiterer Aspekt, welcher bei der Neuentwicklung eine entscheidende Rolle spielte.

Bis Ende 1999 war die Nachfolgebaureihe 423/433 in zunächst 300 Exemplaren bestellt, weitere 162 Bestellungen sind inzwischen erfolgt. Sie wurden und werden noch vom Konsortium ADtranz (heute Bombardier) und Alstom LHB geliefert. Der neue Triebzug besteht aus zwei Endwagen (BR 423) und zwei Mittelwagen (BR 433), die betrieblich nicht getrennt werden können. Die beiden Enddrehgestelle sowie die benachbarten Jakobs-Drehgestelle sind angetrieben, während das mittlere Jakobs-Drehgestell unter den Mittelwagen als Laufdrehgestell fungiert. Der Antrieb erfolgt durch acht Drehstrom-Asynchron-Fahrmotoren, die von GTO-Wechselrichtern gespeist werden. Wie beim 420 wird eine Beschleunigung von 1 m/s$^2$ erreicht. Vielfachsteuerung von bis zu drei Zügen ist möglich, das Kuppeln wird durch die automatische Scharfenbergkupplung erleichtert.

Ende 1999 begann der fahrplanmäßige Einsatz im Großraum Stuttgart. Zwischenzeitlich läuft der größte Teil der neuen Fahrzeuge in München, weitere in den Verkehrsverbünden Rhein-Ruhr (VRR) und Rhein-Main (RMV).

*Foto: Estler*

Im Dezember 2005 bestellte die DB 78 vierteilige Triebzüge beim Konsortium Bombardier/Alstom LHB, welche für den Einsatz im S-Bahnnetz Rhein-Ruhr bestimmt sind und zwischen 2008 und 2012 ausgeliefert werden. Die neuen Triebzüge der BR 422/432 sind eine Weiterentwicklung der 423/433. Verbessert wird vor allem der Reisendenkomfort durch ergonomisch optimierte Sitze und eine angenehmere, indirekte Beleuchtung des Fahrgastraums. Als wichtigste technische Verbesserungen fungieren ein komplett neues Bremssystem, eine Magnetschienenbremse sowie ein den neuesten Crash-Normen entsprechender GFK-Fahrzeugkopf. Bei der Ausstattung mit moderner Technik und in ansprechender Optik werden umweltschonende Materialien in der Produktion verwendet. Die anfallende Abwärme wird für die Heizungen genutzt, und die Rückspeisung der Bremsenergie sorgt für einen geringeren Energieverbrauch. Ausgestattet sind die Züge u.a. mit elektrischen Schwenk-Schiebetüren, Klimaanlagen, modernen akustischen und visuellen Fahrgast-Informationssystemen sowie Einstiegshilfen für mobilitätsbehinderte Fahrgäste.

| Technische Daten: | | |
|---|---|---|
| Baureihenbezeichnung: | 422.0+432.0+432.5+ | 423.0+433.0+433.5+ |
| | 422.5 (DB AG) | 423.5 (DB AG) |
| Radsatzanordnung: | Bo'(Bo)'(2)'(Bo)'Bo' | Bo'(Bo)'(2)'(Bo)'Bo' |
| Stromsystem: | 16⅔ Hz/15 kV | 16⅔ Hz/15 kV |
| Vmax (km/h): | 140 | 140 |
| Stundenleistung (kW): | | |
| Dauerleistung (kW): | 2.350 | 2.350 |
| Dienstmasse (t): | | 105 |
| Größte Radsatzfahrmasse (t): | 18 | 18 |
| Länge über Kupplung (mm): | | 67.400 |
| Drehzapfenabstand (mm): | 15.140+15.460+ | 15.140+15.460+ |
| | 15.460+15.140 | 15.460+15.140 |
| Radsatzabstand Triebgestell (mm): | 2.200 | 2.200 |
| Radsatzabstand Jakobs-Triebgestell (mm): | 2.700 | 2.700 |
| Radsatzabstand Laufdrehgestell (mm): | 2.700 | 2.700 |
| Treibraddurchmesser (mm): | 850 | 850 |
| Laufraddurchmesser (mm): | 850 | 850 |
| Sitzplätze: | | 192 |
| Indienststellung: | 2008-2012 | 1998-2007 |
| Verbleib: | DB AG | DB AG |

## 424/434, 425/435 (DB AG)

Im bis zur EXPO 2000 in Hannover neu aufgebauten S-Bahnsystem war eine Bahnsteighöhe von 760 mm u.a. aus Kostengründen vorgegeben. Mit den dafür ausgelegten 40 Fahrzeugen der BR 424/434 sollte zum EXPO-Start auch der S-Bahnverkehr aufgenommen werden. Der Aufbau des 424/434 entspricht grundsätzlich dem der Baureihe 423/433 und besteht ebenfalls aus zwei End-triebwagen (424) sowie zwei Mittelwagen (434). Augenfälligste Abweichung ist die durch den niedrigeren Fußboden bedingte tiefer angeordnete Fensterbrüstung der Fahrgasträume sowie die geringere Zahl der Einstiege. Der Einsatz ausschließlich auf Strecken mit 760 mm hohen Bahnsteigen erforderte keine zusätzliche Einstiegshilfe, lediglich Dreh-Klapptritte dienen zur Verringerung des Spaltes zwischen Bahnsteigkante und Einstieg. Im Gegensatz zum 423 ist ferner eine behindertenfreundliche Sanitärzelle mit Vakuum-Toilettensystem vorhanden.
Ursprünglich sollten die 424/434 bis zur EXPO 2000 einsatzfähig sein, Konstruktionspannen verhinderten dies aber. Erst in der zweiten Jahreshälfte 2000 konnten die ersten Fahrzeuge bei der S-Bahn Hannover planmäßig eingesetzt werden.
Fast identisch mit der Baureihe 424/434 sind die Triebzüge 425/435. Zur Überbrückung von Bahnsteighöhen mit 380 oder 550 mm ist in den Einstiegen allerdings eine zusätzliche Trittstufe angebracht. 156 Einheiten waren zunächst bestellt. Sie laufen bei den Betriebshöfen Essen, Frankfurt/Main Hbf, Hannover-Leinhausen, Köln-Deutzerfeld, Ludwigshafen, Magdeburg, München-Steinhausen, Plochingen und Trier. Da die »Hannoveraner« 424/434 nicht mehr weiterbeschafft werden, wird nur noch die Baureihe 435/435 in diversen, zum Teil leicht modifizierten Serien geordert. Bei der neuen Unterserie 425.2 für die S-Bahn im Verbund Rhein-Neckar (VRN) entfielen die Klapptritte, was deren Einsatz auf Strecken mit einer Bahnsteighöhe von 760 mm beschränkt. Zunächst wurden 40 Garnituren bestellt und bis November 2003 ausgeliefert. Schon im Juli 2003 gab die DB weitere 20 Einheiten in Auftrag, welche eine verbesserte Innenausstattung für hohen Reisekomfort erhielten. Ferner besitzen sie innen liegende Trittkästen und können auf Strecken mit 38 und 55 Zentimeter hohen Bahnsteigen eingesetzt werden. Stationiert sind diese Fahrzeuge (425 250 bis 269) ebenfalls in Ludwigshafen. Im Mai 2006 bestellte die DB weitere 13 elektrische Triebzüge der Baureihe 425.2 für die S-Bahn Hannover, welche ab Mitte 2008 ausgeliefert werden. Als Nachfolger der 425.0 wurden mit geringen Modifikationen bis jetzt 20 Einheiten der Baureihe 425.3 zwischen März und August 2004 an die Betriebshöfe Plochingen und Bremen ausgeliefert.

*Foto: Estler*

**Technische Daten:**

| | | |
|---|---|---|
| Baureihenbezeichnung: | 424/434 (DB AG) | 425/435 (DB AG) |
| Radsatzanordnung: | Bo'(Bo)'(2)'(Bo)'Bo' | Bo'(Bo)'(2)'(Bo)'Bo' |
| Stromsystem: | 16⅔ Hz/15 kV | 16⅔ Hz/15 kV |
| Vmax (km/h): | 140 | 160 |
| Stundenleistung (kW): | | |
| Dauerleistung (kW): | 2.350 | 2.350 |
| Dienstmasse (t): | 105 | 105 |
| Größte Radsatzfahrmasse (t): | 18 | 18 |
| Länge über Kupplung (mm): | 67.500 | 67.500 |
| Drehzapfenabstand (mm): | 15.370+15.505+15.505+15.370 | 15.370+15.505+15.505+15.370 |
| Radsatzabstand Triebgestell (mm): | 2.200 | 2.200 |
| Radsatzabstand Jakobs-Triebgestell (mm): | 2.700 | 2.700 |
| Radsatzabstand Laufdrehgestell (mm): | 2.700 | 2.700 |
| Treibraddurchmesser (mm): | 850 | 850 |
| Laufraddurchmesser (mm): | 850 | 850 |
| Sitzplätze: | 206 | 206 |
| Indienststellung: | 1998-2001 | 2000-2008 |
| Verbleib: | DB AG | DB AG |

## ET 25 201, 285.2 (DR)

Das elektrische Netz der DR wurde in den 1960er-Jahren erweitert und bald bestand die Absicht, einen Teil des Städteschnellverkehrs auch wieder mit Triebwagenzügen abzuwickeln. Da weder ausreichend Fertigungskapazitäten noch Mittel für Neubeschaffungen zur Verfügung standen, sollten zunächst altbrauchbare Fahrzeug rekonstruiert werden. Im damaligen Schadwagenpark befanden sich auch ehemalige holländische Gleichstromtriebwagen, die nach Kriegsende schwer beschädigt im Bereich der sowjetischen Besatzungszone zurückgeblieben waren. Aus ihnen baute bis 1964 das Raw Berlin-Schöneweide einen dreiteiligen Triebzug auf, der noch vor dem Betriebseinsatz um einen weiteren Mittelwagen ergänzt wurde. In seiner äußeren Form erinnerte der ET 25 201 stark an die elektrischen »Eierköpfe« der DB. Die elektrische Ausrüstung stammte weitgehend von im Krieg ausgemusterten ET 25. Die Wagenkästen der ehemaligen Holländer waren eine Schweißkonstruktion aus Blechen und Profileisen. Im Langträgerbereich war der Triebzug durch eine Schürze verkleidet, die unter dem Wagenboden abschnittsweise als Bodenwanne ausgebildet war. In ihr befand sich die gesamte elektrische Ausrüstung. Auch die vollständig geschweißten Drehgestelle wurden überarbeitet und angepasst. Als Zug- und Stoßvorrichtung diente eine automatische Scharfenberg-Kupplung an den Kopfenden.
Am Sommer 1965 stand der ET 25 201 dem Bw Leipzig Hbf West zur Verfügung, das ihn u.a. im Schnellzugdienst nach Magdeburg und Zwickau einsetzte. Nachdem der Fahrdraht im September 1967 Erfurt erreicht hatte, war die Einheit auch dort zu Gast. Bedingt durch die schwierige Ersatzbeschaffung wurde der zweite Mittelwagen bald darauf entfernt und als Ersatzteilspender genutzt. Schon kurz nach der Umzeichnung in 285 201-203 wurde der Triebzug im September 1970 abgestellt. Nach seiner Ausmusterung diente er noch lange Jahre in den Bw Halle P und Leipzig Hbf West als Aufenthalts- und Lagerraum.

*Foto: Slg. Dietz*

**Technische Daten:**

| | |
|---|---|
| Baureihenbezeichnung: | ET 25 201 (DR) |
| Radsatzanordnung: | Bo'2'+2'2'+2'2'+2'Bo' |
| Stromsystem: | 16⅔ Hz/15 kV |
| Vmax (km/h): | 120 |
| Stundenleistung (kW): | 920 |
| Dauerleistung (kW): | 840 |
| Dienstmasse (t): | 189,1 |
| Größte Radsatzfahrmasse (t): | 18,0 |
| Länge über Kupplung (mm): | 94.830 |
| Drehzapfenabstand (mm): | 18.000+17.500+17.500+18.000 |
| Radsatzabstand Triebgestell (mm): | 3.000 |
| Radsatzabstand Laufdrehgestell (mm): | 3.000 |
| Treibraddurchmesser (mm): | 950 |
| Laufraddurchmesser (mm): | 950 |
| Sitzplätze: | 247 |
| Indienststellung: | Umbau 1964 |
| Verbleib: | ++ |

## ET 25, ET 55 (DRG, DB), ET 25, 285.0 (DR), 425, 455 (DB)

*Foto: Estler*

Vereinheitlichungsbestrebungen machten Anfang der 1930er-Jahre bei der DRG auch vor Elektrotriebwagen nicht Halt. Bis dahin waren Wechselstrom-Triebwagen vorwiegend als vierachsige Einzelfahrzeuge auf die Schienen gestellt worden, an die bei Bedarf Steuer- und/oder Beiwagen gehängt werden konnten. Um die neuen Fahrzeuge auch im Fernverkehr einsetzen zu können, verlangte die DRG eine Platzkapazität von mindestens 160 Sitzen und eine Höchstgeschwindigkeit von 120 km/h. Eine weitere Vorgabe war die Unterbringung aller elektrischen Einrichtungen unter dem Wagenboden. Aufgrund dieser Anforderungen wurde ein kurzgekuppelter Doppeltriebwagen (Baureihe elT 18, später ET 25) entwickelt, bei dem die Enddrehgestelle mit je zwei Tatzlagermotoren angetrieben wurden. Die Motoren Drehgestellrahmen, Fahrzeugrahmen und Fahrzeugaufbau waren vollständige Schweißkonstruktionen. Alle Wagen erhielten Trommelbremsen. Durch den Einbau normaler Zug- und Stosseinrichtungen konnten problemlos entweder weitere Triebwagen oder aber Steuerwagen beigestellt werden. Die Vielfachsteuerung ermöglichte von einem Führerstand aus den Betrieb von bis zu drei Triebwagen. Von den verschiedenen Herstellern der deutschen Waggon- und Elektroindustrie wurden zwischen 1935 und 1937 zunächst insgesamt 39 Trieb- und 48 Steuerwagen gebaut. Diese Fahrzeuge kamen als elT 1801-1838 im elektrifizierten schlesischen Netz und im süddeutschen Netz in den RBD Stuttgart, Nürnberg und München zum Einsatz. Der elT 1827 gelangte auf die elektrifizierte Wiesen- und Wehratalbahn in Baden, wo auch der Sonderling elT 1849 Dienst tat. Dieser Triebwagen hatte versuchsweise eine abweichende Türanordnung erhalten. Als Variante lieferten 1939 MAN und BBC vier weitere Triebwagen (elT 1731-1734, später ET 55 01-04), die Waggonfabrik Bautzen zugehörige acht Steuerwagen. Geändert wurde lediglich die Übersetzung, um eine höhere Anfahrbeschleunigung und Dauerzugkraft zu erhalten. Dass die Höchstgeschwindigkeit auf 90 km/h sank, spielte keine entscheidende Rolle. Auch erhielten die Wagen Klotz- statt Trommelbremsen. 1940 wurde ein neues Bezeichnungssystem für Triebwagen eingeführt, es galten nun die Bezeichnungen ET 25 und ET 55. Schon 1942 erhielten die ET 55 Zuwachs. Nach Änderung der Getriebeübersetzung lief der ET 25 024 als ET 55 05.

Der Krieg schlug auch bei diesen Baureihen schwere Wunden: Nach 1945 waren in den Westzonen mehr oder weniger beschädigt nur noch 22 Triebwagen ET 25, alle fünf ET 55, 31 Steuerwagen ES 25 und sieben ES 55 vorhanden. In der Sowjetzone blieben vier ET 25 und sechs ES 25. Zwölf ET 25 und zwölf ES 25/55 überlebten somit den Zweiten Weltkrieg nicht. Doch die Verluste gingen weiter. In Mitteldeutschland musste auf Anordnung der sowjetischen Besatzungsmacht der elektrische Betrieb zum 29. März 1946 eingestellt werden. Die elektrischen Anlagen und Fahrzeuge wurden dann in die UdSSR abgefahren, auch fast alle ET/ES 25. Lediglich die schwer beschädigten ET 25 012 und ES 25 008 blieben im Raw Dessau zurück. In der französischen Zone bediente sich die Besatzungsmacht ebenfalls. Für den Betrieb unter 20 kV/50 Hz wurde der ET 25 025 requiriert und für die französische Staatsbahn bis 1950 in den Z9053/Z9054 umgebaut. Zu Vergleichszwecken entstand aus dem schwer beschädigten ET 25 026 ebenfalls für den Betrieb unter 20 kV/50 Hz der ET 255 01.

Bis Mitte der 1950er-Jahre entstanden durch Getriebeänderung aus dem ET 25 028 der ET 55 06 (1953), aus dem ET 25 004 der ET 55 07 (1951) und aus dem ET 25 027 der ET 55 08 (1955). Nach Wiederaufnahme des elektrischen Betriebs in der DDR zum 1. September 1955 baute zwischen 1957 und 1959 das Raw Dessau die beschädigten ET 25 012 und ES 25 008 zu einem dreiteiligen Triebzug wieder auf. Der Steuerwagen lief nun als Mittelwagen zwischen den beiden angetriebe-

### Technische Daten:

| Baureihenbezeichnung: | ET 25 (DRG) | ET 55 (DRG) | 425 (DB) | 455 (DB) | 285 (DR) |
|---|---|---|---|---|---|
| Radsatzanordnung: | Bo'2'+2'Bo' | Bo'2'+2'Bo' | Bo'2'+2'2'+2'Bo' | Bo'2'+2'2'+2'Bo' | Bo'2'+2'2'+2'Bo' |
| Stromsystem: | 16⅔ Hz/15 kV | 16⅔ Hz/15 kV | 16⅔ Hz/15 kV | 16⅔ Hz/15 kV | 16⅔ Hz/15 kV |
| Vmax (km/h): | 120 | 90 | 120 | 90 | 120 |
| Stundenleistung (kW): | 920 | 1.100 | 920 | 1.100 | 1.020 |
| Dauerleistung (kW): | 840 | 975 | 840 | 975 | 920 |
| Dienstmasse (t): | 95 | 96 | 124 | 126 | 126 |
| Größte Radsatzfahrmasse (t): | 17 | 18 | 18 | 17 | 18 |
| Länge über Puffer (mm): | 43.625 | 43.625 | 66.270 | 66.270 | 65.000 |
| Drehzapfenabstand (mm): | 2 x 13.900 | 2 x 13.900 | 3 x 13.900 | 3 x 13.900 | 3 x 13.900 |
| Radsatzabstand Triebgestell (mm): | 3.600 | 3.600 | 3.600 | 3.600 | 3.600 |
| Radsatzabstand Laufdrehgestell (mm): | 3.000 | 3.000 | 3.000 | 3.000 | 3.000 |
| Treibraddurchmesser (mm): | 950 | 970 | 950 | 970 | 950 |
| Laufraddurchmesser (mm): | 950 | 970 | 950 | 970 | 950 |
| Sitzplätze: | 160-170 | 162 | 206 | 200 | 206 |
| Indienststellung: | 1935-37 | 1939-40 | U 63-66 | U 64-65 | U 1959 |
| Verbleib: | ET 25 015 (VMN, Haltingen) | Umbau | 425 120 (SVG Stuttgart) | ++ | ++ |

Foto: Estler

Foto: Estler

nen Endwagen. Unter dem Spitznamen »Roter Dessauer« war der Einzelgänger bis Ende 1971 im Einsatz. Noch lange nach seiner Ausmusterung wurde er als Werkstatt- und Lagerraum bei Elektrifizierungsarbeiten benutzt.

Die DB ließ ihre ET 25/55 zwischen 1962 und 1966 im AW Stuttgart-Bad Cannstatt modernisieren und durch Einschub ehemaliger Steuerwagen ebenfalls zu dreiteiligen Einheiten umbauen. Die Kopfpartien der Triebwagen wurden dabei in die »Cannstatter Einheitsstirnfront« umgestaltet: Die halbrunden Stirnpartien wurden begradigt, die Stirnwandtüren ausgebaut und die kleinen Scheiben durch zwei große Fenster ersetzt. Beide Baureihen waren nach der Modernisierung ausschließlich in den Direktionen Karlsruhe und Stuttgart eingesetzt. Für die seit 1968 als 455 bezeichneten ET 55 war im Sommer 1984 beim Bw Heidelberg Schluss, die letzten 425 wurden im Herbst 1985 beim Bw Tübingen ausgemustert. Als Museumsfahrzeug der DB wurde der ET 25 015 wieder in die DRG-Ausführung zurückverwandelt, ist aber derzeit nicht betriebsfähig in Haltingen abgestellt. Der 1986 in die Schweiz zur Oensingen-Balsthal-Bahn verkaufte 425 120 konnte 1994 von den »Freunden zur Erhaltung historischer Schienenfahrzeuge« (FzS, jetzt SVG Schienenverkehrsgesellschaft mbH) in Stuttgart wieder zurückgeholt werden. Nach aufwändiger Restaurierung ist er seit Sommer 1998 betriebsfähig und wird für Sonderfahrten genutzt.

## ET 26, 426 (DB)

Das mit Gleichstrom elektrifizierte Teilstück der Isartalbahn Müchnen Isartalbahnhof- Höllriegelskreuth-Grünwald wurde am 18 Mai 1955 auf das allgemeine DB-Wechselstromsystem umgestellt. Damit waren auch die vier Triebwagen der BR ET/ES 182 arbeitslos. Da jedoch das elektrische Netz der DB stark im Wachsen war, der Triebwagenbestand knapp war und genügend Fahrmotoren und Transformatoren aus Reservebeständen zur Verfügung standen, entschloss sich die DB zum Umbau der Triebwagen. Als ET 26 001-004 verließen die von Wegmann und BBC neu ausgerüsteten Fahrzeuge 1957 die Kasseler Werkshallen. Dabei entstanden der ET 26 001 aus dem ET 182 11, der ET 26 002 aus dem ET 182 01, der ET 26 003 aus dem ET 182 21 und der ET 26 004 aus dem ET 182 12.

Die wesentlichen Umbaumaßnahmen waren: Die beiden einmotorigen Triebdrehgestelle entfielen. Der Antrieb erfolgte nun durch das vordere Triebdrehgestell (Bauart München-Kassel) mit zwei Wechselstrom-Reihenschlussmotoren. Der größere Radsatzstand des neuen Triebdrehgestells erforderte eine Verlängerung des Wagenkastens um 1.100 mm. Diese Verlängerung bescherte den Triebwagen auch eine neue, einheitliche Stirnfront. Als Antrieb wurde der neuentwickelte BBC-Gummiringantrieb eingebaut. Die Baureihe ET 31/32 stellte den Transformator, während das Niederspannungsschaltwerk von der E 41 übernommen wurde. Der Luftpresser und sein Antrieb fanden nur im Steuerwagen Platz, so dass die Wagen im Betrieb nicht getrennt werden konnten.

Nach ihrem Umbau liefen die Fahrzeuge zunächst beim Bw Rosenheim, dann München-Ost und Regensburg. Ab 1968 unter der neuen Bezeichnung 426/826 wurden 1972 alle vier Einheiten nach Koblenz umbeheimatet und fuhren dort im Vorortverkehr nach Niederlahnstein und Neuwied. Sechs Jahre später war ihre Gnadenfrist abgelaufen. Im Museumsbestand der DB blieb der 426 002/826 602 erhalten, die drei anderen Garnituren wurden alsbald verschrottet.

Foto: Estler

**Technische Daten:**

| Baureihenbezeichnung: | ET/ES 26 001 | ET/ES 26 002 | ET/ES 26 003 | ET/ES 26 004 |
|---|---|---|---|---|
| Radsatzanordnung: | Bo'2'+2'2 | Bo'2'+2'2 | Bo'2'+2'2 | Bo'2'+2'2 |
| Stromsystem: | 16⅔ Hz/15 kV | 16⅔ Hz/15 kV | 16⅔ Hz/15 kV | 16⅔ Hz/15 kV |
| Vmax (km/h): | 120 | 120 | 120 | 120 |
| Stundenleistung (kW): | 700 | 700 | 700 | 700 |
| Dauerleistung (kW): | 640 | 640 | 640 | 640 |
| Dienstmasse (t): | 77 | 77 | 78 | 74 |
| Größte Radsatzfahrmasse (t): | 17 | 17 | 17 | 17 |
| Länge über Puffer (mm): | 37.505 | 37.330 | 37.320 | 37.495 |
| Drehzapfenabstand (mm): | 12.800+<br>12.325 | 12.625+<br>11.975 | 12.600+ | 12.800+<br>12.325 |
| Radsatzabstand Triebgestell (mm): | 3.000 | 3.000 | 3.000 | 3.000 |
| Radsatzabstand Laufdrehgestell (mm): | 2.500 | 2.500 | 2.500 | 2.500 |
| Treibraddurchmesser (mm): | 1.100 | 1.100 | 1.100 | 1.100 |
| Laufraddurchmesser (mm): | 900 | 900 | 900 | 900 |
| Sitzplätze: | 98 | 98 | 98 | 98 |
| Indienststellung: | U 1957 | U 1957 | U 1957 | U 1957 |
| Verbleib: | ++ | 426 002/826 602 (VMN, Hist.-Techn. Infozentrum Peenemünde) | ++ | ++ |

## 426 (DB AG)

Um sowohl eine flexiblere Zugbildung zu erhalten als auch den Verkehr in den Schwachlastzeiten oder auf schwächer frequentierten Strecken mit einem adäquaten Fahrzeug zu bedienen, entstanden die zweiteiligen Triebwagen der Baureihe 426. Der in 43 Einheiten ausgelieferte Doppeltriebwagen ist im Prinzip ein 425 ohne Mittelwagen und nur gut 36 Meter lang. Seine Leittechnik ist auf Vielfachtraktion von bis zu sechs Triebzügen ausgelegt, während bei den 424/425 nur maximal vier Einheiten von einem Führerstand aus gesteuert werden können. Werden allerdings drei oder mehr Fahrzeuge gekuppelt gefahren, muss ihre Höchstgeschwindigkeit auf 80 km/h begrenzt werden, weil die Stromabnehmerabstände zu kurz sind. Das Problem liegt dabei in der sich aufschaukelnden Fahrleitung: Die Fahrleitung bildet dann eine geschwindigkeitsabhängige Welle, bei welcher die hinteren Stromabnehmer den Kontakt verlieren können.

*Foto: Estler*

Selbstverständlich können die 426 auch zusammen mit den 425 als bedarfsgerechte Verstärker zum Einsatz kommen. Angetrieben werden alle Radsätze der jeweils ersten Drehgestelle, das mittlere Drehgestell ist als Jakobs-Laufdrehgestell ausgebildet. Alle 426 besitzen eine Klimaanlage, einen kleinen 1.-Klasse-Bereich und eine behindertengerechte Toilette mit einem Vakuum-WC. Geliefert wurden sie wie die Baureihen 424 und 425 vom Konsortium Bombardier und Siemens. Die Konstruktion der Drehstrom-Asynchronmotoren erfolgte im Gegensatz zum 423 durch Siemens.
Zum Einsatz kommen die »Erdbeerkörbchen« (kurz, rot und rechteckig mit »Henkel« in der Mitte) bei den Werken Essen, Frankfurt/Main, München-Steinhausen, Plochingen und Trier. Den interessantesten Dienst fahren sicherlich die Münchner 426, welche u.a. den Gesamtverkehr zwischen Murnau und Oberammergau bewältigen.

| Technische Daten: | |
|---|---|
| Baureihenbezeichnung: | 426 (DB AG) |
| Radsatzanordnung: | Bo'(2)'Bo' |
| Stromsystem: | 16⅔ Hz/15 kV |
| Vmax (km/h): | 160 |
| Stundenleistung (kW): | |
| Dauerleistung (kW): | 1.175 |
| Dienstmasse (t): | 60,9 |
| Größte Radsatzfahrmasse (t): | 18 |
| Länge über Kupplung (mm): | 36.490 |
| Drehzapfenabstand (mm): | 15.370+15.370 |
| Radsatzabstand Triebgestell (mm): | 2.200 |
| Radsatzabstand Jakobs-Triebgestell (mm): | - |
| Radsatzabstand Laufdrehgestell (mm): | 2.700 |
| Treibraddurchmesser (mm): | 850 |
| Laufraddurchmesser (mm): | 850 |
| Sitzplätze: | 100 |
| Indienststellung: | 2000-2002 |
| Verbleib: | DB AG |

## 429 (ex 427; DB AG)

Für den »Hanse-Express« auf der Verbindung Rostock–Stralsund–Sassnitz/Ostseebad Binz (RE-Linie 9) orderte die die Deutsche Bahn AG Anfang 2006 bei fünf Triebwagen vom Typ »FLIRT« (Flinker Leichter Innovativer Regional Triebzug). Die Züge wurden von der Bahn zunächst als Baureihe 427 eingeordnet, später dann aber in die Baureihe 429 umgezeichnet.
Den »FLIRT« entwickelte Stadler ursprünglich für die Schweizerischen Bundesbahnen SBB, verkaufte das Fahrzeug aber auch sehr erfolgreich im Ausland. Rund 550 Einheiten wurden mittlerweile ausgeliefert.
Alle Drehgestelle sind luftgefedert. Obwohl lediglich die Enddrehgestelle angetrieben sind, erreichen die Züge wegen ihrer hohen Antriebsleistung eine Höchstgeschwindigkeit von 160 km/h. An den Übergängen ruhen die Fahrzeugteile auf Jakobslaufdrehgestellen, sodass die Wagen mit einem Niederfluranteil von 90 % durchgängig begehbar sind. In der Mitte gibt es einen Mehrzweckbereich mit Getränke- und Snackautomat, sowie einer barrierefreien Toilette. Weil die vollklimatisierten Fahrzeuge im Regionalverkehr eingesetzt werden, sind sie anders als S-Bahn-Züge mit nur über fünf doppelflügeligen Schiebetüren auf jeder Seite ausgestattet.
Die Wagenkästen wurden aus Aluminium-Strangpressprofilen gefertigt, die Fahrzeugfronten aus Glasfeser verstärktem Kunststoff. Die redundante Antriebsausrüstung besteht aus vier Antriebssträngen mit wassergekühlten IGBT-Stromrichtern. Die Fahrzeuge sind außerdem mit einem Zugbus, einem Fahrzeugbus und einem Diagnoserechner ausgestattet. Dank einer Vielfachsteuerung können bis zu drei Triebzüge von einem Führerpult aus bedient werden. Fällt in einem Zug eine Antriebsanlage aus, so kann er sich noch mit der anderen Anlage selbstständig fortbewegen.
Die fünf fünfteiligen Züge waren wie vorgesehen bis Dezember 2019 auf den Verbindungen zwischen Rostock, Stralsund, Sassnitz (Hanse-Express) und Sassnitz – Stralsund sowie Binz – Lietzow unterwegs. Danach waren sie einige Zeit abgestellt, denn die DB hatte kein adäquates Aufgabengebiet mehr für sie. Seit Oktober 2020 übernehmen sie nun Linie RB 17 (Wismar – Ludwigslust) den Regionalverkehr.

*Foto: Estler*

| Technische Daten: | |
|---|---|
| Baureihenbezeichnung: | 429 (DB AG) |
| Radsatzanordnung: | Bo'2'2'2'2'Bo' |
| Stromsystem: | 16⅔ Hz / 15 kV |
| Vmax (km/h): | 160 |
| Dauerleistung (kW): | 2.600 |
| Dienstmasse (t): | 145 |
| Größte Radsatzfahrmasse (t): | 20 |
| Länge über Puffer/Kupplung (mm): | 93.378 |
| Treibraddurchmesser (mm): | 860 |
| Sitzplätze: | 241 |
| Indienststellung: | 2007 |

## ET 27, 427 (DB)

Zur Erprobung einer neuen Generation von S-Bahnzügen bestellte die DB 1961 fünf dreiteilige Triebzüge der Baureihe ET 27. Hohe Beschleunigung, hoher Fahrkomfort und ein möglichst geringer Unterhaltungsaufwand waren gefordert. Ferner sollten drei Doppeltüren pro Wagenseite und der Fußboden mit nur 900 mm über der Schienenoberkante einen raschen Fahrgastwechsel ermöglichen. MAN und Wegmann waren für den mechanischen Teil verantwortlich, während die elektrische Ausrüstung von AEG und BBC kam. Um die gewünschte Beschleunigung zu erhalten, mussten alle Radsätze der beiden Endtriebwagen angetrieben werden. Für die kleinen, in Drehgestellen der angepassten Bauart München-Kassel eingebauten Radsätze waren Motoren mit einem besonders kleinen Durchmesser erforderlich. Die elektrische Einrichtung konnte in der flachen Bodenwanne kaum untergebracht werden. Der Wagenkasten war eine geschweißte Stahlleichtbaukonstruktion. Eine Leichtmetallschürze auf dem Dach verdeckte die dort installierten Geräte. Erstmals erhielten die ET 27 mehrlösige, lastabhängige Druckluft-Scheibenbremsen sowie eine kombinierte eigen- und fremderregte Widerstandsbremse. Die Einrichtung für Mehrfachsteuerung von bis zu vier Zügen und automatische Scharfenberg-Kupplungen rundeten die Ausstattung ab.

Die 1964 ausgelieferten Triebwagen wurden dem Bw Tübingen zugewiesen. Bis auf ein kurzes Gastspiel im Ruhrgebiet blieben die Fahrzeuge der BD Stuttgart treu. Ab 1968 führten sie die EDV-gerechte Bezeichnung 427.1+ 827.0+427.4. Der hohe Unterhaltungsaufwand durch zunehmende Schadanfälligkeit setzte die Einzelgänger Anfang der 1980er-Jahre auf die Abschussliste. Als erster wurde im November 1984 der 427 103 ausgemustert, die anderen folgten im Dezember 1986. Diese konnten 1988 an den Liechtensteiner Händler Jelka verkauft werden, eine betriebsfähige Aufarbeitung unterblieb aber. 1995 kehrte der 427 105 nach Stuttgart in die Obhut der FzS (jetzt SVG Schienenverkehrsgesellschaft mbH) zurück und wird äußerlich wieder aufgearbeitet. Alle anderen Triebwagen wurden verschrottet.

Foto: Estler

| Technische Daten: | |
|---|---|
| Baureihenbezeichnung: | 427.1+827.0+427.4 (DB) |
| Radsatzanordnung: | Bo'Bo'+2'2'+Bo'Bo' |
| Stromsystem: | 16⅔ Hz/15 kV |
| Vmax (km/h): | 120 |
| Stundenleistung (kW): | 1.384 |
| Dauerleistung (kW): | 8 x 150 (1.200) |
| Dienstmasse (t): | 134 |
| Größte Radsatzfahrmasse (t): | 16 |
| Länge über Kupplung (mm): | 73.850 |
| Drehzapfenabstand (mm): | 16.650+15.650+16.650 |
| Radsatzabstand Triebgestell (mm): | 2.500 |
| Radsatzabstand Laufdrehgestell (mm): | 2.500 |
| Treibraddurchmesser (mm): | 900 |
| Laufraddurchmesser (mm): | 900 |
| Sitzplätze: | 185 |
| Indienststellung: | 1964 |
| Verbleib: | 427 105 (SVG Stuttgart) |

Foto: Estler

## 1428, 429 (DB AG)

Stadler Pankow GmbH Berlin liefert ab 2014 ihre Triebwagen vom Typ »FLIRT EMU« an DB Regio. Die in Leichtbauweise gefertigten Wagenkästen aus Aluminium stützen sich über Luftfederungen auf die zweiachsigen Drehgestelle ab, von denen die mittleren als antriebslose Jakobs-Drehgestelle mit kleineren Raddurchmessern von 760 mm nur ausgeführt sind
Die elektrische Ausrüstung besteht aus je einem Transformator, einem IGBT Stromrichter und zwei Asynchron-Fahrmotoren. Sie ist doppelt vorhanden. Die Kopfpartien der Triebwagen haben nach den Vorgaben der »Technischenn Spezifikationen für die Interoperabilität« (TSI) Stoßverzehrelemente. Der Niederflurbereich in der Mitte hat eine Einstiegshöhe von 780 mm über SO.

*Foto: Estler*

Breite Doppelschiebetüren ermöglichen einen schnellen Fahrgastwechsel. Zwei elektrisch angetriebene Schiebetritte überbrücken Spalte an den Bahnsteigkanten. Die Fahrtgasträume sind voll klimatisiert. Eine Toilette ist behindertengerecht ausgeführt, die übrigen nicht. Über ein Fahrgastinformationssystem bekommen Reisende Informationen über Haltestellen und den Zuglauf. Bisher wurden 14 vierteilige Züge von DB Regio NRW bestellt, die als Baureihe 1428 eingereiht sind. Sie sind im Ruhr-Sieg-Netz I unterwegs und laufen auf der Verbindung zwischen Münster, Essen und Mönchengladbach und sind dafür in Münster beheimatet. 28 Exemplare der fünfteiligen Version wurde von DB Regio Rheinland-Pfalz bestellt. Sie sind abweichend von der Regel weiß lackiert und für den Einsatz Regional-Express-Linien in Rheinland-Pfalz gedacht. Diese als Baureihe 429 bezeichneten Fahrzeuge haben 270 Sitzplätze und waren 2022 in Trier zu Hause. Weitere Beschaffungen – auch in Form eines Zuges mit Akkuantrieb – sind geplant.
Im Frühjahr 2022 gingen in Nordrheinwestfalen Leistungen an von Abellio an DB Regio über. Dafür mietete die Bahn die Triebwagen 3429 001 bis 024 an. Die in Herne beheimateten Triebwagen haben eine grün/weiße Lackierung und sind vom ZV VRR Eigenbetrieb Fahrzeuge und Infrastruktur angemietet.

**Technische Daten:**

| | | |
|---|---|---|
| Baureihenbezeichnung: | 1428 (DB AG) | 429 (DB AG) |
| Radsatzanordnung: | Bo'2'2'2'Bo' | Bo'2'2'2'2'Bo' |
| Stromsystem: | 15 kV/16,7 Hz ~ | 15 kV/16,7 Hz ~ |
| Vmax (km/h): | 160 | 160 |
| Dauerleistung (kW): | 2.000 | 2.000 |
| Dienstmasse (t): | 133 | 156 |
| Größte Radsatzfahrmasse (t): | 20 | 20 |
| Länge über Puffer/Kupplung (mm): | 74.700 | 90.800 |
| Treibraddurchmesser (mm): | 920 | 920 |
| Sitzplätze: | 224 | 270 |
| Indienststellung: | seit 2014 | seit 2014 |

## ET 30, 430 (DB)

Äußerlich stellte der ET 30 eine Weiterentwicklung des ersten Nachkriegstriebwagens ET 56 dar. In der elektrischen Ausrüstung lagen die Fahrzeuge jedoch eine ganze Generation auseinander. Der nur vier Jahre später in Dienst gestellte ET 30 trug mit Fug und Recht das Prädikat »Hochleistungstriebwagen«. Als damals »leistungsstärkster elektrischer Triebwagen der Welt« (Pressemitteilung der Bundesbahn) sorgte er mit komplett neu entwickelter elektrischer Ausrüstung für neue Akzente hinsichtlich Komfort und Beschleunigung im Nahschnellverkehr. 24 Garnituren wurden den Jahren 1955/56 ausgeliefert. Konzipiert waren sie vor allem für den Städteschnellverkehr im Ruhrgebiet.
Wie bei den Triebwagen der Baureihen VT 08, VT 12 und ET 56 kam auch beim ET 30 die Röhrenbauweise mit ihrer »Spanten- und Schalenbauform« zur Anwendung. Mit ihrer charakteristischen Kopfform fielen sie damit ebenfalls in die Kategorie der »Eierköpfe«. Die Grundkonfiguration eines Triebzugs war die Reihung Triebwagen+Mittelwa-gen+Triebwagen, wobei über die automatische Scharfenberg-Mittelpufferkupplung bis zu vier Einheiten von einem Führerstand aus gefahren werden konnten. »Häufige Anfahrt mit hoher Beschleunigung« war die prägnante Forderung für die Fahrmotoren des ET 30. Zur Anwendung kamen neu entwickelte, leistungsstarke zehnpolige Reihenschlussmotoren im vorderen Drehgestell des Triebwagens sowie ebenfalls neu entwickelte Transformatoren.
Zwischen 1957 und 1972 blieb die Verteilung der Triebzüge konstant, sechs waren beim Bw Nürnberg und 18 im Ruhrgebiet beheimatet. Ab 1972 fuhren alle 24 Einheiten im Ruhrgebiet. Hoher Verschleiß durch die starke Beanspruchung und Korrosionsschäden durch die aggressive Ruhrgebietsluft ließen die ET 30 schon im Jahr 1984 den Dienst quittieren. Als zunächst betriebsfähiger Museumstriebwagen blieb der ET 30 014 mit einem zweiten Mittelwagen (EM 30 011) erhalten. Anfang 1997 musste er mit Fristablauf abgestellt werden. 1998 wurde die bis dahin in Hamm hinterstellte Museumsgarnitur nach Koblenz-Lützel überführt, wo sie im Freien abgestellt weiter verkam. Da das DB-Museum die Kosten für die Aufarbeitung in Höhe von rund 5 Mio. Euro nicht übernehmen wollte, wurden im Oktober 2006 drei Teile des vierteiligen Zuges verschrottet. Nur der 430 414 (ET 30 014b) blieb erhalten und gelangte im Mai 2007 als Leihgabe nach Stuttgart zur Schienenverkehrsgesellschaft mbH (SVG).

*Foto: Estler*

**Technische Daten:**

| | |
|---|---|
| Baureihenbezeichnung: | 430.1+830.0+430.4 (DB) |
| Radsatzanordnung: | Bo'2'+2'2'+2'Bo' |
| Stromsystem: | $16\frac{2}{3}$ Hz/15 kV |
| Vmax (km/h): | 120 |
| Stundenleistung (kW): | 4 x 440 (1.760) |
| Dauerleistung (kW): | |
| Dienstmasse (t): | 147 |
| Größte Radsatzfahrmasse (t): | 20,5 |
| Länge über Kupplung (mm): | 80.360 |
| Drehzapfenabstand (mm): | 19.000+19.000+19.000 |
| Radsatzabstand Triebgestell (mm): | 3.600 |
| Radsatzabstand Laufdrehgestell (mm): | 2.500 |
| Treibraddurchmesser (mm): | 1.100 |
| Laufraddurchmesser (mm): | 950 |
| Sitzplätze: | 222 |
| Indienststellung: | 1955-1956 |
| Verbleib: | ET 30 014b (SVG Stuttgart) |

## 430/431 (DB AG)

*Foto: Estler*

Zur Ablösung der S-Bahn-Triebwagen der Baureihe 420 bestellte die Deutsche Bahn AG die neuen Fahrzeuge der Baureihe 430 bei Alstom in Salzgitter und Bombardier in Aachen.
Wie die Baureihe 423 laufen die 430 auf zwei angetriebenen Enddrehgestellen und zwei ebenfalls angetriebenen Jakobsdrehgestellen. Das mittlere Jakobsdrehgestell ist ohne Antrieb Die Wagenkästen stützen sich über Luftfedern auf den Drehgestellen ab. Der Antrieb besteht aus acht Drehstrom-Asynchron-Motoren mit zweistufigem Getriebe.
Aufgrund der Vorgaben in den »Technischen Spezifikationen für die Interoperabilität« (TSI) wurden in die neu konstruierten Köpfe Stoßverzehrelemente eingebaut. Der Abstand zwischen Zug und Bahnsteigkante lässt sich durch bewegliche Trittstufen überbrücken. Die Türen sind mit einer Drucktastensteuerung und akustischem Warnsignal ausgestattet.
Den Reisenden stehen bequeme Sitze mit lederbezogenen Kopfpolstern zur Verfügung. Die Innenbeleuchtung besteht aus Leuchtdioden, die in einem Leuchtenband blendfrei montiert sind. Im Türraum gibt es eine Fußbeleuchtung. Eine Videoüberwachungsanlage und Sprechstellen neben den Türen sollen die Sicherheit erhöhen. Monitore informieren über den Fahrtverlauf.

*Foto: Dostal*

In Stuttgart sind die verkehrsroten Züge planmäßig auf den Linien S 1 bis S 3 unterwegs. Dazu sind die Züge 403 001 bis 097 in Plochingen beheimatet. Zur Verstärkung bestellte die S-Bahn Stuttgart 58 weitere Züge. Auch will sie die älteren Züge modernisieren und in den Farben Lichtgrau (Kasten) und Schwarz (Türen) lackieren, Dazu kommen gelbe Kontrastflächen für die 1. Klasse und blaue für Mehrzweckbereiche.
Nach anfänglichen Schwierigkeiten besonders bei gemischten Zügen aus alten und neuen Wagen werden zurzeit möglichst reine Züge aus alten bzw. neuen Wagen gefahren. Auch sind die beiden Bauserien nach Linien getrennt.
Im Raum Frankfurt/Main laufen die Züge 430 101 bis 190 auf den Linien S 1, S 7, S 8 und S 9. Im November 2019 beschloss die S-Bahn Rhein-Main, sieben weitere Garnituren zu beschaffen, die im Sommer 2023 geliefert werden sollen.

| Technische Daten: | |
|---|---|
| Baureihenbezeichnung: | 430/431 (DB AG) |
| Radsatzanordnung: | Bo'Bo'2'Bo'Bo' |
| Stromsystem: | 16⅔ Hz / 15 kV |
| Vmax (km/h): | 140 |
| Dauerleistung (kW): | 2.350 |
| Dienstmasse (t): | 139,1 |
| Länge über Puffer/Kupplung (mm): | 68.300 |
| Drehzapfenabstand (mm): | |
| Endwagen | 15.140 |
| Mittelwagen | 14.894 |
| Rasdsatzstand (mm): | |
| Enddrehgestell | 2.200 |
| Jakobsdrehgestell | 2.700 |
| Treibraddurchmesser (mm): | 850 |
| Sitzplätze: | 184/176* |
| Indienststellung: | seit 2012 |
| * Stuttgart/Frankfurt (Main) | |

## ET 31 (DRG), ET 32, 432 (DB)

Die Baureihe ET 31 wurde 1936/37 von LHB und BBC in 13 Exemplaren gebaut. Es handelte sich um dreiteilige, für den Städteschnellverkehr ausgelegte Einheits-Triebwagen, welche aus den zweiteiligen ET 25 weiterentwickelt worden waren. Ein Triebwagenzug bestand in der Grundkonfiguration aus zwei Endwagen und einem Mittelwagen, von denen jeder ein Triebdrehgestell mit zwei Fahrmotoren sowie ein Laufdrehgestell besaß. Stromabnehmer trugen aber nur die beiden Endwagen. Die ET 31 waren so ausgeführt, dass sie auch ohne oder mit mehreren Mittelwagen fahren konnten. Bemerkenswert war die Gestaltung des Innenraums mit durchgehendem Seitengang in der 2. und 3. Wagenklasse.

**Technische Daten:**

| | | | | |
|---|---|---|---|---|
| Baureihenbezeichnung: | ET 31 (DRG) | ET 32.0 (DB) | ET 32.2 (DB) | 432.2 (DB) |
| Radsatzanordnung: | Bo'2'+ Bo'2'+2'Bo' | Bo'2'+Bo'2+2'2' | Bo'2'+2'Bo' | Bo'2'+2'2'+ 2'Bo' |
| Stromsystem: | 16⅔ Hz/15 kV | 16⅔ Hz/15 kV | 16⅔ Hz/15 kV | 16⅔ Hz/15 kV |
| Vmax (km/h): | 120 | 120 | 120 | 120 |
| Stundenleistung (kW): | 1.650 | | | |
| Dauerleistung (kW): | 1.460 | 920 | 920 | 920 |
| Dienstmasse (t): | 145,1 | 123-127 | 98,0 | 124,0 |
| Größte Radsatzfahrm. (t): | 17,5 | 16 | 16,4 | 16,0 |
| Länge über Puffer (mm): | 68.840 | 67.440 | 46.025 | 68.670 |
| Drehzapfenabst. (mm): | 3 x 15.500 | 15.500+ 15.500+13.900 | 2 x 15.500 | 15.500+ 13.900+15.500 |
| Radsatzabstand Triebgestell (mm): | 3.600 | 3.600 | 3.600 | 3.600 |
| Radsatzabstand Laufdrehgestell (mm): | 3.000 | 3.000 | 3.000 | 3.000 |
| Treibraddurchm. (mm): | 970 | 970 | 970 | 970 |
| Laufraddurchm. (mm): | 970 | 970 | 970 | 970 |
| Sitzplätze: | 188 | 182-187 | 114 | 178 |
| Indienststellung: | 1936-37 | U 1950 | U 1950 | U 1964 |
| Verbleib: | Umbau in ET 32 | Umbau 1950 | Umbau 1964 | 432 201 (SVG Stuttgart) |

Den Zweiten Weltkrieg überlebte nicht einmal die Hälfte der Triebzüge. In der sowjetischen Zone fuhren nach Kriegsende noch zwei Triebwagen (ET 31 004 und 006). Nach der auf sowjetischen Befehl erfolgten Einstellung des elektrischen Betriebs im März 1946 verschwanden sie als Reparationsleistung in den Weiten der UdSSR.
In den Westzonen verblieben die ET 31 002, 005, 010 und 012. Auf Grund des Fahrzeugmangels in der Nachkriegszeit schlug 1949 das EZA München vor, die vier ET 31 so umzubauen, dass jeweils einer der Endwagen durch einen Steuerwagen ES 25 ersetzt wird. So entstanden 1950 vier dreiteilige Einheiten der neuen Baureihe ET 32 mit den Betriebsnummern 001, 002, 021 und 022. Die vier übriggebliebenen Endwagen wurden zu zwei neuen Doppeltriebwagen (ET 32 201 und 202) zusammengefügt. Um gleiche Platzkapazität zur Verfügung zu haben, erhielten sie jeweils einen separaten Steuerwagen ES 32 201 bzw. 202 (ex ES 25) beigestellt. Analog den ET 25/55 wurden die ET 32 im AW Stuttgart-Bad Cannstatt 1963/64 modernisiert und erhielten dabei auch die berüchtigte »Cannstatter Einheitsstirnfront«. Durch Einschub ihrer Steuerwagen wurden dabei die ET 32.2 ebenfalls zu dreiteiligen Einheiten erweitert. Die ab 1968 computergerecht als Baureihe 432 geführten Triebwagen waren noch lange Jahre von Nürnberg aus im Bezirks- und Regionalverkehr eingesetzt. Erst mit Beginn des Sommerfahrplans 1984 wurden die letzten Garnituren abgestellt. Der 432 201 befindet sich heute in der Obhut von Stuttgarter Eisenbahnfreunden.

*Foto: MAN, Sammlung Estler*

## 442, 1442, 2442, 3442 (DB AG)

Im Februar 2007 schlossen Deutsche Bahn AG und Bombardier Transportation einen Rahmenvertrag über die Lieferung von bis zu 321 Triebzügen vom Typ »Talent 2«, der als Baureihe 442/443 bezeichnet wird.
Wichtige Merkmale der neu entwickelten Elektrotriebzug-Plattform sind ein modularer Aufbau und eine vergleichsweise hohe Standardisierung. Das Baukastenprinzip ermöglicht zahlreiche Varianten. Die zwei- bis sechsteiligen Fahrzeuge können je nach Einsatzzweck mit unterschiedlichen technischen Modulen ausgestattet werden.
Der selbsttragende Wagenkasten ist eine Schweißkonstruktion in Stahlleichtbau-Schweißkonstruktion und Untergestell, Seitenwänden, Stirnwände und Dach. Die Kopfteile aus bestehen teilweise aus glasfaserverstärkten Kunststoff und sind mit Stoßverzehrelementen ausgestattet.
Eine skalierbare Traktionsleistung durch das Antriebs- und Steuerungssystem »Bombardier Mitrac« soll den Triebwagen besonders energieeffizient machen. Das Fahrzeug kann sowohl für die häufigen Beschleunigungs- und Bremsphasen im Nahverkehr als auch für die Anforderungen des Regionalverkehrs eingerichtet werden. Dank einer Steuerung für Mehrfachtraktion können bis zu vier Einheiten, auch unterschiedlicher Länge, gekuppelt werden.

*Foto: Estler*

Der erste Einsatz der Baureihe 442 war ursprünglich ab Dezember 2009 auf der Moselstrecke zwischen Koblenz und Perl sowie auf den Strecken Cottbus-Leipzig Hbf und Cottbus–Falkenberg (Elster) vorgesehen. Obwohl die Fahrzeuge termingerecht fertig gestellt worden waren, lag die Zulassung nicht rechtzeitig vor, sodass die Triebwagen erst ab Juni 2010 eingesetzt werden konnten. Die Züge werden in zahlreichen Ausführungen in mehreren RegionalBahn-Netzen eingesetzt. Besonders auffällig sind die Fahrzeuge der Baureihe 1441, die in silberfarbenem Outfit den S-Bahn-Betrieb im Großraum Leipzig bestreiten.
Die Unterbaureihe 2442 ist komplett im München beheimatet und wird von dort aus Richtung Süden eingesetzt.
Die Unterbaureihe 3442 gehört nach Stuttgart. Die in den Landesfarben von Baden-Württemberg lackierten Züge sind unter anderem auf der Gäubahn, der Rems- und der Murrbahn unterwegs.

**Technische Daten:**

| | |
|---|---|
| Baureihenbezeichnung: | 442/1442/2442 (DB AG) |
| Radsatzanordnung: | Bo'2'Bo' bis Bo'2'Bo'2'Bo'2'Bo' |
| Stromsystem: | 15 kV/16,7 Hz ~ |
| Vmax (km/h): | 160 |
| Dauerleistung (kW): | 2.020 – 4.040 |
| Dienstmasse (t): | |
| Dreiteilig | 114* |
| Vierteilig | 132* |
| Fünfteilig | 176* |
| Größte Radsatzfahrmasse (t): | 20 |
| Länge über Puffer/Kupplung (mm): | 40.100 bis 104.500 |
| Drehzapfenabstand (mm) | |
| Endwagen | 16.000 |
| Mittelwagen | 16.100 |
| Radsatzstand (mm): | |
| Enddrehgestell | 2.300 |
| Jakobsdrehgestell | 2.800 |
| Treibraddurchmesser (mm): | 840 |
| Sitzplätze: | 110 bis 340 |
| Indienststellung: | 2008 – 2021 |
| *Masse kann je nach Ausstattung variieren | |

## 440, 1440 (DB AG)

Für die Regionalverkehre in Augsburg (»Fugger-Express«), Würzburg und auf der Strecke München–Passau (»Donau-Isar-Express«) bestellte die Deutsche Bahn AG bei Alstom LHB 78 Triebwagen vom Typ »Coradia Continental«, die sie als Baureihe 440 einreihte. Entsprechend ihren Einsatzzwecken orderte man vierteilige (440 001 bis 048), fünfteilige (440 201 bis 206) und dreiteilige (440 301 bis 326) Einheiten.
Zum Jahreswechsel 2014/2015 zeigten die Antriebsmotoren starke Verschleißerscheinungen und mussten bereits zwei Jahre vor dem fälligen Revisionsdatum ausgetauscht werden.
Das Fahrzeugkonzept bietet die Möglichkeit, verschiedene Wagentypen zu kombinieren: So offeriert der Hersteller als Endwagen den A-Wagen, der wahlweise mit Trieb- und Laufdrehgestellen oder mit zwei Triebdrehgestellen ausgerüstet werden kann. Der B-Wagen besitzt keine Drehgestelle, sondern nur die dafür notwenigen Aufnahmevorrichtungen. Der C-Wagen mit einem Jakobsdrehgestell trägt den Stromabnehmer, den Transformator, die Hochspannungsausrüstung und die Druckluftanlage. Wie B- und C-Wagen ist auch der D-Wagen ein Mittelwagen. Er ist mit zwei Jakobsdrehgestellen, einem Stromabnehmer und Hochspannungsanlage ausgerüstet. Die elektrische Ausrüstung der Triebzüge befindet sich größtenteils auf dem Dach. Für die Leittechnik steht ein WTB-Zugbus zur Verfügung. Daran ist über einen Gateway der MVB-Fahrzeugbus angeschlossen. Ein Fahrzeugsteuerungsgerät überwacht und regelt alle Systeme und ihre Funktionen.
Die gepolsterten Sitze stehen in Reihe als in offenen Abteilen in den Triebzügen. Bei den offenen Abteilen wurden Tische unter den Fenstern montiert. Je nach Ausführung gibt es unterschiedlich viele geschlossene Toilettensysteme und Mehrzweckräume mit Klappsitzen. In den Mehrzweckräumen kann zwischen einer Winter- und einer Sommerbestuhlung gewechselt werden.

Foto: Estler

Foto: DB AG (Miethe)

Anfang 2011 wurden die Züge mit Schiebetritten nachgerüstet. Außerdem ließ die Deutsche Bahn weitere Gepäckablagen einbauen, nachdem mehrere Hinweise von Reisenden auf zu geringe Gepäckablageflächen bei der Bahn eingegangen waren.
2022 waren die Züge nach wie vor in München und Würzburg beheimatet und als »Fugger-Express«, »Donau-Isar-Express« (DIX) und auf der »Mainfrankenbahn« unterwegs.
Fehlende Crash-Elemente in den Stirnbereichen veranlassten den Hersteller zur Weiterentwicklung der Baureihe 440. Die ab 2014 gebauten Triebwagen der Baureihe 1440 unterscheiden deshalb sich von ihren Vorgängern durch crashoptimierte Köpf und ein völlig anderes Design. Ansonsten entspricht der modulare Aufbau den Vorgängern.
Die Triebwagen waren 2022 in Trier (1440 001 bis 025), Nürnberg (1440 026 bis 052), Freiburg (1440 171 bis 183, 189, 190 und 1440 354 bis 364), Aachen (1440 221 bis 236 und 1440 371 bis 380) und Düsseldorf (1440 300 bis 327 zu Hause. Dabei unterschieden sich die in Freiburg beheimateten Züge durch die weiß/gelb/schwarzen Landesfarben von Baden-Württemberg von den übrigen verkehrsroten Zügen.
Von Aachen aus werden die Züge auf der RB 70 (Merzig – Saarlouis – Saarbrücken – St Ingbert – Homburg – Kaiserslautern) und RB 71 (Trier – Konz – Merzig – Saarlouis – Saarbrücken – St Ingbert – Homburg) eingesetzt. Sie sind abweichend weiß lackiert und haben rote Endbereiche.
In Nordrhein-Westfalen werden die Verbindungen S 5 (Dortmund – Witten – Hagen), S 8 (Mönchengladbach – Neuss – Düsseldorf – Wuppertal – Hagen), RE 8 (Mönchengladbach – Köln – Koblenz) und RB 33 (Aachen – Lindern – Mönchengladbach – Duisburg – Essen) mit der Baureihe 1440 bedient.
Freiburg setzt seine Wagen auf den S-Bahn-Linien S1 (Breisach/Endingen – Freiburg – Titisee – Villingen) und S 11 (Freiburg – Kirchzarten) ein.
Im Netz »Karlsruhe 7b EBO« sind seit Dezember 2022 als dreiteilige und fünfteilige Elektrotriebwagen der Baureihe 1440 im gelb/weiß/schwarzen Landesdesign unterwegs.
Einige der im Raum Augsburg überflüssig gewordenen Triebwagen der Baureihe 440 sind inzwischen von Tübingen aus im Ammertal nach Herrenberg und nach Metzingen/Bad Urach unterwegs.

**Technische Daten:**

| Baureihenbezeichnung: (DB AG) | 4400 | 4402 | 4403 |
|---|---|---|---|
| Radsatzanordnung: | Bo'Bo'2'Bo'Bo' | Bo'Bo'2'2'Bo'Bo' | Bo'2'Bo'Bo' |
| Stromsystem: | 16⅔ Hz / 15 kV | | |
| Vmax (km/h): | 160 | 160 | 160 |
| Stundenleistung (kW): | 8 x 360 | 8 x 360 | 5 x 360 |
| Dauerleistung (kW): | | | |
| Dienstmasse (t): | 136,5 | 168 | 112 |
| Länge über Kupplung (mm): | 70.900 | 87.000 | 54.400 |
| Radsatzabstand Enddrehgestell (mm): | 2.440 | 2.440 | 2.440 |
| Radsatzabstand Jakobsdrehgestell (mm): | 2.700 | 2.700 | 2.700 |
| Treibraddurchmesser (mm): | 850 | 850 | 850 |
| Laufraddurchmesser (mm): | 850 | 850 | 850 |
| Sitzplätze: | 240 | 293 | 171 |
| Indienststellung: | 2008-2011 | 2008-2011 | 2008-2011 |

Foto: DB AG (Miethe)

## ET 41 (DRG)

Speziell für den Städteschnellverkehr zwischen Halle und Leipzig stellte die DRG 1928 sechs schwere vierachsige »Schnelltriebwagen« unter den Betriebsnummern 601-606 sowie drei zugehörige Steuerwagen in Dienst. Ihre Höchstgeschwindigkeit von 100 km/h entsprach den damaligen Vorschriften für Schnellzüge. Rahmen und Wagenkasten entstanden in genieteter Ganzstahlbauweise entsprechend dem Vorbild der damaligen Schnellzugwagen. Erstmals konnte die gesamte elektrische Ausrüstung und dem Wagenboden untergebracht werden, wobei einzelne Teile bis unter die Sitzbänke ragten. So konnte aber der gesamte Innenraum für Personen- und Gepäckbeförderung genutzt werden. Zur Erzielung guter Laufeigenschaften in beide Fahrtrichtungen wurde ein großer Drehzapfenabstand gewählt sowie auf eine symmetrische Verteilung der Ausrüstung geachtet. Jeweils der innenliegende Radsatz beider Drehgestelle wurde von einem Tatzlagermotor angetrieben. Bis zu vier Triebwagen konnten über die Vielfachsteuerung von einem Führerstand aus gefahren werden.

Nach der Auslieferung folgten ausgiebige Probefahrten. Ohne Zwischenhalt konnte ein Triebwagenzug die 37,7 km lange Strecke Halle–Leipzig in 29 Minuten zurücklegen. Beheimatet waren die Fahrzeuge nach ihrer Abnahme im Bw Leipzig Hbf West und fuhren dann vorrangig Eil- und Personenzüge zwischen Halle und Leipzig, kamen aber auch auf der Strecke Leipzig–Dessau–Magdeburg zum Einsatz. 1930 wurden die Triebwagen in elT 1061-1066 und die Steuerwagen in elS 2061-2063 umgezeichnet. Nach einem schweren Unfall wurden der elT 1066 und der elS 2063 im Jahre 1934 ausgemustert. Bald darauf wurde aus den Steuerwagen der Führerstand ausgebaut, da sie in der Regel nur zwischen zwei Triebwagen als Beiwagen liefen. Mitte der 1930er Jahre erhielten die Triebwagen neue Drehgestelle. Ab 1940 fuhren die Fahrzeuge als ET/EB 41. Den Krieg überstanden nur der ET 41 01 und der EB 41 02. Nach Einstellung des elektrischen Zugbetriebs im März 1946 auf Anordnung der sowjetischen Besatzungsmacht wurden auch diese beiden Wagen als Reparationsleistung in die UdSSR abgefahren.

*Foto: Siemens, Sammlung Estler*

| Technische Daten: | |
|---|---|
| Baureihenbezeichnung: | ET 41 (DRG) |
| Radsatzanordnung: | (1A)(A1) |
| Stromsystem: | 16⅔ Hz/15 kV |
| Vmax (km/h): | 100 |
| Stundenleistung (kW): | 570 |
| Dauerleistung (kW): | 480 |
| Dienstmasse (t): | 66,0 |
| Größte Radsatzfahrmasse (t): | 19,1 |
| Länge über Puffer (mm): | 22.900 |
| Drehzapfenabstand (mm): | 16.000 |
| Radsatzabstand Triebgestell (mm): | 3.350 |
| Radsatzabstand Laufdrehgestell (mm): | - |
| Treibraddurchmesser (mm): | 1.000 |
| Laufraddurchmesser (mm): | 1.000 |
| Sitzplätze: | 76 |
| Indienststellung: | 1928 |
| Verbleib: | ++ |

## ET 45, 445, ET 255 (DB)

Um auf der mit 50 Hz/20 kV elektrifizierten Höllentalbahn nicht nur Versuche mit Loks durchzuführen, sondern auch Erkenntnisse über den Triebwagenbetrieb zu gewinnen, wurde von der damaligen Südwestdeutschen Eisenbahn (SWDE) in der französischen Besatzungszone 1948 der ET 255 01 in Auftrag gegeben. Als Spenderfahrzeug wurde die Reste des ET 25 026 ausgewählt. Neben einem komplett neuen Aufbau in der Waggonfabrik Rastatt erhielt der Triebwagen 1949 für den Einsatz auf der 20 kV/50 Hz-Strecke stärkere Fahrmotoren, eine Widerstands- und eine Magnetschienenbremsen. Seine Leistung war so bemessen, dass auf der 55-‰-Rampe noch 60 km/h gefahren werden konnte, während die Höchstgeschwindigkeit auf 90 km/h begrenzt blieb. Rein äußerlich unterschied sich das Fahrzeug vom ET 25 durch die über die ganze Länge des Dachs verlaufende elektrische Hauptleitung sowie die Lüftergrills über den vorderen Türen. Nach Einbau neuer Fahrmotorlüfter kamen 1954 noch die Dachaufbauten hinzu. Von Ende 1950 bis Mai 1960 versah der ET 255 01 seinen Dienst zwischen Freiburg und Neustadt sowie auf der Dreiseenbahn. Die Umstellung der Höllentalbahn auf 15 kV/16⅔Hz am 20 Mai 1960 machte den ET 255 01 zunächst arbeitslos.

Die DB beschloss jedoch, den Triebwagen weiter im Höllental einzusetzen, daher erfolgte bis November 1962 der Rückbau auf das normale Stromsystem. Als ET 45 01 ging er wieder auf seiner Stammstrecke in Betrieb. Sein Einsatz im Südschwarzwald währte diesmal aber nicht lange, da sich die Probleme häuften. So wurde er im September 1963 zum Bw Heidelberg versetzt und fuhr im Pendelverkehr zwischen Baden-Baden und Baden-Oos. 1966 erteilte die DB der Firma Siemens die Erlaubnis, in dem Triebwagen eine stufenlose Thyristoranschnittsteuerung mit thyristorgesteuerter elektrischer Nutzbremse zu erproben. Die auf Probefahrten gewonnenen Erkenntnisse und Erfahrungen mündeten in die Konstruktion der Baureihen 420 und 403. Nach seiner Abstellung im Juni 1970 wurde der als 445 101/401 bezeichnete Triebzug am 1. Juni 1972 ausgemustert.

*Foto: BD Stuttgart, Sammlung Estler*

| Technische Daten: | | |
|---|---|---|
| Baureihenbezeichnung: | ET 45 (DB) | ET 255 (DB) |
| Radsatzanordnung: | Bo'2'+2'Bo' | Bo'2'+2'Bo' |
| Stromsystem: | 16⅔ Hz/15 kV | 50 Hz/20 kV |
| Vmax (km/h): | 90 | 90 |
| Stundenleistung (kW): | 1.450 | 1.540 |
| Dauerleistung (kW): | 1.260 | 1.340 |
| Dienstmasse (t): | 120,0 | 110,2 |
| Größte Radsatzfahrmasse (t): | 18,9 | 18,5 |
| Länge über Puffer (mm): | 43.625 | 43.625 |
| Drehzapfenabstand (mm): | 13.900+13.900 | 13.900+13.900 |
| Radsatzabstand Triebgestell (mm): | 3.600 | 3.600 |
| Radsatzabstand Laufdrehgestell (mm): | 3.000 | 3.000 |
| Treibraddurchmesser (mm): | 1.050 | 1.050 |
| Laufraddurchmesser (mm): | 1.050 | 1.050 |
| Sitzplätze: | 132 | 157 |
| Indienststellung: | Umbau 1962 | Umbau 1950 |
| Verbleib: | ++ | Umbau in ET 45 |

## 445, 446 (DB AG)

Die Baureihen 3445 und 446 gehören zu der von Bombardier erarbeiteten Plattform »Twindexx Vario«. Diese besteht aus normalen Doppelstockwagen, die mit Triebköpfen oder – wie beim IC 2 – mit einer Lokomotive bespannt werden können. Dabei sind die Variationen mit zwei Triebköpfen oder mit einem Triebkopf und einem Steuerwagen möglich. DB Regio Versionen mit zwei Triebköpfen bestellt. Die selbsttragenden Wagenkästen sind als Stahl-Schweißkonstruktion ausgeführt.

Während Triebköpfe und Mittelwagen untereinander mit Schraubenkupplungen verbunden werden, sind an den Enden der Züge automatische Mittelpufferkupplungen Bauart Scharfenberg montiert, die ein schnelles Verbinden und Trennen mehrerer Züge ermöglicht. Die Mittelwagen sind je nach Kundenwunsch mit Hoch- oder Tiefeinstiegen ausgeführt. Auch bei der Inneneinrichtung kann zwischen Sitzabteilen, Mehrzweckabteilen oder auch Serviceabteilen gewählt werden. Die Baureihen 445 und 446 unterscheiden sich nur in der Höhe der Einstiege voneinander.

Die fünf in Rostock stationierten Fünfteiler der Baureihe 445 (001 bis 010) werden im Verkehrsverbund Berlin-Brandenburg auf der Linie RE 5 zwischen Rostock/Stralsund, Berlin, Lutherstadt Wittenberg und Elsterwerda eingesetzt.

| Technische Daten: (alle Angaben nur für einen Triebkopf) | |
|---|---|
| Baureihenbezeichnung: | 445/446 (DB) |
| Radsatzanordnung: | Bo'Bo' |
| Stromsystem: | 16⅔ Hz / 15 kV |
| Vmax (km/h) | 160 |
| Dauerleistung (kW): | 2.300 |
| Dienstmasse (t): | 66.000 |
| Länge über Puffer/Kupplung (mm): | 25.975 |
| Sitzplätze: | 91 |
| Indienststellung: | seit 2013 |

Die für Schleswig-Holstein vorgesehenen Züge (455 011 bis 042, 103 und 104) sind in Kiel zu Hause. Sie heben sich besonders durch ihre grüne Lackierung von den sonst verkehrsroten Zügen ab. Sie sind vierteilig und je ein Triebkopf pro Zug beherbergt eine barrierefreie Toilette. Auf der Line RE 7 von Hamburg nach Kiel und Flensburg werden die aus zwei Zügen bestehenden Einheiten in Neumünster geteilt, sodass dort ein Umsteigen entfällt.

445 043 bis 066 sind in Würzburg stationiert und 445 067 bis 102 gehören nach München. Sie werden von DB Regio Bayern auf dem Main-Spessart-Netz und dem »Ringzug West« zwischen München, Augsburg, Ingolstadt und Nürnberg eingesetzt.

Die 24 Züge der Baureihe 446 (001 bis 048) sind ausschließlich im Großraum Frankfurt/Main so auch auf der »Riedbahn« und der Rhein-Main-Neckar-Verbindung entlang der Bergstraße unterwegs. Die Züge sind drei- oder vierteilig.

*Foto: Dostal*

## 450 (DB AG)

Charakteristisch für den S-Bahnbetrieb im Karlsruher Verkehrsverbund (KVV) ist der Einsatz von Zweisystemfahrzeugen der Albtal-Verkehrsgesellschaft (AVG), die sowohl auf den mit Wechselstrom elektrifizierten DB-Gleisen (nach EBO) als auch auf mit Gleichstrom (750 V) betriebenen Straßenbahngleisen (nach BOStrab) verkehren können. Die hierfür ab 1991 beschafften achtachsigen Zweirichtungs-Gelenkstadtbahnwagen des Typs GT8-100C/2S fahren in der Region auf Eisenbahnstrecken und gehen an bestimmten Schnittstellen an der Peripherie von Karlsruhe auf das Straßenbahnnetz über, um die Fahrgäste direkt in die Innenstadt zu bringen. Hauptgrund für dieses innovative »Karlsruher Modell« war die dezentrale Randlage des Karlsruher Hauptbahnhofs.

Der Wagenkasten der Stadtbahnfahrzeuge ist in Stahlleichtbauweise ausgeführt. Ihre Rahmensteifigkeit liegt mit 600 kN zwar deutlich unter der EBO von 1.500 kN, wird aber kompensiert durch das Bremssystem mit extrem kurzen Bremswegen. Das Radreifenprofil ist als Mischprofil ausgebildet, da die Fahrzeuge sicher auf Eisenbahn- und Straßenbahngleisen fahren müssen. Die Komponenten für den Wechselspannungsteil (zusätzlicher Trafo, Gleichrichter und Glättungseinrichtung) konnten unter dem Boden des Mittelteils untergebracht werden. Beim Netzübergang erfolgt die Stromsystemumschaltung automatisch.

1991 wurden die ersten zehn Triebwagen als AVG 801-810 von DUEWAG ausgeliefert. Weitere 26 Wagen kamen zwischen 1994 und 1995 hinzu, wovon vier der DB gehörten. Sie erhielten die DB-Betriebsnummern 450 001-004, wurden aber zusammen mit den AVG-Triebwagen eingesetzt und auch gewartet. Daher erhielten sie zusätzlich die AVG-Nummern 817 bis 820. Im Sommer 2001 fiel der 450 002 einer Brandstiftung zum Opfer und musste daraufhin ausgemustert werden. Als Ersatz erhielt die DB im Dezember 2002 den AVG-Triebwagen 816, welcher nun zusätzlich die Nummer 450 005 und den »DB-Keks« trug.

Inzwischen hat DB Regio die Triebwagen aus ihren Bestandslisten gestrichen und gab sie an die AVG zurück. 450 005 (AVG 816) wurde 2021 abgestellt und 2022 verschrottet. Die Wagen 450 003 (AVG 819) und 004 (AVG 820) gingen 2022 an die Chemin de fer Orbe-Chavornay in die Schweiz und sollen dort im Regionalverkehr eingesetzt werden.

| Technische Daten: | |
|---|---|
| Baureihenbezeichnung: | 450 |
| Radsatzanordnung: | B'(2)'(2)'B' |
| Stromsystem: | 16⅔ Hz/15 kV; 750 V= |
| Vmax (km/h): | 90 |
| Stundenleistung (kW): | 560 (2 x 230 bei 750 V) |
| Dauerleistung (kW): | |
| Dienstmasse (t): | 58,6 |
| Größte Radsatzfahrmasse (t): | 11,0 |
| Länge über Kupplung (mm): | 37.610 |
| Drehzapfenabstand (mm): | 10.100+9.770+10.100 |
| Radsatzabstand Triebgestell (mm): | 2.100 |
| Radsatzabstand Laufdrehgestell (mm): | 2.100 |
| Treibraddurchmesser (mm): | 740 |
| Laufraddurchmesser (mm): | 740 |
| Sitzplätze: | 100 |
| Indienststellung: | 1994 |
| Verbleib: | DB AG |

*Foto: Dostal*

## ET 51.0 (DRG, DB)

Um den Regionalverkehr von Breslau aus ins Riesengebirge zu beschleunigen, stellte die DRG für das elektrifizierte schlesische Netz 1934 vier Eiltriebwagen (elT 1701-1704, später ET 51 01-04) und je vier zugehörige Beiwagen (elB 2501-2504, später EB 51 01-04) und Steuerwagen (elS 2351-2354, später ES 51 11-14) in Dienst. Mit einer vereinigten Zugbildung zwischen Breslau und Hirschberg und getrennter Weiterfahrt nach Oberschreiberhau und Krummhübel sollten diese Orte im Riesengebirge besser erschlossen werden. Ähnlichkeiten mit dem Stuttgarter Vororttriebwagen ET 65 in Aussehen, genietetem Wagenaufbau sowie dem Antrieb aller vier Radsätze waren unverkennbar. Um auf weniger frequentierten Strecken mit nur einem Fahrzeug auszukommen, hatte die ET 51.0 im Gegensatz zu den ET 65 zwei Führerstände erhalten. Auch konnte die elektrische Ausrüstung erstmals komplett unter dem Wagenboden installiert werden, beim ET 65 musste ja die Steuermaschine noch im Wageninnern untergebracht werden.

Bis Anfang 1945 fuhren die Triebwagen unbehelligt von den Kriegsereignissen auf den elektrifizierten Strecken Schlesiens. Mit dem Angriff sowjetischer Truppen im Januar 1945 wurde ein Teil der Fahrzeuge evakuiert. So gelangte im März 1945 die Einheit ET 51 01+EB 51 01+ES 51 11 in den Bestand der RBD Stuttgart. In der sowjetisch besetzten Zone wurden nach Kriegsende die nicht betriebsfähigen ET 51 03 und 04 mit den zugehörigen Steuer- und Beiwagen vorgefunden. Den EB 51 04 nahmen die Amerikaner bei ihrem Rückzug aus Mitteldeutschland nach Süddeutschland mit. Die restlichen Fahrzeuge fuhren als »Reisezugwagen« hinter Dampfloks bis zur Demontage der elektrischen Anlagen. Anschließend traten auch sie als Reparation für die Sowjets eine Reise ohne Wiederkehr in die UdSSR an.

Der in Stuttgart schnell als »Iwan« bezeichnete ET 51 01 lief bis zur 1961 anlaufenden Modernisierung aller Vorkriegs-Elektrotriebwagen im Vorortverkehr zusammen mit den ET 65. Die beiden Beiwagen EB 51 01 und EB 51 04 waren schon Anfang der 1950er-Jahre in die Steuerwagen ES 65 032 und 031 umgebaut worden. Im März 1962 war Umbau und Modernisierung des ET 51 01 analog den ET 65 abgeschlossen und der Triebwagen verließ das Ausbesserungswerk als ET 65 031.

| Technische Daten: | |
|---|---|
| Baureihenbezeichnung: | ET 51.0 (DRG) |
| Radsatzanordnung: | Bo'Bo' |
| Stromsystem: | 16⅔ Hz/15 kV |
| Vmax (km/h): | 90 |
| Stundenleistung (kW): | 812 |
| Dauerleistung (kW): | 664 |
| Dienstmasse (t): | 59,6 |
| Größte Radsatzfahrmasse (t): | 17,5 |
| Länge über Puffer (mm): | 20.300 |
| Drehzapfenabstand (mm): | 12.600 |
| Radsatzabstand Triebgestell (mm): | 3.600 |
| Radsatzabstand Laufdrehgestell (mm): | - |
| Treibraddurchmesser (mm): | 1.000 |
| Laufraddurchmesser (mm): | - |
| Sitzplätze: | 63 |
| Indienststellung: | 1934 |
| Verbleib: | ++ |

*Foto: Siemens, Sammlung Estler*

## ET 51.1 (DRG)

Als letzte elektrische Triebwagen in Schlesien erschienen im Juni 1939 die vier elT 1705-1709 (ab 1940: ET 51 11-14) mit den zugehörigen Steuerwagen elS 2355-2358 (ab 1940: ES 51 01-04), die sich aber erheblich von den 1934 gebauten Zügen unterschieden. Ihre Entstehungsgeschichte begann schon 1936, denn für die elektrifizierte Strecke Nieder Salzbrunn–Halbstadt beabsichtigte die DRG die Beschaffung von vier Solo-Triebwagen und entsprechenden Steuerwagen. Ausschlaggebend für den Bau war die Forderung, dass die Triebwagen auch einzeln verkehren sollten. Ein Einsatz der zu dieser Zeit gebauten ET 25 oder ET 31 schied daher aus. Die beim Bau dieser Triebwagen gewonnenen Erkenntnisse konnten jedoch für die ET 51.1 genutzt werden. Durch konsequente Anwendung der Schweißtechnik waren die Wagenkästen nicht nur rund zwei Meter länger sondern auch leichter als bei den ET 51.0. Bündig mit der Außenfront abschließende Schiebetüren sorgten für einen besseren Zugang zum Fahrzeug. Die elektrische Ausrüstung entsprach weitgehend den ET 25. Die Vielfachsteuerung ließ auch das Fahren im Zugverband mit ET/ES 25 sowie mit den ET 51 der ersten Generation zu.

*Foto: LHW, Sammlung Estler*

Auch die ET 51.1 verkehrten bis Januar 1945 weitgehend unbehelligt von den Wirren des Zweiten Weltkriegs auf den elektrifizierten Strecken Schlesiens. Nur ein Trieb- und ein Steuerwagen konnten noch rechtzeitig vor dem Einmarsch der Sowjets evakuiert werden. Der ET 51 14 befand sich nach Kriegsende beim Bw Leipzig Hbf West und wurde dort von September 1945 bis zur Demontage der elektrischen Anlagen ab Ende März 1946 eingesetzt. Auch er wurde anschließend als Reparationsleistung in die UdSSR abtransportiert.

Der Steuerwagen ES 51 04 fand sich nach Kriegsende in der amerikanischen Zone und wurde 1951 in ES 55 011, später in ES 55 08" umgezeichnet. Bis 1966 fuhr er mit nicht modernisierten ET 25/55, wurde dann ausgemustert und noch lange Zeit als Bahnhofs- und Bauzugwagen verwendet.

| Technische Daten: | |
|---|---|
| Baureihenbezeichnung: | ET 51.1 (DRG) |
| Radsatzanordnung: | Bo'Bo' |
| Stromsystem: | 16⅔ Hz/15 kV |
| Vmax (km/h): | 90 |
| Stundenleistung (kW): | 924 |
| Dauerleistung (kW): | 804 |
| Dienstmasse (t): | 56,6 |
| Größte Radsatzfahrmasse (t): | 16,8 |
| Länge über Puffer (mm): | 22.440 |
| Drehzapfenabstand (mm): | 14.570 |
| Radsatzabstand Triebgestell (mm): | 3.000 |
| Radsatzabstand Laufdrehgestell (mm): | - |
| Treibraddurchmesser (mm): | 1.000 |
| Laufraddurchmesser (mm): | - |
| Sitzplätze: | 41 |
| Indienststellung: | 1939 |
| Verbleib: | ++ |

## ET 56, 456 (DB)

Die Normalisierung des elektrischen Betriebs in den Nachkriegsjahren sowie die Ausrüstung weiterer Strecken mit Fahrdraht in den Ballungsräumen Nürnberg und Stuttgart erforderten dringend neue elektrische Fahrzeuge. Der Bestand an elektrischen Triebwagen war aber durch die unglückseligen Kriegsereignisse erheblich dezimiert worden. So lag es nahe, die wagenbaulichen Konzeptionen der ersten Generation der Nachkriegs-Dieseltriebwagen auch für elektrische Fahrzeuge zu adaptieren. In den Jahren 1951 bis 1952 entwickelte daher das Bundesbahn-Zentralamt München in Zusammenarbeit mit der Maschinenfabrik Esslingen sowie den Firmen Fuchs (Heidelberg) und Rathgeber (München) eine neue Bauart von Oberleitungstriebwagen für den Nah- und Städteschnellverkehr, den elektrischen »Eierkopf« ET 56.
Wie bei den Triebwagen der Baureihen VT 08/12 kam auch bei den sieben ET 56 die Röhrenleichtbauweise mit ihrer »Spanten- und Schalenbauform« zur Anwendung. Für Lieferung und Einbau der elektrischen Ausrüstung zeichnete die Firma Brown Boveri & Cie, Mannheim, verantwortlich. Ausnahme waren Fahrmotoren und Transformatoren, die von der Deutschen Bundesbahn aus Alt- und Reservebeständen beigesteuert wurden. Die Triebwagen bestanden aus drei kurzgekuppelten Einheiten. Die beiden Endwagen (ETa und ETb) hatten an den äußeren Enden je ein Triebdrehgestell mit zwei angetriebenen Radsätzen, während die Mittelwagen (EM) nur Laufdrehgestelle besaßen.
Nach ihrer Anlieferung verteilten sich die Triebwagen zunächst auf die Bahnbetriebswerke Nürnberg Hbf (2) und Tübingen (5). Ab 1956 fuhren sie bis 1970 komplett vom Bw Tübingen aus Nahschnell- und Naheilzüge im Großraum Stuttgart. Computergerecht ab 1968 als Baureihe 456 geführt gingen sie 1970 im Tausch gegen Triebwagen der Reihe 425 nach Heidelberg. Dort wurden die letzten elektrischen »Eierköpfe« erst im Sommer 1986 ausgemustert.

*Foto: Estler*

| Technische Daten: | |
|---|---|
| Baureihenbezeichnung: | 456.1+856.0+456.4 (DB) |
| Radsatzanordnung: | Bo'2'+2'2'+2'Bo' |
| Stromsystem: | 16⅔ Hz/15 kV |
| Vmax (km/h): | 110 (bis 1971: 90) |
| Stundenleistung (kW): | 1.020 (ET 56 006+007: 1.100) |
| Dauerleistung (kW): | 920 (ET 56 006+007: 975) |
| Dienstmasse (t): | 145,6 |
| Größte Radsatzfahrmasse (t): | 17,1 |
| Länge über Kupplung (mm): | 79.970 |
| Drehzapfenabstand (mm): | 19.000+19.000+19.000 |
| Radsatzabstand Triebgestell (mm): | 3.600 |
| Radsatzabstand Laufdrehgestell (mm): | 2.500 |
| Treibraddurchmesser (mm): | 980 |
| Laufraddurchmesser (mm): | 930 |
| Sitzplätze: | 262 |
| Indienststellung: | 1952 |
| Verbleib: | ++ |

## 1462 (DB AG)

Bereits auf der innotrans 2014 stellte Siemens mit dem »Desiro HC« einen elektrischen Triebwagen mit doppelstöckigen Mittelwagen vor (»HC« steht für High Capacity. Die Züge bestehen aus einstöckigen, angetriebenen Endwagen und antriebslosen Mittelwagen. Ja nach Ausführung lassen sich bis zu vier Mittelwagen einreihen. Alle Wagen haben in der Mitte eine Niederflurbereich mit tiefen Einstiegen, die in Mehrzweckbereiche führen. Über den Drehgestellen und den Oberstöcken sind die Wagen mit festen Sitzen eingerichtet.
Die Fahrzeuge sind in Leichtbauweise mit Aluminium hergestellt und laufen auf luftgefederten Drehgestellen der Bauarten SF 100 und SF 500. Außer der üblichen Druckluftbremse ist eine elektrodynamische Bremse mit Energierückgewinnung vorhanden.
Die Züge bieten Platz für bis zu 41 Fahrräder, sind mit LED-Beleuchtung ausgestattet und haben eine energieoptimierte Klimaanlagensteuerung, die den Besetzungsgrad der Züge automatisch erkennt.
DB Regio hat für das Rheintal-Netz rund um Freiburg im Breisgau 15 vierteilieg Züge bestellt, die in den Baden-Württemberg-Farben geliefert wurden. Sie sind zwischen Basel, Freiburg und Offenburg bzw. Karlsruhe unterwegs. Die Züge sind im Landesdesign für Baden-Württemberg gelb/weiß/schwarz lackiert.
Im April 2020 bekam DB Regio Bayern den Zuschlag für den Betrieb des Netzes »Franken-Südthüringen« ab Dezember 2023. Weil dabei auch die Schnellfahrstecke befahren werden soll, sind die dafür vorgesehenen Züge für eine Höchstgeschwindigkeit von 190 km/h ausgelegt, haben eine ETCS-Ausrüstung und sind Druckertüchtigung. Die acht Sechsteiler bieten 600 Fahrgästen einen Sitzplatz. Für Verbindungen ohne Schnellfahrstrecke wurden 18 vierteilige Einheiten mit einer Höchstgeschwindigkeit von 160 km/h und 360 Sitzplätzen bestellt. Erste Wagen waren im Frühjahr 2023 zu Probe- und Schulungsfahren in Nürnberg eingetroffen
Ein weiteres Einsatzfeld für die Züge bei DB Regio ab Dezember 2024 das Netz »Donau-Isar«. Dafür sollten 25 Züge beschaffen werden, die dann zwischen München und Passau sowie zwischen Freising und Landshut genutzt werden sollen.

*Foto: DB AG (Miethe)*

| Technische Daten: | |
|---|---|
| Baureihenbezeichnung: | 1462 (DB AG) |
| Radsatzanordnung: | Bo'Bo'+2'2'+2'2'+Bo'Bo' bis Bo'Bo'+2'2'+2'2'+2'2'+2'2'+Bo'Bo |
| Stromsystem: | 16⅔ Hz / 15 kV |
| Vmax (km/h): | 160/190 |
| Dauerleistung (kW): | 4.000 |
| Dienstmasse (t): | |
| vierteilig | 199 t |
| sechsteilig | 287 t |
| Größte Radsatzfahrmasse (t): | |
| Länge über Puffer/Kupplung (mm): | |
| Vierteilig | 105.252 mm |
| Sechsteilig | 157 252 mm |
| Treibraddurchmesser (mm): | 850 |
| Sitzplätze: | 380 bis 634 |
| Indienststellung: | seit 2017 |

## 463 (DB AG)

Als Nachfolger der elektrischen Triebwagen »Desiro ML« entwickelte Siemens Mobility die hier vorgestellte »Mireo«-Plattform.
Die einzelnen Elemente sind über luftgefederte Jakobsdrehgestelle miteinander verbunden. Es können bis zu sieben Mittelteile zwischen die beiden Endwagen eingestellt werden. Bei den Drehgestellen lassen sich angetriebene und nicht angetriebene frei auswählen. Bisher hat die Deutsche Bahn zwei und dreiteilige Einheiten mit angetriebenen Enddrehgestellen bestellt bzw. in Betrieb genommen.
Die Einstieghöhen können zwischen 550 mm, 760 mm und 960 mm variiert werden. Auch lässt sich die Zahl der Einstiegstüren wählen. Unter den Türen sind Schiebetritte montiert. Die Wagenkästen werden in Aluminium-Integralbauweise hergestellt. Der Einbau von Fahrgastinformationssystemen, WLAN-Zugängen im Fahrgastraum, einem Entertainment-System oder Werbebildschirmen ist möglich. Auch lassen sich die Innenräume nach den Wünschen der Kunden freizügig einrichten.
Im Frühjahr 2017 bestellte das Land Baden-Württemberg 24 dreiteilige Züge für den Einsatz im Netz »Rheintal« zwischen Offenburg und Neuenburg/Basel sowie sonntags zwischen Freiburg und Endingen/Breisach. Die Züge unterstehen das DB Regio und sind in den Landesfarben lackiert.
52 dreiteilige Züge werden als S-Bahnen im Rhein-Neckar-Gebiet auf den Linien der S5, S6, S8 und S9 eingesetzt werden. Sie haben sechs Türen pro Seite und eine Einstieghöhe von 800 mm. Die Züge unterscheiden durch ihre weiß/schwarze Lackierung mit den großen »S«-Symbolen und den gelben Türen von den südbadischen Wagen. Ab Dezember 2022 sollen insgesamt sieben dreiteilige Züge zwischen Karlsruhe und Heidelberg/Mannheim als »Nordbaden-Express« eingesetzt werden.
Seit Dezember 2022 fahren sieben dreiteilige Züge als »Nordbaden-Express« für DB Regio zwischen Karlsruhe, Bruchsal und Heidelberg/Mannheim.
18 Züge sind seit 2022 im Verkehrsverbunds Berlin-Brandenburg auf den Linien RB 43, RB 49, RE 10, RE11 und RE13 unterwegs. Sie tragen den üblichen roten DB-Regio-Anstrich, bieten 180 Sitzplätze und sind für eine Bahnsteighöhe von nur 55 cm konzipiert.

| Technische Daten: | |
|---|---|
| Baureihenbezeichnung: | 463 (DB AG) |
| Radsatzanordnung: | Bo'2'2'Bo' |
| Stromsystem: | 16⅔ Hz / 15 kV |
| Vmax (km/h): | 160 |
| Dauerleistung (kW): | 2.600 |
| Dienstmasse (t): | |
| dreiteilig | 112 |
| Größte Radsatzfahrmasse (t): | 20 |
| Länge über Kupplung (mm): | 69.860 |
| Drehzapfenabstand (mm): | |
| Mittelwagen | 19.800 |
| Endwagen | 19.680 |
| Radsatzabstand Triebgestell (mm): | 2.300 |
| Radsatzabstand Jakobs-Triebgestell (mm): | 2.600 |
| Sitzplätze: | 220 |
| Indienststellung: | seit 2019 |

*Foto: DB AG (Miethe)*

## ET 65 (DRG, DB), 465 (DB)

Der ET 65 prägte über 40 Jahre lang das Bild des Vorortverkehrs im Raum Stuttgart. Die ersten 17 Triebwagen dieser robusten Bauart wurden ab Mai 1933 anlässlich der Elektrifizierung der Strecken nach Esslingen und Ludwigsburg in Dienst gestellt; vier weitere folgten 1937. Mit Erweiterung des elektrischen Vorortbetriebs nach Leonberg und Weil der Stadt kamen 1939 nochmals vier Triebwagen in moderner Ausführung hinzu. Ferner wurden in zwei Bauserien 24 Steuerwagen beschafft, die ersten 16 bauartgleich mit der ersten Triebwagenserie, die letzten acht entsprachen der dritten Triebwagenserie. Lieferant des mechanischen Teils war die Maschinenfabrik Esslingen; die elektrische Ausrüstung stammte von BBC. Die beiden ersten Serien waren noch in Nietbauweise ausgeführt, die letzte weitgehend geschweißt Alle vier Radsätze des Triebwagens waren angetrieben und ermöglichten den Zügen eine Höchstgeschwindigkeit von anfangs 75, später 85 km/h. Als Beiwagen (EB 65) dienten 34 kurzgekuppelte württembergische Doppelwagen der Baujahre 1929/30. Kleinste betriebliche Einheit war die Konfiguration ET/ES, in der Regel fuhren die Züge in der Zusammenstellung ET+EB/EB+ES. Mehrfachtraktion von bis zu drei Einheiten war von einem Führerstand aus möglich.
Den Krieg überstanden 23 Triebwagen. Ab 1960 wurden die alten Doppel-Beiwagen durch vierachsige Mittelwagen (EM) der Bauart B4yg ersetzt. Ab 1961 wurden alle Trieb- und Steuerwagen im AW Cannstatt einer Verjüngungskur unterzogen, deren markantestes Zeichen die beiden großen Führerstandsfenster war. Der 1945 von Schlesien gekommene ET 51 01 wurde ebenfalls modernisiert und in ET 65 031 umgezeichnet.
Mit der Einführung des S-Bahn-Betriebs am 1. Oktober 1978 endete der planmäßige Betrieb mit den ab 1968 als 465 geführten Triebwagen. Eine Garnitur (465 006+865 006+865 606) kam zunächst in den betriebsfähigen Museumsbestand der DB, wurde aber Ende der 1990er-Jahre abgestellt. Im August 2005 konnte die Schienenverkehrsgesellschaft mbH (SVG) in Stuttgart die Fahrzeuge als langfristige Leihgabe übernehmen und ließ sie bis Februar 2006 wieder betriebsfähig aufarbeiten. Von der SVG wird mit dem ET 65 005/ES 65 011 eine zweite Einheit erhalten, welche seit Juni 2007 ebenfalls wieder den Betriebsbestand bereichert.

| Technische Daten: | | |
|---|---|---|
| Baureihenbezeichnung: | ET 65 (DRG) | 465 (DB) |
| Radsatzanordnung: | Bo'Bo'+2+2+2'2' | Bo'Bo'+2'2'+2'2' |
| Stromsystem: | 16⅔ Hz/15 kV | 16⅔ Hz/15 kV |
| Vmax (km/h): | 85 | 85 |
| Stundenleistung (kW): | 924 | 924 |
| Dauerleistung (kW): | 804 | 804 |
| Dienstmasse (t): | 147 | 133 |
| Größte Radsatzfahrmasse (t): | 19 (ab ET 65 022: 16) | 19 (ab 465 022: 16) |
| Länge über Puffer (mm): | 67.200 | 60.460 |
| Drehzapfenabstand Triebwagen (mm): | 12.600 (ab ET 65 022: 12.800) | 12.600 (ab 465 022: 12.800) |
| Radsatzabstand Triebgestell (mm): | 3.600 (ab ET 65 022: 3.000) | 3.600 (ab 465 022: 3.000) |
| Radsatzabstand Laufdrehgestell (mm): | 3.600 (ab ES 65 017: 3.000) | 3.600 (ab 865 617: 3.000, EM 65: 2.500) |
| Treibraddurchmesser (mm): | 1.000 | 1.000 |
| Laufraddurchmesser (mm): | 1.000 | 1.000 (EM 65: 950) |
| Sitzplätze: | 250 | 196 |
| Indienststellung: | 1933-1939 | Umbau 1960-1963 |
| Verbleib: | Umbau | ET 65 005 (SVG Stuttgart), ET 65 006 (VMN, SVG Stuttgart) |

*Foto: Estler*

## ET 82 (DRG)

Im Jahr 1925 beschaffte die DRG ihre ersten beiden Neubautriebwagen mit den Betriebsnummern 551 und 552 für die Strecke Magdeburg–Rothensee. Für den wagenbaulichen Teil zeichnete die Waggonfabrik Dessau verantwortlich, die elektrische Ausrüstung kam von den Siemens-Schuckert-Werken in Berlin. Die vierachsigen Fahrzeuge in genieteter Ganzstahlbauweise hatten ein kräftiges Untergestell, welches unter dem Wagenboden die gesamte elektrische Ausrüstung aufnahm. Diese konnte sehr einfach gehalten werden, da die Triebwagen nur auf Strecken ohne nennenswerte Steigungen verkehren sollten. Daher genügte auch ein Tatzlager-Fahrmotor, der auf den inneren Radsatz des Triebdrehgestells wirkte. Charakteristisch für die Wagen waren die trapezförmig ausgebildeten Stirnfronten. Über ihre Vielfachsteuerung konnten sie auch von einem Führerstand aus gefahren werden.

1929 erfolgte eine Umgestaltung der Fahrgasträume, 1930 erhielten sie die neuen Nummern elT 1031 und 1032. Neben ihrer Hausstrecke kamen sukzessive weitere Einsätze im Nahbereich von Magdeburg hinzu. Ab 1940 liefen die beiden Triebwagen als ET 82 01 und 02. Schwer beschädigt durch Luftangriffe im Zweiten Weltkrieg wurden sie bis 1945 ausgemustert.

| Technische Daten: | |
|---|---|
| Baureihenbezeichnung: | ET 82 (DRG) |
| Radsatzanordnung: | (1A)2' |
| Stromsystem: | $16^2/_3$ Hz/15 kV |
| Vmax (km/h): | 80 |
| Stundenleistung (kW): | 254 |
| Dauerleistung (kW): | 205 |
| Dienstmasse (t): | 59,3 |
| Größte Radsatzfahrmasse (t): | 19,0 |
| Länge über Puffer (mm): | 21.900 |
| Drehzapfenabstand (mm): | 14.200 |
| Radsatzabstand Triebgestell (mm): | 2.650 |
| Radsatzabstand Laufdrehgestell (mm): | 2.650 |
| Treibraddurchmesser (mm): | 1.200 |
| Laufraddurchmesser (mm): | 1.000/1.200 |
| Sitzplätze: | 54 |
| Indienststellung: | 1926 |
| Verbleib: | ++ |

Foto: Slg. Dietz

## ET 85 (DRG, DB), ET 90; 485, 490 (DB)

Nach der Elektrifizierung der Münchner Vorortstrecke München–Starnberg ließ die Gruppenverwaltung Bayern der DRG vier der fünf hier eingesetzten Dampftriebwagen, die Krauss vor dem Ersten Weltkrieg geliefert hatte, bei Fuchs in Heidelberg zu Elektrotriebwagen umbauen. Die Fahrzeuge bestanden aus einer genieteten Stahlkonstruktion mit einem Lauf- und einem Triebdrehgestell, letzteres entsprach mit seinen zwei Tatzlagermotoren der Bauart der Hamburger Vorortbahn. Die später als ET 85 01-04 bezeichneten Triebwagen fuhren immer im Münchner Vorortverkehr, die beiden letzten wurden bereits 1958 ausgemustert.

Bereits ein Jahr nach dem Umbau gab die DRG bei Fuchs und BBC 32 Neubaufahrzeuge für den elektrischen Vorortverkehr in Bayern in Auftrag, die in zwei Serien bis 1933 geliefert wurden. Das Untergestell und der Wagenkasten in genieteter Stahlkonstruktion bildeten ein geschlossenes Tragwerk, das auf Drehgestellen in genieteter Blechträgerbauweise ruhte. Passend zu den später als ET 85 05-36 bezeichneten Triebwagen entstanden die Steuerwagen ES 85 01-34. Für den Einsatz im Fernverkehr beheimatete das Bw Augsburg die ET 85 05 und 09 mit geänderter Getriebeübersetzung und einer V/max von 100 km/h statt 75 km/h.

Insgesamt 24 Triebwagen (2 Umbau-, 22 Neubautriebwagen) überstanden den Zweiten Weltkrieg und gelangten zur DB. Diese ließ die Züge ET 85 13, 14 und 16 durch Änderung der Getriebeübersetzung 1949/50 für den Einsatz auf Gebirgsstrecken umbauen, dadurch sank die V/max auf 50 km/h. Stammbahn dieser nun als ET 90 01-03 bezeichneten Fahrzeuge wurde die Strecke Berchtesgaden–Königssee.

Zu einem Einsatzschwerpunkt wurde ab 1960 der südbadische Raum: Vom Bw Freiburg aus rollten die Fahrzeuge u.a. auf der Dreiseenbahn Titisee–Seebrugg und bis ihrer Ausmusterung auf der Wiesentalbahn Basel–Zell. Ab 1968 wurden die Fahrzeuge EDV-gerecht als 485 bzw. 490 bezeichnet. Die ET 90 wurden Ende 1972 ausgemustert, während die letzten ET 85 noch bis 1977 im Einsatz standen. Bei der DGEG blieb mit ET 85 07 und dem ES 85 15 eine Garnitur erhalten, als Klubheim im heutigen Betriebshof Freiburg dient der Steuerwagen 885 706.

Foto: Estler

| Technische Daten: | | | | |
|---|---|---|---|---|
| Baureihenbezeichnung: | ET 85 01-04 (DRG) | ET 85 06...36 (DRG) | ET 85 05, 09 (DRG) | ET 90 01-03 (DB) |
| Radsatzanordnung: | Bo'2' | Bo'2' | Bo'2' | Bo'2' |
| Stromsystem: | $16^2/_3$ Hz/15 kV | $16^2/_3$ Hz/15 kV | $16^2/_3$ Hz/15 kV | $16^2/_3$ Hz/15 kV |
| Vmax (km/h): | 75 | 75 | 100 | 50 |
| Stundenleistung (kW): | 550 | 550 | 550 | 550 |
| Dauerleistung (kW): | 500 | 500 | 500 | 500 |
| Dienstmasse (t): | 56,3 | 61,4 | 61,4 | 56,3 |
| Größte Radsatzfahrmasse (t): | 16,3 | 17,7 | 17,7 | 17,3 |
| Länge über Puffer (mm): | 19.920 | 20.340 | 20.340 | 20.340 |
| Drehzapfenabstand (mm): | 12.910 | 12.700 | 12.700 | 12.700 |
| Radsatzabstand Triebgestell (mm): | 2.500 | 3.000 | 3.000 | 3.000 |
| Radsatzabstand Laufdrehgestell (mm): | 2.500 | 3.000 | 3.000 | 3.000 |
| Treibraddurchmesser (mm): | 1.000 | 1.000 | 1.000 | 1.000 |
| Laufraddurchmesser (mm): | 1.000 | 1.000 | 1.000 | 1.000 |
| Sitzplätze: | 74 | 75 | 75 | 75 |
| Indienststellung: | 1924 | 1927 | 1927 | U 1949/50 |
| Verbleib: | ++ | ET 85 07 (DGEG, Bochum-Dahlhausen) | ++ | ++ |

## ET 87 (DRG, DB)

Die schlesischen Gebirgsstrecken der Preußischen Staatsbahn boten sich auf Grund ihrer Trassierungen schon früh für den elektrischen Betrieb an. Am 1. Juni 1914 konnte mit der Nebenbahn Nieder Salzbrunn–Halbstadt die erste Strecke auf elektrischen Betrieb umgestellt werden. Hierfür wurden sechs dreiteilige Triebzüge als ET 831/831a/832-841/841a/842 beschafft, welche aus einem kurzen dreiachsigen Triebwagen zwischen zwei kurzgekuppelten, ebenfalls dreiachsigen Steuerwagen bestanden. Das Triebdrehgestell wurde dabei von einem Reihenschluss-Doppelmotor über eine Blindwelle mit Schlitzkuppelstangen angetrieben. Der Transformator befand sich unter dem Fußboden des Triebwagens. Eine zehnstufige Niederspannungs-Schützensteuerung regelte die Fahrmotoren. Die Stromversorgung erfolgte über zwei Stromabnehmer auf dem Triebwagendach. Die Laufachsen von Trieb- und Steuerwagen waren als Lenkachsen ausgebildet. Bei der DRG wurden die Fahrzeuge zunächst als ET 501-506, ab 1930 als elT 1001-1006 und ab 1940 schließlich als Baureihe ET 87 geführt. Nachdem sie ab 1922 auf steigungsärmere Strecken in Schlesien umgesetzt und 1925/26 die Motoren umgebaut worden waren, erfüllten die Triebwagen die in sie gesetzten Erwartungen. Nach einem Unfall musste 1940 der elT 1002 ausgemustert werden und erlebte daher nicht mehr die Umzeichnung in ET 87.

Da ab Januar 1945 auch Schlesien von Kriegshandlungen betroffen war, wurden die Fahrzeuge Richtung Westen abgefahren. Im sowjetisch besetzten Mitteldeutschland blieben die ET 87 01 und 02 stehen und wurden noch bis März 1946 dort eingesetzt. Wie alle Triebwagen in der sowjetischen Besatzungszone verschwanden sie dann als Reparationsleistung in der UdSSR. In den Westzonen fanden sich nach Kriegsende die ET 87 03-05. Zwischen 1947 und 1950 fuhren sie im Münchner Vorortverkehr und wechselten dann zum Bw Nürnberg Hbf. Dort waren sie auf Grund ihrer Höchstgeschwindigkeit, die zur Schonung des Stangenantriebes von der DB auf 65 km/h reduziert worden war, vor allem zwischen Feucht und Altdorf im Einsatz. Als letzter Mohikaner musste 1959 der ET 87 03 den Dienst quittieren.

Foto: Eisenbahnstiftung (Dr. Scheingraber)

| Technische Daten: | |
|---|---|
| Baureihenbezeichnung: | ET 87 (DRG) |
| Radsatzanordnung: | 2' 1+B' 1+1 2' |
| Stromsystem: | 16 2/3 Hz / 15 kV |
| Vmax (km/h): | 70 |
| Stundenleistung (kW): | 500 |
| Dauerleistung (kW): | 376 |
| Dienstmasse (t): | 99,1 |
| Größte Radsatzfahrmasse (t): | 17,1 |
| Länge über Puffer (mm): | 42.520 |
| Drehzapfen-/Radsatzabstand (mm): | 9.500+ 6.775+9.500 |
| Radsatzabstand Triebgestell (mm): | 2.500 |
| Radsatzabstand Laufdrehgestell (mm): | 2.150 |
| Treibraddurchmesser (mm): | 1.000 |
| Laufraddurchmesser (mm): | 1.000 |
| Sitzplätze: | 131 |
| Indienststellung: | 1914 |
| Verbleib: | ++ |

## ET 88 (DRG, DB)

Ursprünglich sollte die Berliner S-Bahn mit Wechselspannung (16⅔ Hz/15 kV) elektrifiziert werden. Dafür bestellte die preußische Staatsbahn 1913 bei LHW und SSW vier Probetriebwagen, deren Auslieferung sich wegen des Ersten Weltkriegs bis 1920 hinzog. Nachdem 1921 der Entschluss gefallen war, die Berliner S-Bahn mit Gleichstrom zu elektrifizieren, schickte man die nun als ET 507 bis 510 bezeichneten Fahrzeuge nach Schlesien als Ersatz für die ET 87. Ursprünglich war ein Einsatz dieser Triebwagen nur im Zugverband mit Steuer- und Beiwagen vorgesehen, daher hatten sie nur einen Führerstand erhalten. Um sie nun auch alleine einsetzen zu können, rüstete die DRG sie 1925 mit einem zweiten Führerstand aus.

Äußerlich entsprachen die vierachsigen Fahrzeuge den preußischen Abteilwagen mit Oberlichtaufbau. Jeweils der äußere Radsatz der beiden Drehgestelle wurde von einem Tatzlagermotor angetrieben. Unter dem Wagenboden waren zwei Transformatoren sowie die elektromagnetische Niederspannungs-Schützensteuerung untergebracht. Ab 1930 änderte sich die Bezeichnung der Triebwagen in elT 1007-1010, ab 1940 fuhren sie als ET 88 01-04. Die Triebwagen bewährten sich ausgezeichnet und waren bis Anfang 1945 in Schlesien im Einsatz. Um sie vor der näher rückenden Sowjetarmee in Sicherheit zu bringen, wurden sie dann nach Bayern evakuiert. Infolge seiner Kriegsschäden musste der ET 88 03 nach Kriegsende ausgemustert werden. Die drei anderen ET 88 kamen zum Bw Regensburg, das die Fahrzeuge mit Nahverkehrsleistungen rund um den Kirchturm beschäftigte. Ende der 1950er-Jahre waren sie abgefahren und genügten den steigenden Komfortansprüchen nicht mehr. Sie wurden daher abgestellt. Nur der ET 88 04 kam noch kurzzeitig als Personalpendel zwischen Mannheim Hbf und Rbf zum Einsatz, bis auch er 1959 ausgemustert wurde.

| Technische Daten: | |
|---|---|
| Baureihenbezeichnung: | ET 88 (DRG) |
| Radsatzanordnung: | (A1)(1A) |
| Stromsystem: | 16 2/3 Hz / 15 kV |
| Vmax (km/h): | 65 |
| Stundenleistung (kW): | 468 |
| Dauerleistung (kW): | 360 |
| Dienstmasse (t): | 61,5 |
| Größte Radsatzfahrmasse (t): | 17,1 |
| Länge über Puffer (mm): | 17.060 |
| Drehzapfenabstand (mm): | 10.660 |
| Radsatzabstand Triebgestell (mm): | 2.550 |
| Radsatzabstand Laufdrehgestell (mm): | - |
| Treibraddurchmesser (mm): | 1.200 |
| Laufraddurchmesser (mm): | 1.000 |
| Sitzplätze: | 71 |
| Indienststellung: | 1920 |
| Verbleib: | ++ |

Foto: Slg. Koppisch, Archiv transpress

## ET 89 (DRG, DB)

Speziell für ihre schwierigste Riesengebirgsstrecke Hirschberg–Polaun mit zahlreichen längeren Steigungen von 25 ‰ beschaffte die DRG ab 1926 elf ungewöhnlich aussehende Triebwagen als elT 1011-1021. Der Wagenteil der ersten fünf Fahrzeuge kam von LHB, die anderen lieferte die WUMAG. Alle vierachsigen Wagen wurden elektrisch von SSW ausgerüstet. Wagenkasten und Untergestell waren eine genietete Stahlkonstruktion. Vor den trapezförmig abgeschrägten Stirnenden befanden sich Aussichts- und Übergangsplattformen, über die auch der Führerstand zugänglich war. Angetrieben wurde jeweils der innenliegende Radsatz jedes Drehgestells über einen Tatzlager-Wechselstrommotor, welche von einer Niederspannungs-Schützensteuerung geregelt wurden. Der Transformator mit dem Hauptschalter war in einem besonderen Maschinenraum innerhalb des Wagens untergebracht. Daneben wurden 15 Beiwagen in Dienst gestellt, die aus zweiachsigen Personenwagen umgebaut wurden. Um den Einsatz flexibler zu gestalten, ergänzten ab 1934 noch acht vierachsige Steuerwagen den Fahrzeugpark.
Die Fahrzeuge, im Volksmund wegen ihres Aussehens und Einsatzgebiets bald »Rübezahl« genannt, bewährten sich ausgezeichnet und brachten lange Jahre Scharen von Ausflüglern und Wanderern auf die Höhen des Riesengebirges. In der Hauptreisezeit bestand ein Zug aus drei Triebwagen und bis zu zwölf Steuer- und Beiwagen. 1940 erhielten die Triebwagen die neuen Nummern ET 89 01-11. Die meisten Triebwagen konnten Anfang 1945 nicht vor der heranrückenden Sowjetarmee in Sicherheit gebracht werden und blieben im besetzten Schlesien zurück. Nur die ET 89 01, 04 und 07 fanden nach dem Krieg in München ein neues Zuhause. Jahrelang fuhren sie dort noch im Vorort- und vor allem im Dienstverkehr zwischen München-Allach und dem Ausbesserungswerk Freimann. Als letzter »Rübezahl« wurde 1959 der ET 89 04 abgestellt.

| Technische Daten: | |
|---|---|
| Baureihenbezeichnung: | ET 89 (DRG) |
| Radsatzanordnung: | (1A)(A1) |
| Stromsystem: | $16^{2}/_{3}$ Hz / 15 kV |
| Vmax (km/h): | 65 |
| Stundenleistung (kW): | 468 |
| Dauerleistung (kW): | 360 |
| Dienstmasse (t): | 70,0 |
| Größte Radsatzfahrmasse (t): | 20,0 |
| Länge über Puffer (mm): | 21.900 |
| Drehzapfenabstand (mm): | 14.000 |
| Radsatzabstand Triebgestell (mm): | 2.650 |
| Radsatzabstand Laufdrehgestell (mm): | - |
| Treibraddurchmesser (mm): | 1.200 |
| Laufraddurchmesser (mm): | 1.000 |
| Sitzplätze: | 53 |
| Indienststellung: | 1926 |
| Verbleib: | ++ |

*Foto: RVM/Bildarchiv der Eisenbahnstiftung*

## ET 91 (DRG, DB), 491 (DB)

Anfang der 1930er-Jahre spürte die Deutsche Reichsbahn die zunehmende Konkurrenz durch Kraftfahrzeuge und Omnibusse. Um speziell das Marktsegment des Ausflugsverkehrs attraktiver zu gestalten, wurden daher bei Fuchs und AEG zwei elektrische Aussichtstriebwagen bestellt, die später als »Gläserne Züge« zu den Vorzeigeobjekten der DRG gehören sollten. Für den Ausflugsverkehr wurden spezielle Anforderungen vorgegeben: So sollten die Reisenden von ihren Sitzplätzen aus ungehindert nach allen Seiten die Landschaft betrachten können. Daher sollten im Fenster- und Dachbereich möglichst wenig undurchsichtige Bauteile verwendet werden. Aus wirtschaftlichen Überlegungen heraus sollten möglichst viele Bauteile von den Einheitstriebwagen ET 25/31 übernommen werden. Diese Forderungen konnten weitgehend erfüllt werden: Große Fenster auch an den Stirnseiten und in den Dachschrägen ermöglichten eine gute Rundumsicht. Der vollständig aus Profilen und Blechen geschweißte Wagenkasten wies auf jeder Fahrzeugseite nur einen Mitteleinstieg auf. Um freie Sicht zu haben, wurde auch der Toilettenraum im Bereich des Mitteleinstiegs bis fast auf die Höhe der Fensterunterkante abgesenkt. Die Lehnen der Sitze waren umklappbar.
1935 wurde der im elektrischen Teil noch nicht fertiggestellte elT 1998 (später ET 91 01) auf der Nürnberger Ausstellung »100 Jahre Deutsche Eisenbahnen« präsentiert. Der zweite Triebwagen konnte im September 1935 abgenommen werden und nahm bei der großen Fahrzeugparade zum 100-jährigen Jubiläum teil. Beide Triebwagen fuhren anschließend von München aus im Sonderverkehr auf den elektrifizierten Strecken Süddeutschlands und bald auch nach Österreich. Der ET 91 02 brannte am 9. März 1943 nach einem Bombenangriff völlig aus. Ausgelagert nach Bichl und eingemauert im dortigen Lokschuppen überstand sein Bruder unbeschadet den Krieg und machte sich bald wieder im Ausflugsverkehr nützlich. Seine Karriere fand erst am 12. Dezember 1995 ein abruptes Ende, als er im Bahnhof Garmisch mit einem Reisezug kollidierte. Inzwischen steht der schwer beschädigte »Gläserne Zug« im Bahnpark Augsburg und wartet auf bessere Zeiten.

*Foto: Estler*

| Technische Daten: | |
|---|---|
| Baureihenbezeichnung: | ET 91 (DRG) |
| Radsatzanordnung: | Bo'2' |
| Stromsystem: | $16^{2}/_{3}$ Hz / 15 kV |
| Vmax (km/h): | 100 |
| Stundenleistung (kW): | 390 |
| Dauerleistung (kW): | 350 |
| Dienstmasse (t): | 45,46 |
| Größte a (t): | 15,0 |
| Länge über Puffer (mm): | 20.600 |
| Drehzapfenabstand (mm): | 13.815 |
| Radsatzabstand Triebgestell (mm): | 3.600 |
| Radsatzabstand Laufdrehgestell (mm): | 3.000 |
| Treibraddurchmesser (mm): | 950 |
| Laufraddurchmesser (mm): | 950 |
| Sitzplätze: | 72 |
| Indienststellung: | 1935 |
| Verbleib: | ET 91 01 (VMN, Bahnpaark Augsburg) |

## ET 125, 166, 167 (DRG, DR), 276, 277 (DR), 477 (DB AG)

Ein innovatives Angebot schuf die Berliner S-Bahn ab 1935 mit den sogenannten Bankierszügen. Im Mai 1933 waren die Fernbahngleise zwischen Berlin-Zehlendorf und Berlin Potsdamer Bahnhof mit Stromschienen ausgerüstet worden. S-Bahnzüge sollten diesen Abschnitt ohne Zwischenhalt durchfahren, um dann ab Zehlendorf über die normalen S-Bahngleise in Richtung Wannsee weiterzufahren. Speziell für diesen Zweck stellte man die Viertelzüge der Baureihe ET/EB 125 in Dienst, die eine Höchstgeschwindigkeit von 120 km/h besaßen. Fortschritte in der Schweißtechnik machten sich bei diesen Fahrzeugen deutlich bemerkbar, denn Wagenkasten und Drehgestelle waren vollständig geschweißt. Geändert wurde auch die Stirnfront, die ein glattes Äußeres mit abgerundeten Kanten erhielt. Entsprechend ihrer höheren Geschwindigkeit waren die Garnituren mit leistungsfähigeren Motoren ausgerüstet. 18 Bankiers-Viertel wurden bis 1938 beschafft.
Für die Olympischen Spiele 1936 stellte die DRG 34 sogenannte Olympia-Viertel (ET/EB 166) in Dienst, die äußerlich zwar den ET/EB 125 entsprachen, in ihrer technischen Ausstattung aber weitgehend den ET 165.8 glichen. Das ständig zunehmende Fahrgastaufkommen sowie die Inbetriebnahme des Nord-Süd-S-Bahntunnels erforderten weitere Beschaffungen. Als weiterentwickelte ET/EB 166 wurde ab 1937 die Baureihe ET/EB 167 produziert. Bestellt wurden insgesamt 291 Viertelzüge, doch der Zweite Weltkrieg verhinderte die Auslieferung der letzten 22 Beiwagen.
Nach Kriegsende waren bis auf die Bankiers-Viertel auch bei diesen Baureihen erhebliche Verluste zu verzeichnen. Da nach 1945 kein Bedarf mehr für die schnellen ET/EB 125 bestand, wurden sie den ET/EB 166 angeglichen und entsprechend umgezeichnet. Ab 1963 ließ die DR bei den ET 166 und 167 die Inneneinrichtung erneuern. Eine grundlegende Rekonstruktion von 204 Viertelzügen begann 1974, welche u.a. den Einbau neuer Drehgestelle, den Ersatz der dreiteiligen Frontfenster durch zweiteilige sowie die Umstellung des Bordnetzes von 48 auf 110 Volt beinhaltete. Ab 1992 erhielten diese Einheiten die Baureihenbezeichnung 477/877. Ausmusterungen in größerem Ausmaß erfolgten ab 2000 und Anfang November 2003 rollten die letzten Züge aufs Abstellgleis.

*Foto: Estler*

**Technische Daten:**

| Baureihenbezeichnung: | ET/EB 125 (DRG) | ET/EB 166 (DRG) | ET/EB 167 (DRG) |
|---|---|---|---|
| Radsatzanordnung: | Bo'Bo'+2'2' | Bo'Bo'+2'2' | Bo'Bo'+2'2' |
| Stromsystem: | 750 V Gleichstrom | 750 V Gleichstrom | 750 V Gleichstrom |
| Vmax (km/h): | 120 | 80 | 80 |
| Stundenleistung (kW): | 670 | 440 | 440 |
| Dauerleistung (kW): | 550 | 308 | 308 |
| Dienstmasse (t): | 67-72 | 69 | 67 |
| Größte Radsatzfahrmasse (t): | 12-13 | 12,5 | 12,3 |
| Länge über Kupplung (mm): | 35.460 | 35.460 | 35.460 |
| Drehzapfenabstand (mm): | 11.975+12.325 | 11.975+12.325 | 11.975+12.325 |
| Radsatzabstand Triebgestell (mm): | 2.600 | 2.600 | 2.500 |
| Radsatzabstand Laufdrehgestell (mm): | 2.600 | 2.600 | 2.500 |
| Treibraddurchmesser (mm): | 900 | 900 | 900 |
| Laufraddurchmesser (mm): | 900 | 900 | 900 |
| Sitzplätze: | 120 | 119 | 119 |
| Indienststellung: | 1934-1938 | 1936 | 1937-1944 |
| Verbleib: | u.a. ET 125 001 (DTB) | u.a. ET 166 056 (Hist. S-Bahn Berlin) | u.a. ET 167 072 (Hist. S-Bahn Berlin) |

## ET 165, 168 (DRG, DR), 275, 276 (DR), 475, 476 (DB AG)

Die verschiedenen Mängel der ersten Berliner S-Bahntriebzüge ET/EB 169 führten schon 1925 zu einer konzeptionellen Umorientierung. Die richtungsweisende Neukonzeption bestand aus Triebzügen in der Zusammenstellung Triebwagen+ Steuerwagen als kleinste betriebliche Einheit. Der sogenannte Viertelzug war geboren. Die Grundkonzeption der später als ET 168 bezeichneten Triebzüge stammte von der Waggonfabrik Görlitz, am Bau der 50 Viertelzüge waren dann alle deutschen Hersteller beteiligt. Ihre Stirnfronten erhielten erstmals die markante, für einen Teil der Berliner S-Bahnfahrzeuge charakteristische Trapez-Form mit abgeschrägten Stirnenden. Aufbauend auf den ET 168 lief ab 1928 die Großserienfertigung. Die neuen Viertelzüge der späteren Baureihe ET 165 entsprachen weitgehend ihrem Vorbild, waren aber stärker motorisiert. Insgesamt 638 Viertelzüge wurden ab 1928 ausgeliefert. Die ersten Serien erhielten noch die Konfiguration Triebwagen+Steuerwagen, bei späteren Serien kamen anstelle der Steuerwagen nur noch Beiwagen zur Auslieferung. Die kleinste betriebliche Einheit war dann ein Halbzug. Anfang der 1930er-Jahre erforderte die Elektrifizierung der Wannseebahn eine erneute Erweiterung des Fahrzeugparks. 51 Viertelzüge der Baureihe ET 165.8 rollten ab 1933 auf die Schienen. Bis 1944/45 waren alle Steuerwagen dieser Baureihen zum Beiwagen umgebaut. Der Krieg schlug erhebliche Wunden in die klassischen Berliner S-Bahntriebzüge, doch sie sollten noch lange Jahre die Hauptlast des Verkehrs tragen. Nach einer ersten Modernisierung Mitte der 1960er-Jahre wurde ein großer Teil der Fahrzeuge (212 Viertelzüge) zwischen 1979 und 1987 einer grundlegenden Rekonstruktion unterzogen. Deren auffallendstes Kennzeichen war die neue Stirnfront mit der glatten Frontpartie mit zwei großen Stirnfenstern. Während die ab 1992 als Baureihe 475 bezeichneten nicht rekonstruierten ehemaligen ET 165 bis Mitte der 1990er-Jahre aufs Abstellgleis gerollt waren, konnte 2000 auch auf die Reko-Viertel (ab 1992 Baureihe 476) verzichtet werden. Diverse Garnituren fanden zwischenzeitlich ihren Weg in Museen oder zu Museumsbahnen. Die umfangreichste Sammlung wird von der »Historischen S-Bahn Berlin« aufbewahrt.

**Technische Daten:**

| Baureihenbezeichnung: | ET/EB 165 (DRG) | ET/ES 168 (DRG) |
|---|---|---|
| Radsatzanordnung: | Bo'Bo'+2'2' | Bo'Bo'+2'2' |
| Stromsystem: | 750 V Gleichstrom | 750 V Gleichstrom |
| Vmax (km/h): | 80 | 80 |
| Stundenleistung (kW): | 440 | 380 |
| Dauerleistung (kW): | 308 | 292 |
| Dienstmasse (t): | 65-67 | 78,2 |
| Größte Radsatzfahrmasse (t): | 12-13 | 14,1 |
| Länge über Kupplung (mm): | 35.460 | 35.960 |
| Drehzapfenabstand (mm): | 11.800+11.800 | 11.800+11.800 |
| Radsatzabstand Triebgestell (mm): | 2.500 | 2.500 |
| Radsatzabstand Laufdrehgestell (mm): | 2.500 | 2.500 |
| Treibraddurchmesser (mm): | 900 | 850 |
| Laufraddurchmesser (mm): | 900 | 850 |
| Sitzplätze: | 112-127 | 112 |
| Indienststellung: | 1928-1933 | 1925 |
| Verbleib: | u.a. ET 165 231 (Hist. S-Bahn Berlin) | u.a. ET 168 029 (Hist. S-Bahn Berlin) |

*Foto: Blaschke*

## ET 169 (DRG, DR)

Zu Beginn der 1920er-Jahre fiel die Entscheidung, die Berliner Stadt-, Ring- und Vorortbahnen (später S-Bahn) mit 750-Volt-Gleichstrom und Stromschiene zu elektrifizieren. Ferner wurde festgelegt, ausschließlich Triebwagenzüge auf den elektrifizierten Strecken einzusetzen. Nach ausgiebigen Versuchen bestellte die DRG 17 Triebzüge, die als Halbzüge zwischen 1924 und 1925 ausgeliefert wurden. Diese ab 1940 als ET/EB 169 bezeichneten Einheiten bestanden aus zwei vierachsigen Triebwagen, zwischen die drei Beiwagen gekuppelt waren. Angetrieben wurde das jeweils vordere Drehgestell der Triebwagen von zwei Tatzlager-Gleichstrommotoren. Die Steuerung erfolgte durch ein Nockenschaltwerk mit 15 Anfahr- und zwei Dauerfahrstufen. Drehgestelle, Untergestelle und Wagenkästen waren genietet. An den Führerstandsenden waren die Wagenkästen leicht trapezförmig abgeschrägt. Die Verbindung zweier Halbzüge erfolgte anfangs durch Mittelpufferkupplungen der Bauart Willison, später durch solche der Bauart Scharfenberg.
Im Alltagsbetrieb stellte man sehr schnell fest, dass die Konzeption der Triebzüge nicht den erforderlichen Bedürfnissen entsprach. Die unzureichenden Möglichkeiten der Zugbildung, die Verschiedenartigkeit der Trieb- und Beiwagen, die zu geringe Anfahrbeschleunigung und die mangelnde Laufruhe der Beiwagen führten schon 1925 zu einer Neukonzeption. Nach dem Bau des Nord-Süd-S-Bahntunnels konnten die Fahrzeuge nur noch eingeschränkt verwendet werden, da sie die Tunnelstrecke nicht befahren durften. Nach Kriegsende waren noch acht Halbzüge vorhanden, die ab 1951 wieder eingesetzt werden konnten. 1956/57 erfolgte deren grundlegende Modernisierung mit einem zusätzlichen Triebdrehgestell, dem Angleichen der Kopfform an die ET 165 sowie neuen Bremsen, neuer Innenausstattung und automatischer Türschließeinrichtung. Ab 1962 konnte auf die ET 169 verzichtet werden. 14 Triebwagen wurden zwischen 1966 und 1968 zu Fahrzeugen des Typs E III für die Ostberliner U-Bahn umgebaut. Aus dem ET 169 017a/b und zwei Beiwagen entstand ein Gerätezug, der ab 1970 die Nummer 278 005-008 erhielt und heute der »Historischen S-Bahn Berlin« gehört.

| Technische Daten: | |
|---|---|
| Baureihenbezeichnung: | ET 169 (DRG) |
| Radsatzanordnung: | Bo'2'+2+2+2+2'Bo' |
| Stromsystem: | 750 V Gleichstrom |
| Vmax (km/h): | 70 |
| Stundenleistung (kW): | 832 |
| Dauerleistung (kW): | 560 |
| Dienstmasse (t): | 140,9 |
| Größte Radsatzfahrmasse (t): | 16,9 |
| Länge über Kupplung (mm): | 71.600 |
| Drehzapfen-/Radsatzabstand (mm): | 14.100+7.150+7.150+7.150+14.100 |
| Radsatzabstand Triebgestell (mm): | 2.500 |
| Radsatzabstand Laufdrehgestell (mm): | 2.500 |
| Treibraddurchmesser (mm): | 1.000 |
| Laufraddurchmesser (mm): | 850 |
| Sitzplätze: | 240 |
| Indienststellung: | 1924-1925 |
| Verbleib: | ET 169 005b (Hist. S-Bahn Berlin) |

*Foto: DLA Darmstadt (Maey)/Bildarchiv der Eisenbahnstiftung*

## ET 170.0, 278 (DR)

Mit der Einbeziehung zahlreicher Berliner Vorortstrecken in das mit Gleichstrom elektrifizierte S-Bahnnetz in den 1950er Jahren sollte auch der Fahrzeugpark durch eine Neuentwicklung verstärkt werden. Daher erhielt der VEB LEW »Hans Beimler« in Hennigsdorf 1955 den Auftrag, einen neuen S-Bahntriebwagen zu entwickeln. Beibehalten werden sollte die bewährte Zugbildung. Auch sollte bei der elektrischen Ausrüstung im Wesentlichen auf Reservebestände der Baureihe ET 165 zurückgegriffen werden.
1958 wurden vom VEB Waggonbau Ammendorf vier Doppeltriebwagen als Viertelzüge ausgeliefert, wobei jeder Viertelzug nur einen Führerstand besaß. Die kleinste betriebliche Einheit war wiederum ein Halbzug (= 2 Viertelzüge). Bei jedem Viertel waren die beiden äußeren Drehgestelle angetrieben, in der Mitte verband ein Laufdrehgestell der Bauart Jakobs beide Wagenhälften. Die Wagenkästen entstanden in geschweißter Leichtbauweise, wobei Untergestell und Wagenkasten eine gemeinsame tragende Konstruktion bildeten. Die Federung erfolgte über Schraubenfedern und hydraulische Stoßdämpfer. Bei der elektrischen Antriebsausrüstung waren lediglich die vierpoligen Gleichstrom-Reihenschlussmotoren eine Neukonstruktion.
Die als ET 170 bezeichneten Fahrzeuge wurden bei der Leipziger Frühjahrsmesse 1959 erstmals der Öffentlichkeit präsentiert. Umfangreiche Probe- und Testfahrten folgten. Dabei stellten sich zahlreiche Mängel heraus. Das vom ET 165 übernommene Nockenschaltwerk war zu grobstufig, Lüftungs- und Temperaturprobleme traten auf, die Bremsen funktionierten nicht zufriedenstellend, die unausgereiften hydraulischen Stoßdämpfer machten sich unangenehm bemerkbar und die Innenausstattung war schwer zu reinigen. Daher wurden die Fahrzeuge nach Abschluss der Erprobung Ende 1960 zunächst abgestellt. Nach einer Aufarbeitung kam der Halbzug ET 170 003a/b + ET 170 004a/b noch einmal in den Betriebsdienst, erhielt 1970 noch die neue Nummern 278 201/203+205/207 und wurde schließlich 1972 ausgemustert.

*Foto: The original uploader was Mäfä at German Wikipedia. – Transferred from de.wikipedia to Commons., Public Domain, https://commons.wikimedia.org/w/index.php?curid=2046770*

| Technische Daten: | |
|---|---|
| Baureihenbezeichnung: | 278 (DR) |
| Radsatzanordnung: | Bo'(2)'Bo'+Bo'(2)'Bo' |
| Stromsystem: | 750 V Gleichstrom |
| Vmax (km/h): | 90 |
| Stundenleistung (kW): | 1.200 |
| Dauerleistung (kW): | 920 |
| Dienstmasse (t): | 140,8 |
| Größte Radsatzfahrmasse (t): | 18,0 |
| Länge über Kupplung (mm): | 74.680 |
| Drehzapfenabstand (mm): | 15.600+14.700+14.700+15.600 |
| Radsatzabstand Triebgestell (mm): | 2.700 |
| Radsatzabstand Laufdrehgestell (mm): | 2.500 |
| Treibraddurchmesser (mm): | 900 |
| Laufraddurchmesser (mm): | 900 |
| Sitzplätze: | 224 |
| Indienststellung: | 1959 |
| Verbleib: | ++ |

## ET 170.1, 470 (DB)

Die Erweiterung des Netzes der Hamburger S-Bahn machte Ende der 1950er-Jahre die Beschaffung weiterer Fahrzeuge notwendig. Ein erneuter Nachbau der bewährten Baureihe ET 171 wurde verworfen, da u.a. eine Erhöhung der Höchstgeschwindigkeit auf 100 km/h gefordert war. 1958 erhielt daher MAN den Auftrag, die neue Baureihe ET 170 zu entwickeln und eine erste Serie von acht Garnituren zu bauen. Wie sein Vorgänger ET 171 bestand der dreiteilige Triebzug aus zwei vierachsigen Endtriebwagen und einem vierachsigen antriebslosen Mittelwagen. Wie in Hamburg üblich war der gesamte Mittelwagen wieder der 1. Klasse vorbehalten. Auf Toiletten und eine Übergangsmöglichkeit zwischen den einzelnen Wagen wurde verzichtet. Die Wagenkästen waren in geschweißter Stahlleichtbauweise ausgeführt und ruhten auf angepassten Drehgestellen der Bauart München-Kassel. Vier Gleichstrom-Reihenschlussmotoren trieben über Tatzlager alle Radsätze eines Endtriebwagens an. Die gesamte elektrische Ausrüstung und die Druckluftanlage waren der staubdicht abgeschlossenen Bodenwanne zwischen den Triebdrehgestellen untergebracht. Vielfachsteuerung von bis zu drei Einheiten auch mit den ET 171 war möglich.

1959 konnten die bestellten acht Triebzüge abgeliefert werden. Unmittelbar darauf erfolgte der Bau einer zweiten Serie mit ebenfalls acht Garnituren, die 1960 ausgeliefert wurden. Zwischen 1966 und Anfang 1970 stellte die DB in zwei Serien weitere 29 Triebzüge in Dienst, die letzten schon unter der computergerechten Bezeichnung 470 (Triebwagen) und 870 (Mittelwagen). Mit der Auslieferung der neuen S-Bahnzüge 474 begannen 1997 die ersten Abstellungen der 470. Zur Jahresmitte 2000 waren schon zwei Drittel des Gesamtbestands ausgemustert. Die letzten Fahrzeuge quittierten bis Ende 2002 den Dienst.

Foto: Estler

| Technische Daten: | |
|---|---|
| Baureihenbezeichnung: | 470.1+870.0+470.4 (DB) |
| Radsatzanordnung: | Bo'Bo'+2'2'+Bo'Bo' |
| Stromsystem: | 1.200 V Gleichstrom |
| Vmax (km/h): | 100 |
| Stundenleistung (kW): | 1.280 |
| Dauerleistung (kW): | 1.024 |
| Dienstmasse (t): | 111,0 |
| Größte Radsatzfahrmasse (t): | 15,7 |
| Länge über Kupplung (mm): | 65.520 |
| Drehzapfenabstand (mm): | 15.680+13.460+15.680 |
| Radsatzabstand Triebgestell (mm): | 2.500 |
| Radsatzabstand Laufdrehgestell (mm): | 2.500 |
| Treibraddurchmesser (mm): | 950 |
| Laufraddurchmesser (mm): | 950 |
| Sitzplätze: | 200 |
| Indienststellung: | 1959-1970 |
| Verbleib: | u.a. ET 170 128 u. 129 (Hist. S-Bahn Hamburg) |

## ET 171 (DRG, DB), 471 (DB)

Nach den positiven Erfahrungen mit dem Gleichstrombetrieb der Berliner S-Bahn fiel Mitte der 1930er-Jahre die Entscheidung, die Hamburger S-Bahn auf Gleichstrom- und Stromschienenbetrieb umzustellen. Unspektakulär wurde am 22. April 1940 im Schatten des Zweiten Weltkriegs das erste umgestellte Teilstück zwischen Ohlsdorf und Poppenbüttel eröffnet. Bedingt durch die Kriegsereignisse konnte die Umstellung erst am 22. Mai 1955 abgeschlossen werden. Für den Gleichstrombetrieb wurden neue Triebzüge benötigt. Man adaptierte nicht das Berliner Vorbild mit Viertel-, Halb- und Ganzzügen, sondern ließ einen dreiteiligen Triebzug ET 171 entwickeln. Dieser bestand aus zwei Triebwagen und einem antriebslosen Mittelwagen. Über eine automatische Scharfenbergkupplung konnten bis zu drei Einheiten verbunden werden. Alle Radsätze der Triebdrehgestelle wurden durch je einen vierpoligen Gleichstrom-Reihenschlussmotor über Tatzlager angetrieben. Zwischen den Drehgestellen der modifizierten Bauart Görlitz befand sich in einer abgeschlossenen Bodenwanne unter Luftüberdruck die gesamte elektrische Ausrüstung. Zwischen 1939 und 1943 konnten insgesamt 47 Züge als ET 171 001-047 abgeliefert werden. Die drei Einzelwagen ET 171 017b, EM 171 038 und ET 171 038a mussten nach schweren Kriegsschäden abgeschrieben werden. Zahlreiche andere Wagen wurden beschädigt, zu neuen Einheiten zusammengestellt und kamen unter anderen Nummern wieder in Betrieb. Mit der Aufgabe des Wechselstrombetriebs wurden zwischen 1954 und 1958 weitere 26 Züge (ET 171 061-086) nachbeschafft, die einige technische Verbesserungen aufwiesen. Nach ersten Abstellungen begann im April 1985 ein großangelegtes Modernisierungsprogramm der ab 1968 als 471/871 bezeichneten Triebzüge. Nach dem Umbau von 22 Einheiten bis 1987 wurde das Programm aus Kostengründen abgebrochen. Mit der Inbetriebnahme der neuen S-Bahnzüge 474 verschwanden die 471 rasch von den Schienen. Die letzte Garnitur (471 062) beendete im Oktober 2001 den Plandienst. Einige Einheiten werden erhalten, so z.B. der in den Look der 1950er-Jahre zurückversetzte und betriebsfähige ET 171 082.

| Technische Daten: | |
|---|---|
| Baureihenbezeichnung: | 471.1+871.0+471.4 (DB) |
| Radsatzanordnung: | Bo'Bo'+2'2'+Bo'Bo' |
| Stromsystem: | 1.200 V Gleichstrom |
| Vmax (km/h): | 80 |
| Stundenleistung (kW): | 1.160 |
| Dauerleistung (kW): | 896 |
| Dienstmasse (t): | 131,2 |
| Größte Radsatzfahrmasse (t): | 15,5 |
| Länge über Kupplung (mm): | 62.520 |
| Drehzapfenabstand (mm): | 14.480+13.060+14.480 |
| Radsatzabstand Triebgestell (mm): | 2.600 |
| Radsatzabstand Laufdrehgestell (mm): | 2.600 |
| Treibraddurchmesser (mm): | 930 |
| Laufraddurchmesser (mm): | 930 |
| Sitzplätze: | 202 |
| Indienststellung: | 1939-1958 |
| Verbleib: | ET 171 039 (VVM, Schöneberger Strand), |
| | ET 171 044 (Alstom LHB, Salzgitter), |
| | ET 171 082 (Hist. S-Bahn Hamburg) |

Foto: Estler

## 472/473 (DB)

Als dritte Generation Hamburger S-Bahn-Züge für Gleichstrombetrieb beschaffte die DB zwischen 1974 und 1984 insgesamt 62 dreiteilige Triebzüge der Baureihe 472/473. Ausschlaggebend für die Beschaffung waren zunächst die starken Steigungen (bis zu 40 ‰) im Bereich der neuen unterirdischen City-S-Bahn vom Hauptbahnhof nach Altona, weniger der Ersatz der älteren Triebzüge 470 und 471. Gleichzeitig sollte die Höchstgeschwindigkeit wiederum 100 km/h betragen. Daher sind bei dieser Baureihe erstmals auch die Radsätze der Mittelwagen (473) mit Motoren ausgerüstet, so dass alle Radsätze bei diesem Triebzug angetrieben werden. Bewährte Konstruktionselemente der Baureihen 403 und 420 fanden beim Bau Verwendung.
Die Wagenkästen sind eine komplette Leichmetall-Schweißkonstruktion unter weitgehender Verwendung von Großstrang-Pressprofilen. Die Stirnköpfe bestehen dagegen aus glasfaserverstärkten Polyesterbauteilen. Für die ungewöhnliche Form zeichnete das Design-Center der DB verantwortlich. Wie bei der Hamburger S-Bahn üblich, war der Mittelwagen komplett mit der 1. Wagenklasse ausgestattet. Für den nötigen Fahrkomfort sorgt die Gummi- und Luftfederung. Alle zwölf Radsätze des Triebzuges werden von je einem eigenbelüfteten, vierpoligen Gleichstrom-Reihenschlussmotor über Tatzlager angetrieben. Geregelt werden die Motoren durch ein Nockenschaltwerk mit 29 Anfahr- und zwei Dauerfahrstufen. Das Schaltwerk, die Thyristorpulssteuerung und die anderen elektrischen Geräte wurden in den Bodenwannen der Wagen untergebracht. Die Vielfachsteuerung ist auf drei Einheiten (Langzug) ausgelegt und ermöglichte auch die Zusammenarbeit mit den zwischenzeitlich ausgemusterten Baureihen 470 und 471. Von 1997 bis 2005 wurden die Fahrzeuge einem »Redesign-Programm« unterzogen, um Innenraum und technische Details der neuen Baureihe 474 anzupassen.
Durch die Beschaffung der Baureihe 490 wurden die 472/473 zunehmend überflüssig und deshalb verstärkt abgestellt und ausgemustert. Im März 2022 gab es dann die letzten planmäßige Einsätze, danach wurde die Baureihe mit einer Sonderfahrt verabschiedet. Der 472 062/562 bleibt museal erhalten.

| Technische Daten: | |
|---|---|
| Baureihenbezeichnung: | 472.0+473.0+473.5 (DB) |
| Radsatzanordnung: | Bo'Bo'+Bo'Bo'+Bo'Bo' |
| Stromsystem: | 1.200 V Gleichstrom |
| Vmax (km/h): | 100 |
| Stundenleistung (kW): | |
| Dauerleistung (kW): | 1.500 |
| Dienstmasse (t): | 114,4 |
| Größte Radsatzfahrmasse (t): | 11,5 |
| Länge über Kupplung (mm): | 65.820 |
| Drehzapfenabstand (mm): | 16.190+12.590+16.190 |
| Radsatzabstand Triebgestell (mm): | 2.500 |
| Treibraddurchmesser (mm): | 850 |
| Sitzplätze: | 196 (nach Redesign: 188) |
| Indienststellung: | 1974-1984 |
| Verbleib Museum: | 472 062/562 |

Foto: Estler

## elT 1501-1645a/b (DRG), ET 99 (DB), ET 174 (DB)

Die guten Versuchsergebnisse mit Einphasen-Wechselstrom (25 Hz/6 kV) auf der Berliner Vorortstrecke Niederschöneweide-Spindlersfeld veranlassten die Preußische Staatsbahn 1904, in Hamburg die Vorortbahn mit 6,3 kV und 25 Hz Wechselstrom zu elektrifizieren. Am 18. April 1907 wurde der elektrische Betrieb auf der »Hamburg-Altonaer Stadt- und Vorortbahn« aufgenommen. In mehreren Lieferungen wurden bis 1913 insgesamt 140 Viertelzüge (Trieb- und Steuerwagen) mit Holzaufbau in Dienst gestellt. Dabei handelte es sich um zwei kurzgekuppelte Abteilwagen mit Führerständen, wobei der Triebwagen die elektrische Ausrüstung sowie zwei Stromabnehmer für den Oberleitungsbetrieb trug. Nach dem Ersten Weltkrieg wurde zwischen 1923 und 1925 ein Teil dieser nur für eine kurze Lebensdauer vorgesehen Züge modernisiert. 88 Einheiten (elT 1501a/b-1588a/b) erhielten eine verbesserte elektrische Ausrüstung. Auch der Fahrzeugteil wurde überarbeitet. In den Folgejahren wurde noch die Regel-Schraubenkupplung durch eine Scharfenberg-Mittelpufferkupplung ersetzt sowie die Höchstgeschwindigkeit von 55 km/h auf 60 km/h angehoben.
Um dem gestiegenen Verkehr, insbesondere nach der Eröffnung der »Alstertalbahn« von Ohlsdorf nach Poppenbüttel, gerecht zu werden, beschaffte die DRG zwischen 1924 und 1933 in vier Serien weitere 57 Viertelzüge mit Stahlaufbauten. Auffälligster Unterschied dieser »Stahlwagen« zu den modernisierten »Holzwagen« war das Jakobs-Drehgestell, das Trieb- und Steuerwagen miteinander verband.
Ab 1940 erfolgte in Hamburg die Umstellung der S-Bahn vom Oberleitungsbetrieb mit Wechselstrom auf den heutigen Gleichstrombetrieb mit Stromschiene. Bis 1955 existierten Oberleitungs- und Stromschienenbetrieb noch nebeneinander. Die »Holzwagen« wurden zwischen 1942 und 1952 ausgemustert. Die »Stahlwagen« mit den Nummern elT 1589 bis 1645a/b blieben bis 1955 im Einsatz und wurden von der DB intern als Baureihe ET 99 bezeichnet. Nach Einstellung des Wechselstrombetriebs am 22. Mai 1955 wurde ein Teil dieser Züge als Bahndienst- und Bauzugwagen weiterverwendet. Die ET 99 032 (ex elT 1624) und 045 (ex elT 1638) haben überlebt und werden heute vom VVM in Aumühle bei Hamburg erhalten, wobei der elT 1638 nur als Ersatzteilspender dient. Völlig unerwartet wurde ferner 1987 in Chemnitz eine Einheit der hölzernen Bauart aufgefunden. Die Garnitur 803/804 des Baujahres 1912 wurde zwar erheblich umgebaut, aber als letzten Zeugen aus der Anfangszeit der Hamburger S-Bahn erschien ihre Erhaltung durch den VVM sinnvoll.

Foto: Slg. Riechers

Foto: Estler

Foto: Blaschke

**Technische Daten:**

| Baureihenbezeichnung: | elT 1501-88 (DRG) | elT 1589-1645 (DRG) | ET 174 (DB) |
|---|---|---|---|
| Radsatzanordnung: | Bo' 1+1 2' | Bo'(2)'2' | Bo'(2)'2' |
| Stromsystem: | 25 Hz / 6.300 V | 25 Hz / 6.300 V | 1.200 V= |
| Vmax (km/h): | 60 | 60 | 60 |
| Stundenleistung (kW): | 300 | 300 | 290 |
| Dauerleistung (kW): | 235 | 250 | |
| Dienstmasse (t): | 71 | 66 | |
| Größte Radsatzfahrmasse (t): | 16 | 15 | 15 |
| Länge über Kupplung (mm): | 29.550 | 30.000 | 30.000 |
| Drehzapfenabstand (mm): | - | 11.412+11.750 | 11.412+11.750 |
| Radsatzabstand Triebgestell (mm): | 2.500 | 2.600 | 2.600 |
| Radsatzabstand Laufdrehgestell (mm): | 2.500 | 3.500 / 2.600 | 3.500 / 2.600 |
| Treibraddurchmesser (mm): | 1.000 | 1.000 | 930 |
| Laufraddurchmesser (mm): | 1.000 | 1.000 | 930 |
| Sitzplätze: | 120 | 105 | - |
| Indienststellung: | U 1923-1925 | 1924-1933 | U 1954/57 |
| Verbleib: | »803/804« (VVM) | ET 99 032 und 045 (VVM) | ++ |

Als Gepäcktriebwagen für die S-Bahn wurde 1946 der elT 1520 umgerüstet, seine Ausmusterung erfolgte jedoch schon 1952. Für den Gepäckdienst der Hamburger S-Bahn benötigte die DB jedoch auch nach der kompletten Umstellung auf Gleichstrom spezielle Fahrzeuge. So wurde 1954 der elT 1643a/b in einen Gleichstrom-Gepäcktriebwagen umgebaut und erhielt die Bezeichnung ET/ES 174 001. 1957 folgte mit dem Umbau des elT 1642a/b zum ET/ES 174 002 ein zweiter Gepäckzug. Wesentliche Änderungen waren der Wegfall der beiden Dachstromabnehmer, der Ausbau sämtlicher Sitzbänke und Trennwände im Wageninneren sowie die neuen, mit fast 2,7 Metern sehr breiten Doppelschiebetüren. Trotzdem blieb das charakteristische Aussehen der Abteilwagen mit Tonnendach erhalten. Mit der Verlegung des Gepäckverkehrs auf die Straße konnten 1967 diese Fahrzeuge ausgemustert werden. Ihre Verschrottung erfolgte bald darauf im AW Hamburg-Harburg. Die beiden Trieb- und ein Laufdrehgestell konnten in den Tauschbestand der Baureihe ET 171 übernommen werden.

## 474 (DB AG)

Ende der 1980er-Jahre hatten die ersten Gleichstromtriebzüge 471/871 bereits 50 Jahre auf dem Buckel, womit ihre Lebensdauer eigentlich schon weit überschritten war. Da auch die zweite Generation (Baureihe 470/870) so langsam in die Jahre kam, war dringend Ersatz geboten. Vor allem Finanzierungsprobleme führten aber erst 1993 zur Vergabe eines Entwicklungsauftrags für einen neuen Triebzug an die Liefergemeinschaft Linke-Hofmann-Busch (heute Alstom LHB, mechanischer Teil) und ABB Henschel (heute Bombardier, elektrischer Teil). Im April 1994 erfolgte die Bestellung von zunächst 45 Triebzügen der Baureihe 474/874 mit einer Option auf weitere 58 Garnituren. Bereits Anfang 1996 wurde diese Option eingelöst, deren Auslieferung bis Juli 2001 beendet war. Analog den Baureihen 470/870 und 471/871 wurde auch der neue Triebzug dreiteilig konzipiert, wobei der antriebslose Mittelwagen auch nicht gebremst wird. Dagegen werden alle Radsätze der Endtriebwagen angetrieben. Erstmals kommt bei der Hamburger S-Bahn mit diesen Fahrzeugen die Drehstromtechnik zur Anwendung. Die Drehgestelle der BR 474 wurden speziell für bogenreiche Strecken mit engen Kurven konzipiert. Auf ihnen stützen sich die Wagenkästen über Luftfedern und hydraulische Schwingungsdämpfer ab.

Am 21. November 1996 konnte der erste neue Hamburger S-Bahn-Zug als 474 001+874 001+474 501 präsentiert werden. Ende 1996 begann der Serienbau, doch die neu gelieferten Züge erfüllten nicht sofort die gestellten Anforderungen. Die empfindliche Elektronik und diverse andere Bauteile brauchten noch eine monatelange Erprobungs- und Ertüchtigungsphase. Heute versehen die neuen Triebzüge weitgehend störungsfrei ihren Dienst.

Für den Einsatz auf Strecken mit Wechselstrom-Oberleitung wurden zwischen April und Juli 2006 neun neue Zweisystemfahrzeuge (474 104-112) in Dienst gestellt. Ferner wurden 2006/07 insgesamt 33 bereits in Betrieb befindliche Einheiten der BR 474 entsprechend umgebaut (474 059-091 in 474 113-145). Als weithin sichtbare Zusatzausrüstung erhielten die Mittelwagen einen Stromabnehmer, der sich wegen der Gleichstrom-Tunnelstrecken vollständig im Wagendach versenken lässt. Die weitere Wechselstromausrüstung wie Trafo und Umrichter fanden ebenfallsausschließlich im Mittelwagens Platz, der nun auch eine Bremsausrüstung erhielt. Bei den Umbauzügen wurden die Mittelwagen unter Verwendung von Teilen aus den alten Wagen neu aufgebaut. Ab Dezember 2007 verkehren die Zweisystem-S-Bahnen unter Wechselstrom-Oberleitung zunächst zwischen Hamburg-Neugraben und Stade.

**Technische Daten:**

| Baureihenbezeichnung: | 474.0+874.0+474.5 (DB AG) |
|---|---|
| Radsatzanordnung: | Bo'Bo'+2'2'+Bo'Bo' |
| Stromsystem: | 1.200 V= (ab 474 104: 1,2 kV= und 16⅔ Hz/15 kV) |
| Vmax (km/h): | 100 |
| Stundenleistung (kW): | |
| Dauerleistung (kW): | 920 |
| Dienstmasse (t): | 102 (ab 474 104: 108) |
| Größte Radsatzfahrmasse (t): | |
| Länge über Kupplung (mm): | 66.000 |
| Drehzapfenabstand (mm): | 16.190+13.280+16.190 |
| Radsatzabstand Triebgestell (mm): | 2.300 |
| Radsatzabstand Laufdrehgestell (mm): | 1.800 |
| Treibraddurchmesser (mm): | 855 |
| Laufraddurchmesser (mm): | 680 |
| Sitzplätze: | 208 |
| Indienststellung: | 1996-2006 |
| Verbleib: | DB AG (S-Bahn Hamburg) |

Foto: Estler

## 478.6 (BVG, DB AG)

Die (West-)Berliner Verkehrsbetriebe (BVG) beschafften 1989 bei Kaelble-Gmeinder in Mosbach zwei Zweikraft-Lokomotiven mit den Betriebsnummern 5050 und 5051 für die damals noch von ihnen betriebenen S-Bahnstrecken. Sie waren vor allem für Güterzugfahrten oder Havariefälle im Nord-Süd-Tunnel vorgesehen, wurden aber zunächst kaum gebraucht. Der Antrieb der beiden Loks erfolgt wahlweise elektrisch über Stromschiene oder auf stromlosen Gleisen mit Hilfe eines Dieselmotors. Nach Übernahme der Berliner S-Bahn durch die DB AG wurden die Loks als 478 601 und 602 eingereiht. Welche genialen Überlegungen dieser Klassifizierung als »Triebwagen« zu Grunde lagen, lässt sich nicht mehr nachvollziehen. Vermutlich gaben schlichtweg die benachbarten Baureihenbezeichnungen der Berliner S-Bahntriebwagen den Ausschlag.

In den Jahren 1997 und 1998 erfolgte eine grundlegende Aufarbeitung dieser beiden Exoten. Ihr Brot verdienen sie sich heute vor allem als Zugloks vor Tunnelreinigungszügen und mit Überführungsfahrten von S-Bahnfahrzeugen zu den entsprechenden Betriebshöfen oder in der Umgebung befindlichen Herstellern.

| Technische Daten: | |
|---|---|
| Baureihenbezeichnung: | 478.6 (DB AG) |
| Radsatzanordnung: | Bo'Bo' |
| Stromsystem: | 750 V Gleichstrom |
| Vmax (km/h): | 80 |
| Antriebsleistung Elektromotoren (kW): | 1.104 (4 x 276) |
| Antriebsleistung Dieselmotor (kW): | 1.170 |
| Dienstmasse (t): | 66 |
| Größte Radsatzfahrmasse (t): | |
| Länge über Kupplung (mm): | 15.960 |
| Drehzapfenabstand (mm): | |
| Radsatzabstand Triebgestell (mm): | |
| Treibraddurchmesser (mm): | 1.000 |
| Sitzplätze: | - |
| Indienststellung: | 1989 |
| Verbleib: | DB AG (S-Bahn Berlin) |

Foto: Estler

## 480 (DB AG)

Mit der Übernahme des S-Bahnbetriebs in Westberlin am 9. Januar 1984 durch die (West-)Berliner Verkehrsbetriebe (BVG) wurde ein neues Kapitel der S-Bahngeschichte aufgeschlagen. Die BVG hatte von der DR 115 Viertelzüge der BR 275 übernommen, die zunächst für den Rumpfbetrieb auch ausreichten. Bedingt durch Linienerweiterungen und die Schadanfälligkeit der alten Triebwagen begannen schon im Herbst 1984 die Planungen für die neue Baureihe 480. Vorausschauende Vorgabe bei der Entwicklung war die beizubehaltende Kompatibilität mit dem S-Bahnsystem im Ostteil der Stadt, um die neuen Fahrzeuge gegebenenfalls auch dort einsetzen zu können. Im Gegensatz zu den bisherigen Gepflogenheiten wurde als kleinste betriebliche Einheit ein Viertelzug festgelegt, seither waren dies Halbzüge (= 2 Viertelzüge) gewesen. Daher entstanden die neuen Triebzüge als Doppeltriebwagen.

Die ersten vier Baumuster wurden im Herbst 1986 präsentiert. Aufsehen erregte vor allem das Frontdesign mit schräggestellter trapezförmiger Frontscheibe, Annax-Zugzielanzeige und Stirnlampen hinter zusätzlichen Dreiecksscheiben. Zwei Prototypen waren in einer neuen Farbgebung »Kristallblau/Nachtblau« abgeliefert worden. Sie setzte sich bei den Berlinern mehrheitlich nicht durch, daher blieb es beim traditionellen S-Bahnanstrich. Die Wagenkästen der 480 wurden in Formleichtbauweise als selbsttragende Konstruktion aus dem Edelstahl Renamit gefertigt. Alle acht Radsätze der Doppeltriebwagen wurden von je einem Drehstrom-Asynchron-Fahrmotor angetrieben.

Die neuen Fahrzeuge wurden zunächst ausgiebig erprobt, wobei sich zahlreiche Detailänderungen für die Serienlieferung ergaben, wie etwa den Ersatz der Annax-Zugzielanzeige durch ein Zugzielband. Die erste Serie mit 41 Einheiten wurde zwischen 1990 und 1992 noch an die BVG ausgeliefert. Eine weitere Serie mit 40 Garnituren bestellte die DR nach der Vereinigung. Mit deren Auslieferung bis 1993 endete die Beschaffung dieser futuristisch aussehenden Doppeltriebwagen. Die vier Prototypen wurden wegen der großen technischen Abweichungen zur Serie bereits 2003/04 ausgemustert und bald darauf verschrottet.

Foto: Estler

| Technische Daten: | |
|---|---|
| Baureihenbezeichnung: | 480.0+480.5 (DB AG) |
| Radsatzanordnung: | Bo'Bo'+Bo'Bo' |
| Stromsystem: | 750 V Gleichstrom |
| Vmax (km/h): | 100 |
| Stundenleistung (kW): | 824 |
| Dauerleistung (kW): | 720 |
| Dienstmasse (t): | 60 |
| Größte Radsatzfahrmasse (t): | |
| Länge über Kupplung (mm): | 36.800 |
| Drehzapfenabstand (mm): | 12.100+12.100 |
| Radsatzabstand Triebgestell (mm): | 2.200 |
| Radsatzabstand Laufdrehgestell (mm): | - |
| Treibraddurchmesser (mm): | 900 |
| Laufraddurchmesser (mm): | - |
| Sitzplätze: | 92+4 Klappsitze |
| Indienststellung: | 1986-1993 |
| Verbleib: | DB AG (S-Bahn Berlin) |

## 481/482 (DB AG)

Als »Einheitsfahrzeug« für die wiedervereinigte Berliner S-Bahn erfolgte am 22. Februar 1996 das feierliche »Roll-out« des ersten Viertelzuges der Baureihe 481/482. Vorangegangen waren ausführliche Untersuchungen der in Ost und West zuletzt beschafften S-Bahntriebwagen der Baureihen 485 und 480 auf ihre Eignung als Ersatzfahrzeug für den überalterten Wagenpark. Die Untersuchungen zeigten bald, dass nur ein weiterentwickelter Triebzug alle Forderungen erfüllen konnte. Das Berliner Viertelzug-Prinzip wird auch beim Doppeltriebwagen 481/482 beibehalten. Als kleinste im Betrieb einsetzbare Einheit kann aber nur ein Halbzug (= 2 Viertelzüge) gefahren werden, da nur der 481 einen Führerstand besitzt. Angetrieben werden sechs Radsätze des Viertelzuges mit Drehstrom-Asynchronmotoren, die von GTO-Stromrichtern gespeist werden. Der Endtriebwagen 481 besitzt daher auch ein Laufdrehgestell. Alle Drehgestelle sind luftgefedert mit radial geführten Radsätzen zur Verschleißminderung. Die Wagenkästen wurden als Schweißkonstruktion aus nichtrostendem Stahl in herkömmlicher Gerippebauweise ausgeführt. Der Führerstand ist vollklimatisiert, dagegen nicht die Fahrgasträume.

*Foto: Estler*

Die neuen Viertelzüge sollten sich von allen anderen S-Bahnfahrzeugen abheben, was mit der eigenwilligen Gestaltung durch die sphärisch gekrümmte Frontscheibe mit ihrer »Brillen«-Umrandung auch gelungen ist. Erneut wurde bei den neuen Viertelzügen der Anlauf unternommen, der Berliner S-Bahn ein neues »Corporate Identity« zur verleihen. Doch alle vorgeschlagenen Farbgebungen fielen durch, so dass es beim gewohnten »Rot-Gelb« blieb.
Die ersten Züge verkehrten ab März 1997 im Planbetrieb. Insgesamt 500 Viertelzüge wurden bestellt, ihre Auslieferung war bis Sommer 2004 beendet. Am 7. Februar 2003 stellte die S-Bahn Berlin GmbH ihren ersten durchgängig begehbaren Halbzug 481 501+482 501+482 601+481 601 der Öffentlichkeit vor. Bis Frühjahr 2003 wurden zwei weitere Einheiten ausgeliefert. Ein Jahr mussten dann alle drei Triebzüge umfangreiche Tests über sich ergehen lassen. Ein Umbau der bereits vorhandenen Viertelzüge 481/482 wird allerdings auf Grund der aufwändigen konstruktiven Änderungen nicht erfolgen.

| Technische Daten: | |
|---|---|
| Baureihenbezeichnung: | 481+482 (DB AG) |
| Radsatzanordnung: | Bo'2'+Bo'Bo' |
| Stromsystem: | 750 V Gleichstrom |
| Vmax (km/h): | 100 |
| Stundenleistung (kW): | |
| Dauerleistung (kW): | 600 |
| Dienstmasse (t): | 59 |
| Größte Radsatzfahrmasse (t): | |
| Länge über Kupplung (mm): | 36.800 |
| Drehzapfenabstand (mm): | 12.100+12.100 |
| Radsatzabstand Triebgestell (mm): | 2.200 |
| Radsatzabstand Laufdrehgestell (mm): | 2.200 |
| Treibraddurchmesser (mm): | 820 |
| Laufraddurchmesser (mm): | 820 |
| Sitzplätze: | 80+14 Klappsitze |
| Indienststellung: | 1995-2004 |
| Verbleib: | DB AG (S-Bahn Berlin) |

## 483, 484 (DB AG)

Zur Ablösung der Baureihen 480 und 485 stellt die die S-Bahn Berlin seit 2020 neu Triebwagen in Dienst. Dabei werden von Siemens und Stadler außer Viertelzügen (Baureihe 483) erstmals auch Halbzüge (Baureihe 484) geliefert. Die Wagenkästen werden in Ungarn gebaut, die Endmontage der Fahrzeuge erfolgt in Berlin-Pankow.
Die Fahrzeuge werden nach den neuesten technischen und ergonomischen Kenntnissen gefertigt. Dazu gehören beispielsweise in das Führerpult integrierte Bildschirme zur Überwachung der Türen und Bahnsteige. Bei Baureihen sind mit Stirnübergängen ausgestattet, die die Verteilung der Fahrgäste ermöglichen. Durch verschließbare Zwischentüren können beschädigte Wagen abgeriegelt und der restliche Zug weiterhin genutzt werden. Direkt hinter den Fahrerkabinen sind Rollstuhlplätze vorhanden, so ist bei Bedarf schnelle Hilft möglich. Die Fahrgasträume sind voll klimatisiert. Fahrgastinformationssystem mit Flachbildschirmen informieren die Fahrgäste über den Fahrtverlauf.

*Foto: Siemens*

Jeder Wagen eines Zugs hat über einen eigenen Traktionsstromrichter, der drei der vier Radsätze des jeweiligen Wagens antreibt. Die Leistung ist so dimensioniert, dass ein vierteiliger Zug auch bei Ausfall eines Umrichters noch weiter betrieben werden kann. Bei den Halbzügen sind zwei Hilfsbetriebeumrichter vorhanden. Sollte einer davon ausfallen, ist ein komforteingeschränkter Weiterbetrieb möglich.
Der erste Wagenkasten kam im Oktober 2017 zur Montage nach Berlin und der erste rollfähig montierte Zug (484 001) konnte im Juni 2018 der Presse vorgestellt werden. Der 484 002 wurde dann im September 2018 auf der InnoTrans präsentiert. Im Juni 2019 traf mit dem 483 004 der erste Viertelzug in der Hauptwerkstatt in Berlin-Schöneweide ein. Seit 2021 sind die Züge planmäßigen auf der S 45 unterwegs. Im Juni 2022 Begann der Betrieb im 20-Minuten-Takt auf der S 46. Im Oktober 2022 kam die S 8 dazu. Auch auf der Ringbahn den Ringbahnlinien S 41 und S 42 sind die Züge inzwischen zu finden
Ab Dezember 2022 sollte die Linie S1 5 auf der Neubaustrecke zwischen Hauptbahnhof und Gesundbrunnen in Betrieb gehen, was sich aber wohl auf Dezember 2023 verschiebt.

| Technische Daten: | | |
|---|---|---|
| Baureihenbezeichnung: | 483 Viertelzug (DB AG) | 484 Halbzug (DB AG) |
| Radsatzanordnung: | (1A)Bo'+Bo'(A1) | (1A)Bo'+Bo'(A1)+ |
| (1A)Bo'+Bo'(A1) | | |
| Stromsystem: | 750 V = | 750 V = |
| Vmax (km/h): | 100 | 100 |
| Stundenleistung (kW): | 840 | 1680 |
| Größte Radsatzfahrmasse (t): | 13,5 | 13,5 |
| Länge über Kupplung (mm): | 36.800 | 73.600 |
| Radsatzstand Drehgestell (mm): | 2.100 | 2.100 |
| Treibraddurchmesser (mm): | 820 | 820 |
| Laufraddurchmesser (mm): | 820 | 820 |
| Sitzplätze: | 80 | 184 |
| Indienststellung: | seit 2020 | |

## 485 (DB AG), 270 (DR)

Während in den 1970er-Jahren ein umfangreiches Rekonstruktionsprogramm der Vorkriegsfahrzeuge im Ostberliner S-Bahnnetz anlief, war auch dringend die Entwicklung eines neuen S-Bahntriebzuges notwendig geworden. Ende 1979 wurde vom VEB »Hans Beimler« in Hennigsdorf ein gerade fertiggestellter Viertelzug als Baureihe 270 vorgestellt, drei weitere Musterviertelzüge folgten Anfang 1980. Entsprechend den Berliner Gepflogenheiten bestand ein Viertelzug aus Trieb- und Beiwagen, die kleinste betriebliche Einheit war wiederum ein Halbzug. Die Wagenkästen waren eine geschweißte Aluminium-Leichtbaukonstruktion aus Strangpressprofilen und Blechen. Die Formgebung wurde von der Hochschule für industrielle Formgestaltung der DDR entworfen und zeichnete sich vor allem durch die breiten Fenster sowie die außenliegenden Schiebetüren aus. Angetrieben wurden die vier Radsätze des Triebwagens von je einem vierpoligen Mischstrom-Reihenschlussmotor. Die Steuerung erfolgte erstmals über Gleichstromsteller und elektropneumatische Schütze.

| Technische Daten: | |
|---|---|
| Baureihenbezeichnung: | 485+885 (DB AG) |
| Radsatzanordnung: | Bo'Bo'+2'2' |
| Stromsystem: | 750 V Gleichstrom |
| Vmax (km/h): | 90 |
| Stundenleistung (kW): | 600 |
| Dauerleistung (kW): | 500 |
| Dienstmasse (t): | 60 |
| Größte Radsatzfahrmasse (t): | |
| Länge über Kupplung (mm): | 36.200 |
| Drehzapfenabstand (mm): | 12.300+12.300 |
| Radsatzabstand Triebgestell (mm): | 2.500 |
| Radsatzabstand Laufdrehgestell (mm): | 2.500 |
| Treibraddurchmesser (mm): | 850 |
| Laufraddurchmesser (mm): | 850 |
| Sitzplätze: | 104 |
| Indienststellung: | 1980-1992 |
| Verbleib: | 270 001 + 002 (Hist. S-Bahn Berlin) |

Die vier Musterviertel wurden zunächst ausgiebig erprobt. Nachdem die grundsätzliche Bewährung festgestellt worden war, folgte ab Frühjahr 1987 eine sogenannte Nullserie mit acht Viertelzügen (270 009-024). Drei weitere Serien mit insgesamt 158 Viertelzügen wurden von Februar 1990 bis Dezember 1992 geliefert. Die ersten 95 Einheiten wurden noch mit den DR-Nummern 270 001-190 in Dienst gestellt. Im DR-Bezeichnungsschema waren den Beiwagen jeweils die geraden, den Triebwagen die ungeraden Ordnungsnummern zugeteilt. Mit der Einführung des einheitlichen deutschen Nummernschemas 1992 wurden die Triebwagen als Baureihe 485 und die Beiwagen als Baureihe 885 bezeichnet. Die vier unterschiedlichen Serien konnten anfangs nicht freizügig miteinander eingesetzt werden, wurden aber zwischenzeitlich vereinheitlicht. Schon 1990 wurden die vier Musterviertel ausgemustert und bis auf den 270 001/002 bald darauf verschrottet.

Eigentlich sind die Züge schon seit längerem zur Abstellung vorgesehen. Probleme mit der Baureihe 481 veranlassten aber die Bahn, zahlreiche Züge der Baureihe 485 aufarbeiten zu lassen und weiter zu betreiben. So waren 2022 noch 80 Einheiten von Berlin-Grünau auf den Linien S 8 (Zeuthen – Grünau – Birkenwerder) und S 85 (Grünau – Schöneweide – Pankow) unterwegs.

*Foto: Estler*

## 488 (DB AG)

Nach ihrer Gründung am 1. Januar 1995 versuchte die S-Bahn Berlin GmbH (100-%-ige DB-Tochter), mit innovativen Ideen neue Kundenpotentiale zu erschließen. Erste Überlegungen eines neuen Fahrzeugs für den Touristikverkehr gingen in die Richtung einer Kabrio-S-Bahn, die mit offenem Verdeck über die Gleise der Hauptstadt kutschieren sollte. Hohe Gefährdungspotentiale und mangelnde Allwettertauglichkeit ließen diese Idee jedoch bald wieder in der Schublade verschwinden. Neue Überlegungen hatten Anfang 1996 den »Gläsernen Zug« (ET 91) zum Vorbild, analog sollte ein »Gläserner S-Bahnzug« entstehen. Mit der Entwicklung wurde die S-Bahn-Hauptwerkstatt in Schöneweide betraut, die ja mit der Rekonstruktion von Fahrzeugen schon einschlägige Erfahrungen gesammelt hatte. Bald darauf wurde ein dreiteiliger, durchgehend begehbarer Triebzug vorgestellt, der aus zwei Triebwagen mit dazwischen gekuppeltem antriebslosem Mittelwagen bestand. Als Spenderfahrzeuge dienten die Triebwagen 477 105 und 130 sowie der Beiwagen 877 130. Zunächst war nur ein Umbau dieser Wagen vorgesehen, doch ihr baulicher Zustand erforderte schließlich einen kompletten Neuaufbau, mit dem im Frühjahr 1997 begonnen wurde. Die Triebwagenköpfe lehnen sich in ihrer Gestaltung an die Baureihe 477 an. Dagegen lassen die bis weit ins Dach hinein gezogenen Panoramafenster einen ungehinderten Blick nach außen zu. Die »Panorama-S-Bahn« verfügt über 65 drehbare Sitze, so dass die Fahrgäste immer in Fahrtrichtung sitzen können. Im Mittelwagen ist eine Bar mit Theke vorhanden, wo Snacks und Getränke gereicht werden können. Drehgestelle und Antrieb wurden unverändert übernommen, lediglich die Hilfsbetriebsversorgung musste infolge der erweiterten elektrischen Ausrüstung geändert werden.

| Technische Daten: | |
|---|---|
| Baureihenbezeichnung: | 488.0+888.0+488.5 (DB AG) |
| Radsatzanordnung: | Bo'Bo'+2'2'+Bo'Bo' |
| Stromsystem: | 750 V Gleichstrom |
| Vmax (km/h) | 80 |
| Stundenleistung (kW): | 720 |
| Dauerleistung (kW): | 504 |
| Dienstmasse (t): | 123 |
| Größte Radsatzfahrmasse (t): | |
| Länge über Kupplung (mm): | 54.065 |
| Drehzapfenabstand (mm): | 11.975+12.325+11.975 |
| Radsatzabstand Triebgestell (mm): | 2.500 |
| Radsatzabstand Laufdrehgestell (mm): | 2.500 |
| Treibraddurchmesser (mm): | 900 |
| Laufraddurchmesser (mm): | 900 |
| Sitzplätze: | 65 |
| Indienststellung: | Umbau 1999 |

Der als 488 001+888 001+488 501 bezeichnete Triebzug wurde am 6. August 1999 feierlich dem Betrieb übergeben, rechtzeitig zu den Jubiläumsfeiern des 75. Geburtstags der Berliner S-Bahn. Der Zug war freitags und an den Wochenenden als Rundfahrt auf der Strecke Ostbahnhof – Südring – Stadtbahn – Ostbahnhof unterwegs. Außerdem konnte er angemietet und auch auf anderen Verbindungen eingesetzt werden. Derzeit ist er beim Verein Historische S-Bahn Berlin in Erkner untergestellt. Wegen der Kosten von über 2 Millionen Euro steht die Aufarbeitung in Frage.

*Foto: Dostal*

## 490 (DB AG)

Mitte der 2010er-Jahre beschloss die S-Bahn Hamburg neue Triebzüge zu beschaffen. 2018 bestellte sie dann bei Bombardier Transportation in Hennigsdorf 51 dreiteilige Einsystem- und 30 ebenfalls dreiteilige Zweisystemzüge, die als Baureihe 4901 und 4903 in ihren Fahrzeugbestand aufnahm.
Im Juni 2014 wurde im S-Bahn-Werk Ohlsdorf ein 1:1-Modell („Mock-up") eines Endwagens vorgestellt und Interessierte konnten mit dem design der neuen Züge vertraut machen.
Die Züge sind nach modernsten Methoden gefertigt und nach den Vorgaben mit Crash-Elementen in den Frontbereichen ausgestattet. Im Gegensatz zu den Vorgängern sind nur die inneren Drehgestelle der Endwagen und die beiden Drehgestelle der Mittelwagen angetrieben. Die Hochspannungsausrüstung ist im Mittelwagen untergebracht. Der Haupttransformator hängt unterflur in Bodenwannen. Die Stromabnehmer für die Oberleitung ist auf dem Mittelwagen montiert, die Stromabnehmer für die Stromschiene seitlich an den Drehgestellen der Endwagen. Eine Trennung der dreiteiligen Züge als kleinste Einheit ist im Betrieb nicht vorgesehen, Deshalb sind die einzelnen Wagen über feste Kurzkupplungen miteinander verbunden.
Die Wagen sind sich durch Stirnübergänge miteinander verbunden, sodass sich die Fahrgäste im ganzen Zug verteilen können. Sie finden etwa 190 Sitz- und 280 Stehplätze vor. Ein Mehrzweckabteil mit Klappsitzen dient zur Aufnahme von großen Gegenständen wie Rollstühlen und Kinderwagen.
Erstmals wurden die Triebwagen mit einer Klimaanlage ausgestattet, die mit einer Wärmepumpe arbeitet. Auf großen Bildschirmen können die Fahrgäste Informationen über Fahrtverlauf ersehen. Beleuchtete Trittkanten und Knöpfe sowie Signaltöne erleichtern die Nutzung der Züge.
Im Frühjahr 2018 hatten die Züge ihre Zulassung und gingen in einen ersten Probebetrieb. Der Regelbetrieb begann dann mit zwei Zügen im Mai 2018. Inzwischen sind die in Hamburg-Ohlsdorf beheimateten Züge bevorzugt auf den S 21 (Elbgaustraße – Dammtor – Bergedorf – Aumühle) und S 31 (Altona – Dammtor – Harburg – Neugraben) unterwegs. Inzwischen sind die Züge aber auch auf den Linien S 1, S 11, S 2, und S 3 unterwegs.

*Foto: Dostal*

**Technische Daten:**

| | |
|---|---|
| Baureihenbezeichnung: | 490 (DB AG) |
| Radsatzanordnung: | 2'Bo'+Bo'Bo'+Bo'2' |
| Stromsystem: | 1.200 V =* |
| Vmax (km/h): | 100/140** |
| Stundenleistung (kW): | 1.600 |
| Dienstmasse (t): | 122/130** |
| Länge über Kupplung (mm): | 66.000 |
| Radsatzabstand Drehgestell (mm): | 2.200 |
| Sitzplätze: | 178+18 Klappsitze |
| Indienststellung: | 2013 – 2020 |
| * 4903: 15 kV/16,7 Hz ~, 1,2 kV = | |
| **4901/4903 | |

## ET 182 (DB)

1938 war die im Abschnitt München-Isartalbahnhof-Höllriegelskreuth mit 750-V-Gleichstrom elektrifizierte Isartalbahn von der Lokalbahn-AG München (LAG) durch die DRG übernommen worden. Nach Kriegsende waren die überalterten, noch von der LAG beschafften Triebwagen dem starken Verkehrsaufkommen kaum mehr gewachsen. So traf es sich gut, dass diverse Gleichstrom-Triebwagen in den Westzonen mehr oder weniger schadhaft verblieben waren, die ohne größeren Aufwand für den Einsatz auf der Isartalbahn hergerichtet werden konnten. Im Raum Nürnberg wurde ein 1941 gebauter Oberleitungs-Triebwagen mit Steuerwagen aus dem Bestand der Wehrmacht aufgefunden. Diese hatte das Fahrzeug auf der Insel Usedom im Pendelverkehr zwischen Zinnowitz und dem Raketen-Versuchsgelände Peenemünde eingesetzt. Die Werkbahn war mit 1200 Volt elektrifiziert gewesen. Im Fahrzeugteil entsprachen diese Triebwagen weitgehend den ET/EB 167 der Berliner S-Bahn. Zur Anpassung an die nur 750 Volt der Isartalbahn wurden dem Triebwagen aus jedem Drehgestell ein Gleichstrommotor entfernt. Ab 31. Juli 1946 konnte er auf der Isartalbahn als ET/ES 182 01 eingesetzt werden.
Inzwischen hatte man noch weitere gleichstromtaugliche Fahrzeuge ähnlicher Konstruktion ausfindig gemacht: Vier Beiwagen der S-Bahn-Baureihe EB 167 warteten nach Kriegsende bei Wegmann in Kassel immer noch auf ihre Fertigstellung. Zwei der Wagen erhielten Triebdrehgestelle mit je einem BBC-Gleichstrommotor sowie zwei Scherenstromabnehmer. Ende 1949 stand der ET/ES 182 011 für den Vorortverkehr auf der Isartalbahn zur Verfügung, Ende 1950 folgte der ET/ES 182 012. Schon ab Mai 1949 konnte der ET/ES 182 021 eingesetzt werden. Er entstand aus einem Berliner S-Bahn-Zug (ET/EB 165 636), der nach einer Reparatur in Holland zur Beseitigung von Kriegsschäden ohne elektrische Ausrüstung in der BD Köln hängen geblieben war. Die Hamburger S-Bahn stand Pate bei der Steuerung der drei letztgenannten Triebwagen, der ET/ES 182 01 erhielt später ebenfalls eine Steuerung der Bauart S-Bahn Hamburg. Nach der Umstellung der Isartalbahn auf Wechselstrom am 18. Mai 1955 ließ die DB diese Fahrzeuge umbauen (siehe ET 26).

*Foto: Robin Fell/Bildarchiv der Eisenbahnstiftung*

**Technische Daten:**

| | | | |
|---|---|---|---|
| Baureihenbezeichnung: | ET/ES 182 01 (DB) | ET/ES 182 011+012 (DB) | ET 182 021 (DB) |
| Radsatzanordnung: | (1A)(A1)+2'2' | (1A)(A1)+2'2' | (1A)(A1)+2'2' |
| Stromsystem: | 750 Volt= | 750 Volt= | 750 Volt= |
| Vmax (km/h): | 80 | 80 | 80 |
| Stundenleistung (kW): | 220 | 260 | 220 |
| Dauerleistung (kW): | | | |
| Dienstmasse (t): | 67 | 64 | 66 |
| Größte Radsatzfahrmasse (t): | 12 | 12 | 13 |
| Länge über Puffer/Kupplung (mm): | 35.900 | 36.100 | 36.045 |
| Drehzapfenabstand (mm): | 11.975+12.325 | 12.325+12.325 | 11.800+11.800 |
| Radsatzabstand Triebgestell (mm): | 2.500 | 2.500 | 2.500 |
| Radsatzabstand Laufdrehgestell (mm): | 2.500 | 2.500 | 2.500 |
| Treibraddurchmesser (mm): | 900 | 900 | 900 |
| Laufraddurchmesser (mm): | 900 | 900 | 900 |
| Sitzplätze: | 114 | 114 | 121 |
| Indienststellung: | 1946 | 1949-1950 | 1949 |
| Verbleib: | ET/ES 26 002 | ET/ES 26 001+004 | ET/ES 26 003 |

## ET 183 (LAG, DRG, DB)

Mit der Verstaatlichung der LAG am 1. August 1938 wurden als ET 183 01 bis 05 (ex LAG 501 bis 505) fünf vierachsige Triebwagen in den DRG-Bestand eingereiht. Sie waren anlässlich der Aufnahme des elektrischen Betriebs auf der Isartalbahn zwischen München Isartalbahnhof und Höllriegelskreuth-Grünwald am 15. Januar 1900 beschafft worden. Das Äußere der Triebwagen war ziemlich ungewöhnlich. Auf dem genieteten Stahluntergestell saß der Wagenkasten, eine mit Blech verkleidete Holzkonstruktion. Die Fahrzeuge hatten zunächst offene Führerbühnen, darauf folgte jeweils ein Abteil. Das mittlere Abteil war über drei seitliche, im Profil eingezogene Schlagtüren zugänglich, welche für einen schnellen Fahrgastwechsel sorgen sollten. Ab 1926 wurden die Fahrzeuge umgebaut, die Führerbühnen geschlossen. Weiterhin ersetzte man die Lyra-Stromabnehmer durch Scherenstromabnehmer. Beim ET 183 05 entfernte man die eingezogenen Mitteltüren und ersetzte sie durch eine außenwandbündige Doppelschiebetüre und ein weiteres Fenster, so dass man noch Gepäckraum gewann.

*Foto: Estler*

Bald nach der Reichsbahnübernahme verließ der äußerlich abweichende ET 183 05 sein angestammtes Revier. Er wurde 1941 nach Württemberg auf die ebenfalls von der LAG übernommene Strecke Meckenbeuren–Tettnang versetzt. Die vier anderen ET 183 blieben zunächst auf der Isartalbahn, wo sie mit dem Eintreffen der neuen ET 182 Ende der 1940er-Jahre allmählich überflüssig wurden. 1949/50 wechselten die ET 183 03 und 04 auf die südöstlich von München gelegene Nebenbahn Bad Aibling–Feilnbach. Dorthin folgte 1956 auch der ET 183 01, während der ET 183 02 schon 1953 ausgemustert worden war. Noch 1958 wurde der ET 183 01 in einen Beiwagen umgebaut. Mit dem Ende des Gleichstrombetriebs zwischen Bad Aibling und Feilnbach ein Jahr später wurde er zusammen mit den ET 183 03 und 04 ausgemustert. Als einziger überlebte der ET 183 05. Nach seiner Außerdienststellung am 1. Februar 1962 schlummerte er zunächst jahrelang im Bw Freudenstadt vor sich hin. 1981 wurde er ins Bw Kornwestheim überführt und erreichte 1986 schließlich seine letzte Ruhestätte, das Deutsche Technik Museum in Berlin.

| Technische Daten: | |
|---|---|
| Baureihenbezeichnung: | ET 183 (DRG) |
| Radsatzanordnung: | (1A)(A1) |
| Stromsystem: | 750 Volt Gleichstrom |
| Vmax (km/h): | 50 |
| Stundenleistung (kW): | 96 (ET 183 05: 90) |
| Dauerleistung (kW): | 70 (ET 183 05: 64) |
| Dienstmasse (t): | 29 |
| Größte Radsatzfahrmasse (t): | 10 |
| Länge über Puffer/Kupplung (mm): | 17.374 |
| Drehzapfenabstanda (mm): | 10.500 |
| Radsatzabstand Triebgestell (mm): | 2.500 |
| Treibraddurchmesser (mm): | 1.000 |
| Laufraddurchmesser (mm): | 1.000 |
| Sitzplätze: | 82 |
| Indienststellung: | 1899 |
| Verbleib: | ET 183 05 (DTM Berlin) |

## ET 184.0 (bay. Stb., DRG)

Für ihre mit 1.000 Volt Gleichstrom elektrifizierten Lokalbahnen Berchtesgaden-Reichsgrenze(-Salzburg) und Berchtesgaden-Königssee beschaffte die bayerische Staatsbahn insgesamt neun zweiachsige Triebwagen. Die Strecke Berchtesgaden-Salzburg wurde gemeinsam mit der Salzburger Lokalbahn betrieben. Auf dem bayerischen Streckenabschnitt wurde am 15. Januar 1908 der elektrische Betrieb mit den späteren ET 184 01-04 eröffnet. Im Gemeinschaftsbetrieb verkehrten die bayerischen Triebwagen mit nahezu baugleichen Fahrzeugen der Salzburger Lokalbahn. Mit der Verlängerung Berchtesgaden-Königssee zum 29. Mai 1909 wurden fünf weitere Exemplare beschafft, die späteren ET 184 05-09.

Die von MAN (mechanischer Teil) und AEG (elektrischer Teil) gelieferten robusten Triebwagen wurden von zwei Tatzlager-Gleichstrommotoren angetrieben. Anfangs besaßen die Fahrzeuge zwei Lyrabügel, Mittelpuffer und Kurzkupplung. Später erhielten sie einen mittigen Scherenstromabnehmer und normale Zug- und Stosseinrichtungen. An beiden Wagenenden befanden sich geräumige Plattformen mit den Führerständen und den Einstiegräumen, welche durch eine Schiebetür zugänglich waren.

Zwischen Berchtesgaden und der Reichsgrenze musste am 2. Oktober 1938 der Betrieb wegen dem Bau des Führerhauptquartiers eingestellt werden. Die zum Inselbetrieb gewordene Königsseebahn wurde 1942 von der DRG auf normalen Wechselstrombetrieb mit 15 kV/16,7 Hz umgestellt. Die Gleichstromtriebwagen wurden anschließend verkauft oder auf andere Bahnen umgesetzt.

Die ET 184 01, 08 und 09 gelangten zur benachbarten Salzburger Lokalbahn (SLB). Zwei davon sind heute noch erhalten: Der ehemalige ET 184 09 befindet sich bei der Museumstramway Mariazell, der einstige ET 184 01 fährt als Nostalgiefahrzeug bei der SLB. Bei Stern&Hafferl fanden die ET 184 02 und 04 eine neue Heimat. Ersterer landete ebenfalls bei der Museumstramway Mariazell, letzterer ist verschrottet.

| Technische Daten: | |
|---|---|
| Baureihenbezeichnung: | ET 184.0 (DRG) |
| Radsatzanordnung: | Bo |
| Stromsystem: | 1.000 Volt Gleichstrom |
| Vmax (km/h): | 40 |
| Stundenleistung (kW): | 88 |
| Dauerleistung (kW): | 74 |
| Dienstmasse (t): | 17 |
| Größte Radsatzfahrmasse (t): | 11 |
| Länge über Puffer/Kupplung (mm): | 10.250 |
| Radsatzabstand (mm): | 4.500 |
| Treibraddurchmesser (mm): | 850 |
| Sitzplätze: | 32 |
| Indienststellung: | 1907-1909 |
| Verbleib: | ET 184 01, 02, 09 (siehe Text) |

*By Eweht - Own work, CC BY-SA 4.0, https://commons.wikimedia.org/w/index.php?curid=61234388*

## ET 184.4 (LAG, DRG, DB)

Beim Bau der württembergischen Südbahn Ulm–Friedrichshafen war die Stadt Tettnang links liegengeblieben. Um dennoch Anschluss an das Schienennetz zu erhalten, wandte man sich an die Lokalbahn AG (LAG) in München, die bis Ende 1895 eine 4,2 Kilometer lange Verbindung zur Südbahn in Meckenbeuren baute. Da ein kleines Wasserkraftwerk bereits vorhanden war, entschloss man sich aus Rentabilitätsgründen gleich zum elektrischen Betrieb. Damit war die Lokalbahn von Meckenbeuren nach Tettnang die erste normalspurige, elektrisch betriebene Bahn mit Personen- und Güterverkehr in Deutschland. Gefahren wurde mit 650 Volt Gleichstrom.

Zur Betriebseröffnung beschaffte die LAG zwei kleine zweiachsige Triebwagen mit den Nummern 360 (MAN/SSW) und 361 (MAN/Oerlikon) sowie einen Beiwagen mit der Nummer 362 (MAN/SSW). Die Triebwagen waren in der Lage, den Beiwagen oder bis zu zwei Güterwagen zu befördern. Fahrschalter und Handkurbel waren auf zunächst offenen eingezogenen Plattformen angeordnet, welche später geschlossen wurden. Zwischen den beiden Personenabteilen befand sich ein großes Gepäckabteil, welches durch große Schiebetüren zugänglich war. Beide Radsätze wurden durch je einen vierpoligen Gleichstrom-Reihenschlussmotor angetrieben. Den Rollenstromabnehmer der Anfangsausstattung ersetzte später ein Scherenstromabnehmer.

Bei der 1938 erfolgten Übernahme der LAG durch die DRG wurden diese Fahrzeuge als ET 184 41, 42 und EB 184 42 eingereiht. Mit der 1941 erfolgten Umsetzung des ET 183 05 auf die Tettnanger Strecke hatten diese Wagen weitgehend ausgedient. Der ET 184 42 schied schon 1942 aus dem Bestand. Der zuletzt noch als Fahrleitungsuntersuchungswagen eingesetzte ET 184 41 musste erst am 9. Februar 1959 den Dienst quittieren.

| Technische Daten: | |
|---|---|
| Baureihenbezeichnung: | ET 184.4 (DRG) |
| Radsatzanordnung: | Bo |
| Stromsystem: | 650 Volt Gleichstrom |
| Vmax (km/h): | 40 |
| Stundenleistung (kW): | 90 |
| Dauerleistung (kW): | 64 |
| Dienstmasse (t): | 16 (ET 184 42: 14) |
| Größte Radsatzfahrmasse (t): | 11 (ET 184 42: 10) |
| Länge über Puffer/Kupplung (mm): | 10.020 |
| Radsatzabstand (mm): | 4.500 |
| Treibraddurchmesser (mm): | 1.000 |
| Sitzplätze: | 30 |
| Indienststellung: | 1895 |
| Verbleib: | ++ |

*Foto: Slg. Kuchinke*

## ET 185 (LAG, DRG, DB)

Schon kurz nach Beginn des 20. Jahrhunderts waren die kleinen Triebwagen (später ET 184 41 und 42) der LAG-Strecke Meckenbeuren–Tettnang dem Fahrgastaufkommen zu bestimmten Zeiten kaum gewachsen. Zur Verstärkung des Fahrzeugparks beschaffte die LAG 1906 einen vierachsigen Triebwagen von MAN und SSW, welcher die Nr. 772 erhielt. Das Fahrzeug war mit knapp 15 Metern für einen Vierachser relativ kurz. Neben drei Fahrgasträumen war auch ein in der Mitte liegender Gepäckraum mit seitlichen Schiebetüren vorhanden. Der Wagenkasten bestand aus Holz und war außen mit Blech verkleidet. Das Untergestell war als genietete Stahlkonstruktion aufgebaut. Zwei Gleichstrommotoren trieben den innenliegenden Radsatz eines jeden Drehgestells an. Ursprünglich verfügte das Fahrzeug nur über einen Stromabnehmer, später erhielt es aber zwei Scherenstromabnehmer. Mit der Übernahme durch die DRG wurde der Triebwagen als ET 185 01 in den Bestand eingereiht.

Ab 1941 stand mit dem ET 183 05 ein zweiter vierachsiger Triebwagen zur Verfügung. Wochenweise wechselten sich den letzten Betriebsjahren die beiden Triebwagen ab, die nicht ganz korrekt als ET 18 305 und ET 18 501 beschriftet waren. Aufgrund der überalterten Anlagen und Fahrzeuge endete am 1. Februar 1962 der elektrische Betrieb. Ein Schienenbus übernahm den Verkehr auf der Strecke. Kurz darauf wurde der ET 185 01 ausgemustert und wenig später verschrottet.

*Foto: Slg. Kuchinke*

| Technische Daten: | |
|---|---|
| Baureihenbezeichnung: | ET 185 (DRG) |
| Radsatzanordnung: | (1A)(A1) |
| Stromsystem: | 650 Volt Gleichstrom |
| Vmax (km/h): | 40 |
| Stundenleistung (kW): | 90 |
| Dauerleistung (kW): | 64 |
| Dienstmasse (t): | 25 |
| Größte Radsatzfahrmasse (t): | 8 |
| Länge über Puffer/Kupplung (mm): | 14.750 |
| Drehzapfenabstand (mm): | 9.000 |
| Radsatzabstand Triebgestell (mm): | 2.500 |
| Treibraddurchmesser (mm): | 1.000 |
| Laufraddurchmesser (mm): | 1.000 |
| Sitzplätze: | 44 |
| Indienststellung: | 1906 |
| Verbleib: | ++ |

## ET 186.0 (LAG, DRG, DB)

Als erste elektrische Eisenbahn in Bayern eröffnete am 15. August 1896 die »Localbahn-AG Wörishofen« den Betrieb auf ihrer 5,2 km langen Strecke von Türkheim nach Bad Wörishofen. Für die mit 550 Volt Gleichstrom elektrifizierte Bahn standen zwei vierachsige Triebwagen zur Verfügung, die von der Mecklenburgischen Waggonfabrik in Güstrow beschafft worden waren. Neun Jahre später kaufte die Lokalbahn AG (LAG) in München die Strecke samt Betriebsmittel und Elektrizitätswerk. Die beiden Triebwagen wurden grundlegend umgebaut und erhielten die Bahnnummern 761 und 762. Neben neuen Wagenkästen erhielten sie bei MAN ein dreiachsiges Fahrgestell. Angetrieben wurden nun die beiden äußeren Radsätze durch je einen Gleichstrommotor, beim 761 stammten diese von BBC, beim 762 von SSW. Ein Scherenstromabnehmer in Fahrzeugmitte besorgte die Stromzufuhr.

Bei der DRG erhielten die beiden Wagen nach der 1938 erfolgten Übernahme der LAG die Betriebsnummern ET 186 01 und 02. Aus militärischen Gründen musste am 12. September 1939 der elektrische Betrieb zwischen Türkheim und Bad Wörishofen eingestellt werden. Die beiden ET 186 wurden anschließend auf die ehemalige LAG-Strecke Bad Aibling–Feilnbach umgesetzt, wo sie unbeschädigt den Zweiten Weltkrieg überstanden. Nach einem Zusammenstoß mit einem Lkw 1951 musste der ET 186 01 ausgemustert werden. Der ET 186 02 stand noch bis zur Umstellung der Feilnbacher Strecke auf Wechselstrombetrieb im Jahr 1959 als Reserve zur Verfügung, da zwischenzeitlich drei ET 183 die Hauptlast des Verkehrs trugen. Auch dieser Wagen wurde dann ausgemustert und verschrottet.

Foto: Slg. Rampp

| Technische Daten: | |
|---|---|
| Baureihenbezeichnung: | ET 186.0 (DRG) |
| Radsatzanordnung: | A 1 A |
| Stromsystem: | 550 Volt Gleichstrom |
| Vmax (km/h): | 40 |
| Stundenleistung (kW): | 82 (ET 186 02: 52) |
| Dauerleistung (kW): | 58 (ET 186 02: 36) |
| Dienstmasse (t): | 16,2 |
| Größte Radsatzfahrmasse (t): | 7,3 |
| Länge über Puffer/Kupplung (mm): | 11.100 |
| Radsatzabstand (mm): | 3.200+3.200 |
| Treibraddurchmesser (mm): | 1.000 |
| Laufraddurchmesser (mm): | 1.000 |
| Sitzplätze: | 38 |
| Indienststellung: | 1896 (Umbau 1906) |
| Verbleib: | ++ |

## ET 186.1 (LAG, DRG, DB)

Die »Süddeutsche Elektrische Lokalbahn AG« (SEL) eröffnete am 29. Mai 1897 ihre Strecke Bad Aibling–Feilnbach, die von Anfang an mit 600 Volt Gleichstrom betrieben wurde. Zwar entwickelte sich die Feilnbacher Strecke recht gut, doch geriet die SEL in den Folgejahren in ernsthafte wirtschaftliche Schwierigkeiten. Bedingt durch den Konkurs ihrer Muttergesellschaft musste auch die SEL 1901 Konkurs anmelden und war gezwungen, die Bahn zu verkaufen. Die Lokalbahn AG (LAG) in München griff schließlich zu und übernahm ab dem 1. Januar 1904 den Betrieb. Um zeitgemäßere Fahrzeuge einsetzen zu können, ließ die LAG noch im gleichen Jahr bei MAN zwei Personenwagen aus dem Jahr 1891 in elektrische Triebwagen umbauen. Die beiden äußeren Radsätze der dreiachsigen Wagen mit den Nummern 181 und 182 erhielten jeweils einen Gleichstrommotor, der 181 von Kummer, der 182 von BBC. Zwei Lyra-Stromabnehmer sorgten anfangs für die nötige Stromzufuhr. Später erhielten die zunächst offenen Plattformen mit dem Führerstand Stirnwände und schließlich noch Seitenwände mit Türen. Auch die beiden Lyrabügel wurden durch einen mittigen Scherenstromabnehmer ersetzt.

Nach der Übernahme der LAG durch die Reichsbahn im Jahr 1938 wurden die beiden Triebwagen als ET 186 11 und 12 eingereiht. Nachdem 1940 die beiden in Bad Wörishofen arbeitslos gewordenen ET 186 01 und 02 auf die Feilnbacher Bahn umgesetzt worden waren, konnte bald auf den ET 186 11 verzichtet werden. Er wurde 1942 ausgemustert. Der letzte Ur-Feilnbacher diente noch bis zum Eintreffen der ET 183 in den Jahren 1949/59 als Reserve und musste dann aber auch den Dienst quittieren.

Foto: Belingrodt, Sammlung Rampp

| Technische Daten: | |
|---|---|
| Baureihenbezeichnung: | ET 186.1 (DRG) |
| Radsatzanordnung: | A 1 A |
| Stromsystem: | 600 Volt Gleichstrom |
| Vmax (km/h): | 40 |
| Stundenleistung (kW): | 44 |
| Dauerleistung (kW): | 32 |
| Dienstmasse (t): | 16,2 |
| Größte Radsatzfahrmasse (t): | 7,1 |
| Länge über Puffer/Kupplung (mm): | 9.974 |
| Radsatzabstand (mm): | 3.000+3.000 |
| Treibraddurchmesser (mm): | 1.000 |
| Laufraddurchmesser (mm): | 1.000 |
| Sitzplätze: | 40 |
| Indienststellung: | 1904 |
| Verbleib: | ++ |

## ET 188.5, 279.0 (Buckower Klb., Schleizer Klb. AG, DR), 479.6 (DB)

Schon 1897 wurde die Buckower Kleinbahn von Buckow nach Müncheberg als Schmalspurbahn (750 mm) eröffnet. Am 15. Mai 1930 wurde diese Schmalspurbahn durch die unmittelbar daneben gebaute normalspurige elektrifizierte Kleinbahn ersetzt, die mit 800 Volt Gleichstrom betrieben wurde. Dafür standen drei zweiachsige Triebwagen (ET 1-3) und äußerlich identische Beiwagen (EB 11-13) zur Verfügung, welche von der Hannoverschen Waggonfabrik und AEG gebaut worden waren. Nach der Übernahme 1949 durch die DR erhielten sie die Betriebsnummern ET 188 501-503 sowie EB 188 501-502, der ehemalige EB 13 war damals an die Oberbruchbahn verliehen und wurde daher zunächst nicht entsprechend umgezeichnet. Zwischen 1980 und 1982 wurde die Stromspannung auf 600 Volt herabgesetzt und die Fahrzeuge einschließlich des einstigen EB 13 umfassend rekonstruiert. Bis zur Einstellung des elektrischen Betriebs am 22. Mai 1993 fuhren die Triebwagen mit den Nummern 279 001, 003 und 005 sowie die Steuerwagen 279 002, 004 und 006 zuverlässig zwischen Müncheberg und Buckow. Nach Einstellung des Gesamtbetriebs 1999 kaufte der Verein »Museumsbahn Buckower Kleinbahn« (MBK) Strecke sowie Fahrzeuge für einen elektrischen Museumsbetrieb.

Für den Bau der Bleilochtalsperre wurde 1928 durch die Schleizer Kleinbahn AG eine normalspurige Anschlussbahn zwischen Schleiz und Saalburg mit Abzweig zur Talsperre errichtet. Auf Grund des nahegelegenen Kraftwerks wurde die Strecke ab 1930 mit 1.200 Volt Gleichstrom betrieben. Dafür wurden zwei zweiachsige Personentriebwagen, vier typengleiche Beiwagen und zwei zweiachsige Gütertriebwagen beschafft. Nach Übernahme durch die DR im Jahre 1949 erhielten die Fahrzeuge die Nummern ET 188 511-512, EB 188 511-514 und ET 188 521-522. Besaßen die Bei- und Triebwagen für den Personenverkehr zwar Stahlaufbauten aber nur eine Steifkupplung, waren die Gütertriebwagen mit Holzaufbauten und zusätzlich mit normalen Zug- und Stoßeinrichtungen ausgerüstet. Nach Einstellung des elektrischen Betriebs am 31. Mai 1969 wurden die Fahrzeuge zumeist als Werkstattwagen weiterverwendet. Vom Verkehrsmuseum Dresden werden heute die ET 188 511 und 521 sowie der EB 188 514 erhalten.

Foto: Estler

**Technische Daten:**

| | | | |
|---|---|---|---|
| Baureihenbezeichnung: | 279 001, 003, 005 (DR) | ET 188 511-512 (DR) | ET 188 521-522 (DR) |
| Radsatzanordnung: | Bo | Bo | Bo |
| Stromsystem: | 600 V= | 1.200 V= | 1.200 V= |
| Vmax (km/h): | 50 | 45 | 45 |
| Stundenleistung (kW): | 120 | | |
| Dauerleistung (kW): | | 2 x 60 | 2 x 60 |
| Dienstmasse (t): | 23 | 18 | 25 |
| Größte Radsatzfahrmasse (t): | | 12 | 13 |
| Länge über Puffer/Kupplung (mm): | 14.300 | 11.100 | 9.550 (ET 188 522: 9.300) |
| Radsatzabstand (mm): | 8.500 | 5.500 | 4.500 |
| Treibraddurchmesser (mm): | 900 | 950 | 950 |
| Sitzplätze: | 32 | 32 | 16 (nur ET 188 521) |
| Indienststellung: | 1930 | 1930 | 1930 |
| Verbleib: | 279 001, 003 u. 005 (MBK) ET 188 511 u. 521 (VMD, Dresden-Altstadt) | | |

## ET 188.531, ET 188 701, 279.2 (DR), 479.2 (DB AG)

Im Anschluss an die Standseilbahn Obstfelderschmiede-Lichtenhain wird auch heute noch auf dem Hochplateau des Thüringer Waldes die normalspurige, 2,5 km lange Nebenbahn von Lichtenhain nach Cursdorf betrieben. Diese ist seit Betriebsaufnahme 1923 mit 600 Volt Gleichstrom elektrifiziert. Für die Abwicklung des Verkehrs stehen heute drei annähernd gleich aussehende, zweiachsige Triebwagen mit den Betriebsnummern 479 201, 203 und 205 zur Verfügung. Jedes Fahrzeug hat jedoch eine bewegte Vergangenheit.

Als die Oberweißbacher Bergbahn GmbH 1949 von der DR übernommen wurde, kam ihr einziger Triebwagen als ET 188 531 in den DR-Bestand. 1968 war das Fahrzeug total heruntergewirtschaftet und kam nach amtlicher Lesart zur Rekonstruktion ins Raw Schöneweide. Dort entstand ein vollkommen neues Fahrzeug, bei dem nur Tragfedern und Zughaken vom Vorgänger übernommen wurden. Dem Begriff Rekonstruktion wurde damit Genüge getan und die planwirtschaftlichen Vorgaben zu Neubauten nicht überschritten. Als 279 201 kam er zurück auf seine Stammstrecke und wurde 1981 nochmals grundlegend modernisiert. Heute fährt er als 479 201.

Als Reservefahrzeug für den ET 188 531 stellte die DR 1955 den zweiachsigen ET 188 701 in Dienst. Er stammte von der Leipziger Straßenbahn, für die er 1909 gebaut worden war. Nach Anpassung von Spurweite (Strab Leipzig = 1.458 mm), Einbau von Zug- und Stosseinrichtungen sowie weiteren Adaptierungen fuhr das Fahrzeug in dieser Form bis 1963. Dann kam er ins Raw Schöneweide, wo er formell rekonstruiert wurde, tatsächlich erfolgte ein Neubau. Ab 1970 erhielt der neue Triebwagen die computergerechte Nummer 279 203. Nach einem grundlegenden Umbau 1984/85 erhielt er sein heutiges Aussehen analog dem 479 201.

Der Triebwagen 479 205 begann seine Karriere als Beiwagen bei der Niederbarnimer Eisenbahn. Er wurde von der DR 1949 als VB 140 518 eingereiht und 1975 vom Raw Schöneweide zum Steuerwagen 279 202 für die beiden Triebwagen umgebaut. Ein erneuter Umbau in den Jahren 1983/84 verwandelte ihn schließlich in den dritten Triebwagen (279 205) für die kurze Anschlussbahn.

Foto: Blaschke

**Technische Daten:**

| | |
|---|---|
| Baureihenbezeichnung: | 479.2 (DB AG) |
| Radsatzanordnung: | Bo |
| Stromsystem: | 600 Volt Gleichstrom |
| Vmax (km/h): | 40 |
| Stundenleistung (kW): | 120 |
| Dauerleistung (kW): | |
| Dienstmasse (t): | 16,3 |
| Größte Radsatzfahrmasse (t): | 12 |
| Länge über Puffer/Kupplung (mm): | 11.600 |
| Radsatzabstand (mm): | 6.500 |
| Treibraddurchmesser (mm): | 800 (479 201: 900) |
| Sitzplätze: | 24 |
| Indienststellung: | Umbau 1981-1985 |
| Verbleib: | DB AG |

## ET 194.0 (bay. Stb., DRG), ET 194.1 (LAG, DRG), ET 194.2 (LAG, DRG, DB)

Drei kleine zweiachsige Gleichstrom-Gepäck- und Gütertriebwagen unterschiedlicher Herkunft verbergen sich hinter der Baureihenbezeichnung ET 194. Bei allen Triebwagen wurden beide Radsätze durch je einen eigenbelüfteten Gleichstrom-Reihenschlussmotor angetrieben.
Für ihre Gleichstromstrecke (1.000 V) Berchtesgaden-Reichsgrenze(-Salzburg) beschaffte die bayerische Staatsbahn 1908 bei MAN/AEG neben vier Personentriebwagen auch einen Gepäcktriebwagen, den späteren ET 194 01. Zwischen den beiden geschlossen Führerständen befand sich ein großer Gepäckraum, der beidseitig durch Schiebetüren zugänglich war. Ein überdachter Seitengang mit halbhohen Seitengittern ermöglichte auf einer Wagenseite den Wechsel zwischen den Führerständen. Die andere Seitenwand schloss bündig mit dem Untergestell ab und war durchgezogen. Zusätzlich zur Steiffkupplung mit Mittelpuffer waren auch normale Zug- und Stosseinrichtungen vorhanden. Die beiden Lyrabügel wurden später durch einen mittigen Scherenstromabnehmer ersetzt. Mit der 1942 erfolgten Umstellung der Königsseebahn war der ET 194 01 arbeitslos und wurde verschrottet.

Foto: MAN, Sammlung Rampp

Der ET 194 11 gelangte 1938 mit der Verstaatlichung der LAG zur DRG. Als LAG 895 war 1930 von MAN/SSW aus einem alten Packwagen für den Güterverkehr auf der Strecke Türkheim–Wörishofen umgebaut worden. Mit der Einstellung des elektrischen Betriebs auf dieser Strecke am 12. September 1939 verlor dieses Fahrzeug sein Einsatzgebiet und wurde abgestellt. 1943 gelangte er zwar noch zur ehemaligen LAG-Strecke Bad Aibling–Feilnbach, blieb dort aber ebenfalls abgestellt und wurde schließlich 1947 verschrottet.
Der ET 194 21 als kleinster dieser drei Triebwagen kam ebenfalls von der LAG. Für ihre Strecke Bad Aibling–Feilnbach hatte sie 1922 bei MAN einen alten Güterwagen in den Gütertriebwagen LAG 891 umbauen lassen. Erst 1954 wurde dieses immer auf seiner Stammstrecke eingesetzte Fahrzeug ausgemustert.
Beide ex LAG-Triebwagen besaßen zwischen den beiden Führerständen einen großen Gepäckraum, der beidseitig durch eine Schiebetür zugänglich war. Beim ET 194 21 konnte man von den Führerständen durch kleine Schiebetüren ebenfalls in den Gepäckraum gelangen. Bei beiden Triebwagen waren die Anfahrwiderstände und die Drucklufteinrichtung in zwei Kästen im Laderaum untergebracht.

**Technische Daten:**

| Baureihenbezeichnung: | ET 194 01 (DRG) | ET 194 11 (DRG) | ET 194 21 (DRG) |
|---|---|---|---|
| Radsatzanordnung: | Bo | Bo | Bo |
| Stromsystem: | 1.000 V= | 550 V= | 550 V= |
| Vmax (km/h): | 40 | 40 | 40 |
| Stundenleistung (kW): | 88 | 82 | 82 |
| Dauerleistung (kW): | 74 | 60 | 60 |
| Dienstmasse (t): | 17 | 14 | 16 |
| Größte Radsatzfahrmasse (t): | 11 | 10 | 10 |
| Länge über Puffer/Kupplung (mm): | 9.224 | 7.930 | 9.000 |
| Radsatzabstand (mm): | 4.000 | 3.600 | 4.000 |
| Treibraddurchmesser (mm): | 850 | 1.000 | 800 |
| Sitzplätze: | - | - | - |
| Indienststellung: | 1908 | 1930 | 1922 |
| Verbleib: | ++ | ++ | ++ |

## ET 195 (DB)

Für ihre »Straßenbahn« von Ravensburg nach Baienfurt suchte die DB Anfang der 1950er-Jahre dringend neue Fahrzeuge, denn die alten Triebwagen aus der Eröffnungszeit (ET 196) waren am Ende ihrer Nutzungsdauer angelangt. Schon 1952 hatte die Düsseldorfer Waggonfabrik (DÜWAG) für die Vestischen Straßenbahnen vierachsige Zweirichtungs-Großraumwagen entwickelt. Zwei ähnliche Triebwagen baute DÜWAG nun 1954 für die Bundesbahn, welche dort die Bezeichnung ET 195 erhielten. Typisches Straßenbahn-Flair kennzeichnet den vollständig geschweißten Wagenkasten mit seinen runden Stirnfronten. Im Triebdrehgestell war längsgelagerter Gleichstrom-Reihenschlussmotor eingebaut, der über das Kegelrad-Achsgetriebe der Bauart DÜWAG beide Radsätze antrieb. Über einen Fahrschalter wurde die Schützensteuerung elektropneumatisch betätigt. Eine Vielfachsteuerung ermöglichte die Doppeltraktion beider Wagen.

**Technische Daten:**

| Baureihenbezeichnung: | ET 195 (DB) |
|---|---|
| Spurweite: | 1.000 mm |
| Radsatzanordnung: | B'2' |
| Stromsystem: | 750 Volt Gleichstrom |
| Vmax (km/h): | 60 |
| Stundenleistung (kW): | 100 |
| Dauerleistung (kW): | |
| Dienstmasse (t): | 16 |
| Größte Radsatzfahrmasse (t): | 4 |
| Länge über Puffer/Kupplung (mm): | 15.040 |
| Drehzapfenabstand (mm): | 6.000 |
| Radsatzabstand Triebgestell (mm): | 1.800 |
| Radsatzabstand Laufdrehgestell (mm): | 1.800 |
| Treibraddurchmesser (mm): | 660 |
| Laufraddurchmesser (mm): | 660 |
| Sitzplätze: | 34 |
| Indienststellung: | 1954 |
| Verbleib: | RTM-Museum Ouddorp (als EB 17.01+MDB 17.00+EB 17.02) |

Besondere Anforderungen an die Bremsen stellte die schwierige Trassierung der Strecke, welche zum überwiegenden Teil Neigungen aufwies. Daher waren neben einer elektrischen Widerstandsbremse auch eine Magnetschienenbremse und eine Druckluftscheibenbremse vorhanden. So schon am 1. Juli 1959 stellte die DB den Betrieb auf Bahnbusse um. Erst zwei Jahre später erfolgte die offizielle Ausmusterung der beiden grünen ET 195. Sie gelangten im Dezember 1962 als EB 17.01 und 17.02 an die Rotterdamsche Tramweg Maatschappij (RTM), welche aber auf Kapspur (1.067 mm) fuhr und nicht elektrifiziert war. Zur Stromversorgung gab die RTM einen äußerlich ähnlichen, nichtangetriebenen Dieselgenerator-Steuerwagen (MDB 17.00) in Auftrag. Nach Umspurung und Anpassungsarbeiten dauerte der Einsatz bei der RTM nur von Ende 1963 bis 1966. 1967 erwarb die österreichische Zillertalbahn die drei Wagen. Große Schwierigkeiten bereitete die erneute Umspurung auf 760 mm. Ab 1970 lief der dreiteilige Zug mit dem Generatorwagen in der Mitte als VT 1 zwischen Jenbach und Mayrhofen. Nach seiner Abstellung Mitte der 1990er-Jahre kehrte er im Oktober 1999 wieder zurück in die Niederlande zum RTM-Museum in Ouddorp. Dort wurde die Garnitur nach erneuter Umspurung betriebsfähig aufgearbeitet und fährt seit Oktober 2003 auf der Museumsbahn wieder im einstigen RTM-Outfit.

Von P.M.L. van der Els - Eigenes Werk, CC BY 3.0, https://commons.wikimedia.org/w/index.php?curid=2818649

## ET 196 (LAG, DRG, DB)

1938 übernahm die DRG Strecken und Fahrzeuge der verstaatlichten Lokalbahn-AG München (LAG). Neben verschiedenen anderen elektrifizierten Strecken kam auch die meterspurige Linie von Ravensburg über Weingarten nach Baienfurt Ort unter Reichsbahnhoheit. Diese Bahn war 1888 als Dampfstraßenbahn Ravensburg–Weingarten eröffnet worden, der elektrische Betrieb mit 750 Volt Gleichspannung wurde aber erst am 1. September 1910 aufgenommen. Die Verlängerung nach Baienfurt folgte schließlich am 13. September 1911.
Für den elektrischen Betrieb beschaffte die LAG zwischen 1908 bis 1910 fünf vierachsige Triebwagen mit den Nummern 800 bis 804. Die von der Maschinenfabrik Esslingen im mechanischen und SSW im elektrischen Teil gelieferten Fahrzeuge besaßen neben den beiden Endeinstiegen einen Mitteleinstieg, um einen schnellen Fahrgastwechsel zu ermöglichen. Der jeweils außen liegende Radsatz der beiden Drehgestelle wurde durch einen Tatzlager-Gleichstrommotor angetrieben. Die SSW-Fahrschaltersteuerung verfügte über neun Anfahr- und zwei Dauerfahrstufen.

| Technische Daten: | |
|---|---|
| Baureihenbezeichnung: | ET 196 (DRG) |
| Spurweite: | 1.000 mm |
| Radsatzanordnung: | (A1)(1A) |
| Stromsystem: | 750 Volt Gleichstrom |
| Vmax (km/h): | 30 |
| Stundenleistung (kW): | 66 |
| Dauerleistung (kW): | 46 |
| Dienstmasse (t): | 18 |
| Größte Radsatzfahrmasse (t): | 6 |
| Länge über Puffer/Kupplung (mm): | 13.160 |
| Drehzapfenabstand (mm): | 7.100 |
| Radsatzabstand Triebgestell (mm): | 2.000 |
| Treibraddurchmesser (mm): | 820 |
| Laufraddurchmesser (mm): | 820 |
| Sitzplätze: | 48 |
| Indienststellung: | 1908-1910 |
| Verbleib: | ++ |

Gleich drei Bremssysteme sorgten wegen dem neigungsreichen Streckenverlauf für die nötige Sicherheit: eine eigenerregte elektrische Widerstandsbremse, eine Magnetschienenbremse und eine Klotzbremse.
Ein Jahr vor der Verstaatlichung beschaffte die LAG unter den Nummern 921 und 922 noch zwei vierachsige Beiwagen bei der Maschinenfabrik Esslingen. Bei der DRG wurden die Triebwagen als ET 196 01 bis 05 und die beiden Beiwagen als EB 196 01 und 02 eingereiht Sie fuhren weiter auf ihrer Stammstrecke. Selbst nach Inbetriebnahme der beiden ET 195 im Jahr 1954 konnten auf die alten Triebwagen als Verstärker nicht verzichtet werden.
In den 1950er-Jahren nahmen vor allem in Ravensburg die Probleme zwischen Individualverkehr und Bahn immer mehr zu. Schließlich endete am 30. Juni 1959 der Betrieb der einzigen DB-»Straßenbahn«. Schon einen Monat vor der Einstellung des Zugverkehrs stellte die DB sämtliche Altbaufahrzeuge auf »z«. Vorhanden waren zu diesem Zeitpunkt noch alle fünf ET 196 und einer der beiden EB 196. Die offizielle Ausmusterung erfolgte allerdings erst zwei Jahre später.

*Foto: DLA Darmstadt (Maey)/Bildarchiv der Eisenbahnstiftung*

## ET 197.0 (LAG, DRG, DB)

Für ihre Linie von Ravensburg nach Baienfurt hatte die Lokalbahn-AG in München zunächst fünf relativ große, vierachsige Triebwagen in Dienst gestellt. Für den Verkehr in Schwachlastzeiten sowie als Verstärkerfahrzeug beschaffte sie 1914 noch einen zweiachsigen Wagen mit der Betriebsnummer 875. Auch dieses Fahrzeug war dem straßenbahnähnlichen Betrieb angepasst. Geliefert wurde es im wagenbaulichen Teil ebenfalls von der Maschinenfabrik Esslingen, die elektrische Ausrüstung kam diesmal von der Maschinenfabrik Oerlikon in der Schweiz. Analog den vierachsigen Triebwagen verfügte der 875 über zwei reihenparallel geschaltete Gleichstrommotoren, die mittels Tatzlagerantrieb ihre Leistung auf die beiden Radsätze abgaben. Ebenfalls identisch war die Steuerung: eine einfache SSW-Fahrschaltersteuerung mit neun Anfahr- und zwei Dauerfahrstufen. Beide Führerstände mit den Ein- und Ausstiegen waren eingezogen, dazwischen lag der dreifach unterteilte Fahrgastraum.

*Foto: DLA Darmstadt (Maey)/Bildarchiv der Eisenbahnstiftung*

1938 ging der kleine Triebwagen als ET 197 01 in den Bestand der Deutschen Reichsbahn über. Auch nach dem Zweiten Weltkrieg konnte auf den Winzling nicht verzichtet werden. Der als »Piccolo« bezeichnete Triebwagen machte sich nun vor allem vor Bau- und Dienstzügen nützlich Erst kurz vor Umstellung der Strecke auf Omnibusbetrieb schied der ET 197 aus dem Betriebsdienst aus. Er wurde am 1. Juni 1959 z-gestellt, zwei Jahre später ausgemustert und schließlich verschrottet.

| Technische Daten: | |
|---|---|
| Baureihenbezeichnung: | ET 197.0 (DRG) |
| Spurweite: | 1.000 mm |
| Radsatzanordnung: | Bo |
| Stromsystem: | 750 Volt Gleichstrom |
| Vmax (km/h): | 30 |
| Stundenleistung (kW): | 55 |
| Dauerleistung (kW): | 36 |
| Dienstmasse (t): | 13 |
| Größte Radsatzfahrmasse (t): | 9 |
| Länge über Puffer/Kupplung (mm): | 9.360 |
| Radsatzabstand (mm): | 4.300 |
| Treibraddurchmesser (mm): | 820 |
| Sitzplätze: | 30 |
| Indienststellung: | 1914 |
| Verbleib: | ++ |

## ET 197.2 (DRG, DR), ET 198 (DR)

Am 14. Mai 1917 konnte die sächsische Staatsbahn den elektrischen Betrieb mit 650 Volt Gleichstrom auf ihrer 4,96 km langen Meterspurstrecke von Klingenthal nach Sachsenberg-Georgenthal aufnehmen. Für den Personenverkehr standen zwei straßenbahnähnliche, zweiachsige Triebwagen zur Verfügung, die von der Waggonfabrik Bautzen geliefert wurden. Ihre elektrische Ausrüstung mit zwei Gleichstrommotoren, Fahrschaltersteuerung und dem mittigen Scherenstromabnehmer stammte von SSW aus Berlin. Die Wagen beaßen nur auf einer Seite Einstiege. Von der DRG wurden die Fahrzeuge nach 1940 in ET 197 21 und 22 umgezeichnet.
Von der am 31. März 1932 eingestellten Straßenbahn Mödling–Hinterbrühl (bei Wien) übernahm die DRG nach dem Anschluss Österreichs vier zweiachsige Triebwagen mit den Nummern 20-23, die 1903 von der Waggonfabrik Graz gebaut worden waren. Nach Umbau und Anpassung kamen diese Fahrzeuge ab 1939/40 zwischen Klingenthal und Sachsenberg-Georgenthal als ET 198 01 und 02 sowie EB 198 01 und 02 zum Einsatz. Der im Krieg schwer beschädigte ET 198 02 erhielt 1946 im Raw Dessau einen neuen Wagenkasten.

*Foto: Slg. Johannes Glöckner/Bildarchiv der Eisenbahnstiftung*

Als Ersatz für die alten Triebwagen zweigte 1956 die DR aus der laufenden Produktion des VEB Waggonbau Gotha zwei Straßenbahn-Triebwagen und zwei -Beiwagen ab. Sie wurden als ET 198 03 und 04 sowie EB 198 03 und 04 eingereiht. Die alten sächsischen Triebwagen (ET 197 21 und 22) sowie der ET 198 01 konnten daraufhin ausgemustert werden. 1958 folgten nochmals zwei Trieb- und zwei Beiwagen in einer etwas moderneren Ausführung als ET 198 05 und 06 sowie EB 198 05 und 06.
Bis zur Stilllegung der Strecke am 4. April 1964 trugen die vier Neubautriebwagen die Hauptlast des Verkehrs. Der ET 198 02 diente noch als Reserve und Aushilfe im Berufsverkehr. Nach der Betriebseinstellung kamen alle Wagen zur Straßenbahn Plauen. 1967 wurde der ET 198 02 der Gemeinde Hinterbrühl als Museumsstück überlassen. In Klingenthal erinnert heute als Denkmal der ET 198 06 an längst vergangene Zeiten, während der ET 198 05 bei der Kirnitzschtalbahn fährt und der ET 198 04 bei der Naumburger Museumsstraßenbahn aufbewahrt wird.

**Technische Daten:**

| Baureihenbezeichnung: | ET 197.2 (DR) | ET 198 01-02 (DR) | ET 198 03-04 (DR) | ET 198 05-06 (DR) |
|---|---|---|---|---|
| Spurweite: | 1.000 mm | 1.000 mm | 1.000 mm | 1.000 mm |
| Radsatzanordnung: | Bo | Bo | Bo | Bo |
| Stromsystem: | 650 V= | 650 V= | 650 V= | 650 V= |
| Vmax (km/h): | 30 | 30 | 40 | 50 |
| Stundenleistung (kW): | 66 | 110 | 120 | 120 |
| Dauerleistung (kW): | 48 | | 84 | 84 |
| Dienstmasse (t): | 11,2 | 9,2 | 13,5 | 13,0 |
| Größte Radsatzfahrmasse (t): | 7,5 | 6,6 | | |
| Länge über Puffer/Kupplung (mm): | 8.280 | 8.570 | 11.600 | 12.000 |
| Radsatzabstand (mm): | 2.200 | 3.000 | 3.000 | 3.200 |
| Treibraddurchmesser (mm): | 800 | 730 | 760 | 760 |
| Sitzplätze: | 18 | 24 | 22 | 22 |
| Indienststellung: | 1917 | U 1946 | 1956 | 1958 |
| Verbleib: | ++ | ET 198 02 (Mödlinger Stadtverkehrs museum, Österreich) | ET 198 04 (Strab Naum burg) | ET 198 05 (Kirnitzschtal, bahn), 06 (Denkmal Klingenthal) |

## 563 (DB AG)

Seit einiger Zeit bieten mehrere Hersteller von Schienenfahrzeugen für nicht elektrifizierte Strecken neue Lokomotiven und Triebwagen mit unterschiedlichen alternativen Antriebskonzepten an. Dazu gehören Hybridantriebe mit großen Speicherbatterien, die über Dieselmotoren oder aus der Oberleitung gespeist werden können. Auch der Antrieb mit Wasserstoff (H) und Brennstoffzellen gehört dazu.
Einen solches mit Wasserstoff angetriebenes Fahrzeug bietet Siemens in seiner »Mireo«-Plattform an. Auch die Deutsche Bahn AG signalisierte Interesse und testet mit dem »Mireo Plus H« 563 101/501 ein erstes Fahrzeug.

*Foto: Siemens*

Zunächst soll der Zug ab 2024 ein Jahr lang zwischen Tübingen und Pforzheim getestet werden. Die Wartung übernimmt das DB-Werk in Ulm, das für diese Aufgabe entsprechend umgerüstet werden muss. Den Wasserstoff wird das DB-Werk in Tübingen durch Elektrolyse bereitstellen. Hierbei wird Wasser in Wasserstoff und Sauerstoff aufgespalten, verdichtet, und in Speichern gelagert. Vor dem Tanken wird der Wasserstoff dann aufbereitet und gekühlt. Der dafür benötigte Strom soll direkt aus der Oberleitung entnommen werden. Die Reichweite des Zugs beträgt laut Siemens etwa 800 km, sie soll aber noch erhöht werden. Auch Bayern ist an einem Probebetrieb des Zugs interessiert.
Der zweiteilige Triebwagen ist für den Einsatz auf der »Hermann-Hesse-Bahn« zwischen Weil der Stadt und Calw vorgesehen und trägt deshalb die Landesfarben von Baden-Württemberg. Betreiber dieser Strecke ist die SWEG, die den Betrieb 2025 starten möchte.
Siemens bietet aber auch dreiteilige Einheiten mit Mittelwagen und neben dem »Mireo Plus H« auch den »Mireo Plus B«, eine hybride Ausführung mit Speicherbatterien an. Er soll ab 2024 auf der Verbindung zwischen Tübingen, Horb und Pforzheim eingesetzt werden, die ab 2024 von DB Regio Für beide Verbindungen sind zweiteilige Fahrzeuge vorgesehen.

**Technische Daten:**

| Baureihenbezeichnung: | 563 (DB AG) |
|---|---|
| Radsatzanordnung: | Bo'2'Bo', Bo'2'2'Bo'* |
| Stromsystem: | 16⅔ Hz / 15 kV |
| Vmax (km/h): | 160 |
| Stundenleistung (kW): | 1.700 |
| Größte Radsatzfahrmasse (t): | < 20 |
| Drehzapfenabstand (mm): | ca. 47.000, 63.000* |
| Sitzplätze: | ca. 129, 160 |
| Indienststellung: | ab 2022 |
| * 2-Teiler/3-Teiler | |

## ETA 150, 515 (DB)

Der erste DB-Akkutriebwagen ETA 176 bewährte sich zwar, entsprach aber nicht den Vorstellungen eines wirtschaftlichen Triebwagens für den Nebenbahnbetrieb. So entstand 1953/54 auf den Reißbrettern die »abgespeckte« Variante des ETA 150, die sich durch eine einfachere, eckigere Form des Wagenskastens auszeichnete. Das hohe Gewicht der Akkus bestimmte auch hier die Konstruktion des Wagenkastens, der in Stahlleichtbauweise ausgeführt wurde. Hohlräume unter dem Fußboden dienten zur Aufnahme der elf schweren Batterietröge. Von den beiden Drehgestellen der Bauart München-Kassel erhielt eines zwei eigenbelüftete Gleichstrom-Reihenschlussmotoren eingebaut. Die Kraftübertragung erfolgte durch den bewährten Tatzlagerantrieb. Im Gegensatz zu den ETA 176 kehrte man bei den ETA 150 wieder zu normalen Zug- und Stoßeinrichtungen zurück. Dies hatte den unschätzbaren Vorteil, dass auch Kurs- oder Güterwagen mitgenommen werden konnten und die Fahrzeuge problemlos an normale Wagenzüge angehängt werden konnten. Die Vielfachsteuerung ermöglichte das Führen von bis zu sechs Einheiten (drei ETA und drei ESA 150) von einem Führerstand aus.

Die ersten beiden Prototypen wurden 1954 an die DB übergeben. Zwischen 1955 und 1965 wurden weitere 230 ETA 150 geliefert. Dazu gesellten sich noch 216 Steuerwagen ESA 150. Eingeteilt waren die ETA 150 in drei Unterbauarten. Während die ETA 150.0 nur die 2. Wagenklasse führten, unterschieden sich die ETA 150.5 vor allem durch den Einbau von Batterien mit deutlich höherer Kapazität und damit einer Reichweite von bis zu 500 km.

Ab 1982 begann sich die DB von den ab 1968 als Baureihe 515 geführten Fahrzeugen zu trennen. Zwar wurden noch 1993/94 vier Akkutriebwagen, gesponsort von der Firma Nokia, mit neuer Inneneinrichtung sowie einem Außenanstrich in den neuen Regionalbahn-Farben versehen. Doch am 23. September 1996 endete mit der Abstellung der letzten 515 der Einsatz von Akkutriebwagen. Mehrere Wagen blieben erhalten und von der Regentalbahn wurden sogar zwei 515 in Dieseltriebwagen umgebaut.

| **Technische Daten:** | |
|---|---|
| Baureihenbezeichnung: | ETA 150 (DB) |
| Radsatzanordnung: | Bo'2' |
| Vmax (km/h): | 100 |
| Stundenleistung (kW): | 200 |
| Dauerleistung (kW): | 165 |
| Dienstmasse (t): | 48 (ETA 150.1: 49, ETA 150.5: 57) |
| Größte Radsatzfahrmasse (t): | 16 (ETA 150.1: 15, ETA 150.5: 17) |
| Länge über Puffer (mm): | 23.400 |
| Drehzapfenabstand (mm): | 15.200 |
| Radsatzabstand Triebgestell (mm): | 2.500 |
| Radsatzabstand Laufdrehgestell (mm): | 2.500 |
| Treibraddurchmesser (mm): | 950 |
| Laufraddurchmesser (mm): | 950 |
| Sitzplätze: | 59-93 |
| Indienststellung: | 1955-1965 |
| Verbleib: | u.a. 515 011 (BEM, Nördlingen), 515 556 (DGEG, Bochum-D.) |

*Foto: Estler*

## ETA 176, 517 (DB)

Als Ersatz für die überalterten Akkutriebwagen der Vorkriegszeit erhielt die DB im Jahr 1952 ihre ersten beiden Akkumulator-Neubautriebwagen der Reihe ETA 176. Sechs weitere Triebwagen folgten in den Jahren 1953 und 1954. Acht äußerlich identische Steuerwagen ESA 176 kamen noch zwischen 1954 und 1958 hinzu. Wie bei allen Nachkriegstriebwagen der ersten Generation (ET 30/56, VT 08/12) wurde der selbsttragende Wagenkasten als verwindungssteife Röhre in kombinierter Spanten- und Schalenbauweise hergestellt. Auch die ETA 176 erhielten die typische »Eierkopfform«. Die Fahrbatterien vor der AFA in Hagen waren zusammen mit der elektrischen Ausrüstung in einer geschlossenen Bodenwanne untergebracht. Die beiden Radsätze im Triebdrehgestell der Bauart Wegmann wurden durch zwei Tatzlager-Gleichstrommotoren angetrieben. Die Steuerung erfolgte durch ein elektrisch angetriebenes Nockenschaltwerk mit 84 Anfahr- und sechs Dauerfahrstufen. Die Laufdrehgestelle der Trieb- und Steuerwagen waren eine Neuentwicklung der Bauart München-Kassel. Trieb- und Steuerwagen besaßen an den Stirnseiten eine automatische Scharfenberg-Kupplung. Die Vielfachsteuerung ermöglichte den Einsatz im Zugverband von bis zu drei ETA und drei ESA gleichzeitig.

Waren anfangs nur die ETA 176 001-003 im Bw Limburg beheimat, zog die DB zwischen 1959 und 1960 alle ETA 176 dort zusammen. Als »Limburger Zigarren« versahen sie nun zwei Jahrzehnte lang treu und brav ihren Dienst im Nah- und Eilzugverkehr. 1968 erhielten sie die computergerechte Baureihenbezeichnung 517. Nach einem Unfall musste 1981 der 517 007 als erster den Dienst quittieren. Schon im Januar 1984 konnte mit der Ausmusterung des 517 008 das Kapitel der eleganten »Limburger Zigarren« beendet werden. Nicht betriebsfähig wird der ETA 176 001 von der DB als Museumsfahrzeug erhalten.

| **Technische Daten:** | |
|---|---|
| Baureihenbezeichnung: | ETA 176 (DB) |
| Radsatzanordnung: | Bo'2' |
| Vmax (km/h): | 100 |
| Stundenleistung (kW): | 200 |
| Dauerleistung (kW): | 165 |
| Dienstmasse (t): | 56 |
| Größte Radsatzfahrmasse (t): | 16 |
| Länge über Puffer (mm): | 27.000 |
| Drehzapfenabstand (mm): | 19.000 |
| Radsatzabstand Triebgestell (mm): | 2.500 |
| Radsatzabstand Laufdrehgestell (mm): | 2.500 |
| Treibraddurchmesser (mm): | 980 |
| Laufraddurchmesser (mm): | 980 (ETA 176 001-002: 930) |
| Sitzplätze: | 72 |
| Indienststellung: | 1952-1954 |
| Verbleib: | 517 001 (VM Nürnberg) |

*Foto: Estler*

## AT (preuß. Stb., DRG, DR), ETA 177, ETA 178, ETA 180 (DB)

Erste Versuche mit Akkumulatortriebwagen datieren schon in die 80er-Jahre des 19. Jahrhunderts. Doch erst 1907 begann die preußische Staatsbahn (KPEV) unter Federführung des Geheimen Oberbaurats Wittfeld Akkutriebwagen in größerer Stückzahl zu bauen. Charakteristisch für die zweiteiligen Wittfeld-Triebwagen war der lange Batterievorbau. Die Wagen waren in der Regel mit zwei Gleichstrom-Reihenschlussmotoren ausgerüstet, die mittels Tatzlagerantrieb auf die Radsätze wirkten. Zwischen 1908 und 1914 wurden insgesamt 170 Doppelwagen geliefert, sieben davon für Elsaß-Lothringen. Mit den schweren Bleibatterien war anfangs nur ein Aktionsradius von 100 km möglich. Durch bessere und stärkere Batterien konnte er aber ab 1925 bis auf 300 km erhöht werden. Um ein größeres Platzangebot zu bieten, beschaffte die KPEV auch acht dreiteilige Akku-Triebzüge. Sie unterschieden sich im Wesentlichen nur durch den Mittelwagen, wo nun die beiden Motoren untergebracht waren.

Nach dem Zweiten Weltkrieg fanden sich in der sowjetischen Zone 41 Wittfeld-Wagen, die bei der DR bis Ende 1950 abgestellt und verschrottet oder in kurzgekuppelte Reisezugwagen umgebaut wurden. In den Westzonen waren nach Ausmusterung der zerstörten Wagen noch 62 zweiteilige und ein dreiteiliger Triebwagen übrig. Mit dem Umzeichnungsplan von 1948 wurden die Fahrzeuge mit Schützensteuerung als ETA 178, diejenigen mit Fahrschaltersteuerung als ETA 180 eingereiht. Ab 1949 wurden fast alle Altbau-ETA im AW Limburg (Lahn) generalüberholt. 26 ETA 180 wurden 1950 bis 1952 modernisiert und dabei mit Schaltwalzensteuerung, Anfahrautomatik und neuen Motoren ausgerüstet. Sie wurden dann als ETA 177 geführt.
Schon ab 1958 erfolgten die Ausmusterungen in größerem Rahmen, da zwischenzeitlich genügend Neubau-ETA zur Verfügung standen. Als letzte »Heulboje« wurde am 21. Februar 1964 der ETA 177 112 ausgemustert. Nach dem Ersten Weltkrieg waren 20 Wittfeld-Doppelwagen in Polen verblieben. 1958/59 zog die Polnische Staatsbahn ihre letzten Exemplare aus dem Verkehr. Einige dienten lange als antriebslose Bauzug- und Dienstwagen. Der ehemalige AT 543/544 hat überlebt und wurde 1995 zum 150-jährigen Jubiläum der Eisenbahn in Polen mustergültig aufgearbeitet und betriebsfähig präsentiert.

**Technische Daten:**

| Baureihenbezeichnung: | ETA 177 (DB) | ETA 178 (DB) | ETA 178 051 (DB) | ETA 180 (DB) |
|---|---|---|---|---|
| Radsatzanordnung: | 2 A+A 2 | 2 A+A 2 | 3+Bo+3 | 2 A+A 2 |
| Vmax (km/h): | 75 | 70 | 75 | 70 |
| Stundenleistung (kW): | 192 | 166 | 192 | 125 |
| Dauerleistung (kW): | 135 | 117 | 135 | 88 |
| Dienstmasse (t): | 68,3 | 67,0 | 77,9 | 63,6 |
| Größte Radsatzfahrmasse (t): | 11 | 12 | 13 | 12 |
| Länge über Puffer/Kupplung (mm): | 26.020 | 26.320 | 36.340 | 26.020 |
| Radsatzabstand (mm): | 7.650+7.650 | 7.650+7.650 | 7.650+6.000+ | 7.650+7.650 |
| | | | 7.650 | |
| Radsatzabstand Triebgestell (mm): | - | - | - | - |
| Radsatzabstand Laufdrehgestell (mm): | - | - | - | - |
| Treibraddurchmesser (mm): | 930 | 1.000 | 930 | 1.000 |
| Laufraddurchmesser (mm): | 1.000 | 1.000 | 1.000 | 1.000 |
| Sitzplätze: | 80 | 80 | 124 | 80 |
| Indienststellung: | U 1950/51 | 1908-1914 | 1912 | 1908-1914 |
| Verbleib: | ++ | ++ | ++ | AT 543/544 (Polen) |

*Foto: Klein, Sammlung Estler*

## AT 581/582-615/616 (DRG, DR), ETA 179 (DB)

Da sich die Wittfeld-Akkutriebwagen als zuverlässige Fahrzeuge erwiesen hatten, ließ die Deutsche Reichsbahn 1926 von der WUMAG in Görlitz, SSW in Berlin und der Accumulatorenfabrik AG in Berlin neue Akkutriebwagen entwickeln. Bis 1928 wurden 18 Doppelwagen mit den Nummern AT 581/582 bis AT 615/616 in Dienst gestellt. Gegenüber den Wittfeld-Wagen waren einige konstruktive Verbesserungen vorgenommen worden. Die Batterien ruhten jetzt nur noch zu einem kleinen Teil im erheblich verkürzten Vorbau, sondern vor allem in Kästen unter dem stählernen Wagenkasten. Die geänderte Gewichtsverteilung erforderte eine symmetrische Anordnung der drei Radsätze unter jedem Wagenteil. Alle Radsätze waren als Lenkradsätze ausgebildet, der mittlere jeweils seitenverschiebbar. Der Antrieb erfolgte aber nach wie vor auf die beiden Radsätze am Kurzkupplungsende und die elektrische Ausrüstung entsprach weitgehend den Wittfeld-Wagen.
Schon im Oktober 1943 mussten die AT 581/582 und 583/584 (mit Schützensteuerung) als Kriegsverluste ausgemustert werden. Nach Kriegsende waren in den Westzonen noch elf Garnituren vorhanden, die ab 1948 als ETA 179 bezeichnet, bei der DB ohne wesentliche Änderungen weiterbetrieben wurden. Lediglich der 1944 schwer unfallbeschädigte ETA 179 005 kam beim Wiederaufbau in den Genuss umfangreicher Verbesserungen wie vergrößerte und modernisierte Führerstände und Vorbauten, sechs zusätzliche Batteriezellen und Heraufsetzung der Höchstgeschwindigkeit auf 70 km/h. Auf Grund des hohen Verschleißes wurden alle elf ETA 179 zwischen 1959 und 1960 ausgemustert.
Fünf Akkutriebwagen der Reichsbahnbauart waren nach 1945 in der sowjetischen Zone verblieben. Bei der DR wurden vier Doppelwagen bis 1956 in Form einer Generalreparatur wiederaufgearbeitet und mit neuen Batterien ausgerüstet. Als erster musste der AT 591/592 nach einem Zusammenstoß im November 1963 den Dienst quittieren. 1967/68 wanderten auch die AT 557/558, 589/590 und 613/614 aufs Abstellgleis. Der AT 589/590 wurde nicht verschrottet, sondern gelangte in den Bestand des Verkehrsmuseums Dresden. Er wird heute vom Thüringer Eisenbahnverein in Weimar gepflegt.

**Technische Daten:**

| Baureihenbezeichnung: | AT, ETA 179 (DRG, DR, DB) | ETA 179 005 (DB) |
|---|---|---|
| Radsatzanordnung: | 2 A+A 2 | 2 A+A 2 |
| Vmax (km/h): | 60 | 70 |
| Stundenleistung (kW): | 172 | 166 |
| Dauerleistung (kW): | | 117 |
| Dienstmasse (t): | 69,8 | 70,4 |
| Größte Radsatzfahrmasse (t): | 15 | 12 |
| Länge über Puffer/Kupplung (mm): | 29.220 | 29.220 |
| Radsatzabstand (mm): | 4.600+4.600 + 4.600+4.600 | 4.600+4.600 + 4.600+4.600 |
| Radsatzabstand Triebgestell (mm): | - | - |
| Radsatzabstand Laufdrehgestell (mm): | - | - |
| Treibraddurchmesser (mm): | 1.000 | 1.000 |
| Laufraddurchmesser (mm): | 1.000 | 1.000 |
| Sitzplätze: | 80-106 | 95 |
| Indienststellung: | 1926-1928 | 1949 |
| Verbleib: | AT 589/590 (VMD, TEV Weimar) | ++ |

*Foto: Blaschke*

# VT 877, SVT 137 149-152, 224-232 »Hamburg« (DRG, DR), VT 04.0, 04.1, 04.5 (DB), 183 (DR)

Eine Revolution im Schnellverkehr der Deutschen Reichsbahn leitete am 15. Mai 1933 der VT 877a/b ein. Als »Fliegender Hamburger« befuhr der 160 km/h schnelle Dieseltriebwagen erstmals am 15. Mai 1933 planmäßig die 287 km lange Strecke Berlin–Hamburg und benötigte dafür nur 2 Std. und 18 Minuten. Dies entsprach einer Reisegeschwindigkeit von 124,8 km. Aufbauend auf den Erfahrungen mit diesem Triebwagen bestellte die DRG 13 ähnliche Doppeltriebwagen als Bauart »Hamburg« (SVT 137 149-152 u. 224-232). Eine leicht geänderte Kopfform sowie der Einbau einer Scharfenberg-Kupplung waren die augenfälligsten Unterschiede zum »Ur-Hamburger«. Die Wagenkästen aller Fahrzeuge waren eine aerodynamische Stahlleichtbau-Konstruktion in Spantenbauweise. In den beiden Laufdrehgestellen ruhten die 302 kW starken Maybach-Dieselmotoren samt den Hauptgeneratoren. Der Antrieb erfolgte über Gleichstrom-Tatzlagermotoren im Jakobs-Drehgestell.
Ab 1935 begann die DRG mit diesen Fahrzeugen den Aufbau ihres Schnelltriebwagen-Netzes. Von Berlin aus wurden neben Hamburg nun auch Köln, Frankfurt/Main, München und Stuttgart erreicht. Mit Kriegsbeginn endete der Schnelltriebwagenverkehr. Nach Kriegsende fanden sich gleich sechs Fahrzeuge bei der ČSD wieder, wo die letzte Einheit erst 1966 ausgemustert wurde. Der VT 877 sowie fünf weitere »Hamburger« verblieben nach Kriegsende in den Westzonen. Bei der DB wurde der VT 877 zum VT 04 000, die anderen Triebzüge zu SVT 04.1. Dieselhydraulische Kraftübertragung erhielt 1951 der SVT 04 105 (ex SVT 137 227) und damit auch die neue Nummer SVT 04 501. Der Antrieb erfolgte nun in den Enddrehgestellen über hydrodynamische Voith-Getriebe.

Foto: Bundesarchiv, Bild 102-14151 / CC-BY-SA 3.0, CC BY-SA 3.0 de, https://commons.wikimedia.org/w/index.php?curid=5481300

**Technische Daten:**

| Baureihenbezeichnung: | VT 04.0 (DB) | VT 04.1 (DB) | VT 04.5 (DB) |
|---|---|---|---|
| Radsatzanordnung: | 2'(Bo)'2' | 2'(Bo)'2' | B'(2)'B' |
| Vmax (km/h): | 160 | 160 | 160 |
| Motorleistung (PS): | 2 x 410 | 2 x 410 | 2 x 410 |
| Motorleistung (kW): | 2 x 302 | 2 x 302 | 2 x 302 |
| Kraftübertragung: | elektrisch | elektrisch | hydraulisch |
| Dienstmasse leer (t): | 77 | 92 | 95 |
| Größte Radsatzfahrmasse (t): | 16 | 17 | 16 |
| Länge über Puffer/Kupplung (mm): | 41.920 | 44.756 | 44.756 |
| Drehzapfenabstand (mm): | 16.900+16.900 | 18.075+18.075 | 18.075+18.075 |
| Radsatzabstand Triebgestell (mm): | 3.500 | 3.500 | 3.500 |
| Radsatzabstand Laufdrehgestell (mm): | 3.500 | 3.500 | 3.500 |
| Treibraddurchmesser (mm): | 1.000 | 1.000 | 1.000 |
| Laufraddurchmesser (mm): | 900 | 900 | 900 |
| Sitzplätze: | 102 | 81 | 80 |
| Indienststellung: | 1932 | 1935-1936 | 1951 |
| Verbleib: | VT 04 000a (VMN) | 183 252 ex SVT 137 | ++ |
| | | 225 (VMN, Leipzig Hbf) | |

Foto: Blaschke

Foto: Cherubino - Eigenes Werk, CC BY-SA 4.0, https://commons.wikimedia.org/w/index.php?curid=37094090

Foto: Estler

Ab 1957 wurden die Triebwagen bei der DB nicht mehr benötigt. Der vordere Teil des VT 04 000a kam in das Verkehrsmuseum Nürnberg. Vier Triebwagen, darunter auch der dieselhydraulische, konnten im Dezember 1958 an die DR verkauft werden, wo die letzten erst 1983 ausgemustert wurden. Zwei »Hamburger« waren nach Kriegsende direkt zur DR gekommen. Der SVT 137 226 ging nicht mehr in Betrieb, den SVT 137 225 baute die DR im Februar 1956 in einen Salontriebzug. Äußerlich in seinen Ursprungszustand zurückversetzt ist er heute nicht mehr betriebsfähig in Leipzig Hbf zu bewundern.

## SVT 137 153, 154, 233 u. 234 »Leipzig« (DRG, DR), 183 (DR)

Für den geplanten SVT-Verkehr nach Schlesien und Ostpreußen ließ die DRG parallel zur Bauart »Hamburg« einen dreiteiligen Schnelltriebwagen entwickeln. Zunächst als Bauart »Breslau« bezeichnet, wurden diese Wagen später in Bauart »Leipzig« umbenannt. Je zwei dieselhydraulische (SVT 137 153 u. 154) und dieselelektrische Einheiten (SVT 137 233 u. 234) waren bis Mitte 1936 ausgeliefert. Ermöglicht wurde der Bau dreiteiliger Fahrzeuge mit 160 km/h Höchstgeschwindigkeit durch die Entwicklung eines 600-PS-Dieselmotors mit Abgasturboaufladung von Maybach. Wie bei der Bauart »Hamburg« liefen die Wagen auf zweiachsigen Endrehgestellen und mittleren Jakobs-Drehgestellen. Die Jakobsdrehgestelle fungierten bei den dieselhydraulischen Wagen als Laufdrehgestelle, bei den dieselelektrischen nahmen sie wiederum die elektrischen Fahrmotoren auf. Erstmals wurden bei diesen Fahrzeugen Sitzplätze 3. Klasse angeboten, da man im Verkehr Richtung Osten nicht ausreichend Fahrgäste der 2. Klasse erwartete.

**Technische Daten:**

| Baureihenbezeichnung: | SVT 137 153, 154 (DRG) | SVT 137 233, 234 (DRG) |
|---|---|---|
| Radsatzanordnung: | B'(2)'(2)'B' | 2'(Bo)'(Bo)'2' |
| Vmax (km/h): | 160 | |
| Motorleistung (PS): | 2 x 600 | 2 x 600 |
| Motorleistung (kW): | 2 x 441 | 2 x 441 |
| Kraftübertragung: | hydraulisch | elektrisch |
| Dienstmasse leer (t): | 120 | 131 |
| Größte Radsatzfahrmasse (t): | 17 | 17 |
| Länge über Kupplung (mm): | 60.150 | 60.150 |
| Drehzapfenabstand (mm): | 16.875+17.800+16.875 | 16.875+17.800+16.875 |
| Radsatzabstand Triebgestell (mm): | 4.230 | 3.500 |
| Radsatzabstand Laufdrehgestell (mm): | 3.500 | 4.000 |
| Treibraddurchmesser (mm): | 900 | 1.000 |
| Laufraddurchmesser (mm): | 900 | 900 |
| Sitzplätze: | 139 | 139 |
| Indienststellung: | 1936 | 1935 |
| Verbleib: | ++ | 183 251 ex SVT 137 234 (EK, Leipzig) |

Bei einer Versuchsfahrt am 17. Februar 1936 stellte ein dieselelektrischer »Leipzig« mit 205 km/h einen neuen Weltrekord für serienmäßige Eisenbahnfahrzeuge auf. Bis Kriegsausbruch liefen die Triebwagen dann vor allem in der Relation Berlin–Breslau–Beuthen. Während des Krieges zum Teil von der Wehrmacht benötigt, waren nach Kriegsende noch drei Wagen in der Sowjetzone vorhanden. Ein dieselhydraulischer »Leipzig« (SVT 137 153) blieb im Osten verschollen. Ab Mitte der 1950er-Jahre liefen alle drei Triebwagen im Schnellzugverkehr bei der DR. Zeitweise kam der SVT 137 234 sogar vierteilig zum Einsatz. Ein Schadwagen der Bauart »Hamburg« war zum zusätzlichen Mittelwagen umgebaut worden. Er wurde später wieder entfernt und der Zug für Regierungszwecke als Salontriebwagen erneut umgebaut. Die beiden normalen »Leipziger« wurden 1969 ausgemustert, der Salontriebwagen blieb (ab 1970 als 183 251) noch bis 1983 in Betrieb. Abgestellt erlebte er sogar noch die Wende und wird inzwischen als Museumsfahrzeug in Leipzig vom Eisenbahn-Kurier erhalten.

*Foto: Samml. Günther Dietz*

## SVT 137 273-278, 851-858 »Köln« (DRG, DR), VT 06.1, 06.5 (DB), 182 (DR)

Der große Erfolg des Schnelltriebwagenverkehrs bei der DRG führte rasch zu weiteren Beschaffungen. So entstand die dreiteilige Bauart »Köln« (SVT 137 273-278, 851-858) als dritte Variante, bei der verschiedene Forderungen von Werkstatt- und Betriebsdienst zu Änderungen des Fahrzeugkonzepts führten (z.B. zur leichteren Trennung Einzel- statt Jakobsdrehgestelle). Erstmals waren diese Triebwagen nun auch mit einem MITROPA-Speiseraum ausgerüstet, was den Komfort spürbar erhöhte. Der bewährte dieselelektrische Antrieb wurde unverändert beibehalten. Insgesamt 14 »Kölner« wurden 1938 ausgeliefert. Damit konnte das Schnelltriebwagennetz erneut ausgeweitet werden und erreichte im August 1938 seine größte Ausdehnung vor dem Krieg. Mit Kriegsbeginn endete der öffentliche SVT-Verkehr, die meisten Triebwagen wurden von Regierung und Wehrmacht requiriert.
Nach Kriegsende verblieben zehn Triebwagen in den Westzonen (ab 1947 Baureihe SVT 06), drei in der Ostzone und der SVT 137 855 landete bei der sowjetischen Staatsbahn als DP-14. Der

*Foto: Dostal*

SVT 137 274 wurde 1946 als technisch interessantes Beutegut in die USA verschleppt und einige Jahr in Fort Eustis (Virginia) ausgestellt, anschließend verschrottet.
1950/51 baute die DB die SVT 06 102 und 111 analog dem SVT 04 501 auf dieselhydraulische Kraftübertragung um und führte sie nun als SVT 06 501 und 502. Bis 1957 waren die DB-Fahrzeuge im Schnellverkehr planmäßig eingesetzt. Mit Ausnahme des VT 06 106 der US Army waren alle DB-Triebwagen Ende 1959 ausgemustert. Linke-Hofmann-Busch erwarb die beiden Endwagen des VT 06 104 für das Werksmuseum in Salzgitter. Der 1963 ausgemusterte VT 06 106 wurde den Eisenbahn-Sportvereinen in Lübeck-Travemünde (Endwagen) und Konstanz (End- und Mittelwagen) als Domizil zur Verfügung gestellt.
Die VT 06 107, 109, 501 und 502 konnten im Dezember 1958 an die DR verkauft werden. Dort fuhren sie mit den drei bei der DR verbliebenen weiter im Schnellzugdienst. Fünf »Kölner« ließ die DR zwischen 1963 und 1965 nochmals rekonstruieren, die letzten wurden erst 1982 als Baureihe 182 ausgemustert. Im Bw Leipzig Süd blieb der 182 009/010 (ex SVT 137 856, ex VT 06 109) erhalten.

**Technische Daten:**

| Baureihenbezeichnung: | VT 06.1 (DB) | VT 06.5 (DB) | 182 (Reko DR) |
|---|---|---|---|
| Radsatzanordnung: | 2'Bo'+2'2'+Bo'2' | B'2'+2'2'+2'B' | 2'Bo'+2'2'+Bo'2' |
| Vmax (km/h): | 160 | 160 | 160 |
| Motorleistung (PS): | 2 x 600 | 2 x 600 | 2 x 730 |
| Motorleistung (kW): | 2 x 441 | 2 x 441 | 2 x 515 |
| Kraftübertragung: | elektrisch | hydraulisch | elektrisch |
| Dienstmasse leer (t): | 170 | 159 | 168 |
| Größte Radsatzfahrmasse (t): | 19 | 19 | 18 |
| Länge über Puffer/Kupplung (mm): | 70.205 | 70.205 | 70.205 |
| Drehzapfenabstand (mm): | 16.120+ | 16.135+ | 16.120 |
| Radsatzabstand Triebdrehgestell (mm): | 3.000 | 4.000 | 3.000 |
| Radsatzabstand Motordrehgestell (mm): | 4.000 | - | 4.000 |
| Radsatzabstand Laufdrehgestell (mm): | 3.000 | 3.000 | 3.000 |
| Treibraddurchmesser (mm): | 930 | 930 | 930 |
| Laufraddurchmesser (mm): | 930 | 930 | 930 |
| Sitzplätze: | 132 | 126 | 150 |
| Indienststellung: | 1938 | 1950-1951 | 1965 |
| Verbleib: | VT 06 104 a/b (Alstom LHB), VT 06 106 | ++ | 182 009/010 ex SVT 137 856 (Leipzig) |

## SVT 137 901-903 »Berlin« (DRG, DR)

Parallel zur Entwicklung der Schnelltriebwagen Bauart »Köln« mit schnelllaufenden Maybach-Dieselmotoren beschäftigte sich MAN in Nürnberg mit einem Alternativtriebzug, der von einem langsamlaufenden Schiffsdieselmotor mit einer Leistung von 970 kW angetrieben wurde. Da der Motor aufgrund seiner Größe nicht mehr im Drehgestell untergebracht werden konnte, war ein separater Maschinenwagen vorgesehen. Als Vorteile des bewährten langsamlaufenden Motors wurden vor allem die robuste Konstruktion, die betriebliche Zuverlässigkeit und die niedrigen Unterhaltungskosten herausgestellt. Zur Erprobung bestellte 1936 die DRG zwei Triebzüge und einen Ersatzmaschinenwagen. So entstand eine Wagengarnitur mit »integrierter« Diesellokomotive. Der Antrieb erfolgte in bewährter Weise elektrisch, wobei jeweils das innere Drehgestell der beiden Endwagen mit zwei Gleichstrom-Fahrmotoren ausgestattet war. Somit war beim elektrischen Teil das Triebwagenprinzip wieder hergestellt.
Als SVT 137 901 und 902 gingen beide Triebwagen bis Sommer 1938 in Betrieb. Der dritte Motorwagen folgte als SVT 137 903a erst im Oktober 1938. Nach ausgiebigen Versuchsfahrten kamen beide Züge nicht mehr in den Plandienst. Die drei Motorwagen fanden ab 1940 weitere Verwendung beim Militär als fahrbare Notstromaggregate. Die Fahrgastwagen dienten im Tarnanstrich als Bürowagen des RZA München. Bei einem Fliegerangriff wurden beide b-Wagen zerstört, der Rest weiter genutzt und von der Bundesbahn später zu neuen Triebwagen (VT 07.5) aufgebaut.
Als einziger Maschinenwagen überlebte der SVT 137 902a den Krieg und gelangte zur späteren DR. Erst 1956 baute diese den Zug neu auf, indem die fehlenden Fahrgastwagen durch niederländische Triebwagenteile aus dem Schadpark ergänzt wurden. Antriebsanlage und Antriebskonzept konnten weitgehend übernommen werden. Da die Elektromotoren der niederländischen Triebwagen etwas leistungsschwächer waren, wurde zusätzlich ein weiterer Mittelwagen mit einem Triebdrehgestell ausgerüstet. Ein Regeleinsatz des neuen SVT 137 902 erfolgte einige Zeit auf der Strecke Berlin–Halle–Erfurt. Schon 1961 wurde der Triebzug als Einzelgänger ausgemustert und war bis Anfang 1969 verschrottet.

**Technische Daten:**

| | | |
|---|---|---|
| Baureihenbezeichnung: | SVT 137 901, 902 (DRG) | SVT 137 902 (DR) |
| Radsatzanordnung: | 2'Bo'+2'2'+2'2'+Bo'2' | 2'Bo'+2'2'+2'Bo'+Bo'2' |
| Vmax (km/h): | 160 | 140 |
| Motorleistung (PS): | 1.320+150 | 1.320+150 |
| Motorleistung (kW): | 971+110 | 971+110 |
| Kraftübertragung: | elektrisch | elektrisch |
| Dienstmasse leer (t): | 212,7 | 217,5 |
| Größte Radsatzfahrmasse (t): | 18,75 | 18,75 |
| Länge über Kupplung (mm): | 87.450 | 89.720 |
| Drehzapfenabstand (mm): | 10.200+16.780+ | 10.200+17.500+ |
| | 16.780+15.865 | 17.500+18.000 |
| Radsatzabstand Triebgestell (mm): | 3.000 | 3.000 |
| Radsatzabstand Laufdrehgestell (mm): | 3.000 | 3.000 |
| Treibraddurchmesser (mm): | 1.000 | 1.000/880 |
| Laufraddurchmesser (mm): | 1.000/930 | 1.000/880 |
| Sitzplätze: | 155 | 182 |
| Indienststellung: | 1938 | 1956 |
| Verbleib: | siehe VT 07.5 | ++ |

Foto: Slg. Dietz

## VT 07.5 (DB)

In den Westzonen verblieben nach Kriegsende von beiden Triebzügen der Bauart »Berlin« jeweils nur ein Mittel- und der motorlose Endwagen. Um den Mangel an Schnelltriebwagen zu lindern, entschloss sich die DB zum Bau von zwei neuen Triebköpfen, so dass zwei dreiteilige Züge entstanden. Bei WMD in Donauwörth wurden bis Herbst 1951 die beiden neuen Motorwagen mit hydraulischer Kraftübertragung gebaut und die restlichen Wagen instandgesetzt. Ihr Antrieb entsprach weitgehend dem der Neubautriebwagen VT 08.5 und 12.5. Ebenfalls konnten mehrere Motor- und Getriebebauarten mit gleichen Anschlussmaßen in das Triebdrehgestell eingebaut werden. Zunächst kamen 800-PS-Motoren von Daimler-Benz zum Einsatz, später solche mit einer Leistung von 1.000 PS. Wahlweise konnten auch Motoren von MAN und Maybach verwendet werden.

**Technische Daten:**

| | |
|---|---|
| Baureihenbezeichnung: | VT 07.5 (DB) |
| Radsatzanordnung: | B'2'+2'2'+2'2' |
| Vmax (km/h): | 120 |
| Motorleistung (PS): | 800/1.000 |
| Motorleistung (kW): | 588/735 |
| Kraftübertragung: | hydraulisch |
| Dienstmasse (t): | 146 |
| Größte Radsatzfahrmasse (t): | 17,5 |
| Länge über Puffer (mm): | 69.750 |
| Drehzapfenabstand (mm): | 15.865+16.780+15.865 |
| Radsatzabstand Triebdrehgestell (mm): | 3.600 |
| Radsatzabstand Laufdrehgestell (mm): | 3.000 |
| Treibraddurchmesser (mm): | 930 |
| Laufraddurchmesser (mm): | 930 |
| Sitzplätze: | 130 |
| Indienststellung: | 1951 |
| Verbleib: | ++ |

Beide Triebwagen wurden nach ihrer Fertigstellung sofort im neuen »leichten Fernschnellzugnetz« der DB eingesetzt. Beheimatet waren sie abwechselnd in Dortmund Bbf, Frankfurt-Griesheim und später auch kurz in Hamburg-Altona. Die Triebwagen konnten sowohl mit den Vorkriegs-SVT als auch mit den neuen VT 08.5 in Vielfachtraktion verkehren. Ab Sommerfahrplan 1957 liefen sie außer im Fernschnellzugdienst auch zeitweise als Verstärkereinheiten im neuen TEE-Netz.
Mit der Mitte 1959 erfolgten Umbeheimatung beider Züge nach Köln-Nippes war das Ende dieser formschönen Fahrzeuge eingeleitet. Zwischenzeitlich standen für TEE- und F-Züge genügend neue Dieseltriebwagen zur Verfügung. Als Einzelgänger waren die VT 07 aufgrund ihres recht hohen Unterhaltungsaufwandes nicht mehr tragbar. Daher wurden sie schon Ende 1959 abgestellt und am 4. Juli 1960 ausgemustert. Ihre Maschinenanlagen wurden ausgebaut und in VT 08/12 weiterverwendet. Für beide Triebwagen wurden zwar Käufer gesucht, aber keine gefunden. Lange standen sie noch abgestellt herum, erst 1965 erfolgte in München die Zerlegung der letzten Wagenteile.

Foto: Klein, Sammlung Estler

## SVT 137 155 »Kruckenberg« (DRG)

Weit ihrer Zeit voraus waren die Entwicklungen der »Flugbahngesellschaft mbH« von Franz Kruckenberg und Curt Stedefeld. Großes Aufsehen erregten 1930/31 die Schnellfahrversuche mit dem »Schienenzeppelin«, einem propellergetriebenen zweiachsigen Versuchstriebwagen, der 1931 die Rekordgeschwindigkeit von 230 km/h erreichte. Die DRG beauftragte 1934 die Gesellschaft mit der Entwicklung eines konventionellen Schnelltriebwagens in Leichtbauweise. Im Januar 1938 stand der als SVT 137 155 bezeichnete dreiteilige Versuchstriebwagen zu ersten Probefahrten bereit. Sein Wagenkasten war eine selbsttragende, kassettenförmig ausgesteifte geschweißte Röhrenkonstruktion in Leichtbauweise. An den Fahrzeugenden riefen die stromlinienförmig ausgebildeten großen Vorbauten mit der aufgesetzten Führerkanzel einen dynamischen Eindruck hervor. Besonders abgefederte Drehgestelle sorgten für eine hervorragende Laufruhe. Der Antrieb erfolgte durch zwei 600-PS-Motoren über hydrodynamische Zwei-Wandler-Getriebe der Bauart AEG, die auf den jeweils innenliegenden Radsatz des Triebdrehgestells wirkten.

Foto: Slg. Dietz

Erste Versuchsfahrten zeigten überaus positive Ergebnisse, doch die Behebung kleinerer Schäden erzwangen immer wieder längere Unterbrechungen im Versuchsbetrieb. Am 23. Juni 1939 erreichte der Triebwagen auf einer Versuchsfahrt von Hamburg nach Berlin eine Spitzengeschwindigkeit von 215 km/h. Nach Abschluss der Versuche sollte der Zug im Planbetrieb Berlin–Hamburg fahren. Der Ausbruch des Zweiten Weltkriegs verhinderte dies jedoch, das Fahrzeug blieb im RAW Wittenberge abgestellt, wo es sich auch bei Kriegsende noch befand. Die DR erwog zwar die Wiederinbetriebnahme, nahm dann aber auf Grund der Sonderkonstruktion doch Abstand davon. 1967 wurde der impulsgebende Triebzug bis auf ein Triebdrehgestell verschrottet. Dieses Drehgestell kann heute im VM Dresden besichtigt werden. Aufbauend auf den Erkenntnissen aus dem »Kruckenberg«-Triebwagen wurden bei der DB die VT 10 und VT 11 sowie bei der DR der VT 18.16 entwickelt.

| Technische Daten: | |
|---|---|
| Baureihenbezeichnung: | VT 137 155 (DRG) |
| Radsatzanordnung: | (1A)(2)'(2)'(A1) |
| Vmax (km/h): | 160 |
| Motorleistung (PS): | 2 x 600 |
| Motorleistung (kW): | 2 x 441 |
| Kraftübertragung: | hydraulisch |
| Dienstmasse vierteilig (t): | 115,2 |
| Größte Radsatzfahrmasse (t): | 16,4 |
| Länge über Kupplung (mm): | 70.080 |
| Drehzapfenabstand (mm): | 18.870+18.660+18.870 |
| Radsatzabstand Triebdrehgestell (mm): | 3.000 |
| Radsatzabstand Laufdrehgestell (mm): | 3.000 |
| Treibraddurchmesser (mm): | 940 |
| Laufraddurchmesser (mm): | 940 |
| Sitzplätze: | 100 |
| Indienststellung: | 1938 |
| Verbleib: | Triebdrehgestell (VM Dresden) |

## 605 (DB AG)

Schon im Sommer 1994 bestellte die DB AG beim Konsortium ICNT (DWA, Düwag, Fiat und Siemens) 37 elektrische Triebzüge im ICE-Standard mit Neigetechnik (ICE-T, Baureihen 411 und 415). Da aber nicht alle Strecken elektrifiziert sind, die durchaus ein Potential für hochwertigen Fernverkehr bieten, entschloss sich die DB 1996 auch zur Beschaffung von 20 entsprechenden Dieseltriebzügen mit Neigetechnik. In Zusammenarbeit mit DWA und Düwag entstanden unter Federführung von Siemens vierteilige Triebzüge mit aktiver Neigetechnik (Anordnung: 605.0, 605.1, 605.2 und 605.5), einer Höchstgeschwindigkeit von 200 km/h, 195 Sitzplätzen und einer maximalen Radsatzlast von 14,5 Tonnen. Für den nötigen Reisekomfort sorgt u.a. eine vollwertige Speisewagenküche im Bistro-Wagen.

Um das Wageninnere ausschließlich für Fahrgäste nutzen zu können, musste die gesamte Antriebs- und Hilfsausrüstung unterflur angebracht werden. Zum Einbau kamen die bei Bestellung leistungsfähigsten Dieselmotoren mit Schadstoffausstoß nach Euro-II-Norm. Unter jedem Wagen treibt im Motordrehgestell ein Cummins-Dieselmotor mit 560 kW einen Drehstrom-Synchrongenerator an, welcher wiederum die beiden im Triebdrehgestell angeordneten Drehstrom-Asynchron-Fahrmotoren in der bekannten GTO-Technik versorgt. Die Mehrfachtraktion von bis zu 3 Einheiten ist von einem Führerstand aus möglich.

Foto: Estler

Ab 2001 fuhren die Diesel-ICE auf der Sachsenmagistrale Nürnberg–Hof–Chemnitz–Dresden sowie der Allgäubahn München–Lindau mit ihrer traditionellen Weiterführung nach Zürich. Diverse Probleme nicht nur mit der Neigetechnik verhinderten jedoch zunächst einen durchschlagenden Erfolg, die Züge machten mehr durch Pannen auf sich aufmerksam. Obwohl alle Kinderkrankheiten beseitigt werden konnten, verzichtete die DB ab dem 14. Dezember 2003 auf einen weiteren Einsatz. Bis April 2006 blieben alle Züge abgestellt, erst dann fuhren einige Einheiten wieder im Verstärkerverkehr von Hamburg aus. Elf Einheiten werden ab Mitte Dezember 2007 längerfristig an die DSB vermietet und fuhren von Hamburg nach Kopenhagen und Aarhus. Inzwischen kamen die Züge wieder nach Deutschland zurück. Die Deutsche Bahn stellte die Züge ab und ließ sie später verschrotten.

605 017/517 und 605 019/519 kamen zu DB Systemtechnik und werden als »Advanced TrainLab« in ganz Deutschland eingesetzt. Statt des roten Absetzstreifens tragen diese Züge einen grauen.

| Technische Daten: | |
|---|---|
| Baureihenbezeichnung: | 605 (DB AG) |
| Radsatzanordnung: | 2'Bo'+Bo'2'+2'Bo'+Bo'2' |
| Vmax (km/h): | 200 |
| Motorleistung (PS): | |
| Motorleistung (kW): | 4 x 560 |
| Kraftübertragung: | elektrisch |
| Dienstmasse leer (t): | 216 |
| Größte Radsatzfahrmasse (t): | 15 |
| Länge über Kupplung (mm): | 106.700 |
| Drehzapfenabstand (mm): | 19.000+19.000+19.000+19.000 |
| Radsatzabstand Triebgestell (mm): | 2.600 |
| Radsatzabstand Laufdrehgestell (mm): | 2.600 |
| Treibraddurchmesser (mm): | 860 |
| Laufraddurchmesser (mm): | 860 |
| Sitzplätze: | 195 |
| Indienststellung: | 1999-2001 |

## VT 08.5, 12.5, 608, 612, 613 (DB)

Ab 1950 hatte die Bundesbahn die schwersten Kriegsfolgen überwunden und entschloss sich zur Neueinrichtung eines Schnellverkehrsnetzes (»leichtes Fernschnellzugnetz«). Dafür standen aber zunächst nur die wenigen verbliebenen Vorkriegs-Schnelltriebwagen zur Verfügung. So wurden 1950 bei verschiedenen Firmen neue Fahrzeuge in Auftrag gegeben, die ab 1952 unter der Bezeichnung VT 08.5 zum Einsatz im F-Zugdienst kamen. Die dreiteiligen, aus Motor-, Mittel- und Steuerwagen bestehenden Einheiten bestachen auf Anhieb durch ihre elegante Stromlinienform (»Eierköpfe«). Sie führten nur die zweite (ab 1956: erste) Klasse und besaßen Küche, Speiseraum, Schreib- und Postabteil. Die Wagenkästen wurden in Leichtbauweise als selbsttragende und verwindungssteife Röhrenkonstruktion hergestellt. Scheibenbremsen garantierten hohe Verzögerungswerte, Laufdrehgestelle der Bauart München-Kassel einen guten Fahrkomfort. Die gesamte Maschinenanlage war im vorderen Drehgestell untergebracht und ragte von unten in den Triebkopf hinein. Zur Auswahl standen untereinander voll austauschbare 800-PS-, später 1000-PS-Motoren von Daimler-Benz, Maybach und MAN sowie Getriebe von Maybach und Voith.
Kurz nach Ablieferung der ersten VT 08.5 erschien ab 1953 mit dem VT 12.5 eine Variante für den Städteschnellverkehr. Diese unterschied sich nur durch eine veränderte Innenraumaufteilung mit 2. und 3. (ab 1956: 1. und 2.) Klasse und zusätzlichen Mitteleinstiegen von den VT 08.5. Aufgrund ihres großen Erfolgs wurden für beide Baureihen weitere Trieb- und Mittelwagen in Auftrag gegeben, so dass bis zu fünfteilige Einheiten (2 VT und 3 VM) gebildet werden konnten.
Ab 1953 liefen die VT 08.5 auf allen wichtigen Fernverkehrslinien, wobei sie täglich bis zu 1.500 km zurücklegten. Ihr Stern begann mit dem Erscheinen der Reihe VT 11.5 und dem Fortschreiten der Elektrifizierung zu sinken. Zwischen 1963 und 1971 wurden alle VT 08.5 (ab 1968: 608) auf 1. und 2. Wagenklasse umgebaut, in Baureihe VT 12.6 (ab 1968: 613) umgezeichnet und zusammen mit den VT 12.5 (ab 1968: 612) im Regionalverkehr in Norddeutschland eingesetzt. 1985 endete ihr Plandienst. Als betriebsfähige Museumsfahrzeuge werden in Braunschweig ein VT 08.5 und in Stuttgart ein VT 12.5 erhalten. Die US-Army erhielt 1956 sechs ähnliche zweiteilige Einheiten, vier als Lazarettzüge und zwei als Salontriebwagen. Einer der Salontriebwagen (608 801) hat als privat erhaltenes Fahrzeug ebenfalls überlebt.

*Foto: Estler*

**Technische Daten:**

| Baureihenbezeichnung: | VT 08.5 (DB) | VT 12.5 (DB) |
|---|---|---|
| Radsatzanordnung: | B'2'+2'2'+2'2' | B'2'+2'2'+2'2' |
| Vmax (km/h): | 140 | 140 |
| Motorleistung (PS): | 1.000 | 1.000 |
| Motorleistung (kW): | 735 | 735 |
| Kraftübertragung: | hydraulisch | hydraulisch |
| Dienstmasse leer (t): | 120 | 112 |
| Größte Radsatzfahrmasse (t): | 18 | 18 |
| Länge über Kupplung (mm): | 79.970 | 80.820 |
| Drehzapfenabstand (mm): | 19.000+19.000+19.000 | 19.000+19.000+19.000 |
| Radsatzabstand Triebgestell (mm): | 3.600 | 3.600 |
| Radsatzabstand Laufdrehgestell (mm): | 2.500 | 2.500 |
| Treibraddurchmesser (mm): | 930 | 930 |
| Laufraddurchmesser (mm): | 900 | 900 |
| Sitzplätze: | 132 | 214 |
| Indienststellung: | 1952-1954 | 1953-1957 |
| Verbleib: | VT 08 503, 520 (VMN, Braunschweig) | VT 12 506, 507 (VMN, Stuttgart) |

## VT 10.5 (DB)

Bei der Deutschen Verkehrsausstellung in München 1953 wurden zwei völlig neue Glieder-Triebzüge für den Verkehr auf DB-Gleisen vorgestellt. Ein Konstruktionsbüro unter der Leitung von Franz Kruckenberg hatte sie entworfen. Der VT 10 501 war als Tagesreisezug mit Großraumabteilen und Restaurant, der VT 10 551 als Schlafwagenzug für die DSG (erst 1955 von der DB übernommen) mit Betten, Liegesitzen und Küche konzipiert.
Neu war die extreme Schalen-Leichtbauweise aus Aluminium. Gebaut wurde der VT 10 501 von Linke-Hofmann-Busch in Salzgitter und der VT 10 551 von Wegmann in Kassel. Die beiden Triebzüge bestanden aus zwei Kopf- und fünf Mittelgliedern mit je 12,2 Metern Wagenkastenlänge. Die Wagenglieder waren durch speziell entwickelte Einachslaufgestelle der Bauart Kruckenberg beim VT 10 501 bzw. Jakobs-Drehgestelle beim VT 10 551 miteinander verbunden. In jedem Kopfglied mit dem ausgeprägten Vorbau sorgten zwei 160-PS-MAN-Lastwagenmotoren für die nötige Antriebsleistung, welche durch ein hydromechanisches Vierganggetriebe übertragen wurde. Zusätzlich speiste ein Hilfsdiesel mit 125 PS über einen Generator sämtliche elektrischen Stromverbraucher. Die Antriebsmotoren wurden später gegen stärkere (210 PS) getauscht und die Höchstgeschwindigkeit von 120 auf 160 km/h angehoben.
Bei beiden Zügen befriedigte die Laufruhe bei hohen Geschwindigkeiten zunächst nicht. Beim VT 10 551 konnten diese Probleme leicht behoben werden, die Schlingerneigung der Einachslaufwerke des VT 10 501 dagegen nicht. Daher lief der VT 10 501 (Bw Frankfurt-Griesheim) nur bis Dezember 1956 als Ft 41/42 »Senator« zwischen Hamburg und Frankfurt, wurde dann abgestellt und schließlich am 12. Juni 1959 ausgemustert.
Bis zum Sommerfahrplan 1958 fuhr der Nachtzug VT 10 551 (Bw Hamburg-Altona) im Planeinsatz als Ft 49/50 »Komet«. Danach lief er bis zu seiner Ausmusterung am 20. Dezember 1960 im Sonderzugdienst. Für diesen Zweck war noch 1956 für ihn ein siebter Mittelwagen (Salonwagen) gebaut worden, nachdem bereits 1953 ein sechster Mittelwagen (Speisewagen) ergänzt worden war. Beide Züge wurden 1963 verschrottet. Lediglich der Salonwagen VM 10 551i blieb mit zwei Drehgestellen als Klubheim der Nürnberger Eisenbahnfreunde erhalten.

**Technische Daten:**

| Baureihenbezeichnung: | VT 10 501 (DB) | VT 10 551 (DB) |
|---|---|---|
| Radsatzanordnung: | B'(1)'(1)'(1)'(1)'(1)'(1)'B' | B'(2)'(2)'(2)'(2)'(2)'(2)'B' |
| Vmax (km/h): | 120 | 120 |
| Motorleistung (PS): | 4 x 210 + 2 x 125 | 4 x 210 + 2 x 125 |
| Motorleistung (kW): | 4 x 155 + 2 x 92 | 4 x 155 + 2 x 92 |
| Kraftübertragung: | hydromechanisch | hydromechanisch |
| Dienstmasse leer (t): | 121 | 128 |
| Größte Radsatzfahrmasse (t): | 14 | 14 |
| Länge über Kupplung (mm): | 96.700 | 108.900 |
| Drehzapfenabstand (mm): | 7 x 12.200 | 8 x 12.200 |
| Radsatzabstand Triebgestell (mm): | 2.200 | 2.200 |
| Radsatzabstand Laufdrehgestell (mm): | - | 2.000 |
| Treibraddurchmesser (mm): | 900 | 900 |
| Laufraddurchmesser (mm): | 900 | 900 |
| Sitzplätze: | 131 | 113 |
| Indienststellung: | 1953 | 1953 |
| Verbleib: | ++ | VM 10 551i |

*Foto: Reinhold Palm/Bildarchiv der Eisenbahnstiftung*

## 610 (DB)

Um auf herkömmlichen Eisenbahnstrecken höhere Geschwindigkeiten fahren zu können, beschäftigten sich schon früh Bahnen und Hersteller mit sogenannten Neigetechnik-Systemen. Um die Fliehkräfte für die Reisenden zu verringern, sollten sich dabei die Züge wie ein Motorrad in die Kurve legen können. Mit großem Erfolg setzten in den 1980er-Jahren die italienischen Staatsbahnen elektrische Triebzüge (»Pendolini«) mit aktiver Neigetechnik von FIAT ein. Versuchsfahrten auf Bundesbahngleisen mit dem italienischen »Pendolino« zeigten überzeugende Ergebnisse und so beschlossen im Sommer 1988 die DB und der Freistaat Bayern, als Pilotprojekt Dieseltriebwagen mit FIAT-Neigetechnik zur Verbesserung des Verkehrs in Nordostbayern einzusetzen. Zunächst wurden 1988 bei den Konsortien MAN/MBB/DUEWAG (wagenbaulicher Teil) und Siemens/AEG/ABB (elektrischer Teil) zehn zweiteilige Triebzüge der Baureihe 610 bestellt. Drehgestelle und Neigetechnik kamen von Fiat Ferroviaria aus Italien. Zur Ausweitung des »Pendolino«-Verkehrs in die Oberpfalz wurde 1990 die Bestellung um weitere zehn Einheiten erhöht.

| Technische Daten: | |
|---|---|
| Baureihenbezeichnung: | 610 (DB) |
| Radsatzanordnung: | 2'(A1)+(1A)(A1) |
| Vmax (km/h): | 160 |
| Motorleistung (PS): | |
| Motorleistung (kW): | 970 (2 x 485) |
| Kraftübertragung: | elektrisch |
| Dienstmasse (t): | 95,35 |
| Größte Radsatzfahrmasse (t): | 13,4 |
| Länge über Kupplung (mm): | 51.750 |
| Drehzapfenabstand (mm): | 17.500+17.500 |
| Radsatzabstand Triebdrehgestell (mm): | 2.450 |
| Radsatzabstand Laufdrehgestell (mm): | 2.450 |
| Treibraddurchmesser (mm): | 890 |
| Laufraddurchmesser (mm): | 890 |
| Sitzplätze: | 130 |
| Indienststellung: | 1991-1993 |
| Verbleib: (DB-Museum): | 610 011/511 |

Ein Triebzug besteht aus den beiden Triebwagen 610.0 und 610.5, die antriebstechnisch eine Einheit bilden. Wegen der maximalen Radsatzlast von 13 Tonnen ist das vordere Drehgestell des 610.0 ein Laufdrehgestell. Bei den drei Triebdrehgestellen wird jeweils der innere Radsatz über Gelenkwellen durch einen AEG-Drehstrommotor angetrieben. Für die nötige Leistung sorgen zwei MTU-Dieselmotoren mit je 485 kW, welche über Drehstrom-Synchrongeneratoren von Siemens die Fahrmotoren versorgen. Die Wagenkästen wurden in geschweißter, selbsttragender Bauweise aus Aluminium-Großstrangpressprofilen hergestellt und können durch Hydraulikzylinder um bis zu 8° geneigt werden. Dabei erkennen Sensoren Beginn und Ende einer Kurve.
Zum Sommerfahrplan 1992 begann der von Anbeginn überaus erfolgreiche »Pendolino«-Einsatz zwischen Nürnberg und Bayreuth bzw. Hof. Acht Jahre lang verkehrten die Züge mit hohen Laufleistungen zuverlässig und ohne größere Störungen. Ermüdungserscheinungen an Rahmen und Radsätzen erzwangen Ende 2000 kurzzeitige Abstellung aller Fahrzeuge. Zum Fahrplanwechsel 2012/13 musste die Baureihe 610 die meisten ihrer Leistungen an die Baureihe 612 abgegeben. Nun wurden nur noch acht Einheiten benötigt. Die DB-Tochter Arriva CZ übernahm 2013 die Fahrzeuge 610 017 und 610 018, ließ sie grün/türkisfarben lackieren und wollte sie in Tschechien im Regionalverkehr einsetzen, wozu es aber nicht kam. Im Winter 2014 schieden die letzten Züge bei der Deutschen Bahn aus. 610 011 gehört zum DB-Museum und wurde nach Koblenz gebracht.

Foto: Estler

## VT 11.5, 601, 602 (DB)

Für den Trans-Europ-Express-Verkehr (TEE) beschafften viele europäische Bahnen Triebwagen, die höchste Komfortansprüche erfüllten und nur die 1. Klasse führten. Die DB entschied für einen Triebwagenzug, der auf dem »Kruckenberg«-VT 137 155 und der erfolgreichen V 200 basierte. Die Grundkonfiguration bestand aus je einem Triebkopf am Ende sowie fünf Mittelwagen, wobei durch das Einstellen weiterer Mittelwagen bis zu zehnteilige Einheiten möglich waren. Der Antrieb stammte von der V 200: Jeder Triebkopf erhielt einen 1.100-PS-Motor, der über ein hydraulisches Getriebe und Gelenkwellen auf die Radsätze des Triebdrehgestells wirkte. Ein 296-PS-Hilfsdieselmotor mit direkt angeflanschtem Generator garantierte die elektrische Versorgung einschließlich Küche und Klimaanlage. Im Einzelnen wurden 1957/58 ausgeliefert: 19 Triebköpfe (VT 11 5001-5019), 23 Abteilwagen (VM 11 5101-5123), acht Großraumwagen (VM 11 5201-5208), acht Barwagen (VM 11 5301-5308) und neun Speisewagen (VM 11 5401-5409). Mit zunehmender Elektrifizierung wurden immer mehr TEE-Züge auf lokbespannte Wagenzüge umgestellt. Ab 1971 fanden die ab 1968 als BR 601/901 bezeichneten Garnituren ein neues Betätigungsfeld im Intercity-Netz. Vier Triebköpfe erhielten zwischen 1971 und 1973 zur Leistungssteigerung einen Gasturbinenantrieb. Die Lycoming-Turbine wurde über dem vorderen Drehgestell eingebaut und erforderte etliche Änderungen wie Ansaug- und Abgaskanäle, zusätzliche Schalldämpfer und ein neues Getriebe. Die als 602 001-004 bezeichneten Triebköpfe gewannen so rund 100 % mehr Leistung und erreichten bei Probefahrten Geschwindigkeiten von 200 km/h. Nach Beseitigung einiger Kinderkrankheiten konnten die Fahrzeuge 1974 ihren Dienst im IC-Verkehr aufnehmen. Schon im Sommer 1978 wurden die Turbinentriebköpfe abgestellt. Mit der Einführung der 2. Klasse im IC-Verkehr waren ein Jahr später auch die Triebwagen der Baureihe 601 zunächst arbeitslos. Ein großer Teil der Fahrzeuge fand nun im Touristikverkehr Verwendung. Erst am 9. April 1988 erfolgte der letzte Einsatz der einstigen TEE-Triebwagen als »Alpen-See-Express«. Kurz darauf waren alle ausgemustert. Erhalten blieb der Turbinenkopf 602 003 als Museumsstück des VM Nürnberg. Eigentlich sollten die Triebköpfe VT 11 5014 und 5019 sowie acht Mittelwagen des Nürnberger Verkehrsmuseums ab Ende 2002 als »Premium-Nostalgiezug« im Ablieferungszustand von 1957 aufwändig betriebsfähig aufgearbeitet werden. Ende 2004 erfolgte jedoch die Einstellung der Aufarbeitung wegen deutlicher Kostenüberschreitung. Die Fahrzeuge sind derzeit nutzlos im ehemaligen Bw Leipzig Hbf Süd abgestellt.

Foto: Estler

| Technische Daten: | | |
|---|---|---|
| Baureihenbezeichnung: | 601 (DB) | 602 (DB) |
| Radsatzanordnung: | B'2'+2'2'+2'2'+2'2'+2'2'+2'2'+2'B' | B'2' (nur Triebkopf) |
| Vmax (km/h): | 160 | 160 |
| Motorleistung (PS): | 2.200 (2 x 1.100) | 2.200 (Gasturbine im Triebkopf) |
| Motorleistung (kW): | 1.620 (2 x 810) | 1.620 (Gasturbine im Triebkopf) |
| Kraftübertragung: | hydraulisch | hydraulisch |
| Dienstmasse siebenteilig (t): | 214 | 49 (nur Triebkopf) |
| Größte Radsatzfahrmasse (t): | 17 | 17 |
| Länge über Kupplung (mm): | 130.580 | 19.960 (nur Triebkopf) |
| Drehzapfenabstand siebenteilig (mm): | 7 x 12.600 | 12.600 (nur Triebkopf) |
| Radsatzabstand Triebdrehgestell (mm): | 3.400 | 3.400 |
| Radsatzabstand Laufdrehgestell (mm): | 2.300 | 2.300 |
| Treibraddurchmesser (mm): | 950 | 950 |
| Laufraddurchmesser (mm): | 900 | 900 |
| Sitzplätze: | 122 + 53 (Bar + Speiseraum) | - |
| Indienststellung: | 1957-1958 | 1971-1973 |
| Verbleib: | u.a. 601 006 und 015 (ESG, Augsburg) | 602 003 (VM Nürnberg) |

## 611, 612 (DB AG)

Auf Grund der Nachfrage nach Neigezügen in anderen Regionen bestellte 1994 die DB AG bei AEG (später ADtranz) 50 zweiteilige Triebzüge der Baureihe 611 als Weiterentwicklung der bewährten »Pendolini« (Baureihe 610). Die wagenbauliche Konstruktion des zweiteiligen Triebzuges (611.0+611.5) mit zwei autarken Maschinenanlagen entspricht der seines Vorgängers. Neu gestaltet wurde der Frontbereich mit größerer Windschutzscheibe und Zugzielanzeige im Dachbereich. Angetrieben werden die Radsätze beiden Drehgestelle am Kurzkupplungsende durch je einen MTU-Zwölfzylinder-Dieselmotor mit 540 kW Leistung über mikroprozessorgesteuerte hydrodynamische Voith-Strömungsgetriebe und Gelenkwellen. Die bewährte FIAT-Neigetechnik wurde nicht mehr verwendet, vielmehr adaptierten AEG/ADtranz das Neigesystem des Kampfpanzers »Leopard« für den Einsatz bei Schienenfahrzeugen. Die Neigung des Wagenkastens von bis zu 8° erfolgt beim System »neicontrol-E« über einen unterflur angeordneten elektrischen Servomotor, Stirnradgetriebe und linearen Spindeltrieb. Sensoren in den Drehgestellen erfassen die bei Kurvenfahrten auftretenden Reaktionskräfte und geben die Daten an die Leistungselektronik der Neigetechnik weiter.

Das Schicksal der Baureihe 611 prägten zunächst Pleiten und Pannen, daher erhielten sie in den Medien bald die Bezeichnung »Pannolino«. Nach einem blamablen Fehlstart 1996 in Baden-Württemberg und Rheinland-Pfalz mussten die Züge zunächst zur Überarbeitung aus dem Verkehr gezogen werden. 1998 wieder in den Plandienst zurückgekehrt war bald wieder eine Reduzierung der Höchstgeschwindigkeit auf 120 km/h erforderlich. Erst ab Sommer 2000 ging die Störanfälligkeit der Triebzüge auf ein halbwegs erträgliches Maß zurück.

Schon 1998 stellte ADtranz mit der Baureihe 612 (»Regio-Swinger«) den Nachfolger für die pannenbehafteten 611 vor. Technik und prinzipielle Baugrundsätze wurden vom 611 übernommen. Wesentliche Änderungen waren die nun verwendeten stärkeren 559-kW-Motoren von Cummins, der geglättete Fahrzeugkopf aus glasfaserverstärktem Kunststoff sowie die Platzierung der äußeren Einstiegstüren hinter dem ersten Drehgestell (Dritteleinstieg). Nach den Pleiten mit der Vorgängerbaureihe 611 legten sowohl Hersteller als auch DB wieder größeren Wert auf eine intensivere Erprobung vor Beginn der eigentlichen Serienlieferung, welche dann erst 1999 anlief und bis 2003 insgesamt 192 Einheiten umfasste.

Foto: Estler

**Technische Daten:**

| | | |
|---|---|---|
| Baureihenbezeichnung: | 611 (DB AG) | 612 (DB AG) |
| Radsatzanordnung: | 2'B'+B'2' | 2'B'+B'2' |
| Vmax (km/h): | 160 | 160 |
| Motorleistung (PS): | | |
| Motorleistung (kW): | 1.080 (2 x 540) | 1.118 (2 x 559) |
| Kraftübertragung: | hydraulisch | hydraulisch |
| Dienstmasse (t): | 116 | 116 |
| Größte Radsatzfahrmasse (t): | 15 | 15 |
| Länge über Kupplung (mm): | 51.750 | 51.750 |
| Drehzapfenabstand (mm): | 17.500+17.500 | 17.500+17.500 |
| Radsatzabstand Triebdrehgestell (mm): | 2.450 | 2.450 |
| Radsatzabstand Laufdrehgestell (mm): | 2.450 | 2.450 |
| Treibraddurchmesser (mm): | 890 | 890 |
| Laufraddurchmesser (mm): | 890 | 890 |
| Sitzplätze: | 148 | 146 |
| Indienststellung: | 1996-1998 | 1998-2004 |
| Verbleib: | DB AG | DB AG |

## VT 12.14, 181 (DR)

Zur Attraktivitätssteigerung ihrer internationalen Schnellzugverbindungen benötigte die DR Anfang der 1950er-Jahre dringend neue Triebwagenzüge. Da die heimische Industrie sich nicht in der Lage sah, solche Züge kurzfristig zu liefern, musste die DR auf das sozialistische Ausland ausweichen. Fündig wurde sie bei der Firma Ganz in Budapest, die 1954 drei vierteilige Triebwagenzüge an DR lieferte. Sie bestanden aus zwei Triebwagen mit zwei dazwischen laufenden Mittelwagen. Wagen und Drehgestelle waren eine geschweißte Stahlkonstruktion. Angetrieben wurde das jeweils vordere Triebdrehgestell durch einen 450-PS-Motor von Ganz, die Kraftübertragung erfolgte durch ein mechanisches Fünfgang-Getriebe. Bemerkenswert war das dreiachsige Triebdrehgestell, das aus Gewichtsgründen einen zusätzlichen Laufradsatz erhalten hatte. Vielfachsteuerung von zwei Einheiten war möglich, doch war im gesteuerten Zug ein »Maschinist« zur Überwachung der Maschinenanlage erforderlich. Hinsichtlich ihrer Laufeigenschaften befriedigten die Züge nicht sonderlich, auch war die Höchstgeschwindigkeit mit 125 km/h eher knapp bemessen. Trotzdem fuhren sie längere Zeit im internationalen Verkehr. Ab 1. März 1954 kamen sie zunächst zwischen Berlin und Prag, später dann auch zwischen Berlin und Hamburg sowie als »Berolina« in der Relation Berlin-Warschau-Brest zum Einsatz. Dreiteilig wurde 1963 der VT 12.14.02 an die tschechoslowakische Staatsbahn ČSD als Ersatz für einen verunfallten, gleichartigen Zug abgegeben. Die beiden anderen Triebzüge erhielten zwar 1970 noch die computergerechte Baureihen-Bezei chnung 181, wurden aber noch im gleichen Jahr ausgemustert.

**Technische Daten:**

| | |
|---|---|
| Baureihenbezeichnung: | VT 12.14 (DR) |
| Radsatzanordnung: | (1B)2'+2'2'+2'2'+2'(B1) |
| Vmax (km/h): | 125 |
| Motorleistung (PS): | 900 (2 x 450) |
| Motorleistung (kW): | 662 |
| Kraftübertragung: | mechanisch |
| Dienstmasse vierteilig (t): | 198,5 |
| Größte Radsatzfahrmasse (t): | 15,0 |
| Länge über Kupplung (mm): | 96.030 |
| Drehzapfenabstand (mm): | 17.050+17.600+17.600+17.050 |
| Radsatzabstand Triebdrehgestell (mm): | 4.100 |
| Radsatzabstand Laufdrehgestell (mm): | 2.950 |
| Treibraddurchmesser (mm): | 930 |
| Laufraddurchmesser (mm): | 930 |
| Sitzplätze: | 166 + 32 (Speiseraum) |
| Indienststellung: | 1954 |
| Verbleib: | ++ |

Foto: Slg. Kleine, Archiv transpress

## 614 (DB)

Als Weiterentwicklung der Baureihen 624/634 entstanden 1971 zwei Voraustriebzüge der Baureihe 614 für den Bezirks- und Regionalverkehr. Sie sollten vor allem das große Handicap der Baureihe 634 kompensieren: den für eine gleisbogenabhängige Wagenkastensteuerung (GSt) wenig geeigneten Wagenkasten, der nur eine Neigung von rund 2,5° zuließ. Um die GSt besser ausnutzten zu können, sollte bei den neuen Triebzügen der Neigungswinkel auf rund 4,2° erhöht werden. Damit sollten Kurven 20 % schneller durchfahren werden können als mit herkömmlichen Fahrzeugen. Diese Vorgabe bedingte einen Wagenkasten, der sich in der oberen Fahrzeughälfte etwas verjüngt. Da auch auf eine Übergangsmöglichkeit zwischen zwei Einheiten verzichtet wurde, erhielten die 614 eine neue Kopfform, die von den elektrischen S-Bahntriebwagen der Baureihe 420 abgeleitet wurde. Wie bei den 624/634 sind die Wagenkästen in selbsttragender Bauweise aus leichten Walzprofilen und abgekanteten Blechen gefertigt. Sie werden durch Luftfedern abgefedert. Angetrieben wird wiederum das jeweils äußere Drehgestell des Endwagens, wobei ein stärkerer, aufgeladener MAN-Boxermotor mit 367 kW Leistung installiert wurde. Über Vielfachsteuerung können bis zu drei Einheiten von einem Führerstand aus gesteuert werden. Die moderne Inneneinrichtung mit textilbezogenen Sitzpolstern hob sich wohltuend von der Innenausstattung ihrer Vorgänger ab.

Bei den ausführlichen Erprobungen der beiden Prototypen zeigte sich, dass mit der GSt kein erheblicher Fahrzeitgewinn erreicht werden konnte. Daher wurde bei der Serienlieferung auf die GSt verzichtet. Eine erste Serie von 25 Einheiten verließ zwischen 1973 und 1975 die Werkshallen von MAN (Mittelwagen) und der Waggonfabrik Uerdingen (Triebwagen). Eine zweite Bauserie mit 15 Garnituren entstand 1975/76 ausschließlich bei MAN. Beheimatet waren die Fahrzeuge in Nürnberg und Braunschweig. Dort kamen sie vorwiegend im Regionalverkehr Frankens und Niedersachsens zum Einsatz. Zum Teil wurden sie innen und außen modernisiert – u.a. mit neuen Cummins-Motoren mit einer Leistung von 448 kW.

Im Dezember 2009 endete Nürnberg der Einsatz der letzten Triebwagen im Plandienst. Einige dienten noch als Betriebsreserve, aber auch sie wurden inzwischen abgestellt. Zehn Endwagen waren für den Verkauf an Transferoviar Călători, Rumänien (TFC) vorgesehen, der aber nicht zustande kam.

| Technische Daten: | |
|---|---|
| Baureihenbezeichnung: | 614 (DB) |
| Radsatzanordnung: | B'2'+2'2'+2'B' |
| Vmax (km/h): | 140 |
| Motorleistung (PS): | |
| Motorleistung (kW): | 734 (2 x 367) |
| Kraftübertragung: | hydraulisch |
| Dienstmasse (t): | 142 |
| Größte Radsatzfahrmasse (t): | 16 |
| Länge über Puffer (mm): | 79.460 |
| Drehzapfenabstand (mm): | 3 x 19.000 |
| Radsatzabstand Triebdrehgestell (mm): | 2.500 |
| Radsatzabstand Laufdrehgestell (mm): | 2.500 |
| Treibraddurchmesser (mm): | 950 |
| Laufraddurchmesser (mm): | 900 |
| Sitzplätze: | 228 |
| Indienststellung: | 1971-1977 |
| Verbleib: | DB AG |

*Foto: Estler*

## VT 137 288-295 (DRG, DR), 184 (DR)

Für die Mitte der 1930er Jahre geplanten Neuordnung des Ruhrschnellverkehrs bestellte die DRG 1936 acht zweiteilige dieselelektrische Triebwagenzüge bei WUMAG in Görlitz. Die Konzeption dieser Fahrzeuge lehnte sich stark an die Schnelltriebwagen der Bauart »Hamburg« an. Beide Wagenhälften waren ebenfalls durch ein angetriebenes Jakobs-Drehgestell verbunden und auch die Maschinenanlagen mit dem 410-PS-Maybach-Dieselmotor waren weitgehend identisch. Die geschweißten Wagenkästen erhielten erstmals den neuen dunkelroten Triebwagenanstrich der DRG, davon abgesetzt waren das aluminiumfarbige Dach und die dunkelgraue Schürze.

Die Auslieferung der zweiteiligen Ruhrschnellwagen erfolgte in der ersten Jahreshälfte 1938. Gegenüber den im Ruhrschnellverkehr bisher eingesetzten VT-VS-Kombinationen der Einheits-Dieseltriebwagen wiesen die neuen Züge ein deutlich besseres Beschleunigungsvermögen auf. Nachteilig erwiesen sich aber das reduzierte Fassungsvermögen und die Zahl der Einstiege mit den relativ kleinen Stauräumen, welche bei starkem Fahrgastaufkommen keinen schnellen, reibungslosen Fahrgastwechsel mehr gewährleisteten. Nach nur halbjähriger Einsatzzeit im Ruhrgebiet wechselten die Doppeltriebwagen Anfang 1939 geschlossen zum Bw Trier und Ende 1939 weiter zum Bw Dresden-Pieschen. Während des Krieges dienten sie dann als Reservefahrzeuge für die Wehrmacht. Zwei Einheiten blieben 1945 in der Tschechoslowakei und wurden als M 296.001 und 002 von der ČSD eingereiht. Der M 296.002 wurde 1959 ausgemustert, während der verbliebene 1963 in einen Fahrleitungs-Untersuchungswagen umgebaut wurde. Noch sechs Garnituren waren nach Kriegsende in der sowjetischen Zone vorhanden. In dem ab 1947 in den Westzonen geltenden Umzeichnungsplan war für sie die Baureihenbezeichnung VT 17.0 vorgesehen. Fünf davon übernahm die DR in ihren Betriebsbestand, der beschädigte VT 137 290a/b wurde 1956 im RAW Wittenberge ausgemustert. Alle fünf Einheiten erlebten 1970 noch die computergerechte Umzeichnung in die Baureihe 184. Mit der Ausmusterung des 184 002 war 1982 die Karriere dieser Fahrzeuge beendet.

*Foto: Slg. Dietz*

| Technische Daten: | |
|---|---|
| Baureihenbezeichnung: | VT 137 288-295 (DRG) |
| Radsatzanordnung: | 2'(Bo)'2' |
| Vmax (km/h): | 120 |
| Motorleistung (PS): | 820 (2 x 410) |
| Motorleistung (kW): | 604 (2 x 302) |
| Kraftübertragung: | elektrisch |
| Dienstmasse (t): | 99 |
| Größte Radsatzfahrmasse (t): | 17 |
| Länge über Kupplung (mm): | 44.186 |
| Drehzapfenabstand (mm): | 17.690+17.690 |
| Radsatzabstand Triebdrehgestell (mm): | 3.500 |
| Radsatzabstand Laufdrehgestell (mm): | 3.500 |
| Treibraddurchmesser (mm): | 1.000 |
| Laufraddurchmesser (mm): | 930 |
| Sitzplätze: | 114 |
| Indienststellung: | 1938 |
| Verbleib: | ++ |

## VT 137 283-287 (DRG, DR)

Parallel zu den zweiteiligen »Ruhr«-Triebwagen (VT 137 288-295) bestellte die DRG zu Vergleichszwecken fünf dreiteilige, dieselhydraulische Triebzüge bei den Westdeutschen Waggonfabriken (Westwaggon). Dabei wurden die ersten drei Einheiten mit den bewährten 410-PS-Maybach-Motoren ausgerüstet, die beiden letzten erhielten die stärkeren 450-PS-Motoren von Daimler-Benz. Die Maschinenanlagen waren in den beiden Enddrehgestellen der dreiteiligen Einheiten untergebracht. Ein Voith-Strömungsgetriebe übertrug mit Hilfe von Gelenkwellen die Motorleistung auf die beiden Treibradsätze. Die Wagenkästen waren durch Jakobsdrehgestelle miteinander verbunden und glänzten im neuen, dunkelroten Triebwagenanstrich.
Alle fünf Garnituren wurden erst in der zweiten Jahreshälfte 1939 ausgeliefert und kamen nicht mehr im Ruhrschnellverkehr zum Einsatz, sondern wurden nach ihrer Abnahme der RBD Dresden zugewiesen. Da zwischenzeitlich der Zweite Weltkrieg begonnen hatte, kamen sie auch dort kaum mehr zum Einsatz und wurden wie ihrer zweiteiligen Geschwister später der Wehrmacht für Reservedienste zu Verfügung gestellt.

Der VT 137 285 wurde im Februar 1945 ein Opfer des berüchtigten Bombenangriffs auf Dresden. Die VT 137 284 und 287 fanden sich nach Kriegsende im Wagenpark der Sowjetzone. Der westzonale Umzeichnungsplan 1947 sah für sie die Nummern VT 18 500 (mit Maybach-Motor) und VT 19 500 (mit Daimler-Motor) vor. Die beiden anderen Garnituren fuhren nach 1945 zunächst in der Tschechoslowakei, von der ČSD als M 493.001 und 002 bezeichnet. Schon 1948 wurde der M 493.001 (ex VT 137 283) an die DR zurückgegeben, die ihn nach einiger Zeit wiederaufarbeitete. Auch der M 493.002 kehrte später aus dem Exil zurück, blieb aber abgestellt und wurde als Ersatzteilspender verwendet. Bekannte Einsätze der dreiteiligen »Ruhr«-Triebwagen waren in den 1950er- und 1960er-Jahren das Zugpaar Dt 179/180 (Dresden-Berlin-Stralsund). Alle Garnituren wurden bis 1969 ausgemustert.

*Foto: Slg. Dietz*

| Technische Daten: | |
|---|---|
| Baureihenbezeichnung: | VT 137 283-287 (DRG) |
| Radsatzanordnung: | B'(2)'(2)'B' |
| Vmax (km/h): | 120 |
| Motorleistung (PS): | 820 (2 x 410), VT 137 286-287: 900 (2 x 450) |
| Motorleistung (kW): | 604 (2 x 302), VT 137 286-287: 662 (2 x 331) |
| Kraftübertragung: | hydraulisch |
| Dienstmasse (t): | 107 |
| Größte Radsatzfahrmasse (t): | 15 |
| Länge über Kupplung (mm): | 53.400 |
| Drehzapfenabstand (mm): | 14.600+15.400+14.600 |
| Radsatzabstand Triebdrehgestell (mm): | 3.600 |
| Radsatzabstand Laufdrehgestell (mm): | 3.600 |
| Treibraddurchmesser (mm): | 930 |
| Laufraddurchmesser (mm): | 930 |
| Sitzplätze: | 138 |
| Indienststellung: | 1939 |
| Verbleib: | ++ |

## VT 18.16, 175 (DR)

Für den internationalen Fernverkehr bestellte die DR Anfang der 1960er Jahre einen modernen Dieseltriebzug bei der heimischen Industrie. Der VEB Waggonbau Görlitz baute einen vierteiligen, komfortablen Probezug, der bei Form und Gestaltung seine Herkunft vom VT 137 155 (Bauart »Kruckenberg«) nicht verleugnen konnte. Bei der Leipziger Messe 1963 wurde die als VT 18.16.01 bezeichnete Einheit der Öffentlichkeit vorgestellt. Die Wagenkästen waren eine selbsttragende Schweißkonstruktion aus Blechen und Leichtprofilen, die Drehgestelle eine vollständig geschweißte Kastenkonstruktion. Die dieselhydraulische Antriebsanlage wirkte auf das jeweils vordere Triebdrehgestell und wurde weitgehend von der V 180 übernommen. Zwei 900-PS-Zwölfzylinder-Motoren von KVD sorgten für die nötige Leistung.
Nach ausgiebigen Probefahrten, bei denen besonders die hohe Laufruhe auffiel, kam der Prototyp im Sommerfahrplan 1964 als »Neptun« zwischen Berlin und Kopenhagen und im darauffolgenden Winterfahrplan zwischen Berlin und Prag zum Einsatz. Die nachfolgende Serienlieferung umfasste zwischen 1965 und 1968 sieben weitere, vierteilige Garnituren, zwei Reservetriebköpfe sowie sechs zusätzliche Mittelwagen. Damit konnte die vierteilige Grundkonfiguration (Triebwagen, zwei Mittelwagen, Triebwagen) um bis zu zwei Mittelwagen verstärkt werden. Allerdings betrug die Höchstgeschwindigkeit dann nur noch 140 km/h.
Bevorzugt waren die Triebzüge auf den Strecken Berlin–Kopenhagen, Berlin–Prag–Wien, Berlin–Leipzig–Karlsbad sowie im Binnenverkehr zwischen Berlin und Leipzig, Magdeburg und Bautzen unterwegs. Ab 1970 computergerecht als Baureihe 175 geführte, fuhren sie die letzten Einsätze im internationalen Verkehr im September 1981 mit den Nobelzügen KAROLA und KARLEX. Im Inlandsverkehr wurden sie noch bis 1985 benötigt. Neben dem sechsteiligen, seit Frühjahr 2003 nicht mehr betriebsfähigen Museumszug (175 014+175 313+175 413+175 509+175 511+175 019) sind noch weitere Fahrzeuge abgestellt vorhanden und harren der Aufarbeitung bzw. dienen als Konferenz-, Wohn- und Clubheime.

| Technische Daten: | |
|---|---|
| Baureihenbezeichnung: | VT 18.16 (DR) |
| Radsatzanordnung: | B'2'+2'2'+2'2'+2'B' |
| Vmax (km/h): | 160 |
| Motorleistung (PS): | 2.000 (2 x 1.000) |
| Motorleistung (kW): | 1.471 |
| Kraftübertragung: | hydraulisch |
| Dienstmasse vierteilig (t): | 214,4 |
| Größte Radsatzfahrmasse (t): | 19,8 |
| Länge über Kupplung (mm): | 98.140 |
| Drehzapfenabstand (mm): | 4 x 16.500 |
| Radsatzabstand Triebdrehgestell (mm): | 4.000 |
| Radsatzabstand Laufdrehgestell (mm): | 2.500 |
| Treibraddurchmesser (mm): | 950 |
| Laufraddurchmesser (mm): | 950 |
| Sitzplätze: | 140 + 23 (Speiseraum) |
| Indienststellung: | 1963-1965 |
| Verbleib: | u.a. 175 005/006 (SEM Chemnitz-Hilbersdorf), |
| | 175 014/019 (VMN, Berlin) |

*Foto: Estler*

## 618/619 (DB AG)

Bei der Innotrans 2000 in Berlin wurde am 12. September der Erprobungsträger für einen leichten innovativen Regional-Express (LIREX) vorgestellt. Der dieselelektrische Gliederzug wurde von der DB AG und Alstom LHB mit Unterstützung des Landes Sachsen-Anhalt entwickelt. Das modulare Fahrzeugkonzept des LIREX ist auf einer dreiteiligen Grundeinheit aufgebaut. Auf einen Mittelwagen (Baureihe 619.0 bzw. 619.5) mit zwei eigenen Fahrwerken stützt sich an jeder Seite ein Endwagen mit nur einem Fahrwerk. Die Endwagen können dabei wahlweise mit einem Führerstand (Baureihe 618.0 bzw. 618.5) oder mit einem Übergang (Baureihe 619.1 bzw. 619.6) ausgestattet sein. Der vorgestellte Erprobungsträger ist sechsteilig, doch können auch drei-, neun- oder zwölfteilige Triebzüge zusammengestellt werden, die wiederum in Zwei- oder sogar Dreifachtraktion verkehren können. Neu beim LIREX sind die kurvengesteuerten Einzelradsatz-Fahrwerke (KERF), die für eine erhebliche Reduzierung der Laufwerksmasse sorgen. Um eine durchgehende Fußbodenhöhe von 790 mm über der Schienenoberkante zu gewährleisten, ist nahezu die gesamte Antriebsausrüstung auf dem Dach untergebracht. Auf den Endwagen des Grundmoduls ist dabei jeweils ein Powerpack (Dieselmotor und Generator) angeordnet. Auf dem Mittelwagen befinden sich der Stromrichter und der Schwungradspeicher, mit dem erstmals bei Dieseltriebfahrzeugen generatorisches Bremsen möglich ist. Drei der vier KERF-Fahrwerke einer Grundeinheit werden von Drehstrom-Asynchron-Motoren angetrieben, welche den LIREX ausgesprochen spurtstark machen. Auf Grund der großen Wagenbreite von 3.042 mm lässt der Triebzug vielfältige Gestaltungsmöglichkeiten des Fahrgastraumes zu. Beim Prototyp wurde eine Komfortausstattung gewählt, die klassenlos in die vier Bereiche Markt, Kommunikation, Ruhe und Panorama aufgeteilt ist.

Nach ausgiebiger Erprobungsphase fuhr der LIREX ab 15. Dezember 2002 im Planeinsatz in der Relation Magdeburg–Stendal–Wittenberge. Ein Jahr später sollte er bei Alstom in einen Elektro-Triebwagen umgebaut werden, wobei im Prinzip lediglich Dieselmotor und Generator durch einen Transformator ersetzt sowie Stromabnehmer aufgebaut werden müssten. Dabei sollte eine neuartige, leistungselektronische Fahrstromversorgung (»eTransformer«) zum Einbau kommen. Der Umbau wurde bis jetzt noch nicht begonnen und seit Ende Juni 2006 ist das Fahrzeug im DB-Bestand z-gestellt.

| Technische Daten: | |
|---|---|
| Baureihenbezeichnung: | 618.0/619.0/619.1+619.6/619.5/618.5 (DB AG) |
| Radsatzanordnung: | A'1'A'A'+A'A'1'A' |
| Vmax (km/h): | 160 |
| Motorleistung (PS): | |
| Motorleistung (kW): | 1.352 (4 x 338) |
| Kraftübertragung: | elektrisch |
| Dienstmasse sechsteilig (t): | 137 |
| Größte Radsatzfahrmasse (t): | |
| Länge über Kupplung (mm): | 68.490 |
| Radsatzabstand sechsteilig (mm): | 9.525+9.050+9.525+5.200+9.525+9.050+9.525 |
| Treibraddurchmesser (mm): | |
| Laufraddurchmesser (mm): | |
| Sitzplätze: | 186 |
| Indienststellung: | 2000 |
| Verbleib: | Alstom |

Foto: Estler

## Baureihe 620, 622 (DB AG)

Seit 2014 liefert Alstom zwei neue Ausführungen des LINT (Leichter Innovativer Nahverkehrs-Triebwagen). Dies sind der zweiteilige LINT 54 (Baureihe 622) und der dreiteilige LINT 81 (Baureihe 620).

Von den älteren LINT Baureihen 640 und 648 unterscheiden sie sich besonders durch eine neue, crashoptimierte Front. Sie entspricht der EU-Norm TSI und soll bei Unfällen eine höhere Sicherheit für Personal und Fahrgäste bieten. Außerdem wurden der Brandschutz und die Barrierefreiheit verbessert.

Die Fahrzeuge bestehen aus einzelnen Wagen, von denen jeder auf zwei zweiachsigen Drehgestellen läuft. Bei den zweiteiligen Zügen sind drei, bei den dreiteiligen Zügen vier Drehgestelle angetrieben. Die zugehörigen Motoren sind unter den Untergestellen aufgehängt. Sie leisten je 390 kW. Um den Kraftstoffverbrauch zu reduzieren, kann auch mit weniger Motoren gefahren werden.

1,30 m breite Schwenkschiebetüren ermöglichen einen schnellen Fahrgastwechsel. Die Türen haben Lichtgitter und Kontaktleisten, damit Fahrgäste beim Schließen nicht eingeklemmt werden. Schiebetritte vereinfachen das Ein- und Aussteigen an niedrigen Bahnsteigen.

Im Niederflurbereich befinden sich Mehrzweckräume, barrierefreie Toiletten und Rollstuhl-Stellplätze eingerichtet. Hier können zusätzlich Fahrkarten- oder Snackautomaten eingebaut werden. Ein Fahrgastinformationssystem, eine Videoüberwachungsanlage und Audiosysteme ergänzen die Einrichtung.

2022 hatte die Deutsche Bahn 49 Einheiten der Baureihe 620 und 56 Züge der Baureihe 622 im Bestand. Die 620 waren alle in Köln-Deutzerfeld beheimatet. Die 622 teilten sich auf die Werke Köln-Deutzerfeld (622 001 bis 009), Kaiserslautern (622 021 bis 044), Nürnberg West (622 045 bis 052), Kempten (622 053 bis 064) und Kiel (622 165 bis 167) auf.

Foto: Estler

| Technische Daten: | | |
|---|---|---|
| Baureihe | 620 | 622 |
| Radsatzanordnung | B'2'+B'2'+B'B' | B'2'+B'B' |
| Vmax (km/h) | 140 | 140 |
| Motorleistung (kW) | 4 x 390 | 3 x 390 |
| Kraftübertragung | hydraulisch | hydraulisch |
| Dienstmasse (t) | 138 | 98 |
| Radsatzfahrmasse (t) | | |
| Länge über Puffer (mm) | 80.920 | 54.270 |
| Raddurchmesser (mm) | | |
| Sitzplätze | 300 | 180 |
| Indienststellung | 2014 – ... | 2014 – ... |

## GVT 10 004-005 (DRG), VT 20.5 (DB)

Als letzte Triebwagen aus dem DRG-Beschaffungsprogramm von 1937 lieferte 1941 die Waggonfabrik Christoph & Unmack in Niesky die beiden Güterschlepptriebwagen VT 10 004 und 10 005 an die DRG. Sie waren gleichzeitig die letzten von der DRG beschafften Triebwagen mit Brennkraftmotoren. Untergestell und Wagenkastenaufbau waren weitgehend geschweißt. Der Laderaum war auf jeder Wagenseite beim VT 10 004 durch eine, beim VT 10 005 durch zwei Doppelschiebetüren zugänglich. Für den Antrieb stand zunächst ein 450-PS-Dieselmotor von Maybach zu Verfügung, der bald darauf durch einen aufgeladenen 650-PS-Motor des gleichen Herstellers ersetzt wurde. Die Leistungsübertragung erfolgte durch ein Maybach-Ausrückwandlergetriebe der Bauart Mekydro auf die beiden Treibradsätze. Die komplette dieselhydraulische Maschinenanlage war im vorderen Drehgestell eingebaut, wobei der Dieselmotor in den Führerstand hineinragte. Das Laufdrehgestell entsprach dem Triebdrehgestell, um jederzeit eine zweite Maschinenanlage nachrüsten zu können.

*Foto: Samml. Günther Dietz*

Da die Ablieferung der beiden Fahrzeuge schon weit in der Kriegszeit erfolgte, kamen sie nicht mehr in den öffentlichen Verkehr, sondern wurden sofort für Sonderzwecke eingesetzt. Im Frühjahr 1944 baute das RAW Friedrichshafen den VT 10 004 in einen Fahrleitungsprüfwagen um. Auch der VT 10 005 sollte so umgerüstet werden, doch nach schwerer Beschädigung bei einem Luftangriff auf Friedrichshafen am 20. Juli 1944 wurde das Vorhaben aufgegeben.
Nach Kriegsende befanden sich beide Triebwagen in den Westzonen und wurden ab 1947 als GVT (später VT) 20 500 und 501 geführt. Dem Betrieb standen sie wieder ab 1948 (GVT 20 500) bzw. 1950 (GVT 20 501) zur Verfügung und liefen beide ab Ende 1950 beim Bw Frankfurt/Main 1. Da sich für die recht modernen und leistungsfähigen Fahrzeuge aber keine vernünftigen Einsatzbereiche finden ließen, musterte die DB beide VT 20 schon 1956 aus.

| Technische Daten: | |
|---|---|
| Baureihenbezeichnung: | VT 20.5 (DB) |
| Radsatzanordnung: | B'2' |
| Vmax (km/h): | 110 |
| Motorleistung (PS): | 650 |
| Motorleistung (kW): | 478 |
| Kraftübertragung: | hydraulisch |
| Dienstmasse (t): | 54,3 |
| Größte Radsatzfahrmasse (t): | 16 |
| Länge über Puffer (mm): | 22.000 |
| Drehzapfenabstand (mm): | 13.900 |
| Radsatzabstand Triebdrehgestell (mm): | 3.600 |
| Radsatzabstand Laufdrehgestell (mm): | 3.600 |
| Treibraddurchmesser (mm): | 930 |
| Laufraddurchmesser (mm): | 930 |
| Sitzplätze: | - |
| Indienststellung: | 1942 |
| Verbleib: | ++ |

## VT 4.12, 173 (DR)

Zur Ablösung der vierachsigen Vorkriegstriebwagen sowie für den Export entwickelte 1963 der VEB Waggonbau Bautzen den Prototyp eines vierachsigen Leichttriebwagens, der auf der Leipziger Frühjahrsmesse 1964 als VT 4.12.01 der staunenden Öffentlichkeit präsentiert wurde. Wagenkasten und Drehgestelle waren moderne Schweißkonstruktionen. Puffer der Regelbauart waren nicht vorhanden, zur Übertragung von Zug- und Stoßkräften diente eine automatische Scharfenberg-Kupplung. Die gesamte Antriebsanlage befand sich unterhalb des Wagenkastens. Jeweils ein 200-PS-Sechszylinder-Motor vom VEB Elbewerk Roßlau übertrug seine Leistung auf den innenliegenden Radsatz eines Drehgestells über ein mechanisches Sechsgang-Getriebe mit Magnetkupplungen.
Ein Jahr später folgte mit dem VT 4.12.02 ein zweiter Wagen mit diversen Änderungen. Wirkte die kastenartige Form des ersten Prototyps noch eher konservativ, gefiel das zweite Baumuster durch seine abgerundeten Stirnenden mit dem vorspringenden Dach. Beide Führerstände hatten nun separate Zugänge von außen erhalten, beim ersten Fahrzeug konnte das Fahrpersonal nur durch den Fahrgastraum in den Führerstand gelangen. Auch im Innenraum gab es u.a. mit einem fahrgastfreundlichen, breiten Mittelgang Verbesserungen. Für den Antrieb sorgten zwei verbesserte Motoren aus Roßlau mit je 220 PS.
Obwohl ein Nachbau unterblieb, übernahm die DR beide Fahrzeuge in ihren Bestand. 1970 erhielten sie die Baureihenbezeichnung 173, wurden aber bald darauf abgestellt und 1975 bzw. 1978 ausgemustert. Beide Triebwagen blieben erhalten. Der VT 4.12.01 dient seit seiner Ausmusterung den Modelleisenbahnern in Hoyerswerda als Unterkunft. Nach jahrelanger Abstellzeit in Crinitz und Finsterwalde wurde 1995 der VT 4.12.02 vom Verein Dresdener Historische Eisenbahn übernommen, äußerlich wieder aufgearbeitet und als Dauerleihgabe dem Dessau-Wörlitzer Eisenbahn-Verein zur Verfügung gestellt.

*Foto: Rbd Halle*

| Technische Daten: | | |
|---|---|---|
| Baureihenbezeichnung: | VT 4.12.01 (DR) | VT 4.12.02 (DR) |
| Radsatzanordnung: | (1A)(A1) | (1A)(A1) |
| Vmax (km/h): | 125 | 125 |
| Motorleistung (PS): | 400 (2 x 200) | 440 (2 x 220) |
| Motorleistung (kW): | 294 | 324 |
| Kraftübertragung: | mechanisch | mechanisch |
| Dienstmasse (t): | 43,5 | 46,0 |
| Größte Radsatzfahrmasse (t): | 14,5 | 14,6 |
| Länge über Puffer (mm): | 24.500 | 24.700 |
| Drehzapfenabstand (mm): | 17.200 | 17.200 |
| Radsatzabstand Triebdrehgestell (mm): | 2.500 | 2.500 |
| Radsatzabstand Laufdrehgestell (mm): | - | - |
| Treibraddurchmesser (mm): | 950 | 950 |
| Laufraddurchmesser (mm): | 950 | 950 |
| Sitzplätze: | 84 | 65 |
| Indienststellung: | 1964 | 1965 |
| Verbleib: | VT 4.12.01 (Hoyerswerda) | VT 4.12.02 (DWE) |

Foto: Estler

## VT 23.5, 24.5, 24.6, 624, 634 (DB)

Ende der 1950er-Jahre waren die Dieseltriebwagen der Vorkriegszeit langsam am Ende ihrer Nutzungsdauer angelangt. Als Erprobungsträger für eine Nachfolgebauart erhielt die DB 1960/61 zu Vergleichszwecken von MAN und von der Waggonfabrik Uerdingen jeweils zwei dreiteilige Triebwagenzüge (Baureihen VT 23.5 und VT 24.5) für den Regionalverkehr. Sie glichen sich in den wesentlichen Bauteilen, unterschieden sich aber durch die Anordnung der Einstiege sowie die Gestaltung der Fahrgasträume, Langträger, Seitenschürzen und Kopfform. Nach umfangreichen Erprobungen entstand aus den besten Eigenschaften beider Bauarten das Serienfahrzeug. Für diese als Baureihe VT 24.6 bezeichneten und ab 1964 gelieferten Triebzüge wurde die Grundanordnung vom VT 24.5 übernommen, während bei der Kopfform der VT 23.5 Pate stand. Ihre Wagenkästen sind eine geschweißte Stahlleichtbaukonstruktion aus abgekanteten Blechen und Walzträgern. Zwischen den Drehgestellen des Endwagens ist unter dem Wagenboden leicht zugänglich der 450-PS-Boxermotor von MAN und das hydraulische Getriebe aufgehängt.
Die Grundkonfiguration der Probe- wie der Serienzüge war dreiteilig, bestehend aus zwei motorisierten Endwagen und einem motorlosen Mittelwagen (VM 24). Alternativ waren auch Züge ohne bzw. mit zwei Mittelwagen möglich. Bis 1966 wurden insgesamt 40 Serientriebzüge beschafft, 1968 folgten nochmals 15 Mittelwagen. Ab 1968 erhielten die Prototypen die neue Baureihenbezeichnung 624.5/924.5, während die Serienfahrzeuge als 624.6/924.4 eingereiht wurden.
1969 erhielt der Zug 624 651/924 422/ 624 652 versuchsweise Luftfederung und eine passive gleisbogenabhängige Wagenkastensteuerung (GSt). Weitere Trieb- und Mittelwagen wurden entsprechend umgebaut und als Baureihe 634 bezeichnet. Die GSt sollte ein schnelleres Durchfahren von Kurven ermöglichen, wobei sich der Wagenkasten bis zu 2,5° zur Kurveninnenseite neigen kann. Ende der 1970er-Jahre war die GSt schon wieder abgeschaltet. Danach unterschied sich die Baureihe 634 nur durch ihre luftgefederten Drehgestelle und die damit verbundene angehobene Höchstgeschwindigkeit (140 km/h) von den 624.
Zwischen 1990 und 1995 wurden alle Fahrzeuge einem sogenannten »Redesign« unterzogen. Dieses umfasste im Wesentlichen den Einbau neuer Sitzpolster und Wandverkleidungen, Ausbau des Gepäckabteils und der Toilette in den Endwagen sowie Bedieneinrichtungen für das Fahren ohne Zugbegleiter. Fast alle Triebzüge sind zwar heute noch vorhanden, allerdings wurden die letzten im Dezember 2005 abgestellt. Neun Einheiten der 624er konnten 2005 an die Woiwodschaft Westpommern in Polen verkauft werden. Die PKP ordnete die Fahrzeuge als Baureihe SA110 ein. Sie fahren derzeit im Regionalverkehr um Kołobrzeg (Kolberg).

**Technische Daten:**

| Baureihenbezeichnung: | VT 23.5 (DB) | VT 24.5 (DB) | VT 24.6 (DB) | 634 (DB) |
|---|---|---|---|---|
| Radsatzanordnung: | B'2'+2'2'+2'B' | B'2'+2'2'+2'B' | B'2'+2'2'+2'B' | B'2'+2'2'+2'B' |
| Vmax (km/h): | 120 | 120 | 120 | 140 |
| Motorleistung (PS): | 900 (2 x 450) | 900 (2 x 450) | 900 (2 x 450) | 900 (2 x 450) |
| Motorleistung (kW): | 664 (2 x 332) | 664 (2 x 332) | 664 (2 x 332) | 664 (2 x 332) |
| Kraftübertragung: | hydraulisch | hydraulisch | hydraulisch | hydraulisch |
| Dienstmasse (t): | 112 | 113 | 118 | 118 |
| Größte Radsatzfahrmasse (t): | 16 | 16 | 16 | 16 |
| Länge über Puffer (mm): | 79.420 | 79.460 | 79.460 | 79.460 |
| Drehzapfenabstand (mm): | 3 x 19.000 | 3 x 19.000 | 3 x 19.000 | 3 x 19.000 |
| Radsatzabstand Triebdrehgestell (mm): | 2.500 | 2.500 | 2.500 | 2.500 |
| Radsatzabstand Laufdrehgestell (mm): | 2.500 | 2.500 | 2.500 | 2.500 |
| Treibraddurchmesser (mm): | 950 | 950 | 950 | 950 |
| Laufraddurchmesser (mm): | 900 | 900 | 900 | 900 |
| Sitzplätze: | 216 | 228 | 228 | 228 |
| Indienststellung: | 1960-61 | 1960-61 | 1964-66 | Umbau 1969-78 |
| Verbleib: | abgestellt | abgestellt | Polen | abgestellt |

Foto: Estler

*Foto: Blaschke*

*Foto: Endisch*

## VT 137 (DRG, DR), VT 25.5, 30.0, 32.0, 33.1, 33.2, 33.5, 38.5, 46.5 (DB), 185, 188 (DR), 685, 723 (DB AG)

Neben den bekannten Schnelltriebwagen beschaffte die DRG ab 1934 auch vierachsige Dieseltriebwagen für den Nahschnell- und Eilzugdienst auf Hauptbahnen. Diese Einheitstriebwagen waren in ihrem mechanischen Teil weitgehend gleich und unterschieden sich im Innern nur durch die Raumaufteilung. Der Wagenkasten wurde als Stahlkonstruktion in geschweißter Leichtbauweise ausgeführt. Den jeweiligen betrieblichen Anforderungen entsprechend wurden drei Grundrisse entwickelt: Der »Essener Grundriss« war speziell auf den Ruhrschnellverkehr zugeschnitten war, da er zum schnellen Fahrgastwechsel neben den beiden Endeinstiegen noch einen breiten Mitteleinstieg besaß. Aus ihm entstand später der »Einheitsgrundriss«, bei dem zum noch schnelleren Fahrgastwechsel die Stauräume an den Mitteleinstiegen vergrößert wurden. Die dritte Variante war der »Eilzugwagengrundriss«, bei dem man auf den Mitteleinstieg verzichtete und so mehr Fahrgastraum schuf.

Von verschiedenen Waggonbaufirmen wurden bis 1937 insgesamt 129 solcher Einheitstriebwagen geliefert, davon vier mit hydraulischer, alle anderen mit elektrischer Kraftübertragung. Der schnelllaufende Dieselmotor mit vorwiegend 410 PS war im Triebdrehgestell federnd aufhängt. Die elektrische Kraftübertragung erfolgte über einen Generator auf zwei Tatzlagermotoren. Ein Voith-Getriebe besorgte bei den dieselhydraulischen Wagen den Antrieb. Passend zu den Triebwagen beschaffte die DRG auch eine große Anzahl von Steuerwagen, die sie als VS 145 einreihte. Die Triebwagen selbst trugen wie die meisten DRG-Drehgestelltriebwagen die Baureihenbezeichnung VT 137.

Viele Fahrzeuge überlebten den Zweiten Weltkrieg nicht. Nach 1945 fand sich der größte Teil der übriggebliebenen Wagen in den vier Besatzungszonen Deutschlands wieder. Einzelne Exemplare fuhren nach dem Krieg auch in Frankreich, in der Tschechoslowakei und in Norwegen (Ausmusterung bis 1956). Entsprechend dem Umzeichnungsplan für Dieseltriebwagen des RZA München vom September 1947 wurden die 34 Triebwagen der DB wie folgt eingruppiert:

- VT 25.5: diesel-hydr. mit 600-PS-Maybach-Motor und RZM-Schaltung mehrfach (Umbau VT 32.0)
- VT 30.0: diesel-elektr. mit 450-PS-Daimler-Motor
- VT 32.0: diesel-elektr. mit 420-PS-MAN-Motor
- VT 32.5: diesel-hydr. mit 420-PS-MAN-Motor und Becker-Schaltung einfach
- VT 33.0: diesel-elektr. mit 410-PS-Maybach-Motor und BBC-Schaltung mehrfach
- VT 33.1: diesel-elektr. mit 410-PS-Maybach-Motor und RZM-Schaltung einfach
- VT 33.2: diesel-elektr. mit 410-PS-Maybach-Motor und RZM-Schaltung mehrfach
- VT 33.5: diesel-hydr. mit 410-PS-Maybach-Motor und RZM-Schaltung mehrfach (ex VT 32.5)
- VT 38.0: diesel-elektr. mit 560-PS-MAN-Motor
- VT 39.0: diesel-elektr. mit 360-PS-Deutz-Motor
- VT 46.5: diesel-hydr. mit 410-PS-Maybach-Motor und RZM-Schaltung mehrfach

Unterscheidungsmerkmale waren also Motor und bei der Reihe VT 33 zusätzlich die Schaltung, der Grundriss wurde nicht berücksichtigt. Den »Einheitsgrundriss« hatten die Reihen VT 30.0, VT 32.0 und VT 38.0 sowie alle dieselhydraulischen Wagen. Der VT 39 000 (später VT 32 002) besaß den »Essener Grundriss«, der VT 33 106 den »Eilzugwagengrundriss«. Alle drei Grundrissarten waren bei den VT 33.2 vertreten.

Sechs VT 32.0 mutierten nach Einbau eines 600-PS-Motors und hydraulischer Kraftübertragung zu den VT 25 501 bis 506. Neue Motoren erhielten auch der VT 32 014 (dann VT 33 232) und der VT 39 000 (dann VT 32 002). Weitere Umbauten erfolgten in den 1950er-Jahren, doch ohne Umzeichnung der Fahrzeuge. Z.B. erhielt der VT 30 001 einen 410-PS-Motor und alle VT 32.0 neue Motoren von Daimler-Benz mit 400 PS Leistung. Bei der DB waren diese Triebwagen waren von Nord bis Süd zu finden. In größerem Umfang erfolgte bei der DB die Ausmusterung erst in den 1960er-Jahren, als letzte schieden 1967 die beiden Bielefelder VT 33 215 und 225 aus. Von den DB-Triebwagen überlebte als Einziger der ehemalige VT 38 002. Er stand nach einem gründlichen Umbau 1965 als Tunnelmesswagen »Karlsruhe 6210« (später 712 001) dem Betrieb wieder zur Verfügung und wird heute von der DGEG in Bochum-Dahlhausen erhalten.

Bei der DR wurden nach dem Krieg insgesamt 43 Triebwagen wieder aufgearbeitet, zum Teil als Salontriebwagen und zum Teil auch remotorisiert. Ab 1970 erhielten sie die neue Baureihenbezeichnung 185, bis dahin waren sie unter ihrer DRG-Betriebsnummer gefahren. Die letzten Exemplare überlebten noch bis in die 1980er-Jahre. Erhalten blieb als Salontriebwagen unter Obhut des Verkehrsmuseums der ehemalige Präsidententriebwagen der Rbd Greifswald 185 254 (ex VT 137 099), der von den Mecklenburgischen Eisenbahnfreunden in Schwerin betreut wird. In einen Funkmesstriebwagen wurde der VT 137 063 (später 188 101, dann 723 101) in den 1960er-Jahren umgebaut. Auch er wird heute für die Nachwelt aufbewahrt.

| Technische Daten: | |
|---|---|
| Baureihenbezeichnung: | VT 25.5, 30.0, 32.0, 33.1, 33.2, 33.5, 38.0, 46.5 (DB) |
| Radsatzanordnung: | 2'Bo', 2'B' (VT 25.5, 33.5, 46.5) |
| Vmax (km/h): | 110 (VT 33.2, VT 38.0: 100) |
| Motorleistung (PS): | 600 (VT 25.5), 560 (VT 38.0), 450 (VT 30.0), 420 (VT 32.0), |
| | 410 (VT 33.1, VT 33.2, VT 33.5, VT 46.5) |
| Motorleistung (kW): | 440 (VT 25.5), 411 (VT 38.0), 331 (VT 30.0), 309 (VT 32.0), |
| | 302 (VT 33.1, VT 33.2, VT 33.5, VT 46.5) |
| Kraftübertragung: | elektrisch, (VT 25.5, 33.5, 46.5: hydraulisch) |
| Dienstmasse (t): | 43-49 |
| Größte Radsatzfahrmasse (t): | 12-14 |
| Länge über Puffer (mm): | 21.873 (VT 38.0: 21.880) |
| Drehzapfenabstand (mm): | 14.270 |
| Radsatzabstand Motordrehgestell (mm): | 3.500 (VT 33.5: 4.000) |
| Radsatzabstand Triebdrehgestell (mm): | 3.000 |
| Treibraddurchmesser (mm): | 900 |
| Laufraddurchmesser (mm): | 900 |
| Sitzplätze: | 56-75 |
| Indienststellung: | 1934-37 |
| Verbleib: | VT 137 063 (als 723 101, VMN, Berlin), |
| | 099 (VMN, Schwerin), 158 (DGEG) |

## 626 (KVG, DB AG)

Ende der 1970er-Jahre benötigten die noch Personenbeförderung betreibenden süddeutschen Privatbahnen Ersatz für ihre alten Fahrzeuge. Entwickelt wurde daraufhin ein neuer Dieseltriebwagen von der Firma Orenstein & Koppel AG in Berlin (bald darauf Waggon Union, später ABB) in Zusammenarbeit mit der WEG und der SWEG. Er sollte sowohl im Personen- als auch im Güterverkehr eingesetzt werden können. Zur preisgünstigen Herstellung sollte soweit als möglich auf serienmäßige Bauteile der Lkw- und Omnibusproduktion zurückgegriffen werden. Die Kraftübertragung bei den NE'81 erfolgte hydrodynamisch über Gelenkwellen auf Radsatzgetriebe, wobei alle Radsätze angetrieben wurden. Zwischen 1981 und 1994 wurden vier Serien mit insgesamt 43 Einheiten (26 VT, 14 VS und 3 VB) gefertigt. Mit den in der ersten und zum Teil auch in der zweiten Serie eingebauten, 191 kW starken MAN-Motoren konnten die NE'81 immerhin schon eine Anhängelast von 400 t in der Ebene befördern.

| Technische Daten: | |
|---|---|
| Baureihenbezeichnung: | 626 (DB AG) |
| Radsatzanordnung: | B'B' |
| Vmax (km/h): | 80 (626 982: 100) |
| Motorleistung (PS): | 2 x 260 (626 982: 2 x 340) |
| Motorleistung (kW): | 2 x 191 (626 982: 2 x 250) |
| Kraftübertragung: | hydromechanisch |
| Dienstmasse (t): | 39 (626 982: 46) |
| Größte Radsatzfahrmasse (t): | |
| Länge über Puffer (mm): | 23.894 |
| Drehzapfenabstand (mm): | 15.100 |
| Radsatzabstand Triebdrehgestell (mm): | 2.200 |
| Radsatzabstand Laufdrehgestell (mm): | - |
| Treibraddurchmesser (mm): | 900 |
| Laufraddurchmesser (mm): | - |
| Sitzplätze: | 78 (626 982: 79) |
| Indienststellung: | 1981-1994 |
| Verbleib: | DB AG (WestFrankenBahn) |

Auch die bayerische Kahlgrund-Verkehrs-GmbH (KVG) mit ihrer Strecke von Kahl nach Schöllkrippen versuchte ab 1982, mit den NE'81 ihren Betrieb zu modernisieren. Ab Mitte Februar 1982 fuhren die beiden neuen VT 80 und VT 81 im Planeinsatz, 1985 folgten die beiden Steuerwagen VS 183 und 184 sowie 1993 mit dem VT 82 ein dritter Triebwagen. Seit dem Fahrplanwechsel am 11. Dezember 2005 wird der Betrieb auf der Kahlgrundbahn von der Hessischen Landesbahn (HLB) durchgeführt. Damit waren die NE'81 der Kahlgrundbahn zunächst arbeitslos.
Am 1. Juli 2006 übernahm die DB mit zehnjährigem Mietvertrag durch ihre Tochter WestFrankenBahn (WFB) erstmals Dieseltriebwagen der Bauart »NE 81« in ihren Bestand. Die ex-KVG-Fahrzeuge VT 81, VT 82, VS 183 und VS 184 erhielten die Nummern 626 981 und 982 sowie 926 983 und 984. Die 626 982, 926 983 und 984 wurden bis Oktober 2006 in Kassel verkehrsrot lackiert und kamen im Schülerverkehr auf der WFB-Strecke Miltenberg–Seckach zum Einsatz, wurden aber wegen ihrer hohen Zugkraft auch im Bauzugdienst genutzt. 2010 trennte sich die DB AG von den Fahrzeugen und verkaufte sie an andere Bahnunternehmen.

*Foto: Estler*

## 627.0, 627.1 (DB)

In Zusammenarbeit mit DUEWAG und MaK begann das Bundesbahn-Zentralamt (BZA) München Nachfolger für die zum Teil schon über 20 Jahre alten Schienenbusse der Baureihen 795 und 798 zu entwickeln. Die Fahrzeuge sollten hinsichtlich Leistung, Wartung, Komfort und Design modernsten Erfordernissen genügen und attraktiv genug sein, um eine weitere Abwanderung von Fahrgästen auf Nebenstrecken zu verhindern. Sowohl einteilige als auch zweiteilige Garnituren waren vorgesehen. Die einteilige Baureihe 627.0 wurde 1974 in acht Exemplaren von MaK in Kiel und Linke-Hofmann-Busch in Salzgitter ausgeliefert.
Ihr vollständig geschweißter Wagenkasten wurde in Stahlleichtbauweise gefertigt. Dach und Seitenwände waren gesickt, die Fronten abgeschrägt. Die Wagen besaßen luftgefederte Drehgestelle, Schwenkschiebetüren und Scharfenberg-Kupplung. Die unterflur angeordnete Antriebsanlage konnte kostengünstig aus der Serienfertigung für Lastkraftwagen übernommen werden. Angetrieben wurde ein Drehgestell des 627.0 durch einen handelsüblichen Lkw-Motor von Daimler-Benz oder KHD mit 294/287 kW Leistung über ein Voith-Strömungsgetriebe und Gelenkwellen. Damit konnte eine Höchstgeschwindigkeit von 120 km/h erreicht werden, so dass auch Einsätzen auf Hauptstrecken nichts im Wege stand. Das Innere der Fahrzeuge war als Großraum mit 64 stoffbezogenen Sitzen ausgelegt. Ferner war ein beachtliches Gepäckabteil vorhanden. Vielfachsteuerung von bis zu sechs Einheiten - auch mit dem Schwestertyp 628.0 - war möglich.
Ab Herbst 1981 folgten noch fünf Triebwagen der Baureihe 627.1, die sich von den Vorgängern im Wesentlichen durch die normalen Zug- und Stoßvorrichtungen, eine geänderte Kopfform, den glatten Wagenkasten, die in Reihe angeordneten Sitze sowie die fehlenden Übersetzfenster unterschieden. Zwischen 1984 und 1987 erhielten auch die 627.0 normale Zug- und Stoßeinrichtungen von ausgemusterten 515 eingebaut. Die acht 627.0 fuhren bis Dezember 2004 von Tübingen aus. Einen Einsatzschwerpunkt bildeten die Strecken um Freudenstadt. Von Kempten aus wurden der letzte 627.1 bis Anfang 2006 eingesetzt. In Polen fanden die 627 003, 005, 008, 101, 102, 104 und 105 eine neue Heimat bei der Koleje Mazowiecki (KM), einem Gemeinschaftsunternehmen zwischen DB AG und der Wojwodschaft Mazowiecki für Regionalverkehre im Dunstkreis von Warschau.

| Technische Daten: | | |
|---|---|---|
| Baureihenbezeichnung: | 627.0 (DB) | 627.1 (DB) |
| Radsatzanordnung: | 2'B' | 2'B' |
| Vmax (km/h): | 120 | 120 |
| Motorleistung (PS): | | |
| Motorleistung (kW): | 287 (627 006-008: 294) | 287 |
| Kraftübertragung: | hydraulisch | hydraulisch |
| Dienstmasse (t): | 39 | 44 |
| Größte Radsatzfahrmasse (t): | 12 | 11 |
| Länge über Puffer (mm): | 23.600 | 23.600 |
| Drehzapfenabstand (mm): | 15.100 | 15.100 |
| Radsatzabstand Triebdrehgestell (mm): | 1.900 | 1.900 |
| Radsatzabstand Laufdrehgestell (mm): | 1.900 | 1.900 |
| Treibraddurchmesser (mm): | 760 | 770 |
| Laufraddurchmesser (mm): | 760 | 770 |
| Sitzplätze: | 64 | 70 |
| Indienststellung: | 1974 | 1981-1982 |
| Verbleib: | Polen | Polen |

*Foto: Estler*

## 628.0, 628.1 (DB)

Als zweite Version der Nachfolgegeneration für die Schienenbusse entstanden die Doppeltriebwagen der Baureihe 628.0. Zwölf Einheiten wurden ab 1974 von der Waggonfabrik Uerdingen und von Linke-Hofmann-Busch in Salzgitter geliefert. In konstruktiver Hinsicht unterschieden sich die 628.0 nicht von der Baureihe 627.0. Ein größeres Sitzplatzangebot ergab sich durch den Entfall zweier Führerstände und des Gepäckraums in einem Motorwagen. Den Wagenübergang schützte ein Faltenbalg. Als Antriebsquelle standen wahlweise wassergekühlte Motoren von MAN und Daimler-Benz sowie ein luftgekühlter von KHD zur Verfügung. Je nach Motor erfolgte die Heizung vom Motorkühlwasser-Kreislauf oder von einem ölgefeuerten Warmwasserboiler aus. Die Doppeltriebwagen genügten zwar zunächst den an sie gestellten Anforderungen, doch suchte die DB aus wirtschaftlichen Gründen nach Wegen, um nur mit einer Maschinenanlage auszukommen. Als Daimler-Benz Ende der 1970er-Jahre einen aufgeladenen 357-kW-Motor präsentierte, wurde dieser 1980 in die 628 021+023 und 022+024 eingebaut. Gleichzeitig entfernte man bei den 628 006+016 sowie 007+017 die Maschinenanlagen und verwendete sie als Steuerwagen (später 928 021-024) bei den stärker motorisierten 628.0. Somit war es möglich, beim zweiteiligen Fahrzeug nahezu ohne Leistungseinbußen mit nur einem Motor alleine auszukommen.

*Foto: Estler*

Analog zu den 627.1 erschienen 1981 auch drei zweiteilige Garnituren. In Abwandlung zu den ersten Einheiten bestanden diese aus einem Motorwagen (628.1) und einem Steuerwagen (928.1). Neben normalen Zug- und Stoßeinrichtungen waren sie mit denselben Verbesserungen ausgestattet worden wie die 627.1. Wirtschaftlichen Überlegungen fielen dafür die zweite Toilette (im Triebwagen) sowie zwei Einstiege am Kurzkupplungsende zum Opfer. Die Ausrüstung für Einmannbetrieb sollte gegenüber dem Ursprungsfahrzeug einen noch wirtschaftlicheren Einsatz garantieren. In diesem Zusammenhang sind auch die größeren Mehrzweckräume bei den Führerständen zu sehen, wo ohne Probleme Fahrräder oder größere Gepäckstücke transportiert werden können aber auch Fahrgäste auf Klappsitzen noch Platz finden. Der Führersitz wurde dabei durch einen Zugluft- und Blendschutz abgeteilt.
Zwischen 1984 und 1987 wurden die 628.0 ebenfalls auf normale Zug- und Stoßeinrichtungen umgebaut. Von den 628.0 mussten im Februar 2003 gleich sechs Einheiten den Dienst quittieren, darunter alle vier 628.0/928.0. Der letzte 628.0 wurde Anfang Januar 2005 bei der DB abgestellt, die 628.1 laufen weiterhin von Kempten aus. Wie diverse 627 fanden auch einige 628 (001/011, 002/012, 003/013, 004/014, 008/018 und 009/019) in Polen eine neue Heimat bei der Koleje Mazowiecki (KM) und fahren Regionalzüge im Dunstkreis von Warschau.

**Technische Daten:**

| Baureihenbezeichnung: | 628.0+628.0 (DB) | 628.0+928.0 (DB) | 628.1+928.1 (DB) |
|---|---|---|---|
| Radsatzanordnung: | 2'B'+B'2' | 2'B'+2'2' | 2'B'+2'2' |
| Vmax (km/h): | 120 | 120 | 120 |
| Motorleistung (PS): | | | |
| Motorleistung (kW): | 426 (2 x 213) | 357 | 357 |
| Kraftübertragung: | hydraulisch | hydraulisch | hydraulisch |
| Dienstmasse (t): | 77 | 65 | 65 |
| Größte Radsatzfahrmasse (t): | 12 | 12 | 12 |
| Länge über Puffer (mm): | 45.150 | 45.150 | 45.150 |
| Drehzapfenabstand (mm): | 15.100+15.100 | 15.100+15.100 | 15.100+15.100 |
| Radsatzabstand Triebdrehgestell (mm): | 1.900 | 1.900 | 1.900 |
| Radsatzabstand Laufdrehgestell (mm): | 1.900 | 1.900 | 1.900 |
| Treibraddurchmesser (mm): | 760 | 760 | 770 |
| Laufraddurchmesser (mm): | 760 | 760 | 770 |
| Sitzplätze: | 136 | 136 | 128 + 21 Klappsitze |
| Indienststellung: | 1974-1975 | Umbau 1980 | 1981 |
| Verbleib: | Polen | ++ | DB AG |

## 628.2, 628.4, 628.9/629.9 (DB, DB AG)

Nachdem mit der zweiten Vorserie 628.1/928.1 die zukünftige Konfiguration des Schienenbus-Nachfolgers gefunden war, flossen aus deren Erprobung sowie aus Marktuntersuchungen zur Kundenakzeptanz noch weitere Erkenntnisse in die Ausgestaltung des Serientriebzuges ein. Technische Verbesserungen waren ein stärkerer Daimler-Benz-Motor mit 410 kW Leistung, ein besserer Schleuderschutz sowie die Vergrößerung des Kraftstoffvorrats. Überarbeitet wurde auch die Fahrzeugfront mit einem nun höher liegenden »Knick« sowie der in die Frontscheibe integrierten Zugzielanzeige. Vielfachsteuerung von bis zu drei Einheiten von einem Führerstand aus war ebenfalls vorgesehen. Komfortsteigernd wirkten sich eine bessere Fahrgastraum-Gestaltung, der Einbau eines Abteiles der 1. Wagenklasse sowie Verbesserungen bei Heizung und Lüftung aus.
Im Juni 1985 erhielt die Fahrzeugindustrie dann den Auftrag zum Bau von zunächst 150 Einheiten der Serientriebwagen 628.2/928.2, die zwischen Ende 1986 und Herbst 1989 ausgeliefert wurden. Bereits ein Jahr nach der Ablieferung der letzten 628.2 bestellte die DB bei der Industrie eine zweite Serie mit 63 Garnituren, nun bezeichnet als 628.4/928.4. Auf Grund der Betriebserfahrungen mit der ersten Serie ergaben sich verschiedene Modifikationen. Als Antrieb fungierte ein stärkerer aufgeladener 485-kW-MTU-Motor, der seine Leistung über ein Wandler-Kupplungs-Getriebe und Gelenkwellen auf die Radsätze abgab. Beim 628.2 erfolgte dies noch über ein Zweiwandler-Getriebe. Die wesentliche Änderung im wagenbaulichen Teil war der Einbau von breiten Doppel-Schwenkschiebetüren am Kurzkupplungsende. Die spoilerartig unterhalb der Puffer angebrachten Unterfahrschutzbleche verleihen den 628.4 ein wuchtigeres Aussehen und sollen die Sicherheit bei Unfällen verbessern.
Für den Einsatz in den neuen Bundesländern wurde im Sommer 1991 die zweite Serie auf 146 Einheiten, Anfang 1993 schließlich auf 189 Garnituren aufgestockt. Direkt im Anschluss an die zweite Serie erfolgte die Bestellung einer dritten Serie von nochmals 120 Fahrzeugen. Sechs Einheiten entstanden dabei als Doppeltriebwagen 628.9/629.9 für die steigungsreiche Strecke Mainz_Alzey. Die Serientriebwagen 628.2 und 628.4 gehören immer noch in ganz Deutschland zum gewohnten Bild. Da inzwischen aber zahlreiche 628 durch Neubautriebwagen oder Privatisierung überflüssig wurden, entstanden aus dem Zusammenkuppeln einiger 628-Triebwagen weitere sogenannte »Powerpacks« (u.a. 628/629 340 u. 344) analog den 628.9/629.9.

*Foto: Estler*

**Technische Daten:**

| Baureihenbezeichnung: | 628.2+928.2 (DB AG) | 628.4+928.4 (DB AG) | 628.9+629.9 (DB AG) |
|---|---|---|---|
| Radsatzanordnung: | 2'B'+2'2' | 2'B'+2'2' | 2'B'+B'2' |
| Vmax (km/h): | 120 | 120 | 120 |
| Motorleistung (PS): | | | |
| Motorleistung (kW): | 410 | 485 | 970 (2 x 485) |
| Kraftübertragung: | hydraulisch | hydraulisch | hydraulisch |
| Dienstmasse (t): | 67 | 70 | 84 |
| Größte Radsatzfahrmasse (t): | 13 | 15 | 15 |
| Länge über Puffer (mm): | 45.400 | 46.400 | 46.400 |
| Drehzapfenabstand (mm): | 15.100+15.100 | 15.100+15.100 | 15.100+15.100 |
| Radsatzabstand Triebdrehgestell (mm): | 1.900 | 1.900 | 1.900 |
| Radsatzabstand Laufdrehgestell (mm): | 1.900 | 1.900 | 1.900 |
| Treibraddurchmesser (mm): | 770 | 770 | 770 |
| Laufraddurchmesser (mm): | 770 | 770 | 770 |
| Sitzplätze: | 143 | 146 | 144 |
| Indienststellung: | 1986-1989 | 1992-1996 | 1995 |
| Verbleib: | DB AG | DB AG | DB AG |

## 631, 632, 633 (DB AG)

Foto: DB AG (Miethe)

Hinter den neuen Baureihen 631, 632 und 633 verbergen sich die ein- bis dreiteiligen Dieseltriebwagen des polnischen Schienenfahrzeughersteller PESA, der diese Züge unter dem Namen Pesa Link DMU 120 bereits an mehrere Bahnen verkauft hat. Die Deutsche Bahn hat mit den ein-, zwei- und dreiteiligen Zügen mehrere Versionen bestellt, die sie unter anderem im Sauerland, im Allgäu und auf der Dreieichbahn im Rhein-Main-Gebiet einsetzt. Insgesamt will sie 470 Züge dieses Typs beschaffen.

2012 hat die Bahn je einen einteiligen und einen dreiteiligen Zug bestellt, wurde aber später nicht übernommen und bleiben im Eigentum des Herstellers. Der einteilige Zug wurde 2014 auf der Innotrans in Berlin gezeigt.

Die Züge können mit Dieselmotoren mit einer Leistung von 390 kW oder 565 kW geliefert werden. Die Motoren entsprechen der Abgasnorm Stage IIIb. Ein Motor treibt beide Achsen der End-Drehgestelle an. Zwischen den Wagenteilen befinden sich nicht angetriebene Jakobsdrehgestelle. Die Einrichtung zur Mehrfachtraktion erlaubt die gemeinsame Steuerung von bis zu drei Zügen.

Foto: Estler

Foto: DB AG (Wagner)

Der Innenraum ist im Mittelteil in niederflurig. An den Enden der Züge ist der Fußboden erhöht. Die Bodenhöhe des Niederflurbereiches kann je nach Bahnsteighöhen variabel bestellt werden. Die Fahrzeuge bekommen Mehrzweckabteile und Rampen für Rollstuhlfahrer sowie behindertengerechte Toiletten. Die Fahrzeuge haben innen und außen Lautsprecher.

Im Frühjahr 2022 hatte DB Regio 23 Zweiteiler im Bestand, die in Frankfurt/Main (632 032 bis 034) und Dortmund (632 101 bis 120) beheimatet waren. Die dreiteiligen 633 liefen in Frankfurt/Main (633 002 bis 008), Kempten (633 030 bis 056) und Dortmund (633 101 bis 116). Einteiler der Baureihe 631 gab es keine.

**Technische Daten:**

| Baureihenbezeichnung: | 631 | 632 | 633 (DB AG) |
|---|---|---|---|
| Radsatzanordnung: | B'2' | B'2'B' | B'2'2'B' |
| Vmax (km/h): | 140 | 140 | 140 |
| Motorleistung (kW): | 565 | 2 x 390 | 2 x 565 |
| Kraftübertragung: | hydraulisch | hydraulisch | hydraulisch |
| Länge über Kupplung (mm): | 28.650 | 43.730 | 57.130 |
| Drehzapfenabstand (mm): | 18.450 | 16.500 + 16.500 | |
| Radsatzabstand (mm): | 2.100 | | |
| Sitzplätze: | 94 + 16 | 138 – 160 | |
| Indienststellung: | – | 2018 | 2018 |

## VT 137 241-270, 442-461 (DRG, DR), VT 36.5 (DB)

Mit ihren 360-PS-Nebenbahn-Triebwagen stellte die DRG ab Ende 1936 erstmals eine größere Serie von 30 Drehgestellfahrzeugen (VT 137 241-270) mit dieselhydraulischem Antrieb in Dienst. Bemerkenswert sind die Unterschiede zu den Diesel-Einheitstriebwagen. So entfiel die korbbogenförmig gerundete Stirnwand zugunsten von vier winklig angeordneten, ebenen Flächen mit nur kleinen Ausrundungsradien. Die Schalldämpfer befanden sich nun auf dem Dach. Im Gegensatz zum schnelllaufenden 410 PS-Motor der Einheitstriebwagen handelte es sich beim eingebauten MAN-Motor um einen Langsamläufer, von dem man sich einen geringeren Wartungsaufwand versprach. Als Antrieb diente ein hydraulisches Voith-Getriebe mit drei Gängen. Die Mehrfachsteuerung ermöglichte den gleichzeitigen Betrieb von zwei Trieb- und zwei Steuerwagen, von denen 30 gleichartig aussehende beschafft wurden (VS 145 154-183). Die Triebwagen bewährten sich ausgezeichnet, so dass 1939 noch eine zweite Serie mit 20 Einheiten (VT 137 442-461) bestellt wurde. Ihre Auslieferung erfolgte als letzte Dieseltriebwagen der DRG erst nach Kriegsausbruch und zum Teil direkt an die Wehrmacht.

Über die Hälfte der Triebwagen ging im Krieg verloren. Die DB reihte noch 16 Stück in ihren Bestand als Baureihe VT 36.5 ein. Insgesamt sieben davon standen in den Nachkriegsjahren bei den Hohen Kommissaren der britischen und amerikanischen Besatzungsmacht im Dienst und erhielten dafür vorübergehend eine Sonderausstattung. Die Beheimatung der VT 36.9 blieb bei der DB ziemlich konstant. In Köln waren acht bis neun, in Wuppertal-Steinbeck durchschnittlich vier und in Bielefeld ein bis zwei Wagen zu finden. Die Ausmusterung erfolgte mit zwei Ausnahmen zwischen 1963 und 1966. Bis auf zwei wurden alle Wagen verschrottet. Die Georgsmarienhütten-Eisenbahn (GME) erwarb 1966 die VT 36 509 und 519 und reihte sie als VT 1 und 2 ein. Nachdem bei beiden Triebwagen die Motoren defekt waren, liefen sie zusammen mit einer Diesellok im Wendezugbetrieb weiter. Dieser Betrieb zwischen Hasbergen und Georgsmarienhütte endete erst 1978, als die GME ihren Personenverkehr einstellte. Der VT 1 (ex VT 36 509 ex VT 137 267) wurde bald darauf zerlegt, während sich der VT 2 (ex VT 36 519 ex VT 137 456) ab 1990 in der Obhut des »Vereins zur Erhaltung und Förderung des Schienenverkehrs« in Bocholt befand, wo er im Juni 1995 ausbrannte.

Von den sieben bei der DR verbliebenen Fahrzeugen konnten fünf wieder aufgearbeitet werden. Zwei wurden 1964/65 zu Beiwagen umgebaut (VB 147 530 und 531, ab 1970 197 835 und 837). Die letzten Triebwagen wurden 1967 in Aschersleben abgestellt.

| Technische Daten: | |
|---|---|
| Baureihenbezeichnung: | VT 36.5 (DB) |
| Radsatzanordnung: | B'2' |
| Vmax (km/h): | 100 |
| Motorleistung (PS): | 360 |
| Motorleistung (kW): | 265 |
| Kraftübertragung: | hydraulisch |
| Dienstmasse (t): | 38-42 |
| Größte Radsatzfahrmasse (t): | 14 |
| Länge über Puffer (mm): | 22.350 |
| Drehzapfenabstand (mm): | 14.420 |
| Radsatzabstand Triebdrehgestell (mm): | 3.600 |
| Radsatzabstand Laufdrehgestell (mm): | 3.000 |
| Treibraddurchmesser (mm): | 900 |
| Laufraddurchmesser (mm): | 900 |
| Sitzplätze: | 58-65 |
| Indienststellung: | 1936-41 |
| Verbleib: | ++ |

Foto: Blaschke

## 640, 648 (DB AG)

Mit dem LINT (= Leichter Innovativer Nahverkehrs-Triebwagen) betrat die Alstom LHB GmbH erst relativ spät die Bühne der Produzenten von Regional-Triebwagen. Nur wenig gemeinsam hat die heutige LINT-Familie mit dem 1994 als Modell präsentierten »Ur-LINT«, dieser ähnelte noch recht stark dem RegioSprinter aus dem Hause DUEWAG. Vier LINT-Varianten werden international unter dem Label »CORADIA 100« vermarktet: Der LINT 27 ist ein einteiliger, vierachsiger Triebwagen, während sechsachsig und zweiteilig der LINT 41 daherkommt. Achtachsig, zweiteilig, aber mit längeren Wagenkästen wird der LINT 53 angeboten, der sich durch Einfügen eines weiteren motorisierten Mittelwagens zum LINT 78 erweitern lässt. Die Zahl hinter dem Namen gibt jeweils die ungefähre Zuglänge in Metern an.

Der LINT 27 wurde von der DB bislang als Baureihe 640 in 30 Einheiten bestellt. Er fährt vorwiegend im Nahverkehr Nordrhein-Westfalens und seit neuestem auch in Sachsen. Sechs Exemplare des LINT 41 wurden 2000/01 von der DB als 648.0 beschafft, die in Schleswig-Holstein zu finden sind. Eine ungleich größere Zahl erfreut sich bei privaten Betreibern großer Beliebtheit. Nach gewonnenen Ausschreibungen in Nordrhein-Westfalen bestellte die DB 28 weitere LINT 41. Dabei wurden 21 Einheiten wie die 648.0 als LINT 41/H mit einer Einstiegshöhe von 780 mm anstatt 580 mm beim LINT 41 ausgeliefert. Sie erhielten die Baureihenbezeichnung 648.1 und fuhren ab Dezember 2004 im sogenannten Sauerland-Netz. Die sieben »normalen« LINT 41 liefen ab gleichem Datum als Baureihe 648.2 im Regionalverkehr von Siegen aus.

Die Wagenkästen sind in geschweißter Stahlleichtbauweise als »verwindungssteife Röhren« aus weitgehend nichtrostenden Stählen gefertigt. Unter dem Fahrzeugkopf aus aufgeschraubten und geklebten GFK-Teilen sorgt eine verstärkte Stahlkonstruktion für die nötige Sicherheit. Beim zweiteiligen 648 stützen sich die beiden Wagenkästen auf das mittige Jakobs-Laufdrehgestell ab. Für den nötigen Fahrkomfort sorgt die kombinierte Gummi-Luft-Federung. Mehrfachtraktionsfähig in Garnituren von bis zu drei Einheiten sind die LINT durch ihre automatische Scharfenbergkupplung sowie das Zugbus System TCN. Eine (im 640) bzw. zwei (im 648) Antriebsanlagen sind vollständig unterflur hinter den Triebdrehgestellen aufgehängt. Herzstück ist ein 6-Zylinder-Dieselmotor von MTU mit 315 kW Leistung. Ein hydrodynamisches Voith-Strömungsgetriebe überträgt die Motorkraft auf die beiden Treibrädsätze des Drehgestells.

Neuestes Mitglied in der LINT 41-Familie sind die Triebwagen der Baureihe 623. Diese Zweiteiler sind von Ludwigshafen und Rostock aus unterwegs. Die Fahrzeuge von DB Regio Mitte sind weiß lackiert und haben rot abgesetzte Kopfpartien.

| Technische Daten: | | |
|---|---|---|
| Baureihenbezeichnung: | 640 (DB AG) | 648 (DB AG) |
| Radsatzanordnung: | B'2' | B'(2)'B' |
| Vmax (km/h): | 120 | 120 |
| Motorleistung (PS): | | |
| Motorleistung (kW): | 315 | 2 x 315 |
| Kraftübertragung: | hydrodynamisch | hydrodynamisch |
| Dienstmasse leer (t): | 40,9 | 64-66 |
| Größte Radsatzfahrmasse (t): | 14,7 | 18 |
| Länge über Kupplung (mm): | 27.260 | 41.810/41.890 |
| Drehzapfenabstand (mm): | 18.450 | 16.500 + 16.500 |
| Radsatzabstand Triebgestell (mm): | 1.900 | 1.900 |
| Radsatzabstand Laufdrehgestell (mm): | 1.900 | 2.700 |
| Treibraddurchmesser (mm): | 770 | 770 |
| Laufraddurchmesser (mm): | 770 | 770 |
| Sitzplätze: | 60 + 13 Klappsitze | 114-134 + 10-19 Klappsitze |
| Indienststellung: | 1999-2001 | 2000-2005 |

Foto: Estler

## 641 (DB AG)

Konkurrenz im eigenen Hause schaffte sich Alstom mit dem TER, dem »Transport Express Régionaux«. Die Federführung bei der Entwicklung dieses deutlich französisch geprägten Einteilers lag bei der renommierten Firma De Dietrich in Richthoffen, bei der Alstom allerdings die Kapitalmehrheit hält. Deutscher Partner dieser deutsch-französischen Koproduktion ist die Alstom LHB GmbH in Salzgitter. Wohltuend hebt sich das markante Design des TER vom Einheitsbrei der anderen Regionaltriebwagen ab. Entworfen wurde es vom Design-Büro Avant-Première in Lyon. Von der DB wurden 40 Einheiten als Baureihe 641 in Dienst gestellt, die französische Staatsbahn SNCF orderte über 300 Stück als Baureihe TER X 73500.
Im Gegensatz zum LINT 27 (640) ist der TER nur unwesentlich länger, es sind aber zwei MAN-Dieselmotoren mit je 257 kW installiert. Daher sind vor allem steigungsreiche Strecken ein adäquates Betätigungsfeld. Die Maschinenanlagen sind unter den Vorbauten angebracht. In jedem Drehgestell wird nur der innere Radsatz durch ein hydrodynamisches Voith-Strömungsgetriebe angetrieben. Der Wagenkasten besteht aus einer Fahrgastzelle, ausgeführt in einer Aluminium-Schweißkonstruktion, sowie den beiden Vorbauten in geschweißter Stahlausführung. Darüber befinden sich die GFK-Fahrzeugköpfe, welche mit dem Wagenkasten verklebt sind. Durch automatische Scharfenberg-Kupplung und entsprechende Traktionssteuerung ist der TER mehrfachtraktionsfähig. Eine deutsch-französische Vielfachtraktion der Geschwister ist allerdings nicht möglich, da elektrische Ausrüstung und Traktionssteuerung der französischen TER nicht kompatibel sind. Eingesetzt werden die 641 in Thüringen (z.B. Schwarzatalbahn) sowie in Baden-Württemberg am Hochrhein.

*Foto: Estler*

| Technische Daten: | |
|---|---|
| Baureihenbezeichnung: | 641 (DB AG) |
| Radsatzanordnung: | (1A)(A1) |
| Vmax (km/h): | 140 |
| Motorleistung (PS): | |
| Motorleistung (kW): | 2 x 257 |
| Kraftübertragung: | hydrodynamisch |
| Dienstmasse leer (t): | 48,7 |
| Größte Radsatzfahrmasse (t): | 16,7 |
| Länge über Kupplung (mm): | 28.900 |
| Drehzapfenabstand (mm): | 17.500 |
| Radsatzabstand Triebgestell (mm): | 2.100 |
| Radsatzabstand Laufdrehgestell (mm): | - |
| Treibraddurchmesser (mm): | 770 |
| Laufraddurchmesser (mm): | 770 |
| Sitzplätze: | 63 + 17 Klappsitze |
| Indienststellung: | 1999-2002 |

## 642 (DB AG)

Zur neuen Siemens-Fahrzeugfamilie DESIRO zählt die Baureihe 642, welche von der DB AG anfangs schon in der recht hohen Anzahl von 150 Einheiten bestellt und Anfang 2002 um weitere 83 Einheiten aufgestockt wurde.
Mit dem modularen DESIRO-Konzept, das auf den Erfahrungen mit dem RegioSprinter aufbaut, bietet Siemens unzählige Möglichkeiten, die vom Ein- bis zum Sechsteiler, vom Diesel- bis zum elektrischen Antrieb inklusive diverser Kopfformen reichen. Die DB AG entschied sich für zweiteilige Dieseltriebwagen mit einer Kopfpartie in Design-Form, welche vom ICE-Designer Alexander Neumeister entworfen wurde. Der Wagenkasten wurde als »verwindungssteife geschweißte Röhre« in Aluminium-Integralbauweise gefertigt. Die in Sandwich-Bauweise hergestellten GFK-Schalen der Fahrzeugköpfe sind auf die verlängerten Untergestelle der Aluminiumwagenkästen aufgeklebt. Der Niederfluranteil beträgt rund 60 %. In der Fahrzeugmitte stützen sich die beiden Wagenkästen auf ein Jakobs-Laufdrehgestell. Wie auch die beiden Triebdrehgestelle ist dieses sowohl gummi- als auch luftgefedert.
Unter den Hochflurbereichen zwischen Einstieg und Triebdrehgestell befindet sich je ein 275-kW-starker 6-Zylinder-Dieselmotor von MTU. Die Leistungsübertragung erfolgt durch ein hydrodynamisch-mechanisches Ecomat-Getriebe mit integriertem Anfahrdrehmoment-Wandler und Retarder. Die Fahrzeuge wurden mit einer direkten elektropneumatischen Bremse und einer indirekten mehrlösigen Druckluftbremse als Rückfallebene ausgestattet. Zusätzlich erhielten die Triebdrehgestelle Magnetschienenbremsen, die bei Zwangs- und Schnellbremsungen zum Einsatz kommen. Die Scharfenberg-Mittelpufferkupplung sowie der WBT-Zugbus ermöglichen die Vielfachtraktion von bis zu drei Einheiten. Die Haupteinsatzgebiete der 642 liegen in Mecklenburg-Vorpommern, Sachsen-Anhalt, Thüringen, Sachsen, Franken und Bayern.

*Foto: Estler*

| Technische Daten: | |
|---|---|
| Baureihenbezeichnung: | 642 (DB AG) |
| Radsatzanordnung: | B'(2)'B' |
| Vmax (km/h): | 120 |
| Motorleistung (PS): | |
| Motorleistung (kW): | 2 x 275 |
| Kraftübertragung: | hydrodynamisch-mechanisch (hydraulisch) |
| Dienstmasse leer (t): | 66 |
| Größte Radsatzfahrmasse (t): | 16 |
| Länge über Kupplung (mm): | 41.700 |
| Drehzapfenabstand (mm): | 16.000 + 16.000 |
| Radsatzabstand Triebgestell (mm): | 1.900 |
| Radsatzabstand Laufdrehgestell (mm): | 2.650 |
| Treibraddurchmesser (mm): | 770 |
| Laufraddurchmesser (mm): | 770 |
| Sitzplätze: | 110 + 13 Klappsitze |
| Indienststellung: | 1999-2003 |

## 643, 644 (DB AG)

Unter dem Motto »Die Bahn hat Talent« präsentierte Bombardier Transportation im ehemaligen Talbot-Werk in Aachen am 13. März 1998 mit dem 644 002 den ersten DB-TALENT (Talbot-Leichtbau-Niederflur-Triebzug). Ein TALENT-Fahrzeug war bereits 1996 als zweiteiliger Erprobungsträger des Herstellers vorgestellt und bei verschiedenen Bahnen eingehend getestet worden. Die DB bestellte daraufhin 137 dreiteilige TALENT-Triebwagen, von denen zunächst 63 dieselelektrische Exemplare als Baureihe 644 geliefert wurden. Dabei werden jeweils das erste und letzte Drehgestell durch einen am Aufbau vor dem Triebdrehgestell befestigten Drehstrom-Asynchronmotor mit 300 kW angetrieben. Mit 2 x 505 kW Dieselmotorleistung und 120 km/h Höchstgeschwindigkeit bei einer Anfahrbeschleunigung von 1,0 m/s² ist die »S-Bahn-Version« 644 problemlos auf den Hauptstrecken des Kölner Dieselnetzes einsetzbar, beheimatet sind alle Fahrzeuge beim Betriebshof Köln-Deutzerfeld. Die nach einem Anschlag ausgebrannte Einheit 644 015 wurde im August 2000 im Werk Kassel verschrottet.

| Technische Daten: | | | |
|---|---|---|---|
| Baureihenbezeichnung: | 643.0 (DB AG) | 643.2 (DB AG) | 644 (DB AG) |
| Radsatzanordnung: | B'(2)'(2)'B' | B'(2)'B' | B'(2)'(2)'B' |
| Vmax (km/h): | 120 | 120 | 120 |
| Motorleistung (PS): | | | |
| Motorleistung (kW): | 2 x 315 | 2 x 315 | 2 x 505 |
| Kraftübertragung: | hydrodyn.-mech. | hydrodyn.-mech. | elektrisch |
| Dienstmasse leer (t): | 74 | | 84 |
| Größte Radsatzfahrmasse (t): | 13 | 13 | 14 |
| Länge über Kupplung (mm): | 43.860 | 34.610 | 52.160 |
| Drehzapfenabstand (mm): | 13.465+13.750+13.465 | 13.465+13.465 | 14.865+14.750+14.865 |
| Radsatzabstand Triebgestell (mm): | 1.900 | 1.900 | 1.900 |
| Radsatzabstand Laufdrehgestell (mm): | 2.700 | 2.700 | 2.700 |
| Treibraddurchmesser (mm): | 760 | 760 | 760 |
| Laufraddurchmesser (mm): | 630 | 630 | 630 |
| Sitzplätze: | 120 + 17 Klappsitze | 96 | 120 + 41 Klappsitze |
| Indienststellung: | 1999-2001 | 2003 | 1998-2000 |

Ab Sommer 1999 ging die 75 Einheiten umfassende Baureihe 643.0 in Betrieb. Beheimatet sind sie in Düsseldorf, Trier und Kaiserslautern. Ihr Antrieb erfolgt durch zwei 315-kW-Motoren von MTU über ein hydrodynamisch-mechanisches Lastschaltgetriebe mit integriertem Anfahrdrehmoment-Wandler auf die Triebgestelle. Der 643.0 ist etwas kürzer als der 644, hat nur drei anstelle von sechs Türen pro Seite und 137 Sitzplätze. Sechs große Türen, ein stadtbahnähnlicher Innenraum mit 141 Sitzen und großen Aufstellflächen zeichnen dagegen den 644 aus.
Im Januar 2001 bestellte die DB Regio Rheinland für die gewonnene Ausschreibung des Euregio-Netzes rund um Aachen 26 zweiteilige TALENT-Triebwagen. Anfang 2003 erfolgte die Auslieferung der ersten als Baureihe 643.2 bezeichneten Fahrzeuge. Sie verfügen zusätzlich über eine Ausrüstung nach BOStrab (Blinker, Bremsleuchten, Rückspiegel, verstärkte Bremsanlage) für den im Bau befindlichen Stadtbahnverkehr in der Aachener Innenstadt sowie belgische und niederländische Sicherheitseinrichtungen.
Im Aufbau sind die DB-TALENTE identisch: Auf dem geschweißten Untergestell ist ein Stahlgerippe mit einer aufgeklebten Außenhaut aus Kunststoff montiert. In diese Kunststoffhaut sind die Fenster eingeklebt. Aus glasfaserverstärktem Kunststoff bestehen die Dachmodule und die charakteristischen Fahrzeugköpfe. Zum Mittelwagen hin stützen sich die Wagenkästen auf Jakobs-Drehgestelle ab. Bis zu drei TALENTE können durch das WTB-Zugbussystem von einem Führerstand aus gesteuert werden.

*Foto: Estler*

## VT 137 326-331a/b, 367-376a/b (DRG, DR), VT 45.5, 645 (DB)

Zu den Sonderbauarten der DRG-Triebwagen zählten auch die dieselhydraulischen Doppeltriebwagen für den Stettiner Vorortverkehr aus dem Beschaffungsprogramm von 1936. Waren zunächst nur sechs Doppeltriebwagen (VT 137 326-331a/b) bestellt worden, wurden später weitere zehn Fahrzeuge (VT 137 367-376a/b) draufgesattelt. Für den mechanischen Teil zeichnete WUMAG in Görlitz verantwortlich. Die 275-PS-Motoren kamen von Humboldt-Deutz, DWK, Daimler-Benz und MAN, Getriebe lieferten Voith und AEG. Der Wagenkasten mit dem klassischen korbbogenförmigen Kopfteil der Reichsbahn entstand in der zwischenzeitlich bewährten geschweißten Stahlleichtbauweise aus Profilen und tragenden Blechen. Im Gegensatz zu den Einheitstriebwagen wurde auf Schürzen verzichtet. Auch die Innenraumgestaltung fiel anders aus. Der Übergang der kurzgekuppelten Wagen war durch einen Faltenbalg geschützt. Durch die Ausführung der Antriebsmaschinen als Unterflurmotoren gewann man gegenüber den Einheitstriebwagen Platz und konnte die Geräuschbelästigung herabsetzen. Das Leistungsprogramm sah auch den Betrieb mit einem und sogar zwei Steuerwagen vor, praktisch kam diese Betriebsform auf Grund der knappen Motorisierung eher selten zur Anwendung. Da alle Fahrzeuge erst nach Kriegsbeginn ausgeliefert wurden, gelangten sie nur zum Teil und kurzzeitig in Stettin zum Einsatz. Als Reservefahrzeuge standen sie anschließend der Wehrmacht zur Verfügung und waren 1944 größtenteils im RAW Wittenberge abgestellt.
Viele Fahrzeuge fuhren auch nach dem Zweiten Weltkrieg nicht mehr. Von zehn in der Sowjetzone verbliebenen Zügen nahm die DR nur vier wieder in Betrieb. Bereits 1963 stellte sie ihren letzten Triebwagen ab, doch fanden die Doppelzüge teilweise noch eine Weiterverwendung als Beiwagen. Einer davon, der VB 147 551a/b (ab 1970: 197 840) wird heute vom Eisenbahnclub Aschersleben erhalten.
In den Westzonen verblieben nach Kriegsende die Züge VT 137 326, 369, 370 und 375a/b. Erhebliche Schäden an Teilfahrzeugen führten jedoch zur Ausmusterung von VT 137 326b und 370a. Damit wurden in den Bestand der DB nur noch die VT 45 502 (ex VT 137 369a/b), VT 45 503 (ex VT 137 375a/370b) und VT 45 504 (ex VT 137 326a/375b) eingereiht. Heimat-Bw für die VT 45 war bis 1967 Bielefeld, dann wies sie die DB dem Bw Braunschweig zu. Die Einführung der computergerechten Betriebsnummern zum 1.1.1968 bescherte den Triebwagen noch die neue Bezeichnung 645.1 bzw. 645.4. Erst 1969 strich die DB ihre drei Triebzüge aus dem Bestand. Als letzter wurde der 645 102/402 am 26. November 1969 ausgemustert.

| Technische Daten: | |
|---|---|
| Baureihenbezeichnung: | VT 45.5 (DB) |
| Radsatzanordnung: | (A1)2'+2'(1A) |
| Vmax (km/h): | 90 |
| Motorleistung (PS): | 2 x 275 |
| Motorleistung (kW): | 2 x 200 |
| Kraftübertragung: | hydraulisch |
| Dienstmasse (t): | 94 |
| Größte Radsatzfahrmasse (t): | 11 |
| Länge über Puffer (mm): | 40.690 |
| Drehzapfenabstand (mm): | 13.500 + 13.500 |
| Radsatzabstand Triebdrehgestell (mm): | 3.200 |
| Radsatzabstand Laufdrehgestell (mm): | 3.000 |
| Treibraddurchmesser (mm): | 900 |
| Laufraddurchmesser (mm): | 900 |
| Sitzplätze: | 116+14 |
| Indienststellung: | 1940-41 |
| Verbleib: | VT 137 367a/b als VB 147 551a/b (EC Aschersleben) |

*Foto: Blaschke*

## 646 (DB AG)

Fahrgastmodule mit Antriebscontainer charakterisiert treffend den ungewöhnlichen Aufbau der Gelenktriebwagen GTW 2/6. Der erste GTW 2/6 entstand unter Federführung der schweizerischen Firma Stadler in Zusammenarbeit mit Alusuisse, SLM, AEG und DWA. Das von Stadler verfolgte modulare Konzept beruht auf der konsequenten Trennung der Antriebseinheit von den Fahrgasträumen. Dabei liegen die antriebslosen Endwagen (Fahrgastmodule), daher bei der DB auch als Baureihe 946 bezeichnet, gemeinsam auf dem mittig angeordneten Antriebscontainer (Motorwagen, BR 646) auf. Die Wagenkästen der Endwagen bestehen vollständig aus Aluminium und sind in einer kombinierten Schweiß-Schraubkonstruktion gefertigt. Der Niederfluranteil liegt bei rund 70 %, was die kostensparende Verwendung von Standardlaufwerken ermöglichte. Die ebenfalls modular angebrachten Fahrzeugköpfe sind bei den GTW 2/6 ab der zweiten Generation aus glasfaserverstärktem Kunststoff hergestellt und haben eine deutlich gerundetere Form als die Urversionen des GTW 2/6. Der Wagenkasten des Antriebsmoduls ist eine geschweißte Stahlkonstruktion mit zwei Maschinenräumen, die durch einen Mittelgang voneinander getrennt sind. Der Antrieb erfolgt durch zwei Drehstrom-Asynchron-Motoren mit je 262 kW, welche wiederum von einem MTU-Dieselmotor mit 550 kW angetrieben werden. Durch seinen kurzen Aufbau (3.900 mm lang) fungiert das Antriebsmodul gleichzeitig als Triebdrehgestell.

Schon 1996 fuhren die ersten GTW 2/6 in Deutschland. Diese gehörten allerdings der schweizerischen Thurbo AG, welche die Fahrzeuge bis Ende 2006 als »Seehäsle« zwischen Radolfzell und Stockach einsetzte. Ihr Erfolg veranlasste die Hessische Landesbahn (HLB), 30 Fahrzeuge mit optisch ansprechenderer Front zu bestellen. DB AG (30 Stück) und die DB-Tochter Usedomer Bäderbahn (UBB, 14 Stück) schlossen sich mit Folgeaufträgen an. Die DB-Version (Baureihe 646/946.0) fährt im Großraum Berlin/Brandenburg und erhielt auf Grund der dort vorhandenen Bahnsteighöhen keine niederflurigen Einstiege. Eng zusammenrücken müssen die Fahrgäste bei den GTW der UBB (Baureihe 646/946.1), da in den Fahrgasträumen die Sitzteilung 2+3 (DB AG: 2+2) gewählt wurde. Zwischen November 2002 und Februar 2003 lieferte Stadler an die DB AG nochmals 13 weiterentwickelte GTW 2/6 als Baureihe 646.2. Die 646 201 bis 204 erhielt das Werk Darmstadt für den Betrieb auf der Strecke Darmstadt-Dieburg-Dreieich-Bruchschlag. Die übrigen Einheiten (646 205-213) gingen nach Kassel zum DB-Regionalnetz »Kurhessenbahn« und fahren dort zwischen Kassel und Korbach Süd. Auch die UBB stockte ihren Bestand in der ersten Jahreshälfte 2003 um weitere neun Einheiten (646 121-129) auf.

*Foto: Estler*

| Technische Daten: | |
|---|---|
| Baureihenbezeichnung: | 646 (DB AG) |
| Radsatzanordnung: | 2'Bo2' |
| Vmax (km/h): | 120 |
| Motorleistung (PS): | |
| Motorleistung (kW): | 550 |
| Kraftübertragung: | elektrisch |
| Dienstmasse leer (t): | 56 |
| Größte Radsatzfahrmasse (t): | 19 |
| Länge über Kupplung (mm): | 38.660 |
| Radsatzabstand Triebgestell (mm): | 1.900 |
| Radsatzabstand Laufdrehgestell (mm): | 2.100 |
| Treibraddurchmesser (mm): | 860 |
| Laufraddurchmesser (mm): | 680 |
| Sitzplätze: | 93 + 15 Klappsitze (646.1: 111 + 15) |
| Indienststellung: | 1999-2003 |

## 650 (DB AG)

Der einteilige RegioShuttle (RS-1) hat sich seit seinem ersten Einsatz im Herbst 1996 zu einem wahren Renner bei privaten Betreibern und der DB AG entwickelt. Über 350 Fahrzeuge wurden bisher ausgeliefert. Die DB AG beschaffte über ihre Tochtergesellschaft ZugBus Regionalverkehr Alb-Bodensee (RAB) ab 1999 bis jetzt insgesamt 80 Triebwagen. 26 Einheiten wurden dabei vom Land Baden-Württemberg gefördert. Diese tragen die Betriebsnummern 650 100-122 und 201-203. Letztere besitzen eine abweichende Innenraumgestaltung (50 Sitzplätze und 20 Klappsitze) für einen besseren Fahrradtransport. Die anderen RS-1 werden als 650 001-027 und 650 301-327 geführt. Zum 1. Juli 2006 übernahm ferner die DB-Tochter WestFrankenBahn einen RegioShuttle von der Kahlgrundbahn (ex KVG-VT 97) als 650 997. Einsatzschwerpunkte der RS-1 von ZugBus sind Ulm und Tübingen. Ganz in ihrer Hand liegen die reaktivierten Strecken (Ulm-) Laupheim Bf-Laupheim Stadt, Metzingen-Bad Urach und Tübingen-Herrenberg.

Der RegioShuttle war ursprünglich als Leichttriebwagen konzipiert, ist aber mit einer Längsdruckkraft des Wagenkastens von 1.500 kN (UIC-Norm) zum vollbahntauglichen Regio-Triebwagen herangereift. Der Wagenkasten ist eine Schweißkonstruktion aus Stahlblech-Vierkantrohren und Abkantprofilen, zusammengefügt in Fachwerkbauweise, wobei Diagonalstreben die Ober- und Untergurte miteinander verbinden. Das charakteristische Fensterband mit seiner fachwerkartigen Unterteilung lässt das Fahrzeug schon von weitem unverwechselbar erscheinen. Knapp zwei Drittel des Fahrgastraums sind niederflurig ausgelegt, bei den DB-Wagen 600 mm über der Schienenoberkante. Die Einstiege im Niederflurbereich erlauben somit praktisch ein stufenloses Ein- und Aussteigen. Die beiden MAN-Dieselmotoren von je 257 kW ermöglichen dem RegioShuttle eine hohe Beschleunigung und eine maximal zulässige Geschwindigkeit von 120 km/h. Ein vollautomatisches viergängiges Voith-DIWA-Getriebe mit nachgeschalteten Gelenkwellen und Achswendegetriebe besorgt die Leistungsübertragung. Mit der Vielfachsteuerung können bis zu sechs Einheiten von einem Führerstand aus gefahren werden. Die Ausstattung mit Klimaanlage und Toilette komplettiert bei den DB-Fahrzeugen den hohen Fahrkomfort.

*Foto: Estler*

| Technische Daten: | |
|---|---|
| Baureihenbezeichnung: | 650 (DB AG) |
| Radsatzanordnung: | B'B' |
| Vmax (km/h): | 120 |
| Motorleistung (PS): | |
| Motorleistung (kW): | 2 x 257 |
| Kraftübertragung: | hydrodynamisch-mechanisch (hydraulisch) |
| Dienstmasse (t): | 43 |
| Größte Radsatzfahrmasse (t): | 14 |
| Länge über Puffer (mm): | 25.500 |
| Drehzapfenabstand (mm): | 17.100 |
| Radsatzabstand Triebdrehgestell (mm): | 1.800 |
| Radsatzabstand Laufdrehgestell (mm): | - |
| Treibraddurchmesser (mm): | 770 |
| Laufraddurchmesser (mm): | - |
| Sitzplätze: | 66+5 Klappsitze (650.2: 50+20 Klappsitze) |
| Indienststellung: | 1999-2006 |

## VT 137 025-027, 117-120, 296-300 (DRG), VT 50.0, 50.1, 50.2 (DB)

1933/34 lieferten die Linke-Hofmann-Werke in Breslau eine Vorausserie von drei dieselelektrischen Triebwagen (VT 137 025-027) leichter Bauart an die DRG, welche vor allem für den schnellen Regionalverkehr gedacht waren. Erprobt werden sollte auch die Brauchbarkeit eines relativ langsam laufenden Dieselmotors und seine Auswirkungen auf den Instandhaltungsaufwand. Zum Einsatz kam ein 300-PS-Sechszylindermotor der Motorenwerke Mannheim (MWM). Die elektrische Ausrüstung lieferte AEG. Dieselmotor und Generator wurden so über dem vorne befindlichen Maschinendrehgestell angeordnet, dass ein abgeschlossener Maschinenraum hinter Führerstand und Gepäckraum entstand. Im hinteren Drehgestell befanden sich die Tatzlagermotoren. Erstmals erhielten diese Fahrzeuge das später typische »Einheits-Design« der Reichsbahn mit abgerundeten Stirnwänden und Korbbogendach. In zwei weiteren Losen bestellte die DRG 1935 und 1936 nochmals insgesamt neun Triebwagen VT 137 (117-120 und 296-300), die mit einem zwar leistungsgleichen aber verbesserten MWM-Motor ausgestattet wurden. Zusätzlich hatte die letzte Serie ein Maschinendrehgestell mit vergrößertem Radstand und eine andere Steuerung erhalten. Bis auf den Wegfall der Seitenwandschürze und die Anordnung der Kühlanlage entsprachen die Fahrzeuge ansonsten der ersten Serie.

Alle zwölf Triebwagen überstanden mehr oder weniger beschädigt den Zweiten Weltkrieg und befanden nach Kriegsende im Bereich der amerikanischen Besatzungszone. Die DB zeichnete die erste Serie in VT 50.0, die zweite in VT 50.1 und die dritte in VT 50.2 um. Schon 1952 wurde der VT 50 000 in den Steuerwagen VS 145 409 umgebaut. Die beiden anderen VT 50.0 wurden 1955 bzw. 1957 ausgemustert und lange Jahre noch als Personenwagen weiterverwendet. Auch die beiden anderen Serien waren nur bis 1952 vollständig im Einsatz, dann wurden VT 50 100 zum VS 145 410 und VT 50 204 zum VS 145 411 degradiert. Auf Grund sich häufender Motorstörungen waren die restlichen sieben Triebwagen bis 1956 ausgemustert, konnten aber im gleichen Jahr an die DEBG verkauft werden. Der ehemalige VT 50 101 überlebte bis Anfang der 1990er Jahre als VB 233 der SWEG und wurde dann vom »Verein zur Erhaltung und Förderung des Schienenverkehrs« (VEFS) in Bocholt übernommen. Dort brannte er im Juni 2002 aus. Seine Reste übernahm 2003 die IG Dampfbahn Niederrhein.

### Technische Daten:

| Baureihenbezeichnung: | VT 50.0 (DB) | VT 50.1 (DB) | VT 50.2 (DB) |
|---|---|---|---|
| Radsatzanordnung: | 2'Bo' | 2'Bo' | 2'Bo' |
| Vmax (km/h): | 90 | 90 | 90 |
| Motorleistung (PS): | 300 | 300 | 300 |
| Motorleistung (kW): | 221 | 221 | 221 |
| Kraftübertragung: | elektrisch | elektrisch | elektrisch |
| Dienstmasse (t): | 47 | 50 | 51 |
| Größte Radsatzfahrmasse (t): | 13 | 13 | 13 |
| Länge über Puffer (mm): | 22.035 | 22.035 | 22.035 |
| Drehzapfenabstand (mm): | 14.800 | 14.800 | 14.800 |
| Radsatzabstand Triebdrehgestell (mm): | 3.000 | 3.000 | 3.000 |
| Radsatzabstand Motordrehgestell (mm): | 3.250 | 3.250 | 3.500 |
| Treibraddurchmesser (mm): | 900 | 900 | 900 |
| Laufraddurchmesser (mm): | 900 | 900 | 900 |
| Sitzplätze: | 66 | 66 | 66 |
| Indienststellung: | 1933-1934 | 1936 | 1937 |
| Verbleib: | ++ | VT 50 101 (ex VB 233 SWEG, IG Dampfbahn Niederrhein) | ++ |

Foto: Slg. Dietz

## VT 137 055-057, 111-116, 236 (DRG), VT 51.0, 51.1 (DB)

Als Vergleich zu den Triebwagen VT 137 025-027, die einen 300-PS-Motor der Mannheimer Motorwerke besaßen, bestellte die DRG die bei Linke-Hofmann in Breslau die VT 137 055-057. Diese erhielten einen Zwölf-Zylinder-Motor von Daimler-Benz, ebenfalls mit 300 PS Leistung. Dank der geringeren Baulänge des Daimlermotors konnten gegenüber den MWM-Wagen drei Sitzplätze hinzugewonnen werden. Auch der Gepäckraum war dadurch etwas größer ausgefallen. Bis auf den Entfall der Seitenwandschürze sowie der Anordnung der Kühlanlage unter den Wagen bestand Baugleichheit. Nahezu unverändert wurden 1935 sechs weitere Triebwagen (VT 137 111-116) geliefert. Der günstige Preis für die mechanische Leistungsübertragung bewog die DRG 1935, in Anlehnung an die VT 137 111-116 den mechanisch angetriebenen VT 137 236 bei der Waggonfabrik Dessau zu bestellen. Der Daimler-Motor übertrug dabei seine Leistung über ein Fünfgang-Zahnradgetriebe der Bauart Mylius auf die Radsätze. Auf Grund des mechanischen Antriebs hatte das Triebdrehgestell einen vergrößerten Radsatzabstand erhalten. Als Kriegsverluste waren der Einzelgänger VT 137 236 und der VT 137 111 zu verbuchen. Bei der tschechoslowakischen Staatsbahn ČSD lief bis 1951 der VT 137 055 als M 261.001. In der sowjetischen Zone verblieb der VT 137 112. Bei der DR war dieser Wagen bis März 1968 eingesetzt. In den Westzonen standen nach Kriegsende die restlichen sechs Triebwagen. Die DB zeichnete sie in VT 51.0 (erste Serie) und VT 51.1 (zweite Serie) um. Die VT 51.0 mussten schon im Dezember 1951 den Dienst quittieren und wurden anschließend in Steuerwagen umgebaut. Die VT 51.1 hielten noch etwas länger durch, als letzter wurde der VT 51 102 am 8. März 1957 außer Dienst gestellt. Bis heute überlebt hat der ehemalige VT 51 104. Er wurde 1956 an die Bremervörde-Osterholzer Eisenbahn (BOE) verkauft, dort gründlich überholt, remotorisiert und als T 170 eingestellt. Nach der 1978 erfolgten Einstellung des Personenverkehrs bei der BOE wurde der Triebwagen weiter für Sonderfahrten vorgehalten. Zwischenzeitlich ist die BOE in den Verkehrsbetrieben Elbe-Weser (EVB) aufgegangen, die damit auch Eigentümer des Triebwagens wurden. Den Eisenbahnfreunden der Wilstedt-Zeven-Tostedter Eisenbahn (WZTE) in Zeven ist Fahrzeug zur Nutzung überlassen.

### Technische Daten:

| Baureihenbezeichnung: | VT 51.0 (DB) | VT 51.1 (DB) | VT 137 236 (DRG) |
|---|---|---|---|
| Radsatzanordnung: | 2'Bo' | 2'Bo' | B'2' |
| Vmax (km/h): | 90 | 90 | 90 |
| Motorleistung (PS): | 300 | 300 | 300 |
| Motorleistung (kW): | 221 | 221 | 221 |
| Kraftübertragung: | elektrisch | elektrisch | mechanisch |
| Dienstmasse (t): | 47 | 47 | 44 |
| Größte Radsatzfahrmasse (t): | 10 | 11 | 12 |
| Länge über Puffer (mm): | 22.035 | 22.035 | 21.873 |
| Drehzapfenabstand (mm): | 14.540 | 14.540 | 14.270 |
| Radsatzabstand Triebdrehgestell (mm): | 3.000 | 3.000 | 3.800 |
| Radsatzabstand Laufdrehgestell (mm): | 3.500 | 3.500 | 3.000 |
| Treibraddurchmesser (mm): | 900 | 900 | 900 |
| Laufraddurchmesser (mm): | 900 | 900 | 900 |
| Sitzplätze: | 69 | 69 | 57 |
| Indienststellung: | 1934 | 1935 | 1937 |
| Verbleib: | ++ | VT 51 104 als T 170 (EVB) | ++ |

Foto: Fischer/Bildarchiv der Eisenbahnstiftung

## VT 137 347-366, 377-396 (DRG, DR), VT 60.5, 723 (DB), 185 (DR)

Als letzte große Triebwagenbestellung aus dem Beschaffungsprogramm von 1936 gab die Deutsche Reichsbahn 40 leichte vierachsige, dieselhydraulische Nebenbahntriebwagen in Auftrag, welche in den Jahren 1939 und 1940 von Westwaggon, DUEWAG und der Waggonfabrik Bautzen ausgeliefert wurden. Der Wagenkasten wurde ähnlich dem der Einheitstriebwagen in weitgehend geschweißter Leichtbauweise ausgeführt, nur auf die Schürzen wurde verzichtet. Die aus der Görlitzer Bauart abgeleiteten Drehgestelle waren vollständig aus Stahlblechen geschweißt. Alle Triebwagen erhielten einen 225-PS-Sechszylinder-Reihenmotor von Maybach. Dieser war in das vordere Drehgestell eingebaut und trieb über einen Voith-Drehmomentwandler und eine Gelenkwelle dessen ersten Radsatz an. Durch den Einachsantrieb und der relativ knapp bemessenen Motorleistung waren dem Fahrzeug hinsichtlich Zugkraft und Höchstgeschwindigkeit deutliche Grenzen gesetzt.

1939 wurden die ersten zwölf Triebwagen noch vor Kriegsausbruch geliefert und gingen nach Heidelberg, Fulda und Kreuzberg. Die nach Kriegsbeginn gelieferten Fahrzeuge kamen nicht mehr in den öffentlichen Verkehr, sondern standen bei Bedarf der Wehrmacht zur Verfügung. Nach Kriegsende befanden sich 31 Triebwagen in den Westzonen, drei verblieben in der DDR, fünf fuhren bis Anfang der 1950er Jahre in der Tschechoslowakei und einer blieb verschollen. Die drei Triebwagen der DR fuhren ab 1960 alle beim Bw Aschersleben und wurden zwischen 1966 und 1970 ausgemustert.

In den Westzonen waren zunächst einige Fahrzeuge als Salonwagen der »Hohen Kommissionen« eingesetzt. Die DB unterzog ihre nun als VT 60.5 bezeichneten Triebwagen einer umfassenden Modernisierung: Stärkere Motoren der Motorenwerke Mannheim mit 330 PS sowie der Ersatz der Holzbänke durch kunststoffgepolsterte Sitze waren die signifikantesten Änderungen. Waren die Mehrzahl der Fahrzeuge zunächst im süddeutschen Raum unterwegs, verlagerte sich der Einsatzschwerpunkt Mitte der 1960er immer mehr zum Bw Rheine, das zum Auslauf-Bw für die Reihe wurde. Als Letzter nahm am 1. August 1972 der ab 1968 als 660 516 bezeichnete Triebwagen seinen Abschied von der Schiene. Schon ein Jahr zuvor waren zwei Fahrzeuge zu Funkmesstriebwagen für den Zugbahnfunk umgebaut worden und versahen unter den Nummern 723 002 und 003 noch nützliche Dienste bis 1977 bzw. 1979. Der 723 003 (ex 660 531 ex VT 137 396) blieb nach seiner Ausmusterung erhalten und gelangte über verschiedene Stationen im August 2006 zu den Osnabrücker Dampflokfreunden, welche ihn derzeit bei der MaLoWa in Benndorf möglicherweise sogar betriebsfähig aufarbeiten lassen.

Foto: Blaschke

| Technische Daten: | |
|---|---|
| Baureihenbezeichnung: | VT 60.5 (DB) |
| Radsatzanordnung: | (A1)2' |
| Vmax (km/h): | 80 |
| Motorleistung (PS): | 225 |
| Motorleistung (kW): | 166 |
| Kraftübertragung: | hydraulisch |
| Dienstmasse (t): | 45 |
| Größte Radsatzfahrmasse (t): | 12 |
| Länge über Puffer (mm): | 22.080 |
| Drehzapfenabstand (mm): | 14.140 |
| Radsatzabstand Triebdrehgestell (mm): | 3.600 |
| Radsatzabstand Laufdrehgestell (mm): | 3.000 |
| Treibraddurchmesser (mm): | 900 |
| Laufraddurchmesser (mm): | 900 |
| Sitzplätze: | 49 |
| Indienststellung: | 1939-40 |
| Verbleib: | 723 003 ex VT 60 531 (Osnabrücker Dampflokfreunde) |

## VT 851-861, 866-871, 10 001-003 (DRG, DR), VT 62.9, 65.9, 69.9 (DB)

Als Urahn der vierachsigen Dieseltriebwagen kann auf Grund seiner speziell für den Triebwagenbetrieb entwickelten Maschinenanlage der VT 851 bezeichnet werden. Auf der Eisenbahntechnischen Ausstellung in Seddin 1924 sorgte diese Eigenentwicklung der Waggonfabrik Wismar und der Maybach-Motorenbau in Friedrichshafen für erhebliches Aufsehen. Mit dem VT 852 folgte 1926 ein ähnlicher Versuchswagen, aber geringfügig länger und mit verkürztem Radsatzabstand der Drehgestelle. Da sich beide Prototypen ausgezeichnet bewährten, lieferte die Waggonfabrik Wismar zwischen 1926 und 1928 zwei Serien mit insgesamt 15 Wagen, welche sich in der Innenraumgestaltung zum Teil erheblich voneinander unterschieden. Die schweren, außerordentlich stabilen Wagenkästen waren bei allen Fahrzeugen aus Profileisen und Stahlblechen zusammengenietet. Bei den beiden Prototypen waren die Stirnseiten noch trapezförmig abgeschrägt, während die Serienlieferungen glatte Stirnfronten besaßen.

Zu den Besonderheiten des Triebwagenparks gehörten seit jeher Wagen zur Gepäck- und Güterbeförderung. Als Gütertriebwagen 10 001-003 lieferte die Waggonfabrik Wismar im Jahre 1930 drei Fahrzeuge, welche für den Stückgut-Schnellverkehr vorgesehen und auch so beschriftet waren. Konstruktiv lehnten sich diese drei Wagen stark an die Wagen der Serien VT 853-861 und 866-871 an. Sie besaßen ebenfalls einen genieteten kastenförmigen Aufbau mit Endführerständen. Ihr 40 m2 großer Laderaum war auf jeder Fahrzeugseite durch zwei breite Schiebetüren zugänglich.

Bei allen Fahrzeugen übertrug zunächst ein schnelllaufender, 150 PS (später 175 PS) starker Maybach-Motor seine Kraft mittels eines mechanischen Viergang-Rädergetriebes auf eine Blindwelle im vorderen Drehgestell, welche wiederum über Kuppelstangen mit den beiden Radsätzen

Foto: Slg. Dietz

verbunden war. Die Antriebsanlage war vollständig im Drehgestell untergebracht, der Motor ragte dabei teilweise in den Wagenkasten hinein und war durch eine isolierte Blechhaube abgedeckt.

Mit Kriegsausbruch wurden alle Wagen zunächst stillgelegt. Doch die Wehrmacht erkannte recht schnell den Wert der robusten Personentriebwagen und setzte einen Großteil von ihnen bei Eisenbahn-Batterien ein. Die Gütertriebwagen wurden u.a. als rollende Fahrkartenausgabe und Gerätezug zweckentfremdet.

Die Ausfallquote war bei den »aktiven« Kriegsteilnehmern entsprechend hoch. Im Bereich der späteren DB wurden 1947 nur noch der VT 859 in VT 65 903 sowie die drei Gütertriebwagen in VT 69 901-903 umgezeichnet. Anfang der 1950er-Jahre rüstete die DB diese vier Wagen mit neuen Maybach-Motoren von 210 PS Leistung aus. Gleichzeitig konnte die Höchstgeschwindigkeit auf 80 km/h erhöht werden. Der VT 65 903 wurde danach als VT 62 904 geführt, die Gütertriebwagen behielten ihre Nummern. Im Juli 1957 wurde der in Braunschweig beheimatete VT 62 904 nach einem Riss im Triebdrehgestellrahmen abgestellt und kurz darauf ausgemustert. Die VT 69.9 waren ab 1949 beim Bw Osnabrück Vbf zusammengezogen. Ihre Abstellung begann Anfang der 1960er-Jahre. Als letzter der drei Triebwagen wurde der VT 69 902 am 18. Juli 1962 ausgemustert. Mit dem VT 856 kam ein Fahrzeug noch in den Betriebsbestand der DR und lief bis 1960 beim Bw Bitterfeld.

**Technische Daten:**

| Baureihenbezeichnung: | VT 851 (DRG) | VT 852 (DRG) | VT 853-861 (DRG) | 10 001-003 (DRG) |
|---|---|---|---|---|
| Radsatzanordnung: | B'2' | B'2' | B'2' | B'2' |
| Vmax (km/h): | 65 | 65 | 65 | 65 |
| Motorleistung (PS): | 175 | 175 | 175 | 175 |
| Motorleistung (kW): | 129 | 129 | 129 | 129 |
| Kraftübertragung: | mechanisch | mechanisch | mechanisch | mechanisch |
| Dienstmasse (t): | 36,9 | 38,3 | 41 | 38,8 |
| Größte Radsatzfahrmasse (t): | 12,5 | 12,5 | 12,5 | 11,5 |
| Länge über Puffer (mm): | 19.360 | 20.900 | 21.040 | 21.040 |
| Drehzapfenabstand (mm): | 11.440 | 13.300 | 13.300 | 13.300 |
| Radsatzabstand Triebdrehgestell (mm): | 3.700 | 3.500 | 3.500 | 3.500 |
| Radsatzabstand Laufdrehgestell (mm): | 3.700 | 3.500 | 3.500 | 3.500 |
| Treibraddurchmesser (mm): | 1.000 | 1.000 | 1.000 | 1.000 |
| Laufraddurchmesser (mm): | 1.000 | 1.000 | 1.000 | 1.000 |
| Sitzplätze: | 63 | 88 | 53-74 | - |
| Indienststellung: | 1924 | 1926 | 1926-1928 | 1930 |
| Verbleib: | ++ | ++ | ++ | ++ |

## VT 137 000-024, 036-054, 121-135 (DRG, DR), VT 62.9, VT 65.9 (DB)

Nachdem sich die schweren dieselmechanischen Wismar-Triebwagen (VT 851-861) recht gut im Alltagsbetrieb bewährt hatten, erhielt die WUMAG in Görlitz 1931 von der DRG den Auftrag, unter Ausschöpfung aller Leichtbaumöglichkeiten einen hauptbahntauglichen Triebwagen mit 80 km/h Höchstgeschwindigkeit zu entwickeln. Dabei sollte der mechanische Blindwellenantrieb der Vorgänger mit einem verbesserten 175-PS-Maybach-Motor verwendet werden. Als VT 862-864 (später VT 137 000-002) wurden 1932 drei Exemplare von der WUMAG geliefert, zwei weitere folgten nach Görlitzer Zeichnungen noch im gleichen Jahr als VT 865-866 (später VT 137 003-004) von der Waggonfabrik Wismar. Durch die abgerundete Stirnpartie und das glatte gewölbte Dach des nun geschweißten Wagenkastens unterschieden sich die ersten vierachsigen Leichbautriebwagen der DRG doch erheblich von ihren reisezugwagähnlichen schweren Vorgängern. Die Kühlanlage war nun ebenfalls unter dem Wagenboden angeordnet. 1933 folgte eine zweite Serie von 20 Triebwagen. Zwei lieferte die WUMAG, 18 kamen von den Linke-Hofmann-Werken. Weitere 34 Fahrzeuge mit einem 210-PS-Maybach-Motor gelangten 1934/35 auf die Schienen, geliefert von den Waggonfabriken Dessau, Talbot und Danzig.

Im Zweiten Weltkrieg wurden viele Triebwagen von der Wehrmacht vorwiegend für den Einsatz bei Eisenbahn-Batterien requiriert, daher war die Ausfallquote bei Kriegsende auch besonders hoch. Fünf Fahrzeuge (VT 137 041, 123-124, 134-135) blieben nach Kriegsende in Norwegen, wurden von der NSB als Cmdo 9 18290-295 übernommen und bis 1958 ausgemustert. Vier Garnituren (VT 137 014-015, 019 und 022) fanden in Frankreich bei der SNCF als 2-XR 5201-04 ein neues Auskommen. Die VT 137 049 und 130 wurden nach 1945 von der Jugoslawischen Staatsbahn in den Bestand eingereiht. Acht Triebwagen (VT 137 002, 005, 007, 012-013, 044, 122 und 132) bereicherten bei DR den bunten Fahrzeugpark. Die letzten fuhren bis 1964. Drei Fahrzeuge blieben in den Westzonen. Der VT 137 127 wurde 1947 in den VT 62 902 umgezeichnet, die VT 137 021 und 008 erhielten die Nummern VT 65 916 und 917. Nach Einbau von 210-PS-Motoren liefen sie als VT 62 905 und 906. Beim Bw Braunschweig wurden sie zwischen 1957 und 1958 ausgemustert.

**Technische Daten:**

| Baureihenbezeichnung: | VT 137 000-024 (DRG) | VT 137 036-054, 121-135 (DRG) |
|---|---|---|
| Radsatzanordnung: | B'2' | B'2' |
| Vmax (km/h): | 80 | 80 |
| Motorleistung (PS): | 175 | 210 |
| Motorleistung (kW): | 129 | 155 |
| Kraftübertragung: | mechanisch | mechanisch |
| Dienstmasse (t): | 29 | 31 |
| Größte Radsatzfahrmasse (t): | 10 | 10 |
| Länge über Puffer (mm): | 20.590 | 20.590 |
| Drehzapfenabstand (mm): | 12.770 | 12.770 |
| Radsatzabstand Triebdrehgestell (mm): | 3.800 | 3.800 |
| Radsatzabstand Laufdrehgestell (mm): | 3.000 | 3.000 |
| Treibraddurchmesser (mm): | 1.000 | 1.000 |
| Laufraddurchmesser (mm): | 900 | 900 |
| Sitzplätze: | 63-66 | 56-61 |
| Indienststellung: | 1932-1933 | 1934-1935 |
| Verbleib: | ++ | ++ |

*Foto: Slg. Dietz*

## VT 137 136-148, 162-163, 235 (DRG, DR), VT 63.9 (DB)

Nach den Einheitstriebwagen für den Verkehr auf Hauptbahnen beschaffte die DRG auch ähnliche vierachsige Fahrzeuge für den Nebenbahndienst. Die Waggonfabriken Dessau, Lindner und Talbot lieferten 1935/36 zunächst 13 dieselmechanische Wagen als VT 137 136-148 mit 210 PS starken MAN-Motoren. Zur Kraftübertragung stand ein Viergang-Getriebe zur Verfügung, das über Gelenkwellen auf die beiden Radsätze des Triebdrehgestells wirkte. 1937 folgten zwei Versuchsfahrzeuge (VT 137 162 und 163) von Talbot mit dieselhydraulischem Antrieb und einem aufgeladenen 280-PS-MAN-Motor sowie zu Vergleichszwecken und von der Dessau Waggonfabrik der dieselmechanische VT 137 235 mit dem gleichen Motor. Schon 1938 wurde die Leistung der aufgeladenen Motoren auf 210 PS zurückgenommen. Die Fahrzeuge glichen sowohl äußerlich als auch konstruktiv sehr stark den Einheitstriebwagen. Bei allen wählte man den »Eilzugwagengrundriss«, allerdings mit vergrößertem Gepäckraum.

Die VT 137 139, 145, 147 und 162 mussten wegen schwerer Schäden bis Kriegsende aus dem Bestand gestrichen werden. Die DR übernahm nach dem Krieg zwei Fahrzeuge. Der VT 137 136 war bis 1958 beim Bw Zittau in Betrieb, der dieselhydraulische VT 137 163 lief vom Bw Aschersleben aus. Für ihn war im Umzeichnungsplan 1947 die Nummer VT 63 500 freigehalten worden. 1965 wurde er in den Beiwagen VB 147 532 (ab 1970: 197 836) umgebaut.

*Foto: Klein, Sammlung Estler*

Neun Wagen waren bei der DB noch als Baureihe VT 63.9 im Einsatz, darunter auch der ehemalige Versuchswagen VT 137 235, der die neue Nummer VT 63 910 trug. Ab 1952 ersetzte die DB bei den VT 93 905-909 die alten 210-PS-Motoren durch stärkere 225-PS-Maybach-Motoren. Zwischen 1956 und 1962 wurden alle Triebwagen ausgemustert. Ein Teil wanderte aber nicht auf den Schrottplatz. Die österreichische Montafonerbahn kaufte die VT 63 905-907. Die Wagen 905 und 907 erlebten eine Metamorphose in Elektrotriebwagen und sind dort noch heute als ET 10.103 und 104 vorhanden. Der VT 63 906 diente als Ersatzteilspender und wurde bald darauf verschrottet. Der VT 63 902 kam 1958 als VT 171 zur Bremervörde-Osterholzer Eisenbahn (BOE), wo er 1970 ausgemustert wurde. Den VT 63 910 erwarb 1962 die Kahlgrundbahn, die ihn 1967 verschrottete.

Überaus interessant ist auch das Schicksal des VT 137 137. Er blieb nach Kriegsende in der französischen Zone und fuhr später bei den Eisenbahnen des Saarlands. Nach der Eingliederung des Saarlands in die BRD kam er in den Bestand der DB, wurde aber nicht mehr auf die vorgesehene Nummer VT 63 901 umgezeichnet sondern 1957 ausgemustert. Als Lehrstellwerkswagen der DB konnte er 1995 vom Eisenbahnmuseum der Freunde der Eisenbahn (FdE) erworben werden.

| Technische Daten: | |
|---|---|
| Baureihenbezeichnung: | VT 63.9 (DB) |
| Radsatzanordnung: | B'2' |
| Vmax (km/h): | 80 |
| Motorleistung (PS): | 210 |
| Motorleistung (kW): | 155 |
| Kraftübertragung: | mechanisch (VT 137 162-163: hydraulisch) |
| Dienstmasse (t): | 38 |
| Größte Radsatzfahrmasse (t): | 10 |
| Länge über Puffer (mm): | 21.873 |
| Drehzapfenabstand (mm): | 14.270 |
| Radsatzabstand Triebdrehgestell (mm): | 3.800 (VT 137 162-163: 4.000) |
| Radsatzabstand Laufdrehgestell (mm): | 3.000 |
| Treibraddurchmesser (mm): | 900 |
| Laufraddurchmesser (mm): | 900 |
| Sitzplätze: | 63-67 |
| Indienststellung: | 1935-37 |
| Verbleib: | VT 137 137 (FdE, Hamburg-Wilhelmsburg) |

## VT 757-765 (DRG), VT 66.9 (DB)

Zum Vergleich mit den vierachsigen Dieseltriebwagen der ersten Generation bestellte die DRG 1925 bei der WUMAG in Görlitz vier Fahrzeuge mit zwei Benzin-Benzol-Motoren von Büssing (VT 757-760). Ausgeliefert wurden die auf Grund ihrer Doppelmaschinenanlage seinerzeit stärksten DRG-Triebwagen 1927. Untergestell und Wagenkasten waren eine schwere Nietkonstruktion aus Profilstahl und Stahlblechen. Auffällig waren die beiden großen Kühler auf dem Tonnendach. Der Benzolmotor übertrug seine Leistung durch eine Trockenlamellenkupplung auf das Fünfganggetriebe der Bauart Soden von der Zahnradfabrik Friedrichshafen, welches wiederum auf den innenliegenden Radsatz eines Triebdrehgestells wirkte. Zwei weitere Triebwagen (VT 761-762) mit geringen Abweichungen folgten 1927 bzw. 1929. Auffallendstes Merkmal waren die fehlenden Führerstandstüren. In den Jahren 1931/32 erhielten alle sechs Fahrzeuge stärkere 110-PS-Motoren (bisher 90 PS) und einen zusätzlichen Dachkühler. Verbesserungen am Getriebe wurden ebenfalls vorgenommen. Durch Umbau analog der beschriebenen WUMAG-Wagen entstanden 1931/32 die VT 763-765, welche 1928/29 ursprünglich von der Dessauer Waggonfabrik als VT 862-864 mit Körting-Dieselmotoren geliefert worden waren.

*Foto: Estler*

Nach Ausbruch des Zweiten Weltkriegs wurden alle Triebwagen sukzessive auf Flüssiggasbetrieb umgestellt. Nach Kriegsende verblieben alle Fahrzeuge zum Teil beschädigt im Westen. Der VT 763 wurde vor der Umzeichnung 1947 ausgemustert, die anderen dann als VT 66 900-907 geführt. Die VT 66 902, 904 und 905 erhielten bei der Bundesbahn noch neue Dieselmotoren eingebaut. Als letzter wurde der VT 66 905 am 12. Januar 1959 ausgemustert. Nach ihrer Ausmusterung konnten die VT 66 900, 901, 903, 904 und 906 noch an Privatbahnen verkauft werden. Zwei blieben bis heute erhalten. Der VT 66 904 (ex VT 761) ist - weitgehend rückversetzt in den Ursprungszustand - betriebsfähiges Museumsfahrzeug der Buxtehude-Harsefelder Eisenbahnfreunde (BHEF). Bei der WEG fand der VT 66 906 nach extensivem Umbau als Schlepptriebwagen VT 401 mit 4 x 210 PS ein neues Betätigungsfeld. Er gehört seit Juli 2002 zum Bestand der UEF und harrt dort seiner Aufarbeitung.

| Technische Daten: | |
|---|---|
| Baureihenbezeichnung: | VT 66.9 (DB) |
| Radsatzanordnung: | (A1)(1A) |
| Vmax (km/h): | 85 |
| Motorleistung (PS): | 220 (2 x 110) |
| Motorleistung (kW): | 162 (2 x 81) |
| Kraftübertragung: | mechanisch |
| Dienstmasse (t): | 41-48 |
| Größte Radsatzfahrmasse (t): | 13 |
| Länge über Puffer (mm): | 21.000 (VT 761-762: 21.024, VT 763-765: 21.420) |
| Drehzapfenabstand (mm): | 13.300 (VT 763-765: 13.600) |
| Radsatzabstand Triebdrehgestell (mm): | 3.900 (VT 763-765: 2.900) |
| Radsatzabstand Laufdrehgestell (mm): | - |
| Treibraddurchmesser (mm): | 1.000 (VT 66 904-905: 900, VT 66 906-907: 850) |
| Laufraddurchmesser (mm): | 1.000 (VT 66 904-905: 900, VT 66 906-907: 850) |
| Sitzplätze: | 72-79 |
| Indienststellung: | 1927-32 |
| Verbleib: | VT 761 ex VT 66 904 (BHEF), VT 764 ex VT 66 906 ex WEG-VT 401 (UEF) |

## VT 801-819 (DRG, DR), VT 70.9, 72.9 (DB)

Die Fortschritte bei der Dieselmotoren-Konstruktion machten sich Mitte der 1920er-Jahre auch im Triebwagenbau bemerkbar. Günstigerer Kraftstoffverbrauch sowie geringere Brandgefahr ließen sie nun als geeignete Alternative zu Vergasermotoren erscheinen. Vier kleine Serien schwerer zweiachsiger Triebwagen wurden daher mit den gleichen MAN-Dieselmotoren zwischen 1927 und 1929 von der DRG in Dienst gestellt:

- Wegmann in Kassel lieferte 1927 die VT 801-804. MAN-Motor sowie Kupplung und Getriebe von ZF waren einem besonderen Tragrahmen (Schwanenhalsträger) unter dem Wagenkasten angeordnet. Die Steuerung von Motor und Getriebe erfolgte mechanisch mit einem Gestänge. Schon 1934 wurden stärkere MAN-Motoren mit 150 PS Leistung sowie Mylius-Getriebe eingebaut, die Höchstgeschwindigkeit betrug nun 85 km/h. Alle vier Triebwagen überlebten den Krieg. Die DB musterte ihre ab 1947 als VT 70 900 und 901 (ex VT 801 und 801) bezeichneten Fahrzeuge schon 1953 aus. Beide konnten anschließend an die WEG verkauft werden. Dort erhielten sie eine Doppelmaschinenanlage (2 x 150 PS). Beide Wagen sind heute noch vorhanden. Bei der DR verblieben nach Kriegsende die beiden anderen Triebwagen. Der VT 803 beendete sein Leben als Wohnwagen der Brückenmeisterei Dresden, während der VT 804 zum Beiwagen umgebaut wurde und 1970 sogar noch die UIC-Nr. 190 851 erhielt.
- Von der ME wurden 1927 die VT 805 und 806 gebaut. Als Besonderheit war hier der Motor quer eingebaut worden, die Leistungsübertragung erfolgte durch Zahnräder. Offensichtlich bewährten sich beide Fahrzeuge nicht besonders, denn schon um 1930 waren sie aus dem Reiseverkehr zurückgezogen und fuhren dann noch einige Zeit als Fahrleitungsprüfwagen im Bereich der RBD Halle.
- Die VT 807-811 wurden ebenfalls von Wegmann geliefert und entsprachen weitgehend der ersten Serie, nur waren sie zweimotorig ausgeführt. Auch diese Spielart bewährte sich nicht und war bald nicht mehr im Reiseverkehr zu finden. Probleme bereiteten die Leistungsübertragung sowie das ungünstige Verhältnis von Leistung und Gewicht. Als Panzertriebwagen umgebaut fand sich der VT 811 nach Kriegsende in den Westzonen, seine Ausmusterung erfolgte 1948.
- Als Doppeltriebwagen wurden die VT 812/813 bis 818/819 von Wegmann gebaut. Ansonsten entsprachen sie ebenfalls der ersten Serie. Stärkere Motoren und neue Getriebe wurden 1934 wie bei den VT 801-804 eingebaut. Ein Doppeltriebwagen überstand den Krieg. Bei der DB wurde der VT 814/815 in VT 72 900a/b umgezeichnet und 1956 beim Bw Nürnberg Hbf ausgemustert.

**Technische Daten:**

| Baureihenbezeichnung: | VT 801-804 (DRG), | VT 805-806 | VT 807-811 | VT 812-819 |
|---|---|---|---|---|
| | VT 70.9 (DB) | (DRG) | (DRG) | (DRG), VT 72.9 (DB) |
| Radsatzanordnung: | A 1 | A 1 | A A | A 1+1 A |
| Vmax (km/h): | 70 | 60 | 70 | 70 |
| Motorleistung (PS): | 75 | 75 | 75 | 2 x 75 |
| Motorleistung (kW): | 55 | 55 | 55 | 2 x 55 |
| Kraftübertragung: | mechanisch | mechanisch | mechanisch | mechanisch |
| Dienstmasse leer (t): | 21 | 24 | 34 | 40 |
| Größte Radsatzfahrmasse (t): | 13 | 14 | 19 | 13 |
| Länge über Puffer (mm): | 12.696 | 12.800 | 13.100 | 24.946 |
| Radsatzabstand (mm): | 7.000 | 7.000 | 7.300 | 2 x 7.000 |
| Treibraddurchmesser (mm): | 1.000 | 1.000 | 1.000 | 1.000 |
| Laufraddurchmesser (mm): | 1.000 | 1.000 | 1.000 | 1.000 |
| Sitzplätze: | 46 | 42 | 43 | 92 |
| Indienststellung: | 1927 | 1927 | 1929 | 1928 |
| Verbleib: | VT 70 900 (VT04 WEG), | ++ | ++ | ++ |
| | VT 70 901 | | | |
| | (VT 03 TWE) | | | |

Foto: Endisch

## VT 135 (DRG, DR), VT 70.0, 70.5, 70.9, 73.5 (DB), 186 (DR)

Nachdem die Betriebstauglichkeit der zweiachsigen Leichttriebwagen für Nebenbahnen erwiesen war, orderte die DRG auch bei MAN drei kleine Serien mit verschiedenen Antriebsarten. Alle Triebwagen erhielten zunächst einen MAN-Motor mit 110 kW Leistung. Bei den VT 135 012-021 erfolgte die Leistungsübertragung elektrisch über einen Generator zu einem Tatzlager-Gleichstrommotor. Mechanisch erfolgte die Leistungsübertragung bei der zweiten Serie, dabei erhielten die VT 135 032-039 ein Mylius-Getriebe, die VT 137 040-045 fuhren mit TAG-Getriebe. Ein Voith-Getriebe besorgte bei den dieselhydraulischen VT 137 048-050 den Antrieb. Diese drei Triebwagen erhielten ein Jahr nach Anlieferung einen aufgeladenen MAN-Motor gleicher Bauart mit 148 kW Leistung. Zwei weitere Fahrzeuge (VT 135 046-047), ebenfalls mit dem 110-kW-MAN-Motor und hydraulischer Kraftübertragung, aber mit Trilok-Getriebe und geringen äußerlichen Änderungen, lieferte Wegmann in Kassel. Untergestell und Stahlblech-Wagenkasten all dieser Fahrzeuge waren vollständig geschweißt. Abweichend davon besaßen die VT 135 048-050 ein Sperrholzdach, das mit Doppeldrell bespannt war.

Die beiden Wegmann-Triebwagen überlebten den Krieg nicht und wurden nach ihrer völligen Zerstörung schon im Oktober 1944 ausgemustert. Der Verbleib der drei anderen Kleinserien nach Kriegsende stellte sich wie folgt dar:

- Aus der ersten Serie (VT 135 012-021) gingen im Krieg fünf Fahrzeuge verloren. Die anderen fünf befanden sich in den Westzonen und wurden 1947 in VT 70 000-004 umgezeichnet. Zwischen 1956 und 1957 musterte die DB diese Fahrzeuge aus, ließ die VT 70 002-004 aber noch in Beiwagen umbauen. Der VB 140 404 (ex VT 70 002 ex VT 135 018) wurde 1961 an die Kahlgrundbahn verkauft und lief dort als VB 27.
- Von den VT 135 032-045 überlebten acht Fahrzeuge den Krieg. Vier verblieben in der Sowjetzone und fuhren bei der DR zum Teil bis 1975, drei davon ab 1970 unter der Bezeichnung 186 001-003. Ebenfalls vier Fahrzeugen befanden sich zum Teil schwerbeschädigt in den Westzonen. Zwei wurden aufgrund ihrer Schäden noch 1946 ausgemustert, die beiden anderen erhielten 1947 die Nummern VT 70 911 (ex VT 135 034) und VT 70 981 (ex VT 135 043). 1957 bzw. 1959 wurden die Fahrzeuge ausgemustert.
- Die drei dieselhydraulischen VT 135 048-050 standen nach Kriegsende in den Westzonen. Zwei wurden aufgrund ihrer Schäden 1946 ausgemustert, der VT 135 050 ab 1947 zunächst als VT 73 500 eingereiht. Das Fahrzeug erhielt kurz nach seiner Aufarbeitung wieder den ursprünglichen Motor und fuhr dann ab 1950 bis zu seiner Ausmusterung im Jahr 1957 als VT 70 501.

**Technische Daten:**

| Baureihenbezeichnung: | 135 012-021 (DRG) | 135 048-050 (DRG) | 135 032-045 (DRG) | 135 046-047 (DRG) |
|---|---|---|---|---|
| | VT 70.0 (DB) | VT 70.5 (DB) | VT 70.9 (DB) | - |
| Radsatzanordnung: | A 1 | A 1 | A 1 | A 1 |
| Vmax (km/h): | 70 | 75 | 75 | 75 |
| Motorleistung (PS): | 150 | 150 | 150 | 150 |
| Motorleistung (kW): | 110 | 110 | 110 | 110 |
| Kraftübertragung: | elektrisch | hydraulisch | mechanisch | hydraulisch |
| Dienstmasse leer (t): | 17 | 17 | 16 | 17 |
| Größte Radsatzfahrmasse (t): | 11 | 10 | 10 | 11 |
| Länge über Puffer (mm): | 12.095 | 12.095 | 12.095 | 12.290 |
| Radsatzabstand (mm): | 6.200 | 6.200 | 6.200 | 6.200 |
| Treibraddurchmesser (mm): | 900 | 900 | 900 | 900 |
| Laufraddurchmesser (mm): | 900 | 900 | 900 | 900 |
| Sitzplätze: | 39 | 42 | 42 | 42 |
| Indienststellung: | 1933-1934 | 1935 | 1935 | 1935-1936 |
| Verbleib: | ++ | ++ | ++ | ++ |

Foto: Slg. Dietz

## VT 135 061-076, 083-132 (DRG, DR), VT 70.9, (DB), 186 (DR)

Nachdem die DRG bis Mitte der 1930er-Jahre diverse Bauserien zweiachsiger Nebenbahntriebwagen in Dienst gestellt und erprobt hatte, konnten die Entwicklungsarbeiten für ein vereinheitlichtes Fahrzeug abgeschlossen werden. Ab 1936 wurden insgesamt 66 solcher Triebwagen (VT 135 061-076, 083-132) und 62 dazugehörige Beiwagen beschafft. Der Wagenkasten aus Stahlblech hatte ein gefälliges glattes Äußeres. Durchgängig geschweißt war der ebenfalls aus Stahlblech gefertigte Rahmen. Die Maschinenanlage mit einem MAN-Sechszylinder-Dieselmotor war unterflur in einem Tragrahmen aufgehängt, der auf dem Antriebs- und dem Laufradsatz befestigt war. Die Kraftübertragung erfolgte durch ein Zahnradwechselgetriebe. Der in Fahrgastraum ragende Motor war durch aufklappbare Sitzbänke abgedeckt. Lenkradsätze mit Wälzradsatzlager und eine Kombination aus Schrauben- und Blattfedern sollten für den nötigen Fahrkomfort sorgen. Eine Besonderheit waren die Leichtbau-Triebwagen VT 135 065 und 066.

Foto: Klein, Sammlung Estler

Ihre Wagenkästen waren aus dem Werkstoff Hydronalium (Aluminium-Magnesium-Leichtmetalllegierung) gefertigt und glänzten silbern, da auf einen Anstrich verzichtet wurde.
Der Zweite Weltkrieg schlug einige Lücken in die größte Bauserie zweiachsiger DRG-Nebenbahntriebwagen. Im Bereich der tschechoslowakischen Staatsbahnen befanden sich nach Kriegsende mehrere Wagen und erhielten dort die Bezeichnung M 140.3. Sie fuhren bis in die 1960er-Jahre. Die DR konnte noch zehn Fahrzeuge in ihren Bestand einreihen. Während die meisten bis Ende der 1970er-Jahre ausgemustert waren, überdauerte der VT 135 110 (ab 1970: 186 258) als Diensttriebwagen des Präsidenten der Rbd Halle sogar die Wende und wird heute im Betriebshof Halle P als Museumsfahrzeug erhalten. Als VT 70 918-990 (mit Lücken) kamen insgesamt 32 Fahrzeuge zur DB, welche die Wagen bis Anfang der 1960er-Jahre vorwiegend auf ausgewählten bayerischen Nebenbahnen einsetzte. Sechs Triebwagen konnten nach ihrer Ausmusterung verkauft werden: Zwei gingen zur WZTE, vier zur Lokalbahn Lam-Kötzting (LLK). Die ehemaligen VT 70 919 und 921 fuhren im bayerischen Wald bis 1978, zuletzt als VT 19 und VT 18 der Regentalbahn. Heute gehört ersterer zum Einsatzbestand der Museumsbahn (DFS) zwischen Ebermannstadt und Beringersmühle, letzterer befindet sich im Eisenbahnmuseum in Darmstadt-Kranichstein (EDK).

| Technische Daten: | |
|---|---|
| Baureihenbezeichnung: | VT 70.9 (DB) |
| Radsatzanordnung: | A 1 |
| Vmax (km/h): | 75 |
| Motorleistung (PS): | 150 |
| Motorleistung (kW): | 110 |
| Kraftübertragung: | mechanisch |
| Dienstmasse(t): | 22 (VT 70 970+971: 16) |
| Größte Radsatzfahrmasse (t): | 11 (VT 70 970+971: 8) |
| Länge über Puffer (mm): | 12.280 (VT 70 970+971: 12.475) |
| Radsatzabstand (mm): | 7.000 |
| Treibraddurchmesser (mm): | 900 |
| Laufraddurchmesser (mm): | 900 |
| Sitzplätze: | 42 |
| Indienststellung: | 1936-1938 |
| Verbleib: | VT 70 919 (als 135 069, DFS), VT 70 921 (als 135 071, EDK), 186 258 (ex VT 135 110, VMN, Halle P) |

## 670 (DB AG)

Eine bemerkenswerte Neuheit stellte die Waggonbau Dessau der DWA bei der Hannover Messe 1994 mit dem zweiachsigen Doppelstock-Schienenbus vor. Bei dem betriebsfähigen »Demonstrator« hatten sich die Konstrukteure bewusst über UIC- und EBO-Normen hinweggesetzt. Konsequent waren für Straßenbusse übliche Baugrundsätze angewendet worden und Omnibus-Serienteile wie Motor, Getriebe und Bremsanlage wurden nur geringfügig modifiziert eingebaut. Die für Eisenbahnfahrzeuge geringe Festigkeit des Wagenkastens sollte bei Kollisionsgefahr durch ein besonders leistungsfähiges Bremssystem ausgeglichen werden. Die DB bestellte zunächst fünf Fahrzeuge mit geringen Modifikationen, die 1996 als 670 001-005 ausgeliefert wurden. Ein weiterer Wagen (670 006) blieb im Eigentum des Herstellers.
Die Fahrzeuge besitzen zwei Einachsfahrwerke, von denen eines durch einen 250-kW-Sechszylinder-Motor von MTU über ein hydrodynamisches Viergang-Lastschaltgetriebe mit Gelenkwelle angetrieben wird. Zur Erzielung der hohen Bremsverzögerung dienen neben der hydrodynamischen Retarderbremse zwei elektronisch gesteuerte, hydraulisch betätigte Scheibenbremsen sowie eine Magnetschienenbremse. Der niederflurige Wagenkasten ist eine stählerne Kastenprofil-Gerippekonstruktion mit aufgeklebter Außenhaut aus verzinkten Blechen im Mittelteil. Die Fahrzeugköpfe bestehen aus glasfaserverstärkten Kunststoff-Formteilen.

Foto: Dostal

Die Triebwagen kamen unter anderem auf den Strecken Weimar – Kranichfeld, Stendal – Tangermünde und Bullay – Traben-Trarbach zum Einsatz. Kurzzeitig liefen sie auch von Trier nach Perl. Der Einsatz stand unter keinem guten Stern. Nach Hydraulikschäden, Kühlproblemen, Flachstellen durch Schnellbremsungen, nicht profilfrei zu öffnenden Türen sowie der ungünstigen Schwerpunktlage bei vollbesetztem Oberdeck wurden die Triebwagen bis 1999 weitgehend aus dem Plandienst zurückgezogen. Nur der 670 002 stand noch bis März 2003 zwischen Stendal und Tangermünde im Einsatz.
Die Bahn gab die meisten Wagen an den Bombardier zurück, der sie aufarbeitete und weiterverkaufte.
650 002, 005 und 006 kamen zur Dessau-Wörlitzer Eisenbahn. 670 002 ging später in das Eigentum der Anhaltischen Bahn Gesellschaft über. Die Fahrzeuge waren auf der Strecke Dessau – Wörlitz unterwegs.
Die Prignitzer Eisenbahn GmbH besaß die Triebwagen 670 001, 003 und 004. 670 003 und 004 gingen später zur Eisenbahngesellschaft Potsdam und waren seit 2009 erneut auf Strecken in der Prignitz im Einsatz. Im Sommer 2014 wurden beide wegen andauernder Probleme abgestellt. Der Prototyp 670 000 gehört einem Privatmann in Oelsnitz. Der 670 002 ist im Besitz des Vereins Traditionsgemeinschaft Ferkeltaxi e. V.

| Technische Daten: | |
|---|---|
| Baureihenbezeichnung: | 670 (DB AG) |
| Radsatzanordnung: | A' 1' |
| Vmax (km/h): | 100 |
| Motorleistung (PS): | - |
| Motorleistung (kW): | 250 |
| Kraftübertragung: | hydrodynamisch-mechanisch |
| Dienstmasse(t): | 33 |
| Größte Radsatzfahrmasse (t): | 18) |
| Länge über Puffer (mm): | 16.332 |
| Radsatzabstand (mm): | 9.000 |
| Treibraddurchmesser (mm): | 840 |
| Laufraddurchmesser (mm): | 840 |
| Sitzplätze: | 68+10 Klappsitze |
| Indienststellung: | 1996 |

## 672 (Burgenlandbahn, DB AG)

Als Renaissance des zweiachsigen Schienenbusses kann der erstmals im Frühjahr 1996 von DWA (heute Bombardier) präsentierte LVT/S (Leichtverbrennungstriebwagen und Schienenbus) bezeichnet werden. Das nach EBO voll bahntaugliche Fahrzeug ist durch den Einsatz bewährter Großserienkomponenten aus dem Bus- und Straßenbahnbau kostengünstig in Anschaffung, Betrieb und Wartung. Sein Wagenkasten als selbsttragende, geschweißte Stahlleichtbau-Konstruktion besteht vorwiegend aus Walzprofilen und Blechen. Ob angetrieben oder antriebslos, die Einzelradsatzfahrwerke sind vom Aufbau her nahezu gleich und radial einstellbar. Ein liegender Volvo-Sechszylindermotor mit 265 kW Leistung sorgt für den Antrieb und die Kraftübertragung erfolgt über ein automatisches Voith-DIWA-Getriebe mit nachgeschalteter Gelenkwelle und Achswendegetriebe. Pro Wagenseite führt eine breite zweiflügelige Schwenkschiebetür in den mittigen Niederflurbereich.
Insgesamt 24 Exemplare konnten bis jetzt geliefert werden. Neben dem Prototyp baute DWA 1998 fünf weitere LVT/S auf eigene Rechnung. 18 Triebwagen gingen zwischen Dezember 1998 und Sommer 1999 für den Nahverkehr rund um Naumburg an die Burgenlandbahn GmbH, zunächst ein Gemeinschaftsunternehmen von DB Regio und der Karsdorfer Eisenbahngesellschaft (KEG). Seit April 2004 ist DB Regio alleiniger Gesellschafter der Burgenlandbahn, da die KEG im Februar 2004 Konkurs anmelden musste. Bei einer routinemäßigen Untersuchung im April 2006 der als Baureihe 672.9 bezeichneten Triebwagen wurden Risse in den Schweißnähten zwischen Stützpendelkonsole und Fahrwerkhauptträger festgestellt. Da es sich dabei um sicherheitsrelevante Mängel handelte, wurden alle Einheiten kurzfristig aus dem Verkehr gezogen und zur Untersuchung in die Werkstatt Halle/Saale überführt. Im Zuge der ohnehin anstehenden Hauptuntersuchung bei Bombardier in Hennigsdorf erfolgte die Sanierung durch Neuverschweißung und Austausch der gerissenen Partien am Hauptträger. Eine Änderung der Befestigungsverhältnisse am Querträger verringert nun die Spannungen, um so einer erneuten Rissbildung vorzubeugen. Zum Fahrplanwechsel im Dezember 2006 standen alle Triebwagen dem Betrieb wieder zur Verfügung.
2018 gingen 672 907, 919 und 920 die Hanseatische Eisenbahn. Ende 2019 übernahm die Dessauer Verkehrs- und Eisenbahngesellschaft die Triebwagen 672 902, 913 und 915. 2022 hatte die Deutsche Bahn keinen betriebsfähigen Wagen mehr im Bestand, die noch gelisteten 972 905, 971 und 918 wurden bereits zerlegt.

| Technische Daten: | |
|---|---|
| Baureihenbezeichnung: | 672 (DB AG) |
| Radsatzanordnung: | A' 1' |
| Vmax (km/h): | 100 |
| Motorleistung (PS): | - |
| Motorleistung (kW): | 265 |
| Kraftübertragung: | hydrodynamisch-mechanisch |
| Dienstmasse (t): | 33 |
| Größte Radsatzfahrmasse (t): | 17 |
| Länge über Puffer (mm): | 16.540 |
| Radsatzabstand (mm): | 9.000 |
| Treibraddurchmesser (mm): | 760 |
| Laufraddurchmesser (mm): | 760 |
| Sitzplätze: | 45+14 Klappsitze |
| Indienststellung: | 1998-99 |
| Verbleib: | DB (Burgenlandbahn) |

Foto: Estler

## VT 135 (DRG, DR), VT 75.9 (DB), 186 (DR), 786 (DB AG)

Nach den ersten Erfolgen ab 1932 mit zweiachsigen Leichtbautriebwagen für Nebenbahnen lieferten in der Folge diverse Firmen zweiachsige Fahrzeuge unterschiedlicher Bauart und Leistung an die DRG. Von der Waggonfabrik Bautzen kamen zwischen 1933 und 1935 in drei Lieferserien 30 dieselmechanische Triebwagen in den Bestand der DRG, die sich nur unwesentlich voneinander unterschieden. Waren bei der ersten Lieferserie (VT 135 002-011) Untergestell und Wagenkasten noch genietet, kam bei der zweiten Lieferserie (VT 135 022-031) schon vermehrt die Schweißtechnik zur Anwendung. Bei der dritten Lieferserie (VT 135 051-060) waren Untergestell und Wagenkasten dagegen vollständig geschweißt.
Die erste Serie fuhr ursprünglich mit einem 120-PS-Daimler-Dieselmotor, später aber mit dem gleichen Motortyp wie die beiden anderen Lieferungen, einem Daimler-Motor mit 135 PS. Versuchsweise erhielt der VT 135 060 einen stärkeren Motor von DWK mit 180 PS, wobei die Besonderheit in der ausschließlich unterflurigen Anbringung dieses Motors lag. Bei den anderen Wagen ragte der Motor noch in den Wagenkasten hinein und war durch eine klappbare Rückbank abgedeckt. Bei allen drei Serien verwendete man die bewährte mechanische Kraftübertragung mittels eines vierstufigen, druckgeschalteten Wechsel- und Wendegetriebes der Firma TAG. Beim VT 135 060 ersetzte man Ende 1936 die mechanische durch hydraulische Leistungsübertragung mit Einbau des ersten bei AEG hergestellten, hydrodynamischen Flüssigkeits-Getriebes. Schon im Frühjahr 1942 wurde dieser Triebwagen verkauft. 1947 fuhr er als T 1 bei der GHE, ab 1949 als T3 bei der Wittlager Kreisbahn (seit 1987 VLO - Verkehrsgesellschaft Landkreis Osnabrück), wo er auch heute noch gelegentlich zu Sonderzugehren kommt.
Die DB übernahm Wagen aller drei Lieferserien und bezeichnete sie ab 1947 als Baureihe VT 75.9. Ab Mitte der 1950er-Jahre liefen alle VT 75.9 in der BD Regensburg und erhielten sogar noch neue 130-PS-Motoren des Deutz-Typs A 6 M 617, wie sie auch bei Kleinloks der Leistungsgruppe II Verwendung fanden. Von den ursprünglich 16 bei der DB umgezeichneten Wagen zählten Anfang 1960 noch elf zum Bestand. Neun von ihnen strich die Bundesbahn im April und Mai 1960 aus ihren Listen, die letzten beiden VT 75.9 wurden jedoch erst mit Verfügung vom 30. März 1962 beim Bw Schwandorf ausgemustert.
Die DR hat nur einen Wagen im Betriebsbestand gehabt. Der später zum Salonfahrzeug der Rbd Magdeburg umgebaute VT 135 054 (ab 1970: 186 257) gehört heute zum Museumsbestand und ist im Bw Staßfurt zu finden.

| Technische Daten: | |
|---|---|
| Baureihenbezeichnung: | VT 75.9 (DB) |
| Radsatzanordnung: | A 1 |
| Vmax (km/h): | 72 (ab VT 135 051: 75) |
| Motorleistung (PS): | 135 (VT 135 060: 180) |
| Motorleistung (kW): | 99 (VT 135 060: 132) |
| Kraftübertragung: | mechanisch |
| Dienstmasse (t): | 18 (ab VT 135 051: 19) |
| Größte Radsatzfahrmasse (t): | 10 |
| Länge über Puffer (mm): | 12.200 |
| Radsatzabstand (mm): | 6.200 |
| Treibraddurchmesser (mm): | 900 |
| Laufraddurchmesser (mm): | 900 |
| Sitzplätze: | 40 |
| Indienststellung: | 1933-35 |
| Verbleib: | VT 135 054 als 186 257 (Staßfurt), VT 135 060 (T 3 VLO) |

Foto: Endisch

## VT 133, 135 (DRG, DR), VT 75.0, 78.9, 79.9 (DB)

Diese Triebwagen sind die Urahnen der zweiachsigen Leichtbautriebwagen für Nebenbahnen. Anfang 1932 lieferte LHB in Werdau drei Benzin-Triebwagen als VT 717-719 (ab Ende 1932: VT 133 000-002), bei denen erstmals das Leergewicht auf rund 14 t gedrückt werden konnte. »Schwere« Fahrzeuge ähnlicher Bauart wiesen damals ein Gewicht von rund 20 t auf. Für den Antrieb sorgte ein 6-Zylinder-Motor von Vomag aus Plauen, die Leistungsübertragung erfolgte über ein druckluftgeschaltetes Wende- und Wechselgetriebe der TAG aus Kiel. Drei ähnliche Benzin-Triebwagen (VT 720-722, dann VT 133 003-005) kamen ebenfalls Anfang 1932 von der WUMAG in Görlitz. Angetrieben wurden sie von einem 6-Zylinder Maybach-Motor, dessen Leistung über ein mechanisches Vierganggetriebe der Bauart Mylius übertragen wurde. Zu Vergleichszwecken bestellte die DRG zwei dieselelektrische Leichttriebwagen (VT 805"-806", später VT 135 000-001), welche 1932 von Westwaggon mit Dieselmotoren von Daimler und Tatzlagermotoren von Siemens ausgestattet waren. Alle Benzin-Fahrzeuge besaßen ein 11.400 mm langes, genietetes Untergestell mit einem Aufbau aus einer Stahl-Holz-Verbundkonstruktion, das mit Stahlblechen verkleidet war. Bei beiden dieselelektrischen Triebwagen waren sowohl Untergestell als auch Kastengerippe mit Stahlblechverkleidung komplett geschweißt. Als erste Triebwagen der DRG erhielten alle den neuen Triebwagenanstrich »rot-elfenbein«.

Alle acht Triebwagen fuhren bis kurz vor Kriegsbeginn bei der RBD Regensburg. Bei einem Unfall wurde der VT 135 001 im Juni 1939 schwer beschädigt und kurz darauf ausgemustert. Der zweite dieselelektrische Wagen befand sich nach Kriegsende beschädigt im Bereich der DB und wurde 1947 in VT 75 000 umgezeichnet. Ohne nochmalige Inbetriebnahme wurde er 1950 in den VB 140 399 umgebaut, 1960 an die KVG (VB 29) verkauft und dort 1977 ausgemustert. Er gelangte 1986 zum Eisenbahnmuseum in Darmstadt-Kranichstein (EDK).

Alle sechs Benzin-Triebwagen überstanden mehr oder weniger unversehrt den Krieg und erhielten 1947 bei der DB die Nummern VT 78 900-902 (VT 717-719) und VT 79 900-902 (VT 720-722). Ihre Ausmusterung war 1953 beendet, drei Wagen waren schon 1951 zu Beiwagen VB 140 umgebaut worden. Bei der Mindener Kreisbahn fanden die VT 78 901 und 902 als T 7 und T 8 ein neues Auskommen. Der T 7 überlebte bis heute und ist bei der »Dampfbahn Fränkische Schweiz« in alter Schönheit zu bewundern. Den VT 79 902 verschlug es 1955 zunächst als VT 5 zur VEE, später dann zur SWEG. Heute bereichert der Triebwagen das EDK.

Foto: Slg. Dietz

**Technische Daten:**

| Baureihenbezeichnung: | VT 75.0 (DB) | VT 78.9 (DB) | VT 79.9 (DB) |
|---|---|---|---|
| Radsatzanordnung: | A 1 | A 1 | A 1 |
| Vmax (km/h): | 65 | 65 | 65 |
| Motorleistung (PS): | 120 | 120 | 100 |
| Motorleistung (kW): | 88 | 88 | 74 |
| Kraftübertragung: | elektr. | mech. | mech. |
| Dienstmasse (t): | 19 | 18 | 16 |
| Größte Radsatzfahrmasse (t): | 10 | 10 | 10 |
| Länge über Puffer (mm): | 12.200 | 12.200 | 12.095 |
| Radsatzabstand (mm): | 6.200 | 6.200 | 6.200 |
| Treibraddurchmesser (mm): | 900 | 900 | 900 |
| Laufraddurchmesser (mm): | 900 | 900 | 900 |
| Sitzplätze: | 35 | 46 | 44 |
| Indienststellung: | 1932 | 1932 | 1932 |
| Verbleib: | VT 75 000 (als VB 140 399, EDK) | VT 78 901 (DSF) | VT 79 902 (EDK) |

## VT 751-756, 766 (DRG, DR), VT 85.9 (DB)

Zu den Fossilen der DRG-Triebwagen zählen die VT 751-754, die 1924 bei den Deutschen Werken in Kiel bestellt worden waren. 1925 wurden die vierachsigen Fahrzeuge geliefert. Dem damaligen Stand entsprechend waren es schwere Nietkonstruktionen aus Stahl und Stahlblech. Die benzol-mechanische Maschinenanlage war einem besonderen Maschinenrahmen unterhalb des Wagenkastens zwischen den Drehgestellen untergebracht. Ein Sechszylinder-Viertakt-Benzolmotor mit 150 PS übertrug seine Leistung durch ein TAG-Viergang-Getriebe und Gelenkwellen auf die inneren Radsätze der Drehgestelle. Motor und Getriebe waren wenig eisenbahntaugliche Konstruktionen und wurden Anfang der 1930er-Jahre ersetzt. Ebenfalls wurde die Kühlanlage um einen vierten Dachkühler erweitert.

Als VT 755 und 756 lieferte 1926 AEG zwei ähnliche Fahrzeuge, deren Wagenteil von Linke-Hofmann-Lauchhammer in Ehrenfeld gefertigt wurde. Angetrieben wurden sie durch zwei in die Führerstände hineinragende 75-PS-Benzolmotoren der Nationalen Automobilgesellschaft (NAG). Ein NAG-Getriebe übertrug deren Leistung über eine Gelenkwelle auf den inneren Radsatz des jeweiligen Drehgestells. Die unzureichende Kühlanlage wurde später durch Stirnkühler ergänzt.

Als Gelegenheitskauf kam 1932 der VT 766 in den Bestand der DRG. In der Konzeption der Maschinenanlage entsprach er den DWK-Wagen 751-754, war jedoch wesentlich kürzer und dementsprechend leichter.

Schon 1932 musste der VT 755 nach einem Brand ausgemustert werden. Der VT 756 wurde im Krieg durch Fliegerbeschuss schwer beschädigt und 1946 ausgemustert. Die übrigen Wagen verblieben in den Westzonen und wurden 1947 in VT 85 901-904 (ex VT 751-754) sowie VT 85 905 (ex VT 766) umgezeichnet. Schon im Dezember 1952 muss als letzter der VT 85 903 seinen Dienst bei der DB quittieren. Während der VT 85 904 verschrottet wurde, begannen die anderen eine zweite Karriere bei Privatbahnen. Die VT 85 901-903 kaufte 1952/53 das Niedersächsische Landeseisenbahnen-Amt und setzte sie nach extensiven Umbauten auf den vom Amt verwalteten Bahnen ein. Bis 1972 war der letzte abgestellt. Der VT 85 905 gelangte zur Westerwaldbahn und tat dort nach Umbau bis 1960 Dienst. Alle Fahrzeuge sind zwischenzeitlich verschrottet.

Foto: Slg. Dietz

**Technische Daten:**

| Baureihenbezeichnung: | VT 751-754 (DRG) | VT 755-756 (DRG) | VT 766 (DRG) |
|---|---|---|---|
| Radsatzanordnung: | (1A)(A1) | (1A)(A1) | (1A)(A1) |
| Vmax (km/h): | 60 | 60 | 60 |
| Motorleistung (PS): | 150 | 2 x 75 | 150 |
| Motorleistung (kW): | 110 | 2 x 55 | 110 |
| Kraftübertragung: | mech. | mech. | mech. |
| Dienstmasse (t): | 36 | 30 | 22 |
| Größte Radsatzfahrmasse (t): | 17 | 9 | 7 |
| Länge über Puffer (mm): | 18.400 | 17.020 | 14.600 |
| Drehzapfenabstand (mm): | 11.500 | 10.700 | 8.500 |
| Radsatzabstand Triebdrehgestell (mm): | 2.500 | 1.900 | 1.700 |
| Radsatzabstand Laufdrehgestell (mm): | - | - | - |
| Treibraddurchmesser (mm): | 850 | 950 | 900 |
| Laufraddurchmesser (mm): | 850 | 950 | 900 |
| Sitzplätze: | 61-70 | 54-66 | 50 |
| Indienststellung: | 1925 | 1926 | 1932 |
| Verbleib: | ++ | ++ | ++ |

## VT 701-716, 820 (DRG, DR), VT 86.9, 87.9 (DB)

Schwere zweiachsige Triebwagen mit Vergasermotoren (Ottomotoren) bildeten Anfang der 1920er-Jahre den Grundstein für die rasante Entwicklung von Nebenbahntriebwagen bei der DRG. Als Treibstoff diente Benzol, die Fahrzeuge konnten aber auch mit Benzin, einem Benzin-Benzol-Gemisch oder wie im dann Krieg mit Flüssiggas betrieben werden. Vier Serien zu je vier Triebwagen wurden geliefert:

- Bauart AEG-NAG als Einzeltriebwagen mit elektropneumatischer Steuerung (VT 701-704)
- Bauart AEG-NAG als kurzgekuppelter Doppeltriebwagen mit elektropneumatischer Steuerung (VT 713/714 und 715/716)
- Bauart Werdau als Einzeltriebwagen mit Hilfsrahmen und Druckluftsteuerung (VT 705-708)
- Bauart Gotha als Einzeltriebwagen mit Hilfsrahmen und elektropneumatischer Steuerung (VT 709-712)

Der Aufbau war bei allen Wagen ähnlich: Auf dem genieteten schweren Stahluntergestell ruhte ein stählernes (VT 705-708: hölzernes) Kastengerippe, das mit Stahlblechen verkleidet war. Bei den VT 705-708 besorgten Benzolmotoren von Daimler den Antrieb. Weder Getriebe noch Motoren befriedigten bei diesen vier Wagen, so dass diese ab 1932 gegen neue TAG-Getriebe und Büssing-Motoren gleicher Leistung ausgetauscht wurden. Die restlichen 12 Triebwagen fuhren alle mit einem Benzolmotor der Nationalen Automobilgesellschaft (NAG).

Das Kriegsende überlebten einzelne Triebwagen, aber meist nur kurz:

- Von den VT 701-704 stand der VT 702 nach Kriegsende bis zu seiner Ausmusterung 1957 schadhaft im Bw Dresden-Pieschen abgestellt.
- Aus der Serie VT 705-708 ist im der Krieg der VT 707 ausgebrannt und ausgemustert worden. Die anderen Drei verblieben bei der DB und erhielten dort die Nummern VT 86 900-902. Bis zu ihrer Ausmusterung 1953/54 versahen sie ihren Dienst beim Bw Bamberg.
- Schon vor dem Krieg wurde der VT 710 in den dieselhydraulischen VT 820 umgebaut. 1941 wurde der Wagen an die Westerwaldbahn verkauft, 1943 dann von der Kahlgrundbahn übernommen, die ihn erst 1975 abstellt. Im Schadbestand der DB befand sich nach Kriegsende der VT 709. Er war zwar zur Umzeichnung in VT 86 903 vorgesehen, wurde aber vorher (1947) ausgemustert.
- Die beiden Doppeltriebwagen überstanden den Krieg. Bei der DB wurde der beschädigte VT 713/714 zwar noch in VT 87 900a/b umgezeichnet, aber nicht mehr in Betrieb genommen und 1950 ausgemustert. Der bei der DR verbliebene VT 715/716 lief dort bis 1957. Zum Doppelbeiwagen VB 140 604/605 wurde er 1960/61 umgebaut und erhielt sogar 1970 noch die neuen Nummern 190 854/855.

**Technische Daten:**

| Baureihenbezeichnung: | VT 701-704 (DRG) | VT 705-708 (DRG) | VT 709-712 (DRG) | VT 713-716 (DRG) |
|---|---|---|---|---|
| | - | VT 86.9 (DB) | (VT 86.9) (DB) | VT 87.9 (DB) |
| Radsatzanordnung: | A 1 | A 1 | A 1 | A 1+1 A |
| Vmax (km/h): | 50 | 60 | 60 | 60 |
| Motorleistung (PS): | 75 | 100 | 75 | 2 x 75 |
| Motorleistung (kW): | 55 | 74 | 55 | 2 x 55 |
| Kraftübertragung: | mechanisch | mechanisch | mechanisch | mechanisch |
| Dienstmasse (t): | 23 | 23 | 25 | 44 |
| Größte Radsatzfahrmasse (t): | 12 | 13 | 14 | 12 |
| Länge über Puffer (mm): | 12.900 | 12.800 | 13.600 | 25.050 |
| Radsatzabstand (mm): | 6.200 | 7.000 | 7.080 | 2 x 7.000 |
| Treibraddurchmesser (mm): | 850 | 1.000 | 1.000 | 850 |
| Laufraddurchmesser (mm): | 850 | 1.000 | 1.000 | 850 |
| Sitzplätze: | 50 | 46 | 44 | 92 |
| Indienststellung: | 1926 | 1927 | 1926 | 1925 |
| Verbleib: | ++ | ++ | ++ | ++ |

*Foto: Slg. Dietz*

## VT 133 006-008 (DRG)

Die »Schienen-Autobusse« VT 133 006-008 wurden 1933 in dem Bestreben gebaut, kostengünstige, leichte und anspruchslose Schienenfahrzeuge bei weitgehender Verwendung von Bauelementen der Straßenbusse zu erhalten. Die tatsächlich omnibusähnlichen Fahrzeuge wurden von Henschel geliefert, ihr Wagenkasten stammte von Linke-Hofmann-Busch. Bei Auslieferung waren noch beide Radsätze angetrieben, doch die ungünstige Lastverteilung erforderte noch vor der Abnahme den Umbau auf Einachsantrieb. Dafür stand ein Sechszylinder-Viertakt-Vergasermotor von Henschel mit 100 PS Leistung zur Verfügung, der über eine Mehrscheibentrockenkupplung und Gelenkwelle auf einen Radsatz wirkte. Die vier Räder waren als Gummigewebescheibenräder ausgebildet, um Stöße besser abfedern zu können.

Bemängelt wurde im Betrieb vor allem die geringe Kapazität der Wagen, da die Mitnahme von Beiwagen nicht möglich war. Auch die Laufeigenschaften befriedigten nicht, daher musste Ende der 1930er-Jahre die Höchstgeschwindigkeit auf 40 km/h reduziert werden. Ferner zeigte sich, dass die Federung sowie die Gummigewebescheiben der Räder nicht in der Lage waren, Stöße komfortabel abzufangen.

Mit Kriegsausbruch wurden die Schienenomnibusse aus dem planmäßigen Verkehr zurückgezogen. 1941 erfolgte die Umstellung auf Flüssiggasbetrieb zusammen mit dem Umbau in Fahrleitungsuntersuchungswagen. Nach Kriegsende tauchte keiner der Wagen mehr auf.

**Technische Daten:**

| Baureihenbezeichnung: | VT 133 006-008 (DRG) |
|---|---|
| Radsatzanordnung: | B (ab 1934: A 1) |
| Vmax (km/h): | 60 (später 40) |
| Motorleistung (PS): | 100 |
| Motorleistung (kW): | 74 |
| Kraftübertragung: | mechanisch |
| Dienstmasse (t): | 12 |
| Größte Radsatzfahrmasse (t): | 8 |
| Länge über Puffer (mm): | 11.460 |
| Radsatzabstand (mm): | 5.000 |
| Treibraddurchmesser (mm): | 965 |
| Laufraddurchmesser (mm): | 965 |
| Sitzplätze: | 34+12 Klappsitze |
| Indienststellung: | 1933 |
| Verbleib: | ++ |

*Foto: Slg. Dietz*

## VT 133 009-012, 135 077-080 (DRG), VT 88.9, 89.9 (DB)

Zu Beginn der 1930er-Jahre gelang dem Kleinbahnamt Hannover in Zusammenarbeit mit der Waggonfabrik Wismar eine beispielhafte Entwicklung auf dem Triebwagensektor, die Konstruktion eines Typs anspruchsloser, schmal- und normalspuriger Schienenbusse. Charakteristisch für die »Wismarer« Schienenbusse waren die schmalen, spitz zulaufenden Vorbauten an der Fahrzeugfront, die ihnen den prägnanten Spitznamen »Schweineschnäutzchen« einbrachten. Mit der Rückgliederung des Saarlands und der damit verbundenen Übernahme der Saar-Eisenbahnen zum 1. März 1935 kamen auch acht Exemplare dieses Schienenbusses in den Bestand der DRG. Die ehemaligen SAAR 71 und 72 (normalspurige Wismarer Typ B) wurden als VT 133 009 und 010 eingereiht. Geringfügige Unterschiede wiesen die VT 133 011 und 012 (ex SAAR 81 und 82) auf, die durch Entfernen der Sitzbänke auch als Gütertriebwagen verwendet werden konnten. Daher hatten sie auch breitere Einstiege erhalten. Für den Antrieb sorgte handelsübliche Ford-Benzinmotoren für Lastwagen mit entsprechenden Schaltgetrieben. Genial gelöst war bei diesen Wagen das aus dem Antrieb resultierende Fahrtrichtungsproblem. Jeder Radsatz ist mit einer Maschinenanlage ausgestattet, jedoch ist immer nur die in Fahrtrichtung vordere Anlage in Betrieb.

Foto: Estler

Vier weitere »Wismarer« einer Sonderbauart mit vergrößertem Radstand sowie zwei 50-PS-Deutz-Dieselmotoren und Mylius-Getrieben wurden als VT 135 077-080 (ex SAAR 73-76) eingereiht. Wahlweise konnte hier mit einem oder mit beiden Motoren gefahren werden.

Im Krieg gingen die VT 133 009, 011 und 012 verloren. Der VT 133 010 überlebte als Dienstfahrzeug der RBD Essen und erhielt bei der DB noch die neue Nummer VT 89 900. Nach einem Unfall im Dezember 1950 wurde er wenige Monate später ausgemustert. Ein Privatmann kaufte den Wagenkasten und stellte ihn als Gartenlaube auf einem Campinggrundstück am nordhessischen Edersee auf. Ende März 2002 gelang es den Eisenbahnfreunden Wismar, den Wagenkasten zu retten und nach Wismar zu überführen. Das Fahrzeug wird derzeit äußerlich aufgearbeitet.

Die größeren »Wismarer« überstanden alle mehr oder weniger beschädigt den Krieg. Auf Grund seiner Schäden wurde der VT 135 079 noch 1946 ausgemustert und verschrottet. Im Umzeichnungsplan der DB waren für drei übrigen Wagen die Nummern VT 88 900-902 vorgesehen. Eine Umzeichnung der abgestellten Fahrzeuge erfolgte aber nicht mehr, sie wurden im Dezember 1950 ausgemustert und 1951 an die Wittlager Kreisbahn verkauft. Nach einer Grundüberholung mit Einbau von 85-PS-Motoren in die verbreiterten Vorbauten gingen die Fahrzeuge dort als T 4, 5 und 6 in Betrieb. Erst 1965/66 wurden sie abgestellt. Die T 4 und T 6 wurden wenig später verschrottet, der T 5 (ex VT 88 902 ex 135 078 ex SAAR VT 74) gelangte zur belgischen Museumsbahn »Chemins de fer à vapeur des trois vallées« in Mariembourg, wo er noch heute zu finden ist.

**Technische Daten:**

| | | |
|---|---|---|
| Baureihenbezeichnung: | VT 88.9 (DB) | VT 89.9 (DB) |
| Radsatzanordnung: | Bo | A 1 (in jeder Fahrtrichtung) |
| Vmax (km/h): | 60 | 56 |
| Motorleistung (PS): | 100 (2 x 50) | 40 |
| Motorleistung (kW): | 73 | 29 |
| Kraftübertragung: | mechanisch | mechanisch |
| Dienstmasse (t): | 16 | 11 |
| Größte Radsatzfahrmasse (t): | 7 | 5 |
| Länge über Puffer (mm): | 11.700 | 10.100 |
| Radsatzabstand (mm): | 6.000 | 4.000 |
| Treibraddurchmesser (mm): | 700 | 700 |
| Laufraddurchmesser (mm): | - | 700 |
| Sitzplätze: | 26 | 26 |
| Indienststellung: | 1933 | 1933 |
| Verbleib: | VT 88 902 (Belgien) | VT 89 900 (ex VT 133 010, EF Wismar) |

## VT 137 240, 462-463 (DRG), VT 90.5 (DB)

Um dem wachsenden Ausflugsverkehr auf der Straße durch Omnibusse Paroli zu bieten, entschloss sich die DRG in den 1930er-Jahren zum Bau von sogenannten »Gläsernen Zügen«. Um eine möglichst große Rundumsicht zu erreichen, war die Dachpartie teilweise verglast. Schon 1935 lieferte die Waggonbaufirma Fuchs zwei elektrische Aussichtstriebwagen für den Ausflugsverkehr. Um auch unabhängig vom Fahrdraht Ausflugsfahrten in landschaftlich besonders reizvolle Gebiete durchführen zu können, folgte 1936 ebenfalls von Fuchs ein »gläserner« Dieseltriebwagen als VT 137 240. Drei Jahre später lieferte Fuchs zwei weitere solche Wagen (VT 137 462 und 463). Bei den Fahrzeugen handelte es sich quasi um »Cabrio-Triebwagen«. Neben dem weitgehend verglasten Dachrand besaß das Dach selbst ein Rollverdeck. Freizügige Sicht nach draußen boten auch die sehr breit gehaltenen Seitenfenster. Der Innenraum war inklusive der beiden Führerstände als Großraum ausgebildet. Um die Sicht nicht zu beeinträchtigen, waren die Toiletten bei den Führertischen tiefergelegt. Mittels hydraulischer Kraftübertragung trieben zwei 180 PS starke Untenflur-Dieselmotoren von DWK je einen Radsatz der beiden Drehgestelle an.

Foto: Blaschke

Während der VT 137 462 im Krieg nach Bombentreffer im September 1944 als Kriegsverlust auszubuchen war, konnte die DB die beiden übrigen Wagen als VT 90 500 und 501 wiederaufarbeiten. Ab 1950 wurden die »Gläsernen« erneut im sich langsam wieder entwickelnden Ausflugsverkehr eingesetzt. Der VT 90 500 war im Bw Köln Bbf aus beheimatet, der VT 90 501 beim Bw Stuttgart. Schon 1958 wurde der Kölner Wagen abgestellt und schließlich am 13. April 1960 ausgemustert. Der Stuttgarter Wagen hielt sich dagegen bis 1962, dann schlug auch seine Stunde. Leider konnte keiner dieser interessanten Triebwagen vor der Verschrottung bewahrt werden.

**Technische Daten:**

| | |
|---|---|
| Baureihenbezeichnung: | VT 90.5 (DB) |
| Radsatzanordnung: | (A1)(1A) |
| Vmax (km/h): | 120 |
| Motorleistung (PS): | 360 (2 x 180) |
| Motorleistung (kW): | 265 |
| Kraftübertragung: | hydraulisch |
| Dienstmasse (t): | 49 |
| Größte Radsatzfahrmasse (t): | 11 |
| Länge über Puffer (mm): | 22.240 (VT 90 501: 22.390) |
| Drehzapfenabstand (mm): | 14.500 |
| Radsatzabstand Triebdrehgestell (mm): | 3.000 |
| Radsatzabstand Laufdrehgestell (mm): | - |
| Treibraddurchmesser (mm): | 900 |
| Laufraddurchmesser (mm): | 900 |
| Sitzplätze: | 60 |
| Indienststellung: | 1936-1939 |
| Verbleib: | ++ |

## 690, 691 (DB AG)

Die lang verschüttete Tradition der Gütertriebwagen ließ die DB am 10. Oktober 1996 wiederaufleben. Als »Weltneuheit« präsentierte sie in Frankfurt/Main sogenannte selbstangetriebene Transporteinheiten mit der knackigen Bezeichnung »CargoSprinter«. Geplant war, mit diesen innovativen Gütertriebzügen mehr Container-Verkehr aus Gleisanschlüssen zu gewinnen und wettbewerbsfähig zu transportieren. Die Konzeption des CargoSprinter-Konzepts sah wie folgt aus: Dezentrales Beladen bei den Gleisanschließern, selbsttätige Fahrt zum Knotenbahnhof, schnelle Vereinigung von Zügen gleicher Zielregion über die automatische Kupplung, gemeinsame Weiterfahrt zum Ziel-Knotenbahnhof, selbsttätige Feinverteilung der einzelnen Züge zu ihren Kunden.
Zunächst lieferte Windhoff aus Rheine vier Garnituren (Baureihe 690). Im Februar 1997 folgten von Talbot aus Aachen drei weitere Züge mit der firmeninternen Bezeichnung »Talion« (Baureihe 691). Die angetriebenen Endwagen waren Lkw-ähnlich aufgebaut, besaßen an ihren Stirnseiten eine automatische Kupplung (Z-AK) und konnten selbst bis zu zwei Container befördern. Dazwischen befanden sich drei spezielle Container-Tragwagen, welche bei den Talbot-Zügen durch Jakobsdrehgestelle miteinander verbunden waren. Auf jeder Garnitur fanden bis zu zehn Container für den kombinierten Verkehr Platz. Bis zu sieben Zugeinheiten konnten von einem Führerstand aus bedient werden. Bremsproben wurden durch das neuentwickelte elektrisch/elektronische Bremsabfrage- und Steuerungssystem EBAS selbstständig durchgeführt. Als Antrieb dienten vier 265-kW-Volvo-Dieselmotoren, deren Leistung durch ein Fünfgang-Automatikgetriebe mit Retarder übertragen wurde.
Zwischen Oktober 1997 und Mitte 1999 fuhren die Garnituren im Nachtsprung von Osnabrück und Hamburg aus zum Frankfurter Flughafen. Danach wurden sie abgestellt und sechs Garnituren im Mai 2004 an die ÖBB verkauft, wo sie nach Umbau eine neue Karriere als »Tunnelrettungs-Sprinter« (X690) begannen. Hingegen wurde der 690 001 von Siemens zu einem führerlosem »Cargo Mover« umgebaut. Während Railion (ex DB Cargo) noch über die weitere Verhinderung eines innovativen Schienengüterverkehrs nachdachte, feierte der CargoSprinter Ende 2001 einen ersten kleinen Exporterfolg: Im fernen Australien erkannte eine private Spedition seine Vorzüge und setzte ihn ab Sommer 2002 eine Zeitlang planmäßig an der Ostküste im Bundesstaat Victoria ein.

**Technische Daten:**

| | | |
|---|---|---|
| Baureihenbezeichnung: | 690 (DB AG) | 691 (DB AG) |
| Radsatzanordnung: | (1A)(A1)+11+11+11+(1A)(A1) | (1A)(A1)+2'(2)'(2)'2'+(1A)(A1) |
| Vmax (km/h): | 120 | 120 |
| Motorleistung (PS): | | |
| Motorleistung (kW): | 1.060 (4 x 265) | 1.060 (4 x 265) |
| Kraftübertragung: | hydraulisch | hydraulisch |
| Dienstmasse, leer (t): | 120 | 113 |
| Größte Radsatzfahrmasse (t): | | |
| Länge über Puffer (mm): | 91.000 | 89.570 |
| Drehzapfenabstand (mm): | 5 x 14.200 | 5 x 14.200 |
| Radsatzabstand Triebdrehgestell (mm): | 1.800 | 1.800 |
| Radsatzabstand Laufdrehgestell (mm): | 1.800 | 1.800 |
| Treibraddurchmesser (mm): | 920 | 920 |
| Laufraddurchmesser (mm): | 920 | 920 |
| Sitzplätze: | - | - |
| Indienststellung: | 1996 | 1997 |
| Verbleib: | ÖBB | ÖBB |

*Foto: Blaschke*

## VT 872-874 (DRG), VT 92.5, 692 (DB)

1932 beschaffte die DRG drei schwere vierachsige, dieselelektrische Triebwagen mit entsprechenden Steuerwagen für den Pendelverkehr zwischen Frankfurt und Wiesbaden. Die unter den Nummern 872-874 geführten Fahrzeuge waren Endpunkt und Neubeginn zugleich. Als schwerste Einzeltriebwagen der Reichsbahn markierten sie das Ende der aus schweren, genieteten Reisezugwagen abgeleiteten Triebwagen. Die erstmalige Verwendung des leistungsfähigen 410-PS-Motors von Maybach war wiederum der Anfang des Hauptbahneinsatzes von Dieseltriebwagen. In verbesserter Form wurde dieser Motor später einer der am meisten verbreiteten bei der Reichsbahn und sowohl in Schnell- als auch Regionaltriebwagen genutzt.
Nach Kriegsende fanden sich noch die VT 872 und 874 nicht einsatzfähig in den Westzonen. Neben der Bereinigung des gerade bei den Dieseltriebwagen herrschenden Typenwirrwarrs war in den ersten Nachkriegsjahren die Entwicklung zukunftsträchtiger Konstruktionen bald eine vordringliche Aufgabe. 1949 erhielt MAN den Auftrag, die beiden VT als Versuchsträger für neue Antriebsanlagen zu nutzen. Als neue Betriebsnummern waren VT 92 501 (ex VT 872) und VT 92 502 (ex VT 874) vorgesehen. Tatsächlich umgebaut wurde aber nur der VT 872. Sein alter Motor wurde entfernt und an seine Stelle traten wahlweise die neuen Einheits-Maschinenanlagen von MAN, Maybach oder Daimler-Benz. Der elektrische Antrieb wurde aufgegeben und durch hydraulische Getriebe von Maybach bzw. Voith ersetzt. Doch nicht nur das Innenleben wurde komplett umkrempelt sondern auch eine äußerliche Metamorphose vorgenommen. Das Fahrzeug erhielt einen ganz neuen Aufbau in Stromlinienform (»Eierkopf«) und wurde damit zum Vorbild für alle Triebwagen des ersten Neubauprogramms der DB (ET 30/56, ETA 176, VT 08/12). Daneben leistete der VT 92 501 aber auch einen wichtigen Beitrag zur Entwicklung der Großdiesellok V 200.
Nach Abschluss der Versuche war der VT 92 501 beim Bw Nürnberg Hbf beheimatet und lief als »Lokomotive« vor Eil- und Personenzügen, da ein Fahrgastraum nicht mehr vorhanden war. Später wurde er nur noch vom AW Nürnberg als Schleppfahrzeug eingesetzt, um schadhafte oder zur Untersuchung anstehende Dieseltriebfahrzeuge sowie Bei- und Steuerwagen zu überführen. 1978 liefen die Fristen des 692 501 ab. Da kein zwingender Grund zu seiner weiteren Unterhaltung bestand, wurde der Triebwagen am 21. Dezember 1978 ausgemustert. Lange Zeit vergammelte er im Bestand des Verkehrsmuseums Nürnberg und wurde schließlich Ende 2005 an eine Gruppe von Eisenbahnfreunden verkauft, welche ihn wieder auf Vordermann bringen wollen.

**Technische Daten:**

| | | |
|---|---|---|
| Baureihenbezeichnung: | VT 872-874 (DRG) | VT 92.5 (DB) |
| Radsatzanordnung: | 2'Bo' | B'2' |
| Vmax (km/h): | 90 | 120 |
| Motorleistung (PS): | 410 | 1.000 |
| Motorleistung (kW): | 302 | 736 |
| Kraftübertragung: | elektrisch | hydraulisch |
| Dienstmasse (t): | 57,4 | 51,5 |
| Größte Radsatzfahrmasse (t): | 15,2 | 18,1 |
| Länge über Puffer (mm): | 22.140 | 21.850 |
| Drehzapfenabstand (mm): | 14.270 | 14.270 |
| Radsatzabstand Triebdrehgestell (mm): | 2.600 | 3.900 |
| Radsatzabstand Motordrehgestell (mm): | 4.100 | - |
| Radsatzabstand Laufdrehgestell (mm): | - | 2.600 |
| Treibraddurchmesser (mm): | 1.000 | 940 |
| Laufraddurchmesser (mm): | 850 | 900 |
| Sitzplätze: | 72 | - |
| Indienststellung: | 1932 | Umbau 1951 |
| Verbleib: | Umbau in VT 92.5 | 692 501 (privat, Rotenburg/Wümme) |

*Foto: Blaschke*

## 699 (Inselbahn Spiekeroog, DB)

Schon immer nahm die meterspurige Wangerooger Inselbahn eine Sonderstellung im Netz der Deutschen Bundesbahn ein. Nach der 1960 erfolgten Ausmusterung der letzten Dampflok versahen über 20 Jahre ausschließlich diesellokbespannte Wagenzüge den Verkehr zwischen Anleger und Ortsbahnhof. Als 1981 auf der Nachbarinsel Spiekeroog der Inselbahn-Betrieb nach Bau eines neuen Hafens überflüssig wurde, griff die Bundesbahn zu und erwarb einige der dort nun überflüssigen Fahrzeuge. Darunter war auch ein vierachsiger, dieselhydraulischer Triebwagen, der 1933 von der Waggonfabrik Dessau für die Kleinbahn Emden–Pewsum–Greetsiel (T 1, später T 61) gebaut worden war. Nach deren Stilllegung kam er 1963 als T 5 zur Inselbahn auf Spiekeroog. Bei der Bundesbahn wurde der Exot als 699 001 eingereiht, ab 1992 änderte sich die Nummer in 699 101. Während seiner Bundesbahnzeit war der Oldtimer der älteste Triebwagen, der sich noch auf Bundesbahngleisen im Regelbetrieb befand. Angetrieben wurde das Fahrzeug von einem Daimler-Benz-Motor mit 126 PS Leistung, die Kraftübertragung erfolgte über ein Voith-Strömungsgetriebe. Die Abnahme des Triebwagens für den Betrieb zwischen Westanleger und Bahnhof Wangerooge erfolgte am 25. Juni 1981. Ab diesem Zeitpunkt erfolgten die sporadischen Einsätze vor allem als Verstärkerfahrzeug in der Hochsaison als Vor- oder Nachzug zu den lokbespannten Zügen. Gut elf Jahre dieselte das Fahrzeug gelegentlich über die Gleise der Inselbahn bis zu seiner z-Stellung am 31. Dezember 1992. Mit der Ausmusterung am 13. August 1993 verschwand der Einzelgänger schon wieder aus dem Bestand der Bundesbahn. Er blieb jedoch erhalten und befindet sich seit 1995 beim Deutschen Eisenbahn-Verein (DEV) in Bruchhausen-Vilsen, wo er als T 45 geführt wird.

*Foto: Estler*

| Technische Daten: | |
|---|---|
| Baureihenbezeichnung: | 699 (DB) |
| Spurweite (mm): | 1.000 |
| Radsatzanordnung: | B'2' |
| Vmax (km/h): | 20 |
| Motorleistung (PS): | 126 |
| Motorleistung (kW): | 98 |
| Kraftübertragung: | hydraulisch |
| Dienstmasse (t): | 15 |
| Größte Radsatzfahrmasse (t): | 4 |
| Länge über Kupplung (mm): | 10.955 |
| Drehzapfenabstand (mm): | 6.255 |
| Radsatzabstand Triebdrehgestell (mm): | 1.700 |
| Radsatzabstand Laufdrehgestell (mm): | 1.600 |
| Treibraddurchmesser (mm): | 750 |
| Laufraddurchmesser (mm): | 750 |
| Sitzplätze: | 42 |
| Indienststellung: | 1933 |
| Verbleib: | 699 101 (als T 45 DEV, Bruchhausen-Vilsen) |

## VT 133 522, 187 001 (GHE, DR)

Zum Ersatz unwirtschaftlicher Dampfzüge vor allem auf dem Streckenabschnitt Alexisbad–Stiege beschaffte 1933 die meterspurige Gernrode-Harzgeroder Eisenbahn (GHE) einen kleinen, zweiachsigen Triebwagen. Von der Waggonfabrik Dessau geliefert, wurde das Fahrzeug bei der GHE als T 1 geführt. Als Antriebsanlage stand ein 65-PS-Motor von Daimler-Benz mit einem Schaltgetriebe der Bauart Mylius zur Verfügung. Die Kraftübertragung erfolgte mechanisch. Krieg und Nachkriegszeit überstand der Wagen unbeschadet. Nach Wiederaufbau der Selketalbahn und Übernahme durch die DR kam der nun als VT 133 522 bezeichnete Triebwagen bis 1963 vorwiegend zwischen Hasselfelde und Eisfelder Talmühle zum Einsatz. Nach dem Rückzug aus dem öffentlichen Verkehr erfolgte der Umbau zum Gerätewagen. Die Sitze wurden entfernt, die Fenster des Fahrgastraumes mit Gittern versehen und er erhielt einen neuen 90-PS-Motor aus Werdau. In dieser Form fuhr der ehemalige T 1 (ab 1970: 187 001) bis 1978, dann wurde er ausgemustert. Die 1983 erfolgte Einstufung als Traditionsfahrzeug sicherte seinen weiteren Erhalt. Zum 100-jährigen Jubiläum der Selketalbahn wurde der Triebwagen wieder in seinen Ursprungszustand zurückversetzt und mit aufgearbeitetem Motor als Traditionsfahrzeug wieder in Betrieb genommen. Seither steht das Fahrzeug für Sonder- und Ausflugsfahrten zur Verfügung. Daran hat auch die am 1. Januar 1993 erfolgte Übernahme der Harzquer- und Selketalbahn durch die Harzer Schmalspurbahnen GmbH (HSB) nichts geändert. Im August 2001 wurde lediglich der verschlissene Werdauer Motor durch einem regenerierten 125-PS-Motor des VEB IFA Motorenwerk Nordhausen ersetzt. Mit dem stärkeren und leiseren Motor darf der Triebwagen nun mit einer Höchstgeschwindigkeit von maximal 40 km/h fahren.

*Foto: Archiv Dirk Endisch*

| Technische Daten: | |
|---|---|
| Baureihenbezeichnung: | VT 133 522 (DR) |
| Spurweite (mm): | 1.000 |
| Radsatzanordnung: | A 1 |
| Vmax (km/h): | 30 |
| Motorleistung (PS): | 65 |
| Motorleistung (kW): | 48 |
| Kraftübertragung: | mechanisch |
| Dienstmasse (t): | 13 |
| Größte Radsatzfahrmasse (t): | |
| Länge über Kupplung (mm): | 8.700 |
| Radsatzabstand (mm): | 4.000 |
| Treibraddurchmesser (mm): | 700 |
| Laufraddurchmesser (mm): | 700 |
| Sitzplätze: | 34 |
| Indienststellung: | 1933 |
| Verbleib: | VT 133 522 (HSB als GHE T 1) |

## VT 133 523, 187 002 (Spreewaldbahn, DR)

Die schmalspurige Spreewaldbahn (1.000 mm) erschloss nördlich von Cottbus die verträumte Landschaft des Spreewaldes. Anfang der 1930er-Jahre rekrutierte sich der Betriebsbestand der Bahn immer noch fast ausnahmslos aus Fahrzeugen ihrer Gründungszeit (1898). Einen enormen Fortschritt stellte daher der 1934 beschaffte zweiachsige Triebwagen dar, der mit seinem stromlinienförmigen Äußeren ganz dem Zeitgeist entsprach. Geliefert wurde das Fahrzeug von Talbot in Aachen und erhielt bei der Spreewaldbahn die Betriebsnummer 501. Der Antrieb erfolgte durch einen Daimler-Benz-Dieselmotor mit einer Leistung von 70 PS, der seine Kraft mechanisch über ein druckluftgesteuertes Schaltgetriebe der Bauart Mylius auf einen Radsatz übertrug.
Unter der Bezeichnung »Fliegender Spreewälder« verkehrte der Triebwagen ab 1935 planmäßig auf den Strecken der Spreewaldbahn und ermöglichte deutliche Fahrzeitverkürzungen im Vergleich zu den dampflokbespannten Zügen. Als 1949 auch die Spreewaldbahn von der DR übernommen wurde, erhielt der Wagen die neue Nummer VT 133 523, blieb aber immer seiner Stammstrecke treu. 1969 wurde das Fahrzeug ausgemustert, die im Umzeichnungsplan von 1970 vorgesehen Nummer 187 002 wurde daher nie angeschrieben. Nur wenig später am 3. Januar 1970 endete auch auf dem letzten Teilstück der Spreewaldbahn der Betrieb.

| Technische Daten: | |
|---|---|
| Baureihenbezeichnung: | VT 133 523 (DR) |
| Spurweite (mm): | 1.000 |
| Radsatzanordnung: | A 1 |
| Vmax (km/h): | 55 |
| Motorleistung (PS): | 70 |
| Motorleistung (kW): | 51 |
| Kraftübertragung: | mechanisch |
| Dienstmasse (t): | 12,7 |
| Größte Radsatzfahrmasse (t): | |
| Länge über Kupplung (mm): | 10.860 |
| Radsatzabstand (mm): | 4.500 |
| Treibraddurchmesser (mm): | 700 |
| Laufraddurchmesser (mm): | 700 |
| Sitzplätze: | 36 |
| Indienststellung: | 1934 |
| Verbleib: | ++ |

*Foto: Blaschke*

## VT 133 524-525, (187 003-004) (Prignitzer Kreiskleinbahnen, DR)

Insgesamt 60 normal- und schmalspurige »Wismarer« Schienen-Omnibusse wurden zwischen 1932 und 1941 an deutsche Bahnen ausgeliefert. Nach dem Krieg wurden 1949 mit der Verstaatlichung der Privatbahnen insgesamt zehn »Wismarer« von der DR übernommen. Darunter befanden sich auch die beiden schmalspurigen Schienenbusse (750 mm) der Prignitzer Kreiskleinbahnen. Unter den Nummern 701 und 702 waren die beiden Wagen 1939 beschafft worden, um den Rückgang im Personenverkehr möglichst wirtschaftlich aufzufangen. Ausgestattet waren die Fahrzeuge unter den charakteristischen Vorbauten mit zwei 50-PS-Benzinmotoren von Ford und entsprechenden Viergang-Schaltgetrieben. Wie bei den kleinen »Wismarern« üblich, war nur die in Fahrtrichtung vordere Maschinenanlage in Betrieb. Bei der DR wurden später neue 47-PS-Dieselmotoren (Bauart Garant 32) der Motorenwerke Zwickau eingebaut. Neben den obligatorischen Gepäckträgern auf dem Dach zählten zu den Besonderheiten dieser beiden Triebwagen weitere Gepäckablagen neben den Motorvorbauten, wo sogar Fahrräder eingestellt werden konnten.
Zeit ihres Lebens waren Prignitzer »Schweineschnäuzchen« auf ihren Stammstrecken unterwegs und wickelten dort den größten Teil des Personenverkehrs ab. Mit dem »Verkehrsträgerwechsel« (vornehme DDR-Umschreibung der Stilllegung) zum 31. Mai 1969 hatte mit dem VT 133 525 auch der letzte schmalspurige »Wismarer« der DR ausgedient. Der VT 133 524 war schon Mitte 1968 nach einem Achsbruch abgestellt worden.

| Technische Daten: | |
|---|---|
| Baureihenbezeichnung: | VT 133 524-525 (DR) |
| Spurweite (mm): | 750 |
| Radsatzanordnung: | A 1 (in jeder Fahrtrichtung) |
| Vmax (km/h): | 45 |
| Motorleistung (PS): | 94 (2 x 47) |
| Motorleistung (kW): | 73 |
| Kraftübertragung: | mechanisch |
| Dienstmasse (t): | 7 |
| Größte Radsatzfahrmasse (t): | |
| Länge über Kupplung (mm): | 10.250 |
| Radsatzabstand (mm): | 3.500 |
| Treibraddurchmesser (mm): | 700 |
| Laufraddurchmesser (mm): | 700 |
| Sitzplätze: | 34 |
| Indienststellung: | 1939 |
| Verbleib: | ++ |

*Foto: Weber, Slg. Endisch*

## VT 137 322-325 (DRG, DR)

Insgesamt 507 Kilometer Schmalspurstrecken (750 mm) unterstanden in den 1930er-Jahren der RBD Dresden. Da sich Dieseltriebwagen auf Normalspurstrecken grundsätzlich bewährt hatten, sollten deren Vorteile auf Vorschlag der RBD Dresden auch den sächsischen Schmalspurstrecken zu Gute kommen. Die Waggon- und Maschinenfabrik Bautzen entwickelte daraufhin zusammen mit dem RZA in Berlin einen vierachsigen Dieseltriebwagen mit Strömungsgetriebe. Vier Fahrzeuge wurden Anfang 1938 als VT 137 322-325 ausgeliefert, die technisch baugleich waren, sich aber in der Raumaufteilung unterschieden. Rahmen und Aufbau waren als geschweißte Stahlkonstruktion ausgeführt. An den Fahrzeugenden war der Wagenkasten im Bereich der durch eine Schiebetür zugänglichen Einstiegsräume trapezförmig abgeschrägt. In bewährter Weise war die Maschinenanlage mit dem Acht-Zylinder-Dieselmotor, Strömungsgetriebe und Luftverdichter unterflur in einem Tragrahmen aufgehängt. Vielfachsteuerung von zwei Triebwagen war möglich. Während bei den VT 137 222 und 224 ein Großraum mit fünf Sitzplatzgruppen 2+1 vorhanden war, erhielten die beiden anderen zusätzlich ein Gepäckabteil. Dafür war ihr Großraum auf vier Sitzplatzgruppen reduziert.

Ab Sommer 1938 wurden die neuen Vierachser auf den von Zittau ausgehenden Schmalspurstrecken eingesetzt und fanden sehr schnell großen Anklang bei den Fahrgästen. Lediglich im oberen Geschwindigkeitsbereich waren ihre Laufeigenschaften nicht optimal, daher wurde die Höchstgeschwindigkeit 1939 durch Getriebeumbau auf 45 km/h reduziert. Mit Kriegsbeginn mussten die Fahrzeuge im Bw Zittau konserviert abgestellt werden, Dieselkraftstoff war nun rationiert. Im Krieg sollten alle vier Wagen zur Verwendung bei der Wehrmacht nach Polen überstellt werden. Beim Abtransport in Zittau entgleiste der VT 137 322 und blieb zurück. Er wurde von der Reichsbahn wieder hergerichtet und versah weiterhin den Dienst auf seinen Hausstrecken. Nach einem Getriebeschaden musste das Fahrzeug am 1. Juni 1964 abgestellt werden. Lange Jahre wurde der VT 137 322 konserviert im Lokschuppen des Bahnhofs Bertsdorf hinterstellt und gehört zwischenzeitlich zum Bestand des VM Dresden. Er ist bis Mitte 2007 mit Hilfe des Interessenverbands der Zittauer Schmalspurbahnen wieder betriebsfähig aufgearbeitet worden. Die drei in Polen verbliebenen Triebwagen fuhren nach dem Krieg bis 1974 bei der PKP.

Foto: Estler

| Technische Daten: | |
|---|---|
| Baureihenbezeichnung: | VT 137 322-325 (DR) |
| Spurweite (mm): | 750 |
| Radsatzanordnung: | B'2' |
| Vmax (km/h): | 60 (ab 1939: 45) |
| Motorleistung (PS): | 180 |
| Motorleistung (kW): | 132 |
| Kraftübertragung: | hydraulisch |
| Dienstmasse (t): | 21 |
| Größte Radsatzfahrmasse (t): | |
| Länge über Kupplung (mm): | 14.860 |
| Drehzapfenabstand (mm): | 9.000 |
| Radsatzabstand Triebdrehgestell (mm): | 1.300 |
| Radsatzabstand Laufdrehgestell (mm): | 1.300 |
| Treibraddurchmesser (mm): | 760 |
| Laufraddurchmesser (mm): | 760 |
| Sitzplätze: | 28-34 |
| Indienststellung: | 1938 |
| Verbleib: | VT 137 322 (VM Dresden, Bertsdorf) |

## VT 137 531-532, 187 101 (FKB, DR)

Auch bei den meterspurigen Franzburg Kreisbahnen (FKB) begann in den 1930er-Jahren zur Erhöhung der Wirtschaftlichkeit im Personenverkehr der Betrieb mit Triebwagen. 1935 lieferte die Waggonfabrik Dessau einen vierachsigen Triebwagen, den die FKB unter der Betriebsnummer 1121 führte. Angetrieben wurde das Fahrzeug durch einen 100-PS-Dieselmotor von Daimler-Benz, die Kraftübertragung auf den jeweils inneren Radsatz der beiden Drehgestelle erfolgte durch ein Getriebe der Bauart Mylius. Die Leistung reichte aus, um bis zu zwei Beiwagen mit insgesamt sechs Achsen mitzuführen. Der Triebwagen bewährte sich bestens, so dass 1939 noch ein zweites gleichartiges Fahrzeug von der Waggonfabrik Dessau geliefert und unter der Betriebsnummer 1124 in den Bestand übernommen wurde.

Die FKB wurden nach dem Zweiten Weltkrieg ebenfalls verstaatlicht und unterstanden ab 1949 der DR. Die beiden Triebwagen wurden als VT 137 531 und 532 eingereiht, aber weiterhin auf ihrer Stammstrecke eingesetzt. Als 1952 bei dem VT 137 531 die Maschinenanlage einen Schaden erlitt und kein dringender Bedarf zur Aufarbeitung bestand, wurde er zum Beiwagen VB 147 562 degradiert. Sein jüngerer Bruder hingegen war bis zur Betriebseinstellung der FKB am 3. Januar 1971 im Einsatz, zuletzt noch unter der Computer-Nummer 187 101. 1974 durfte er sogar in den Westen ausreisen und bildete fortan die Zierde des Fahrzeugparks der ersten deutschen Museumsbahn in Bruchhausen-Vilsen (DEV). Auch heute dreht er dort als T 42 noch regelmäßig seine Runden.

Foto: Slg. Dietz

| Technische Daten: | |
|---|---|
| Baureihenbezeichnung: | VT 137 531-532 (DR) |
| Spurweite (mm): | 1.000 |
| Radsatzanordnung: | (1A)(A1) |
| Vmax (km/h): | 60 |
| Motorleistung (PS): | 100 |
| Motorleistung (kW): | 74 |
| Kraftübertragung: | mechanisch |
| Dienstmasse (t): | 13 |
| Größte Radsatzfahrmasse (t): | |
| Länge über Kupplung (mm): | 12.960 |
| Drehzapfenabstand (mm): | 7.500 |
| Radsatzabstand Triebdrehgestell (mm): | 1.400 |
| Radsatzabstand Laufdrehgestell (mm): | 1.400 |
| Treibraddurchmesser (mm): | 700 |
| Laufraddurchmesser (mm): | 700 |
| Sitzplätze: | 50 |
| Indienststellung: | 1935-1939 |
| Verbleib: | VT 133 532 (als T 42 DEV, Bruchhausen-Vilsen) |

## VT 137 561, 565-566, 187 025 (NWE, DR)

Die meterspurige Nordhausen-Wernigeroder Eisenbahn (NWE) verfolgte Anfang der 1930er-Jahre aufmerksam die Fortschritte im Triebwagenbau. Für den Einsatz auf der Harzquer- und vor allem der steigungsreichen Brockenbahn wurde ein entsprechend leistungsstarkes Fahrzeug gefordert, das auch noch in der Lage war, drei bis vier Personenwagen mitzuführen. Am geeignetsten erschien ein vierachsiger Dieseltriebwagen mit elektrischer Kraftübertragung auf alle vier Radsätze. 1935 baute MAN einen ersten Triebwagen, den T 1. Die elektrische Ausrüstung kam von BBC. Ein Sechs-Zylinder-Dieselmotor lieferte eine Leistung von 470 PS. Die Kraftübertragung erfolgte über einen Gleichstromgenerator zu den vier Tatzlagermotoren in den Drehgestellen. Motor, Kühlaggregat und Heizkessel für die Wagenheizung beanspruchten knapp die Hälfte des Wagenkastens, so dass nur noch Raum für 23 Sitzplätze blieb. Die Jungfernfahrt des T 1 fand am 26. Januar 1936 statt, der Planbetrieb wurde am 1. Februar aufgenommen. Der Triebwagen bewährte sich außerordentlich gut und erreichte tägliche Fahrleistungen von über 250 km. Daher beschaffte die NWE 1940 zwei weitgehend identische Triebwagen als T 2 und T 3, allerdings mit einem aufgeladenen 520-PS-Dieselmotor. Gebaut wurden diese Fahrzeuge von der Waggonfabrik Wismar, ihre Motoren stammten wiederum von MAN und die elektrische Ausrüstung von BBC.

1949 gingen die drei Triebwagen als VT 137 561, 565 und 566 in den Bestand der DR über. Im Dezember 1961 wurde der schwächere VT 137 561 zur Spreewaldbahn umgesetzt, wo er noch zwei Jahre bis zu seiner Abstellung im Personenzugdienst eingesetzt war. Während der VT 137 565 bei der Harzquerbahn 1965 ausgemustert wurde, baute man den VT 137 566 in einen Gerätewagen um. 1970 wurde er computergerecht in 187 025 umgezeichnet. Der Triebwagen blieb bis heute erhalten und fährt zwischenzeitlich wieder restauriert als betriebsfähiges Traditionsfahrzeug durch den Harz. Eigentümer ist seit Januar 1993 die Harzer Schmalspurbahnen GmbH, welche ihm im Frühjahr 1999 einen neuen Cummins-Motor mit 242 kW Leistung verpasste.

| Technische Daten: | |
|---|---|
| Baureihenbezeichnung: | VT 137 561, 565-566 (DR) |
| Spurweite (mm): | 1.000 |
| Radsatzanordnung: | Bo'Bo' |
| Vmax (km/h): | 60 |
| Motorleistung (PS): | 470 (VT 137 565.566: 520) |
| Motorleistung (kW): | 346 (VT 137 565.566: 382) |
| Kraftübertragung: | elektrisch |
| Dienstmasse (t): | 33 |
| Größte Radsatzfahrmasse (t): | |
| Länge über Kupplung (mm): | 15.600 |
| Drehzapfenabstand (mm): | 11.100 |
| Radsatzabstand Triebdrehgestell (mm): | 1.900 |
| Radsatzabstand Laufdrehgestell (mm): | - |
| Treibraddurchmesser (mm): | 800 |
| Laufraddurchmesser (mm): | - |
| Sitzplätze: | 23 |
| Indienststellung: | 1935-1940 |
| Verbleib: | 187 025 (ex VT 133 566, HSB) |

*Foto: Blaschke*

## VT 137 562-564, 187 102-103 (Frankreich, FKB, DR)

Während des Zweiten Weltkriegs wurden in Frankreich drei meterspurige Triebwagen requiriert und zu den Franzburger Kreisbahnen (FKB) umgesetzt. Dort erhielten sie zunächst die FKB-Nummern 1125-1127. Gebaut wurden die vierachsigen Fahrzeuge 1939 von der Firma Brissenau & Lotz. Ausgestattet waren sie mit einem Dieselmotor des französischen Lkw-Herstellers Berliet. Der Antrieb erfolgte elektrisch über Generator und zwei Tatzlager-Motoren im vorderen Drehgestell. Dieselmotor und Generator waren in einem besonderen Maschinenraum am hinteren Wagenende untergebracht. Über dem Maschinenraum sorgte ein kuppelartiger Aufbau für die entsprechende Belüftung. Ungewohnt für deutsche Verhältnisse waren auch die zweiflügeligen Übergangstüren in den Stirnfronten der Wagen.

Nachdem 1949 die DR den Betrieb auf den Franzburger Kreisbahnen übernommen hatte, wurden diese Fahrzeuge als VT 137 562-564 bezeichnet. Wahrscheinlich wegen Ersatzteilmangels erfolgte schon 1951 der Umbau des VT 137 564 in den Beiwagen VB 147 561. In den 1950er-Jahren ersetzte die DR auch die Berliet-Motoren durch Deutz-Motoren mit einer Leistung von 150 PS. Zusammen mit dem VT 137 532 fuhren die beiden »Franzosen« unermüdlich im Personenverkehr zwischen Stralsund und Barth. Bis auf ein Dampfzugpaar war der Reiseverkehr in den letzten Jahren vor der Betriebseinstellung am 3. Januar 1971 die ausschließliche Domäne der Triebwagen. Die vorgesehene computergerechte Umzeichnung 187 102 erlebte der VT 137 562 nicht, denn im November 1968 musste er schadhaft abgestellt werden. Als 187 103 fuhr der VT 137 563 bis zur Stilllegung seiner Stammstrecke und wurde erst 1975 nach vierjähriger Abstellzeit verschrottet.

| Technische Daten: | |
|---|---|
| Baureihenbezeichnung: | VT 137 562-564 (DR) |
| Spurweite (mm): | 1.000 |
| Radsatzanordnung: | Bo'2' |
| Vmax (km/h): | 60 |
| Motorleistung (PS): | 150 |
| Motorleistung (kW): | 110 |
| Kraftübertragung: | elektrisch |
| Dienstmasse (t): | 20 |
| Größte Radsatzfahrmasse (t): | |
| Länge über Kupplung (mm): | 13.920 |
| Drehzapfenabstand (mm): | 10.590 |
| Radsatzabstand Triebdrehgestell (mm): | 1.880 |
| Radsatzabstand Laufdrehgestell (mm): | 1.880 |
| Treibraddurchmesser (mm): | 700 |
| Laufraddurchmesser (mm): | 700 |
| Sitzplätze: | 32 |
| Indienststellung: | 1939 |
| Verbleib: | ++ |

*Foto: Blaschke*

## VT 137 600 (Lettische Staatsbahn, DR)

Nach dem Zweiten Weltkrieg befanden sich in Sachsen auch drei schadhafte dreiteilige Triebzüge mit einer Spurweite von 750 mm. Sie waren Anfang der 1940er-Jahre in der Hauptwerkstatt der Lettischen Staatsbahn in Riga aufgebaut worden. Konzeptionell können sie fast als Vorläufer der GTW-2/6-Triebwagen (Baureihe 646 der DB) gelten, denn sie waren ähnlich konzipiert. Jeweils zwei altbrauchbare Personenwagen erhielten neue Aufbauten und waren durch ein radsatzloses Mittelteil (»Powerpack«) verbunden, das sich auf beide Wagen abstützte. Im Mittelteil befanden sich zwei Antriebsanlagen mit Daimler-Benz-Motoren sowie Gepäck- und Zugführerabteil. Jede Antriebsanlage wirkte über ein druckluftgesteuertes Mylius-Getriebe auf den nächstliegenden Radsatz eines der beiden innenliegenden Drehgestelle. Auf Grund der Abmessungen des Radsatzgetriebes besaßen die Treibachsen einen größeren Durchmesser als die Laufachsen im Triebdrehgestell.
Die DR baute aus den beschädigten Triebwagen wieder ein Fahrzeug auf und bezeichnete es als VT 137 600. Ab August 1951 fuhr der Wagen auf dem Streckennetz um Wilsdruff, 1954 wechselte zu den Zittauer Schmalspurstrecken. Hier wie dort fiel das Fahrzeug durch seine hohe Reparaturanfälligkeit sowie die zu knapp bemessene Motorleistung auf. 1957 gelangte der Triebwagen nach Rügen auf das dortige Schmalspurnetz, musste aber schon 1958 nach einer Entgleisung das Raw Wittenberge aufsuchen. Neben Schadensbehebung und Motorentausch kam es dort zu diversen Umbauten (Bremse, Heizung, mehr Einstiegsmöglichkeiten, Einbau von Kupplungen). Wieder zurück auf Rügen stand das Fahrzeug wegen Schäden an Radsätzen und Getrieben meist abgestellt herum. Auch dem versuchsweisen Einsatz auf dem Prignitzer Schmalspurnetz war kein Erfolg beschieden, daher wurde der Triebwagen erneut umgesetzt, diesmal nach Burg auf die Strecken der ehemaligen Kleinbahn des Kreises Jerichow. Wegen mehrerer Entgleisungen erfolgte auch hier kein planmäßiger Einsatz und bis zur Ausmusterung 1965 blieb der interessante Einzelgänger abgestellt.

*Foto: Slg. Dietz*

| Technische Daten: | |
|---|---|
| Baureihenbezeichnung: | VT 137 600 (DR) |
| Spurweite (mm): | 750 |
| Radsatzanordnung: | 2'(1A)(A1)2' |
| Vmax (km/h): | 30 |
| Motorleistung (PS): | 150 (2 x 75) |
| Motorleistung (kW): | 110 |
| Kraftübertragung: | mechanisch |
| Dienstmasse (t): | 39 |
| Größte Radsatzfahrmasse (t): | |
| Länge über Kupplung (mm): | 33.380 |
| Drehzapfenabstand (mm): | 9.330/8.400 |
| Radsatzabstand Triebdrehgestell (mm): | 1.270 |
| Radsatzabstand Laufdrehgestell (mm): | 1.270 |
| Treibraddurchmesser (mm): | 700 |
| Laufraddurchmesser (mm): | 600 |
| Sitzplätze: | 67 |
| Indienststellung: | 1944 |
| Verbleib: | ++ |

## Schie-Stra-Bus, (790) (DB)

Eigentlich ist die Idee von Zwei-Wege-Fahrzeugen bestechend, welche die Vorteile von Schienen- und Straßenverkehr in sich vereinen. Selbstfahrende Zwei-Wege-Fahrzeuge wurden erstmals 1931 in England gebaut, doch bis heute sind Zwei-Wege-Fahrzeuge im Personenverkehr eine Seltenheit geblieben. Eher gebräuchlich sind Zwei-Wege-Fahrzeuge in Industriebetrieben oder für den Sonderverkehr. Ab 1951 beschäftigte sich die DB intensiv mit der Entwicklung von sogenannten Schienen-Straßen-Bussen (Schie-Stra-Bus), um die Flexibilität auf der Straße mit dem Vorteil des schnellen Schienenverkehrs und seinem geringeren Fahrwiderstand zu nutzen. Zur Lösung des Zwei-Wege-Problems schienen zweiachsige Spurwagen (Schienenleitgestelle) am besten geeignet: Unter einen normalen Straßenbus wurden für den Bahnbetrieb zwei Spurwagen geschoben, welche die Führung im Gleis übernahmen. Dabei sorgte die hintere Achse (Antriebsachse) des Busses auch auf den Schienen für den Antrieb, während die vordere Achse nach Einfahren der Spurwagen keine Bodenhaftung mehr besaß.
1953 lieferten die Nordwestdeutschen Fahrzeugwerke in Wilhelmshaven (NFW) fünfzehn Straßenbusse in Sonderbauart. Die Spurwagen (pro Bus zwei Stück) kamen von WMD in Donauwörth. Als Weiterentwicklung folgten 1954 noch zwei weitere NFW-Busse anderer Bauart. Anstatt der Spurwagen sorgten fest eingebaute, schwenkbare Schienenräder unter dem Wagen für die erforderliche Spurführung. Versuchsfahrten zeigten jedoch, dass diese Lösung nicht alltagstauglich war. Auch der Spurwagen-Betrieb zeigte bald seine Nachteile. Der Reifenverschleiß war im Schienenbetrieb recht hoch und die Gummireifen lieferten auf den Schienen oft genug zu wenig Reibung, sobald die Schienen feucht oder schmierig waren.
Anfangs fuhren die Schie-Stra-Busse planmäßig auf den Strecken Cham–Passau, Augsburg–Füssen, Waldshut–Immendingen, Bernkastel-Kues–Remagen und Koblenz–Betzdorf. Ab 1956/57 endete der Zwei-Wege-Verkehr auf den meisten Strecken schon wieder und die Busse wurden nur auf der Straße weiterverwendet. Zwischen Koblenz und Betzdorf fuhren drei Schie-Stra-Busse dagegen bis zu Beginn des Sommerfahrplans 1967. Anschließend wurden sie sofort ausgemustert. Im 1968 eingeführten Nummernplan war für die drei Busse noch die Baureihe 790 vorgesehen gewesen, nachdem sie bis zu ihrer Ausmusterung nur mit einem Kfz-Zulassungskennzeichen unterwegs waren. Betriebsfähig erhalten blieb beim DGEG-Museum in Bochum-Dahlhausen ein Schie-Stra-Bus mit zwei Spurwagen.

*Foto: Estler*

| Technische Daten: | |
|---|---|
| Baureihenbezeichnung: | Schie-Stra-Bus (DB) |
| Radsatzanordnung: | 2' A2' (bei Straßenbetrieb: 1' A) |
| Vmax (km/h): | 120 |
| Motorleistung (PS): | |
| Motorleistung (kW): | 88 |
| Kraftübertragung: | mechanisch |
| Dienstmasse (t): | 13,5 |
| Größte Radsatzfahrmasse (t): | |
| Länge über Schienenleitgestelle (mm): | 12.550 |
| Drehzapfenabstand (mm): | 9.800 |
| Radsatzabstand Triebdrehgestell (mm): | - |
| Radsatzabstand Laufdrehgestell (mm): | 1.900 |
| Treibraddurchmesser (mm): | - |
| Laufraddurchmesser (mm): | 850 |
| Sitzplätze: | 43 |
| Indienststellung: | 1953-1955 |
| Verbleib: | Schie-Stra-Bus DB 29-3 (DGEG, Bochum-Dahlhausen) |

*Foto: Estler*

*Foto: Estler*

## VT 2.09.0, 2.09.1, 2.09.2, 171.0, 172.0, 172.1 (DR), 771, 772 (DB AG)

Auch die DR beschäftigte sich ab Mitte der 1950er-Jahre mit dem Bau von Schienenbussen. 1957 entstand ein erster Prototyp eines Leichtverbrennungstriebwagens als VT 2.09.001 mit einem 130-PS-Büssing-Motor und ZF-Getriebe westdeutscher Produktion, wie sie auch in den DB-Schienenbussen verwendet wurden. Dieser erste Prototyp absolvierte 1958 seine Versuchsfahrten und wurde ab März 1959 ausgiebig von der DR im Betrieb erprobt. Auf der Leipziger Frühjahrsmesse 1959 wurde ein zweiter Prototyp vorgestellt, diesmal mit 180-PS-Dieselmotor und Getriebe aus DDR-Produktion. Nach erneut gründlicher Erprobung folgte 1962 eine Nullserie (VT 2.09.003-007). Zwischen 1963 und 1965 rollte dann die Serienlieferung mit 63 Fahrzeugen auf die Schienen. Eine entsprechende Anzahl gleichartiger Beiwagen wurde ebenfalls geliefert.

Der Wagenkasten war eine geschweißte Stahlleichtbaukonstruktion aus Walzprofilen und Blechen. Nur der zweite Prototyp hatte einen Wagenaufbau in gemischter Stahl-Leichtmetall-Bauweise erhalten, der sich aber für eine Serienfertigung nicht eignete. Zur Verbesserung der Laufruhe waren die Fahrzeuge mit Schraubenfedern, Stoßdämpfern und Stabilisatoren ausgestattet. Der unterflur angeordnete Motor übertrug seine Leistung über Flüssigkeitskupplung und Sechsgang-Zahnradgetriebe auf den Antriebs-Radsatz. Zug- und Stoßkräfte wurden über eine leichte Mittelpufferkupplung der Bauart Scharfenberg übertragen. Ungefederte Notpuffer sollten unliebsame Anstöße durch Fahrzeuge mit Regelpuffern abmildern.

Da die VT 2.09.0 nur als Solo-VT oder mit Beiwagen liefen und nicht vielfachsteuerfähig waren, entstand zwischen 1964 und 1965 als Weiterentwicklung die Baureihe VT 2.09.1 mit Vielfachsteuerung für zwei Triebwagen. Neben 16 Triebwagen wurden nun auch entsprechende Steuerwagen beschafft. Die scherzhaft als »Blutblasen« oder »Ferkeltaxen« bezeichneten Fahrzeuge bewährten sich ganz gut, doch bald traten Risse an Getriebe- und Rahmenlängsträger auf. Bei der ab 1968 in 73 Exemplaren ausgelieferten Nachfolgeserie VT 2.09.2 wurden daher diese Bauteile neu konstruiert. Auch der Rahmen wurde verstärkt, da nun ein neuer Motor gleicher Leistung aber mit größerer Masse eingebaut wurde.

Ab 1970 wurden die Fahrzeuge computergerecht in 171.0 (ex VT 2.09.0), 172.0 (ex VT 2.09.1) und 172.1 (ex VT 2.09.2) umgezeichnet. Nach der Wende erfolgte in den Jahren 1991 bis 1995 bei vielen ein grundlegender Umbau. Ein 162-kW-MAN-Motor ersetzte die alte DDR-Produktion und trieb nun über ein Voith-Getriebe die Fahrzeuge an. Ferner wurden Sifa, Indusi, PZ80 und sogar Zugbahnfunk MESA2000 eingebaut. Eine vollkommen neue Innenausstattung sowie geschlossene Führerkabinen sorgten für deutlich mehr Komfort. Zusätzlich wurden 1994 sechs überzählige Beiwagen zu Triebwagen umgebaut. Zur Unterscheidung wurden die mit neuen Getrieben ausgestatteten Wagen in 772.3 (aus 771) und 772.4 (aus 772) umgezeichnet.

Die hundertprozentige DB-Tochter Usedomer Bäderbahn GmbH (UBB) ließ 1997 zwei ihrer Leichttriebwagen auf Erdgas-Antrieb umbauen. Die 772 201 und 202 der UBB waren damit weltweit die ersten Schienenfahrzeuge mit diesem Antrieb. Zum Einbau kam ein Erdgasmotor von MAN mit einer Leistung von 170 kW. Gegenüber den seither verwendeten Dieselmotoren konnte sowohl der Schadstoffausstoß als auch die Geräuschbelästigung entscheidend verringert werden.

Mit dem Stendaler 772 155 wurde am 14. Januar 2004 zunächst die letzte »Ferkeltaxe« abgestellt. Nach dem Einsatzende begann ein großer Teil der in Deutschland nun überflüssigen Fahrzeuge eine zweite Karriere in Rumänien oder Kuba. Diverse Garnituren fanden natürlich auch bei Museumsbahnen und Eisenbahnmuseen eine neue Heimat. Seit dem 26. Januar 2006 sind die beiden Triebwagen 772 140 und 141 beim DB-Regio-Netz »Oberweißbacher Berg- und Schwarzatalbahn« wieder im Betriebsbestand. Beide modernisierte Triebwagen erhielten ihre ursprüngliche DR-Lackierung zurück und werden im Sonderverkehr eingesetzt.

### Technische Daten:

| Baureihenbezeichnung: | 171.0 (DR) | 172.0-1 (DR) | 771/772 (DB AG) |
|---|---|---|---|
| Radsatzanordnung: | 1 A | 1 A | 1 A |
| Vmax (km/h): | 90 | 90 | 90 |
| Motorleistung (PS): | 180 | 180 | 220 |
| Motorleistung (kW): | 132 | 132 | 162 |
| Kraftübertragung: | mechanisch | mechanisch | mechanisch |
| Dienstmasse (t): | 20 | 22 | 22 |
| Größte Radsatzfahrmasse (t): | 13 | 15 | 15 |
| Länge über Kupplung (mm): | 13.550 | 13.550 | 13.550 |
| Radsatzabstand (mm): | 6.000 | 6.000 | 6.000 |
| Treibraddurchmesser (mm): | 900 | 900 | 900 |
| Laufraddurchmesser (mm): | 900 | 900 | 900 |
| Sitzplätze: | 54 | 54 | 54 |
| Indienststellung: | 1957-1964 | 1965-69 | Umbau 1991-1995 |
| Verbleib: | u.a. 171 003 (Gramzow) | u.a. 172 003 (TG Ferkeltaxe) | u.a. 772 413 (Ostsächsische EF, Löbau) |

## VT 95.9, 795 (DB)

Die ersten Schienen-Omnibusse entstanden schon in den 1930er-Jahren aus dem Wunsch heraus, leichte und anspruchslose Fahrzeuge unter Verwendung von Teilen und Baugruppen aus dem Lastwagen- und Omnibusbau zu entwickeln. Schon bald nach Ende des Zweiten Weltkriegs erkannte die spätere Bundesbahn, dass nur durch den extensiven Einsatz solcher Schienenbusse der Betrieb auf vielen unwirtschaftlichen Nebenstrecken gegen die wachsende Konkurrenz auf der Straße aufrechtzuerhalten war. 1949 erhielt daher die Waggonfabrik Uerdingen den Auftrag, ein solches Fahrzeug zu entwickeln. Zwischen März und August 1950 konnten die ersten elf Wagen mit den Nummern VT 95 901-911 in Betrieb genommen werden. Zu diesen ersten Prototypen gehörten noch sechs Beiwagen. Die Verwandtschaft mit Omnibussen war unverkennbar. Der Wagenkasten war in selbsttragender Leichtmetallbauweise ausgebildet, der Rahmen diagonalsteif und an beiden Enden verstärkt. Ein Radsatzstand von 4.500 mm, leichte Stoßpuffer sowie eine Lkw-Anhängerkupplung waren weitere charakteristische Merkmale. Den Antrieb auf einen Radsatz besorgte ein unterflur eingebauter Büssing-Motor mit 110 PS Leistung über ein mechanisches Sechsgang-Getriebe.

Mit dem VT 95 912 (später VT 95 9112) folgte im November 1950 das letzte und vor allem richtungsweisende Vorserienfahrzeug. Mit einer Sondergenehmigung des Verkehrsministers konnte bei diesem Schienenbus der Radsatzstand auf 6.000 mm verlängert werden, zulässig waren nach der damaligen Eisenbahn-Bau- und Betriebsordnung (EBO) nur maximal 4.500 mm. Mit der damit einhergehenden Verlängerung des Wagenkastens war nun auch ein ausreichendes Platzangebot vorhanden.

Nach gründlicher Erprobung der Vorserien-VT 95 entstand in den 1950er-Jahren eine ganze Familie von Schienenbussen. Eine erste Serie von 60 Einheiten der einmotorigen VT 95 rollte ab 1952 aus den Werkshallen. Der feste Radsatzstand von 6.000 mm war geblieben, doch ansonsten gab es einige Änderungen. Die Frontpartie war nun korbbogenförmig gewölbt ausgestaltet und mit gewölbten Oberlichtern ausgestattet. Bei späteren Serien wurde auf die Oberlichter verzichtet. Dreiteilige Falttüren an den Wagenenden sorgten für einen schnellen Fahrgastwechsel. Bei den zugehörigen Beiwagen der Reihe VB 142 hatte man den kurzen Radsatzstand von 4.500 mm beibehalten, die Form aber entsprechend den Triebwagen angepasst. Leichte Scharfenbergkupplungen übertrugen nun die Zug- und Stoßkräfte. Stoßfederbügel dienten zum elastischen Abfangen zarter Berührungen durch normale Puffer. Bis 1955 folgten der ersten Serie fünf weitere mit insgesamt 496 Schienenbussen, wobei mit dem Einbau von 130- bzw. später 150-PS-Motoren die Leistung kontinuierlich gesteigert werden konnte. Weitere 15 Triebwagen erhielten die damals unter französischer Verwaltung stehenden Saarbahnen, welche später bei der Bundesbahn als VT 95 9901-9915 eingereiht wurden.

Mit diesen Fahrzeugen und den später gelieferten zweimotorigen VT 98 konnte auf zahlreichen Nebenbahnen die Dampflok endgültig abgelöst werden. Nur durch die extrem wirtschaftliche Betriebsweise der Schienenbusse ließ sich auf vielen Linien überhaupt ein Betrieb aufrechterhalten. Schon zwischen 1958 und 1965 schieden die Prototypen aus dem Betriebsdienst, fanden aber zum Teil bei Privatbahnen ein neues Betätigungsfeld. Der am 21. Juni 1963 ausgemusterte VT 95 906 wurde umgebaut und stand ab 25. Februar 1964 als Indusi-Prüfwagen »Wuppertal 6205« dem Betrieb wieder zur Verfügung. Ab 1968 als 724 001 war er bis in die 1990er-Jahre im ganzen Bundesgebiet anzutreffen. Im Frühjahr 2007 erwarb die Vulkan-Eifel-Bahn Betriebsgesellschaft (VEB) das historisch bedeutsame Fahrzeug aus dem Bestand des Nürnberger Verkehrsmuseums und ließ es Anfang Juni 2007 nach Gerolstein überführen, wo die optische und ggf. auch betriebsfähige Wiederaufarbeitung erfolgen wird.

Ab Mitte der 1970er-Jahre schieden die einmotorigen Schienenbusse (ab 1968 Baureihe 795) in größerer Stückzahl aus. 1983 musste der 795 445 als letzter seinen Dienst quittieren. Zahlreiche 795 fanden im Ausland und natürlich auch bei Museumsbahnen in Deutschland ein neues Betätigungsfeld. Zum Museumsbestand der DB gehört der 795 240 (ex VT 95 9240).

**Technische Daten:**

| Baureihenbezeichnung: | VT 95 901-911 (DB) | VT 95 9112 (DB) | VT 95 9113-72 (DB) | ab VT 95 9173 (DB) |
|---|---|---|---|---|
| Radsatzanordnung: | A 1 | A 1 | A 1 | A 1 |
| Vmax (km/h): | 90 | 90 | 90 | 90 |
| Motorleistung (PS): | 110 | 110 | 110 | 130/150 |
| Motorleistung (kW): | 81 | 81 | 81 | 96/111 |
| Kraftübertragung: | mechanisch | mechanisch | mechanisch | mechanisch |
| Dienstmasse (t): | 11 | 13 | 13 | 14 |
| Größte Radsatzfahrmasse (t): | 8,5 | 6,2 | 10,5 | 10,8 |
| Länge über Puffer (mm): | 10.650 | 13.150 | 13.265 | 13.298 |
| Radsatzabstand (mm): | 4.500 | 6.000 | 6.000 | 6.000 |
| Treibraddurchmesser (mm): | 900 | 900 | 900 | 900 |
| Laufraddurchmesser (mm): | 900 | 900 | 900 | 900 |
| Sitzplätze: | 41-46 | 51 | 63 | 57-60 |
| Indienststellung: | 1950 | 1950 | 1952-53 | 1952-58 |
| Verbleib: | VT 95 906 (als 724 001, VEB) | ++ | u.a. VT 95 9122 (Hammer EF, Münster) | u.a. 795 256 (Eifelbahn e.V., betriebsfähig) |

Foto: Estler

*Foto: Estler*

*Foto: Estler*

## VT 97.5, 97.9, 98.9, 796, 797, 798 (DB)

Für den Betrieb auf steigungsreichen Strecken, vor allem mit Beiwagen, erwiesen sich die einmotorigen Schienenbusse VT 95 bald als zu schwach. Daher wurden 1953 drei Wagen mit einer zweiten Maschinenanlage ausgerüstet und als VT 98 901-903 bezeichnet. Zug- und Stoßeinrichtungen waren noch identisch mit den VT 95 (Scharfenbergkupplung und Stoßfederbügel). Um den Betrieb auf Nebenbahnen weiter zu rationalisieren, war jedoch auch die Mitnahme von einzelnen Güterwagen zu ermöglichen. Ferner sollte auch der Betrieb mit Steuerwagen oder Vielfachsteuerung mit einem weiteren Triebwagen möglich sein. Das Anforderungsprofil für die Serienlieferung der zweimotorigen Schienenbusse sah daher den Einbau von normalen Zug- und Stoßvorrichtungen (Schraubenkupplung), Bremsen der Regelbauart sowie eine Vielfachsteuerung vor. Ab 1955 wurden in mehreren Serien insgesamt 329 Triebwagen, 310 Steuerwagen und 320 Beiwagen gebaut. Durch die stärkere Motorleistung von insgesamt 300 PS konnte neben dem Beiwagen noch ein Steuerwagen mitgeführt werden, der beim Wenden das Umsetzen des Motorwagens ersparte. Die Vielfachsteuerung ermöglichte auch die Steuerung eines weiteren Motorwagens, wobei sich zwischen zwei Motorwagen mindestens zwei motorlose Wagen befinden mussten. Maximal sechs Wagen konnten von einem Führerstand aus gesteuert werden. Die Laufruhe der Fahrzeuge auf den nicht immer unproblematischen Nebenbahngleisen wurde durch den Einbau einer Luftfederung ab dem VT 98 9651 verbessert.

Als Variante des zweimotorigen Schienenbusses VT 98 entstanden 1961/62 sechs Zahnradschienenbusse der Baureihe VT 97.9, um auf dem Zahnstangenabschnitt Honau–Lichtenstein der württembergischen Strecke Reutlingen–Schelklingen die dort seit den 1920er-Jahren eingesetzten Zahnraddampflokomotiven der Baureihe 97.5 abzulösen. Abgesehen von einer Verkürzung des Radsatzstandes um 50 mm wegen der Zahnstangenteilung unterschieden sich die VT 97.9 von der Regelausführung im Wesentlichen durch den Einbau des Zahnradtriebwerkes. Dieses wurde von der schweizerischen Lokomotiv- und Maschinenfabrik (SLM) Winterthur geliefert. Neben den Zahnrädern auf den beiden Radsätzen sowie der Zahnrad- und Zahnstangenschmierung wurde als weitere Sondereinrichtung je eine Klinkenband-Klotzbremse eingebaut. Für den Verkehr auf der bayerischen Nebenbahn Passau–Wegscheid mit ihrem Zahnstangenabschnitt Obernzell–Wegscheid kamen 1965 zwei weitere Zahnradschienenbusse hinzu.

Ab 1968 wurden die VT 98 als 798 und die VT 97.9 als 797.9 geführt. Nach Einstellung des Gesamtverkehrs auf der Zahnradstrecke Honau–Lichtenstein im Sommer 1969 wurden in der Folgezeit aus den Fahrzeugen sämtliche Einrichtungen für den Zahnradbetrieb entfernt. Gleichzeitig erfolgte die Umzeichnung in 797.5 und sie kamen im normalen Dienst zum Einsatz. 1980 begann auch der Stern der zweimotorigen Schienenbusse zu sinken. Streckenstilllegungen und der Ersatz durch lokbespannte Züge ließen bis 1987/88 einen großen Teil der 797/798 auf Abstellgleisen verschwinden. Dann stabilisierte sich die Lage wieder auf niedrigem Niveau. 47 Einheiten wurden noch auf Einmannbedienung umgerüstet und erhielten 1989 die Baureihenbezeichnung 796. Höhepunkt war die Modernisierung der Einheiten 798 652, 653 und 998 896, bei denen auch der Fahrgastraum aufgefrischt wurde. Als »Chiemgau-Bahn« für den Einsatz zwischen Prien und Aschau erhielten sie sogar die neue türkis-kieselgraue Farbgebung für den Regionalverkehr. Erst im Mai 2000 wurden die letzten beiden Triebwagen abgestellt.

Viele zweimotorige Schienenbusse haben bei Privat- und Museumsbahnen sowie im Ausland ein neues Auskommen gefunden, so dass das Brummen der einstigen Nebenbahnretter wohl noch lange Zeit zu hören sein wird. Die modernisierten 798 652, 653 und 998 896 sowie vier weitere Beiwagen (alle VM Nürnberg) werden heute von den Schienenbusfreunden in Ulm betreut. Sie verkehren in der Sommersaison in Zusammenarbeit mit der DB-Tochter ZugBus im sonntäglichen Freizeitverkehr im Rahmen des »Freizeitnetzes Schwäbische Alb« auf der »Schwäbischen Alb-Bahn« zwischen Münsingen und Kleinengstingen.

**Technische Daten:**

| Baureihenbezeichnung: | VT 97 901-908 (DB) | VT 98 901-903 (DB) | VT 98 9501-9829 (DB) |
|---|---|---|---|
| Radsatzanordnung: | Bo | Bo | Bo |
| Vmax (km/h): | 90 | 90 | 90 |
| Motorleistung (PS): | 300 (2 x 150) | 300 (2 x 150) | 300 (2 x 150) |
| Motorleistung (kW): | 221 | 221 | 221 |
| Kraftübertragung: | mechanisch | mechanisch | mechanisch |
| Dienstmasse (t): | 24,4 | 18,9 | 20,9 |
| Größte Radsatzfahrmasse (t): | 12,1 | 13,2 | 13,9 |
| Länge über Puffer (mm): | 13.950 | 13.298 | 13.950 |
| Radsatzabstand (mm): | 5.950 | 6.000 | 6.000 |
| Treibraddurchmesser (mm): | 910 | 900 | 900 |
| Laufraddurchmesser (mm): | - | - | - |
| Sitzplätze: | 56 | 60 | 60 |
| Indienststellung: | 1961-1965 | 1953 | 1955-1962 |
| Verbleib: | 797 502, 503, 505 (ZHL Reutlingen) | ++ | u.a. 798 706, 776 (Passauer EF) |

*Foto: Estler*

**Dampflokomotiven (Regelspur)**

## Dampflokomotiven (Schmalspur)



## Elektrische Lokomotiven



## Diesel- und Kleinlokomotiven